MITTEILUNGEN

der

Geographischen Gesellschaft in Hamburg

Bd. XLVI.

Im Auftrage des Vorstandes herausgegeben

von

Prof. Dr. Rudolf Lütgens
Mitglied des Vorstandes

Mit 29 Textfiguren und 7 Tafeln.

HAMBURG
1939
Kommissions-Verlag:
Friederichsen, de Gruyter & Co. m. b. H.

Druck von Hammerich & Lesser, Hamburg-Altona

Der Hansischen Universität

zum 20. Gründungstage am 10. Mai 1939 widmet

die

Geographische Gesellschaft in Hamburg

diesen

XLVI. Band ihrer „Mitteilungen",
der neben Übersee=Arbeiten an erster Stelle einen
Beitrag zur Geschichte des Hamburgischen
Kolonial=Instituts und der Universität
bietet.

Vorwort.

Erfreulicherweise kann nach den Umfangsverringerungen in den letzten Jahren der neue Band XLVI der „Mitteilungen“ wieder im alten Normalumfang erscheinen. Das war allerdings nur möglich, weil eine Reihe von Förderern hilfreich einsprangen, und auch die Staatsbeihilfe mit verwandt werden konnte. Trotzdem mußte noch die Herausgabe bis in das Jahr 1939 verschoben werden.

Dem alten Brauch und dem besonderen Aufgabenkreis der Geographischen Gesellschaft einer Überseestadt entsprechend sind die Beiträge ausgewählt. Herr Professor Dr. Passarge behandelt äußerlich ein hamburgisches Thema. Es ist aber einmal gespannt in den weiteren Rahmen der Entwicklung der Geographie im ersten Drittel unseres Jahrhunderts, an der der Verfasser selbst Anteil besitzt. Weiter aber schildert es das Werden des Kolonial-Instituts und seine Aufgaben für die koloniale Forschung, Fragen, die in ihrer Bedeutung über Hamburg hinausgehen und doch wieder gerade jetzt in der Zeit der Neuerstehung des Kolonial-Instituts an der Hansischen Universität auch örtlich wichtig sind. Das Wort „Erfahrungen“ im Untertitel darf nicht übersehen werden! Als Anhang konnte ein Verzeichnis der Passargeschen Veröffentlichungen bis zur Gegenwart ergänzt werden. Der Dank dafür gebührt Fräulein L. Rath vom Geographischen Institut der Universität. Die Wiedergabe der Relieftafel, die Herr Emil Jensen zum 70. Geburtstag Professor Passarges schuf, ermöglichte eine Aufnahme von Herrn Studienrat Dr. Bobzin.

Wirtschaftsgeographisches Neuland behandelt die Arbeit von Herrn Dr. Weinert, die den geographischen Zusammenhängen bei der immer größere Bedeutung gewinnenden Pelztierzucht nachgeht, darüber hinaus aber auch methodische Fragen einer Geographie der Pelztierzucht erstmalig zu klären sucht.

Die Geographische Gesellschaft in Hamburg hat stets engste Beziehungen zu den iberoamerikanischen Ländern gepflegt, manche Reisen dorthin unterstützt und zahlreiche Arbeiten über diese Gebiete in der stattlichen Reihe ihrer „Mitteilungen“ veröffentlicht. Herrn Dozenten Dr. Pfeifer danken wir, daß er die Ergebnisse seiner Untersuchungen in Nordwest-Mexiko in einer umfassenden allgemeinen und wirtschaftsgeographischen Darstellung zur Verfügung gestellt hat. Leider war es aus geldlichen Gründen nicht möglich, weiteres Skizzen-, Karten- und Bildermaterial zu bringen. Auch die starke Verkleinerung der Karten erfolgte aus diesem Grunde. Jedoch dürfte die Arbeit auch so ein eindrucksvolles Bild des wenig bekannten und doch interessanten Raumes bieten.

Hamburg, April 1939. Rud. Lütgens.

Inhalt.

Das Geographische Seminar des Kolonial-Instituts und der Hansischen Universität 1908—1935.

Erinnerungen und Erfahrungen

von

Siegfried Passarge.

Inhalt.

Einleitung.

Einen Rückblick auf die Geschichte des Geographischen Seminars in Hamburg zu werfen, ist in verschiedener Hinsicht von allgemeinem Interesse. Einmal haben sich seit der Machtergreifung durch den Nationalsozialismus die Verhältnisse in Hamburg so grundlegend geändert, daß es jetzt bereits Mühe macht, sich in die früheren Zustände und Voraussetzungen hineinzudenken; ein rückschauender Vergleich ist also wohl von Interesse. Sodann war die Zeit des Kolonial-Instituts für Hamburg eine geistig überaus wichtige und bewegte Zeit. Hie Universität! Hie Hamburger Wirtschaftsinteressen! — das waren die beiden Schlachtrufe. Während aber der erste Schlachtruf gleichsam den Bau einer bekannten Straßenart in bekanntem Lande forderte, waren sich die Anhänger der zweiten Partei nicht einig in dem Ziel. Überseeakademie, Handelshochschule, Kolonialakademie waren Namen, die gebraucht wurden mit mehr oder weniger klaren Vorstellungen über Aufgaben und Ziele solcher Neuschöpfungen. Sind die bisher gegebenen Gesichtspunkte wohl in erster Linie für Hamburger von Interesse, so gilt das nicht für die nun folgende Betrachtung. Wir alle erhoffen die Wiedererwerbung der uns geraubten Kolonien. Dann könnte es aber einmal von Wichtigkeit sein, aus dem Vorbild, das das frühere Kolonial-Institut bietet, zu lernen und Fehler, die gemacht wurden, zu vermeiden, bzw. das Richtige zu übernehmen. Diese hier angedeutete Aufgabe geht freilich weit über den Rahmen vorliegender Darstellung hinaus. Denn letztere will ja nur das Geographische Seminar behandeln. Um aber diesen einen kleinen Bestandteil des Kolonial-Instituts richtig verstehen zu können, ist ein Überblick über das ganze Institut notwendig. Schließlich noch folgender Hinweis: Vor 30 Jahren wurde das Kolonial-Institut und mit ihm das Geographische Seminar begründet, nach zehnjährigem Bestehen machte es sang- und klanglos der Universität Platz.

Der zeitliche Abstand ist heutzutage groß genug, um sine ira et studio und unter Anerkennung auch gegnerischer Anschauungen einen geschichtlichen Rückblick zu versuchen. In hohem Grade erleichtert, ja mir selbst vielleicht erst ermöglicht, wird solch ein Versuch dadurch, daß der neben Senator Melle vielleicht wichtigste Vorkämpfer für eine Hamburger Hochschule — Thilenius — im Jahre 1909 eine Denkschrift verfaßt hat: „Hamburgisches Kolonial-Institut. Bericht von April 1907 bis April 1909.“ An diese Denkschrift wird sich der nun folgende Versuch, die Begründung und Organisation des Kolonial-Instituts zu skizzieren, hauptsächlich halten.

I. Die Begründung des Kolonial-Instituts.

Zunächst ein Blick auf den Nährboden, in den das Kolonial-Institut gepflanzt wurde! Den Hamburger und allen, die Hamburg kennen, bringen die nächsten Betrachtungen kaum etwas Neues, anderen Lesern wird aber erst durch sie die Entstehung des Kolonial-Instituts verständlich werden.

Hamburg war ein Stadtstaat mit Oberhaus (Senat) und dem Unterhaus (Bürgerschaft). Ein Gesetz mußte von beiden Körperschaften beschlossen werden. Eine sehr wichtige und einflußreiche Organisation war und ist noch die Handelskammer. Wichtig für uns ist es, zu wissen, daß grundsätzlich nicht ein einzelner bestimmte und organisierte, sondern stets eine mehrköpfige Kommission. Bezeichnend hierfür ist, daß der Maler Vogel, der den großen Saal des Hamburger Rathauses ausmalte, in Ermangelung einer überragenden geschichtlichen Persönlichkeit in den Mittelpunkt seiner Gemäldereihe stellte — den Hamburger Hafen!

Die Verhältnisse in dem Stadtstaat Hamburg unterschieden sich nicht von denen in anderen Stadtstaaten: Räumliche Enge und ein gedrängtes Aufeinandersitzen; dadurch allseitige gegenseitige Beobachtung und Beeinflussung und gleichmäßiger Marsch auf der mittleren Diagonale. Die Zustände wurden damals (zur Zeit der Begründung des Kolonial-Instituts) wesentlich bestimmt durch die Grundsätze der verfallenden liberalistischen Weltauffassung, also durch die innere Zerfleischung durch politische Parteiungen, Schüren von Neid und Klassenhaß und die Gegensätze zwischen Arm und Reich.

Das geistige Leben Hamburgs wurde durch folgende Erscheinungen beeinflußt: Maßgebend war in der Kaufmanns- und Welthafenstadt der Wirtschaftsgeist, das Wirtschaftsinteresse. Praktisch-geschäftlicher Realismus herrschte vor. Nun wollte freilich die Wirtschaft die wissenschaftlichen Errungenschaften nicht einfach ignorieren. Im Gegenteil, die angewandten Zweige der Wissenschaften drangen auch in Hamburg siegreich vor und wurden vielfach tatkräftig gefördert; daneben aber auch solche, die nun einmal selbst dem materialistisch Eingestellten Unterhaltung und Bedürfnis sind. Teils aus ersterem, teils aus letzterem Grunde waren (abgesehen von Kunsteinrichtungen) die immerhin zahlreichen und leistungsfähigen wissenschaftlichen Anstalten in Hamburg entstanden, so für Chemie, Physik, Geologie, für Zoologie und Botanik, für Völkerkunde und Hamburgische Geschichte; ferner die Sternwarte, die Stadt- und Commerzbibliothek. Erwähnt seien hier auch einige private

Gründungen, wie Geographische Gesellschaft, deren Vorsitzende meist die Bürgermeister waren, und Naturwissenschaftlicher Verein, der auf ein mehr als hundertjähriges Bestehen zurückblickt. Neben den großen Krankenhäusern, die sich eines hohen wissenschaftlichen Rufes erfreuten und durch selbständige Forschungen die medizinische Wissenschaft erheblich förderten, gab es in Hamburg das Institut für Schiffs- und Tropenhygiene, das halb Reichs- und halb hamburgisches Institut war, sowie das reine Reichsinstitut der Seewarte. Diese beiden letzteren Institute hatten sich als isolierte Forschungsinstitute einen großen Namen gemacht.

Kein Wunder, daß sich angesichts solcher umfassenden wirtschaftlichen Einrichtungen das Bedürfnis Geltung verschaffte, an die Hamburger Bevölkerung mit belehrenden Vorträgen heranzutreten. So entstand das „Öffentliche Vorlesungswesen", ein etwas unbestimmter, einer klaren Organisation entbehrender Begriff. Auch namhafte geographische Gelehrte, so z. B. von Drygalski, Kirchhoff, Schott, Friederichsen u. a. m. wurden zu geschlossenen Vorlesungsreihen eingeladen. Vielleicht geschah es im Anschluß an diese Vorlesungen, daß im Jahre 1904 zum ersten Male eine Professur für Geographie bei der Bürgerschaft beantragt wurde; es kam aber hier zu keiner Entscheidung, während eine Professur für Geschichte (Wohlwill) bereits früher geschaffen worden war.

In dieser Zeit vollzog sich ein erheblicher Wandel in den Vorbedingungen für die Errichtung einer Hochschule als Mittelpunkt des geistigen Lebens in Hamburg. Längst schon wirkte hier ein Mann, der in hohem Grade jene Fähigkeiten besaß, die dazu erforderlich waren, im Stadtstaate Hamburg mit allen seinen Vorzügen und Nachteilen einen großen Plan konsequent durchzuführen, nämlich Dr. Werner von Melle. Melle hatte ein ganz bestimmtes Ziel ins Auge gefaßt, das zwar in keiner Weise neu und originell war, aber den einen großen Vorzug besaß, klar und einfach und für jedermann verständlich zu sein. Dieses Ziel hieß die Hamburgische Universität. Melle besaß die Fähigkeit, mit unendlicher Geduld und eiserner Zähigkeit, mit raffiniertem diplomatischen Geschick und bewundesrungswürdiger Geschmeidigkeit alle Hindernisse und Gefahren zu meistern, die sich in dem engräumigen liberalistischen Stadtstaat, in einer Zeit innerer Zersplitterung, Verhetzung und stark materieller Einstellung seiner Bürger jedem ideal-geistigen Streben entgegenstellten, dessen Verwirklichung die Bewilligung erheblicher Mittel voraussetzte und damit die Linksparteien veranlaßte, es gegenüber dem Senat und den Patrizierparteien der Bürgerschaft, aus denen der Senat ergänzt wurde, auf eine Machtprobe ankommen zu lassen. Wie gesagt, Melles Ziel war die deutsche Universität, und zwar eine „mit hamburgischer Note". Was darunter zu verstehen war, ist vielleicht niemandem so ganz klar geworden, aber es klang gut und überzeugend. Der neue Direktor des Museums für Völkerkunde, Thilenius, wurde ein ausgezeichneter Mitstreiter für Melles Plan. An diplomatischer Gewandtheit, Klugheit und Glätte war er Melle wohl gleich, auch hinsichtlich des Zieles mit ihm einig. Beiden fehlten freilich die Gesichtspunkte, die zu der Schaffung einer wirklich neuen und den Bedürfnissen der Hamburger angepaßten Hochschulart hätten führen können. Dasselbe gilt für die ersten neu berufenen Professoren Marcks und Rathgen, die sich nur an einer Universität heimisch fühlten mit ihren Studenten, Dissertationen und dem ganzen Zauber, der nun einmal von jeder deutschen Universität ausstrahlt. Dabei gab es doch zwei mustergültige wissenschaftliche Organisationen in Hamburg, die als Vorbild hätten dienen können: Neumayers Seewarte und Nochts Institut für Schiffs- und Tropenkrankheiten. Nocht selbst wäre bestimmt die Persönlichkeit gewesen, den Gedanken einer lebensfähigen, neu gearteten Hamburgischen Hochschule zu verwirklichen. Diese Feststellungen sollen gegenüber Herrn von Melle und seinen Mitkämpfern keinen Tadel enthalten. Sie alle waren ohne Zweifel von den besten Absichten beseelt und der Überzeugung, daß nur eine Universität das erstrebte wissenschaftliche Leben bringen könne. Ebensowenig sind aber diejenigen zu verurteilen, die damals anderer Ansicht waren. Doch wollen wir nunmehr zu der Darstellung der geschichtlichen Vorgänge zurückkehren.

Die Begründung der durch Privatmittel ins Leben gerufenen Hamburgischen Wissenschaftlichen Stiftung war ein großer Erfolg für Melle, denn als Präses dieser Stiftung gelangte er durch sie in den Besitz von Geldmitteln, die den Universitätsplan von den Launen eines Parlaments und dem Haß der politischen Parteien etwas unabhängig machten. Dazu kam der Zusammenschluß einflußreicher und im wesentlichen gleichgesinnter Kreise, die als Sturmbock oder als Schmelztiegel wirken konnten, sowie die Schenkung eines „Vorlesungsgebäudes" durch den Großkaufmann Edmund Siemers. So erschien die Möglichkeit am Horizont der Zukunft, eine mehr oder weniger fertige Hochschule dem Staat zu übergeben. Das Bedürfnis nach einer kolonialen Lehranstalt war damals unbedingt vorhanden. Professor von Halle (geborener Halévy) hatte in einer Denkschrift ein Kolonial-Institut in Berlin vorgeschlagen, das sehr kostspielig war. „Die Größe des Programms verbot die Ausführung", sagt Thilenius. Halles Denkschrift wirkte aber stark auf Hamburg. Für eine Hochschule mit kolonialen Bestrebungen wurde zunächst die Presse in Bewegung gesetzt. Am 26. X. 1907 erschien im „Hamburger Korrespondenten" ein Artikel: Eine Kolonialakademie in Hamburg. Am 27. X. 1907 brachte die „Frankfurter Zeitung“ eine Korrespondenz über die „Hamburgische Wissenschaftliche Stiftung“, in der zum Schluß ein Wettkampf zwischen Hamburg und Berlin vorausgesagt wurde; denn zwei Institute seien denkbar, an die sich eine koloniale Akademie anschließen ließe, das Institut für Schiffs- und Tropenkrankheiten in Hamburg und das Orientalische Seminar in Berlin. Der Zweck einer solchen Akademie sei die Vorbildung der Kolonialbeamten usw. Die „Kölnische Zeitung“ aber gelangte (Zur Frage der Kolonialakademie in Hamburg) nach Prüfung der Frage: Hamburg oder Berlin zu dem Ergebnis: „Ein wirklich arbeitsfähiges und fruchtbringendes Kolonial-Institut kann nur im hamburgischen Milieu gedeihen.“

Unmittelbar im Anschluß an diesen Hinweis folgt in Thilenius' Denkschrift mit Anführungsstrichen folgende Darstellung (augenscheinlich aus einem Protokoll vom 24. X. 1907):

Wenn eine Professur für Nationalökonomie und afrikanische Sprachen geschaffen würde, brauchte man die vorhandenen Einrichtungen nur zu einer Kolonialakademie zusammenzufassen. Wie das Orientalische Seminar in Berlin an die dortige Universität angeschlossen sei, könnte das „Institut“ einer kommenden Universität angegliedert werden. Das „Institut“ könnte sogar ein ganz erwünschtes Zwischenstadium bilden, bis die Frage, ob Universität oder Handelshochschule, geklärt sei. Die Entwicklung wäre dann also: Vorlesungswesen — Institut als Nebenkörper — Institut als Hauptkörper — Universität mit dem Nebenkörper des Instituts. In dem nächsten Absatz heißt es: „Es kommt alles darauf an, daß der Anfang als leicht hingestellt wird. Wir haben alles, was für den Anfang nötig ist, entweder in nuce oder ausgewachsen und brauchen es nur zu formen.“ (6. V. 1907.)

Ziel und Weg zu seiner Erreichung werden hier klar dargestellt. Das Kolonial-Institut sollte den Weg zur Universität bahnen. Ich persönlich kann mich des Eindrucks nicht verschließen, daß Melle und seine Mitstreiter als sehr geschickte Schachspieler wirkten und, wie der weitere Verlauf zeigt, auch Erfolg hatten.

Der hamburgische Reichstagsabgeordnete Semler hatte in der Budgetkommission des Reichstages erwähnt, Hamburg verfüge über die Mittel, eine Kolonialakademie ins Leben zu rufen. Daraufhin äußerte der damalige Staatssekretär im Reichskolonialamt Dernburg den Wunsch nach einer Besprechung über diese Frage. Diese fand am 10. V. 1907 im Reichskolonialamt statt. Am 5. VI. 1907 ging dem Staatssekretär eine Denkschrift zu: „Entwurf für den Ausbau Hamburgischer Einrichtungen zu einem Kolonial-Institut“, am 6. und 7. Juni war Dernburg in Hamburg und am 12. VI. 1907 begann mit einem Artikel in der „Täglichen Rundschau“: „Praktische Kolonialakademie oder wissenschaftliches Kolonial-Institut“ prompt das Gegenspiel von Berlin aus. „Koloniale Praxis nach Hamburg, aber die Pflege der Kolonialwissenschaften ist einzig und allein in Berlin im Anschluß an die Universität denkbar.“ Dieser Schachzug wurde von dem Preußischen Kultusministerium unterstützt durch eine Beschwerde über die Begünstigung Hamburgs durch das Reichskolonialamt. Auch aktiv ging Berlin vor durch Einführung kolonialer Vorlesungen an seiner Handelshochschule, die eingerichtet wurden, um Hamburg ein Paroli zu bieten. Vergebliche Liebesmühe! Denn in einem Schreiben vom 12. VI. 1907 hatte sich das Reichskolonialamt bereits für Hamburg entschieden. Der Staatssekretär hatte bei seinem Besuch in Hamburg sich davon überzeugt, daß dort tatsächlich fast alle Vorbedingungen für die Organisation eines Kolonial-Instituts vorhanden seien, und daß der Welthafen mit seinen großen Handels- und Verkehrsbetrieben die allein richtige Atmosphäre für auszubildende Kolonialbeamte wäre. Zwei Gesichtspunkte müßten bei der Errichtung des Kolonial-Instituts maßgebend sein:

1. Die Ausbildung der Beamten, Kaufleute, Pflanzer usw.
2. Die Schaffung einer Zentralstelle, in der sich alle wissenschaftlichen und wirtschaftlichen kolonialen Bestrebungen konzentrieren.

Die Darlegungen des Reichskolonialamts sind klar und weitblickend. Es fordert auch Vorlesungen, die sich auf die wirtschaftlichen Verhältnisse der deutschen und fremden Kolonien beziehen, ferner Vorlesungen über tropische Landwirtschaft, Landeskunde und Ethnographie der deutschen Schutzgebiete, ferner über Tropenhygiene, Verwaltung und Rechtspflege u. a. m. Sprachen dagegen könnten hauptsächlich dem Orientalischen Seminar in Berlin überlassen bleiben. Es sei in Aussicht genommen, Beamte zur Ausbildung dem geplanten Kolonial-Institut zu überweisen. Wichtig ist in dem Schreiben des Reichskolonialamts folgender Wortlaut:

„Es fehlt bisher in Deutschland ein Institut, welches im Mittelpunkt der wissenschaftlichen **Forschungen** in den Kolonien und gleichzeitig auch der wirtschaftlichen Betätigung in denselben bildet.[1]) Der Nutzen eines solchen sowohl für die Erkenntnis unserer Schutzgebiete wie auch für die Förderung der wissenschaftlichen Betätigung in den Kolonien liegt auf der Hand. Eine solche Zentralstelle würde das gesamte auf die deutschen

---

[1]) Von mir unterstrichen.

Schutzgebiete wie auch auf fremde Kolonien bezügliche Material, wie es in Büchern, Zeitschriften, Berichten von Forschungsreisenden usw. zutage tritt, zu sammeln haben. Sie würde den Mittelpunkt für Korrespondenzen wissenschaftlicher wie auch wirtschaftlicher Art zu bilden haben und durch Vermittlung dieses Gedankenaustausches auf die koloniale Forschung, wie die wirtschaftliche Entwicklung fördernd einwirken können." — Räumlichkeiten, Lesesaal, Bibliothek wären erwünscht. Eine solche Zentralstelle könnte bei uns den Platz einnehmen, den das Royal Colonial Institute in London inne hat.

Nachdem die Erwägungen soweit gegangen waren, konnte — so sollte man meinen — die organisatorische Zusammenfassung keine Schwierigkeiten mehr machen. Vielleicht anderswo nicht, wohl aber in dem Stadtstaat Hamburg! Hier wird es zweckmäßig sein, um die nachfolgenden Darlegungen leichter verständlich zu machen, zunächst einmal auf ein Schema hinzuweisen, das die hier in Frage kommende Organisation der Verwaltung Hamburgs zeigt, soweit sie für das Kolonial-Institut wichtig ist.

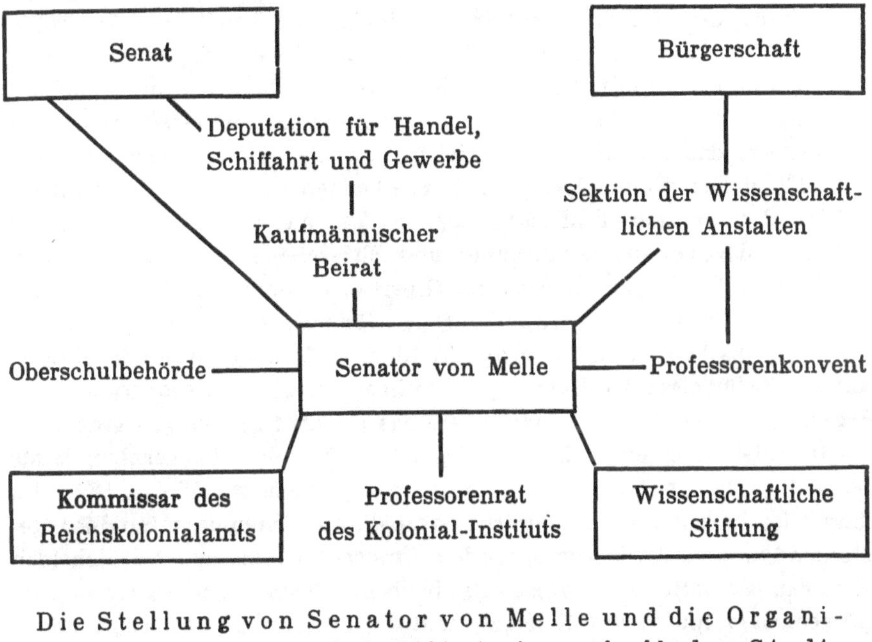

Die Stellung von Senator von Melle und die Organisation des Kolonial-Instituts innerhalb des Stadtstaates Hamburg.

Senator von Melle stand als Präses der Oberschulbehörde auch an der Spitze der Sektion der wissenschaftlichen Anstalten und damit des

Professorenkonvents. Außerdem war er Vorsitzender des Kuratoriums der Wissenschaftlichen Stiftung. Als solcher verfügte er dem Staat, namentlich den Linksparteien in der Bürgerschaft gegenüber, gleichsam über eine Hausmacht, wie die Habsburger sie sich durch die Schaffung Österreichs dem Reich gegenüber erwarben.

Die wissenschaftlichen Anstalten unterstanden der Sektion der Wissenschaftlichen Anstalten, einer Körperschaft, die sich aus Mitgliedern der Bürgerschaft zusammensetzte, und deren Vorsitzender wieder von Melle war. Von der Oberschulbehörde unabhängig war die Handelskammer, die die kaufmännischen Kreise vertrat und dem Senator für Handel, Schiffahrt und Gewerbe unterstand. Die in dem Muster erscheinende scharfe Trennung der einzelnen Organisationen bestand in Wirklichkeit nicht, da die Personen zum Teil dieselben waren und obendrein geschäftlich und gesellschaftlich untereinander dauernd verkehrten.

So lagen also die Verhältnisse, als die Verhandlungen mit dem Reichskolonialamt begannen. Zunächst stellte es sich heraus, daß das Reichskolonialamt gar nicht die Absicht hatte, sich an der Begründung und Verwaltung des Kolonial-Instituts unmittelbar zu beteiligen. Es wollte lediglich für die Ausbildung der Beamten (mindestens 20) einen Beitrag zahlen und als Mittelsmann einen Kommissar stellen, der mit Hamburg unmittelbar verhandeln sollte. Das Reichskolonialamt verpflichtete sich keineswegs, das Hamburger Kolonial-Institut als einzige Anstalt für die Ausbildung der Kolonialbeamten anzuerkennen, beabsichtigte vielmehr infolge der Berliner Einflüsse lediglich die Westafrikaner dorthin zu schicken, dagegen die Ostafrikaner und Südseeleute dem Orientalischen Seminar in Berlin zu überweisen. (Überhaupt machte sich damals der Druck von Berlin — P r e u ß e n auf das Reichskolonialamt deutlich bemerkbar.) Es kam nicht zu solcher Teilung, weil Hambung unter Hinweis auf die Bedürfnisse der Hamburger Kaufleute zu starke Gegengründe entgegenstellte. Der Vertrag konnte allerdings jederzeit gekündigt werden.

Die Aufstellung eines Kommissars von seiten des Reichskolonialamts benutzte nun von Melle in der denkbar geschicktesten Weise. Für ihn kam alles darauf an, von der Bürgerschaft und ihren ihm feindlich gesinnten Parteien, sowie von den jedem Universitätsplan zum Teil abholden Kaufmannskreisen unabhängig zu bleiben. Nach hamburgischen Gepflogenheiten mußte das Kolonial-Institut einer K ö r p e r s c h a f t unterstellt werden, deren Mitglieder zum Teil der Bürgerschaft angehört hätten. Damit wären Kontrolle und Einfluß des stark gegnerischen Unterhauses nicht auszuschalten gewesen. Nun aber konnte geltend gemacht werden: Einem Staatskommissar des Reichskolonialamts darf man nur einen Hamburger Staatskommisar gegenüberstellen. Die Kolonialbeamten dürften als Staatsbeamte nur einem Hamburger Staatskommisar unterstellt werden. Es sei ausgeschlossen, über Reichsbeamte eine vielköpfige Kommission aus allen möglichen Bürgern Hamburgs zu setzen. Dieser Gedankengang schien unwiderleglich zu sein, jedenfalls wurde von Melle als Senatskommissar Herr über das Kolonial-Institut und war damit von der Kontrolle durch eine zum Teil übelwollende Kommission befreit, erhielt somit hinsichtlich des Aufbaus und der weiteren Ausgestaltung des Kolonial-Instituts freie Hand.

Ein Zusammengehen mit der Handelskammer erschien unbedingt notwendig zu sein, weil diese die Kaufleute — so nahm man damals an — günstig beeinflussen konnte. Die Handelskammer wünschte zunächst, hamburgischer Sitte gemäß, eine Kommission in die Leitung des Kolonial-Instituts zu entsenden und sich damit Einfluß auf die Verwaltung zu sichern, aber der Hinweis auf den Staatskommisar und die Reichsbeamten zog auch in diesem Falle. So begnügte sie sich mit einem dreiköpfigen Beirat, der beratende Stimme haben und dem Senatskommissar zur Seite stehen sollte. Diese Hinzuziehung der Handelskammer erschien deswegen notwendig, weil man der Linkspresse keinen Hetzstoff gegen „Kapitalisten“ und „Interessen“ liefern wollte — sagt Thilenius. Erreicht wurde diese Absicht auch, meines Erachtens hauptsächlich aber wohl deshalb, weil Max Warburg ein Mitglied des Beirats wurde und damit die jüdisch-marxistisch orientierte Presse Anweisung erhielt, still zu sein.

Bereits vor der Schaffung des Kaufmännischen Beirats hatte von Melle den Professorenrat des Kolonial-Instituts errichtet. Dieser Professorenrat spielte die Rolle einer Fakultät, indem er die wissenschaftlichen Fragen (Lehrbetrieb) begutachtete und somit den Senatskommissar beriet und stützte. Er bestand aus denjenigen Professoren, die an dem Lehrbetrieb des Kolonial-Instituts beteiligt sein sollten. Es war also gleichsam ein Exzerpt aus dem Professorenkonvent. Bei den Beratungen über die Gestaltung des Kolonial-Instituts ist der Professorenrat von Anfang an ausschlaggebend gewesen; die erste Sitzung fand am 8. XI. 1907 statt.

So wurden denn allmählich alle inneren Widerstände beseitigt, obwohl von Seiten der Kaufleute und sonstigen Schichten der Hamburger Bevölkerung eine ausgesprochene Abneigung gegen ein Kolonial-Institut zum Ausdruck kam. Als sich nämlich der Professorenrat dafür einsetzte, für die jungen Kaufleute und Angestellten zu einer geeigneten Zeit Vorlesungen zu halten, und der Kaufmännische Beirat eine Umfrage bei den Firmen veranstaltete, erfolgte eine fast einstimmige Ablehnung; man wünschte keine Ausbildung an einem Kolonial-Institut. Die Kaufleute legten auf eine solche überhaupt keinen Wert, weil in dem Hamburger Handel die deutschen Kolonien eine minimale Rolle spielten. Man wünschte eine die fremden Länder erforschende Überseeakademie, denn die ganze Welt war das Feld des Hamburger Kaufmanns, die Kolonien in ihr ein kleiner Faktor!

Am 1. IV. 1908 wurde das Gesetz über das Kolonial-Institut angenommen, am 1. X. 1908 das Kolonial-Institut eröffnet. Auf seine Organisation ausführlich einzugehen, liegt hier kein Grund vor, ein Überblick genügt. Im allgemeinen richtete sie sich nach der der deutschen Universitäten. Kurator war der Senatskommissar, der Professorenrat eine Fakultät mit jährlich neu gewähltem Vorsitzenden (Dekan). Ein Ausschuß aus diesem, dem stellvertretenden Vorsitzenden (Prodekan) und dem Schriftführer erledigte die eiligen Sachen. Die Vorlesungen waren zweistündig, dauerten zwei Semester und berücksichtigten in erster Linie die Bedürfnisse der Kolonialbeamten. Die entscheidenden Fächer waren: Kolonialgeschichte, Kolonialpolitik, Kolonialrecht und -verwaltung, Tropenhygiene, Geographie, Islamkunde, Völkerkunde, koloniale Landwirtschaft, koloniale Tierzucht, Tierseuchen, angewandte Zoologie, angewandte Botanik.

Im Gegensatz zu den Universitäten bot das Kolonial-Institut aber den Hörern eine Fülle von Belehrungen mannigfacher Art durch Nichtdozenten So las der Fischereidirektor Dr. Lübbert über Fischerei, Dr. Sokolowsky machte Führungen in Hagenbecks Tierpark, unter dem Namen „Koloniale Praxis" waren Vorträge erfahrener Kolonialbeamter und sonstiger Praktiker verstanden. Exkursionen und Besichtigungen von Hafenbetrieben, Warenlagern, industrieller Anlagen und Aufbereitungsanstalten boten den Hörern etwas, was am besten in Hamburg zu finden war. Auch im Reiten, Fechten, Rudern, Segeln, im Sammeln naturwissenschaftlicher und völkerkundlicher Gegenstände konnte man sich unterrichten lassen.

Das Hörermaterial setzte sich zusammen aus Kolonialbeamten, Marineoffizieren, später auch aus Kolonialärzten, technischen Zollbeamten aus Hamburg, Kaufleuten (ab 1909 entsandte der Deutschnationale Handlungsgehilfenverband 50 Hospitanten), ferner aus Landwirten, Pflanzern, Missionaren u. a. m.

Wichtig war die Begründung der Veröffentlichungen des Kolonial-Instituts, die in losen Bänden erschienen und von dem Staat mit 10 000 Mk. finanziert wurden. Eine Chronik des Kolonial-Instituts brachte das Jahrbuch der wissenschaftlichen Anstalten.

Nun zum Schluß noch die Zentralstelle! Wäre es nach dem Reichskolonialamt gegangen (S. 10), so hätte sie den Hauptteil des Kolonial-Instituts bilden müssen, nämlich sie wäre „Mittelpunkt der w i s s e n s c h a f t l i c h e n **Forschungen** i n d e n K o l o n i e n u n d gleichzeitig auch der wirtschaftlichen Betätigung" geworden. Melle und seine Mitarbeiter haben augenscheinlich gerade diese entscheidende Auffassung des Reichskolonialamts übersehen und sich lediglich an dessen mehr äußerlichen Forderungen gehalten: Räumlichkeiten, Leseräume, Sammlung des gesamten Materials aus den eigenen und fremden Kolonien, wie Zeitschriften, Büchern u. a. m.

Was wurde nun aber ausgeführt?

Auf Seite 14 der Denkschrift von Thilenius wird wohl erklärt, die Zentralstelle würde Hamburg eine ausschlaggebende Bedeutung verleihen, zumal durch sie eine unmittelbare Verbindung des Kolonial-Instituts mit den Gouvernements und umgekehrt hergestellt würde. Dann aber heißt es wörtlich: „Auch die Zentralstelle ist indessen mehr als Ziel der zukünftigen Entwicklung bezeichnet worden (vom Reichskolonialamt nämlich. Der Verfasser). Dies erklärt sich im wesentlichen daraus, daß maßgebende Kreise in Berlin hierin wie in der Frage des Sprachunterrichts eine Gefährdung des (Berliner) Orientalischen Instituts sehen. Unter diesen Umständen empfiehlt es sich, nur von dem Büro des Senatskommisars zu reden, dessen Entwicklung zu einer Zentralstelle ohnehin vorgezeichnet ist, da zweifellos die Kolonien und das Ausland sich an das Kolonial-Institut wenden werden, sobald sie seine Begründung erfahren." (Denkschrift vom 1. XII. 1907.)

Aus solcher Einstellung spricht weder ein kraftvoller Wille (ängstliches Zurückweichen vor Berlin, sowie p a s s i v e s Abwarten den Kolonien gegenüber), noch ein übertriebenes Verständnis für die Idee von einem „Mittelpunkt der wissenschaftlichen Forschungen in den Kolonien". Daß wirklich der Senatskommissar und seine Berater mit der „Zentralstelle" nichts Rechtes anzufangen wußten, zeigt die Vorgeschichte dieser Einrichtung (nach Th's. Denkschrift).

„Die Unsicherheit über die Ausführung des Gedankens und die geeignete Person finden ihren Ausdruck in der Vorlage an die Bürgerschaft, die nur die Forderung für das „Büro des Senatskommissars enthält" — schreibt Th. (S. 25). In einem Brief vom 30. XI. 1907 an den Kommissar des Reichskolonialamts (Schnee) heißt es (S. 26): „Es scheint am richtigsten für die ersten Monate als Büro des Senatskommissars zu beginnen und dann mit dem wachsenden Betrieb zu der erwünschten Auskunfts- und Vermittlungsstelle auszubauen."

Also verschwunden ist d a s w a h r h a f t G r o ß e der Idee des Reichskolonialamts, nämlich der M i t t e l p u n k t d e r F o r s c h u n g e n in den Kolonien; lediglich eine „Auskunfts- und Vermittlungsstelle" war das Ideal geworden!

Ursprünglich wollte man einen „Büroassistenten" anstellen, später dachte der Professorenrat an einen „Generalsekretär", der eine leitende Persönlichkeit sein müßte (Th. S. 27). Schließlich stellte bereits nach Eröffnung des Kolonial-Instituts der Professorenrat am 8. X. 1908 den Antrag, Geheimrat Stuhlmann zu berufen. Er wurde zunächst kommissarisch von dem Reichskolonialamt beurlaubt, blieb aber dauernd. Das Kolonial-Institut zerfiel nun in zwei Teile: In die Abteilung Lehrbetrieb mit Professorenrat und in die Zentralstelle. Ursprünglich sollten (Th. S. 27) Professorenrat und Zentralstelle nebeneinander arbeiten und nur durch den Senatskommissar miteinander verkehren, aber der Professorenrat beantragte, daß Stuhlmann regelmäßig zu den Sitzungen eingeladen würde (2. I. 1909).

So war denn ein Organismus geschaffen, der aus einem Hauptteil (Lehrbetrieb mit Professorenrat) und Nebenteil (Zentralstelle als Auskunfts- und Vermittlungsstelle) bestand. Ein richtig organisiertes Kolonial-Institut hätte einem Körper gleichen müssen, der von einem warmen Blutstrom ernährt wurde. Dieser Blutstrom mußte aus dem Herzen der Zentralstelle kommen. Die einzelnen Disziplinen am Kolonial-Institut wären dann die ernährenden und ernährt werdenden Organe, das alles leitende Gehirn aber der Professorenrat gewesen. Statt einen solchen lebensfähigen Organismus zu schaffen, wurde das Herz gleichsam vom Körper losgelöst und nur durch ein dünnes Blutgefäß mit dem Gehirn verbunden. War das das Richtige? Wir werden es sehen.

Erreicht wird mit der hier entworfenen Skizze der Entstehung des Kolonial-Instituts jedenfalls, daß es nunmehr möglich sein dürfte, das Geographische Seminar und die Hamburgische Professur für Geographie in ihrer geschichtlichen Entwicklung zu verstehen.

II. Die Hamburgische Professur für Geographie und das Geographische Seminar in der Zeit von 1908 bis 1913.

1. Die Berufung.

Von allen den soeben geschilderten Vorgängen hatte ich, in Breslau an der Universität befindlich, keine Ahnung. Zu Hamburg besaß ich keine Beziehungen; erst im dritten Jahre, als Ordinarius und als Nachfolger von Partsch tätig, hatte ich mit dem für mich neuen Universitätsbetrieb so viel zu tun, daß ich mich wenig um das kümmern konnte, was nicht unmittelbar zu meinem Aufgabenkreis gehörte. So entgingen mir denn auch die Zeitungsnotizen über die Begründung eines Kolonial-Instituts in Ham-

Bronze-Plakette von Emil Jensen, Hamburg

burg. Anders meine Kollegen. Der damalige Dekan äußerte sofort: „Das kostet uns Passarge." Ich selbst war aber völlig überrascht, als ich von Thilenius eine Anfrage erhielt, ob ich eventuell nach Hamburg kommen würde. Der Brief, der kurz das zu begründende Institut schilderte, schloß mit den Worten: „Und hinter allem steht die Universität." Mir schien auch ohne dieses Ziel die so ganz neue Aufgabe sehr verlockend zu sein. Bald erhielt ich die offizielle Anfrage von der Oberschulbehörde. Im Juni 1908 war ich in Hamburg, und der erste, der mir auf der Behörde begegnete, war ein ehemaliger Jenenser Konstudio von 1890, den ich später vor meiner Abreise nach Kamerun, 1893, in Berlin wiedergetroffen hatte, Rat Dr. Förster. Als Rat der Oberschulbehörde und damit rechte Hand des Senators von Melle war es seine Aufgabe, zunächst mit mir zu verhandeln. Klar, daß dieses Verhandeln sofort unter dem Einfluß alter Erinnerungen durch eine gewisse Wärme erleichtert wurde. Abends war ich Gast bei Thilenius. Mit aller Offenheit weihte er mich in die Hamburger Verhältnisse ein, in die Schwächen und Vorzüge dieses dem Mittelalter entstammenden Stadtstaates. Ich wurde vor allem darauf aufmerksam gemacht, daß es in Hamburg ganz unvermeidlich sei, klein zu beginnen, durch fortschreitende Entwicklung eine Zwangslage zu schaffen und unter Nachweis des absoluten Bedürfnisses geldliche, räumliche und organisatorische Forderungen zu stellen. Dann bekäme man die Mittel und käme langsam, aber sicher vorwärts. Thilenius sprach auch ganz offen über Herrn von Melle, seine Fähigkeiten, seine Taktik und großen Erfolge. Und immer wieder kam als Trumpf der Hinweis auf die Universität. Ich gebe offen zu, daß ich damals gegen eine Entwicklung in solcher Richtung nichts einzuwenden hatte, wenn mir auch die Aufgabe, etwas ganz Neues und für unsere Kolonien Bedeutsames zu schaffen, weitaus die Hauptsache zu sein dünkte. So war ich denn bereits über alles informiert, als ich Herrn von Melle aufsuchte, und zwar mit dem Ergebnis, daß ich zusagte. Bereits Ende August siedelte ich nach Hamburg über, so daß ich mich nach jeder Richtung eingelebt hatte, als am 1. X. 1908 das Kolonial-Institut eröffnet wurde.

2. Das Geographische Seminar in der Domstraße 9.

Die Voraussage, daß nur ganz allmählich, unter dem Zwang der Notwendigkeit, die Entwicklung des Kolonial-Instituts zu erwarten sei, bestätigte sich vollauf. Allein der kümmerliche Anfang wirkte auf uns, d. h. auf mich und den aus Breslau mitgebrachten Assistenten E. Obst, der mir in der ersten Zeit in der Domstraße 9 mit Eifer und Geschick zur Seite stand und einen großen Teil der technischen und schriftlichen Aufgaben erledigte, nicht weiter deprimierend. Vielmehr war es gerade reizvoll, aus dem Nichts heraus etwas aufzubauen. Ich hatte bereits von Breslau aus auf Grund meiner dort gemachten Erfahrungen für die ersten Anschaffungen 7500 Mk. beantragt und erhalten: So stand für den Beginn ein ausreichender Fonds zur Verfügung, zumal in dem Etat nicht einbegriffen waren das gesamte Mobiliar, wie Schränke, Tische, Stühle usw. Lediglich für den Bedarf an Lehrmaterial und den laufenden Betrieb durfte das Geld verbraucht werden.

Die Kampfzeit in der Domstraße könnte man die ersten eineinhalb Jahre in Hamburg nennen, so lange dauerte der Kampf um die Schaffung eines lebensfähigen Seminars. Man hatte mich ja von vornherein auf die Taktik aufmerksam gemacht, die in Hamburg allein zum Ziele führen konnte. Klein anfangen, etwas leisten, Bedürfnisse schaffen, eine Zwangslage herbeiführen und so die Bewilligung erreichen. Obwohl ich es durchaus vermied, solche Taktik mit der Leitung der Oberschulbehörde zu besprechen, glaube ich doch richtig zu urteilen, wenn ich sage, daß die zwecks Schaffung eines brauchbaren Seminars auf Grund von Leistungen angewandten Maßnahmen meiner vorgesetzten Behörde keineswegs unangenehm waren, ihr vielmehr willkommene Druckmittel zur Förderung der Pläne lieferten, die Herr von Melle zur Hebung des geistigen Lebens in Hamburg konsequent verfolgte und die auf die Universität hinzielten.

Zunächst die Räume des Geographischen Seminars! Während ich diese Zeilen schreibe, werden die Gebäude abgerissen, in denen zuerst die Seminare untergebracht waren. Das „Pressehaus“ des „Hamburger Tageblatts“ hat die Stätte der ersten embryonalen Entwicklung des Seminars ausgelöscht, aber ein Bild ist doch erhalten geblieben und im Geographischen Institut zu finden. Betrat man das Haus Nr. 9 in der Domstraße, so lag im Erdgeschoß rechts ein kleines Zimmer, in dem der Direktor hausen sollte, links zwei Zimmer, von denen das größere als Hörsaal — Pardon: Hörzimmer — bzw. Seminarraum zu dienen bestimmt war. Das Mobiliar war alt und verbraucht; Tische, Stühle, Regale, ein großer Schrank, in dem Direktorzimmer ein einfacher Schreibtisch, Stuhl, Kleiderschrank. Man wollte offensichtlich so billig wie möglich das Kolonial-Institut starten. Die anderen Seminare waren in der Domstraße 8 in ähnlichen Zimmern untergebracht. Es trug nicht zur Hebung der Begeisterung bei, daß die Räume sehr dunkel waren, daß die Fenster schlecht schlossen, die Zimmer — selbstverständlich bei Ofenheizung — abends stark auskühlten, und daß morgens erst einmal Ruß und Staub energisch abgefegt und abgewischt werden mußten. Doppelfenster gab es nicht; sie sind im allgemeinen in Hamburg nicht gebräuchlich. Durch Abdichten der Ritzen und durch

Fensterkissen versuchten wir die Not zu lindern. An dem Fenster des Hinterzimmers, das auf einen dunklen Hof hinausging, wurden Spiegel oben und außen angebracht, die das spärliche Tageslicht in das Zimmer reflektierten. Man vergesse nicht: Wintertage in dem sonnenarmen und ach so dunstig-nebeligen Hamburg! Wir waren ob solcher Verhältnisse tief beeindruckt. In Hamburg fängt man ja klein an, und als ich meinem Kollegen Lauffer, der unserem Hinterzimmer gegenüber mitsamt seinen vielen reichen Sammelschätzen in einem noch dunkleren Keller untergebracht war und für das einmal kommende Museum für Hamburgische Geschichte unentwegt und vertrauensvoll arbeitete, meinen Besuch abstattete, kam ich mir im Geographischen Seminar ordentlich bevorzugt vor. Die Sammlungen Lauffers landeten schließlich in dem prachtvollen neuen Museum am Millerntor, und auch das Geographische Seminar kam vorwärts

Der Unterricht am Kolonial-Institut sollte im November beginnen; der Oktober 1908 mußte also dazu benutzt werden, die ersten notwendigen Lehrmittel zu beschaffen. Herr Obst half mir dabei mit gutem Erfolg. Da zunächst vor allem alles beschafft werden mußte, was für den Unterricht erforderlich war, so waren bei den Vorarbeiten folgende Vorlesungen zu berücksichtigen: Einmal sollte eine solche über die Landeskunde der afrikanischen Kolonien gelesen werden. Außer den Kolonialbeamten, die meist aus Juristen und mittleren Beamten bestanden, konnte man mit Kaufleuten, Pflanzern, vielleicht auch Lehrern und einigen Spezialinteressenten rechnen. Wohl niemand — außer einigen Lehrern — besaß die Vorkenntnisse in der Erdkunde, die zum Verständnis einer einigermaßen wissenschaftlichen Landeskunde erforderlich waren. Demgemäß mußte unbedingt den Hörern eine Einführung in die Erdkunde geboten werden, die die einfachsten Grundbegriffe von Meteorologie und Klimakunde, Meereskunde und Morphologie, sowie von den Pflanzenvereinen brachte. Außerdem bestand die Aufgabe, im öffentlichen Vorlesungsraum eine allgemein interessante, namentlich die Fortbildung der Lehrer bezweckende Vorlesung zu halten. Die Beschaffung von Lehrmaterial mußte also sowohl an die Kolonien als an den Unterricht in Allgemeiner Erdkunde denken Sie mußte auf gebildete Laien berechnet sein, aber auch die Belange streng geographischer Wissenschaft nicht außer acht lassen. Demgemäß wurden in großem Umfang Bücher, Zeitschriften und Karten, die sich auf die allgemeine Erdkunde und die Kolonien bezogen, aber auch grundlegende landeskundliche Werke angeschafft, namentlich solche aus außereuropäischen Erdteilen. Damit strömte ein stattliches Material an Büchern und Karten zusammen, und somit entstand das Bedürfnis nach Raum und Mobiliar, die eine übersichtliche Anordnung und sichere Aufbewahrung ermöglichten. Zu vergrößern war der Raum nicht; ein Schrank, den wir in der Domstraße 9 vorfanden und freudestrahlend benutzten, wurde uns mit einem Wehruf wieder abgenommen: er gehörte den „Oberlehrerinnen". Davon später mehr. Bezüglich der erforderlichen Möbel aber teilte uns am 12. XI. 1908 die Behörde lakonisch mit: „Vollständige Erschöpfung des Rubrums 33 des diesjährigen Budgets; alle Anträge auf Mobiliar sind bis zum nächsten Etatsjahr, das heißt April 1909, zurückzustellen." So stellte ich meinen Kleiderschrank für die angekauften bzw. im Seminar angefertigten Unterrichtsmittel zur Verfügung, und wir behalfen uns, so gut oder schlecht es ging.

Das zusammenströmende Material brachte seinerseits eine Fülle neuer Arbeiten und Kosten: Eintragungen in Kataloge, Signaturen, Einbinden und anderes mehr. Daß ein umfangreicher geschäftlicher Briefwechsel in Gang kam, ist selbstverständlich. Für zwei ohne sonstige Hilfe Dastehende wäre die Arbeitslast an sich schon reichlich gewesen. Hatten wir doch keine Schreibhilfe, keine Schreibmaschine, die Durchschläge lieferte. Alles wurde mit der Hand geschrieben, zuerst ins Unreine als Beleg, dann ins Reine. In der Domstraße 8/9 (also in zwei Häusern mit fünf Seminaren) war nur eine Frau (Witwe Albert) zur Bewachung und Bedienung da. Reinmachen und Heizen kamen dazu. Letzteres wurde von dem Heizer des Johanneums, dieses bekannten humanistischen Gymnasiums, besorgt. Das Johanneum befand sich damals in dem Gebäude der heutigen Staats- und Commerzbibliothek, die damals beide ebenfalls in dem Gebäudekomplex des Johanneums untergebracht waren — neben dem Gymnasium.

Raum-, Reinlichkeits-, Mobiliar- und Schreibsorgen waren nicht die einzigen Hindernisse, mit denen wir anfangs zu kämpfen hatten, die Herstellung der notwendigen Unterrichtsmittel war eine ganz gewaltige Belastung für unsere Arbeitskraft, und diese genügte keinesfalls. Das Zeichnen farbiger Gelatineplatten, die, zwischen Glasplatten gelegt, in einfacher Form und schematisch Kartenskizzen brachten und als Lichtbilder benutzt wurden, übernahm ich selbst; mehrere 100 Dias entstanden so im Laufe des Winters und bildeten die erste Grundlage für eine Diapositivsammlung. Sie befinden sich noch in der Sammlung des Seminars. In Breslau hatte ich selbst klimatologische und morphologische Wandkarten getuscht unter Benutzung der Perthesschen Umriß-Weltkarten, aber hier langte keinesfalls die Zeit zu eigener Arbeit aus. So entschloß ich mich denn kurzerhand und verpflichtete ungefragt für 60 Mk. je Monat einen Zeichner, der in seiner Freizeit täglich zwei Stunden Karten zeichnete — getuschte Wandkarten und abwaschbare Karten. Letztere Kartenart hatte ich bereits als Privatdozent in Berlin benutzt. Es sind Umrißkarten, die auf präparierte

Leinwand gezeichnet sind. Die Leinwand wird dann auf einen Holzrahmen gespannt. Mit farbiger Kreide wird das zu Zeigende eingezeichnet, und zwar während der Vorlesung. Die Hörer tragen in die ihnen gelieferten Umrißkarten mit Buntstiften die kolorierten Linien und Flächen (Isothermen, Gebirge, Pflanzenvereine und anderes mehr) ein.

Eine kleine Abschweifung sei mir hier gestattet. Diese Umrißkarten mußten mit einem Vervielfältigungsapparat hergestellt werden. Nach meinen Erfahrungen in Breslau war es nicht zweckmäßig, kostenlos solche Vorlagen zu liefern; denn was man ohne Gegenleistung geschenkt erhält, achtet man nicht, vergeudet man leicht. So wurden denn für jede Karte einige Pfennige genommen und eine „Kartenkasse" angelegt, die dazu diente, die Mittel für die Bezahlung solcher Gegenstände zu besitzen, die in kein Rubrum des Kassenschemas paßten und daher den Bürobeamten schwere Kopfschmerzen bereiteten. Über das Geld wurde genau Buch geführt, eine Kontrolle war also ohne weiteres möglich. Aber nach Hamburger Auffassung lag darin ein Kapitalverbrechen. Während des Krieges kam dieses Verbrechen heraus, als die Kartenkasse durch einen Dieb erbrochen wurde. Ich mußte vom Felde aus eine ausführliche Erklärung abgeben und erreichte schließlich, daß die sehr vernünftig urteilende Behörde nichts unternahm; es blieb alles beim alten. Der Systemregierung blieb es vorbehalten, diese zur schnellen Erledigung oben gekennzeichneter Auslagen sehr geeignete kleine Kasse, deren jährliche Einnahmen kaum jemals 40 Mk. überstiegen, einzuziehen. Damit wurde die Methode, mit gelieferten Karten zu arbeiten, ausgeschaltet.

Doch kehren wir nach dieser Abschweifung zu dem besagten 60-Mk.-Zeichner zurück, den ich auf eigene Faust in den Dienst des Seminars gestellt hatte. Als sein erstes Monatsgeld der Kasse angewiesen wurde, war das Entsetzen groß. „Wie konnten Sie nur von dem bewilligten Geld einen Zeichner engagieren! Das Geld war doch nur für Bücher, Karten und sonstige käufliche Materialien da." Also fort mit ihm! So saßen wir denn wieder allein da inmitten der großen drängenden Aufgaben.

Inzwischen hatten die Vorlesungen längst begonnen. Für das Vorlesungswesen und gleichzeitig zur Fortbildung der Lehrer las ich im WS. 1908/1909 einstündig abends von 8 bis 9 (in Wirklichkeit dauerte es fast stets bis gegen 11 Uhr): Überblick über die Wirtschaftsgeographie der Kontinente, und zwar in dem großen Hörsaal (oder Aula) des Johanneums. Die Vorlesung war stets brechend voll; das Neue zog, und obendrein hatte die Oberschulbehörde den Lehrern und Lehrerinnen den Besuch dringend empfohlen. Die Vorlesung für das Kolonial-Institut sollte in der Domstraße in dem großen Seminarraum, der für etwa 30 Personen im Notfall Platz bot, abgehalten werden. Allein die Hörerzahl war viel zu groß. Selbst das Katheder wurde zwei Hörern eingeräumt, und trotzdem standen noch manche an den Wänden. So ging es wirklich nicht, und hier setzten dann die ersten Bemühungen ein, Wandel zu schaffen und dem Seminar die Organisation zu geben, die ein gedeihliches Arbeiten ermöglichte. Der erste dringliche Antrag richtete sich auf die Gewinnung des kleinen Hörsaals im Johanneum, dessen Halbrund ich von den Vorträgen her kannte, die ich früher in der Hamburger Geographischen Gesellschaft gehalten hatte. Diese Bewilligung kostete nichts und war somit schnell zu erreichen. Der Gewinn war groß. In dem Pedell des Johanneums, Herrn Nemann, fanden wir einen hilfsbereiten Mitarbeiter. Der Heizer des Johanneums sollte als Hilfskraft bei den Vorbereitungen der Vorlesungen und beim Forträumen dienen. Damit begann nun aber ein Konflikt; denn der Transport der Unterrichtsmittel, die Bedienung der abwaschbaren Karten während der Vorlesungen, der Rücktransport — das alles nahm mindestens zwei Stunden in Anspruch. Herr Nemann jammerte ob solcher Inanspruchnahme eines seiner Arbeiter. Es jammerten die anderen Seminare, denen ebenfalls der Heizer entzogen wurde, es jammerte am lautesten das Geographische Seminar, das doch eigentlich hätte glücklich sein müssen. Es jammerte aber doch, weil die teuer erworbenen und mühsam hergestellten Lehrmittel bei dem Transport nach dem Hörsaal des Johanneums, und zurück über die Straße in dem Nebel, Regen und „Sodd", das heißt nassem Kohlengruß, mit dem der Hafen die Stadt Hamburg beglückt, stark litten. So folgte denn schnell ein neuer Antrag auf Einstellung eines eigenen Dieners für d i e Seminare — nicht nur für das Geographische. Es handelte sich um ein w i r k l i c h e s Bedürfnis, und besonders begründet wurde der Antrag, den die anderen Seminare natürlich wärmstens befürworteten, durch den Hinweis darauf, daß ein Diener mit genügender Handschrift sehr viel Schreibarbeiten übernehmen und in jedem Seminar abwechselnd eine Woche neben der Beaufsichtigung Schreibarbeiten machen könnte. Die Behörde bewilligte diesen Diener, der bald der begehrteste Mann in der Domstraße 8/9 wurde.

Der Zeichner war uns genommen, die dringendsten Arbeiten blieben liegen, die Not war groß, ein neuer Antrag wurde notwendig: Einstellung einer Zeichnerin für d i e Seminare für 1200 Mk. auf ein Jahr. Das Schicksal dieses Antrages war für die damaligen Verhältnisse bezeichnend. Die Behörde sah die Notwendigkeit ein und gestattete, zum 1. I. 1909 eine Zeichnerin p r o v i s o r i s c h einzustellen. Das geschah. Nach dieser vorläufigen Abmachung traf die Behörde die ihr geeignet erscheinenden Maßnahmen mit dem Ergebnis, daß am 23. I. 1909 die Mitteilung kam, die

Zeichnerin sei bewilligt, und zwar nur auf ein Jahr für alle Seminare der Domstraße 8/9. Die Mittel wurden von dem Vorlesungswesen gestellt. So wurde denn Fräulein Luise Maass, die bereits seit dem 1. I. 1909 tätig war, richtig angestellt. Die Zeichnerin blieb auch nach Ablauf des ersten Jahres, die Stelle wurde eine dauernde, und zwar diente sie tatsächlich nur dem Geographischen Seminar. Es ist mir nicht erinnerlich, daß jemals etwas für die anderen Seminare gezeichnet wurde. Als im Jahre 1911 das Romanische Seminar die Zeichnerin des Geographischen Seminars in Anspruch nehmen wollte, weil sie ja allen Seminaren zur Verfügung stehen sollte, wurde von der Behörde entschieden, daß sie entsprechend der starken Beschäftigung am Geographischen Seminar diesem fortan allein angehören sollte. Darin sah ich eine neue Bestätigung des Wohlwollens der Behörde gegenüber dem Geographischen Seminar.

Nunmehr konnte mit bestem Erfolg zeichnerisch gearbeitet werden. Zur Anschaffung der erforderlichen Materialien war genügend Geld da, so kamen wir denn gut vorwärts. Nun blieb noch übrig, die Widerstände zu beseitigen, die sich der Einstellung einer Schreibhilfe entgegenstellten. Sie war wirklich dringendes Bedürfnis geworden. Der geschäftliche Briefwechsel hatte sehr zugenommen, das Registrieren der Korrespondenz, das Einordnen, Signieren, Katalogisieren der Bücher usw. — alles blieb liegen, der Rückstand war beängstigend. Waren es nur diese Nöte des Geographischen Seminars, oder trug zu einer Erweichung der Herzen die Not bei, die man auf der Behörde selbst beim Lesen meiner handschriftlich geschriebenen Briefe hatte? Ich weiß es nicht. Jedenfalls war im April das Eis gebrochen. Am 27. IV. 1909 erhielt ich die Erlaubnis, provisorisch eine Schreibhilfe einzustellen, und zwar sofort und ausschließlich für das Seminar. So trat denn am 1. V. 1909 Fräulein Anna Studt ihren Dienst an, und damit war wiederum ein entscheidender Fortschritt erzielt. Allerdings bestand noch die Gefahr, daß uns diese sehr tüchtige und ihrer Persönlichkeit nach schätzenswerte Kraft verlorenging, weil nach dem Gesetz ein Militäranwärter genommen werden mußte, wenn sich einer für die ausgeschriebene Hilfsschreiberstelle bewarb. Dieses geschah nicht, und am 14. VI. 1909 erhielt ich die Mitteilung, daß Fräulein Studt definitiv angestellt sei. Nachdem die Arbeiten, die liegengeblieben waren, bewältigt waren, machte Fräulein Studt im Geologischen Institut bei einem dort freiwillig arbeitenden Herrn Frucht einen Kursus im Photographieren durch. Nunmehr konnten Diapositive und alle anderen photographischen Arbeiten im Seminar ausgeführt werden. Auch lernte sie Reliefs anfertigen, von denen zuerst das von Helgoland fertig wurde. Fräulein Studt wurde später technische Hilfsarbeiterin und damit höher besoldet.

In dieser Zeit der ersten Entwicklung des Seminars hatte man manchmal Gelegenheit, festzustellen, daß man sich wirklich in einem engräumigen Stadtstaat befand. Selbstverständlich hielt ich es für meine Pflicht, mit den bewilligten Geldmitteln möglichst viel anzuschaffen, kaufte demgemäß manches im „Ausland". In dem Stadtstaat blieb so etwas nicht verborgen, und so erhielt ich bald von einer Hamburger Firma, die übrigens überreichlich mit Aufträgen bedacht worden war, ein Schreiben, in dem mit Entrüstung festgestellt wurde, ich hätte mich bemüßigt gefühlt, das und das in Berlin zu kaufen. Bald darauf kam hoch vom Dachstein her ein kräftiger Wischer von der Finanzbehörde: „Alle Sachen seien in Hamburg zu kaufen." Daraufhin stellte ich sofort den Antrag, den jährlichen Etat um die Hälfte, das heißt von 3000 auf 4500 Mk., zu erhöhen, denn die Sachen seien gewöhnlich in Hamburg erheblich teurer als im „Ausland". Obendrein wären manche Werke überhaupt nicht in Hamburg zu haben gewesen. Niemals würden Hamburger Firmen ignoriert, stets auch in Hamburg Preisangebote eingeholt und dann das Preiswerteste genommen. Wie groß die Preisunterschiede seien, zeigten z. B. die Dias: in Hamburg 1.50, sonst überall 1 Mk. Selbstverständlich wäre ich bereit, wenn es gewünscht werde, teurer in Hamburg einzukaufen, müßte dann aber auch um die obengenannte Erhöhung bitten. Eine Antwort habe ich meines Wissens nicht erhalten. Jedenfalls wurde der Etat zunächst nicht erhöht, und ich habe mich nach wie vor „bemüßigt gefühlt", in erster Linie an das Seminar und erst in zweiter Linie an Hamburger Firmen zu denken.

Trotz aller Sparsamkeit waren im Sommer 1909 alle Mittel erschöpft. Die Gründe setzte ich in einem Antrag um Nachbewilligung von 4000 Mk. der Behörde auseinander. Als ich von Breslau aus die Summe von 7500 Mk. für die erste Einrichtung des Seminars forderte, wußte ich nicht, daß ich nicht nur am Kolonial-Institut für koloniale Vorlesungen, sondern auch für das Öffentliche Vorlesungswesen, also für den Unterricht in Allgemeiner Erdkunde und in Länderkunde, zu sorgen hätte. So war es unvermeidlich, daß ich in Schwierigkeiten geriet. Wie immer, fand ich bei der Behörde volles Verständnis, aber zunächst war es auch ihr nicht möglich, zu helfen, Es traten aber Ereignisse ein, die eine günstige Stimmung hervorriefen und auf die in einem zweiten Antrag hingewiesen werden konnte. Damit erhielt die Behörde ein Druckmittel, das von ihr zwecks Bewilligung von Mitteln benutzt werden konnte. Vor allem wirkten wohl folgende Gesichtspunkte:

a) An den Universitäten würden seit Errichtung des Kolonial-Instituts stärker als bisher die deutschen Kolonien behandelt. In Halle hätte sich sogar unter Führung von Geheimrat Wohltmann eine private „Kolonialakademie" aufgetan, die darin bestehe, daß die Universitätsprofessoren, die kolonialwichtige Fächer vertreten, koloniale Vorlesungen halten. Da sowohl in Halle als sonst Institutsbibliotheken, die seit Jahrzehnten bestehen, den Hörern zur Verfügung ständen, müsse das Hamburger Seminar sich anstrengen, um konkurrenzfähig zu sein. Es sei bedauerlich, daß ein gewisser Kolonialschüler, der seine Examensarbeit über Deutsch-Ostafrika machen wollte, hier in Hamburg keine genügende Literatur fand; er mußte sich nach Berlin wenden.

b) Mehrere Ordinarien deutscher Universitäten hätten sich nach Kenntnisnahme meiner in der „Kolonialen Rundschau" 1909 veröffentlichten Antrittsrede an mich gewandt, ob Doktoranden koloniale Themata am Geographischen Seminar bearbeiten könnten. Soll ich zusagen oder abschreiben?

c) In dem „Geographischen Anzeiger" von 1909 hätte Professor Regel, Würzburg, einen Aufsatz über die Geographischen Institute an deutschen Hochschulen veröffentlicht; Hamburg bliebe unerwähnt. Ich hätte nun für den „Anzeiger" einen Aufsatz über das Hamburger Seminar verfaßt. Sollte ich ihn einreichen oder darauf verzichten?

Solche Gründe waren wirksam; denn auf das Ansehen des Kolonial-Instituts im Reich legte man großen Wert, schon mit Rücksicht auf etwaige Universitätspläne. Die Kämpfe um einen genügenden Etat zogen sich bis zum Jahre 1911 hin. Er wurde schließlich auf 4500 Mk. festgesetzt. Ein genügender Etat entsprach ja den Universitätsplänen, und so fanden meine Anträge stets ein offenes Ohr und nachdrückliche Unterstützung.

Betrachten wir nun zunächst einmal die rein äußerliche Entwicklung des Seminars. Nach Ablauf des ersten Jahres besaß das Geographische Seminar, einem Bericht vom 1. X. 1909 zufolge, ein Lehrmaterial an Handbüchern und Zeitschriften, das sich mit dem der Geographischen Institute an kleinen Universitäten wohl messen konnte. Die Bibliothek umfaßte etwa 1300 Bände, darunter 18 geographische und 9 koloniale Zeitschriften des In- und Auslandes. Zu nennen wären ferner 5 große Reliefs, tektonische Modelle, ein Linckscher Vulkanapparat und eine reiche Sammlung an Bildertafeln und Photographien, etwa 1400 Stück Lichtbilder, etwa 1890 Stück Gesteinsproben. Wichtig waren namentlich die im Seminar von der Zeichnerin angefertigten Wandkarten, die abwaschbaren Karten und die meteorologischen Instrumente, Aneroid, Thermometer, Baro-, Thermo-, Hydrograph, Aspirationshygrometer, Kochthermometer und anderes mehr. Während des WS. 1909/1910 blieb das Seminar noch in den engen Räumen der Domstraße 9, zu Ostern 1910 erfolgte aber die Übersiedlung in die Dammtorstraße 25. Wir wollen vor dem Scheiden aus den alten Räumen noch einmal einen kurzen Rückblick auf die ersten eineinhalb Jahre in Hamburg werfen. Es war eine sehr interessante, arbeits- und erfolgreiche Zeit, eine Zeit stürmischen Vorwärtsdrängens, ich möchte sagen, eine richtige „Kolonialperiode" mit dem Schaffen von Neuem aus dem Nichts heraus. Gewiß war der Anfang in den engen, dunklen Räumen kümmerlich, aber die ganzen Verhältnisse des Hamburger Stadtstaates erwiesen sich durchaus als entwicklungsfähig. Wie ganz anders war es doch an einer Universität! Dort war ein Kutschieren auf gebahnter Straße. Gewiß konnte man bald mehr nach Backbord oder Steuerbord lenken, aber Gräben, Feld- und Waldränder wiesen erbarmungslos die Richtung. In Hamburg dagegen konnte der Weg gesucht, querfeldein, querwaldein gefunden und erzwungen werden. Ganz Neues zu leisten war möglich, und gerade der dauernde Kampf reizte und fesselte das Interesse. Keinen Augenblick bereute ich den Übergang zum Kolonial-Institut — in den Augen so mancher Kollegen ein bedauerliches Herabsteigen von dem hohen Universitätsthron. Die zu überwindenden Hindernisse gingen nicht von der vorgesetzten Behörde aus, sondern von den parlamentarischen Zuständen und den Geldbewilligungen. Das Aufblühen des Geographischen Seminars lag völlig im Interesse der mehr oder weniger offen verfolgten Universitätspläne und demnach im Sinne aller jener Kreise, die in der Universität das Beste und Erstrebenswerteste sahen. Und wenn auch in wissenschaftlicher Hinsicht manches weniger hoch bewertet werden mußte (Unterrichtsniveau) als an Universitäten, in einem Punkte bestand doch große Überlegenheit. Der Hamburger hatte volles Verständnis dafür, daß der Direktor eines Seminars oder Instituts die notwendigen Hilfskräfte haben mußte, um auf seine wissenschaftlichen Arbeiten seine Zeit und Kraft verwenden zu können.

Auch die Art und Weise, wie man die Exkursionen handhabte, zeigte großzügige Einstellung[2]). Alle Dozenten des Kolonial-Instituts reisten auf Staatskosten, die Kolonialbeamten auf Reichskosten. Die Exkursionen boten den Hörern viel, weil die Mannigfaltigkeit der Umgebung groß war, und man die Gründe für die landschaftliche Verschiedenheit der einzelnen Regionen gut darlegen konnte, z. B. die Unterschiede zwischen Marsch, Geest, Lüneburger Heide, Seegebiet, zwischen Nordsee und Ostsee usw. In der näheren Umgebung Hamburgs waren Hauptexkursionsziele der Elbstrom, Helgoland, das Wattenmeer mit den Halligen und den hohen Inseln, Lübeck, Travemünde und Brodtener Ufer, die Gipsfelsen von Segeberg und Lüneburg, die hügelige Heide. Aber es ging auch, damit die

---

[2]) Die Darstellung gilt für die Zeit von 1908 bis 1914.

Hörer im Bereich anstehender Gesteine Beobachtungen zu machen lernten, nach dem Weserbergland, in das Harzvorland und in den Harz selbst hinein (Goslar—Ilsenburg—Brocken). Zweimal war das Rheinische Schiefergebirge das Ziel mit seinen vulkanischen Erscheinungen, den weiten Rumpfebenen und den prachtvollen Flußterrassen im Bereich des Durchbruchtales. Auf diesen Ausflügen war es zwar nicht möglich, tropische Landschaften zu zeigen, Hauptsache war aber, daß die Hörer überhaupt angeleitet wurden, die Augen aufzumachen und auf die Verschiedenheiten der landschaftlichen Erscheinungen zu achten. Manchmal bot sich eine Gelegenheit, die Frage zu erörtern: Wie würde vermutlich das Land aussehen, wenn wir uns in Togo, Kamerun, Südwest- oder Ostafrika oder in Neuguinea befänden. Gewiß war es nicht anzunehmen, daß nunmehr viele der Hörer zu selbständigen Beobachtungen oder gar Forschungen veranlaßt wurden, aber es waren doch einige unter den vielen, bei denen die Samenkörner auf gutem Boden fielen. Das geht daraus hervor, daß im Laufe der Jahre (1908—1914) eine Anzahl namhafter Gelehrter von dem Unterricht am Kolonial-Institut mehr oder weniger beeinflußt wurden, wie Professor Dempwolf, der bekannte Linguist, der Arzt und Geograph Professor Brand (Prag), Professor Rodenwaldt (Heidelberg), Dr. Ludwig Kohl, Dr. Houy, der leider in Kamerun ermordet wurde, Stabsarzt Dr. Vorwerk, Landwirtschaftsrat Scherer und Oberregierungsrat Dettinger (beide in Stuttgart) und andere mehr. Der persönliche Kontakt trug viel dazu bei, daß die Ausflüge wirklich Bedeutung bekamen.

Bezüglich der Vorlesungen sei noch ergänzend hinzugefügt, daß neben den regelmäßigen Übungen in Allgemeiner Erdkunde und den Vorlesungen über die Kolonien (in WS. die afrikanischen, im SS. Südsee und Kiautschau) im Öffentlichen Vorlesungswesen auch noch behandelt wurden: im WS. 1908/1909 Überblick über die wirtschaftsgeographischen Verhältnisse der Kontinente, im SS. 1909 Kamerun (in 6 Stunden), im WS. 1910/1911 Landeskunde der deutschen Kolonien. Auch Dr. Obst beteiligte sich mit drei Thematas: Entdeckungsgeschichte Afrikas, Deutsch-Ostafrika und Kamerun.

So war denn das Seminar in voller Vorwärtsentwicklung, als zu Ostern 1910 der Umzug in die Dammtorstraße 25 erfolgte.

3. Das Seminar in der Dammtorstraße von Ostern 1910 bis Ostern 1911.

Die Oberschulbehörde befand sich bis dahin in diesem Gebäude, siedelte aber um, und so wurden Räume frei, die dem Geographischen Seminar zur Verfügung gestellt wurden. Die Verbesserung gegenüber der Domstraße war bedeutend, vor allem wurde dem drückenden Raummangel abgeholfen. Außer dem eigentlichen Seminarraum, der zugleich als Hörsaal diente, gab es ein Zeichenzimmer, ein Direktor- und Assistentenzimmer. Die Schränke wurden in besonderen Räumen untergebracht und später auch noch eine ehemalige Küche für Versuche und Übungen mit einem Reyerschen Quellkuppenapparat und einem Geysir-Apparat zur Verfügung gestellt. Mit dem Raumwechsel trat gleichzeitig ein Wandel in den Vorlesungsaufgaben ein. Er war mit einem entscheidenden Abrücken von dem Ziel verbunden, das lautete: Schaffung eines lebensfähigen Kolonial-Instituts. Zielbewußt wurde die Universität ins Auge gefaßt, und im Kreise der Auguren fiel das Wort: „Die Oberlehrerinnen bahnen den Weg zur Universität" . . . Damit hatte es folgende Bewandtnis. Es gab schon vor der Gründung des Kolonial-Instituts Fortbildungskurse für Lehrerinnen, die zu Oberlehrerinnen ausgebildet werden sollten. Diese Kurse wurden von Privatleuten finanziert und von Oberlehrern geleitet. Nunmehr wurden diese Kurse dem Öffentlichen Vorlesungswesen angegliedert, und Hamburger Professoren und ihre Seminare mit der Ausbildung von Lehrerinnen betraut, die zu Oberlehrerinnen avancieren sollten. Mit diesem Beschluß wurde das Geographische Seminar vor ganz neue Aufgaben gestellt. Es mußte sich wesentlich auf den Universitätsbetrieb einstellen, und vierstündige Vorlesungen nebst Seminarübungen abhalten. Mittel wurden zur Verfügung gestellt, so daß die Umstellung bzw. Erweiterung hinsichtlich Lehrbetrieb und Lehrmittel ohne Schwierigkeiten vollzogen werden konnte. Mußte doch nunmehr Europa, Deutschland, Nordamerika, Asien stark berücksichtigt werden. Diese neuen Aufgaben lenkten naturgemäß von denen ab, die das Kolonial-Institut stellte. Letzteres wurde (mindestens bezüglich des Unterrichts) Nebensache, die Oberlehrerinnen wurden dagegen Hauptsache.

Viel folgenschwerer als diese Umstellung im Geographischen Seminar war aber, daß naturgemäß sehr bald hintereinander eine ganze Anzahl neuer Professuren geschaffen werden mußte, die mit dem Kolonial-Institut gar nichts zu tun hatten, solche für Englisch, Romanisch, Deutsch, Mittelalterliche Geschichte, Philosophie. Die bereits im Jahre 1909 errichteten Professuren für Sinologie (Franke) und für afrikanische Sprachen (Meinhof) lagen noch unmittelbar im Rahmen des Kolonial-Instituts. Alle aber waren Sturmböcke, die die Widerstände brechen sollten, die sich dem Universitätsgedanken entgegenstellten. Es liegt mir fern, gegen Herrn von Melle und die anderen Universitätsfreunde einen Vorwurf zu erheben. Man konnte damals und kann jetzt noch ernsthaft die Frage erörtern, ob das Ablenken von dem Kolonial-Institut zur Universität für Hamburg und das Reich das Richtige und Beste war oder nicht. Hier sollen nur gewisse

Tatsachen festgestellt werden; die Stellungnahme zur Universitätsfrage wird später erfolgen.

Als die neuen Aufgaben auf das Geographische Seminar einstürmten, hatte ich einfach die Verpflichtung, allen Anforderungen pflichtgemäß zu genügen, nicht aber offen Opposition zu treiben oder gar heimlich zu sabotieren. Die wissenschaftliche Aufgabe war ja auch interessant und verantwortungsvoll genug. So wurde denn auch alle Kraft eingesetzt, sie zu bewältigen. Im SS. 1910 begann ich die Vorlesungen mit Klimatologie und Meereskunde, während im Seminar Petrographie und Stratigraphie getrieben wurden. Im WS. 1910/1911 folgte Geomorphologie nebst Übungen in Klimatologie und Meereskunde, die im Semester vorher in der Vorlesung behandelt worden waren.

Am 1. X. 1910 schied Herr Dr. Obst aus, da er im Auftrage der Hamburgischen Geographischen Gesellschaft nach Ostafrika ging. Sein Nachfolger wurde Dr. Kremer, der in Münster bei Meinardus mit einer interessanten und gründlichen Arbeit (Vergleichende klimatologische Untersuchungen über Ostafrika und Vorderindien) promoviert hatte. Seine Tätigkeit am Geographischen Seminar bestand nicht im Abhalten von Vorlesungen; diesbezüglichen Wünschen der Behörde trat ich mit gewichtigen Gründen entgegen. Es mußte nämlich meines Erachtens das Ansehen des Kolonial-Instituts und des Öffentlichen Vorlesungswesens herabsetzen, wenn junge Leute, die eben erst das Doktorexamen abgelegt hatten, bereits selbständige Vorlesungen an der Hamburger Hochschule abhielten. Dr. Kremer widmete sich vielmehr mit großem Eifer und Geschick einmal experimentellen Versuchen mit dem Reyerschen Quellkuppenapparat und dem Geysirapparat und begann ferner eine Arbeit über die Abhängigkeit der Produktion in Togo von dem Klima — eine Arbeit, die in den Mitteilungen der Hamburger Geographischen Gesellschaft erschienen ist. Eine weitere Personalveränderung bestand darin, daß die Zeichnerin Fräulein Maaß am 31. X. 1910 ausschied zu unserem großen Bedauern, da sie nicht nur sehr geschickt und tüchtig, sondern auch persönlich eine stets bescheidene, selbstlose und schätzenswerte Mitarbeiterin gewesen war. An ihre Stelle trat Fräulein Therese Kloß, die bald unentbehrlich wurde.

Ein Jahr lang (bis zu seinem Abbruch) gewährte das Haus in der Dammtorstraße 25 dem Geographischen Seminar Unterkunft, dann erfolgte die Übersiedelung in das neue Vorlesungsgebäude, das Edmund Siemers in hochherziger Weise dem Staat zur Förderung des wissenschaftlichen Lebens in Hamburg geschenkt hatte. „Der Forschung, der Lehre, der Bildung", lautet die Überschrift über dem Portal; Siemers' Marmorbüste befindet sich in der Halle gegenüber dem Eingang. Eine sehr charakteristische Bronzebüste von Melles kam später dazu.

4. Das Geographische Seminar im Vorlesungsgebäude bis zum Jahre 1914.

Es waren sehr schöne Räume, hell, luftig, sauber und mit ganz modernen Einrichtungen ausgestattet, aber im Grunde bereits beim Beziehen einem ausgewachsenen Rock vergleichbar. Die damaligen Verhältnisse sind in einem Aufsatz: „Das geographische Seminar in Hamburg" niedergelegt, der im „Geographischen Anzeiger" im Jahre 1911 erschienen ist. Es sei auf diesen verwiesen, und nur einige Hauptpunkte sollen herausgehoben werden. (Grundriß des Seminars im „Geographischen Anzeiger".)

Es waren vier Räume, darunter der 11,70 m lange und 5,50 m breite Seminarraum, in dem die Bibliothek, das Epidiaskop nebst Wandschirm und Wandtafeln untergebracht waren. Auf der einen Seite dieses Zimmers lagen das Assistenten- und das Zeichenzimmer, auf der anderen das Direktorzimmer. Das Mobiliar ließ sich nur zum Teil in den Seminarräumen selbst unterbringen, obwohl alle Räume zum Aufstellen von Schränken benutzt wurden. Zahlreiche große Schränke fanden auf dem Korridor Platz, und die abwaschbaren Karten, die viel Raum einnahmen, kamen sogar in einen Kellerraum.

Die Etatskämpfe waren beendet, das Jahr 1909 war mit 3200 Mk. ein mageres Jahr. 1910 brachte außer dem Etat von 3200 Mk. eine Extrabewilligung von 3000 Mk., 1911 aber eine solche von 2100 Mk., die dem ehemaligen Privatfond der Oberlehrerinnenkasse entstammten und für Ergänzung der Lehrmittel dienten. In den dreieinhalb Jahren seines Bestehens waren dem Geographischen Seminar — ohne das Mobiliar — 24 600 Mk. zur Anschaffung bzw. Herstellung von Unterrichtsmaterial von der Behörde bewilligt worden. Hinsichtlich der Zusammensetzung dieses Materials kann auf das früher Gesagte verwiesen werden. Nur auf einige besondere Anschaffungen sei aufmerksam gemacht. Von dem Geographischen Seminar wurde die englische Ausgabe der chilenisch-argentinischen Grenzexpedition erworben, ein vielbändiges Werk, das ein sehr reichhaltiges Karten- und sonstiges Material enthält. Für den Oberlehrerinnenkursus wurde das schöne und gut durchgearbeitete Tellurium von Professor Schoubye gekauft. Professor Schoubye (Kadettenanstalt in Lichterfelde) zeigte in einem für die Lehrerkreise Hamburgs veranstalteten Vortrag sein Tellurium. Der Erfolg war ein unerwarteter. Einige der führenden Oberlehrer wandten sich voller Entrüstung gegen jede Benutzung von tellurischen Hilfsmitteln; man müsse den Schülern am Himmel alles zeigen. Mein

Einwand, daß man allerdings die tatsächlichen Bewegungen zeigen müsse, dagegen andere Vorgänge wie Nutation, Präzession und anderes mehr am besten am Tellurium klarmachen könne, machte keinen Eindruck. Ein neben mir sitzender Schulrat flüsterte mir zu: „Die Herren haben für die Schule Flachdächer beantragt, um von da aus mit den Schülern den Himmel zu beobachten; sie werden bei denen nichts erreichen.“ Nun, Einseitigkeit tut nicht gut; beides — Himmelsbeobachtung und Tellurium — ist notwendig. Jedenfalls habe ich selbst es so gehalten.

Die andere Erwerbung, die besonders hervorgehoben zu werden verdient, war die der 405 Aquarelle von Professor Pechuel-Lösche. Sie führen uns in das Beringsmeer, wo er als Matrose auf einem Walfänger tätig war, nach den Azoren und nach Westafrika (Goldküste, Kamerun, Kongoland, Südwest-Afrika, Kapland). Diese Aquarelle sind ein hervorragendes, wissenschaftlich sehr brauchbares, die Natur, nicht des Künstlers Seele widerspiegelndes Demonstrationsmaterial. Professor Brinkmann war so liebenswürdig, in dem Kunstgewerbemuseum eine Ausstellung der Aquarelle zu veranstalten, die großen Beifall fand. Das Kuratorium der Godeffroy-Stiftung hat in hochherziger Weise den Ankauf der Sammlung ermöglicht, die etwas ungewöhnlich wertvolles Einmaliges darstellt. Dasselbe gilt von dem handschriftlichen Katalog über geographische Veröffentlichungen und russische Karten, die Professor Dr. Michow, Direktor einer Privatschule, im Laufe von 24 Jahren angelegt hatte. Er umfaßt den Zeitraum von 1800 bis 1900 und enthält 125 000 Nummern. Seine Drucklegung würde 16 000 Mk. verschlingen. Er besteht aus 500 handschriftlichen Bänden und 40 Mappen Karten. Da Professor Michow in seinem 70. Lebensjahre seine Schule auflöste, bot er gegen eine angemessene Entschädigung den Katalog dem Staat an, der im Geographischen Seminar Aufstellung fand. Das geschah erst im Jahre 1914, aber die Tatsache sei hier bereits erwähnt.

Hinsichtlich des Unterrichts sind einige Neuerungen zu verzeichnen. Für das Kolonial-Institut wurde eine neue Vorlesung: Anleitung zu Beobachtungen auf Reisen nebst Routenaufnahmen, zusammen mit dem Observator an der Sternwarte, Herrn Dr. Graff, abgehalten. Die „Einführung in die Allgemeine Erdkunde“, die ich gelesen hatte, wurde an Professor Dr. Schlee abgegeben, der sie ab 1911 regelmäßig im Winter gelesen hat. Da die Zahl der Kaufleute am Kolonial-Institut zugenommen hatte, wurde deren Bedürfnis gleichfalls Rechnung getragen, und Dr. Lütgens übernahm Vorlesungen über allgemeine Wirtschaftsgeographie und die Wirtschaftsgeographie des romanischen Amerikas, das er auf zwei von der Geographischen Gesellschaft Hamburg unterstützten Reisen kennen gelernt hatte. Auch für solche über Asien wurde gesorgt. Professor Schlee erhielt auf Empfehlung des Geographischen Seminars eine namhafte Unterstützung des Staates für eine Studienreise nach den Sunda-Inseln und Vorderindien mit der Verpflichtung, zwei Semester lang Vorlesungen zu übernehmen. Es wurde jede Gelegenheit benutzt, um den Hamburgern zu zeigen, welchen praktischen Nutzen und welche Belehrung die Hamburger aus einem richtig aufgezogenen Öffentlichen Vorlesungswesen ziehen könnten. Als im Mai 1912 die „Titanic" unterging, wurde sofort Professor Schott (Seewarte) gebeten, im WS. 1912/1913 eine Vorlesung über praktische Meereskunde, Handelswege und anderes in einer für Kaufleute geeigneten Form zu lesen; er ging gern darauf ein.

Hinsichtlich der am Seminar Angestellten gab es einige Veränderungen Dr. Kremer schied am 1. X. 1911 nach einjähriger Tätigkeit zu meinem großen Bedauern aus, denn er war nicht nur ein sehr fleißiger Assistent, sondern hatte sich auch durch seine wissenschaftliche Bescheidenheit Selbstlosigkeit und Aufrichtigkeit charakterlich als echter Wissenschaftler qualifiziert. Er ging, weil er sich entschlossen hatte, die Oberlehrerlaufbahn einzuschlagen. Ich habe diesen Entschluß aufrichtig bedauert. Sein Nachfolger wurde Dr. Rathjens, der in München auf Grund einer als Student ausgeführten Reise nach Eritrea und Adua bei Drygalski eine Dissertation geschrieben hatte. Er stand damals in enger Wahl mit Dr. Klute (jetzt Professor in Gießen) und Dr. Gehne, der später eine der Grenzexpeditionen in Neu-Kamerun mitmachte und im Weltkriege fiel. Nur eine Äußerlichkeit (Fehlen des Staatsexamens) verhinderte damals, daß Klute nicht gewählt wurde. Im Winter 1912/1913 war Rathjens auf einer von der Hapag veranstalteten Weltreise Vortragender — eine Aufgabe, die im Jahre zuvor Professor Mecking zugefallen war. Während seiner Abwesenheit vertrat ihn Dr. Jessen (1. XII. 1912 bis 31. V. 1913), der als Friese und guter Kenner Sylts und des Wattenmeeres sich gerade für die Hamburger Stelle eignete, und mit dem ebenso wie mit Rathjens die Zusammenarbeit Freude machte, und ferner für einige Wochen auch der spätere Studienrat Dr. A. Krause (Hamburg). Am 1. X. 1913 wurde als zweiter Assistent Dr. A. von Schultz eingestellt. Es handelte sich damals darum, für die große Kartensammlung der Zentralstelle einen sachkundigen Bearbeiter zu gewinnen. Außerdem fehlte es bisher an einem Fachmann, dem im Öffentlichen Vorlesungswesen Vorträge über Asien anvertraut werden konnten. Schultz als Kenner von Rußland, von Turkestan und Pamir, war der richtige Mann für solche Aufgabe. Der Griff stellte sich als ein sehr glücklicher heraus. Die Kartensammlung verdankte ihre Entstehung der Anregung durch den Kaufmännischen Beirat (März

Seminar

WS. 1908/1909 bis WS. 1909/1910

Domstraße 9

SS. 1910 bis SS. 1911

Dammtorstraße 25

graphie

WS. 1911/1912 bis WS. 1920/1921

Vorlesungsgebäude

Seit SS. 1921

Rothenbaumchaussee 21

1911) als Hilfsmittel für Kaufleute und andere Interessenten. Ende 1912 wurden 6000 Mk. einmalig, 2000 Mk. jährlich bewilligt, und zwar für die Zentralstelle. Die Verwaltung und Auswahl der Karten wurde dem Geographischen Seminar übertragen, auch die Unterbringung erfolgte im Geographischen Seminar, Dr. Schultz wurde der Bearbeiter.

Schließlich schied am 30. XI. 1913 die technische Hilfsarbeiterin Fräulein Studt aus, weil sie dem eigentlichen Beruf jeder Frau folgen, d. h. heiraten, wollte. Alle haben sicherlich ihr Ausscheiden bedauert. War sie doch unermüdlich fleißig, geschickt, zuverlässig und persönlich gleichmäßig liebenswürdig und bescheiden in ihrem Auftreten. Wir hatten aber mit dem Ersatz Glück; denn ihr folgte Fräulein Luise Rath, die als treue und zuverlässige Mitarbeiterin heute noch am Institut tätig ist.

Mit dem Jahre 1913 endete eine bestimmte Entwicklungsperiode des Geographischen Seminars. Rein äußerlich fällt in diese Zeit meine Reise nach Ägypten, die ich mit Meinardus ausführte. Wichtiger war, daß die ganze Universitätsfrage in ein neues Stadium getreten war. Der Oberlehrerinnenkurs ging im Laufe des Jahres 1913 mit abschließenden Prüfungen zu Ende. So manchem der Seminare war damit der Hauptzweck seines Daseins genommen. Der Staat war in eine Zwangslage versetzt. Die Universitätsfrage wurde akut, ein diesbezüglicher Antrag vom Senat eingereicht, aber die Universitätsvorlage von der Bürgerschaft abgelehnt. Neue Bestrebungen über die Ausgestaltung des Kolonial-Instituts kamen in Gang. Wir wollen aber zunächst einmal das wissenschaftliche Leben betrachten, das in dem Geographischen Seminar außerhalb des Unterrichtsbetriebes pulsierte, und dann erst zu der Frage: Kolonial-Institut oder Universität vom Standpunkt des Geographischen Seminars aus Stellung zu nehmen.

5. Das wissenschaftliche Leben im Geographischen Seminar außerhalb des Lehrbetriebes.

Vorlesungen, die Herstellung von Unterrichtsmitteln setzen selbständige wissenschaftliche Arbeiten und Forschungen voraus. Wissenschaftliche Institute, meines Erachtens auch an Universitäten mit besonders betontem Lehrbetrieb, sollen ihre Mittel der Lehre und Forschung zur Verfügung stellen. Wissenschaftliche Arbeiten und Forschungen sind nicht Privatsache, sondern die vornehmste Amtsaufgabe eines Hochschullehrers. Das war der Grundsatz am Geographischen Seminar des Kolonial-Instituts und er blieb es auch am Geographischen Seminar der Universität. Und es war wirklich ein reiches, wissenschaftliches Leben und Treiben, das damals pulsierte.

a) Der wissenschaftliche Briefwechsel.

Ein ganz stattlicher Stapel von Briefen liegt vor mir, obwohl bereits ein großer Teil als hier unwesentlich ausgeschaltet worden ist. Eine übersichtliche Darstellung ist wegen der Vielseitigkeit des Stoffes und der Briefschreiber nicht leicht, und obendrein sind die verschiedenen Unterabteilungen, die man zur Gliederung benutzen könnte, nicht scharf trennbar. Trotz aller Unvollkommenheiten wird aber doch eine Einteilung in großen Zügen wünschenswert sein.

Die Briefschreiber waren einmal Bekannte aus meiner Berliner Zeit, als ich inmitten der Kolonialkreise tätig war. Namentlich die im kartographischen Institut von Dietrich Reimer durch die Vermittlung von Moisel und Sprigade gemachten Bekanntschaften mit Offizieren, deren Routenaufnahmen daselbst verarbeitet wurden, waren bedeutsam. Moisel und Sprigade waren bei der Vermittlung von Bekanntschaften aktiv beteiligt. Dazu kamen alte Breslauer Schüler, die wegen ihrer wissenschaftlichen Vorbildung ganz besonders geeignet waren, selbständig zu arbeiten. Weniger galt das von den Schülern des Kolonial-Instituts. Sie waren ja fast ausnahmslos in geographischen Dingen Laien. Trotzdem gab es einige unter ihnen, die wirklich begierig waren, sich Kenntnisse anzueignen und draußen Beobachtungsmaterial zu sammeln. Es fehlte auch nicht von Seiten ganz Fremder an Anfragen und Wünschen nach Beratung und Auskunft. Manchmal waren die Fragen nicht frei von unfreiwilligem Humor (z. B. gibt es westlich von Südamerika noch unentdeckte Inseln?). Die meisten Wünsche hatten aber Hand und Fuß. Außer Privatleuten wandten sich auch wissenschaftliche und wirtschaftliche Unternehmungen an das Geographische Seminar.

Die Länder, um die es sich handelte, waren überwiegend die deutschen und fremde Kolonien und Staaten. Die Exkursionen, die Beschaffung von Lehrmitteln, eigene wissenschaftliche Arbeiten bedingten aber auch Beziehungen zu Hamburg und Deutschland im allgemeinen.

Ein Teil des sich entwickelnden Briefwechsels bezog sich auf den Erwerb von Unterrichtsmaterial, namentlich von Photographien. Es waren teils Offiziere der Schutztruppe und Beamte, teils Privatpersonen, die liebenswürdigerweise ihre Aufnahmen dem Geographischen Seminar zur Verfügung stellten. Ich nenne hier aus Kamerun Moisel, Stümpell, Schipper, v. Hagen, v. Örtzen, Mohn, Holtheuer, Menge, Buschmann, aus Südwest-Afrika Scherer und Wuttke, aus Fidji und Australien Fricke und Basedow, Fritz Ebell (Kanarien), C. Schöffer (Venezuela). Kapitänleutnant Schultze Jena von der „Thüringen“ schenkte eine Panoramaaufnahme von

Agadir, einem Platz, der ja einmal im politischen Mittelpunkt stand. So mancher, der in die Kolonien oder auch sonst ins Ausland reisen oder sich an einer Unternehmung beteiligen wollte, wandte sich an das Geographische Seminar und wurde, so gut es ging, beraten, so z. B. Professor Zimmer und Winkler, als sie eine Studienfahrt nach Ostafrika organisieren wollten, Leutnant Engelbrechten für Adamaua, die Fischereiinspektion Cuxhaven wegen Gründung einer Fischfanggesellschaft in Duala, Fülleborn hinsichtlich des Bismarckarchipels, die Afrikanische Kompanie in Berlin wegen Durchforschung Südkameruns auf Mineralvorkommen, Dr. Arning (Hannover) wegen des Ssanga- und Logone-Gebietes, Professor Naumann (Frankfurt a. M.) wegen Neu-Kamerun. Aber auch das Ausland fehlte nicht. So setzte sich Professor Bendrat vor seiner Guayana-Reise mit dem Geographischen Seminar in Verbindung.

Als die Grenzexpeditionen nach Neu-Kamerun entsandt wurden, bot sich eine Gelegenheit, jüngere Gelehrte als Teilnehmer vorzuschlagen, nämlich Dr. Maywald (Breslau), einen Schüler von Partsch, und Dr. Gehne (Halle). Ein Schüler von v. Drygalski, Dr. Mayr, zog es leider vor, sich Schröder-Stranz anzuschließen. Von diesem noch ein Wort!

In einem Fall lehnte ich, obwohl wiederholt gebeten und eingeladen, eine Empfehlung entschieden ab: als nämlich Leutnant Schröder-Stranz seine Expedition nach der Taimyr-Halbinsel und weiter zur Südsee finanzieren wollte. Bekanntlich verscholl Schröder-Stranz auf der Vorexpedition zusammen mit Dr. Max Mayr in Nordost-Spitzbergen; und auch die getrennt von Schröder-Stranz operierende Abteilung wurde nur mit Mühe gerettet. Kürzlich fand man ja Reste der unglücklichen Reisenden. Ich hatte bei dem Besuch, den mir Schröder-Stranz machte, das Empfinden, daß Vorsicht geboten sei, und habe leider Recht behalten.

Ein wissenschaftlicher Briefwechsel mit Herren in den Kolonien kam allmählich in Gang. Es handelte sich zum Teil um Anfragen und Beratungen, das heißt aus den Kolonien wandte man sich an das Geographische Seminar, zum Teil um wissenschaftlich-wirtschaftliche Mitteilungen, zum Teil um Anfragen, die von dem Geographischen Seminar ausgingen. Nur einige Beispiele seien angeführt. So stand z. B. das Geographische Seminar in Verbindung mit Herren wie Pöch (Buschmänner der Kalahari), Range (Geologisches aus Südwest-Afrika), Seiner (Okavango-Sambesi-Gebiet), Hambruch (Deutsche Südseeinseln), Gehrmann (Samoa), Landmesser Lange (Ostafrika), Oberleutnant Heilingbrunner (Togo). Von ehemaligen Kolonialschülern, die eifrig mit dem Geographischen Seminar in Meinungsaustausch standen, seien erwähnt Scherer (Südwest-Afrika und Kapland) und Menge (Kamerun), der einen interessanten, in der „Kolonialzeitung" veröffentlichten Bericht über den Ausbruch des Okoli-Kraters am Kamerunberg einsandte. Stabsarzt Rodenwaldt (jetzt Professor in Heidelberg) berichtete über interessante Vorgänge an der Lagunenküste von Togo. Von Dr. Mansfeld liegt eine ganze Anzahl von Briefen vor, die über seine Beobachtungen in Ossidinge und von seinen Reisen in diesem Bezirk berichten. Mit Herzog Adolf Friedrich und namentlich einem der Teilnehmer an dieser Expedition, Hauptmann Dr. Schultze (demselben, der im letzten Band der „Mitteilungen" über seine Reisen in der Sierra Nevada de Santa Marta so interessant berichtet hat), stand das Geographische Seminar in Verbindung. Von Schultze liegen zwei Briefe mit wichtigen Beobachtungen vor, die zum Teil in seinem Reisebericht fehlen. Bezüglich der Mansfeldschen Berichte sei erwähnt, daß er die große Wichtigkeit der Rutschungen in den Urwaldgebirgen nördlich des Kamerunberges (Rumpi-Berge) schildert. Noch aus 100 km Entfernung könnte man die roten Rutschabhänge wie blutige Wände leuchten sehen. Später wurde Behrmann in Neuguinea auf dieselben Erscheinungen aufmerksam.

Als im Deutschen Kolonialreich die Abschnitte Togo und Kamerun erschienen waren und einer Anzahl von Kolonialbeamten und -offizieren zugeschickt wurden mit der Bitte, Irrtümer festzustellen und positive Ergänzungen vorzunehmen, hatte dieser Schritt vollen Erfolg. Eine ganze Anzahl der Herren schickte Berichtigungen ein, die von großer Wichtigkeit und in der Literatur nirgends zu finden waren. Ich möchte hier nennen die Herren Heilingbrunner, Gruner und Rodenwaldt aus Togo, Dominik, Rausch, Schlosser, von Stein, Strümpell, Krück, Lessner, Winkler, Lauezzari aus Kamerun. Die zum Teil ganz wesentlichen Richtigstellungen und Ergänzungen sollten in der zweiten Auflage verwertet werden — es blieb ein Traum!

Auf einen der oben genannten Kameruner sei noch kurz eingegangen, auf

Hans Dominik.

Im Jahre 1909 war Major Dominik während der Heimreise auf See gestorben. Seine Angehörigen hatten mich gebeten, bei der Ankunft der Leiche im Hamburger Hafen eine Gedenkrede zu halten. Ich tat es gern. Da Dominiks Denkmal an der Hansischen Universität einen Ehrenplatz gefunden hat, dürfte es nicht unangebracht sein, bei den Dozenten und Studenten, die diese Schrift lesen sollten, die Verdienste des Kameruner Kolonialhelden Dominik, die Erinnerung an diesen wahrhaft deutschen Mann durch Veröffentlichung meiner damaligen Rede lebendig zu erhalten. Die Rede lautete:

„Als mir der ehrenvolle Auftrag zuteil wurde, an dem Sarge des Verstorbenen ein Wort der Erinnerung zu sprechen, habe ich gern und ohne Zögern eingewilligt. Handelt es sich doch um einen Mann, dessen Verdienste so groß sind, daß es bei einer Gedächtnisrede keiner laudatio bedarf, nein, schlichte und einfache Worte genügen, um einen Widerhall in den Herzen der Hörer zu erwecken.

Weihnachten 1893 war es, als die überraschende Kunde kam, daß in Kamerun ein Aufstand ausgebrochen sei. Hauptmann Morgen wurde mit neu angeworbenen Sudanesen zur Unterdrückung der Unruhen ausgeschickt, und ihn begleitete als junger Offizier Hans Dominik, damals Leutnant im 12. Grenadierregiment in Frankfurt an der Oder, einem Regiment, dem wir so manchen berühmten Afrikaner verdanken. Im Feldzug gegen die Abo erwarb er sich die Sporen. Dann sandte man ihn auf den einzigen, im Hinterland befindlichen Posten, nach Yaunde. Diese Station befand sich in sehr exponierter Lage. Die Stämme der Yaunde waren zum Teil direkt feindselig, im Süden und Osten lagen die Sitze der aufrührerischen Bane, Bule und Mwelle, und von Norden drohten die sklavenjagenden Wute, der südlichste der Sudanstämme. Mit großem Geschick und großer Entschlossenheit hat sich der junge Offizier in so schwieriger Lage bewährt. Mit den Wute kam er friedlich aus, mit den Stämmen der Umgebung aber gab es gar manchen blutigen Strauß. Als Dominik den Rückweg durch das waldige Gebirgsland der Bakoko erzwingen wollte, kam er zwar schließlich glücklich durch, allein nur unter schweren Verlusten und selbst schwer verwundet. Das war wohl die trübste Zeit seines an Kämpfen so reichen Lebens.

Die nächsten Jahre sehen wir ihn als Stationschef von Yaunde in vollster Tätigkeit. Die Station wurde ausgebaut, Wege durch den Urwald geschlagen, friedliche Zustände unter den Stämmen der Umgebung geschaffen. Schwere Konflikte brachte erst das Jahr 1897, als er, nach Wuteland gezogen, mitten in Ngillas Stadt von einer vieltausendköpfigen Schar wilder Wutekrieger eingeschlossen, mit seinem kleinen Häuflein schwarzer Soldaten einen glänzenden Sieg errang und den Feind aus der eigenen Stadt warf. Dann kam 1898/1899 der Siegeszug nach Ngilla, nach Tibati, nach Ngaumdere und dem Tikarlande. Die Sultanate Südadamauas unterwarfen sich, und damit war die südliche Hälfte der Kolonie erobert. Allein zwei Jahre später sehen wir ihn auch im Norden. Mit beispielloser Kühnheit errang Dominik, unterstützt von Bülow und Radtke, bei Marrua einen glänzenden Sieg über Sultan Suberus' fanatische Reiterschar. Bis zum Tsadsee wurde das Land besetzt, und nach einer erstaunlich hartnäckigen, aufreibenden Verfolgung der alte Gegner Suberu vertrieben. Was war aber der Lohn für seine heldenhaften und entbehrungsreichen Kämpfe? Eine Disziplinaruntersuchung auf Grund eingelaufener Berichte über Grausamkeiten und andere Vergehen! Aber alle Beschuldigungen erwiesen sich als haltlos, und Dominik durfte es erleben, daß er von seiten seiner Behörde ausgezeichnet wurde. Der glänzendste Beweis seiner Rechtfertigung war die im vorigen Jahre am Geburtstag Seiner Majestät unter Vorpatentierung erfolgte Ernennung zum Major.

Seit 1902 hat Dominik im Süden des Schutzgebietes gewirkt, meist in friedlicher Tätigkeit; aber auch an Kriegszügen hat es nicht gefehlt. So spielte er bei der Niederwerfung des großen Südkameruner Aufstandes eine entscheidende Rolle. Vor allem war die Besiegung der Maka sein Werk. Das Makaland ist wohl das unzugänglichste Gebiet Kameruns. Es ist eine Hochfläche größer als Holstein, bedeckt mit unzugänglichen Sümpfen und Urwald. Dorthin hat sich der Kanibalenstamm der Maka zurückgezogen und leistet der Verwaltung heftigen Widerstand. Noch jüngst erhoben sie sich aufs neue, aber auch diesmal wurden sie in einem kurzen Feldzug durch Dominik unterworfen. Die Anstrengungen dieses Feldzuges waren aber selbst für afrikanische Verhältnisse ungewöhnlich große. Der durch sechzehn Tropenjahre geschwächte Körper war ihnen nicht mehr gewachsen. Ein lange verhaltenes Übel brach mit unwiderstehlicher Gewalt hervor. Ihm erlag Dominik vor dem Erreichen der Heimat.

Wenn wir nun zum Schluß versuchen, Dominik als Menschen zu charakterisieren, so kann man nüchtern und sachlich, ohne überschwengliche Worte, wohl folgendes Urteil fällen:

Major Dominik war Soldat vom Scheitel bis zur Sohle, mit allen Vorzügen eines solchen, stark an Körper, stark an geistiger Widerstandsfähigkeit, von unbeugsamer Energie und unbeugsamem Mut. Auch in den schwierigsten Situationen, wo Rettung schier unmöglich schien, verließ ihn nie die Kaltblütigkeit. „Nicht rechts geschaut, nicht links geschaut, vorwärts geradeaus, auf Gott vertraut und durch." Das war sein Wahlspruch, ihn hielt er sich in Augenblicken höchster Gefahr vor. Sein Mut, sein Ungestüm riß seine Leute mit, und er kam durch. Aber nicht nur als tapferer, waghalsiger Draufgänger hat er sich bewiesen, er hat sich auch als Stratege bewährt, als Leiter von für hiesige Verhältnisse zwar kleinen, für afrikanische Verhältnisse großen Verbänden, die über Räume verteilt waren, wie sie bei uns eine Armee einnimmt. In dem Gegensatz zwischen Raumverhältnis und Truppenzahl liegt aber gerade die Schwierigkeit afrikanischer Strategie.

Ein Gelehrter war Dominik nicht, hat auch nie diesen Titel beansprucht. „Wie gefunden und empfunden, unumwunden ist's erzählt", das war die

Losung bei der Veröffentlichung seines ersten Buches „Kamerun“; sie paßt auch auf sein zweites Werk: „Vom Atlantik zum Tsade.“ Frisch und lebendig sind die Bücher geschrieben, reich an interessanten und fesselnden Darstellungen, reich an geographisch und ethnographisch wertvollen Beobachtungen. Dominik hat Verhältnisse kennengelernt und anschaulich geschildert, die nicht mehr existieren. Deshalb werden seine Werke als Quellenmaterial stets wertvoll bleiben.

Als Beamter hat Dominik sich in der Wildnis glänzend bewährt. Die Ausgestaltung der Yaundestation, die Inangriffnahme der Verwaltung seines Bezirks, die Pazifizierung der Eingeborenen, der Ausbau des Wegenetzes, alles das hat er zuerst begonnen und zum großen Teil mit Erfolg durchgeführt. Die Eingeborenen behandelte er streng, aber gerecht. Er war gefürchtet und doch beliebt. Sein Einfluß war ein erstaunlich großer. In schwerer Gefahr hat allein Dominiks Anwesenheit einen Aufstand der Yaunde verhindert. Man pflegte zu sagen, Dominiks Person wiege zwei Kompanien auf. Wohl war er in der Durchführung militärischer Aufgaben rücksichtslos, bis der Erfolg erzielt war. Unnötig grausam war er aber nie. Wenn er so manchen Gegner gehabt hat, ich meine nicht die schwarzen Gegner, nein, solche unter seinen Landsleuten, so ist diese Erscheinung leicht verständlich und gereicht ihm nur zur Ehre. Ein Mann mit scharf ausgesprochenem Charakter, der sich vor einem offenen Männerwort nicht scheut und der nun gar auf dem Standpunkt steht, daß man Kolonien nur mit Blut und Eisen erwerben kann, ein solcher Mann muß in unserer schwachnervigen Zeit bei vielen anders Veranlagten, zarter Besaiteten anstoßen, und so ist es auch Dominik ergangen.

Ein reiches Leben hat er hinter sich, ein Leben, wie es wenigen beschert wird. Reich an Mühen, Gefahren und Arbeit, reich an Erfolgen und Ehren. Ihm wurde das große Glück zuteil, nicht auf ausgetretenen Wegen wandeln zu müssen, sondern durch eigene Arbeit, aus dem Nichts die ersten Grundlagen zu schaffen, die erste Kulturarbeit zu leisten. Viele Freunde und Kameraden sah er vor sich scheiden, mit denen er Freud und Leid geteilt. Von Arnim, Nolte, Sandrock, von Bülow — sie alle ruhen längst in afrikanischer Erde. Ihm hat ein gütiges Geschick es vergönnt, nicht so frühzeitig dahingerafft zu werden. Nein, er hat die Vollendung seines Lebenswerkes, die Besitzergreifung unserer Kolonie Kamerun, an der er so grundlegend mitgearbeitet, noch erleben dürfen. In vollster Schaffenskraft hat ihn der Tod ereilt. Kein Hinabsteigen, nur einen dauernden Aufstieg hat ihm das Leben beschert. So schwer auch der Verlust sein mag, so wollen wir uns in dem Gedanken trösten: ein Mann, der so viel geleistet hat, wird in der Erinnerung nie sterben, und wenn der kühnen Männer gedacht wird, denen wir unserer wertvolle Kolonie Kamerun verdanken, so wird Dominiks Name allezeit unter den ersten genannt werden."

So weit die Rede. Hierzu ein Wunsch: Mögen sich die Hamburger Studenten an ihm ein Beispiel nehmen und sich angesichts der Standbilder der beiden großen Afrikaner immer wieder darüber klar werden: Nicht Gelehrsamkeit ist im Leben eines Mannes die Hauptsache, sondern Charakter und Persönlichkeit.

Das Geographische Seminar war entsprechend seiner Eingliederung in das Kolonial-Institut und seinen nahen Beziehungen zur Hamburger Geographischen Gesellschaft in der Lage, auf die Veröffentlichungen der beiden Organisationen einen gewissen Einfluß auszuüben. Die Veröffentlichung einer Anzahl von Aufsätzen, die kolonial-überseeische Bedeutung besaßen, wurde von dem Geographischen Seminar empfohlen und unterstützt, wie z. B. in den „Mitteilungen der Hamburger Geographischen Gesellschaft" die wertvolle Arbeit von Hauptmann Strümpell über die Geschichte Adamauas, die Arbeit von Diestel über das westliche Tauern-Gebiet, von Waibel über die Tierwelt Ostafrikas, die Reisestudien von Lütgens über Haiti und den Quebracho. In den Abhandlungen des Kolonial-Instituts erschienen ein Band von Range über das Namaland, von Diestel über seine Kaukasusstudien. Für die Veröffentlichung des großen Werkes über den Atlantischen Ozean von Schott hat das Geographische Seminar mit besten Kräften mitgewirkt und unter anderem die Wissenschaftliche Stiftung bei der Geldbewilligung entscheidend beraten.

b) Größere Sonderaufgaben des Geographischen Seminars.

Außer den soeben kurz skizzierten Aufgaben und Arbeiten gab es für das Geographische Seminar noch einige größere Sonderaufgaben, auf die hier noch hingewiesen sei.

α) Die Landeskunde von Hamburg.

Bereits beim Antritt meines Amtes wies Herr von Melle darauf hin, daß man von mir erwarte, eine „Landeskunde von Hamburg" herauszugeben. Offen gestanden war eine solche Aufgabe nichts für mich. Einmal liegt meine Veranlagung überhaupt nicht auf dem Gebiet der Redaktion eines großen Werkes, sodann stand ich den Hamburger Verhältnissen nach Tatsachen und Personen als Fremder gegenüber und konnte persönlich höchstens einen ganz kleinen geographischen Abschnitt übernehmen, nämlich den über die natürlichen Grundlagen und die Weltlage Hamburgs. Bereits am 23. I. 1909 fand unter dem Vorsitz von Melles die erste

Sitzung statt. Ich hatte einen Plan über den Inhalt aufgestellt: 14 Abschnitte, rund 25 Bogen. Als Muster diente Partsch: Schlesien. Auf der Sitzung wurden folgende Gesichtspunkte als maßgebend hingestellt: 1. Populär-wissenschaftlicher Charakter für das gebildete Laienpublikum, 2. Staatszuschuß in Aussicht gestellt, 3. keine Honorarzahlung, 4. Ablieferung der Aufsätze bis 1. X. 1910. Mir wurden die Verhandlungen übertragen. Am 30. VII. 1909 konnte ich Herrn von Melle mitteilen, daß sich 16 Herren an der Bearbeitung beteiligen würden. Der Inhalt entsprach etwa dem einer geographischen Landeskunde, ging hinsichtlich der Kulturverhältnisse (Stadtstaat) aber erheblich darüber hinaus. Trotzdem wurden Wünsche laut, die eine weit stärkere Berücksichtigung der kulturellen städtischen Verhältnisse unter besonderer Heraushebung der hamburgischen Eigenarten verlangten. Das Gewinnen von weiteren Bearbeitern stieß aber auf große Schwierigkeiten. Meines Erachtens war es sehr ungünstig, daß nicht von vornherein für die notwendigen Geldmittel gesorgt und ein Verlag verpflichtet werden konnte. Auch der Verzicht auf Honorar lähmte wohl die Arbeitsfreudigkeit. Jedenfalls wurde nur ein einziger Abschnitt eingeliefert, dafür aber immer neue Kapitel vorgeschlagen. Am 12. VII. 1910 fand eine neue Sitzung statt mit dem Ergebnis, daß die Herausgabe zweier Bände beschlossen wurde. Den zweiten Band sollte Professor Rathgen herausgeben mit einem Inhalt, der mit Geographie wirklich nichts mehr zu tun hatte, z. B. das ganze geistige Leben, Krankenfürsorge, Hygiene, Stiftungen, Armenfürsorge, Stipendien usw. Es wurde schließlich nichts aus dem Plan; die Universitätsfrage riß sehr bald alles Interesse an sich. Meines Erachtens war die ganze Sache nicht richtig aufgezogen worden. Entsprechend der Größe der Arbeitsleistung hätte die Redaktion für den Herausgeber die Hauptsache, nicht wie bei mir Nebensache sein müssen. Die Mitarbeiter hätten gegen Honorar von einem vom Staat unterstützten Verlag verpflichtet werden müssen. Auch hätte der Herausgeber ein mit den Hamburger Kulturverhältnissen genau Vertrauter sein müssen. Ich war nicht die geeignete Persönlichkeit, denn g e o g r a p h i s c h war die Arbeit der Hauptsache nach nicht; der Name „Landeskunde“ war in diesem Fall irreführend.

β) Die Panoramen von Hamburgs Umgebung und von Schleswig-Holstein.

Das norddeutsche Flachland (und die Hamburger Umgebung macht davon keine Ausnahme) eignet sich nicht dafür, auf Photographien einen weiten Blick über die Landschaft wiederzugeben. Selten ist die Luft klar genug, und obendrein verlieren sich die Einzelheiten in dem Flachland. Will man Schülern in der Natur die Landschaft zeigen, macht einem das

Wetter oft einen Strich durch die Rechnung; hat man aber einmal klares Wetter, so bleibt es immer noch zweifelhaft, ob die Zuschauer wirklich den richtigen Gegenstand, über den gesprochen wird, ins Auge fassen. In der Hamburger Zeit entwickelten sich allmählich die Vorstellungen, die zu der Ausarbeitung der Landschaftskunde führten. In der „Physiologischen Morphologie" war ein Muster der Landschaftsbetrachtung (die systematische Landschaftsanalyse) dargelegt worden. Um nun auf Exkursionen in die so flachen, wenig ausdrucksvollen Hamburger Gegend die Methode mit Erfolg anwenden zu können, kam ich zu folgenden Versuchen. Probeweise wurde zunächst einmal von Finkenwärder eine photographische Panoramaaufnahme hergestellt. Diese Bilder wurden dann von der Zeichnerin des Geographischen Seminars, Frl. Therese Kloß, für eine Rundzeichnung benutzt.

An dieser Stelle möchte ich einmal kurz darauf hinweisen, von welcher Bedeutung Fräulein Kloß für das Geographische Seminar und seine Entwicklung gewesen ist. Sie ist nicht nur technisch ausgezeichnet vorgebildet, sondern hat auch eine ausgesprochene künstlerische Ader, und was noch bedeutsamer für ihre Tätigkeit am Geographischen Seminar ist, sie erfaßt mit erstaunlicher Sicherheit und Schnelligkeit das wissenschaftlich Charakteristische, also das, worauf es in wissenschaftlich-geographischer Hinsicht ankommt. Ohne ein solches Talent wäre es unmöglich gewesen, dem Gedanken an die Herstellung der Panoramen näher zu treten.

Fräulein Kloß erhielt also die photographischen Abzüge und stellte zunächst eine Umrißzeichnung her, in der die wesentlichsten Erscheinungen skizziert waren. Dann ging sie nach der Aufnahmestelle hinaus und begann nach der Natur die Zeichnung in Ölkreide soweit auszuführen, daß sie sie im Seminar zum Abschluß bringen konnte. Diese Methode war langwierig und kostspielig; denn nicht nur das Aufnehmen der Photos war von Wetter und Tageszeit, von Sicht und Sonnenstand abhängig, sondern auch das Zeichnen in der Natur. Da gab es Tage, an denen überhaupt nichts zu machen war, und wenn wirklich schönes klares Wetter war, konnte wegen der beim Menschen nun einmal beschränkten Arbeitsfähigkeit nicht die ganze Zeit ausgenutzt werden. Der Vorzug solcher Panoramen für den Unterricht bestand darin, daß nunmehr die Möglichkeit vorlag, die Schüler an der Hand von Zeichnungen, in denen das Wichtigste herausgearbeitet war, auf das aufmerksam zu machen, was auf der kommenden Exkursion gezeigt werden sollte. Auch war die genaue Lokalisierung nunmehr möglich, Irrtümer fast ausgeschlossen.

Gewitzigt durch die Erfahrungen mit der „Landeskunde von Hamburg" wollte ich erst an die Behörde herangehen, wenn ein vollständiger wissenschaftlicher Plan vorgelegt und buchhändlerisch-technisch geklärt war. Im

Sommer 1912 wurde das Panorama Finkenwärder als Probevorlage hergestellt. Dann wandte sich das Geographische Seminar an zwei Firmen mit der Bitte um einen Kostenanschlag und sonstige Begutachtung über die beste Art der Ausführung. Es stellte sich zunächst heraus, daß als Reproduktionsart nur der Lichtdruck in Frage käme. Die Länge sollte entsprechend den gebräuchlichen Platten und Druckapparaten 192 cm, die Höhe 20 cm betragen. Die 12 Panoramen sollten auf zwei Blätter verteilt werden und einen Text von 10 Bogen Umfang im Quartformat erhalten. 72 Autotypien (9—12 cm) sollten Einzelheiten zur Darstellung bringen. Bezüglich des Inhalts der Panoramen legte sich das Geographische Seminar nicht fest, nur allgemein waren in Aussicht genommen: die Umgebung von Hamburg zwischen Blankenese und den Harburger Bergen, Geesthacht, der Hamburger Hafen, Lübeck, das Seengebiet von Plön, Cuxhaven, das Wattenmeer mit den hohen Inseln, schließlich Fördenbilder. Am 7. XII. 1912 wurde die Eingabe an die Behörde verfaßt mit der Darlegung des Planes und der Bitte um Bewilligung von Mitteln, die für vier Jahre zur Verfügung gestellt werden sollten. Und noch mehr als das: Die nicht verbrauchten Mittel sollten nicht eingezogen, sondern auf das folgende Jahr übertragen werden. Das war nach Hamburger Verwaltungsauffassung ein ganz unmögliches Ansinnen. Was geschah? Die Behörde zeigte für den Plan volles Verständnis, und Herr von Melle bekam tatsächlich das Kunststück fertig, daß im Jahre 1914 die Gelder für vier Jahre bewilligt wurden. Im Laufe des Jahres 1913/14 wurde bereits fleißig an den Panoramen gearbeitet, und zwar in Hamburgs Umgebung. Auch für Aufnahmen in Lübeck und Plön waren Verbindungen angeknüpft. Im Juni 1914 wandte sich das Geographische Seminar an Herrn Mecking, der damals in Kiel war, mit der Bitte um Unterstützung beim Aussuchen geeigneter Aussichtspunkte. Das Schicksal des Planes sei hier kurz skizziert. Das Geld für die Herstellung war bewilligt. Während der Kriegsjahre und auch nach dem Kriege hat Fräulein Kloß fünf Panoramen hergestellt. Es liegen als Zeichnungen fertig vor: Blankenese, Moorburg, Hausbruch, Finkenwärder und Geesthacht. Als nach dem Kriege unter Volldampf die Fahrt wieder aufgenommen werden sollte, dividierte die Inflation die bewilligten Gelder weg.

γ) Reliefs von Hamburg.

Ein ähnliches Schicksal wie die Panoramen hatte der Plan, Reliefs von Hamburg anzufertigen, die für Hamburger Schulen geeignet waren. Der Vater des Gedankens war wohl Oberlehrer Stephan, in die Hand nahm den Plan die fast 100 Jahre bestehende „Gesellschaft der Freunde des vaterländischen Schul- und Erziehungswesens". Am 29. VI. 1911 hatte diese

Gesellschaft, die im wesentlichen aus Volksschullehrern bestand und kurz „Genetivverein“ genannt wurde, durch ihren Geographie-Ausschuß bei der Behörde den Antrag gestellt, 1000 Mk. für die Herstellung zweier Reliefs: a) von Hamburg (1 : 25000), b) von den Harburger Bergen (1 : 10000) bei fünffacher Überhöhung zu bewilligen. Die Gesellschaft wolle ihrerseits 1000 Mk. zusteuern. Herr von Melle übertrug in einer Sitzung vom 26. IX. 1911 die Bearbeitung der Frage einer Kommission, die aus Oberlehrer Stephan, Lehrer Hansen und mir bestand. Meine Aufgabe war eine rein beratende und helfende, da ich, unerfahren im aktiven Schuldienst, die Bedürfnisse, die beim Unterrichten von Kindern maßgebend waren, nicht beurteilen konnte. Vor allem sollte ich die im Anfertigen von Reliefs geschulten Kräfte des Geographischen Seminars zur Verfügung stellen. Die Kommissionsberatungen, die Besichtigungen von auf der Baudeputation vorhandenen Reliefs, eine Neuvermessung der Gegend am Bismarckdenkmal und Stintfang zogen sich lange hin. Auf letztere Gegend hatte vor allem Dr. Stephan sein Auge geworfen. Auch Einzelheiten über die Ausführung, die Farben und anderes mehr wurden bis ins kleinste besprochen, alles Dinge, die ich gern den Lehrern überließ. Im Februar 1913 beantragte Stephan die Herstellung jener Reliefs am Stintfang, im November 1913 wurde von der Kommission vorgeschlagen:

1. Ein Relief von Hamburg (1 : 10000) von 1,40 m : 1,20 m Größe wird als Vorlage für die Vervielfältigung im Geographischen Seminar in zwei Exemplaren hergestellt nach Isohypsen-Karten der Baudeputation. Das eine Stück sollte die Isohypsenstufen, das andere die mit Plastilin ausgefüllten glatten Flächen zeigen. Ein zweites Relief sollte den Stintfang im Maßstab 1 : 1000 nach einer neu anzufertigenden Isohypsenkarte darstellen. Die Herstellung der Reliefs sollte im Geographischen Seminar erfolgen. Am 30. VI. 1914 wurde von der Sektion der Wissenschaftlichen Anstalten beschlossen:

„Der Präses der Oberschulbehörde möge beim Senat die Gewährung einer Beihilfe von 1000 Mk. für die ‚Gesellschaft der Freunde . . .‘ zu den Kosten für Vorarbeiten zur Herstellung eines Heimatreliefs von Hamburg beantragen.“ In dem Protokoll heißt es: „Professor Passarge teilt mit, das Hamburger Modell solle aus zwei Teilen bestehen. Das eine solle Hamburg von Wilhelmsburg bis Fuhlsbüttel, das andere die Umgebung der Seewarte zeigen. Beide Teile sollten zweimal hergestellt werden, das eine mit Schichtstufen, das andere mit glatter Oberfläche.“

Dann kam der Krieg. Während desselben wurde im Seminar das das Stephansche Relief in den beiden Arten hergestellt, veröffentlicht wurden sie nicht. Die „Gesellschaft der Freunde“ aber brachte nach dem

Kriege ein sehr großes Relief in den Handel, das aus einer leichten Masse bestand, wegen seiner rohen Ausführung und den schreienden roten und grünen Farben für den Unterricht an Volksschulen vermutlich sehr, für den wissenschaftlichen Unterricht dagegen wenig geeignet ist.

δ) Das Zusammenarbeiten mit Dietrich Reimer.

Es wurde bereits wiederholt darauf hingewiesen, daß die Beziehungen zur Firma Dietrich Reimer sehr gute waren. Meine Bekanntschaft mit dem Inhaber Ernst Vohsen begann im Jahre 1893, als er Vorsitzender des Kamerun-Komitees war, das die Üchteritzsche Kamerun-Expedition aussandte. Das Kartographische Institut von D. Reimer hatte meine Adamaua-Karten konstruiert, desgleichen die Karten von der Kalahari. So fand denn das Geographische Seminar in der Firma D. Reimer und ihrem Institut eine starke Stütze, in dem die erscheinenden Kolonialkarten für den Unterricht kostenfrei geliefert wurden. Von dem gänzlich vergriffenen Band I von Richthofens „China" wurde das letzte noch bei der Firma befindliche Stück dem Geographischen Seminar abgetreten — vielen Dank noch nachträglich! Erwähnt sei ferner folgendes: In dem Kartographischen Institut befanden sich die Routenbücher von Offizieren und Beamten, die der Konstruktion der Karten als Unterlage dienten. In diesen Routenbüchern sind (oder waren? Ob sie noch existieren?) zahlreiche Notizen enthalten, die keine Aufnahme in die Karten gefunden hatten. Diese Bücher wurden mir — zunächst von Kamerun — zur Durcharbeitung zur Verfügung gestellt, und ich habe in großem Umfang Auszüge gemacht, zwecks späterer Verarbeitung bei einer Neuauflage des Abschnittes Kamerun im Deutschen Kolonnialreich.

Lediglich dem großen Entgegenkommen von Dietrich Reimer war es zu verdanken, daß z. B. im Jahre 1912 der im Geographischen Seminar konstruierte „Sonnenkompaß" in Metall ausgeführt und mit einer Beschreibung in den Handel kam. Eine Darstellung erschien in der „Kolonialzeitung" 1912; auf sie sei verwiesen.

Ferner wurden im Geographischen Seminar von Fräulein Studt und Fräulein Kloß acht Modelle von Kalkpfannen aus der Kalahari in Gips mit geologischer Bemalung hergestellt und von D. Reimer mit einer Erläuterung, die Abbildungen enthielt, in den Handel gebracht. Das Geographischen Seminar besitzt sie vollzählig.

Das waren nur Kleinigkeiten, wichtiger war die Herstellung der Panoramen von Inselberglandschaften aus Adamaua. In den Tagebüchern des bereits oben erwähnten Hauptmanns Dr. Schultze befinden sich Umrißzeichnungen, die in vorzüglicher Weise die so sonderbaren Inselberglandschaften Nordadamauas wiedergeben. Ich hatte sie bereits gesehen, als ich noch in Berlin lebte und in D. Reimers Institut zusammen mit Hauptmann Schultze die verschiedenen Fragen und Probleme durchsprach, die sich an dieses Oberflächenphänomen anschließen. Unter Zusammenarbeit mit Hauptmann Schultze zeichnete nun Fräulein Kloß im Jahre 1911 mit Ölkreide große Panoramen, die sich in dem Geographischen Seminar befinden und einen wissenschaftlich wirklich wertvollen Schatz darstellen. Am 19. III. 1919 schrieb Hauptmann Schultze, dessen Urteil doch wohl maßgebend sein dürfte über sie: „Was ich gesehen habe, hat mir ganz außerordentlich gefallen. Die Berge wirken bei dieser Art der Wiedergabe des Schattens ganz ungemein plastisch! Es ist, als ob man die Inselberglandschaften greifbar vor sich sieht. Besonders schön sind die Aufnahmen des Mandara-Hochlandes von den westlich vorgelagerten Inselbergen (Dille usw.) gesehen." Solch ein günstiges Urteil berechtigte, dem Gedanken nachzugehen, die Panoramen der Öffentlichkeit zugänglich zu machen. D. Reimer erklärte sich bereit, den Verlag zu übernehmen und eine Summe von 1200 Mk., die von der zweiten Kamerun-Expedition übrig geblieben war, zur Herausgabe zu verwenden, entsprechend dem Beschluß des Komitees, dieses Geld einem Kamerun-Werk zur Verfügung zu stellen. Es war keine einfache Aufgabe, denn es mußte ein möglichst billiges Verfahren gefunden werden. Die Jahre 1912 bis 1914 vergingen mit Probeversuchen. Fräulein Kloß machte im Oktober 1912 in Hamburg einen Kursus in Lithographie durch, zeichnete auf Aluminiumplatten, versuchte mit Linoleumschnitten das Problem zu lösen, kehrte wieder zur Aluminiumplatte zurück. Die Platten wurden fertiggestellt, aber der Krieg bereitete allen Plänen ein jähes Ende. Nach dem Kriege wurden sie wieder aufgenommen, aber die Aluminiumplatten waren verschwunden; die Firma, die den Druck übernehmen wollte, hatte durch den Krieg schwer gelitten. Schließlich kam es mit Hilfe der Universitätsbehörde doch zu einer Veröffentlichung der Panoramen. Auf der Naturforscherversammlung in Hamburg im Jahre 1928 wurde eine große Anzahl der damals gerade erschienenen Schrift als Geschenk an Teilnehmer überreicht. Damals wurden auch 6 Reliefs von dem Meßtischblatt Stadtremda von der Kartogr. Reliefges. m. b. H. in München hergestellt und im Geographischen Seminar nach den im Jahre 1914 von der Geographischen Gesellschaft veröffentlichten Karten koloriert. Für Unterrichtszwecke sind sie sehr geeignet.

ε) Dienstreisen und Delegationen.

Wenn man die Vorzüge des Stadtstaates Hamburg, seine großzügige Einstellung in geschäftlichen Dingen, das Fehlen von kleinlichen Bedenken anerkennend darlegen will, so braucht man nur auf die Stellungnahme der Oberschulbehörde zu verweisen, wenn es sich um wünschenswerte Orientierungen oder um Repräsentationen des Geographischen Seminars handelte. Es seien hier nur einige Beispiele angeführt. Anknüpfen können wir an das freundschaftliche Zusammenarbeiten mit D. Reimer. Die Zeichnerin Fräulein Maaß wurde im Jahre 1919 auf acht Tage nach Berlin geschickt, um bei Moisel und Sprigade die Technik des Kartenzeichnens, namentlich der Gebirgszeichnung, zu lernen. Dr. Kremer machte im Jahre 1911 im Meteorologischen Institut in Potsdam unter Aufsicht von Professor Süring einen Kursus im täglichen Bedienen und Ablesen der meteorologischen Instrumente durch, damit er den Hörern des Kolonial-Instituts in dem meteorologischen Kursus fachgemäß zur Seite stehen konnte. Als das Tellurium von Professor Schaubyge angekauft werden sollte, wurde ich zunächst nach Lichterfelde geschickt, um es zu besichtigen.

Im Jahre 1912 wurde es Stuhlmann bekannt, daß die Tagebücher Emin Paschas in Berlin verkauft werden sollten. Es handelte sich um die Summe von 12 000 Mk. Darauf habe ich eine Woche lang in anstrengender Arbeit die gesamten, sehr eng geschriebenen Bände durchgesehen, ein Inhaltsverzeichnis aufgestellt, und vor allem festgestellt, was von Dr. Schweitzer in der Biographie über Emin bereits veröffentlicht worden war. Der Bericht umfaßte 19 große Schreibmaschinenseiten und hatte zur Folge, daß sich Senat und Bürgerschaft Hamburgs schnell zum Ankauf entschlossen. Stuhlmann hat dann bekanntlich die große verdienstliche Aufgabe durchgeführt, die Tagebücher mit Erläuterungen zu veröffentlichen.

Bereits im Sommer des Jahres 1909 hatte ich den Antrag gestellt, die deutschen geographischen Institute in größerer Anzahl zu besuchen und nach zusammenfassenden Studien einen Plan für die Einrichtung des Geographischen Seminars in Hamburg zu entwerfen. Damals wurde nichts daraus, aber im März 1911, also vor dem Umzug in das neue Vorlesungsgebäude, entsandte mich die Behörde zu dem oben genannten Zweck nach Göttingen, Gießen, Frankfurt a. M., Heidelberg, Freiburg i. Br., Basel, Zürich und Bern. Das Ergebnis wurde in einem ausführlichen Bericht zusammengefaßt. In wenige Worte zusammengedrängt, lautete das Urteil: Mit Ausnahme der Kartensammlung ist das Geographische Seminar in Hamburg hinsichtlich des Lehrmaterials den meisten der besuchten Institute überlegen, hinsichtlich des Raumes fast allen unterlegen. Das praktische Ergebnis war, daß die Begründung der Kartensammlung und deren notwendiger Etat mit Verständnis beurteilt wurden. Eine Vermehrung der Räume im Vorlesungsgebäude war freilich nicht zu erreichen.

Die starke Betonung kolonial-wirtschaftlicher Belange durch das Kolonial-Instiut brachte es mit sich, daß mit denjenigen Organisationen, die kolonialwirtschaftlich eingestellt waren, ein lebhafter Verkehr stattfand, und daß deren große Veranstaltungen von dem Kolonial-Institut offiziell beschickt wurden. Das Geographische Seminar war fast regelmäßig auf den Tagungen der Deutschen Kolonial-Gesellschaft, des Kolonialwirtschaftlichen Komitees und der Deutschen Landwirtschaftgesellschaft vertreten. Bei letzterer spielte ich lediglich eine Zuhörerrolle, war aber bei den anderen in Kommissionssitzungen, Beratungen, Entwerfen von Plänen und anderem mehr aktiv beteiligt. Einmal (26. II. 1913) nahm ich auch als offizieller Vertreter des Kolonial-Instituts an einer Tagung des Zentralvereins für Binnenschiffahrt in Berlin teil, unter wiederholter Beteiligung bei den Diskussionen.

Daß die Deutschen Geographentage in Lübeck (1909) und Innsbruck (1912) dazu benutzt wurden, das Geographische Seminar des Hamburger Kolonial-Instituts offiziell zu vertreten und die wissenschaftlich-geographischen Arbeiten, die im Geographischen Seminar geleistet worden waren, zur Geltung zu bringen, war selbstverständlich.

Eine besondere Gelegenheit, die Aufmerksamkeit auf das Kolonial-Institut und das Geographische Seminar zu lenken, bot sich auf dem Internationalen Geographenkongreß in Rom. Dieser sollte ursprünglich im Herbst 1912 stattfinden. Es verstand sich damals bereits von selbst, daß der Hamburger Senat seinen Geographen als offiziellen Vertreter nach Rom entsandte, und dieser einen Vortrag anmeldete, der als Ergebnis der Arbeiten im Geographischen Seminar des Kolonial-Instituts zu bewerten war. Der Senat ging aber noch weiter. Am 28. XII. 1911 beschloß er, einem Antrag des Professorenrates folgend, den Internationalen Geographen-Kongreß durch seine Vertreter nach Hamburg einzuladen. Die schriftliche Einladung ging bald darauf nach Rom ab. Es war mit Bestimmtheit anzunehmen, und die Eingabe an den Senat hebt es auch hervor, daß die Einladung das erste Mal nicht Erfolg haben würde, aber man war dann für spätere Zeit angemeldet und konnte für die Zukunft mit der Wahl Hamburgs rechnen. Für unsere Stadt wäre die Wahl nicht nur eine große Auszeichnung gewesen, sondern es bot sich dann die willkommene Gelegenheit, die großen und reichen wissenschaftlichen Einrichtungen maßgebenden internationalen Kreisen zu zeigen, und das reiche geistige Leben in Hamburg unter lebendigen Beweis zu stellen.

Die Entwicklung war folgende: Kurz vor dem Beginn des Kongresses brach der Balkankrieg aus, der Kongreß wurde plötzlich zu einer Zeit abgesagt, als die aus anderen Erdteilen kommenden Gäste bereits unterwegs waren. Er fand erst Ostern 1913 statt. Die Atmosphäre war damals bereits stark mit außenpolitischer Elektrizität geladen. Engländer, Franzosen und Russen bildeten eine geschlossene Clique, die vergeblich ihre Deutschfeindlichkeit hinter glatter Höflichkeit zu verbergen suchte; die Italiener jonglierten gewandt zwischen beiden Seiten. Für die nächste Tagung hatten eingeladen: Lissabon, Petersburg, Wien, Hamburg. Lissabon rechnete nicht ernstlich mit dem Gelingen, Hamburg mußte Wien gegenüber zurücktreten, weil diese Stadt bereits auf früheren Tagungen eingeladen hatte. Der Kampf ging zwischen Wien und Petersburg und war offensichtlich außenpolitisch orientiert. Die Italiener brachten eine Vermittlung zustande: zuerst Petersburg, das nächste Mal Wien. Daß das Gewitter sich inzwischen entladen haben würde, damit rechneten die wissenschaftlichen Vertreter der Alliierten Staaten bereits im Jahre 1913 mit Bestimmtheit, und wir Deutschen waren uns in Rom auch über diese kommende Entwicklung klar.

ζ) Der Akademische Ferienkurs in Hamburg im Jahre 1913.

Hier kommen wir zu einem Unternehmen, an dem sich das Geographische Seminar beteiligt hat und das für das gesamte wissenschaftliche Leben in Hamburg bedeutsam zu werden versprach. Es muß demnach hier betrachtet werden. Die „Akademischen Ferienkurse" verdanken ihre Entstehung zwei Männern vor großer Tatkraft und Unternehmungslust, Professor Brauer vom Eppendorfer Krankenhaus und dem Romanisten Schädel. Diese beiden Männer waren entschiedene Gegner des Universitätsgedankens und Freunde der Idee, Forschungsinstitute zu begründen. Sie wollten mit den Ferienkursen zeigen, daß auch ohne Universität, bei Betonung der Forschungsarbeit statt der Lehrtätigkeit, Zentralen geistigen Lebens in Hamburg entstehen könnten. Der Name „Ferienkurse" war nicht der richtige. Der von Brauer in Privatgesprächen gebrauchte Ausdruck „P r o b l e m k u r s e" traf dagegen den Nagel auf den Kopf. Was die Hamburger Ferienkurse wollten, bringt am besten das Vorwort des Vorlesungsverzeichnisses wieder.

„Die akademischen Ferienkurse zu Hamburg wollen wissenschaftlich interessierten Hörern, Lehrenden wie Lernenden, in knapper Form und von sachverständiger Seite her eine Orientierung bieten über den gegenwärtigen Stand ausgewählter Forschungs- und Kulturprobleme, die das geistige Leben im heutigen Deutschland beschäftigen.

Es ist ihr besonderer Zweck, die inneren methodischen Zusammenhänge zwischen der wissenschaftlichen Arbeit, wie sie auf allen Einzelgebieten der Forschung geleistet wird, zu zeigen und zu fördern.

Sie wollen insbesondere wissenschaftlichen Persönlichkeiten, die an den Problemen ihres eigenen Fachs interessiert sind, in Vorträgen über Probleme verwandter Fächer methodische Anregungen geben, neue und vielversprechende Wege, die einzelne Disziplinen eingeschlagen haben, klären und den anderen eröffnen.

Es sind keine Fortbildungskurse zur Auffrischung verlorengegangener oder noch nicht erworbener akademischer Kenntnisse.

Sie wenden sich aber nicht nur an wissenschaftlich interessierte Deutsche, sondern an die Vertreter des geistigen Lebens aller Länder. Sie wollen dem Ausländer die Art und den Inhalt geistiger Arbeit in Deutschland nahebringen, ihm die Möglichkeit geben, sich bei uns selbst an Ort und Stelle und mit geringem Zeitaufwand darüber zu orientieren, welches der Stand des wissenschaftlichen Strebens, das Deutschland heute mit seiner Heimat verknüpft, auf den verschiedenartigsten Geistesgebieten ist, welche Materien und Fragestellungen uns beschäftigen, und welche Methoden wir zu ihrer Bearbeitung eingeschlagen haben.

Sie wollen diesen persönlichen Kontakt mit dem wissenschaftlichen Ausland in einem Zentrum des internationalen Lebens, in Hamburg, herstellen."

Das Programm war reichhaltig — 76 Vorlesungen (ein- bis vierstündig). Als Obmann der Sektion IV. „Naturwissenschaften", lag die Gewinnung von Rednern in meinen Händen. Aber nur auf die geographisch wichtigen Vorträge sei hier hingewiesen:

Branca (Berlin): Gegenwärtiger Stand, Aufgaben und Ziele vulkanischer Forschungen (3 Vorträge).

v. Drygalski (München): Probleme der Eiszeit in den Polarländern und in den Alpen (2 Vorträge).

Gürich (Hamburg): Geschichtliche Entwicklung der Interglazialforschung und deren kritische Prüfung (3 Vorträge).

Meinardus (Göttingen): a) Aufgaben und Probleme der meteorologischen Forschung in der Antarktis (1 Vortrag); b) Probleme des Kreislaufs des Wassers (1 Vortrag).

Schott (Hamburg): Ergebnisse, Probleme und zukünftige Aufgaben der Morphologie der Meeresströmungen (3 Vorträge).

Tams (Hamburg): Neuere Fortschritte auf dem Gebiet der Erdbebenforschung (3 Vorträge).

Pfeffer: Die großen tiergeographischen Probleme (4 Vorträge).

Ehrenbaum (Hamburg): Die internationale Meeresforschung (2 Vorträge).

Passarge (Hamburg): Geomorphologische Probleme und Streitfragen.

Bei der Verpflichtung auswärtiger Redner zeigte es sich immer wieder, daß Gedanken und Ziele dieser „Ferienkurse" auf großes Verständnis stießen. Absagen wurden stets mit guten Gründen belegt, z. B. durch Steinmann (Bonn). Am bedauerlichsten war die Absage von Davis (Cambridge, Massachusetts). Die Hamburg-Amerika Linie hatte in hochherziger Weise eine Freifahrt (hin und zurück) für Davis zur Verfügung gestellt. Was die Zusage von Davis bedeutet hätte, wissen alle Fachleute; für die Nichtorientierten sei kurz erwähnt, daß die Lehren des Amerikaners

W. M. Davis damals die geographisch-geologische Welt stark bewegten. Begeisterte Freunde hier, kühle Warner dort. Letztere waren gerade in Deutschland zu finden, und der vielleicht entschiedenste Gegner war ich selbst. Eine unmittelbare Auseinandersetzung zwischen Davis und mir wäre sicherlich für die Geographen und Geologen des In- und Auslandes anziehend gewesen. Leider war Davis verhindert, zu kommen, aber es bestand die Aussicht, daß er in den folgenden Jahren zu einem der geplanten Ferienkurse herüberkommen würde.

Der „Ferienkursus 1913“ brachte einen vollen wissenschaftlichen Erfolg; für die nächsten Jahre waren weitere geplant. Der Krieg verdarb die gesäte Saat.

η) Langfristige Aufgaben — weit gesteckte Ziele.

Es läßt sich nun einmal nicht umgehen, bei einer Darstellung des Geographischen Seminars auf die eigenen Arbeiten und damit auf den eigenen wissenschaftlichen Entwicklungsgang zurückzukommen. Beide sind so eng mit der Entwicklung des Geographischen Seminars verknüpft, daß ein Verzicht auf die Darstellung des ersteren einem Verzicht auf das Verständnis für die Vorgänge und Pläne im Geographischen Seminar gleichkäme. Erleichtert wird mir der Entschluß, von mir selbst zu sprechen, dadurch, daß ja jeder nur gleichsam ein Baumstamm inmitten einer einen Fluß hinabgeflößten Baumlawine ist. Die eigene Leistung besteht höchstens darin, daß man mit mehr oder weniger Wucht sich die eigene Bahn frei macht, Hindernisse umgeht oder beseitigt. Nur ganz großen Männern gelingt es, in heftigem Anprall oder bei dauerndem Bohren Verstopfungen zu durchbrechen und freie Bahn zu schaffen. Dann setzt sich die vor der Sperre angehäufte Masse der gehemmten Stämme machtvoll wieder in Bewegung. Nicht um eine solche Leistung handelt es sich hier, höchstens um ein örtliches Vorwärtsstoßen und Ablenken einer eingeschlagenen Richtung oder der ratlos herumwirbelnden Stämme.

Zwei Antriebe waren es, die bereits während meiner Breslauer Arbeitszeit zu wirken begonnen hatten. Der eine Stoß kam von Hans Meyer, der andere von Davis. Beide Anstöße bedingten eine selbständige Weiterentwicklung, und aus ihrer Verschmelzung entstand der neue Zweig der Geographie, die Landschaftskunde. Warum die Tätigkeit am Geographischen Seminar des Kolonial-Instituts für die Entwicklung dieser, gerade in der Jetztzeit so wichtigen Richtung bedeutsam war, das zu zeigen ist der Zweck dieses Abschnittes.

Der landschaftskundliche Antrieb bestand darin, daß H. Meyer den Bearbeitern des Deutschen Kolonialreiches das Herausarbeiten natürlicher Landschaften empfahl. Daraufhin ging ich diesem Problem nach mit dem Ergebnis, daß hauptsächlich nach Oberflächengestaltung, Klima und Pflanzendecke der Erdteil Afrika in „Natürliche Landschaften" gegliedert wurde (Pet. Mitt. 1908). Das war der erste, noch unbefriedigende Anfang; es entwickelten sich im Laufe der Zeit daraus aber die Gesichtspunkte für die spätere Landschaftskunde.

Den von Davis ausgehenden Antrieb könnte man den „physiographischen" nennen, nach der „Physiographie" dieses bedeutenden Gelehrten. Bezeichnend für das System von Davis war folgendes: Er ging von einer gedachten „Urform" der Erdoberfläche aus, nahm die abtragenden Kräfte als bekannt an und leitete nun, indem er in Gedanken diese Kräfte auf jene gedachte Oberfläche wirken ließ, die entstehenden Formen ab. Der geologische Bau wurde so gut wie ganz ignoriert. Davis stellte „Zyklen" der Abtragung auf, die damit endeten, daß eine „Fastebene" — Peneplain — entstand, von der die abtragenden Kräfte nichts mehr fortnehmen könnten. Landschaftskundlich waren Davis' Schemata insofern eingestellt, als er verschiedene klimatische Zyklen entwickelte, z. B. den „normalen" durch Wasser und „Gekriech" des Bodens, den glazialen, ariden und marinen Zyklus. Davis' Darstellungen sind nicht nur infolge seiner inneren Überzeugung und seiner gewandten Feder, sondern auch infolge seiner genialen „Blockdiagramme" (d. h. plastische, körperliche Landschaftsformen, statt zweidimensionaler Profilzeichnungen) äußerst verführerisch, überzeugend, begeisterungserregend. Das war sehr bedenklich, weil nur erfahrene Lotsen imstande waren, die Klippen, über die Davis auf leicht beschwingten Phantasieflügeln genial hinwegglitt, mit ihrem wassergebundenem Boot zu vermeiden, d. h. sich innerhalb der wissenschaftlichen Erkenntnisgrenzen zu halten. Anfänger, Schüler wurden direkt zu leichtsinnigen Erklärungen verführt, und das um so mehr, als Davis selbst auf Exkursionen mit schlechtem Beispiel voranging, d. h. ohne Berücksichtigung der vorhandenen geologischen und morphologischen Forschungen, im Vertrauen auf seine reiche Erfahrung und seinen Scharfblick, in von ihm zum ersten Male gesehenen Regionen eine selbstsichere und die Probleme restlos lösende „erklärende Beschreibung der Landschaftsformen" entwickelte. Der Hauptfehler, den Davis neben der ganz ungenügenden Berücksichtigung des geologischen Baues beging, war folgender: Er nahm das Vorhandensein und Wirken bestimmter abtragender Kräfte und Vorgänge als bekannt an, während in Wirklichkeit gerade über diese maßgebenden Faktoren zum Teil große Unsicherheit, zum Teil hoffnungslose Unkenntnis bestand. Das galt sowohl für die Einzelkräfte nach Stärke und Beschaffenheit als für das Zusammenwirken der Kräfte. Die Folgen der Leichtherzigkeit von Davis blieben nicht aus; nur auf einen bezeichnenden Fall sei hingewiesen. Eine amerikanische Flugzeugexpedition überflog den nach Oberflächenformen, Flüssen, Tälern, Bergen, geologischem Bau völlig unbekannten weißen Flecken im Quellgebiet des Orinoco—Rio Branco und enthüllte daraufhin die Probleme der Geomorphologie dieses geheimnisvollsten Teiles von Südamerika.

Es konnte nicht ausbleiben, daß Davis bei erfahrenen und gewissenhaften Forschern auf starken Widerspruch stieß, aber mit bloßer Kritik allein war gegen seine Verführungskünste nichts zu erreichen, ein neuer Weg, der Besseres zeigte, mußte erschlossen werden. Solchen Bemühungen entsprang die in den „Mitteilungen der Hamburger Geographischen Gesellschaft" (1912) erschienene „Physiologische Morphologie". Die in dieser enthaltenen Gesichtspunkte sind folgende: Unbekannt sind meist die „Urformen" von Davis (besser Ausgangsformen), unbekannt zum großen Teil die ausgestaltenden Kräfte nach Zahl, Stärke und Art des Wirkens — allein und im Zusammenspiel. Das Ziel ist dasselbe wie bei Davis, aber der eingeschlagene Weg äußerst mühselig und dornenvoll, statt leicht beschwingt. Freilich das Ergebnis wohl eher befriedigend und relativ zuverlässig. Grundsätzlich wird eine gute kartographische Grundlage hinsichtlich der Topographie und des geologischen Baues verlangt, desgleichen hinsichtlich des Verwitterungsbodens und der Pflanzendecke. Sodann wird das Wirken der ausgestaltenden Kräfte in der Gegenwart durch zahlreiche Einzelbeobachtungen festgestellt und gleichzeitig die Widerstände abgeschätzt, die sich infolge der Böschungswinkel, der Gesteins-, Boden- und Pflanzenbeschaffenheit den auf die Oberfläche wirkenden Kräften entgegenstellen, bzw. sie unterstützen. So gelangt man allmählich zu einem Verständnis für die heute wirkenden Kräfte und die aus ihrem Wirken in der Gegenwart entstehenden Formen = Jetztzeitformen oder harmonische Formen. Hat man diese erkannt, so besteht die Möglichkeit, solche Formen zu ermitteln, die nicht in der Gegenwart, sondern in früheren geologischen Perioden unter dem Wirken von Kräften entstanden, die nach Art und Stärke von den heutigen verschieden waren. So ermittelt man „Vorzeitformen" oder disharmonische Formen. Theoretisch wurde nun für verschiedene Klima- und Vegetationszonen (es sind im wesentlichen die späteren „Landschaftsgürtel") das Wirken der für jeden dieser Gürtel bezeichnenden Kräfte und Jetztzeitformen besprochen. Bereits vor dem Erscheinen dieser, die Landschaftskunde im Keime umschließenden „Physiologischen Morphologie" („Mitteilungen der Hamburger Geographischen Gesellschaft" 1912) begannen im Jahre 1911 zuerst vortastende Untersuchungen im Ahrtal, dann eine systematische Aufnahme des Meßtischblattes Stadtremda, die in drei Aufnahmeperioden (1911—1913) ausgeführt wurde. Die Arbeit erschien in den „Mitteilungen der Hamburger Geographischen Gesellschaft" 1914. Das Hauptergebnis war (neben der praktischen Durchführung der in der Physiologischen Morphologie erst einmal theoretisch entwickelten Vorstellungen) die Erkenntnis, daß das ganze Gebiet mit einer Decke von Tundren-Fließerde bedeckt sei, die in Mitteleuropa bis dahin unbekannt war und weitgehende Schlüsse auf die Entstehung der scheinbaren „Verwitterungsbodendecke" auf den Gesteinen Mittel- und Süddeutschlands gestattete. Die Feststellung dieser „Vorzeitform" bewies schlagend die Brauchbarkeit der neuen Methode und die Berechtigung der Ablehnung Davisscher Phantasiegemälde. Gleichzeitig war auch meinem von vielen verkannten und als Phantasten belächelten Freunde Solger eine Rechtfertigung widerfahren. Auf dem Lübecker Geographentag (1909) hatte er die thüringische Landschaft eine „bewachsene Wüste" genannt. Es fehlte nur die genauere Präzisierung der „Wüste". Es war eine polare Wüste, nicht eine „heiße" Wüste vom Schlage der Sahara.

Diese teils theoretischen, teils praktischen Arbeiten wirkten sich nun auf kolonialem Gebiet weiter aus. Gewiß war zunächst das Ziel, den verhängnisvollen Einfluß von Davis auf die deutschen Geographen zu parieren, aber gleichzeitig waren diese Arbeiten als Vorbereitung für koloniale Aufgaben gedacht. Einmal wurde die „Systematische Landschaftsanalyse", die in der „Physiologischen Morphologie" dargelegt worden war, in Übungen und auf Exkursionen angewendet. Ich ließ 500 Stück dieser Anweisung, wie man Beobachtungsmaterial sammeln solle, drucken und verwertete sie im Unterricht. Auch wurde — ohne Erfolg — angeregt, sie in das Dankelmannsche „Routenbuch" aufzunehmen. Vor allem wurden aber alle notwendigen Schritte ergriffen, in kolonialen Gebieten die neue Methode zu erproben. Ich selbst wollte in Ägypten physiologisch-morphologisch kartieren und damit bestimmte Vorstellungen über den Wert und die Anwendbarkeit der auf Blatt Stadtremda gemachten Aufnahmen für landschaftlich ganz anders geartete Gegenden gewinnen. Zu diesem Zwecke wandte ich mich an die Wissenschaftliche Stiftung um Mittel für eine Reise nach Ägypten und den ägyptischen Sudan. Herr von Melle ging sofort auf diese Pläne ein. Ich wählte Ägypten, nicht eine unserer Kolonien, weil Untersuchungen und Reisen dort viel billiger und schneller auszuführen waren als in den deutschen Kolonien. Die Reise fand in der Zeit von Januar bis Ende Mai 1914 statt, zusammen mit Meinardus. Es wurden kleine Gebiete bei Assuan, Luxor, Heluan, im Fayum genauer studiert, aber auch längere Touren nach der Oase Kurkur und in die Wüste zwischen Luxor und Kossér ausgeführt. Die angewandte physiologisch-morphologische Methode führte in dem doch wirklich oft und gründlich durchforschten Wüstenland bereits in den ersten Tagen zu einer auffallenden Feststellung: Unter der steinigen Hamada liegt ein salzig-staubiger Verwitterungsboden; er war bisher keinem Beobachter aufgefallen. Seitdem ist er auch sonst in Wüsten (Tripolitanien, Zentralasien) beobachtet worden. Erst die Kenntnis dieser Tiefenverwitterung ermöglicht die Erklärung so mancher wichtiger Oberflächenformationen. Auch ermöglichte erst die physiologisch-morphologische Untersuchungsmethode die Unterscheidungen von Jetztzeit- und Vorzeitformen. Die ganze Wüstenmorphologie gewann ein völlig neues Gesicht.

Bereits vor meiner Ägyptenreise waren im Jahre 1913 alle Vorbereitungen für eine aktive Beteiligung an der Erforschung unserer Kolonien ins Werk gesetzt. Zwei Expeditionen waren geplant und die Mittel dafür beantragt. Die eine Unternehmung sollte einen Teil von Togo, und zwar zunächst die Region der großen Inselgebirgsstöcke westlich des Atakoragebirges landschaftkundlich studieren. Gerade diese Region ist sowohl morphologisch als völkerkundlich hoch interessant. Es sollte an der Hand der Landschaftsanalyse ein umfassendes Tatsachenmaterial gesammelt und neben physiologisch-morphologischen Problemen auch geographische Völkerkunde getrieben, d. h. die Abhängigkeit des Menschen und aller seiner Kulturerscheinungen von der Landschaft untersucht werden. Mit dieser Expedition sollte eine systematische länderkundliche Erforschung Togos beginnen.

Der zweite Plan bezog sich auf das Inselbergproblem in Ostafrika. Dieses Problem ist von so umfassender Bedeutung und von solcher Großartigkeit, daß es seit Anfang dieses Jahrhunderts stark in den Vordergrund des morphologischen Interesses getreten war. Um endlich einmal ein wirklich genügendes Tatsachenmaterial als Grundlage für die Beurteilung und Erklärung dieser so seltsamen Inselberglandschaften zu gewinnen, sollten in kleineren Gebieten genauere topographische, geologische und physiologisch-morphologische Aufnahmen (unter Kartierung) durchgeführt werden. Dr. Rathjens sollte mit der Aufgabe betraut werden. Um sich in die Methode der physiologisch-morphologischen Aufnahmen einzuarbeiten, begann er im Herbst 1913 die Aufnahme des Meßtischblattes Saalfeld nach dem Muster des Blattes Stadtremda (erschienen in Lieferung 2 des Morphologischen Atlas, Hamburg, L. Friederichsen & Co.). Nachdem von den maßgebenden deutschen Fachleuten Gutachten eingeholt worden waren, wurde ein Antrag über die Ostafrika-Expedition an die Wissenschaftliche Stiftung, eine über Togo an den Senatskommissar des Kolonial-Instituts gerichtet

(Sommer 1913). Im Oktober teilte mir Herr von Melle mit, daß zunächst einmal dem Togo-Projekt näher getreten werden solle. Professorenrat und Kaufmännischer Beirat würden sich dazu zu äußern haben. Damit war der Anfang gemacht, und man durfte hoffen, daß zunächst einmal die landeskundliche Erforschung Togos zustande kommen würde. Damit wäre dem Geographischen Seminar ein reiches Feld aktiver Betätigung erschlossen worden. Seine praktische Bedeutung für die Kolonialforschung wäre damit offensichtlich in Erscheinung getreten. Aber auch seine Rolle in der rein wissenschaftlichen Geographie — der Ostafrikaplan war nur zurückgestellt, nicht aufgegeben — wäre vielleicht eine führende geworden. Das Geographische Seminar hätte obendrein gezeigt, wie das Kolonial-Institut in der deutschen Kolonialwelt ein Machtfaktor von größter Bedeutung hätte werden können, wenn bei ihm die Lehrtätigkeit als Nebensache, eine Forschungsstelle (Zentralstelle) aber als Hauptsache entwickelt worden wäre. Und Hamburg hätte damals besondere Anstrengungen machen müssen, wenn es im kolonialen Wettbewerb seinen Platz behaupten wollte, denn es stand damals, in jener Zeit verworrener widerstreitender Interessen, allein. Hamburgs damalige Stellung im deutschen Kolonialleben wurde durch einen bestimmten, dokumentarisch zu belegenden Vorgang deutlich gekennzeichnet. Er soll hier näher beschrieben werden; denn er ist als Symptom für jene Zeit von Bedeutung.

Im Jahre 1910 war der Lehrbetrieb des Geographischen Seminars am Kolonial-Institut und Öffentlichen Vorlesungswesen so im Gange, daß man an die Hauptaufgabe denken konnte, nämlich an selbständige Forschungen in den Kolonien. Entsprechend der Tatsache, daß wissenschaftliche Unternehmungen mit wirtschaftlichem Nutzen am ehesten finanziert werden konnten, hatte ich einen kleinen Aufsatz entworfen: Plan zu einer geographischen, topographischen Erforschung der Flüsse Südkameruns. Aus der Literatur und auch aus persönlichen Reiseerfahrungen in Guayana war mir bekannt, daß die Indianer in großartiger Weise die Flüsse und Bäche trotz Baumstammbarrikaden und Katarakten als Wasserwege ausnutzen. Nun sprach alles dafür, daß die Beschaffenheit Südkameruns und Guayanas in wichtigen Punkten große Übereinstimmung zeige. Ich dachte also an eine Expedition auf den Flüssen Kameruns zur Erforschung der Schiffahrtsmöglichkeiten mit Kanus. Die Kosten hatte ich auf 10 000 bis 20 000 Mk. eingeschätzt.

Ich besprach also meinen Plan mit Stuhlmann, und dieser benutzte die Gelegenheit eines Zusammenseins mit dem Gouverneur von Kamerun, Gleim, den Plan zu erwähnen; Gleim sicherte jede Unterstützung zu.

Daraufhin schrieb ich am 4. X. 1910 direkt an ihn und schickte ihm den „Plan" zu. Am 5. XI. 1910 (G. B. I, Nr. 1469/70) antwortete er, er sei von ihm „mit Genugtuung und Freude" erfüllt. „Deckt er sich doch ganz mit meiner Absicht, eine systematische Erforschung der noch wenig bekannten Flüsse der Schutzgebiete auf ihre wirtschaftliche Nutzbarkeit hin durchzuführen. Da der Verwaltung hierfür nur geringe Mittel zur Verfügung stehen, so bin ich für jede Unterstützung dankbar und werde meinerseits alles tun, um der geplanten Expedition die Wege zu ebnen." Gleim hatte auch durch Hauptmann Schlosser einen Kostenanschlag aufstellen lassen, den er mitschickte und der sich mit meinem Anschlag deckte. Gleim ging noch weiter. Er sandte mein Schreiben an das Reichskolonialamt, und dieses beauftragte seinen wissenschaftlichen Referenten, Geh. Rat Dr. von Dankelmann, mit der Bearbeitung der Frage. Dankelmann äußerte sich sehr günstig und machte den Vorschlag, es solle die Hamburger Expedition mit einer technischen Expedition des Reichskolonialamts vereinigt werden (Brief vom 21. I. 1911). Ich stimmte dem am 23. I. 1911 zu. Dankelmann hat dann (Brief vom 18. II. 1911) nach Duala geschrieben und eine Verzögerung der Entscheidung um einige Monate angekündigt. Am 29. V. 1911 teilte mir das Reichskolonialamt mit, das Gouvernement in Duala verspräche sich „von einer gemeinsamen Expedition eines Geographen und eines höheren technischen Beamten keinen Erfolg, aber vielleicht könnte das Gouvernement einen früheren Pionier-Unteroffizier zur Verfügung stellen. Oh, du liebe Kompetenzfrage, du Ursache so manchen Mißlingens guter Pläne, du hast hier wieder einmal deinen Schabernack getrieben! Dankelmann hatte nämlich vorgeschlagen, den Techniker dem Geographen zu unterstellen — für Bürogewaltige ein einfach unmöglicher Gedanke!

Meine Bemühungen um Geldmittel scheiterten zunächst. In Hamburg stieß ich auf keine Gegenliebe, denn für die Expedition des Herzogs Adolf Friedrich wurden gerade große Mittel mit Hilfe einer Wohlfahrtslotterie gesammelt. Inzwischen übernahm das Kolonial-Wirtschaftliche Komitee meine Idee und betrieb unabhängig von Hamburg eine eigene Expedition mit dem gleichen Ziele, war aber wenigstens formal so höflich, am 12. X. 1912 anzufragen, welche Absichten meine Expedition verfolge. In dieser Zeit traten nun zwei Ereignisse ein, die Bedeutung zu gewinnen versprachen.

a) Die Deutsche Kolonialgesellschaft hielt in Hamburg ihre Haupttagung ab. Die Hamburger Firma L. Pagenstecher & Co. hatte an die Abteilung Hamburg der Deutschen Kolonialgesellschaft einen Antrag gerichtet, der sich auf die wirtschaftliche Erschließung Südkameruns bezog. Nun hatte der Organisationsausschuß der Deutschen Kolonialgesellschaft für die Hamburger Tagung mir persönlich das Referat für den Vortrag über die Erschließung von Südkamerun und der Kompensationsgebiete übertragen, und später wurde ich in die Kommission zur Untersuchung der Fragen über die Erschließung der neuen Kamerungebiete gewählt (mein Dankschreiben vom 22. VI. 1912).

b) Professor Schultze Jena (damals in Kiel) hatte die deutsch-holländische Grenzexpedition in Neuguinea mitgemacht. Die Holländer hatten Dayaks aus Borneo nebst ihren Booten mitgenommen, und nur diesen erfahrenen Bootsleuten war es zu verdanken, daß man so tief in das Gebirge eindrang. Diese Erfahrung brachte mich auf den Gedanken, vorzuschlagen, sich an die holländische oder englische Regierung zu wenden, um eine Anzahl von Dayaks nach Kamerun zu bringen und entweder mit ihnen die Expedition zu machen, oder durch sie (es brauchten ja dann nur wenige zu sein) eine Anzahl von Negern anzulernen. Die im Sundagebiet tätige Hamburger Firma Arnold Otto Meyer, vor allem Herr C. Witthöft, nahm sich der Sache an und trat sowohl mit holländischen wie mit englischen Kreisen in Verbindung, mit dem Ergebnis, daß nach Ansicht der befragten holländischen und englischen Beamten wohl kaum Schwierigkeiten gemacht werden würden, wenn die deutsche Regierung alle Garantien für gute Behandlung, Hin- und Rückfahrt übernehmen würde. Ich konnte also die Dayakfrage anschneiden und damit aufs neue den „Plan" aufleben lassen.

c) Die Hamburger Firma Pagenstecher interessierte sich für den „Plan", nahm sogar die ganze Frage in die Hand und informierte andere Kameruner Firmen über die „Erforschung der Flüsse Südkameruns". Es waren elf Firmen, acht Hamburger, eine Berliner und zwei Bremer. Es fand am 15. XII. 1911 im Geographischen Seminar eine Sitzung statt, an der auch Professor Schultze Jena teilnahm, dazu sechs Vertreter von Hamburger Firmen. Das Ergebnis war eine Eingabe an das Reichskolonialamt, die im Wortlaut wiedergegeben sei:

„Auf Grund meiner persönlichen Kenntnisse von Guayana, wo ich mit Indianern auf den Flüssen des Urwaldgebietes im Kanu gereist bin, und auf Grund von Literaturstudien über Brasilien gelangte ich zu der Überzeugung, daß die Flüsse des Urwaldgebietes in Kamerun in ganz ungenügender Weise von den Negern als Verkehrsstraßen benutzt werden, und daß besonders die Kautschuksammler in höherem Maße, als es bisher möglich gewesen ist, von den zahlreichen Flüssen aus den Urwald ausbeuten können. Von solchen Überlegungen ausgehend, hatte ich mich ja bereits vor zwei Jahren an Herrn Gouverneur Gleim gewandt. Dieser hat dem Plan großes Interesse entgegengebracht und durch Hauptmann Schlosser einen Kostenanschlag machen lassen. Aus verschiedenen Gründen war es bisher nicht möglich, die notwendigen Mittel zu erhalten.

Das ganze Problem wurde in ein neues Licht gerückt, als die Erfahrungen der deutsch-holländischen Grenzexpedition in Neuguinea bekannt wurden. Um das

Quellgebiet des Augustaflusses zu erforschen, wurden bekanntlich Dayaks mit ihren Booten verwendet, und diese haben in dem ihnen völlig fremden Gebiet sich ausgezeichnet bewährt. Ohne sie wäre es niemals möglich gewesen, soweit vorzudringen, als es geschehen ist.

Der Gedanke lag nun nahe, den Versuch zu machen, Dayaks aus Borneo nach Kamerun überzuführen und zu sehen, ob diese imstande wären, auf den südkameruner Urwaldflüssen ähnliche Erfolge zu erzielen wie in Neuguinea.

Mitte Juni fand hier in Hamburg eine Sitzung statt, an welcher sich die maßgebenden Kamerun-Firmen Hamburgs beteiligten, auch Professor Schultze aus Kiel, der deutsche Leiter der Neuguinea-Grenzexpedition, nahm daran teil. Während dieser Sitzung wurde der Plan eingehend durchgesprochen, und machte namentlich Professor Schultze wichtige und interessante Mitteilungen. Man darf sagen, daß dem Plane von Seiten der Vertreter der anwesenden Firmen lebhaftes Interesse entgegengebracht wurde, daß dieser aber angesichts der erheblichen Kosten, die die Expedition verursachen würde, nur dann zur Ausführung kommen könne, wenn die Regierung in ausgiebigem Maße Unterstützung von Seiten der Bezirksämtern zusichern würde. Schließlich gaben die anwesenden Vertreter der Kameruner Firmen die Erklärung ab, daß sie bereit wären, die Kosten für eine Expedition zu übernehmen, um eine Voruntersuchung des Charakters der Kameruner Urwaldflüsse auszuführen, vorausgesetzt, daß das Reichskolonialamt Herrn Polizeimeister Völz, der die Neuguinea-Grenzexpedition mitgemacht hat, wenn er auf Heimaturlaub weilte, gestatten würde, die geplante, einige Monate währende Untersuchung auszuführen. Der leitende Gedanke ist der, daß Herr Völz einen Vergleich zwischen den Flüssen Neuguineas und Südkameruns anstellen soll, um damit die erste Grundlage zu gewinnen für die Beurteilung der Frage, ob es Sinn hat, den Versuch mit den Dayaks zu machen.

Unterzeichneter bittet daher das Reichskolonialamt ganz ergebenst, den Plan prüfen und die notwendigen Maßnahmen treffen zu wollen, um Herrn Polizeimeister Völz für die geplante Reise in Südkamerun, die auf Kosten einiger Hamburger Firmen auszuführen wäre, zu beurlauben. Sollte der Plan sich verwirklichen lassen, und sollte infolgedessen das dichte Flußnetz des Kameruner Urwaldes in ähnlichem Umfange dem Verkehr erschlossen werden, wie es in den geographisch ähnlichen Gebieten Südamerikas und Südasiens tatsächlich der Fall ist, so wäre der Nutzen ein ganz gewaltiger und würden die Unkosten in keinem Verhältnis zu dem Gewinn stehen. gez. Prof. Dr. S. Passarge."

Am 1. VIII. 1912 war ich mit Dr. Mansfeld zusammen, dem bekannten erfahrenen Bezirksamtmann von Ossidinge, der auf einer Expedition in Brasilien die Leistungen der Indianer auf den Flüssen persönlich kennengelernt hatte und sich über die Fähigkeit der Neger als Kanuleute recht abfällig aussprach. Auch wies er auf das Vorgehen der Engländer in Nigerien hin, die auf die Erschließung des Flußnetzes das größte Gewicht legten. Er habe wiederholt an das Gouvernement in Buea Eingaben ähnlichen Inhalts, wie sie in meiner Eingabe zu finden sind, gemacht. Am 9. VIII. 1912 ging das Schreiben an das Reichskolonialamt ab.

Auf der Tagung der Hauptversammlung in Hamburg war eine Kommission berufen worden — fünf Berliner, ein Hamburger — einmal wegen der französischen Konzessionsgesellschaften, sodann mit Rücksicht auf Eisenbahnbau und Wasserstraßen zu prüfen, in welcher Weise sich durch eine wissenschaftliche Expedition die Möglichkeit feststellen ließe, die neu erworbenen Gebiete zu erschließen und der alten Kolonie anzugliedern.

Diese Kommission wurde zum 7. IX. 1912 nach Berlin einberufen, d. h. zu einem Zeitpunkt, an dem Dr. Mildbread (das einzige Mitglied der Kommission, das Südkamerun kannte) und ich verreist waren. Die Einladung kam an mich so spät, daß eine Antwort von mir gar nicht eintreffen konnte. In der Kommission wurde auf die von dem Reichskolonialamt geplanten Grenzexpeditionen hingewiesen und darauf, „daß den nach Neukamerun ausgehenden Grenzexpeditionen durch Vermittlung des Hamburger Kolonial-Institutes wissenschaftliche Hilfskräfte zugeteilt werden sollen, um diese ganzen Gebiete wissenschaftlich zu erforschen, und zwar aus den für diese Grenzexpeditionen bewilligten Mitteln. Auf der anderen Seite habe die Landeskundliche Kommission des Reichskolonialamts (in Berlin) sich gleichfalls mit der Frage befaßt, aber von der Verfolgung ihrer Pläne Abstand genommen, nachdem sie erfahren habe, daß das Reichskolonialamt sich wegen Gewinnung von wissenschaftlichen Hilfskräften unmittelbar mit dem Hamburger Kolonial-Institut in Verbindung gesetzt habe." Beschlossen wurde daher der Verzicht auf jede eigene Expedition.

In einem Schreiben an Herrn F. F. Eife von der Abteilung Hamburg der Deutschen Kolonialgesellschaft vom 4. XII. 1912 habe ich zu jenem Kommissionsbeschluß Stellung genommen und dargelegt, daß hier einwandfrei eine Intrigue der Berliner Kreise gegen Hamburg vorliege, und ferner auf die irrigen Angaben über das Kolonial-Institut hingewiesen. Das Kolonial-Institut hatte mit den von mir empfohlenen Teilnehmern nichts zu tun! Der weitere Verlauf bewies die Richtigkeit meiner Vermutung. Denn am 10. X. 1912 antwortete das Reichskolonialamt an mich (N:B II 1891/39 178) auf meine Eingabe vom 9. VIII. 1912 mit Bedenken wegen der Dayaks. „Immerhin aber werde ich die Anregung aufnehmen und die nötigen Ermittlungen anstellen lassen. Ich erkläre mich deshalb auch gern bereit, den Polizeimeister Völz zu einer Voruntersuchung nach Kamerun zu entsenden, wenn die Kosten der Expedition von den an der Angelegenheit interessierten Firmen getragen werden. Von dieser Reise ist bestimmt ein gewisser Nutzen zu erwarten, denn ein Austausch der in verschiedenen Schutzgebieten gemachten Erfahrungen kann immer nur von Vorteil sein. Allerdings muß ich hierbei auch den weiteren Vorbehalt machen, daß Völz dienstlich abkömmlich ist, woran aber, soweit sich übersehen läßt, kaum zu zweifeln ist. Ich habe dieserhalb eine Anfrage an das Gouvernement in Neuguinea gerichtet. Sobald die Antwort darauf und die Äußerung des Gouvernements Kamerun vorliegen, werde ich Euer Hochwohlgeboren weitere Nachricht zugehen lassen. I. V. (gez.) Conze."

Dieses Schreiben teilte ich in Abschrift den interessierten Firmen mit, sammelte wegen der Dayaks Borneos und der eventuellen englischen und holländischen Regierung neues Material und hoffte auf einen günstigen Ausgang. Denn es schien doch unmöglich, daß das Reichskolonialamt und das Gouvernement Kamerun eine Expedition zum Scheitern bringen würden, die der Regierung keine Kosten verursachte, unter allen Umständen aber für die Kolonie von Vorteil sein mußte. Es kam anders. Hamburg wurde einfach ausgeschaltet zugunsten des Berliner Kolonial-Wirtschaftlichen Komitees. Beweis: ein Schreiben des Reichskolonialamts (N: B II 994/22385) vom 3. VI. 1913. Es lautet:

„Zum Schreiben von Euer Hochwohlgeboren vom 9. August 1912 über die Verwendung von Dayaks aus Borneo als Bootsleute auf den Urwaldflüssen Kameruns äußert sich der Herr Gouverneur von Kamerun, dem ich eine Abschrift zugehen ließ, wie folgt:

‚Soweit die Wasserläufe im Kameruner Urwaldgebiet als Verkehrsstraßen für längere Strecken in Frage kommen, sind ihre farbigen Anwohner geschickte Kanufahrer, ich erinnere nur an die Dualas, Batangas, Mabeas und ihnen verwandte Stämme. Werden Flüsse als Verkehrsstraßen neu erschlossen, so hat die Erfahrung — z. B. am Njong — gezeigt, daß sich die Eingeborenen ohne große Schwierigkeiten als Kanuruderer und Steuerleute ausbilden lassen, oder daß bootskundige Farbige aus benachbarten Gebieten herangezogen werden können, wenn man ihnen genügend hohe Löhne zahlt. Ich kann mir daher von einer Überführung von Dajaks aus Borneo nach Kamerun keinen besonderen Vorteil versprechen.

Gegen eine Entsendung des Polizeimeisters Völz hierher habe ich dann keine Bedenken, wenn die Kosten der Expedition von den interessierten Firmen getragen werden. Ob die Entsendung des genannten Polizeimeisters zur Zeit dringend nötig ist, möchte ich bezweifeln im Hinblick darauf, daß die Schiffahrtserkundungsexpedition des Kolonial-Wirtschaftlichen Komitees vor kurzem ihre Tätigkeit begonnen hat. Ich schlage gehorsamst vor, erst die Ergebnisse dieser Expedition abzuwarten und dann erst den Polizeimeister Völz zur Ergänzung dieser Ergebnisse nach Kamerun zu entsenden. Völz könnte dann die Erkundung von Nebenflüssen und kleineren Wasserläufen, die als Zufahrtsstraßen in Betracht kommen, übernehmen.‘

Nach diesen Ausführungen hat es den Anschein, als ob sowohl auf die Einführung der Dajaks nach Kamerun wie auch auf die Entsendung des Polizeimeisters Völz verzichtet werden könnte. Doch glaube ich, meine endgültige Stellungnahme von dem Eingang noch weiter angeforderter Berichte abhängig machen zu sollen.

Was die Expedition anbetrifft, die durch Kameruner Firmen zur Erforschung der dortigen Urwaldflüsse in Aussicht genommen war, so dürfte es sich meines Erachtens empfehlen, erst die Ergebnisse der Expedition des Kolonial-Wirtschaftlichen Komitees, die Mitte Februar von Kribi aufgebrochen ist und die Bereisung der Flüsse Njong, Dume, Kadeï und Sangha zur Aufgabe hat, abzuwarten. Da die Dauer dieser Expedition auf ca. 6—8 Monate berechnet ist, so wird das Material Anfang nächsten Jahres hier vorliegen; ich bin gern bereit, dies Euer Hochwohlgeboren alsdann zur Einsicht zu überlassen. In Vertretung. gez. Gleim."

Also die Berliner (der Vorsitzende des Kolonial-Wirtschaftlichen Komitees war Mitglied der oben genannten Kommission) erschlagen zusammen mit der Deutschen Kolonialgesellschaft den Hamburger Plan in der übereilten Sitzung am 7. IX. 1912, machen sich aber den seit 1910 ausgearbeiteten Hamburger Plan zu eigen, beschaffen sich Geldmittel, werden vom Reichskolonialamt und Gouvernement bevorzugt, und nachdem die Berliner Expedition längst unterwegs ist, teilt das Reichskolonialamt mit, die Hamburger möchten warten, bis die Berliner mit ihren Untersuchungen fertig seien und dann eventuell kleine Nebenuntersuchungen übernehmen.

Ganz überflüssiger Weise teilte das Reichskolonialamt nach diesem Affront am 20. II. 1914 noch mit, daß es die Einführung von Dayaks ablehne.

Warum habe ich diese dokumentarisch belegbaren Vorgänge näher geschildert? Weil sie für die Atmosphäre bezeichnend sind, die von Berlin verbreitet und durch die Mißgunst gegen Hamburg vergiftet wurde. Dieser Vergiftung konnte sich auch das Reichskolonialamt nicht entziehen; Einfluß hatte auch die ganze abscheuliche Intriguen- und Schacherwirtschaft im Reichstag, die mit einem in sittlichem Verfall begriffenen Parlamentarismus zusammenhing, sowie die Angst vor den geldbewilligenden Parteien, Angst um die eigene Stellung, daher kein Verantwortlichkeitsbedürfnis, und schließlich der Grundsatz: Eigennutz geht vor Gemeinnutz. Ich veröffentliche ferner dieses kleine Erlebnis trotz seiner Geringfügigkeit als ein Beweis dafür, daß unter den obwaltenden Umständen es für das Hamburger Kolonial-Institut nur eine einzige Möglichkeit gab, sich Achtung und Geltung zu verschaffen: sich auf eigene Füße zu stellen, sich einen eigenen Forschungskreis zu verschaffen, der seinen Mitteln und Aufgaben entsprach. Hier denke ich lediglich an das Kolonial-Institut und das Geographische Seminar, an nichts anderes, komme aber damit gleichzeitig zu dem Problem der Weiterentwicklung des Kolonial-Instituts, d. h. zu der Frage:

III. Kolonial-Institut oder Universität?

Es kann sich hier nicht um eine maßgebende Gesamtdarstellung obiger Frage handeln, die doch nur auf Grund des amtlichen Quellenmaterials gegeben werden könnte, sondern lediglich um einen Hinweis auf die Belange des Geographischen Seminars und um meine eigenen Erfahrungen und Ansichten. Die Frage, ob Universität oder Kolonial-Institut damals das Richtige war, kann auch heute nicht eindeutig beantwortet werden. Die Sachlage war damals folgende: Auf der einen Seite standen die Universitätsfreunde. Ihnen darf man wohl mit Recht den Namen „Fanatiker" geben, weil sie einseitig und unduldsam die Ansicht vertraten: einzig und allein eine Universität kann und darf erstrebt werden. Universitätsgegner galten entweder als Dummköpfe oder, wenn sie selbst frühere Universitätsleute gewesen waren, als Verräter. Die Herren folgten sicherlich ihrer Überzeugung, also wäre ein Vorwurf gegen sie nicht angebracht. Die Gegner des Universitätsplanes waren — abgesehen von Spießbürgern und parteipolitisch Orientierten — wirklich nicht fanatisch. Daß eine gute Universität etwas Schönes wäre, leugnete niemand; ob aber nicht für Hamburg und das ganze Vaterland eine andere Organisation (Kolonial-Institut und Überseehochschule) angebracht wäre, diese Frage bildete für die Universitätsgegner innerhalb der Professoren des Kolonial-Instituts ein wissenschaftliches, leidenschaftslos diskutierbares Problem.

Wie oben bemerkt, bringe ich hier ausschließlich meine eigenen Erfahrungen und Ansichten, und zwar als Vertreter des Faches Geographie und des Geographischen Seminars.

Meines Erachtens wäre die Schaffung des Kolonial-Instituts, wenn die Gesichtspunkte des Reichskolonialamts zur Ausführung gekommen und der Ausbau der Zentralstelle nicht nur als Sammelstelle, sondern als Forschungszentrale vorgenommen worden wäre, ein Segen für Hamburg und Deutschland gewesen. Lehrbetrieb Nebensache, Forschung und daran anschließend eine Sammel- und Auskunftszentrale Hauptsache — das wäre meines Erachtens das Richtige gewesen. Das Kolonial-Institut in der Form, die ihm gegeben worden war, versagte in dem Augenblick, in dem die Hamburger Kaufleute versagten, und es lediglich auf die wenigen Kolonialbeamten angewiesen war. Das Kolonial-Institut war abhängig von dem guten Willen des Staatssekretärs im Reichskolonialamt; denn dieser war jederzeit zur Kündigung des Vertrages berechtigt. Stellt man sich auf den Standpunkt des Reichskolonialamts, so war es gerechtfertigt, die Untätigkeit des Senatskommissars hinsichtlich des Ausbaus der Zentralstelle als Sammel- und Forschungszentrale zu beanstanden und Berlin zu bevorzugen. Daß das Kolonial-Institut nur das Sprungbrett für eine Universität sein sollte, konnte unmöglich verborgen bleiben und mußte das Vertrauen auf Hamburg schwer schädigen.

Nach Abschluß des ersten Jahres (Herbst 1909) verfaßte ich eine Betrachtung „Gedanken über die Entwicklung des Kolonial-Instituts". Nach einem Vergleich des Kolonial-Instituts mit der privaten Kolonialakademie in Halle, die sich auf die Universitäts-Institute und die Studenten stützte und nach Hörermaterial, Lehrmitteln, Vorlesungscharakter dem Kolonial-Institut überlegen war, wurde der Vorschlag gemacht — ein Entgegenkommen gegenüber dem Universitätsgedanken — unter Vermehrung der für das Öffentliche Vorlesungswesen und den Oberlehrerinnenkursus wichtigen Professuren eine Art philosophische, mit vielen Auslandsfächern ausgestattete Fakultät zu begründen, die — Münster zeigte es — ein selbständiges Gebilde vorstellen könnte. Sodann aber sollte man das Kolonial-Institut lebensfähig machen. Wie könnte man einem solchen Kolonial-Institut dauernd eine beherrschende Stellung auf kolonialem Gebiet verschaffen?

1. Durch Ausgestaltung einer reichbemittelten Zentralstelle, die als Auskunftsstelle für Farmer, Kaufleute usw. sich einen eminent wichtigen Einfluß sichern könnte.

2. Durch einen Fonds für Forschungen und Reisen in den Kolonien und anderen, für Hamburg wichtigen Ländern.

Das Reichskolonialamt hatte damals gerade den „Afrikafond", der für Reisen diente, stark verkleinert; hier solle man einsetzen und die Führung in der wirtschaftlichen und wissenschaftlichen Erschließung der Kolonien übernehmen. Es müßte sich ganz von selbst verstehen, daß sich das Kolonial-Institut durch eigene Expeditionen über wichtige wirtschaftliche und wissenschaftliche Fragen Aufklärung verschaffte. Den Nationalökonomen, Geologen, Linguisten, Ethnographen und Geographen müßten Mittel zur Untersuchung spezieller Fragen und Gebiete zur Verfügung stehen, den Historikern müßte der Besuch auswärtiger Archive ermöglicht werden, der Orientalist und Ostasiate sich über interessante und wichtige politische und kulturelle Ereignisse durch persönlichen Besuch orientieren können. Schier unermeßlich aber sei die Zahl der praktischen Aufgaben für den Tropenhygeniker. Leicht könnte man die Zahl der Beispiele vermehren. So müßte es sich denn ganz von selbst verstehen, daß in kolonialen und überseeischen Fragen das Kolonial-Institut die Initiative ergreife. Die Dozenten müßten — im Gegensatz zu den Universitäten — diejenigen

Länder, über die sie unterrichten, möglichst aus eigener Anschauung kennen und möglichst als Autoritäten gelten. Alles das würde durch die Einrichtung eines Reisefonds im Laufe der Jahre ermöglicht werden, und das sicherte uns einen endgültigen Vorsprung vor allen Universitäten. Das alles würde im höchsten Grade Hörer und Studierende nach Hamburg zum Besuch des Kolonial-Instituts veranlassen. Sodann müßte für eine eigene Zeitschrift und für Hilfsarbeiter, die die Ergebnisse verarbeiten, Mittel zur Verfügung gestellt werden. Die Kosten würden bei einem Reisefonds von 10 000 Mk. und Neuschaffung fünf neuer Professuren (Philosophie, Germanistik, Mathematik, Romanisch und Englisch) eine Erhöhung des Etats um jährlich 260 000 Mk. bedingen.

Dieses wäre also die Entwicklung, die meines Erachtens das Kolonial-Institut nehmen sollte als selbständiges Forschungsinstitut, das nicht mit einer Universität im gewöhnlichen Sinne identisch ist, wohl aber zu einem den philosophischen Fakultäten ähnlichem Körper ausgestaltet werden könnte. Die Lehrtätigkeit würde an Wert auf die gleiche Stufe wie die der Universitäten gestellt werden, und Studierende der Naturwissenschaften und lebenden Sprachen könnten sich in derselben Weise wie an Universitäten für ihr eigentliches Fach vorbereiten. Promotion und Habilitation müßten in ähnlicher Weise wie an den Universitäten ermöglicht werden. Außerdem aber müßten dem Beamten, Kaufmann, Farmer und Pflanzer die für sie notwendigen Vorlesungen geboten, und ein ganz besonderes Gewicht auf die praktischen kolonialen und überseeischen Bedürfnisse gelegt werden, im Gegensatz zu dem rein wissenschaftlichen, neutralen Charakter der Universitäten. Ein solcher Plan hätte meines Erachtens vor allem auch den Vorzug, alle diejenigen zu beruhigen, die gegen uferlose Universitätsgelüste Front zu machen entschlossen seien. Denn das Ziel sei leicht erreichbar und seine Erreichung erfordere keine unerschwinglichen Mittel. Andererseits würde man aber auch den Wünschen derjenigen gerecht werden, die für eine weitere Ausgestaltung des Kolonial-Instituts und des Öffentlichen Vorlesungswesens eintreten behufs Hebung des wissenschaftlichen und geistigen Lebens unserer so wesentlich dem Erwerb und praktischen Zielen nachgehenden Stadt.

Diese Schrift wurde nicht veröffentlicht, wohl aber der Behörde und den Kollegen übersandt. Die Wirkung hinsichtlich der Schaffung eines lebensfähigen Kolonial-Instituts war gleich Null. Man war eben der Überzeugung, alle Versuche nach der Richtung hin seien vergeblich; nur und nur die Universität könne helfen. Bereits im Sommer 1910 fanden Beratungen über die zu gründende Universität statt, und zwar unter strengster Ausschaltung aller Gedanken an Maßnahmen, die zu der Schaffung eines lebensfähigen, weil die Forschungsarbeit in den Vordergrund stellenden Kolonial-Instituts hätten führen können. Vor allem sollten die Kosten als unbedeutend hingestellt werden. Es sollte alles schon da sein. Am 30. VII. 1910 wurden die Direktoren der verschiedenen Seminare und Institute aufgefordert, mitzuteilen, ob bei einer Umwandlung des Kolonial-Instituts in eine Universität Mehrkosten entstehen würden und in welcher Höhe. Ich sah meine Aufgabe nicht darin, der Behörde Schwierigkeiten zu machen. Mein Standpunkt war folgender: Es ist mir nicht möglich, die Hamburger Verhältnisse und damit das Erreichbare mit solcher Sicherheit zu übersehen, daß ich berechtigt wäre, der Behörde entgegenzuarbeiten. Eine Universität war bestimmt eine große und sichere Sache, keinesfalls etwas Schädliches. Ein koloniales Forschungsinstitut sei besser, aber mit einem gewissen Unsicherheits-Koeffizienten behaftet, der zum Teil einen starken „persönlichen Befähigungseinschlag nach der Forschungsseite" besaß. Man wird diesen Ausdruck wohl verstehen. Ich beschränkte mich demnach auf rückhaltlosen Meinungsaustausch im Verein der Kollegen und der Behörde gegenüber, vermied aber ängstlich jede Bekanntgabe an Außenstehende. Genau so wie ich dachten und handelten fünf andere Kollegen.

Doch kehren wir nun zu der Anfrage der Behörde zurück. Völlig objektiv berichtete ich, daß bei einer Umwandlung in eine Universität zwecks Ergänzung der Lehrmittel ein Zuschuß von ca. 2000 Mk. genügen würde — eine wirklich bescheidene Forderung. Damals bereits machte ich auf die Meereskunde aufmerksam. Angesichts der jetzt gerade akuten Frage will ich den Wortlaut meiner Eingabe vom 22. IX. 1910 hier bringen:

„Außer den Fragen, die Ew. Hochwohlgeboren gestellt haben, kommt nun noch ein Punkt hinzu, den ich berühren möchte, weil er mir von der größten Wichtigkeit erscheint, und es vielleicht auch von Wert ist, Einem Hohen Senat und der Bürgerschaft gegenüber auf die großen Hilfsmittel bezüglich des geographischen Unterrichts hinzuweisen, die Hamburg anderen Universitäten gegenüber besitzt, und die ohne großen Kosten für die geplante Hochschule verwertet werden können. Gemeint sind das außerordentlich reiche Lehr- und Beobachtungsmaterial der Seewarte und die Heranziehung des dortigen Vertreters für Meereskunde zu dem Unterricht.

Meines Erachtens gehört in den Lehrplan gerade der geplanten Hamburgischen Hochschule, die ja in erster Linie ihren Blick ins Ausland richten soll, die wissenschaftliche und praktische Meereskunde. Diese hat sich in den letzten 30 Jahren zu einem selbständigen Zweig der geographischen Wissenschaft entwickelt und alle seefahrenden Nationen der Gegenwart betrachten es als eine Ehrenpflicht, jede an ihrem Teil, die Ozeanographie zu fördern.

In praktischer Hinsicht stellt die heutige Meereskunde schon zahlreiche Erkenntnistatsachen bereit, die für mannigfache Gebiete sowohl der staatlichen Tätigkeit als auch des praktischen Unternehmungsgeistes unentbehrlich sind. Die Schiffahrt verlangt z. B. die Kenntnis der küstennahen Tiefen, die der größten Tiefen ist Voraussetzung bei der Legung der transatlantischen Kabel. Kenntnisse von Ebbe und Flut, von Meeresströmungen, von Wind und Wetter sind unentbehrlich für eine richtige Ausnutzung dieser Faktoren zugunsten der Seereisen. Alle diese Kenntnisse, die zum Teil das Ergebnis spezieller deutscher Forschungsgeister sind, sollten auf wissenschaftlicher Grundlage gelehrt werden in dem sicheren Bewußtsein, daß erfahrungsgemäß und oft unvermutet sich nutzbringenden Anwendungen der Wissenschaft gerade dann ergeben, wenn sie rein um ihrer selbst willen gepflegt werden.

Liefern diese Gesichtspunkte die Begründung für ozeanographische Vorlesungen an und für sich, so ist auch in Erwägung des speziellen hamburgischen Charakters die Notwendigkeit einer Berücksichtigung der Meereskunde im Rahmen einer künftigen Hochschule noch besonders einleuchtend. Hamburgs öffentliches und privates Leben wird durchdrungen von den tausendfältigen Interessen der Seeschiffahrt. Die Studierenden einer zukünftigen Hamburgischen Universität werden, geleitet von diesem überall hineinragenden Wesenszug unserer Seestadt, ihre Blicke zur See hinaus lenken, und sie werden zweifellos die spezielle Pflege der Meereskunde als eines Zweiges der modernen Geographie hier voraussetzen. Hiesigen Vorlesungen auf diesem Gebiet wäre dabei ein besonderer Charakter dadurch zu geben, daß ihre praktischen Nutzanwendungen, wo immer tunlich, in den Vordergrund gerückt werden.

Wenn hiesige erste Reedereikreise schon vor mehreren Jahren zwei Winter hindurch private Vorlesungen über eine derart verstandene Geographie der Meere veranstaltet haben, so geht man wohl in der Annahme nicht fehl, daß auch für die studierende Jugend Hamburgs und außerhalb Hamburgs hiesigen Hochschulvorlesungen über Ozeanographie werbende Kraft in nicht geringem Grade innewohnen wird.

Dazu kommt folgende Überlegung: Von allen Universitäten Deutschlands besitzt zurzeit keine einzige eine Professur speziell für Meereskunde. Professor Dr. Krümmel in Kiel ist zwar auf diesem Gebiet Spezialist und verfügt in dem Marinemuseum auch über ein reiches Demonstrationsmaterial, ganz abgesehen von der Lage Kiels an der See. Berlin dagegen hat zwar das Museum für Meereskunde, aber keine Professur für Ozeanologie, verfügt auch über keine Autorität auf diesem Gebiet. Es ist daher das Gegebene, die reichen Hilfsmittel der Seewarte für die neue Hochschule in der Weise zu verwerten, daß Professor Dr. Schott einen Lehrauftrag für wissenschaftliche und praktische Meereskunde erhält. Ich bin der festen Überzeugung, daß seine Heranziehung für die Entwicklung des geographischen Unterrichts an der geplanten Hochschule von der größten Wichtigkeit sein würde. Jetzt bereits arbeitet regelmäßig bei ihm auf der Seewarte eine Anzahl von Doktoranden, die von Halle, Jena, Münster, München und anderen Universitäten zu ihm geschickt werden, um das in Fülle aufgespeicherte Beobachtungsmaterial zu verwerten. Es ist ganz selbstverständlich, daß in Zukunft diese Doktorarbeiten auf der Hamburger Hochschule gemacht werden würden.

Man würde sich vor allen Universitäten — Berlin vielleicht ausgenommen — einen bedeutenden Vorsprung sichern, und dabei wären die Kosten ganz unbedeutend. Ich glaube daher sicher, daß bei vierstündigen Vorlesungen im Sommer und Winter sowie entsprechenden Übungen eine Vergütung von etwa 3000 Mk. genügen würde. An Büchern oder Demonstrationsmaterial wäre wohl nur wenig einmalig anzuschaffen, da die Seewarte genügend hierüber verfügt.

Von diesem Gesichtspunkte aus bitte ich Ew. Hochwohlgeboren, den Vorschlag in Erwägung ziehen zu wollen, zumal auch aus obigen Ausführungen vielleicht eine Anzahl Gründe Einem Hohen Senat und der Bürgerschaft genügend geltend gemacht werden könnte, die laut für die Errichtung einer Hochschule gerade in Hamburg sprechen."

Aus diesem Schreiben spricht doch wohl eine sehr bestimmte Bereitwilligkeit, auf den Universitätsplan mit objektiver Mitarbeit einzugehen, keineswegs eine grundsätzliche Ablehnung. Berücksichtigt wurde mein Antrag nicht.

Es war interessant, zu sehen, daß selbst die kleine Extraforderung von 2000 Mk. — ich war der einzige, der eine solche gestellt hatte — nicht in der Universitätsvorlage erscheinen durfte, sondern mir diplomaticamente, sagt der Italiener, in anderer Form zugeschoben werden sollte. Für die damalige Sachlage ist dieses kleine Symptom bezeichnend: kleinlich waren die ganzen Maßnahmen und Forderungen. Damit will ich keinen Vorwurf erheben. Es ist sehr wohl möglich, daß es entsprechend den damaligen trostlosen liberalistisch-parlamentarischen Zuständen und ihrem parteipolitischen Kuhhandel und dem jüdisch-marxistischen Geist, der alles durchwehte, einfach nicht anders ging. Wenn, wie es sich später herausstellte, selbst ein so ausgezeichneter, großzügig denkender Mann wie Justus Strandes mit solcher einem Fernstehenden als kleinlich erscheinenden Diplomatie einverstanden war, so muß jeder Tadel gegenüber Herrn von Melle und seinen Anhängern verstummen. Der Hinweis auf die damaligen Zustände dürfte aber gerade in der heutigen Zeit nationalsozialistischer, weitsichtiger Denkart und rücksichtsloser Offenheit am Platze sein. Ich lasse nunmehr zunächst einige Tatsachen folgen, die geeignet sind, die damalige Stimmung zum Ausdruck zu bringen.

Die im Frühjahr veröffentlichte Universitätsvorlage, die beim ersten Verlesen vor dem Professorenrat verlockend erschien, mußte bei ruhiger Überlegung doch große Bedenken erregen. Ich hatte den Fehler gemacht, der Vorlage in aller Eile — Zeit wurde uns nicht gelassen — durch Namensunterschrift meine Zustimmung zu geben. Nach gründlicher Kenntnisnahme sah ich mich in einen Gewissenskonflikt gedrängt. Demgemäß habe ich Herrn von Melle zunächst mündlich, am 14. VII. 1913 auch schriftlich hiervon Kenntnis gegeben und mein Schreiben mit folgenden Worten geschlossen:

„Ew. Hochwohlgeboren darf überzeugt sein, daß es mir nicht leicht wird, gegen Ew. Hochwohlgeboren und die Senatsvorlage Opposition zu machen, allein es muß mir gestattet sein, meiner Überzeugung zu folgen und an dieser oder jener Stelle meine Bedenken zum Ausdruck zu bringen, und das um so mehr, als ich mit meinen Ansichten nicht allein stehe, sondern mich auf zahlreiche Urteile stützen kann. Ich behalte mir also weitere Schritte vor, möchte aber mit dem Hinweis darauf schließen, daß ich auf Ew. Hochwohlgeboren jede mögliche Rücksicht zu nehmen und Ew. Hochwohlgeboren Wünschen möglichst entgegenzukommen bereit bin."

Meine Stellungnahme wurde dann in einer Denkschrift niedergelegt, aber nicht etwa den Universitätsgegnern in der Stadt und der Bürgerschaft, sondern lediglich der Behörde, dem Senat und den Kollegen zur Verfügung gestellt. Sie lautete:

Denkschrift über die Universitätsvorlage Eines Hohen Senats und Vorschläge für eine Umwandlung des Kolonial-Instituts in ein Koloniales Forschungsinstitut.

Von S. Passarge.

Hamburg steht vor einer wichtigen Entscheidung hinsichtlich der Entwicklung seiner wissenschaftlichen Institute. Die Frage ist von so einschneidender Bedeutung, daß es wohl geboten ist, ohne jede Rücksicht auf seine eigene Person oder andere zu ihr Stellung zu nehmen. Unterzeichneter ist fest davon überzeugt, daß in der Universitätsfrage nur in der Weise der richtige Weg gefunden werden kann, daß man mit offenen Karten spielt, rücksichtslos die Gründe für und wider erörtert und auch hinsichtlich der Kostenfrage bis in die äußersten Winkel hinein alles beleuchtet.

Für mich als einen Beamten des Kolonial-Instituts ist ein solches Unternehmen zwar sicherlich ein kühnes Unterfangen, allein ich bin der Überzeugung, daß meine vorgesetzte Behörde, wie auch ein Hoher Senat, der die Vorlage genehmigt hat, doch nur das eine Ziel im Auge haben, nämlich das für Hamburg Beste zu finden und deshalb geneigt sein werden, abweichende Meinungen anzuhören. Nun könnte mancher fragen: Warum kommt diese Kritik so spät? Warum wurde sie nicht während der Ausarbeitung der Vorlage geübt? Darauf ist folgendes zu erwidern:

Die Vorbereitungen zu der Senatsvorlage und ihre Ausarbeitung wurden vor den meisten Mitgliedern des Professorenrats und -konvents streng geheim gehalten. Nur hin und wieder wurden offiziöse, streng vertrauliche Andeutungen gemacht. Als dann die erste gedruckte Vorlage herauskam, stand man mit Ausnahme der für sein eigenes Fach gegebenen Erklärung vor einer durchaus fremden Materie. Zwar wurden in einigen Sitzungen, nachdem man sich rasch orientiert hatte, noch einige Abänderungsvorschläge gemacht und von dem Herrn Präses angenommen, allein von einer wirklichen intensiven Mitarbeit konnte keine Rede sein. Ganz ähnlich ging es bei der zweiten Vorlage, die den Mitgliedern des Professorenrats und -konvents etwa 14 Tage vor ihrer Überreichung im Senat übergeben wurde. Es mag sein, daß die spezifisch hamburgischen Verhältnisse eine solche Geheimhaltung notwendig machten, daß die Vorbereitung und Ausarbeitung so viel schneller ging, als wenn die Probleme vom Professorenrat und -konvent durchberaten worden wären; der Herr Präses wird das am besten beurteilen können. Unzweifelhaft hat aber dieses System den Nachteil gehabt, bei der Mehrzahl der unmittelbar daran beteiligten Professoren kein Gefühl freudiger Mitarbeit aufkommen zu lassen. Nun ist aber ein jeder von seiner wissenschaftlichen Tätigkeit so in Anspruch genommen, daß er, ohne eine direkte Aufforderung von seiner Behörde, keine Zeit hat, sich in die Probleme einer spezifisch Hamburgischen eigenartigen, modernen Universität zu vertiefen. Und doch sind diese Probleme so schwierig und neu, daß es wohl nützlich gewesen wäre, die Beratungen auf eine breitere Basis zu stellen.

So kam es, daß die meisten Mitglieder des Professorenrats und -konvents der Universitätsvorlage ebenso fremd gegenüberstanden wie irgendein Fernstehender. Deshalb war niemand in der Lage, ein klares Urteil über den Wert oder Unwert der darin enthaltenen Vorschläge abzugeben.

Klar und deutlich trat für jeden zunächst hervor, daß hier eine gewaltige Arbeit geleistet und viel Scharfsinn und Überlegung aufgewendet worden ist. Der Grund, der für eine Universität spricht, ist, klar herausgehoben, die Novität, auf der die Eigenart der Hamburgischen Universität beruhen soll, nämlich die Kolonialwissenschaftliche Fakultät, erscheint in so verlockenden Farben, die ausgesprochenen Gedanken sind so bestechend, daß es sehr wohl verständlich ist, wenn in der Sitzung am 25. XI. 1911 die Mitglieder des Professorenrats und -konvents die auf Seite 116/117 der Vorlage gedruckte, von den vertrauten Beratern des Herrn Präses' verfaßte Erklärung billigten. Dazu kam das Gefühl, daß die jetzigen Zustände unhaltbar seien und das Kolonial-Institut in irgendeiner Weise umgewandelt werden müsse.

Man kann es leicht verstehen, daß die Vorlage auf manchen imponierend gewirkt hat, und daß nach ihrer Versendung der Oberschulbehörde zahlreiche anerkennende Schreiben zugegangen sind, die dem ersten Eindruck, nicht aber einer gründlichen Prüfung entsprangen. Ging es uns doch nicht anders! Erst als am Ende des WS. 1912/1913 innerhalb des Professorenkonvents einzelne Fragen durchberaten wurden, traten die Schattenseiten der Universitätsvorlage hervor, und die Überzeugung brach sich bei mir immer mehr Bahn, daß dieselbe schwere Irrtümer berge, und daß es kein Segen für Hamburg wäre, wenn sie in dieser Form angenommen würde. Um über meine Befürchtungen ins klare zu kommen, beschritt ich den bei akademischen Berufungen üblichen Weg, um Gutachten zu bitten. Es wurden absichtlich keine Akademiker in Kiel und Rostock befragt aus naheliegenden Gründen. Von keinem einzigen der befragten Herren war mir die Ansicht bekannt, die meisten sind mir persönlich absolut unbekannt, und sämtliche Briefe, zustimmende und nicht zustimmende, sind berücksichtigt worden. Kurz, ich habe das Bewußtsein, völlig objektiv vorgegangen zu sein.

Der Ausfall der Gutachten ist es gewesen, der mich zu der Abfassung dieser Denkschrift veranlaßt hat. Es handelt sich nicht um Kleinigkeiten, sondern um das Fundament der Universitätsvorlage, namentlich um Grundanschauungen über die Kolonialwissenschaftliche Fakultät, und sind die Bedenken so schwerwiegend und werden durch so gewichtige Gutachten gestützt, daß es meines Erachtens ein schweres Unrecht wäre, sie den maßgebenden Behörden zu verheimlichen.

Wenn wir von der Frage absehen wollen, ob es nicht richtiger gewesen wäre, eine medizinische Fakultät sofort in Vorschlag zu bringen — ein Punkt, der oft genug diskutiert worden ist —, so erscheinen mir vier Bedenken der Erwägung wert.

1. Die Senatsvorlage sieht eine **mittlere** Universität vor.

Man könnte aber im Zweifel sein, ob hierin nicht ein großer Irrtum steckt. Jede Organisation, die sich gedeihlich entwickeln soll, muß neben den anderen bestehenden Organisationen einer Stadt oder eines Staates sich Ansehen und Einfluß verschaffen können; sie darf sich nicht unterdrücken lassen. Deshalb kann meines Erachtens in einer großen Stadt auch nur eine große Universität den ihr gebührenden Einfluß ausüben, und deshalb kann es sich meines Erachtens für Hamburg nur um die Frage handeln, wie man für eine große Universität die Grundlagen schafft, und müssen die Mittel dementsprechend berechnet werden. Für Hamburg kommt noch ein anderer Punkt hinzu, der nicht ohne Wichtigkeit ist: die teure Lebenshaltung. Will man Studenten in der entsprechenden Anzahl nach Hamburg ziehen, muß man ihnen auch ganz besonders wertvolle Einrichtungen bieten.

Die Mehrkosten, die eine große Universität erfordern würde gegenüber einer mittleren, sind wahrscheinlich geringer als die meisten, von Furcht und Mißtrauen wegen uferloser Mehrforderungen erfüllt, glauben Jedenfalls dürfte es sich empfehlen, die hier angeschnittene Frage eingehend zu prüfen.

2. Sind die Direktoren der Museen und großen Staatsinstitute imstande, neben ihrer bisherigen Tätigkeit das schwere und verantwortungsvolle Amt eines Ordinarius' an einer Universität zu übernehmen?

Für das verhältnismäßig kleine Mineralogisch-Geologische Institut dürfte die Frage zu bejahen sein, namentlich nach Schaffung eines Extra-Ordinariats, bei den Botanischen Staatsinstituten sind jüngst durch Schaffung einer zweiten Direktorstelle die Schwierigkeiten beseitigt worden. Anders aber steht es mit dem Zoologischen und Ethnographischen Museum, dem Chemischen und dem Physikalischen Staatslaboratorium. Ist es möglich, daß bei ihnen der Direktor den Anforderungen, die Wissenschaft und Lehrtätigkeit, Praxis und Verwaltung an ihn stellen würden, gewachsen wäre?

Um über diese Frage wenigstens bei demjenigen Museum ins klare zu kommen, an dessen gedeihlicher Entwicklung die geographische Wissenschaft das größte Interesse besitzt, nämlich dem Ethnographischen Museum, habe ich bei fast allen Ethnographen, und zwar Museumsdirektoren und Universitätsleuten, angefragt, wie sie über diesen Punkt dächten. Eine sehr bescheidene Minorität hält die Vereinigung von Direktoriat und Ordinariat für wünschenswert und möglich, einige weisen auf die Schwierigkeiten hin, die aus Reibungen zwischen Ordinarius und Direktor entstehen können, allein die erdrückende Majorität hält die Vereinigung ohne Schädigung der Sache für unmöglich, die Schaffung eines besonderen Ordinariats dagegen für die beste und bei gutem Willen sehr wohl ausführbare Lösung des Problems. Die Gutachten in Abschrift befinden sich nebst ausführlichen Darlegungen in den Händen des Herrn Präses der Oberschulbehörde und sei auf sie hier verwiesen.

3. Entsprechend der Senatsvorlage würde gerade für diejenigen Fächer, die die meisten Studenten liefern, nur gerade ausreichend oder ungenügend gesorgt sein.

Während hinsichtlich der kolonialen Fächer zum Teil eine erhebliche Überlegenheit bestehen würde, wäre die Vertretung der Nationalökonomie, der Philosophie, Mathematik und der zahlreichen historischen und plilologischen Fächer derjenigen an kleinen oder mittleren Universitäten entweder nur ebenbürtig oder unterlegen. Hinsichtlich der Mathematik sei auf die Gutachten im Anhang verwiesen[3]). Es kann kein Zweifel bestehen, daß hinsichtlich der obengenannten Fächer, die doch gerade das Gros der Studenten ausmachen, Hamburg keine Attraktion ausüben würde. Die Wichtigkeit dieses Gesichtspunktes liegt auf der Hand. Er gilt auch für die juristische Fakultät, die nach der Vorlage mittleren Universitäten, wie Münster, Marburg, Tübingen, nicht gewachsen wäre. Es sei auch auf das Gutachen von Geheimrat Fischer, Breslau, in der Anlage verwiesen.

4. Die Kolonialwissenschaftliche Fakultät.

Weitaus am schwerwiegendsten aber sind die Bedenken gegen die Begründung einer Kolonialwissenschaftlichen Fakultät. Auf dieser soll in erster Linie die Eigenart der Hamburgischen Universität beruhen. Heißt es doch in der Erklärung des Professorenrats und -konvents vom 25. XI. 1911:

„Wir glauben insbesondere, daß die Kolonialwissenschaftliche Fakultät die stärkste organisatorische Neuerung und zugleich die stärkst ausgebildete Seite des Entwurfs als natürlicher und fester Kern der ganzen Hochschule, eine einheitliche und lebendige Fortführung der Bestrebungen gewährleistet, die das Kolonial-Institut geschaffen haben und von diesen getragen werden, und daß die Fakultät sich gut und organisch in den Gesamtorganismus einfügt."

In ähnlich zuversichtlichem Ton geht es weiter. Diese Erklärung wurde unter dem ersten Eindruck der gedruckt übergebenen Vorlage von dem Professorenrat und -konvent genehmigt. Allein als es dann am Ende des WS. 1912/1913 zu wirklichen Beratungen über dieses Problem kam, war die Stimmung eine ganz andere. Jeder empfand, daß die Kolonialwissenschaftliche Fakultät ein unmögliches Gebilde sei, eine für die Universität

---

[3]) Hier nicht veröffentlicht, weil vertraulich erstattet.

höchst gefährliche Organisation, wenn alle Ordinarien des Kolonial-Instituts in dieselbe eintreten würden. Auch konnte man sich nicht verhehlen, daß die Teilnahme von Mitgliedern an zwei Fakultäten höchst bedenkliche, ja unmögliche Zustände hervorrufen müsse. Sehr bezeichnend ist es, daß mit einer einzigen Ausnahme niemand nur in der Kolonialwissenschaftlichen Fakultät sitzen will, weil diese doch nicht als ebenbürtig mit den anderen Fakultäten gelten kann. Dazu kamen noch andere grundlegende Meinungsverschiedenheiten. Während eine Partei verlangte, alle Ordinarien des Kolonial-Instituts müßten in die Kolonialwissenschaftliche Fakultät hinein, empfanden anderen den entgegengesetzten Gedanken geradezu als erlösend, daß nur möglichst wenige eine Doppelstellung haben dürften. Und was nun gar das innere wissenschaftliche Leben betraf, so stand man dieser Frage noch hilfloser gegenüber.

Eine Fakultät umfaßt bestimmte wissenschaftliche Disziplinen, die selbständig dastehen und deren Selbständigkeit in der Einrichtung von Promotion und Habilitation zum Ausdruck gelangt. Wenn die Kolonialwissenschaftliche Fakultät eine richtige Fakultät sein soll, dann müssen ihre Disziplinen selbständige Wissenszweige mit Promotion und Habilitation sein. Gibt es aber solche selbständige koloniale oder überseeische Wissensgebiete? Gibt es z. B. eine von der allgemeinen Wissenschaft abgetrennte, eine selbständige Wissenschaft repräsentierende Kolonialbotanik oder Kolonialgeographie oder Kolonialzoologie, Kolonialnationalökonomie oder Kolonialrecht? Zweifellos haben sehr viele Wissenschaften eine koloniale Seite, die zu pflegen verdienstlich und notwendig ist. Wie sollte man aber die Abgrenzung der Forschungsgebiete, wie Habilitation und Promotion, sich denken?

Einer kam auf den Gedanken, man könne die Sache so auffassen, daß in den alten Fakultäten die rein wissenschaftlichen, in der Kolonialwissenschaftlichen Fakultät dagegen die praktischen Probleme behandelt werden sollten, die sich aus dem Besitz von Kolonien ergeben. So hoffnungslos war die Stimmung, daß dieser Gedanke anfangs als eine denkbare Lösung des Problems freudig aufgenommen wurde. Allein bei ruhiger Überlegung mußte man sich doch sagen, daß man sich in einer Selbsttäuschung befand.

An dieser Stelle möchte ich hervorheben, daß die Beratungen des Professorenrats und -konvents nicht geheim sind. Zwar sind früher diesbezügliche Anträge zweimal vor mir gestellt, aber als unzweckmäßig abgelehnt worden, und zwar mit der ausdrücklichen Begründung, es sei notwendig, mit seiner Behörde über alle Vorgänge und Beratungen zu sprechen. Zum erstenmal in meinem Leben mache ich von diesem Recht in dieser, für amtlichen Gebrauch bestimmten Denkschrift hiermit Gebrauch. Es muß geschehen, weil ohne die Kenntnis der oben geschilderten Verhältnisse die ganze Sachlage unverständlich bliebe.

Unter dem Eindruck der Beratungen über die Kolonialwissenschaftliche Fakultät stehend, richtete ich das in der Anlage beigefügte Schreiben an 40 Akademiker, meist Juristen und Nationalökonomen. Den in meinem Schreiben angeführten Bedenken muß man noch folgendes hinzufügen:

Jede Fakultät ist eine geschlossene Organisation, ihre Beratungen sind geheim, und oft genug gibt es zwischen einzelnen Fakultäten Meinungsverschiedenheiten. Wie könnte da wohl jemand mit gutem Gewissen Mitglied zweier Fakultäten sein? Welche nie versiegende Quelle der Reibungen und Intrigen würde damit eröffnet werden!

32 Antworten liefen ein, die in Abschrift als Anlage beigefügt worden sind*). Nur ein einziger kurzer, durch keine Gründe gestützter Brief spricht sich für die Kolonialwissenschaftliche Fakultät aus. Einige sind inhaltlich ziemlich unbestimmt, ohne für die genannte Fakultät einzutreten, ungefähr 28 aber lehnen ganz entschieden den Gedanken an eine besondere Kolonialwissenschaftliche Fakultät ab und bestätigen die in dem Anschreiben geäußerten Bedenken.

Meines Erachtens ist damit das Urteil über die Kolonialwissenschaftliche Fakultät dem „natürlichen und in sich festen und gesicherten Kern der ganzen Hochschule", diese „stärkste organisatorische Neuerung und zugleich stärkst ausgebildete Seite des Entwurfs", gesprochen. Es ist auch gesprochen worden durch die Ratlosigkeit der Mitglieder des Professorenrats und -konvents und durch die Gutachten der erfahrenen, persönlich uninteressierten Akademiker.

Beibehaltung des Kolonial-Instituts neben der Universität.

Der einzige Ausweg meines Erachtens wäre der, an Stelle der Kolonialwissenschaftlichen Fakultät das Kolonial-Institut in seiner jetzigen Form als rein praktisches Lehrinstitut für Beamte, Kaufleute usw. bestehen zu lassen. Sein Professorenrat hätte lediglich für die Vorlesungen zu sorgen. Ob eine solche, an eine Universität angegliederte Organisation nicht doch mancherlei Mißstände zur Folge hätte, und ob die Doppelstellung der Professoren nicht doch für die Universität schädlich wäre, darüber könnte man im Zweifel sein. Unzweifelhaft wäre aber folgender, rein praktischer Gesichtspunkt von Wichtigkeit. Die Hörer eines solchen, der Universität angegliederten Kolonial-Instituts, namentlich die jungen Hamburger Kauf-

*) Hier nicht veröffentlicht.

leute, deren Stellung zu den vollgültigen Studenten bereits innerhalb einer Kolonialwissenschaftlichen Fakultät eine schwierige gewesen wäre, würden von den Universitätshörern gänzlich abgesondert sein, und ob die sich daraus ergebenden Verhältnisse dazu beitragen würden, die Universität in einer ausgesprochenen Kaufmannsstadt beliebter und die Bürgerschaft bewilligungsfreudiger zu machen, dürfte füglich bezweifelt werden können.

Unter solchen Umständen dürfte es doch wohl berechtigt sein, den alten Gedanken wieder aufzunehmen, der sich in den weitesten Kreisen Hamburgs einer großen Popularität erfreut, nämlich das Kolonial-Institut auszubauen, und zwar zu einem Kolonialen Forschungsinstitut, das Vorlesungswesen aber in seiner jetzigen Form bestehen zu lassen.

Es ist behauptet worden, ein Forschungsinstitut wäre nur im Anschluß an eine Universität entwicklungsfähig. Auch habe das bisherige Kolonial-Institut gezeigt, daß es entwicklungsunfähig sei und die Umwandlung in eine Universität gebieterisch verlange. Das sind Fragen von der allergrößten Wichtigkeit; es sei mir gestattet, auf sie näher einzugehen. Aber an Stelle theoretischer Erwägungen sei an einem bestimmten Beispiel das Ziel erläutert, das man mit einem Kolonialen Forschungsinstitut erstreben könnte, nämlich am Geographischen Seminar.

Die Geographie an einem Kolonialen Forschungsinstitut.

Die Aufgaben des Geographischen Seminars würden darin bestehen, die wissenschaftliche und wirtschaftsgeographische Erforschung unserer Kolonien sowie fremder, für den deutschen Handel wichtiger Kolonialgebiete in Angriff zu nehmen. Um das zu erreichen, wäre ein Fonds notwendig, der die Entsendung von Expeditionen ermöglicht, ferner die Schaffung von zwei Hilfsarbeiterstellen, damit den Zurückkehrenden Gelegenheit geboten wird, die Ergebnisse zu bearbeiten. Hiermit erreicht man aber noch mehr. Es wird eine Menge von Beobachtungsmaterial gesammelt, und dieses sich anhäufende Material könnte man durch jüngere Gelehrte bearbeiten lassen, die daraufhin promovieren könnten. Das geschieht auf der Seewarte schon lange. Setzt man sich nun mit Dozenten an Universitäten in Verbindung, so kann es nicht schwerfallen, ältere Studenten oder jüngere Doktoren nach Hamburg zu ziehen. Damit würde gleichzeitig der „Schrei nach dem Kinde", d. h. nach Schülern, überflüssig. Gewiß werden es keine 100 sein, wie an Universitäten, aber auf fünf bis sechs ausgewählte, tüchtige Leute wird man rechnen können, die sich der Geographie als wissenschaftliche Arbeiter widmen wollen, nicht aber in erster Linie von dem Gedanken beherrscht werden, ihr Staats- oder Doktorexamen zu machen, um sich dann nicht weiter wissenschaftlich durch selbständige Arbeiten zu betätigen.

Eine größere Anzahl von Fachgenossen habe ich um ein Gutachten gebeten und befinden sich meine Anfrage sowie die Antworten in den Anlagen[5]).

Wie vorauszusehen, ist der Gedanke, das Kolonial-Institut in ein Koloniales Forschungsinstitut umzuwandeln, und das Geographische Seminar mit genügenden Mitteln auszustatten, mit Zustimmung, zum Teil sogar mit Begeisterung aufgenommen worden. Denn es kann kein Zweifel darüber bestehen, daß eine solche Organisation für die Entwicklung der geographischen Wissenschaft von größter Wichtigkeit wäre, da die Universitäten zu selbständigen überseeischen Forschungen gar nicht in der Lage sind, und es in absehbarer Zeit auch nicht werden können. Nur einer hat Bedenken, und zwar deshalb, weil er einen übergroßen Einfluß eines solchen Instituts auf die Ausbildung der jungen Fachgelehrten befürchtet. Könnte man sich eine bessere Empfehlung wünschen? Aufgaben und Organisation eines Kolonialen Forschungsinstituts könnte man sich wohl in folgender Weise denken.

Aufgaben und Organisation eines Kolonialen Forschungsinstituts.

Ähnlich wie für die Geographie liegen die Verhältnisse auch für andere Disziplinen, sofern sie wirklich in das jetzige Kolonial-Institut hineingehören. Welche ersprießliche Tätigkeit könnte z. B. der Geologe, der Botaniker, Zoologe und Ethnograph durch Ausrüstung spezieller Forschungsexpeditionen entfalten! Welche gewaltige Überlegenheit besäßen die Dozenten für die Kultur des Orients und Ostasiens, für Kolonialgeschichte, Nationalökonomie und Kolonialrecht, wenn sie in den für sie in Frage kommenden Gebieten an Ort und Stelle Problemen nachgehen könnten, wenn sie in Lissabon, Madrid oder anderen Hauptstädten ehemaliger oder noch bestehender Kolonialreiche in den Archiven arbeiten lassen könnten oder wenn jemand in Indien, Java oder sonstwo Verwaltung, Recht und Wirtschaft studieren könnte! Und nun erst die Sprachforscher! Reden wir nicht von dem Seminar für Kolonialsprachen, auch der Romanist würde in den romanischen, der Germanist in den holländischen, der Anglist in den englischen Kolonien ein Feld reicher Tätigkeit finden. Auch ihnen könnte es unmöglich schwerfallen, Doktoranden und jüngere Gelehrte nach Hamburg zu ziehen — in geringer Zahl zweifellos, aber für die Förderung der Wissenschaft wichtigerer Schüler, als es die zehnfache Zahl von

---

[5]) Hier nicht veröffentlicht.

angehenden Oberlehrern wäre, für deren Ausbildung an Universitäten genügend gesorgt wird. Daß aber an dem Forschungsinstitut tätig gewesene Gelehrte für die Auslandsschulen in erster Linie in Frage kommen würden, braucht wohl kaum betont zu werden.

Ohne behaupten zu wollen, daß alle am Kolonial-Institut vertretenen Fächer nach derselben Schablone behandelt werden müßten, dürfte doch für die meisten folgender Arbeitsplan zweckmäßig sein:

1. Von den jeder Disziplin zur Verfügung stehenden Mitteln könnte ein Teil zur Verfolgung von Problemen benutzt werden, die jedem einzelnen am Herzen liegen.

2. Neben diesen Spezialproblemen sollte man aber bestimmte, für Deutschlands Handel und Wirtschaft wichtige Gebiete, die noch wenig bekannt sind, systematisch untersuchen, und zwar für alle in Frage kommenden Disziplinen, also z. B. geographisch, geologisch, botanisch, zoologisch, ethnographisch und wirtschaftlich. Indem man nach gemeinsamem Arbeitsplan solche Gebiete in Angriff nimmt, wird ein gemeinsames systematisches Arbeiten, ein innerer Zusammenhang, eine gegenseitige Förderung und Unterstützung der einzelnen Fächer gewährleistet. Gleichzeitig aber würden damit die Grundlagen für einen bestimmten gemeinsamen Lehrplan geschaffen, der den Universitätsunterricht zu ergänzen und Vorlesungen zu bieten imstande wäre, wie sie nirgends anderswo gelesen werden könnten. Damit kommen wir aber zu einer neuen wichtigen Frage.

Die Reorganisation des Unterrichts beim Kolonialinstitut.

Meines Erachtens war es ein großer Fehler, daß man bei der Begründung des Kolonial-Instituts anstatt zielbewußt auf eine Ergänzung der Universitäten hinzuarbeiten, diesen Konkurrenz gemacht hat — wohl unbewußt —, indem man die Semestereinteilung der Universitäten übernahm. Damit hat man sich natürlich von vornherein der Möglichkeit beraubt, ältere Studierende nach Hamburg zu ziehen. Man sollte das Sommersemester in den August — September — Oktober legen und in dieser Zeit Vorlesungen halten, die geeignet sind, als Ergänzungsvorlesungen der Universitäten zu dienen. Hier kann man nun aber an das oben Gesagte anknüpfen. Wenn von dem vorgeschlagenen kolonialen Forschungsinstitut bestimmte Gebiete systematisch untersucht werden und von den einzelnen Dozenten bestimmte Probleme verfolgt werden, so kann es nicht daran fehlen, einen bestimmten, gemeinsamen Lehrplan aufzustellen, der durchaus originell ist, und den keine Universität nachmachen kann. Es liegt ferner auf der

Hand, daß man damit nicht nur auf eine kleine Zahl von guten, wirklich interessierten Schülern rechnen darf, sondern man wird auch in der Lage sein, aus diesen Schülern sich seine zukünftigen Hilfsarbeiter heranzuziehen. Auch müßte es merkwürdig hergehen, wenn man nicht das von den Expeditionen mitgebrachte Material zum Teil von Doktoranden bearbeiten lassen könnte, im Einverständnis mit befreundeten Universitätsdozenten.

Eine Verschiebung des Sommersemesters würde naturgemäß auch eine Verlegung des Wintersemesters zur Folge haben, und zwar würde dieses auf die Monate März und April fallen. Damit wäre ein Unterricht, wie er bisher ausgeübt worden ist, garantiert. Allein vielleicht würde es sich empfehlen, auch hier insofern eine Reorganisation eintreten zu lassen, als nicht alle Dozenten auf einmal lesen, sondern daß zuerst in vier- bis sechsstündigen Vorlesungen die grundlegenden naturwissenschaftlichen Vorlesungen gehalten werden und dann die auf die Kultur des Menschen bezüglichen folgen. Wird z. B. in der ersten Hälfte des Semesters — im Winter 6 Wochen, im Sommer 4 Wochen — eine sechsstündige Vorlesung über die Landeskunde der Kolonien gelesen, so würden für den Winter 36, für den Sommer 24 Vorlesungen herauskommen, während ich jetzt im Winter noch nicht einmal 32, im Sommer aber 20 Stunden lese. Demgemäß würde also kein Minus eintreten. Für Sprachfächer müßte man freilich beim alten bleiben.

Eine solche Zusammenfassung würde nebenbei den Vorteil haben, daß man an unsere großen Firmen herantreten könnte, ihre Angestellten zwecks Teilnahme an dem vier- bis sechswöchentlichen Kursus beurlauben zu wollen.

Der praktische Nutzen eines kolonialen Forschungsinstitutes.

Nicht nur die Wissenschaft, auch die Praxis würde von einem kolonialen Forschungsinstitut den größten Nutzen haben. Denn wenn der Reihe nach wichtige Überseegebiete untersucht werden, so ist die Zentralstelle, die jetzt bereits zahlreiche Anfragen zu beantworten hat, in der Lage, wirklich zuverlässige Auskünfte zu erteilen. Gewiß wird man in Hamburg zahlreiche Personen finden, die dieses oder jenes Gebiet genau kennen, allein fast stets handelt es sich um Geschäftsleute, die in dieser oder jener Sache persönlich interessiert sind. Den Anfragenden kommt es aber auf eine völlig unparteiische, uninteressierte Auskunft an. Die Summen, die ein koloniales Forschungsinstitut kostet, stehen in keinem Verhältnis zu den Summen, deren Verlust vermieden werden kann, oder die durch geschickte

Ausnutzung von Kenntnissen gewonnen werden können, und zwar beides infolge zuverlässiger Auskünfte durch das Institut.

Ein Beispiel mag es zeigen. Ein Ingenieur will ein bauliches Unternehmen auf einer westindischen Insel ins Leben rufen. Alles ist vorbereitet, da wendet er sich glücklicher Weise an die Zentralstelle des Kolonial-Institutes, und diese weist ihn an einen Herrn, der als wissenschaftlicher Reisender jüngst die Insel besucht hat. Zu seiner Überraschung erfährt er, daß entgegen seiner Annahme für seine Bauten weder Sand, noch Kies, noch Arbeitskräfte zu haben sind. Sein Geld — es handelte sich um etwa 600 000 Mk. — wären ohne die Zentralstelle glatt verloren gewesen.

Welche Wichtigkeit würde also das koloniale Forschungsinstitut in kurzer Zeit erlangen, wenn es auf Grund der zahlreichen Reisen und systematischen Untersuchungen jedermann zuverlässige Auskunft erteilen könnte! Wie würde sich das angelegte Kapital reichlich verzinsen, wenn auch nur indirekt durch Vermeidung von verkehrten und durch Anregung zu rentablen Unternehmungen!

Zentralstelle und koloniales Forschungsinstitut.

Meines Erachtens kann kein Zweifel darüber bestehen, daß nach Begründung der Universität die Zentralstelle trotz des neuen blendenden Namens „Kolonial-Institut" nur ein Scheindasein führen und bald ganz verkümmern würde. Denn die Lehrtätigkeit neben eigener wissenschaftlicher Arbeit würde voll und ganz die Kraft der Professoren absorbieren. Die Zentralstelle für sich allein ist aber außerstande, die einlaufenden Fragen zu beantworten, d. h. antworten kann sie natürlich auf jede Frage, allein der Mißerfolg würde nicht ausbleiben. Welch anderes Leben würde dagegen in ihr pulsieren, wenn sie in engster Fühlung mit einem kolonialen Forschungsinstitut wäre. Wie rasch würde sie sich da zu einer wirklichen Zentrale der Auskunft für kaufmännische und industrielle Unternehmungen im Auslande entwickeln und damit für Hamburg, ja für ganz Deutschland bald unentbehrlich werden.

Das Öffentliche Vorlesungswesen.

Oft genug ist von Universitätsgegnern darauf hingewiesen, daß das Öffentliche Vorlesungswesen durch die Gründung einer Universität den Todesstoß erhalten würde, und dieser Behauptung werden selbst die begeisterten Universitätsfreunde ernstlich nicht wiedersprechen können. Kein Universitätsprofessor wird die Neigung verspüren, neben seinem, ihn voll und ganz in Anspruch nehmenden Beruf auch noch das Hamburger Publikum durch populäre Vorlesungen zu unterhalten.

Ganz anders liegt der Fall bei einem kolonialen Forschungsinstitut. Da fallen die vier- bis sechsstündigen Vorlesungen weg, und ebenso die anstrengenden Seminarstunden, die viel Vorbereitungen erfordern. Da kann es nicht schwerfallen, in der Zeit, wo der offizielle Kursus nicht stattfindet, sechs oder acht öffentliche Vorlesungsabende im Winter zu übernehmen. Die von Forschungsexpeditionen zurückkehrenden Gelehrten aber wären gerade die rechten Leute, um über ihre Reisen und deren Ergebnisse zu sprechen. Dann würde das Öffentliche Vorlesungswesen gleichzeitig die sehr willkommene Rolle übernehmen, nicht nur die Unternehmungen des Kolonial-Instituts den breiten Schichten des Hamburger Publikums bekanntzumachen, sondern vor allem auch die interessierten Kreise immer und immer wieder darauf aufmerksam zu machen, daß die gesammelten Erfahrungen in der Zentralstelle bei praktischen Auskünften verwertet werden.

Die Kosten eines kolonialen Forschungsinstitutes.

Meines Erachtens kann man die Seminare und Institute in zwei Kategorien teilen, solche, die einfache Reisen nach kultivierten Gebieten unternehmen und hauptsächlich auf Städte angewiesen sein würden, und solche, die wirkliche Expeditionen machen müssen. Zu den ersteren darf man wohl Kolonialrecht, Nationalökonomie, sämtliche Sprachwissenschaften und Kolonialgeschichte rechnen. Expeditionen aber müssen unternehmen sämtliche naturwissenschaftlichen Disziplinen sowie die Ethnographie. Auch das Seminar für den Orient und Ostasien sowie das tropenhygienische Institut dürften hierher zu rechnen sein. Setzen wir für die erste Kategorie lediglich für wissenschaftliche Forschungen 10 000 Mk. und für die zweite 20 000 Mk. aus, und ferner für jede Disziplin zwei Hilfsarbeiter mit durchschnittlich 3000 Mk. Gehalt, so wären die Kosten folgende:

1. Für Nationalökonomie, Kolonialrecht, Kolonialgeschichte, Kolonialsprachen, romanische, englische, germanische Sprachen $= 16\,000 \times 7 = 112\,000$ Mk.

2. Für Geographie, Geologie, Botanik, Zoologie, Ethnographie, Orient, Ostasien, Tropenhygiene $= 26\,000 \times 8 = 208\,000$ Mk.

Demgemäß betrüge die für das koloniale Forschungsinstitut notwendige Summe 320 000 Mk. Man kann also wohl sagen, daß ein Zuschuß von rund 350 000 Mk. jährlich notwendig sein dürfte, um das Kolonial-Institut in seinem jetzigen Umfang in ein koloniales Forschungsinstitut umzuwandeln.

Nach Hinzukommen einiger fehlender Fächer wäre mit einem Zuschuß von höchstens 500 000 Mk. wohl die Grenze des Notwendigen erreicht. Diese Summe käme jährlich zu dem vorhandenen Etat hinzu. Von Neubauten wäre meines Erachtens lediglich der Ausbau des Vorlesungsgebäudes, der ja schon längst ein dringendes Bedürfnis geworden ist, sowie der auch längst notwendig gewordene Neubau für das Mineralogisch-Geologische Institut.

Vorschlag der probeweisen Bewilligung ausreichender Mittel für Forschungszwecke auf drei Jahre.

Wenn man zunächst von einer Reorganisation des Unterrichts am Kolonial-Institut absieht, so würde sich dessen Umwandlung in ein Forschungsinstitut durch die Bewilligung der oben angeführten Mittel ohne weiteres vollziehen. Mein Vorschlag geht nun darauf hin, einen Probeversuch zu machen, und zwar in der Weise, zunächst für drei Jahre obige Summen zu bewilligen. Nach Ablauf dieser Zeit wird es sich ergeben, ob die dauernde Umwandlung des Kolonial-Institutes in ein koloniales Forschungsinstitut wünschenswert ist oder nicht.

Mit solchem Vorschlag könnten meines Erachtens Freunde und Gegner der Universität einverstanden sein. Haben doch die Gegner der Universität oft genug die begeisterte Erklärung abgegeben: *Für eine Universität nichts, für ein Kolonial-Institut alles Notwendige.* Die Freunde der Universität dagegen haben immer die Lebensfähigkeit des Forschungsinstitutes ohne Universität bezweifelt. Bei Annahme meines Vorschlages hätte also die eine Partei Gelegenheit, zu zeigen, daß sie nicht mit leeren Worten ficht, der andern Partei aber könnte, wofern sie an ihre Behauptung selbst glaubt, die Gelegenheit nur willkommen sein, um den Hamburgern das Fiasko eines Forschungsinstitutes kräftig ad oculos zu demonstrieren.

Ich persönlich zweifle keinen Augenblick an dem Gelingen des Experiments, vorausgesetzt, daß meine Kollegen zu dem Gelingen des Planes durch willige Mitarbeit beizutragen sich bereiterklären.

Ein koloniales Forschungsinstitut wäre eine neue, originelle, die Universitäten mit ihrer Lehrtätigkeit ergänzende Organisation, die einem dringenden Bedürfnis entgegenkommen und allseitig mit Freuden begrüßt werden würde. Und sind erst einmal durch ein solches Forschungsinstitut der Reihe nach für den deutschen Handel wichtige überseeische Gebiete in Vorder- und Ostasien, in Afrika, in Mittel- und Südamerika systematisch in wissenschaftlicher und wirtschaftlicher Hinsicht untersucht worden, dann *muß* dieses Forschungsinstitut das Zentrum der Erforschung und

Auskunftserteilung für jene Gebiete werden, und deshalb nicht nur für die Wissenschaft, sondern auch für die Praxis, für kommerzielle und industrielle Unternehmungen von größter Bedeutung werden und geradezu unentbehrlich sein. Wahrscheinlich würden bereits nach drei Probejahren nur wenige noch an eine Universität denken, vielleicht nur die Vertreter derjenigen Wissenschaften Hamburgs, die an einem kolonialen Forschungsinstitut kein sachliches Interesse haben.

Sollte man nicht geneigt sein, für sämtliche koloniale Disziplinen gleichzeitig die Mittel probeweise zu bewilligen, so bitte ich, gestützt auf die zahlreichen Gutachten meiner Fachgenossen, dem Geographischen Seminar für folgende Untersuchungen die Mittel bewilligen zu wollen:

Für 1914: 20 000 Mk. für morphologische und landeskundliche Untersuchungen in Ostafrika. Einen hierauf bezüglichen Plan habe ich bereits ausgearbeitet und dem Professorenrat zwecks Antragstellung bei der Oberschulbehörde übergeben. Ferner 2400 Mk. für eine Hilfsarbeiterstelle.

Für 1915: 20 000 Mk. für Expeditionen; davon 4000 Mk. für Vollendung der Untersuchungen in Ostafrika, 16 000 Mk. für eine wirtschaftsgeographische Studienreise nach Kleinasien; ferner 6000 Mk. für Hilfsarbeiterstellen.

Für 1916: 20 000 Mk. für eine landeskundliche Studienreise nach Togo und der englischen Goldküstenkolonie; ferner 6000 Mk. für Hilfsarbeiterstellen.

Für die Zweckmäßigkeit dieser Vorschläge hinsichtlich der Geographie kann ich persönlich einstehen und bin auch gern erbötig, Gutachten von Fachgenossen vorzulegen. Hinsichtlich der übrigen Fächer dagegen müßte der Professorenrat eingehend beraten, da es sehr wohl möglich ist, daß ich mit meinen Vorschlägen nicht überall die Bedürfnisse der einzelnen Fächer richtig beurteilt habe. Der Zweck meiner Vorschläge kann natürlich nur der sein, die meines Erachtens zweckmäßigen leitenden Gesichtspunkte zu bringen, Einzelheiten dagegen, und namentlich die Aufgaben, die den verschiedenen Disziplinen eines kolonialen Forschungsinstitutes gestellt sind, müssen in dem Professorenrat erörtert und festgesetzt werden.

gez. Passarge.

Ich veröffentliche absichtlich diese meine Denkschrift, die an Senatoren und Behörde gesandt wurde, und vermeide alle nachträglichen, jetzt gar nicht mehr kontrollierbaren Äußerungen, möchte auch weiterhin lediglich kurz daran erinnern, daß die Senatsvorlage im Beginn des Winters 1913/1914 abgelehnt und ein Bürgerschaftsausschuß ernannt wurde, der eine neue Hochschulvorlage ausarbeiten sollte. Vor meiner Abreise nach Ägypten wurden die Professoren von einer Kommission, an der u. a. Senator Strandes teilnahm, vernommen. Ich legte vor ihr meine Ansichten dar. Da es nunmehr keine von der Behörde ausgehende Vorlage mehr gab, war uns Beamten eine wissenschaftliche Meinungsäußerung in der Öffentlichkeit nicht mehr verboten, und ich veröffentlichte in den „Hamburger Nachrichten“ zwei Aufsätze: „Die beiden Möglichkeiten eines Ausbaus des Hamburger Kolonial-Instituts“ und „Aufgaben, Organisation, Kosten und Nutzen der Forschungsinstitute“. Beide Aufsätze wurden in den „Hamburger Nachrichten“ als Broschüre unter dem Titel „Zur Universitätsfrage in Hamburg“ herausgegeben.

Gleich nach Weihnachten 1913 reiste ich nach Ägypten und kehrte erst im Juni 1914 zurück; dann begann der Krieg. Was der Bürgerausschuß getan hat, ist mir nicht bekannt, hier auch gleichgültig, da nach dem Zusammenbruch ganz neue Verhältnisse und Voraussetzungen entstanden waren. Ein koloniales Forschungsinstitut kam nicht mehr in Frage.

IV. Das Geographische Seminar im Kriege.

Als ich im Juni 1914 aus Ägypten zurückkehrte, stand eine umfangreiche, interessante Arbeit bevor. Die früheren Kämpfe um die Universität waren für das Geographische Seminar, obwohl ich mich persönlich an den Auseinandersetzungen lebhaft beteiligt hatte, im Grunde doch rein platonischer Art. Die Geographie, das Geographische Seminar litten am Kolonial-Institut wirklich keine Not. Im Gegenteil, die bestehenden Zustände waren für einen Mann, dem weniger an Lehrtätigkeit und Schülern als an Forschungen und eigenem Arbeiten lag, einfach ideal. Vorlesungen und sonstiger Lehrbetrieb nahmen wenig Zeit in Anspruch; keine Rede von Überlastung wie an den Universitäten. Die oben geschilderten wissenschaftlich-wirtschaftlichen Beziehungen zu den Kolonien und anderen Überseegebieten waren lebhaft. So hatte sich z. B. die Afrikanische Kompanie in Berlin mit einer Anfrage wegen der Holzbestände in ihrer Konzession in Nigeria an das Kolonial-Institut gewandt, und es stand die Bearbeitung dieser interessanten Frage bevor. Auch das Kolonial-Institut begann im Ausland Interesse zu erregen. Aus USA. wollte eine Studentin, aus Madrid ein Ministerialbeamter wegen kartographischer und hydrographischer Studien nach Hamburg kommen. Still stand die Entwicklung des Kolonial-Instituts trotz der Ablehnung der Senatsvorlage keineswegs. Hatte doch der Senatskommissar beim Senat drei neue Professuren (für Indisch, Japanisch, Russisch) beantragt, und auf das Geographische Seminar hatte dieser Antrag die Wirkung, daß die Beschaffung größerer Räume außerhalb des Vorlesungsgebäudes ins Auge gefaßt wurde. Wissenschaftliche Veröffentlichungen standen in Aussicht, Dr. Rathjens war

Mitarbeiter an dem Deutschen Kolonial-Lexikon. Offiziell war mein Name neben dem seinen genannt, tatsächlich hat aber er allein das Verdienst an der vollbrachten Leistung. Dr. A. Schultz war mit der Bearbeitung seiner Pamir-Reise beschäftigt, Klute bot sein Werk über die glazialmorphologischen Beobachtungen auf dem Kilimandscharo zur Veröffentlichung an. Sehr interessant war ein Angebot des an der Mexikanischen Geologischen Landesanstalt arbeitenden Dr. Böse. Böse, ein gebürtiger Hamburger, verunglückte bald nach Beendigung des Krieges bei einer Autofahrt. Seine große Arbeit (siehe unten) ist wohl verlorengegangen, so seien wenigstens die mir brieflich gemachten Angaben hier veröffentlicht. Vielleicht regen sie zu weiteren Forschungen an. Auch zeigte dieses Beispiel, welche verborgenen Schätze ein Reisefonds hätte zutage fördern können. Am 18. V. 1914 schrieb er mir aus Mexiko:

„Durch Herrn Dr. L. Wagner, der bisher am Kolonial-Institut als Dozent für Spanisch und Italienisch tätig war, höre ich, daß gegenwärtig bei Ihnen großes Interesse für spanische Literatur herrscht. Infolge der politischen Zustände hier habe ich mich in der letzten Zeit intensiver als sonst mit einer Arbeit beschäftigen können, zu der ich schon seit langem Material sammle. Ich möchte nämlich nach und nach eine neue, auf Quellen gestützte Darstellung der Geschichte der geographischen Erforschung und Kolonisation des Nordwestens von Neuspanien geben, besonders Kalifornien, Sonora und Arizona. Ich habe nun eine Menge Material gesammelt, gedrucktes, was in Europa so gut wie unzugänglich ist, und auch viel als Manuskript, das hier in Archiven modert. Kürzlich ist es mir gelungen, das wichtigste Quellenwerk für Sonora und Arizona, nämlich die Geschichte der Missionen von Sonora und Arizona vom Pater Eusebius Kino (Kühn) wieder aufzufinden; seit ca. 150 Jahren war das Werk verloren, Neuere bezweifeln, daß es je existiert habe; ich habe es hier im Archiv entdeckt und bin im Begriff es zu drucken und mit Anmerkungen zu versehen. Nun möchte ich aber die gesamten Forschungen Kinos deutsch darstellen, und zwar unter Benutzung aller bisher bekannten Quellen, was ein kleines Buch geben wird. Dieses möchte ich mit zwei oder drei bisher ungedruckten Karten Kinos und einer modernen, auf der ich seine Forschungen eintrage, illustrieren; anhangsweise würde ich eventuell die Forschungsreisen der Patres Keller und Sedelmayr darstellen, die sich auf das gleiche Gebiet, hauptsächlich den Unterlauf des Rio Gila und den Rio Colorado erstrecken. Nun möchte ich Sie fragen, ob Sie mir nicht einen Verlag wissen, der das Werk drucken würde.

Ferner habe ich neuerdings die Beschreibung der ersten Landexpedition nach San Francisco in Kalifornien von dem Leutnant Pedro de Fages (1769) aufgefunden; der Bericht gibt zahlreiche Nachrichten über die Indianer, ihre Religion und Sitten sowie eine Beschreibung der Fauna und Flora, abgesehen von den rein geographischen Mitteilungen über die Expedition von San Diego nach San Francisco. Außerdem fand ich den Bericht des Schiffskapitäns Juan Perez über die Entdeckungsreisen der Fregatte Santiago von Monterey nach Norden (Oregon etc.) von 1774. Auch diese Sachen möchte ich gern publizieren, und zwar den spanischen

Text eventuell mit Übersetzung und Erläuterung. Der erste Bericht ist nur in einem Auszuge in französischer Sprache bekannt, der zweite ist ungedruckt Wissen Sie nicht, wo eine solche Publikation eventuell zu bewerkstelligen wäre? Der Vorstand der romanistischen Instituts an dem Kolonial-Institut soll sich für derartiges interessieren. Wenn ich Ihnen vorhin sagte, daß ich an einer Darstellung der geographischen Erforschung des Nordwestens Neuspanien arbeite, so meine ich damit, daß ich mich hauptsächlich mit dem beschäftige, was im 17. und 18. Jahrhundert geschehen ist, ein gänzlich unbeackertes Gebiet, da alle Welt wie gebannt die Augen auf die Taten des 16. Jahrhunderts gerichtet hält, während die ersten wissenschaftlich wertvollen Arbeiten doch erst in das 17. Jahrhundert fallen, was schon Humboldt erkannt hat. Die Entdeckungsfahrten des Pater Marcon de Niza sowie die des Vasquez Coronado haben die geographischen Kenntnisse ja nur recht wenig gefördert, da man sich absolut kein Bild davon machen konnte, wo denn eigentlich Cibola und Quivira etc. lagen, und erst Bandelier. Simpson, Winship und anderen ist es gelungen, einigermaßen Licht in das Dunkel zu bringen. Dagegen sind die Karten des Pater Kino schon im großen und ganzen richtig, ihm verdanken wir den Nachweis, daß Kalifornien eine Halbinsel ist, er war der erste, der den Rio de Colorado und Rio Gila erforschte und eigentlich entdeckte, stammen doch sogar ihre Namen von ihm, ebenso wie die Ausdrücke Ober- und Niederkalifornien. Überhaupt haben die Jesuiten Kolossales für die Erforschung des mexikanischen Nordens geleistet, und für uns ist besonders interessant, daß sich unter ihnen außerordentlich viele Deutsche befanden, die fast ohne Ausnahme in den Missionen des Nordens arbeiteten und vielfach wertvolle Beobachtungen und Karten lieferten, dazu recht wertvolle geographische und naturhistorische Beschreibungen besonders von Sonora und Südarizona. Sollten Sie sich für diese Arbeiten interessieren, so werde ich Ihnen gelegentlich weiteres mitteilen. Ich habe vor einiger Zeit an Hettner einen Aufsatz über die Entdeckung des Vulkangebietes der Sierra del Pinacato in Nordsonora durch Kino gesandt; die Beobachtungen stammen aus den Jahren 1698—1701; neuerdings habe ich noch neues Material gefunden; leider weiß ich infolge der kriegerischen Ereignisse nicht, ob Hettner meinen Aufsatz angenommen hat. Dieses selbe Vulkangebiet ist erst 1908 von den Amerikanern ‚entdeckt‘ worden. Derartiges kann man überall finden bei den alten Jesuiten, sie waren Forschungsreisende ersten Ranges und unübertreffliche Kolonisatoren. Leider waren nur die Spanier kurzsichtig genug, diese Entdeckungen und Arbeiten nicht zu würdigen, hauptsächlich wohl aus Haß gegen die Ausländer. Bancroft hat zum Teil diese Dinge in wenig geistreicher Weise bearbeitet, aber sein Manuskriptmaterial ist ungenügend und schlecht durchgearbeitet, in Wirklichkeit hatte er von den Schätzen, die hier in Mexiko liegen, keine Ahnung. Ich habe schon eine Menge kopiert, das ich später verwenden will, auch habe ich ziemlich viel Kartenmaterial gefunden.“

Soweit Böses Brief!

Alle diese Dinge waren aber Kleinigkeiten, verglichen mit den großen beherrschenden Aufgaben. Aus Ägypten lag ein reiches Beobachtungsmaterial vor, das der physiologisch-morphologischen Bearbeitung harrte, Dazu kam, daß allmählich aus der physiologischen Morphologie heraus die

Vorstellungen und Pläne für eine Landschaftskunde heranreiften. Die Mittel für eine landeskundliche Durchforschung Togos standen in naher Aussicht, auf die Gelder für die Aufnahmen in den ostafrikanischen Inselbergregionen durfte man hoffen. Damit wäre jener Weg beschritten worden, der allein zu einem Aufschwung und meines Erachtens einer glänzenden Entwicklung des Kolonial-Instituts führen konnte — der Weg, mit eigenen Expeditionen die Erforschung der Kolonien in die Hand zu nehmen. Daß auch mit der Landeskundlichen Zentralkommission, deren Mitglied ich war, Beziehungen wegen Herausgabe eines physiologisch-morphologischen Atlas angeknüpft waren, sei nur nebenbei erwähnt.

Mir konnte zumute sein wie einem Landmann in den Waldsteppen der Union, der hoffnungsvoll über sprießende Saaten, geackerte Felder und noch zu rodendes Waldland blickt. Aber es bricht ein eisiger Nordsturm herein, zerstört die Saaten, überschüttet das Land mit Sand, vernichtet alle Hoffnungen. So wirkte der ausbrechende Krieg! Ich selbst zog im August 1914 aus, meine beiden Assistenten folgten bald nach. Dem verwaisten Seminar stand bis zu seinem Tode Professor Dr. Michow vor. Zu tun war aber wenig; dann und wann kam ich nach Hamburg, hielt dann auch gelegentlich Vorlesungskurse ab, so z. B. über die Türkei (im Jahre 1916). Die Frage nach der Verlegung des Seminars nach dem Direktorhaus des nahen Wilhelmgymnasiums wurde im Jahre 1915 akut; ich mußte gelegentlich eines Urlaubs mich der Frage widmen und erstattete ein ablehnendes Gutachten. Damit wurde die ganze Frage vertagt. Dasselbe Schicksal hatte der Antrag Stuhlmanns, die Kartensammlung ganz an das Geographische Seminar abzugeben, weil die Teilung — Anschaffung durch die Zentralstelle, Verwaltung durch einen Assistenten des Geographischen Seminars — auf Schwierigkeiten stieß. An den Panoramen von Hamburg wurde weiter gearbeitet (dazu war die Erlaubnis des Generalkommandos erforderlich) und die Reliefs vom Stintfang vollendet. Neue Veröffentlichungen erfolgten: das große Pamirwerk von Dr. Schultz, das dreibändige „Ost-Mbam-Land" von Thorbecke.

Auch für die Front unmittelbar konnte das Geographische Seminar arbeiten. Ab Mai 1916 kam ich, nachdem die Ratzeburger Jäger bei der Sprengung von St. Eloi in die Luft geflogen waren, zum Armee-Oberkommando IV mit der Aufgabe, den ganzen Frontabschnitt geologisch auf den Minierkrieg hin zu untersuchen. Von dem wichtigsten und bedrohtesten Frontabschnitt (um Wytschaete herum) ließ ich nach den Frontkarten durch Fräulein Rath und Kloß ein Relief anfertigen, das dem Kommandeur der Pioniere zur Verfügung gestellt wurde. Vergebliche Liebesmüh! Als ich im Juli 1917 auf Urlaub war, erfolgte die Sprengung bei Wytschaete und der englische Durchbruchsversuch. Das Relief ist vermutlich im Granatfeuer zugrunde gegangen; es stand in Warneton. Auch das Geologische Institut war aktiv tätig, wo Professor Dr. Koch die eingesandten Bodenproben, die aus Minierschächten stammten, näher untersuchte. Im Herbst 1917 erkrankte ich an Ruhr und Gelenkentzündungen, als ich an der Front während der Flandernschlacht hinter der Kampflinie Untersuchungen über die Leistungsfähigkeit verschiedener Erdarten beim Abhorchen anstellte. Nach langem Krankenlager kehrte ich im April 1918 nach Hamburg zurück und blieb dort. Aber erst vom September ab konnte ich wieder die Leitung des Geographischen Seminars übernehmen, gleichzeitig eine Kraftfahrabteilung ärztlich versorgend.

Trotz aller Nöte fehlte es nicht an Plänen. Sehr verlockend dünkte die Aussicht, an der „Lehranstalt für Kolonial- und Auslandskunde" in Brunnen (Schweiz) einen Vorlesungskurs abzuhalten — verlockend gerade für mich, der ich, nach langem Kranksein heruntergekommen und mit Heißhunger behaftet, nur ganz ungenügend ernährt werden konnte. Sodann plante ich (Schreiben an die Oberschulbehörde vom 24. IX. 1918) für die Lehrerkreise Hamburgs einen Vorlesungszyklus an dem Öffentlichen Vorlesungswesen zu veranstalten, um zu erreichen, daß kein Hamburger Lehrer, ohne in Geographie ausgebildet zu sein, Geographieunterricht erteilen solle. Das war gewiß ein Ziel, des Schweißes wert. Im Felde war ich dem Gedanken einer Landschaftskunde dauernd nachgegangen und hatte entsprechende Beobachtungen anstellen können. Der größte Teil des Bandes I: Grundlagen der Landschaftskunde, wurde bereits in Gent auf dem Krankenlager niedergeschrieben. Der Zyklus sollte vier bis sechs Semester dauern. Die Oberschulbehörde unterstützte den Plan kräftig, und tatsächlich wurde im WS. 1918/1919 vor einem sich drängenden Auditorium, das fast ganz aus Hamburger Lehrern und Lehrerinnen bestand, die erste einführende Vorlesung (zweistündig) gehalten: Landschaftskunde als Grundlage des Geographischen Unterrichts.

V. Das Geographische Universitäts-Seminar.

Im November 1918 kam der Zusammenbruch und mit ihm die Hoffnung auf eine paradiesische Zeit. Namentlich die marxistischen Volksschullehrer waren von wildem Begeisterungstaumel ergriffen. Eine Zeitlang schien es mir, als ob wirklich der Idealismus das Schwert in die Hand nehmen würde. Ich selbst veranlaßte daher den Professorenrat, zwei Vertrauensmänner zur Beobachtung in den neu gebildeten Lehrerrat zu senden. Der jüdische Philosoph Stern und ich selbst wurden damit beauftragt. Aber sehr bald zeigte es sich, daß dort neben anständig denkendem Idealismus recht unerfreuliche Vorstellungen von Anstand und Ehrenhaftigkeit herrschten. Da geschah Folgendes: Es wurde in einer Sitzung ausdrücklich Vertraulichkeit beschlossen und die Anwesenden ehrenwörtlich verpflichtet, zu schweigen. In der nächsten Nummer eines kommunistischen Lehrerblattes wurde unter wüsten Beschimpfungen einiger sozialdemokratischer Mitglieder des Lehrerrates der Verlauf der vertraulichen Sitzung geschildert. In der nächsten Sitzung schritt nun nicht etwa der Vorsitzende des Lehrerrates gegen den wortbrüchigen Redakteur, der obengenannten Aufsatz verfaßt hatte, ein, sondern die Angegriffenen belegten lediglich ihrerseits diesen Mann mit Schimpfwörtern. Dieser aber erklärte: „Als Mitglied des Lehrerrates war ich zum Schweigen verpflichtet, als Redakteur nicht." Damit beruhigten sich alle, ich aber zog die Konsequenzen und veranlaßte den Professorenrat, seine Delegierten aus dieser erlauchten Korona zurückzuziehen.

Die Universitätsfrage wurde namentlich auf Betreiben der Volksschullehrer mit Begeisterung aufgenommen. Am liebsten wollte jeder Lehrer studieren und schnell Oberlehrer werden. Es entstand im April 1919 eine Universität mit juristischer, medizinischer, philosophischer und naturwissenschaftlicher Fakultät. Als hätten wir den Krieg gewonnen, war man in Geldbewilligungen großzügig. Glaubten doch die marxistischen Machthaber, daß die Hamburgische Volksschullehrer-Universität ein marxistischer Horst werden würde, dem jährlich Hunderte flügger Parteigenossen entfleuchen würden, um in den wichtigsten Ämtern Unterschlupf zu finden. Es war interessant, zu sehen, wie weit in aller Stille vorgearbeitet worden war. So zog z. B. ein mittlerer Beamter des Kolonial-Instituts beim Ausbruch der Revolution aus seinem Schreibtisch einen fertigen Plan für eine marxistische Universität hervor, nach dem alle Arten von an der Universität Beschäftigten im Senat vertreten waren — sogar die Scheuerfrauen!

Es war ein harter Kampf, den die Universitätsprofessoren gegen marxistischen Unverstand auszufechten hatten. Das Schlimmste wurde verhindert. Namentlich das geheime Minderwertigkeitsbewußtsein und die Angst, sich den anderen deutschen Universitäten gegenüber zu blamieren, sodann aber auch die Energie, der Scharfblick und das diplomatische Geschick einiger Kollegen waren die Ursachen dafür, daß die schlimmsten revolutionären Verrücktheiten vermieden wurden. Nicht zu vermeiden war, daß der Hochschulbehörde eine Art Sowjet vor die Nase gesetzt wurde, in dem Juden (Warburg) und Marxisten maßgebend waren und für das Parteiinteresse sorgten. Verhindert wurde auch der Plan, in jedem Institut einen aus den Assistenten bestehenden „Sowjet" zu errichten; der autoritäre Gedanke blieb in den Instituten gewahrt. Die Scheuerfrauen und

Korridordiener blieben dem Universitätssenat erspart. So ging es denn besser, als anfangs befürchtet wurde; die Sozialdemokraten hatten vor ihrer eigenen Courage Angst, und die Vernunft siegte in den wichtigsten Dingen. Vielleicht wurde auch von Preußen mit Nichtanerkennung gedroht.

Nach Begründung der Universität (April 1919) waren zwei Umstände dafür maßgebend, daß die Hamburgische Universität bald eine achtunggebietende Stellung erlangte: einerseits der Umstand, daß der bürgerliche Universitätssenator und sein Oberregierungsrat innerlich völlig antimarxistisch eingestellt waren und als geschickte Lotsen das Schifflein zwischen der jüdisch-marxistischen Scylla und Charybdis hindurchsteuerten, sodann aber, daß sich die Studentenschaft ganz anders entwickelte, als die Marxisten erwartet hatten. Die Hamburgische Universität wurde — trotz des Zustroms roter Volksschullehrer — ein national-antimarxistischer und schließlich nationalsozialistischer Hort. Und als einmal bei einer Rektoratsrede ein judenfreundlicher Professor vorschlug, die Hamburgische Universität „Lessing-Universität" zu taufen, dachte man, gemeint sei eine „Nathan-Universität".

So also war das „Milieu" beschaffen, in dem sich das Geographische Seminar als Universitäts-Seminar weiter entwickelte. Diese Entwicklung soll hier kurz skizziert werden. Zunächst sei auf die äußerliche Weiterentwicklung hingewiesen. Die Frage nach der Verlegung des Geographischen Seminars unter Vermehrung der Räume wurde bald wieder aufgenommen mit dem Erfolg, daß es im Jahre 1920 in das Haus Rothenbaumchaussee 21/23 verlegt wurde. Von den dort vorhandenen sieben Räumen wurde einer Vorlesungsraum und später durch Wegnahme einer Wand erweitert. Damit war das Geographische Seminar von der Universität räumlich losgelöst. Als die Zahl der Studenten lawinenartig anwuchs, mußte zeitweise der große Hörsaal in der Johnsallee für die große Vorlesung benutzt werden. In der letzten Zeit (nach dem Umbruch), als die Studentenzahl stark nachließ, genügte der Seminar-Hörsaal völlig.

Die neuen Vorlesungen nebst den Zwischensemestern in den Ferien bedingten nicht nur eine große Arbeitslast, sondern auch eine schnelle Umstellung und Ergänzung des Lehrmaterials. Es wurden besondere Zuschüsse bewilligt, der regelmäßige Etat aber herabgesetzt. Nur in einem Punkt trat eine Erweiterung ein. Um der einsetzenden Arbeitslosigkeit entgegenzutreten, wurden vorübergehend vom Staat überall Hilfskräfte eingestellt. Auch dem Geographischen Seminar wurden solche angeboten. Benötigt wurden dringend Zeichner. Ein halbes Dutzend Männer stellte sich vor. Einer war ausgebildeter Zeichner, die anderen ungelernt. Vier von ihnen erklärten, nach Kartenzeichnen gefragt, kopfkratzend, so was hätten sie noch nicht gemacht. Einer sagte dasselbe, fügte aber gleich hinzu: er sei im Maschinenbaufach ausgebildet, wolle sich einarbeiten und werde es schaffen. Ich nahm ihn zusammen mit dem gelernten Zeichner. Dieser schied nach einiger Zeit wieder aus, da er eine feste Anstellung erhielt, der andere aber ist Max Först, der heute noch am Seminar oder vielmehr Institut tätig ist. Er hat nicht nur als Zeichner sich eingearbeitet, sondern bedient auch trotz seiner kriegsverstümmelten Hand gewandt die Schreibmaschine und ist auch an der Verwaltung der Bibliothek beteiligt.

Der Etat wurde bald herabgesetzt, namentlich seit der Inflationszeit. Ja noch mehr, es wurde die Forderung gestellt, die Zahl der Angestellten herabzusetzen. Ich mußte mich entschließen, entweder auf Herrn Först oder auf einen wissenschaftlichen Hilfsarbeiter zu verzichten. Die zu leistende tägliche Arbeit ließ Herrn Först als unentbehrlich erscheinen. Von den beiden Hilfsarbeitern kam nur Dr. Rathjens in Frage. Denn Dr. Schultz hatte sich mit seiner Turkestan-Arbeit nicht nur habilitiert, sondern auch früher schon gute Arbeiten verfaßt. Zudem hatte er Ergänzungsvorlesungen aus der Allgemeinen Geographie übernommen. Er blieb, Dr. Rathjens aber erhielt eine Anstellung am Weltwirtschaftsarchiv (früher Zentralstelle). Meiner Überzeugung nach war er für die dortige Tätigkeit sehr geeignet, und er hat sich ja auch daselbst bewährt. Neben Dr. Schultz habilitierte sich Dr. Bruno Schulz von der Seewarte für Geographie, mit besonderer Betonung der Meereskunde. Er hat sich aber nicht nur mit meereskundlichen, sondern auch mit landeskundlichen Vorlesungen befaßt, und dabei vor allem als guter Kenner Nordeuropa behandelt. Da mir selbst Mathematik nicht liegt, übernahm Bruno Schulz ferner die mathematische Geographie und die Kartenkunde. Das war für mich eine sehr große Hilfe. Ich selbst konnte mich hinsichtlich der Vorlesungen daher ganz der Allgemeinen Geographie widmen. Hier stand und stehe ich noch auf dem Standpunkt, daß die Studenten als zukünftige Lehrer in erster Linie mit der Allgemeinen Geographie vertraut sein müssen. Wie ein Tischler nicht auf die Herstellung einiger besonderer Möbelstücke eingefuchst sein darf, sondern erst einmal den Gebrauch seines Handwerkszeuges und die allgemeinen Regeln der Tischlerei erlernen muß, damit er später Möbelstücke jeder Art herstellen kann, so muß sich ein Student der Geographie vor allem in der Allgemeinen Geographie die grundlegenden Kenntnisse erwerben und über sie einen guten Überblick besitzen. Dann wird es ihm leichtfallen, sich selbständig in die Länderkunde einzuarbeiten. Demgemäß habe ich ganz regelmäßig einen viersemestrigen Zyklus von Vorlesungen abgehalten: 1. Klima und Meereskunde, 2. Oberflächengestaltung, 3. Landschaftskunde, 4. Kulturgeographie. Mit diesem viersemestrigen Zyklus wurde es ermöglicht, daß die studierenden Lehrer einen abgeschlossenen geographischen Überblick erhielten. Ich empfahl ihnen, in den beiden ersten Semestern die naturwissenschaftlichen Vorlesungen zu belegen und erst mit dem dritten sich der Geographie zuzuwenden. Sie mußten außerdem bei B. Schulz Mathematische Geographie und Kartenlehre mit Übungen hören. Ferner konnten sie bei A. Schultz, B. Schulz und später, als ersterer dem Ruf als Ordinarius nach Königsberg folgte, bei seinem Nachfolger Dr. H. Kanter landeskundliche Vorlesungen mitnehmen. Es war aber noch für weitere Ausbildung gesorgt. R. Lütgens, der sich frühzeitig als Spezialist für Wirtschaftsgeographie habilitiert hatte, übernahm landeskundliche Vorlesungen über das Romanische Amerika. Von großer Bedeutung war es, daß er lange Zeit im praktischen Hamburger Wirtschaftsleben gestanden hatte, also Welthandel und Bedürfnisse des Kaufmanns gut kannte. So kam es, daß er seinen Vorlesungen aus den Kreisen der Nationalökonomie-Studenten einen starken Zustrom sicherte. Ferner übernahm er das Proseminar und las auch als ehemaliger Oberlehrer wiederholt über Schulgeographie. So war Lütgens eine vielseitige, wertvolle Arbeitskraft. Kanter widmete sich neben anderen Vorlesungen den in jedem Semester stattfindenden „Topographischen Übungen" mit Kartenzeichnen an der Wandtafel und zu Hause in Heften. Mehrfach war es möglich, ihn zu längeren Studienreisen zu beurlauben. Seine großen Veröffentlichungen über Calabrien, das Mar Chiquito, den Gran Chaco in den „Hamburger Universitätsabhandlungen zur Auslandskunde" sind einige Ergebnisse dieser Reisen.

Mit den Universitätsvorlesungen verknüpft waren die am Öffentlichen Vorlesungswesen. In jedem Winter — anfangs auch im Sommer — las ich ein Publikum gemeinsam für Studenten und für das Öffentliche Vorlesungswesen. Zur „Volkshochschule", die mit der Universität begründet wurde, bestand keine Beziehung; sie beauftragte — Gott sei Dank! — fast nur rote Dozenten. Das Kolonial-Institut setzte sich teils als Weltwirtschaftsarchiv (= Zentralstelle), teils als „Ausschuß für Auslandskunde" fort. Letzterer hielt Diplomprüfungen ab und erteilte Diplome. Da es aber keinen systematischen kolonialen bzw. überseeischen Vorlesungszyklus gab, mußten sich die — dann und wann erscheinenden — Kandidaten meist privatim vorbereiten. Die Prüfungen waren deshalb leicht; ob jemals einer durchgefallen ist, weiß ich nicht. Dieser „Ausschuß" beansprucht allgemeines Interesse deshalb, weil er meines Erachtens zeigt, was aus der „Kolonialwissenschaftlichen Fakultät" geworden wäre, wenn im Jahre 1913 die Senatsvorlage angenommen worden wäre.

Nun noch ein Wort über das Studentenmaterial! Es ist wichtig, diesen Punkt zu berühren, da man ohne seine Kenntnis keinen Einblick in die Bedeutung des Geographischen Seminars als eines Hortes antijüdischer, antimarxistischer Weltanschauung erhält. Jüdisch-marxistische Kreise waren es, die die Gründung der Hamburgischen Universität durchsetzten. Eine studentische Hochburg des Marxismus entstehen zu lassen, war hierfür ein Hauptbeweggrund. Deshalb wurde die Universität den stark links eingestellten Hamburger Volksschullehrern weit geöffnet. Es wurden nicht etwa besonders geeignete Lehrer abkommandiert, sondern jeder wurde zugelassen. Am Vormittag Schuldienst, am Nachmittag Vorlesungen hören — das war damals die Losung. Gegen die Universitätsgründung bin ich mit keinem Wort aufgetreten, aber gegen das Volksschullehrer-Unwesen habe ich sowohl in der ersten Universitätsvorlesung als auch in der Presse Front gemacht, indem ich ganz sachlich die Frage der Geeignetheit des Volksschullehrers für das Studium im allgemeinen und der Geographie im besonderen erörtert habe. Dabei gelangte ich zu einem negativen Ergebnis. Sittliche Entrüstung und heftige Angriffe waren die Folge; mit den Volksschullehrern hatte ich es ein für allemal verdorben. Als ich der marxistischen, früher schon einmal erwähnten „Gesellschaft der Freunde ..." anbot, vor ihren Mitgliedern über Universität und Volksschullehrer einen Vortrag zu halten (Winter 1919/1920), lehnte sie ab. Ich blieb meinerseits dabei, daß erstens das Gros der Volksschullehrer kein geeignetes Studentenmaterial sei, und zweitens, daß Geographie für sie kein geeignetes Fach sei, weil ein Geographiestudent notwendigerweise die naturwissenschaftlichen Fächer (Chemie, Physik, Geologie, Mineralogie, Botanik, Zoologie) doch wenigstens hören müsse, wenn er Geographie akademisch-wissenschaftlich betreiben wolle. Als später die Lehrerstudenten mit Abiturientenexamen kamen, warnte ich sie regelmäßig vor dem Geographiestudium mit dem Erfolg, daß nur eine kleine, aber tüchtige Zahl von Lehrern bei mir hörte und das Examen ablegte. Den beim ersten Ansturm im SS. 1919 erschienenen Volksschullehrern legte ich übrigens nie ein Hindernis in den Weg, ich behandelte sie völlig gerecht und unparteiisch. Selbst mehrere Promotionen kamen vor. So hat z. B. Rektor Börner bei mir mit einer guten Arbeit promoviert. Alle tüchtigen und wissenschaftlich brauchbaren Lehrer waren mir grundsätzlich willkommen. Trotzdem flammte der Haß gegen mich mit Verleumdungen in der Presse immer wieder auf. Als daraufhin einmal einer meiner Volksschullehrerschüler eine Rundfrage an meine früheren Hörer über mich verschickte, deren Antworten der Oberschulbehörde eingesandt werden sollten, konnte niemand ernstlich Beschwerde führen. Einer aber schrieb: „Leider kann ich nichts Ungünstiges berichten, ich wünsche Ihren Bemühungen aber vollen Erfolg."

Allerdings verband sich dieser „Standeshaß" wohl stets mit parteipolitisch orientiertem Haß. Aus meiner Ablehnung gegen Juden und Marxisten habe ich nämlich nie ein Hehl gemacht. Als in der Universitätszeitung die Pazifisten mit Unterstützung gewisser Dozenten sich breitmachten, veröffentlichte ich eine naturwissenschaftliche Untersuchung über den Pazifismus mit dem Ergebnis: „Der Pazifismus ist eine degenerative Domestikationserscheinung." Nun regnete es anonyme Briefe mit mancherlei Liebenswürdigkeiten, wie z. B.: „Sie sind ein in Menschenhaut eingewickeltes Rindvieh." Daß die „Hamburger Nachrichten" diese Beweise edler Geistes- und Herzensbildung veröffentlichten, trug nicht zur Abschwächung des Hasses bei. Eine Vorlesung „Rassenkunde des deutschen Volkes und der Juden" veranlaßte jüdische und marxistische Studenten, sich mit erlogenen Behauptungen über den antisemitischen Inhalt meiner Vorlesung bei der Hochschulbehörde zu beschweren in der Hoffnung, mir das Genick zu brechen. Als das nicht gelang, veröffentlichten sie ihre Lügen in einer jüdisch orientierten Berliner Zeitung. Es half alles nichts, die Vorlesung wurde programmgemäß bis zum Schluß durchgeführt. Ein Volksschullehrer hielt es mit seiner Standesehre für vereinbar, sich in eine meiner privaten Vorlesungen einzuschleichen und dann in dem sozialdemokratischen „Echo" lügenhafte Angaben über deren Inhalt zu machen. Die Hochschulbehörde nahm sich der Sache an; als aber festgestellt wurde, daß dieser edle Mann in meiner Vorlesung genassauert hatte und vor der Veröffentlichung als Redakteur eines sozialdemokratischen Blättchens nach Wernigerode übergesiedelt war, verzichtete sie auf weitere Untersuchung. Als ich „Brafman: Das Buch vom Kahal" in deutscher Übersetzung herausgab, stellten die marxistischen Parteien in der Bürgerschaft den Antrag, mich aus dem Amte zu entfernen; es wurde aber nichts daraus. Daß man mir nichts anhaben konnte, lag einmal daran, daß der Senator der Hochschulbehörde und sein Oberregierungsrat streng sachlich und gerecht urteilten, ich selbst aber meinerseits die wenigen, mir als marxistisch oder jüdisch bekannten Hörer in keiner Weise anders als die anderen behandelte und im Examen gerecht bewertete. Trotzdem spielte das Geographische Seminar die Rolle eines antimarxistischen Eckpfeilers in dem Gebäude der Hamburgischen Universität.

Der Traum von einem kolonialen Forschungsinstitut war nach dem Kriege in nichts zerronnen. Zwar gelang es mir noch im Sommer 1919, von der Wissenschaftlichen Stiftung und der Hamburger Geographischen Gesellschaft die Summe von 8000 Mk. aufzubringen, die mit Genehmigung des Auswärtigen Amtes eine Reise von Rathjens nach Abessinien ermöglichen sollte, aber der abgrundtiefe Haß unserer Gegner verhinderte alles. Es blieb nichts weiter übrig, als sich auf seine eigenen wissenschaftlichen Aufgaben zurückzuziehen. So kam es zu der Durcharbeitung und Gestaltung der Landschaftskunde und deren Vorarbeit, den „Grundlagen der (besser für eine) Landschaftskunde". Die Frage der „Stadtlandschaften" war auf der Naturforscher-Versammlung in Hamburg 1928 behandelt worden. Die von Fachkollegen gehaltenen Vorträge über die Stadtlandschaften der verschiedenen Erdräume, konnten gleichfalls veröffentlicht werden. Schon vorher — im Jahre 1922 — hatte ich im Rahmen der Geographischen Gesellschaft Hamburg den Versuch gemacht, ein einziges Problem — die Abtragung in der Wüste — in den Mittelpunkt mehrerer Vorträge und Aussprachen zu stellen. An der in der Universität stattfindenden Veranstaltung beteiligten sich u. a. Kaiser (München), Walther (Halle), Wagner (Göttingen), von Drygalski, Meinardus. Thorbecke hat dann 1926 in Düsseldorf in größerem Rahmen und mit vorzüglichem Erfolg diesen Gedanken der Konzentrierung allgemein zum Durchbruch verholfen (siehe das Schlußwort von Uhlig in „Düsseldorfer Geographische Vorträge und Erörterungen", Leipzig 1927). Den Nöten der Zeit selbst verdanken die Schriften über die „Gesetzmäßige Charakterentwicklung der Völker", ferner die Herausgabe von Brafman: „Das Buch vom Kahal" und „Das Judentum als landschaftskundlich-ethnologisches Problem" ihre Entstehung. Um die für dieses Buch erforderlichen Studien machen zu können, war ich einige Monate in Palästina mit Unterstützung der Behörde und des Verlages J. Lehmann in München.

Wiederholt ist auf die Zusammenarbeit von Geographischer Gesellschaft und Seminar hingewiesen worden. Hier sei noch ein Fall als Beispiel erwähnt: Als Borchardt im Jahre 1928 Atlantis in Südtunesien entdeckt zu haben glaubte, schickte mich die Gesellschaft dorthin, um die Frage zu prüfen. Der Bericht hierüber erschien in den Mitteilungen der Gesellschaft von 1930.

Als das Jahr 1933 die Weimar-Regierung wegfegte, und der Nationalsozialismus siegreich auch über der Hamburger Universität sein Banner entfaltete, wurde das Geographische Seminar in keiner Weise von dem Wandel betroffen. Hier gab es keine jüdisch-marxistischen Dozenten und Angestellten, keine jüdisch-marxistisch orientierten Hörer, die sich unangenehm bemerkbar machten (die vorhandenen hatten sich stets zurückhaltend gezeigt). Hier war kein Bild von Ebert zu entfernen. Hier gab es keinen Wandel im Charakter der Vorlesungen. Das Geographische Seminar war längst innerlich auf die neue Zeit eingestellt. In der Form, in der es seit der Gründung der Universität sechzehn Jahre lang inmitten der jüdisch-marxistischen Atmosphäre als gesunder Organismus bestanden hatte, konnte ich im Jahre 1935 es getrost meinem Nachfolger übergeben. Das alte Geographische Seminar endete bald darauf, das neue Geographische Institut begann.

Schlußwort.

Indem ich nunmehr meinen Rechenschaftsbericht über das Geographische Seminar am Kolonial-Institut und an der Hamburgischen Universität schließe, möchte ich zu guter Letzt meiner Mitarbeiter gedenken, die mir treu zur Seite standen. Mit den Kollegen gab es ein Zusammenarbeiten, ein Zusammenleben voller Harmonie und gegenseitiger Wertschätzung. Nie kam es zu irgend welchen Mißstimmungen, weder wissenschaftlicher noch kameradschaftlicher Art. Es wurde ja auf wissenschaftliche Selbstlosigkeit, Selbständigkeit und Unabhängigkeit jedes einzelnen das entscheidende Gewicht gelegt, und damit war die Arbeitsfreudigkeit gesichert. Das gilt für alle, die mit mir arbeiteten, für Arwed Schultz und Kanter, für Bruno Schulz und Lütgens.

Ein gleiches freundschaftliches und vertrauensvolles Verhältnis bestand zwischen Studenten und Dozenten. Leicht wurde jenen das Studium nicht gemacht; soll doch, wie ich hörte, die Prozentzahl der in Geographie durchgefallenen Staatsexamenskandidaten größer als in allen anderen Fächern gewesen sein. Also Arbeiten und der Besitz guter Kenntnisse an Verstandenem (nicht Auswendiggelerntem) waren Vorbedingung für ein Examen. Niemals behandelte ich meine Studenten als „Schüler". Nie kontrollierte ich den Besuch von Vorlesungen und Übungen, sondern behandelte sie als freie Männer, die für ihr Tun und Lassen volle Verantwortung zu tragen hatten. Vor allem behandelte ich sie als Kameraden mit Ehrgefühl, und wenn ich einmal jemand wegen ungenügender Vorträge im Kolloquium zurechtweisen mußte, geschah es unter vier Augen, nicht vor der ganzen Korona. Ich ließ mir allerdings auch nichts gefallen, und als ein marxistischer Jüngling in der Vorlesung durch Lachen und Flüstern wiederholt unangenehm auffiel, unterbrach ich plötzlich die Vorlesung und frug ich ihn, ob er Ausländer sei, da er augenscheinlich nicht wisse, wie sich ein deutscher Student im Kolleg zu verhalten habe. Nie verlangte ich, daß jemand meine Schriften las, sie kannte und auf die darin vertretenen Ansichten schwor, nie ließ ich über sie im Kolloquium referieren; trotzdem haben wohl viele sie gelesen. Polemik gegen einen Fachgenossen war streng verpönt. Ich hatte es nie notwendig, dagegen Front zu machen. Weil ich selbst nie an wissenschaftlichen Gegnern — und an solchen ist bekanntlich kein Mangel — in Vorlesungen und Übungen oder Gesprächen abfällige Kritik übte, wagte auch niemand solches in meiner Gegenwart zu tun. Sachlichkeit und ein offener, ehrlicher, vornehmer Ton waren die Folge solcher — eigentlich selbstverständlicher — Grundsätze. Wie hinsichtlich wissenschaftlicher Arbeit war mir auch hierin F. von Richthofen ein leuchtendes Vorbild. Daß sich zu meinen Studenten das richtige Verhältnis herausgebildet hatte, zeigte wohl das treue Gedenken meiner alten, längst selbständigen Schüler an meinem 70. Geburtstag und die mir, dem längst Emeritierten, von ihnen dargebrachte Ehrung. Dafür möchte ich hier noch einmal allen herzlich danken.

Doch nun zum Schluß noch die Angestellten des Geographischen Seminars! Nie hätte ich so zahlreich und in solcher Ausstattung meine wissenschaftlichen Arbeiten herausbringen können ohne ihre treue und hingebende Mitarbeit. Fräulein Kloß ist die Künstlerin, die die Zeichnungen schuf, Fräulein Rath sorgte für geeignete photographische Vorlagen. Prachtvolle Reliefs im Seminar — von Usambara und vom Vatna Jökull, von Salzgitter, Goslar, Vienenburg, Harzburg, Ringelheim, Lutter a. B., von Königswinter und von Hamburg — sind bleibende Erinnerung an ihren Fleiß und ihr großes Geschick. Herr Först aber wurde, neben allen seinen anderen Fertigkeiten, wie Zeichnen, Buchbinderarbeiten usw., ein Meister darin, meine Handschrift zu entziffern und in Maschinenschrift druckfertig zu gestalten. Im Geographischen Seminar gab es kein Befehlen, sondern nur ein freundschaftliches Besprechen und Beraten. Ich vertraute der Ehrenhaftigkeit, der Aufrichtigkeit und dem Pflichtbewußtsein der mir Anvertrauten, trat für sie ein, wo immer es nötig wurde, und war stolz auf ihre Leistungen, wenn auch Lobsprüche nicht gerade häufig waren. Gegenseitiges Vertrauen und unbedingte Hilfsbereitschaft kennzeichneten die im Geographischen Seminar herrschende Atmosphäre. Und so möchte ich meinen langjährigen Mitarbeitern Fräulein Kloß, Fräulein Rath und Herrn Först noch einmal hier in aller Öffentlichkeit für ihre treuen, jahrzehntelangen Dienste, die sie dem Geographischen Seminar und damit der geographischen Wissenschaft in Hamburg geleistet haben, meinen aufrichtigsten Dank aussprechen.

Mit diesem Dank an alle meine Hamburger Arbeitskameraden möchte ich den Bericht über die längste, interessanteste und wichtigste Periode in meinem Hochschulleben schließen.

Verzeichnis der Schriften von Prof. Dr. Siegfried Passarge.

Das Röth im östlichen Thüringen. Diss. Jena 1891.
Bericht über die Expedition d. Dtsch. Kamerun-Komitees i. d. J. 1893/94. Verhdl. d. Ges. f. Erdk. Berlin 1894/95.
Über Laterite und Roterden in Afrika und Indien. VI. Intern. Geographenkongreß, London 1895.
Adamaua, Berlin 1895.
Vorschläge zur Hebung des Handels in Kamerun. Deutsche Kolonialzeitung 1895.
Mission oder Islam, ebenda.
Adamaua. Bericht über die Expedition d. Dtsch. Kamerun-Komitees i. d. J. 1893/94, Berlin 1895.
Herr Dr. S. Passarge über seine Reisen in Transvaal. Verhdl. d. Ges. f. Erdkde. Berlin 1896.
Reisen im Ngami-Land. Verhdl. d. Ges. f. Erdk. Berlin 1899.
Der Krieg in Südafrika. Berlin 1899.
Über geographische Ortsnamen in Afrika. Berlin 1899.
Hydrographie der Kalahariregion. Intern. Geogr. Kongreß. Berlin 1899.
Durch die Karroo nach Kimberley. Globus 1900/I.
Die de Beers Company in Deutsch-Südwestafrika. Dtsch. Kolonialztg. 1900.
Garua. Dtsch. Kolonialztg. 1900 Berlin.
Über Winderosion. Naturw. Wochenschrift 1901 Berlin.
Adamaua, Land und Leute. Berlin 1901.
Beiträge zur Kenntnis von Britisch Betschuana-Land. Ges. f. Erdk. Berlin 1901.
Die geplante Station in Garua. Dtsch. Kolonialztg. 1901.
Die Besitzung El Caura in Venezuela. Als Manuskript gedruckt. Berlin o. J. (1902).
Die Kalkschlammablagerungen in den Seen von Lychen, Uckermark. Jahrbuch d. Kgl. Preuß. Geol. Landesanstalt 1901. Berlin 1902.
Rabeh und das Tschadseegebiet. Dtsch. Kolonialztg. 1902.
Die deutschen Interessen in Venezuela, ebenda. 1902.
Kalkpfannen in der Kalahari. Ges. f. Erdk. Berlin 1903.
Bericht über eine Reise im venezolanischen Guayana. Ges. f. Erdk. Berlin 1903.
Die Kalahari. Berlin 1904.
Das Kaukaufeld, ein Rückzugsgebiet der Herero. Dtsch. Kolonialztg. 1904.
Das deutsche Okawango-Sambesi-Gebiet, ebenda 1904.
Die Herero im Kaukaufeld, ebenda 1904.
Land und Leute der Kalahari. Ges. f. Erdk. Berlin 1904.
Die klimatischen Verhältnisse Süd-Afrikas seit dem mittleren Mesozoikum. Ges f. Erdk. Berlin 1904.
Die Inselberglandschaften im tropischen Afrika. Naturw. Wochenschr. Berlin 1904.
Rumpfflächen und Inselberge. Dtsch. Geol. Ges. Berlin 1904.
Zum Gedächtnis Ferdinand von Richthofens. Jhrber. d. Schles. Ges. f. vaterl. Kultur. 1905.

Aus dem Tierleben der mittleren Kalahari. Naturw. Wochenschr. Jena 1905, 4 Bde.
Das Okawangosumpfland und seine Bewohner. Ztschr. d. Ethnologie 1905.
Grundlinien im ethnographischen Bilde der Kalahari-Region. Ztschr. d. Ges. f. Erdk. Berlin 1905.
Die Mambukuschu. Globus 1905/I.
Über Bodenuntersuchungen in Rhodesia. Dtsch. Kolonialztg. 1906.
Wasserwirtschaftliche Probleme in der Kalahari. Globus 1906/II.
Die Buschmänner der Kalahari. Berlin 1906.
Geomorphologische Probleme aus der Sahara. Ges. f. Erdk. Berlin 1907.
Ophir und die Simbabykultur. Globus 1907/I.
Das Problem der Klimaänderung in Südafrika. Globus 1907/II.
Über ein von Dr. Hartmann bei Gibeon gefundenes, vielleicht glaziales Konglomerat. Globus 1908.
Südafrika. Leipzig 1908.
Die ethnographischen Forschungen von L. Desplagnes im West-Sudan. Ges. f. Erdk. Berlin 1908.
Die Tektonik der afrikanischen Küsten. Peterm. Mittlg. 1908.
Die natürlichen Landschaften Afrikas, ebenda 1908.
Geschichte der Erforschung und Eroberung Kameruns. Ztschr. d. Kolonialrechts u. -pol. Berlin 1908.
Morphologische Skizze d. Atlas zwischen Philippeville und Biskra. Globus 1908/II.
Geologische Beobachtungen in den Tropen und Subtropen. Stuttgart 1908.
L. Schultzes Reise in Namaland und Kalahari. Berlin 1908.
Oberflächengestaltung und geolog. Aufbau von Togo. Jhrb. d. Dtsch. Kolon. Essen 1909.
Atmosphäre. Handwörterb. d. Naturw. I. Bd. Jena 1909.
Abtragung in den Steppen und Wüsten Algeriens. Geogr. Ztschr. 1909.
Aufgaben und Ziele der Geogr. Professur in Hamburg. Kolon. Rundschau. Berlin 1909.
Kamerun im Jahre 1907/08. Kol. Rundschau 1909 Berlin.
Die Kalkpfannen des östlichen Damaralandes. Globus 1910/II.
Geomorphologische Probleme aus Kamerun. Ges. f. Erdk. Berlin 1910.
Die pfannenförmigen Hohlformen der südafrikanischen Steppen. Petermanns Mittlg. 1911/II.
Der Entenschnabel. Dtsch. Kolonialztg. 1911.
Der Sonnenkompaß, ebenda 1912.
Der wissenschaftliche Nachlaß Emin Paschas, ebenda 1912.
Über die Herausgabe eines physiologischen morphologischen Atlas. XVIII. Dtsch. Geographentag Innsbruck 1912, Berlin 1912.
Physiologische Morphologie. Mitt. d. Geogr. Ges. z. Hamburg 1912.
Physiologische Morphologie. Perterm. Mittlg. 1912/II.
Physiogeographie und vergleichende Landschaftsgeographie. Mitt. d. Geogr. Ges. z. Hamburg 1913.
Abflußlose Seen. Handwörterb. d. Naturw. Jena 1913.
Acht Reliefs von Pfannen der Kalahari. Berlin 1912.
Geologische Charakterbilder. Trockengebiete Algeriens. Berlin 1913.
Pechuel Lösche. Dtsch. Kolonialztg. 1913.

Die Forschungen des Herrn Frobenius im Sudan, ebenda 1913.
Insolation. Naturw. Wochenschrift Jena 1913.
Morphologie des Meßtischblattes Stadtremda. Mitt. d. Geogr. Ges. z. Hamburg 1914.
Togo und Kamerun, in: Das deutsche Kolonialreich. Leipzig-Wien 1914.
Zur Universitätsfrage in Hamburg. Hamburger Nachrichten 1914.
Geologische Beobachtungen in den Tropen und Subtropen. Lehrb. d. prakt. Geologie, 3. Aufl. v. Keilhack. Stuttgart 1916.
Die Vorzeitform der deutschen Mittelgebirge. Peterm. Mittlg. 1919.
Steppen-Flußtalung des Okawango im Trockenwald-Sandfeld der Nordkalahari. Mitt. d. Geogr. Ges. z. Hamburg 1919.
Die Grundlagen der Landschaftskunde, 3 Bde. Hamburg 1919/20.
Die Charakterentwicklung der Völker als Grundlage der Staatenbildung und Politik. Hamburger Nachrichten 1921.
Aufgaben und Methoden der Vergleichenden Landschaftskunde und ihre Stellung im System der Erdkunde. Verh. d. Dtsch. Geogr. Tages. Leipzig 1921.
Vergleichende Landschaftskunde. Berlin 1921/24, Heft 1—4.
Erdkundliches Wanderbuch. Leipzig 1921/22. Bd. I: Die Landschaft, Bd. II: Beobachtungen über Mensch und Landschaft.
Landschaft und Kulturentwicklung in unseren Klimabreiten. Hamburg 1922.
Die Landschaftsgürtel der Erde. Jed. Bücherei, Leipzig 1922.
Ist die Vergl. Landschaftskunde ein selbständiger Zweig der Erdkunde? Peterm. Mittlg. 1923, Heft 5/6.
Die geographischen Wesenszüge Deutschostafrikas. Hamburger Nachrichten 1923.
Die Inselberglandschaft der Massaisteppe. Peterm. Mittlg. 1923.
Die geologische Wirkung des Windes, in: Salomon, Grundzüge d. Geologie, 1924.
Der Krieg in Arabien und die Wahabiten. Hamburger Nachrichten 1924.
Das Rätsel der römischen Kornkammer im Ostjordanland. Naturwissensch. 1925
Das Salzgebirge in Peru. Naturwissenschaften 1925.
Das Tuberkulosenheim bei Granada. Köln. Ztg. 1924.
Frobenius und seine wissenschaftliche Bedeutung. Bayr. Kurier 1924.
Santiago de Compostela. Bayr. Kurier 1924.
Madrid. Ztschr. f. Geopolitik. Berlin 1924.
Lissabon. Altonaer Tageblatt 1924.
Politische Geographie, ihre Aufgaben und Grundlagen. Geogr. Anz. 1924, Heft 8/10.
Landeskunde und Vergleichende Landschaftskunde. Ges. f. Erdk. Berlin 1924, H. 8/10.
Problem der Skulptur-Inselberglandschaften. Peterm. Mittlg. 1924.
Die Varusschlacht des Ostens. Ostpreuß. Ztg. 1924.
Das Gesetz von der Harmonie der Gegensätze im Menschen. Hbg. Nachricht. 1924.
Die staatserhaltenden Kardinaltugenden. Hbg. Univers.-Ztg. 1924.
Politische Erdkunde Afrikas vor dem Eingreifen der europäischen Kolonisation. Peterm. Mittlg. 1924.
Reiseeindrücke in Nordwest-Spanien. Ostpr. Ztg. 1925.
Grundzüge der gesetzmäßigen Charakterentwicklung der Völker. Berlin 1925.
Sven Hedin zum 60. Geburtstage. Hamburger Nachrichten 1925.
Harmonie und Rhythmus in der Landschaft. Peterm. Mittlg. 1925.
Das religiöse Empfinden des Naturmenschen als Grundlage der Kulturentwicklung. Hamburger Nachrichten 1925.

Wirtschaftsgeographische Betrachtungen während einer Fahrt von Hamburg nach Basel. 1925 Der Handelsstand, Hamburg.

Rif und Hoher Atlas — der Kriegsschauplatz in Marokko. Hbg. Nachrichten 1925.

Wirtschaftsgeographischer Querschnitt durch die Schweiz. 1925 Der Handelsstand, Hamburg.

Politisch-geographische Betrachtungen über die Entstehung des Großfürstentums Moskau. (Passarge/Salomon.) Peterm. Mittlg. 1925.

Zwischen Genua und Port Said. 1925 Der Handelsstand, Hamburg.

Das Kampfgebiet der Franzosen in Syrien. Hamburger Nachrichten 1925.

Port Said. 1925 Der Handelsstand, Hamburg.

Genua, Italiens größter Handelshafen. 1925 Der Handelsstand, Hamburg.

Mailand, das industrielle Herz Italiens. 1925 Der Handelsstand, Hamburg.

Die chemische Verwitterung in der ägyptischen Wüste. (Blanck/Passarge.) Hamburg 1925. Abhd. d. Hbg. Universität.

Wirklichkeit und Pazifismus. Hamburg. Universitätsztg. 1925/26.

Ägypten. 1926 Der Handelsstand, Hamburg.

Die politisch-geographischen Grundlagen des Südseegebietes vor dem Eintreffen der Europäer. Peterm. Mittlg. 1926.

Morphologie der Klimazonen oder Morphologie der Landschaftsgürtel? Peterm. Mittlg. 1926.

Über Krustenböden und Krustenbildungen wie auch Roterden, insbes. ein Beitrag zur Kenntnis der Bodenbildungen Palästinas. (Blanck, Passarge, Rieser.) Chemie der Erde 1926.

Georg Schweinfurth. Mittlg. d. Geogr. Ges. z. Hamburg 1926.

Die Erde und ihr Wirtschaftsleben. Hamburg 1927.

Klima und Landschaft. Monographien zur Erdkunde. Leipzig 1927.

Das Problem landschaftskundlicher Forschung und Darstellung. Mittlg. d. Geogr. Ges. z. Hamburg 1927.

Die Ausgestaltung der Trockenwüsten im heißen Gürtel. Düsseldorfer Vorträge Naturforschertagung. Breslau 1927.

Wahlfach der Geographie als Volksschullehrer. Hbg. Universitätsztg. 1927.

Aufgaben und Methoden der Landschaftskunde. Geographischer Anzeiger 1927.

Charakterentwicklung des Menschen in den Großstädten der Gegenwart. Hamburg 1927. Fichte-Ges.

Der Lebensraum des deutschen Volkes. Tagung für Deutschkunde. Reichenbg. 1928.

Brafmann, Jacob. Das Buch vom Kahal. Leipzig 1928.

Die weltgeschichtliche Bedeutung des Wahabitenkrieges. Hbg. Nachr. 1928, Nr. 125.

Panoramen afrikanischer Inselberglandschaften. Berlin 1928.

Wer ist Jahwe? Kölnische Ztg. 1928, Nr. 155.

Die Wirkung des Windes. Hdb. d. Bodenlehre, Bd. I, 1929.

Die Auffindnung von Platos Atlantis. Berliner Lokalanzeiger 1928, Nr. 175.

Das Judentum als landschaftskundlich-ethnographisches Problem. München 1929.

Die Landschaftsgürtel der Erde, 2. Aufl. Leipzig 1929.

Morphologie der Erdoberfläche. Leipzig 1929. Jedermanns Bücherei.

Das Problem der Inselberglandschaften. Ztschr. f. Geomorphologie 1929.

Das landschaftskundliche System. Peterm. Mittlg. 1923, Heft 3/4.

Wie die Landschaftskunde entstand. Pädagogische Warte 1929.
Landeskunde von Unteritalien. Baedeker, Unteritalien. Leipzig 1929.
Verfallssymptome in der modernen Geographie. Peterm. Mittlg. 1929.
Klima und Landschaften. Naturwissenschaften, 17. Jhrg., 1929.
Länder, reale Landschaften, ideale Landschaftstypen. Naturwissenschaften, 17. Jhrg., 1929.
Beschreibende Landschaftskunde. Bd. I der Grundlg. d. Landschaftskde., 2. Aufl. Hamburg 1929.
Botanische und geographische Pflanzenvereine. Naturwissenschaften 1929.
Wirtschaftsgeographie für Kaufleute, in: Passarge/Biehl. Hamburg 1929.
Stadtlandschaften im arabischen Orient, in: Stadtlandschaften der Erde. Hbg. 1929.
Normen und Modifikationen in der Landschaftskunde. Naturwissenschaften 1930.
Länderkunde und Landschaftskunde. Pädagogische Warte, 37. Jhrg., 1930.
Das geographische Parthenon. Peterm. Mittlg. 1930.
Wesen, Aufgaben und Grenzen der Landschaftskunde. Peterm. Mittlg. 1930, Ergh. 209.
Ergebnisse einer Studienreise nach Südtunesien im Jahre 1928. Mittlg. d. Geogr. Ges. z. Hamburg 1930.
Der geographische Wert des Bodens (Boden und Kulturentwicklung). Hdb. d. Bodenlehre, V. Bd. Berlin 1930.
Vergleichende Landschaftskunde, Heft V. Berlin 1930.
Geographisch-wissenschaftliche Photographieren. Die Schulphotographie Berlin, Jhrg. I. 1930.
Der Asphaltsee in Trinidad im Jahre 1901. Jahrb. d. Geogr. Ges. Hannover 1930.
Die Erosionsvorgänge am Amazonas. Ztschr. f. Geomorphologie, VI. Bd., 1930.
Das Rio Branco-Essequibo-Problem. Peterm. Mittlg. 1931.
Die Methode der Landschaftsbestimmung durch Symbole. Geogr. Ztschr. 1931.
Abflußlose Seen. Naturwissenschaften 1931.
Ägypten und der arabische Orient. Weltpol. Büch. Berlin 1931.
Geologische Bedeutung der Atmosphäre. Hdb. d. Naturw. Berlin 1931.
Kartographische Aufnahme des Orinoco zwischen der Cauramündung und Ciudad Bolivar. Peterm. Mittlg. 1931.
Drei Probleme diluvialgeologischer Morphologie. Dtsch. Geol. Ges., Bd. 83, 1931.
Das Problem des logischen Systems der Landschaftstypen. Naturwissenschaften 1931, 19. Jhrg.
Landschaftsreiz und Landschaftszwang. Peterm. Mittlg. 1931.
Die Bedeutung der beschreibenden Landschaftskunde für die Geographie und deren Nachbarwissenschaften. Geogr. Anzeiger 1931.
Atmosphäre, Geologische Bedeutung. Hdb. d. Naturw. 1931.
Aufgaben und Methoden der politischen Geographie. Ztschr. f. Politik. Berlin 1931.
Kulturelle Lebensformen als Gegenstand länderkundlicher Spezialuntersuchungen. Peterm. Mittlg. 1931.
Wissenschaftliche Ergebnisse meiner Forschungsreise am Orinoco, Caura und Cuchivero. Verhdl. des 24. Geographentages zu Danzig 1931.
Die Kombination von Landschaftsmodifikatoren und ihre Bedeutung für spezifisch-landschaftskundliche Problemstellungen. Naturwissenschaften 1932, XX. Jhrg.
Die Hauptprobleme der Anthropologie Afrikas. Comitato italiano per lo studio dei problemi della popolazione. Rom 1932.

Die gesetzmäßige Charakterentwicklung der Völker als Grundlage der Kulturentwicklung und des Geschichtsverlaufes. Comitato italiano per lo studio dei problemi della popolazione. Rom 1932.
Die Hauptprobleme der Anthropologie Afrikas. Forschungen und Fortschritte. Berlin 1932.
Die kulturelle Länderkunde und das Vierkräfteproblem. Peterm. Mittlg. 1932.
Beschreibung der Formen und genetische Typen in der Morphologie. Ztschr. f. Geomorphologie. Berlin 1932.
Arabische Beduinen. Raum und Volk, Langensalza 1932.
Hackbau und Hirtenvölker im Sudan. Raum und Volk, Langensalza 1933.
Das Problem der kulturgeographischen Räume. Peterm. Mittlg. 1933.
Das jüdische Problem, in: Ist der Jude schuld? Zürich 1932.
Geographie und nationale Erziehung. Geograph. Wochenschrift 1933.
Palästina als zionistisches Siedlungsland. Geograph. Wochenschrift 1932/33.
Einführung in die Landschaftskunde. Leipzig 1933.
Landschaftskundliche Charakteristik der Rhön im Bereich der Meßtischblätter Kleinsassen, Gersfeld, Hilders und Sondheim sowie ihre Bedeutung für die geologische Landesaufnahme. Mitt. d. Geogr. Ges. z. Hamburg 1933.
Morphologische Untersuchungen in der Wüste bei Heluan, in: Studien in der ägyptischen Wüste (Passarge/Meinardus). Berlin 1933. Abhdlg. d. Ges. d. Wiss. zu Göttingen.
Antwort auf Herrn Gripps Diluvialmorphologische Probleme. Dtsch. Geol. Ges. 1933.
Geographische Völkerkunde und Vier-Kräfte-Problem. Peterm. Mittlg. 1933.
Abflußlose Seen. Hdb. d. Naturw., 2. Aufl. Jena 1933.
Wissenschaftliche Ergebnisse einer Reise im Gebiet des Orinoco, Caura und Cuchivero im Jahre 1901/02. Abhdlg. d. Universität Hamburg 1933.
Morphologische Studien in der Wüste von Heluan. Forschungen und Fortschritte, Berlin 1933.
Geographische Völkerkunde, Bd. 2: Afrika. Frankfurt 1933.
Morphologische Studien in der Gaul bei Lana. Ztschr. f. Geomorphologie 1933.
Die Wüste Sahara und das Hungerland Tibesti. Raum und Volk, Langensalza 1933.
Geographische Völkerkunde. Forschungen und Fortschritte, Berlin 1933.
Landschaftsgürtel und Pflanzenvereine Südafrikas und Australiens. Naturwissenschaften, Berlin 1933.
Kulturgeographisch wichtige neuere Forschungen auf dem Gebiete der Ethnologie. Geographische Wochenschrift 1934.
Diluvialer Wanderschutt in der Rhön. Forschungen und Fortschritte, Berlin 1933.
Die jüdische Rassenfrage. Pädagogische Warte 1933.
Geographie und Geländesport. Hamburg 1934.
Die Australier und ihre Kultur im Lichte landschaftskundlicher Betrachtungsweise. Forschungen und Fortschritte, Berlin 1934.
Landschaftskundliche Charakteristik der Rhön. Geographische Wochenschrift 1934.
Passarge u. Haarnagel, W.: Zur Senkung der Nordseeküste. Forschungen und Fortschritte, Berlin 1934.
Geopolitik als wissenschaftliches Problem. Hbg. Lehrerztg. 1934.
Geographische Völkerkunde, Bd. 3: Australien und die Südsee. Frankfurt 1934.

Geographische Völkerkunde, Bd. 1: Einführung in die geographische Völkerkunde. Frankfurt 1934.
Zur Kenntnis der Meraner Landschaft. Geogr. Ztschr. 1934.
Zur Frage der Klimaänderungen in den Tropen. Geograph. Wochenschrift 1934.
Naturwissenschaftliche und kulturelle Landschaftsgliederung Australiens. Peterm. Mittlg. 1934.
Abessinien und Italien. Geograph. Wochenschrift 1935.
Der Landschaftsbau der Anden von Columbien bis Nordargentinien — Nordchile. Geogr. Ztschr. 1935.
Dorf und Bauer. Nationalsoz. Lehrerzeitung 1935.
Politische Geographie und Geopolitik. Peterm. Mittlg. 1935.
Wirtschaftsmöglichkeiten im eigentlichen Abessinien. Geogr. Wochenschrift 1935.
Wissenschaftliche Geographie, ihre Lehr- und Forschungsaufgaben. Peterm. Mittlg. 1935.
Politisch-geographische Betrachtungen über Alt-Hellas. Geogr. Wochenschrift 1935.
Byzanz, eine politisch-geographische Betrachtung. Geograph. Anzeiger 1935.
Geographische Völkerkunde, Bd. IV: Amerika. Frankfurt a. M. 1936.
Versuch einer Darlegung der eigenen wissenschaftlichen Tätigkeit. Ztschr. f. Erdkunde 1936.
Die große geopolitische Gefahrenzone Europas und ihre Raumbedingtheit. Ztschr. f. Geopolitik 1936.
Politisch-geographische Betrachtungen über die Geschichte von Schweden und Dänemark. Geogr. Ztschr. 1936.
Die Weltbedeutung des Streites um Abessinien. Hamburger Nachrichten 1935.
Spanien und der Bolschewismus, I, II, III. Völk. Beobachter 1936, Nr. 246, 248, 252.
Das Emanzipationsjudentum. Das Volk, Berlin 1936.
Das jüdische Ghetto. Das Volk, Berlin 1936.
Was könnte man unter „Politischer Erdkunde" verstehen? Ztschr. f. Erdkde. 1936.
Neuartige Auffassungen über das Diluvium in Norddeutschland. Ztschr. f. Erdkunde 1936.
Die deutsche Landschaft. Berlin 1936.
Die Rolle der Landschaftskunde in der Geographie. Ztschr. f. Erdkunde 1937.
Landschaftskundliche Karten. Geograph. Ztschr. 1937.
Talbildung — Rückschreitende — Erosion — Flußanzapfung. Beihefte der Reichsstelle für den Unterrichtsfilm F. 155/156. Stuttgart-Berlin 1937.
Zölibat bei den primitiven Völkern. Berliner Tageblatt 1937, Nr. 395.
Geographische Völkerkunde, Bd. V: Asien. Frankfurt a. M. 1938.
Der deutsche Lebensraum in Hasper. Volk, Welt, Wissen I, 1938.

Grundzüge
der Geographie der Pelztierzucht und Pelztierhege

unter besonderer Berücksichtigung Nordamerikas

von

Dr. Hermann Weinert, Hamburg.

Mit 17 Karten und Kartogrammen.

Inhaltsübersicht.

Hinweiszeichen.

1. Hinweise auf Karten oder Text der vorliegenden Arbeit lauten z. B.: (s. Karte S. 192), oder: (vgl. S. 111), oder: (s. S. 112), oder: (S. 113, 114).
2. Hinweise auf benutzte Literatur lauten z. B.: (Lit. 96, S. 115), oder: (Lit. 97, Lit. 116), oder: (192, 30), oder: (Z. 3, Okt. 1930, 12), wobei die erste Zahl in der Klammer, bzw. nach dem Wort Lit., die Nummer des Literaturverzeichnisses bezeichnet; Z. 3 = Zeitschrift 3.

Verzeichnis der Karten und Kartogramme.

Vorwort.

Die Anregung zur vorliegenden Untersuchung über die Grundzüge der Geographie der Pelztierzucht und Pelztierhege gab ein Studienaufenthalt des Verfassers in Nordamerika in den Jahren 1929/30. Während der Reisen in Canada und den Vereinigten Staaten sowie während des Studiums an zwei Hochschulen der „Universität von Manitoba" in Winnipeg drängte sich die Bedeutung der Pelzwirtschaft für die Erschließung, Besiedlung und wirtschaftliche Entwicklung Nordamerikas auf. Es entstand der Plan einer umfassenden Untersuchung der geographischen Grundlagen und Probleme der Pelzproduktion und des Pelzhandels in Nordamerika. Dabei wurde von selbst der Blick gelenkt auf die völlig gewandelten Verhältnisse der gegenwärtigen Pelz*produktion* (unter dem Einfluß von Pelztierhege und Pelztierzucht) im Gegensatz zur historischen Pelz*okkupation* (durch den streifenden Jäger und Fallensteller). Während über die geschichtliche Entwicklung und Bedeutung des Pelz*handels* reiches Material vorgefunden wurde (vor allem über die Geschichte der großen Pelzhandels-Gesellschaften in Canada), das z. T. auch geographisch-wissenschaftliche Bearbeitung bereits gefunden hatte (z. B. durch Innis, z. T. auch Brebner u. a.), ergab sich, daß die geographische Pelztier*zucht*forschung ein noch fast unbetretenes wissenschaftliches Neuland darstellte. Darüber hinaus mußte aber auch festgestellt werden, daß über die *Bedeutung* des neuen Wirtschaftszweiges in wirtschaftlicher, sozialer und kultureller Hinsicht ebensosehr Unklarheit herrscht wie über den *Zusammenhang* der einzelnen Zweige der planmäßigen Pelzgewinnung (Pelztierzucht, Pelztierhege, Pelztierschutz). — Nicht nur die geographische Pelztierzucht-*Forschung* steckt in den Anfängen, sondern dementsprechend auch die Unterrichtung des Lernenden über Existenz und Bedeutung dieses Wirtschaftszweiges durch die verschiedenen Arten geographischer *Lehrbücher*, Länderkunden usw.

Somit ergab sich eine fünffache Aufgabe für die vorliegende Darstellung:

1. den Umfang und die *allgemeine Bedeutung* des neuen Wirtschaftszweiges in der „Neuen" wie in der „Alten" Welt nachzuweisen,

2. die ungenügende wissenschaftliche Beschreibung und Erforschung der *geographischen* Grundlagen und Probleme der Pelztierzucht und Pelztierhege aufzuzeigen und, soweit möglich, zu erklären,

3. die Grundzüge der Geographie der Pelztierzucht und Pelztierhege zu entwickeln,

4. durch ausgewählte Beispiele die Richtigkeit der theoretisch entwickelten Grundlinien zu erweisen, die Fülle der Probleme zu veranschaulichen und durch Kartogramme und ähnliche Darstellungen zu verdeutlichen, und

5. eine Bibliographie zusammenzustellen, die es dem Geographen erleichtert, den aufgezeigten Fragestellungen im einzelnen nachzugehen, die zugleich aber auch dem an der Pelztierzucht Interessierten eine eingehendere Beschäftigung mit ihren verschiedenen Erscheinungsformen und ihren landschaftlich begründeten Eigenarten ermöglicht.

Bei der Inangriffnahme dieser Arbeit erfuhr der Verfasser bereitwillige Unterstützung durch die Reichs-Zentrale für Pelztier- und Rauchwarenforschung in Leipzig, von deren Mitarbeitern die Herren Dr. Schöps, Er. Fritzsche und Helle genannt seien. Ihnen gebührt aufrichtiger Dank für Beratung in bibliographischer Hinsicht und für Beschaffung und Zurverfügungstellung des in Deutschland einzigartigen, reichhaltigen Materials der Sammlungen dieser Forschungsstelle (siehe Literaturverzeichnis).

In wissenschaftlicher Hinsicht standen mit fördernder Kritik die Herren Professoren Dr. Ludwig Mecking und Dr. Rudolf Lütgens in Hamburg zur Seite. Herrn Prof. Lütgens und der Geographischen Gesellschaft in Hamburg gebührt vor allem der Dank für die Bereitwilligkeit, diese Arbeit im Druck veröffentlichen zu lassen.

Ebenso wie der Besuch auf canadischen Pelztierfarmen zur Zeit der Hochkonjunktur vor der Weltwirtschaftskrise, so zeigt auch heute der Einblick in die offenbar wieder aufblühende praktische deutsche Pelztierzuchtwirtschaft, daß es sich bei diesen Unternehmungen um wirtschaftlich gut begründete neue Produktionsformen und -stätten handelt, die schwere Krisen überwunden haben und in Zukunft gerade auch im Zeichen der Planwirtschaft allem Ermessen nach eine steigende Bedeutung haben werden. Pelztierzucht und Pelztierhege sind neue und zukunftsträchtige Wirtschaftsgebiete, die eine geographische Darstellung und Erforschung fordern. Der geographischen Pelztierzuchtforschung den Weg bahnen zu helfen, der Darstellung der Pelztierzucht und Pelztierhege im geographischen Lehrbuch und in der Länderkunde den gebührenden Platz zu verschaffen und die Aufmerksamkeit wirtschaftsgeographisch interessierter Laien auf dieses mannigfaltige neue Wirtschaftsgebiet zu lenken — das sind die Ziele der vorliegenden Arbeit.

Hamburg, im Oktober 1938. Dr. Hermann Weinert.

Einleitung.

Pelztierzucht und Pelztierhege nehmen einstweilen in der geographischen Forschung und Lehre wie in der Kenntnis der Öffentlichkeit noch nicht die Stellung ein, die ihnen bei ihrer vielfältigen wirtschaftlichen und kulturellen Bedeutung eingeräumt werden müßte.

Daß die geographische Pelztierzuchtforschung erst noch in den Anfängen steht, wird an anderer Stelle eingehender dargelegt (S. 167 ff.). Die einzigartige Synthese von Wirtschaftszweig und Naturschutz, die sich in der Pelztier h e g e besonders Nordamerikas vollzieht, ist so gut wie unbekannt geblieben. Selbst der sichtbarste Zweig der sogenannten „planmäßigen Pelzgewinnung", die von der traditionellen Pelz-Okkupation zur zeitgemäßen wirtschaftlichen Pelz-Produktion radikal fortgeschrittene intensive Pelztier z u c h t, wird in seiner wahren Bedeutung noch unterschätzt. Das gilt auch für Deutschland.

Die aus Kreisen der Wirtschaft kommenden Mahnungen, eine deutsche Pelztierzucht aus nationalwirtschaftlichen Gründen aufzubauen (vgl. Alex, Keller, Ompteda u. a., Lit. 117, 268, 329; desgl. Peckert, 338, S. 42 ff.), haben leider nicht die erhofften Wirkungen gehabt. Der Vierjahresplan hat zwar die Aufmerksamkeit erneut auf die Möglichkeit gelenkt, den wertvollen tierischen Rohstoff Pelz mit Hilfe von Abfallverwertung im Inlande zu erzeugen (vgl. Lit. 268, S. 6, 25, 36 f., 99 f.). Ein „Bevollmächtigter für die Edelpelztierzucht" wurde durch Ministerpräsident Göring eingesetzt, um eine Bereinigung dieses Wirtschaftszweiges durchzuführen und Schwindelunternehmen (z. T. strafrechtlich) zu verfolgen. Nach den neuen Gesichtspunkten einer Rohstoffe und Kosten sparenden Ernährung der Pelztiere wurden auch bereits notwendige Standortverlagerungen und Betriebsumstellungen vorgenommen (vgl. Keller, s. o.), und die deutsche Pelztierzucht hat sich daraufhin wieder ausgebreitet und vergrößert (S. 121 f., 144, und „Rauchwarenmarkt", 1937, Nr. 39). (Bemerkenswert ist, daß von den 1434 im Jahre 1934 bestehenden deutschen Pelztierfarmen insgesamt 594 nach 1933 neu gegründet worden sind; 407 bestanden aus den Jahren 1931—1933 fort, 415 aus den Jahren 1925—1930, und nur 18 hatten sich aus den Jahren vor 1925 erhalten! [Wirtsch. u. Stat., 16. VIII. 1937.])

Trotzdem ist auch in Deutschland wenig bekannt, welche Bedeutung der Pelztierzucht und Pelztierhege bei uns zukommen könnte, und welchen Umfang sie in anderen, durch Klima, weite Räume, reichliche Futtermittel, billige Löhne, Kapital usw. mehr bevorzugten Ländern inzwischen gewonnen hat, welche wirtschaftlichen und sozialen Leistungen sie bereits vollbracht hat, und welche weiteren Möglichkeiten und Aufgaben ihr noch offenstehen.

Aus diesen Gründen sollen zunächst Umfang, Aussichten und allgemeine Bedeutung der gegenwärtigen Pelztierhege und Pelztierzucht kurz dargestellt werden, ohne daß bereits hier eine besondere geographische Einordnung und Wertung der angeführten Tatsachen erfolgt.

Teil I: Umfang, Entwicklungsmöglichkeiten und allgemeine Bedeutung der Pelztierzucht und Pelztierhege.

A. Umfang.

Der Umfang, den der neue Wirtschaftszweig angenommen hat, läßt sich vor allem nach drei Richtungen hin verfolgen. Charakteristisch sind: 1. die große Zahl der von Pelztierhege und Pelztierzucht beeinflußten Tierarten, 2. die weltweite Verbreitung der Pelztierzucht und 3. die Höhe der Bestands- und Produktionsziffern, sowie die räumliche Ausdehnung der Gebiete der Pelztierzucht und Pelztierhege in bestimmten hervorragenden Ländern.

1. Die Zahl der Tierarten.

Die erstaunlich große Zahl der von Pelztierhege und Pelztierzucht ergriffenen Tierarten ist kaum bekannt. In Betracht kommen praktisch alle Tiere, deren Fell mit den Haaren gegerbt, d. h. als Pelz verwendet wird. In Deutschland wurden in den Jahren 1931 bis 1937 insgesamt 26 verschiedene, statistisch getrennt gezählte „Edelpelztiere" gehalten (vgl. Stat. Jahrb. 1937, S. 110): 5 Füchse, 2 Marder, 2 Dachse, Nerz, Iltis, Marderhund, Waschbär, Nutria, Fisher, Karakul, Skunk, Biber, Chinchilla, Fischotter, sibir. Wolf, Opossum, Bisamratte, Viscacha, ungar. Steppenhund und Bobak (sibir. Steppenmurmeltier). Diese Liste läßt sich ergänzen durch einige weitere Arten, die sich in der insgesamt 26 verschiedene Tiere umfassenden canadischen Statistik (Reports on the Fur Farms of Canada, 1923—1934) finden: Silberblaufuchs, Coyote, Bär, Luchs, Frettchen, Wiesel, sibir. Hase, Kanin und Chinchilla-Kanin. Auch diese ergänzte Liste ist nicht vollständig. Wildcat und Ringtailcat sind in Canada bereits gezüchtet worden, zahme Katzen, Puma und Eichhörnchen in USA. In anderen Erdteilen wurden auch Fohlen, Pelzhunde, Pelzaffen, Koala, Känguruh, austral. Opossum und verschiedene Pelzschafe in Farmen oder Freigehegen gezüchtet. — Aus dem Gebiet der nordamerikanischen Großraum-Tierhege wären ferner Bison, Moschusochs, Ren und Pelzrobbe hinzuzufügen.

Bis 1932 wurden in der offiziellen Statistik über die „Fur Production of Canada" auch „deer, caribou, moose, mountain sheep, mountain goat" unter den „pelts of fur-bearing animals" aufgezählt. — Endlich wären auch Vögel zu berücksichtigen: Die Bälge von Schwänen, Tauchern, Eiderenten und Wildgänsen werden teilweise zu Pelzwerk verarbeitet. Die Hege dieser

Tiere ist bereits eingeführt, und ihre Zucht zur Pelzgewinnung wäre wie z. B. in Holland auch in anderen Ländern möglich.

Selbst wenn man von den beiden letztgenannten Gruppen von Pflanzenfressern bzw. Vögeln absieht, bleibt die Zahl der zur Pelznutzung herangezogenen gezüchteten oder gehegten Tierarten äußerst mannigfaltig. (Vgl. Brass, II, S. XX ff.) Zwar haben nicht alle genannten Arten eine dauernde Bedeutung in der Pelztierzucht behalten, und nur z. T. bilden sie gegenwärtig in größerer Kopfzahl wirklich wirtschaftliche Zuchten. Aber alle Versuche haben ihre Bedeutung, zum mindesten als Reserven eines später möglich oder notwendig werdenden weiteren Ausbaues der Pelztierzucht.

Sehr bemerkenswert ist ferner, daß die Pelztierzucht sich nicht mit der Haltung „natürlicher" Pelztiere in der Gefangenschaft begnügt. Den wachsenden Ansprüchen an haltbares, originelles, schönes und dabei preiswertes Pelzwerk sucht man durch künstliche Neuzüchtungen zu begegnen. Man bemüht sich, die gewünschten Qualitäten der Wildrassen weiter zu entwickeln und andere Eigenschaften planmäßig zu verändern. Dadurch erhält man, ähnlich wie bei der Heranzüchtung der Haustierrassen, z. T. „neue Tiere", d. h. neue Rassen.

Besonders bekannt ist z. B. die große Zahl der stark differenzierten, hochgezüchteten Pelzkaninchen-Rassen, deren unverändertes Naturfell bereits die charakteristischen Merkmale der zu ersetzenden Edelpelze erhalten bzw. nachahmen soll. So gibt es z. B. Chinchilla-, Biberette-, Castorrex-, Silberfuchs-, Blaufuchs-, Eisfuchs-, Feh-, Zobel-, Skunk-, Hermelin-, Nerz-, Seal- und andere -Kaninchen, die durch besondere Länge der Grannen bis zu 7 cm (Fuchskaninchen, wie z. B. das „Black-Silver-Tipped Giant Fox-Fur-Bearing Rabbit), oder durch Grannenlosigkeit (Rexkaninchen in mehreren Typen), und vor allem durch Farbschattierung (Chinchilla, Feh usw.) dem gesuchten Edelpelz nahekommen. (Diese Zuchtpelze sind nicht zu verwechseln mit den künstlichen Nachahmungen und Phantasieprodukten, zu denen Kanin- und besonders auch Zickelfelle durch technische Prozesse (Electric Seal) umgearbeitet werden, und die dann im Pelzhandel z. T. unter irreführenden Namen auftreten.

Andere Neuzüchtungen sind die Blaufuchskatze, neue Fuchsrassen (Silberblaufuchs, Platinfuchs, Schwarzweiß-Scheckenfuchs), schwarzer und weißer Waschbär, weißer Nerz u. a. m., die in Nordamerika „reinrassig" weitergezüchtet wurden. Selbst der canadische „Standard"-Silberfuchs mit seinen nach dem Prozentsatz der Silberung unterschiedenen Unterarten ist durch Kreuzung und Veredlung in Farbe und Qualität so weit verändert worden, daß er vielfach als ein „neues Tier" bezeichnet wird. Platinfüchse machen in Norwegen in letzter Zeit viel von sich reden (vgl. „Rauchwarenmarkt", 1938, Nr. 17 u. 18); ebenso die neuen flachlockigen Persianerfelle aus Südwestafrika („Rauchwarenmarkt", 1938, Nr. 21).

2. Weltweite Verbreitung.

Die Fülle der Tierarten erklärt bereits z. T. die weltweite Verbreitung der Pelztierzucht. Bei dieser Ausbreitung über alle Erdteile sind zwei Grundformen zu unterscheiden: die Zucht einheimischer Pelztiere im Gebiet ihrer natürlichen Verbreitung (a) und die Einbürgerung ortsfremder Tierarten aus anderen Erdteilen (c). Zwischen beiden Extremen steht (b) das besonders in Europa bevorzugte Verfahren, die Zucht einheimischer Tierarten mit landfremden Exemplaren derselben Gattung aufzubauen. Diese Zuchttiere werden aus anderen Ländern eingeführt, weil sie dort bereits in Farmen gezüchtet worden sind und schon bis zu einem gewissen Grade gezähmt sind.

a) Die Zucht wird aufgebaut im angestammten Lebensraum der Tiere und mit Zuchttieren, die am Standort gefangen wurden: z. B. Nutria und Chinchilla in Südamerika, Karakulschafe in Turkestan, Pelzhunde in der Mandschurei, Känguruh, Koala und australisches Opossum in Australien, Silberfuchs, Nerz, Waschbär, Skunk usw. in Nordamerika, Blaufuchs in Alaska, Iltis in Deutschland usw.

b) Zuchtpelztiere aus meist amerikanischen Farmen werden in Gebieten eingeführt, in denen Artgenossen oder nächste Verwandte wild leben bzw. vor ihrer Ausrottung vorkamen: amerikanische Silberfüchse, Nerze, Dachse, Blaufüchse, Biber usw. in Nord- und Mitteleuropa, Rußland, Sibirien usw. Umgekehrt sind z. B. europäische Pelzkaninchen, deutsche (bayerische) Iltisse und das zahme sibirische Ren in den ihrer Heimat weitgehend entsprechenden Landschaftsgebieten Nordamerikas verbreitet worden.

c) Zuchttiere werden zu Einbürgerungsversuchen, die weit über das natürliche Verbreitungsgebiet der Art hinausgreifen, in andere Erdteile ausgeführt: so finden wir Nutria und Chinchilla aus Südamerika in Nordamerika, Europa und Rußland. Der australische Koala wird in Californien, das Känguruh am Kaukasus gezüchtet. Asiatische Karakulschafe aus Buchara treffen wir in Südwestafrika, Nordamerika und Mitteleuropa, wo auch der asiatische Marderhund gezüchtet wird. Dem nordamerikanischen Silberfuchs begegnen wir in den Bergen Mexikos, Columbiens und Italiens, in China und Japan, und auf der Südhalbkugel in Argentinien, Chile, Südafrika und Neuseeland, während die amerikanische Bisamratte die Gehege der Moskauer Staatsfarmen und die Sümpfe der Taiga bevölkert.

Eine solche Ausbreitung der Pelztierzucht über die Erde wurde ermöglicht durch den Handel mit lebenden Pelztieren. Dieser neue Zweig der Weltwirtschaft befördert sowohl wildgefangene Pelztiere (z. B. Biber, Bisamratten, Nerze usw.) als auch hochgezüchtete Farmtiere (besonders Silberfüchse) auf den Hochstraßen des Weltverkehrs zu Wasser und zu Land. Vor allem zwischen Nordamerika und Nord- und Mitteleuropa sowie zwischen Nordamerika und Ostasien (Japan, Sibirien) wurden bedeutende Umsätze erzielt und oft Hunderte von wertvollen Zuchttieren in Spezial-Massentransporten versandt (vgl. u. a. 127, 263 ff.). (Vgl. S. 156, 234.)

Mit den verschiedenen Pelztieren sind auch die entsprechenden Farmtypen in allen Erdteilen vertreten. Der canadische Silberfuchs verbreitete die hochentwickelte Prince Edward Insel-Zwingerzucht als Muster und Vorbild. Die amerikanische Biber- und Bisamhege wurde bei der planmäßigen Aussetzung eingeführter Nutrias und Bisamratten an den Strömen Innerasiens nachgeahmt. Nordeuropäische Staaten bemühen sich um Biberhege nach amerikanischem Muster. Freilandzuchten von Füchsen finden wir wie in Alaska auch auf japanischen und russischen pazifischen Inseln (Bering- und Kupfer-Insel, Sachalin, Kurilen, 26, II, 173, 207), und überall in der Welt mehren sich die lockeren, naturnahen Formen der weiträumigen Hege und Pflege des Pelzwildes durch Schutzgebiete, Schongesetze und Tierparks (vgl. die australischen Koalaparks bei Sydney und auf einigen australischen Inseln: Lit. 37, S. 93). Über die unterscheidenden Merkmale dieser Zuchtformen und die Beziehungen zwischen Pelztierhege und Pelztierzucht vergleiche S. 167 f., 175, 229.

3. Bestands- und Produktionshöhe sowie räumliche Ausdehnung in den führenden Pelztierzucht-Ländern der Erde.

Um die bereits erreichte Intensität und den wirtschaftlichen Wert der Pelztierzucht und Pelztierhege zu veranschaulichen, seien Wirtschaftszahlen und Größenverhältnisse aus einigen hervorragenden Pelztierzucht- und Pelztierhegegebieten wiedergegeben. (Zahlen z. T. nach Unterlagen des Weltwirtschaftsarchivs, Hamburg.)

a) Die Silberfuchs-Weltproduktion.

Nach dem Bericht des Vorsitzenden der Vereinigung norwegischer Pelzwerkexporteure (H. F., 22. XI. 1938) betrug das Angebot an Silberfuchsfellen auf der Erde im Jahre 1938 insgesamt etwa 1 129 000 Stück, die sich wie folgt verteilten:

Norwegen	350 000	
USA.	300 000	(keine Ausfuhr)
Canada	240 000	
Schweden	100 000	
Finnland	25 000	
Deutschland	30 000	
England	10 000	
Polen u. baltische Staaten	10 000	
Dänemark	4 000	
Japan	30 000	(keine Ausfuhr [?])
USSR.	30 000	
Weltproduktion	1 129 000	
davon auf dem Weltmarkt	800 000	Stück.

Der erwähnte Bericht geht davon aus, daß USA. und Japan keine Felle ausführen. Nach anderen Meldungen fördert allerdings Japan im Gegenteil mit aller Macht die Ausfuhr von Zuchtpelzen, um Devisen zu gewinnen, und soll darum das Tragen dieser Fuchspelze im Inland sogar völlig verboten haben.

Die Silberfuchsweltproduktion betrug vor dem Beginn der Zucht etwa 4000 Stück jährlich und selbst 1930 nur etwa 130 000 Stück.

b) Deutsches Reich.

In Deutschland gab es Anfang Februar 1937 nach dem Statistischen Jahrbuch 1434 „Betriebe mit Edelpelztieren" gegenüber 2012 im Jahre 1934. Während so die Zahl der „Edelpelztierhaltungen" abnahm, stieg aber die Zahl der gehaltenen Tiere von 39 248 auf 54 069, und zwar gab es 1937 u. a. 19 863 Silberfüchse, 14 588 Nerze, 7337 Nutrias, 4114 Vollblut- und Kreuzungskarakuls, sowie 1791 Marderhunde und 1171 Waschbären in Deutschland. Diese Zahlen stellen eine Zunahme der Silberfüchse um 78,5 %, der Nerze um 133,8 % und der Karakul um 56,3 % gegenüber 1934 dar. Unter den vier bei uns wichtigsten Arten ging in derselben Zeit nur die Nutriazucht (infolge Preisverfalls) um 45,1 % zurück.

Zahlen über Pelzverkäufe usw. liegen nicht vor. Die Angabe von 30 Millionen Kaninchenfellen als Jahresertrag in Deutschland auf der Kleintierschau Altona 1936 bezog sich nur zum kleineren Teil auf gezüchtete Pelzkaninchen. Aufschlußreich ist aber ein Bericht auf der Reichskleintierschau in Essen 1936, wonach allein die „Fellsa", die Fellsammelstelle der organisierten deutschen Pelztierzüchter, einen Jahresumsatz von 700 000 RM. erzielen konnte.

Die Zunahme der Pelztiere in Deutschland wurde ganz wesentlich ermöglicht durch die unbedingt notwendige Herabsetzung der Futterkosten, die sich mit der fortschreitenden Umstellung auf Abfallverwertung (besonders aus Schlachthäusern und aus der Landwirtschaft) ergab. So betrugen z. B. die Futterkosten für Nerze im Jahre 1936 nur noch 4,06 RM. durchschnittlich je Tier, gegenüber 44,71 RM. im Jahre 1930! (268, 229; weitere Literatur hierzu siehe S. 115, vgl. auch S. 144.)

Im ehemaligen Bundesgebiet Österreichs bestanden im Juni 1935 über 200 Pelztierfarmen:

45	Silberfuchsfarmen	mit	etwa	1100	Tieren,	
60	Nutria-	„	„	1200	„ ,	
30	Waschbär-	„	„	280	„ ,	
20	Nerz-	„	„	320	„ ,	
22	Karakul-	„	„	950	„	(einschließlich Kreuzungen).

Hierzu kamen die Zuchten von Mardern, Iltissen, Blaufüchsen usw. und die Pelzkaninchenfarmen. Der Wert des Tiermaterials und des Betriebskapitals erreichte etwa 10 Mill. Schilling; einschließlich der Anlagekosten waren (ohne Grundbesitz!) sogar 15 Mill. Schilling investiert! (Lit. 246.)

(Nach dem Bericht des V. B. vom 6. VIII. 1938 betrug der Wert der deutschen Edelpelztiere etwa 30 Mill. RM., während auf der Reichskleintierschau Leipzig 1939 die Häute der Pelztiere im Jahre 1938 mit 5,5 Mill. RM. bewertet wurden. [Die Reichsfachgruppe Pelztierzüchter war leider nicht in der Lage, Anfragen nach neueren bzw. genaueren Zahlen zu beantworten.] — Auch in Deutschland gibt es jetzt Großfarmen mit mehreren tausend Tieren, wie z. B. die Betriebe der „G. E. Z." [„Gemeinnützige Edelpelztier-Zuchtvereinigung Berlin"] in Britz und Königswusterhausen, oder die Großfarm bei Plau in Mecklenburg.)

c) Skandinavien.

Skandinavien, und besonders Norwegen, ist das wichtigste Pelztierzuchtgebiet Europas. Norwegen, Schweden und Finnland erzeugten 1937/38 etwa 45 % der Weltproduktion an Silberfuchsfellen, d. h. Norwegen allein 35 %; die drei Länder verbrauchten jährlich 20 000, 10 000 bzw. 4000 t tierisches Futter. Schweden und Norwegen führten fast 90 % ihrer Erzeugung aus. Auch die dänische Pelztierzucht machte eine Aufwärtsentwicklung seit 1934 durch.

a) Norwegen.

Die Silberfuchszucht überragt in Norwegen alle anderen Zuchten in besonders starkem Maße und nahm in den letzten Jahren einen gewaltigen Aufschwung, der die canadische Produktion erreichte und zum Teil überholte.

1926	hatten	300	Farmen	einen	Bestand	von	2 500	Silberfüchsen	,
1927	„	?	„	„	„	„	6 000	„	,
1928	„	?	„	„	„	„	14 000	„	,
1929	„	2 500	„	„	„	„	30 000	„	,
1930	„	4 000	„	„	„	„	65 000	„	,
am 1. IX. 1934	„	10 000	„	„	„	„	214 000	„	,
und am 1. IX. 1936	„	16 850	„	„	„	„	391 000	„	.

dazu noch 12 000 andere Füchse, 6700 Nerze und 1100 andere Tiere.

Die Produktion an Silberfuchspelzen betrug 1934: 100 000 Stück,
1935: 155 000 „
1936: 220 000 „ .

Der Wert der Farmen wurde 1936 auf 15 Mill. Kronen, der Wert der Tiere auf 25 Mill. Kr. und der Wert der Pelz- und Tierproduktion auf 33 Mill. Kr. (gegenüber 20 Mill. im Jahre 1934) geschätzt. (Weitere, auch regionale, Angaben in der Einzelstatistik von 1937, Lit. 12.)

Die Fütterung der Tiere erforderte 1936: 20 000 t Fleisch, 10 000 t Fisch und 6000 t Milch usw. für insgesamt 15 Mill. Kr., obwohl 66 % aller Farmen mit Landwirtschaftsbetrieben verbunden waren. 18 400 Menschen waren mit Pelztierzuchtarbeiten beschäftigt, davon 3600 im Hauptberuf.

Nach canadischen Meldungen vom Juni 1937 (Rev. des El. de Ren.) rechnete man für das Jahr 1937 mit einer Produktion von 300 000 Pelzen aus 15 000 Farmen bei einem Bestand von etwa 200 000 Zuchttieren. (Die Bestandsaufnahme vom 1. IX. 1936 mit 390 000 Tieren (s. o.) ist nur scheinbar höher, da sie vor der Pelzernte vorgenommen ist und daher sowohl Zuchttiere als auch die im Spätherbst zu pelzenden Jungtiere enthält!) 1935/36 hatte die Ausfuhr von Silberfuchspelzen mehr Wert als irgendein anderer Exportartikel Norwegens! (Rev. des El. de Ren., Mai 1936, 5 f.) Die wichtigsten Abnehmerländer waren 1936: England (110 000), Frankreich (33 500) und Deutschland (20 600 Felle).

β) Schweden.

Im Jahre 1938 wurden die Ergebnisse der schwedischen Landeszählung vom 15. IX. 1937, d. h. vor der Pelzernte, einschließlich der Jungtiere, bekannt:

Bestand:

4 347	Pelztierfarmen (davon 76 % nach 1936 errichtet!)
2 352	„ mit Landwirtschaft verbunden (51,4 %)
5 196	Arbeitskräfte (davon 20 % hauptberuflich).
132 410	Silberfüchse (1931: 10 000, 1936: 35 000, 1938: 170 000)
48 800	„ : Zuchttiere (1938: 63 000)
26 088	Blaufüchse (1938: 30 000)
41 365	Nerze
8 068	Nutrias
1 261	Kreuz- und Rotfüchse
778	Iltisse
387	verschiedene Tiere
210 357	Tiere insgesamt.

Pelzproduktion:	1936/37	1937/38	
Silberfüchse	43 267	69 906	(Schweden an 1. Stelle mit 20% der Weltproduktion!)
Blaufüchse	13 683	16 037	
Kreuz- und Rotfüchse	298	568	
Nerze	8 825	16 122	
Iltisse	67	258	
Nutria	1 157	1 289	
Verschiedene	61	9	
	67 358	104 189	

Zunahme der Pelzproduktion: 36 831 Felle = 54,7 %
Ausfuhrwert der Fuchszucht: 10 Mill. Kr.
Gesamtwert „ „ : 17 Mill. Kr.

γ) Finnland.

Finnland besaß 1933 etwa 200 Fuchsfarmen mit 5000 Füchsen, führte 1932/33 über 2000 Farmfelle aus (216, 212 f.), und soll 1934 annähernd 10 000 und 1938: 25 000 Fuchsfelle erzeugt haben. Hier wird auch Biber- und vor allem Bisamhege in größerem Maßstab im Freiland zur Ausnutzung der zahlreichen verlandenen Seen getrieben, nachdem eine Studienkommission die Lebensbedingungen untersucht hatte und die ersten Versuche Erfolg hatten.

d) Übriges Europa.

Europa insgesamt hat keine schlechten Wettbewerbsaussichten gegenüber den Ursprungsländern der Pelztierzucht in Nordamerika. „Seine Vorzüge sind: gutes Klima, billiges Futter, niedrigere Löhne und die größere Nähe zu den großen Rohpelz-Verkaufszentren.“ (Rev. des El. de Ren., Mai 1936, 7 f.)

Trotzdem bleiben die anderen europäischen Staaten weit zurück hinter Norwegen, das schon 1913 mit der Einfuhr canadischer Zuchtfüchse begonnen hatte. — Die britische Silberfuchszüchter-Vereinigung besaß 1933 über 200 Mitglieder; Ende 1932 wurden in England 3000 Silberfüchse gezählt. (162, 128 f.) Nach dem „Manchester Guardian“ vom 24. VI. 1938 gab es in England und Schottland im September 1937 u. a. rund 100 Silberfuchsfarmen mit etwa 13 000 Tieren und 80—90 Nerzfarmen. — Die italienische Pelztierzucht befaßt sich gleichfalls hauptsächlich mit Silberfüchsen. Unter planwirtschaftlicher Förderung scheint sie sich sowohl in den Alpen (Ober-Etsch und Piemont) als auch im Appenin auszubreiten. Außerdem wird die Pelzkaninchenzucht gefördert, da sie nahrhaftes und beliebtes Fleisch liefert, und die Karakulzucht in Sizilien und Italienisch-Nord-Afrika.

Zuverlässige neuere Zahlen über Produktion und Bestand sind aus europäischen Ländern schwer zu erhalten. Obwohl fast alle Staaten Mittel- und Nordeuropas zahlreiche Zweige der Pelztierzucht in ihren Grenzen aufweisen, hat sich die Statistik kaum mit diesem Wirtschaftszweig befaßt. Die meisten Angaben, mit Ausnahme der angegebenen norwegischen und deutschen Zahlen, beruhen auf Schätzungen. Auch aus diesen Vermutungen geht aber die wachsende Bedeutung der Pelztierzucht für Europa hervor, weswegen zwei Schätzungen wiedergegeben seien.

Ashbrook gab die europäische Farmfuchsproduktion 1935/36 in den Hauptländern Europas (ohne Finnland) folgendermaßen an: Norwegen: 125 000 Felle, Schweden: 25 000, Holland: 5000, Dänemark: 3000, Deutschland: 3000, England, Frankreich und Schweiz: zusammen weniger als 3000 Felle. (130, 1384.)

Die Revue des Eleveurs de Renards berichtete im Mai 1936 (S. 7 f.) von einem Gesamtertrag Europas im Jahre 1934 in Höhe von 200 000 Silberfuchsstellen, wovon auf England, Deutschland, das europäische Rußland usw. zusammen 40 000 fallen würden, der Hauptanteil auf Skandinavien.

e) Canada.

α) Pelztierzucht.

Die Pelztierzucht Canadas nahm — nach der letzten Statistik vom Jahre 1937 — weiter ständigen Aufschwung:

Als Ergänzung der Kartogramme (siehe Teil IV, Anhang) sei zunächst eine Gesamtübersicht über die Entwicklung der Zahl der Zuchten (in Klammern die Zahl der Farmen, einschließlich Biber- und Bisamfarmen) in Canada wiedergegeben, soweit die Statistiken die Errechnung der Zahl der Zuchten ermöglichten:

1923	1924	1925	1926	1927	1928	1929
?	1676	2535	3181	4036	4930	6317
(1227)	(1596)	(2340)	(2826)	(3565)	(4326)	(5513)

1930	1931	1932	1933	1934	1935
?	?	6973	7229	7704	?
(6524)	(6541)	(6296)	(6473)	(7019)	(7495)

Die wirtschaftliche Entwicklung der Pelztierzucht Canadas wird besonders gut gekennzeichnet durch eine Übersicht über die Zahl der verkauften Silberfuchspelze und deren Erträge, da sie auch einen Vergleich mit der Entwicklung in USA. gestattet (s. S. 132):

	1923	1924	1925	1926	1927	1928	1929
Felle:	7 894 (?)	5 714 (?)	8 988	14 121	21 128	21 569	26 867
Mill. $:	(0,82 [?])	(0,62)	(0,74)	(1,17)	(2,07)	(2,28)	(2,20)

	1930	1931	1932	1933	1934	1935
Felle:	60 326	95 851	98 677	96 320	104 051	129 001
Mill. $:	(2,92)	(2,84)	(2,82)	(3,44)	(3,69)	(4,44)

Es ergibt sich also eine verhältnismäßig stetige Zunahme der Produktion und der Produktionsstätten, obwohl die Erträge relativ ganz bedeutend gesunken sind.

Da Canada das Mutterland der intensiven Pelztierzucht ist und die genauesten statistischen Angaben veröffentlicht, hat eine Übersicht über die Verhältnisse in Canada auch im einzelnen großes Interesse (vgl. auch Teil IV, Anhang):

	1934	1935
Zahl der Pelztierfarmen	7 019	7 495
Wert an Grundbesitz und Bauten	6 209 788 $	6 590 825 $
„ „ Tieren	8 427 567 $	9 381 825 $
„ insgesamt	14 637 355 $	15 972 650 $

Zu beachten ist, daß mehrere Zuchten in einem Betrieb nur als eine Farm zählen! (Vgl. dazu Karte S. 264 a.)

Die Intensivierung der canadischen Pelztierzucht zeigt sich bereits darin, daß die Zahl der Farmen um 6,8 % und der Wert der Immobilien nur um 6,1 %, dagegen der Wert der Tiere, d. h. der Produktionsgüter, um 11,3 % zunahm!

Die Zahl der auf Farmen geborenen Tiere betrug:

	1934	1935
insgesamt	203 491	245 528
Silberfüchse	155 043	184 988
Nerze	35 375	48 961

Tiere wurden verkauft (in Klammern Werte in $):

	1934		1935	
insgesamt	13 839	(573 051)	14 526	(649 432)
Silberfüchse	8 762	(488 847)	9 901	(562 480)
Nerze	3 625	(68 708)	3 574	(73 402)

Pelze wurden verkauft:

	1934		1935	
insgesamt	137 288	(3 966 010)	172 775	(4 870 945)
Silberfüchse	104 051	(3 690 431)	129 001	(4 437 301)
Nerze	17 622	(145 680)	30 588	(323 263)

Zahl der Zuchttiere (Stammtiere):

	1934		1935	
insgesamt	196 970	(8 427 567)	202 363	(9 381 825)
Silberfüchse	125 577	(7 742 294)	141 509	(8 495 851)
Nerze	25 435	(451 499)	31 946	(695 492)

Besonders bemerkenswert ist die Entwickung des Wertanteils der Farmfelle an der Gesamtpelzproduktion Canadas. Der Prozentsatz stieg fast beständig; er betrug im Jahre 1920/21: 3 % und stieg alljährlich über 3,5 — 3,5 — 5,5 — 4 — 5 — 6 — 11 — 12,9 — 19 und 26 % auf 30 % im Jahre 1931/32 und erreichte im Jahre 1934/35 einen neuen Höchststand mit 31 %.

In einer Reihe von canadischen Provinzen liegt der Satz noch erheblich über dem genannten Durchschnitt: das Verhältnis des Wertes allein der Silberfuchsernte (die zu über 99 % aus Farmen stammt) zum Wert der gesamten Pelzernte dieser Provinzen (aus Wildnis und Farmen und von sämtlichen anderen Tieren zusammen) betrug 1934/35:

in Prince Edward Island	645 000 : 653 000 $,	
in Neuschottland	523 000 : 651 000 $,	und sogar
in Neubraunschweig	670 000 : 765 000 $!	

Die Ausfuhr von Silberfuchs-Rohfellen erfuhr folgende Steigerung (nach „Rauchwarenmarkt", Nr. 18, 1938):

1933/34:	126 431 Stück	für 5,26 Mill. $	= 37,7 % der Gesamt-Rohfell-Ausfuhr
1934/35:	159 767 „	„ 5,71 „ $	= 37,5 % „ „ „ „
1935/36:	175 657 „	„ 6,26 „ $	= 38,1 % „ „ „ „

Bedeutsam ist auch ein Vergleich der Preise der Wild- und der Farmfelle (z. B. bei Nerzen, auf der Mai-Versteigerung 1938 der Hudson's Bay Company in London):

Qualitäts- bzw. Artenbezeichnung:

YF (York Factory):	55/— Schilling,	YF Farm	: 59/— Schilling,
Can. (Canadian)	: 74/— „	, Can. Farm	: 83/— „ ,
Al. (Alaska)	: 57/— „	, Al. Farm	: 60/— „ .

Dieser Versteigerungsbericht aus dem „Rauchwarenmarkt", Nr. 20, 1938, zeigt an einem charakteristischen Beispiel, wie falsch die oft geäußerte Behauptung ist, daß die Farmfelle immer den Wildfellen an Qualität und damit im Preis unterlegen seien. Für die Festigung und zukünftige Bedeutung gerade der canadischen Pelztierzucht sind solche Fälle, zumal wenn sie sich häufen, besonders wichtig, weil die Pelzfarmen dieses Landes in stärkstem Wettbewerb und ständigem Vergleich mit den besten Produkten der Wildnis liegen.

(Über die geschichtliche Entwicklung der canadischen Pelztierzucht vergleiche die verschiedenen graphischen Darstellungen in den Kartogrammen im Anhang, Teil IV, S. 264 ff.)

β) Pelztierhege.

Über die zweite Möglichkeit planmäßiger Pelzgewinnung in Canada, durch extensive Hege und Schutzmaßnahmen in der Wildnis, liegen nicht im gleichen Maße eingehende Statistiken vor. Allein ein Überblick über die Flächenräume, die hierfür zur Verfügung stehen, besagt schon sehr viel über die wirtschaftliche Bedeutung dieser Pelztierhege. Die wichtigsten Gebiete liegen in den Nordwest-Territorien. Diese umfassen etwa 1,3 Mill. Quadratmeilen, von denen fast 40 % (!), genau 539 782 Quadratmeilen, „für den Schutz von Pelztieren und Wild reserviert worden sind". Offiziell werden unterschieden: 1. Parks, die vollständigen Schutz für bestimmte Arten gewähren, in denen jedoch der Fang anderer Tiere unter Beobachtung der Vorschriften gestattet ist; 2. Schutzgebiete, „Sanctuaries", wo jede Art von Jagd und Fallenstellerei verboten ist, und 3. Wild-Reservate, „Game Preserves", in denen Eingeborene jagen und Fallen stellen dürfen. (Lit. 316, 5 ff.)

Die wichtigsten Gebiete sind:

1. Wood Buffalo Park: 17 300 Quadratmeilen, 1922 zum Schutz des Bison errichtet. (Siehe Plan S. 130.) Überschüssige Tiere aus dem Buffalo National Park bei Wainwright in Alberta wurden z. T. hier ausgesetzt, so daß 1936 über 8500 Bisons geschätzt wurden.

2. Thelon Game Sanctuary: 15 000 Quadratmeilen, zwischen dem Großen Sklaven See und dem Chesterfield Inlet, 1927 zum Schutz der Moschusochsen gegründet. 1929 wurden 250 Tiere geschätzt. 1935 wurde vom Flugzeug aus eine Herde mit 180 Tieren gezählt, im Gebiet des Thelon und Hanbury Flusses. Jede Jagd ist verboten (s. o.) auf diese „letzten Herden eines der wertvollsten Fleischerzeuger und Pelzträger". (Z. 2, 1928, IX.)

3. Wild-Reservate:

a) Arctic Islands Preserve: 439 105 Quadratmeilen, nördlich des Polarkreises, schützt vor allem Weißfuchs und Karibu;

b) Yellowknife Preserve: 70 000 Quadratmeilen, zwischen Großem Sklaven und Großem Bären See im Mackenzie Distrikt; schützt Füchse, Biber, Marder, Nerz und Bisamratte, sowie Karibu;

c) Slave River Preserve: 2152 Quadratmeilen, im Delta des Flusses südlich des Großen Sklaven Sees; schützt Fuchs, Biber, Luchs, Marder und Bisamratte;

d) Peel River Preserve: 7300 Quadratmeilen, davon 4000 im Yukon Territorium; schützt Fuchs, Marder, Nerz, Biber, ferner Bär, Bergziege und Karibu;

e) Reindeer Grazing Preserve: 6600 Quadratmeilen (s. Karte S. 136/7); gegründet für die canadische Versuchs-Renntierherde, zugleich aber Schutzgebiet für Fuchs, Nerz und Bisamratte.

Bei der Beurteilung dieser Zahlen ist zweierlei zu berücksichtigen: erstens beträgt die Gesamtbevölkerung der Nordwest-Territorien nur 9700 Menschen, davon 4670 Eskimos und 4046 Indianer (1936); zweitens ist der Lebensunterhalt dieser Menschen fast vollständig abhängig vom Ertrag der Pelzernte, die außerdem einen in der Arktis lebensnotwendigen Eigenbedarfsartikel liefert.

Es liegen keine Angaben vor über den Erlös der Pelzernte der genannten Hegegebiete. Der Gesamtertrag der Nordwest-Territorien betrug für das Jahr 1933/34: 1,5 Mill. $, wovon, an der Fläche gemessen, vielleicht 40 % auf die Parks und Reservate entfallen mögen.

Bisonhege in Nordwest-Canada.
(Nach Kitto, Lit. 270, S. 435.)

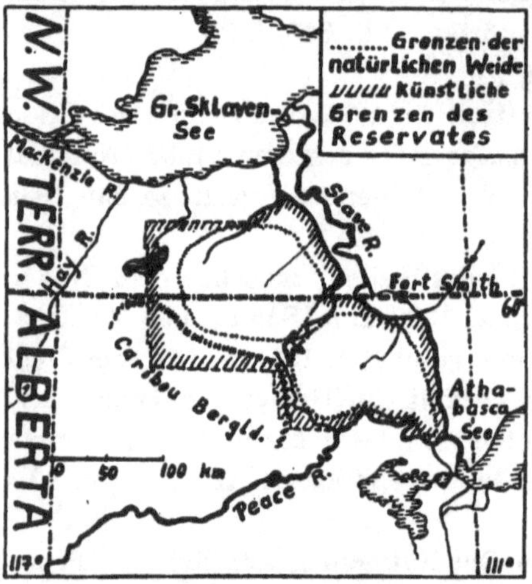

1:8,3 Mill.

Großraum-Freilandhege amerikanischer Bisons wird im Buffalo National Park von Wainwright in Süd-Alberta und im Wood Buffalo Park in der Nähe von Fort Smith betrieben. Lageplan des Wood Buffalo Parks: Das Reservat liegt an der Grenze der Provinz Alberta und des Mackenzie-Distrikts der Nordwest-Territorien und umschließt die beiden letzten Weidegebiete wildlebender, nunmehr gehegter Bisons in Nordamerika. Die Grenzen sind teils natürlich (Flußläufe), teils künstlich (Vermessungsgrenzen), und umschließen zwei durch Höhenzüge und Flußläufe begrenzte, voneinander getrennte, natürliche Weidegebiete (vgl. S. 129, 146, 165, 223).

Die Entwicklung der Bisonhege von einem rein ideellen Unternehmen des Naturschutzes zu einer wirtschaftlichen Fleisch- und Fellproduktion (Häute für Pelz und Leder) ergibt sich deutlich aus folgenden Zahlen (Rod and Gun, Januar 1929):

Bestand 1909: 625 Tiere im Buffalo National Park, Wainwright (Alberta, 1600 sqm.)
„ 1928: 8300 „ „ Buffalo National Park, Wainwright
„ 1928: 9000 „ „ Wood Buffalo Park bei Fort Smith (s. o.)

Vermehrungen im National Park 1909 bis 1919:

1909	50 Tiere	1915	442 Tiere
1910	110 „	1916	356 „
1911	172 „	1917	537 „
1912	208 „	1918	665 „
1913	236 „	1919	1148 „
1914	202 „		

Entwicklung seit 1920:

1920: 543 Vermehrung; 27 geschlachtet; 7 versandt
1921: 1075 „ ? „ ;

1922:	997 Vermehrung;	264 geschlachtet;		
1923:	1823 „	1847 „ ;		
1924:	1800 „	? „ ;		
1925:	2337 „	? „ ;	1634	
1926:	1600 „	2013 „ ;	2011	versandt nach Fort Smith (s. o.)
1927:	1200 „	1000 „ ;	1940	
1928:	900 „	2000[1]) „ ;	1088	
		1925—1928 =	6673	

Neben dieser staatlichen Pelztierhege spielt die private eine große Rolle: die Hudson's Bay Company gründete „Rupert's House Beaver Sanctuary" (s. Karte S. 164): das 7000 Quadratmeilen umfassende Gebiet, in dem früher Zehntausende von Bibern lebten, zählte i. J. 1933 nur 162 Biber in 38 Burgen; die zähe Arbeit der indianischen Wärter, die auf regelmäßigen Streifen jede Biberburg in Karten eintragen und sie beschützen, hatte Erfolg: 1934 zählte man 368 und 1935: 600 Biber, so daß die H. B. Co. bald 25 000 Tiere im Gebiet zu halten hofft, von wo aus Nachbar-Inseln usw. besetzt werden sollen (316, 11).

Weiter im Süden, in den dichter besiedelten eigentlichen „Provinzen" Canadas, sind die canadischen National-Parks zu erwähnen, die einen wichtigen „Faktor in der Erhaltung der Pelztiere darstellen" (316, 13). Die gewaltigen National-Parks im Osten wie im Westen Canadas fördern in mannigfaltiger Weise, auf die hier nicht näher eingegangen werden kann, den Bestand und die erneute Zunahme des Pelzwildes im Parkgebiet und in seiner näheren und weiteren Umgebung. Hierdurch gewinnen sie eine wirtschaftliche Bedeutung, die in der Zukunft noch zunehmen wird, weil die Zivilisation in der Störung des natürlichen Lebens der Pelztiere im übrigen fortschreitet.

Zu diesen großen National-Parks kommen die Provinz-Parks, die zwar im Umfang kleiner sind, aber ausschließlicher der Hege des Wildes dienen, während die National-Parks mit in erster Linie Naturschönheiten der Landschaft erhalten sollen. Genauere Wirtschaftswerte können auch hier nicht genannt werden, aber ein Hinweis auf diese Art von Pelztierhege ist notwendig, wenn die wirkliche Bedeutung des Wirtschaftszweiges Pelztierzucht und Pelztierhege für das Land Canada erkannt werden soll.

---

[1]) 1929 wurden 110 $ je Tier bezahlt; das Fleisch wird von der Regierung (s. S. 165) und vom Schlachter verwertet, das Fell (für rund 60 $) vom Pelzhändler gekauft.

f) USA. und Alaska.

α) Pelztierzucht.

Die Silberfuchsproduktion der Vereinigten Staaten betrug:

1923:	6 000 Felle, die für 0,58 (?) Mill. $ verkauft wurden,		
1924:	10 000 „ „ „ 0,82 Mill. $ verkauft wurden,		
1925:	20 000 „ „ „ 2,04 „ $ „ „ ,		
1926:	25 000 „ „ „ 3,16 „ $ „ „ ,		
1927:	40 000 „ „ „ 4,93 „ $ „ „ ,		
1928:	60 000 „ „ „ 7,72 „ $ „ „ ,		
1929:	70 000 „ „ „ 5,60 „ $ „ „ ,		
1930:	85 000 „ „ „ 4,49 „ $ „ „ ,		
1931:	110 000 „ „ „ 3,47 „ $ „ „ ,	Wirtschaftskrise!	
1932:	130 000 „ „ „ 5,37 „ $ „ „ ,		
1933:	150 000 „ „ „ 6,98 „ $ „ „ ,		
1934:	170 000 „ „ „ 7,12 „ $ „ „ , und		
1935:	200 000 „ „ „ 8 „ $ „ „ .		

Außer dieser vom American Fur Breeder, Februar 1937, gebrachten Übersicht sind keine Statistiken bekannt geworden, die einen Vergleich mit den Verhältnissen in Canada ermöglichen.

Aus einer Gegenüberstellung der Silberfuchspelzverkäufe in den beiden nordamerikanischen Ländern geht klar hervor, daß Canada weit hinter USA. zurückgeblieben ist, nicht nur in der Höhe der Erzeugung, sondern vor allem in der Höhe der Erträge. Rationelle Produktion, teilweise bessere Qualität, und vor allem günstigere Verkaufsmöglichkeit auf den Weltpelzmärkten im Herzen des nordamerikanischen Großverbrauchgebiets haben die Preisverhältnisse umgekehrt:

Durchschnittspreise für Silberfuchs-Rohpelze in $:

	1923	1924	1925	1928	1931	1933	1934	1935
USA.	96	**82**	102	**129**	**32**	47	42	**40**
Canada	104	**109**	82	**106**	**30**	36	35	**34,4**

(Wirtschaftskrise und Überproduktion!)

Von der Ernte des Jahres 1935 stammten 140 000 Felle aus Kleinfarmen (d. h. landwirtschaftlichen Nebenbetrieben); der Rest verteilte sich etwa zu je 50 % auf die übrigen Großfarmen und die beiden Riesenfarm-Konzerne von Niemann und Fromm in Wisconsin.

Der Anteil der Farmfelle an der Gesamt-Pelzernte betrug 1934/35 auch in USA. bereits etwa 20 % ! 1936 waren 50 Mill. $ in der Pelztierzucht der

USA. investiert (209, 8), die einen Jahresertrag von 9 Mill. $ einbrachten (316, 25). Es wurden über 100 000 Paar Zuchtfüchse und 35 000 Zuchtnerze gehalten. 80—100 000 Nerzfelle wurden erzeugt! Zu diesen Zahlen kommen noch die der Blaufuchszucht in Alaska: Schon 1931 wurde die Zahl der Füchse dort auf 36 000 Stück geschätzt, die sich in etwa 300 Farmen aufhielten (68, 4).

Das Jahr 1937 brachte zum ersten Male seit der Krise neue Höchstpreise, die mit 300—500 $ für zahlreiche Silberfuchs-Felle weit über dem Gesamtdurchschnitt von etwa 35 $ lagen, und einen Rekordpreis von 2100 $, der weithin Aufsehen erregte, für einen besonders hervorragenden Pelz der Fromm-Farmen.

Bemerkenswert ist, daß auch die Zucht der echten Chinchillas, die fast unbezahlbar wertvoll sind und mit dem mehrfachen Goldgewicht nicht mehr bezahlt werden können, ständig heranwächst. Nach Chapmans kühnen Transporten durch die Tropen (s. S. 201) enthält jetzt „The World's Original South American Chinchilla Farm" in Californien bereits 900 Tiere, d. h. mehr als alle übrigen Farmen der Welt (von denen noch ein gutes halbes Dutzend in USA. liegt) zusammengenommen (209, 77). Ende 1938 nahm man für die nächsten Jahre eine Produktion von etwa 3000 Chinchilla-Fellen aus Californien in Aussicht, mit einem Stückpreis von 50 bis 100 $, während 1938 noch 180 $ je Fell gezahlt wurden und nur sehr wenige Felle (sondern fast nur teure Zuchttiere) aus den Farmen verkauft wurden.

Bereits im Jahre 1932 galt die Pelztierfarmwirtschaft mit einem Jahresumsatz von 300 Mill. $ als sechstgrößte „Industrie" der USA. Leider fehlen im einzelnen genauere Zahlenangaben, da keine Jahresberichte usw. von den Züchtern angefordert werden.

β) Pelztier h e g e.

1. USA.

Über die Erträgnisse der Bisamhege an der atlantischen und an der Golf-Küste liegen leider keine genaueren Angaben vor. Generosoff schätzte die Gesamt-Ernte an Bisamratten um 1907/09 auf jährlich etwa 8 Mill. Felle. Diese Zahl erhöhte sich durch die Ausbeute der Zucht- und Hegegebiete in den zwanziger Jahren auf etwa 17 Mill. Stück, so daß der amerikanischen Wirtschaft durch den Pelz dieses Tieres um 1930 ingesamt etwa 35 Mill. $ zugute kamen (67, 9).

Für die Größe der in Frage kommenden Produktionsgebiete einige Beispiele nach Arthur (Lit. 123):

Orange-Cameron Land Company	162 825 acres
Rockefeller Wild Life Refuge	86 000 „

Marsh Island Sanctuary	71 550	acres
Rainey Wild Life Refuge	26 000	„
Louisiana State Refuge	11 400	„
State Public Hunting Grounds	23 262	„
Delacroix Island Territory	200 000	„

Auch in USA. nimmt die Pelztierhege in Tierschutzgebieten einen sehr weiten Raum ein. Über 20 Mill. $ konnte der Biological Survey in den Jahren 1935—1937 für den Ankauf und die Entwicklung von „Wild Life Refuges" ausgeben. Die unternommenen Arbeiten umfassen Wiederherstellung früher trockengelegter Wasserflächen, Herstellung entsprechender Lebensräume für alle betreuten Tiere, sowie Einzäunung und Markierung der Schutzgebiete. Seit dem 1. VII. 1933 wurden 1,55 Mill. acres (620 000 ha) als „National Wildlife Refuge Lands" erworben (216, 4); dazu kommen 17 Schutzgebiete mit 4,04 Mill. acres (1,6 Mill. ha), die durch Verfügung des Präsidenten bereitgestellt wurden, und ungenannte große Flächen, die von privater Initiative freigegeben wurden. Allein die Neuerwerbungen des Jahres 1937 betrugen 2,1 Mill. acres. Wenn auch fast alle diese Gebiete in erster Linie für Zugvögel gedacht sind, in Durchführung des „Migratory-Waterfowl Restoration Program", so bringen die Natur des ausgewählten Landes und das allgemeine Jagdverbot es mit sich, daß der Schutz und die Landschaftsgestaltung auch einer großen Zahl von Pelztieren zugutekommen. Z. B. heißt es im Bericht über die Fort Niobrara Game Preserve in Nebraska: „Der Schutz, der im Reservat gewährt wird, hat zahlreiche Pelztiere von draußen angezogen, und sie haben sich zahlenmäßig sehr vermehrt unter den Bedingungen des Schutzgebietes (sanctuary). Besonders zahlreich sind Skunks und Waschbären, aber auch Nerz und Wiesel, und Bisamratten sind in den Teichen wieder reichlich vorhanden" (216, 47). Auch von der Wichita Mountains Wildlife Refuge in Oklahoma heißt es: „Die Aufhebung der Trapper-Privilegien hatte als Ergebnis eine Zunahme der Zahl von Skunks, Waschbären, Kaninchen, Opossums und anderen Pelzträgern" (216, 48). Aus diesem Grunde sei eine Übersicht über die vom Biological Survey betreuten „National Wildlife Refuges" gegeben (216, 38):

128	Wasser-Zugvögel-Zufluchten mit	1,42	Mill. acres
54	andere Zugvögel-Zufluchten „	0,89	„ „
10	Wild-Freistätten für Vögel und Säugetiere . . .	4,04	„ „
28	Zufluchten hauptsächlich für nichtjagdbare Vögel	0,11	„ „
11	Reservate und Weidegebiete für Großwild . . .	5,02	„ „
231	Schutzgebiete mit insgesamt	11,48	Mill. acres
	=	4,6	Mill. ha.

In vier der zuletzt genannten Großwild-Reservate wird innerhalb von festen Umzäunungen Bisonhege getrieben: In der National Bison Range, Montana, befanden sich am 30. VI. 1937: 440 Alt- und 80 Jungtiere, in der Fort Niobrara Game Preserve, Nebraska: 140 und 26, in der Sullys Hill Game Preserve, North-Dakota: 23 und 7, und in der Wichita Mountains Wildlife Refuge, Oklahoma: 344 und 87 Tiere. Eine planmäßige Fellgewinnung zur Herstellung von Decken, Pelzumhängen (robes) usw. wie in Canada findet hier noch nicht statt. In Montana, wo auch Biberhege betrieben wird, wurden 111 überzählige Bisons im Park getötet und meist Indianern als Nahrungsmittel überwiesen (216, 45).

2. Alaska.

Aus dem Gebiet Alaskas sind außer der Blaufuchszucht (s. S. 133, 136) als sehr wichtig zu erwähnen: die seit der Jahrhundertwende aufblühende Renntierzucht mit aus Sibirien eingeführten Tieren und die erfolgreiche Pelzrobbenhege auf den Pribilof-Inseln (siehe Karte S. 136/7).

Über die Renntierhege waren leider keine neueren Angaben zu ermitteln. Die Größenordnung dieses Tierzuchtgebietes ergibt sich aber bereits aus einem Überblick über die Entwicklung der letzten Jahrzehnte (nach Lit. 39a, S. 48 ff.):

Von 1892 bis 1903 gab es etwa	1 280	Renntiere in Alaska,
um 1910	22 100	„ ,
„ 1920	92 900	„ ,
„ 1920	92 900	„ ,
„ 1930	712 500	„ .

Die Erträge (für Häute, Fleisch und Nebenprodukte) beliefen sich
1927 auf 70 500 $,
1928 „ 180 500 $,
1929 „ 160 000 $
und 1930 „ 193 100 $. Hierin ist der Wert der für Pelzkleidung (meist lokal) verarbeiteten Häute anscheinend nicht enthalten. — Nach 1930 traten durch Seuchen und übermäßiges oder falsches Beweiden (vgl. Lit. 334 u. a.) Rückschläge ein, so daß sich die zahlenmäßige Aufwärtsentwicklung verlangsamte. Von Millionenherden kann wohl noch keine Rede sein. Über die Zukunftsaussichten vergleiche S. 165, 236.

Die vorbildliche Bewirtschaftung des Hegegebietes der Pelzrobben im Bering-Meer geht aus dem Anwachsen der USA.-Herde hervor:

Gesamtbestand:

1911	132 000				
1920	553 000				
1925	723 000				
1926	761 000				
1927	809 000				
1928	872 000				
1929	972 000				
1930	1 045 000				
1931	1 127 000;	davon	getötet	14 000	
1932	1 219 000				
1933	1 318 000;	„	„	22 835	
1934	1 430 000;	„	„	45 247	
1935	1 551 000;	„	„	57 296,	d. h.
				45 824	auf St. Paul,
				11 472	auf St. George;
unterwegs ferner von canad. Indianern				841	sowie
„ „ Alaska-Indianern				134	Tiere.

Wichtige Pelztierzucht- und Pelztierhegegebiete Alaskas und Nordwest-Canadas. (Siehe nebenstehende Karte.)
(Quellen: Lit. 132, S. 2, Lit. 320, S. 51, Lit. 348 u. a.)

1. Die Gebiete der Blaufuchszucht (meist Freiland-Inselzucht): I: Aleuten-Inseln, II: Inseln vor der Alaska-Halbinsel, III: Kodiak-Afognak-Gebiet, IV: südliches (äußeres) Cook Inlet-Gebiet, V: Prince William Sound-Gebiet, VI: Südost-Alaska, Alexander-Archipel. — Verteilung der 232 Farmen im Jahre 1925: I: 26, II: 13, III: 14, IV: 14, V: 36, VI: 129 Farmen (vgl. S. 133, 138, 196, 211 f., 219, 223, 227, 231, 245).

2. Gebiet der Alaska-Renntierzucht: Die punktierte Linie stellt annähernd die Grenze dar, zwischen den scharf von einander getrennten Gebieten der Zucht des zahmen, europäisch-sibirischen Renntieres (im Westen, besonders auf der Seward-Halbinsel, und auf der Nunivak-Insel) und andererseits der Jagd des wilden, amerikanischen Renntiers, des Karibus (im Osten). Das gegenwärtige Verbreitungsgebiet des Karibus ist gestrichelt angegeben (vgl. S. 135, 158 f., 165, 201, 207 f., 212, 229 f., 235 f., 241, 244, 254 f., 256).

3. Das Gebiet der nordwestcanadischen Renntierzucht: Das 1935 begründete Kittigazuit-Reservat umfaßt eine Sommerweide auf der Richards-Insel und eine Winterweide westlich der Eskimo-Seen für im Jahre 1938 etwa 3000 Tiere. Kleinere Herden sollen 1939 abgezweigt und nach Süden und Südosten zu den Eskimos überführt werden (vgl. S. 129, 165, 207 f., 223 f., 229 f., 244, 248).

4. Das Kerngebiet der Pelzrobbenhege: Die beiden Pribilof-Inseln St. Paul und St. George. Auf diesen Inseln wird gleichzeitig Blaufuchs-Freilandhege betrieben (vgl. S. 135 f., 138, 218 f., 247 f.).

5. Auf der Nunivak-Insel wurden Moschusochsen ausgesetzt (vgl. S. 138, 158).

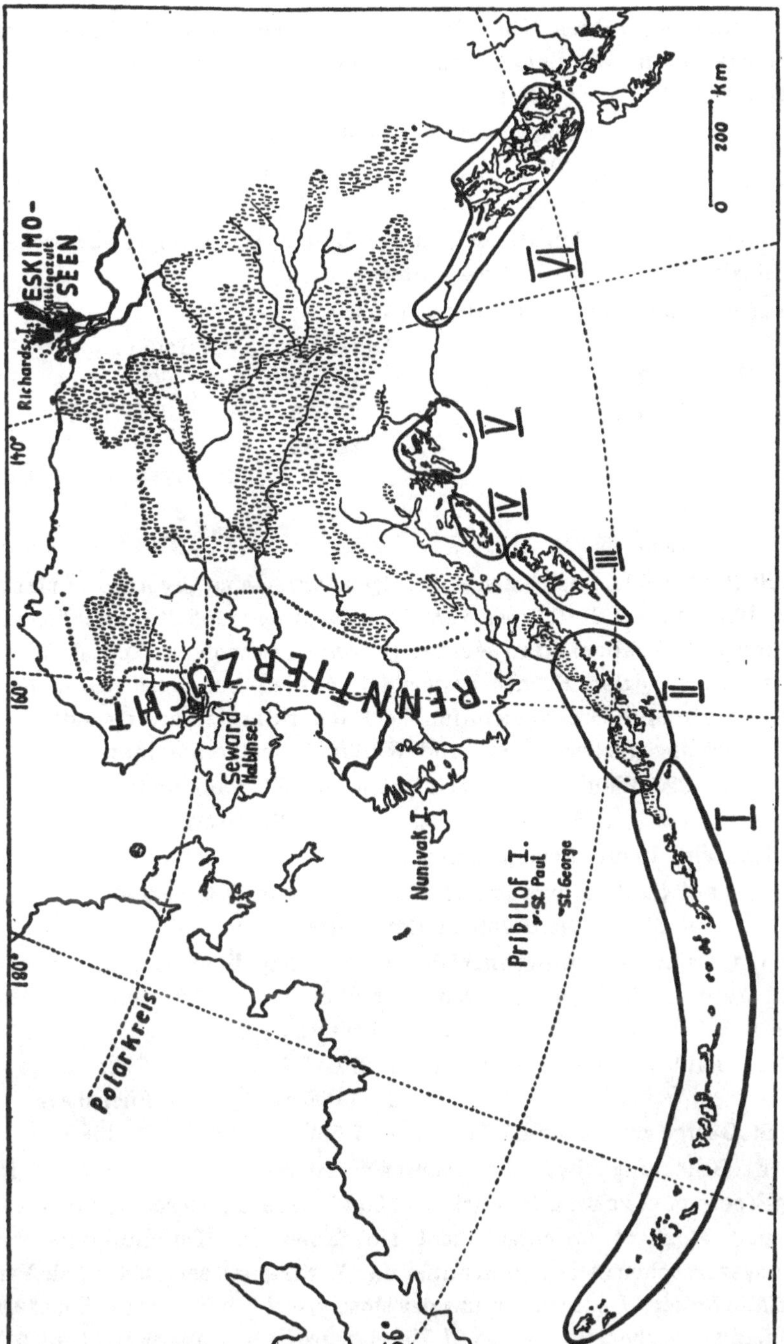
ESKIMO-
SEEN
RENNTIERZUCHT
Seward
Halbinsel
Nunivak I.
Pribilof I.
St. Paul
St. George
Polarkreis
140°
160°
180°
56°
I
II
III
IV
V
VI
0 200 km

1:21,4 Mill.

Die Ernte des Jahres 1935 stellte einen Rekord seit 46 Jahren dar! (Vergleiche hiermit die Entwicklung in den beiden übrigen durch das Abkommen von 1911 errichteten Schutzgebieten:

a) auf den russischen Commander-Inseln:

1923	12 562
1924	19 311

Pelze kamen nicht in den Handel, da die für das Schutzgebiet vorgesehene Mindestzahl (18 000) nicht überschritten wurde.

b) auf den japanischen Robben-Inseln:)

	Gesamtzahl	Getötet
1922	19 075	600
1923	23 319	824
1924	28 886	942
1930		1720
1934		2000
1935		2010

Auf St. Paul (s. o.) befindet sich seit einigen Jahren eine „byproducts plant", in der 1934 14 000 Tierkörper verarbeitet wurden: 155 254 pds. Fleischmehl und 18 394 gallons Tran wurden gewonnen, wovon ein Teil als Futter für die dort gehegten Füchse verwendet wurde. Der Rest wurde nach Seattle als Fischfutter besonders für die Fischbrutanstalten versandt.

Die derart angegliederte Blau- und Weißfuchshege erbrachte::

220 Blau- und 9 Weißfüchse auf St. Paul und
799 „ „ 6 „ „ St. George.

Außerdem wird Renntierzucht getrieben:

auf St. Paul wurden 23 von 1162 Tieren getötet und
auf St. George 3 von 71 Renntieren.

Die insgesamt 408 Einwohner der Inseln, für die vorbildlich gesorgt werden kann (Schul-, Krankenhaus-, Wohnungs-, Hafen- und Straßenbauten z. B.) fanden so ihren Lebensunterhalt:

auf St. Paul verdienten 70 Personen 27 647 \$ durch die Robbenhege
und 1 000 \$ „ „ Fuchshege,
auf St. George verdienten 46 Personen 7 557 + 4010 \$! (Lit. 158.)

Große Bedeutung hat die Nunivak Island Wildlife Refuge im Bering-Meer vor Alaska (s. Karte S. 136/7). 1929 als Reservat für Vögel, Wild und Pelztiere errichtet, dient sie ferner zur Durchführung von Kreuzungsversuchen zwischen Renntier und Karibu, und seit 1935/36 als Versuchsstätte für die Wiederansiedlung der Moschusochsen in Alaska: Eine 1930 in Grönland erworbene Herde von 31 Tieren wurden hier ausgesetzt (216, 51).

g) USSR.

Es ist sehr schwierig, über die Bestands- und Produktionsverhältnisse der Pelztierzucht der Sowjet-Union Klarheit zu erhalten. Auch Silberkweit, der sich eingehend mit diesem Gebiet befaßt hatte, beschäftigt sich in seinem Werk (Lit. 390) mehr mit der Pelztierzucht Canadas als mit der Rußlands! Die oft widersprechenden Zahlen gehen oft mehr von den Plänen als von den Verwirklichungen und Tatsachen aus, und die Umsetzung der Pläne in die Tat ist in vielen Fällen mehr als fraglich.

Schon in der Zarenzeit (1912) bestand großes Interesse der Staatsführung an dem Aufbau dieser neuen Produktionsmöglichkeit alter Rohstoffe des Landes (vgl. 127, S. 11 u. 26). Als der Deutsche Dr. F. Schmidt noch in Moskau-Puschkino die Leitung der Staatsfarm hatte, bestanden große Pläne und Ansätze zur Zucht von Füchsen, Zobeln, Marderhunden, Iltissen, Nerzen, Skunks, Bisamratten, Pelzkaninchen und Nutrias. Sämtliche Zuchten sollten in „industriellen Großfarmen in größtem Umfang" betrieben werden (374, 651). Die Moskauer Staatsfarm besaß 1000 Zuchtgehege für Füchse. Der Bestand an Edelmardern betrug 200, an Bisamratten 700 Tiere. Die Staatsfarm war „eine Ausbildungs- und Lehrstätte, wie sie nur von einem Staat errichtet werden kann, der . . . selbst das allergrößte Interesse an dem Aufbau einer wirtschaftlichen Pelztierzucht besitzt" (374, 653). — In Rußland gab es Anfang 1932 etwa 8000 Zuchtfüchse, davon 3200 Blaufüchse und 4110 Silberfüchse; Waschbären wurden gleichfalls in größerer Zahl gehalten (1500 Tiere), aber die anderen Pelztiere erreichten damals erst je rund 200 Stück. Trotzdem sollte bereits 1937 die Pelztierzucht den Anteil der Jagd an der Gesamt-Pelzproduktion auf ein Drittel herabgedrückt haben! Fehlorganisationen usw. haben aber auch diese Pläne durchkreuzt. Nach Ashbrook (130, 1384) betrug die tatsächliche Silberfuchsfellproduktion Rußlands im Jahre 1935/36 nur 4000 Stück! Im Juli 1937 berichtete der „American Fur Breeder" von 23 Staatsfarmen in der Sowjetunion; hier sollten 23 000 Tiere und außerdem in privaten Farmen noch etwa 12 000 Tiere gehalten werden, so daß 1942 eine größere Verkaufsaktion beginnen könnte.

Die in Nordrußland und Sibirien ausgesetzten Bisamratten hatten sich 1932 auf schätzungsweise 40 000 Stück vermehrt, so daß für 1935/36 eine Millionenernte an Fellen erwartet wurde (166, 52). Hierzu und zur Freizucht der Nutria in Georgien, Aserbeidschan und Mittelasien vergleiche Karten S. 197, 217.

Besonders wichtig ist die Pelzschafzucht. Das Monopol der russischen Karakulproduktion wurde allerdings gebrochen durch Krieg und

Revolution, durch die Entführung fast der Hälfte aller Tiere Bucharas durch den sowjetfeindlichen Emir von Buchara nach Afghanistan, und durch den steigenden Wettbewerb Südwestafrikas. Die russische Produktion betrug:

1914	etwa	2 Mill. Felle,	
1919	„	0,4 „ „ ,	
1926/27	„	0,89 „ „ ,	wovon 0,8 Mill. Felle ausgeführt wurden,
1927/28	„	1,27 „ „ ,	„ 0,96 „ „ „ „ ,
1928/29	„	1,29 „ „ ,	„ 1,1 „ „ „ „ ,
1929/30	„	1,5 „ „ .	

Der Bestand betrug 1929/30: 3,2 Mill. Tiere, d. h. 2 Mill. in Usbekien, 1 Mill. in Turkmenien und 0,2 Mill. südlich des Aralsees. Eine Ausdehnung in das europäische Rußland (Krim, Nordkaukasus, Kasakstan, Ukraine) ist geplant. — Mit den oben genannten Zahlen von Buchholz (166, 53) muß allerdings Ashbrook verglichen werden (130, 1383), der die russische Karakulproduktion für 1936 mit nur 0,6 Mill. Stück und die afghanische für 1936/37 mit 1,2 Mill. Stück angibt.

Wie in Alaska finden sich auch auf pazifischen und Eismeer-Inseln zahlreiche Freilandzuchten für Füchse und auch Pelzrobbenherden, die aber nicht so gedeihen wie die sehr sorgfältig bewirtschafteten amerikanischen Herden auf den Pribilof-Inseln. Die russische staatliche Hege-Gesellschaft übernahm 1926 20 000 Pelzrobben und 2000 Blaufüchse (68, 6).

h) Japan.

Da die japanische Pelztierzucht mit canadischen Tieren (aus Prince Edward Island, Quebec, British Columbia) aufgebaut war, veröffentlichte das Fur Trade Journal of Canada im September 1932 eine Übersicht. Danach gab es:

6 943	Füchse (3235 Silber-, 2032 Blau-, 1025 Kreuz-, 375 Rot- und 276 Dunkel- und Schwarz-Füchse)	in	200 Farmen,
6 870	Nerze	„	362 „ ,
302	Dachse	„	26 „ ,
23	Marder	„	10 „ und
1 951 951	Kaninchen (erst seit 1929!)	„	428 613 Farmen.

Die Silberfuchsproduktion 1938 wird mit 30 000 Pelzen angenommen. (Vgl. S. 121 und 138.)

i) Südwest-Afrika.

Besonders beachtlich ist die Entwicklung der Pelztierzucht, d. h. der Pelzschafzucht, in Deutsch-Südwest-Afrika. Die Zucht wurde 1907/08 mit

Tieren aus der Bucharei begründet, die der Gouverneur Lindequist hatte einführen lassen. (Näheres: „S. W.-Persianer-Markt", Mai 1938, Nr. 47.) Die Zahl der abgesetzten Felle betrug:

1928:	1929:	1930:	1931:	1932:	1933:	1934:	1935:
74 000	84 000	91 000	97 000	203 000	442 000	355 000	514 000 Stück,

und erreichte Höchstziffern in den Jahren 1936 und 1937 mit 814 000 bzw. 1 240 000 Fellen. 1935 gab es 14 577 reinrassige und 552 000 Kreuzungs-Karakuls. Der Exportwert der Persianerfelle stieg von 1924 bis 1936 von 10 000 auf 750 000 £ und lag im Jahre 1937 mit 25 Mill. Schilling über dem der Diamanten (20 Mill. sh.)!

k) Südamerika.

Die Erträge der südamerikanischen Farmpelzproduktion sind noch sehr gering; Statistiken liegen nicht vor; die Aussichten auf dem Weltmarkt sind jedoch für die Aufnahme dieser aus einem Süderdteil stammenden Ware besonders günstig: Die Pelzernte fällt dort in die Süd-Winter-Monate Juli und August, und die Pelze gelangen vor allen anderen zu den maßgebenden Handels- und Verbrauchszentren auf der Nordhalbkugel, deren eigene Pelzernte erst in den letzten Monaten des Jahres, im nördlichen Frühwinter, reif wird!

Die Nutriapelze Südamerikas sollen bereits 1931 „fast nur in Farmen" gewonnen worden sein, „da die Tiere in der Wildnis nahezu ausgerottet sind" (68, 4). Die Laguna Collis Nutria Farm in Argentinien hielt 1932 ständig einen Bestand von 10 000 Zuchttieren! (Z. 2, 1932, VI.) Große Zukunftsbedeutung kann die Chinchillazucht annehmen, da die Felle äußerst selten sind und zum vielfachen Preis einer gleichschweren Menge Goldes bezahlt werden (67, 11). Chinchilla-Farmen befanden sich in Chile und einigen Andenstaatsgebieten, aber mit wechselndem Erfolg und zum Teil kurzer Lebensdauer.

B. Entwicklungsmöglichkeiten.

Wie steht es nun mit den Zukunftsaussichten der Pelztierzucht? Die Wahrscheinlichkeit einer zunehmenden Ausbreitung ist groß.

1. Materielle Grundlagen künftiger Ausbreitung:

a) Beständigkeit des Pelzbedarfs.

Nach Prell (351, 6) ist „Pelztierzucht die brennende Notwendigkeit für die Zukunft der Rauchwarenindustrie"! (Vgl. auch Lit. 200, S. 8 ff.) Der Weltbedarf an Pelzwerk ist im 20. Jahrhundert rasch gestiegen, und es ist nicht anzunehmen, daß die Nachfrage nach Schmuckpelz oder gar nach wärmender Pelzkleidung erheblich nachlassen wird. Die Mode schwankt zwar in der Bevorzugung bestimmter Pelzsorten, hat aber immer Bedarf für Pelzware. Sie beeinflußt vor allem die Verkaufsmöglichkeiten für Schmuck- und Luxuspelzwerk. Auf den Absatz einfacher wärmender Pelzkleidung in winterkalten Gebieten hat sie dagegen kaum einen Einfluß (vgl. hierzu eine Spezialuntersuchung des Verfassers: „Pelzverbrauch und Klima", Lit. 437a).

Eher könnten schon die billigen Imitationen aus Kanin, Zickel usw. den Massenabsatz von Rauchwaren in den unteren Bevölkerungsschichten vor allem der Großstädte gefährden. Auch maschinell hergestellter Pelzwerkersatz steht im Wettbewerb: „In China benutzt man Schafwolle mit Baumwolle vermischt zu künstlichen Pelzen" (26, II, 189), und auch die deutsche Textilindustrie stellt neuerdings Pelzimitationen aus Webstoffen (besonders Schaf- und Lammpelze) her.

Schönheit und Zweckmäßigkeit (besonders Haltbarkeit, Farbechtheit und bester Kälteschutz) geben aber dem echten Pelzwerk stets einen unerreichbaren Vorsprung auch vor den geschicktesten Ersatzstoffen. Die geringere Abhängigkeit von den Launen der Damenmode gibt der Pelztierzucht eine weit sicherere Grundlage als etwa der besonders in Südafrika ehemals hochentwickelten, inzwischen zusammengebrochenen Straußenfarmzucht, die eben nur — entbehrlichen! — Schmuck erzeugte! (Vgl. 338, 59.)

b) Verknappung des Angebotes.

Zunehmender oder mindestens gleichbleibender Nachfrage steht nun bisher eine ständige Verknappung des Angebots gegenüber. Schonungslose Verfolgung hat die Zahl der Pelztiere verringert und einige Arten fast ausgerottet. Die Ausdehnung der Zivilisation in unberührte Gebiete würde auch dann die Wildfellausbeute weiter ungünstig beeinflussen, wenn jeder Raubbau in Zukunft vermieden werden könnte. Neben der Abnahme ist ferner eine beträchtliche Erschwerung und Verteuerung der „natürlichen" Pelzernte festzustellen. Beides wird durch das Vordringen des Pelzjägers in immer entlegenere Gebiete verursacht. Die Dauer der Reisen wird länger und die Kosten für den Lebensunterhalt in der Wildnis werden größer.

Diese „negativen" Gründe rufen nach einer Ergänzung der Wildpelzausbeute durch planmäßige Pelzgewinnung. Daneben stehen „positive" Gründe, die unter den möglichen Formen der Pelztierzucht aus wirtschaftlichen Gründen besonders die intensive Farmzucht empfehlen.

c) Vorzüge der Pelztierzucht gegenüber der Pelztierjagd.

Die wirtschaftliche Pelztierzucht empfiehlt sich dadurch, daß sie billig und sicher ein dem Naturprodukt teilweise bereits überlegenes Erzeugnis liefert. „Durch zweckbewußte Leitung der Naturkräfte" vermag so der Mensch sich auch auf diesem Gebiet erstens den dauernden Bezug bestimmter Naturprodukte zu sichern, und zweitens die Qualität der Erzeugnisse in die gewünschten Bahnen zu lenken[2]). Durch sorgfältige Hygiene, regelmäßige Ernährung, gewissenhafte Zuchtwahl und vorschriftsmäßige sowie termingerechte Gewinnung des Pelzes vermag der Züchter einen dem zufällig erlegten Wildfell oft qualitativ überlegenen, reifen und unbeschädigten Zuchtpelz zu erzielen. Außerdem können seltene, teuere Fellsorten in der gewünschten größeren Zahl für den Rauchwarenmarkt erzeugt werden, und neue begehrenswerte veredelte Pelzarten von „neuen Tieren" können geschaffen werden.

Die positiven Vorteile der planmäßigen Pelzgewinnung waren für die Entstehung der Pelztierzucht im 19. Jahrhundert ungleich wichtiger als die meist überschätzte und fast durchweg auch in der geographischen Literatur einseitig als alleinige Ursache genannte „Erschöpfung der Bestände" in der Wildnis. An einen Mangel an Rohpelzen war zur Zeit der Anfänge der modernen Pelztierzuchten noch nicht zu denken. (Die Blaufuchs-Inselzucht entstand um 1835 auf den Alëuten, die Nerzzucht um 1860 in USA.; die Silberfuchszüchter begannen um 1878 im St. Lorenzgolf, und zahlreiche andere Zuchten waren schon vor 1900 in voller Blüte. Vergleiche das „Kürschnerhandwerk", Paris 1902! [Lit. 289.] Und selbst die Chinchilla-Farmen gehen auf das Jahr 1909 zurück.) Die „Verknappung des Angebotes" trat erst später in Erscheinung, vor allem nach 1920, um dann allerdings mit Macht der jungen „Industrie" den entscheidenden Auftritt zu geben. Noch heute aber sind die Vorzüge der intensiven Pelztierzucht eine entscheidende Waffe im Kampf gegen die durch Wildschutzmaßnahmen usw. wieder anwachsende Konkurrenz der Wildfellernte und der extensiven Hege.

d) Vorteile für die allgemeine Wirtschaft.

Mit diesen direkten Vorteilen der Pelztierzucht für den Umfang und die Qualität der Pelzproduktion verbinden sich weitere Vorzüge, die sich für die allgemeine Wirtschaft des Landes ergeben. Es sei nur auf die Unter-

---

[2]) Bezeichnend für die Lage ist folgender Satz aus der Anzeige eines New Yorker Pelzhändlers: „Meine Pelze stammen nicht von wilden Tieren, sondern von Geschöpfen, die seit Generationen gezüchtet wurden, um meine besondere Ware in bezug auf Größe und Zeichnung hervorzubringen"! (Z. 8, Sept. 1932, 9).

stützung des Rauchwarenhandels und der Kürschnerei verwiesen, sowie auf die Hilfe, die der Landwirtschaft durch die Entstehung eines neuen Farmproduktes erwächst. Indirekt wird selbst die Wildpelztierjagd durch die Pelztierzucht gefördert: Die Intensität der Verfolgung wilder Tiere wird nachlassen, und damit wird den Wildtieren und den Trappern eine Chance gegeben. — Wertlose Ländereien und Gewässer können durch Pelztierzucht wirtschaftlich nutzbar gemacht werden, Nebenbetriebe werden geschaffen, wertvolle Nebenprodukte werden erzeugt, und zahlreiche Gewerbe werden für die Anlage und den Betrieb der Farmen beschäftigt. Auch für den Staat spielt die einheimische Zuchtpelzproduktion eine Rolle, da sie die ländliche Siedlung fördert, die Handelsbilanz durch Einsparung von Rohpelzeinfuhr entlastet, im Inneren Arbeitsplätze schafft und dem Verderb von Abfällen vorbeugt, aus denen wertvolle Rohstoffe erzeugt werden. (Vgl. S. 115, 122, sowie Alex, Lit. 117, usw.)

Nach Angaben der Reichskleintierschau Essen 1936 sind von einem durchschnittlichen deutschen Jahresverbrauch an Pelztierfellen im Werte von 6,5 Mill. RM. fast 5 Mill. RM. im Inland ungedeckt (vgl. auch Keller, Lit. 268, S. 233 f.). Um so wichtiger ist die Tatsache, daß die in Deutschland gehaltenen Pelztiere in erster Linie Abfallverwerter sind. In Essen wurde eine Verbrauchsübersicht über das Futter für Pelztiere gezeigt, aus der folgende Hauptangaben wiedergegeben seien:

	Silberfüchse	Nerze	Waschbären	Nutria (Winterfütterung)	
Erfaßbare Jahresgesamtfutter im Jahre 1934	33 690	6000	4000	6100	dz
Relativer Wert, bezogen auf die entsprechenden Mengen menschlicher Nahrungsmittel	2,7	0,3	0,27	0,04	Mill. RM
Absoluter Verbrauchswert der tatsächlich verfütterten Abfälle usw.	0,8	0,09	0,08	0,015	Mill. RM.

Hier zeigt sich die erfolgte Einschaltung der Pelztierzucht in die Maßnahmen des Vierjahresplanes: sparsamer Verbrauch wichtiger Nahrungsmittel, Abfallverwertung und Erzeugung hochwertiger devisensparender Produkte.

2. Ideelle Grundlagen.

a) der Pelztierzucht.

Nicht nur wirtschaftliche Vorteile und Möglichkeiten sichern den gegenwärtigen Bestand und wohl auch die Zukunft der Pelztierzucht. Aus ihrer

Geschichte in allen Ländern und aus zahllosen Zeugnissen begeisterter Züchter geht deutlich hervor, daß auch in der sogenannten „rationellen", d. h. wirtschaftlichen, Pelztierzucht ein idealistischer Kern steckt: der Wunsch, die in der Wildnis gefährdeten Arten auf irgendeine Weise, sei es auch in der Gefangenschaft, vor dem Aussterben zu bewahren, und sich am Anblick und am vertrauten täglichen Umgang mit edlen halbwilden Tieren zu erfreuen[3]). Hierzu kommen andere Motive: Die Haustierzucht seltener Kaninchen wird häufig als Liebhaberei, als „Sport", betrieben; die Zuchtversuche mit besonders widerstrebenden Wildlingen (z. B. Edelmardern) sind reizvolle Aufgaben für den unternehmungslustigen und opferbereiten Pionier; ebenso locken neuartige Kreuzungen und Abarten: z. B. die Pelzschaf-Kreuzungen, neue Fuchsrassen, reinrassiger Albinismus oder Melanismus bei verschiedenen Tieren (d. h. durch Zucht hervorgerufene und fixierte Weiß- oder Schwarzfärbung) usw. Manche Farmzucht unterhaltsamer oder sonst liebgewordener Tiere (Waschbären, Skunkse z. B.) besteht weiter, obwohl wegen des gesunkenen Fellpreises die Zucht rein wirtschaftlich betrachtet längst nicht mehr lohnend ist.

b) der Pelztierhege, besonders im Naturschutzgebiet.

Noch stärker werden ethische, ästhetische und soziale Gründe ausschlaggebend für die Inangriffnahme und Aufrechterhaltung der Freilandhege, vor allem da, wo sie als Natur- und Tierschutz den durch Aussterben bedrohten Arten gilt (z. B. Bison, Pelzrobbe, Seeotter, aber auch, in bestimmten Gebieten, Biber u. a. m.). Hier ist das wirtschaftliche Ergebnis der im Laufe der Zeit als Folge der Hege wieder möglich werdenden Pelzausbeute erst in zweiter Linie wichtig. Das gilt sowohl von staatlichen oder halbstaatlichen Unternehmungen (z. B. der von der Hudson's Bay Company mit der Provinz Quebec und anderen Behörden durchgeführten Biberhege), wie von rein privater Initiative, z. B. Jack Miners, Grey-Owls usw.

---

[3]) „Diese neue Industrie der Pelztierzucht hat uns kulturelle Werte vermittelt, die ihr allein angehören. Die eigentlichen Probleme dieser Industrie haben unsere Kenntnisse der einheimischen Tierwelt bereichert. Die Lösung dieser Probleme hat Tatsachen enthüllt über unsere Pelztiere, die bis dahin unbekannt waren. Der Pelztierfarmer hat uns auch eine brauchbare Methode geliefert, um das Verschwinden vieler wertvoller Arten zu verhindern, die durch das Vorrücken unserer landwirtschaftlichen und industriellen Zivilisation bedroht waren. Ein weiterer Beitrag ist das Leben auf der Pelztierfarm selbst, mit seinen eigenen Problemen, Erfahrungen und Harmonien, neuartig und charakteristisch, und mit seiner eigenen Bedeutung als Hege und Pflege. Die Pelztierzucht hat über 6000 Heime dieser Art dem ländlichen Canada hinzugefügt." (Z. 3, Nr. 5, 1931, 8).

Ein gutes Beispiel für staatliche Unternehmungen ist der National Buffalo Park bei Wainwright in Alberta, der als Tierschutzpark angelegt wurde, später aber, infolge der starken Vermehrung der Tiere, alljährlich einen bestimmten Ertrag an überzähligen Bisons zu liefern begann, die zum Teil in den Wood Buffalo Park bei Fort Smith (Karte S. 130) überführt wurden, im übrigen aber zur Fell- und Fleischnutzung dienen. — Über die Bisonhege im Yellowstone-Nationalpark und die kulturelle Zielsetzung des dortigen Tierschutzes vgl. Lit. 114, bes. S. 457 ff.

Der berühmt gewordene anglo-indianische Biberfreund „Grau-Eule" („Wäscha-kwonnesin"), der zuerst unabhängig in Neu-Braunschweig und später in Staatsdiensten in Manitoba und Alberta tätig war, betrieb seine erfolgreiche Biberhege völlig aus uneigennützigen Beweggründen und wies jeden Gedanken an „rationelle Pelztierzucht" entrüstet von sich (vgl. Lit. 432, S. 227 f.). Ein anderer nennenswerter Idealist auf amerikanischem Boden war Jack Miner, dessen persönliche Wildtierhege (besonders der Zugvögel und Rehe) in die Tätigkeit einer Liga einmündete, die seinen Namen trägt[4]). Es muß betont werden, daß die Schaffung z. B. von Vogel-Frei- und Zufluchtstätten (refuges, sanctuaries, preserves, parks usw.) sofort auch dem Pelzwild zugutekommt, da sein Lebensraum (Wald, Sumpf, Gewässer) ungestört erhalten bleibt oder gar durch Pflanzungen usw. verbessert wird, und da ferner im geschützten Gebiet zahlreiche Störungen von allem Wild ferngehalten werden und reichliche Nahrung sich bietet (S. 131, 134, 228 f.). Bis zu einem gewissen Ausmaß wird auch größeres Raubwild als eine Art natürlicher Gesundheitspolizei in diesen Gebieten geduldet. — Über alle diese direkten und indirekten Förderungen des Lebens pelztragender Tiere aus ideellen Motiven gibt z. B. der Jahresbericht des Biological Survey (Lit. 9, Lit. 216) oder die deutsche Zeitschrift „Naturschutz" in erschöpfender

---

[4]) Bezeichnend sind die Absichten dieser Liga, die mit der I. Walton Liga of America zusammenarbeiten wollte: „Erhaltung der Wälder des Dominions als eine der wichtigsten Grundlagen des Wohlergehens des Landes, als Lebensraum des Wildes, und als erste Notwendigkeit für den Fortbestand unserer Flüsse und Wasserkräfte . . . Aufforstung allen Ödlandes, Pflanzung von Windbrechern und Waldrändern, bis zu mindestens 10 % des Farmlandes, in der Gewißheit, daß die übrigen 90 % produktiver sein werden und von den Windbrechern Vorteil haben werden . . . Erhaltung alles verbleibenden Sumpflandes sowie Neupflanzung und Bewahrung der natürlichen Landschaftsverhältnisse . . . Schaffung von mindestens einem Regierungs-‚Sanctuary' (Schutzgebiet) von 25 acre (10 ha) in jeder County (Bezirk) . . ." usw. Es folgen zahlreiche Vorschläge für Jagdschutzgesetze u. a. m. und die Pläne zur Errichtung einer Vertretung in jeder County zur Durchsetzung obiger Aufgaben und „zur Errichtung von Pelztierschutzgebieten". (Z. 1, Juli 1927, 208 f.). (Vgl. S. 249 ff., 255 f.)

Weise Auskunft. (Vgl. auch die Roosevelt Wild Life Bulletins bzw. Annals, z. B. Lit. 114.)

Zu dieser Förderung der Pelztierhege durch die Naturschutzbewegung kommen weitere ideelle, d. h. soziale Gründe, die ihre Beibehaltung empfehlen. Der Eingeborenenfürsorge in Nordamerika sind die Pelztierhege und die extensiveren Formen der Pelztierzucht unentbehrlich (S. 164 f.). Außerdem haben wissenschaftliche Forschungsstätten und andere kulturelle Unternehmungen (z. B. Volksbildungsstellen) Interesse an ihrer Förderung und Erhaltung durch und für die Allgemeinheit (vgl. S. 166 f.).

3. Zukunftsaussichten.

So wirken die verschiedensten positiven wie negativen Gründe zusammen und sichern die Zukunft der Pelztierzucht insgesamt (vgl. 338, 57 ff. u. a.). Je nach der Preisgestaltung am Rauchwarenmarkt wird zwar der eine oder andere Zweig zeitweilig oder dauernd zurücktreten. Auch andere Ursachen können die Entwicklung hemmen; z. B. Fleischknappheit: „In Norwegen ist keine Zunahme mehr möglich, weil Fleisch zu vernünftigen Preisen nicht mehr zu haben ist," heißt es in einem schwedischen Bericht. (Rev. des El. de Ren., Mai 1936, 7 f.) (Vgl. auch die Entwicklung der Fuchs- und Nerzzucht in Deutschland!)

Andererseits versetzten eingeschleppte Seuchen der Silberfuchszucht auf der Prince Edward Insel um 1930 schwere Schläge und vernichteten um 1932 fast die Bisamhege in den Prärieprovinzen Canadas, besonders in Manitoba. Ferner entstand Schaden durch Hitze- und Dürreperioden: z. B. ging die Karakulproduktion Südwestafrikas von 441 754 Fellen im Jahre 1933 auf 354 884 im Jahre 1934 nur wegen der großen Trockenheit zurück, denn schon im Jahre 1935 wurden wieder 514 193 Felle verkauft („S. W.-Persianer-Markt", 1928, Nr. 47). (Siehe S. 141.)

Auch die Hochfluten des Mississippi, z. B. im Jahre 1927, und Seewasserüberflutungen durch Taifune richteten im Louisiana-Bisam-Hegegebiet größten Schaden an.

Ein kaum zu überwindendes Hemmnis für die Entwicklung vor allem der extensiven Hege, aber auch der naturnäheren Farmtypen, ist chronischer oder akuter Raummangel, der vor allem im dichtbesiedelten Mitteleuropa die Ausdehnungsmöglichkeit der Pelztierzucht und Pelztierhege begrenzt.

Wenn aber die Zukunftsaussichten der Pelztierzucht in der Welt im allgemeinen durchaus positiv beurteilt werden können, so ist eine Vorbedingung zu erwähnen, deren Nichtbeachtung zu Krisen und Zusammenbrüchen geführt hat, die das Ansehen der Pelztierzucht noch heute schädigen und manche Skepsis zu rechtfertigen scheinen: Voraussetzung für den Bestand der wirtschaftlichen Pelztierzucht ist, daß durch den Pelzverkauf allein bereits die Rentabilität gesichert ist. Die Verkaufsmöglichkeit von Zuchttieren ist ein Zusatzgeschäft, darf aber nicht, wie es jahrelang bei vielen Spekulationsunternehmen der Fall war, zur Basis der Pelztierfarm werden. Die Nachfrage nach Zuchttieren (d. h. Produktionsgütern) ist stärkeren Schwankungen unterworfen, und das plötzliche Ausbleiben dieser Absatzmöglichkeit führte sofort zum Zusammenbruch zahlreicher Betriebe (besonders Großfarmen), die die „pelt-basis" vernachlässigt hatten, sobald die Gründung immer neuer Farmen nachzulassen begann. Dieses Risiko muß und kann aber durch Kalkulation „auf Pelz-Basis" ausgeschaltet werden.

Nach dieser Grundregel ergab sich 1936/37 folgende Rentabilität in Prince Edward Island: Die Aufzucht eines Fuchses bis zur Pelzreife kostete 5—6 $; der durchschnittliche Fellpreis betrug 35—40 $! (Rev. des El. de Ren., Februar 1937, S. 14.) Der Rekordpreis des Winters 1936/37 betrug 2100 $ für ein rohes Silberfuchsfell, bezahlt von einer Firma in Chicago auf der Versteigerung der deutsch-amerikanischen Riesenfarm der Gebrüder Fromm in Hamburg, Wisconsin (do., April 1937, S. 11). Bei diesen Versteigerungen stiegen die Preise auf 70—555 $!

C. Bedeutung.

Die Bedeutung der Pelztierhege und Pelztierzucht geht weit hinaus über das wirtschaftliche Ausmaß der Pelztierzucht, das sich direkt mit Zahlen über Pelztierfarmen, gehaltene Tiere, Pelzgewinnung, finanzielle Erträge, Flächenräume usw. ausdrücken läßt. Die Auswirkungen der Pelztierzucht lassen sich in die verschiedensten Richtungen des wirtschaftlichen und kulturellen Lebens hinein verfolgen. Einige dieser Zusammenhänge sind bereits bei der Betrachtung der Zukunftsaussichten dieses Wirtschaftszweiges erwähnt worden. Grundsätzlich zu unterscheiden sind folgende Auswirkungen der Pelztierzucht: 1. auf die Tier- und Pflanzenwelt, 2. auf die menschliche Wirtschaft und 3. im Bereich sozialen und kulturellen Lebens.

1. Für Tier- und Pflanzenwelt.

a) Die Tierwelt.

Das Tierleben wird direkt und indirekt in mehrfacher Hinsicht durch Pelztierzucht und Pelztierhege beeinflußt. Allgemeine Schongesetze, räumlich beschränkte Schutzgebiete, Tierparks und die verschiedensten Formen der Tierhege und Tierzucht verändern die Lebensbedingungen, die Bestandsdichte und die räumliche Verteilung aller pelztragenden Tiere und damit gleichzeitig direkt wie indirekt ihrer Feinde und ihrer Beutetiere[5]). Gefährdete tierische Gemeinschaften werden z. B. an Ort und Stelle mehr oder weniger im Naturzustand erhalten, kontrolliert und beschützt (Bison, Moschusochs). Der Mensch verhindert das Eindringen tierischer und menschlicher Feinde, die Ausbreitung von Hungersnöten und Krankheiten und sucht bei Naturkatastrophen helfend einzugreifen. (Bei Überschwemmungen im Mississippi-Delta werden Flöße zur Rettung der Bisamratten gebaut!) Andererseits werden Tiere eingefangen, um in ihren angestammten Heimatgebieten, in denen die Art ausgerottet war, wieder eingesetzt zu werden (Biber und Waschbären in Nordamerika), oder um völlig neue Gebiete, die durch ihre Naturausstattung geeignet erscheinen, erstmalig mit der bis dahin unbekannten Art zu besiedeln. (Nutria in Asien.) — Wieder andere Pelztiere werden in Gefangenschaft gehalten, um systematisch gezüchtet und an haustierähnliche Daseinsformen gewöhnt zu werden, bis sie nach Generationen eingebürgert und sogar in Körperbau und Lebensweise umgestaltet sind (Silberfuchs, Pelzkanin). Neben die pflegenden und hegenden Maßnahmen zur Erhaltung und Verbreitung bestimmter Arten in ihren natürlichen Lebensräumen und in möglichster Freiheit tritt also der Zwang intensiver Züchtung, der die Pelztiere der Wildnis zu Haustieren umgestalten will. In wenigen Jahrzehnten wird hier gleichsam wie in einem gewaltigen biologischen Experiment die Entwicklung wiederholt, die sich bei den traditionellen Haustieren in Jahrtausenden psychisch und physisch vollzogen hat. Die Bedeutung aller dieser Maßnahmen wird um so größer, je weiter der Kreis der durch Pelztierzucht und Pelztierhege erfaßten Tierarten gezogen wird (vgl. S. 117 f., 145, 256 f.).

b) Die Pflanzenwelt.

Da es sich bei verschiedenen bedeutenden Zuchtpelztieren um Pflanzenfresser handelt, wird, besonders in Großraum- und Freilandgehegen, auch die Pflanzenwelt durch die Anlage von Pelztierzuchten erheblich beeinflußt. Die Vegetation, die Bibern, Bisamratten und Sumpfbibern (Nutria) zur Nahrung dient, wird am Standort der Farm zunächst vernichtet. Ebenso können größere Waldbestände im Biberhegegebiet durch den steigenden Wasserspiegel zum Absterben gebracht werden (Lit. 136, 137, 383). Andererseits sorgt der Mensch durch Pflanzung von Bäumen und Sträuchern

[5]) Teilweise werden Futtertiere als Grundlage späterer Pelztierhege vor den Pelztieren im Hegegebiet ausgesetzt, so z. B. auf den Sitka, Baronuff und Chicagof Inseln durch die Alaska Game Commission, wo Eichhörnchen „als Nahrung für Pelztiere" (Marder) in Scharen freigelassen wurden. (Z. 8, Nov. 1930, 46).

und besonders Wasserpflanzen aller Art für Ergänzung und Ersatz der für die Tiere lebenswichtigen Futter- und Nestbaustoffe, und schafft durch Ent- und Bewässerung mit Hilfe von Gräben, Dämmen, Schleusen usw. günstige Lebensbedingungen für diese Pflanzen. Auch werden in Nordamerika Waldreservate im Zusammenhang mit Biberschutzgebieten begründet, damit gleichzeitig sowohl die betreffenden Gebiete einer beschränkten wirtschaftlichen Nutzung in Zukunft erschlossen werden können, wie andererseits die Wasserspeicherung der Biberstauseen dem Waldbestand zugute kommt (s. S. 253 f.).

Auch bei der Anlage größerer Freiland- Wald- und Zwingerfarmen für fleischfressende Pelztiere spielen Baumpflanzung bzw. Rodung eine große Rolle. — Alle diese das Landschaftsbild grundlegend beeinflussenden Eingriffe der Pelztierzucht in den natürlichen Vegetationsbestand sind nicht zu übersehen und stehen im Vordergrund des Interesses geographischer Pelztierzuchtforschung (s. S. 249 ff., 255 f., 146).

2. Bedeutung für die Wirtschaft.

Auf dem Gebiet wirtschaftlicher Bedeutung sind zu unterscheiden: a) unmittelbar pelzwirtschaftliche Auswirkungen auf Pelzproduktion, Pelzverarbeitung und Pelzverbrauch, und b) mittelbare Auswirkungen auf weitere Zweige der allgemeinen Wirtschaft.

a) unmittelbar für die Pelzwirtschaft.

Der Pelzhandel besonders Canadas hat sich unter dem Einfluß der Pelztierfarmen und Pelztierschutzgebiete erheblich gewandelt. Das gilt sowohl für die Zahlen und Preise bestimmter Felle und ihren Anteil an Gesamtproduktion und Gesamtertrag, als auch für die Herkunftsgebiete der Rohpelze und damit für die regionale Struktur des Pelzhandels.

α) Die Zahl der Pelze, die auf den Markt kommen, änderte sich absolut und relativ unter dem Einfluß der zusätzlichen Farmproduktion. Früher seltene Felle, besonders von Füchsen, stehen heute in größter Menge zur Verfügung. Die Zahl der Silberfuchsfelle z. B., die zu über 99% in Farmen erzeugt werden, beträgt heute auf den Pelzmärkten der Welt etwa das 200fache der Jahre vor 1900. Noch in den Jahren 1907/09 gab es durchschnittlich nur 4000 Silberfuchsfelle auf dem Weltmarkt, einschließlich der Farmfelle! (192, 25). Beim Nerz wurden die Ausfälle, die die Jagderträge durch Raubbau erlitten hatten, wieder ausgeglichen. Bisher unbekannte Felle kamen neu auf den Markt (S. 118 f., 145). Der Anteil der Farmfelle an der Gesamt-Pelzernte stieg beständig. Schon vor 1900 „kam die größte Zahl der in den Handel gelangenden Blaufuchsfelle von den Pribilof-Inselzuchten" (289, 5). (Bezgl. Canadas vgl. S. 127 f.)

β) Durch die zunehmende Farmproduktion änderte sich unmittelbar die relative Bedeutung der verschiedenen Pelzsorten im Ertrag z. B. Canadas und seiner einzelnen Provinzen. Bis 1928/29 stand in der Gesamternte Canadas die Bisamratte an der Spitze der Erträge, wie seit zwei Jahrzehnten, aber schon im folgenden Jahre wurde sie infolge der Massenproduktion der Farm-Silberfüchse endgültig aus dieser Stellung verdrängt. Die Ertragswerte der Silberfuchs- und Bisamernte in Canada standen 1934 zueinander im Verhältnis von 3,71 zu 1,86 Mill. $. Das gleiche geschah in einer zunehmenden Zahl von Provinzen: Silberfuchspelze standen an der Spitze der Erträge: 1925/26 in 2 Provinzen, 1927/28 in 3, 1930/31 in 4, 1931/32 in 5 und seit 1933/34 in folgenden 6 Provinzen: Prince Edward Insel, Neuschottland, Neubraunschweig, Quebec, Ontario und Alberta! (Lit. 215). Ähnlich war es in Alaska: Der Wertanteil der Pelzrobbenfelle am Gesamt-Ertrag der Pelzproduktion Alaskas stieg infolge der Hege von 9% auf 45% bereits in den Jahren 1913 bis 1918! (24, 536).

γ) Auch die Preisgestaltung am Rauchwarenmarkt wurde durch die Produktion von Farmfellen beeinflußt. Z. T. wurden die Erzeugnisse der Farmen sogar höher bewertet als die Wildfelle. Besonders symptomatisch sind die Rekordpreise der Prince Edward Insel-Silberfuchszüchter vor dem Kriege, die in London das Vier- bis Achtfache der Preise erhielten, die die Hudson's Bay Co. erzielte. Noch 1914 wurden in London 200 $ für wilde und 1200 $ für beste Farmfüchse bezahlt. Diese gewaltige Preisspanne hat sich inzwischen verkleinert, vor allem durch das Massenangebot an Farmfüchsen, aber die Tendenz ist die gleiche geblieben: Von 1928/29 bis 1934/35 lag der Durchschnittserlös des Silberfuchsfelles in Prince Edward Island beständig über dem Landes-Durchschnittspreis, dagegen in den reinen „Wildnis"-Pelztierjagd-Provinzen Yukon und Nordwest-Territorien sowohl im Jahre 1925/26 als auch 1930/31 bis 1934/35 unter diesem Durchschnitt. (1934/35: Dominion: 36,06 $, PEI: 40,28 $, Yukon und NWT: 32,83 $!)

Andererseits gab es, wie bereits erwähnt, empfindliche Preisverluste durch Überangebot in früher besonders seltenen Fellen: Silberfuchsfelle sanken von rund 1000 $ auf 250 $ im Jahre 1919/20 und auf 30—40 $ im Durchschnitt der letzten Jahre. Noch stärker wurde das Schwarzfuchsfell entwertet (vgl. S. 171), das „früher mindestens den doppelten Preis hatte, den die besten Silberfüchse erzielten" (160, 538). — Diese relative Entwertung des Silberfuchses führte einerseits zur Aufnahme anderer Füchse in der Pelztierzucht, vor allem der jetzt am wertvollsten gewordenen Kreuzfüchse, und zur indirekten Förderung der Nerzzucht sowie der Marderzucht: Die Felle des kleinen Nerzes, der bedeutend weniger Nahrung braucht als ein Fuchs, erzielten in den letzten Jahren 8—10 $, die des Fischermarders (Pekan) sogar 50 $ und mehr!

δ) Tiefgreifend und geographisch besonders wichtig sind die Umgestaltungen, die die regionale Verteilung der Pelzproduktion durch die Pelztierzucht erfahren hat. Das Schwergewicht der Pelzgewinnung Canadas z. B. wurde zu einem wesentlichen Teil zurückverlegt in die St. Lorenzstrom-Länder und in die Seeprovinzen, d. h. in die Hauptgebiete der Pelzausbeute früherer Jahrhunderte. Die relative Bedeutung der bisher mit der fortschreitenden Zivilisation mehr und mehr ausschlaggebend gewordenen nördlichen Wälder Labradors und der Nord-West-Territorien wurde zurückgedrängt. Dies bedeutet eine völlige Umkehr der traditionell gewordenen Verhältnisse, daß „die unorganisierten Nordwest-Territorien an weitaus erster Stelle liegen, da sie abseits vom Verkehr liegen", und „daß in Quebec wie in Ontario nur die unbesiedelten Teile als Pelzproduzenten in Betracht kommen"! (29, 141).

Ein Vergleich des Gesamt-Ertrages der einzelnen Provinzen ergibt folgendes Bild: Der Prozentsatz, errechnet nach den amtlichen Unterlagen (vgl. Hamilton, Lit. 29, S. 140, und „Fur Production of Canada"), betrug in den Provinzen

	1910	1934/35
Prince Edward Island	**0,13** %	**5,08** %
Nova Scotia	**1,17**	**5,07**
New Brunswick	**1,11**	**5,96**
Quebec	21,16	14,91
Ontario	15,41	17,27
Manitoba	0,77	9,23
Saskatchewan	10,99	9,83
Alberta	5,97	11,48
British Columbia	9,04	6,30
Yukon	**8,29**	**1,80**
North West Territories	**25,96**	**13,07**

Besonders stark zeigt sich der durch die Pelztierzucht hervorgerufene Bedeutungswandel der Pelzproduktionsgebiete bei einer Zusammenfassung der Provinzen in vier Gruppen:

	Seeprovinzen	Quebec u. Ontario	Prärie u. West	Yukon u. NWT
1910:	**2,41** %	36,57 %	26,77 %	**34,25** %
1934/35:	**16,11** %	32,18 %	36,84 %	**14,87** %

Der Rückgang der Wildnis-Erträge ist noch größer, als diese Zahlen erkennen lassen, denn von den Erträgen der Provinzen Quebec und Ontario entfällt ein großer Teil auf die bedeutenden Pelztierzuchtgebiete der St. Lorenz-Niederung und der Ontario-Halbinsel. Die Gesamt-Erträge der Pelzernte Quebecs werden für 1933/34 mit 1,48 Mill. $, für 1934/35 mit 1,91 Mill. $ und für Ontario in denselben Jahren mit 2,23 bzw. 2,22 Mill. $ angegeben. Demgegenüber stehen die Erlöse des Pelzverkaufs der Pelztierfarmen im Jahre 1934: Quebec: 0,86 und Ontario: 0,61 Mill. $! Leider sind die beiden Statistiken der „Fur Production of Canada“ und des „Report on the Fur Farms of Canada“ nicht völlig vergleichbar: erstere schließt mit dem Stichtag des 31. III., letztere dagegen mit dem des 31. XII. ab. Trotzdem geht auch aus dieser Gegenüberstellung klar hervor, daß auch in diesen Provinzen eine bedeutende Produktionsverlagerung stattgefunden hat, zuungunsten der nördlichen Gebiete der Wildfellernte und zugunsten der südlichen Pelztierzuchtgebiete.

Eine weitere wichtige Verschiebung in der räumlichen Verteilung der Pelzproduktion Nordamerikas erfolgte durch die systematische Auswertung des Pelztierreichtums von Louisiana mit Hilfe von Bisamfarmen („'rat ranches“) und Tierschutzgebieten („wild life refuges“), in denen bestimmte Jagdrechte freigegeben sind. Dieser subtropische Staat erzeugte infolgedessen in den zwanziger Jahren rein zahlenmäßig mehr Pelze als irgendein anderer Staat der Union, ja mehr als sämtliche Provinzen Canadas und ganz Alaska zusammengenommen: 6,7 Mill. Pelztierfelle im Jahre 1924/25 mit einem Wert von 6,5 Mill. $! (Lit. 123, S. 46 f.).

ε) Grundlegend sind auch die Strukturwandlungen des Pelzhandels in Canada seit dem Ansteigen der Farmproduktion. Die Pelzaufkäufer können sich nicht mehr mit dem Erwarten und Sammeln der Fellernte in wenigen Handelsplätzen (z. B. Vancouver, Winnipeg, Montreal usw.) begnügen, sondern sie suchen die Farmen selbst auf, wo sie sicher mit Angeboten rechnen und der Konkurrenz zuvorkommen können. Die Farmer andererseits schließen sich zu Verkaufsgemeinschaften zusammen oder vereinigen sich mit einem der großen Pelztierzuchtkonzerne zur gemeinsamen Versteigerung ihrer Ware. Endlich bietet auch der Direktverkauf an den Verbraucher dem ansässigen Farmer größere Möglichkeiten als dem einsam die Wälder durchstreifenden Trapper. Von 2197 canadischen Pelztierfarmen verkauften im Jahre 1928 (letzte Zahlenangaben, Lit. 365) 1011 direkt an den Verbraucher! Weitere 300 verkauften an die (reisenden) Agenten der Pelzhandelsgesellschaften, und nur 788 beschickten die Versteigerungen bzw. verkauften durch Korrespondenz mit Pelzhändlern (98). Besonders bemerkenswert ist dieses Verhältnis in Quebec: 241 verkauften an den Verbraucher, 32 an Agenten, nur 64 durch Versteigerungen und 20 durch Korrespondenz!

Auch die Züchterverbände, z. B. die offizielle Canadian National Silver Fox Breeders' Association, schalteten sich in den Pelzhandel ein und sorgten durch ein Cooperative Marketing Board für die Verkaufsinteressen der angeschlossenen Einzelzüchter, um sie gegen Übervorteilung durch reisende Händler, durch Konzerne usw. zu schützen und durch die Preispolitik eines „Pool" die Preise hochzuhalten. So wurde Summerside auf Prince Edward Island, der Sitz der CNSFBA (s. o.), zu einer neuen Zentrale des Pelzhandels, zu der die Ware nicht nur aus den Seeprovinzen, sondern auch von zahlreichen organisierten Züchtern selbst der westlichen Provinzen versandt wurde. Dadurch erklärt sich die verhältnismäßig hohe Zahl von „Versteigerungsverkäufen" auf Prince Edward Island: 41,64 %[6]).

Das traditionelle freie Jagd- und Fangrecht der Trapper wurde an vielen Orten im Binnenland und besonders an der Küste abgelöst durch ein Rechtsverhältnis zwischen Grundeigentümer und Pelzjäger. Nachdem der Wert der Sumpfländereien als Pelzgebiet erkannt war, mußte der Trapper entweder in die Dienste des Landbesitzers treten, der nun die „Bisamfarmen" einzäunte, oder ihm einen bestimmten Anteil an der Pelzernte abtreten. Diese Umstellung geschah nicht ohne heftigen Widerstand, Prozesse und sogar blutige Kämpfe (vor allem in Louisiana), da die freien Pelzjäger, die sich zu Schutz- und Interessengemeinschaften zusammengeschlossen hatten, ihr altes Gewohnheitsrecht nicht freiwillig aufgeben wollten (vgl. Lit. 123, S. 324).

ζ) Die zusätzliche Produktion von mehreren 100 000 Silberfuchspelzen usw. auf dem Weltmarkt hatte selbstverständlich auch weitreichende Folgen für das Kürschnergewerbe und den Pelzverbrauch. Einerseits wurden neue Moden und Verarbeitungsweisen erfunden, um das Überangebot an früher seltensten Luxuspelzen verkaufbar zu machen (z. B. die früher ganz undenkbar gewesenen Umhänge und ähnliche großartige Zusammenstellungen aus mehreren vollständigen Silberfuchspelzen, die gegenwärtig hochmodern sind!). Hier mußten allerdings auch die Preise für den einzelnen Pelz radikal gesenkt werden.

In anderen Fällen, z. B. beim Nerz, wurden die Erzeugnisse der Farmen

---

[6]) 1933 wurden die Dominion Fur Sales Ltd. und die P. E. I. Fur Auction Sales Company in Summerside gegründet. Die Käufer sammelten sich dort für mehrere Wochen, nach dem 1. November, und die Erzeuger schickten ihre Ware nicht mehr direkt zu den Versteigerungen auf dem Festland, sondern nach Summerside, „wo sich mehr Sachverstände zusammenfanden als irgendwoanders in der Welt". Die drei Marktverbände verkauften 1933/34 etwa 55 000 Pelze, 1936 die Züchtervereinigung allein 47 323 Pelze von 3950 Einsendern. (Z. 2, Okt. 1933, 13 f.; Mai 1934, 12 und Z. 8, April 1937, 32).

häufig sofort aufgenommen, da sie bereits Lücken im Angebot an Wildfellen ausfüllten. Die Rohstoffversorgung des Kürschnergewerbes ist z. T. (bei Silberfuchs und Persianer z. B.) bereits abhängig von der Zuchtproduktion, bzw. von der Pelztierhege (Pelzrobben!). Ein Ausbau derartiger gleichmäßiger Rohstofflieferung in bezug auf Quantität wie Qualität durch die planmäßige Pelzgewinnung der Züchter und Heger liegt im Interesse dieses Gewerbes.

Die häufige Verbindung kleinlandwirtschaftlicher Betriebe mit einer Pelztierfarm als Nebenbetrieb führte zum Auftreten ganz neuer Kreise von Pelzverarbeitern und Pelzverbrauchern. (Noch im Jahre 1934 besaßen von 6083 canadischen Pelztierfarmen 2871 nur 10 und weniger Füchse, und weitere 1518 Farmen besaßen 10—19 Füchse. In Quebec stieg dieses Verhältnis sogar auf 1291 Kleinstfarmen (1—10 Füchse) und 446 Farmen mit 10—19 Füchsen, von insgesamt 2087 Fuchsfarmen, d. h. 83,23 % aller Fuchsfarmen in Quebec sind Kleinfarmen! Ähnlich ist das Verhältnis in Deutschland, wo planmäßig die Verbindung der Pelztierzucht mit Siedlerstellen gefordert und gefördert wird.) Diese kleinen Pelztierzüchter richten sich z. T. das selbst erzeugte Pelzwerk mit eigener Arbeit her oder lassen ihre halbfertige Ware verarbeiten. Spezialfirmen befassen sich auch in Deutschland mit solchen Arbeiten für diese Pelztierzüchter, die sich Schmuck- und Gebrauchspelzkleidung gegen Fell-Lieferung und Aufgeld herstellen lassen (z. B. Berger und Friedrich & Loudwin in Leipzig). — Mit diesen Firmen im Wettbewerb steht dann wieder die Heimarbeit jener Pelztierzüchter, die die erzeugte Ware selbst verarbeiten und unter Umgehung sowohl des Pelzhandels wie des Kürschners fertige Pelzkleidung, Decken usw. von der Farm direkt an den Verbraucher verkaufen. Besonders in Nordamerika gibt es Pelztierfarmen, die an der Landstraße Schaufenster und Verkaufsläden für ihre Ware eingerichtet haben.

η) Endlich ist noch die Entstehung eines neuen Zweiges des Tierhandels durch die Pelztierzucht zu erwähnen. L e b e n d e P e l z t i e r e bilden einen bedeutenden H a n d e l s a r t i k e l besonders in Nordamerika. In den Jahren von 1920 bis 1934 wurden 205 460 Pelztiere aus den canadischen Farmen verkauft, die einen Gesamterlös von 26,1 Mill. $ brachten. Von 1924 bis 1934 wurden 66 039 Tiere von bereits bestehenden Farmen erworben, zur Vergrößerung und Aufbesserung ihres Tierbestandes. Hierfür wurden 8,34 Mill. $ ausgegeben. Die meisten Tiere dienten also zum Aufbau neuer Farmen. Ferner wurden von Behörden Tiere angekauft, um in der Wildnis zu „restocking"-Maßnahmen ausgesetzt zu werden. — Der Pelztierhandel war besonders lebhaft in den Jahren vor der Krise, als überall Zuchten im Aufbau und Ausbau begriffen waren. Z. B. verkauften die canadischen Farmen allein im Jahre 1929 insgesamt 35 422 Tiere für

4,47 Mill. $, aber auch im Jahre 1934 wurden noch 13 839 Tiere für 0,57 Mill. $ abgesetzt.

Die canadische Ausfuhr an lebenden Pelztieren betrug 1934/35: 35 363 Füchse und Nerze, die einen Erlös von 7,96 Mill. $ brachten. Die Einfuhr nach Canada war selbstverständlich geringer, betrug aber immerhin noch 2894 Tiere (verschiedene Füchse und Pelzkaninchen) mit einem Gesamtwert von 143 813 $. Die Zahlen für die canadische Pelztier-Ein- und -Ausfuhr sind an sich noch höher, da die hier wiedergegebenen Summen laut Statistik nur einen Teil der gehandelten Pelztiere (vor allem Füchse) umfassen.

Die Ausfuhr canadischer Füchse ist besonders bekannt geworden, weil mit ihrer Hilfe die Silberfuchszucht fast der ganzen Welt aufgebaut wurde. Auch die Züchter in USA. kauften canadische Zuchttiere, schützten sich allerdings dann bald selbst durch Erhebung einer 50 % betragenden Einfuhr-Prämie. Bevorzugte Ausfuhrhäfen des canadischen Pelztierhandels waren Halifax und Vancouver. Für Europa kommt in den letzten Jahren auch Norwegen mehr und mehr als Lieferant in Betracht (454, 12 u. 32). Zur amerikanischen Ausfuhr vergleiche Ashbrook (127, 28), zur deutschen Einfuhr Keller (268, S. 19, 23 f., 40). Bedeutsam ist auch die Pelztierausfuhr Alaskas: Die Blaufüchse stellten besonders in den zwanziger Jahren eine wichtige Fracht für die Schiffahrtslinien nach Seattle dar (vgl. Am. Fox and Fur Farmer, Oct. 1925, S. 42). (Vgl. S. 119 f., 234.)

Für den Pelztierzüchter ist der Verkauf lebender Tiere ein großer Vorteil, da der Preis ein Mehrfaches des Fellpreises beträgt. Als Kunden des Pelztierhandels kommen außer Züchtern und gewerbsmäßigen Hegern vor allem auch die zoologischen Gärten und Institute und die Naturschutzbehörden in Betracht. Zum Zweck der Aussetzung in der Wildnis wurden besonders Biber, Bisamratten und Marder gekauft. Waschbären werden in großer Zahl ausgesetzt, damit sie für den Sport des „'coon-hunting" zur Verfügung stehen, der nachts mit Hunden und Fackeln ausgeübt wird und hochbeliebt ist (vgl. 127, S. 122, 162, 187 f., 212). — Als Absatzgebiet der Nerz- und vor allem der Frettchenfarmen sind besonders Schiffahrtsgesellschaften, Gärtnereien und Jäger zu nennen, die diese Tiere beim Fang von Nagetieren und anderen Pelztieren sowie zur Vernichtung von Ratten usw. benutzen (vgl. 232, S. 19, 82, 119, 177 ff.).

b) Bedeutung für die allgemeine Wirtschaft.

Um die weiteren direkten und indirekten Auswirkungen der Pelztierzucht auf die allgemeine Wirtschaft eines bestimmten Gebietes in vollem Umfang zu würdigen, ist es notwendig, die Pelztierzucht als Schlüsselindustrie zu erkennen.

α) Warenbedarf: Der Aufbau einer Pelztierfarm erfordert zahlreiche technische Einrichtungen, je nach Art, Umfang und Organisationsform des Betriebes. Moderne Großfarmen benötigen z. B., neben den Drahtgehegen, Zwingern, Schuppen usw. für die Tiere, vor allem Schlachthäuser, Kühlräume, Küchen, Vorratsspeicher u. a. m. zur einwandfreien Futterversorgung; ferner Sicherheitseinrichtungen, Wachttürme, Transportmittel, Verkehrsanschlüsse; und endlich Anlagen zur Gewinnung und ersten Verarbeitung der gewonnenen Rohpelze sowie der Nebenprodukte (vgl. z. B. Ashbrook, 127, 80).

Der Betrieb einer Farm verbraucht ständig eine große Zahl von Rohstoffen und Fertigwaren, in erster Linie Futtermittel (Fleisch, Eier, Milch, Getreide, Gemüse, Obst), aber auch Arzneimittel, besonders für die Parasitenbekämpfung, sowie Kalk-, Vitamin- u. a. Präparate. Dazu kommen Spezialgeräte zur Behandlung lebender Tiere und zur Pelzgewinnung (zum „Pelzen"). Eine eigene Zubehör-Industrie wurde für die Bedürfnisse der Pelztierzucht ins Leben gerufen, die sich mit der Herstellung der benötigten Geräte (z. B. Fuchszangen), Spezialfuttermittel, Drogen usw. befaßt. Andererseits haben sich sowohl die Landwirtschaft (besonders die Pferdezüchter, die großstädtischen Schlachthöfe und die bäuerlichen Kleinbetriebe mit ihren vielen pflanzlichen und tierischen Erzeugnissen und Abfällen) als auch die Fischerei (mit Abfällen, z. B. beim Lachsfang, und mit unverwertbaren bzw. ungenießbaren Fängen) auf den Absatz an Pelztierfarmen eingestellt.

β) Die Nebenprodukte der gezüchteten Pelztiere sind mannigfaltiger Art: Außer dem Pelz werden noch Leder, Haare (die zu Filz, Pinseln oder Garn verarbeitet oder zum „Spitzen", d. h. künstlicher Veredlung unedlen Pelzwerks, benutzt werden), Fette, Knochen, Leim, Riechstoffe (Moschus, und Bibergeil von Biber und Nutria), Medikamente (Skunksöl, Bibergeil), Fleisch, Dünger, evtl. Milch u. a. m. gewonnen. Diese Erzeugnisse werden je nach der Marktlage verkauft, um in den verschiedensten Gewerben verbraucht oder weiterverarbeitet zu werden, oder sie finden im Heimbedarf der Landbevölkerung und besonders bei Eingeborenen direkte Verwendung.

γ) Die wirtschaftliche Basis zahlreicher Pelztierfarmen wird ferner erweitert durch Nebenanlagen bzw. durch die Angliederung anderer Tierzuchtbetriebe. Fleischfressende Pelztiere werden z. B. mit Pflanzenfressern zusammen in einer Farm gehalten: Das Fleisch von Bisamratten, Nutrias oder Pelzkaninchen dient dann nach der Pelzgewinnung zur Ernährung von Silberfüchsen und Nerzen. Ein anderes Beispiel sind die in Gehegen pelztragender Wassertiere angelegten Fisch- oder Froschzuchten:

Fischzucht in Biberteichen und Ochsenfroschzucht (zur Fleisch- und Ledergewinnung) in Bisamgehegen ist in Nordamerika häufig durchgeführt worden (vgl. bes. Lit. 208).

δ) Endlich können Pelztiere z. T. auch lebend genutzt werden: Nerze dienen als Jagdtiere (auf Kaninchen z. B.) und zur Ungezieferbekämpfung, da sie ausgezeichnete Ratten- und Mäusefänger sind (388, 8) (s. o. S. 156). Fischottern werden zum Fischfang abgerichtet. Frettchen, nach Passarge (42, 259) „gezähmte Arbeitstiere", werden gegen Ratten, wilde Kaninchen, Erdhörnchen und andere unerwünschte bzw. schädliche Tiere eingesetzt. Schiffahrtsgesellschaften waren die größten Kunden der Frettchenfarmen in New London, Ohio („Ferretville"!). Auch zur Pelztierjagd, besonders auf Nerz, Skunks und Waschbär, werden sie benutzt, so daß die Verkaufsmöglichkeit des Pelzes lange Zeit völlig zurücktrat und erst mit der Iltiszucht um 1930 in Nordamerika wieder auflebte (Lit. 232).

In anderen Fällen werden Pelztiere zur Aufkreuzung zahmer verwandter Haustiere herangezogen. Neben 1100 reinen Karakul-Pelzschafen gab es z. B. 1937 in Deutschland 4000 Kreuzungs-Karakuls, die aus den verschiedensten Schafrassen, u. a. Heidschnucken, hervorgingen. Das gleiche geschah in Südwestafrika und in Nordamerika, z. B. auch im Navajo-Indianer-Reservat, und besonders in Texas. Aus Bison und englischem Rind (160, 816 f.) ging ferner in Nordamerika das Cattalo hervor, in dem man eine gegen die Schneestürme des Nordwestens der Union besonders widerstandsfähige Rinderrasse erhalten zu haben glaubt, die vor allem auch für die Erschließung des canadischen Nordlandes geeignet sein würde. Aus ähnlichen Gründen soll aus dem amerikanischen wilden Karibu und dem eingeführten zahmen sibirischen Ren ein neues größeres und stärkeres zahmes amerikanisches Renntier gezüchtet werden. Diese Versuche werden außer auf der Reindeer Experiment Station in College, Alaska, auf der Nunivak-Insel durchgeführt: Über die Erfolge berichtet Palmer (Lit. 334, 36 f.), daß die Kreuzungs-Produkte 50 bis 100 lbs. schwerer und in jeder Hinsicht stärker, größer, beweglicher und angriffslustiger sind.

Die Nutzung lebender pelztragender Tiere ist in der Arktis besonders ausgeprägt: Renntiere dienen als Trag- und Zugtiere, und die Eskimohunde sind so wertvoll als Schlittenhunde und Wächter, daß ihre Felle nicht planmäßig gewonnen werden (obwohl es jetzt Hundezuchten in Alaska und Nord-Canada gibt) und auch nicht weiter verhandelt, sondern nur örtlich genutzt werden (vgl. auch 160, II, S. 525). — Ähnlich stand es mit der Fohlenzucht im südlichen Sibirien und europäischen Rußland: Nur weil die Hirten auf Pferdefleisch und Pferdemilch als auf ihr wichtigstes tierisches Nahrungsmittel angewiesen waren, wurden ständig zahlreiche Fohlen geschlachtet, die dann zusammen mit den im Unwetter eingegangenen Jungtieren den Fohlenpelz lieferten.

Bemerkenswert ist noch die Ausfuhr lebender Renntiere aus Alaska in die Vereinigten Staaten, wo sie als Gespann des Weihnachtsmannes bei Vorführungen usw. mitwirkten. Palmer zeigt ein Bild (334, 4) mit zahlreichen an der Küste angepflockten Tieren, die auf den Abtransport warten!

ε) Auch die Organisationen der Pelztierzüchter spielen eine wirtschaftliche Rolle. Kongresse, Ausstellungen von Pelztieren und Pelzen, sowie Besuchsreisen der Kontrollorgane werden von den Vereinigungen veranstaltet, Versuchsfarmen, Abendschulen und Kurse eingerichtet (vgl. bes. Lit. 359), Einkaufs- und Verkaufsgenossenschaften werden ins Leben gerufen (338, 46 ff., u. a.). Dazu kommt das international vielsprachig ausgebaute Zeitschriftenwesen, die umfangreiche Buchproduktion u. a. m. (siehe 338, 41). — Die Wirksamkeit dieser Wirtschaftsfaktoren erstreckt sich weit über die Grenzen einzelner Provinzen und Länder hinaus und führt zur Anknüpfung und Förderung internationaler Handels- und Verkehrsbeziehungen. Als besonders wichtige Beispiele wären zu nennen: die Internationale Pelzfach-Ausstellung, Ipa, 1930 in Leipzig (Lit. 256); die ständige Beteiligung der deutschen Pelztierzüchter an der Reichskleintierschau (z. B. Essen 1936) und regionalen landwirtschaftlichen Ausstellungen; oder in Nordamerika die Jahrestreffen und Ausstellungen der Pelztierzüchter, z. B. in Summerside, P. E. I., Montreal, Que., Toronto, Ont., Chicago, Ill. usw.

ζ) Die Pelztierzucht als unmittelbarer Arbeitgeber spielt auch heute noch in den von Arbeitslosigkeit heimgesuchten Ländern eine Rolle. Die enge Verbindung mit landwirtschaftlichen Betrieben bringt es zwar mit sich, daß der für die Pelztierzucht nötige Arbeitseinsatz nicht so offen zutage tritt. Die meisten Arbeitskräfte werden nebenberuflich beschäftigt, und zwar zum Teil besonders im Herbst und im Winter, wenn die Arbeit in der übrigen Landwirtschaft nachgelassen hat. Hier stellt die Pelztierzucht eine glückliche Ergänzung dar. Sie schafft zwar nicht sehr zahlreiche neue Arbeitsplätze, aber durch ihre Existenz werden vorhandene Arbeitskräfte vollbeschäftigt in ihrer Stellung behalten. Saisonarbeiter werden zu ständigen Angestellten. — Spezialangestellte, besonders geschulte Wärter und erfahrene Tierzüchter, werden nur in geringerer Zahl benötigt; diese aber gerade im Frühjahr, wenn der Nachwuchs erzielt und aufgezogen werden soll. Da diese Spezialarbeiter im Frühjahr und Sommer tätig sind, müssen sie eigens eingestellt werden, auch dort, wo landwirtschaftliche Hilfskräfte reichlich vorhanden sind. Pelztier-Großfarmen brauchen selbstverständlich das ganze Jahr über Dauerangestellte.

Die Zahl der eigens für die Fuchszucht ständig eingestellten Arbeitskräfte betrug in Canada seit 1926 in jedem Jahre durchschnittlich 1300 Personen. Die Höchstzahl wurde 1929 mit 1729 Personen erreicht. Die Wirtschaftskrise zwang später zur Herabsetzung aller Unkosten, und auch an Löhnen mußte gespart werden. (Allein die Fuchsfarmen Canadas zahlten von 1924 bis 1934 insgesamt 7,47 Mill. $ an Löhnen!) (Lit. 11.)

In Norwegen waren 1936 18 400 Personen in der Pelztierzucht beschäftigt, davon 3600 hauptberuflich (Lit. 12). Im Verhältnis zur Zahl der Farmen benötigt die norwegische Fuchszucht also sehr viel mehr bezahlte Arbeiter als die canadische. — Die 4347 schwedischen Pelztierfarmen beschäftigten 1937: 5196 Arbeitskräfte, davon 20 % hauptberuflich.

Über die Bedeutung der Pelztierzucht für den Arbeitsmarkt äußert sich Peckert eingehender (338, 26 ff.), besonders bezüglich bestimmter akademischer Berufe (Tierärzte, Diplom-Landwirte), nachgeborener Bauernsöhne, weiblicher Hilfskräfte usw. — Besonders bedeutend dürfte die direkte Arbeitsbeschaffung durch die Tätigkeit der Züchterorganisationen, Zeitschriften usw. sein, sowie die mittelbare Auswirkung der Pelztierzucht auf dem Arbeitsmarkt in ihrer Eigenschaft als Schlüsselindustrie für zahlreiche Gewerbe.

Auch die Pelztierhege beschäftigt zahlreiche Arbeitskräfte: Wärter und Heger in den großen Wildreservaten des amerikanischen Nordens (zum Teil Indianer und Eskimos) und in den „refuges, sanctuaries, preserves" usw. des Südens; andererseits vor allem Trapper (Fallensteller), die die Hegegebiete abernten. In Louisiana z. B. lebten 70 % der 25 000 Trapper von der Pelzernte im Bisamhege- und Bisamzuchtgebiet der Küstensümpfe (316, 15); durch „Mißbrauch der Privilegien, Seuchen, Dürre, Hochwasser usw." ging dann die Zahl der Pelztiere und damit der Trapper seit 1923 ständig zurück. 1936 wurden nur noch 5000 Personen beschäftigt: ein Beweis dafür, wie dringend notwendig die Pflege des Pelzwildes durch planmäßige Hege in diesen Gebieten ist! Der Hilferuf der „Trappers Association" nach staatlicher Förderung der Pelztierhege ist vollauf berechtigt und begreiflich (vgl. Lit. 316, 16 ff.).

c) Pelztierzucht als Wirtschaftsgrundlage.

Bei dieser Vielseitigkeit wirtschaftlicher Betätigung und Einflußnahme ist es nicht verwunderlich, daß in bevorzugten Gebieten der Pelztierzucht die gesamte wirtschaftliche Lage vom Gedeihen dieses Wirtschaftszweiges weitgehend abhängig ist. In guten und in schlechten Zeiten hat dies besonders die Prince Edward Insel erfahren (192, 24), wo nahezu jede Farmer-Familie eine Silberfuchszucht betreibt, und wo der Städter sich mit seinem Geld an der Zucht beteiligt (im Jahre 1934 hatten 157 von 645 Farmen dort Füchse anderer Eigentümer „in Pension", und 16 Farmen wurden in Form von Aktiengesellschaften bewirtschaftet!) Anfang 1937 gehörten die Silberfüchse auf der Insel zu über 90% der dort wohnhaften Bevölkerung. Die Überfremdung mit ausländischem Kapital (USA.) usw. hatte fast aufgehört (Rev. des El. de Ren., Februar 1937, 14). So wurde auf den Kopf der Bevölkerung im Jahre 1936 ein durchschnittlicher Reinertrag von 150 $ aus der Silberfuchszucht erzielt. Dalton und Oulton, die Begründer der Fuchszucht, waren „die Entdecker einer neuen Quelle des Reichtums in einer Provinz, die keine anderen natürlichen Hilfsmittel besaß als gutes Land und gutes Klima, keine Minerale und kaum Industrie." (173, XXVII.) So wurde die Prince Edward Insel das Land des größten „per capita"-Reichtums im Britischen Weltreich. (Am. F. F. F., Nov. 1926.)

Als die Weltwirtschaftskrise hereinbrach, ließ sie auch die Pelztierzucht nicht unberührt, aber im ganzen hielten sich ihre Preise doch so gut, daß — nach den Worten des Premierministers der Prince Edward Insel — die Pelztierzüchter in den maritimen Provinzen „zu Rettern der Bevölkerung und der Landwirtschaft" geworden sind. (Rev. des El. de Ren., Dezember 1936, 7.) Auch in Quebec haben sie nicht nur der Landbevölkerung das Durchhalten erleichtert, sondern auch der Fischerei im St. Lorenz-Gebiet durch Schaffung eines organisierten Absatzmarktes zur Überwindung der Krise geholfen (vgl. S. 239).

Auch in der Wesermarsch, im Wurster Land, kam die Pelztierzucht als Retter in der Not. Durch Abrüstung und Motorisierung war die Pferdezucht dieser Gegend so heruntergekommen, daß erst die Pelztierzucht 1925—1928 „viele Ansässige zu neuem Schaffen angeregt und hoffnungslose Betriebe wieder angekurbelt hat" (404, 2).

Für den Staat machte sich die Inwertsetzung bzw. erneute Nutzung von **Ödland** direkt durch erhöhte Einnahmen aus Pacht und Steuererträgen, Lizenzen usw. bemerkbar (vgl. 338, 42 f.). (Die Einnahmen Louisianas aus der Bisam-Rohpelzsteuer [1 c. pro Fell] und den Trapper-Lizenzen [1,25 $] betrugen 1934/25: 12,5 + 20,1 = 32,6 Mill. $.) (123, S. 58, 73)[7].

[7]) Zur Frage der Finanzierung des Roosevelt-Planes der „Wild Life Restoration" wird gesagt: Durch den Ankauf von Land für „Refuges" (zunächst für 6 Mill. $) wird die Pelzwirtschaft rund um diese Freistätten mit entwickelt, und da auch die Erträge der „Refuges" zu 25% an den Staat fallen, „sind ihre Ertrаgnisse für den Staat größer als die Einkünfte durch Ernten, die sonst auf diesem Land wachsen würden". (Z. 8, Juni 1935, 25).

Verlassene Farmen wurden durch Pelztierzüchter wieder bewirtschaftet (289, 5) und Ödländer (besonders Sümpfe und niedergebrannte Waldflächen) wurden durch Pelztierhege wirtschaftlicher Nutzung zugeführt. Nach Ansicht der Hudson's Bay Company handelt es sich um „die Erhaltung und Entwicklung natürlichen Reichtums in großen Gebieten des Landes, die für andere Zwecke ungeeignet sind." (Beaver, Juni 1937.)

„Die Bisamratte führt . . . zur Entwicklung einer großen Industrie durch die Nutzbarmachung unberührten Marschlandes für die natürliche Aufzucht dieses Tieres. Diese Marschnutzung bedeutet das sofortige Aufgeben schlecht überlegter Trockenlegungen für ‚Entwicklungspläne'." (Arthur, 123, 207.) Das in Frage kommende Gebiet umfaßt in Louisiana 2,5 Mill. acre (= 1 Mill. ha). Die größten „rat ranches" haben eine Ausdehnung von bis zu 100 000 acre (d. i. 400 qkm Land!) und mehr. Die größte „muskrat ranch", eine Besitzung der Orange Cameron Land Company, umfaßte 1928 163 000 acre (etwa 65 000 ha) Sumpfland, die nach „konservativer Schätzung" alljährlich rund eine Million Pelze allein an Bisamratten (dazu noch Nerze, Waschbären, Ottern und Opossums) erbringen könnten (123, 296 f.). Durch geeignete „ranch cultivation methods" kann nach Arthur (123, 292) der Ertrag an Bisamfellen in Louisiana wie in Maryland um das Drei- bis Zehnfache gesteigert werden.

Wichtige, fest umgrenzte Gebiete der Bisamratten-Hege in Südwest-Louisiana.

(Nach Arthur, Lit. 123, S. 297, vgl. Karte S. 215.)

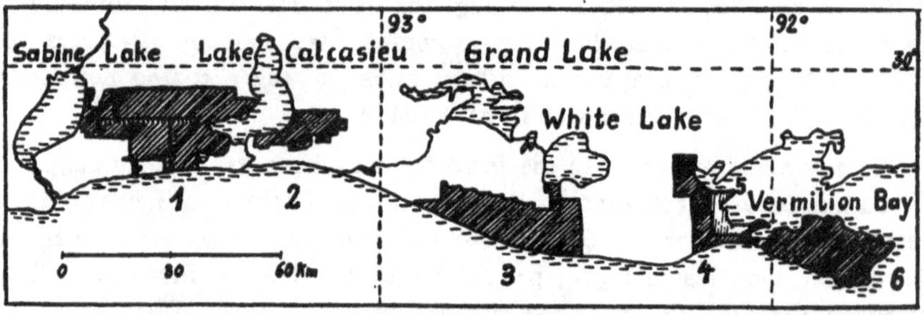

1:2,3 Mill.

1 und 2: „Eine typische Louisiana ‚rat-ranch': die Besitzungen der Orange-Cameron-Land Company" (162 825 acres) mit dem System der Stammkanäle; 3: Rockefeller Wild Life Refuge (86 000 acres); 4: Paul J. Rainey Wild Life Refuge der National Association of Audubon Societies; 5: Louisiana State Wild Life Refuge (11 402 acres); 6: Marsh Island Wild Life Refuge. (1 acre = 0,4 ha.)

(Vgl. S. 133 f., 153, 154, 160 ff., 210, 218, 220, 243, 256, 258 f., 260 f.)

Der Grundbesitzwert an Sumpfland in Maryland stieg durch die Bisamhege von 50 cts. bis höchstens 5 $ pro acre vor dem Kriege auf 25 bis 100 $ im Jahre 1928. In Maryland wurden rund 1 Million Tiere erlegt. Die einzelnen Trapper verdienten in der Fangzeit von 75 Tagen bis zu 1000 und 1500 $ jeden Winter, nachdem sie Pelz und Fleisch (als menschliches Nahrungsmittel) verwertet hatten (123, 295). (Vgl. S. 261.)

Unbewohnte Gebiete wurden neu besiedelt (Inseln z. B. in Alaska, oder die Mingan Inseln bei Havre St. Pierre im St. Lorenzstrom, die seit 1690 verlassen waren, durch die Fuchsfarm der Hudson's Bay Co.). Fuchszwinger und Gehege mit angegliederter Landwirtschaft (besonders Viehwirtschaft und Gemüsegärten) haben den gerodeten Boden nutzbar gemacht (Beaver, Juni 1931, Juni 1934, September 1935). — In USA. spielte die Pelztierzucht eine wichtige Rolle bei der Förderung des „back to the land movement", d. h. der Rücksiedlung amerikanischer Erwerbsloser aus den Städten (Am. F. Br., September 1932). — Für die wirtschaftliche Erschließung des arktischen Nordens und die damit verbundene Landes- und Verkehrsplanung Canadas spielt die Pelztierzucht eine (z. B. beim Bau der Hudson-Bay Eisenbahn) viel diskutierte Rolle (Lit. 33). Neuerdings tauchen wieder Pläne auf zur Inwertsetzung sogar der Antarktis durch Fuchszucht auf der Grundlage der Walfleisch-Fütterung, die sich in Norwegen bewährt hat.

3. Bedeutung in sozialer und kultureller Hinsicht.

Selbst das soziale und kulturelle Leben bleibt nicht unberührt von den Ausstrahlungen der „Kulturwelle der Pelztierzucht" (398, 308). Die meisten der genannten günstigen wirtschaftlichen Auswirkungen der Pelztierzucht haben eine deutlich erkennbare soziale Seite, von der „appearance of prosperity and comfort everywhere on Prince Edward Island" (24, 54 ff.) angefangen bis zur Erschließung nationaler Reichtümer aus Ödland und Wildnis.

a) Anteilnahme an der Naturschutzbewegung.

Eine besondere kulturelle Mission haben Waldreservate und Naturschutzgebiete, die im Zusammenhang mit Pelztierschutzparks, Biberfreilandgebieten usw. eingerichtet werden können. Sie dienen gleichzeitig der Erholung wie der Belehrung und „Erhebung" der Bevölkerung. So lautet das Motto des Yellowstone-Parks, und unter diesem Motiv steht die Arbeit der Naturschutzbewegung, die in Nordamerika, besonders in Canada, in hervorragendem Maße für Pelztierschutz eintritt bzw. durch Pelztierhege zur Erweiterung ihrer Arbeitsgebiete und Ländereien gelangte (vgl. S. 128 ff., 134 ff., 145 ff., 228 f.).

b) Mithilfe bei der Eingeborenenfürsorge.

Besonders wichtig werden aber Pelztierzucht und Pelztierhege in sozialer und kultureller Hinsicht, wo sie sich direkt mit der Fürsorge für die Eingeborenen Nordamerikas verbinden. Einmal trägt hier jeder Wildtierschutz bei zur Erhaltung der wichtigsten, oft einzigen Lebensgrundlage an der Nordgrenze der Eukumene: Er ermöglicht auch in Zukunft die Pelztierjagd. Andererseits schafft die planmäßige Pelztierhege und Pelztierzucht eine hier doppelt erwünschte zusätzliche Arbeits- und Erwerbsgelegenheit, die vielleicht eine vollständige Seßhaftwerdung der Indianer und Eskimos ermöglicht und jedenfalls ihre Abhängigkeit von der staatlichen Fürsorge des Weißen herabsetzt. In diesem Sinne wurde Pelztierzucht mit einfachen Mitteln bei den Eingeborenen eingeführt bzw. gefördert (Eskimos bzw. Aleuts) und auch die Biberhege der H. B. Co. Indianern übertragen, als ein „den Eingeborenen angepaßtes Projekt" (Beaver, Juni 1937). (Vgl. S. 246.)

In klarer Erkenntnis der zu erwartenden dauernden günstigen sozialen und kulturellen Folgen haben sich die Royal Canadian Mounted Police, das Dept. of Indian Affairs der Provinzialregierung von Quebec, und verschiedene Missionsgesellschaften mit der H. B. Co. vereinigt, um die Errichtung von Biberschutzgebieten an und in der James-Bay unter Mitarbeit von Indianern zu ermöglichen (Beaver, September 1933, März 1934).

Biberhege an der Hudson-Bai.

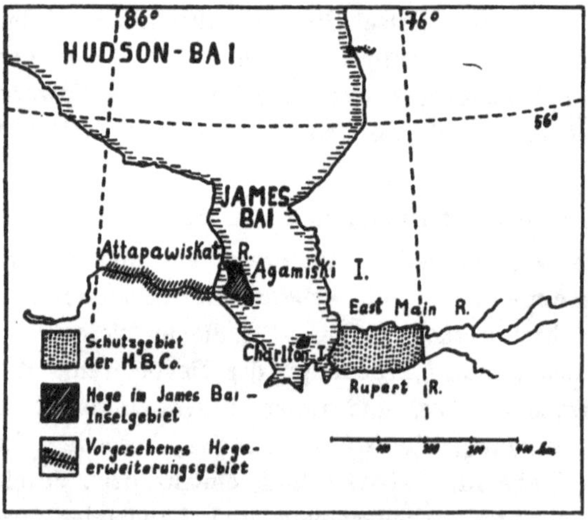

1:17,3 Mill.

(Nach „The Beaver", September 1933, März und Juni 1934 und Juni 1937.)

Geschichtliche Entwicklung: 1931: Errichtung des 7000 Quadratmeilen umfassenden Schutzgebietes der Hudson's Bay Company, das nur im Osten, längs des 76. Meridians, nicht natürlich begrenzt ist; 1934: Wiederaufnahme der von 1851 bis 1900 durchgeführten Biberhege auf der Charlton-Insel, und 1935: Beginn der Biberhege auf der Agamiski-Insel, in beiden Fällen durch Aussetzung angekaufter Tiere. (S. 131, 253, 254, 255 f.)

Zunächst wurden 15 Indianer (Familien) als Angestellte bei der Überwachung, Waldbrandbekämpfung usw. beschäftigt und für den Ausfall an Biberpelzen entschädigt, während man für die Zukunft bei der zu erwartenden Zunahme des Biberbestandes mit hohen regelmäßigen Einnahmen für die Eingeborenen durch planmäßige „Pelzernte" rechnet (Beaver, Juni 1934, Juni 1937). — Die Erziehung der Indianer und Eskimos auch zu intensiveren Formen wirtschaftlicher Pelztierzucht wird systematisch durch die Missionsstationen und die Handelsposten der H. B. Co. betrieben. Bis an die Eismeerküste finden sich daher bereits Weißfuchs- und Silberfuchszuchten in Händen von Eingeborenen, und ebenso wird die Blaufuchszucht der Aleuts von der Regierung gefördert.

Schulen und Versuchsfarmen suchen die Eskimos in Alaska und Nord-Canada auch mit der Renntierzucht vertraut zu machen, um „ihre soziale Lage zu heben" und ihnen endlich einen sicheren Lebensunterhalt durch dieses so vielseitig nutzbare Tier zu ermöglichen. „Die amerikanische Regierung führte 1891—1900 insgesamt 1280 Renntiere aus Sibirien ein als Hilfsmaßnahme für die Alaska-Eskimos, . . . und der Kauf der Renntierherde in Alaska durch die canadische Regierung erfolgte als erster Schritt zum Aufbau einer hoffentlich bedeutenden Industrie für die eingeborene Bevölkerung Nordcanadas" (348, 1 u. 4). Zu den üblichen Produkten der Renntierzucht (Pelzkleidung, Gerätschaften, Milch usw.), kommt hier noch die Fleischgewinnung im großen. Renntier-Gefrierfleisch wird nach den Vereinigten Staaten ausgeführt, wo große Hotels vor allem an der Westküste zu regelmäßigen Abnehmern wurden. Die Fleischausfuhr steigerte sich von 1 Mill. engl. Pfund im Jahre 1928 auf 2,5 Mill. im Jahre 1930 (334, 3 f.). Die Aufnahmefähigkeit des auf 200 000 Quadratmeilen geschätzten vorzüglich geeigneten Renntierzuchtgebietes in Alaska wird auf 4 Mill. Tiere geschätzt, von denen eine jährliche Ernte von etwa 1 Mill. Häuten und 150 Mill. Pfund Fleisch erwartet wird. Knochen, Blut und Eingeweide werden darüber hinaus zu Fleischmehl verarbeitet, das in der Hunde- und Fuchszucht Verwendung finden soll.

In bestimmten Fällen ist die Pelztierzucht bewußt in die sozialen Hilfsmaßnahmen für unter akuter Not leidende Eingeborene eingeschaltet worden. Büffelfelle (für Mäntel und Decken) und getrocknetes Büffelfleisch werden aus den Bisonparks Albertas und der Nordwest-Territorien für diese Zwecke reserviert und versandt (45, 304, u. bes. Beaver, Sept. 1934, März 1934). Ebenso war die erwähnte Entsendung von 3000 Renntieren aus Alaska in das fast 4000 km entfernte Mackenzie-Delta als dringliche Notstandsmaßnahme gedacht, die sich aber unter den kaum überwindbaren Schwierigkeiten verzögerte und über fünf Jahre erstreckte, bis Hilfe, dafür aber auch auf lange Sicht, gebracht werden konnte (Lit. 204, 348, u. Beaver, Juni 1933, März 1934, März 1937). — Sozialen Charakter trägt auch die Verteilung von Karakulschafen an die Navajo-Indianer (Am. F. F. F., August 1926), deren Wirtschaftsleben durch Bodenabspülung (Soil-Erosion) stark in Mitleidenschaft gezogen ist, deren Selbständigkeit aber erhalten bleiben soll (vgl. S. 236).

c) Förderung wissenschaftlicher Forschung.

In kultureller Hinsicht ist besonders noch der Nutzen zu erwähnen, den die wissenschaftliche Forschung aus der Entwicklung der Pelztierzucht zieht. Großfarmen, Futtermittelindustrie und staatliche Behörden haben besonders in Nordamerika zahlreiche Versuchs- und Musterfarmen sowie Laboratorien errichtet, in denen systematisch zoologische und biologische Untersuchungen durchgeführt werden. Auch in Deutschland bestand bereits 1921 die „Deutsche Versuchszüchterei edler Pelztiere" im Walsertal. Die Forschungsstelle für Pelztierkunde in Tharandt, und vor allem die Reichs-Zentrale für Pelztier- und Rauchwarenforschung in Leipzig arbeiten seit 1926 durch und für die Pelztierzucht (vgl. Lit. 1—4, und 351, 380, sowie Lit. 338, S. 52 ff.). Unter deutscher Leitung stand auch die „Erste Moskauer Zoofarm" in Puschkino, wo in den ersten Jahren nach der Gründung (1928) bedeutende Zucht- und Akklimatisationsversuche unternommen wurden (Lit. 374). Die Karakulzucht des Haustiergartens in Halle hat international anerkannte Bedeutung. Ernährung, Hygiene und Parasitenbekämpfung sowie die Probleme der Akklimatisation, der Haustierwerdung, der Vererbung usw. werden erforscht. Die Ergebnisse dieser Versuchsstationen (z. B. Summerside, PEI, Saratoga, NY u. a.) werden der Praxis zugänglich gemacht, während die Erfahrungen der Züchter von der Wissenschaft ausgewertet werden. So wurde z. B. durch die Pelztierzucht erstmalig Klarheit über die Fortpflanzungs- und Tragzeiten verschiedener Marderarten herbeigeführt. Die Ergebnisse der aufsehenerregenden Beobachtungen waren von großer Bedeutung: erstens theoretisch für die Forschung, zweitens praktisch für die Pelztierzucht, da es vorher unmöglich war, eine Folge von Generationen aufzuziehen, und drittens für die Jagdgesetzgebung, da erst nach Kenntnis der wirklichen Paarungszeit usw. die bisherigen völlig verfehlten Schon- bzw. Jagdzeiten geändert werden konnten, um ein Aussterben der Tiere (vor allem des Fischermarders) zu verhindern (Lit. 140).

Außerhalb der Forschungsstätten stellt ferner die gesamte Pelztierzucht ein Experimentierfeld von aktuellem, wissenschaftlichem Interesse für den Züchtungsforscher dar; denn hier vollziehen sich in der Gegenwart überall zahllose wichtige Zucht- und Einbürgerungsversuche mit wilden Tieren, die neue Probleme aufrollen, zur Lösung alter Streitfragen beitragen und Rückschlüsse auf die Haustierwerdung in historischen Zeiten erlauben (vgl. 192, 7 f., Lit. 94).

Bereits ein knapper Überblick über die zahlreichen Beziehungen der Pelztierhege und Pelztierzucht zum Raum und zu den verschiedensten Gebieten des wirtschaftlichen, sozialen und kulturellen Lebens rechtfertigt so die Forderung nach größerer Beachtung und wissenschaftlicher Unterbauung, Analyse und Darstellung dieses bedeutenden und zukunftsreichen Wirtschaftszweiges durch geographische Pelztierzuchtforschung.

Teil II: Gegenwärtiger Stand der geographischen Pelztierzuchtforschung.

A. Ungenügende Entwicklung dieses Zweiges der Geographie.

1. Mangelhafte Definition der Pelztierzucht und Pelztierhege.

Nicht nur in der eigentlich geographischen Pelztierzucht-Literatur macht sich das Fehlen einer klaren Definition und Abgrenzung der Pelztierzucht bemerkbar. Zunächst ist auch in den Pelztierzucht-Zeitschriften und -Lehrbüchern nicht eindeutig festgelegt, welche Tierarten zu den Pelztieren zu rechnen sind. Nimmt man — etwa nach Brass — Bison, Ren und Moschusochs hinzu, so erweitert sich das Stoffgebiet erheblich über die Zucht der sogenannten Edelpelztiere hinaus, die — abgesehen von den Pelzschafen — meist Nagetiere und kleine Raubtiere sind. Gewöhnlich wird, auch in der geographischen Literatur, unter dem Stichwort Pelztierzucht nur diese Edelpelztierzucht behandelt. Die Pelzkaninchenzucht wird z. B. auch von der deutschen Statistik (S. 115, 121 f.) nicht mitgerechnet.

Ferner besteht keine Klarheit darüber, welche Formen der Beeinflussung des Lebens pelztragender Tiere durch den Menschen zur Pelztierzucht bzw. zu ihren Vorstufen hinzuzurechnen sind. Geht man aus von der höchstentwickelten Form, der intensiven Zwinger-Pelztierzucht, wie sie etwa in der modernen Silberfuchs- oder Nerzzucht verwirklicht ist, so muß man auch ihre geschichtliche Entwicklung berücksichtigen, die mit extensiven Formen einsetzte, und stößt von selbst z. B. auf die völlig verschiedenen Formen der Freilandzucht (etwa der Blaufüchse) usw. Diese extensiveren, naturnäheren Zuchtformen leiten weiter über zu jenen Formen der Daseinsbeeinflussung wildlebender Pelztiere, die wir als

Pelztierhege bezeichnen können (z. B. die Bisamhege in Maryland und Louisiana, die Biberhege im James-Bay-Gebiet oder die Pelzrobbenhege auf den Pribilofinseln). Diese Vorstufen der Pelztierzucht sind nun ihrerseits wieder verwandt mit dem allgemeinen Natur- und Tierschutz in Form von Schonbezirken, Wildparks, Schonzeiten usw., soweit dieser für Pelztiere Geltung hat (vgl. S. 120, 175, 229).

Somit ergibt sich eine Kette von Zucht- und Hegeformen, die das Leben pelztragender Tiere beeinflussen, und deren erste Glieder zumindest als Vorstufen der Pelztierzucht einen Platz in wissenschaftlichen Untersuchungen über dieses Wirtschafts- und Kulturgebiet haben. Dabei ist es gleichgültig, ob diese verschiedenen Hege- und Zuchtformen bzw. Farmtypen mittelbar oder unmittelbar ihre Entstehung wirtschaftlichen Motiven verdanken oder ausschließlich aus ethischen und ästhetischen Beweggründen geschaffen worden sind, und erst im Laufe der Zeit ganz von selbst auch zu wirtschaftlicher Bedeutung gelangen (wie z. B. die Bisonhege Canadas).

Bezeichnend für die Zusammengehörigkeit von Pelztierzucht und Pelztierhege auch unter dem wirtschaftlichen Gesichtspunkt planmäßiger Pelzgewinnung ist folgende Erklärung des Gouverneurs der Hudson's Bay Company im April 1934 in London: „Das Wachstum der Pelztierzucht in Canada ist ein wichtiger Faktor in unseren Pelzhandelsunternehmungen; außer unserer Beteiligung an Fuchsfarmen haben wir jetzt ein Biberschutzgebiet (sanctuary) und eine Bisamfarm" (Beaver, Juni 1934, 56).

Solange aber der Gesichtspunkt der Zusammengehörigkeit von Pelztierhege und Pelztierzucht nicht anerkannt ist, solange die Beziehungen zwischen den verschiedenen Formen der Pelztierzucht nicht klargestellt sind, solange werden die geographischen Untersuchungen der einzelnen Gebiete von einander isoliert bleiben und wird die fragmentarische Behandlung der Pelztierzucht in der wissenschaftlichen geographischen Literatur, in Lehrbüchern usw., sich nicht ändern.

2. Lücken und Mißverständnisse in der geographischen Literatur.

Art, Umfang und wirtschaftliche Bedeutung der Pelztierzucht kommen bisher weder in länderkundlichen Darstellungen (z. B. über Canada, USA. und Norwegen) noch z. B. in Abhandlungen über die allgemeine Geographie (etwa die Wirtschaftsgeographie) ausreichend zur Geltung. Die meisten Werke beschränken sich auf kurze Erwähnungen der intensiven Gehegezucht, die auf Prince Edward Island entstanden und zu höchster Vollkommenheit entwickelt worden ist. (Vgl. z. B. H. Baulig, Lit. 16, 202.)

Bemerkenswert ist, daß häufig gerade jüngere Werke auffallen durch Nichterwähnung von Tatsachen und Problemen, die bereits in älteren vergleichbaren Arbeiten behandelt worden sind. Die im Jahre 1924 erschienene Länderkunde „North America“ von J. Russell Smith (Lit. 54) z. B. bringt bereits eine verhältnismäßig gründliche Auseinandersetzung mit der Silberfuchszucht auf der Prince Edward Insel (S. 110 ff.). Ferner erwähnt Smith schon die wirtschaftlichen Möglichkeiten extensiver Bisamrattenhege (S. 112) und behandelt in beispielhafter Ausführlichkeit die Fragen der Bisonhege (S. 416 f., 446), der nordamerikanischen Renntier- und Moschusochsenzucht (S. 653 ff.) und vor allem der Pelzrobbenhege (S. 627 ff.). Verhältnismäßig ausführlich ist auch E. Friedrich in seiner „Wirtschaftsgeographie“ von 1926 (vgl. Lit. 26, I, 73, 105, II, 143 f., 167, 173, 179, 207, 379 f., 398, 403 u. a. m.). Hier wird vor allem neben der amerikanischen auch die asiatische Pelztierzucht bereits erwähnt. Trotz ständig zunehmender wirtschaftsgeographischer und kulturgeographischer Bedeutung der Pelztierzucht bleibt aber die weiter erscheinende geographische Literatur bisher fast ausnahmslos in ihrer Würdigung dieses neuen Zweiges der Landwirtschaft, des Naturschutzes usw., erstaunlich zurückhaltend.

a) Länderkunde.

Machatscheks Länderkunde von Nordamerika (Lit. 36) hat noch im Jahre 1928 die Pelztierzucht selbst der Seeprovinzen Canadas übergangen, während andere Autoren sie mit kurzen Worten abtun. Auch Schmieder (Lit. 50) erwähnt 1933 neben der Biberhege (S. 20) nur die Silberfuchszucht der Prince Edward Insel (S. 65 f.), obwohl ihre Bedeutung inzwischen relativ zurückgegangen ist. (Die ständige Zunahme der „systematischen“ Pelzgewinnung in anderen Provinzen Canadas und zahlreichen Unionstaaten, sowie die wachsende Wichtigkeit anderer Zuchtformen und anderer Tierarten in der Pelztierzucht, haben die einstige, alles überragende Vormachtstellung der Silberfuchszucht dieser Provinz erschüttert.) Schmieders Länderkunde vermeidet leider eine eingehendere Erörterung der neuesten Stufe der Pelzwirtschaft, obwohl in außergewöhnlichem Maße die geschichtlich überlieferten Formen der Pelzgewinnung und des Pelzhandels berücksichtigt und in ihren geographischen Grundlagen und Auswirkungen dargestellt werden. C. Schotts Untersuchung von 1936 über die „Landnahme in Canada“ (Lit. 51) ist ein weiteres Beispiel dieser Einstellung (S. 245).

Unter den umfassenden Länderkunden Nordamerikas bringt erst Dietrich im Jahre 1933 (Lit. 24a) knappe weitere Hinweise, z. B. auf die Pelztierzucht in Neu-Braunschweig und Quebec (vgl. S. 95, 97, 108). Seine Bemerkung, daß „alle Pelztierfarmen zusammen Canada eine wichtige Stellung auf dem Weltmarkt geben" (S. 66), rückt endlich die wirtschaftliche Bedeutung der Pelztierzucht in das richtige Licht. — Das gleiche läßt sich von einigen neueren länderkundlichen Aufsätzen über Alaska sagen, in denen die Pelztierzucht sogar als Merkmal zur Charakterisierung bestimmter Gebiete und bei der Aufgliederung der Region in verschiedene Teile herangezogen wird. (Z. B. Seeman, Lit. 53, und: A. Brooks, Lit. 21.) — In keiner länderkundlichen Arbeit über Nordamerika findet sich aber bis jetzt, soweit bekannt, eine befriedigende zusammenfassende Behandlung auch nur der wichtigsten Erscheinungsformen und Probleme der Pelztierzucht und Pelztierhege. Das gleiche gilt in verstärktem Maße für Nordeuropa. (Vgl. M. Zimmermann, Lit. 64, und J. Blüthgen, Lit. 18.)

b) Wirtschaftsgeographie.

Aus den grundlegenden neueren Werken über die allgemeine Wirtschaftsgeographie läßt sich ebensowenig ein klares Bild von der Vielfalt, der wirtschaftlichen Eigenart und der ökonomischen Bedeutung dieser jungen Wirtschaftszweige gewinnen. Weder Sapper (Lit. 48, S. 191) noch Partsch (Lit. 41, S. 120 f.) oder Passarge (Lit. 42, S. 257 ff.), Andree-Heiderich-Sieger (Lit. 14, II, 620, 640, und III, 202 f.), E. Friedrich, 1907 (Lit. 26, S. 369, 375), E. Friedrich, 1911 (Lit. 27, S. 48), E. Friedrich, 1926 und 1930 (keine Beispiele), noch Lütgens (Lit. 35), Reinhard (Lit. 44), Schmidt (Lit. 49, S. 166), oder Hassinger (Lit. 31, S. 319, 342) widmen der Pelztierzucht und Pelztierhege genügend Aufmerksamkeit und Raum. In den durchweg viel zu kurzen Hinweisen (Ausnahme: z. T. Partsch) finden sich außerdem häufig Mißverständnisse. Vor allem bleiben unklar: 1. die Ursachen, 2. die Geschichte und 3. die Verbreitungsgebiete der Pelztierzucht.

α) Unter den Ursachen werden z. B. nur die „negativen" Gründe erwähnt, die zur Entstehung der Pelztierzucht führten, d. h. die Gefahr der Ausrottung wertvoller Pelztiere, das Seltenwerden besonders gesuchter Pelze und die allgemeine Knappheit an Pelzwaren. „Die Pelztierjagd wird bald der Vergangenheit angehören", meinte Friedrich! (26, II, 143). (Vgl. Friedrich, Lit. 27, S. 48, Partsch, S. 121, Sapper, S. 191, Andree-H.-S., S. 202, Reinhard, S. 68, Hassinger, S. 342 u. a.) Die „positiven" Gründe, die Vorzüge systematischer Pelzgewinnung (d. h. planmäßiger Hege und Zucht) vor der Wildfellausbeute, werden dagegen nicht angeführt, obwohl sie in vielen Fällen geschichtlich und noch heute ausschlaggebend waren und sind. (Näheres s. S. 143, 150, 156.)

β) In geschichtlicher Beziehung wird z. B. der Beginn der canadischen Silberfuchszucht in den Anfang unseres Jahrhunderts verlegt

(Andree-H.-S., S. 202), oder es wird die Silberfuchszucht irrtümlich als Beginn der gesamten Pelztierzucht überhaupt hingestellt, die sich dann weiter auf andere Tiere ausgedehnt habe (desgl., S. 203) usw. — Mangelnde Vertrautheit mit einer besonders wichtigen Phase der Pelztierzucht-Geschichte spricht auch aus der Charakterisierung „ganz schwarzer Füchse" als „besonders wertvoll entsprechend ihrer Seltenheit". (Partsch, S. 121): Gerade im Übergang von der Schwarzfuchs- zur Silberfuchszucht lag bereits vor 1914 eine entscheidende Wendung der canadischen Pelztierzucht von großer wirtschaftlicher Bedeutung! Der Schwarzfuchspelz war einerseits leicht zu imitieren, und wegen seiner absoluten farblichen Gleichförmigkeit war er andererseits bei Massenerzeugung nicht mehr als individueller Luxuspelz teuer zu verkaufen. Der Silberfuchspelz dagegen tritt in unendlich vielen Varianten auf, und der einzelne Pelz bleibt unter Tausenden charakteristisch. Außerdem ist er nicht zu imitieren; das verbietet die abschnittweise wechselnde Hell- und Dunkelfärbung jedes einzelnen Silberhaares. Nur durch den später gezüchteten Silberfuchs wurde also die wirtschaftliche Massenproduktion kostbarer Fuchspelze in Farmen überhaupt erst möglich!

γ) Auch die geographisch besonders wichtigen Angaben über die Verbreitung der Pelztierzucht sind meist lückenhaft, mit wenigen Ausnahmen, z. B. bei Hassinger. In bezug auf Nordamerika beschränken sie sich gewöhnlich vollkommen einseitig auf die Prince Edward Insel. Noch weniger verständlich aber ist das andere Extrem, das sich bei Friedrich (Lit. 27, S. 48) findet, wo Maine und Neufundland sowie die Pribilofinseln in bezug auf die Fuchszucht erwähnt werden, ohne daß ein Hinweis auf die Stamminsel der Silberfuchszucht gegeben wird. — Bei der Besprechung der europäischen Verhältnisse vermißt man oft die Erwähnung der wichtigsten Gebiete, d. h. der skandinavischen Länder. Statt dessen werden die Alpenländer und die mitteldeutschen Gebirge hervorgehoben (Partsch, Lit. 41, S. 121; Andree-H.-S., Lit. 14, III, S. 202; Hassinger, Lit. 31, S. 342, u. a.). Auch in Mitteleuropa hat sich aber die Verbreitung verändert: Das Schwergewicht der Pelztierzucht hat sich längst aus den Gebirgen in ebene, küstennahe und großstadtnahe Gebiete verlagert, und zwar sowohl aus klimatischen wie aus anderen Gründen der Standortwahl, vor allem der Futterbeschaffung und des Verkehrsanschlusses. (Vgl. Keller, Lit. 268, und S. 115, 241, 189, 204, 211, 239 f.)

c) Tiergeographie und Wirtschaftszoologie.

Am auffälligsten sind wohl die Lücken in den Abhandlungen über die Tiergeographie und Wirtschaftszoologie, die doch zur systematischen Darstellung auch der grundsätzlichen geographischen Probleme des Tierschutzes, der künstlichen Tierverbreitung, der Akklimatisation eingebürgerter oder gezüchteter Tiere usw. berufen sind. Gerade die Entwicklung der Pelztierhege und der Pelztierzucht hat eine Vielfalt neuer tiergeographischer Tatsachen und Probleme gebracht, die aber bisher kaum behandelt worden sind. (Vgl. Sokolowsky, 1912, und 1929, Lit. 56 und 55; Pax, Lit. 43; Marcus, Lit. 37 [bringt knappe Beispiele auf S. 88, 93, 105, 109, 110], oder Banse, Lit. 15.)

Vermißt man in vielen tiergeographischen Abhandlungen überhaupt Beispiele aus dem Gebiet der Pelztierzucht und Pelztierhege für die genannten Fragen des Wildtierschutzes, der Farmtier- und der Haustierwirtschaft, so spricht aus Banses Formulierungen über die Pelztierzucht mangelnde Vertrautheit mit dem Stoffgebiet: Es geht nicht an, die Aussetzung der nordamerikanischen Bisamratte in Böhmen und die Anlage von Silberfuchsfarmen in Deutschland im selben Zusammenhang zu nennen und beide als (alleinige!) Beispiele anzuführen für „neueste Glanzstücke oft übel auslaufender Versuche" der „gewollten Verschleppung" wilder Tiere! (15, 386).

Die angeführten Beispiele mögen genügen, um zu beweisen, daß die Pelztierzucht bisher völlig ungenügend in der geographischen Literatur der Sammelwerke und Lehrbücher berücksichtigt worden ist.

d) Spezielle Beiträge zur geographischen Pelztierzuchtforschung.

Auch auf dem Gebiet der Spezialuntersuchungen wird die geographische Literatur bisher der Pelztierzucht nicht gerecht. Nur wenige Arbeiten geographischer Forscher sind zu nennen. Die meisten der im Literaturverzeichnis (Nr. C, 3) genannten Untersuchungen entstammen der Feder geographisch interessierter Pelztierzüchter und Zoologen und tragen oft genug in der Beurteilung geographischer Verhältnisse den Stempel laienhafter Anschauungen.

Die Arbeiten von M. Alkalay über „Die geographischen Voraussetzungen der Pelztierzucht" und über „Die Verbreitung und wirtschaftliche Bedeutung der Pelztierzucht (Lit. Nr. 67 u. 68) sind in wichtigen Teilen bereits überholt und weniger wissenschaftlich untersuchend als zusammenfassend berichtend angelegt. Grundsätzlich wichtig, wenn auch nicht streng geographisch, ist Nachtsheims Studie über „Pelztierzucht und Klima" (Lit. 84), in der auch züchterische Erfahrungen verarbeitet sind. Beide Verfasser verstehen aber unter Pelztierzucht nur die intensive Zwingerzucht der Edelpelztiere (Fuchs, Nerz usw.), und lassen die wichtige extensive Hege von Edelpelztieren in Freilandfarmen außer Betracht. Auch werden nicht alle in Frage kommenden halbedlen und unedlen Pelztierarten berücksichtigt.

Aufsätze, die sich im einzelnen mit extensiven Formen der Pelztierzucht, z. B. der Freiland- oder Großraumherdenzucht der Nicht-Edelpelztiere oder der Pelzrobbenhege befassen, sind allerdings in geographischen Zeitschriften bereits häufiger vertreten: z. B. über den Bison: H. Kitto, Lit. 270, und über das Ren: A. Seeman, K. Sapper und E. Porsild, Lit. 388, 371 und 348. Gerade hier aber sind Lücken und Mißverständnisse festzustellen: Es fehlt 1. an systematischer Behandlung der besonderen geographischen Probleme der Tierhege, und 2. an Hinweisen auf die Beziehungen der Pelztier h e g e zur Pelztier z u c h t. 3. bleibt vielfach neben der Charakterisierung bestimmter Tiere als Zug- und Tragtiere, bzw. als Fleisch- und Felltiere, ihre Nutzung zur Pelzgewinnung überhaupt unerwähnt (z. B. beim Ren).

Als selbständiger geographischer Forschungsbeitrag zu den Problemen der Pelztierzucht steht wohl allein die beispielhafte und oft als Quelle herangezogene Untersuchung Stilgenbauers da: „Geographic Aspects of the Prince Edward Island Fur Industry" (Lit. 98). Trotz ihrer Beschränkung auf Prince Edward Island und trotz des zeitlichen Abstandes bzw. der inzwischen gewandelten Verhältnisse ist diese Arbeit noch immer grundlegend und allgemein wichtig. Stilgenbauer hat bisher, soweit bekannt, keinen Nachfolger gefunden. (Vgl. auch Lütgens, Dietrich und Reusch im Geogr. Jahrbuch [Lit. 7 u. 8].)

Weiter liegen nur kleinere Vorarbeiten für zusammenfassende Betrachtungen über die geographischen Probleme der Pelztierzucht vor. Die Ergebnisse der geographischen Einzelforschung sind aber die Grundlage für die zu fordernde Darstellung der Pelztierzucht im Rahmen der Länderkunde, Wirtschaftsgeographie, Tiergeographie usw. Da diese notwendige Vorarbeit fast ganz fehlt, sind die Mißverständnisse und Lücken, die in der Länderkunde und in der allgemein-geographischen Literatur in bezug auf die Behandlung der Pelztierzucht festzustellen waren, bis zu einem gewissen Grade erklärlich.

3. Lücken in der Pelztierzuchtliteratur in bezug auf die Behandlung geographischer Fragen.

Ebenso unbefriedigend wie die Behandlung der Pelztierzucht in der geographischen Literatur ist umgekehrt auch die Behandlung geographischer Probleme in der Pelztierzuchtliteratur. Nur in wenigen Fällen werden in den Züchterzeitschriften einzelne geographische Grundlagen und Zusammenhänge geschildert. Das unmittelbare Interesse an Fragen der Fütterung, der Zuchtwahl, der Züchtungsbiologie und des Gehegebaues steht fast ausschließlich im Vordergrund. Auch in den Handbüchern für die Züchterpraxis werden wichtige geographische Fragen der Pelztier-Ökologie (z. B. der natürlichen Verbreitungsgebiete, der Umweltanpassung des Wildtieres und anderer wichtiger Voraussetzungen für die Standortwahl einer neuen Farm) fast nur in Einleitungen und gewöhnlich recht oberflächlich behandelt, besonders soweit klimatische Fragen in Betracht kommen (Ausnahme: z. T. Ashbrook, Lit. 127).

Auch über die Verbreitung in anderen Ländern bestehen oft völlig falsche Vorstellungen. Z. B. schreibt Holecek-Holleschowitz noch im Jahre 1935: „Unter den europäischen Ländern steht dem Umfang nach die Pelztierzucht Deutschlands an der Spitze, dann folgen die einzelnen nordischen Länder" (246, 5). (Vgl. dazu S. 171, 121 ff.)

Brass bringt, besonders in der zweiten Auflage (II, S. 382 ff., 505, 523, 538, 715, 720 ff., 816 f., 821, 824, 846), zwar reicheres Material über die Verbreitung der bekannteren Form der Pelztierzucht, vermeidet aber näheres Eingehen auf geographische Grundlagen und Probleme, wodurch in diesem sogenannten „Standard-Werk" eine empfindliche Lücke entsteht (Lit. 260). Auch die übrige umfangreiche Pelzhandels- und Pelztierzucht-Literatur bringt nur geringe Beiträge zur geographischen Pelztierzuchtforschung. Die in Frage kommenden bekanntgewordenen Arbeiten sind im Literaturverzeichnis (C, 3) mit den eigentlich geographischen Untersuchungen zusammengefaßt als „Beiträge zur Geographie der Pelztierzucht und Pelztierhege".

B. Ursachen der geringen Entwicklung geographischer Pelztierzuchtforschung.

Wodurch erklärt sich nun die geringe Beachtung der Pelztierzucht in der geographischen Literatur und vor allem das bisherige spärliche Auftreten geographischer Spezialuntersuchungen über Pelztierzucht und Pelztierhege?

Drei Gruppen von Gründen sind zu unterscheiden. Sie liegen

1. in der komplexen Gestaltung des Gesamtgebietes der Pelztierhege und Pelztierzucht,

2. in der eigenartigen geschichtlichen Entwicklung, da die Pelztierzucht erst nach Jahrzehnten infolge der Aufwärtsentwicklung eines ihrer jüngsten Zweige (der Silberfuchszucht) bei zunehmender kultureller Bedeutung zu einem weltwirtschaftlich wichtigen Wirtschaftszweig wurde, und

3. in der technischen Schwierigkeit eingehender Untersuchung der mannigfachen Erscheinungen der Pelztierhege und Pelztierzucht und ihrer Literatur, besonders von Europa aus.

1. Unübersichtlichkeit des Stoffgebietes.

Zur Pelztierzucht und Pelztierhege gehören alle Maßnahmen des Menschen zur Beeinflussung des Lebens pelztragender Tiere, die der Erhaltung der Art und direkt oder indirekt der Förderung systematischer Pelzgewinnung dienen (S. 120, 167 f., 229, 257). Dieses Gesamtgebiet ist im großen zu unterteilen in die zwei Hauptformen a) der extensiven Pelztierhege und b) der intensiven Pelztierzucht. Diese beiden Hauptgebiete sind ihrerseits stark gegliedert in mehrere Untergruppen, die sich infolge der großen Zahl der physisch grundverschiedenen pelztragenden Tierarten ergeben (Fleischfresser, Pflanzenfresser, Land- und Wassertiere, Raub- und Nagetiere, groß- und kleinwüchsige Tiere usw.). Unterteilungen ergeben sich ferner dadurch, daß der Mensch für die meisten Tierarten mehrere Zucht- und Hegeformen eingeführt hat (Freiland, Großraum, Zwinger, Stallung usw.). Dieses komplexe Bild der praktischen Pelztierzucht wird noch vielfältiger durch die mannigfaltigen Abwandlungen, die sich aus der Verteilung der Pelztierzucht über nahezu alle Erdteile und Klimagebiete ergeben. Es ist selbstverständlich, daß eine solche Mannigfaltigkeit der Erscheinungen die Zusammenschau und damit die Erkenntnis der Gesamtbedeutung und die wissenschaftliche Durchdringung des Stoffgebietes erschwert.

(Erstaunlich ist die Ausführlichkeit, mit der Larisch's „Kürschnerhandwerk" [Lit. 289] bereits im Jahre 1902 [!] die verschiedensten Zweige der Pelztierzucht behandelt. [Sowohl Bisam, Biber, Blaufuchs, Marder, Nerz, Opossum, Skunks als auch Karakul, Kanin, Katze und Fohlen!] Selbst im Rahmen der Pelz-Fachliteratur steht dieses Werk wohl einzig da. Bemerkenswert ist vor allem, daß im Teil II [„Herkunft der Felle"] an erster Stelle die „Züchtung der Pelztiere" behandelt wird. Interessant ist auch die Gliederung des Kapitels I [„Pelztierzucht"]: a) Haustiere: Fohlen, Hund, Kaninchen, Renntier, Schaf, Katze u. a., b) Züchtung wilder Tiere: Marder, Nerz usw., s. o.)

2. Langsame Aufwärtsentwicklung der Pelztierzucht.

Ebenso umfangreich und unübersichtlich wie der Aufbau der Pelztierhege und Pelztierzucht ist ihre geschichtliche Entwicklung. Ihre einzelnen Zweige sind sowohl gleichzeitig an verschiedenen Orten als auch zu verschiedenen Zeiten und in verschiedenen Formen am gleichen Ort nacheinander entstanden. Dadurch wird die Zusammenschau der Pelztierzucht-Geschichte weiter erschwert. Die Hauptursache für die weitgehende Unbekanntheit der Pelztierzucht und ihrer Geschichte ist aber ihre verhältnismäßig späte Entfaltung zu wirklicher wirtschaftlicher und kultureller Bedeutung.

a) Später wirtschaftlicher Durchbruch.

Pelztierzucht und Pelztierhege sind — oder waren — in erster Linie Wirtschaftszweige. (Bei der Pelztierhege ist in den letzten Jahrzehnten eine Schwerpunktverlagerung eingetreten durch die stärkere Beteiligung der Naturschutzbewegung.) Infolgedessen wurden vor allem wirtschaftliche Maßstäbe ausschlaggebend für ihre Bewertung durch die Öffentlichkeit. Für die wirtschaftliche Gesamtbedeutung der Pelztierzucht und Pelztierhege wurde nun der Durchbruch der intensiven Pelztierzucht zu einem beständigen, ertragreichen, international verbreiteten und selbständigen Wirtschaftszweig nach dem Weltkrieg entscheidend.

Die extensiven Hegeformen hatten keine wirtschaftliche Weltbedeutung erreicht. Z. T. hatten sie gleichfalls erst in der Nachkriegszeit größeres Ausmaß angenommen (z. B. die nordamerikanische Renntierzucht oder die Hege der südlichen Bisamratte, die vor dem Krieg als Pelztier kaum beachtet worden war). Soweit sie bereits seit Jahrzehnten in größerem Umfang bestanden (wie die Biberhege an der James-Bay, die Blaufuchs-Inselzucht in Alaska), standen ihrer Entwicklung zu weltwirtschaftlicher Bedeutung andere Hindernisse im Wege. Entweder hatten ethische Gesichtspunkte des Tierschutzes an Stelle wirtschaftlicher Nutzungspläne den Ausschlag für die Inangriffnahme der Hege gegeben (z. B. bei der Bison-, aber auch bei der Biberhege), oder die Tierarten bzw. die möglichen Hege- und Zuchtformen waren so hochgradig standortgebunden, daß eine Ausbreitung in anderen Ländern oder Erdteilen aus klimatischen, landschaftlichen und räumlichen Gründen nicht in Frage kam (z. B. die Pelzrobbenhege, bestimmte Arten von Großraum- und Freilandhege usw.). — Zum Teil wurden auch diese extensiven Hegeformen besonders in ihren Anfängen der Pelztierzucht nicht zugerechnet, weil ihre Tierarten und ihre Wirtschaftsformen untereinander und von der auf Prince Edward Island entstehenden intensiven Silberfuchszucht so stark verschieden waren. Infolgedessen wurden auch ihre wirtschaftlichen Funktionen selten im Zusammenhang gesehen und bewertet, und die Gesamtbedeutung wurde nicht klar.

Es mußte erst der erwähnte wirtschaftliche Durchbruch der intensiven Zucht erfolgen. Diese wirtschaftliche Festigung trat aber selbst in Canada erst in der Nachkriegszeit ein, obwohl dort auch die intensive Zucht in ihren Anfängen bereits weit in das vorige Jahrhundert hineinreicht. Diese Verzögerung wird erklärt durch vier Hemmnisse, die die wirtschaftliche Entwicklung der intensiven Pelztierzucht vor 1920 charakterisieren.

b) Ursachen dieser Verzögerung.

α) Seit etwa der Mitte des vorigen Jahrhunderts waren mehrere Jahrzehnte angefüllt mit tastenden Frühversuchen und mehr oder weniger erfolglosen Experimenten in den verschiedensten Gebieten Nordamerikas. Dilettantische Maßnahmen und züchterische Mißerfolge in großer Zahl zogen sich bis in das neue Jahrhundert hinein und brachten sogar die erfolgreichen Ansätze der intensiven Zucht von Edelpelztieren, wie sie sich auf der Prince Edward Insel durchgesetzt hatte, in Mißkredit.

β) Dazu kam, daß auch die Geschichte der erfolgreichen Prince Edward Insel-Silberfuchszucht ihrerseits belastet war, und zwar mit den übelsten Auswüchsen einer typischen spekulativen „Gründerzeit". Skandale und Zusammenbrüche durch Betrug, Spekulation, Fehlinvestition, Überorganisation, Leichtsinn und Dilettantismus häuften sich. Allgemein wurde der jungen „Industrie" ein schneller, völliger Zusammenbruch vorhergesagt, zumal die phantastische Preiskonjunktur vor dem Kriege einseitig auf der Heranzüchtung und dem Weiterverkauf junger Zuchtfüchse, nicht aber auf dem Ertrag durch Pelzverkäufe beruhte (vgl. S. 147 f.).

γ) Der Erringung weltweiter Bedeutung stand aber auch eine teils gewollte, teils durch natürliche und wirtschaftliche Verhältnisse bedingte Beschränktheit des Verbreitungsgebietes entgegen. Während langer Jahre wurde sogar mit allen Mitteln an einer völligen Geheimhaltung der ersten Silberfuchszucht von Dalton und Oulton in der Cascumpec-Bucht der Prince Edward Insel gearbeitet. Als durch das Entweichen eines Fuchses das Geheimnis der Cherry Insel entschleiert war, suchte man 1910 durch ein Abkommen wenigstens ein Monopol der nun entstehenden ersten Farmen auf der Prince Edward Insel zu erzielen (Lit. 173, Bd. I, S. XXV). Obwohl auch dieses Monopol durch Verkäufe von teuren Zuchttieren bald gebrochen wurde, gelang es doch wenigstens, den Primat der Prince Edward Insel-Silberfuchszucht im wesentlichen zu halten. Gegenüber den verhältnismäßig wenigen und meist kleinen Farmen in den übrigen canadischen Seeprovinzen und Nachbarstaaten der USA. blieb die Stellung des Ursprungslandes tatsächlich lange Zeit fast unerschüttert. Verstreute Einzelgänger z. B. in Quebec und Ontario sowie in Europa spielten vor dem Kriege praktisch noch keine Rolle als ernsthafte Mitbewerber (vgl. S. 247).

δ) Endlich ist noch die große Krise zu erwähnen, die mit dem Ausbruch des Weltkrieges die Grundlagen der jungen Industrie nochmals erschütterte. Die Nachfrage nach Zuchttieren zum Aufbau weiterer Farmen stockte, vor allem soweit Europa in Frage kam. Dadurch ergab sich ein rapides Sinken der phantastisch übersteigerten Preise besonders für Zuchttiere, aber auch für Felle. Nur wenige Farmen retteten sich in die Periode des Wiederaufbaues und der Konsolidierung der intensiven Pelztierzucht hinein, die in Canada um 1920 einsetzte.

c) Späte statistische Bearbeitung der Pelztierzuchtwirtschaft.

Infolgedessen gibt es selbst für Canada (nach Angabe der Reichs-Zentrale für Pelztierforschung) erst seit 1923 genaue statistische Unterlagen über die intensive Edelpelztierzucht (Lit. 11). Die Jahre zwischen 1919 und 1923 werden nur fragmentarisch rückblickend in den seither jährlich erscheinenden „Reports on the Fur Farms of Canada" erfaßt. Hamilton standen 1921 für die entsprechenden Abschnitte seines Canada-Buches (Lit. 28) „Statistiken nicht zur Verfügung". — Noch später entstand erklärlicherweise in anderen Staaten das Bedürfnis nach statistischer Erfassung des neuen Wirtschaftszweiges. Den canadischen Statistiken vergleichbare Zählungen sind bisher außer 1937 in Norwegen in keinem anderen Lande veröffentlicht worden (Lit. 12). (Vgl. 269, 1.)

d) Langsame Steigerung der kulturellen Bewertung.

Neben die wirtschaftliche Bedeutung tritt die kulturelle Auswirkung der Pelztierzucht. Auch auf diesem Gebiet verlief die geschichtliche Entwicklung ähnlich wie auf dem der wirtschaftlichen Geltung. Die kulturelle Bedeutung nahm langsam zu und erreichte erst in den zwanziger Jahren die volle Höhe ihrer Wirksamkeit. Immer intensiver wurden z. B. die Beziehungen der Pelztierhege wie der Pelztierzucht zur Indianerfürsorge und zu den Unterstützungsmaßnahmen für die notleidenden Eskimos (z. B. in der Biberhege, der arktischen Fuchszucht, der Renntierzucht, der Bison- und Moschusochsenhege usw.).

Gleichzeitig stieg die allgemeine Bewertung des Tierschutzes aus ideellen Motiven, besonders in USA. Heute bilden die kulturellen Auswirkungen besonders der Pelztierhege in Gestalt von Naturschutz, Walderhaltung usw. und ihr Zusammenhang mit Volksbildungs- und Erholungsstätten eine starke Stütze für das allgemeine Ansehen und den Fortbestand der Pelztierzucht und Pelztierhege. Auch in dieser Beziehung finden sich Ansätze bereits im vorigen Jahrhundert (z. B. bei der Biberhege durch die Hudson's Bay Company in der James Bay), aber auch die kulturelle Wirksamkeit der Pelztierzucht in bezug auf Eingeborenenfürsorge, soziale Fürsorge usw. war damals nicht annähernd so groß und als so dringlich anerkannt, wie es jetzt in offenbar noch zunehmendem Maße der Fall ist (vgl. S. 164 ff., 159 f.).

Somit ist also der zeitliche Abstand — wenn auch nicht von den Anfängen, so doch von den entscheidenden Abschnitten — der Wirtschafts- und der Kulturgeschichte der Pelztierzucht noch verhältnismäßig gering. Erst nach 1920 können wir auch die Ausbreitung über ganz Nordamerika, Mittel- und Nordeuropa und die Ausstrahlung in alle übrigen Erdteile und in alle nur irgend klimatisch geeignet erscheinenden Landschaften verfolgen.

3. Technische Schwierigkeiten wissenschaftlicher Erforschung.

Trotzdem kann die Neuheit der Erscheinungen nicht die alleinige Ursache für das Verborgenbleiben der inneren Zusammenhänge, des Umfanges und der Gesamtbedeutung der Pelztierzucht sein. (Vgl. die ausführlicheren Hinweise gerade in älteren Werken, z. B. Larisch, Friedrich, Smith, Lit. 289, 26, 54.)

Manche Lücke und manches Mißverständnis gerade in der geographischen Literatur läßt sich aus der technischen Schwierigkeit der Beobachtung und Untersuchung einer so weit verzweigten und räumlich zersplitterten Erscheinung erklären. Dies gilt besonders für die europäische Forschung.

a) Nordamerika als Hauptuntersuchungsgebiet.

Nordamerika ist der Erdteil, der die größte Entwicklung der intensiven Pelztierzucht und zugleich die mannigfaltigsten Formen der extensiven Pelztierhege in sich vereinigt. Vorbildliche Pionierarbeit, wirtschaftliche Bedeutung und erdteilweite Verbreitung kennzeichnen eine Reihe dieser Formen der Pelztierhege und Pelztierzucht, die in Nordamerika zu einer zum Teil einmaligen und unnachahmlichen Entfaltung gelangt sind. Dieser Erdteil ist klimatisch und landschaftlich bevorzugt für die Pelztierzucht (Winterkälte, Waldreichtum, ausgedehnte Gewässer usw.), und außerdem mit weiten, ungenutzten Räumen und — im Gegensatz zu Sibirien! — mit reichlichen Kapital- und Futtermitteln für ihren wirtschaftlichen Aufbau und Betrieb ausgestattet. Demgegenüber ist Europa benachteiligt und blieb zurück. Die intensive Zucht in Europa folgte der amerikanischen zeitlich nach, arbeitete nach ihren Vorbildern (Delegationsbesuche in Canada!) und kam erst langsam zu eigenen Erfahrungen und schließlich auch zu eigenen Verbesserungen übernommener Methoden. Zur Übernahme der extensiven Hege fehlt es vor allem an unberührten Naturräumen und an dauernd erhaltbarem Freiland, zum Teil auch an klimatischen Voraussetzungen und an Nahrungsmitteln. — Da ferner die Räume der Sowjetunion, die in mancher Hinsicht ähnlich wie Nordamerika bevorzugt sind und offenbar auch mehr und mehr der Pelztierzucht nutzbar gemacht werden, der Untersuchung fast völlig verschlossen sind, bleibt Nordamerika das wichtigste und unvergleichliche Studienobjekt für alle Erscheinungen der Pelztierhege und Pelztierzucht.

Dadurch ist aber die Arbeit der europäischen Wissenschaft in doppelter Hinsicht erschwert. Beide Arbeitsmethoden, die unmittelbare Beobachtung des Gegenstandes in der Natur ebenso wie die quellenmäßige Untersuchung auf Grund von statistisch und literarisch erfaßbarem Material, sind behindert. Die Forschung leidet unter der räumlichen Entfernung vom amerikanischen Studienobjekt bzw. unter den Schwierigkeiten der Beschaffung geeigneter amerikanischer Pelztierzucht-Literatur.

α) Erschwerung der Beobachtung am Ort: Die Aufsuchung der Farm- und Hegegebiete ist selbst in Nordamerika schwierig. Die einzelnen Gebiete der Pelztierzucht reichen von der Arktis bis in die Mississippi-Niederung und von der pazifischen Küste bis in die canadischen Seeprovinzen und die atlantischen Küstenstaaten der USA. Alle Landschaftsräume des Erdteils liefern Beispiele für Pelztierhege und Pelztierzucht: Tundra und Prärie, Nadelwald und -Mischwaldgürtel, Gebirgshänge der Trockenzonen, subtropische Schwemmland-Küstensümpfe usw. — Sämtliche Erscheinungen der Pelztierzucht Nordamerikas in der Natur kennenzulernen wäre selbst einem amerikanischen Forscher wohl kaum möglich. Um so enger ist die Auswahl, die der europäische Besucher treffen muß.

β) Hinzu kommt die Lückenhaftigkeit des amerikanischen Schrifttums. Hier macht sich zunächst wieder die Zweiteilung des Stoffes in Pelztierhege und Pelztierzucht bemerkbar. Über die Pelztierzucht besteht eine massenhafte Literatur in Form von Züchterzeitschriften und praktischen Handbüchern zur Anleitung für Anfänger. Über die Pelztierhege dagegen gibt es keine regelmäßige Spezialliteratur, sondern ihre einzelnen Zweige werden nur nebenher gelegentlich in den übrigen Züchterzeitschriften berücksichtigt.

Die an sich umfangreiche amerikanische Literatur über die intensive Pelztierzucht ist außerdem im wesentlichen so unwissenschaftlich gehalten, daß sie der Erforschung nur schlechte Dienste leistet. Zum Teil macht sie sich zum Sprachrohr kritiklos übernommener dilettantischer Meinungsäußerungen, deren Unzuverlässigkeit häufig bereits innerhalb dieser Zeitschriften wieder lebhaften Protest hervorgerufen hat. (Durchweg z. B. im „Fur Trade Journal of Canada", das als Nachrichtenquelle jedoch wiederum sehr wichtig ist!)

γ) Eine weitere Schwierigkeit liegt darin, daß die züchterische Spezialliteratur Amerikas inzwischen zum großen Teil bereits veraltet ist. Die Wirtschaftskrise setzte der Pelztierzucht, die weniger

Gegenstände lebenswichtigen Bedarfs als vielmehr entbehrlichen Luxus erzeugt, hart zu. Die große Mehrzahl der Zeitschriften ging ein, darunter selbst angesehene Veröffentlichungen wie die an „Rod and Gun" angeschlossenen offiziellen „Canadian Silver Fox News". Die übrigen Zeitschriften verkleinerten sich sehr, vor allem infolge des Ausbleibens der früher außerordentlich umfangreichen Anzeigen der Züchter und ihrer Organisationen, der Zubehör-Lieferanten und der Pelzkäufer. So sanken Maß und Güte des auf diesem Wege in die Öffentlichkeit dringenden Materials immer mehr ab. Umfang und Form der ausländischen wie der deutschen Sammlungen der „Reichs-Zentrale" in Leipzig sind dafür ein sprechender Beweis. Da auch die Produktion von Handbüchern nachließ, entstanden große Lücken in der Literatur.

Dieses Ausbleiben weiterer Nachrichten gerade aus der Zeit der Krise ist deswegen besonders empfindlich spürbar, weil währenddessen Versuche auf den Farmen usw. nicht nur weitergingen, sondern gerade unter der harten Herrschaft der Krise besonders zielbewußt geführt werden mußten. Man war zum Teil zu ganz neuen Wegen gezwungen, um Ersparnisse zu machen und die Sicherheit der Kalkulation zu erhöhen. So kam man zu Ergebnissen und zu Erfolgen, die für die zukünftige Entwicklung eine weit bessere Grundlage abgeben als die früheren Arbeitsweisen der Züchter, die in der Hochkonjunktur und Scheinblüte der Pelztierzucht aus dem Vollen gewirtschaftet hatten. Leider gelang es den amerikanischen Zeitschriften nur langsam, in ihrer Berichterstattung mit den Fortschritten der Pelztierzucht wieder Schritt zu halten.

(Für den deutschen Beobachter ergibt sich gegenwärtig noch die weitere Schwierigkeit, daß die ausländische Literatur, die nun, nach teilweiser Überwindung der Krise, wieder erscheint, nicht immer zu beschaffen ist.)

δ) Neben diese Lücken in der züchterischen Spezialliteratur, die nur zum Teil von offiziellen Bulletins (z. B. des USA. Biological Survey, Lit. 9 und 10) ausgefüllt werden, treten die Mängel der Statistik. Nur Canada gibt seit 1923 die erwähnten „Reports" (Lit. 365) heraus, während aus den USA. ähnliche Übersichten nicht bekannt sind. Selbst in Canada ist aber über die Vorkriegsgeschichte der Pelztierzucht kein zuverlässiges Bild zu erhalten s. o. S. 178). — Mit der lockeren Handhabung der Pelztierhege und der geringen Kontrollmöglichkeit z. B. ihres Tierbestandes hängt es ferner zusammen, daß aus dem weiten Gebiet der Pelztierhege auch durch die canadischen Statistiken nur wenige sogenannte Biber- und Bisamfarmen (und selbst diese nur unvollständig) berücksichtigt werden konnten. In bezug auf die Pelztierhege ist also die genaue zahlenmäßige Entwicklung in keinem Lande zu verfolgen.

b) Deutsche Hilfsmittel.

Durch die wenigen zur Verfügung stehenden deutschen Hilfsmittel wird die Schwierigkeit, die Pelztierzuchtverhältnisse der Welt zu untersuchen, nicht behoben, sondern nur bis zu einem gewissen Grade erleichtert, zumal das wichtigste Material praktisch nur in Leipzig erreichbar ist.

Bei den Mängeln der amerikanischen Pelztierzucht-Literatur und den Schwierigkeiten ihrer Kenntnisnahme in Europa muß es dem „Rauchwarenmarkt" in Leipzig besonders gedankt werden, daß er sich um wenigstens auszugsweise Veröffentlichung zuverlässigen deutschen wie ausländischen Quellenmaterials bemüht. (Vgl. die Spalten: „Pelztierkunde", „Pelztierschutz" und besonders die seit dem 3. IV. 1937 neu aufgenommene Rundschau über die „Pelztierzucht".) Vor allem sind die Sammlungen der „Reichs-Zentrale für Pelztier- und Rauchwarenforschung" zu erwähnen, in denen umfangreiches ausländisches Material besonders aus Nordamerika zugänglich ist, aber auch die des Weltwirtschaftsarchivs in Hamburg. Weitere hervorragende deutsche Informationsquellen sind die beiden noch bestehenden periodischen Veröffentlichungen: „Der deutsche Pelztierzüchter", Verlag Mayer, München, und das „Zentralblatt für Kleintierkunde und Pelztierkunde", das ist die neue Folge von „Kleintier und Pelztier", Verlag Schöps, Leipzig (vgl. Lit.-Verz. 1).

Aus allen genannten Gründen wird die Unbekanntheit und die geringe geographisch-wissenschaftliche Erforschung der Pelztierzucht weitgehend verständlich. Ebenso werden die Schwierigkeiten klar, die dieser geographischen Pelztierzuchtforschung im Wege stehen. Um so notwendiger aber erscheint wiederum die geforderte Inangriffnahme vorarbeitender Einzeluntersuchungen, über deren Aufgaben und methodische Eingliederung der folgende Arbeitsplan unterrichten soll.

Teil III. Probleme und Aufgaben geographischer Pelztierzuchtforschung.

A. Allgemeiner Überblick.

1. Charakterisierung der besonderen geographischen Problematik der Pelztierzucht und Pelztierhege.

Der Aufgabenbereich geographischer Pelztierzuchtforschung ist — verglichen etwa mit dem der geographischen Analyse anderer Zweige der

Tierzucht — ein besonders umfangreicher und ergiebiger. Hierfür sind zwei Gründe maßgebend. Einerseits ist bei diesem Zweig der Tierzucht der zu gewinnende Rohstoff in besonders hohem Maße abhängig vom Lebensraum der Tiere, die ihn erzeugen: Der Pelz ist in erster Linie ein Kälteschutz und wird darum nur von solchen Organismen in bester Qualität (d. h. vor allem Dichte) entwickelt, die sich vor besonders großer Kälte schützen müssen. Das gilt sowohl für Land- wie für Wassertiere (Biber, Bisamratte, Fischotter, Seeotter, Seehund, Seebär usw. bis zum Nerz). Infolgedessen spielt das Klima eine ganz hervorragende Rolle in der Entwicklung der Pelztierzucht sowohl für die Standortwahl der Farm (in winterkalten Gebieten) wie für das Herkunftsgebiet der Farmtiere (aus möglichst kalten Bezirken) und für die zu wählende Zuchtform, damit eine freie Einwirkung niedriger Wintertemperaturen auf Tiere mit besonderer Erbanlage auch in der Gefangenschaft gesichert ist.

Andererseits müssen die natürlichen Lebens- und Umweltbedingungen der Pelzzuchttiere nach Möglichkeit im Farm- und Hegegebiet vorhanden sein bzw. hergestellt werden (Wälder, Gewässer, Sümpfe usw.). Dieses Streben nach naturnahen Formen führt zu stärkster Berücksichtigung des Landschaftscharakters bei der Standortwahl bzw. zu intensiven Beeinflussungen der natürlichen Landschaft durch die Zuchtfarmen und Hegegebiete der Pelztiere, die von hohem, geographisch-wissenschaftlichem Interesse sind.

Wie gliedert sich nun dieser Fragenbereich der geographischen Grundlagen und Probleme der Pelztierzucht und Pelztierhege, den wir unter dem Begriff geographische Pelztierzuchtforschung zusammenfassen?

2. Gliederung des Fragenbereiches.

Die geographische Wissenschaft trifft in mehreren Forschungsrichtungen auf die Erscheinungen und Probleme der Pelztierzucht: Die Länderkunde vor allem Nordamerikas sowie Nord- und Mitteleuropas kann an diesem jungen Wirtschaftszweig nicht mehr vorübergehen, der besonders seit dem Weltkrieg in bestimmten bevorzugten Gebieten eine wirtschaftlich und kulturell bedeutsame Aufwärtsentwicklung genommen hat. — Zur allgemeinen und besonders wirtschaftlichen Charakteristik bestimmter Landschaften (z. B. der Mississippi-Niederung, der aleutischen und alaskischen Inselflur, der Prince Edward Insel, des James-Bay-Tieflandes usw.) ist die Behandlung der Pelztierzucht und Pelztierhege unentbehrlich.

Auch die allgemeine Geographie hat sich in mehrfacher Hinsicht systematisch mit den verschiedenen Formen und der Bedeutung dieser neuen Arten der Tierhege bzw. der Tierzucht auseinanderzusetzen, und ihre räumlichen Grundlagen und wirtschaftlichen Auswirkungen darzustellen. Dies gilt vor allem für die Wirtschaftsgeographie, für die geographische Wirtschaftszoologie, und in gewissem Sinne auch für die Tiergeographie.

Hierfür grundlegend sind nun geographische Arbeiten, die sich in Einzeluntersuchungen mit der Pelztierzucht und Pelztierhege befassen, und zwar: 1. mit ihrer Begriffsbestimmung, ihrer Abgrenzung und ihrer allgemeinen tier- und wirtschaftsgeographischen, landschafts- und länderkundlichen Problematik, — sowie 2. mit ihrer speziellen Entwicklung in bestimmten ausgewählten Gebieten.

3. Die Forschungsrichtungen.

Die Aufgaben geographischer Spezialuntersuchungen der Pelztierzucht und Pelztierhege liegen also in drei verschiedenen Richtungen: a) einer allgemein-geographischen, b) einer vergleichend allgemein-geographischen und c) einer speziell-geographischen Fragestellung. Diese drei Möglichkeiten gelten ebenso für Untersuchungen des Gesamtgebietes der modernen Pelztierzuchtwirtschaft (Zucht und Hege aller in Frage kommenden Pelztiere) wie für Untersuchungen eines Teilgebietes (etwa nur die Zucht oder nur die Hege) bzw. eines bestimmten Zweiges (d. h. die Zucht einer ausgewählten Tierart).

a) eine allgemein-geographische Untersuchung erstrebt die Verfolgung sämtlicher oder (s. o.) ausgewählter Erscheinungen der Pelztierzucht über die ganze Erde unter geographischen Gesichtspunkten. Ihre Ziele sind: 1. Auffindung und Beschreibung der Tatsachen, 2. Erklärung der Ursachen und Gesetzmäßigkeiten ihrer Verbreitung, und 3. geographische Analyse und Systematik der verschiedenen Zucht- und Wirtschaftsformen, d. h. Farmtypen. (Beispiele allgemein-geographischer Themen sind die genannten Arbeiten von Alkalay und Nachtsheim: Lit. 67, 68 u. 84.)

b) eine vergleichend allgemein-geographische Untersuchung befaßt sich mit der besonderen Entwicklung und den Gesetzmäßigkeiten der Pelztierzucht und Pelztierhege in den verschiedenen natürlichen Landschaftstypen der Erdoberfläche. (Z. B.: die Silberfuchszucht subtropischer Hochländer; oder: die Biber- bzw. Bisamhege des nördlichen Nadelwaldgürtels, usw.)

c) eine speziell-geographische Untersuchung wendet sich einem bestimmten ausgewählten Gebiet zu und sucht dort die konkrete Vielfalt aller oder (s. o.) ausgewählter Erscheinungen der Pelztierzuchtwirtschaft in ihrer Verbreitung und ihrem Zusammenhang untereinander zu beschreiben und ihre Raumbeziehungen zu erfassen. Sie hat vor allem die Landschaftsabhängigkeit und die Landschaftsbeeinflussung der Pelztierzucht des bestimmten Gebietes zu erkennen. (Vgl. die Fragestellung bei Stilgenbauer: „Geographic Aspects of the Prince Edward Island Fur Industry", Lit. 98.)

4. Wechselwirkung zwischen Raum und Wirtschaft als Grundproblem.

Diese drei verschiedenen Behandlungsweisen der geographischen Grundlagen und Probleme der Pelztierzucht und Pelztierhege haben ein gemeinsames Kerngebiet: Die Erklärung der geographischen Ursachen der gegenwärtigen Erscheinungsformen und der Verbreitung der Pelztierzuchtwirtschaft geht aus von der Feststellung einer Wechselwirkung zwischen Raum und Wirtschaft. Zwei Kräfte stehen einander gegenüber: die Wirkung der Standortbedingungen und die Wirkung der Pelztierzuchtwirtschaft. Die verschiedenen Landschaftsräume mit ihrer natürlichen Ausstattung und ihrer bereits vorhandenen Wirtschaft beeinflussen Aufbau und Form der Pelztierzucht und Pelztierhege, und diese wiederum wirken zurück auf Landschaft und Wirtschaft der betreffenden Gebiete.

Damit ergibt sich folgende natürliche Gliederung der Problembehandlung:

einerseits: die Wirkung der physisch-geographischen und anthropogeographischen Faktoren: Pelztierzucht und Pelztierhege in ihrer Abhängigkeit von geographischen Grundlagen,

andererseits: die Aktivität der Pelztierzuchtwirtschaft gegenüber Landesnatur und Wirtschaft: Pelztierzucht und Pelztierhege in ihren geographischen Auswirkungen.

5. Geographische Systematik der Zuchtformen als Aufgabe.

Hiermit ist aber die geographische Problematik der Pelztierzuchtwirtschaft noch nicht erschöpft. Die Frage nach einer Systematik der Farmtypen zieht sich mit den Problemen ihrer Raumbezogenheit durch alle allgemein-geographischen und speziell-geographischen Untersuchungen hindurch. Hier ergibt sich die Aufgabe einer Gliederung der unzähligen Erscheinungsformen der Pelztierzucht nach geographischen Gesichtspunkten in eine Systematik, die die räumlichen und landschaftlichen Besonderheiten der verschiedenen Formen und Zwischenstufen erkennen läßt.

6. Bedeutungswandel geographischer Faktoren im Laufe der Pelztierzuchtgeschichte.

Da die Geschichte der gegenwärtigen Pelztierzucht bereits mehrere Jahrzehnte umfaßt, ist bez. der Auswirkung der unter 2. genannten verschiedenen Kräfte ebenfalls eine geschichtliche Entwicklung festzustellen. Die Wirksamkeit verschiedener, z. B. klimatischer, Faktoren auf die Standortwahl usw. der Farmen ist heute nicht mehr die gleiche wie zur Entstehungszeit der ersten Zweige der Pelztierzucht, weil die Beurteilung der Gunst bzw. Ungunst dieser Faktoren sich geändert hat. Neue Gesichtspunkte über die zweckmäßigste Standortwahl in bezug auf Bodengestaltung, Vegetation, räumliche Ausdehnung usw. sind ebenfalls im Laufe der Zeit in der Praxis erarbeitet worden und nach öffentlicher Diskussion zu weitreichender Wirksamkeit gelangt. Endlich glaubt man heute vielfach, daß bestes Zuchtmaterial und strengste Auslese unter den Tieren wichtiger sind für die Erzielung bester Pelzqualität als eine möglichst naturgetreue Herstellung der normalen Lebensbedingungen während der Gefangenschaft (vgl. S. 198 f., 226)[8]).

Dieser Bedeutungswandel geographischer Faktoren in der Meinung der Pelztierzüchter war für die praktische Entwicklung der Pelztierzucht von großer Wichtigkeit: Einführung technisierter naturferner Farmtypen sowie Standortverlagerungen! Die damit verbundene Relativierung früher geltender Grundsätze für Aufbau und Betrieb der Pelztierfarmen erschwert die Untersuchung der geographischen Grundlagen der Pelztierzucht und

---

[8]) Zwei Auffassungen lassen sich klar einander gegenüberstellen: Den konservativen Standpunkt vertritt z. B. der Biologe des National Museums in Washington, Prof. Stejneger: „Es wäre nutzlos, versuchen zu wollen . . . (bestimmte Fuchsarten) in USA. einzuführen, außer, wenn sie mit denselben oder besseren klimatischen und landschaftlichen Bedingungen umgeben werden können als sie sie in ihrem jetzigen Lebensraum finden; würden sie in Gebiete verpflanzt, wo diese Faktoren fehlen, so würden sie bald alle ihre wundervollen Eigenschaften verlieren und ihr Pelz würde in sehr kurzer Zeit schlecht werden." (Z. 1, Mai 1929, 1014). Demgegenüber vertritt Hodgson den „fortschrittlichen" Standpunkt: „Die Fuchszüchter sollten sich die altmodischen Gedanken abgewöhnen, die Lebensbedingungen und die Umgebung eines wilden Tieres in der Gefangenschaft so nah wie möglich an die in der Wildnis anzugleichen. Wenn man das gleiche vor Generationen mit Kühen, Schafen, Pferden usw. getan hätte! Aber man änderte die Lebensgewohnheiten dieser Tiere, und als Ergebnis haben wir die verbesserten Zuchtstämme (der Haustiere). Die einzige Möglichkeit, die Dinge zu verbessern, ist, sie vom Natürlichen zu entfernen! Die Füchse von heute haben nie etwas von der Wildnis gewußt! In der Gefangenschaft geboren, ist es ihre Natur, unter diesen neuen Bedingungen zu leben, die für sie „natürlich" wurden, und die das einzige sind, was sie jemals kannten oder hatten." (Z. 2, Okt. 1930, 12).

Pelztierhege. Andererseits ist gerade die Einbeziehung dieses Problems eine besondere Aufgabe geographischer Pelztierzuchtforschung (S. 239 f.).

7. Bedeutung der geographischen Pelztierzuchtforschung für die Praxis.

Die hier aufgezeigten Beispiele und allgemeinen grundsätzlichen Erkenntnisse gehen aus von der Beobachtung deutscher und canadischer Pelztierfarmen und von den in der internationalen, besonders nordamerikanischen, Pelztierzucht-Literatur niedergelegten Erfahrungen der Züchter, Versuschsstationen und Forscher. Bereits die hier zusammengefaßten vorläufigen Erkenntnisse geographisch interessierter Züchter und die ersten Ergebnisse geographischer Pelztierzuchtforschung zeigen mit aller Deutlichkeit Gesetzmäßigkeiten sowohl in den Lagebeziehungen wie in der Verbreitung und in den Formen der Pelztierzuchtwirtschaft. Die Weiterführung solcher Untersuchungen kann, besonders wenn sie kleinere Teilgebiete oder bestimmte Zweige (vgl. S. 184) der Pelztierzucht vornimmt, nur fortschreiten auf dem Wege der Festigung und genaueren Ausarbeitung dieser Ergebnisse und Grundsätze. Damit wird selbstverständlich die systematische Feststellung der physisch-geographischen und der anthropogeographischen Grundlagen dieses Wirtschaftszweiges für die praktische Durchführung der Zucht und Hege von immer größerer Wichtigkeit (vgl. Sokolowsky über die „geographisch-ökologische Forschungsarbeit", die „Umweltforschung für die Aufgaben der Pelztierzucht", Lit. 94). — Falsche Standortwahl und verfehlte Einbürgerungsversuche (wie z. B. des Karakulschafs auf Neufundland), die von falschen tiergeographischen Voraussetzungen und verfehlten Standortansprüchen ausgingen, könnten bei Berücksichtigung der Ergebnisse geographischer Pelztierzuchtforschung in Zukunft weitgehend vermieden werden.

Auch die Untersuchung der „Aktivität" der Pelztierzucht, d. h. ihrer Einflußnahme auf Landschaft und Wirtschaft, stellt eine wissenschaftliche Aufgabe dar, die nicht nur theoretisch die Tatsachen aus der Praxis verarbeitet, sondern auch für die Praxis Möglichkeiten aufzeigt: und zwar Möglichkeiten positiver Landschafts- und Wirtschaftsgestaltung zur Förderung der Pelztierzucht. Anregungen solcher Art zu vermitteln, ist eine weitere Aufgabe der geographischen Pelztierzuchtforschung für die züchterische Praxis. — Die Möglichkeit praktischer Hinweise ergibt sich besonders aus der Kenntnisnahme und Verarbeitung ausländischer Pelztierzuchtliteratur, die dem praktischen Züchter kaum zugänglich ist, während sie dem Wissenschaftler offen steht und zur Weitergabe ausländischer Erfahrungen dienen kann.

Besonders groß ist die Einsatzmöglichkeit geographischer Pelztierzuchtforschung für die Praxis in Staaten, deren Wirtschaft planmäßig geleitet wird. Die Reichsfachgruppe Pelztierzüchter z. B. beeinflußt bereits die Wahl der Pelztiere (hochwertiger Abfallverwerter und Pflanzenfresser vor allem) unter den Gesichtspunkten des Vierjahresplanes für das Deutsche Reich. Noch stärker ist die Einwirkung der Forschung dort, wo Staatsfarmen bestehen: So war es z. B. Schmidts Ziel, in Rußland „Spezialfarmen als industrielle Großfarmen in größtem Umfang an für die einzelnen Tierarten klimatisch und wirtschaftlich ausgesucht günstigen Plätzen zu errichten" (375, 651).

B. Pelztierzucht und Pelztierhege in ihrer Abhängigkeit von geographischen Grundlagen.

I. Die physisch-geographischen Grundlagen der Pelztierzucht und Pelztierhege.

1. Grundsätzliches.

In der Pelztierzucht zeigt sich der Einfluß der natürlichen Ausstattung des Landschaftsraumes a) entweder in der Standortwahl (wenn über die aus wirtschaftlichen oder anderen Gründen in Frage kommende Tierart bereits Klarheit besteht) oder b) in der Wahl geeigneter Tiere (wenn der Standort durch Geländebesitz und dergleichen bereits festliegt), und c) in der Wahl der Zuchtform bzw. des Farmtyps, die dem Standort und der Tierart gerecht werden müssen.

Nicht immer sind Standort*bedingungen* eindeutig feststellbar. Meist wird man sich mit der Feststellung von Standort*bezogenheiten* begnügen müssen. Statt des Naturzwanges überwiegt auch hier im allgemeinen der Naturreiz. Der Pelz als tierisches Produkt unterliegt während seiner Bildung so zahlreichen Einflüssen aus Erbanlage und Umwelt, daß unvermeidbare ungünstige Faktoren oftmals durch günstige Einwirkungen in anderer Hinsicht ausgeglichen werden oder durch planvolle Maßnahmen unschädlich gemacht werden können. Hinzukommt die bereits festgestellte verschiedenartige Wirksamkeit bestimmter Standortfaktoren zu verschiedenen Zeiten (s. o. S. 186, 198 f.). — Mit diesen Einschränkungen ist daher die Feststellung gesetzmäßiger Abhängigkeiten der Pelztierzucht vom Raum zu verstehen.

2. Abhängigkeit von Klima-Faktoren.

a) Temperaturen.

Das Vorkommen niedriger Temperaturen mindestens einmal im Jahr ist für die Pelztierzucht selbstverständlich von Wichtigkeit: Der Pelz ist in erster Linie ein Kälteschutz für die Tiere, und darum wird ein winterkaltes Gebiet zur Anlage der Zucht gefordert, damit ein warmer Pelz mit dichter Unterwolle erzeugt wird (S. 182 f.). Dementsprechend wird Canada vor USA., Nordeuropa vor Mitteleuropa bevorzugt, desgl. Gebirgslage vor Tiefländern usw. Nach diesen Gesichtspunkten ist auch Ashbrooks Karte der „Fur-Farming Areas“ angelegt, in der eine „canadische Zone“ mit „ausgezeichneten Bedingungen“ unterschieden wird von einer „Übergangszone“ mit „günstigen Bedingungen“. Die „canadische Zone“ umfaßt große Teile der Felsengebirgsstaaten der USA. bis hinunter nach Arizona und New Mexico, bzw. an der atlantischen Küste bis nach Tennessee und North Carolina. Außerdem reicht sie in North Dakota, Minnesota und Michigan weit in das Gebiet der USA. hinein, dagegen umfaßt sie in Canada weder den Süden von British Columbia, große Teile von Alberta, Saskatchewan und Manitoba, noch Südost-Ontario und das Ostufer des St. Lorenzstroms bis in die Nähe von Quebec. Hier und in den angrenzenden südlichen Randgebieten erstreckt sich bereits die „Übergangszone“, die außer den nördlichen Zentralstaaten der Union mit wenigen Lücken das ganze atlantische und pazifische Gebirgsland umfaßt, die atlantische Abdachung freiläßt, dagegen die californische Küste einbezieht. (Karte siehe S. 191.)

Grundlage der Ashbrookschen Darstellung ist interessanterweise die Pelzqualität der jeweils am Ort wildlebenden Pelztiere: „Die Karte sucht die Gebiete festzulegen, von denen bekannt ist, daß Pelztiere dort hochwertigen Pelz erzeugen“! (127, 22).

Ebenso entstand die „klimabedingte Wertigkeitsfolge für Deutschland“, wonach 1. Ostpreußen, 2. Gebirge (speziell Alpen) und 3. Schlesien Vorzugsgegenden für die Pelztierzucht sein sollten, weil sie „die hochwertigsten frei lebenden Landfüchse liefern“ (338, 23). (In Deutschland sind allerdings im Laufe der Jahre andere Standortgrundlagen ausschlaggebend geworden; siehe S. 115, 171, 204, 211, 239 f., 241.)

Was Ashbrook hier 1928 theoretisch festlegte, hat eine bemerkenswerte Bestätigung seitdem gefunden: 1937 konnte Ashbrook feststellen: „Die größte Zahl der Silberfüchse in USA. wird in Wisconsin, Minnesota und Michigan erzeugt (über 50%); die übrigen Hauptgebiete liegen in den Rocky Mountains, darunter Oregon und Washington, und in den Neu-England-Staaten, ferner in Illinois, Ohio, New York und Pennsylvania“ (130, 1384).

a) Verhältnis zu winterlicher Kälte.

In Übereinstimmung mit Ashbrook (127, 22) wurde früher allgemein ein „langer, kalter Winter“ gefordert, und zwar mit niedrigen Temperaturen möglichst früh im Herbst (454, 10, 35), d. h. zur Zeit der Neubildung des

Winterpelzes: „Zeitiger Frost im Oktober bis Mitte November gibt den Anreiz, dichte Unterwolle zu bilden"! (268, 177). Andererseits wird winterliche Kälte zur Fortpflanzungszeit gefordert, d. h. im Januar und Februar, da dann die Tiere am „konservativsten" sind und „nach den gewohnten Bedingungen verlangen" (192, 29). (Vgl. auch Alkalay, 67, 4 f.)

Eine sehr bemerkenswerte Lösung des Klimaproblems liegt in dem Vorschlag des „Almbetriebs" in der Fuchszucht (338, 25), d. h. einer Ergänzung des Klimas des Haupt-Standortes der Farm (z. B. in Mecklenburg) durch einen Herbst- und Winteraufenthalt der Tiere an einem anderen „klimatisch günstiger gelegenen" Ort (z. B. im Harz) (454, 14 und 85, 179). Diesen Weg haben u. a. die Fromm- und Niemann-Riesenfarmen in Wisconsin beschritten, die ihre Silberfüchse im Herbst an den Lake Superior transportieren. Für den Fall des Baues einer Autostraße nach Inner-Alaska wurde sogar eine Ausnützung dieses Transportweges für lebende Pelztiere zum gleichen Zweck ins Auge gefaßt![*])

Der „Almbetrieb" der H. A. Niemann Co., einer Fuchsfarm allergrößten Stiles (14 000 Pelze wurden 1935 erzeugt, 17 000 Welpen geboren!), geht folgendermaßen vor sich: die meisten Füchse werden auf Großfarmen in Thiensville, Wisconsin (in der Nähe von Milwaukee) geworfen und auf-

[*]) Die Fromm-Farmen rechneten 1932 mit einer Werterhöhung jedes einzelnen Felles von 50 $. Eine Lastwagenladung von 500 Füchsen im Werte von rund 125 000 $ stieg also „durch das kältere Klima in Nord-Wisconsin" um 25 000 $ im Preise, so daß die Unkosten sich leicht bezahlt machten. Zugunsten einer Saison-Pelzfarm etwa in Fairbanks, Alaska, sprach ferner die Tatsache des früheren Winters, der die Pelze noch für den Weihnachtsmarkt „reif" machen könnte, so daß dieser Almbetrieb sich noch mehr lohnen würde. (Z. 8. Jan. 1930, 34).

Karte der für die Zucht edler Land-Pelztiere klimatisch geeigneten Gebiete Nordamerakas. (Siehe nebenstehende Karte.)

(Neugezeichnet nach Ashbrook, Lit. 127, S. 23.)

In den Gebirgen, deren Lage an der Gestaltung des Gewässernetzes zu erkennen ist, ragt die (vor allem klimatisch durch Winterkälte „ausgezeichnete") „canadische" Zone zungen- und inselförmig in die „Übergangszone" hinein, und zwar bis in Breiten, die denen von Nordafrika entsprechen! Die noch beschränkt günstige „Übergangszone" umsäumt diese Vorzugsgebiete, umschließt die Täler und Becken Californiens, des Felsengebirges (Rocky Mountains), des Mississippi usw. Nördlich erstreckt sie sich im sommerheißen Prärietiefland sowie in Süd-Ontario und südlich des St. Lorenzstroms weit nach Canada hinein. (Südlich dieser Übergangszone sind nur noch vereinzelte, besonders kühle Ortslagen geeignet, die nicht auf der Karte dargestellt sind.)

(Vgl. S. 189, 199.)

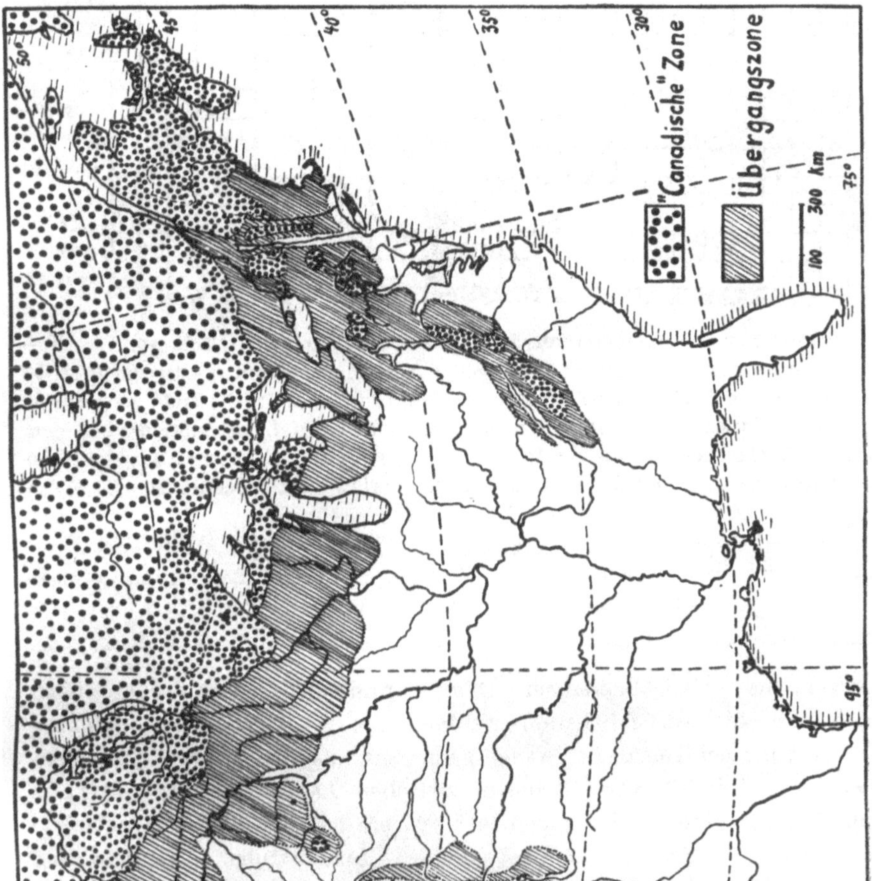
"Canadische" Zone
Übergangszone
100 300 km
50°
45°
40°
35°
30°
75°
95°
115°

1:30 Mill.

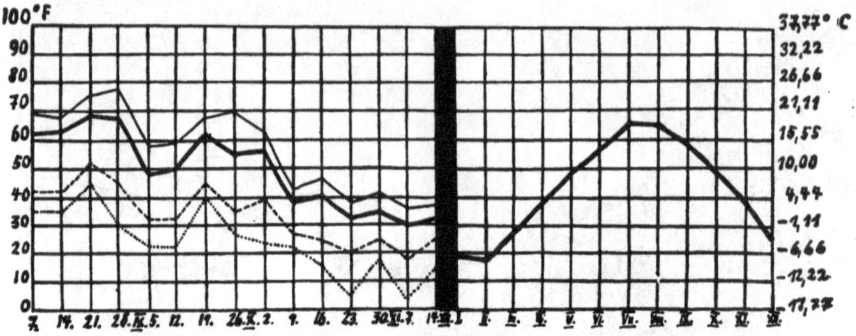

Links: Gang der Temperaturen in Hermansville, Michigan, USA., im Wochendurchschnitt vom 7. IX. bis 14. XII. 1935. Von oben nach unten: extreme Höchsttemperatur; durchschnittliche Höchsttemperatur; durchschnittliche Tiefsttemperatur; extreme Tiefsttemperatur. (In Hermansville, südlich des Lake Superior, befinden sich die Waldgehege, in die die Pelz-Füchse des Niemann-Konzerns aus der Nähe von Milwaukee zur Zeit der Pelzreife transportiert werden! [Quelle: Lit. 269, S. 3].) (Vgl. S. 190.)

Rechts: Jahresgang der Temperaturen in Charlottetown, P. E. I., im Monatsdurchschnitt. (Hier befindet sich ein Zentrum der Prince Edward Insel-Silberfuchszucht [Quelle: Lit. 98].) (Vgl. S. 194 f.)

gezogen, bis Anfang September. Dann beginnt die Auslese der künftigen Zuchttiere, die zurückbehalten werden. Die zu pelzenden Jungfüchse werden zur Nachtzeit in Lastwagen nach Hermansville, in der sogenannten „Oberen Halbinsel" von Michigan, zwischen Lake Michigan und Lake Superior, gefahren. Hier werden je 500 Tiere auf bewaldeten Freiflächen von etwa 10 ha Größe, in den sogenannten „furring runs", ausgesetzt und bis Mitte November oder Anfang Dezember gehalten. Vierzehn Tage lang fahren allnächtlich die Lastkraftwagen zwischen Thiensville und Hermansville, das 200 Meilen weiter nördlich liegt, hin und her. — Über die Temperaturverhältnisse dieses etwa 300 m hoch gelegenen Ortes vergleiche obige Tabelle. Die ersten Fröste stellen sich gewöhnlich bereits in der letzten Septemberwoche ein. Ab 1. Dezember kann man mit einer dauernden Schneedecke rechnen, doch hat sie für die Pelzqualität nur noch geringen Wert, da Mitte des Monats die planmäßige Pelzgewinnung aufhört (Lit. 269).

Deutlich erkennbar ist in den von Kellog durchgeführten Preisvergleichen das schroffe Absinken der Preise für die Pelze der „im Dezember getöteten erwachsenen Tiere, die in der Zuchtfarm 200 Meilen weiter südlich verendeten und infolgedessen nie auf der Pelzfarm (‚furring range') gewesen waren" (269, 13 ff.). Die gleichzeitig (d. h. am Ende der Saison der Pelzreife!) auf der Pelzfarm im Norden getöteten Jungfüchse lieferten bedeutend wertvollere Pelze, obwohl die Jungfuchspelze sonst durchweg niedrigere Preise erzielen, u. a. weil sie nicht die volle Größe erreichen:

Übersicht über die Durchschnittspreise für Rohfelle auf den allwöchentlichen Versteigerungen der Niemann Co.; in $:

Stichtage:	21.IX.	26.X.	23.XI.	30.XI.	7.XII.	14.XII.	
erwachsene männliche Tiere	**50**	62	69	72	60	**62**	(im S. gepelzt)
junge „ „	**27**	53	64	70	67	**68**	(„ N. „)
erwachsene weibliche „	**43**	51	60	**59**	54	**56**	(„ S. „)
junge „ „	**25**	45	60	**65**	62	**63**	(„ N. „)

Die Überlegenheit des Wertes der im kälteren Norden gehaltenen Jungfuchspelze setzt also bereits Ende November deutlich ein, und schon in den ersten Wochen nach der Übersiedlung beginnt die Angleichung der Preise der zunächst kaum den halben Wert besitzenden Jungfuchspelze an die Preise für die im Süden geernteten größeren Pelze erwachsener Tiere.

In der Silberfuchszucht kommt niedrigen Temperaturen eine besondere Bedeutung dadurch zu, daß man ihnen einen Einfluß auf die Pigmentierung des Haarkleides zuschreibt. Beetz (141, S. 10, 12) nennt unter den Ursachen, die den Melanismus (die Schwarzfärbung) bei Füchsen herbeiführen, „zunächst das Klima", und hierfür spricht auch nach Ansicht anderer Verfasser (vgl. 454, 11) die Tatsache, daß sich „nur im hohen Norden, nicht aber in den großen Verbreitungsgebieten der Füchse im Süden usw. diese „Schwärzlinge" (d. h. Schwarz- und Silberfüchse) zeigen". Demoll (192, 13) stellt daraufhin die Frage, ob der Silberfuchs nur das Produkt des jeweiligen Klimas sei. Er beantwortet diese Frage freilich selbst dahin, daß der Silberfuchs in den Tropen ein schlechter Silberfuchs, aber kein Rotfuchs werden würde. Im Zusammenhang mit der allzu häufig beobachteten und noch nicht eindeutig erklärten Qualitätsverschlechterung der Zuchtpelze durch Braunwerden wird aber auch diese klimatische Standortfrage der Silberfuchszucht immer wieder aufgeworfen (vgl. 192, 10 ff.).

Die Betonung der Notwendigkeit großer Winterkälte durch die nordamerikanischen und besonders canadischen Züchter ist nicht frei von Tendenz. Sie dient der Propaganda für die amerikanische und gegen die immer mehr in Wettbewerb tretende europäische Edelpelztierzucht, und ist eines der Hauptargumente, mit denen Beetz in verschiedenen Aufrufen seit 17 Jahren die Möglichkeit eines Boykotts der europäischen Pelztierzucht durch den Pelztierhandel des „Mutterlandes" Canada beweisen will (Rev. des El. de Ren., Mai 1936, S. 7 f.; vgl. S. 238). In dieser Propaganda gegen die europäische Pelztierzucht spielte das „Märchen von der angeblichen Degeneration der Bisamratte durch das ungünstige Pelzklima Deutschlands" eine große Rolle (454, 11 f.). Die Schuld an der tatsächlich schlechten Qualität der erlegten Pelze trug aber nur die rücksichtslose Verfolgung des als Schädling gegen Prämien vernichteten Tieres zu allen Jahreszeiten! (Die Bisamratte ist als „Danaergeschenk Amerikas" und Opfer unserer milden Winter sogar in die Literatur eingegangen: H. Carossa, Geheimnisse des reifen Lebens, Leipzig 1936, S. 137 ff., S. 191). (Vgl. Lit. 338, S. 21 f.)

Entsprechend wird von den Interessenten der europäischen Pelztierzucht das Gegenteil behauptet. Der Beweis für die Richtigkeit einer der beiden Ansichten kann erst geliefert werden durch die praktischen Ergebnisse jahrzehntelanger Zucht, und nach der Ausschaltung aller anderen Fehlerquellen bei einem solchen Vergleich: Die pelzschädigenden Einflüsse falscher Zuchtwahl, Ernährung, Gehege usw. sind einstweilen noch nicht genügend klargestellt!

„Die Praxis hat gezeigt, daß ein Januar-Mittel von — 1° C bereits genügt, um mit Erfolg eine Silberfuchszucht zu betreiben", sagt Alkalay (67, 6). Noch weiter geht das „British Fur Trade Yearbook (1933, S. 130) und stellt das englische Klima als das Ideal für die Pelztierzucht hin: „Silberfuchszucht erfordert gleichmäßige Temperatur, relativ kühl im Sommer und mäßig kalt im Winter; extreme Hitze und extreme Kälte verhindern die Erzeugung wirklich guten Pelzes." — Tatsache ist, daß das oft berufene „ideale" (und in der Praxis bewährte) Klima der Prince Edward Insel unter dem Einfluß der Wasser des St. Lorenz-Golfes maritim gemäßigte Temperaturverhältnisse aufweist. Auch nach Demoll (192, 30) liegt das Optimum der Temperatur für die Edelpelztierzucht in der Umgebung dieses Golfes, während das Klima von New York als untere Grenze gilt. Demoll gibt folgende Übersicht:

	Januar	Februar	Juli	August	Jahresmittel
Charlottetown, P. E. I.	—7,4	—7,3	18,7	18,2	5,6
St. John, N. B. . . .	—6,8	—6,8	15,2	15,2	4,3
Sydney, N. S. . . .	—5,5	—5,5	17,5	17,5	5,8
St. Johns, N. Fdld. . .	—4,3	—4,3	15,0	15,2	4,5
New York, N. Y. . . .	—1	—1	23		11
„ „	—4,5	—4,5	(mittleres Monatsminimum)		

Hieraus leitet Demoll ab, daß ein Februar-Durchschnitt von — 1° genügt, wie er auch in größeren Bezirken Deutschlands anzutreffen ist (vgl. die Tabellen über die Eignung deutscher Orte zur Silberfuchszucht nach Demoll [192, S. 32—35] und Lit. 76).

Nach Sokolowsky ist allerdings „die vollendete Pelzentwicklung an eine bestimmte Tieftemperatur gebunden" (398, 311 f.), und in dieser Hinsicht ist das kontinentale Nordamerika auch in südlicheren Breiten (vgl. New York mit einem mittleren Monatsminimum von — 4,5° im Januar und Februar!) wiederum doch besser gestellt als das maritime Nordwest-Europa.

Da das „ideale Klima" der Prince Edward Insel immer wieder genannt wird, seien (nach Priesner, Lit. 87, 6 f.) noch im einzelnen die Temperaturangaben der Experimental Station von Charlottetown, P. E. I., wiedergegeben (vgl. auch Tabelle S. 192).

Jahresmittel: 5,3° C., absolutes Minimum in 33 Jahren: — 30,5° C.

Mittlere Monatstemperaturen im Durchschnitt der Jahre 1909—1927:

Jan.	Febr.	März	April	Mai	Juni	Juli
— 8,2°	— 8,7	— 3,0	2,5	8,8	14,6	18,6
	3,3	mittleres	Maximum	in 33	Jahren,	23,3
	— 12,8	„	Minimum	„ 33	„ .	14,4

Aug.	Sept.	Okt.	Nov.	Dez.
18,2	14,0	9,0	2,2	— 3,0° C.

Besonders hervorgehoben wird die Tatsache des späten Frühlingseinzugs, der sich durch das „Festsetzen von Eismassen im südlichen Bogen des St. Lorenzgolfes" bis „in den Mai hinein" verzögert (87, 7). (In bezug auf die Aufzucht der Jungen scheint hier ein Nachteil zu liegen, wenn auch sonst bekanntlich ein „langer, kalter Winter" erwünscht ist.)

Allgemeine Regeln für das Verhältnis „der Pelztierzucht" zu winterlicher Kälte lassen sich nicht aufstellen. Die Natur jeder einzelnen Art muß berücksichtigt werden. Z. B. hat der Silberfuchs bisher eine besonders große Anpassungsfähigkeit an verschiedene Temperaturverhältnisse bewiesen (von Yukon bis Arizona!), zu der ihn sein großes natürliches Verbreitungsgebiet (über mehrere Klimaregionen) und der kontinentale Charakter dieser Regionen (starke Temperaturschwankungen zwischen den einzelnen Jahres- und Tageszeiten) zu befähigen scheinen (vgl. 192, 28). Die Eigenart eines „speziell scharf umschriebenen Klimas ist zum Zustandekommen eines schönen Silberfuchsfelles nicht erforderlich ... und der Silberfuchs hat es nicht zuletzt seiner Akklimatisationsfähigkeit zu verdanken, daß er heute das am meisten gezüchtete Pelztier ist" (67, 6 f.).

Andere edle Pelztierarten sind aber bereits sehr viel anspruchsvoller in dieser Hinsicht: z. B. stellt der Blaufuchs und vor allem der Weißfuchs im Gegensatz zum Silberfuchs offenbar Forderungen nach kälterem Klima, wie sie in Mitteleuropa nicht erfüllt werden können (vgl. 454, 24 u. 338, 21). Aus diesem Grunde beschränkt sich diese Zucht bisher ausschließlicher auf nördliche Gebiete: Pribilof-Inseln, Aleuten, Alaska, Sibirien, Copper Islands, Grönland, Island usw. (67, 8). Auch in Alaska wird die Südgrenze der Farmen durch „die Notwendigkeit genügend kalten Wetters für die Erzeugung guten Pelzes" bestimmt (133, 8): „In der Nähe des Festlandes, wo die Wintertemperatur im Durchschnitt niedriger ist als an der äußeren Küste, reicht die Südgrenze weiter nach Süden als im milden ozeanischen Gürtel... so daß hier eine Ausdehnung bis nach British Columbia möglich erscheint"! (Siehe Karte S. 136/7.)

Von sehr viel geringerer Bedeutung ist die Lufttemperatur für die Standortwahl einer Gewässerfarm (Bisam und Biber!), da die für die Qualität des Pelzes in diesem Falle ausschlaggebende Wassertemperatur nur mäßigen Schwankungen unterworfen ist und nirgendwo unter 0° sinken kann, da die Tiere unter dem Eise im Wasser leben müssen. Infolgedessen betont Arthur (123, 61) mit Recht, daß der Winterpelz der nördlichen Bisamratten nicht unbedingt besser zu sein braucht als der aus dem Mississippi-Delta, und daß nördliche Lage eher sogar nachteilig sein kann: Besondere Vorsichtsmaßnahmen sind erforderlich, damit das Ausfrieren bis auf den Grund vermieden wird, und der Wasserstand muß künstlich erhöht bzw. hochgehalten werden.

Allzu große Kälte kann sogar der Pelzqualität schädlich sein, da das Haar leicht rauh und spröde wird und „das Fell an Feinheit und Geschmeidigkeit verliert" (67, 5). „Man darf nicht vom härtesten Klima, von niedersten Temperaturen, die besten Pelze erwarten: Die rauhen, trocknen Winde der kältesten Nordgebiete von Sibirien geben gröberen Pelz..." (192, 29). Auf diese Tatsache haben die Pelzhändler zu allen Zeiten hingewiesen. Man kann also nicht die Ansicht teilen, daß Arktis und Antarktis in idealer Weise für Pelztierzucht bevorzugt seien, auch wenn man von anderen Hindernissen der abseitigen Lage usw. absieht. — Auch in bezug auf die Kleinlage der einzelnen Farmen ist die Tendenz einer Vermeidung dauernd niedriger Temperaturen zu erkennen: Talböden und Nordhänge werden gemieden.

Endlich gibt es Pelztiere, die harte Winterkälte nicht vertragen, z. B. die Pelzkaninchen. Für diese Tiere müssen in Canada teure geschlossene, meist sogar heizbare Stallungen gebaut werden, so daß schon aus diesem Grunde wärmere Gebiete, z. B. Californien, bevorzugt sind (127, 222 ff.). Auch für die Zucht des halbzahmen Frettchens gibt es bereits bestimmte Ausnahmen: Alaska, Nordcanada und die kalten gebirgigen Teile der USA. eignen sich nicht, da diese Zuchttiere, deren Stammheimat Afrika bzw. Spanien ist, übergroße Kälte nicht ertragen (232, S. 15, 22, 74). Für die kalten Monate müssen warme Stallungen besorgt werden, und gleichmäßiges Wetter ohne große Nässe und Kälte ist notwendig (232, 59 f.). — Ebenso können „frisch importierte, noch nicht akklimatisierte Südländersumpfbiber an Kälteschäden eingehen" (74, 14). „Sie sind gegen Kälte zu schützen, indem ihnen z. B. Gelegenheit gegeben wird, in Heuschobern Höhlen zu graben, insofern die Tiere im Freien gehalten werden"[10]).

Auch eine Zusammenstellung der verschiedenen Gegenden, in denen Bisamratte (Ondatra) bzw. Biberratte (Nutria) in Asien ausgesetzt wurden,

[10]) Auch die „größte europäische Chinchillafarm ‚bei Oslo' hat man wegen der Winterkälte so eingerichtet, daß man Warmluft hineinleiten kann". (K. Z., 30. XII. 1934).

Pelztierhege in Zentral- und Nordasien.
(Nach Shitkow, Lit. 92, u. a.)

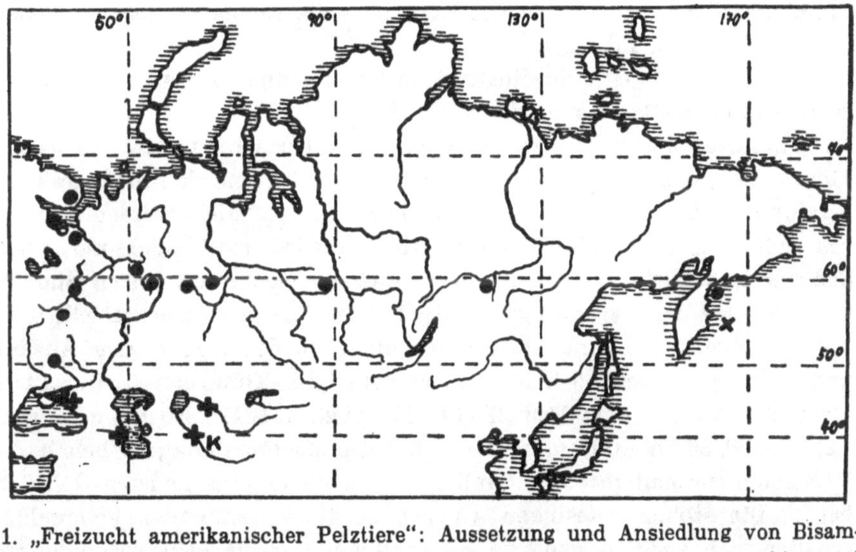

1. „Freizucht amerikanischer Pelztiere": Aussetzung und Ansiedlung von Bisamratte (•) und Nutria (+). 2. Karakul-Pelzschafzucht: Ursprungsgebiet und Zentrum in der Bucharei (K.). 3. Freiland-Inselzucht von Füchsen auf den Kommandeur-Inseln (×). (Vgl. Karte S. 217 u. S. 139 f., 198, 220 f., 257.)

zeigt deutliche Unterschiede in bezug auf die Temperaturverhältnisse: Die Bisamratte wurde fast ausschließlich zwischen 58° und 65° n. Br. angesiedelt; die Nutria dagegen viel weiter südlich, in 39° bis 49° Breite: „Es war klar, daß Sümpfe mit offenen Wasserflächen gewählt werden mußten, die entweder gar nicht zufrieren oder nur teilweise und auf kürzere Zeit" (92, 24). Besonders geeignet erscheint Transkaukasien: „Wenn auch ... in besonders rauhen Wintern Schnee fällt, und die Temperatur das Minimum — 12° erreicht, so sinkt doch jahrelang im Verlaufe des Winters die Temperatur nicht unter 0°. Die mittlere Temperatur im Januar ist dort + 5°, die mittlere Jahrestemperatur beträgt + 15°. Hier wachsen verschiedene Arten ewig grüner Bäume, kultiviert werden der Teestrauch, das Bambusrohr und der Orangenbaum." Die ausgedehnten Rohrsümpfe Mittelasiens hält Shitkow dagegen wegen ihres kontinentalen Klimas, der rauhen Winter wegen, für „in jeder Beziehung, außer der klimatischen, geeignet"! (92, 25). Tatsächlich kamen die am Syr-Darja ausgesetzten Nutrias im rauhen Winter 1930 zum Teil um. — Es ergibt sich hieraus eine für planmäßige Pelzgewinnung nicht ungünstige Verteilung von Bisam und Nutria auf verschiedene Klimazonen, und die Möglichkeit einer Ausdehnung der Freizucht von Pelztieren bis in fast subtropische Gebiete auch in Asien.

Bei allen diesen Erörterungen ist stillschweigende Voraussetzung die Annahme, daß die Umwelt des Farmtieres die Dichte usw. seines Pelzes bestimmt (Lit. 94, Lit. 76 u. a.).

Wie sehr diese „Grundbedingung" in Theorie und Praxis umstritten ist, zeigt bereits ein kurzes Studium der Pelztierzuchtliteratur und der Verbreitungsarten der Pelztierzucht. Mehr und mehr wird neuerdings darauf hingewiesen, daß gute Pelzqualität sich vererbe und daß niedrige Temperaturen nicht unbedingt von jedem einzelnen Tier erlebt werden müßten, das, sofern es nicht als Zuchttier erhalten wird, gewöhnlich nur einen Sommer und Herbst alt wird. Bei reinrassiger Zucht von besten Stammtieren könnte dann grundsätzlich die Temperaturfrage zurückgestellt werden. „Temperaturen sind wichtig für die Güte des Pelzes, aber Auslese und Haltung ergeben auch in weniger günstigem Klima bessere Resultate als bestes Klima", sagt Demoll (192, 31). (Vgl. 454, 11.) Noch weiter geht Keller (268, 36 f.): „Hat man wirklich gutes Zuchtmaterial, so behält die Nachkommenschaft ihren wertvollen Pelz auch in ganz anderen Gebieten bei ... Die erblich befestigten Anlagen zu einer bestimmten Fellqualität erhalten sich auch in anderem Klima, wenn nur die Lebensbedingungen halbwegs (!) günstig bleiben und menschliche Zuchtwahl für die Festigung der gewünschten Anlagen sorgt."

Keller begründet hier die berechtigten Hoffnungen auf eine erfolgreiche Nerzzucht in Mitteldeutschland. Das Wort von den „halbwegs günstigen" (d. h. klimatisch normalen) Lebensbedingungen gibt aber bereits deutlich zu erkennen, daß es eine klimatische Grenze gibt, die nicht überschritten werden darf, ohne die Pelzqualität auch bei noch so guter Auslese der Tiere zu gefährden. — Außerdem ist festzuhalten, daß die Temperaturfrage in der Pelztierzucht von entscheidender Wichtigkeit bleibt für die Standortwahl einer Farm, die vor allem l e b e n d e Zuchttiere verkaufen will, und für die Auswahl der S t a m m tiere aus möglichst extrem winterkalten Gebieten (z. B. Quebec- und Labrador-Nerze usw.). (Vgl. S. 226, 186.)

β) Verhältnis zu sommerlicher Wärme.

Die sommerlichen Temperaturen sind für die Pelztierzucht von erheblich geringerer Bedeutung (192, 29). Der Sommerpelz ist bei allen Landtieren wertlos. Diese Zeit der Aufzucht der Jungen ist auch für die Pelzbildung noch nicht entscheidend. „Heiße Sommer sind nicht schädlich, wenn sie kurz sind und gefolgt werden von einer Jahreszeit, die ausreichend streng ist, um die Erneuerung schwerer Pelzkleidung herbeizuführen" (133, 7). Selbst starke Sommerwärme kann nicht unbedingt nachteilig sein, da sie für das kontinentale Klima der Ursprungsgebiete der nordamerikanischen Edelpelztiere typisch ist. Aus diesem Grunde rechnen sogar die Süd-Appalachen und weite Gebiete Californiens, Arizonas sowie fast ganz New-Mexico und Colorado zur „Übergangs"- und teilweise selbst zur „canadischen" Zone Ashbrooks (Karte S. 190/1). — Charlottetown, P. E. I., d. h. das „ideale Klima", hatte allerdings in 33 Jahren nur ein mittleres Monatsmaximum von 23,3° C. im Juli (87, 7).

Schattenspendende Bäume, Hecken, Sträucher, Kletterpflanzen usw., auch Matten, Schutzdächer, geschlossene Schuppen u. a. m. können die Hitze mildern. Der kontinental-heiße Sommer Canadas hat offenbar zur Einführung der Pelzschuppen (fur shed, hangar à fourrures) mit beigetragen. Rajotte (359, 75) empfiehlt, Jungfüchse bereits im Alter von 7 Wochen „vor der großen Wärme zu schützen, die sehr anstrengend ist und die Entwicklung der Tiere verzögert" [11]) (S. 205 f., 208). Als Ausgleich ist ein möglichst sicheres und regelmäßiges Eintreten herbstlicher Abkühlung erwünscht. In dieser Beziehung sind die Pelztierfarmen der Monsungebiete (Japan, China) begünstigt.

---

[11]) Als Vorteil der Michigan-Halbinsel, zwischen den Großen Seen, gilt so der „kühl-gemäßigte Frühling und Sommer, der es leicht macht, Junge aufzuziehen". (Am. F. and F. F., Dez. 1925, S. 22).

Die Großlage der Farmgebiete wird demnach nicht stark durch die sommerlichen Klimaverhältnisse beeinflußt. Um so mehr allerdings hat sie — im Gegensatz zur Wintertemperatur! — Anteil an der Wahl der Kleinlage und besonders an der äußeren Form und Anlage der Farm. Winterliche Kälte ist einerseits erwünscht für Edelpelztiere, andererseits nur mit großen Kosten (soweit erforderlich) zu bekämpfen, durch kostspielige Heizung. Sommerwärme dagegen soll vermieden und kann durch Aufsuchen schattiger Lagen, z. B. in Wäldern, und mit verhältnismäßig einfachen Mitteln (s. o.) bekämpft werden, die der Farm ihr Gepräge geben.

γ) Temperaturschwankungen.

Bei der verhältnismäßig großen Robustheit der dicht behaarten Pelztiere scheinen selbst größere Temperaturschwankungen, starke nächtliche Abkühlung usw. im allgemeinen nicht gefährlich zu werden. Jedenfalls ist in der Züchter-Literatur nicht häufig davon die Rede. Den meisten Tieren stehen ja auch in irgendeiner Form warme, dicht abgeschlossene künstliche Höhlen (kleine Holzkästen verschiedener Konstruktion) zur Verfügung, in die sie sich zurückziehen können. Diese werden auch zur Aufzucht der Jungtiere benutzt, d. h. zu der Zeit des Jahres, wo plötzliche Abkühlung am ehesten gefährlich werden kann. Hier muß allerdings dann Zugluft usw. sorgfältig vermieden werden, doch die Standortwahl hat auf diese Verhältnisse wohl kaum noch einen Einfluß bzw. kann auf sie keine Rücksicht nehmen.

Starke Tagesschwankungen, wie sie für das Klima von Buchara charakteristisch sind, spielen in der Karakulzucht eine große Rolle, aber nicht, wie oft angenommen zu werden scheint, in einem positiven Sinne (etwa, daß sie die Lockung des Persianerfelles förderten), sondern im Gegenteil in negativer Hinsicht. Sie sind die Ursache für zahlreiche Früh- und Fehlgeburten, d. h. Verluste an Mutter- und Jungtieren. Das Fell dieser Lämmer ist zwar äußerst wertvoll (Breitschwanz), wiegt aber bei weitem nicht die Verluste auf, die die Zucht dadurch erleidet, daß wertvolle Elterntiere ohne Nachkommen bleiben bzw. selber zugrunde gehen. Daher wird auch die üble Legende, daß Fehlgeburten sogar künstlich herbeigeführt würden, von allen Fachkennern bekämpft. — Das Klima ist in Buchara nicht „gerade rauh genug" für die Karakulzucht, sondern zu rauh, was auch dadurch bewiesen wird, daß die Jungtiere häufig besondere Pflege und künstliche Warmhaltung durch den Schäfer nötig haben (127, 250). In dieser Beziehung können die neuen Standorte der Karakulzucht (am Schwarzen Meer, in Südwest-Afrika, Texas oder Mitteleuropa) sogar günstiger sein als die Stammheimat!

Plötzliches Nachlassen der Winterkälte kann in der arktischen Renntierzucht zu Katastrophen führen: Winterregen, die selbst nördlich des Polarkreises in Alaska besonders an der Küste eintreten können, lassen den Schnee so verkrusten, daß die Tiere nicht mehr die Flechten am Boden mit den Hufen freilegen können. Gebiete, in denen solche Wärme-Einbrüche häufiger vorkommen, müssen daher vermieden werden, da die Tiere nur durch schnellste Abwanderung in das Innere vor dem Verhungern bewahrt werden können (334, 17).

Auf zwei Nutriafarmen in der Schweiz (in 1000 bzw. 441 m Höhe) erkrankten im Winter 1931/32: 90% der Tiere an „äußerlichen Leiden, welche auf Kälteeinwirkung zurückgeführt werden mußten". „Das Auftreten dieser Schädigungen (an aus Argentinien importierten Tieren) war bedingt durch den plötzlichen Witterungsumschlag, durch den unerwarteten Kälteeinbruch." („Die Temperatur sank über Nacht plötzlich auf —16° C." [74, S. 2, 10].) Die Freilandzucht ohne Schutz gegen plötzlichen Temperatursturz ist demnach in den Voralpen für diese Tiere nicht ungefährlich.

δ) Einfluß auf den Pelztierhandel.

Auch für den Transport lebender Pelztiere spielt die Temperatur eine Rolle. Um die wertvollen Tiere gesund in ihre neue Heimat zu bringen, ist es notwendig, eine nicht zu heiße Jahreszeit für die Überfahrt zu wählen. Ashbrook (127, 33) empfiehlt Ende September als beste Reisezeit. Dies gilt aber nur für die Handelswege, die die Tropen nicht berühren oder queren. Bei allen derartigen weitreichenden Transporten sind besondere Vorsichtsmaßregeln zu beobachten, da sich der Rhythmus der Jahreszeiten für die Tiere völlig umkehrt: Mit dem neuen Winterpelz geraten die Silberfüchse in den südamerikanischen Hochsommer, oder die Nutria muß im Herbst gleich nach ihrer Ankunft im schütteren Sommerpelz den frühen canadischen Frösten trotzen (vgl. S. 119 f., 155 f.).

Besonders bekannt geworden sind die Chinchilla-Transporte, die auf dem Wege von Chile nach Californien teils im Flugzeug, teils zu Schiff mitten durch die Tropen führten. Chapman, der Begründer dieser höchstwertigen Pelztierzucht bei Los Angeles, ließ seine Tiere unter großen Mühen und Kosten mit Eispackungen und mit elektrischen Fächern kühlen, nachdem es ihm gelungen war, ausreichende Schiffsräume zu erhalten. (Vgl. Berichte in The New West Coast Leader, Lima, Peru, September 1936, März 1937, Februar 1938.)

b) Niederschläge und Luftfeuchtigkeit.

α) In bezug auf die Niederschlagsmenge wird allgemein ein „gutes Mittelmaß" gefordert. Extreme Trockenheit gefährdet die Pelzqualität und erschwert den Farmbetrieb in jeder Beziehung. Extrem regenreiche Gebiete sind gleichfalls ungünstig. Für die Pelzqualität ist ein Zuviel an Regen, wie es an der pazifischen Westküste beobachtet werden kann, von großem Schaden. In British-Columbia und Alaska führen die starken Regenfälle zur Bildung eines wenig begehrten, groben, ausgesprochenen „Regenpelzes", dessen lange Grannen bei weniger entwickelter wärmender Unterwolle dem Tiere zur leichteren oberflächlichen Ableitung des Wassers dienen müssen[12]). Der Regenpelz des Nerzes wird auch in der Unterwolle langhaarig und straff (anstatt gekrümmt) und enthält dann nur noch in geringem Maße die isolierende, wärmeerhaltende Luftschicht (268, 36 f.). Besonders gefährdet in regenreichen Gebieten sind die Freilandzuchten, während intensivierte Farmbetriebe den Tieren mehr Schutz gewähren können. (Über den Regenpelz in Nordwestdeutschland siehe Lit. 85.)

Der Silberfuchs lebt wild sowohl auf den Kadiak-Inseln (mit einer jährlichen Niederschlagsmenge von 2000 mm) wie bei Jatusk (200 mm). In beiden extremen Fällen ist also der Pelz gefährdet: Im einen Fall werden die den Regen ableitenden langen Grannen (Deckhaare) auf Kosten der wärmenden weichen Unterwolle entwickelt, im anderen Fall entsteht ein grobes, glanzloses Fell. Dazwischen liegt nach Demoll (192, 36) das Optimum mit etwa 800—1000 mm Niederschlag im St. Lorenzgolf und 500—1000 mm in Labrador. Charlottetown, P. E. I., verzeichnet 994 mm Niederschlag (87, 7), wovon — leider — ein bedeutender Teil in den Herbst, die Zeit der Pelzbildung, fällt. Mit 500—1800 mm gelten demnach in dieser Hinsicht auch die meisten deutschen Gebiete als günstig (vgl. Lit. 76).

Danach ist es nicht verwunderlich, daß Ashbrook (127, 22) unter den Umständen, die „die Produktion guten Pelzes herbeiführen", an zweiter Stelle „fair rainfall" nennt, und daß sowohl Stilgenbauer wie Alkalay (Lit. 98 u. 67) auch die ausreichenden, aber mäßigen Niederschläge (1000 mm) auf der Prince Edward Insel als ausgesprochenen Vorzug dieser Insel beurteilen.

β) Die Form der Niederschläge soll sich nach Möglichkeit auch auf Schnee erstrecken. Freie Bewegung in frischem Schnee fördert die Gesundheit der Tiere, schützt vor Parasiten, wirkt desinfizierend und anregend auf die Pelzbildung. Besonders erwünscht ist „häufige neue Auflage" der Schneedecke! (192, 36). Auch hier wird aber ein Übermaß nach Möglichkeit vermieden. Zahlreiche Farmen in Mittel-Quebec leiden unter Schneemengen, die die Arbeit des Fütterns, der Kontrolle usw. erschweren, die besonders im Frühjahr zur Plage und zur Gefahr werden (Erkältung

[12]) Auch hierfür wurde ein Almbetrieb vorgeschlagen: „Tiere mit Regenpelz müssen im Winter zur Heranbildung normalen weichen Winterpelzes in ein kontinentales Klima gebracht werden." (Lit. 337, S. 406).

der Tiere) und besondere Schutzmaßnahmen erfordern: Bei offenen Gehegen richtet sich die Höhe nach den Schneeverhältnissen, um ein Entweichen der Tiere zu verhindern (192, 50), während Sträucher gepflanzt und Schneezäune, Schutzdächer, geschlossene Gebäude usw. mit Kosten und Mühe zur Aufrechterhaltung des Winterbetriebes gebaut werden müssen.

Der Winter auf Prince Edward Island, der als „sehr lang und sehr schneereich" bezeichnet wird (87, 6), weist 2100 mm Schneefall auf; bereits im Oktober setzen leichte Schneefälle ein (87, 7). Auch in diesen Punkten gilt die Insel als bevorzugt, zumal Alkalay „eine mindestens dreimonatige Schneebedeckung" fordert (67, 5).

γ) Die beste jahreszeitliche Verteilung der Niederschläge wird nicht oft erörtert. Ashbrook (127, 22 u. 133, 7) fordert, ohne Angabe von Gründen, Regen besonders im Frühling, ebenso Ziemsen (454, 35), obwohl sich gerade ein feuchtes Frühjahr als ausgesprochen ungünstig für die Aufzucht der Jungen erwiesen hat. Die Jungen werden zwischen dem 20. Februar und dem 20. Juni geboren, und die besten Würfe fallen (nach Ashbrook) gewöhnlich in die Zeit zwischen dem 15. April und 15. Mai, so daß sich gerade auf die meisten und besten Würfe ein regenreiches Frühjahr auswirken müßte!

Regenreichtum im Herbst, zur Zeit der Pelzbildung, gilt allgemein als ungünstig (359, 115 u. a.). Hier liegt wohl der einzige Nachteil des sonst bekanntlich „idealen" Klimas der Prince Edward Insel (vgl. 87, 6 und Tabelle bei Stilgenbauer, Lit. 98). Aus dieser Tatsache ergibt sich, daß offenes Farmgelände in Gebieten subtropischen Klimas sowohl im Frühjahr als auch im Herbst ungünstig ist, wozu dann noch der erwähnte Nachteil des trocken-heißen Sommers kommt.

δ) Wichtiger als die Regenmenge ist die Luftfeuchtigkeit. Ihre Bedeutung ist im Laufe der Zeit mehr und mehr erkannt worden. Untersuchungen der Entwicklungsbedingungen der Prince Edward Island-Silberfuchszucht führten zur Anpreisung ihres feuchten, maritimen Klimas, das vom St. Lorenzgolf bzw. den zahlreichen, tief in das Inselgebiet eindringenden Meeresbuchten (siehe Karten S. 266/7 und in Lit. 98) bestimmt wird. Kein Punkt der Insel ist weiter als 24 km vom Meere entfernt (vgl. 87, 7 und Karte S. 9)[13]).

[13]) Seidenweiches Haar wird auf feuchte, windgeschützte Gegenden zurückgeführt und kennzeichnet den P. E. I.-Silberfuchs als Standardfuchs. Entsprechend gelten als Vorzüge der Kupfer Inseln nahe der japanischen Küste: feucht-nebliges Klima mit reichlichem Wind- und Sonnenschutz durch hügliges Gelände — mit dem Ergebnis, daß die dortigen Blaufüchse „an Schönheit und Rauchheit alle anderen überragen". (Z. 1, Mai 1929, 1014).

Dieses „ideale Klima“ wurde zum Vorbild nicht nur für die Wahl küstennaher Gebiete der Seeprovinzen Canadas und der Neu-England-Staaten, sondern führte zur Bevorzugung des gesamten St. Lorenzstrom-Tieflandes, der Großen Seen usw. Die Spitzen der beiden „upper“ und „lower peninsula“ von Michigan wurden z. B. angepriesen als die „Prince Edward Insel der Großen Seen“. Diese Propaganda begünstigte ebenfalls British Columbia und Südost-Alaska (454, 20), während Colorado und die anderen Felsengebirgsstaaten um so mehr auf ihre Winterkälte verweisen mußten, um von der Trockenheit abzulenken, die die dort erzeugten Pelze häufig spröde und glanzlos macht. Im Zuge dieser Entwicklung wurde auch die Bevorzugung Norwegens mehr und mehr erkannt, während in Deutschland die bisher wegen ihrer Winterkälte bevorzugten Höhenlagen der Mittelgebirge und der Voralpen bedenkenlos verlassen werden konnten (414, 5). Man erkannte die Gunst des ausreichend kalten norddeutschen Tieflandes mit seinem feuchten Klima — wozu noch die bessere Verkehrslage usw. kam. Auch in der Kleinlage wurde in verstärktem Maße die Nähe von Flußläufen, Bächen, Seen aufgesucht. (Erkundigungen, die der Verfasser bei deutschen Farmen z. B. am Laacher See und in Oldenburg durchführte, ergaben, daß die Kleinlage durchaus bewußt unter diesem Gesichtspunkt gewählt war.) In der Nerzzucht führte das Aufsuchen von Tälern, Wiesen und feuchtem Gelände („weil der Nerz ein Ufertier ist und in seiner Heimat feuchte Nebel häufig sind“) sogar schon zu Übertreibungen, denn es bleibt zu bedenken, daß „feuchter Boden kaum von Krankheitskeimen freizuhalten ist“ usw. „Man muß dort züchten, wo für den Züchter die Arbeit am leichtesten ist!“ (268, 36 f.).

Für bestimmte Tiere mit anderen natürlichen Lebensbedingungen gelten auch hier selbstverständlich wieder andere Verhältnisse. Z. B. erwies sich das Klima Neufundlands und der Prince Edward Insel als ausgesprochen ungünstig für die Karakul-Zucht. Diese Tiere der asiatischen Steppe waren sehr empfindlich gegen die Feuchte, der man sie zuerst in Nordamerika aussetzte, während sie sich später in den trockenen Prärieprovinzen und besonders in Texas, aber auch schon in Zentral-New York gut akklimatisierten. Besonders günstig verlief die Einbürgerung in Deutsch-Südwest-Afrika, wo die größte Konkurrenz zur russischen „Persianer“-Produktion entstand. Das Wollkleid der Karakulschafe ist locker und enthält wenig Fett. Daher leitet es das Regenwasser nicht so gut ab, und die Tiere brauchen in Nordamerika Schutzdächer, wenn heftige, besonders kalte, Regengüsse fallen (127, 239 ff., 245).

Auch die amerikanischen Frettchen, deren Stammeltern 1875 direkt aus Spanien eingeführt sein sollen (232, 60), vertragen nicht viel Regen und

Feuchtigkeit. Besonders empfindlich gegen feuchte Gebiete sind die echten Chinchillas. Sie brauchen Trockenheit wie in ihrer Heimat, den Hochanden von Bolivien, Peru und Chile, und gehen in feuchter Atmosphäre zugrunde (127, 236 ff.).

c) Sonnenbestrahlung.

Da die meisten Edelpelztiere ausgesprochene Waldbewohner sind, ist längerer Aufenthalt in intensivem Sonnenlicht für ihr Wohlbefinden weder notwendig noch förderlich. Im Gegenteil wird ein Großteil vorkommender Pelzschäden und anderer Mißerfolge in der Pelztierzucht auf zuviel Sonne — zumal im Herbst, zur Zeit der Pelzbildung — zurückgeführt. Dementsprechend gilt die nächtliche Lebensweise des Skunks als ausgesprochen günstig für die Pelzqualität: „Sie macht den Pelz so glänzend, da er nie mit freiem Willen von der Sonne beschienen wird" (289, 11). Auch der reine silbergraue, seidige Glanz des Chinchilla-Felles wird darauf zurückgeführt, daß das Tier sich vor der glühenden Sonne seiner Heimat verbirgt und nur in der Dämmerung Nahrung einnimmt. (Die Chinchilla-Freiland-Farm im Huasco-Tal bei Vallenar in Nordchile wies deshalb Steinhaufen auf, die den Tieren zur Deckung gegen die Sonne wie gegen Raubvögel dienten! Siehe: West Coast Leader, Lima, Febr. 1937, S. 22.)

Bei den Tagtieren werden Farbe und Glanz beschädigt durch Ausbleichen und besonders entwertet durch das beim Silberfuchs berüchtigte Braunwerden (vgl. 67, 6). Die Behauptung, daß das Sonnenlicht den Pelz rostbraun tönt, mag übertrieben sein und wird auch von vielen Züchtern bestritten. Ashbrook (127, 45 u. 133, 7) z. B. führt den gefürchteten braunen Schimmer auf schlechtes Zuchtmaterial zurück, andere auf unzweckmäßige Ernährung (454, 77), (nach Demoll ist der übermäßige Genuß von Pferdefleisch die Ursache [192, 94]), oder auf Bodenbeschaffenheit. Trotzdem hat die „Schattenfrage" größten praktischen Einfluß gerade unter diesem Gesichtspunkt auf die Groß- und Kleinlage und die Anlage zahlreicher Farmen gehabt. (Schattenpflanzen usw.) Das gilt für die Silberfuchszucht wie für die Nerzzucht (vgl. Keller, Lit. 268, S. 30, 37). — Von den „Fuchsinseln" Alaskas, die teilweise (zumal in der Kodiak-Afognak-Region und weiter westlich, Karte S. 136/7) „wenig oder kein pflanzliches Leben haben", sagt Ashbrook, sie seien „für die Fuchszucht nur von geringem Wert wegen ihres Mangels an ausreichendem Schatten" u. a. (133, 8).

Beobachtungen im Alpenvorland sprechen gleichfalls dafür, daß allzu intensive Sonnenstrahlung (besonders „Höhensonne") nachteilig ist. Vor allem im August bis Oktober, zur Zeit der Reifung des neuen Pelzes, sind ultraviolette Strahlen schädlich (192, 38 u. 338, 23), „da sie eine stark bleichende Wirkung ausüben" (67, 6). Das gleiche wurde festgestellt in den Gebirgslagen des Westens der USA. (vgl. die Südspitzen des „Übergangsgebietes" nach Ashbrook, Karte S. 190/1), und, unter dem Einfluß der langen Sommertage, in höheren Breiten des canadischen Nordens, auch in der Ebene. Dementsprechend wurden die Vorzüge küstennaher Gebiete wie in Bezug auf die Luftfeuchtigkeit so auch in diesem Punkt erkannt. Die stärkere Bewölkung und trübere Luft maritimer Klimagebiete (besonders in Alaska, Norwegen, aber auch auf der Prince Edward Insel, in Nordwestdeutschland usw.) wurde als Abschwächung des Sonnenlichtes begrüßt: „Nebel sowie häufig bedeckter Himmel im Herbst begünstigen die Zucht" (67, 6).

Andererseits kann auf Sonnenschein nicht ganz verzichtet werden, da es keine bessere Möglichkeit zur Desinfizierung der Gehege, Zwinger usw. gibt. Außerdem ist Sonnenschein im Winter und Frühjahr stets erwünscht, da er für rasche Schneeschmelze, Bodentrocknung und Erwärmung sorgt und damit Faktoren schafft, die für die Gesundheit der Tiere und besonders für die Aufzucht der Jungen günstig sind.

Infolgedessen ist „ein glückliches Mittel zwischen Schatten und Sonne" (127, 22) anzustreben. Zur Verwirklichung dieses Zieles wird zunächst in der Kleinlage der Farmen die Sonnenseite des Geländes bevorzugt (Südhänge unter Vermeidung tieferer Talstücke). (In Deutschland wurden früher allerdings Nordhänge gewählt, da man die ultravioletten Strahlen fürchtete. In den damals bevorzugten Höhenlagen mag das auch berechtigt gewesen sein.) (Vgl. 338, 23.) Die Abstufung des Maßes an Sonnenlicht wird heute durch andere, zum Teil künstliche Maßnahmen herbeigeführt. Die Anlage unmittelbar in Wäldern hat (vor allem aus hygienischen Gründen) abgenommen, dagegen werden lichte Baumpflanzungen (Obstbäume) und Sträucher aufgesucht oder angelegt. Laubbäume sind hierfür günstiger als Nadelholz und immergrüne Gewächse, damit in jahreszeitlicher Abstufung wenigstens im Winter reichlich Sonne zur Verfügung steht, die aus klimatischen Gründen dann nicht mehr so stark ist, daß sie schädigen könnte. Nur zur Zeit der Haarung im Herbst versagt dann leider der Baumschatten. Wie weit die „Schattenfrage" die Anlage und die technische Einrichtung der Farmen beeinflußt, zeigt die häufige künstliche Schaffung eines kühlen, feuchten, sonnenarmen sommerlichen „Mikroklimas" im Fuchsgehege, nicht nur mit Hilfe von Pflanzenwuchs, sondern auch durch Sonnenschutzmatten und -dächer, aus Stroh, Blech usw. In der Provinz Quebec haben die allseits geschlossenen „Pelz-Schuppen" (fur-sheds) in den letzten Jahren besonders stark zugenommen.

d) Winde.

Auch die Windverhältnisse müssen berücksichtigt werden. Ziemsen warnt vor „kalten Gegenden mit rauhen, langdauernden Nordwinden": „Der Pelz kann struppig werden, das Haar wird hart und verliert den seidenweichen Charakter." Die hierdurch benachteiligten Farmen hochnordischer Gebiete (z. B. Nord-Canadas, Alaskas sowie in Zukunft wohl auch die Antarktis) sind zu besonderen Schutzmaßnahmen, besonders für die Jungtiere, gezwungen. Bretterzäune, dichte Hecken, Baumreihen, Waldstreifen usw., wie sie sich um canadische Farmen finden, dienen zugleich dem Windschutz wie der Verhütung von Schneewehen in und bei den Zwingern (127, 79), sowie zur Erhöhung der Sicherheit gegen Entweichen der Tiere. — Bei der Grundrißplanung der Farm ist die Berücksichtigung der örtlichen Windverhältnisse notwendig, damit genügend Frischluft zwischen den Gehegen zirkulieren kann. (Z. B. kann in Gegenden mit häufigen Sommerwinden der Abstand der Bretterzäune von den Zwingern geringer sein, usw., vgl. 127, S. 80, 47). Talkessel, Mulden und andere Lagen mit stagnierender Luft (z. B. zwischen größeren Gebäuden) werden möglichst vermieden.

Für kein Tier, dessen Haarkleid zur Pelznutzung herangezogen wird, sind die Windverhältnisse so wichtig wie für das Renntier. Im Winter werden die Gebiete aufgesucht, in denen ein heftiger Wind die Bildung einer zu mächtigen Schneedecke verhindert hat (z. B. an den Küsten), und die waldreicheren oder flachen Landstriche des Inneren müssen gemieden werden, da dort der Schnee sich zu sehr anhäuft: Mehr als 70 cm Packschnee und ein bis eineinhalb Meter lockeren Schnee kann das Tier mit den Hufen nicht fortscharren, um das Futter zu erreichen. Im Frühjahr können Wind und Sturm dem Jungtier lebensgefährlich werden, und deshalb braucht die Frühjahrsweide „so viel Windschutz, wie die Topographie und die Pflanzendecke nur eben ermöglichen". Im Sommer dagegen ist gerade der Wind wieder lebensnotwendig, da er allein, am Strand oder auf den Höhen des Inneren, einige Erleichterung von der unerträglichen Insektenplage verleiht, der die Tiere auch durch ständiges Wandern gegen den Wind zu entgehen versuchen. So bildet die Anweisung, welche Windverhältnisse in jeder Jahreszeit erforderlich sind, einen Hauptteil des sorgfältigen „Kalenders für Renntierhirten", den Palmer (Lit. 334, 19 ff.) zusammengestellt hat, und der sämtliche Ansprüche aufzählt, die an die jahreszeitlich verschiedenen Weidegebiete gestellt werden müssen in bezug auf Klima, Wasserverhältnisse, Pflanzenwuchs und Verkehrslage. (Es gibt wohl kein Gebiet der Pelztierzucht und Pelztierhege, dessen Standortgrundlagen so gründlich und zusammenfassend untersucht und dargestellt sind wie die der Renntierzucht Alaskas und Nordcanadas. Auch die landschaftsumgestaltenden Wirkungen, vor allem in bezug auf die Pflanzendecke, aber auch auf den Frostboden usw., sind besonders eingehend untersucht worden, zumal sie die spätere Eignung der bisher benutzten Weidegebiete stark beeinflussen.) (334, 24 f., u. a.)

e) Künstliches Klima.

Besonders in der Provinz Quebec haben die von künstlicher Beschattung usw. ausgehenden Bestrebungen einer Technisierung der Pelztierzucht mehr und mehr zur Einführung völlig überdachter Pelzschuppen (hangar à fourrures) beigetragen, in denen besonders die zu pelzenden Tiere dauernd von der Außenwelt abgeschlossen bleiben. Unter dem Leitsatz: „Denken wir daran, daß Wind, Regen (!) und Sonne die drei Hauptelemente sind, die dem Pelz schaden und ihn braun werden lassen" (Rev. des El. de Ren., Februar 1936, S. 9), wird ein künstliches Mikro-Klima geschaffen. Gleich bei der Entwöhnung, im Alter von 7 bis 8 Wochen, kommen die Jungfüchse in den „vollkommen unentbehrlichen", oft mehrstöckigen Schuppen (359, 65 ff.), in dessen Schatten sie den ganzen Sommer und Herbst, oft auch das ganze Jahr, verbringen (359, 115).

Dieses Prinzip steht in schroffem Gegensatz zu allen anderen naturnäheren Zuchtformen, die selbst in der Zwingerfarm noch die Herstellung natürlicher Umweltverhältnisse (z. B. durch den Bau der Käfige im Walde) erstreben. Der Einbau moderner „Klimaanlagen" in geschlossenen Pelztierhäusern, die Zucht der Pelztiere im Kühlhause — nach dem Grundsatz des Treibhauses mit umgekehrten Vorzeichen —, wäre das logische Ende dieser Gedankenkette, doch kann es heute wohl nicht mehr zur Schaffung dieses Farmtyps kommen, weil der geringere Wert der Tiere den Einsatz solcher Mittel nicht mehr lohnt. Die Zeiten, da man 10 000 bis 30 000 $ für ein Elternpaar von Silberfüchsen zahlte, sind lange vorbei, und nur derart oder annähernd hohe Preise könnten die mit dem Kühlhaus an sich gegebenen Umwälzungen der Standortgruppen der Edelpelztierzucht ermöglichen.

Seine einzige praktische Verwirklichung dürfte der Kühlhaus-Gedanke beim Transport der Chinchillas durch die Tropen gefunden haben, wobei Chapman elektrische Ventilatoren und Eispackungen benutzte (siehe S. 201).

3. Beeinflussung durch Boden- und Geländebeschaffenheit.

a) Böden.

Ashbrook (127, 24) stellt fest, daß Pelztierfarmen praktisch auf allen Bodenarten erfolgreich betrieben worden sind, auf Lehm, Sand, Kies,

Skelettböden usw. — vorausgesetzt, daß sie leicht zu entwässern sind und Schattenpflanzen zu ernähren vermögen. Hiermit ist aber ein wichtiges Auswahlprinzip gegeben, das auch von anderen Autoren und durch Berichte der Züchter und die Erfahrungen der Deutschen Versuchszüchterei Edler Pelztiere bestätigt wird. Lockere Böden, wie z. B. auf Prince Edward Island (87, 7), sind auf jeden Fall gegenüber schweren Lehmen, Tonen usw. bevorzugt. Sie haben den Vorzug größerer Trockenheit, die besonders nach Regenfällen, zur Zeit der Schneeschmelzen und allgemein in der kühleren Jahreszeit aus hygienischen Gründen sehr erwünscht ist. Da meist Gebiete kühlgemäßigten Klimas mit mittleren bis reichen Niederschlägen, hoher Luftfeuchtigkeit usw. die Standorte der Edelpelztierzucht sind und schattige Lage der Gehege gefördert wird (s. o.), ist diese Bedingung besonders wichtig. Auf engen Raum beschränkt, oft in großer Zahl zusammengesperrt und ohne ausreichende Bewegungsfreiheit sind die Tiere gegen ein Übermaß an Feuchtigkeit am Boden sehr empfindlich (454, 36 u. a.). Erkältungskrankheiten sind die Folge. Außerdem fördert zäher, schwerer Boden jede Art von Parasiten- und anderen Krankheitsübertragungen (Lit. 101) durch Tiere und Wärter, und ist durch seine am Pelz haften bleibenden mineralischen Bestandteile imstande, die Färbung und den Glanz des Pelzes zu beeinflussen. (Eine Versuchsfarm in der Nähe von Leipzig mußte, nach mündlichem Bericht durch die Reichs-Zentrale, vor allem aus dem Grunde aufgegeben werden, weil der rotbraune Lehmboden sich als schädlich für den Pelz erwies.) — Ein ausgesprochener Vorzugsboden für die Anlage von Pelztierfarmen ist — nach Erfahrungen canadischer Züchter und in Übereinstimmung mit obigen Erkenntnissen — leichter sandiger Boden in Gesteinsmulden bzw. auf felsigen Abhängen: Mit den Vorteilen des durchlässigen lockeren Untergrundes verbindet sich die Trocknung des Bodens durch die für Frühjahr (Schneeschmelze) und Herbst erwünschte Wärmespeicherung und -rückstrahlung des freiliegenden anstehenden Gesteins.

Allzu tiefe Lockerböden sind allerdings unerwünscht. „Die Mächtigkeit des Bodens ist technisch wichtig, da sich danach der Umfang der Anlagen richtet, die gegen das Entweichen der Tiere durch Ausgraben unter dem Drahtzaun usw. vorgesehen werden müssen. Fester Felsgrund unter einer nicht zu tiefen Schicht geeigneten (s. o.) Oberbodens ist hierfür am günstigsten und erspart Kosten und Verluste (vgl. Ashbrook, 127, S. 47, 54 u. a.).

Die Art und chemische Zusammensetzung des Bodens übt ferner einen wichtigen Einfluß auf die P f l a n z e n w e l t am Standort aus. Natürlicher Artenbestand bzw. Pflanzungsmöglichkeit der Schattenpflanzen und -bäume hängen davon ab. Für Ashbrook (127, 24) ist die „Fähigkeit, vernünftigen Schatten zu erzeugen", die zweite Bedingung für gute Farmböden. In dieser Hinsicht sind allerdings fruchtbarere Böden günstiger als Sande, da nach neueren Auffassungen möglichst Laubbäume als Schattenpflanzen gewählt werden sollen (s. S. 206). Noch stärker wirkt sich der Gehalt des Bodens an Nährstoffen usw. aus, wenn Pflanzenfresser Insassen des Farmgeländes sind. Da die Futter- und Nestbaupflanzen z. B. der Bisamratten sehr genaue Ansprüche an die Bodenzusammensetzung stellen, ist nicht jeder Teich geeignet, die nötige Auswahl an Pflanzen für alle Zwecke zu bieten bzw. die Anpflanzung zu ermöglichen. Diese Tiere, deren Nahrung unmittelbar beeinflußt und verändert wird, stehen damit unter schwierigeren Eingewöhnungsbedingungen als die Fleischfresser (192, 28).

Als besonders wichtig erwies sich die Bodenstruktur in der Bisamhege. Umfassende Untersuchungen und Vergleiche der Erträge verschiedenster Farm- und Hegegebiete zeigten Arthur (123, S. 250, 373) den unmittelbaren Zusammenhang zwischen Bodenart und Bestandsdichte. Trotz bester Wasserverhältnisse und reichlichem Vorrat an Futterpflanzen wurden von den Tieren solche Sumpfgebiete gemieden, die nur dünne Humusschichten am Grunde aufwiesen. Die Bisamratte durchwühlt den Boden auf der Suche nach Wurzeln und um sich unterirdische geschützte Verbindungswege zu schaffen. Dies wird ihr erleichtert in lockerem, schwammigem, torfigem, durchwurzeltem Humusboden. Die Gänge sind zugleich leicht zu graben und doch fest und sicher und erschließen reichliche Nahrungsquellen. Solcher Humusboden erreicht in den dichtest besetzten (und für den Trapper ertragreichsten) Gebieten mehrere Meter Mächtigkeit. Auf der Delacroix-„Insel" südöstlich von New Orleans wurden 17 Fuß (etwa 5 m) Tiefe festgestellt (123, S. 246—248). (Siehe Karte S. 215.)

Im Gegensatz hierzu wirken Ton- und Lehmböden erschwerend auf diese Arbeit der Tiere, während die Höhlen und Gänge im Sandboden nach kurzer Zeit wieder zusammenstürzen würden. Aus diesem Grunde werden in Louisiana die mehr landeinwärts gelegenen Sümpfe gemieden, wo infolge der periodischen Überschwemmungen durch den Mississippi schichtweise immer wieder von neuem Feinsand und Ton abgelagert wird, so daß es nicht zur Bildung einer stärkeren Humusschicht kommen kann (123, 372 f.).

Für die Bisamhege in Teichen und Sümpfen und an Flußläufen des Binnenlandes gilt die Regel, daß fester Boden in geringer Tiefe wünschenswert ist: Da zur Sicherstellung reichlichen Wasserstandes Erd- oder Beton-Staudämme gebaut werden müssen, soll der Untergrund fest sein. Edwards (201, 19 ff.) rät daher von glazialen Ablagerungen ab und empfiehlt „clay or hard pan", weil lockerer oder kiesiger Boden den Staudamm durch Unterspülung gefährdet und eine Pfahlrostgrundlage für das Bauwerk erfordert.

b) Gelände.

Über die wünschenswerten Eigenschaften des Bodenreliefs der Land-Pelztierfarmen besteht eine Übereinstimmung der Ansichten, die bei Berücksichtigung der bisher angedeuteten Meinungsverschiedenheiten über die Bodenbeschaffenheit auffällt. Oberster Grundsatz ist: gute Entwässerung und Belüftung. Um diese zu erleichtern bzw. zu ermöglichen, wird sanft geneigtes Gelände, evtl. künstlich terrassiert, gefordert. Die leicht hügelige Landschaftsform der Prince Edward Insel ist eine ausgesprochene Vorzugsform (vgl. 87, 7). Die Gefällsrichtung soll nach Süden zeigen, um die Sonnenstrahlen besser aufzufangen. Hanglage an Südhängen ist besonders in höheren Breiten notwendig, um die Nachteile des niedrigen Sonnenstandes besonders im Winterhalbjahr auszugleichen. — Rasche Entwässerung ist aus hygienischen Gründen unentbehrlich. Zur weiteren Vermeidung von Krankheitsübertragung ist sogar das Ziehen eines Netzes von Entwässerungsgräben zwischen den einzelnen Gehegen empfehlenswert (127, S. 80, 285). — Allzu steile Hänge sind dagegen wieder nachteilig, da sie die Arbeit des Wärters erschweren und zu Transportschwierigkeiten jeder Art führen (127, 46).

Täler und Niederungen, vor allem soweit sie von Gewässern durchzogen sind, kommen besonders für die Anlage von Biber- und Bisamfarmen in Frage. Sie erleichtern die Schaffung künstlicher Stauteiche usw. Für andere Farmen sind die Nachteile übermäßiger Feuchtigkeit, winterlicher Kaltluftspeicherung und Behinderung der Sonnenstrahlung zu groß. Hügeliges Gelände ist auch aus Gründen guter Belüftung (besonders für den heißen Sommer im amerikanischen Binnenland) sehr erwünscht. Größere Höhen (über 1000 m) kommen aber nach neueren Ergebnissen nicht mehr in Frage, wegen der ungünstigen, besonders ultravioletten, Höhenstrahlung, der meist allzu rauhen Witterung und der abseitigen Verkehrslage. In früheren Jahren waren sie allerdings gerade in Deutschland bevorzugt, weil man in Mitteleuropa die niedrigen Temperaturen des canadischen Winters suchte. Auch die Regenhäufigkeit der Gebirgslagen gilt heute nicht mehr als so wichtig, da sie leicht ersetzt wird durch hohe Luftfeuchtigkeit in den entsprechenden Gebieten des Flachlandes (vgl. 67, 6). Über die früher bevorzugten „Silberfuchszukunftsgebiete" Großdeutschlands, in 800—1600 m Höhe, usw. unterrichtet u. a. Alkalay (68, S. 8 u. 10).

Eine besonders große Rolle spielt die Reliefgestaltung bei der Auswahl geeigneter Inseln für die Freiland-Inselzucht: Unbedingt sind zu vermeiden: Festlandnähe, Untiefen, Klippen und Riffe, die ein Entweichen der Tiere herbeiführen können, aber ebenso auch unzugängliche ausgedehnte Steilküsten, unterseeische Riffe, Sandbänke usw., die die Annäherung der Wärter an die Insel erschweren. Durch die Notwendigkeit der Kontrolle, Futterbeschaffung, Pelzgewinnung usw. wird die Auswahl der Inseln erheblich beschränkt, da zahlreiche Felseninseln in Alaska entweder zu groß, oder zu wenig zugänglich sind oder andere der genannten Nachteile aufweisen. (Am. F. F. F. Nov. 1925, 48 f.)

Besonders wichtig ist die Geländebeschaffenheit für die Auswahl eines geeigneten Gebietes als Renntierweide. Von Mitte Juni bis Mitte August müssen die Tiere auf Hügeln im Inneren oder auf windüberwehten flachen Bodenwellen an der Küste Schutz suchen vor der sommerlichen Insektenplage, während sie von April bis Juni gerade windgeschützte Hänge und Talungen und kleine Geländemulden aufsuchen mußten, in denen die Jungtiere geboren und aufgezogen werden (334, 19 f.). Das Jahr vergeht in beständiger Wanderung von einem der vier Weidegebiete zum anderen, von den Höhen in die Täler, auf die Hänge, zum Meeresufer usw.

4. Gewässer als Grundlage von Pelztierfarmen.

a) Wasser als Nahrungsmittel.

Für die Ernährung der Tiere ist ausreichendes frisches Wasser eine selbstverständliche Voraussetzung. Quellen, Bäche und Teiche, die sich als Tränken benutzen lassen, sind eine erwünschte Zugabe zur natürlichen Ausstattung des Farmgeländes, da sie Arbeit und Kosten umfangreicher Grundwasserpumpen usw. ersparen. Dies gilt für alle Farmen, in besonderem Maße aber für geräumige Freiland-Gehege, die nach Möglich-

---

Anlage-Schema einer „naturnahen“ Nerz-Farm.
(Nach Harding, Lit. 231, S. 158.)

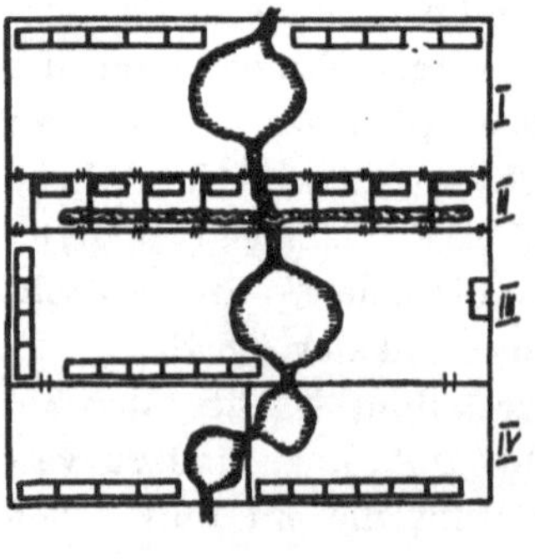

Aufteilung in vier, durch Gitter getrennte, geräumige Hauptabschnitte, die evtl. Baumwuchs aufweisen: I: Gehege für Weibchen, mit Einzelkäfigen; II: Zur Paarungszeit benutzte kleinere Zwinger; III: Gehege für männliche Tiere; IV: Doppeltes Gehege für Jungtiere. — In jedem Gehege befinden sich Wasserbecken (bzw. ein Teich, je nach Größe der Farm), die von sämtlichen Käfigen (Hütten, Nistkästen oder dergl.) aus jederzeit zu erreichen sind. Ein Wasserlauf verbindet die einzelnen Teile und liefert stets frisches Wasser (vgl. S. 214, 222).

keit an Wasserläufen angelegt werden bzw. natürliche oder künstliche Wasserbecken umfassen sollen. Das Vorhandensein natürlicher Trinkwasserquellen tritt als regelmäßiges Element in den Schilderungen musterhafter Freiland-Wald- und Großfarmen auf, und ist besonders auf Meeresinseln unentbehrlich (133, 9).

Einige Züchter schenken der chemischen Beschaffenheit des Wassers in der Fuchszucht große Aufmerksamkeit. Der bekannte belgisch-canadische Pionierzüchter Beetz hat während seines jahrelangen Trapperlebens in den Wäldern Quebecs Untersuchungen darüber angestellt, ob sich die Gebiete relativ häufigen Vorkommens der ursprünglich sehr seltenen Schwarz- und

Staaten und Provinzen Nordamerikas, in denen ein für die Erfordernisse der Pelztierzucht fühlbarer Mangel an Jod festgestellt wurde: I: starker Mangel, II: Mangel, III: leichter Mangel. (Quelle: Z. 8, Nov. 1930, 2; Sept. 1931, 30.)

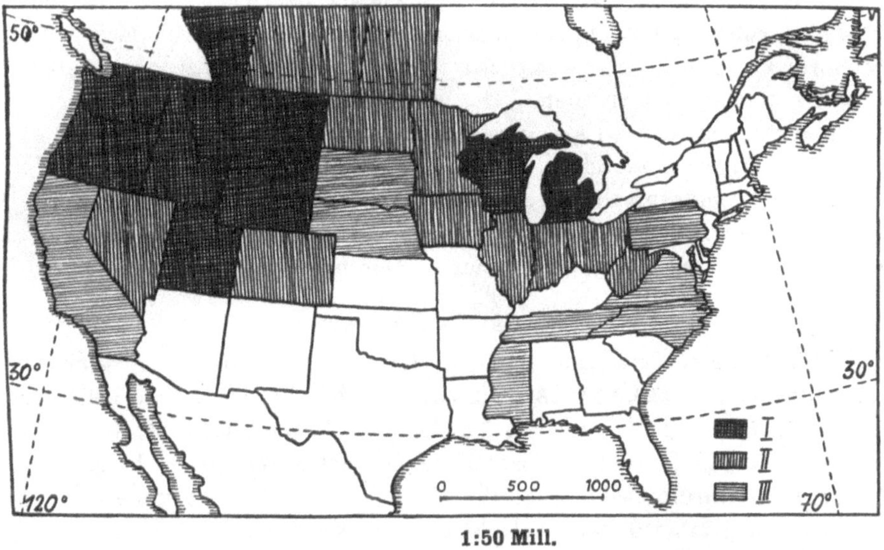

1:50 Mill.

Der American Fur Breeder (s. o.) schreibt zu dieser Frage: „Pelztiere, die ihre natürliche Nahrung an den Meeresküsten erlangen, erhalten gewöhnlich reichliche Mengen an Jod, aber die Gewässer und Pflanzen im Inneren von Nordamerika weisen einen bemerkenswerten Mangel auf. Es ist ein Glück für die Pelztierzüchter des Inneren, daß mehrere Hersteller von Tierfutter jetzt Meereserzeugnisse anbieten, die hauptsächlich aus Fischabfällen und Meerespflanzen hergestellt werden und alle wesentlichen Minerale in organischer Form enthalten." (Jodmangel soll zu Wachstumshemmungen, Gesundheitsstörungen und Fortpflanzungsschwierigkeiten sowie zu Schäden bei der Pelzbildung führen. Als Ursache wird u. a. übermäßige Erosion in den betreffenden Gebieten angegeben.) (Vgl. S. 214.)

Silberfüchse decken mit den Stromsystemen bestimmter Flüsse, deren Wasser sich bei chemischer Analyse als besonders reich an mineralischen Salzen und besonders an Eisen erwies (141, S. 10 ff.). Nach 28jährigen Beobachtungen glaubt er eine Übereinstimmung gefunden zu haben, die er durch Beeinflussung des Pigmentsystems von der Ernährung her erklärt. Dies veranlaßte ihn, seinen Zuchtfüchsen versuchsweise ständig Wasser aus ihrem Heimatfluß zu geben — mit bestem Erfolg (141, S. 12 f., S. 277).

Außerdem beobachtete Beetz in Labrador, daß alle wilden Füchse zweimal im Jahr, im Februar und September hauptsächlich, Meerwasser zu sich nehmen, auch bei reichlich vorhandenem Süßwasser. Hierin sieht er die Ursache für die von zahlreichen Jägern gemachten Beobachtungen, daß Fuchspelze nahe der Küste an Länge, Dichte, Feinheit, Farbe und Glanz des Haares überlegen sind (141, S. 263 f.). Auch auf Grund der Erfahrungen mit Zughunden empfiehlt er, den Pelztieren Seewasser zu reichen. In dieser Hinsicht läge also ein weiterer Vorzug der im Außenbezirk des St. Lorenzgolfes und in anderen Küstenbereichen gelegenen Pelztierfarmen, die auch klimatisch bereits so vielfach begünstigt sind. (Vgl. dazu Keller, der dem Nerzzüchter empfiehlt, Thermalnährsalze, Chlorcalzium und Jodnatrium zu reichen, weil sie „die Haarung fördern, das Winterfell dunkler färben, die Unterwolle dichter und das Haar seidiger machen" [268, 122])[14]).

Große Aufmerksamkeit hat auch die Behauptung der Eingeborenen von Buchara gefunden, daß der eigenartige Salzgehalt des „Karakul"-Sees die dichte Lockung des Pelzschaf-Lammes herbeiführt (Beaver, März 1931, 183).

b) Gewässer als Lebensraum.

Kleine Wasserbecken sind schon in der Nerz- und Otterfarm kaum zu entbehren (127, S. 140, 149). Am haltbarsten sind bekanntlich die Felle der Tiere, die abwechselnd auf dem Lande und im Wasser leben. (Vgl. die Bewertungsskala für die Haltbarkeit zugerichteter Felle u. a. bei Keller, 268, S. 193.) Darum „sollte auch der Nerz mit Wasser gehalten werden"! Das gilt für Freilandgehege mit Bächen und kleinen Seen (268, 77), aber auch für Zwingerfarmen, in denen die Tiere nach Möglichkeit Zutritt zu evtl. künstlich angelegten Wasserläufen und -becken haben sollen. Unbedingt notwendig werden Gewässer in der Biber-, Bisam- und Nutriahege, die darum den Typ der Freiland-Gewässerfarm entwickelt hat (z. B. 238, 27 ff. u. a.). Natürliche landschaftliche Gegebenheiten verweisen deshalb die Hege dieser im Wasser lebenden Pelztiere in die an flachen Seen und

[14]) Als ein besonderer Vorzug des großen Oak Lake in Manitoba gilt das „vollkommen alkalifreie Wasser, das in westlichen Bisamsümpfen sehr ungewöhnlich ist: dadurch ist die Pelzqualität hier die höchste!" (Z. 2, Juni 1930, 30).

Sümpfen so überaus reichen Gebiete des glazial beeinflußten canadischen Schildes (besonders in die Teile, die durch ein Netz von Wasseradern untereinander verbunden sind), ferner in versumpfte Gebirgstäler (z. B. Britisch-Columbiens und der nördlichen Gebirgsstaaten der Union), und andererseits an die Gestade der canadischen Großen Seen mit ihren breiten versumpften Uferstreifen. Im Binnenland sind ferner in beschränktem Maße Wasserläufe mit steileren Ufern ohne Schwemmland- bzw. Sumpfstreifen geeignet[15]).

Für die Biberhege kommen Teiche und Seen in Frage, aber auch Bäche und Flüsse, die abgedämmt werden können. Wichtig ist, daß das Wasser nicht bis auf den Grund gefrieren darf, weshalb fließendes Wasser oder

[15]) „Eine ‚Wasser-Farm' bedeutet die Entwicklung und Nutzung aller erreichbaren Erzeugnisse von Seen, Teichen, Sümpfen oder Schwemmlandgebieten, vermehrt den Bestand an Fischen, vergrößert den Pelzertrag von Biber, Bisamratte, Skunk und Waschbär, liefert bessere natürliche Eisernte, hilft bei der Erhaltung des Grundwasserspiegels, hat erzieherische Vorteile und dient der Erholung." (Hunter, Tr., Tr., April 1929, S. 24 f.).

Verbreitungsgebiet der Bisamratten-Hege in Süd-Louisiana.
(Nach Arthur, Lit. 123, S. 199 u. 342.)

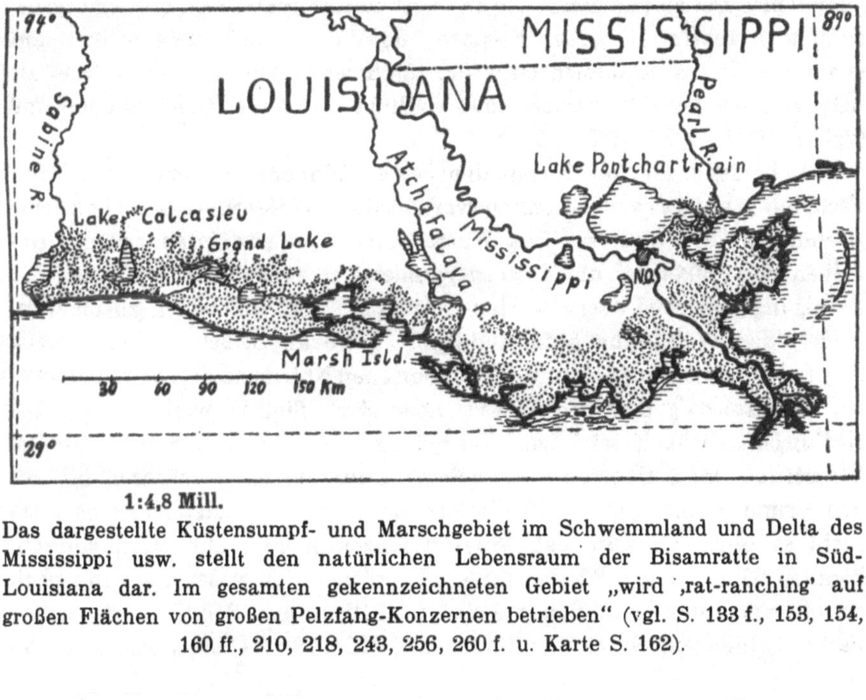

1:4,8 Mill.

Das dargestellte Küstensumpf- und Marschgebiet im Schwemmland und Delta des Mississippi usw. stellt den natürlichen Lebensraum der Bisamratte in Süd-Louisiana dar. Im gesamten gekennzeichneten Gebiet „wird ‚rat-ranching' auf großen Flächen von großen Pelzfang-Konzernen betrieben" (vgl. S. 133 f., 153, 154, 160 ff., 210, 218, 243, 256, 260 f. u. Karte S. 162).

Quellteiche gegenüber stehenden Gewässern bevorzugt sind (238, 31 f.). Eine Wassertiefe von 2 m gilt aber allgemein für Nordamerika als ausreichend. Falls genügend Wasser- und Sumpfpflanzen sowie am Ufer die wichtigsten Futterbäume vorhanden sind, können etwa 1000 erwachsene Biber unbeschränkt auf etwa 250 ha Fläche gehalten werden (238, 27).

Den Binnengewässern steht gegenüber das weite Gebiet der Bisamhege in den Brackwasser-Küstensümpfen und Schwemmlandstreifen an der atlantischen Küste Nordamerikas (vgl. Arthur, 123, S. 367 ff.). Die sogenannten „tide-water marshes" reichen von New Jersey über Delaware und Maryland bis nach Virginia und in das nördliche Nord-Carolina. Das Hauptgebiet aber befindet sich in Louisiana und Ost-Texas, im Mündungsdelta des Mississippi und des Sabine River, bis in die unmittelbare Nachbarschaft von New Orleans, und im Osten bis in den westlichen Teil des Staates Mississippi.

Nach dem Vorbild der nordamerikanischen Anlagen wurde seit 1925 auch die „Freizucht amerikanischer Pelztiere in der Sowjetunion", im Norden des europäischen Rußlands und Sibiriens usw. in Angriff genommen (Shitkow, Lit. 92, u. Karten S. 197 u. S. 217). Die ausgedehnten Sümpfe und Stromtäler der Taiga, die Seen der Ssolowetzki-Inseln im Onega-Busen des Weißen Meeres und die Seen der Karaginski-Inseln am Ostufer Kamtschatkas, versumpfte Deltas und Niederungen West- und Mittelasiens, die Schilfrohrsümpfe in zentralasiatischen Steppen und Wüsten, alle diese weiten, ungenutzten Gewässer können entweder für Bisamratten oder für Nutrias als neue Heimat gewählt werden, soweit Klima und Vegetation geeignet sind (vgl. S. 139 f., 197 f., 220 f., 257).

Entscheidend für die Geeignetheit eines Binnengewässers zur Bisam-Freilandzucht usw. sind Strömungsverhältnisse, Wassertiefe und chemische Bestandteile des Wassers. Das Wasser darf nicht stagnieren, um das Gedeihen der Pflanzen nicht zu verhindern und die Durchspülung und Reinigung des meist übervölkerten Gewässers nicht unmöglich zu machen. Andernfalls besteht die Gefahr, daß die Tiere an Selbstvergiftung durch ihre Exkremente leiden, was z. B. in deutschen Nutriazuchten vorgekommen ist. Ebensowenig darf das Wasser aber stark fließen, weil das die Ansiedlungsmöglichkeit wichtiger Nährpflanzen herabsetzen würde. — Die Wassertiefe muß einerseits ausreichend sein, um ein Ausfrieren bis auf den Grund auch in strengen Wintern zu verhüten, andererseits darf sie nicht so erheblich sein, daß Wasserpflanzen nicht mehr darin wurzeln könnten. Im offenen Wasser findet die Bisamratte weder Nahrung noch Schutz vor ihren zahlreichen Feinden (Alligatoren, Schildkröten, Raubfische, Schlangen, Nerze und Raubvögel) (201, 19). — Die chemische Be-

Gebiete Mittel-Asiens, die für die Freizucht der südamerikanischen Biberratte (Nutria) geeignet erscheinen und vorgesehen sind.

(Gezeichnet nach Angaben von Shitkow, Lit. 92.)

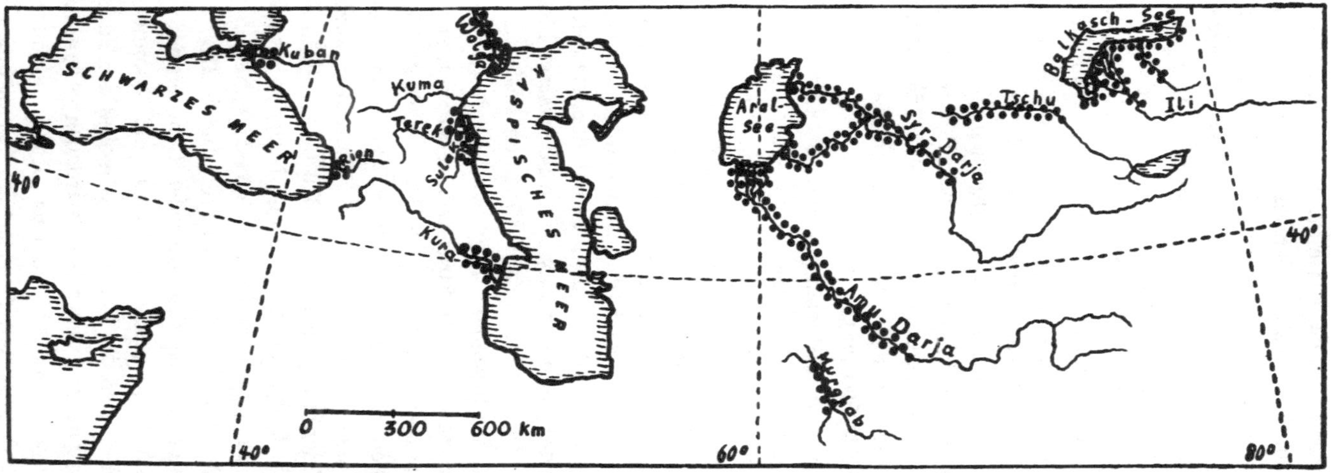

1:26 Mill.

Die gekennzeichneten Gebiete wurden eingehend von Prof. Shitkow und seinen Mitarbeitern bereist und untersucht. Bezüglich der Ernährung der Tiere scheinen alle eingezeichneten Sumpfgebiete in Flußniederungen und -deltas geeignet zu sein. Klimatisch sind dagegen die weniger winterkalten westlichen Landstriche bevorzugt. (Praktische Versuche mit zum Teil großem Erfolg waren bis 1932 im Kuban-Delta, an der Kura-Mündung, am Amu-Darja und am Syr-Darja durchgeführt worden [vgl. Karte S. 197 u. S. 139 f., 198, 220 f., 257].)

schaffenheit des Wassers endlich bestimmt, zusammen mit dem Nährstoffgehalt des Bodens, den Artenbestand der Pflanzen, der bekanntlich sowohl Nähr- wie Nestbaupflanzen aufweisen muß. (Häufiges und zu ausgedehntes, planmäßiges oder unfreiwilliges, durch Blitzschlag hervorgerufenes, Überbrennen der Vegetation stellt z. B. dadurch eine Gefahr für das Gedeihen der Bisamratten dar, daß es eine Alkali-Anreicherung des Wassers herbeiführt, die das Wachstum der Futterpflanzen schädigt [123, 371 f.].)

Die Gestalt der Gewässer für Bisamfarmen im Binnenland kann verschieden sein; am günstigsten ist aber die Form, die flache, langsam verlandende und dicht bewachsene Uferstreifen mit festen, etwas erhöhten niedrigen Steilufern verbindet. Die Tiere, die sich in diesem Erdreich am Wasser ihre Höhlen bauen, brauchen weniger Pflanzenteile für den Bau eines „Hauses", und das kommt der Gesamtheit der Insassen für ihre Nahrung zugute. Diese Regel gilt sowohl für Bäche wie für Teiche und Seen (vgl. z. B. 201, S. 23, 30 usw.).

Die weiten Gebiete der Küstensümpfe weisen auch in bezug auf die Gestalt und Anlage der einzelnen Gewässer wieder ausgesprochene Vorzugsgebiete auf. Sehr wichtig ist es, das Eindringen größerer Mengen stark salzhaltigen Wassers in die Bisam-Ranch nach Möglichkeit zu verhindern. Die Dürreperioden von 1924 und 1925 z. B. führten zu großen Verlusten in Louisiana, da Salzwasser die Lagunen und Süßwasserseen überflutete (123, S. 71, 372). Ebenso gefährlich sind Sturmfluten infolge des Golf-Hurricans, die z. B. 1915 den Tierbestand auf dem Gebiet der jetzigen Marsh Island Wild Life Refuge an der Vermilion Bay durch Salzwasser fast vernichteten (123, 340 f.). Anstatt gegen diese Gefahr künstlich kostspielige Dämme zu errichten, bietet sich nun besonders in Südwest-Louisiana die Möglichkeit, durch natürliche Dämme (d. h. alte Strandwälle, Sand- und Muschelbänke) geschützte und Süßwasser enthaltende See-Marschgebiete zu wählen (123, 370). Hier erhält sich auch auf natürliche Weise ein verhältnismäßig gleich bleibender Wasserstand, wie ihn die Bisamratte vorzieht, während sie Gebiete großen Tidenhubs vermeidet (123, 370 f.). — Ähnlich begünstigt ist das Delacroix-Gebiet, wo die in der Nähe liegenden großen Süßwasserseen, z. B. Lake Pontchartrain, in Dürrezeiten als natürliches Süßwasserreservoir dienen (123, 371). (Vgl. Karten S. 162 und S. 215.)

Endlich stellt auch der offene Ozean den Lebensraum eines gehegten Pelztieres dar: Der nördliche pazifische Ozean und besonders das Bering-Meer in der Nähe der Küsten der Pribilof-Inseln sind der Tummelplatz und die Nahrungsgrundlage der überlebenden Pelzrobbenherden. Unter strenger internationaler Kontrolle und planmäßiger Hege besonders durch die amerikanischen Behörden werden die Tiere im Ozean und auf den Inseln geschützt und zugleich systematisch zur Pelznutzung herangezogen. Das Schutzgebiet umfaßt den gesamten Raum des pazifischen Ozeans und seiner Nebenmeere (Japanisches, Ochotzkisches und Bering-Meer) nördlich des 30. Grades n. Br., mit Ausnahme des Gelben Meeres. Hier ist Jagd vom Schiff aus („pelagic sealing") völlig verboten. Staatliche Seepatrouillen führen die Aufsicht der amerikanischen Behörden durch. Nur an Land wird nach strengen Auswahlgrundsätzen der Fang überzähliger, meist dreijähriger, Männchen durchgeführt. Den Eingeborenen der amerikanischen Westküste ist der Fang einzelner nach Norden ziehender Tiere gestattet.

In naher Zukunft mögen wohl auch die Tangwiesen der nordamerikanischen Westküste zum Standort der Pelztierhege, d. h. einer planmäßigen Schonung und Ausbeute der durch Schutzmaßnahmen eben vor dem Aussterben geretteten See-Ottern gemacht werden (vgl. Karte S. 136/7).

c) Gewässer als Zuchtgebietsgrenzen.

Für Freiland- wie für Zwingerfarmen werden mit Vorliebe Inseln als Standort gewählt. Man erwartet hier größtmögliche Sicherheit gegen Beunruhigung der Tiere durch die Außenwelt und Schutz vor dem Entweichen der Tiere. Das gilt für Inseln im Küstenbereich Alaskas ebenso wie für Inseln in kleinen Binnenseen, im St. Lorenzsystem oder im Weißen Meer. In vielen Fällen allerdings hat sich mangelnde Beachtung der natürlichen Gegebenheiten gerächt. Eine halbe Meile (fast 1 km) gibt Ashbrook als Mindestentfernung einer Inselfarm vom Festland und von benachbarten Inseln an (133, 9), damit die Füchse nicht fortschwimmen. (Durch das Entweichen eines Fuchses auf diese Weise wurde überhaupt das Geheimnis von Dalton und Oulton gelüftet, nachdem sie in aller Stille auf der Cascumpec-Insel ihre ersten Erfolge in der Silberfuchszucht erzielt hatten!)

Alle Inseln in Süßwasserbezirken und selbst in brackischen Küstenbuchten, etwa vor Flußmündungen, sind ferner in kalten Klimagebieten und in besonders harten Wintern durch Zufrieren der trennenden Wasserarme gefährdet. In Alaska z. B. ist die „Ausdehnung der Insel-Pelzfarmen nach Norden begrenzt (!) durch die Notwendigkeit, Eisbrücken zu Nachbarinseln zu vermeiden, die durch das Zufrieren der Kanäle oder durch Treibeis entstehen. Deshalb sind die Inselfarmen hier hauptsächlich auf die südliche Küstenlinie und die Aleuten-Kette beschränkt"! (133, 8). Große Verluste leichtsinniger Züchter waren die Folge der Nichtbeachtung dieser Gefahr, und zwar meist ganz kurz vor der bevorstehenden Pelzernte, im Frühwinter! — Wenn Salzgehalt und Strömungsverhältnisse aber berücksichtigt werden, sind Inseln ein ausgezeichnetes Farmgelände, das neben anderen Vorzügen auch den der relativ hohen Luftfeuchtigkeit aufweist.

Eigenartigerweise richtet sich die Abgrenzung der großräumigen Muskrat Ranches und Refuges in Louisiana nur sehr selten nach den reichlich vorhandenen natürlichen Wasserläufen, Lagunen und Seen, sie durchschneidet fast alle natürliche Begrenzung durch starres Verfolgen der gradlinig verlaufenden Vermessungsgrenzen der „Sections" usw. (Vgl. 123, S. 297, 299, 309, 311 mit Karten!) Anstelle der natürlichen Landschaftseinheit zeigt sich die künstliche Schöpfung eines willkürlich begrenzten Naturschutzparks. (Vgl. Karte S. 162.)

5. Einfluß der Vegetation.

a) als Nahrungsmittel.

Die Reichhaltigkeit der natürlichen Vegetation des Standortes an Nahrungspflanzen ist besonders wichtig für die Errichtung von Freiland-Zuchten, in denen die Tiere sich selbst ihre Nahrung suchen sollen. Ein Hauptvorteil der Freilandhege überhaupt liegt gerade in der hiermit gegebenen Möglichkeit der Arbeits- und Kostenersparnis für die Futterbeschaffung. Bei Fleischfressern tritt dieser Vorteil selbstverständlich zurück, da Fuchs und Nerz z. B. nur wenig pflanzliche Nahrung (vor allem Beeren und Früchte) zu sich nehmen. Trotzdem bedeutet die reiche und vollkommene freie Auswahl, die die Tiere im Freiland unter den vorhandenen Gräsern, Kräutern usw. treffen können, eine willkommene Ergänzung der vom Menschen gereichten Fütterung, der oft wichtige Salze, Vitamine u. a. m. fehlen. Der Gesundheitszustand frei gehegter Tiere wird durch diese Selbsthilfe der Tiere, die sich „Heilpflanzen" suchen, besonders gut gepflegt. Artenreiches Unterholz, mannigfaltige Bodenvegetation und Bestand an Fruchtbäumen sind deshalb wichtige Bestandteile klimatisch begünstigter Freilandgehege auf guten Böden.

Zur Lebensnotwendigkeit wird reicher Bestand und reiche Auswahl an Futterpflanzen für die Pflanzenfresser, die wie Biber, Bisam und Nutria keine oder nur sehr selten Zusatznahrung (z. B. Knollenfrüchte und Gemüse) durch den Züchter erhalten. Infolgedessen beschränkt sich die Standortwahl der Freilandzuchten dieser Tiere auf solche Gewässer und Uferstreifen, in denen die wichtigsten Futterpflanzen wenigstens so reichhaltig vertreten sind, daß ihr Bestand rasch durch Pflanzung usw. auf den notwendigen Mindeststand gebracht werden kann. Zu beachten ist eine genügende Auswahl an Nahrung für die verschiedenen Jahreszeiten, in denen nicht alle Pflanzen gleichmäßig nutzbar sind (siehe Lit. 92, 23).

Voraussetzung für die Ansiedlung der Bisamratte in Nordasien war das reichliche Vorhandensein ihrer Pflanzennahrung: Sie bevorzugt Schilf, Binsen, Rohrkolben, Seggen, ferner als Winterfutter Seerosen, Teichrosen und zahlreiche andere Stengel und Wurzelstöcke besonders von Wasserpflanzen, weil diese unter dem Eise erreichbar sind. Ähnlich ist die Nahrungsgrundlage der Biberratte (Nutria), die im Schilfröhricht mittelasiatischer Sümpfe Winternahrung durch Schößlinge findet. Vollständige Listen der von beiden Tieren nachweislich ganz oder teilweise verzehrten Pflanzen hat u. a. Shitkow auf Grund umfangreicher Untersuchungen veröffentlicht (Lit. 92).

Biber leben vor allem von Zweigen und Rinden der Erlen, Espen, Pappeln und Weiden und begnügen sich auch mit Schößlingen, wie sie auf abgebrannten („burnt-over") Waldstrichen und in Kahlschlägen emporsprießen (127, 180 ff.). Bei zu dicht stehender Vegetation kann der Heger eingreifen und durch Herunterholen der gefällten Bäume den Bibern ihr natürliches Futter zugänglich machen (127, 196). (Diese Maßnahme zeigt besonders deutlich die Möglichkeiten behutsamen Eingreifens des Menschen zugunsten der Tierwelt in der Pelztierhege!)

Die in großen Herden lebenden pelztragenden Weidetiere sind fast völlig abhängig von der natürlichen Vegetation ihres Standortes, da es weder möglich noch üblich ist, ihnen regelmäßig in größerer Menge zusätzliche Nahrung zu reichen. Diese muß auf Hilfsmaßnahmen im Winter, bei Katastrophen u. dergl. beschränkt werden. Infolgedessen können Renntiere nur dort gezüchtet werden, wo Flechten und Moose vorkommen (solange nicht die in Amerika betriebene Umstellung auf Gräser und Kräuter geglückt ist, die das Verbreitungsgebiet auf die nördlichen Gebirgsstaaten der Union ausdehnen sollte); ebenso sind Bison- und Moschusochsenhege nur auf ihren natürlichen Weidegründen der Waldsteppe bzw. der Tundra zu finden, und so braucht das eingeführte Karakulschaf ausgedehnte Gras-, besonders Alfalfa-Weiden usw.

Eher läßt sich der Nahrungsbedarf der Allesfresser beeinflussen, die, wie Skunk und Waschbär, sowohl mit Fleisch wie Gemüse usw. gefüttert werden und deren Kost vom Menschen gemischt werden kann. Der starke Bedarf an pflanzlicher Nahrung, Früchten, Getreide usw. erfordert aber auch hier Anpassung der Zucht an die natürlichen Grundlagen, d. h. an Gebiete mit vielseitiger Vegetation bzw. Landwirtschaft, wenn die Zucht nicht durch Futtermittelzufuhr übermäßig verteuert werden soll.

b) Vegetation als Lebensraum.

Im ungedeckten und nicht durch Draht abgeschirmten Freilandgehege ist die Funktion des Pflanzenwuchses als Element des Schutzes besonders bedeutungsvoll. Sowohl Nerze und Jungtiere aller Art als auch Bisamratten usw. sind durch zahlreiche Feinde, besonders Raubvögel, gefährdet. Eulen und Habichte verursachen großen Schaden in der canadischen Fuchszucht, besonders in entlegeneren Farmgebieten (z. B. Quebecs, vgl. 141, 295). In Alaska rauben vor allem die Seeadler viele junge Füchse aus den Freiland-Inselzuchten (160, II, 384) usw. Darüber hinaus ist jede Beunruhigung von den Tieren, vor allem zur Paarungs-, Trag- und Aufzuchtzeit, nach Möglichkeit fernzuhalten. In beiden Fällen ist dichte Vegetation das geeignete Mittel, den Erfolg der Zucht gegen alle Hindernisse sicherzustellen. Art und Dichte des Waldbestandes spielt in Nordamerika besonders bei den Freiland-Großfarmen (z. B. Wisconsins) eine entscheidende Rolle bei der Geländewahl. Besonders für die sogenannten „furring pens" (Freigehege von 1—80 acre und mehr Umfang für die im Herbst zu pelzenden Jungfüchse) ist dichter Wald, möglichst mit Unterholz (zum Auskämmen der alten Haare), notwendig (127, 65 f. u. a.). — Schutzbringendes Dickicht und möglichst dichter Bestand an Futterpflanzen sind nach Ashbrook (127, 206) ebenso ein Hauptkennzeichen für die Auswahl eines geeigneten Farmgeländes in der Bisamrattenzucht.

In der Zucht der im Wasser lebenden Nagetiere spielt die Vegetation noch eine weitere Rolle für die Gestaltung des Lebensraumes der Tiere: Sie liefert das Baumaterial für die lebenswichtigen Dämme und Häuser des Bibers, für die Häuser der Bisamratte usw. Dadurch erhöhen sich die Ansprüche, die an Artenreichtum und Bestandsdichte der Vegetation des zu wählenden Standortes gestellt werden müssen, wenn nicht infolge zu spärlichen Pflanzenwuchses die Zahl der Tiere ungewöhnlich klein bleiben soll. Hier liegt ein wichtiger Faktor für die Rentabilitätsrechnung der Pelztierfarmen, da mit wachsendem Raum nicht nur die Grundbesitzlasten, sondern auch die hohen Kosten für Umzäunung, Kontrolle usw. zunehmen. Aus diesem Grunde sind z. B. genaue Untersuchungen angestellt worden, welches das beste Mischungsverhältnis der Pflanzen für die Bisamhege ist, indem festgestellt wurde, welche Pflanzen vornehmlich als Futter und welche vor allem als Baumaterial (z. B. Schilfrohr) dienen.

Die Edelpelztiere, die am besten in ihrer natürlichen waldigen Umgebung gedeihen, stellen Ansprüche an die Vegetation als Lebensraum nicht nur in der Freilandfarm, sondern auch in der Zwingerfarm. Auch in der Nerzzucht hat man in dieser Beziehung gelernt von der Natur, denn „die feinsten, dunkelsten Felle kommen aus Gegenden mit dichtem Wald und Unterholz" (268, 190). Die einzelnen Drahtgehege können in der verschiedensten Form gruppiert im Wald aufgebaut werden. Früher wurde Nadelwald bevorzugt, da man schattige Lage selbst im Winter für wünschenswert hielt. Neuerdings sind Mischwaldgebiete auch in Canada besser empfohlen, nachdem man allzuviel Schatten für ungesund hält (s. S. 206) und der Nadelfall als störend empfunden wird.

Auf den Fuchsinseln Alaskas sind gleichfalls die waldreicheren des Südostens bevorzugt, da sie gleichzeitig Schatten, Windschutz, Raubvogelschutz usw. gewähren — was auf den einsamen und wenig kontrollierten Inseln besonders wichtig ist — und außerdem zusätzliche Nahrung bieten (s. S. 227). Außerdem „hält man in Alaska Pelzfüchse vor dem Pelzen in stark bewaldeten Gegenden" (454, 13), nach dem Grundsatz des zeitweiligen Aufenthaltes an bestgeeignet erscheinenden Orten.

Für die Zucht und Hege der weidenden Pflanzenfresser, deren Fell als Pelz verarbeitet wird, ist die Vegetation das Grundelement ihres Lebensraumes. Renntier, Bison und Moschusochse finden im offenen Grasland, in der Waldsteppe oder in der Tundra vor allem ihre Nahrung, aber auch (durch Baumbestand) ihren Schutz, und ebenso ihr Lager und ihr unentbehrliches freies Wandergebiet. Die Grenzen der Wildreservate für diese Tiere sind — in Anlehnung an die Ränder der natürlichen Weidegebiete (Karte S. 130) — so weit gezogen, daß Flächen von Hunderten und Tausenden von Quadratkilometern ein der Freiheit ähnliches Wander-Weiden ermöglichen.

„Die Weidegründe des Bison (im Wood Buffalo Park) sind reiche, ebene, parkähnliche Flächen, die sich in unregelmäßigen Abständen ducrh das ganze Gebiet erstrecken, ... dicht bewachsen mit wildem Heu und Gräsern." Das Reservat ist bewaldet, aber nur mit spärlichen, kleinen Bäumen, außer am Rande der größeren Flüsse (270, 434), wo sich kräftiger Nadelwald findet.

Während in der Bisonhege Albertas und in der Moschusochsenhege am Ostrand des Mackenzie-Distrikts (im Thelon Game Sanctuary) die Frage der Standortwahl durch die natürlichen Weidegebiete der dort befindlichen Tiere bereits gelöst war, mußten für die Renntierzucht geeignete Flächen in Nordwestcanada erst systematisch gesucht werden. Canadische Regierungsbeamte (darunter Porsild, der acht Sommer und fünf Winter unterwegs war, Lit. 348) legten Tausende von Kilometern zurück, um die Vegetationsverhältnisse und klimatischen Bedingungen zu untersuchen. Dabei stellte sich heraus, daß weite, zunächst geeignet erscheinende Gebiete im östlichen Keewatin-Distrikt nicht gewählt werden konnten: „Im Westen (im Mackenzie-Distrikt) liefert eine üppige ‚Heide', die reich an Flechten ist, ausgezeichnete Winter-Weide für das Renntier, und zwar nahe der Küste, während in Keewatin der Übergang von der Küsten-Flora zu der des Inneren nicht so ausgeprägt ist und die ‚Flechten-Heide' nicht weit über die nördliche Baumgrenze hinausragt. Daher käme der größte

Teil des Keewatin-Distrikts nur als Sommerweide für die Renntierzucht in Betracht" (348, 11). So beschränkt sich das Gebiet, das von den Nachkommen der ersten Versuchsherde im Kittigazuit-Reservat (Karte S. 136/7) besiedelt werden soll, auf 10 000 Quadratmeilen im nordwestlichen Mackenzie-Distrikt angrenzend an das Reservat, auf weitere 38 000 Quadratmeilen nördlich und nordöstlich des Großen Bären-Sees, und auf einen noch nicht abgeschätzten Streifen Landes „entlang der Küste der Hudson Bay vom Nelson-Fluß bis zum Dawson Inlet im Norden".

6. Abhängigkeit von der Tierwelt.

a) Einfluß der Herkunftsgebiete und der Lebensbedingungen der Farmtiere.

Die Tierwelt liefert mit den Pelzträgern das Fundament des gesamten Wirtschaftszweiges. Ihre Heimat, d. h. das natürliche Gebiet ihrer geographischen Verbreitung, wird für Aufbau und Betrieb der Pelztierzucht in zweifacher Hinsicht entscheidend. Erstens bestimmt das natürliche Verbreitungsgebiet mit seinen Umwelteinflüssen die Lebensbedingungen der Tiere auch in der Gefangenschaft. Die Tiere haben sich den klimatischen und anderen Verhältnissen ihrer Heimat so weit angepaßt, daß sie auch in der Gefangenschaft zunächst ein möglichst ähnliches Klima usw. verlangen. Erst im Laufe der Generationen tritt eine körperliche Veränderung und Anpassung an neue Umweltverhältnisse ein, die sich vererbt und damit den Zwang dieser Standortbedingungen lockert. Zunächst aber stellt die Ähnlichkeit der Umweltbedingungen auf der Farm mit denen der Heimat eine Hauptvoraussetzung für die günstige Entwicklung der Zucht dar. Z. B. scheinen „Füchse, die aus der Ebene stammen, besser für die Ebene geeignet zu sein, und umgekehrt" (86, 29). Entscheidend wird dann die bei den einzelnen Arten sehr verschiedene Aklimatisationsfähigkeit. Beim Silberfuchs z. B. ist diese sehr groß, da dieses Tier ein sehr weites und mannigfaltiges Heimatgebiet hat (vgl. S. 195 f.), und da in diesem Gebiet kontinentale Klimabedingungen die Tiere überall an das Aushalten starker Temperaturschwankungen, an extreme Kälte wie an große Hitze, gewöhnt haben. Anders dagegen z. B. die echte südamerikanische Chinchilla-Maus, die sowohl gegen Feuchtigkeit wie gegen Hitze empfindlich ist (vgl. 127, 236), wenn sie auch wohl nicht eine so weitgehende Übereinstimmung des Farm-Klimas mit dem Heimat-Klima verlangt, daß nur große Höhen für die Zucht in Frage kommen. (Die ersten Farmen wurden konsequent nur in trockenen, kühlen, hohen Lagen Californiens errichtet.)

Zweitens wird das Heimatgebiet der Tiere in dem Augenblick wieder wichtig, wo neue Wildtiere zur Blutauffrischung der Zucht oder zur Begründung neuer Zuchten gefangen werden müssen. Eingehende Forschungsreisen sind im Auftrage der Pelztierfarmen in die Gebiete unternommen worden, wo man in Übereinstimmung mit dem vermuteten Optimum der Klimabedingungen das Optimum der Pelzqualität am wildlebenden Tiere suchte (z. B. die Expeditionen der Fergus Fur Farms, Ontario, nach Labrador). (Fur Tr. J. of C. 1930[16]).)

Das Heimatgebiet der Zuchttiere und sein Klima spielt in der Wirtschaftswerbung der Pelztierzüchter eine so große Rolle, daß großzügige Farmer nicht vor Fälschungen zurückschreckten, um den Eindruck zu erwecken, echte Quebec Mink, Labrador Mink, Northern Muskrats, Rice Lake Muskrats usw. zu besitzen. — Auch das Klima der Prince Edward Insel spielte in der Werbung für echte PEI-Silberfüchse eine große Rolle. Vgl. hierzu die Spezialuntersuchung von Prell über „Die Fuchsrassen von Nordamerika in ihrer Bedeutung für die Silberfuchszucht", Lit. 86, bes. S. 29:

„Der einzelne wildlebende amerikanische Silberfuchs ist ein Schwärzling der einzelnen amerikanischen Rotfuchsform, in deren Verbreitungsgebiet er zu Hause ist" (86, 15). Da z. B. „die Füchse des Westens, wie besonders der Kadiakfuchs, sich durch gröberes Fell auszeichnen (eine Art ‚Regenpelz'! Verf.) und daher einen geringeren Pelzwert besitzen als die Füchse des Ostens, von denen die Inselform von Prince Edward Island . . . wohl den besten Pelz aufweist" (86, 17), ist es für den Pelztierhändler und seinen Kunden von entscheidender Bedeutung, zu wissen, „welche Fuchsrasse die wertvollsten Silberfüchse liefert". Die Fuchsrassen der verschiedenen geographischen Verbreitungsgebiete haben sehr verschiedene Vorzüge (Seidenhaarigkeit, Körpergröße usw.). Bisher ist es nicht gelungen, diese Eigenschaften durch Kreuzungen in einem einzigen Zuchtstamm zu vereinigen, ohne daß andere Nachteile (Rostfärbung, frühzeitiges Ausbleichen usw.) sich einstellen (86, 24 f.). Um so wichtiger bleibt es, reinrassige Tiere bestimmter bevorzugter Gebiete zur Zucht zu erhalten. — Als solch ein bevorzugtes Gebiet gilt die Prince Edward Insel: „Die Füchse der Inseln im St. Lorenzgolf waren wegen ihrer Qualität stets gesucht, auch vor

[16]) Eine 10 ha große Farm wurde an der Bradore Bay errichtet, ohne öffentliche Verkehrsverbindungen, sechs Monate des Jahres mit teuren Wintervorräten ganz auf sich selbst angewiesen, nach zweiwöchiger Reise von Montreal aus erreichbar, mit 100 Nerzgehegen, Warenlagern, usw., „weil es unmöglich war, echte Labrador-Nerze anders zu erhalten, als durch Errichtung einer Farm in ihrem natürlichen Verbreitungsgebiet, aus dem bisher niemand anders zu Land oder zu Wasser lebende Tiere gebracht hatte." (Z. 2, Sept.—Dez. 1930).

Gründung der ersten Farm" (192, 29), und auch Colby (24, 55) sieht die Entstehungsursache der dortigen Silberfuchszucht darin, daß die beiden ersten Farmer erkannten, „daß die Felle der Inselfüchse auf dem Londoner Markt bessere Preise erzielten als irgendeine andere Art".

Ein weiteres Problem der Pelztierforschung in dieser Richtung ist die Frage, ob bestimmte amerikanische Fuchsrassen sich z. B. für das deutsche (oder ein anderes) Klima besonders gut eignen und daher als Stammtiere für die deutsche Zucht zu bevorzugen sind (86, 29). Die Lösungsversuche aller dieser Grundfragen der Pelztierökologie und -akklimatisation stehen aber erst im Anfang und sind die Aufgabe der geographischen Wirtschaftszoologie (Lit. 56).

Wichtig ist auch die Frage nach der Farm- oder Wildnis-Herkunft der Zuchttiere für eine neue Farm. „Ranch-raised animals" sind leichter an die neue Umgebung und an naturfernere Lebensbedingungen zu gewöhnen. Außerdem bieten sie eine gewisse Gewähr in bezug auf Abstammung, Reinrassigkeit usw. Dies waren große Vorteile für die europäischen Züchter, als sie mit eingeführten Farmtieren ihre Zuchten eröffneten. Für die amerikanischen Farmen dagegen war und ist es zum Teil auch heute noch vorteilhaft, daß sie mit wilden Tieren aus der Umgebung der Farm bzw. aus dem Farmgelände selbst die Zucht aufbauen können. Dadurch lassen sich Kosten sparen und die oft erheblichen Mühen der klimatischen Eingewöhnung vermeiden.

Die Frage nach der Konstanz oder der Veränderlichkeit der Standortbedingungen, die sich bereits mehrfach ergab (z. B. im Fall der verschiedenen Beurteilung klimatischer Faktoren im Lauf der Pelztierzuchtgeschichte), stellt sich auch hier. Zunehmende züchterische Beeinflussung und Haustierwerdung bringen Fortschritte der Akklimatisation mit sich. Die Eingewöhnung des Silberfuchses selbst in tropischen Hochländern, die Einbürgerung der aus dem warmgemäßigten südamerikanischen Bereich stammenden Nutria im kontinentalen Klima Quebecs und Südsibiriens, wo nicht einmal leicht zugängliche Nahrung überall vorhanden war (vgl. den Bericht von Prof. Shitkow, Lit. 92), und andere geglückte Experimente lassen eine Erleichterung der Pelztierzucht für die Zukunft erhoffen, an die man vor Jahren nicht geglaubt hat. Die zahlreichen bekanntgewordenen Mißerfolge (auch der deutschen Züchter) sind eher dazu geeignet, vor Fehlern in der Behandlung (Fütterung usw.) der Tiere zu warnen, als dazu, den Skeptikern neuen Stoff zu liefern, die die Zucht des „polaren" Silberfuchses in Mitteleuropa aus klimatischen Gründen für einen Widersinn halten. Der seit Jahrzehnten bestehende Pelztierhandel wäre längst zum Erliegen gekommen, wenn die Akklimatisationsfähigkeit der Pelztiere nicht tatsächlich sehr weit ginge und geradezu überraschende Erfolge ermöglicht hätte. — Möglich ist allerdings, daß, wie bei den übrigen Haustieren, auch hier, besonders beim Silberfuchs, eine Aufspaltung in Ortsrassen sich ergibt, die in Zukunft die Farm-Heimat der Zuchttiere und ihr Klima zu einem wichtigen Faktor bei der Planung neuer Farmen machen könnte (398, 20 f.). (Vgl. S. 186, 199.)

b) Einfluß der Verbreitung und Lebensbedingungen der Futtertiere.

Eine lebenswichtige Voraussetzung für den Aufbau der Zucht fleischfressender Pelztiere ist das Vorhandensein geeigneter Futtertiere. In der Besetzung von Freilandgehegen mit lebenden Beutetieren liegt eine — dem pflanzlichen Nahrungsreichtum der Farmgebiete für Nagetiere verwandte — Möglichkeit zur Verbilligung und Verbesserung der Zucht von Nerz, Fuchs, Waschbär, Skunk usw. Das Vorhandensein reichlicher Kleintierwelt (Vögel, Mäuse und andere kleine Nagetiere, Insekten usw.) erleichtert nicht nur die Ernährung, sondern fördert in besonderem Maße die Gesundheit der kleinen Raubtiere, deren Kräfte und Sinne geübt werden und deren sonst schwer zu stillender Bedarf an frischem Fleisch, Blut, Gehirn usw. gedeckt wird (vgl. 289, 236 und 268, 76 f.). Auch der Tierreichtum des zukünftigen Farmgeländes muß also berücksichtigt werden. Unter den Inseln der Blaufuchszucht waren nahrungsreiche stets bevorzugt. Vögel, Eier, Krustentiere und Strandgut bilden dort die Hauptnahrung, deren Erwerb keine Trägheit in den gehegten Tieren aufkommen läßt, und mit der allgemeinen Lebenskraft erhöht sich auch die Pelzqualität. Vogelfelsen oder Strandvorland kennzeichnen daher die geeignete Fuchsinsel, während unbelebte Steilküsten nicht nur verkehrsfeindlich, sondern auch nahrungsarm sind.

Bei geschlossenen kleinräumigen Gehegen und Zwingern wird selbstverständlich die auch in der Freilandfuchszucht niemals ganz zu entbehrende Nahrungszufuhr durch den Züchter vorherrschend. Sofern nicht Verkehrsverbindungen in Anspruch genommen werden, ist auch hierbei der Tierreichtum der Gegend (Jagdwild, von Kaninchen bis zu Hirschen und Raubtieren!) bzw. der Tierbestand der umliegenden Landwirtschaft bzw. Fischerei entscheidend. So mannigfaltig die Nahrungsgrundlage der Silberfüchse ist, so eng schließt sie sich doch immer wieder an die natürliche Ausstattung des Raumes an: in Nordamerika ist die Pferdezucht eine Hauptnahrungsquelle, die planmäßig zu Lieferungen herangezogen wird. Der Fromm-Niemann-Konzern in Wisconsin verfütterte bereits im Jahre 1926 über 4000 Pferde! (351, 11). An den Küsten von Britisch-Columbia sind es die Lachsfischereien und -verarbeitungsstellen, die überzählige

Fänge und Abfälle hergeben; in Norwegen wie am St. Lorenzgolf und an der atlantischen Küste ist die Fischerei durch Lieferung von Kleinfischen und unverwertbaren Arten beteiligt; auch die norwegische Walindustrie liefert zeitweilig den Hauptteil der Nahrung; in Nordnorwegen sind es die Vogelfelsen, die systematisch zur Gewinnung von Fuchsfutter genutzt werden; auf den Pribilof-Inseln und nahegelegenen Aleuten werden die reichlich vorhandenen Mengen von Pelzrobbenfleisch fast ausschließlich verwertet, — und in Mitteleuropa kommen in Großstadtnähe vor allem Schlachthausabfälle, in Küstengebieten ebenfalls Fisch, und auf den Kleinfarmen der bäuerlichen Betriebe, wie in Quebec usw., landwirtschaftliche Abfälle zur Verwertung, wie sie bei jeder Großvieh- und Geflügelzucht sich ergeben. — So zeigt gerade die Futtergrundlage der Silberfuchszucht einen typischen Wechsel je nach den Gegebenheiten des Ortes. Auch andere Zweige der Pelztierzucht, z. B. Kaninchen- oder Bisamzucht, kommen als wichtige oder ergänzende Quellen tierischer Nahrung in Betracht. — In jedem Fall ist entscheidend, daß am Standort oder in nächster Nähe die Lebensbedingungen für mindestens eines der erwähnten hauptsächlichsten Futtertiere erfüllt sind, ohne deren Vorhandensein die Durchführung einer rentablen Pelztierzuchtwirtschaft unmöglich ist.

c) Abhängigkeit vom Lebensraum anderer Tiere.

In Nordamerika gibt es zahlreiche Tierschutzgebiete (Wildlife Refuges, Sanctuaries, Preserves u. a.), in denen die Pelztierhege nur von sekundärer Bedeutung ist. Die Lebensbedingungen der jeweiligen „G a s t g e b e r“, d. h. meist der Wasservögel, besonders Zugvögel, sind ausschlaggebend. Daraus folgt erstens eine Bevorzugung von Wasserflächen als Standorte dieser Tierhege, und zweitens ein bestimmtes System in der geographischen Verteilung dieser Schutzgebiete. Die Bevorzugung der Wasserflächen (Seen, Teiche, Sümpfe) führt ferner zur vorwiegenden Förderung des Lebens von im und am Wasser lebenden Pelztieren: Nerz, Bisamratte, Biber usw. — Die Verteilung der Schutzgebiete richtet sich nach der Anlage der Haupt-Zugvogelstraßen auf dem nordamerikanischen Festland. Vier gut unterscheidbare „flyways“ werden unterschieden: der atlantische, der Mississippi-, der zentrale und der pazifische Flugweg. (Vgl. Karten in Circular 342, U. S. Dept. Agric. 1935, S. 6 f.). In diesen vier Regionen liegen von Nord nach Süd je vier Gruppen von Schutzgebieten, die abwechselnd von den Zugvögeln benutzt werden: 1. Brutplätze, fast nur im Norden der USA., in Canada und Alaska, 2. Rastplätze, auf den Zugstraßen, 3. Futterplätze, für längeren Aufenthalt auf der Wanderung, und 4. Standplätze im Winterquartier, d. h. vor allem im Süden der Vereinigten Staaten, aber auch in

Mittelamerika. So ist die Verbreitung der Pelztierhege in Tierschutzgebieten, z. B. den 231 „National Wildlife Refuges" der USA., nur unter Berücksichtigung der Lebensräume der Zugvögel und anderer „Gastgeber" (Bison, Elch, Antilope, Bergschaf, Hirsch) zu verstehen (vgl. 216, S. 31 ff., u. S. 128 ff., 134 ff., 145 ff.). Über die Regionen der 11 im Jahre 1937 bestehenden Großwild-Reservate in Montana, Nebraska, North Dakota, Oklahoma, Wyoming, Nevada, Oregon und Alaska vgl. Gabrielsons Bericht (Lit. 216, S. 45 ff.).

Es sei noch bemerkt, daß wir es hier mit der zweiten Stufe der Pelztierhege zu tun haben: Die unterste Stufe besteht darin, daß Jagd-Schonzeiten und andere Schutzgesetze verordnet werden, die nicht in bestimmten Gebieten Gültigkeit haben, sondern für das ganze Staats- oder sogar Bundesgebiet gelten. Die zweite Stufe (s. o.) verstärkt diesen Schutz, indem sie in bestimmten, abgegrenzten und meist sogar umzäunten Gebieten verschiedenster Größe Fang und Jagd allgemein verbietet oder weitgehend einschränkt. Auch diese Vorstufen der intensiveren Pelztierhege und der Pelztierzucht müssen berücksichtigt werden, da der Einfluß des Menschen zum Zweck der Förderung der Pelzgewinnung und der Erhaltung der Pelztierarten deutlich zu erkennen ist, und da vor allem die geographischen, besonders landschaftsgestaltenden Auswirkungen von hervorragender Bedeutung sind (vgl. S. 146, 249 ff., 255 f.).

d) Hemmende Einflüsse der Tierwelt.

Eine große Gefahr besonders für Jungtiere stellen die tierischen Feinde der Pelztiere dar. Raubvögel führen zu großen Verlusten. Überall ist der Habicht gefürchtet. In Alaska wurden Prämien auf die Erlegung von Adlern ausgesetzt. In Quebec ist die Eulenplage besonders groß, und fast überall müssen in Freilandgehegen auf Pfosten Fallen aufgestellt werden, um die sich niederlassenden Raubvögel zu fangen. Die Bisamratte wird darüber hinaus noch vom Nerz bedroht, und ihre gefährlichsten Feinde in Louisiana sind die großen Schildkröten und Alligatoren. So spielt die Raubtierwelt der Umgegend und des Farmgeländes eine große Rolle und zwingt zur Vermeidung besonders gefährdeter Gegenden, zur Beachtung und Errichtung von Vorsichtsmaßnahmen, und unter Umständen zur Wahl eines anderen Farmtyps (z. B. gedeckte Zwinger an Stelle offenen Freilandes usw.).

Ausschlaggebende Bedeutung hat die Mückenplage für die Standortwahl in der Renntierzucht. „Überall in den Nordwestterritorien (Canadas), außer in der nördlichen Inselwelt und an der Küste, kommen Fliegen und Mücken im kurzen Sommer in so unglaublichen Mengen vor, daß weder das Ren noch der widerstandsfähigste Hirte ihre Quälereien aushalten können. Es gibt nur zwei Wege, ihnen zu entgehen: die Herde im Juni oder Juli an die kühle See zu schaffen oder sie auf hohe Hügel zu treiben. Weil aber im fraglichen Gebiet nirgends genügend hohe Hügel vorhanden sind . . . wird die Renntierzucht im arktischen Canada immer völlig auf die Küste und das angrenzende Hinterland beschränkt bleiben. Das Innere kann niemals als Renntierweide genutzt werden, außer von nomadisierenden (!) Renntier-Stämmen" (348, 16).

II. Die anthropogeographischen Grundlagen.

1. Wirtschaftliche Grundlagen.

a) Die Wirtschaft als Lieferant der Pelztierzucht.

Die wirtschaftliche Struktur eines Gebietes wirkt in mehrfacher Hinsicht auf Pelztierzucht und Pelztierhege. Keller (268, 27) nennt sogar die Prüfung der „wirtschaftsgeographischen Lage der Gegend und des Grundstücks" vor den „klimatischen Verhältnissen" als erste erforderliche Vorfrage bei der Wahl des Standortes! Einerseits liefert die Wirtschaft die Rohstoffe und Fertigwaren für Einrichtung und Unterhaltung der Farmen und Gehege, und andererseits nimmt sie die Produkte der Pelztierzucht auf. Landwirtschaft und Industrie sind gleicherweise am Aufbau und Betrieb einer Farm beteiligt (vgl. 338, S. 29 ff.,33 ff.).

α) Als Rohstofflieferant kommt die Landwirtschaft besonders in bezug auf Nahrungsmittel in Betracht: Futtermittel für die Tiere und Lebensmittel für die auf den Farmen beschäftigten Menschen. Für die Fleischfresser werden Pferde, Rinder, Schafe usw., aber auch Kaninchen, Geflügel, Eier und besonders Milch benötigt. Dazu kommen pflanzliche Produkte, z. B. Körner- und Hülsenfrüchte sowie Kartoffeln, Rüben und besonders Obst. Diese pflanzliche Nahrung wird auch für die Nagetiere als Zusatz zu den im Gehege stehenden Futterpflanzen (S. 220 f.) benötigt. Diese naturgegebenen Beziehungen der Pelztierzucht zur Landwirtschaft (S. 155 ff., 161) stellen eine der wichtigsten Standortgrundlagen dar. Z. B. beruht die ausgezeichnete Entwicklung der Pelztierzucht in den maritimen Provinzen Canadas gerade auf dieser wechselseitigen Ergänzung zwischen einer hochentwickelten Landwirtschaft („mixed farming", im Gegensatz zur vorwiegenden Monokultur des Westens [vgl. Hamilton, Lit. 29]) mit berühmten Spezialprodukten (z. B. der PEI-Saatkartoffel) und einer intensivierten Pelztierzucht, die in diesen Gebieten, mit Ausnahme der Prince Edward Insel, die vielgliedrige Form des „diversified fur farming" angenommen hat. Neben der vollständigeren Nahrungsgrundlage, die hier den Pelztieren gegeben werden kann, wirkt auch die große züchterische

Erfahrung hochstehender landwirtschaftlicher Kultur zur besten Pflege der Tiere mit.

In Manitoba und im Westen trägt die Landwirtschaft in erster Linie zur billigen Ernährung der Pelztiere bei: „Die weite Entfernung der großen Viehzuchtgebiete des Westens vom Meere verhindert die Ausfuhr qualitativ minderwertigen Viehs; diese Tiere können daher billig von den Pelztierzüchtern erworben werden; hier und in den Schlachthäusern von Winnipeg und St. Boniface liegen die Gründe für die starke Entwicklung in Manitoba (Rev. des El. de Ren., Apr. 1936, S. 10). (Der Durchschnittswert einer Farm in Manitoba lag 1935 mit 4033 $ [Gebäude und Tiere] weit über dem Dominion-Durchschnitt von 2129 $; desgl. Alberta [4300 $] und Saskatchewan [3114 $], im Gegensatz zu Nova Scotia [1022 $], Quebec [1280 $] und New Brunswick [1482 $]). (Lit. 11, vgl. Karte S. 264 a/b). — Anfang 1936 gab es über 500 Farmen in Manitoba!

β) In ähnlicher Weise tragen Küsten- und Hochsee-Fischerei zur Ernährung der Pelztiere bei und fördern damit weiter die vielseitig begünstigten Farmgebiete um den St. Lorenz-Strom und -Golf, aber auch in British Columbia, Alaska (127, 111) sowie in Norwegen und Norddeutschland. (In Deutschland werden z. B. Seefische, Krebse, Muscheln und sogar Wollhandkrabben an Nerze verfüttert, 268, 101.) in Quebec wurden Verkaufsverträge zwischen den Fischerei- Organisationen und den Pelztierzüchtern abgeschlossen. Die Fuchszüchter der Prince Edward Inseln fahren zum Teil selbst mit Booten zum Fischfang auf See (87, 8).

In Alaska ist die Lachs-Konservenindustrie ein Haupt-Futterlieferant. Ausschuß, Abfälle und Reste werden in Bootsladungen zu den Inselfarmen verfrachtet und gesalzen, geräuchert oder auch gedörrt für den Winter aufbewahrt (133, S. 9 u. 20 ff.). Hinzu kommt Walfleisch und anderes Strandgut, ferner Seehundsfleisch und der frische Fisch, den der Züchter oder Wärter leicht selber fängt und der auch zur Tranbereitung (als Futterzusatz) dient.

γ) Die Waldwirtschaft liefert wichtige Rohstoffe für den Aufbau der Farmen, deren Gehege, Schuppen, Zäune, Wachttürme usw. meist aus Holz gebaut sind. Diese Holzversorgung bietet im waldreichen Canada keine Schwierigkeit, auch nicht im verkehrserschlossenen Präriegebiet und im Trockengebiet der USA., dagegen wohl an der Eismeerküste, wo die Eskimos bei der Anlage von Eisfuchsfarmen auf das seltene Treibholz angewiesen sind.

δ) Gewerbe und Industrie tragen hauptsächlich zur Versorgung mit Metallwaren (für Drahtgitter, Werkzeuge usw.) und anderen technischen Einrichtungen bei. Der Bedarf an Maschendraht, Blechstreifen usw. ist sowohl bei Freiland- wie bei Zwingerfarmen sehr groß und fällt nur bei Freiland-Inselzuchten fort. Zahlreiche Spezialgeräte sind für die Behandlung der meist bissigen Tiere entwickelt worden. Im übrigen besteht reger Bedarf an technischen Einrichtungen für die verschiedensten Nebenbetriebe usw., die bei der Betrachtung der „Pelztierzucht als Schlüsselindustrie" geschildert worden sind (vgl. auch Lit. 87, S. 8 f.). „Die Quelle der nötigen Bedarfsartikel ist es, welche dem Vordringen der Pelztierzucht in weitabgelegene, unbesiedelte Gebiete, etwa die Nordwest-Territorien Canadas oder Inner-Quebec, eine Grenze setzt, nicht das Klima"! (87, 8). Wirklich moderne Großfarmen finden sich daher nur in engstem Anschluß an Großstädte (in Canada z. B. typisch in der Nähe von Winnipeg) und benachbarten Gebieten intensiver Landwirtschaft und Industrie (z. B. Wisconsin), dagegen nicht in den scheinbar so bevorzugten extrem winterkalten Gebieten von Quebec, Labrador usw.

Eine eigene Nahrungs- und Heilmittelindustrie für patentiertes synthetisches Futter, Drogen usw. liefert gleichfalls Produkte, deren Herstellung an hochentwickelte Laboratorien und deren dauerhafte Verpackung an ebensolche technische Einrichtungen geknüpft ist. Die Bereitstellung des richtigen und preiswerten Futters gibt bei sonst gleichen Voraussetzungen klimatischer Art den Ausschlag für die Standortwahl. Schmidt z. B. suchte sich im weiten Gebiet der USSR. eine Stelle bei Woronesch am Don, wo eine Spezialfarm für Marderhunde aufgebaut wurde, weil dort „besonders günstige Fütterungsverhältnisse vorlagen". Der gesamte Skunks-Bestand wurde von Moskau „nach dem Fernen Osten (!) verfrachtet, wo er in der Nähe von Wladiwostock ... bei sehr günstigen Futterverhältnissen weitergezüchtet wird"; und ebenso plante Schmidt eine große Nerzfarm „in dem fischreichen Karelien"! (375, 652).

b) Die Wirtschaft als Abnehmer der Produkte der Pelztierzucht.

Die Erzeugnisse der Pelztierzucht wenden sich vor allem an Gewerbe und Industrie, aber auch an die Landwirtschaft.

α) Das wichtigste Absatzgebiet der Pelztierzucht ist selbstverständlich das Rauchwarengewerbe. Hierbei sind die verschiedenen Verbraucherkreise zu unterscheiden: Eigenverbrauch der Züchter und Weiterverkauf an Händler, Fabrikanten und Kleinabnehmer. Die Deckung des Selbstverbrauchs stellt besonders bei Kleinfarmen in winterkalten Gebieten eine Erleichterung der wirtschaftlichen Existenz des Farmers dar, der die Kosten käuflicher Erwerbung bzw. die Mühen und das Risiko der Jagd nach dem für ihn lebensnotwendigen Pelzwerk spart. Hieraus entstanden eigene Verarbeitungswerkstätten nicht nur für den Hausbedarf, sondern sogar zum Weiterverkauf fertiger Pelzwaren. In dem hiermit gegebenen wirtschaftlichen Anreiz lag eine der Hauptursachen für die frühe Entwicklung primitiver Vorstufen der modernen Pelztierzucht. — Das andere Extrem finden wir auf der Prince Edward Insel, wo nach Berichten von Reisenden Silberfüchse überhaupt nicht getragen werden, da sie als wärmende Pelzkleidung kaum in Frage kommen und bei der Massenproduktion auf der Insel als Schmuckpelz keinen Seltenheitswert mehr haben. Hier und in den Großfarmen (in Canada gab es Anfang 1935 461 Farmen mit 40 bis 79 Füchsen und 240 Farmen mit über 80 Füchsen) ist alles auf Verkauf und Risiko eingestellt und damit abhängig von der jeweiligen Wirtschaftslage des eigenen Landes und der ausländischen Kunden. Qualität und Art der gezüchteten Tiere müssen sich diesen Gegebenheiten nach Möglichkeit anpassen. Darüber hinaus richten sie sich nach den beständigen Ansprüchen, die in winterkalten ländlichen wie städtischen Gebieten vor allem an wärmende Pelzkleidung gestellt werden. In gemäßigten bis subtropischen Gebieten vorwiegend städtischer Kultur soll vor allem der Bedarf an Luxus- und Schmuckpelz gedeckt werden, was eine ständige Anpassung an die Schwankungen der Mode verlangt. Größere Farmen sind in dieser Hinsicht bevorzugt, da sie stets neben den jeweils gefragten Pelztypen einen kleinen Stamm von Zuchttieren in Reserve halten können, deren Eigenart im Augenblick vielleicht unterbewertet ist, aber jederzeit wieder modern werden kann. Eine solche Farm ist dann bei einer Neubewertung der Pelzsorten (etwa der Viertel-, Halb-, Dreiviertel- oder Voll-Silbertypen in der Fuchszucht) gerüstet und kann die entsprechenden Felle und die dann besonders begehrten Zuchttiere liefern.

β) In der L a n d w i r t s c h a f t kommt vor allem die Verwendung von D ü n g e r in Frage. Für die Pelzkaninchen-Großfarmen Californiens bildet der Verkauf von Dünger eine wichtige Einkommensquelle. Darüber hinaus wurde die Verwendung der in immer größerer Menge anfallenden Tierkörper (allein die Zahl der eingegangenen und getöteten Silberfüchse geht sowohl in Canada und USA. wie in Norwegen alljährlich in die Hunderttausende!) als Dünger angeregt (vgl. Ashbrook, 127, 278), soweit sie nicht direkt oder als Fleischmehl verfüttert werden können.

γ) Auch die P e l z t i e r z u c h t w i r t s c h a f t selbst hat als Zweig der Landwirtschaft Verwendung für das anfallende Fleisch, und zwar zu Fütterungszwecken. Das Fleisch wird zwar nicht den Tieren der gleichen Art gereicht, wohl aber wird z. B. Pelzkanin-, Bisam- und Nutriafleisch an Füchse, Nerze usw. verfüttert. Diese Methode ergibt sich von selbst aus dem „mixed fur-farming"-Prinzip und stellt einen der Hauptvorteile dieses Pelztierzucht-Systems dar. Auch für die Renntierzucht Alaskas wurde die Verwendung des Fleisches als Fuchsfutter ins Auge gefaßt (334, 6).

Innerhalb der Pelztierzuchtwirtschaft ist ferner der Absatz an lebenden Zuchttieren seit Jahrzehnten bis in die Gegenwart hinein ein ausschlaggebender Faktor in der Rentabilitätsrechnung. Dies gilt vor allem für die canadische Pelztierzucht. Nicht nur der Binnenmarkt wurde mit Zuchttieren versorgt, sondern der Versand reichte bis nach Ostasien und Neuseeland wie nach Südafrika (S. 119 f., 156). Diese Bedeutung ist infolge der bekannten Entwicklungskrisen der Pelztierzucht zurückgegangen, hat aber immer noch große Zukunftsaussichten und bringt erheblichen wirtschaftlichen Nutzen, da lebende Tiere im allgemeinen weit über Fellpreis bezahlt werden. (1934 brachte der Silberfuchs lebend durchschnittlich 56 $, das Fell 35 $, alte bzw. junge Nerze 17 bzw. 20 $ und das Fell 8 $. Noch deutlicher ist das Verhältnis bei Biber [42 $ bzw. 35 $ gegenüber 9 $] und Fischermarder [Pekan]: 138 $ bzw. 75 $ gegenüber 36 $.) Farmen, die sich auf die Erzeugung von Zuchtmaterial spezialisierten, müssen nicht nur über besten Tierbestand verfügen, sondern einen klimatisch und landschaftlich ausgezeichneten Standort haben, wenn die Qualität der Zuchtstämme sich nicht im Laufe der Zeit durch Umwelteinflüsse wieder verschlechtern soll. Trotz des Überwiegens klimatischer Gesichtspunkte bei der Standortwahl solcher Farmen und trotz gewisser Vorzüge kommt aber eine isolierte Lage in dünn besiedelten Waldgebieten nicht in Frage, da Rücksicht auf die Nähe zu den wichtigsten Pelztierzuchtgebieten genommen werden muß (Propaganda, Besichtigungen, Versandkosten usw.). Die Großfarmen, denen es gelang, einen bekannten Zuchtstamm zu erzeugen (z. B. die Pontiac-, Maeser-, Milligan- und Morrison-Betriebe mit ihrem eigenen sogenannten „strain"), sind im Zentrum der Hauptwirtschaftsgebiete der Pelztierzucht, auf Prince Edward Island, in Ontario, in Washington und Oregon usw. groß geworden.

δ) Die Nutzung des Pelztierfleisches für die menschliche Ernährung wird lebhaft propagiert und hat auch bereits auf verschiedenen Gebieten sich durchgesetzt. In amerikanischen Haushaltungen und Gaststätten wird Bisambraten unter dem Namen „marsh rabbit" (Sumpfkaninchen) verzehrt. Der Wert des Bisamfleisches, das sehr nahrhaft und wohlschmeckend sein soll, stieg im Lebendgewicht von 1 $ für ein Dutzend abgezogener Tiere im Jahre 1909 auf 3 $ im Jahre 1927 (vgl. Ashbrook, 127, S. 200 u. 218 f., und Arthur, 123, S. 278 u. a.). Einzelne Farmen in Maryland haben täglich bis zu 500 und 600 Stück auf den Markt gebracht. Diese Fleischverwertung stellte zeitweilig eine wichtige Wirtschaftsgrundlage der Bisamhege besonders im Osten der USA. dar. Im Gegensatz zu Baltimore,

Washington, Wilmington, Philadelphia usw. konnte sich allerdings der Verzehr von Bisamfleisch in Louisiana trotz aller Propaganda nicht im gleichen Maße durchsetzen (123, 275 ff.). In jedem Werk und Aufsatz über Bisamzucht und Bisamhege spielt aber der Hinweis auf die doppelte Verwertungsmöglichkeit der Tiere als Pelzträger und als „marsh rabbit" oder „terrapin" eine große Rolle. Wahrscheinlich dient das Fleisch noch weniger als Handelsartikel als zur Bedarfsdeckung im Haushalt der Trapper und Züchter. — Auch in Deutschland wird gerade die Zucht der Pflanzenfresser mit dem Hinweis auf die mögliche Fleischnutzung empfohlen. Versuchsweise wurde bereits in Leipziger Gaststätten Nutriabraten gereicht. Wenn sich aber sogar gegen Kaninchenfleisch noch Vorurteile in der Bevölkerung regen, wird es lange dauern, ehe man sich zu einer rationellen Verwertung des Fleisches unbekannter Pelztiere entschließt.

In den Südstaaten der USA. stellt auch das Opossumfleisch einen Handelsartikel dar; um die Jahrhundertwende brachte das „zarte gute Fleisch" (289, 8), das besonders nach Washington versandt wurde, einen Preis von über 1 $ je Tier. — Seit die Stinkdrüsen dem Skunks bereits in früher Jugend entnommen werden oder jedenfalls unbeschädigt aus dem Fleisch losgelöst werden können, ist auch Skunksfleisch verzehrt worden und sogar nach Europa ausgeführt worden (127, 155). — Biberfleisch stellt seit uralten Zeiten in Nordamerika ein Nahrungsmittel dar, und vor allem der Biberschwanz gilt als ausgesprochene Delikatesse.

Die größte wirtschaftliche Bedeutung hat wohl einstweilen das Fleisch der Pelzkaninchen. Besonders kam es in Californien zu starkem Verbrauch, woran u. a. die spanische Tradition der Bevölkerung Anteil hat. Allein in Los Angeles wurde im Jahre 1926 für über 1 Mill. $ Kaninchenfleisch verkauft. Der durchschnittliche Verbrauch hier und in den Nachbarstädten wird mit 10 000 Stück pro Woche im Sommer und 13 000 Stück im Winter abgegeben. Das sind etwa 25 000 kg wöchentlich. Diese Fleischproduktion ist überhaupt für viele Kaninchenzüchter die Veranlassung zur Zucht und der Hauptnutzen gewesen, bis durch die Entwicklung der Fell- und Pelzrassen durch den Züchter und der Verarbeitungsmethoden durch den Kürschner auch die Fellgewinnung mehr und mehr lohnend wurde und gewöhnlich an die erste Stelle trat. Der Handel in Kaninfleisch, Wurstwaren und Konserven ist aber noch immer sehr wichtig und großzügig organisiert. (Spezial-Lastkraftwagen usw.) (vgl. Ashbrook, 127, S. 220, 230 f.).

Die Renntierzucht Alaskas liefert Pelzwerk (Schuhe, Strümpfe, Hosen, Schlafsäcke, Kapuzen und andere Winterkleidung) hauptsächlich für den örtlichen Verbrauch und die Eingeborenen; als Ausfuhrartikel stehen dagegen Leder und vor allem Fleisch im Vordergrund: als Konservenfleisch, eingepökelt, geräuchert, gekühlt und gefroren wird es von den Sammelplätzen und Kühlhäusern der Westküste nach USA. verschifft: 1928 wurden 1 Mill. lbs., 1929: 2 Mill. lbs. und 1930: 2,5 Mill. lbs. ausgeführt. Nach den Berechnungen über die Kapazität der 200 000 Quadratmeilen geeigneten Weidelandes in Alaska (weitere 150 000 Quadratmeilen sollen für die Karibujagd freigehalten werden) rechnet man mit einem Bestand von etwa 4 Mill. Renntieren, die einen jährlichen Überschuß von 150 Mill. lbs. an Fleisch liefern würden (334, 3 ff.).

ε) Gewerbe und Industrie stellen den Absatzmarkt für die meisten weiteren Produkte der Pelztierzucht dar. Aber ähnlich wie die Fleischnutzung auf Vorurteile stößt, begegnet die Verwertung der übrigen Nebenprodukte anderen Schwierigkeiten. Es fehlt vor allem an Organisation und dem Willen (oft auch an dem volkswirtschaftlichen Zwang) zur restlosen Erfassung aller Erzeugnisse der nationalen Produktion. Die Verwertung der Knochen, Häute, Haare, Riechstoffe usw. der Tierkörper steht erst am Anfang und würde eine Sicherstellung ihrer Rentabilität besonders in Krisenzeiten der Pelzmode bedeuten. Geweihe, Knochen, Blut und Eingeweide der Renntiere werden z. B. zu Fleischmehl für Hunde- und Fuchsfutter verarbeitet, die Geweihschaufeln zu Messergriffen usw. — Eine recht vollkommene Verwertung findet der Nutriakörper in Deutschland, zumal die Parfümeriefabriken auch das „Bibergeil" der Nutria kaufen.

ζ) Beispielhaft für restlose Erfassung aller in der Pelztierzuchtwirtschaft erzeugten Güter ist die Eingeborenenwirtschaft und bis zu einem gewissen Grade die Eigenwirtschaft der canadischen Urwaldsiedler. — In den Eingeborenen-Bezirken werden z. B. auch die Nährmittelwerte des Pelztierfleisches besser ausgenutzt. Fuchsfleisch dient den Eskimos als Futter für Schlittenhunde und gelegentlich zur eigenen Ernährung. Skunksfleisch wird bei canadischen Indianern gegessen (127, 155). Bisonfleisch wird gefroren oder getrocknet sogar über weite Strecken versandt (45, 304), während Moschusochsenfleisch einen wichtigen Bestandteil in Stefanssons Vorschlägen zur wirtschaftlichen Erschließung des „Neulands im Norden" bildet. Beim Renntier geht die vielseitige Nutzung sogar so weit, daß die Pelznutzung nur eine unter vielen Verwertungszwecken darstellt (als Zug- und Tragtier liefert es Milch, Dünger, Fleisch, Leder, Knochen, Geweih, Sehnen usw. neben dem Pelz). Ähnlich verhält es sich mit der Pelznutzung der Eskimohunde und, bis zu einem gewissen Grade, der russischen Fohlen, die den einheimischen Hirten mit ihrer Arbeitskraft als Fleisch- und Milchtiere, und erst in letzter Linie als Erzeuger eines — wenn auch wertvollen — Pelzes dienen.

c) Beeinflussung durch Wirtschaftsgesetzgebung.

Sowohl für den Aufbau der Farmen wie für ihre Absatzverhältnisse spielen die national-ökonomischen Faktoren der Steuer-, Zoll- und Quarantäne-Gesetzgebung, der Ein- und Ausfuhr-Regelung und der Tierhandels- und Tierschutz-Vorschriften eine Rolle, deren Bedeutung sich von einem Wirtschaftsgebiet zum anderen wandelt. In den USA. z. B. wechselt diese Gesetzgebung von Staat zu Staat und von Jahr zu Jahr. (Das Department of Agriculture gibt alljährlich ein „Farmers' Bulletin on laws relating to fur animals" oder eine ähnliche Übersicht heraus.) Die Einstellung des Staates ist von wesentlichem Einfluß auf die Entwicklungsmöglichkeiten. Die canadische Regierung hat die Pelztierzucht nach Möglichkeit gefördert und z. B. die Körordnung und das Registrierungs-System der reinrassigen Zuchtfüchse unter die Obhut des Landwirtschaftsministeriums genommen. Die meisten einzelnen Provinzen haben Zuschüsse zu Versuchs- und Musterfarmen gegeben. Andererseits verlangt die Regierung dafür ausführliche Jahresberichte von jedem einzelnen Farmer. Auf diesen Zählungen bauen sich die staatlichen Statistiken auf, die von einer einzigartigen Gründlichkeit sind (u. a. eine namentliche Liste sämtlicher einzelnen Farmen enthalten!), die dem weiteren Ausbau dieses Wirtschaftszweiges wieder zugute kommt (vgl. 338, 54 ff.).

Im Gegensatz hierzu haben andere Staaten (z. B. einzelne Gliedstaaten der USA.) den Pelztierzüchtern Schwierigkeiten gemacht, die Erwerbung lebender Pelztiere als Verstoß gegen Tierschutzgesetze verboten, hohe Lizenzgebühren verlangt usw. Noch im Jahre 1928 bestanden in 8 von den insgesamt 34 Pelztierzucht treibenden Staaten der Union keinerlei Gesetze zum Schutz und zur Förderung der Pelztierzucht (vgl. Ashbrook. 127, S. 289 f. und 238, 21 ff.). — Bestimmte Zweige der Pelztierzucht sind in einigen Ländern völlig verboten: Im dicht besiedelten Mitteleuropa glaubte man, die Bisamzucht verbieten zu müssen, damit nicht etwa entweichende Tiere die Wasserbauten, Deiche, Kanalufer usw. gefährden, wie es die von Böhmen her wild ausgebreiteten Bisamratten seit Jahren tun.

So war die Bisamzucht in Österreich, Schweiz, Frankreich und Norwegen verboten und wird noch heute auch im Deutschen Reich streng verfolgt.

Neben dieser Inland-Gesetzgebung, die den Aufbau der Pelztierzucht reguliert oder regulieren soll (vgl. Ashbrooks „Proposed Fur-Farming Law", 127, S. 290 ff.), wirkt die internationale Wirtschaftsgesetzgebung vor allem auf die Absätze an lebenden Pelztieren. „Zum Schutz der Silberfuchsindustrie" hat die Bundesregierung in Washington „nicht nur einen Schutzzoll von 50 % auf die Einfuhr von Silberfuchsfellen gelegt, sondern auch einen hohen Zoll auf die Einfuhr lebender Silberfüchse, die dann außerdem noch eine längere Quarantäne durchmachen müssen" (160, II, 538). Fast jeder europäische Staat hat einmal Einfuhrverbote für ausländische Zuchttiere erlassen, teils aus hygienischen, teils aus wirtschaftlichen Gründen des Schutzes der eigenen Farmen. Das Gegenstück dazu sind die canadischen Versuche, die ausländische, besonders europäische Pelztierzucht-Konkurrenz durch Ausfuhrverbote zu boykottieren! Im Gefühl der eigenen Überlegenheit vor allem in klimatischer Hinsicht hielt Beetz das qualitativ hochwertige Zuchtmaterial der canadischen Farmen für so unentbehrlich zur Blutauffrischung der europäischen Tiere, daß er annahm, ein Ausfuhrverbot würde die erschreckend anwachsende skandinavische Silberfuchstzucht bald degenerieren lassen: „Les renardières en Europe doivent forcément péricliter (dégénérescence causée par l'influence climatique) ou du moins ne pas augmenter, sans rentrer toujours du sang nouveau du ‚pays producteur', le Canada . . . L'Europe laissée à elle-même mettra sur le marché des peaux de plus en plus secondaires. Ils ne peuvent rien sans la coopération répétée des pays producteurs." (Rev. des El. de Ren., Mai 1936, 7 f.) (Vgl. S. 193 f.)

Ein weiteres Beispiel sind die Bemühungen norwegischer Züchter, ein Ausfuhrverbot für bestimmte Fische zu erreichen, die sich als Fuchsfutter so außerordentlich bewährt hatten, daß man sie den Züchtern in Schweden nicht zur Stärkung der schwedischen Silberfuchszucht gönnte. (1937!) — Um kein anderes Land weiter zu unterstützen, sollte die Ausfuhr lebender Zuchtfüchse aus Norwegen und auch aus Schweden verboten werden, obwohl so eine wichtige Einnahmequelle der Farmen direkt verloren ginge (vgl. S. 248).

d) Einfluß der Wirtschaftskonjunktur.

Von den beiden Zweigen der modernen Pelzproduktion ist die Pelztierhege z. T. verhältnismäßig unabhängig von den Einflüssen der allgemeinen Wirtschaftslage und der verschiedenen Märkte für die einzelnen Produkte. Ethische und ästhetische sowie soziale Gesichtspunkte sprechen für ihre Erhaltung auch unter schwierigen Verhältnissen, und außerdem können die Mittel des Staates auch dann noch eingesetzt werden, wenn unter privatwirtschaftlichen Erwägungen eine Rentabilität längst nicht mehr gegeben ist (s. S. 161, 253).

Die wirtschaftliche, intensive Pelztierzucht dagegen und die extensiven Formen planmäßiger Pelzgewinnung, bei denen stets der Erlös für geerntetes Pelzwerk im Vordergrund stehen muß, sind durch jede Konjunkturschwankung gefährdet bzw. überhaupt nur unter bestimmten konjunkturellen Voraussetzungen entstanden. Colby (24, 56) weist z. B. nach, daß der angesammelte Wohlstand der Landwirte auf Prince Edward Island eine Hauptvoraussetzung darstellt für das rasche Aufblühen der Silberfuchszucht. Ohne die „großen Sparkassenguthaben" der Farmer wäre die Gründung der Pelztierzuchten nicht möglich gewesen, da bei dem unsinnigen Preis für Zuchttiere (10 000 $, 20 000 $, ja 30 000 $ wurden für erprobte Alttierpaare bezahlt und Optionen auf ungeborene Jungtiere erworben!) an den Erwerb des notwendigen Grundstocks an Tieren sonst nicht zu denken war. Die weniger begüterten Farmer mußten sogar ihre Ersparnisse zusammenlegen und gründeten mehrere hundert Aktiengesellschaften mit einem Kapital von über 30 Mill. $, um sich an dem Dividendensegen beteiligen zu können. So legte der Fleiß einer tüchtigen Landbevölkerung auf gutem Boden und in geeignetem Klima mit dem reichen Ertrag zahlreicher Ernten den Grund für die neue „Industrie", während die ärmere Bevölkerung anderer Gebiete (z. B. Quebecs) die teueren reinrassigen Stammtiere nicht erwerben konnte und mit dem schlechten Ersatz lebend gefangener wilder Silberfüchse eine Zucht aufbauen mußte, die in viel stärkerem Maße Rückschläge erlitt und trotz besten Klimas und sorgfältiger Pflege keine qualitativ gleichwertige Reinzucht erzielte (vgl. S. 160 f.).

Ähnlich ist es auch zu erklären, daß in Europa die Nerzzucht zunächst verhältnismäßig stark Eingang fand, weil diese billigeren Tiere „von den Kleinkapitalisten Europas" bevorzugt werden mußten (67, 8). In USA. dagegen gaben die Lockungen der größeren Rentabilität den Ausschlag zugunsten der Silberfuchszucht, weil die Frage der Kapitalbeschaffung leichter zu lösen war. Ohne die gedrückte wirtschaftliche Lage in Mitteleuropa hätte die Pelztierzucht sicher in den zwanziger Jahren einen rascheren Aufschwung bei uns genommen.

Auch in einer verschiedenen Beurteilung einmal gegebener Standortfaktoren wirkte sich die schwankende Wirtschaftskonjunktur aus. In den zwanziger Jahren drang die Kleintierzucht bis in die Großstädte hinein vor, und nicht nur Kaninchen, sondern auch Nerze und selbst Bisamratte und Nutria wurden (selbstverständlich in Trockenzwingern) in Hinterhöfen (in Europa wie in Amerika) gezüchtet. Die Preise für Zuchttiere waren so groß und die Kenntnis der Qualitätsunterschiede so gering, daß diese Kleinbetriebe jahrelang blühten. Die klimatischen Nachteile für die Tiere, die sich sehr bald auswirkten — da es an jeder Möglichkeit fehlte, natürliche Umweltbedingungen herzustellen —, wurden für unwichtig gehalten. Die Vorteile der Verkaufslage im Zentrum des Absatzgebietes gaben den Ausschlag, bis der Preisrückschlag um 1930 wieder eine normale Bewertung natürlicher Standortfaktoren brachte, d. h. eine Rückverlegung der

Pelztierzucht aus den Städten und Stadtrandgebieten in ländliche Bezirke herbeiführte.

2. Handels- und Verkehrsbeziehungen.

Die Verkehrslage der Pelztierfarmen hat maßgebenden Einfluß auf die Möglichkeit vorteilhaften Einkaufs und Verkaufs, wirksamer Werbung, leichter Erreichbarkeit für Besucher (Kunden, Tierärzte, Lieferanten, Gutachter der Züchterverbände) und schneller Beschickung von Ausstellungen, Körungen und dergleichen. Infolgedessen suchen alle Pelztierzuchtgebiete sowie alle Hegegebiete, die nicht vorwiegend dem Naturschutz dienen, einen möglichst günstigen Verkehrsanschluß zu erreichen, in der Großlage wie in der Kleinlage, im Land-, Wasser- und (z. B. im hohen Norden Canadas) selbst im Luftverkehr (vgl. Karte S. 242).

a) Großverkehrslage.

Die Hauptabsatzgebiete der Rohpelze bestimmen in erster Linie Gunst oder Ungunst der Lage eines Pelztierzuchtgebietes. Die Kerngebiete der Pelzfarmen scharen sich um die Pelzmärkte Nordamerikas: Montreal, Winnipeg, Vancouver, Chicago, New York usw., in der Reihenfolge, wie die Gunst des Klimas sich mit den übrigen vorteilhaften Standortfaktoren vereinigt. Edwards (201, 11) empfiehlt für die Bisamhege die „idealen Plätze" in New York, Pennsylvania, New Jersey „und anderen Staaten, die nahe bei den Pelzmärkten von New York liegen". In dieser Möglichkeit freier Wahl eines verkehrsgünstigen Standortes liegt ein unschätzbarer Vorteil besonders der canadischen Pelztier*züchter* gegenüber den Trappern, die mehr und mehr in entlegenste Einöden (sogar mit dem Flugzeug) vordringen müssen. Durch die Nähe zu den Verbraucherzentren wird der Frachtanteil der Farmpelzproduktion sehr gering, zumal Nordamerika im Kriege seine eigenen Rohpelzversteigerungen geschaffen und seine Pelzverarbeitungszentren ausgebaut hat. (St. Louis, Seattle, Chicago, New York, Montreal usw. Vgl. den Jahresbericht über die „Fur Manufacturing Industries" in Canada, Ottawa!) Die Prince Edward Insel mußte sich erst ein eigenes Zentrum des Pelzhandels schaffen, in Summerside, um sich gegenüber der wachsenden Bedeutung der Zuchtgebiete am St. Lorenzstrom usw. halten zu können.

Ebenso wirkten Leipzig und Berlin konzentrierend auf die deutschen Pelztierfarmen. Die europäischen Farmen insgesamt liegen günstiger zu den Welt-Pelzhandelsplätzen London, Leipzig und Paris. Dieser Nachteil besonders der canadischen Züchter, denen der Zugang zum einzigen vergleichbaren amerikanischen Platz, New York, nicht völlig offen steht (50 %

Einfuhrzölle für Silberfuchsfelle!), wird in Canada offen zugegeben. Man sucht ihn auszugleichen, indem man Tiere züchtet, deren Pelz zeitiger im Herbst „reif“ wird, um auf diese Weise zuerst auf dem Markt zu erscheinen, bevor die europäische Konkurrenz mit ihren Massenangeboten herauskommt. Der frühe Herbst und Winter Quebecs begünstigt dieses Vorhaben gegenüber den klimatischen Bedingungen im maritimen Nordwesteuropa, wo erst im Januar und Februar schärferer Frost aufzutreten pflegt, und wo dementsprechend ein Anreiz zu frühzeitiger Pelzbildung bei den Tieren fehlt.

Für die überseeische Ausfuhr an Pelzen und Tieren liegen die Farmen der maritimen Staaten und Britisch-Columbiens besonders günstig. Halifax und Vancouver sind die Versandplätze des Pelztierhandels. Auch auf der Prince Edward Insel scharen sich (vgl. Karte bei Stilgenbauer, Lit. 98) die Farmen um die Häfen von Charlottetown und Summerside. Die extrem ostcanadische Lage der dort von der CNSFBA. errichteten Pelz-Sammelstelle (vgl. die „Fellsa“-Organisation der deutschen Züchter) führte zu Beschwerden der angeschlossenen mittel- und westcanadischen Züchter. Durch besonders vorteilhafte Verkaufsmöglichkeiten (Barvorschuß) gelang es aber, einen wichtigen Markt in Summerside nicht nur für die Seeprovinzen aufzubauen.

Günstige Verkehrsbeziehungen sind sodann vor allem zu den Futterlieferanten herzustellen. Die Nähe größerer Knotenpunkte, Häfen und Städte bedingt nicht nur allgemein besseren Verkehrsanschluß, sondern besonders schnelle Belieferung mit leicht verderblichen Waren, z. B. Schlachthausabfällen, Fischen usw. Hier liegen die Hauptgründe für die bereits erörterte Standortverlagerung der deutschen Farmen nach Nord- und Mitteldeutschland, besonders in die Umgebung von Berlin, aber auch anderer Großstädte.

Auch für die Renntierzucht Alaskas ist günstiger Anschluß an Verkehrsmöglichkeiten wichtig, „damit Arbeitskräfte, Lebensmittel und Ausrüstungsgegenstände erreichbar sind und damit die Verschiffung und der Absatz des Fleisches usw. erleichtert werden. Hierdurch erklärt sich die Tatsache, daß die meisten Herden Alaskas gegenwärtig an oder nahe der Küste, und zwar mit größter Zusammendrängung an den besterreichbaren Punkten, sich befinden. Nach einer Verbesserung der Transportmöglichkeiten werden mehr Herden im Innern eingerichtet werden. — Auch die Erreichbarkeit der einzelnen Teile der zugewiesenen Weidegebiete ist ein beachtenswerter Faktor“ (334, 18).

b) Kleinverkehrslage.

Die Verbindung leichter Erreichbarkeit des Farmgeländes mit ungestörter Lage der eigentlichen Zwinger ist charakteristisch für bevorzugte Pelztierfarmen. Großer Geländebesitz ist hierbei ein fast unersetzbarer Vorteil, da er bei bestem Verkehrsanschluß an Hauptstraßen den oft sehr empfindlichen wertvollen Tieren einen ruhigen störungsfreien Aufenthalt sichert. Diese Ruhe ist besonders zur Paarungszeit und kurz nach der Geburt der Jungen am wichtigsten, da sonst große Verluste durch kämpfende Tiere und durch aus Angst vom Muttertiere getötete Junge, durch Fehlgeburten usw. entstehen. Bei zu großer Nähe belebter Verkehrswege müssen z. B. auch die Außenzäune der Farm aus dichten Brettern gebaut werden, was

---

Ein „ideales Gelände" für eine Pelztier-Großfarm in Nordamerika.

(Beispiel aus Minnesota, nach American Fox and Fur Farmer, März 1926, S. 11.)

Wichtige Vorzüge, die sich aus Lage und Ausstattung des Farmgeländes ergeben.

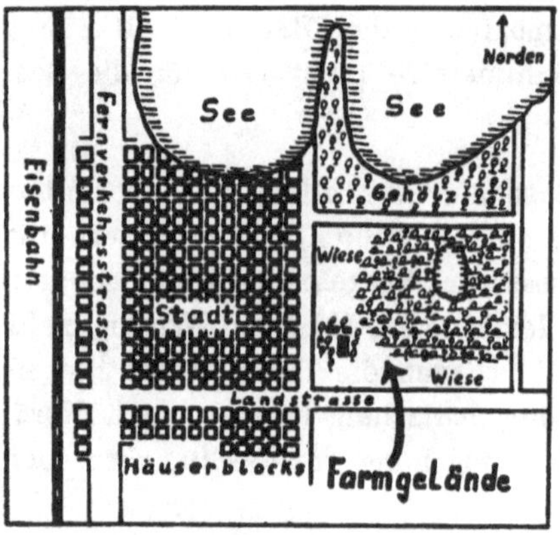

1. Großlage: in einem klimatisch günstigen Gebiet: a) innerhalb der sogenannten „canadischen" winterkalten Zone Ashbrooks (vgl. Karte S. 190/1), und b) in einem an die Großen Seen angrenzenden Staat mit gemildert kontinentalem Klima.

Vorzüge, die im Plan erkennbar sind:

2. Kleinlage: a) günstiger Verkehrsanschluß durch Eisenbahn und Hauptstraßen; b) reichliche und billige Futterversorgung infolge der Nähe einer Stadt (Schlachthofabfälle usw.) und eines Sees (Fischfang); c) ungestörte Lage am Rande der Stadt; d) Luftfeuchtigkeit und erwünschte Milderung extremer Sommer-Temperaturen durch die Lage an einem größeren Binnensee.

3. Eigenschaften des Farmgeländes: a) Größe des Geländes: ermöglicht u. a. Isolierung der Gehege von der Außenwelt; b) Anteil an Wald, Wiese und Gewässer: Laubgehölz und Strauchwerk geben Schatten und Schutz gegen Störungen; Wiesen können als Grasweide für Haustiere (Pelztiere und Futtertiere) dienen, sowie zur Anlage unbeschatteter, offener Freigehege, Ausläufe, Zwinger usw.; Teich und sumpfige Uferstreifen ermöglichen die Haltung von Bisamratte oder Nutria, d. h. von Pflanzenfressern, die außer zur Pelzgewinnung auch zur Fleischnutzung (für menschliche Nahrung bzw. für fleischfressende Pelztiere) dienen können (12 ha offenes Land, 30 ha bewaldet, 5 ha Wasserfläche).

(Vgl. S. 199, 205 f., 220, 222, 231, 232, 234, 240 ff. u. a.)

einerseits unwirtschaftlich ist und andererseits die wichtige freie Luftbewegung zwischen den Gehegen unterbindet (vgl. 127, S. 47, 79 f.). Einsame, ruhige Lage ist besonders im Schärengebiet, z. B. Norwegens (454, 121), leicht zu finden und hat ihre großen Vorteile. — Ebensowenig darf aber der gute Verkehrsanschluß vernachlässigt werden. „Das klimatisch beste Gebiet ist wertlos, wenn schlechte Verbindung und Zufahrt den Betrieb erschweren und billiges Futter durch den Transport zwei- bis dreimal so teuer wird." (192, 37.) (Vgl. auch Keller, über die Ursachen der Verlegung deutscher Nerzzüchtereien, 268, 25 f. usw.) Die Lage an der Hauptstraße bietet auch weitere Vorteile: Reklametafeln, wie man sie auch in Deutschland, findet, lassen sich leicht anbringen, oder Schaufenster, die in Nordamerika häufig sind und eine besonders gute Werbung zumal für den Direktverkäufer darstellen.

Bei Inselzuchten wird selbstverständlich das Vorhandensein eines guten, geschützten Landungsplatzes (vgl. 133, 9) und eines auch bei schlechtem Wetter benutzbaren Wasserweges zur Voraussetzung. — Ein ganzes Netz von Wasserwegen durchzieht die ausgedehnten Bisamsümpfe der atlantischen und der Golf-Küste. Die zahllosen Kanäle der Mississippimündung (bayous) verbinden die Hunderte aufgestellter Fallen und Futterplätze auf natürliche Weise untereinander, so daß sie von Wärtern und Jägern mit flachen Booten aufgesucht werden können (s. Karte S. 162).

3. Beziehung zu Siedlungen.

a) Enge Verbindung mit Siedlungen.

Nur für intensive Formen der Pelztierzucht kommt ein unmittelbarer Anschluß an bestehende landwirtschaftliche oder vorstädtische Siedlungen in Frage. Bestimmte Zuchtformen, z. B. die Kleinpelztierzucht als Nebenbetrieb, sind nur auf diese Weise möglich. In der Landwirtschaft sind die sonst unverwertbaren Abfälle vorhanden, die als Futter dienen, und hier brauchen vor allem auch keine Arbeitskräfte eigens für die Pelztiere eingestellt zu werden. Vergrößerte Rentabilität und Krisenfestigkeit sind die Folge (vgl. Ompteda, Lit. 329). Das gilt sowohl von Pelzfarmen auf Bauernhöfen wie in Fischerdörfern, aber auch von der „Siedlung" am Stadtrand usw. „Siedlung und Pelztierzucht gehören zusammen", war ein Hauptgrundsatz in der Propaganda der deutschen Klein-Pelztierzucht. Wenn die Pelztierzucht Vorteile zieht aus der Verbindung mit bestehender Landwirtschaft, so kann und soll die junge aufzubauende Siedlung gestützt werden durch den Erlös aus angegliederter werteschaffender Kleintierzucht.

Aus verschiedensten Gründen empfiehlt sich die für Prince Edward Island, Winnipeg usw. so charakteristische Konzentration in Stadtnähe (vgl. Lit. 87, S. 8 ff. und Lit. 98): Günstige Verkehrslage, leichte Futterbeschaffung, Nähe der Pelztierzucht-„Hilfsindustrien", Organisationen, Tierärzte, Pelz- und Pelztierhändler, abwechslungsreicheres Leben für den Züchter und finanzielle Beteiligung des aufmerksam gemachten Stadtbewohners (s. Karte S. 242).

b) Bevorzugung siedlungsarmer Räume.

Die weiten menschenleeren Räume Nord-Canadas sind die gegebenen Orte der Großraum-Pelztierhege. Nur hier, wo die verfügbare Raumgröße praktisch unbeschränkt ist, lassen sich Pläne verwirklichen wie die der ungeheuren Wildreservate für vom Aussterben bedrohte Tiere. Weder Bison- noch Moschusochsen-Parks vertragen sich mit der Kleinräumigkeit der Freiflächen in dicht besiedelten Räumen und mit der ständigen Beunruhigung durch die Erscheinungen der Zivilisation. Die Riesenfreifelder Alaskas, Nordwestcanadas und der arktischen Inseln sind die natürlichen Bezirke des weitschweifenden Karibus und damit der gegenwärtigen und zukünftigen Renntierherden. Im Sommer legen die Herden gegen den Wind bis zu 15 oder gar 20 Meilen am Tage zurück. Nach den Erfahrungen der Alaska Reindeer Experiment-Station ist eine Fläche von 33 acre (über 13 ha) als Mindestmaß an ganzjähriger Weidefläche für ein Tier notwendig! (334, 23.) Die zweieinhalb Frühlings- und Sommermonate erfordern 4 acre, die zwei Sommermonate 2, die vier Herbst- und Frühwintermonate 10, und die dreieinhalb Wintermonate sogar 17 acre Weidefläche je Tier! (Bei neu in Betrieb genommenen Gebieten wird sogar nur 1 Tier auf 45 acre angesetzt.) Hinzukommt noch, daß die vier Weidegebiete für die verschiedenen Jahreszeiten in weitauseinanderliegenden Teilen des Landes liegen müssen, u. a. damit keine Parasiten übertragen werden (334, 19 ff.). (Vgl. S. 207 f., 212, 229 f.)

In ähnlicher Weise sind die Biberhege und die Bisam-Freilandfarm an freie Räume gebunden. Zu stark sind auch die Zerstörungen, die beide Tiere auf ihre Weise an Bauwerken des Menschen verrichten: Böschungen und Steilufer, Bahn- und Straßendämme sind durch Unterhöhlung gefährdet; Wälder werden überflutet und gehen zugrunde, usw. Diese Schäden haben zur fast völligen Ausrottung des Bibers in Mitteleuropa und zur schonungslosen Verfolgung der Bisamratte in Böhmen und Mitteldeutschland geführt. Die gleiche Gefahr besteht in Nordamerika, und so ist größte Vorsicht bei der Abgrenzung der Biber- und Bisam-Zuchtgebiete nötig, wenn nicht die gesamte Naturschutzbewegung und die Pelztierzuchtpropaganda in Mißkredit geraten soll (vgl. Ashbrook, 127, S. 175, 178, 181 ff.).

Billigster Boden, der nicht landwirtschaftlich oder anderweitig genutzt werden kann, ist die Vorbedingung für solche Farmen und Ranches, die sich über große Flächen erstrecken müssen und bei den derzeitigen niedrigen Fellpreisen für Bisamratten und bei der geringen Vermehrung der Biber keinen großen Kostenaufwand rechtfertigen. Wie groß die Flächen sein müssen, betont gerade die Hudson's Bay Co.: „Man braucht 1 acre Land (0,4 ha), um einen Biber in der Wildnis zu erhalten" (Beaver, Juni 1937). So kommen nur unbesiedeltes Waldland und unbesiedelbare Sümpfe, Flußmündungen und die gewaltigen Sumpfniederungen der Küstengebiete für diese Freilandzuchten in Frage. Auch hier ist Voraussetzung, daß das Farmgebiet nicht von bedeutenden Verkehrswegen durchquert wird, die gefährdet sein könnten, bzw. daß die nötigen Schutzvorrichtungen (Draht- und Blechzäune usw.) angebracht werden.

Endlich ist auch die Zuweisung ganzer Inselgruppen an freischweifende Blaufuchsherden nur in der dünn besiedelten Alaska-Inselflur oder in ähnlich menschenarmen inselreichen Küstenstrichen denkbar (vgl. 454, 23). Für 150 bis höchstens 200 Füchse braucht man bereits eine Inselfläche von 15 bis 25 Hektar (133, 10).

Außer Nordamerika hat wohl nur noch die Sowjetunion klimatisch geeignete große Freiräume für Bisam- und Nutriahege zur Verfügung, die so dünn besiedelt sind, daß Schäden an menschlichen Bauwerken usw. nicht zu befürchten sind. Die Pelztierzucht Mitteleuropas wird dagegen auf diese Produktionsquelle verzichten müssen.

4. Einfluß kultureller, völkischer und politischer Verhältnisse.

Die Entwicklung und Verbreitung der Pelztierzucht ist nicht allein aus natürlichen Gegebenheiten der Landschaft und des Klimas zu erklären. Neben den konkreten, im Raume verteilten menschlichen Bauten und Einrichtungen (Wirtschaftsbetriebe, Verkehrswege, Siedlungen u. a. m.) üben ferner Tatsachen und Begriffe des kulturellen und politischen Lebens ihren Einfluß auf den Entwicklungsstand dieses international verbreiteten neuen Wirtschaftszweiges aus.

a) Kulturhöhe.

Die Wahl der Zuchtformen und der Stand ihrer Durchführung ist in hohem Maße abhängig von der Kulturhöhe der Bevölkerung. In den hochzivilisierten Gebieten Europas und Nordamerikas stellt sich eine reiche und vielfältige Landwirtschaft mit allen Erfahrungen traditioneller intensiver Viehzucht in den Dienst der Pelztierzucht, und eigene Forschungsstellen, Versuchsfarmen usw. suchen darüber hinaus die wissenschaftlichen Grundlagen zu erarbeiten und zu erweitern. Hier kann sich eine wissenschaftlich betriebene, intensive, erbbiologisch einwandfreie und standortgerechte Pelztierzucht entwickeln mit züchterischen und wirtschaftlichen Höchstleistungen. Durch Fortschritte auf theoretisch-wissenschaftlichem Gebiet hat Europa es sogar verstanden, klimatische und landschaftliche Vorzüge Nordamerikas auszugleichen. Durch eine zähe, planmäßige Arbeit wurde es möglich, daß aus Europa bessere Pelze und sogar bessere Zuchtfüchse auf den Markt kamen als aus Canada: „Die Kenntnisse der norwegischen Silberfuchszüchter überragen bei weitem die der meisten unserer franco-canadischen Züchter" (Rev. des El. de Ren., Jan. 1936, 10); „Canada ist unglücklicherweise im Rückstand geblieben", u. a. m. (dto., Nov. 1935, 12, u. Mai 1936, 5 f.). (Vgl. S. 238.)

Auf einem besonderen Gebiet, der Pelzkaninchenzucht, blieb der europäische Vorzug überhaupt unerreicht. („Pelzkaninchen aus Frankreich, Deutschland, England" ist ein Schlagwort in der Werbung amerikanischer Pelztierhändler!)

Andererseits muß sich die Eingeborenenwirtschaft z. B. in Nordamerika bei der Fuchszucht auf primitive Methoden beschränken. Immerhin wird sie gelegentlich von Indianern und Eskimos auch in intensiverer Form (im Zwinger, nicht nur in Freiland-Inselgehegen) durchgeführt. Allgemein aber sind die extensiven Formen der Hege bevorzugt und viel eher geeignet: z. B. die Biberhege, die nach Ansicht der H. B. Co. der Typ der für Indianer passenden Form der Pelztierzucht ist. „Pelztierzucht wie in zivilisierten Gegenden paßt nicht für die unorganisierten Indianer-Territorien, dagegen wohl ein Hegegebiet (sanctuary)." (Beaver, Juni 1937, 8 ff.) — Dort, wo Fachkenntnisse unmöglich sind, muß sorgfältige Erziehungsarbeit geleistet werden, wie z. B. in den von sibirischen und lappländischen Hirten geleiteten Renntierzuchtschulen in Alaska und Nordcanada, wo Eskimos angelernt werden (vgl. S. 164 f., 236).

b) Völkischer und staatlicher Einflußbereich.

Die Zweiteilung der Bevölkerung Ostcanadas in geschlossene französisch- und englischsprechende Siedlungsgebiete führte auch in der Pelztierzucht zu Spaltungen und weitergreifenden Unterschieden. Die französisch-canadischen Züchter organisierten sich in eigenen Organisationen und begründeten eigene Zeitschriften. (Nur die staatlichen Veröffentlichungen sind zweisprachig.) Die Auswertung der Erfahrungen der Versuchsfarmen und führender Einzelzüchter wurde dadurch erschwert. Zeitweilig wurde ein allgemeines qualitatives Zurückbleiben der französischen Zuchten gegenüber dem Durchschnitt der weniger konservativen und besser organisierten übrigen canadischen Zuchten festgestellt. Andererseits entwickelte sich in dem patriarchalisch eingestellten franco-canadischen Gebiet auch in der Pelztierzucht eine eigenartige, mit Ämtern und Würden ausgestattete

Tradition: „In Quebec wurde 1936 an Beetz (Lit. 141) das „doctorat vulpicole" verliehen (Rev. des El. de Ren., Juni 1936, 3); die um die Silberfuchszucht verdienten Männer werden als „Officiers, Chevaliers und Commandeurs" in den „Ordre du Mérite Vulpicole" aufgenommen, usw. Der betont kirchliche Charakter des katholischen Quebec kommt bereits in der Errichtung von Musterfarmen durch religiöse Orden (z. B. der Trappisten von Mistassini (359, 17), oder in der Benennung zahlreicher „Renardières" nach Heiligen zum Ausdruck.

Mit dem politischen Raum stark verbunden war auch die Silberfuchszucht der Prince Edward Insel. „The Island" suchte lange Zeit, wenn auch vergeblich, das Monopol und später die Vormachtstellung in Canada zu behalten. Gegen alle Widerstände der westlichen Provinzen, aber auch der an Zahl und Bedeutung zunehmenden Pelztierzüchter Ontarios und Quebecs, gelang es, bis nach 1930 Organisation und Einrichtungen der gesamten canadischen Pelztierzucht in Summerside, PEI, zu halten, und nur langsam ging Stück für Stück (das Ausstellungs- und Handelsprivileg u. a.) verloren, und auch andere Städte des Dominions werden Kongreßstädte der Pelztierzüchter Canadas. — Bezeichnend ist, daß der „grand old man of the silver fox industry", der erste Silberfuchszüchter der Welt, der später geadelte Sir Charles Dalton, zum ersten Mann des Staates, zum Gouverneur des Provinz-Staates Prince Edward Island, wurde (Vgl. S. 177.)

Die politische Grenze zwischen USA. und Canada scheidet zwei Pelztierzuchtgebiete, von denen nur das nördliche alle Vorteile einer „nationwide" Organisation unter staatlicher Förderung aufweist, mit offiziellen Statistiken, Herdbüchern usw. Die Einheitsorganisation und Zuchtstammregistrierung des „Canadian National Record for Foxes" veranlaßte sogar alljährlich zahlreiche Züchter der verschiedensten USA.-Staaten, Mitglied der „Canadian National Silver Fox Breeders' Association" (CNSFBA) zu werden. Eine weitere staatspolitisch wichtige Überbrückung dieser Grenze erfolgte durch die auch in der Pelztierzucht durchgeführte internationale Konzernverflechtung. Dem ursprünglich von Alaska nach Prince Edward Island und später nach Seattle verlegten Milligan & Morrison Konzern gehörten beim Tode der Gründer 1934 weit über 100 Farmen in Canada und USA. an. Ähnlich international organisiert waren die Pontiac, Maeser, Mount Forest Fur Farms (von Ontario bis Louisiana!) u. a. m.

Der wirtschaftliche Machtkampf politischer Großmächte ist nicht zu trennen von der Entstehungsgeschichte der Pelzrobbenhege im Bering-Meer. Schonungslose Ausbeute durch Pelzjäger der verschiedensten Nationen, die einander rücksichtslos die Beute abzujagen versuchten, machte eine internationale Konvention überhaupt erst notwendig. Die Vereinbarung zwischen USA., England, Rußland und Japan ist ein Beispiel offenbar glücklich wirksamer internationaler Zusammenarbeit. Die USA.-Vertreter übernehmen Kontrolle und Durchführung der Hege und Ausbeute und entschädigen die Partnerstaaten für ihren Verzicht. — Ein anderer Fall zwischenstaatlicher Zusammenarbeit auf diesem Gebiet ist der zwischen USA. und Canada in Kraft getretene „Migratory Bird Treaty", der mit den Zugvögeln zugleich auch zahlreichen Pelztieren Asyl in den Brut- und Rastsümpfen auf den Zugstraßen gewährt.

Innerhalb der großen politischen Einheiten bewirken auch kleinere staatliche Verwaltungsbezirke mit unterschiedlichen Auffassungen und Vorschriften eine sehr verschiedene Begünstigung oder Benachteiligung der Pelztierzucht und der Pelztierhege: Die USA.-Gesetzgebung bringt es mit sich, daß benachbarte Staaten und Counties vollkommen abweichende Naturschutzgesetze haben, die bei der vorzugsweise linearen Grenzziehung rücksichtslos natürliche Landschaftseinheiten zerschneiden und, indem sie Gesetzesübertretungen aller Art fördern, die Aufbauarbeiten der Tierheger unterminieren. Die amerikanische „Conservation"-Literatur (z. B. die Zeitschrift „Rod and Gun" in Canada) ist voll von Beschwerden dieser Art. Andererseits müssen die Pelztierzüchter sich oft beschweren, daß ihnen das Fangen wilder Tiere zum Aufbau einer Zucht in ihrer Heimat verboten, in der unmittelbaren Nachbarschaft aber sogar gefördert wurde.

Auf den heftigen Streit zwischen den schwedischen und den norwegischen Fuchszüchtern wurde bereits verwiesen: Um die Konkurrenz im Nachbarstaat nicht zu fördern, wurde die Ausfuhr der Silberfüchse und des besonders guten norwegischen Fischfutters verboten, während Schweden sich zeitweilig geweigert hatte, Zuchtfüchse aus Norwegen zu beziehen usw. (vgl. S. 238).

Auch der Wettbewerb der canadischen gegen die norwegische Silberfuchszucht wurde zu einer nationalen Angelegenheit: Es geht um große Dinge, wirklich um eine „Nationale Industrie" und lebenswichtige Interessen gerade des kleinen Mannes (Rev. des El. de Ren., Juni 1937, 3; vgl. S. 238), um die „Erkämpfung unserer wirtschaftlichen Freiheit"! (359, VIII).

Volkliche Einflüsse begrenzen auch die Renntierzucht in Nordcanada. Nach den Erfahrungen in Alaska eignen sich die Indianer nicht als Renntierhirten, während die Eskimos sich gut anlernen ließen, zumal sie ihre angestammten Wohnsitze an der Küste nicht aufzugeben brauchten (348, 16).

C. Pelztierzucht und Pelztierhege in ihren geographischen Auswirkungen.

Die „Aktivität" der Pelztierzucht im geographischen Sinne liegt darin, daß der Naturraum zugunsten dieses Wirtschaftszweiges beeinflußt wird, und daß teils planmäßig, teils zwangsläufig das Landschafts- und Wirtschaftsbild der Standorte verändert wird. Diese Umgestaltungen sind nach Art und Verbreitung zu erkennen, darzustellen und systematisch einzuordnen. Auch hier sind, wie bei den „Grundlagen" der Pelztierzucht, physisch-geographische und anthropo-geographische Faktoren getrennt zu behandeln. In beiden Fällen kann laufend auf die Grundsätze und Beispiele des vorhergehenden Teiles (B. Pelztierzucht und Pelztierhege als Objekt) zurückgegriffen werden. Die willkürlichen wie die zwangsläufigen Eingriffe der Pelztierzuchtwirtschaft in das bestehende Landschafts- und Wirtschaftsbild finden ihre Begründung in den dort skizzierten wichtigsten Lagebeziehungen. Infolgedessen kann dieser Teil kürzer gefaßt werden, um Wiederholungen zu vermeiden.

I. Physisch-geographische Auswirkungen.

1. Besondere Bedeutung der Pelztierhege für die Landschaftsgestaltung.

Neben der Pelztierzucht schaltet sich besonders die Pelztierhege in Schutzgebieten mehr und mehr ein in die Maßnahmen zur positiven Landschafts- und Klimabeeinflussung. Auf der internationalen North American Wildlife Conference 1936 in Washington wurde im Programm der American Trappers Association (Pelzjägerverband) als Punkt 9 folgende Forderung aufgestellt (316, 21): „Schützt unsere Wälder gegen Feuer und andere Formen der Zerstörung; ermutigt die Aufforstung; schützt unsere Ströme gegen unangemessene Verschmutzung oder wirtschaftliche Nutzbarmachung (commercialization); entmutigt Entwässerung oder Erschließung (reclamation) solchen Landes, das als Zufluchtstätte (refuge) für Pelztiere und Wild von größerem Wert ist!" Ferner heißt es: „Laßt die Jungens vom Freiwilligen Arbeitsdienst (C C C. camps) die Gewalten der Erosion bekämpfen, indem sie Gräben auffüllen, die zu großen Canyons erodiert werden, und laßt sie die Erdoberfläche mit Bäumen und Gräsern wieder bepflanzen!"

Das von der Konferenz beschlossene Arbeitsprogramm (statement of policy) beginnt entsprechend mit folgenden Worten: „In der Erkenntnis, daß die Pelztiere in den Vereinigten Staaten in ihrer Zahl unermeßlich zurückgegangen sind 1. durch übermäßiges Fallenstellen, 2. durch Zerstörung von Wäldern mit Axt und Feuer, 3. durch übermäßige Ausdehnung landwirtschaftlich genutzten Gebietes, 4. durch unkluge Erschließung von Ödland, 5. durch Verunreinigung von Flüssen, 6. durch Bewässerungs- und Entwässerungs-Vorhaben und 7. durch leichtfertige Vernichtung infolge

Nachlässigkeit und grober Unkenntnis der wirtschaftlichen und sozialen Werte dieser wichtigen natürlichen Kraftquelle, ... und in der Erkenntnis, daß wir 1. als Nation zur Erhaltung der natürlichen Reichtümer verpflichtet sind (womit im weitesten Sinne Erhaltung bei gleichzeitiger Nutzung gemeint ist), daß 2. Pelztiere in den einzelnen Staaten Volkseigentum sind, und daß 3. dessen Verwaltung zum Nutzen des ganzen Volkes ausgeübt werden muß, ... beschließen wir:

4. Es ist unsere Überzeugung, daß die Bundesregierung den wirtschaftlichen Wert der Pelztiere allzulange in ihren Maßnahmen zur Verwaltung Öffentlicher Ländereien vernachlässigt und ignoriert hat. Daher fordern wir, daß von geeigneten Regierungsbehörden ein Überblick geschaffen wird über die Flächen des Öffentlichen Grundbesitzes, die als geeigneter Lebensraum für Pelztiere gelten bzw. eingerichtet werden können, und daß diese Gebiete, soweit durchführbar, der Erhaltung und Entwicklung dieses natürlichen Reichtums (natural resource) gewidmet werden.

5. Wir fordern, daß vor allem keine Besitzergreifung, Bewässerung oder Entwässerung durchgeführt wird ohne Zustimmung des Biological Survey, nachdem diese Organisation die Auswirkung solcher Projekte auf den natürlichen Reichtum an Pelztieren in den fraglichen Gebieten festgestellt hat."

Diese einstimmig angenommene Entschließung wurde von einem gewählten Ausschuß der Bundesregierung und dem Kongreß unterbreitet, im Namen zahlloser Behörden- und Verbands-Vertreter aus fast allen Staaten der USA. und Canadas. Um die Bedeutung der Entschließung zu kennzeichnen, seien einige der vertretenen Behörden usw. genannt: U. S. Biological Survey, U. S. Bureau of Fisheries, U. S. Forest Service, U. S. Park Service, U. S. Soil Conservation Service (!), American Wildlife Institute, American Farm Bureau Federation, National Parks Ottawa, Hudson's Bay Company, National Association of Audubon Societies, American Humane Association, ferner entsprechende Organisationen der Einzelstaaten, des Pelzhandels, des Pelzgewerbes, der Universitäten usw. (vgl. Lit. 316).

Über die praktische Verwirklichung dieser Beschlüsse gibt der Jahresbericht des Biological Survey für 1937 Aufschluß (Lit. 216): „Im abgelaufenen Jahre wurde der Nachdruck gelegt auf die physikalische und biologische Wiederherstellung der Schutzgebiete, um sie auf den Stand höchster Aufnahmefähigkeit für das Wild zu bringen. Unter der Leitung von Wasserbau-Ingenieuren wurden Bewässerungsanlagen auf allen Schutzgebieten eingerichtet, die sich zur Überflutung eignen. Zootechniker haben die Pflanzung von Millionen nahrungliefernder Bäume und Sträucher und Tonnen von Entenfutter-Pflanzen überwacht, um die Gebiete weiter anziehend zu machen für das Wildtierleben." Der Erfolg stellte sich bereits ein: Die Zahl der Zugvögel stieg auf das Drei- bis Fünffache, und „der Bestand an Land-Wild und an Pelztieren ist in entsprechender Weise aufgebaut worden" (216, 31).

24 Arbeitslager des Freiwilligen Arbeitsdienstes (C C C. = Civil Conservation Corps) haben 4000 Mitglieder in den Dienst der Arbeit an 27 Zugvogel-, Großwild- und Pelztier-Schutzgebieten gestellt. „Besondere Aufmerksamkeit wurde der lebenswichtigen Beziehung zwischen der Erhaltung, Nutzung und Kontrolle des Wassers und der erfolgreichen Wirksamkeit der Zufluchtstätten gewidmet. Biologen haben mit Ingenieuren bei der Planung der Dämme, Deiche und Wasserstands-Regler zusammengearbeitet, die von den Arbeitsdienstmännern erbaut wurden... Längs der Ostküste wurden Süßwasser-Teiche eingerichtet, da sie große Anziehungskraft dort besitzen, wo Salzwasser überwiegt; in Küstensümpfen wurde der Wasserstand stabilisiert zum großen Vorteil für die Vegetation und das davon abhängige Tierleben; in den Trockengebieten des Westens wurden Reservoire angelegt, um das Frühlings-Hochwasser aufzuspeichern... Außerdem wurden Brutinseln angelegt, von Dreiviertel-Meilen-Größe bis hinunter zur Größe von Bisamhütten... die nicht nur ideale Brutplätze liefern, sondern auch als Wellenbrecher dienen, um die Küstenlinie gegen Erosion zu schützen und das Wachstum von Wasserpflanzen zu unterstützen" (216, 31). „Gewaltige Mengen von Sumpf- und Wasserpflanzen, Sträuchern, Schlingpflanzen und bodenbindenden Gräsern wurden gepflanzt und erwiesen sich als sehr wichtig sowohl zur Vermehrung des Bestandes an Wild als auch zur Verminderung der Boden-Erosion: ... über eine Million Bäume wurden vom C C C. gesetzt, als Windbrecher, als Wild-Deckung und zur Landschaftsgestaltung in den Zentren der Schutzgebiete."

Eine eingehende statistische Übersicht über die im einzelnen vom C C C. für den Biological Survey geleistete Arbeit (z. B. erosion control, fire-suppression, fire-hazard reduction, landscaping, water conservation, wildlife habitat improvement usw.), die hier im einzelnen nicht wiedergegeben werden kann, stimmt überein mit dem Gesamteindruck vom Erfolg des Arbeitseinsatzes: „Das dritte Jahr der C C C.-Tätigkeit unter Anleitung der Außendienst-Beamten des Biological Survey findet die Schutzgebiete im Zeichen einer bemerkenswerten physikalischen Umwandlung, besonders im Westen, wo sie jetzt, bedeckt von den Mänteln einer schützenden Vegetation und im Besitz stabilisierter Wasserflächen, sich in markantem Gegensatz herausheben aus den durch Erosion zerstörten trockenen Ländereien um sie herum" (216, 32).

Außer vom C C C. wurde der Biological Survey auch vom W P A. (Works Progress Administration) unterstützt: 1,6 Mill. $ wurden gewährt als Arbeitsbeschaffung für Erwerbslose, die für folgende Arbeiten eingesetzt wurden: „Erhaltung des Wassers und des Wildlebens, Eindämmung des Hochwassers und der Erosion, Vermehrung der Pelzproduktion, Herstellung gleichmäßiger Wasserzufuhr und Entwicklung von Wasservögel-Zufluchten." Der Einsatz erfolgte in den Staaten: North Dakota, Montana, South Dakota, Louisiana, Oklahoma, Michigan, Wisconsin und Wyoming. Auf die einzelnen, oft sehr charakteristischen Arbeiten (z. B. die Neubeflutung des ausgetrockneten Long Lake im Burleigh County von North Dakota, dessen 14 000-acre-Fläche [6400 ha] dank der neuen Deiche das Wasser der Schneeschmelze und der Frühlingsregen festhält; 216, 34) kann hier nicht näher eingegangen werden. Nur aus dem Bericht über die „habitat reconnaissance and improvement"-Arbeit sei noch eine Zusammenfassung hervorgehoben: „Ungefähr 5,5 Mill. Bäume und Sträucher, die sich als Futter und Deckung und für die dortigen Verhältnisse eignen, wurden im Laufe des Jahres in Schutzgebieten im Gebiet der Great Plains gepflanzt, wo diese Vegetation in den letzten Jahren durch Dürre und übermäßiges Abweiden zerstört worden war... Jede Anstrengung wurde unternommen, um die Wind- und Wasser-Erosion mit Hilfe geeigneter Vegetation unter Kontrolle zu bekommen, und auch die neu erbauten Deiche wurden meilenweit mit boden- und sandbindenden Gräsern besät" (216, 35 f.).

Daß bei allen diesen Unternehmungen, die hier vom geographischen Gesichtspunkt der Klima- und Landschaftsbeeinflussung gewertet werden, primär die Frage erhöhter und planmäßiger Pelzproduktion neben der Förderung des allgemeinen Wildlebens mit im Vordergrund steht, wird bewiesen durch die Zielsetzung des „Emergency Relief Appropriation Act" von 1935/36 (... „to increase fur production...") und im einzelnen durch weitere Veröffentlichungen des Biological Survey: Leaflet BS-71 und Farmers Bulletin No. 1759: „Wildlife in Land Planning" und „Game Management on the Farm" (vgl. S. 146, 255 f.).

Unter den Gesichtspunkten des Teiles III B dieser Untersuchung ergeben sich im einzelnen folgende verschiedene physisch-geographische Auswirkungen der Pelztierzucht und Pelztierhege:

2. Klimabeeinflussung.

Selbstverständlich ist die Macht der das Klima gestaltenden natürlichen Kräfte zu gewaltig, als daß durch menschliche Maßnahmen an beliebigen Orten ein für Pelztierzucht geeignetes Klima erzeugt werden könnte. Dagegen läßt sich wohl eine Beeinflussung des Lokalklimas durch Einrichtungen, die mit einer Pelztierfarm verbunden sind, feststellen. Diese Einwirkung kommt einerseits den Tieren dieser Farm zugute, andererseits läßt sie sich einspannen in den größeren Rahmen einer planmäßigen Klimabeeinflussung umfangreicher Gebiete zugunsten der allgemeinen Landeskultur und Landwirtschaft.

Die Frage großraumiger Klimabeeinflussung ist in USA. bei der Aufstellung der Pläne zur Bekämpfung der fortschreitenden Versteppung und Verwüstung durch „Soil Erosion“ aufgeworfen worden (s. o.). Im Kampf gegen diese Gefahr wird vor allem die Erhaltung und Hebung der Boden- und Luftfeuchtigkeit mit allen Mitteln erstrebt. Hierzu dienen in erster Linie Schutzwaldstreifen und Staubecken[17]).

Schutzwaldstreifen dienen vor allem als Windschutz. Wälder mildern die Klimaextreme: im Winter sind sie wärmer, im Sommer kühler als das umliegende Gebiet, während bei Wind die Auskühlung herabgesetzt wird. Die Bodenfeuchtigkeit bleibt ebenso erhalten wie die Bodenkohlensäure. Das Regenwasser wird gespeichert, während überschüssiges Wasser leichter verdunstet werden kann. Nach diesen Grundsätzen werden Schutzwälder in Deutschland angelegt von Behörden, die sich über die amerikanischen Erfahrungen (bez. „Possibilities of Shelterbelt Planting in the plains region“) unterrichtet haben. (Siehe Raumforschung u. Raumordnung, Febr. 1938, S. 86 ff.) Es ergibt sich von selbst, daß bei solchen Maßnahmen Pelztierfarmen eingeschaltet werden können. Die meisten Großfarmen in Nordamerika sind Freiland-Waldfarmen oder Zwingerfarmen in Wäldern. Dadurch garantieren sie den Bestand dieser Wälder und tragen durch Neupflanzungen von Bäumen, Hecken usw. zu ihrer Vergrößerung und Verbesserung bei.

Staubecken und andere Maßnahmen, die den oberflächlichen Ablauf des Regenwassers hemmen und den Grundwasserstand heben sollen, lassen

[17]) Die North-Dakota Game Commission überführte Biber von West- nach Ost-Dakota, um sie zur Erhaltung des Wasserspiegels in Seen und Flüssen zu benutzen. „Zahlreiche Anfragen nach Biberkolonien kamen aus dem Osten. Es wäre unmöglich, alle die langsam absinkenden Flüsse durch menschliche Arbeit allein wieder aufzudämmen.“ (Z. 8, April 1934, 14). Aus Ontario wurde berichtet: „Im Herbst 1916 gab es noch Überfluß an Bibern im Norden, und jedes Rinnsal von 1 Zoll Tiefe war abgedämmt und in einen geräuschvollen Wasserweg verwandelt, bzw. in eine Reihe winziger neuer Seen, die für ein Boot oder Kanu tief genug waren. Unsagbare Holzreichtümer wurden für die Provinz gerettet durch die Feuerschranken der niedrigen Sumpfländer und Tälchen, die durch die Biber geschaffen waren. Heute bilden zerfallene Dämme, ausgetrocknete Seen, trockene Biberwiesen usw. ein äußerst feuergefährliches Gebiet, das die ständige teuere Überwachung durch den Air Patrol Forest Service (Luftaufsicht) erforderlich macht.“ (Z. 1, Dez. 1927, 592.)

sich, wie oben gezeigt wurde, in noch stärkerem Maße mit Einrichtungen der Pelztierhege verbinden. Die Biberhege wurde in Nordamerika bereits planmäßig eingesetzt. Man sicherte sich die Mitarbeit dieser „greatest conservationists", die freiwillig die ihnen zugewiesenen, spärlich bewachsenen abgeholzten Ödländer mit Dämmen, Teichen und Kanälen durchzogen. Ebenfalls wurden durch die Bisamhege zahllose Sümpfe und Flußläufe der Trockenlegung bzw. Kanalisierung entzogen, da sie im Naturzustand besseren wirtschaftlichen Nutzen abwarfen, als wenn man sie unter Vertreibung der dort heimischen Pelztiere „kultiviert" hätte.

Es ist eine Frage der Landesplanung und Raumordnung, wie weit die durch Pelztierzucht und Pelztierhege gegebenen Möglichkeiten der Klimabeeinflussung praktisch weiter verwirklicht werden im Kampf gegen die „vom Menschen beschleunigte Austrocknung von Erdräumen" (Sapper).

3. Einwirkung auf Boden und Gelände.

Neubewaldung, künstliche Überschwemmung und Versumpfung (vgl. 123, 302) sowie ähnliche Maßnahmen bleiben selbstverständlich nicht ohne Einfluß auf Bodenbildung und -zusammensetzung. Fortspülung und Vernichtung nährstoffreicher Böden durch Abschwemmen usw. wird verhindert, Neubildung dagegen wird gefördert. Auch die Anreicherung der Böden im Gebiet der Hege ist beachtenswert, besonders bei der Großraumherdenzucht von Karakul, Bison, Ren u. a., und indirekt (in Nachbargebieten der Farm) durch die planmäßige Nutzung des Düngers der Kaninchengroßfarmen.

Als negative Auswirkungen sind Bodenverschlechterungen im Umkreis von Gewässerfarmen zu beobachten. Der durch tierische oder künstliche Staudämme hervorgerufene unnatürlich hohe Wasserstand beeinflußt den Grundwasserspiegel und führt, wenn nicht zur Überschwemmung, so doch zu übermäßiger Durchfeuchtung benachbarter Gebiete usw.

Besondere Einflüsse auf Bodengestaltung und Relief, die typisch für Pelztierzucht und Pelztierhege wären, sind wohl kaum festzustellen. Vorkommende Erdbewegungen, Planierungen und vor allem Terrassierungen weichen nicht von den üblichen Erscheinungen der Kulturlandschaft ab und nehmen selten größeren Umfang an. Nur sehr steile Hänge brauchen terrassiert zu werden, da sanfte Böschungen zur besseren Reinigung der Farm und Erfassung der Sonnenstrahlen gerade erwünscht sind.

Geographisch besonders bedeutsam ist die Veränderung der Bodenstruktur im Gebiet der Alaska-Renntierzucht. Die Zerstörung der schützenden Pflanzendecke durch übermäßiges Abweiden oder durch andere, mittelbar mit dem Herdenbetrieb verbundene Eingriffe führt ein Auftauen des darunter befindlichen Dauerfrostbodens herbei, wobei das aufschmelzende Bodeneis zu Einstürzen an der Oberfläche usw. führt (334, 24).

4. Umgestaltung von Gewässern.

Der gestaltende Einfluß der Pelztierhege auf die Gewässer des Landes umfaßt alle Stufen menschlichen Eingriffs in Bestand und Entwicklung der Naturlandschaft: Zerstörung, Veränderung, Erhaltung und Neuschaffung. Während Trocken- und Stillegungen von Gewässern verhältnismäßig selten vorkommen, sind vor allem Biber- und Bisamhege um so eifriger am Werk, Teiche, Seen und Sümpfe zu erhalten und zu schaffen, Flußläufe vor Regulierung zu bewahren, künstliche Stromspaltung und Deltabildung hervorzurufen, Kanäle zu graben und Wasserverkehrswege durch die weiten, versumpften Küstenniederungen zu bahnen. Das gleichzeitige Auswerfen von Gräben und Anlegen von Erdwällen in der Bisam-Ranch dient dazu, die Tiere zum Graben von Höhlen in die so entstehende Uferwand zu veranlassen, damit der Pflanzenwuchs nicht zum Hausbau verwendet werden muß, sondern als Futter erhalten bleibt (201, S. 17, 30). In kleinerem Maße sind auch die Fuchs- und Nerzzüchter an dieser Arbeit beteiligt, da es gilt, Tränken bzw. Schwimmgelegenheit usw. zu schaffen, die für die Freilandzucht notwendig sind (siehe Plan S. 212).

5. Eingriffe in den Vegetationsbestand.

Gegenüber dem Pflanzenwuchs wirkt sich die landschaftsbeeinflussende Aktivität der Pelztierfarmen besonders intensiv und mannigfaltig aus, und zwar wiederum in allen vier Bereichen der Zerstörung, Umgestaltung, Erhaltung und Neuschaffung. Am Anfang des Aufbaus z. B. einer technisierten Zwinger-Großfarm steht gewöhnlich die Rodung des Farmgeländes, und zwar, wie auch Ashbrook ausdrücklich fordert, bis auf die Stubben (127, 48), damit die Tiere, besonders die Jungen, sich nicht verletzen können. Von der Einstellung des Farmers zur „Schattenfrage" (S. 205 f., 222 f.) hängt es nun ab, ob statt solcher Zerstörung des natürlichen Pflanzenwuchses bis auf den Grund eine ausgesprochene Schonung oder gar eine Verstärkung des Baumbestandes durchgeführt wird[18]). Gilt die Waldfarm (gleich, ob für Zwinger- oder Freiland-Farmen) oder auch nur

---

[18]) „Walderhaltung und Aufforstung verbinden sich mit der Erhaltung von Pelztieren, und privaten Mitteln ist nun eine langfristige Anlage von Geldern ermöglicht (die zur Aufforstung notwendig sind), denn unmittelbare Erträge ergeben sich durch die Pelztierzucht: Schatten ist wesentlich für gute Pelzqualität, so daß Aufforstung und Pelzerzeugung logischerweise Hand in Hand gehen." (Am. F. and F. F., Dez. 1925, 22).

„lichter Baumbestand" (127, 47) als Ideal, so bleiben Schattenbäume bestehen und werden neu gepflanzt, ebenso wie Schutzhecken, Obstbäume, Beerensträucher usw. Aus zahlreichen Aufnahmen der nordamerikanischen Pelztierzucht-Zeitschriften geht hervor, daß vielfach lichte Wälder auf dem Gelände von Pelztierfarmen neu entstanden sind[19]). Waldzerstörung erfolgt wiederum z. B. durch die Anlage einer Biberhege, sobald die Tiere das Wasser zu hoch stauen. Dann müssen technische Schutzmaßnahmen (Abflußrohre) geschaffen werden, die den Wasserstand erniedrigen, ohne die Tiere zu vertreiben (127, 184 ff.). Ebenso ist ein besonders dichter Waldbestand gefährdet, da dann die oft hochwüchsigen Bäume, besonders Pappeln nutzlos abgenagt werden, weil sie nicht zu Boden fallen und von den Tieren ohne menschliche Hilfe nicht niedergeholt werden können (127, 196).

Die Aussaat und Pflanzung von Wasserpflanzen für die Bisamhege hat solchen Umfang angenommen, daß die Gründung besonderer Pflanzenzüchtereien, sogenannter „Aquatic Farms", zu diesem Zweck veranlaßt wurde. Je nach dem am Standort der Farm vorhandenen Bestand und der Beschaffenheit des Wassers liefern diese „Baumschulen für Wasserpflanzen" die zur Ergänzung notwendig gebrauchten Sorten. Die Auswahl muß groß sein, damit zu allen Jahreszeiten, über und unter dem Eise, Nahrungsmittel und „Hausbau"-Materialien zur Verfügung stehen. Bei der Größe der zu bepflanzenden Gebiete, die z. B. in Louisiana häufig mehrere tausend Hektar Land umfassen, ist diese positive Veränderung der natürlichen Vegetation in ihrer landschaftlichen Auswirkung von großer Bedeutung. (Vgl. Arthur, Lit. 123, S. 240 ff., über die „food planting campaigns" in Louisiana.)

Sehr wesentlich ist die Veränderung im Pflanzenbestand der Küstengebiete Alaskas durch die Renntierzucht. Die Entfernung von Moosen und Flechten führt zur Ansiedlung von Gräsern und Kräutern, derart, daß die neue Pflanzendecke wohl als Sommerweide, aber nicht mehr als Winterweide geeignet ist! (334, 24 f.). Hier muß bereits eingeschritten werden, indem ein Überweiden verhütet wird, denn eine Flechtendecke braucht nach ihrer Zerstörung 15 bis 20, oder auf trockenem, felsigem Grund sogar 25 bis 40 Jahre zu ihrer Wiederherstellung!

6. Einfluß auf die Tierverbreitung.

Die wichtigsten Veränderungen der bodenständigen Tiergemeinschaften erfolgen im Bereich der Pelztierhege, und zwar durch die Aussetzung von Pelztieren in voller Freiheit in Gebieten, die nie von ihnen bewohnt waren.

---

[19]) Z. B. in Z. 8, Mai 1937, S. 13.

Das großartigste Beispiel ist die sogenannte „Freizucht amerikanischer Pelztiere in der Sowjet-Union", über deren Ergebnisse Prof. Shitkow zusammenfassend berichtet (Lit. 92): „Es ist anzunehmen, daß Bisamratte und Nutria dauernd in den Bestand der paläarktischen Fauna eintreten." Auch in Nordamerika wurde das Verbreitungsgebiet der Bisamratte planmäßig erweitert, z. B. durch die Aussetzung im „Imperial Valley" in Californien, das vor der Bewässerung Steppe und Wüste war, dann allmählich Gräser und sogar Schilfrohr usw. aufwies, die der Bisamratte Futter gewähren, und im Jahre 1920 bereits eine Ernte von 20 000 Bisamfellen erzeugte (123, S. 301, 187). Ähnlich wurde die Bisamratte 1905 in Böhmen verbreitet, wo sie sich trotz schärfster Verfolgung beständig vermehrte und über die Grenzen bis nach Mitteldeutschland ausbreitete.

Neben diese vom Menschen herbeigeführte Aussiedlung in neue Erdräume tritt als nächstwichtige Form die Wiederansiedlung im natürlichen Verbreitungsgebiet der Art, wie sie z. B. beim Biber in den verschiedensten Gebieten Nordamerikas (vor allem an der Hudson-Bay und in Naturschutzparks) durchgeführt wurde. Als dritte Form ist die Erhaltung von Restbeständen gefährdeter Arten im Heimatgebiet zu nennen. Ihr verdanken Bison, Moschusochs und Pelzrobbe die Errettung vor völliger Vernichtung und Ausrottung (vgl. S. 148 f.).

Zwischen diesen gehegten Wildtieren und den zahmen Haustieren steht die Gruppe der „Farmtiere", deren Daseinsformen mehr oder weniger vom Menschen beeinflußt werden, und die als „semi-domestic animals" den Haupttierbestand der Pelztierfarmen bilden. In kleinen oder größeren Gebieten abgeschlossen leben sie in relativer Freiheit, zugleich aber, in bezug auf Ernährung und Zuchtwahl sowie bezüglich der Länge ihrer Lebenszeit, sind sie fast völlig vom Menschen abhängig, so daß ihre Lebensweise sich mehr und mehr der der Haustiere annähert. Jedenfalls wird die Erhaltung der Arten und der Individuen soweit gefördert, als es im wirtschaftlichen Interesse des Menschen liegt. Über die mannigfachen Abstufungen ihrer Lebensweise, die zwischen vollkommener Naturnähe und grausamer Naturferne schwankt, und über ihr jeweiliges Verbreitungsgebiet, das im Heimatgebiet der Art aber auch im Experimentierfeld des Akklimatisations-Versuchszüchters liegen kann, können nur eingehende wirtschaftszoologische und tiergeographische Untersuchungen Klarheit schaffen (vgl. S. 175 u. a.).

II. Anthropogeographische Auswirkungen.

1. Einflüsse auf die Wirtschaft.

Die Folge der vielseitigen wirtschaftlichen Abhängigkeit und Verflechtung mit zahllosen Wirtschaftszweigen, die entweder beliefert werden oder in der Pelztierzucht einen wichtigen Absatzmarkt haben, ist ein ständiger Wechsel zwischen Aktivität der Pelztierzucht und Aktivität der Wirtschaft. Die Einflüsse auf die Umgestaltung der Pelzwirtschaft z. B. sind bereits ausführlich geschildert worden (S. 150 ff.), desgleichen die Bedeutung der Pelztierzucht als Schlüsselindustrie (S. 156 ff.), so daß hier nur noch besonders charakteristische Beispiele aufgezeigt zu werden brauchen (vgl. auch S. 230 ff.).

Förderung der Landwirtschaft ist nach Ansicht französisch-canadischer Züchter die Hauptaufgabe der Klein-Pelztierzucht „auf häuslicher Basis": „Die Fuchszucht-Industrie ist ein Mittel, sich seine Farm zu erhalten, sein Vieh besser zu ernähren, seine Viehherden zu vergrößern, seine Ackerbau-Methoden zu verbessern und seine landwirtschaftlichen Unternehmungen zum Erfolg zu führen"! (Rev. des El. de Ren., Nov. 1935, 11).

Hier ergab sich auch eine vorbildliche Zusammenarbeit der Kleinfarmen mit der Fischerei: Der Tagesverbrauch der — meist günstig in der Nähe des St. Lorenzstromes gelegenen — Pelzfarmen Quebecs betrug 1936 100 000 lbs. Fisch; so konnte durch Organisation des Absatzes den notleidenden Fischern geholfen werden, und zugleich den Pelztierzüchtern, die im Sommer „nicht das nötige Fleisch bekommen konnten" (Rev. des El. de Ren., November 1936, 19). Der gesamte Sommerverbrauch an Fisch wurde mit 12 bis 15 Mill. lbs. errechnet! (do., April, Juni und Juli 1937, 20).

2. Neuanlage von Verkehrswegen.

Verkehrsverbindungen, die unter dem Einfluß der Pelztierzucht entstanden sind, finden wir besonders in den Gebieten der weiträumigen Pelztierhege, die aus verschiedenen Gründen (vgl. S. 244 f.) siedlungsarme Räume bevorzugt. Zum Zwecke der Kontrolle, der Fütterung und vor allem der Pelzernte muß regelmäßiger Bootsverkehr z. B. zu den Fuchsinseln Alaskas möglich sein und wird mit Ruder- oder Motorbooten zu eigens angelegten Landeplätzen durchgeführt. Die Silberfuchsfarmen des Binnenlandes schließen sich größtenteils an das vorhandene Wegenetz an, nur beim Bau der „Mammutfarmen" Wisconsins ist der Bau eigener Fahrstraßen durch die farmeigenen Wälder abseits der Hauptverkehrswege bekannt geworden. „Pferdewagen fahren bis zu den Gehegen" (351, 11).

Schmale Stichkanäle durchziehen in Louisiana die „Muskrat-marshes", auf denen flache Boote das Farmgebiet durchqueren, bis in möglichste Nähe der Hütten und Futterflöße der Tiere. Breitere Hauptverkehrswasseradern stellen die Verbindung dieser Kanäle untereinander und zum Ausgangspunkt, z. B. den Pumpwerken, den Futterspeichern, den Pelzspanngestellen usw., dar. Vor allem müssen Hunderte und Tausende von

Fallen auf diese Weise zur Hauptfangszeit, im Frühjahr, tagtäglich von den angestellten oder am Erlös beteiligten Trappern aufgesucht werden. Das Kanalsystem in der Ranch der Orange Cameron Land Company erstreckt sich über eine Länge von über 40 Meilen (rund 75 km), und besteht aus einem küstenparallelen Ostwest-Stammkanal mit drei nordsüdlichen Stichkanälen, von denen einer bis zur Küste durchbricht. Neben diesen breiten und kostspieligen „Standard"-Kanälen (16 Fuß breit und 6 Fuß tief = etwa 5×2 m) gibt es schmalere sogenannte „pirogue trails" (5 Fuß breit und 22 Zoll bis 3 Fuß tief = etwa 2,5×1 m), die systematisch mit Dynamit ausgesprengt werden, nachdem vorher die Vegetation zur Erleichterung der Sprengung abgebrannt worden ist. Diese schmaleren Wasserwege, deren Anlage nur 5—10 % der Kosten für Kanäle verschlingt, genügen für Flachboote und kleine Außenbord-Motorboote (Arthur, Lit. 123, S. 240, 291, 319 ff., 391). Ähnliche Anlagen, zu deren Herstellung Maschinen gebraucht wurden, hat auch die Mount Forest Fur Farm aus Detroit in ihrer 54 000 acre (= 21 000 Hektar) umfassenden Ranch in Louisiana 1929 mit einem Kostenaufwand von rund 300 000 $ geschaffen (127, 208). Über Land werden die üblichen kanuähnlichen, aus Sumpfzypressen hergestellten Boote („pirogues") gezogen: über feste Grasflächen zwischen Sumpf und offenem Wasser, oder von Kanal zu Kanal, führen Gleitpfade („trainasses" oder „grass trails"), die, ähnlich wie die traditionellen „portages" des canadischen Waldes, regelmäßig von den Muskrat-Ranch-Trappers benutzt werden (123, 253). (Vgl. Karte S. 162.)

Ein neues Transportmittel stellt die Renntierzucht den canadischen Eskimos zur Verfügung: Als Lasttier trägt das Renn im Sommer 60—70 lbs. und bewegt im Winter als Zugtier beladene Schlitten im Gewicht von 100—300 lbs. über Entfernungen von 20—25 Meilen (334, 4).

3. Neue Bauten und Siedlungen: die Pelztierfarmlandschaft.

Typische Wirtschaftslandschaften entstehen durch die charakteristischen Gebäude, Anlagen und technischen Einrichtungen der Pelztierfarm. Käfige, Zwinger und Gehege, in Gruppen, in Reihen, in Terrassen, dazu Beobachtungstürme, Schuppen, Stallungen und andere Wirtschafts- sowie Wohngebäude geben ihnen das Gepräge. (Vgl. Aufnahmen bei Ashbrook, Harding, Rajotte usw. und in den Züchterzeitschriften!) Bestehende landwirtschaftliche Betriebe werden zu solchen Pelztierfarmen umgestaltet, oder neue Wirtschafts-Siedlungen werden begründet. In entlegenen Waldgebieten z. B. Canadas, oder auf einsamen Inseln, entsteht mit der neuen Farm ein völlig neuer Siedlungskomplex, der landwirtschaftliche Unternehmungen aller Art, Viehzucht, Geflügelhöfe, Gemüsegärten, Obstgärten, Weiden, Rüben- und Getreidefelder usw., einschließt. (Vgl. Luftaufnahmen der H. B. Co. Mingan Island Fur Farms in „Beaver", Z. 5, vgl. S. 163.)

Fügen sich endlich ganze Gruppen kleiner und größerer, möglichst gleichartiger Pelztierfarmen zusammen, wie auf der Prince Edward Insel, bei Winnipeg usw., so entstehen charakteristische Pelztierfarmlandschaften. Prell (351, 11) sah bereits 1926 von einem erhöhten Punkt bei Summerside 15 Farmen in einem Umkreis von 2 bis 3 km liegen! „Sie reihen sich, nicht unähnlich unseren Schrebergärten, in einem Gürtel um die Siedlungen" (87, 14). Die Siedlungsgeographie dieser Wirtschaftslandschaft ergibt sich aus der Verbindung der verschiedensten Standort-Kleinlage-Bedingungen (vgl. die Feststellung bevorzugter Hanglage, Südrichtung, Terrassenanordnung, Durchsetzung mit Schattengewächsen, Hecken und Baumreihen in Ost-West-Richtung, usw.). Die Kennzeichnung der Pelztierfarmlandschaft mit ihren charakteristischen Merkmalen in den verschiedensten Landschaftsgebieten ist eine Hauptaufgabe geographischer Pelztierzuchtforschung.

Zahlreiche Bilder aus den Siedlungen, die z. B. in Alaska im Zusammenhang mit Insel-Fuchszuchten entstanden sind, finden sich bei Ashbrook—Walker (Lit. 133). Eine vorbildliche Gebäudegruppe (S. 10) umfaßt Wohnhaus, Holzschuppen, Räucherkammer, Vorratshaus und mehrere geräumige hölzerne Futterhäuser, die zum unteren Stockwerk eine Falltür aufweisen. Dazu kommen hölzerne Gehstege und ein Boots-Anlegeplatz mit Ladevorrichtungen.

Auch die „rat-ranch" ist eine Wirtschaftslandschaft der Pelztierzucht Durch planmäßiges Abbrennen der ausgedörrten obersten Vegetationsschichten und der trockenen alten Bisambauten entsteht eine gleichmäßige, alljährlich verjüngte Oberfläche in der Schilf- und Sumpfgraslandschaft (123, 263 ff.). Sie wird durchzogen von Kanälen, Gräben und Schleppwegen, und ihre eintönige Ebenheit wird unterbrochen durch die charakteristischen Bauten und Anlagen der Trapper: Schuppen und meterhohe Gestelle, auf denen Zehntausende von Pelzen gespannt und getrocknet werden können; Zelte und Hütten, auf Sandbänken, am festeren Ufer eines Bayous, oder auf Pfahlrosten mitten im Sumpf, in denen ganze Familien oder Trappergenossenschaften während der Hauptfangzeit der Winter- und Frühjahrsmonate leben und arbeiten; und durch die Baracken und Beobachtungstürme, Hausboote und Bootanlegeplätze der Aufsichtsbehörden der Regierung und des Naturschutzes (vgl. Fotos usw. bei Arthur, Lit. 123, S. 249, 291, 307, 319 ff., 327, 329 ff., 390 ff.). Hierzu kommen noch die Drahtzäune, die die einzelnen Ranches abgrenzen, und die Wasserbauten (Deiche, Gräben, Schleusen, Pumpwerke usw.), die der Be- und Entwässerung dienen, da die Bisamratte möglichst gleichmäßigen Wasserstand verlangt, und vor Salzwasserfluten und Verschlammung schützen sollen (127, 208).

4. Einfluß auf soziale und kulturelle Verhältnisse.

Wie sehr durch die Einführung rationeller Pelztierzucht und sogar schon durch die planmäßige Nutzung, d. h. Hege, vorhandener wilder Pelztiere wirtschaftliche Not der Bevölkerung gebessert werden kann, wie sehr die soziale Lage vor allem der Eingeborenen dadurch gehoben werden kann, braucht hier nicht noch einmal im einzelnen bewiesen zu werden. (Vgl. „Pelztierzucht als Wirtschaftsgrundlage", S. 160 ff., sowie „Bedeutung in sozialer und kultureller Hinsicht", S. 163 ff.) Zu den dort angeführten Beispielen vergleiche noch Ashbrook, 127, S. 200: „In many respects financial difficulties have been solved for families that probably would have remained poverty stricken had it not been for the income-yielding possibilites on their holdings offered by the muskrat-industry. The lands of these soil-poor people were not adapted to agriculture even had they been drained. The muskrat has been their salvation . . ."!

Es gibt kaum Gebiete in Nordamerika, in denen nicht einer der Zweige der Pelztierzucht oder Pelztierhege sich als Retter in wirtschaftlicher Not und als Förderer kultureller und sozialer Verhältnisse erwiesen hätte. Selbst zur nationalen und völkischen Prestigefrage sind die Erfolge oder Mißerfolge in der Pelztierzucht geworden (vgl. die Aufrufe von Beetz zur Boykottierung Europas und zur speziellen Förderung der franco-canadischen Silberfuchszucht!), und die Pioniertaten der Prince Edward Insel auf diesem Gebiet haben im Dominion und im Britischen Reich unvergleichlich das Ansehen dieser Provinz gesteigert, deren Gouverneur der „Begründer der Silberfuchs-Industrie" war.

Anhang.

Eine Einzeluntersuchung als Beitrag zur geographischen Pelztierzuchtforschung: Graphische Darstellungen zur Entwicklung und Verbreitung der canadischen Pelztierzuchtwirtschaft in den Jahren 1923 bis 1934/1935, in fünf Kartogrammen.

Nach der theoretischen Aufzeigung der zahllosen „Probleme und Aufgaben geographischer Pelztierzuchtforschung" (Teil III, A—C) soll es die Aufgabe dieses Anhanges sein, an einem ausführlicheren Beispiel die Lösung einer Teilaufgabe dieses geographischen Arbeitsgebietes zu zeigen. Das hierfür gewählte Beispiel ist eine Aufgabe wirtschaftsgeographisch-statistischer Art, deren Inangriffnahme sich beim Studium der vorbildlichen canadischen Pelztierzuchtstatistiken als möglich und ergebnisreich erwies.

Versucht wurde:

1. die graphische Darstellung der geschichtlichen Entwicklung und Verbreitung wichtiger Teile der Pelztierzuchtwirtschaft in Canada, bzw. in bestimmten ausgewählten Gebieten Canadas, auf der Grundlage des statistischen Materials der „Reports on the Fur Farms of Canada", und

2. eine wirtschaftsgeographische Deutung der so gewonnenen Kartogramme.

Um unnötige Wiederholungen zu vermeiden, sind im Begleittext der Kartogramme nur die wichtigsten, aus dem optischen Bilde unmittelbar erkennbaren Ergebnisse eines Deutungsversuches enthalten. Zu einem vertieften und umfassenderen Verständnis der Kartogramme muß auf zahlreiche Darlegungen in den Teilen I—III der vorliegenden Arbeit zurückgegriffen werden: z. B. S. 126 ff., 152 f., 161, 231, 239 ff.

Die Entwicklung und Verbreitung der intensiven Pelztierzuchtwirtschaft in den einzelnen Provinzen Canadas.

(Siehe nebenstehende Karte.)

(Errechnet und entworfen nach statistischen Angaben der Reports on the Fur Farms of Canada für die Jahre 1923—1934 bzw. 1924—1935.)

Reihenfolge der Provinzen von West nach Ost: British Columbia, Alberta, Saskatchewan, Manitoba; nördlich davon die North West Territories und Yukon; Ontario, Quebec, New Brunswick, Prince Edward Island, Nova Scotia.

I. Die obere Karte zeigt die Entwicklung der Vermögenswerte, getrennt nach Grundbesitz und Gebäuden bzw. Tierbeständen (siehe Maßstab). U. a. ist zu erkennen:

1. das Übergewicht der östlichen Provinzen (vgl. Karte S. 265),
2. die Zunahme des Anteils der westlichen Provinzen (vgl. S. 231),
3. die Bedeutungslosigkeit der winterkalten aber siedlungsarmen nördlichen Gebiete (vgl. S. 232, 240 f., 243 f.),
4. die ungünstige Entwicklung in British-Columbia,
5. das starke Aufkommen der übrigen östlichen Provinzen im Vergleich zum früher weit überlegenen Prince Edward Island (vgl. Karten S. 166/167),
6. die besondere Bedeutung der Pelztierzucht für die kleinsträumige Provinz Canadas: Prince Edward Island (vgl. S. 160 f., 163, 238 f.),
7. der Einbruch der Weltwirtschaftskrise und die nachfolgende Erholung.
8. Die Vermögensverluste durch Minderbewertung und Abnahme der Zahl der Tiere sind größer als der Wertrückgang der Ländereien und Gebäude.
9. Die Entwicklung des Vermögens an Grundbesitz und Gebäuden verläuft im allgemeinen stetiger als die des Wertes des Tierbestandes.
10. Das Verhältnis der beiden unterschiedenen Vermögenswertgruppen zu einander ist in den östlichen Provinzen im allgemeinen wirtschaftlich günstiger als im Westen (relativ geringere Anlagekosten verbilligen die Produktion).
11. Nach der Krise steigt der Wert des Tierbestandes im allgemeinen rascher als der der Anlagen (rationellerer Aufbau der Betriebe).

II. Die untere Karte zeigt die Entwicklung der Zahl der Zuchten, getrennt nach Füchsen, Nerzen und übrigen Tieren (siehe Maßstab). (Mehrere Zuchten können eine Farm bilden. Die in Canada meist übliche Zählung nach Farmen ist unzulänglich (s. S. 126). Vor allem die Fuchsfarmen haben sich gewöhnlich mehrere andere Pelztierzuchten angegliedert. Die Bedeutung der Nerzzucht z. B. tritt so erst bei einer Feststellung der Zahl der Zuchten in Erscheinung. Für die Jahre 1931/32 konnten nach den vorhandenen Unterlagen die Einzelzahlen nicht genau ermittelt werden [punktierte Linien]. In einigen Provinzen konnte die Entwicklung der Gesamtzahl für 1935 angedeutet werden.)

Im einzelnen ist u. a. zu erkennen:

1.—6. sinngemäß wie oben.

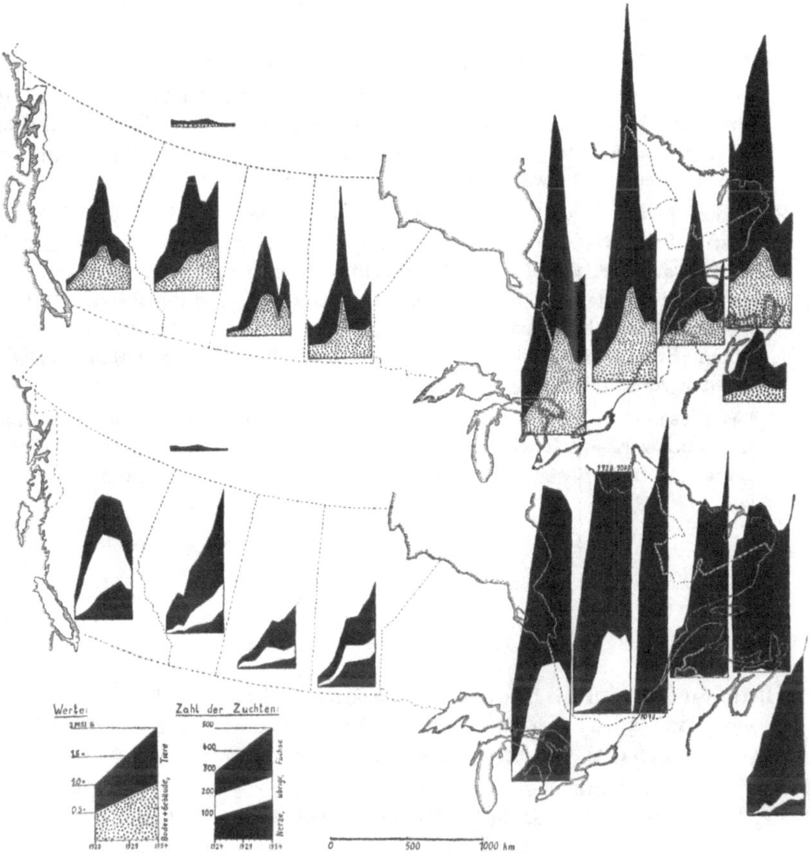

Werte:
Boden + Gebäude, Tiere
Zahl der Zuchten:
500
400
300
200
100
Nerze, übrige, Füchse
0
500
1000 km
1:29,4 Mill.

7. Die Zahl der Fuchszuchten ist fast überall größer als die aller übrigen Zuchten zusammengenommen.
8. Besonders stark ist die beständige Zunahme der Fuchszuchten in Quebec.
9. Die Zahl der Nerzzuchten hat einen bedeutenden Stand erreicht.
10. In den westlichen Provinzen ist der Anteil der Nerz- und übrigen Zuchten relativ am größten.
11. In Prince Edward Island und New Brunswick werden fast ausschließlich Fuchszuchten betrieben.

III. Ein Vergleich der beiden Karten zeigt u. a.:

1. Die Weltwirtschaftskrise wirkte auf die Zahl der Zuchten in sehr viel geringerer Weise als auf den Wert der Betriebe und der Tiere. Teilweise ist in bezug auf die Zahl der Zuchten sogar nur eine Verlangsamung der fortschreitenden Aufwärtsentwicklung festzustellen.
2. Prince Eward Island zeigt eine im Verhältnis zur Zahl der Zuchten relativ hohe Summe an Vermögenswerten, d. h. einen hohen Durchschnittswert des einzelnen Zuchtbetriebes. Die übrigen vier östlichen Provinzen zeigen dagegen das umgekehrte Verhältnis. Für die Provinz Quebec ergibt sich ein besonders niedriger Durchschnittswert. In den vier westlichen Provinzen liegt der Mittelwert der einzelnen Zuchten dagegen wieder verhältnismäßig hoch (vgl. S. 231).

   Aus dieser Gegenüberstellung ist u. a. das Vorherrschen größerer, mittel- und hochwertiger Betriebe im Westen und auf Prince Edward Island, sowie das Überwiegen von Kleinbetrieben im Osten zu erschließen.

Verbreitung und zahlenmäßige Entwicklung der Fuchsfarmen im südlichen Teile der Provinzen Ontario und Quebec. (Siehe nebenstehende Karte.)

(Entworfen nach Statistiken der Reports on the Fur Farms of Canada, 1927—1936.) (Vgl. Karte S. 264a u. S. 232, 240 f., 243 f. u. a.)

Die Karte zeigt: 1. das Überwiegen der Fuchsfarmen im dichtbesiedelten Süden beider Provinzen, im Gebiet der Großen Seen und am St. Lorenzstrom, 2. die charakteristische Aufwärtsentwicklung in der Nachkriegszeit, unterbrochen durch die Weltwirtschaftkrise; 3. ein Stagnieren bzw. Zurückgehen der Bestandsdichte in der ursprünglich bevorzugten Ontario-Halbinsel; 4. ein sprunghaftes Ansteigen in den meisten Bezirken der Provinz Quebec, die damit Ontario weit überholt hat; 5 besonders starke Zunahme auch in Nord-Quebec (durch die gut organisierte Initiative der franko-canadischen Züchter, die alle Vorteile des Klimas und der Wirtschaftsstruktur ihrer Heimat ausnutzen).

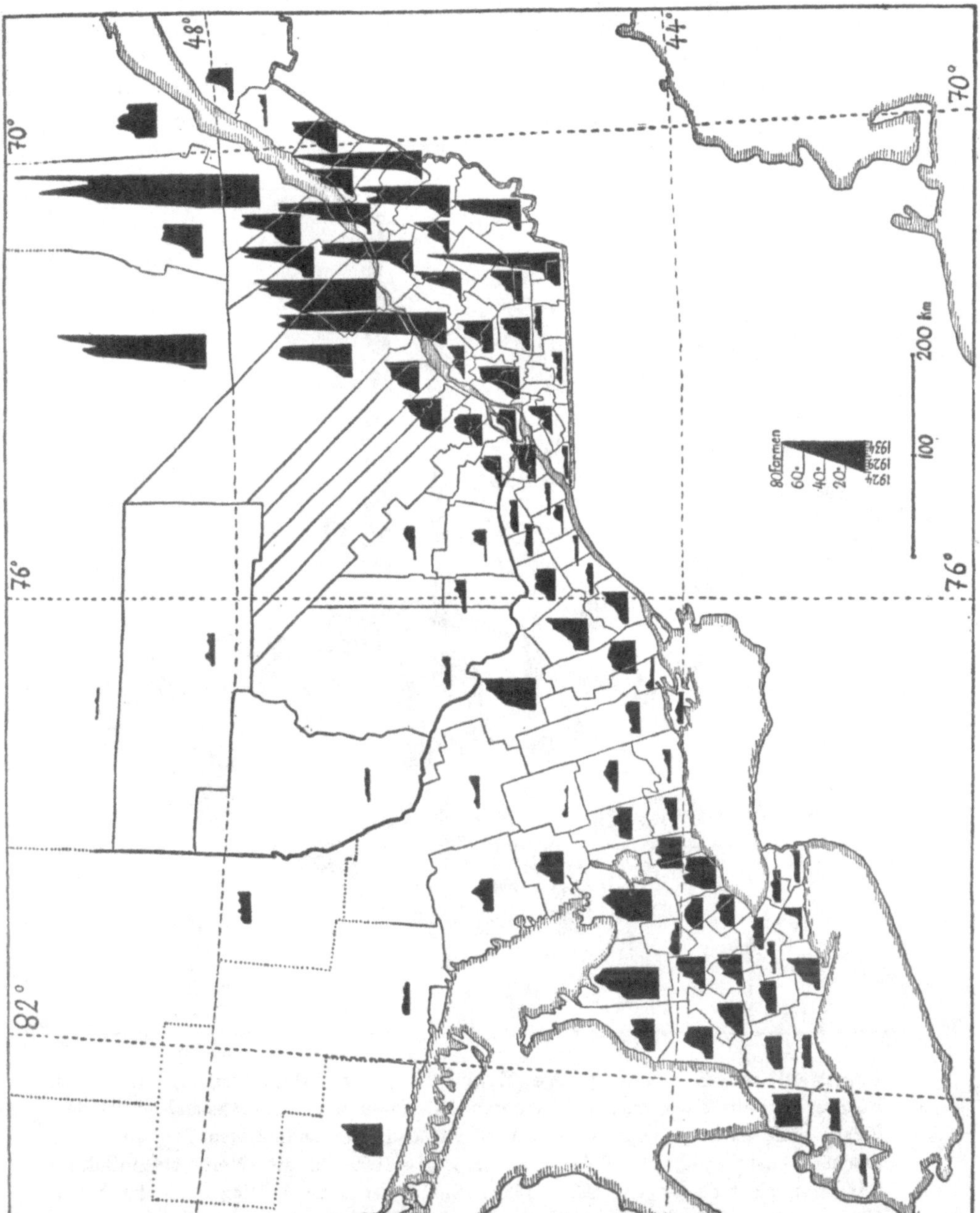

1:7,1 Mill.

Verbreitung und Entwicklung der Fuchsfarmen in den einzelnen Counties Ostcanadas, d. h. der drei „maritimen Provinzen“, Nova Scotia, New Brunswick und Prince Edward Island, und der angrenzenden Teile der Provinz Quebec. (Entworfen nach den Statistiken der Reports on the Fur Farms of Canada, 1927—1936, für die Jahre 1924—1934.)

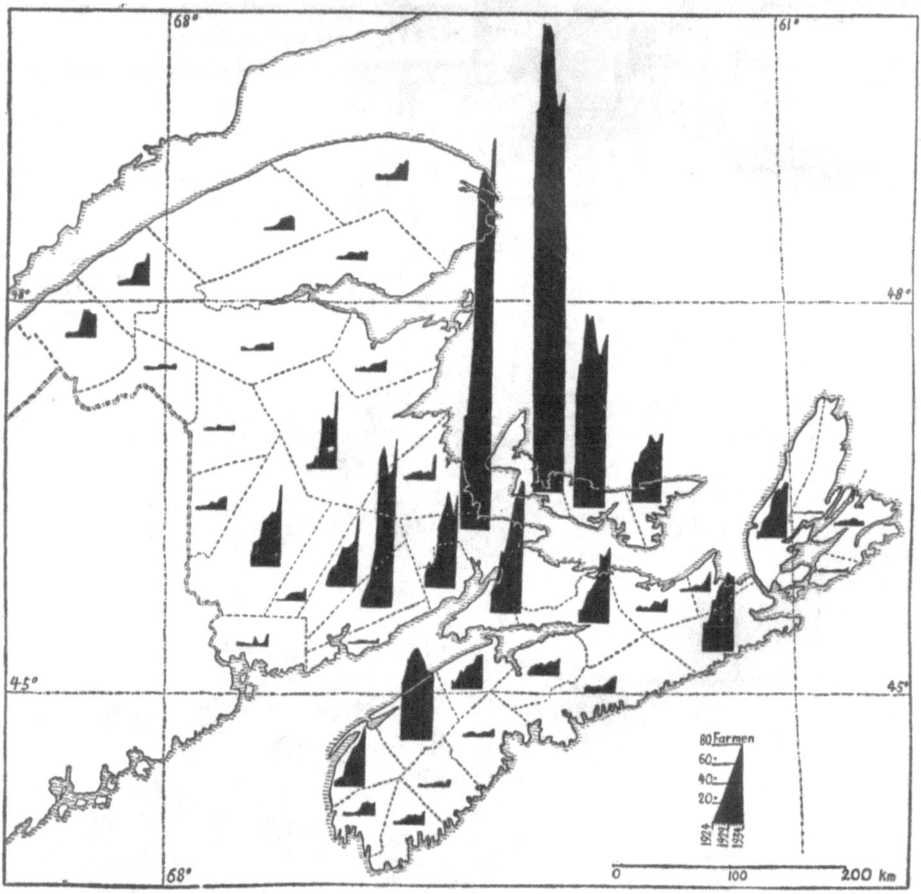

1:6.6 Mill.

Dargestellt ist die zahlenmäßige Entwicklung der Pelztierfarmen, auf denen Füchse ausschließlich oder mit anderen Pelztieren zusammen gezüchtet werden. Erfaßt sind elf entscheidende Jahre: 1. die Zeit der endgültigen Festigung und raschen Ausbreitung der Pelztierzucht: 1924—1929; 2. die Weltwirtschaftskrise mit ihren Nachwirkungen: 1930—1932; und 3. der neue Anstieg nach der Krise: 1933—1934. — Deutlich erkennbar ist: 1. die Vorherrschaft der Prince Edward Insel und der ihr unmittelbar benachbarten festländischen Bezirke; ferner 2. die größere Krisenempfindlichkeit dieser Gebiete; und 3. zunehmende Bedeutung des

Festlandes: im Jahre 1924 war der zahlenmäßige Vorsprung der Prince Edward Insel bedeutend stärker ausgeprägt als 1934; die Entwicklung setzte auf dem Festland später ein, führte aber dann in beständigerer und relativ steilerer Kurve weiter aufwärts, während die Zahl der Farmen auf der Insel nicht mehr im gleichen Maße vermehrt werden konnte (vgl. Karten S. 264a u. unten).

Verteilung der auf Fuchsfarmen gehaltenen Pelztiere in den Counties Ostcanadas in den Jahren 1924—1934.
(Vgl. Karte S. 266.)

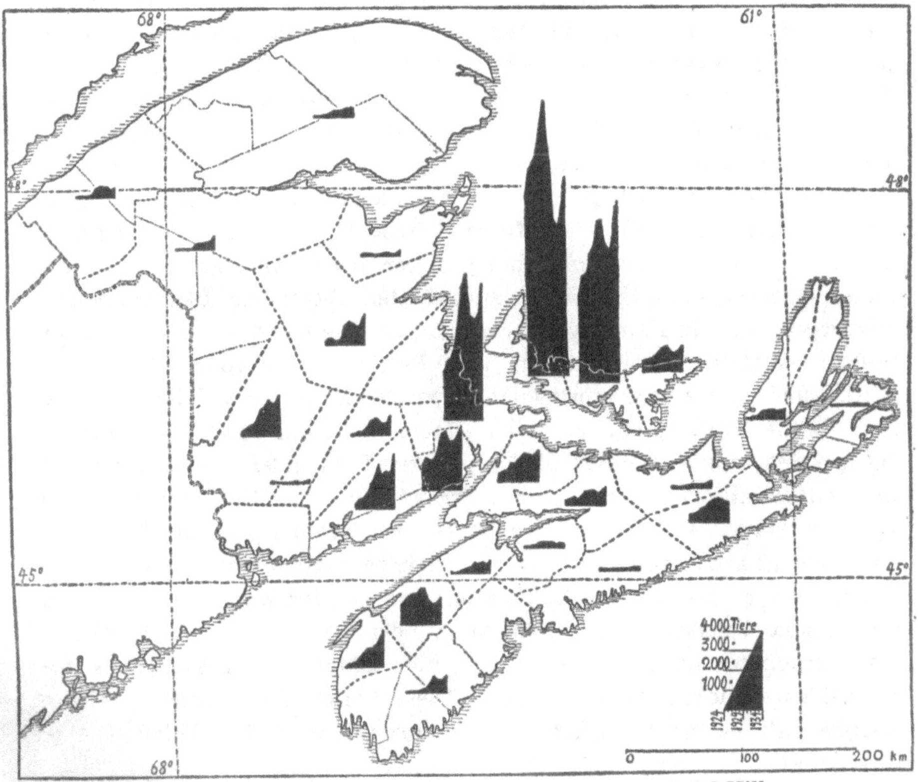

1:6,6 Mill.

Für die Produktion an Pelzen und Zuchttieren ist weniger die Zahl der Farmen (s. Karte S. 266) als die der gehaltenen Tiere maßgebend! Ein Vergleich mit Karte S. 266 zeigt: 1. die Einwirkung der Krise ist bezüglich der Zahl der Tiere im allgemeinen stärker als bezüglich der Zahl der Farmen; 2. die überragende Bedeutung der Prince Edward Insel tritt noch mehr hervor (verschiedene Bezirke anderer Provinzen, die durch punktierte Linien abgegrenzt sind, mußten zusammengefaßt werden, damit die Zahl der Tiere graphisch dargestellt werden konnte); 3. die Gebiete, in denen verhältnismäßig wenig Tiere gehalten werden, zeigen meist eine gleichmäßigere Entwicklung als die krisenempfindlicheren Zentren der Pelztierzucht (vgl. S. 161, 239).

Nachwort.

Mit der Skizzierung der vielfältigen Einwirkungen der Pelztierzucht- und Pelztierhegewirtschaft auf die Landschaft wie auf die menschliche Wirtschaft und kulturelle Betätigung ist die Darstellung der „Grundzüge der Geographie der Pelztierzucht und Pelztierhege" abgeschlossen. Reiches Material zur eingehenderen Bearbeitung einzelner der aufgezeigten Fragen liegt vor in den Schriften, die in einer für den Augenblick des Abschlusses größtmöglichen Vollständigkeit im Literaturverzeichnis aufgeführt sind — und breitet sich vor allem aus in der Vielgestaltigkeit der deutschen Pelztierfarmen im Gebirge und im Flachland, auf dem Lande und in Großstadtnähe, im landwirtschaftlichen Nebenbetrieb und in der spezialisierten Großfarm. Zur Erforschung dieser deutschen Farmen und der näherliegenden europäischen Pelztierzuchten (besonders Skandinaviens) anzuregen, war ein Hauptzweck dieser Arbeit. Die besonders problemreiche und mannigfaltige Pelztierzucht und Pelztierhege Nordamerikas, Südafrikas und Asiens wird einstweilen im wesentlichen nur auf dem Umwege über die Literatur zu studieren sein. Trotzdem liegen auch hier Aufgaben für den Geographen und den Ökologen, deren Lösung der Wissenschaft und der wirtschaftlichen Praxis der Pelzgewinnung in Mitteleuropa zugute kommen kann. Aus diesem Grunde ist der Rahmen der nachfolgenden Übersicht über das Schrifttum so weit gezogen worden, wie es vom Standpunkt einer geographischen Betrachtung aus möglich war. Da es sich um den ersten Versuch einer Bibliographie der Pelztierzucht unter diesen Gesichtspunkten handelt, werden auch hier zahlreiche, im Augenblick unvermeidbare Lücken vorhanden sein. Diese Lücken zu schließen, ist eine weitere Aufgabe für zukünftige Beiträge zur geographischen Pelztierzuchtforschung!

Literaturverzeichnis.

Außer den für die vorliegende Untersuchung herangezogenen Arbeiten sind folgende Arten von Schriften einzeln aufgeführt: 1. häufiger genannte Werke aus der allgemeinen Pelztierzuchtliteratur, die zur Erlangung einer vollständigen Übersicht notwendig zu sein scheinen, — sowie 2. spezielle Untersuchungen auch kleineren Umfangs, die von besonderem geographischen Interesse sind. Nicht aufgeführt sind die zahlreichen Arbeiten über Pelztierkrankheiten und über die Züchtungsbiologie im engeren Sinne. Aus sprachlichen Gründen konnte die russische Literatur nicht und die skandinavische Literatur nur zu einem geringen Teil berücksichtigt werden. Über diese Gebiete sowie über die Organisationen der Pelztierzucht — ihre Zuchtbuchordnungen, Tätigkeitsberichte, Ausstellungen usw. — unterrichten im einzelnen folgende Quellen:

A. Bibliographien und Statistiken.

1. Bibliotheks-Katalog der Reichs-Zentrale für Pelztier- und Rauchwarenforschung, Leipzig, 2. Auflage 1936 (unentbehrlich). (Vgl. Lit. 338, 52 ff. und Lit. 380).
2. Veröffentlichungen der Reichs-Zentrale (s. o.): „Mitteilungen" (+), „Arbeiten", „Schriften" (+), „Vorträge" (+) usw. in verschiedenen Serien seit 1926. (Verzeichnisse in Leipzig erhältlich.) (+ bedeutet: später erloschen.)
3. Literatur-Rundschau für Tierkunde und Tierzucht, besonders der Haustiere, Kleintiere und Pelztiere. Durch die Reichs-Zentrale (s. o.) im Verlag der Deutschen Gesellschaft für Kleintier- und Pelztierzucht, Leipzig, 1. Jahrgang, Nr. 1, 1933.
4. Literatur-Sammlungen der Reichs-Zentrale (s. o.), z. B. 1932: Biber, 1933: Karakulschaf, Marder, Bisamratte, ferner: Nerz, Nutria u. a., neuerdings in Verbindung mit dem „Rauchwarenmarkt" erscheinend.

4a Literatursammlung der Reichs-Zentrale in Karteiform, Leipzig C I, Sebastian-Bach-Straße 9, II. (nach Sachgebieten geordnet).

5. Literaturverzeichnis: Pelztierkunde (Jagd und Fang, Pelztierzucht) des Verlags Heber, Leipzig, seit 1929.
6. List of Books, contained in Fur Library of the Furriers' Round Table, London.

6a Bibliographie der Hudson's Bay Company, The Beaver, Dezember 1934.

7. Geographisches Jahrbuch, Band 45, 1930: Dietrich, Bruno: Nordamerika, und Rensch, Bernhard: Tiergeographie 1908—1930.
8. Geographisches Jahrbuch, Band 50/51, 1935/36: Lütgens, Rudolf: Wirtschaftsgeographie einschließlich Verkehrsgeographie 1908—1934.
9. Veröffentlichungen des U. S. Department of Agriculture, Washington: zahlreiche Nummern der „Farmers' Bulletins", „Technical Bulletins" aus verschiedenen Jahrgängen seit etwa 1908, sowie besonders die wichtigen „Reports", „Leaflets" und „Circulars" des Bureau of Biological Survey. Neben den Gesamtberichten sind vor allem zu beachten die Abteilungen: Division of Wildlife Research, of Migratory Waterfowl, of Game Management, und die Unterabteilungen: Section of Wildlife Surveys, of Fur Resources (Frank G. Ashbrook!), of Surveys and

Maps, of Habitat Improvement, of Restoration and Development, of Big Game Refuges.

10. Veröffentlichungen des Natural Resources Intelligence Service, Department of the Interior, Ottawa, Canada: „Reports", „Pamphlets" usw. sowie Auskünfte bei direkter Anfrage. Hier sind auch die Schriften des National Development Bureau, Ottawa, erhältlich: z. B.: The Beaver, Otter, Mink, Blue Fox, Muskrat, Chinchilla Rabbit . . . „as a Canadian Fur Resource", usw.
11. Das Dominion Bureau of Statistics, Ottawa, bearbeitet in der Abteilung Fur Branch die einzigartigen Statistiken „Reports on the Fur Farms of Canada" (mit Standortverzeichnissen!) sowie „Fur Production of Canada" (besonders die Wildfellernte), die halbjährlich in Form von Vorberichten und Hauptberichten erscheinen.
12. Norges officielle Statistikk, IX, 115, vom 1. IX. 1936 geht vom canadischen Vorbild aus: „Pelsdyrtellingen i Norge", Oslo 1937, eine umfassende Materialsammlung, wie sie in USA., Deutschland (vgl. Statistisches Jahrbuch 1937) usw. noch fehlt.

B. Zeitschriften.

Sämtliche Pelz**handels**- und Kürschner-Fachzeitschriften der Welt bringen von Zeit zu Zeit Berichte über die Produktionsverhältnisse und damit auch über die Pelztierhege und Pelztierzucht. Genügend ausführliche und geographisch wichtige Arbeiten finden sich aber praktisch nur in den eigentlichen Pelz**tierzucht**-Zeitschriften und **regelmäßigen Beilagen**. Nur in **diesem Sinne** erstrebt die folgende Aufzählung **Vollständigkeit**. — Erscheinungszeit, -ort und -folge der einzelnen Zeitschriften sind infolge der wirtschaftlichen Krisen sehr unregelmäßig. Beiträge zur Geographie der Pelztierzucht finden sich häufig in älteren Jahrgängen inzwischen erloschener (+) Zeitschriften bzw. Schriftenreihen.

Deutschland.

Der Deutsche Pelztierzüchter, F. C. Mayer, München.

Die Pelztierzucht, Monatsschrift für Wildhege, Haltung, Farm- und Wildzucht von Pelztieren, A. Heber, Leipzig, (+).

Landwirtschaftliche Pelztierzucht, M. Schaper, Hannover, (+).

Kleintier und Pelztier; neue Folge; Zentralblatt für Kleintierkunde und Pelztierkunde, Dr. Paul Schöps, Leipzig.

Die Pelztierzucht und Kleintierzucht, Magdeburg, (+).

Zeitschrift für Pelztier- und Rauchwarenkunde, Reichs-Zentrale, Leipzig, (+).

Der Pelzkaninchenzüchter und Fellsammler, Schmidt, Arnstadt.

Der Kaninchenzüchter, Poppe, Leipzig.

Der Rauchwarenmarkt (u. a. Pelztierkunde, Pelztierschutz, Pelztierzucht usw.), Dr. Schöps, Leipzig. (Neueste Literaturhinweise und Jahresinhaltsübersichten!) (Ständige Buchausstellung für das Pelzfach im Verlagshaus.).

Neue Pelzwaren- und Kürschner-Zeitung, Beilage: „Der Pelztierzüchter", Berlin, (+).

Naturschutz, Neudamm und Berlin (besonders Pelztierhege!).

Übriges Europa.

Der Österreichische Pelztierzüchter, Wien, (+).

Österreichs Weidwerk, Abteilung Pelztierzucht, Wien.

Österreichisches Zentralblatt für Tier- und Pflanzenzucht, Eigenheim und Siedlung, Wien, (+).
Der Züchter und Siedler, Wien—Graz, (+).
Der Pelztierfarmer, Wien—Berlin, (+).
Pelztier und Pelz, Horgen—Zürich, (+).
Schweizer Pelzgewerbe, Zürich.
De Pelskonijnenfokker, Roermond.
Fur Farming, London.
The Fur World, London.
L'Intermédiaire de la Fourrure, Paris.
Revue de Zootechnie: La Revue des Eleveurs, Paris.
Våra Pälsdjur, Stockholm.
Bolettino della Pelliceria, Rom.

Afrika.

Der Karakulzüchter, Windhoek.
S. W. Persianer-Markt, Karakulzüchter-Organ, Otjiwarongo.
S. W. Afrika-Farmer, Windhoek, (+).

Canada.

Z. 1 Rod and Gun, and Canadian Silver Fox News, Woodstock, Ont.
Z. 2 Fur Trade Journal of Canada, Toronto, Ont.
Z. 3 The Northern Fur Trade, Winnipeg, Man.
Z. 4 Revue des Eleveurs d'Animaux à Fourrure, Montmagny, Que.
Z. 5 The Beaver, Winnipeg, Man. (Zeitschrift der Hudson's Bay Co.).
Z. 6 La Revue des Eleveurs de Renards, Quebec.
Z. 7 Forest and Outdoors, Canadian Magazine devoted to Conservation, Toronto, Ont. (?).

USA.

(zum Teil gleichfalls erloschen)

Z. 8 American Fur Breeder, St. Peter, Minn., jetzt Duluth.
The Black Fox Magazine, New York.
Fox Breeders' Gazette, Boston, Mass.
American Fox and Fur Farmer, Minneapolis, Minn.
The Silver Fox News and Fur Farmer Reference Magazine, New York.
The Fur Farmer Magazine, Seattle.
The Rocky Mountain National Fur News and Farm Journal, Denver, Col.
The National Fur News, Denver, Col.
Weidmans Fur Farmer Monthly, La Crosse, Wis.
American Rabbit Record, Kirkland.
Hunter — Trader — Trapper, Columbus, Ohio.
Fur — Fish — Game, A. R. Harding's Magazine, Columbus, Ohio.
Outdoor-America, Magazine, New York (?).
American Game, Bulletin of the American Game Protective Association, Washington.
Roosevelt Wild Life Bulletin, of the R. W. L. Forest Experiment Station, of the New York College of Forestry at Syracuse University, N. Y.
Roosevelt Wild Life Annals, Syracuse, N. Y. (s. o.).

C. Einzelne Arbeiten: Schriften, Aufsätze, Mitteilungen.

1. Allgemeine Geographie und Länderkunde.

13. Andree, Karl: Geographie des Welthandels, 4 Bände, Frankfurt, 1910—1921.
14. Andree, K., Heidereich, F., Sieger, R.: Geographie des Welthandels, 4. Auflage, Wien 1926—1930.
15. Banse, Ewald: Lehrbuch der organischen Geographie, Berlin 1937.
16. Baulig, Henri: Amérique Septentrionale, Paris 1936, Géographie Universelle, Band XIII, 1, 2.
17. Biehl, M.: Alaska. Wirtschaftsdienst, 12. Jahrgang II., 1927, Heft 37.
18. Blüthgen, Joachim: Norwegen und Schweden, Potsdam 1938, Handbuch der geographischen Wissenschaft (West- und Nordeuropa).
19. Breitfuß, Leonid: Die biologischen Probleme der Arktis, Arktis, Jahrgang 1, 1928.
20. Breitfuß, Leonid: Die Erschließung des eurasiatischen hohen Nordens, Gotha 1930, Pet.-Mitt., Ergänzungsheft 207.
21. Brooks, A. H.: The value of Alaska, Geographical Revue, Januar 1925.
22. Brooks, A. H.: The future of Alaska, Annals of the Ass. of Am. Geographers, Dec. 1925.
23. Brown, R. U. R.: The polar regions, New York 1927.
24. Colby, Charles C.: Source Book for the Economic Geography of North-America, Chicago, 3. Auflage, 1926.
25. Fels, Edwin: Der Mensch als Gestalter der Erde, Leipzig 1935.
26. Friedrich, Ernst: Allgemeine und spezielle Wirtschaftsgeographie, Leipzig 1907, desgleichen 3. Auflage, 2 Bände, 1926.
27. Friedrich, Ernst: Einführung in die Wirtschaftsgeographie, 2. Aufl., Leipzig 1911.
28. Friedrich, Ernst: Geographie des Welthandels und Weltverkehrs, Jena 1911, desgleichen 2. Auflage 1930 (Walt. Schmidt).
29. Hamilton, Louis: Kanada. Gotha 1921.
30. Hamilton, Louis: Kanada, Landschaft und Volksleben, Berlin 1926.
31. Hassinger, Hugo: Die Geographie des Menschen, Handbuch der geographischen Wissenschaft, Allgemeine Geographie, Band II.
32. Houben, H. H.: Der Ruf des Nordens, Berlin 1927.
33. Innis, Harold A.: The Hudson-Bay-Railway, Geographical Revue 1930 (Pelztierzucht: Seite 28).
34. Lauritzen, G.: Alaska, Wirtschaftsdienst, 11. Jhg., Band II, 1926, Heft 45 (Pelzwirtschaft).
35. Lütgens, Rudolf: Allgemeine Wirtschaftsgeographie, Breslau 1928.
36. Machatschek, Fritz: Allgemeine Länderkunde von Nordamerika, Hannover 1928.
37. Marcus, Ernst: Tiergeographie, Potsdam 1933, Handbuch der geographischen Wissenschaft, Allgemeine Geographie, Band II.
38. Mecking, Ludwig: Die Polarländer, Leipzig 1925.
39. Mecking, Ludwig: Die Polarwelt in ihrer kulturgeographischen Bedeutung, Geographische Zeitschrift, Band 31, 1925.
39a. Müller, M.: Koloniale Wirtschaft und Besiedlung des subarktischen Westens von Nordamerika, Dissertation Leipzig 1935. (Wichtige Bibliographie.)
40. Müller, R.: Die geographische Verbreitung der Wirtschaftstiere, Dissertation Rostock, Leipzig 1903.

41. Partsch, Joseph: Geographie des Welthandels, Breslau 1927.
42. Passarge, Siegfried: Die Erde und ihr Wirtschaftsleben, 2. Auflage, Hamburg-Berlin 1929.
43. Pax, Ferdinand: Die Tierwelt, in: Supan-Obst, Grundzüge der physischen Erdkunde, 7. Auflage, Berlin 1930, II, 2.
44. Reinhard, Rudolf: Weltwirtschaftliche und politische Erdkunde, Breslau 1925, desgleichen 6. Auflage, 1929.
45. Ross, Colin: Zwischen USA. und dem Pol, 2. Auflage, Leipzig 1934.
46. Rudolphi, M.: Die wirtschaftliche Erschließung der Polarländer, Geographischer Anzeiger, 30. Jhg., 1929.
47. Salin, E.: Die wirtschaftliche Entwicklung Alaskas, Archiv für Sozialwissenschaften und Sozialpolitik, Tübingen 1914.
48. Sapper, Karl: Allgemeine Wirtschafts- und Verkehrsgeographie, Leipzig-Berlin 1925, desgleichen 2. Auflage, 1930.
49. Schmidt, Peter H.: Einführung in die allgemeine Geographie der Wirtschaft, Jena 1932.
50. Schmieder, Oscar: Länderkunde Nordamerikas, Leipzig-Wien 1933.
51. Schott, Carl: Landnahme und Kolonisation in Canada, am Beispiel Südontarios, Kiel 1936.
52. Schumann, Kurt: Die Arktis, unter wirtschaftsgeographischen Gesichtspunkten, Dissertation Greifswald, Berlin 1936.
53. Seeman, A. L.: Regions and Resources of Alaska, Econ. Geogr. 1937, S. 334 ff.
54. Smith, J. Russell: North America, London 1924.
55. Sokolowsky, Alex.: Die Tierwelt, in: Passarge: Grundlagen der Landschaftskunde, Band II, Hamburg 1920.
56. Sokolowsky, Alex.: Wirtschaftszoologie als Forschungsgebiet und Lehrfach, Hamburg 1912.
57. Sorge, Ernst: Die Arktis, Potsdam 1933, Handbuch der geographischen Wissenschaft.
58. Stefansson, V.: The friendly arctic; the story of five years in polar regions, New York 1921.
59. Stefansson, V.: Länder der Zukunft, 2 Bände, Leipzig 1923.
60. Stefansson, V.: Neuland im Norden, Leipzig 1928.
61. Taussig, St.: Grundlagen, Wege und Ziele der ökologischen Haustiergeographie, Berlin 1932.
62. Tuttle, C. R.: Alaska, its meaning to the world, its resources, its opportunities, Seattle 1914.
63. Underwood, John J.: Alaska, an empire in the making, London 1925.
64. Zimmermann, M.: Europe Septentrionale, Paris 1933, Géographie Universelle, Band III.

2. Mitteilungen deutscher geographischer Zeitschriften über Pelztierzucht und Pelztierhege und verwandte Gebiete.

Geographische Zeitschrift:

VII. Jhg. 1901, Seite 57: Über die Verbreitung des Moschusochsen.
VIII. „ 1902, „ 354: Über die Restbestände nordamerikanischer Büffel.

VIII. Jhg. 1902, Seite 354 f.: Künstliche Krokodilzucht in Florida.
XI. „ 1905, „ 238: Überführung zahmer Renntiere nach Grönland.
XIV. „ 1908, „ 703 f.: Die Naturschätze der USA. — Gründung der National Conservation Commission.
XXVII. „ 1921, „ 226: Naturschutzpark in Louisiana.
XXX. „ 1924, „ 216: Der Bestand wildlebender Bisons in Canada.
XLI. „ 1935, „ 390: Einführung von Renntierherden aus Alaska nach Nord-Canada.

Deutsche Rundschau für Geographie und Statistik: (+)

VI. Jhg. 1884, Seite 521: Zucht von Alligatoren.
IX. „ 1887, „ 91 und 473: Das Aussterben des Bisons.
XII. „ 1890, „ 281: Eine Büffelfarm (in Garden City, Ka.).
XII. „ 1890, „ 424: Schutz den Alligatoren (als Feinden der Bisamratten, die die Saaten schädigen!).
XII. „ 1890, „ 135: Pelztierjagd auf den Aleuten.
XIV. „ 1892, „ 55—60: Vertilgung des Bisons in Amerika.
XVIII. „ 1896, „ 381: Zur Rettung des amerikanischen Bisons.
XVIII. „ 1896, „ 524 f.: Alaska (Fuchsinselzucht und Renntierzucht).
XXII. „ 1900, „ 187: Ein neuer Nationalpark in der Union.
XXXIII. „ 1911, „ 356: Die letzten Büffel Nordamerikas.
XXXV. „ 1912/13, „ 101 ff.: Kanadische Pelztiere und Pelztierjagden.

(Größere Aufsätze aus den genannten und anderen geographischen Zeitschriften sind unter dem Namen der Verfasser einzeln an anderer Stelle aufgeführt.)

3. Spezielle Beiträge zur Geographie der Pelztierzucht.

65. Adametz, L.: Über den angeblichen Einfluß des Steppenklimas und Steppenfutters Bocharas auf das Zustandekommen und die Erhaltung der Karakullocke, Zeitschrift für das landwirtschaftliche Versuchswesen in Österreich, Wien, 14. Jhg., 1911, Heft 3.

66. Adametz, L.: Die physiographischen Verhältnisse (die „Scholle") in der Heimat der Karakulschafe, Archiv für Tierernährung und Tierzucht, Abteilung B, Springer, Berlin 1932.

67. Alkalay, Moreno: Die geographischen Voraussetzungen der Pelztierzucht, Wiener Allgemeine Forst- und Jagd-Zeitung, 1931, Nr. 31/32.

68. Alkalay, Moreno: Die Verbreitung und wirtschaftliche Bedeutung der Pelztierzucht, Wiener Allgemeine Forst- und Jagd-Zeitung, 1931, Nr. 47/48.

69. Andrae, E. A.: Fur Geography. A Study of the Distribution of Fur-bearing Animals, British Fur Trade, 1934, Nr. 135.

70. Berner, P.: Der Einfluß von Klima, Boden und Raum bei der Pelztierzucht, Landwirtschaftliche Pelztierzucht, 1930, Nr. 3.

71. Dennler, G.: Die physiologische Umstellung der Silberfüchse bei ihrer Verpflanzung auf die südliche Halbkugel, Die Pelztierzucht, 1932, Nr. 5.

72. Ehik, J.: Wo können in Ungarn Silberfüchse gezüchtet werden? Tschechoslowakische Pelz-Zeitschrift, 1928, Nr. 9.

73. Greinert, Harald: Das Klima der Prinz-Eduard-Insel, Die Pelztierzucht, 1928, Nr. 7.

74. Grieder, H.: Über Kälteschäden bei der Nutria (Biberratte) und deren Folgen ..., Schweizer Archiv für Tierheilkunde, Heft 4, Jhg. 1934, Zürich.
75. Grieder, H.: Die Umwelteinflüsse auf Wildtiere, die in Gefangenschaft gehalten werden, Schweizer Pelzgewerbe, 1938, Nr. 46.
76. Holecek-Holleschowitz, C.: Umwelt und Erbgut des Silberfuchses, Rauchwarenmarkt 1937, Nr. 16.
77. Karthäuser, Oskar: Hat das Klima Einfluß auf die Pelztierzucht? Neue Pelzwaren- und Kürschner-Zeitung, 1928, Nr. 930, Beilage Nr. 7.
78. Karthäuser, Oskar: Hat das Klima Einfluß auf die Pelztierzucht? Der deutsche Pelztierzüchter, 1930, Nr. 1.
79. Kühne, J.: Die Bedeutung der Karakulschafe für die Ausnutzung der ärmsten Acker- und Waldböden der Groß- und Kleingrundbesitzer Norddeutschlands. Mitteilungen der Deutschen Landwirtschaftlichen Gesellschaft, Berlin 1906.
80. Landwirtschaftliches Institut der Universität Halle: Das Karakulschaf, seine Bedeutung bei Reinzucht und Kreuzung für die armen Sandböden Deutschlands, Berichte aus dem physiologischen Laboratorium und der Versuchsanstalt des landwirtschaftlichen Instituts der Universität Halle, Heft 11.
81. Lössl, H.: Das Kleinklima und seine Bedeutung für die Pelztierzucht, Der deutsche Pelztierzüchter, 1933, Nr. 14.
82. Marelli, C. A.: La posible acclimatacion del Zorro plateado en Sierra de la Ventana, La Plata 1932.
83. Menendez, Fr. C.: Posibilidad de adaptacion de la crianza del ovina Karakul en la Patagonia, Buenos Aires, 1932.
84. Nachtsheim, H.: Pelztierzucht und Klima, Bericht des Sachverständigen-Ausschusses für Pelztierzucht, Leipzig 1931, Veröffentlichung der Reichszentrale, 1932.
85. Nolte, W.: Der Regenpelz, Die Pelztierzucht, 1928, S. 176 ff. (siehe auch: Wild und Hund, 1926).
86. Prell, H.: Die Fuchsrassen von Nord-Amerika in ihrer Bedeutung für die Silberfuchszucht, Leipzig 1928, Schriften der Reichszentrale, Heft 5.
87. Priesner, A.: Beobachtungen im Weltzentrum der Silberfuchszucht (Prince Edward Island), Fortschritt der Landwirtschaft, Jhg. 5, 1930, Heft 6/7 (wichtig!).
88. Priesner, A.: Hat das Klima Einfluß auf die Pelztierzucht? Der Deutsche Pelztierzüchter, 1930, Nr. 16.
89. Rein, Rich.: Die Einbürgerung fremder Wildarten (Waschbär, Silberfuchs), Der Naturforscher, 1935, Nr. 10.
89a. Report of the Royal Commission on the Reindeer and Musk-ox to investigate the possibilities of the Reindeer and Musk-ox industries in the Arctic and Sub-Arctic regions of Canada. Ottawa, Dept. of Int., 1922.
90. Sannum, Rolf: Hat das Klima Einfluß auf die Pelztierzucht? Der Deutsche Pelztierzüchter, 1930, Heft 11.
91. Schmidt, H.: Die Eignung Deutschlands zur Silberfuchszucht, Die Pelztierzucht, 1925, Nr. 5.
92. Shitkow, B. M.: Über die Freizucht amerikanischer Pelztiere in der Sowjet-Union, Pelztierzucht und Kleintierzucht, 1932, Nr. 2.
93. Simpson, Jas. J.: Some Fur Geography, Brit. Fur Trade, 1929, Nr. 1.

94. Sokolowsky, Alex.: Pelztier-Akklimatisation, Leipzig 1927, Arbeiten der Reichs-Zentrale, Nr. 1.
95. Sokolowsky, Alex.: Pelztier-Akklimatisation, Die Pelztierzucht, 1927, Nr. 1.
96. Sokolowsky, Alex.: Pelztier-Ökologie, Die Pelztierzucht, 1930, Nr. 6.
97. Sokolowsky, Alex.: Die Beziehungen des Silberfuchses zu seinem Lebensraum, Landwirtschaftliche Pelztierzucht, 1931, Nr. 12.
98. Stilgenbauer, F. A.: Geographic Aspects of the Prince Edward Island Fur Industry, Econ. Geography, 1927 (wichtig!).
99. Timmerhans, L.: Welche Gegend eignet sich in Deutschland für gute Pelzbildung der Füchse..., Der Deutsche Pelztierzüchter, 1926, Nr. 8.
100. Timmerhans, L.: Weitere Betrachtungen über die Eignung der Tiefebene Deutschlands für Silberfuchszucht, Der Deutsche Pelztierzüchter, 1927, Nr. 9.
101. Wolff, G.: Der Gehegeboden, Landwirtschaftliche Pelztierzucht, 1931, Heft 7 (wichtig!).
102. Ziemsen, E.: Eignet sich das Klima in Deutschland zur Pelztierzucht? Der Deutsche Pelztierzüchter, 1926, Nr. 3, und 1927, Nr. 7.
103. X. X.: Eignet sich unser Klima zur Silberfuchszucht? Deutsche Jäger-Zeitung, 1926, Nr. 5.
104. X. X.: Warum ist Europa zur Silberfuchszucht geeignet und wo lege ich meine Farm an? Die Pelzmode, 1926, Nr. 8.
105. X. X.: The natural Fur Climate. Brit. Fur Trade, 1929, Nr. 2.
106. X. X.: Bulletin on Fur Zones for Fur Raising, Map, issued by U. S. Dept. Agric., vor 1930.
107. X. X. Anpassung des Lebenszyklus bei Einführung nordweltlicher Pelztiere auf die südliche Erdhälfte, Der Deutsche Pelztierzüchter, 1932, Nr. 1.
108. X. X.: Verpflanzung von Pelzwild, Der Deutsche Pelztierzüchter, 1934, Nr. 17.
109. X. X.: Pelztierzucht in der Antarktis? Der Deutsche Pelztierzüchter, 1938, Nr. 10.

4. Allgemeine Pelztierzucht-Literatur (und verwandte Gebiete).

(Über die Grundsätze der Auswahl siehe vorne, Seite 269, Literatur-Verzeichnis. Zahlreiche der hier genannten Schriften und Aufsätze sind als Sonderabdrucke bzw. separat geheftet in der Bücherei der Reichs-Zentrale vorhanden.)

110. Adametz, L.: Über die wirtschaftliche Bedeutung der Pelzschafzucht, Leipzig 1927.
111. Adametz, L.: Zuchtversuche mit Karakulschafen in Europa, unter Berücksichtigung ihres Gelingens bzw. Mißlingens in verschiedenen Ländern. (Ein Beitrag zur Geschichte der landwirtschaftlichen Pelztierzucht). Zeitschrift für Züchtung, Reihe B, Band 21, 1931.
112. Adams, Charles C.: Suggestions for Research on North American Big Game and Fur-bearing Animals, Roosevelt Wild Life Bull., vol. 1, no. 1, Syracuse 1921.
113. Adams, Charles C.: Roosevelt Wild Life State Memorial, und: Appropriateness and Appreciation of the Roosevelt Wild Life Memorial, Roosevelt Wild Life Bull., vol. 1, no. 1, Syracuse 1921.

114. Adams, Charles C.: The relation of wild life to the public in national and state parks, Roosevelt Wild Life Bull., vol. 2, no. 4, Syracuse 1925 (Literaturangaben!).
115. d'Aigneaux, G.-P.: Rapport sur les conditions d'élevage en France des animaux-à-fourrure, Paris 1926.
116. d'Aigneaux, G.-P.: Méthodes d'élevage des animaux-à-fourrure, Band I, Paris 1927, Band II, 1928.
117. Alex, E.: Absatzförderung für deutsche Pelzwaren (Pelztierzucht), Wirtschaftsdienst, 18. Jhg. II, 1933, Heft 41.
118. Allen, J. A., and McLure, W. Ch. S.: Theory and practice of fox ranching. Charlottetown, P. E. I. 1927.
119. Allen, J. A., and Smith, G. E.: Fox Ranching in Canada, Ottawa 1929, Dom. of Canada, Dept. of Agric.
120. Amschler, J. W.: Die Pelztierzucht in Deutschland, 1927.
121. Arndt, W.: Zum Eindringen der Bisamratte, Landeshut 1928.
122. Arthur, St. C.: Biennial Reports of the Conservation Commission and the Department of Conservation of Louisiana, 1914—1928 ff., New Orleans.
123. Arthur, St. C.: The Fur Animals of Louisiana, New Orleans 1928, Dept. of Conservation of La., Bull. No. 18 (unentbehrlich!).
124. Ashbrook, F. G.: Silver-Fox Farming, Washington 1923 ff., U. S. Dept. Agric. Bull. 1151 — D.
125. Ashbrook, F. G.: Mink raising, Washington 1928.
126. Ashbrook, F. G.: Recommendations to beginners in fur farming, Washington 1928, Biol. Surv. Leaflet No. 27 — L.
127. Ashbrook, F. G.: Fur-farming for profit, New York 1929 (grundlegend!).
128. Ashbrook, F. G.: Rabbits for food and fur, Orange Judd Publ. Comp., 1930.
129. Ashbrook, F. G.: Fur Resources of USA., Report for the Intern. Exhibition at Leipzig, Washington 1930 (auch deutsch erschienen: Lit. 342).
130. Ashbrook, F. G.: The breeding of fur animals, Washington 1937, U. S. Dept. Agric. Yearbook, Separate No. 1603.
131. Ashbrook, F. G., and Hanson, K. B.: A comparison of feed costs with pelt values of silver foxes, Washington.
132. Ashbrook, F. G., and Handson, K. B.: Experimental fur farm of the Biological Survey, Washington 1927.
133. Ashbrook, F. G., and Walker, E. P.: Bluefox farming in Alaska, Washington 1928, 1930, U. S. Dept. Agric. Bull. 1350.
134. Bachrach, M.: Fur — A practical treatise, New York-London, 1930.
135. Bailey, V.: Beavers, Washington 1926, North Am. Fauna, No. 49.
136. Bailey, V.: Beaver Habits, beaver control and possibilities in beaver farming, Washington 1924, U. S. Dept. Agric., Bull. No. 1078.
137. Bailey, V.: Beaver habits and experiments in beaver culture, Washington 1927, U. S. Dept. Agric., Techn. Bull. No. 21 — T.
138. Baker, F.: National Zoological Park and its inhabitants, Washington 1914.
139. Barjaud, P.: Elevage du renard argenté et de la chèvre alpine, Moulins, o. J.
140. Baunacke: Die Bisamratte, ihre Lebensweise und Bekämpfung, Meißen 1933.
141. Beetz, J.: „L'Indispensable" aus Eleveurs de Renards argentés, Montreal 1930 (wichtig!).

142. Belden, A.: The fur trade of America..., furs and fur bearers of other continents and countries and islands of the sea, New York 1918.
143. Bericht des Sachverständigen-Ausschusses für Pelztierzucht vom 2. X. 1931, Leipzig (zahlreiche Mitarbeiter, u. a. Nachtsheim, s. o. Nr. 84).
144. Berthold, K. U.: Das Silberkaninchen, 8. Auflage, Leipzig 1919.
145. Biggins, Th. J.: International Trade in Furs, U. S. Dept. of Comm., Trade Information Bull. 590, Washington 1928.
146. Biological Survey, U. S. Dept. Agric., Leaflets No. 4, 8, 27, 63, 69, 75, 82, 86, 103, 106, 152, 180, 216 u. a. über verschiedene Zweige der Pelztierzucht.
147. Biological Survey, Leaflet BS — 71: Wildlife in Land Planning, 1936.
148. Biological Survey, Farmers' Bulletins No. 330, 396, 587, 795, 869, 1078, 1089, 1090, 1519, 1598, 1632 u. a. über Pelztierzucht.
149. Biological Survey, Farmers' Bulletin No. 1719: Improving the Farm Environment for Wildlife.
150. Biological Survey, Farmers' Bulletin No. 1750: Game Management on the Farm.
151. Biological Survey. Ferner: Technical Bulletin 21 — T, Circulars No. 135, 460 usw. (siehe Literatur-Verzeichnis, 1. Teil).
152. Bohne, W.: Entwicklungstendenzen der Pelz-Wirtschaft, Dissertation Leipzig 1930 (gute Übersicht über die Produktionsverhältnisse).
153. Bollinger, H.: Die Nutriazucht, Hannover 1931.
154. Bon, F.: Entwicklung und gegenwärtiger Stand der deutschen Silberfuchs- und Nerzzucht, Dissertation Göttingen 1932, Teildruck.
155. Bonn, J.: Die Nutria, ihre Lebensgewohnheiten und ihre Aufzucht in der Gefangenschaft, Güsten in Anhalt (Th. Puchel).
156. Bower, W. T.: Alaska Fishery and Fur-Seal Industries in 1919, U. S. Dept. of Comm., Bureau of Fisheries, Doc. No. 891 (wichtige Jahresberichte, vgl. Nr. 158).
157. Bower, W. T.: Alaska Fur Seal Industry, Washington 1929.
158. Bower, W. T.: Alaska Fishery and Fur-Seal Industries in 1935, U. S. Dept. of Comm., Administrative Report No. 23, Washington 1936 (wichtig!).
159. Boyd, M. L.: Fur farming, Baltimore 1928.
160. Brass, E.: Aus dem Reiche der Pelze, 2. Auflage, Berlin 1925.
161. Brass, E.: Pelztierjagd und Pelzhandel, in: Pax und Arndt: Rohstoffe des Tierreiches, Band I, Berlin 1930.
162. British Fur Trade Year Book, London 1933 ff. (Bibliographie).
163. Bronner, R.: Das Chinchillakaninchen, 2. Auflage, Leipzig 1927.
164. Browne, T. A.: The muskrat, a Canadian fur resource, Ottawa 1929.
165. Brumwell: The Chinchilla. Its Culture for profit, Jacobsen, Toronto.
166. Buchholz, Erwin: Die Jagdwirtschaft, die Pelztierzucht und der Rauchwarenhandel Sowjetrußlands, Berlin 1932, S. A. aus: Bericht über Landwirtschaft, Band XVII, Heft 1.
167. Budde: Pelztiere und Pelze, Leipzig 1934.
168. Cohn, H.: Deutsche Edelpelztierzucht im Jahre 1928, Leipzig 1929.
169. Byng, R.: Angora wool farming, Toronto, Jacobsen.
170. Canada-Yearbook, Ottawa, seit 1905, Abschnitt: Pelztierfarmen.

171. Canada. National Conference on Conservation of Game, Fur-bearing Animals and other Wild Life, Ottawa 1919.
172. Canadian Mink Ranch Directory, edited by Z. Page, Hamilton, Ontario 1930 (500 Anschriften usw.).
173. Canadian National Record for Foxes, Ottawa, seit 1922 (besonders wichtig die Einleitung zu Band I).
174. Catchpole, G. G.: The Silver-Fox, London 1930.
175. Chalmers, E. T. D.: Fur farming in the Province of Quebec, Quebec 1913.
176. Chambers, E.: L'élevage domestique du Gibier et des Animaux à fourrure dans la province de Québec, 1914.
177. Chapman, L. & W.: Beaver, New York 1934.
178. Chappellier, A.: Le Rat Musqué en France, November 1933, Paris 1934.
179. Chappellier, A.: La lutte contre le Rat Musqué, Versailles 1933.
180. Charlton, C. D.: The C. D. Charlton System of Modern Mink Raising, Skyland, N.-Carolina.
181. Chinchilla-Farming in USA.: verschiedene Aufsätze in: The New West Coast Leader, Lima, Peru: 1. IX. 1936, März 1937 und Februar 1938.
182. Coates, R. H.: Fur Production of Canada, seit 1923, Dominion Bureau of Statistics, Fur Branch, Ottawa (vgl. Lit. 11).
183. Comsia, A. M.: Der Blaufuchs, Leipzig 1932.
184. Conserving Canada's Musk-Oxen, Dept. Int., Ottawa 1930.
185. Conwentz: Zur Verbreitung des Moschusochsen und anderer Tiere in Nordostgrönland... (Karte!), Verh. der Gesellschaft für Erdkunde Berlin, Band 27, 1900, S. 427 ff.
186. Couturat, G.: Rapport: Elevage des Animaux à Fourrure, Paris.
187. Credner, H.: Die Beeinflussung des topographischen Charakters gew. Landstriche Nordamerikas durch den Biber, Pet. Mitt. Band 15, 1869, S. 139.
188. Dailey, E. J.: Practical Muskrat Raising, Columbus 1927.
189. Dearborn, N.: Trapping on the Farm, Washington 1919.
190. Dearborn, N.: Rabbit Raising, Washington 1920, Dept. Agr. Biol. Surv.
191. Dearborn, N.: The Maintenance of the Fur-Supply, Biol. Surv. Circular 135, Washington 1920.
192. Demoll, R.: Die Silberfuchszucht, 3. Auflage, München 1930.
193. Demoll, R.: Die Edelpelztierzucht, München 1928 (grundlegendes Sammelwerk).
194. Dennler, J.: La crianza industrial del ovino Karakul merece ser realizada en la Patagonia, Buenos Aires.
195. Dennler, J.: El vison y su crianza en la Argentina, Buenos Aires 1933.
196. Dennler, J.: El Karakul, Buenos Aires 1936.
197. Duffus, J. P.: My twelve-years-experience in the silverfox-industry, New York 1924.
198. Edelpelztierschau München 1929, Verlag Mayer.
199. Edwards, J. L.: Raccoon raising, Utica N. Y., 1928.
200. Edwards, J. L.: Mink farming, Utica N. Y., 1928.
201. Edwards, J. L.: Muskrat farming, 2. Auflage, Utica N. Y., 1928 (Fur Farms publishing Co.).

202. Elliot(t), W. H.: Report on the Prybilow Group or Seal Islands of Alaska, Washington 1873.
203. Elliot(t), W. H.: A Monograph of the Seal Islands of Alaska, Washington 1882.
204. Evans, Allan Roy: Der Zug der Renntiere (aus Alaska nach Canada). Ein Tatsachenroman, Berlin—Wien—Leipzig, 1936.
205. Fehlinger, H.: Zucht des Polarrindes, D. Naturforscher, Jahrgang 125/126, S. 363 ff.
206. Fehr, J. C.: Chinchilla rabbits and all about them, Indianapolis 1929.
207. Feistle, Otto: Rauchwarenmarkt und Rauchwarenhandel, Tübinger Wirtschafts-wissenschaftliche Abhandlungen, Heft 10, Stuttgart 1931.
208. Fenton, M. H.: Scientific Method of Bullfrog Culture in connection with Muskrat Farming, Columbus 1929.
209. Frick, E. J.: Fur Animal Practice, Chicago 1937, Veterinary Magazine Corp.
210. Friederichs, K.: Die Grundfragen und Gesetzmäßigkeiten der land- und forstwirtschaftlichen Zoologie, Berlin 1930, 2 Bände (vgl. Lit. 353).
211. Frölich, G.: Das Karakulschaf und seine Zucht, 2. Auflage, München 1931.
212. Frölich, G.: Arbeiten über das Karakulschaf, Berlin 1928.
213. Fur Ranching Information Booklet, Frost Steel and Wire Comp., Hamilton, Ont., 1929.
214. Fur Farming as a Business and why, Fur Farms Publishing Comp., Utica, N. Y., 1928.
215. Fur Production of Canada, Ottawa, Dominion Bureau of Statistics (Jahresberichte, Lit. 11).
216. Gabrielson, I. N.: Report of the Chief of the Bureau of Biological Survey, 1937, U. S. Dept. Agriculture Washington 1938 (sehr wichtig!).
217. Ganghofer, R.: Haltung und Zucht des Sumpfbibers, Leipzig 1931.
218. Gaßner, E.: Das Alaskakaninchen, Leipzig, 3. Auflage.
218a Gaussen, C. L.: Mink, Taunton 1936.
219. Gessele, F.: Die Skunkszucht, München 1928.
220. Goffart, H.: Die gegenwärtige Ausbreitung der Bisamratte in Deutschland, Berlin 1927.
221. Golf, A.: Die Karakulzucht in ihrem Heimatlande Turkestan, Berlin 1933.
222. Gottlieb, Abr.: Fur Truths, New York 1928.
223. Grafe, V.: Rohstoffe und Waren aus dem Tierreiche, Stuttgart 1928.
224. Grande, L.: Das Opossum in der Pelztierzucht, Leipzig 1929.
225. Green, D. M.: Rabbit skins for fur, Washington 1927, Farmers' Bull. Nr. 1519.
226. Green, D. M.: Chinchilla-Rabbits for food and fur, Washington 1928.
227. Haake, W. — Kuhnert, W.: Das Tierleben der Erde, 2 Bände, Berlin 1901 (Band II, USA., S. 405 ff.).
228. Hadwen, S. — Palmer, L. J.: Reindeer in Alaska, Washington 1922, Bull. 1089.
229. Hanson, K. B.: Hygiene in fox farming, Washington 1929.
230. Harding, A. R.: Fur Farming, 1. Auflage 1909, Columbus, Ohio.
231. Harding, A. R.: Desgleichen 11. Auflage 1923 (beide wichtig).
232. Harding, A. R.: Ferret Facts and Fancies, Columbus 1915.
233. Heck, Lutz: Die erste deutsche Biberfarm, S. A. „Naturschutz", 15. Jahrgang, Nr. 1.

234. Heckel, J. A. — Fournier, L.: Le renard argenté, son élevage, organisation d'une ferme, Paris.
235. Heinichen — Schöps: Wirtschaftsfragen zur Kleintier- und Pelztierzucht, Leipzig 1933.
235a. Heintzlemann, B. F.: A plan for the management of brown bear on Admiralty Island, Alaska. U. S. Dept. Agr., Washington 1934.
236. Heller, Ed.: The big game animals of Yellowstone National Park, Syracuse 1925, Roosevelt W. L. Bull., 2, 4.
237. Hewitt, C.: The conservation of wild life in Canada, New York 1921.
237a Hinze, G.: Biber in Deutschland, Berlin 1937.
238. Hodgson, R. G.: Raising Beavers for profit, Oshawa, Ontario 1924.
239. Hodgson, R. G.: Fur farming, Oshawa 1925 ff.
240. Hodgson, R. G.: Fur farming the Weasel family, Oshawa 1925.
241. Hodgson, R. G.: Silver Fox Ranching, Oshawa 1926.
242. Hodgson, R. G.: Raising Fur Rabbits, Toronto 1927 ff.
243. Hodgson, R. G.: Raising Muskrats for Profit, Toronto 1927.
244. Hodgson, R. G.: Successful Muskrat Farming, 6. Auflage, Toronto 1930.
245. Hodgson, R. G.: A Scrap Book of Mink Raising, Toronto 1931.
246. Holecek-Holleschowitz, C.: Pelztierzucht in Österreich, Wien 1935 (Verband österreichischer Pelztierzüchter, mit Züchterverzeichnis!).
247. Hollister, N.: A systematic synopsis of the muskrat, Washington 1911, North American Fauna Nr. 32.
248. Hone, El.: The present status of the Muskox in Arctic North America and Greenland, . . . transplantation, protection . . . Spec. Publ. Amer. Comm. Wild Life Protect., Nr. 5, 1934.
249. Hooton, H.: Ermine Weasel Farming, Hooton, Lestock, Sask. 1928.
250. Hooton, H.: Silver Badger Farming, Lestock, 1928.
251. Hothum, G.: Die Edelpelz-Kaninchenzucht als Existenz, Augsburg 1930.
252. House, C. A. — Watson, A.: Rabbits and all about them, Jacobsen, Toronto.
253. Iberia, Ernesto: Pelztierzucht und -fang, Berlin 1922.
254. Innis, H. A.: The Fur Trade of Canada, Toronto 1927 (grundsätzlich wichtig!).
255. Innis, H. A.: The Fur Trade in Canada, an introduction to Canadian economic history, New Haven, 1930.
256. Ipa — Internationale Pelzfachausstellung, Amtlicher Katalog, Leipzig 1930 (Adressen und andere Hinweise!).
257. Jackson, V. W.: Fur and Game Resources of Manitoba, Winnipeg 1926.
258. Jackson, V. W.: Rat Ranching in Manitoba, Winnipeg 1927.
259. Jacobi, A.: Das Renntier, eine zoologische Monographie, Leipzig 1931, Ergänzungsband zum Zool. Anz. Band 96.
260. Johnson, Ch. E.: An investigation of the beaver in . . . the Adirondacks, Roosevelt W. L. Bull., 1, 2, 1922.
261. Johnson, Ch. E.: The Muskrat in New York, its natural history and economics, Roosevelt W. L. Bull. 3, 2, Syracuse, N. Y. 1925.
262. Johnson, Ch. E.: The Beaver in the Adirondacks, its economics and natural history, Roosevelt W. L. Bull. 4, 4.
263. Jones, J. Walter: Fur Farming in Canada, Ottawa 1913 und 1914, Commission of Conservation (Verzeichnisse!).

264. Joppich, F.: Farmmäßige Haltung und Zucht des Marderhundes, S. A., Leipzig 1931.

265. Joppich, F.: Haltung und Zucht des Nerzes, der echten Marder, des Iltis, des Marderhundes, des Silberfuchses u. a., M. S. 1933/34, Reichs-Zentrale Leipzig.

266. Jordan, D. St.: The Fur Seals and Fur Seal Islands of the North Pacific Ocean, Washington 1898/99, 4 Tle. (vgl. Lit. 403).

267. Keast, R. W.: The fur farming industry, Dept. Pol. Econ., University of Toronto, 1928.

268. Keller, W.: Nerzzucht, Berlin 1937.

269. Kellogg, Ch. E.: Silver Fox Prices as affected by time of pelting, sex and age. U. S. Dept. Agr. Circ. 460, Washington, Dec. 1937.

270. Kitto, F. H.: Survival of American Bison in Canada, Geogr. Journal, London 1924, S. 431 ff.

271. Kleffner, W.: Die Pelzkaninchenzucht und Pelzverwertung, München 1917.

272. Klintberg, S.: Speech form the throne, Monarchs, Winnipeg Silver Fox Co., 2. Auflage, 1928.

273. Koch, W.: Die deutsche Pelztierzucht, Hannover 1935, Deutsche Tierärztliche Wochenschrift Nr. 45.

274. Königs, K.: Kaninchenzucht als Wirtschaftsfaktor unter Berücksichtigung einer zweckmäßigen Verwertung der Nebenprodukte, 3. Auflage, Poppe, Leipzig 1932.

275. Korff-Pustet, A.: Die Bisamratte, München 1925.

276. Kramer, Fr.: Kürschner-Fachkunde: Vom Pelztier zum Pelz, Berlin 1937.

277. Krause, A.: Die Pelzrobbenjagd der Pribilof-Inseln, Pet. Mit. 1900, S. 216 ff.

278. Krausse, W.: Über die Entwicklung der Pelztierzucht in Deutschland, Berlin 1932.

279. Kretzschmar, Ch.: Les animaux à fourrure, Chalon-sur-Saône, 1923.

280. Krieger, W.: Der Nerz als Nutztier, Dissertation, Gütersloh 1932.

281. Krüger, A.: Der Biberschutz, Berlin 1931.

282. Kührig, P.: Die Kaninchenzucht zur Gewinnung von Pelz, Wolle und Leder, Leipzig 1919.

283. Kühts: Die Zucht der Waschbären, München 1930/31.

284. La Bar, G. S.: Muskrats and Muskrat Farming, Austin 1928.

285. Landwirtschaft und Pelztierzucht, Wien 1931, Verband österreichischer Pelztierzüchter.

286. Lantz, D. E.: Deer Farming, Washington 1908, Farmers' Bull. 330.

287. Lantz, D. E.: Value of Skunks, Washington 1914, 1923, 1932, Bull. 587.

288. Lantz, D. E.: The Muskrat as a Fur Bearer, with notes on its use as human food, Washington 1923, Farmers' Bull. 869.

289. Larisch, P. — Schmid, J.: Das Kürschner-Handwerk, eine gewerbliche Monographie, Paris 1902 (historisch wichtig).

290. Laut, A. C.: The fur trade of North America, New York 1921.

291. Lechevalier: Contribution à l'étude des réserves naturelles et des parcs nationaux, Paris 1937, Société de Biogéographie, no. V.

292. Le Compte, E. L.: The Muskrat Industry in Maryland, Baltimore 1925, State Game Dept. of Maryland.

293. Leifer, H.: Das Fuchskaninchen, Arnstadt, S.-A.

294. V. Lepel-Freistadt: Über die Haltung und Bedeutung der Karakulschafe in Deutschland, Mitt. d. D. L. G. 1909.
295. Ley, A.: Die Zucht edler Silberfüchse, Berlin 1926.
296. Lloyd, F. C., The Rex Rabbit, Vancouver 1931.
297. Lober, Fr.: Wirtschaftlichkeit der Silberfuchszucht unter Berücksichtigung der heutigen Verhältnisse, Leipzig 1932.
298. Lomer, H.: Der Rauchwarenhandel, Leipzig 1864.
299. Lossen, R.: Karakulzucht in Südwest-Afrika, Windhoek 1931.
300. Maiocco, F.: Animali da Pellicia e loro allevamento, Milano 1932.
301. Malbin, Max: Der Rauchwarenhandel, Dissertation, Leipzig 1927.
302. Marelli, C. A.: La generacion de la nutria en cauvidad, La Plata 1931.
303. Martens, O.: Ein Beitrag zur Nutria-Fütterung, München 1934.
304. Maurice, A.: Le Ragondin, Paris 1931.
305. McClintock, L. D.: Raising Minks for profit, Oshawa 1924.
306. McClintock, L. D.: Mink Raising, Oshawa, Ont. 1926.
307. McDougall: Angora Wool Production, Jacobsen, Toronto.
308. McGillivray, J. M.: Silver Fox Ranching, Toronto.
309. McKinley, A.: Practical Hints on Breeding and Raising Muskrats in Pens, Amherst N. S., 1928.
310. Meek, M. W.: Fur Rabbits, Los Angeles 1927.
311. Meek, M. W.: The Chinchilla Rabbit, Los Angeles 1928.
312. Mewius, F.: Der Robbenfang im Beringsmeer, Geographische Zeitschrift 1895, Band I, S. 698.
313. Millar, W. N.: The big game of the Canadian Rockies, a practical method for its preservation . . . Proc. Comm. on Fisheries, Game and Fur-bearing animals of the Comm. of Conservation, Toronto 1916.
314. Milligan & Morrison: The Silver Black Fox and its domestic cultivation, Chicago, Seattle, Northam P. E. I., o. J.
315. Milligan & Morrison: An Industry with Profit and Future, Northam, P. E. I., 1928.
316. Mills, D. C. — Galloway, E.: Proceedings of the Fur Resources Management Section of the North American Wildlife Conference, Washington 1936 (wichtig!).
317. Mink-Raising, published by Fur Trade Dept. of Hudson's Bay Comp., Winnipeg 1930.
318. Mishina, K.: Marderhundzucht in Japan, Leipzig 1932.
319. Moody, F. B.: Protection of beaver in Wisconsin, Am. Forestry XXII, Nr. 268, Washington 1916.
320. Murie, O. J.: Alaska-Yukon-Caribou, Washington 1935, North America Fauna Nr. 54.
321. Nachtsheim, H.: Das Rexkaninchen und seine Bedeutung für Pelztierzucht und Rauchwarenwirtschaft, Leipzig 1928 (Arbeiten der Reichs-Zentrale Nr. 10).
322. Nachtsheim, H.: Weitere Schriften über Rexkaninchen, S. A., Berlin 1929, Leipzig 1929, Leipzig 1930, 1931 usw.
323. Nachtsheim, H.: Verhandlungsbericht des ersten internationalen Kaninchenzüchter-Kongresses, Leipzig 1930 (zahlreiche, auch ausländische Mitarbeiter!).
324. Nachtsheim, H.: Vom Wildtier zum Haustier, Berlin 1936.
325. Nauen, O.: Die Karakulzucht in Südwestafrika (neueres Werk).

326. Nestler, K.: Rauchwaren und Pelzhandel, Leipzig 1929.
327. Nörr: Einige Bemerkungen zum Genuß von Silberfuchs- und Nutriafleisch, Berlin 1933, S.-A.
328. O'Mally, H.: Fur-seal industry of the Pribilof Islands, Alaska, Washington 1930.
329. von Ompteda: Rentabilität und Wirtschaftlichkeit der gesamten Edelpelztierzucht, 2. Auflage, München 1931 (wichtig).
330. Ontario Government Experimental Fur Farm: The Mink in Captivity, Toronto 1930.
331. Palmer, L. J.: Progress of Reindeer Grazing, Investigations in Alaska, Washington 1926, U. S. Dept. Agr. Bull. 1423.
332. Palmer, L. J.: Improved Reindeer Handling, Washington 1929, U. S. Dept. Agr. Circular Nr. 82.
333. Palmer, L. J.: Über Fütterung und Zucht der Renntiere in Alaska. Kleintier und Pelztier, Leipzig 1933, Heft 5.
334. Palmer, L. J.: Raising Reindeer in Alaska, Washington 1934, U. S. Dept. Agric., Misc. Publ. Nr. 207 (geographisch besonders wichtig!).
335. Parkins, A. E. — Whitaker, Y. R.: Our natural resources and their conservation. New York—London 1936 (22 Mitarbeiter!).
336. Patton, H.: Raising fur-bearing animals, Chicago—London 1925.
337. Pax, F. — Arndt, W.: Die Rohstoffe des Tierreiches, Band I: Brass: Pelztierjagd und Pelzhandel, Stichel: Pelztierzucht. Berlin 1930.
338. Peckert, J.: Die Edelpelztierzucht im Rahmen der deutschen Volkswirtschaft, Dissertation, Innsbruck 1929.
339. Pedersen, A.: Unter Polartieren, Leipzig 1935.
340. Pelztierzucht in Österreich, Verlag für Wirtschaft und Propaganda, Wien 1931.
341. Pelztierzucht im Staate Minnesota (Konsulatsbericht), Bericht über Handel u. Ind. Bd. XXIII, Berlin 1916, H. 2.
342. Pelzversorgung der USA., Washington 1930 (zur Beteiligung an der IPA, Leipzig 1930). (Vgl. Lit. 129.)
343. Petersen, M.: The Fur Traders and Fur-bearing Animals, Buffalo, N. Y. 1914.
344. Petna, A.: The Polish Kharakhul Sheep Flock Book, Warschau.
345. Pickard, J. N. — Crew, F. A. E.: The Scientific Aspect of Rabbit Raising, 1931.
346. Plumer, H. B.: Minks and Mink Raising, Barnesboro, Pa. 1929.
347. Porsild, A. E.: Reindeer Grazing in North West Canada, Dept. of Int. Ottawa 1929.
348. Porsild, A. E.: The Reindeer Industry and the Canadian Eskimo, Geogr. Journ. 88, Juli 1936 (wichtig!).
349. Preble, E. A. — McAtee, W. L.: A biological survey of the Pribilof Islands, Alaska, vol. I, Birds and Mammals, Washington 1923, North America Fauna Nr. 46.
350. Prell, H.: Zur Frage der planmäßigen Pelztierzucht, Leipzig 1926, Schriften der Reichs-Zentrale, 1.
351. Prell, H.: Wissenschaft und Pelztierzucht in Amerika und Deutschland, Vortrag der Reichs-Zentrale Nr. 1, Leipzig 1927.
352. Prell, H.: Die canadische Pelzproduktion in den Jahren 1922—1928, Leipzig 1930, S.-A., Mitteilungen der Reichs-Zentrale.

353. Prell, H.: Die Pelztiere und ihre Zucht, in: Friederichs: Land- und forstwirtschaftliche Zoologie, Berlin 1930, Band II, S. 406—431 und 442 f. (Lit. 210).
354. Prinzinger, A.: Die Naturschutzbewegung der Gegenwart und die Naturschutzparke in Nordamerika und Schweden insbesondere. Mitteilungen der Geographischen Gesellschaft, München, 1912, S. 294 ff.
355. Prudlo, F.: Letztjährige Versuche in der Marderzucht, ein Erfolg in der Iltiszucht und andere Fragen, S.-A., Leipzig 1929.
356. Pustet, A.: Bekämpfung der Bisamratte, verschiedene Schriften, München 1925 ff. — 1931 und 1934.
357. Pustet, A.: Denkschrift über den Stand der Bisamrattenfrage in Deutschland im Jahre 1934 und ihre weitere Entwicklung, München 1934.
358. Rabbit Experiment Station, Work and Organisation, U. S. Dept. Agr. Washington.
359. Rajotte, R.: L'élevage rationnel du renard argenté, Saint-Hyacinthe, Quebec 1937.
360. Randall, E. A.: Notes from my diary after ranching foxes for twelve years. Truro, N. S., 1926.
361. Redlich, F.: Die Pelztierzucht — ein prosperierender Erwerbszweig, Berlin 1930.
362. Redlich, F.: Marktprobleme der Edelpelztierzucht, Berlin 1933.
363. Reerink, H.: Rechtsfragen zur Pelztierzucht, Leipzig 1930.
364. Rentzell, E. v.: Neue Erfahrungen in der Pelztierzucht, Leipzig 1927.
365. Report on the fur farms of Canada 1924 ff., Ottawa 1926 ff., Dominion Bureau of Statistics, Fur Branch (Lit. 11).
366. Richter, J.: Probleme der deutschen Silberfuchszucht, Leipzig 1934.
367. Rondholz, K.: Die Nerzzucht und ihre Zukunftsmöglichkeiten, München 1926.
368. Sachs, J. C.: Furs and the Fur Trade, London 1925.
369. Sachs, J. C.: Silver Fox Farming, London.
370. Salvesen, S.: Pelsdyrboken, Händbok i Opdrett av Pelsdyr, Oslo, Cappelens.
371 Sapper, K.: Die anthropogeographische Bedeutung des Renntieres, Geographische Zeitschrift 1931, Band 37.
372. Schepper, Th. H.: Mountain Beavers in the Pacific Northwest: their habits, economic status and control. Washington 1929, U. S. Dept. Agr. Farmers' Bull. 1598.
373. Schmidt, F.: Das Opossum, Leipzig 1933.
374. Schmidt, F.: Die erste Moskauer Zoofarm, ihr Stand und ihre Arbeit, München 1932, S.-A.
375. Schmidt, F.: Über die Zucht amerikanischer Pelztiere in freier Wildbahn, Kleintier und Pelztier, Leipzig 1934, Heft 18/19.
376. Schmidt, F.: Weitere Arbeiten über Zucht des Nerzes, Marders usw. in S.-A. der Reichs-Zentrale.
377. Schmidt, H. W.: Säuger und Vögel als Kulturfaktoren im Lichte der Naturwissenschaft, Fischerei, Jagd und des Naturschutzes, Leipzig 1929.
378. Schneider, Johs.: Nutzbringende Kaninchenzucht, Lehrmeister - Bücherei, Leipzig.
379. Schöps, P.: Kapital und Ertrag in der Pelztierzucht, Leipzig 1928.
380. Schöps, P.: Die Reichs-Zentrale für Pelztier- und Rauchwarenforschung, Berlin 1930.

381. Schöps, P. — Tänzer, E.: Entstehung und Grundlagen der Pelztierzucht in Deutschland, Leipzig 1927, Schriften der Reichs-Zentrale, Heft 3.
382. Schorch, P.: Pelztierkunde, Leipzig 1930.
383. Schott, C.: Kanadische Biberwiesen, ein Beitrag zur Frage der Wiesenbildung, Zeitschrift der Gesellschaft für Erdkunde, Berlin, Jahrgang 1934, Nr. 9/10.
384. Schreiber, M.: Nerze im Freilandgehege, Leipzig 1933, S.-A.
385. Schultze, E.: Einführung zahmer Renntiere nach Labrador, Deutsche Rundschau für Geographie und Stat., 30. Jahrgang, 1908, S. 399 f.
386. Schwartz, M.: Die Bisamratte, Berlin-Dahlem, 1920, S.-A.
387. Schwarzenstein, Fr. F.: Edelpelztierzucht in Deutschland, Leipzig 1928.
388. Seeman, A. L.: Development of reindeer activities in Alaska, Econ. Geogr. 1933, S. 292 ff.
389. Sheldon, H. P. — Grimes, Frank G.: Fur laws for the season . . ., alljährlich in Washington.
390. Silberkweit, Leon: Rußlands Rauchwarenhandel nach dem Kriege, Dissertation, Leipzig 1933 (behandelt Pelztierschutz und Pelztierzucht).
391. Silver Fox Number, Busy East of Canada, Sackville N. B., September 1925.
392. Silver Fox Industry, Summerside, C. N. S. F. B. Association, o. J.
393. v. Skopnik, H.: Tierzucht und Tierschutz, Kleintier- und Pelztier, 1933, Nr. 8.
394. Smith, E.: Anleitung zur Aufzucht des Nerzes, Dessau 1929.
395. Smith, G. E.: Experimental Fox Ranch Summerside, P. E. I. Annual Reports, Ottawa, z. B. 1931 für 1928—1930.
396. Sokolowsky, A.: Tierakklimatisation, Hannover 1909.
397. Sokolowsky, A.: Pelztierforschung, Leipzig 1927, Arbeiten der Reichs-Zentrale Nr. 6.
398. Sokolowsky, A.: Geflügelhaltung, Haus- und Pelztierzucht, Hamburg 1932.
399. Stakemann, E.: Bericht über die Pelztierfarmen in Deutschland und Österreich, Göttingen 1927.
400. Stakemann, E. — Horn, O.: Bericht über die Pelztierfarmen in Deutschland und Österreich 1927—1928, 1930.
401. Stateman's Yearbook: u. a.: Fur Seals in Alaska, Washington 1918 ff.
402. Stein, E. W. A. — Priesner, A.: Wirtschaftsfragen der Pelztierzucht, München 1928.
403. Stejneger, L.: The Asiatic Fur Seal Islands and Fur Seal Industry, Washington 1899, siehe: Jordan, Band IV (Lit. 266).
403a Stejneger, L.: Fur Seal Industry of the Commander Islands 1897—1922, U. S. Bureau of Fisheries, Doc. Nr. 986, Washington 1925.
404. Stephens, G. S.: Ranch raising Martens and Fishers, Wytheville 1928.
405. Stichel, W.: Die Bisamratte, Leipzig 1926.
406. Stichel, W.: Der nordamerikanische Mink als Zuchttier in Deutschland, Leipzig 1927.
407. Stichel, W.: Der gegenwärtige Stand der Pelztierzucht in Rußland, Leipzig 1927.
408. Stichel, W.: Angewandte Zoologie und Pelztierzucht, Budapest 1927.
409. Stichel, W.: Pelztierzucht, in: Pax und Arndt: Rohstoffe des Tierreiches, Berlin 1930 (Lit. 337).
410. Stichel, W.: Der jetzige Stand der Pelztierzucht, Leipzig 1930.

411. Stichel, W.: Pelztierzucht, Berlin 1930.
412. Stichel, W.: Die Pelztierzucht in Vergangenheit, Gegenwart und Zukunft, Berlin 1931.
413. Stichel, W.: Zuchtbuch für Silber- und Polarfüchse sowie deren Kreuzungsprodukte, Reichsverband deutscher Edelpelztierzüchter, Berlin 1931.
414. Stichel, W.: Das Pelztierzuchtgebiet Nordwestdeutschlands, S.-A. Landwirtschaftliche Pelztierzucht, 2. Jahrgang, 1931, Heft 6, Hannover.
415. Stichel, W.: Die Pelztierzucht, ein Nebenzweig landwirtschaftlicher Tierzucht, Berlin 1935.
416. Strümpfel, E.: Praktische Edelpelztierzucht. Anlage und Aufbau der Farm, Hannover 1930.
417. Studnitz, G. V.: Sumpfbiber, Myocaster coypu, in freier schleswig-holsteinischer Wildbahn, Schriften des naturwissenschaftlichen Vereins Schleswig-Holstein, 21, 2, 1935, 11.
418. Syndicat National du Mouton de Boukhara pour la France et ses colonies, Paris 1931.
419. Taussig, St.: Die Schafzucht in den überseeischen Woll- und Schaffleisch-Ausfuhrländern, Berlin 1933.
420. Taussig, St.: Entwicklung und Probleme der Kleintierzucht und Pelztierzucht Italiens, Kleintier und Pelztier, Leipzig 1934.
421. Terry, J. R. — Allen, J.: Fur-bearing and market rabbits, B. C. Dept. Agric., Victoria B. C., 1927, Bull. 80.
422. Toldt, K.: Die Bisamratte, mit besonderer Berücksichtigung ihres Auftretens in Österreich, Leipzig 1928/29.
423. Trouessart, E.: L'industrie des fourrures et les fermes à renards argentés aux USA., Rev. scient. 1910.
424. Tufford, H. H.: The Mink Industry, Minneapolis 1930.
425. Turnow, H.: Die geographische Verbreitung der wichtigsten Nutztiere von Nordamerika, ein Beitrag zur Landeskunde Nordamerikas, Dissertation, Rostock 1923.
426. Ulbrich, Joh.: Die Bisamratte, Lebensweise, Gang ihrer Ausbreitung in Europa, wirtschaftliche Bedeutung und Bekämpfung. Dresden 1930.
427. Ullendorf, H.: Canada als Pelz-Zentrum, Berlin 1928.
428. U. S. Commission Report Washington 1913; Activity in Canadian Fox Farming.
429. Voisca, P.: Louisiana Wet Lands and the value of their wild life and fishery resources, Dept. of Conservation, Techn. papers Nr. 6, 1925.
430. Voelker A.: Der Silberfuchszüchter, Köln 1925.
431. Vogel, W.: Wirtschaftliche Kleintierzucht des Kleinsiedlers, München 1934
432. Wäscha-kwonnesin: Grau-Eule: Kleiner Bruder (Pilgrims of the Wild), Stuttgart 1935. Weitere Bände: Sajo und ihre Biber, Männer der Grenze.
433. Walther, A. R.: Der Sumpfbiber — Nutria —. Seine Zucht und Haltung als Pelztier in Europa, 3. Auflage, München 1937.
434. Warren, E. R.: The life of the Yellowstone Beaver, Roosevelt W. L. Bull., vol. 1, no. 2, Syracuse 1922.
435. Warren, E. R.: The Beaver in the Yellowstone National Park, Roosevelt W. L. Annals, vol. 1, no. 1—2, Syracuse 1926.

436. Warren, E. R.: The beaver, its works and its ways, Baltimore 1927, Monographs Am. Soc. of Mammalogists, no. 2.
437. Washburn, M. L.: Fox Farming in Alaska, Harriman Alaska Series.
437a Weinert, H.: Pelzverbrauch und Klima; Rauchwarenmarkt 1938, Nr. 17, 18 20 und 21.
438. Wieden, L.: Der Nerz und seine Zucht, München 1929, 1930.
439. Will, A.: Die Kaninchenzucht der Gegenwart, München 1931.
440. Will, A.: Pelztierzucht und Kaninchenzucht, Kleintier und Pelztier, Leipzig 1933, Nr. 7.
441. Will, A. — Schwabacher, I.: Das Rexkaninchen, München 1930.
442. Winnitzky, I.: Richtlinien einer zweckmäßigen Ernährung der fleischfressenden Pelztiere vom volkswirtschaftlichen und biologischen Standpunkt, S.-A. Landwirtschaftliche Pelztierzucht, 1933, Heft 5.
443. Wischer, M.: Wirtschaftliche Angorakaninchenzucht, s. Aufl.
444. Wolff, G.: Die deutsche Pelztierzucht in der Statistik, S.-A., München 1931.
445. Wolff, G.: Die Betriebsgrößen der deutschen Edelpelztierfarmen, S.-A. Hannover 1931.
446. Wolff, G.: Die Gründungsjahre der deutschen Pelztierzuchtbetriebe, S.-A., München 1932.
447. Wolff, G.: Die deutsche Pelztierzucht im Jahre 1934, S.-A., Hannover 1934.
448. Wolff, G.: Die Verbreitung der einzelnen Pelztierarten in Deutschland im Jahre 1934, S.-A., Hannover 1934.
449. Wolff, G.: Die Größe der deutschen Pelztierzuchtbetriebe im Jahre 1934, S.-A., Hannover 1934.
450. Wolff, G.: Die Entwicklung der Pelztierzucht in den einzelnen Gebieten Deutschlands, S.-A., München 1934.
451. Wolff, G.: Die Betriebsorganisation in der Pelztierzucht, Dissertation, Landwirtschaftliches Jahrbuch, 78. Band, 1935.
452. Year Book of the silver fox and fur farming industries, Minneapolis, Minn., 1927 ff.
453. Year Book of the Fur Rabbit Industry, Am. Rabbit Assoc. Los Angeles, Calif., 1928 ff.
454. Ziemsen, E.: Die praktische Silber- und Blaufuchszucht, München, 2. Auflage 1928.
455. Zuchtbuchordnung (Körordnung) des Reichsverbandes deutscher Silberfuchs- und Edelpelztierzüchter, Leipzig 1926 ff.

Sinaloa und Sonora

Beiträge zur Landeskunde und Kulturgeographie des nordwestlichen Mexico

von

Dr. Gottfried Pfeifer, Bonn.

Mit 12 Textfiguren und 5 Tafeln.

Inhaltsübersicht.

Abbildungen.

Tafeln.

Einleitung.

Von Dezember 1929 bis Juni 1930 konnte ich Prof. Sauer in Berkeley auf einer Reise durch die beiden nordwestlichen Küstenstaaten Mexicos begleiten. Ihm sowohl wie der Rockefeller Foundation, die mich mit ihren Mitteln unterstützte, möchte ich an dieser Stelle meinen besonderen Dank aussprechen. Der Reiseweg war durch die besonderen Forschungsziele von Prof. Sauer festgelegt, die siedlungsarchäologische Fragen betrafen. Von Mazatlan, Culiacan, Magdalena und Nogales aus haben wir in ausgedehnten Reisen das Land kennengelernt. Unabhängig vom gemeinsamen Reiseplan besuchte ich die Zuckerfabrik El Roble am Presidio, den unteren Culiacan sowie die Bewässerungsgebiete am Mayo und Yaqui. Auf Grund der so gewonnenen Anschauung gebe ich im folgenden einige Beiträge zur Landeskunde und kulturgeographischen Entwicklung Nordwestmexicos. Zu einer modernen, räumlich gliedernden und genetischen Behandlung der Kulturgeographie reicht mein Material jedoch noch nicht aus. Daraus erklärt sich auch der Aufbau der Arbeit, die zunächst die wichtigsten Tatsachen der Naturlandschaft im Überblick behandelt und dann in einem zweiten Teil die Hauptzüge der geschichtlichen Entwicklung hervorhebt. Der dritte und letzte Teil ist der beschreibenden Darstellung einiger charakteristischer Wirtschaftslandschaften vorbehalten.

I. Die Natur des Landes.

Mexico ist ein Land großer Gegensätze. Einem zentralen gesunden Hochlande, wo die Masse der Bevölkerung lebt und wo sich die Hauptstadt des Landes befindet, stehen ihrer Natur, ihrer Wirtschaft und ihrer Bevölkerungsstruktur nach andersartige, peripherische Landesteile gegenüber. Die beiden hier behandelten Staaten, Sinaloa und Sonora, gehören zu diesen randlichen Teilen. Sinaloa umfaßt mit ca. 0,06 Mill. qkm etwa 3 %, Sonora mit ca. 0,18 Mill. qkm etwa 9,2 % der ganzen Republik. Der peripherische Charakter beider Staaten kommt in ihrer Lage, ihrer Natur und in der geschichtlichen Entwicklung zum Ausdruck. Sie sind vom Hochlande aus schwer zu erreichen. Der gewaltige Abfall des westlichen

Hochlandrandes, die Sierra Madre Occidental, ist eine Verkehrsschranke, die selbst in der Gegenwart im Bereich beider Staaten von keinem leistungsfähigen modernen Verkehrsmittel bezwungen wurde. Die einzige Eisenbahnverbindung macht einen weiten Umweg nach Süden, um über Tepic und Guadalajara die Hauptstadt zu erreichen. Weder Sinaloa noch Sonora greifen mit ihren Staatsgrenzen auf das Hochland hinauf. Sinaloa ist vorwiegend ein Staat des schmalen tropischen Küstentieflandes, das breiter entwickelte Sonora gehört zum größten Teil dem subtropischen Trockengebiet am nördlichen Ende des kalifornischen Golfes an. Infolge der schwierigen Verbindungen von West nach Ost hat sich das geschichtliche Leben vorwiegend in einem großen rhythmischen Wechsel von Vorstößen aus dem Norden oder Süden bewegt. Dieses historische Gegenspiel der Kräfte trifft sich mit dem klimatischen Übergang, der sich zwischen dem 22. und 32. Breitengrad auf diesem schmalen Korridor von den Tropen zur gemäßigten Zone vollzieht.

1. Die Formen der Oberfläche.

In dieser Arbeit, die einen Beitrag zur Landeskunde und Kulturgeographie Sinaloas und Sonoras geben will, möchte ich mich darauf beschränken, die natürliche Gliederung des Raumes nach seinen Formen herauszuarbeiten[1]), ohne auf morphologische Probleme näher einzugehen.

Die Oberflächenformen Sinaloas und Sonoras werden am besten als eine Fortsetzung der großartigen Basin-Range-Landschaft verstanden, die in

[1]) Zur Morphologie des nördlichen Sonora ist auf folgende Arbeiten zu verweisen: Waibel, L. Die Inselberglandschaften von Arizona und Sonora. Jubiläumssonderband der Zeitschrift der Gesellschaft für Erdkunde zu Berlin 1928. — Ders.: Die nordwestlichen Küstenstaaten von Mexico. Geographische Zeitschrift 1927. S. 577 ff. — Sauer, C. O Basin and Range Forms in the Chiricahua Area. University of California, Publications in Geography Vol. 3 No. 6, pp. 389—414, Berkeley 1930. Auf die Unterschiede der Auffassung hier einzugehen, verbietet der Raum. Die Arbeit von Sauer faßt zugleich viele ältere Ansichten übersichtlich zusammen. — Für Sinaloa nenne ich von Sauer, C., und Brand, D. Aztatlan Prehistoric Mexican frontier on the Pacific Coast. Ibero-Americana 1. University of California Press, Berkeley 1932, und A. P. Giraud Informe geologico del distrito de San Ignacio, Estado de Sinaloa. Anales del Instituto de Geologia, Tomo V, Instituto Geologico de Mexico. Mexico 1930, die einzige etwas eingehendere geologische Skizze Südsinaloas mit zutreffender physiographischer Gliederung. Für Sonora Reconocimientos geologicos en la region central del Estado de Sonora por el. ing. de minas T. Flores. Instituto Geologico de Mexico. Boletin No. 49, Mexico 1929.

Nevada im Großen Becken ihren Anfang nimmt. Diese teilt sich etwa an der politischen Grenze in zwei Flügel. Der östliche geht in die „Bolson"-Landschaft des mexicanischen Hochlandes über, der westliche in die pazifischen Küstenlandschaften. Der letztere verliert dabei aber, je weiter man nach Süden kommt, an Höhe. Wie die Schenkel einer Schere, deren Achse sich ungefähr an der Staatsgrenze befindet, trennen sich beide Flügel mehr und mehr in vertikaler Richtung. Es ist bezeichnend, daß entlang dieser von Brüchen durchsetzten Abbiegungszone die ungeheuren Massen von rhyolithischen Laven emporgedrungen sind, von denen die Sierra Madre aufgebaut wird.

Die Zusammengehörigkeit der ganzen Küstenlandschaft kommt auch im geologischen Bau zum Ausdruck, den ich nur mit wenigen Worten andeuten kann. Die geologischen Verhältnisse sind im Norden, wo sich Analogien zum Bau Arizonas finden, besser bekannt als im Süden. Präkambrische, hochmetamorphe Schiefer und Gneise sowie Granite bilden hier den ältesten bekannten Gesteinskomplex. Das ist neueren Untersuchungen von Giraud zufolge auch im Süden der Fall. Diese älteste Serie wird von einer großen Folge gefalteter und metamorphosierter paläozoischer Sedimente (Sandsteine, Quarzite und Kalke) überlagert. Das Mesozoicum ist besonders im Norden durch Trias, Jura und Kreide vertreten. Diese vorwiegend sedimentären, mesozoischen Gesteinspakete greifen diskordant über das Paläozoicum und die älteren intrusiven Gesteine hinweg. Sowohl im Norden wie im Süden sind auch aus dem Mesozoicum Intrusionen, vor allem von Andesiten bekannt. Das Mesozoicum ist noch in Falten gelegt, intrudiert und zerbrochen, ja überkippt, aber nicht in dem Maße metamorphisiert wie der paläozoische Komplex. Im Tertiär setzten an der ganzen pazifischen Abdachung erneut große Krustenbewegungen ein, mit denen gewaltige Intrusionen und Ergüsse von Andesiten, später Dioriten und zuletzt Rhyolithen verbunden waren. Diese haben vor allem zu der außerordentlichen Mineralisierung des Gebietes geführt. Es traten große Brüche im Gefolge dieser tektonischen Unruhe auf, die teils NW—SO-, teils mehr N—S-Richtung besitzen. Die wichtigste morphologische Folge war, daß durch diese Bewegungen die generelle Anordnung des ganzen Oberflächenbaus in Becken und Ketten angelegt wurde. In diese Becken hinein wurden von den umgebenden Sierren mächtige Folgen von Sedimenten abgelagert. Ihre Ausbildung, vor allem die des in Sonora und Südarizona wichtigen Gilakonglomerates beweist, daß damals ein arides Klima herrschte, wie es heute nur noch in den extremen Teilen Westsonoras anzutreffen ist. Auch basaltische Lavaströme einer jüngsten Eruptionsphase haben sich in diese Becken ergossen. Dieser jüngste

Vulkanismus ist im Norden in den großen Ergüssen der Pinacate Region erhalten, die in Sinaloa nördlich von Mazatlan in der basaltischen Mesa von Cacaxta am Piaxtla ein Gegenstück findet.

In Sonora lassen sich heute drei Zonen der Gesteinszusammensetzung finden: im Westen überwiegen die älteren Gesteine bis zur Kreide. Sie sind in den Becken weithin von den rezenten Schuttmassen überdeckt. In Mittelsonora dagegen herrscht Ausräumung, infolgedessen fehlen gerade die jüngsten Ablagerungen. Es sind dafür die älteren Beckensedimente besser erschlossen. Im Aufbau der Sierren nehmen in Mittelsonora Erstarrungs- und Ergußsteine einen größeren Raum ein als im Westen. Die dritte Zone, die der Sierra Madre, wird von den mächtigen Rhyolitischen Deckenergüssen völlig beherrscht. In Sinaloa fehlt die westliche der drei Zonen ganz. An ihre Stelle treten Flußablagerungen in den Deltas und geröllbedeckte marine Terrassen. In der zweiten Zone sind Andesite und Diorite besonders weit verbreitet. Auch Rhyolithe nehmen, besonders im Süden im Vorland der Sierra anscheinend einen noch größeren Raum ein als im Norden.

Zwei Profile[1a]), das eine im Süden im Hinterland von Mazatlan, das andere im Norden in der Breite von Puerto Libertad, bringen die Gliederung des Reliefs in zwei voneinander verschiedenen Hauptabschnitten zur Darstellung (Abb. 1). Betrachtet man die beiden Querschnitte, so fällt sofort der große Unterschied ihrer Länge auf. Während Sonora nordwärts in die kontinentalen Breiten des westlichen Nordamerika hineinwächst, wird die pazifische Küstenlandschaft im Süden immer schmaler und endet etwa 120 km südlich der Staatsgrenze am Bergland von Tepic. Von etwa 80—90 km Breite bei Mazatlan nimmt ihre Ausdehnung bis zum Parallel von Nogales auf etwas über 400 km zu. Die Entfernung von der Südgrenze Sinaloas bis Nogales beträgt dagegen 1150 km, bis zum Colorado sogar 1500 km. Alle Landschaftszonen zwischen der Sierra Madre und dem Golf von Kalifornien sind daher als schmale Streifen entwickelt, die aber nach Norden zu breiter werden. Es ist das eine Folge der Tatsache, daß die Meeresküste eine fast genau NW-SO-Richtung einschlägt, während die Sierra Madre die Meridiane in einem wesentlich spitzeren Winkel schneidet.

Nähert man sich mit dem Schiffe der Küste von Mazatlan, so beherrscht im Osten der ungebrochene Wall der Sierra Madre das Bild, deren Gipfellinie sich zwischen 2500 und 3000 m hält. Davor breitet sich ein Berg und Hügelland, das fast bis an die Küste selbst heran-

[1a]) Die Profile wurden nach der Internationalen Karte 1:1 Mill. Blatt NG 13 Culiacan (1935) und NH 12 Sonora (1937) gezeichnet. Beide Karten sind nicht fehlerfrei und geben nur die großen Züge einigermaßen richtig wieder.

1. Profile von O nach W in 24° und 40° Breite.

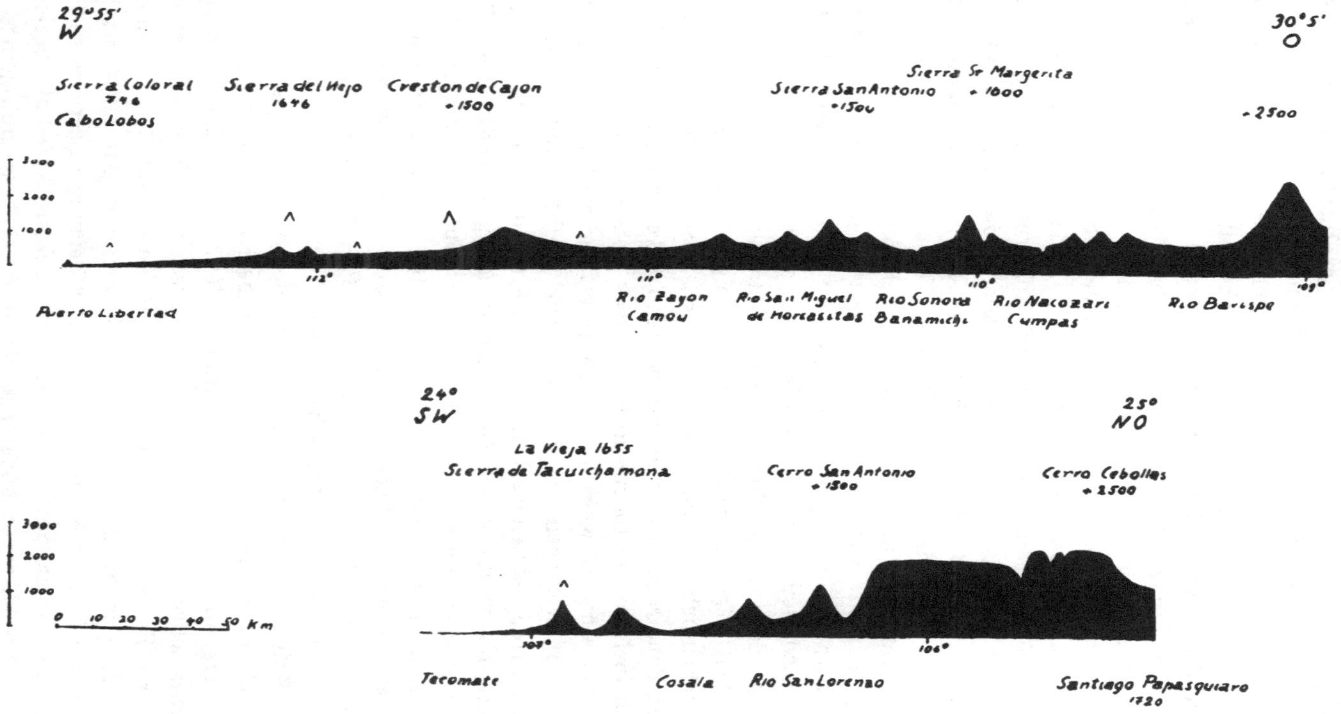

reicht. Dieser sind bei Mazatlan einige Inseln und mehrere Felsen, teils kegelstumpfartiger, teils mehr flacher Form vorgelagert. Sie reihen sich annähernd parallel zur Küste von NW nach SO hintereinander auf. Zwischen den Felsklötzen aus andesitischem Gestein ziehen sich Strandwälle dahin, die schmale Lagunen vom Meere abschließen. Eine eigentliche breite Schwemmlandebene fehlt bei Mazatlan. Die Lagunenzone ist südlich von Mazatlan bei Escuinapa und Acaponeta sowie nördlich des Piaxtla besonders breit entwickelt. Sie erschwert die Schiffahrt, die hier keine günstigen Häfen findet. Andererseits beherbergt sie eine reiche Lebewelt, die von der Fischerbevölkerung genutzt wird. Die Küste selbst hat im allgemeinen einen stärker nordwestlich gerichteten Verlauf als die Struktur des Landes. Einzelne Bergzüge treten daher gelegentlich bis an die Küste heran, so bei Mazatlan, Topolobampo und Guaymas. Hier liegen dann auch die besten natürlichen Häfen.

Landeinwärts von der Lagunenzone steigt der Weg an und führt über Terrassen und Einebnungsflächen, die teils mit Geröll bedeckt sind, teils aber die anstehenden, vorwiegend andesitischen, dioritischen, doch auch rhyolithischen Erstarrungsgesteine in größter Einförmigkeit zeigen. Ausgedehnte, weiträumig terrassierte Einebnungsflächen, wahrscheinlich mariner Entstehung, beherrschen in Sinaloa und im südlichen Sonora bis Guaymas den westlichen Teil der Küstenlandschaft. Sie liegen meist unter 100 m, erreichen aber Höhen bis zu etwa 200—250 m. Nur hier und da werden sie von inselartig darüber aufragenden Bergkuppen unterbrochen. Buchtenartig, wie Waibel bereits erkannte, greifen diese marinen Abrasionsebenen an den Flüssen ins Innere des Landes ein.

Etwa 15—20 km östlich von Mazatlan ändert sich das Bild. Hier öffnet sich der Blick über ein 5—6 km breites Tal, das vom Rio Presidio in N-S-Richtung durchströmt wird (Abb. 10). Diese dem Bau des Landes angepaßte Laufrichtung muß aber als Ausnahme bezeichnet werden. Es ist vielmehr für den Presidio wie für die anderen großen Flüsse der pazifischen Abdachung typisch, daß sie Becken und Ketten quer zum Streichen durchbrechen und dem Meere ziemlich direkt zustreben. Den Fluß begleiten Terrassen, unter denen besonders eine in etwa 20 m Höhe auffällt, sowie das Hochflutbett des Stromes selbst, das von Feldern bedeckt ist. Jenseits erhebt sich eine erste Sierra (Zacanta) mit zackigem Kamm. Sie hat eine Länge von ca. 20 km. Ihre höchsten Spitzen liegen ziemlich genau in der Mitte, nach Norden und Süden fällt die Kammlinie in sanfter Neigung zu geringeren Höhen ab. Derartige Sierren mit unruhiger, oft gezackter Gipfellinie bezeichnen in Sinaloa überall die Inlandgrenze der ausdruckslosen Abtragungsebenen an der Küste. Die größte unter ihnen ist die Sierra de Tacuichamona[2]) südlich von Culiacan mit einer Länge von über 70 km und einer Höhe bis 1650 m. Die Längsachsen dieser Sierren verlaufen zumeist von NW nach SO. An ihrer Basis stehen ältere Gesteine an; metamorphe Sedimente, Kalke teils paläozoischen, teils mesozoischen Alters oder ältere Erstarrungsgesteine wie Granite können beobachtet werden. Diese werden aber von jüngeren, vorwiegend rhyolitischen Ergußgesteinen (Tertiär) nochmals überdeckt.

Ehe wir diese Sierra überschreiten, folgen wir dem Presidio zum Meere. Das Tal verbreitert sich rasch. Die Terrassen zu beiden Seiten treten in immer größere Entfernung vom Fluß zurück. An Stelle der Hochflutterrasse bildet sich eine breite Deltaebene von ca. 25 km Ausdehnung, die sich, die Lagunenzone fast ganz ausfüllend, bis zu den Strandwällen an der Küste fortsetzt (Abb. 4 u. 10). Derartige Deltaebenen bilden, entsprechend der Größe der Flüsse und ihrer tektonischen Geschichte, die wichtigsten Unterbrechungen der sonst so einförmigen Abtragungsebenen und Küstenterrassen. In Nayarit und Südsinaloa bis zum Baluarte und im Norden am Lorenzo, Culiacan, Sinaloa, Fuerte, Mayo und Yaqui (Abb. 12) sind diese Deltaebenen besonders großartig entwickelt und verschmelzen zu zusammenhängenden fluviatilen Aufschüttungsebenen.

Als wichtigste tektonische Abwandlung der Küstenebene hat Sauer eine Aufwölbung an der Küste nördlich von Mazatlan wahrscheinlich gemacht. Hier fehlen nämlich die Lagunen an der Küste, die erst nördlich des Piaxtla wieder einsetzen. Der Fluß selbst besitzt auch kein breites Delta, sondern er fließt in einem Engtal von ca. 35 km Länge, „encanalisado", zum Meere. An dieser Stelle breitet sich auch ein 250 qkm großes, junges basaltisches Lavaplateau auf der Küstenebene aus, die „Mesa de Cacaxta"[3]).

Mit der Sierra Zacanta beginnt eine Landschaft, die durch NW-SO-streichende Becken und Ketten ausgezeichnet ist. Ein Profil von Sierra zu Sierra über ein solches Längstal hinweg, würde ungefähr folgende Formelelemente erkennen lassen. Von der Höhe der sägeartig zugeschärften Kammlinie steigen konkave Hänge mit ziemlich steiler Böschung herab. Sie flachen sich zu niedrigen, hüglig zerschnittenen, aus dem gleichen Gestein bestehenden Felsfußebenen ab, die tiefgründig verwittert sind. In der Mitte des Tales entwickeln sich Terrassensysteme bis zu einer Höhe von im allgemeinen nicht mehr als 30 m über dem Flusse selbst. Allmählich werden die Ketten höher, und bei Arco kann man bereits eine neue Landschaftsgrenze ansetzen, die zum Abfall der Sierra Madre über-

[2]) Sie wird von der Profilzeichnung geschnitten.
[3]) Giraud, a. a. O. S. 99.

leitet. Östlich des Beckens von Concordia hebt sich diese als fast ungebrochene, steile Mauer heraus.

Lagunenküsten, marine Abtragungsebene mit einzelnen inselartigen Erhebungen und Terrassen, Flüsse mit Deltaebenen, NW-SO-streichende Ketten und zerschnittene Beckenlandschaften, sowie der Steilanstieg der Sierra Madre bilden somit die überall wiederkehrenden Landschaftszonen Sinaloas.

In Sonora ändert sich das Bild. Die Golfküste wird auf größere Erstreckung hin von ziemlich hohen Sierren begleitet. Die Sierra de Seris erreicht unmittelbar an der Infernillo-Straße mit dem Johnson Peak noch über 1000 m. Auch weiter im Norden bis zum Rio Asuncion sind die Sierren noch über 700 m hoch in weniger als 10 km Entfernung von der Küste. Zwischen Guaymas und dem Delta des Sonora erhebt sich Cap Trinidad bis zu 738 m. Es fehlt also einerseits die Lagunenküste und andererseits die ausgedehnte terrassierte Küstenebene. Doch auch hier unterbrechen breite Aufschüttungsdeltas des Sonoyta, des Asuncion, des Sonora und des Bacuachic die Reihe der Ketten. Landeinwärts steigt man von Puerto Libertad auf flachgeneigten schiefen Ebenen an, die zunächst aus Lockermaterial, dann aber aus anstehendem Fels aufgebaut sind, über die sich in weitem Abstande einzelne kurze Sierren mit markanten scharfen Sägerückenformen erheben. Es ist eine Landschaft kurzer inselartiger Sierren und weiter, länglich gestreckter Ebenen. Das Profil durch eine solche Serie von Inselketten und Becken besitzt große Ähnlichkeiten mit dem, das ich für Südsinaloa angegeben habe. Auch hier steigen von teils scharf zugeschnittenen Sägezahnrücken, teils breiter entwickelten Bergrücken konkave Hänge steil herab und leiten zu einer Fußfläche über. An diese Felsfußebenen schließen sich weite Schuttkegel und schließlich, gegen die Beckenmitte hin, sehr feine playaartige Beckenablagerungen an. Die Pediments sind im allgemeinen von Rillen und Arroyos zerschnitten (Tafel 5) und wohl kaum als heute aktive Formen zu betrachten[4]).

Das ganze Land schwingt in weiten dünungsartigen Wellen auf und ab, wobei sich jedesmal auf der Höhe einer solchen Dünungswoge eine größere oder kleine Sierra mit ihrem gezackten Rücken wie ein flaches, dem Boden anliegendes Reptil heraushebt. Die dazwischen liegenden Becken sind jedoch keineswegs gegeneinander abgeschlossen. Fast alle öffnen sich schließlich gegen die größeren Flüsse und damit endlich dem Meere zu.

---

[4]) Vgl. die eingehende Schilderung von Formen und morphologisch wirksamen Vorgängen bei Waibel. a. a. O.

Die Flüsse selbst erreichen das Meer nur zeitweise. Manche, wie der Asuncion und der Sonoyta wohl nur im Abstand von mehreren Jahren einmal. Sie fließen in sehr breiten, aus feinem Material aufgebauten Ebenen dahin, in die sie sich wenige Meter eingetieft haben. Bei Sonoyta ist die aus feinen tonig-sandigen Ablagerungen aufgebaute Beckenebene sogar „Badland"artig vom Flusse her zerschnitten. Es scheint sich darin eine jüngste, kaum mehr als 40 Jahre alte Erosionsphase anzudeuten, die auch im benachbarten Arizona zu beobachten und vielleicht auf die in den letzten Jahrzehnten stärker einsetzende Bewirtschaftung durch den Menschen zurückzuführen ist. Für den Sonoyta konnte Lumholtz die Zerschneidung der bis dahin versumpften Ebene auf das Jahr 1891 festlegen. Sie begann nach einem ungewöhnlich heftigen Augustregen[5]).

Während die Ebenen ausschließlich aus jungem Aufschüttungsmaterial aufgebaut sind, ist in den Pediments, die den Fuß der Sierren bilden, und in diesen selbst der alte Komplex des gefalteten, intrudierten und metamorphosierten Untergrundes freigelegt. Vor allem nehmen auch hier Granite, metamorphe paläozoische Sedimente und Granodiorite einen großen Raum ein. Jüngerer Vulkanismus fehlt gleichfalls nicht. In großartigem Ausmaße ist er im Norden in der Pinacate-Region entwickelt, wo sich ein basaltisches Lavagebiet von über 80 km Länge und fast 50 km Breite ausdehnt. Infolge der Freilegung des Unterbaues durch langandauernde Abtragung finden sich gerade auch in der Wüstenregion des westlichen Sonora eine ganze Anzahl von wertvollen Minengebieten, u. a. liegen hier auch die berühmten Placers von Cieneguilla, die im 18. Jahrhundert einen „rush" hervorriefen.

Da sich alle Ebenen, wie erwähnt, gegen das Meer hin abdachen, steigen sie umgekehrt gegen das Innere des Landes an. Dieser Anstieg ist recht beträchtlich; bereits in einer Entfernung von 70 bis 80 km erreicht man überall Höhen von etwa 500 m, nicht nur in den Sierren, sondern auch als allgemeines Niveau der Beckenlandschaften. Diese Steigung hält an, sodaß, je weiter man nach Osten kommt, um so höher auch die Böden der Längstäler liegen. Der Anstieg vollzieht sich jedoch nicht nur nach Osten, sondern auch nach Norden. Sonora ist nicht gleichmäßig von O nach W, sondern zugleich auch von N nach S abgedacht, wie besonders deutlich der Anstieg der Southern Pacific von etwa Meeresniveau bei Guayamas zu Höhen von über 1300 m im Paßtale bei Encinas zeigt.

---

[5]) Lumholtz. C. New trails in Mexico. London 1912. S. 179.

Mit zunehmender Höhe verändert sich jedoch das Formbild bedeutend. Während im ariden Westsonora die versiegenden Flüsse vorwiegend aufschütten, sind sie östlich einer Linie, die von Altar nach Hermosillo läuft, kräftig eingeschnitten. Die Täler verlieren ihren Charakter als flache Ebenen. Sie sind durch Terrassen, die ihrerseits oft sehr stark zerschnitten sind, gegliedert (Tafel 6). Zahlreiche Arroyos greifen vom Hauptfluß nach beiden Seiten durch die Terrassenzonen hindurch bis zu den alten Pediments und in die Sierren zurück. In den Tälern Mittel- und Ostsonoras haben sie die verschiedenen Terrassen oft in ein Gewirr von Spornen und Spornresten verschiedenster Höhenlage aufgelöst. Junge Aufschüttungen nehmen an den Flüssen nur einen sehr geringen Raum ein, während in den Terrassen das ältere Füllmaterial ansteht. Es sind das gewaltige Serien von vorwiegend festländischen Ablagerungen meist ariden Charakters[6]). Als Regel läßt sich dabei beobachten, daß die älteren Sedimente stärkere Neigung besitzen als zur Zeit ihrer Entstehung und auch als die jüngeren darüber liegenden. Sie sind gegen die Beckenachsen hin eingemuldet und am Rande der Sierren aufgebogen. Die Pediments greifen über diese älteren Beckensedimente hinweg. Wie aber in diesen Tälern heute vorwiegend Ausräumung vor sich geht, so sind auch die Pediments nicht mehr in der Weiterbildung begriffen, sondern werden tiefgehend zerschnitten.

Diese Landschaft der zerschnittenen und ausgeräumten Becken unterscheidet sich durch drei wesentliche Erscheinungen von der Inselkettenlandschaft des westlichen Sonora. Die Ketten und die dazwischen liegenden Talzüge sind bedeutend länger. Die Täler des Horcasitas, des Sonora, des Mocetezuma und des Bavispe haben jeweils mehr als 100 km Länge. Sie sind zwar meist durch Schwellen in Einzelbecken zerlegt, der einheitliche Charakter der Großform geht dabei aber nicht verloren. Auch die begleitenden Sierren sind über große Strecken hin als einheitliche Ketten aufzufassen. Sie erreichen Höhen von mehr als 2000 m, schwingen dabei aber in ihrem Längsprofil auf und ab, so daß sie sich dadurch von der Sierra Madre mit ihrer einheitlichen Kammhöhe unterscheiden. Während im westlichen Sonora die Flüsse quer zur Struktur fließen, folgen sie im östlichen Sonora dem Großbau. Dies Verhalten der Flüsse unterscheidet die sonst so ähnliche Landschaft der Becken und Ketten von der Sinaloas. Wo die großen Flüsse nach Osten durchbrechen, was bei Magdalena—

[6]) Hierher gehören vor allem die nach Sauer tertiären Gilakonglomerate. Eine mächtige Serie von Beckensedimenten, die unter anderen Bedingungen abgelagert sein müssen als heute in Ostsonora herrschen. Sie deuten auf langandauerndes Einwirken der Becken und Aufsteigen der Ketten. Sauer, C. Chiricahua Area. S. 355 ff.

Asuncion, Horcasitas, Sonora und Yaqui auf einer von NW nach SO gestaffelten Linie erfolgt, da liegt im allgemeinen auch die Landschaftsgrenze zwischen westlichem und östlichem Sonora.

Eine besondere Stellung nimmt das nördliche Sonora an der Grenze von Arizona ein. Hier liegen die Beckenböden beträchtlich höher (ca. 1200—1500 m) und sind von den Flüssen nur wenig angegriffen. Das Zentrum dieser hochgelegenen unzerschnittenen Becken- und Kettenlandschaft bildet die Wilcox Playa auf der Wasserscheide im südlichen Arizona. So fließen in Sonora die Flüsse sowohl in ihrem Quellgebiet wie im Unterlauf durch eine unzerschnittene Basin- und Rangelandschaft, die aber unter verschiedenartigen Bedingungen stehen. Während sich die hochgelegenen Becken wegen ihrer Entlegenheit vom Meere als alte Formen noch unzerschnitten erhalten haben, werden die Becken am Unterlauf infolge des trockenen Klimas, das die Flüsse zum Versiegen bringt und sie veranlaßt, ihre mitgeführten Sedimente abzuladen, noch heute stark aufgeschüttet. Der Mittellauf dagegen durchmißt eine stark zerschnittene Landschaft. Es hat den Anschein, als ob die Grenze zwischen mittlerem und westlichem Sonora nicht nur durch eine zunehmende Aridität, sondern auch durch Unterschiede im tektonischen Verhalten bedingt ist. Jedenfalls vermag Sauer diese Linie mit einer wichtigen tektonischen zu verknüpfen, die von der Moggolon Mesa durch Arizona hindurch in NS-Richtung westlich des Horcasitas dahinzieht und ein stärker aufgewölbtes östliches von einem tektonisch ruhigeren westlichen Sonora trennt[7]).

Die Sierra Madre bildet das letzte Glied unserer beiden Profile. Sie beginnt an der Grenze von Arizona und begleitet als gewaltige Grenzmauer mit ihrem westlichen Steilabfall die beiden Golfküstenstaaten. Ihre Höhen bleiben über große Entfernungen hin sehr einförmig auf 2500 bis 3000 m. Die großen Flüsse wie Yaqui, Mayo, Fuerte, Culiacan, Piaxtla, Presidio haben großartige Cañons mit Talwänden, die 1200—1500 m über den Flüssen emporstreben, eingeschnitten. Diese mächtige Cañonzerschneidung vor allem hat die Sierra Madre zu einem gewaltigen Verkehrshindernis gemacht. Seinen besonderen Charakter gewinnt das Gebirge durch die wiederholten Aufhäufungen von rhyolitischen Massen, die heute ihre große Höhe mitbestimmen[7a]). Die Cañons sind jedoch bis auf den darunter liegenden älteren Gesteinskomplex aus präkambrischen, paläozoischen und

---

[7]) Die „Matzazal-Horcasitas" Linie. Sauer. a. a. O. S. 341.

[7a]) Hovey, E. O. The western Sierra Madre of the state of Chihuehuz, Mexico. Bull. American Geographical Society. Vol. 37. 1905. S. 531—543. Hier eine sehr gute Beschreibung der Formen.

vor allem mesozoischen Gesteinen und die sie durchsetzenden intrusiven Granite, Andesite und Diorite hindurchgesägt. So sind auch in der Sierra Madre großartige Erzvorkommen angeschnitten worden, die eine Folge der Intrusionen waren. Die Sierra Madre ist jedoch nicht eine einheitliche Kette, sondern eine Folge longitudinaler Rücken, die durch Becken voneinander getrennt werden. Viele dieser ehemals abflußlosen Becken werden heute von den Flüssen angezapft und tiefzerschnitten. Die Hydrographie bringt diese orographischen Verhältnisse klar zum Ausdruck. Die großen, nach Westen zum Golf hinstrebenden Flüsse bestehen meist aus verschiedenen Laufstücken, die teils den Becken folgen, dann aber wieder senkrecht dazu in gewaltigen Schluchten durch die Sierren hindurchbrechen, wie besonders der Lauf des Aros-Yaqui erkennen läßt. Die großen Flüsse Sinaloas weisen die gleiche Eigentümlichkeit auf, streben aber im allgemeinen direkter dem Meer zu. Sie empfangen aber zahlreiche Nebenflüsse, die subsequent zum Baustil der Sierra ihnen von Norden und Süden zufließen.

Die von den Flüssen ausgehende Abtragung verlegt den Steilrand der Sierra mehr und mehr nach Osten. Ich habe den Abfall des Gebirges im Hinterland von Mazatlan auf einer Wanderung vom Bergwerksort Arco zu einem der Sierra vorgelagerten Gipfel kennengelernt (Tafel 5). Die Siedlung liegt im Grunde eines tiefeingeschnittenen Kerbtales in ca. 350 m Meereshöhe. Fast unmittelbar auf dem Geröllbett steigen die aus andesitischen und porphyrischen Gesteinen aufgebauten Talwände steil empor[8]). Etwa 200 bis 250 m über der Sohle verbreitert sich das Tal beträchtlich. Die Hänge werden flacher, auf zahllosen kleinen Spornen und Schultern liegen kleinere Siedlungen verstreut — so auch die alte Bergwerksstadt Copala. In mehrfachem Wechsel flacherer und steilerer Hangneigungen steigt das Gelände bis auf 800 m an. Hier bedecken Rhyolithe in ziemlich flacher Lagerung die älteren Erstarrungsgesteine. Noch schließen sich diese rhyolithischen Kappen nicht zu geschlossenen Decken zusammen, wie dies weiter im Innern der Sierra Madre der Fall ist, sondern sie bilden oft bizarrgeformte Auslieger. Das ganze ist eine Ineinanderschachtelung von Talsystemen, die weniger Gesteinsunterschieden als vielmehr Phasen der Einschneidung entsprechen. Die tiefste cañonartige Engschlucht verschwindet fast völlig, wenn man von einer Höhe die Landschaft überblickt. Im Osten bilden die geschlossenen steilen Rhyolithwände

[8]) Zur Geologie im Distrikt von Copala: Santillan M. Geologia minera de la Region comprendida entre Durango, Dgo., y Mazatlan, Sin., a uno y otro lado de la carretera en proyecto entre esas ciudades. Instituto Geologico de Mexico-Bol. No. 48. Mexico 1929. S. 37 u. S. 40.

der Sierra Madre den Abschluß. Dieser fällt also wahrscheinlich nicht mehr mit einer heute wirksamen tektonischen Linie zusammen, sondern ist wie die Auslieger zeigen, von der Denudation zurückgedrängt worden. Er ist — obschon vermutlich tektonisch angelegt, worauf zahlreiche Verwerfungen deuten, die in den Minen aufgeschlossen sind — im wesentlichen eine große Denudationsstufe.

Vergleicht man die beiden Profile miteinander, so fehlen in Sonora die weiten marinen Abtragungsebenen. Gleichartig, in der räumlichen Ausdehnung aber weit großartiger ist in Sonora die Zone der Becken und Ketten. Hier wie dort sind die Ketten von Felsfußebenen aus gleichem Gestein umgeben und die Becken mit Sedimenten gefüllt. Im Norden wie im Süden verfallen Pediments wie Beckensedimente heute der Abtragung und Ausräumung. Gleichartig ist auch die Erscheinung, daß die Abtragung von Westen her vorschreitet. Siebzehn große Flüsse eilen von der Sierra dem Meere zu. Im westlichen Sonora und vom Yaqui ab in ganz Südsonora und Sinaloa durchbrechen sie dabei rücksichtslos die Struktur. Nur auf kleineren Laufstrecken folgen sie der Struktur. Ihre größeren Nebenflüsse bevorzugen jedoch die Richtung parallel zum Bau. In Sinaloa und Westsonora zeigt die Landschaft ein bereits ziemlich weit fortgeschrittenes Stadium der Abtragung. Die Becken sind auf Kosten der Sierren erheblich gewachsen. Die Flüsse benutzen hier zu ihrem Durchbruch durch die Achsenzonen der Sierren die am meisten erniedrigten breiten Paßzonen, so daß man auf ein hohes Alter dieser Entwässerungsrichtung quer zum Streichen schließen kann. Die Engtalstrecken, die sie dabei in Sinaloa durchmessen müssen, wie die Terrassen, die ihren Lauf und die Küste begleiten, zeigen aber, daß bis in sehr junge Vergangenheit Krustenbewegungen stattgefunden haben.

2. Klima[9]).

Etwa zwischen dem Wendekreis und dem 32. Breitengrade gelegen besitzt die Nordwestküste Mexicos ein Übergangsklima von dem der äußeren Tropenzone zu den subtropischen Trockengebieten. In der Verteilung der jahreszeitlichen Windrichtungen, der Niederschläge und der Temperaturen tritt dieser allmähliche Übergang deutlich hervor; er ist es, der auch zugleich die größten landschaftlichen Gegensätze zwischen der nördlichen und der südlichen Hälfte, zwischen Sonora und Sinaloa herbeiführt. Von

[9]) Wo nicht anders erwähnt, sind die Daten dem Handbuch der Klimatologie von W. Köppen und R. Geiger entnommen. Band II. Teil J. The Climates of Rocks America. First Part. Mexico, United States, Alaska von R. de C. Ward und Ch. Brooks. Berlin 1936.

großer Bedeutung ist darüber hinaus die Tatsache, daß ein hohes Gebirge die schmalen Küstenebenen begleitet und daß sich im nördlichen Sonora zugleich der Kontinent beträchtlich verbreitert. Auch die vorgelagerte Halbinsel Kalifornien übt einen Einfluß auf die Klimaverhältnisse aus.

Die Windrichtungen wechseln ziemlich regelmäßig im Jahre von vorwiegend nördlichen im Winter zu vorwiegend südlichen im Sommer. Im Winter liegt nördlich vom 30. Grad ein Hochdruckgebiet über dem westlichen Kontinent, das bis auf das Meer hinausreicht. Es ist jedoch über dem auch winterlich warmen Tieflande des unteren Colorado weniger ausgeprägt, so daß es in einen kleineren Teil über dem Pazifischen Ozean und einen größeren kontinentalen über den Rockies zerfällt. Von ihm gehen die nördlichen Winde aus, die das Gebiet überwehen. Es ist eine Art passatischer Luftbewegung, die während des Winters ihre Herrschaft antritt. Allerdings ist dieses Hochdruckgebiet weder kräftig noch ausdauernd genug, um das gelegentliche Hereinreichen von Zyklonen der nördlichen gemäßigten Zone zu verhindern. Diese bringen vor allem dem Norden noch Niederschläge in der kalten Jahreszeit. Halbinselkalifornien hat in seiner nördlichen Hälfte sogar ganz ausgesprochen an dem Winterregenklima Kaliforniens Anteil. Anders im Sommer: über den tiefliegenden Gebieten West-Arizonas und des Coloradodeltas entsteht ein kräftiges Tiefdruckgebiet, das nach allen Richtungen hin seine Anziehungskraft ausübt. Infolgedessen bildet sich an der Westküste Mexicos eine südliche Luftströmung. Diese südliche Luftströmung steht wahrscheinlich in Zusammenhang mit dem Südostpassat der Südhemisphäre, der über den Äquator nach Norden herübergreift und nach rechts abgelenkt zum Süd-Südwestwind wird. Ähnliche Verhältnisse hat Waibel eingehend für Chiapas beschrieben, sie gelten jedoch auch noch für diese weiter nördlich gelegenen Gebiete, nur mit dem Unterschied, daß hier die lokale Wirkung des kräftigen Coloradotiefs immer deutlicher wird. Es ist eine Art von monsunaler Windbewegung, hervorgerufen durch die thermischen Unterschiede zwischen Land und Meer. Weiter westlich über dem freien Ozean (westlich von der Südspitze von Halbinselkalifornien) setzt dagegen bereits das Reich des Nordostpassates ein. Hier liegt eine wichtige Grenzlinie und Kampfzone zwischen den Passaten der südlichen und der nördlichen Hemisphäre, die zu einem wahren Quellgebiet heftiger Störungen, besonders von Wirbelstürmen wird. Neun Zehntel aller Wirbelstürme der Westküste bilden sich nach Hurd in einer Zone, die sich etwa von der Mitte der Halbinsel Kalifornien an bis zu 10° nördlicher Breite und zwischen 123—130° westlicher Länge ausdehnt[10]).

[10]) Hurd, W. E. Tropical Cyclones of the Eastern North Pacific Ocean. Monthly Weather Review. Vol. 57. 1929. S. 43—49.

In einer neueren Arbeit hat Blake[11]) ausgeführt, wie tatsächlich tropische Luftmassen mit diesen Wirbelstürmen in subtropische, ja gemäßigte Breiten gelangen. Vor allem in Zeiten großer Unstabilität der atmospärischen Verhältnisse während der Äquinoktien treten derartige Hurrikane auf. Bei ihrer Nordwärtswanderung bringen sie große Hitze und ungewöhnliche Niederschläge, oft mit katastrophalen Folgen, bis in die südlichen Staaten hinein. Gefährlich sind sie vor allem zur Zeit der Herbstäquinoktien, wenn die Gleichgewichtsstörungen besonders groß werden. Jetzt ist es der sog. „Cordonazo de San Francisco“ (nach dem katholischen Feiertag am 4. Oktober benannt), den der Seemann bei Mazatlan fürchtet[12]). Einem solchen Sturm, dem gewaltige Überschwemmungen folgten, fiel schon das Heer des Conquistador Nuño de Guzman im Acaponeta Tale beinahe zum Opfer[13]). Vom Oktober an gewinnt dann im allgemeinen die nördliche Luftströmung wieder die Oberhand.

Lokal werden allerdings diese Verhältnisse durch örtliche Winde getrübt. In Mazatlan sind westliche Windrichtungen häufig, die auf die Nachbarschaft des Meeres zurückzuführen und als Seebrisen zu bezeichnen sind.

Die Verteilung und das Ausmaß der Niederschläge lassen die klimatischen Übergänge und Veränderungen von Süd nach Nord auffallend erkennen. Reicht doch die Westküste von Gebieten mit mehr als 1100 mm in Nayarit bis zu den Trockengebieten im nordwestlichen Sonora mit weniger als 150 mm, am unteren Colorado (Yuma) sogar nur mit 88 mm. Auch eine Veränderung der Niederschläge in der Verteilung über das Jahr macht sich bemerkbar.

Die Abnahme der Niederschlagsmengen vollzieht sich an der Westküste in zwei Richtungen (vgl. Karte 2). Am deutlichsten ist sie von Süd nach Nord, wie auch aus den abgebildeten Diagrammen ersehen werden kann. Mazatlan (766 mm) besitzt nur noch 60 % der Niederschläge von San Blas (1378 mm), Culiacan (542 mm) nur noch 70 % der Mengen von Mazatlan und Altar (282 mm) etwa 50 % der Regen Culiacans. Daneben zeigt sich jedoch sehr deutlich auch eine Abnahme vom Gebirgsabfall zum Meere hin. Leider stehen für einen derartigen Vergleich nicht genügend Stationen zur Verfügung. Doch lehrt die Verteilung der natürlichen Vege-

---

11) Blake, D. Mexican Westcoast Cyclones. ibid. vol. 63. 1935. S. 344 ff.

12) Schiaffino. L. Vasquez. Los trastornos atmosfericos en las Costas Mexicanas. — Bol. de la Sociedad Mexicana de Geografia y Estadistica. — Quinta Epoca. Tomo X No. 1. Mexico. 1923. S. 4—11.

13) Oviedo y Valdez, Gonzalo Fernandez de. Historia general y natural de las Indias. Publicala la Real Academia de la Historia ... por José Amador de los Rios. Madrid 1853. Band II. S. 573.

2. Jährlicher Gang der Niederschläge.

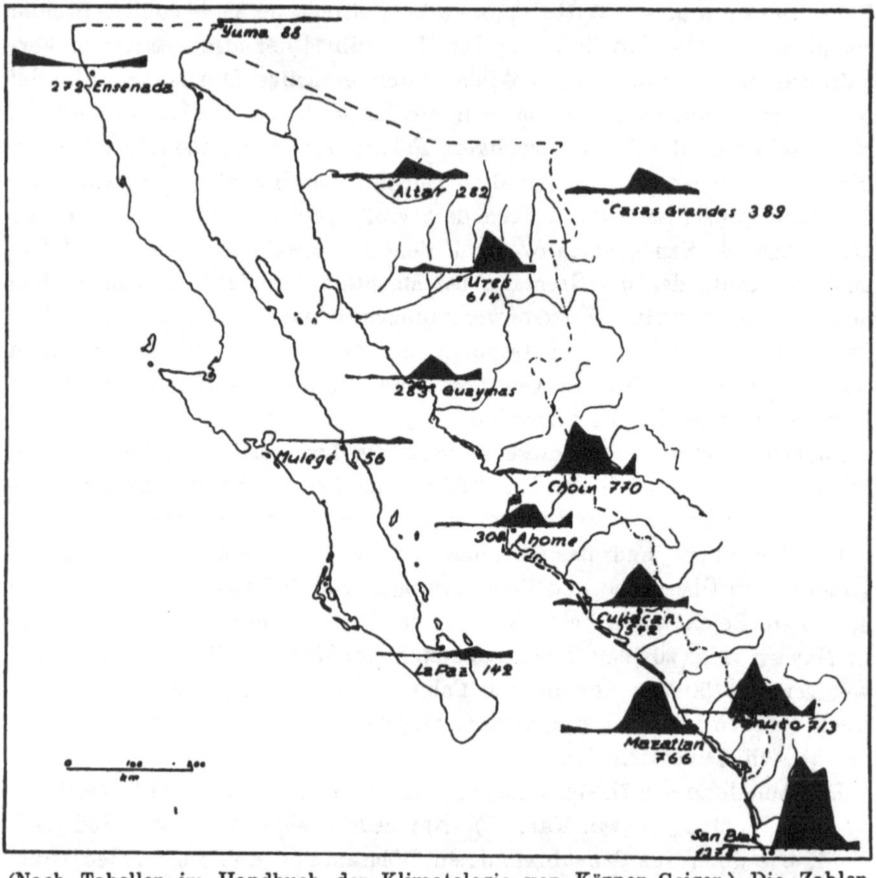

(Nach Tabellen im Handbuch der Klimatologie von Köppen-Geiger.) Die Zahlen bedeuten die jährliche Niederschlagsmenge in mm. Zur Kritik der Karte ist zu beachten, daß die Beobachtungsreihen der einzelnen Stationen sich über sehr verschieden lange Zeiträume erstrecken.

---

tation überall, daß die Küsten niederschlagsärmer als das Binnenland auf gleicher Breitenlage sein müssen. Auch ein Vergleich der Zahlen für Culiacan und Cosala (543 mm resp. 876 mm), von Ahome und Choix (309 mm — 770 mm), von Hermosillo und Ures (173 mm? — etwa 500 mm) bringt diese Gegensätze zum Ausdruck. Nach neueren Angaben von Sykes[14])

[14]) Sykes, G. Rainfall investigations in Arizona and Sonora by means of long-period rain ganges. Geographical Review XXI. 1931. S. 229—233. Neuerdings auch: Mallery. T. D. Rainfall records for the Sonoran Desert. Ecology. 1936. S. 110—121 u. 212—215.

fielen in der Nähe von Puerto Libertad (Kino Point) in vier Jahren 122 mm, während in der gleichen Zeit 80 km landein (Fifty Miles Pass) etwa 271 mm gemessen wurden. Ein Streifen ausgesprochener Trockenlandschaft begleitet daher die ganze Westküste, während sich am Gebirgsrande eine Zone höherer Niederschlagsmengen nach Norden vorschiebt. Die Sierra Madre weist noch bedeutend höhere Niederschläge auf (1600 mm im Einzugsgebiet des Rio Fuerte). Nicht parallel den Breitengraden, sondern eher meridional, in der Form spitzer Keile, die an der Küste von Norden her, am Gebirge von Süden her vorstoßen, vollzieht sich der Übergang von den feuchteren südlichen zu den trockeneren nördlichen Gebieten. Es ist ein ähnlicher Gegensatz wie zwischen dem Chaco und dem Yungas am bolivianischen Hochlandsrande. Die große Bedeutung, die der westliche Hochlandsrand für das Klima der Westküste besitzt, kommt hierin besonders deutlich zum Ausdruck.

Auch die jahreszeitliche Verteilung der Niederschläge spiegelt die Übergangsverhältnisse wider (vgl. Tabelle). Ganz Sinaloa, ja auch das ganze südliche und mittlere Sonora empfangen überwiegend Sommerregen. Diese erscheinen mit der Zeit der größten Hitze und sind meist von heftigen Gewittern begleitet. Sommerliche Gewitterstürme sind in Mazatlan als „chubazcos" bekannt[15]). Es sind Drehstürme, die von starken elektrischen Entladungen begleitet werden und den „tornados" der westafrikanischen Küste verglichen werden können. Wie dort sind sie auch an der mexicanischen Westküste zu Anfang der Regenzeit besonders häufig.

Niederschlagsverteilung über das Jahr.

a) Monatliche Niederschläge in % der jährlichen.

	Jan.	Febr.	März	April	Mai	Juni
Mazatlan	2,65	1,7	0,78	0,26	0,39	4,9
Panuco	0,14	0,84	0,28	0	0	18,5
Culiacan	1,14	3,7	0,92	0	0,63	4,8
Choix	0,78	2,2	1,16	0,52	0,14	6,75
Ahome	0	0,97	1,3	0	0	3,25
Ures	2,34	1,4	4,7	2,2	1,1	2,98
Guaymas	1,77	0	2,5	1,41	1,77	0,71
Altar	3,9	0,7	4,6	2,12	0,31	4,6
La Paz	3,5	1,42	0,7	0	0	3,5
Mulegé	0	0	0	0	0	0
Ensenada	23,9	17,5	14,6	8	2,2	0,75

15) Schiaffino a. a. O. S. 5.

	Jan.	Febr.	März	April	Mai	Juni
Yuma	12,5	12,5	10,2	2,3	1,14	0,06
Phoenix	10,1	11,1	8,6	5,5	1,5	1,1

	Juli	Aug.	Sept.	Okt.	Nov.	Dez.
Mazatlan	19,7	27,7	26,6	8,6	2,88	4,2
Panuco	32,1	15,4	17,4	6,3	0,25	8,5
Culiacan	21,8	30,6	21,4	6,1	3,3	5,7
Choix	28,8	21,4	20,4	4,5	1,68	11,3
Ahome	13	26,8	26,8	2,28	4,22	21,7
Ures	26,2	19,7	14,1	4,4	4,4	11,9
Guaymas	15,2	32,2	21,45	2,8	5,65	13,4
Altar	28,4	20,2	12,6	4,6	11,7	6
La Paz	7,7	21,8	25,4	10,5	8,45	19
Mulegé	8,9	21,4	25	1,79	28,5	14,5
Ensenada	0,75	1,1	0,37	5,51	10,3	15,4
Yuma	5,7	14,8	10,2	7,95	7,95	14,8
Phoenix	13,6	12,1	9,6	6,5	9,1	12,6

b) Niederschläge, zusammengefaßt nach ihrer vierteljährlichen Verteilung in % der Jahresmengen.

	Jan. Febr. März %	April Mai Juni %	Juli Aug. Sept. %	Okt. Nov. Dez. %
Mazatlan	5,13	4,95 (Juni allein)	74,0	15,68
Panuco	1,26	18,5	64,9	15,05
Culiacan	5,76	5,43 (Juni)	73,8	15,0
Choix	4,14	7,42 (Juni)	70,6	17,48
Ahome	2,27	3,25	66,6	28,20
Ures	7,44	6,28	60,0	10,7
Guaymas	4,27	3,89	68,85	21,86
Altar	9,2	7,03	61,2	22,3
Mulegé	0	0	55,3	44,79
Ensenada	56,0	10,95	2,22	30,69
La Paz	5,62	3,5	64,9	37,95
Phoenix	29,8	8,1	35,3	28,2
Yuma	35,2	3,5	30,7	30,70

Auch in Sonora fallen diese Regen als Nachmittagsgewitter, die bis in die Abendstunden anhalten. Der Eintritt der sommerlichen Regenzeit verschiebt sich von Süden nach Norden um etwa zwei Monate. In Nayarit treten die ersten bedeutenden Regenmengen bereits im Mai auf, in Sinaloa dagegen zeigen die Kurven ihren wirklichen Anstieg erst im Juni, und in Sonora gilt weithin der Spruch, daß man vor „San Juans Tag" (24. Juni) keine Regen erwarten dürfe. Diese Regen dauern während des Juli und August an. In Nayarit erreichen sie im allgemeinen im September ein zweites Maximum. Es ist die typische Zerlegung der Regenzeit an der Grenze der äußeren Tropenzone, die sich hier noch bemerkbar macht. In Sinaloa dagegen fallen in den Durchschnittswerten diese feineren Unterschiede nicht mehr ins Auge. Hier besitzen Mazatlan und Culiacan ihr Maximum im August. Juli und August sind auch in Sonora die ergiebigsten Monate. Nur im südlichen Teil der Halbinsel Kalifornien, die im allgemeinen an diesem Gang der jährlichen Niederschläge teilnimmt, verschiebt sich die Regenzeit — wie auch die Zeit der stärksten Erwärmung — um einen Monat bis in den September hinein.

Nach dem sommerlichen Maximum sinken die Mengen im Oktober beträchtlich ab. Der November ist fast überall in Sinaloa und Sonora ein sehr trockener Monat. Dann aber bringt der Winter noch einmal verstärkte Niederschläge. Fast alle Diagramme zeigen ein Ansteigen der Regenfälle im Dezember. Es ist die Zeit der „equipatos", die nun einsetzt. Diese Niederschläge weichen im Typus von den stürmischen Entladungen des Sommers sehr stark ab. Oft ereignen sich tagelange landregenartige Niederschläge, wie wir sie auch gelegentlich an der Westküste erlebten. Die Bedeutung der winterlichen Niederschläge nimmt nach Nordwesten zu. Schon im Distrikt Altar sind sie prozentual sehr wichtig. In Niederkalifornien ist der Übergang zum Winterregenklima vollzogen. Infolgedessen kennt das nördliche und nordwestliche Sonora gleichfalls eine Zweigipflung seiner Regenzeit. Die Gipfel fallen aber in zwei verschiedene Jahreszeiten, in den Sommer und den Winter, und sind ganz verschiedener Herkunft. Die Winterregen sind bisweilen recht ergiebig. Gerade die Weihnachtstage kennen bisweilen große Niederschläge, die auch Hochwasser in den Flüssen verursachen können.

Im Frühjahr lassen die Niederschläge nach, und die Monate unmittelbar vor Beginn der sommerlichen Regenzeit, April und Mai, sind fast überall die trockensten des ganzen Jahres.

Bei der Betrachtung der Diagramme (Abb. 2), die den typischen Verlauf widerspiegeln sollen, ist jedoch zu beachten, daß sie eine der wichtigsten

3. Niederschlagsdiagramm von Mazatlan
(Nach einer Tabelle im Handbuch von Köppen-Geiger.)

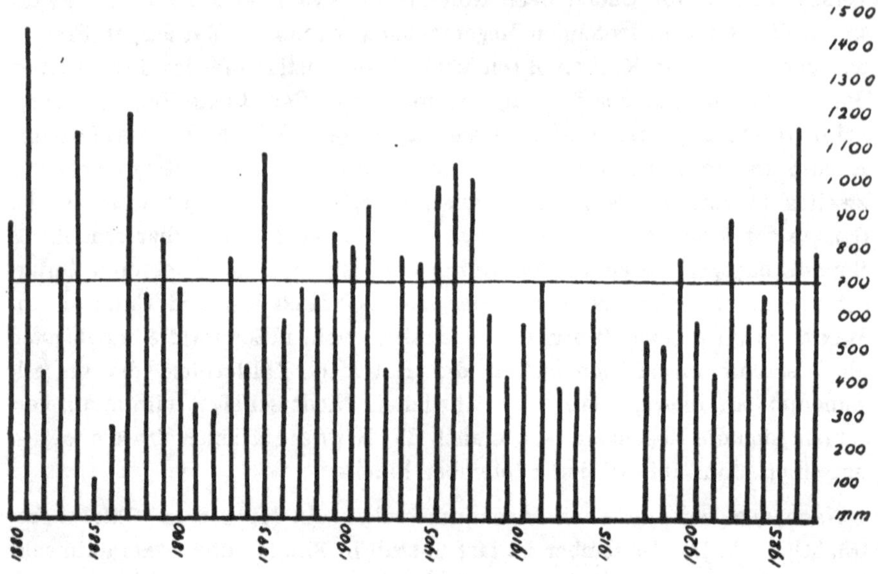

Eigenarten des Niederschlages ganz aus den Augen lassen: das sind die enormen Schwankungen, denen sie von Jahr zu Jahr unterworfen sind. Betrachtet man die 47jährige Beobachtungsreihe in Mazatlan (Abb. 3), so zeigt sie, daß 18mal die Niederschläge das Mittel überschritten und 24mal — zum Teil erheblich — darunter zurückblieben. 9mal nur lagen die tatsächlichen Niederschläge innerhalb einer Abweichungsgrenze von 10 %; 11mal blieben die Niederschläge unter 500 mm, und 10mal erreichten sie mehr als 900 mm. Diese Schwankungen nehmen nach Norden hin noch zu. Hier kann es auch vorkommen, daß in wenigen Tagen ungewöhnliche Mengen fallen, während der Rest des Jahres ganz trocken ist. 1916/17 fielen fast 50 % der jährlichen Niederschläge in Ures innerhalb des Juli; 1914/15 wurden dort 732 mm und im nächsten Jahre 1915/16 nur 299 mm gemessen![16]) Diese jährlich und monatlich stark wechselnden Schwankungen sind es, die ein großes Risiko für die Wirtschaft darstellen und Bewässerungssysteme großen Stiles so notwendig machen. Zwei außerordentliche Mißernten haben auch die Regierung zum Bau eines großen Kanals am Culiacan

[16]) Flores, T. Reconocimientos geologicos. a. a. O. S. 14. Man vgl. auch die Angaben von Sykes. a. a. O.

veranlaßt. Aber die notwendigen Staudämme für Wasserreserven in Notzeiten fehlen noch überall.

Im jährlichen Gange der Temperatur wirkt sich der Übergang von den Tropen zu den Subtropen dahin aus, daß die Schwankungen, sowohl die täglichen wie jährlichen, im Durchschnitt und besonders in den Extremwerten zunehmen. In Mazatlan bewegen sich die durchschnittlichen Monatstemperaturen zwischen 19,5° und etwa 28,2°. Die jährliche Schwankung beträgt also etwa 8,7°. Je weiter man nach Norden kommt, desto heißer werden die Sommer und um so kälter die Winter. In Ahome, in ähnlicher Küstenlage wie Mazatlan, beträgt die Schwankung bereits 13,1°, in Guaymas 21,5°. Die Gegensätze der Jahreszeiten verschärfen sich auch in dem Maße, wie man sich von der Küste entfernt. Nicht nur der ausgleichende Einfluß des Ozeans läßt nach, das Land steigt auch an, man gelangt in größere Höhen und dazu oft in abgeschlossene Becken und Täler, in denen die Strahlung größere Temperaturen im Sommer erzeugt, wie sich im Winter Ausstrahlung und Ansammlung von kalter Luft vermehren. Während die Extreme Mazatlans sich zwischen 11,8° und 32,3° halten, hat Choix, am Fuerte, bereits eine Amplitude der mittleren Extreme von 40,1° (3,2° und 43,3°). Ahome, auf derselben Breite wie Choix, aber an der Küste gelegen, besitzt immer noch etwa 35,4° Schwankung (5,3° und 40,7°). Für Ures wird eine Amplitude von 42,5°, für Altar von 45,3° berichtet (— 2,6° und 42,7°). Ähnlich verhalten sich die täglichen Temperaturen. Im Süden ist auch dieser Gegensatz geringer (Mazatlan: mittlere tägliche Schwankung 5,1° April, 3,4° Juni), obgleich alle Nächte sich doch merkbar abkühlen. Außerordentlich groß dagegen sind die Gegensätze zwischen Tag und Nacht in Sonora. Hier kommen Durchschnittswerte von 21,1° (Altar: Mai) vor. Die Erfahrung lehrt aber, daß die nicht gemittelten Extreme beträchtlich größer sind und wohl 30° überschreiten.

Im Gange des Temperaturenan- und -abstiegs zeigen sich, ungeachtet der Größenunterschiede der Amplituden, stärkere Gemeinsamkeiten jeweils zwischen den küstennahen Stationen und den binnenländischen Stationen. An der Küste tritt in Mazatlan das Maximum durchschnittlich meist im August ein, in Ahome im Juli, in Guaymas und La Paz ausgesprochen in Juli und August. Das bedeutet aber gegenüber allen binnenländischen Stationen eine Verzögerung des Eintritts von ein bis zwei Monaten. In Panuco erreicht das Thermometer im Mai die höchsten Werte, in Culiacan und Choix im Juni, weiter im Norden, in Ures und Altar, gewöhnlich erst im Juli. Der Eintritt des Maximums verspätet sich also in der gleichen Weise wie der Eintritt der Regenzeit von Süd nach Nord im Binnenlande um einen Monat. Denn vom Eintritt der sommerlichen Niederschläge ist die im Hochsommer folgende Abkühlung abhängig. Allerdings steigt in diesen Monaten gewöhnlich die Luftfeuchtigkeit und die Bewölkungsziffer, so daß die Erleichterung, die nach der drückenden Hitze des Vorsommers sich einstellen soll, zunächst nicht zur vollen Wirkung kommen kann.

Die durchschnittlichen Wintertemperaturen — auch die Extremwerte mit Ausnahme von Altar — liegen im allgemeinen über 0°. Selbst Casas Grandes, auf dem Hochland, dem etwa die Verhältnisse im nördlichen Hochsonora um Cananea entsprechen mögen, kennt im 17jährigen Mittel keinen Monat mit einer Durchschnittstemperatur von unter 7°. Hier tritt allerdings häufig in der Nacht Frost ein, denn die durchschnittlichen Extreme des Februar betragen 18,6°. Leichte Eiskrusten sind auch im westlichen Sonora nichts Ungewöhnliches. In Casas Grandes werden von Oktober bis April im 6jährigen Mittel 61,5 Frosttage angegeben mit einem Maximum von 17,5 Tagen im Dezember. Im westlichen Sonora besitzt Altar von November bis April 35 Tage (im 5jährigen Mittel), Ures in der gleichen Zeit 13, Choix im nördlichen Sinaloa zwischen November und März nur noch 2,8 Frosttage[16a]). Frost tritt jedoch immer wieder gelegentlich an der Küste auf. Erst südlich Mazatlans sind alle Kulturen praktisch gegen Frost geschützt. Für den Anbau empfindlicher Nutzpflanzen liegt aber doch eine gewisse Grenze etwa im Gebiet des Fuerte-Deltas, wo die ersten großen Zuckerrohr- und Wintertomatenpflanzungen liegen. Es fehlt an genügenden Daten, um Küste und Binnenland vergleichen zu können.

Zum Abschluß dieser Übersicht möchte ich jedoch auszugsweise eine Schilderung des Klimas Sonoras in seinem jährlichen Verlauf und seiner Wirkung auf Mensch und Landschaft wiedergeben, die der deutsche Pater Pfefferkorn 1794 veröffentlicht hat[17]). Sie zeugt von so treffender Beobachtungsgabe und so kräftigem sprachlichen Ausdruck, daß ich die Gelegenheit benutzen möchte, diese für ihre Zeit außerordentlich gute Leistung der Vergessenheit zu entreißen:

„Obschon Sonora außer der heißen Zone liegt, und im Grade 27 der Nordbreite seinen Anfang nimmt; so ist es doch überhaupt ein sehr warmes Land. Im Hornung fängt die Sonne schon an, dem menschlichen Körper lästig zu werden. Jedoch hält die Wärme in diesem Monat keinen Bestand. Ein oder zwei Tage ist

[16a]) Eine Karte der Frosttage findet sich zusammen mit anderen klimatologischen Karten in: Mexico en Cifras. Atlas estadistico. 1934. Herausgegeben von Secretaria de la Economia Nacional. Direccion General de Estadistica. — Frosttage auf Karte 6.

[17]) „Beschreibung der Landschaft Sonora samt andern merkwürdigen Nachrichten von den inneren Theilen Neu-Spaniens und Reise aus Amerika bis in Deutschland" von Ignaz Pfefferkorn, eilfjährigen Missionar daselbst. 2 Bände, 1794/95, Köln. — I. Band S. 32 ff.

es fast so warm, wie in Deutschland zur heißen Sommerzeit; gleich darauf aber wiederum kalt. Sogar an dem nämlichen Tage ändert sich das Wetter oft so, daß man bald starke Hitze, bald empfindliche Kälte verspürt. Ja diese Abwechslung läßt sich nicht selten in Zeit von zwei bis drei Stunden wahrnehmen. Die Ursache dessen ist die Unbeständigkeit der Winde, welche bald von Osten, bald von Norden wehen, und sich gleich darauf nach Westen oder Süden wenden, endlich auch wiederum in Osten fallen... Wenn die Winde aus Norden wehen, so bedecken sie die Felder mit Reife, aber niemalen mit Schnee: und es wird als Zeichen einer grimmigen Kälte angesehen, wenn Schnee auf das flache Land fällt. In den elf Jahren, welche ich in Sonora zugebracht hab, hat sich dieser Vorfall einmal im Jahre 1761 ereignet. Auf den Gipfeln hoher Berge sieht man ihn zwar öfters: aber auch allda gestattet ihm die Sonne keinen langen Aufenthalt. Dann und wann findet man auch an dem Rande der Bäche etwas Eis, auch kleine Pfützen mit einer dünnen Eisrinde überzogen: in den Häusern aber gefrieret das Wasser nie...

Die Sommerhitze nimmt... im May ihren Anfang und dauert bis zu Ende des Herbstmonats. Man sollte glauben, die Hitze müsse dort, wie in Deutschland, in der letzten Hälfte des Sommers am heftigsten seyn. Allein die Erfahrung zeiget in Sonora das Gegenteil. Der May, Brachmonat und Heumonat sind merklich heißer als die folgenden Monate, welches daraus entstehet, daß in den ersten drei Monaten keine Winde wehen; und wenn sich zuweilen ein Lüftchen erhebt, so ist es so schwach, daß es den Dunstkreis nicht erfrischen kann. Hierzu kömmt noch, daß vom Jänner an bis zu Ende des Brachmonats kein Tropfen Regen zu fallen pflegt: mithin die Erde sowohl, als die Luft von den brennenden Sonnenstrahlen auf das heftigste entzündet werden. Auch tragen viel dazu bey die sogenannten Quemazones, oder Brände. Denn in Sonora ist der Gebrauch, das Stroh, welches nach dem Dreschen auf dem Felde liegen bleibt, zu dieser Zeit, da es recht ausgetrocknet ist, auf dem Felde zu verbrennen...

...Da nun die Hitze in obgemeldeter Jahreszeit schon so scharf und heftig ist; so müßte sie nothwendiger Weise in den folgenden Monaten bis zu Ende des Herbstmonats gar unerträglich seyn, wenn nicht die Hitze in Sonora sowie in ganz Neuspanien durch die täglichen Regen gemäßigt würde: daher auch diese Zeit Tiempe de Aguas (die Wasser-Zeit) genennet wird. Sie fängt mit dem Heumonat an, und endet sich mit dem Herbstmonate. Es ist aber kein anhaltender, sondern ein kurzer Regen, welcher in zwei bis drei Stunden sich wiederum verziehet: er stürzet aber so häufig herab, daß die Bäche und Flüsse ungemein davon aufschwellen, und denjenigen sehr gefährlich werden, welche bei dringender Noth oder aus Verwegenheit, zu Pferde hindurchsetzen wollen... Nach geendigtem Wetter, fallen die Flüsse wiederum ebenso geschwind, als sie gestiegen waren; und der Himmel nimmt seine vorige Heiterkeit wiederum an. Diese Regengüsse sind nicht allgemein: sie treffen zuweilen nur eine Strecke von wenigen Meilen, wohin sich nämlich die Wasserwolke ergeußt; da indessen die umliegenden Gegenden ganz trocken bleiben... Nach dem ersten Platzregen ist die Hitze unbeschreiblich, so daß man bei der Nacht so wohl, als bei Tage, schier davon erstickt. Allein durch das wiederholte Regnen, wird nach Verlauf einiger Tägen die Luft abgekühlt, und die Hitze so gemäßigt, daß sie wohl zu ertragen ist.

Da nun Sonora durch diese tägliche Regen eine angenehme Linderung der Hitze, und zugleich das Wachstum seiner Erzeugnisse erhält; so wären selbige allerdings als die unschätzbarste Wohltat der Natur zu betrachten, wenn sie nicht jederzeit mit den greulichsten Gewittern verpaart wären, welche nicht selten unter Menschen und Vieh, in den Ortschaften und auf dem Felde, großen Schaden thuen. Das Knallen der stäts aufeinanderfolgenden Schläge kann man ohne Schauder nicht anhören. Zuweilen führen diese Gewitter einen verderblichen Hagel mit sich, der alles Gewächs auf dem Felde und in den Gärten verheeret. Oder es entstehet daraus ein schädlicher Wolkenbruch, den man in Sonora Culebra de agua (Wasserschlange) nennt, welcher Land und Ortschaften überschwemmet und verwüstet. Zuweilen werden die Gewitter von heftigen Windstürmen, und Wirbeln, begleitet; welche den Sand, wie eine gedrehte sehr dicke Säule, fast bis an die Wolken erheben. Was diese Wirbel ergreifen, kann ihrer Gewalt nicht widerstehen. Auch die stärksten Bäume werden oft aus der Wurzel gerissen, Dächer abgedeckt, auch Häuser, wenn sie nicht gar fest sind, umgestürzt. Merkwürdig ist, daß diese Gewitter und Platzregen nie des Morgens, sondern allemal des Nachmittags entstehen. Des Morgens ist der Himmel ganz heiter. Um die Mittagszeit steigen die Wolken auf; und zwei oder drei Stunden darnach bricht das förchterliche Gewitter aus: welches zuweilen auch des Nachts zurückkehrt, und aufs neue tobet...

Diese dreimonatliche Regenzeit gehet zwar, wie schon gemeldet worden, mit dem Herbstmonate zu Ende: allein dieses ist nur von den täglichen mit schreckbaren Ungewittern begleiteten, Regengüssen zu verstehen; denn stille und sanfte finden sich auch zuweilen in den drei nachfolgenden Monaten ein. Diese halten ein, zwei bis drei Tage an und befeuchten allenthalben das Land. Ja es geschieht, wiewohl gar selten, daß selbige acht, neun bis 10 Tage fortdauern. Zweimal habe ich dieses in eilf Jahren erlebt: einmal regnete es zehn, das anderemal zwölf Täge und Nächte, fast unaufhörlich. Die Flüsse traten dazumal aus ihren Ufern, überschwemmten die umliegenden Gegenden, machten die Wege unbrauchbar, und unterbrachen die Gemeinschaft mit den benachbarten Ortschaften..."

3. Vegetation[18]).

Wer mit der Southern Pacific von Nogales (1174 m) nach Mazatlan fährt, erlebt eine bemerkenswerte Änderung des Vegetationsbildes. Die Eisenbahn erklimmt bei Encina (1325 m) die Paßhöhe und wird von lichtstehenden Eichenhainen begleitet, die reichhaltigen Graswuchs beschatten. Dornsträucher und Yuccas fehlen nicht dazwischen. Nachdem der Zug die Paßhöhe überfahren hat und vor Imuris bis auf 800 m Höhe herabgestiegen

[18]) Eine gute Schilderung der Vegetation enthält Weidner, Fr.: Der mexikanische Staat Sinaloa. Petermanns Mitteilungen, Band 30. Von einer „Flora indigena de Sinaloa" por Jesus Gonzales Ortega, Mazatlan 1929, waren mir nur einige Lieferungen zugänglich. — Vgl. auch Standley, P. C.: Trees and shrubs of Mexico. Contributions from the United States National Herbarium. Vol. 23. P. 1. — Smithsonian Institution. U. S. National Museum. Washington 1923. — Shreve, F.: The plant life of the Sonoran Desert. St. Monthly. 1936. S. 195—231. — Ders.: Lowland vegetation of Sinaloa. Bul. Torrey Botanical Club 1937. S. 605—613.

ist, beginnt die Vegetation sich zu ändern. An den Hängen erscheinen Kakteen und Dornsträucher. Die Eichen weichen auf die höheren Hänge zurück. Die Flußauen im Tal begleiten Pappelhaine, die sich über die fruchtbaren bewässerten Weizenfelder und Gärten mit Pfirsichen und Granaten erheben. Südlich von Magdalena (798 m) hat man nur noch die Dornstrauchsteppe zu beiden Seiten. Weite, eintönige, mit Gras, Mesquite und Sukkulenten bestandene Flächen durchmißt der Zug auf der Fahrt nach Hermosillo (211 m). Je mehr jedoch die Strecke an Höhe verliert, desto spärlicher wird das Gras, Kakteen werden häufiger, und der steinige Boden sieht zwischen den isoliert stehenden Pflanzen hervor. — Südlich von Guaymas bleibt dieser Vegetationscharakter noch fast bis zur Staatsgrenze der Bahn treu. Die Dornstrauchsteppe wird aber immer dichter und geht allmählich in Busch über. In Sinaloa beobachtet der Reisende wieder eine andere, aber höchst einförmige Vegetationsform. Endlose winterkahle, graubräunliche Trockenwälder begleiten die Bahn. Nur an den Flüssen mischen sich mächtige grüne, halbkugelige und kugelige Kronen immergrüner Bäume dazwischen, dichtes Gestrüpp und Rankenwerk umschlingen die Reste der natürlichen Vegetation, die zwischen Zuckerrohrfeldern am Fluß noch übriggeblieben sind.

Dieses Profil von Steppe zu Wald und von dem Pflanzenwuchs der gemäßigten Zone zu dem der Tropen bezeichnet die eine große Richtung, in der sich mit der Veränderung des Klimas entsprechend der Breiten- und Höhenlage die Vegetation ändert. Eine zweite Richtung verläuft senkrecht zu dieser und führt von den trockneren Küsten zu relativ besser befeuchteten mittleren und östlichen Landstrichen am Fuße der Sierra. Diese selbst wiederum bietet eine klar ausgebildete Stufung verschiedener Vegetationsstockwerke. Wie die Diagonalen im Parallelogramm der Kräfte verlaufen daher die Grenzlinien der Formationen nicht parallel zu den Breitengraden oder parallel zu Küste und Sierra, sondern in spitzen Winkeln zu beiden Richtlinien.

Die Küste Sinaloas bei Mazatlan hat einen tropischen Charakter. Auf den flachen Strandwällen sieht man schon vom Meere her die graziösen Wipfel der Kokospalmenhaine über den Häusern aufragen. Sie verdanken ihre Verbreitung wohl vor allem der wirtschaftlichen Tätigkeit des Menschen. Das gleiche gilt auch von der Ölpalme (Elaeis Butreya), die bei Mazatlan noch wirtschaftlich genutzt wird. Als dritte, ebenfalls auf Pflanzungen verbreitete Palme erscheint die „Coquito"-Palme (Attalea Cohuné). Weiter im Süden heißt eine der Laguneninseln „Palma de la Virgen" nach einer niedrigen, palmenartigen Pflanze (Dioon edule), deren kastanienartige Früchte auch bisweilen auf dem Markt erscheinen. Hinter den Strandwällen beginnt die Welt der Lagunen, die von dichten Hecken kräftig wuchernder Mangroven, sowohl Rizophora („Candelon") wie Avicennia („Puyeque") umgürtet sind. Sie begleiten die ganze Küste bis zur Breite von Guaymas (27° nördliche, Breite), werden jedoch in Sonora bereits recht dürftig. — Bei Puerto Yavaros am Yaqui und bei Guaymas waren die vereinzelten, niedrigen Bestände durchaus nicht mehr mit dem Mangrovensaum bei Mazatlan vergleichbar.

An die Küstenzone schließt sich bei Mazatlan ein schmaler Saum buschartiger Sukkulenten und Dornstrauchvegetation an. Kakteen, Opuntien und hochwüchsige Cereusarten, Agaven und Yocuistle (Bromelien) bekleiden sogar die steilen Felsen am Hafen Mazatlans. Der hier nur schmale Streifen dieses Vegetationstypus nimmt nach Norden zu und erreicht auf den Deltaebenen des Culiacan und Fuerte bereits über 15 km Breite.

Südsinaloa ist jedoch ein Waldland. Der tropische trockenkahle Wald überzieht, durch dorniges Untergesträuch und Schlingpflanzen verfilzt, als dichter, etwa 5—10 m mächtiger Teppich das ganze Land. Es ist ein Waldtyp, der wohl den Trockenwäldern Südamerikas entspricht und mit den „caatingas" Brasiliens und des Chaco verglichen werden kann. Etwa ein Achtel des Bestandes scheint immergrün zu sein und war belaubt, als wir ihn im Winter zu sehen bekamen. Fiedriges Laub, Dornentwicklung und die große Verbreitung von Leguminosen, darunter besonders der Caesalpinien, sind für diesen periodisch trockenen Wald charakteristisch. In seiner ursprünglichen Zusammensetzung ist er allerdings nur in sehr kleinen Teilen erhalten. Die jahrhundertelange Beanspruchung durch den Menschen für Bergbau, Hausbau, Zaunwerk, für Brandrodewirtschaft (Coamilwirtschaft) und Köhlerei, die das wichtigste Hausbrandmittel liefert, und direkte wirtschaftliche Verwertung der Edel- und Farbhölzer, wie schließlich auch die besonders vor der Revolution im 19. Jahrhundert bedeutende Weidewirtschaft haben eine sehr einseitige Selektion herbeigeführt. Der ehedem reiche Bestand an Mahagoni, Ebano (Caesalp. sclerophylla), Palo Colorado (Caesalp. platiloba), Arrayan (Psidium Sartorianum) an Mauto und Kopal ist nicht zuletzt auch durch den Bedarf der Southern Pacific an dauerhaftem Schwellenmaterial stark zurückgegangen. Farbhölzer, wie Brasil (Hämatoxylum brasileto) und Mora (Mora amarilla, Fustic), werden kommerziell verwertet und sowohl im Lande extrahiert wie auch nach New York und Europa ausgeführt.

Im allgemeinen trifft man nur schlanken, ja dünnstämmigen Baumwuchs an. Der weißliche Stamm eines wenig wertvollen Holzes, des „Palo Blanco", drängt sich — wohl infolge negativer Auslese — besonders in den Vordergrund. Mitten in der Trockenzeit schmücken im Januar süßduftende weiße Blüten seine blattlose Krone. Mit der fortschreitenden Jahreszeit wird die Blütenentwicklung allgemeiner, und im März sind die Wälder bei Culiacan von einem zarten Hauch gelber und roter Blüten, vor allem von Amapa, Mauto und Iguana, bedeckt. Reizvoll ist der „Pochote", an dessen schlanken Zweigen sich in der Trockenzeit die spitzen Fruchtkapseln öffnen und weißliche Wollflocken hervorquellen lassen. Der Flaschenkürbisbaum, „Tecomate" genannt (Crescentia alata), fällt durch seine hartschaligen, länglichrunden Früchte auf, die unmittelbar aus Stamm und Ästen hervorbrechen. Das Unterholz wird von verschiedenartigen, meist dornbewehrten Sträuchern gebildet, die ein tieferes Eindringen kaum gestatten. Gelegentlich bilden Bromelien und Agaven mit ihren fleischigen, stachelbewehrten schmalen Blättern die Bodenschicht. Diese Sukkulenten prägen jedoch das Waldbild des südlichen Sinaloa noch nicht. Die überall vorhandenen hochwüchsigen Kakteen (Cereus-Arten) verschwinden noch unter den Kronen der Bäume.

Auf den breiten Talauen der Flüsse steht ein andersartiger Wald, der hohem Grundwasserstand angepaßt ist. Man kann ihn nur noch in Resten bewundern, da er fast überall der Rodung zum Opfer gefallen ist. Doch erheben sich noch hier und da die breiten Schirmkronen der Guanacastle (Enterolobium) an den Flußläufen. Reiche[18a]) meinte sie nirgends in üppigerem Wuchse angetroffen zu haben. Higuerras (Ficus) mit banyanartigen Stützwurzeln, Cedros (Cedrela odorata) und andere Arten, unter denen Weidner Macapule, Haba, Remo und Guacima aufzählt, meist mit Stämmen von bedeutendem Durchmesser, bilden durch Schlingpflanzen verfilzte undurchdringbare Dschungel von echt tropischem Charakter. Es scheint, daß im Inlande, in der Zone der Becken und Ketten, dieser üppigere Waldtyp auch auf die tieferverwitterten Bergfußhänge an den Talrändern hinaufreichte, wo das reichlicher vorhandene Grundwasser ihm zusagende Bedingungen verschaffte. Auch hier ist er meist der Rodung zum Opfer gefallen, doch finden sich an den Feldrändern und Wegrainen noch häufig einzelne Vertreter als Reste des alten Bestandes.

Je mehr man sich der Sierra Madre nähert, desto reicher werden mit den steigenden Niederschlägen die Wälder. In den steil eingeschnittenen Tälern um Arco und Panuco war der Prozentsatz der immergrünen Arten sichtlich größer, so daß man fast einen Wechsel der Jahreszeiten auf der kurzen Fahrt von Mazatlan landein zu erleben vermeinte. Andrerseits hat gerade im Umkreis der zahlreichen Bergwerke der große Holzbedarf

[18a]) Reiche, K. Kreuz und quer durch Mexico. Aus dem Wanderbuch eines deutschen Gelehrten. Leipzig 1930. S. 121.

den ursprünglichen Wald vernichtet. Die von den Bergwerken abhängige, hier besonders dichte Bevölkerung betreibt auch im großen Umfange wandernden Pflanzstockbau an den Berghängen, die bereits erwähnte „coamil"-Wirtschaft. — In etwa 800 m Meereshöhe setzt ein durchaus neues Waldbild ein. Aus dem dichten schwerdurchdringbaren Walde der Ebenen und Hänge tritt man in einen offenen, unterholzfreien Eichwald ein, dessen Boden von Hartgräsern („Zacaton") bewachsen ist. Die Bäume stehen in weitem Abstande, aber die Kronen bilden noch einen wirklichen Schluß. Vereinzelt findet man schwer erklärbare „Inseln" dieses Waldtypus in weit geringerer Höhe auf den Sierren des Vorlandes. Eine größere Fläche bedeckt er auf der bis über 1600 m aufragenden Sierra de Tacuichamona. In über 1500 m Meereshöhe geht der Wald in der Sierra Madre sodann — bereits jenseits der Staatsgrenze von Sinaloa — in Nadelwald über mit Fichten, Kiefern und Tannen, der sich fast ununterbrochen bis nach Durango, drei Tagereisen weit, erstreckt.

Auf der Küstenebene setzt sich der oben geschilderte, „monte" genannte Trockenwald bis in das südliche Sonora fort, aber die Wuchshöhe der Bäume nimmt ab und die Zusammensetzung des Bestandes ändert sich. Über den bereits niedrigeren Wald ragen nördlich von Culiacan die Kakteen empor. Die breiten Kronen der Guanacastles fehlen auf den trockenen Flächen zwischen den Flüssen ganz, nur auf den Flußauen erscheinen sie noch bis zum Fuerte. Vom Rio San Lorenzo an werden dagegen bereits Pappeln (Populus dimorpha) für die Auenwälder charakteristisch und zeigen den Übergang zu außertropischen Klimabreiten an. Im Culiacan-Delta waren sie in einen üppigen Mantel von Schlingpflanzen eingehüllt, so daß sie einen merkwürdigen, vermummten Eindruck machten.

Mit dem Nachlassen der Niederschlagsmengen (Culiacan 500 mm, 70 % Mazatlans) vollzieht sich eine allmähliche Änderung des gesamten Habitus. Nicht nur fallen einzelne Arten aus, für die sich andere, meist dornige, einstellen, vor allem werden die Kakteen jetzt im Gesamtbilde immer wichtiger. Man kann diesen veränderten Typus als „sukkulentenreichen Trockenwald" bezeichnen. Es ist noch immer ein Wald, der durch dichtes Gestrüpp und Unterholz dem Verkehr außerhalb der Straßen große Hindernisse bereitet. Wie auch im Süden sind Gräser selten.

Die südliche humidere Abart des Trockenwaldes scheint sich dagegen am Rande der Sierra Madre noch bis Sonora fortzusetzen. An den Hängen der Täler von Badiraguato und am mittleren Mayo bei San Bernardo (unweit der Staatsgrenze Sonoras) trafen wir ihn an. Es ist charakteristisch, daß sich in dieser Zone auch die Coamilwirtschaft an den Berghängen wiederfindet. Die Gebirgstäler mit höherem Niederschlag und geschützter

Lage beherbergen kleine Gebiete mit tropischen Kulturen[19]. Selbst Mangos werden am Rande der Sierra Madre noch im südlichen Sonora in nennenswertem Umfange erzeugt.

An der Bahnlinie dagegen wird der sukkulentenreiche Trockenwald mehr und mehr zwischen dem Gebirgsrande und der Dornstrauchsteppe an der Küste eingeengt. In allmählichem Übergang vollzieht sich diese Wandlung. Im Bestande nimmt Mesquite (Prosopis) einen immer größeren Raum ein. Die Stämme werden kürzer, die Bäume verzweigen sich dichter über dem Boden. Sie werden strauchartiger und bilden mehr einen Busch als einen Wald. Die kräftigen Pfeilerbündel der Orgelkakteen, auch schon der Pitahayas (Cereus) und die stachelstrotzenden kleinen verzweigten Bäumchen der Cholla (Opuntia fulgens) lenken den Blick auf sich. Die einzelnen Pflanzenindividuen treten weiter auseinander und Graswuchs breitet sich zwischen ihnen aus.

Auch die Dornstrauchsteppe bietet viele edaphische Varianten, so daß es bisweilen nicht leicht erscheint, zu sagen, wo eine wirkliche grundsätzliche Änderung eintritt, und wo es sich nur um eine im Rahmen der Formation typische Anreicherung bestimmter Bestandeselemente handelt. So stehen in den Deltaebenen des Mayo und Yaqui bisweilen fast reine, üppig entwickelte Mesquitewaldungen, während sich dicht daneben ebenso reine und kräftige Kakteen- und Dornstrauchdickichte geschlossen ausbreiten. Geringe Änderungen in der Höhenlage und in der Zusammensetzung der Flußablagerungsböden scheinen hier eine große Rolle zu spielen.

In Sonora treten eine Reihe neuer Faktoren hinzu, die eine andere prinzipielle Verteilung des Pflanzenkleides mit sich bringen. Der Raum zwischen Meer und Sierra erweitert sich, die Niederschläge lassen an Menge nach, die Trockenzeiten werden länger. Dafür hebt sich das Relief in Mittelsonora empor, die Ketten sowohl wie die Sohlen der Becken und Täler liegen bedeutend höher als in Sinaloa. Im östlichen Sonora führt die geschilderte Terrassengliederung der Täler und das entsprechend reicher bewegte Relief auch zu einem lebhafteren Wechsel der Exposition. Das aride Gebiet des westlichen Sonora ist wiederum ein Reich für sich, dem ich mich zunächst zuwenden möchte.

Die Küstenvegetation Sonoras kenne ich nördlich von Guaymas nur bei Puerto Libertad. Für die Umgebung des Sonora-Deltas und

---

[19]) Auffallend ist, daß in diesen Tälern am Fuß der Sierra anscheinend auch die Wintertemperaturen höher sind, wie ein Vergleich der Zahlen von Ahome (Fuerte Delta) und Choix (356 m!) erkennen läßt.

der Insel Tiburon hat jedoch Mc Gee[20]) in seiner Arbeit über Seriland ausgezeichnete Beschreibungen geliefert. Für die nördliche Golfküste bietet das Reisewerk von Lumholtz[21]) sehr anschauliches Material. Die aride Sukkulenten-Dornstrauchsteppe tritt überall bis an die Küste heran. Hochwüchsige Kakteen scheinen jedoch die unmittelbare Nachbarschaft des Meeres zu vermeiden. Mc Gee hat eine sehr interessante Abweichung der normalen Ausbildung dieser Vegetation an der Infernillo-Straße (zwischen Tiburon und dem Festande) beschrieben. Hier säumt eine besonders üppig ausgebildete Strauchvegetation die Küsten. Diese niedrigen Sträucher (bes. Maytenus phylanthroides) sind durch die hier besonders heftigen Winde flach an den Boden angedrückt und formen langhingestreckte, windgeschorene, matratzenartige Polster. Etwas weiter im Land folgt eine Zone, die ziemlich dicht mit Zwergsträuchern (vor allem Frankeria Palmeri), die nur wenige Zentimeter bis zu etwa ¾ m Höhe erreichen, besetzt ist. Die Üppigkeit der Vegetation führt Mc Gee auf die sowohl im Winter als auch im Sommer zuzeiten häufigen Nebel und den reichen Taufall zurück. Auch am Point Lobos bei Libertad begleitet eine niedere, aber ziemlich üppige Strauchvegetation die Küste, doch war hier die Windwirkung weit weniger deutlich zu beobachten.

Das nordwestliche Dreieck Sonoras zwischen der großen Lavadecke des Pinacate, dem Golf und dem Colorado ist das Reich der gefürchteten „medanos“, der großen Sanddünen. Sie beginnen nach den Angaben von Lumholtz nördlich der Aufschüttungsebene des Sonoyta und ziehen sich in nordwestlicher Richtung bis zur Staatengrenze hin. Es sind meist N—S bis NW—SO gestreckte Dünenreihen. Die einzelnen Dünen erreichen Höhen bis zu etwa 70 m und Längen von etwa 1 km. In den Tälern zwischen den Dünen wächst eine spärliche Strauchvegetation, unter der nur die Polster von Oenòthera trichocalyx mit ihrem prachtvollen weißen Blumenflor das Auge erfreuen. Die nackten Sandhänge der Dünen beherbergen die merkwürdige „Ammobroma Sonorae“, eine etwa 2—3 Fuß lange schmackhafte und sehr saftige Wurzel, die Hunger und Durst zugleich stillt. Sie ist für Papagos und Wüstenwanderer eine unschätzbare Gabe. — Westlich der Sanddünen erstreckt sich zwischen der Bahia Adair und dem Colorado eine etwa 200 m hohe „Mesa“, die nach Lumholtz mit einer schütteren Vegetation von „greasewood“ (Larrea tridentata), Chamiso und Canutillo (Ephedra) sowie gelegentlichen Tupfen von Galleta-Gras bestanden ist. In der Colorado-Niederung dagegen bilden Binsen und Rohr

[20]) Mc Gee, W. J. The Seri Indians. 17th. Annual Report of the Bureau of American Ethnology. 1895/1896. Washington 1898. Part. 1, S. 36.

[21]) Lumholtz, a. a. O.

ausgedehnte Dickichte. Die herrlichen Luftbilder in Sykes Colorado Delta[22]) lassen das eigenartige Gewirr von Flußarmen, Altwässern, von Rohr- und Binsendickichten sowie ausgedehnten Mesquiteforsten gut erkennen. Hochwüchsige Kakteen scheinen auch hier selten bis an die Küste vorzudringen. Die fast pflanzenlose Küste des Golfes wird an der Bahia Adair von großen Salzlagunen mit einer eigenartigen Vegetation begleitet.

Der Hauptteil des westlichen Sonora bis zum 112. Breitengrad im nördlichen und bis zum 111. im mittleren Sonora unter 700 m Meereshöhe wird von der ariden Sukkulenten-Dornstrauchsteppe bedeckt, für die die Amerikaner das Wort „arboreal desert" geprägt haben. Sie wollen damit den trügerisch üppigen Bestand an hohen Sträuchern und Bäumen, der die Wasserarmut (meist unter 250 mm Niederschlag) der Wüste vergessen macht, zum Ausdruck bringen. Dieser Reichtum merkwürdiger und eigenartiger gut angepaßter, daher auch gesund und kräftig aussehender Einzelgestalten erzeugt den faszinierenden Reiz der amerikanischen Trockengebiete.

Auch das Verbreitungsgebiet dieser Vegetationsformation scheidet sich nach der landschaftlichen Gliederung in deutliche Unterabteilungen. Von den Becken zu den Pediments und den Inselgebirgsketten läßt sich eine typische Abwandlung des Vegetationscharakters ziemlich regelmäßig beobachten, die sich nach den Böden, der Nähe des Grundwassers, der Hangneigung und nach der Exposition anordnet. Inmitten der feinsandigen und tonigen Aufschüttungsebenen ziehen sich an den Flüssen üppig und hochwüchsig entwickelte Mesquitewaldungen entlang. Ja, man kann dort, wo — etwa beim Durchbruch eines Flusses durch die Achsenzone einer Sierra wie zwischen Pitiquito und Caborca — Grundwasserstau eintritt, geradezu von ausgedehnten Waldungen sprechen. Neben die verschiedenen Prosopisarten, die bis über 10 m Höhe erreichen können, treten die grünstämmigen, dicht und graziös verzweigten Palo Verdes (Parkinsonia spec.), die im Frühjahr in einem prächtigen Schmuck gelber Blüten prangen. Auch das Eisenholz, der Palo fierro (Olneya tesota) erreicht hier gelegentlich bis zu 10 m Höhe. Kakteen sind dagegen in dieser Zone selten. Wo die Grundwasserbedingungen günstig, Schichtflutüberschüttung und -abtragung nicht zu kräftig, da kommen auch üppige Grasbestände vor. Es sind die besten und fruchtbarsten Gebiete des westlichen Sonora und daher sind sie in der Nähe der Siedlungen weitgehend gerodet. Nicht nur künstlich bewässerte Felder, auch Temporales, d. h. Felder, die auf natürliche Be-

[22]) Sykes, G. The Colorado Delta. American Geographical Society Special Publication No. 19. — Carnegie Institution of Washington and the American Geographical Soiety of New York. 1937.

wässerung durch Regen und Schichtfluten angewiesen sind, nehmen einen bedeutenden Umfang an. Diese Galeriewälder setzen sich an den Flüssen bis zur Küste hin als mehr oder weniger breites Band fort. Mc Gee hat ähnliche Wälder von dem Delta des Sonora und Bacoachic, Lumholtz vom unteren Sonoyta beschrieben.

In größerer Entfernung vom Fluß, aber noch auf den Aufschüttungsböden, bedecken die etwa 1 bis 1,5 m hohen Greasewood (Larrea)-Sträucher über größere Flächen hin fast ausschließlich den Boden. Sie scheinen widerstandsfähiger gegen Überschüttung und Abspülung zu sein als die Mesquitewaldungen. In diesen Becken erreichen sie ihre üppigste und kräftigste Ausbildung. Die dunkelgrünen, wie lackierten kleinen Blättchen, dazu die kleinen gelben Blüten sind ein auf große Entfernungen hin erkennbarer Farbton in der Wüstenlandschaft. Oft stehen sie auf Bulten, die von den zahllosen Höhlen von Grabtieren durchsetzt sind.

Am Übergang zu den Pediments wird Graswuchs stellenweise wieder häufiger. Wo der Boden grusiger und steiniger wird, stellen sich mit Vorliebe die dornbesetzten Rutensträucher des „Ocotillo" (Fouquiera splendens) ein. Ihre noch blattlosen Ruten sind im Frühjahr an den Enden mit flammendroten Blüten geziert. Kakteen aller Art sind mit ihnen vergesellschaftet. Im Frühjahr breitet sich auf dem sonst kahlen und steinigen Boden eine nur wenige Zentimeter hohe Flora von rotblühenden Pflänzchen aus, die stellenweise einen lückigen Teppich bilden. Diese Sukkulenten- und Dornstrauchsteppe — Mesquite, Palo Verde und niedere Dornsträucher wie Catclaw (Acacia) fehlen auch hier nicht — überzieht die zerschnittenen Pediments und auch die steileren Hänge der Berge. Jedes Arroyo und jede Rille, die durch die Felsfußebenen dahinzieht, hebt sich durch etwas dichtere und üppigere Vegetation heraus und erscheint so als dunklerer Streifen in der hellen grauen, grünlich getüpfelten Landschaft (Tafel 5). Hier beginnt nun auch das Reich der mächtigen Cereusarten, deren König der Sahuaro (Cereus giganteus) ist. An Südhängen, in Höhen um 500 m erreicht er seine kräftigste Entwicklung. Die monumentale Wirkung dieser gradlinig aufstrebenden, in der Mitte leicht anschwellenden kannelierten Säulen, von denen bisweilen hier und da ein Seitenast abzweigt, ist immer von neuem überwältigend. Sie trugen im Frühjahr einen kleinen Kranz weißer Blüten am oberen Ende des Stammes.

Ihre großartigste Entfaltung findet die „arboreal desert" auf hellen grusigen Granitböden in etwa 500 m Höhe, wo die Niederschläge wohl 250 mm betragen, wie wir sie zwischen Sonoyta und Caborca sowie auf dem Wege nach Libertad beim Überschreiten weitgehend abgetragener Ketten antrafen. Nirgends dringt hier der Blick weiter als 20—30 m.

Überall schieben sich bereits in dieser Entfernung die zahlreichen Mesquite, Palo Verde-, Palo Fierro- und andere dornigen Sträucher fast waldartig zusammen. Krautige Pflanzen und niedere Sträucher der verschiedensten Arten, aber sehr ähnlicher Wuchsformen, bedecken den Boden[23]). Mächtige Sahuaros, Pitahayas, niedrige Faßkakteen (Bisnaga, Echinocactus), die eigenartige Bäumchenform der Cholla mit ihrer geradezu schimmernden Stachelwehr bilden bisweilen fast einen Kaktusgarten. Dazwischen mischen sich die etwa 2 und 3 m hohen Yuccabäumchen mit ihren seltsamen starren Formen. Leicht übersieht der Blick daneben die kleineren und oft versteckter wachsenden Opuntien, die einen herrlichen Flor von großen teerosenfarbenen und rötlichvioletten Blüten darbieten. Hier entfaltet die Trockenlandschaft Sonoras eine wahrhaft phantastische Schönheit, die in der glühenden Sonne, die alle Farben fast aufzuschlucken vermag, mit ihren plastischen starren Formen einen bezaubernden Reiz ausübt. Es ist ein trügerischer Reichtum, denn man möchte vergessen, daß oberflächliches Wasser oft erst in einer Entfernung von vielen Meilen zu finden ist. In dieser Täuschung wird man auch durch die wirtschaftliche Ausnutzung, durch die Weidewirtschaft bestärkt. Findet doch gerade hier das Vieh an den Blättern und Zweigen der Leguminosen reichliche Nahrung. Die Kakteen, vor allem die stachlige Cholla, liefern dazu durststillende saftige Nahrung.

Verfolgt man von Altar aufwärts den Lauf des gleichnamigen Flusses, so vollzieht sich etwa bei Saric (ca. 800 m) ein deutlicher Wandel der Vegetation. Ein murmelnder Bach begleitet den Weg. Graziöse Pappeln und Sykomoren (Platanus spec.), dazu auch Walnußbäume, Eschen, Weiden und Hollunder decken in den Talauen den Weg mit erquickendem Schatten, den man nach der Sonnenglut des westlichen Sonora doppelt wohlwohltätig empfindet (Tafel 8). Hier liegt auch die Grenze zur grasreicheren D o r n s t r a u c h s t e p p e im nördlichen Sonora, deren südliche weiter oben bereits festgestellt war. Diese Grenze betritt etwa bei 112° westlicher Länge in einer Höhe von ca. 800 m mexicanischen Boden und führt im Bogen, an den Flußtälern jeweils nach Norden buchtartig einbiegend, südlich von 31° Breite bis zum 111° Meridian zurück. Im Tale des Rio Magdalena dringt die aridere Talvegetation bis Imuris (824 m) vor. Südlich des Flusses folgt die Grenze etwa der 750 m Isohypse. Im Anschluß an einige höhere Sierren greift sie noch einmal weit nach Westen aus. Im Quellgebiet des Bacoachic kehrt sie nach Osten zurück und schneidet die Eisenbahnlinie der Southern Pacific bei Camou (620 m). Hermosillo liegt wieder im Be-

[23]) Besonders häufig sind auch als „torote" bezeichnete Sträucher (Jatropha und Bursera-Arten) mit sukkulenten, schwammigen Zweigen.

reich der westsonorischen Sukkulenten-Dornstrauchsteppe. Weiter südlich konnte ich die Steppengrenze nicht beobachten. Für ihre Verbreitung ist wichtig, daß sich das mittlere Sonora zwar nach Süden abdacht, die Niederschläge aber in derselben Richtung zunehmen (Magdalena in 750 m Höhe ca. 406 cm, Ures in 365 m bereits 500—600 cm). In Südsonora geht die Dornstrauchsteppe fast bis zum Meeresniveau herab.

Diese Dornstrauchsteppen unterscheiden sich vor allem durch ihren reichen und gleichmäßigen Grasbestand und die geringere Zahl der hochwüchsigen Kakteen von der Vegetation des arideren Westsonora. Yuccas sind vor allem in Nordsonora häufig. Nur in der Grenzzone zur Sukkulentenvegetation kommen noch vielfach Sahuaros vor, die dicht unter der Steppengrenze geradezu ihre optimalen Lebensbedingungen zu finden scheinen. Mesquitegehölze in schütteren Beständen sind ein charakteristisches Element der Steppe. In den Tälern und an steileren Hängen dagegen tritt fleckenhaft wieder ein stärkerer Sukkulentenbestand auf.

Steigt man in den Tälern noch weiter aufwärts bis zu Höhen von über 1100 m und darüber, so mischen sich Eichen in den Baumbestand ein, die allmählich die Vorherrschaft antreten, so daß die Mesquitesteppe geradezu von Eichensteppen abgelöst wird, wie dies südlich von Nogales und Canaea der Fall ist. Gelegentlich findet man dann selbst hier noch in Cañons kleine Gruppen der Sonora-Palme[24]), sodaß neben Mesquite und Kakteen Palmen und Eichen eine merkwürdige Vereinigung von Pflanzengestalten in enger Nachbarschaft abgeben. In größerer Erhebung entwickeln die Eichen auf günstigen Talböden Höhen von über 15 m. Es sind Baumgestalten darunter, die sich mit jeder mitteleuropäischen Eiche an Dicke des Umfangs und Entwicklung der Krone messen können. Sie stehen in lichten Hainen, oft gruppenweise beisammen. Ein geschlossener Grasteppich breitet sich unter ihnen aus und macht das nördliche, hohe Sonora zu einem ausgezeichneten Weidewirtschaftsland. Wo die Zerschneidung stärker ist und das Relief dementsprechend bewegter, verliert der Eichenwuchs an Höhe. Von weitem gesehen ist dann nur ein geringer Unterschied zur Mesquite-Dornstrauchsteppe vorhanden. Hier wie dort hat die Landschaft das eigentümlich tupfige Aussehen, das für die Trockenlandschaften der subtropischen Gehölzsteppen charakteristisch ist.

Bei Cananea in 1500 m Höhe und auf den zum Teil noch höher liegenden Becken jenseits der mexicanischen Staatsgrenze fehlen die Eichen in den hier noch unzerschnittenen Beckenlandschaften, die von reinen Grama- und Sacategrasbeständen bedeckt sind. An den Hängen und auf den zer-

[24]) Washingtonia Sonorae und W. filifera. Andere Palmen Sonoras sind Erythea elegans und E. armata, Inodes Uresana. Nach Standley a. a. O.

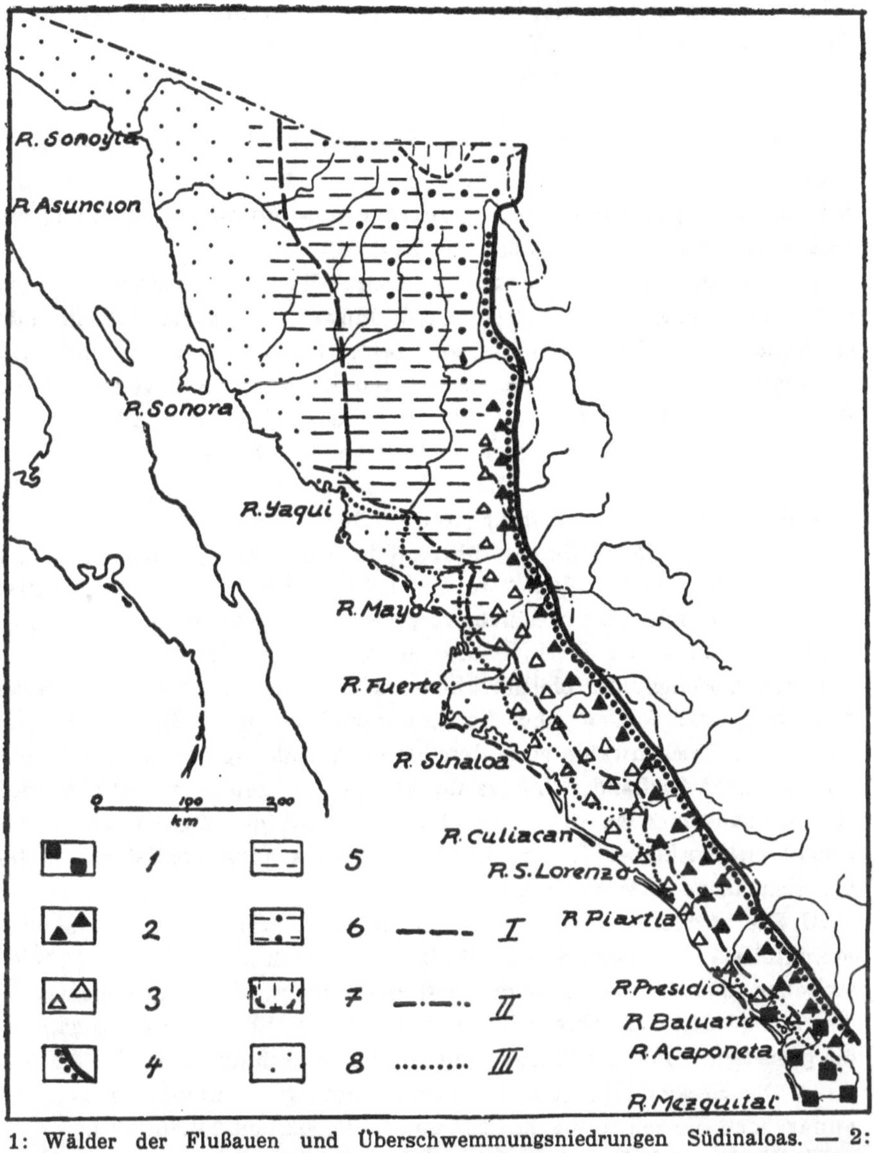

1: Wälder der Flußauen und Überschwemmungsniedrungen Südinaloas. — 2: Trockenwald der niederschlagsreicheren Gebiete (über 500 mm). — 3: Sukkulentenreicher Trockenwald. — 4: Abfall der Sierra Madre Occidental mit Eichenwaldstufe. — 5: Dornstrauchsteppe. — 6: Dornstrauchsteppe mit Eichensteppe in Hochsonora. — 7: Grassteppen der unzerschnittenen Beckenlandschaften Nordsonoras. — 8: Sukkulenten-Dornstrauchsteppe. — I: Grenze zwischen Ost- und West-Sonora. — II: Grenze der marinen Rumpfflächen und Terrassen gegen die Becken und Kettenlandschaft in Sinaloa und Südsonora. — III: Binnengrenze der Deltas und Flußaufschüttungsebenen.

schnittenen Pediments setzt jedoch erneut schüttere Bedeckung mit Eichen, Yuccas und gelegentlich Wacholder ein. Auf den höchsten Teilen erscheinen bereits Nadelwälder.

4. Übersicht über die landschaftliche Gliederung.

Faßt man die räumliche Anordnung der einzelnen Landschaftselemente, wie sie bisher geschildert wurden, zusammen, so lassen sich etwa folgende größere Einheiten herausstellen (vgl. Karte 4):

I. Im Osten begleitet die Sierra Madre die ganze Küstenabdachung über alle Unterschiede der Breitengrade hinweg. Sie ist zugleich die hohe Grenzmauer, die Sinaloa und Sonora gegen das Hochland abschließt. Die im wesentlichen flachlagernden mächtigen Rhyolithdecken geben ihr auf ihrer ganzen Länge einen ebenso einheitlichen Charakter, wie die tiefe Canonzerschneidung. Klimatisch ragt sie in die „tierra fria" hinein. Sie empfängt im Winter beträchtliche Schneemengen. Nadelwald nördlichen Charakters bedeckt sie auf ihrer ganzen Länge.

II. Der Abfall des Gebirges führt oft in einem Hange von der „tierra fria" bis zur „tierra caliente" in der Talsohle hinab. Er ist weit besser beregnet wie alle ihm westlich vorgelagerten Landschaften. Es fehlen daher am Abfall der Sierra Madre ausgesprochene Trockenlandschaften. Die großen Höhenunterschiede führen zu einer Zweiteilung in ein oberes Stockwerk mit Eichen und Hartlaubgewächsen und ein unteres mit tropischem Trockenwalde einer humideren Ausbildung als in dem jeweils angrenzenden Tieflande. Infolge der mit der geographischen Breite nach Norden zunehmenden Höhe der Fußzone wird die schmale Zone des tropischen Trockenwaldes im nördlichen Sonora ausgeschaltet und unter der Eichenzone setzt die Dornstrauchsteppe an.

III. Die unzerschnittenen Becken im nördlichen Sonora. Es ist das eine verhältnismäßig kleine Landschaftseinheit, die sich auf der Wasserscheide zwischen den Flüssen Sonoras und des Gilaentwässerungssystemes in Arizona erhalten hat. Ihre hohe Lage (ca. 1200—1500 m) rückt sie ganz in die gemäßigte Zone. Die Winter kennen im Durchschnitt mehr als 60 Frosttage. Die Becken sind mit Grassteppen bedeckt, während die über sie aufragenden Sierren in die Eichen- und Nadelholzzone hineinragen.

IV. Die Landschaften der zerschnittenen Becken und Ketten.

a) Diese morphologische Einheit besitzt eine große meridionale Erstreckung. Sie dacht sich dabei von Norden nach Süden ab, so daß mit zunehmender Breiten- und Höhenlage sich die morphologisch sehr einheitliche Landschaft nach Klima und Vegetation gliedert. Im nördlichen Sonora wachsen von West nach Ost die Niederschläge von ca. 300 mm auf ca. 600 mm an. Dornstrauchsteppen in den tieferen Teilen, Eichensteppen in den höheren verzahnen sich entsprechend den großen Höhenunterschieden von Becken und Ketten miteinander.

b) Im Süden tritt der Trockenwald seine Herrschaft an. Die Frostgefahr im Winter nimmt beträchtlich ab, die Niederschläge steigen bis zur Breite von Culiacan auf über 500 mm. Dieser nördliche Trockenwald wurde als „sukkulentenreicher Trockenwald" bezeichnet gegenüber dem südlichen, der

c) Trockenwaldlandschaft Sinaloas in der Becken- und Kettenzone, mit einer Regenzeit, in der während drei Monaten mehr als 100 mm Niederschläge fallen und die Jahresmenge auf mehr als 700 mm anwächst. Die Grenze zwischen beiden Abteilungen verläuft nicht parallel dem Breitengrade, sondern zieht in schräger Richtung von S—N auf den Abfall der Sierra Madre zu.

V. Westsonora. Im Gegensatz zu Landschaft IV sind hier die Becken nicht oder nur relativ geringfügig zerschnitten und terrassiert, es findet dagegen in großem Maße Aufschüttung statt. Die ganze Landschaft liegt bedeutend tiefer als Ostsonora und besitzt ein heißes, arides Klima. Die Vegetation ist eine xerophile „Sukkulenten-Dornstrauchsteppe". Die Niederschläge sind äußerst gering und halten sich etwa zwischen 100—250 mm. Nach Nordwesten zu werden neben den Sommerniederschlägen auch die winterlichen Regenfälle prozentual immer wichtiger. Diese Landschaft der Inselsierren und Aufschüttungsbecken endet bei Guaymas. Hier beginnt

VI. eine schmale Landschaftszone, die sich bis südlich von Mazatlan fortsetzt und etwa an der Staatsgrenze von Nayarit aufhört. Der in der Struktur vorhandene Becken- und Kettencharakter ist durch marine Einebnung zum großen Teile ausgelöscht und wird nur durch niedrige isolierte Inselberge noch zum Ausdruck gebracht. Im Norden bedeckt Dornstrauchsteppe die eintönige Landschaft, in Sinaloa dagegen der sukkulentenreiche Trockenwald. Während diese Landschaft nördlich von Mazatlan zu beiden Seiten des Piaxtla an das Meer heranreicht, sind ihr weiter im Norden und Süden große Flußaufschüttungsebenen vorgelagert.

VII. Die bedeutendste Gruppe dieser Flußaufschüttungsebene findet sich in Südsinaloa und Nordsonora am Mayo, Yaqui, Fuerte, Sinaloa, Mocorito, Culiacan und San Lorenzo. Die

VIII. südliche blieb im wesentlichen unbeachtet, es ist die Aufschüttungslandschaft von amphibischen Charakter der Acaponeta-Ebene.

Infolge der geringen Niederschläge ist die Vegetation im Norden arid ausgebildet, es ist eine dichte buschartige sukkulente Dornstrauchsteppe. Im Süden dagegen fallen reichlich Niederschläge und tropischer immergrüner Wald bedeckt die Landschaft von Nayarit.

IX. Eine Welt für sich bildet auch die aus Lagunen und Nehrungen aufgebaute Küste, die von Mangroven besetzt ist und nur dort günstige Hafenverhältnisse bietet, wo, wie bei Topolobampo, Guaymas und Mazatlan, einige Sierren oder vulkanische Bergländer an das Meer heranreichen.

II. Historische Grundlagen der Kulturlandschaft.

1. Die indianischen Zustände zur Zeit der Conquista[25]).

Unsere Kenntnis der indianischen Zustände des 16. Jahrhunderts ist ungleich. Im südlichen Sinaloa vernichtete bereits die erste „Entrada" unter Guzman die ursprünglichen Verhältnisse westlich der Sierra Madre fast vollständig. In Sonora aber ist indianisches Leben bis in die Gegenwart hinein erhalten geblieben. Yaquis, Mayos, Seris, Papagos und Pimas sind noch heute in ihren Lebensformen — wenn auch in verschiedenem Grade der Modifizierung durch die europäische Kultur — der Beobachtung zugänglich. In den einsamen, schwer zu bereisenden Hochgebieten der Sierra Madre Occidental leben Coras, Tepehuanes und Tarahumares unter fast ursprünglichen Bedingungen.

Bei der Rekonstruktion der präspanischen Kulturlandschaft muß man zwischen dem im engeren Sinne historischen Bild des 16./17. Jahrhunderts und dem archäologischen unterscheiden. Letzteres ist keineswegs unwichtig für den Geographen. Im nördlichen Sonora steht der materielle Überrest der archäologischen Zeit, vor allem die eindrucksvollen Monumente der Trincheras, dem historisch greifbaren kaum an landschaftlicher Bedeutung nach. Hier soll jedoch nur eine knappe Übersicht über die historischen Zustände gegeben werden, wobei ich im wesentlichen den neueren Arbeiten Sauers folge.

Die Karte (Abb. 5) zeigt, daß sich ethnische und kulturelle Gruppen in ziemlich enger Übereinstimmung mit der Landschaftsgliederung streifenartig von NW nach S anordneten. Mit gewissen Einschränkungen kann man von Stämmen der Küste, der zerschnittenen Becken- und Kettenlandschaft mit Trockenwald, der ariden Gebiete und von Völkern des Gebirgsabfalles, des

[25]) Die geschichtlichen Tatsachen sind durch die Arbeiten amerikanischer Forscher wie Orozco y Berra, Bandelier, Bancroft, Bolton und Chapman in allen wichtigen Phasen bekannt. Sauer hat durch eingehende Geländearbeit und archivalische Studien sehr viel neues Material zusammenbringen können, die eine geographische befriedigende Überschau über die Verhältnisse zur Zeit der spanischen Eroberung erlauben. Es fehlen jedoch noch systematische Studien, die das Werden der heutigen Kulturlandschaft für einzelne Landesteile und für bestimmte Probleme sich zum Ziel gesetzt haben.

Barrancalandes, sprechen. Sprachliche Verwandtschaft bedeutet jedoch keineswegs Gleichartigkeit in der materiellen Kultur. Mit Ausnahme der Seri, die nach Ansicht Kröbers linguistisch den Yuma nahestehen, gehörten die Indianer Sinaloas und Sonoras dem uto-aztekischen Sprachbereich an, und zwar dessen Untergruppen: dem Huichol-Guachichil- und dem sonorischen Zweig mit den Pima-, Tepehuan- und Cahita-Sprachen als bedeutendsten Varianten. — Alle Stämme betrieben Pflanzstockbau, mit Ausnahme der Seri und Guasave und vielleicht einiger Fischervölker in den Lagunen Nayarits. Die relative Höhe der materiellen Kultur war aber sehr verschieden.

In Nayarit umschlossen zwei sprachlich einander nahestehende Stämme, die Totorame und Cora, die anderssprachigen Huichol und Tecual. Letztere lebten in drei Splittergebieten, die im allgemeinen weniger günstige Lebensbedingungen aufwiesen. Für Sinaloa besitzen nur die Totorame (auch Pinome und Pinonuquia genannt) Bedeutung. Sie waren die Träger einer ausgeprägten Kulturprovinz, die Sauer als Aztatlán[26]) bezeichnet hat und deren Überreste wir auf unseren Reisen beobachten konnten. Gleichartig waren die kulturellen Verhältnisse der linguistisch verschiedenen Tecual im Süden und der Tahue, deren Gebiet nördlich des Piaxtla beginnt. Die Cora, die sprachlich den Pima nahestehenden Tarahumare auf den kühlen Höhen der Sierra Madre, sowie die beiden einander feindlichen, sprachlich nicht verwandten Völker des tiefzerschnittenen Westabfalls, die Acaxee und die Xixime, standen ihnen kulturell ferner, obwohl einerseits die Coras linguistisch zu den Totorames und andererseits die Acaxee zu den Tahue Beziehungen aufweisen.

Die Kulturprovinz Aztatlán, die von Tepic im Süden bis in das Gebiet des Rio Mocorito reichte, umfaßte im wesentlichen die von tropischem, trockenkahlem Walde bestandenen marinen Einebnungsflächen und die Landschaftszone der Becken und Ketten. Die Lagunen der Küste bewohnten dagegen selbständige Fischergruppen, wie die Naarinuquia in Nayarit. Alle kulturellen — bei den Tahue aber nicht oder nicht mehr die sprachlichen — Verhältnisse Aztatláns deuten auf einen alten Zusammenhang mit den Hochkulturen des mexicanischen Hochlandes. Es scheint, daß auf demselben Wege, auf dem heute die einzige leistungsfähige

[26]) Sauer, C. O., und Brand, D. Aztatlán. Prehistoric Mexican frontier on the Pacific Coast. Ibero-Americana: I. — University of California Press, Berkeley, 1932. — Dieser alte Landschaftsname, der sich auf einer Karte im Ortelius-Atlas (1570) findet, soll keineswegs auf früher aztekische Besiedlung hindeuten. Die Ergebnisse neuer Grabungen waren mir nicht mehr zugänglich. Kelly, J. T. Excavations at Chametla, Sinaloa. Berkeley 1938. Ibero-Americana XIV.

5. Völker und Wirtschaftsformen.

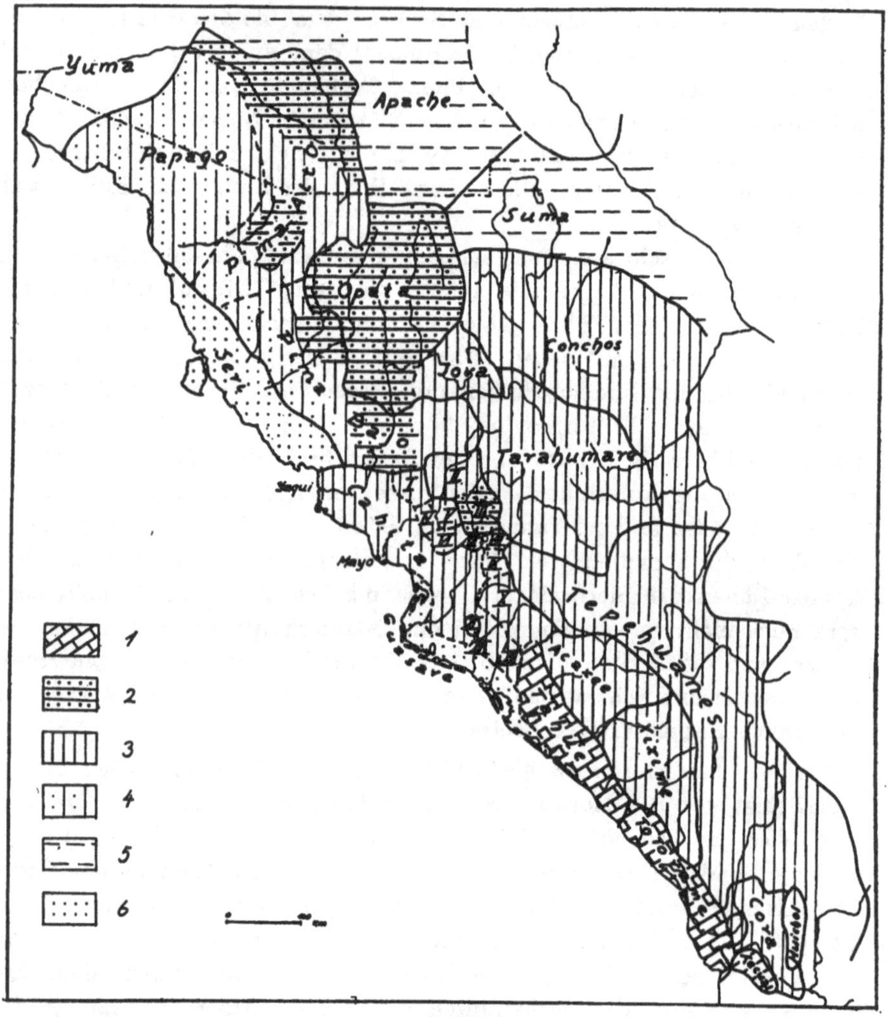

1: Pflanzstockbau der höheren Kulturen Südsinaloas. — 2: Pflanzstockbau mit künstlicher Bewässerung in Sonora. — 3: Pflanzstockbau. — 4: Pflanzstockbau in Verbindung mit Sammel- und Jagdwirtschaft. — 4: Vorwiegend nomadische Lebensweise (Jagd, mit etwas Anbau). — 6: Primitive Jäger und Sammler. — Die römischen Ziffern bezeichnen die Splittervölker am Fuerte und Sinaloa: I: Tepahue. II: Varohio. III: Chinipa (einschl. Guasapar und Temori). IV: Conicari. V: Macoyahui. VI: Baciroa. VII: Huite. VIII: Tubar. IX: Zoe. X: Comanito. XI: Ocoroni. XII: Nio. XIII: Mocorito.

Verbindung zwischen Mesa Central und pazifischer Küste verläuft, über das Hochland von Tepic, auch die einzige intensivere südliche Beeinflussung wirksam geworden ist. Die Zeit der Beeinflussung möchte Sauer in voraztekische Zeit, in der toltekischen Kulturperiode ansetzen. Es lebte hier eine im allgemeinen friedliche Bevölkerung, die der Armee Guzmans schnell und ohne viel Widerstand erlag. Der friedliebende Charakter dieser Waldvölker der Ebene stand dabei anscheinend im Gegensatz zu der mehr kriegerischen Gesinnung der Bergstämme und der Völker Nordsinaloas und Sonoras, wo der Wald in die Dornstrauchsteppe übergeht. Bei den meisten Siedlungsresten fehlen jegliche Spuren von Verteidigungsanlagen. Befestigte Berge und Fliehburgen, wie sie Sonora in so reichem Maße besitzt, gibt es — trotz entsprechender natürlicher Örtlichkeiten — im mittleren und südlichen Sinaloa außerhalb der Sierra Madre anscheinend nicht.

Es waren Pflanzstockbauern, die hier vorwiegend an den fruchtbaren Flußauen, im Deltalande und in den Beckenlandschaften wohnten. Maisanbau, zusammen mit Bohnen (Frijoles) und verschiedenen Kalebassen, bildete die Grundlage der Ernährung. Baumwolle und ihre Verarbeitung war bekannt. Etwas Gemüsebau, grüner Pfeffer (Aji), Eierpflanzen, Früchte („ciruelas" — Spondias lutea, guavas Psidium spc., mameys — Lucuma mamorum) bereicherten die Kost. Auch Wildpflanzen aus der Monte, wie Agaven (für alkoholische Getränke und als Gemüse) und die Früchte der Pitahayas (Cereus-Arten) wurden herangezogen. Die Spanier waren überrascht von der reichen Fülle der erzeugten Lebensmittel. Besonders das Baluarte-Tal und das Culiacan-Delta werden wegen des ausgedehnten Anbaus gerühmt.

Künstliche Bewässerung wurde dem Anschein nach nicht betrieben. Im Süden, in Nayarit, genügten die Niederschläge, um in Verbindung mit den sommerlichen Hochwässern drei Maisernten hervorzubringen. Noch heute erzielt man im südlichen Sinaloa zwei sichere Maisernten. Wintermais wurde an den Flüssen nach der gründlichen Durchfeuchtung durch das spätsommerliche Hochwasser angebaut. Da die meisten Flüsse mehrere Meter in ihr Hochflutbett eingeschnitten sind, lassen sich Bewässerungsanlagen im größeren Umfange nicht leicht konstruieren, es sei denn mit Hilfe von Pumpwerken oder sehr langen Kanalsystemen. So war die zweite Maisernte auf den Regen angewiesen; es ist der noch heute betriebene „Temporal"-Anbau. Besonders günstige Bedingungen hierfür boten die flacheren Fußhänge der Bergketten, die die Täler begleiten. Sicher ist hier auch die noch heute bekannte wandernde Anbauform der „coamil"- oder „rosa"-Bewirtschaftung betrieben worden. Sie besteht darin, daß der Busch nach

Ursprüngliche Bevölkerung und Bevölkerungsdichte im nordwestlichen Mexico verglichen mit Bevölkerung und Bevölkerungsdichte im Jahre 1920.

Stamm	Gebiet in qkm	Ursprüngl. Bevölkerungszahl	Urspr. Dichte pro qkm	Bevölkerungszahl 1920	Dichte pro qkm 1920
Totorame	10 400	100 000	10,0	120 000	12,0
Tahue	13 400	70 000	5,2	70 000	5,2
Cahita, insgesamt . .	27 100	115 000	4,3	115 000	4,3
Sinaloa und Ocoroni R. . . .		15 000			
Cinaloa—Tehueco—Zuaque .		40 000			
Mayo		25 000			
Yaqui		35 000			
Guasave	8 000	10 000	1,2	30 000	3,8
Comanito und Mocorito	7 100	30 000	4,2	40 000	5,6
Acaxee	15 000	30 000	2,0	40 000	2,7
Xixime	19 800	30 000	1,5	50 000	2,6
Barranca-Stämme des Fuerte und Mayo . .	14 000	30 000	2,2	55 000	4,0
Chínipa		4 000			
Guazapar und Témori . . .		3 000			
Zoe		3 000			
Tubar		3 000			
Huite		2 000			
Varohío		7 000			
Tepahue		3 000			
Conicari		1 000			
Baciroa, Macoyahui usw. . .		3 000			
Pima Bajo	38 100	25 000	0,6	40 000	1,0
Opata	42 500	60 000	1,5	70 000	1,7
Seri	20 400	5 000	0,2	20 000	1,0
Jova	7 800	5 000	0,6	8 000	1,0
Pima Alto	100 600	30 000	0,3	58 000 (Mex. allein)	1,0
Zusammen:	324 200	540 000 ±	2,6 (Durchschnitt)	716 000	3,95 (Durchschnitt)

Aus: Carl Sauer: Aboriginal Population of Northwestern Mexico. In: Ibero-Americana 10. Univ. of Cal. Press, Berkeley, Cal. 1935.

dem Ende der Regenzeit geringelt und am Ende der Trockenzeit gebrannt wird. In die Asche werden Mais und Bohnen eingesät. Nach wenigen Jahren, wenn der Ertrag zurückgeht und die Verunkrautung zu groß wird, verläßt man die Felder, die sich wieder mit sekundärem Trockenwald überziehen.

Der Anbau reichte aus, um Bevölkerungsdichten (siehe nebenstehende Tabelle) zu erzielen, die nach Sauers Berechnungen nicht weit von den heutigen entfernt waren. Die Totorame im Süden (etwa 100 000) besaßen eine Dichte von 10 Einwohner pro qkm, die Tahue (70 000) im Norden dagegen nur 5 Einwohner pro qkm. Es kommt hierin die Verschlechterung der Lebensbedingungen zum Ausdruck, die sich bei der Vegetation in dem Übergang vom südlichen Trockenwald zum sukkulentenreichen Trockenwald widerspiegelt. Besonders ärmlich, ja geradezu ein Hiatus innerhalb der Kulturprovinz, bestand am Piaxtla, dessen tiefeingeschnittenes Tal nur geringe Flutebenen besitzt, und auf den ausgedehnten trockenen Abtragungsebenen um die Sierra de Tacuichamona, wo auch heute Temporalanbau nur in unzureichendem Maße betrieben werden kann, so daß die Bevölkerung zur Ergänzung auf Heimindustrien angewiesen ist[27]).

Die Mitteilungen über die Siedlungsformen bleiben noch unvollkommen. Es gab große, ja stadtartige Ortschaften mit Märkten („tiangues"), die die Bewunderung der Spanier erregten[28]). Ihre Namen (Chametla, Culiacan u. a.) haben sich bis in die Gegenwart vererbt. Wie die archäologischen Fundstätten zeigen, waren die Siedlungslagen den natürlichen Verhältnissen angepaßt und entsprachen den auch heute noch bevorzugten. In den sommerlich überschwemmten Flußauen und Deltaebenen fanden die Siedlungen Schutz auf niedrigen Terrassen (Chametla am Baluarte) oder auf natürlich erhöhten Uferbänken wie am Culiacan. Daneben wurden aber, vor allem in Nayarit, doch auch am Baluarte, San Lorenzo, Presidio und Culiacan, künstliche Hügel, Wurten oder „mounds" angelegt, die Sauer eingehender beschrieben hat[29]).

Fast alle Becken mit günstigen Anbaubedingungen waren besiedelt. Hier wählte man entweder Terrassen — wie die heutigen größeren Ortschaften — in der Nähe von kleineren Alluvialflächen, oder siedelte auf „lomas", kleinen Hügeln, die über die Fußflächen der Berge leicht aufragten und

[27]) Vgl. S. 417.

[28]) Obregon, Balthasar de. Obregon's history of 16th. century explorations in western America, entitled Chronicle, Commentary, or Relation of Ancient and Modern Discoveries in New Spain and New Mexico. Transl. and ed. by George P. Hammond and Agapito Rey. Los Angeles 1928.

[29]) Vgl. u. S. 411.

günstig zu den Temporalfeldern auf den Bergfußhängen lagen. Ihnen entsprechen heute noch zahlreiche kleine Weiler und Einzelsiedlungen.

Zwei wichtige Hausformen werden erwähnt: ein Flachdachhaus gab es nach Obregon am Baluarte in Chametla und Strohdachhäuser (Mais-, Palm-Zacatestroh?) vom Piaxtla an nordwärts. Diese Verbreitung der beiden Haustypen ist insofern merkwürdig, als sie im Falle Chametlas durchaus nicht mit den heutigen Verhältnissen übereinstimmt. Im Gegenteil, wie ich weiter unten schildern werde (vgl. Abb. 11), kommen in den Flußauen Südsinaloas noch heute recht ursprüngliche Häuser mit abgewalmten Strohdächern vor, während Flachdächer fehlen. Nördlich von Culiacan dagegen ist heute bereits das Flachdachhaus aus dem Mayo- und Yaquigebiet weit verbreitet. Am Fuß der Sierra Madre und in isolierten Becken und Tälern wie bei Cofradia (in der Nähe von Imala östlich von Culiacan), bei Badiraguato und Alicama (nördlich von Culiacan), doch auch im Deltagebiet des Culiacan, ja bis zu dem des Fuerte bei Ahome sind neben den moderneren kolonialen Hausformen sehr primitive Strohdachhäuser erhalten geblieben. Nach Angaben bei Beals[30]) waren auch die Häuser der Barrancastämme, der Acaxee und Xixime, mit „thatch" gedeckt.

Nördlich der Tahue begann das Verbreitungsgebiet der „C a h i t a" sprechenden Völker, deren kräftigste Vertreter, die M a y o und Y a q u i , noch heute in großer Zahl vorhanden sind[31]). Das südliche Cahitaland wies außerordentlich zersplitterte Stammesverhältnisse auf, zu deren Klärung Sauer auf Grund intensiver archivalischer Studien beitragen konnte[32]). Die archäologischen Überreste scheinen hier weit geringer zu sein. Neben den größeren Stämmen (vgl. Tabelle) der Yaqui und Mayo in den Deltalandschaften der gleichnamigen Flüsse, der Varohio (unsicherer linguistischer und kultureller Zuteilung), der Guasave an der Küste saßen 14 „naciones" in den Flußtälern am Abfall der Sierra Madre und der Becken- und Kettenlandschaft. Besonders am Fuerte fällt die große Häufung von kleinen Stammesgebieten auf, die jeweils etwa mit einem Flußtal oder Talabschnitt zusammenfallen. Merkwürdig sind auch die isolierten Splitter der Nio und Ocoroni am Sinaloa. Wie dieses eigentümliche Verbreitungsbild

---

[30]) Beals, R. L. The comperative ethnology of northern Mexico before 1750. — Ibero-Americana: 2. — University of California Press. — Berkeley, California, 1932. — Derselbe: The Acaxee. A Mountain tribe of Durango and Sinaloa. Ibero Americana. Berkeley 1933.

[31]) Nach der Sprachstatistik 1930: 7183 Yaqui und 26 815 Mayo.

[32]) Sauer, C. O. The distribution of aboriginal tribes and languages in northwestern Mexico. — Ibero Americana: 5. University of California Press. Berkeley, California, 1934.

zu deuten ist, läßt sich mit Sicherheit noch nicht feststellen, doch soll darauf weiter unten kurz eingegangen werden.

Auch die Cahitastämme mit Ausnahme der Guasave sind Pflanzstockbauern. Das wird von Ribas[33]) eindeutig festgehalten: „Para sembrar essas semillas, y limpiar la tierra, no tenian otros instrumentos que los de unas cuchillas anchas y largas (Machete), de palos con que mullian la tierra.“ Vorwiegend wurde Mais angebaut, der „hundertfältige Ernten“ ergibt. Zwischen den Mais säten sie verschiedene Arten von Kalebassen. Wichtig waren die Frijoles und die Mescalagave. Letztere diente zur Bereitung eines alkoholischen Getränkes wie auch als Gemüse. Man kochte den abgeschlagenen Stamm zwischen heißen Steinen im Erdofen, in einer Art Kochkiste. Die Fasern wurden für Textilzwecke verwendet.

Die Siedlungen lagen an den Flußmündungen und Ufern, „porque si se apartaran dellos, ni tuuieran agua que beuer, ni aun tierras en que sembrar“, sagt Pater Ribas, der inmitten des Cahitagebietes in Ahome am Anfang des 17. Jahrhunderts wirkte. Es waren Siedlungsgruppen, „alderias o rancherias“, mit einem Abstand von 2 leguas, doch sind nach Sauer auch größere Siedlungen von 100 bis 300 Häusern bekannt. Sie lagen nach Ribas nahe beieinander, bisweilen auch in Entfernungen von 2—3 leguas: „conforme hallauan la commodidad de puestos tierras para sementeras“, die sie gewöhnlich in der Nähe ihrer Wohnsitze hatten. Über die Stärkeverhältnisse der einzelnen Gruppen orientiert die Tabelle von Sauer. Die Bevölkerungsdichte (4,3 pro qkm) ist geringer, wohl entsprechend der Verringerung der Temporalflächen außerhalb der Flußauen. Die moderne Weidewirtschaft hat hier durch die Einführung des Großviehs die Tragfähigkeit des Lebensraumes erheblich vermehrt.

Diese Stämme fielen den Spaniern als roher und weniger zivilisiert auf. Sie scheinen weniger bekleidet gewesen zu sein, vor allem aber waren sie weit kriegerischer und leisteten recht erheblichen Widerstand, wie beispielsweise die Yaqui (s. u.) und die Bergstämme im Flußgebiet des Fuerte. Hier kamen die ersten Eroberungszüge zum Stillstand und hier setzte die erste Missionsfrontier der Jesuiten ein.

Besonders merkwürdig erschien den Spaniern eine neue Hausform. Neben Flachdachhäusern (s. u.) wurden steife Mattendecken aus geflochtenem Rohr, sog. „petates“, als Dach- und Wandmaterial benutzt. Die Spanier benannten danach das Land „petatlan“. Ribas beschreibt, wie sie diese petates über gebogene Zweige spannten, „wie die Planwagen in Spanien“.

---

[33]) Perez de Ribas. Historia de los Triumphos de Nuestra Santa Fee entre Gentes las mas Barbaras y Fieras del Nuevo Orbe. Madrid 1645.

Gelegentlich lassen sich noch heute derartige Hütten beobachten (Abb. 11 Nr. 11). Daneben kamen jedoch, wie Perez de Ribas deutlich beschreibt, auch Flachdachhäuser mit festen, geflochtenen Reiserwänden und Lehmbewurf vor. Verteidigungsanlagen werden, nach Beals, bereits mehrfach erwähnt, wie es auch die häufigen Kriegszüge verständlich erscheinen lassen.

Zwei Völkerschaften, die eine im Gebirge, die andere an der Küste, unterschieden sich bedeutend in ihren kulturellen Verhältnissen von dem Rest der Cahita. Im Gebirge saßen in dem Tale des gleichnamigen Flusses die Chinipa. Sie betrieben künstliche Bewässerung und hatten südlich der Pueblo und nördlich der Tahue wohl die höchste Kulturstufe erreicht. Sie wurden als Stammeseinheit früh vernichtet und gingen in den Sinaloa-Missionen auf. Sauer hat eine besondere Untersuchung dieses interessanten Volksstammes angekündigt. Es ist auffallend, daß gerade hier am Gebirgsrande sich diese Brücke höherstehender Völkerschaften vom Süden nach Norden zu den Opata (s. u.) fortsetzt. Diese Verbreitung entspricht der allgemeinen Gesetzlichkeit, die auch die Vegetation und das Klima zeigen. Auch hier reichen gerade am Gebirgsfuße südlichere Formen am weitesten nach Norden.

Eine Bestätigung dieser Regel der Parallelität von Wirtschaftsformen und Vegetationsformationen bieten auch die Guasave an der Küste. Sie lebten in der schmalen Zone von arider Dornstrauch-Sukkulentensteppe, die sich an der Küste bis südlich des Culiacan-Deltas hinzieht. Die Niederschläge sind hier sehr gering und „playas“ mit Salzkrusten häufig. Dafür ist der Fischreichtum der Meere groß. Perez, der in ihrer unmittelbaren Nachbarschaft lebte, hat von dieser fast vergessenen Primitivkultur ein anschauliches Bild entworfen. Nachdem er die Bauernvölker (labradores) beschrieben hat, fährt er (im Auszug) fort[34]):

„Es gibt andere, und das sind die barbarischsten, die man auf der Erde gesehen und entdeckt hat. Sie bebauen weder den Boden wie die übrigen, noch säen sie, noch besitzen sie irgend eine Art von Hütte. Ein Teil von ihnen lebt in den Dorngebüschen, an entlegenen Stellen in der Monte, andere am Strande und in den Dünen (medanos de arena). Erstere nähren sich von Unrat, Wurzeln und Früchten des Waldes. Sie tränken sich aus Lachen (charcos) und kleinen Lagunen, die aus der Regenzeit stehengeblieben sind, die am Meere wohnenden von Fischen, Langusten, Schlangen und anderem Getier. Anstelle von Brot essen sie frische Fische (frescas = rohe?). Zur Zeit der Maisernte kommen sie flußaufwärts zu den Pueblos der ihnen befreundeten Bauern und tauschen Mais gegen Fische ein. Zu anderer Zeit sammeln sie ein Kraut, das unter dem Meere wächst und benutzen es als Brot.“ Eine ihrer wichtigsten Nährfrüchte war die Pitahaya, deren Aussehen Ribas Verwunderung erregte, und die er plastisch beschreibt.

---

[34]) A. a. O., S. 7 ff.

Bemerkenswert scheint ihm, daß diese wandernden Stämme, trotz ihrer wenig „ergötzlichen" Kost, die korpulentesten und in der Statur größten sind — besonders die von der Küste. Sie übertreffen darin alle anderen Nationen Neuspaniens und Europas, fügt er hinzu. Dabei sind sie behende und flink und erreichen trotz der schlechten Ernährung ein hohes Alter. Zum Schutze gegen die Unbilden des Himmels tragen sie keine Kleidung. Sie errichten Windschirme aus ein paar Ästen und Zweigen, die sie in den Sand stecken. In den kältesten Nächten des Januar und Februar schirmen sie sich durch Feuerbrände, in deren Nähe sie sich in den kalten Sand legen. „Dieses seltsame Volk ist viel weniger zahlreich als die Bauern. Auf diese Weise leben sie, und zwar viel zufriedener, als wenn sie die Goldschätze und Paläste der Erde besäßen . . ."

Nördlich der Cahitastämme wiederholt sich die Abstufung der Kulturhöhe von Küste zu Binnenland in ähnlicher Weise. Hier entsprechen den Guasaves die von Mc Gee[35]) so eingehend und anschaulich beschriebenen Seri. Nur auf den großen Deltaebenen des Mayo und Yaqui breiteten sich höhere Wirtschaftsformen bis zum Meer aus. — Die Seri waren von den Bauernvölkern Innersonoras durch einen breiten Streifen sehr wasserarmen und ariden Gebietes am unteren Sonora und Bacuachic getrennt. Dieser Grenzsaum wurde nur gelegentlich zu Kriegs- und Beutezügen überschritten. Nach der Darstellung Mc Gees sind die Seri ein Volk, das in einem typischen Rückzugsgebiet lebte und sich in seiner verhältnismäßig großen Zahl vorwiegend durch den Fischreichtum der Küsten um Tiburon erhalten konnte. Nach Sauers Angaben betrug ihre Zahl fast das Doppelte der Guasave (10 000 zu 5000). Es ist den Missionaren und den militärischen Behörden Sonoras nicht gelungen, die Seri völlig zu unterwerfen; nur die Guaymas wurden in drei Missionen am unteren Yaqui angesiedelt. Am unteren Sonora hat bis zum Ende des 19. Jahrhunderts eine regelrechte „Frontier" bestanden. In zähen Kämpfen mußte sich hier der Besitzer des Ranchos San Francisco da Costa Rica, Pascual Encinas, durchsetzen und die Seri unterwerfen, wie Mc Gee höchst anschaulich beschreibt.

Nördlich des Serilandes liegt die Papagueria, das Wohngebiet der Papago, deren Zahl nach Kirk Bryan[36]) noch etwa 6000 beträgt (früher wohl 10 000). Sie sind sprachlich den Pima nahe verwandt. Auch sie führen ein halbnomadisches Leben, unterscheiden sich aber trotz ihres ähnlichen Habitats von den Seri in vieler Beziehung. Das Meer spielt in ihrem Leben eine nur unbedeutende Rolle. Nur zur Salzgewinnung unternehmen sie ausgedehnte, von kultischen Handlungen begleitete Züge zu den Lagunen an der Bahia Adair. Wichtiger noch ist jedoch, daß sie Anbau betreiben.

---

[35]) Mc Gee, a. a. O.

[36]) Bryan, Kirk. The Papago Country, Arizona. U. S. Geol. Survey. Water-supply Paper 499, S. 23. — Eingehend beschreibt auch Lumholtz a. a. O. die Papagos.

Auf den „bahios", den Schichtflutebenen, legen sie mit Vorliebe ihre Sommerfelder von Mais, Bohnen und Wassermelonen an. Nachdem sie heute die Getreidearten der Weißen, Weizen und Gerste, übernommen haben, erzielen sie an günstigen Stellen dank der gelegentlichen Winterregen sogar noch eine zweite Ernte. Die zahlreichen „temporales", die man gerade in den ariden Teilen des Altardistriktes, wie etwa im Sonoyta-Tale, antrifft, überraschen immer von neuem. Ihre Häuser bestehen aus aufrechtgestellten, eng zusammengebundenen Sonnenblumenstengeln (Lumholtz) und anderen Zweigen, die durch Sahuarorippen zusammengehalten werden. An der Basis der Wände werden zum Schutz gegen das abrinnende Wasser kleine Lehmwälle errichtet. Die Dächer sind ganz flach gewölbt und bestehen aus Reiserlagen mit Lehmbeschwerung. Gewöhnlich ziehen sie zwischen Sommerwohnsitzen bei ihren Feldern und Winterwohnsitzen in der Nähe der Berge mit den Jahreszeiten hin und her. In der trockenen Jahreszeit können sie in der Nähe der Sierra, in „pozos" und „tanques", Wasser finden. Seitdem sie die Viehzucht übernommen haben, legen sie auch künstliche „represas" (Viehtränken) an. In der Flechtkunst haben sie eine hohe Stufe erreicht, werden jedoch von den Pima darin noch übertroffen. Auffallend ist, daß sie Töpferei betreiben. So deutet ihre Lebens- und Wirtschaftsweise darauf, daß sie enge Beziehungen zu Ackerbauvölkern besitzen müssen und vielleicht aus einem günstigeren Habitat in die Wüste abgedrängt wurden[37]).

In einem merkwürdigen, nach Osten offenen Halbkreise ordnete sich östlich der Papago das Gebiet der Pima an. Es zerfiel in die Pimeria Alta im Norden und die Pimeria Baja im Süden. Ihr Lebensraum erstreckte sich vom Gila und seinen Nebenflüssen Santa Cruz und San Pedro westlich um das mittlere Sonora herum und bog südlich von Ures nach Osten um. Hier besetzten die Pima Teile des Yaquimittellaufes bei Cumuripa und Onabas und sogar noch ein kleines Stück des Mayogebietes bei Maicobo. Durch die Splitterstämme am Fuerte und die Tarahumare wurden sie von den ihnen sprachlich sehr nahestehenden Tepehuane vollkommen abgetrennt[38]).

Ihr Lebensraum war seiner natürlichen Beschaffenheit nach sehr ungleich. In den westlichen Pimagebieten unterschied sich die Dornstrauch-Sukkulenten-Landschaft in nichts von der Papagueria. Weit günstiger waren im

---

[37]) So vermutet Sauer, C., in: Prehistoric settlements of Sonora, with special reference to Cerros de Trincheras. Univ. of Calif. Publ. in Geography. Vol. 5. No. 3. S. 119. Berkeley 1931.

[38]) Sauer, C. Distribution of native tribes and languages.

Norden die Täler des Altar und des oberen Magdalena bei Imuris einerseits und die südöstlichen Täler in der Pimeria Baja, besonders das Tal von Nuri, andererseits. So war auch ihr kultureller Zustand sehr ungleich. Während sie in der ariden Landschaft in ihrer Lebensführung kaum von den Papago abwichen, erreichten sie in den optimalen Gebieten einen recht hohen Stand. Hier betrieben sie sowohl im Norden bei Imuris (die Himeri) als auch im Süden, im Nuritale, ausgedehnte künstliche Bewässerung, die von den Spaniern mit Bewunderung betrachtet wurde. Obregon beschreibt die Landschaft und Siedlung einer ihrer „Städte", Oera, die (nach Sauer) im Nuritale lag und 1000 Häuser und 2000 Einwohner besessen haben soll. Bewässerte Mais-, Bohnen- und Kalebassenfelder erstreckten sich in ihrer Nachbarschaft über 2 leguas. Die Stadt selbst hatte Flachdachhäuser und ordentlich angelegte Straßen. Sehr hohe Anbautechnik entwickelten auch die nördlichen Pima am Gila und seinen Zuflüssen, wo sie sogar sehr ausgedehnte Bewässerungskanäle besaßen. Ihre Volksdichte war trotz der großen Gesamtziffer (s. Tabelle) ungleich und im ganzen nur gering (0,3 obere Pima, 0,6 untere Pima).

Im Norden, Süden und Westen hielt das Pimagebiet das Opataland umschlossen. Die Opata standen sprachlich den Tarahumare nahe. Sie bewohnten die besten Gebiete Sonoras, vor allem die fruchtbarsten Becken an dem gleichnamigen Strome sowie am Batuc und Bavispe. Wahrscheinlich ist durch Fluten seither gerade in diesen Becken viel kultivierbares Land verlorengegangen. Auch sie bauten die üblichen indianischen Nutzpflanzen an. Hier erreichte Cabeza de Vaca auf seiner Reise zum erstenmal das „Maisland". Sie bewässerten ihre Felder durch zahlreiche kleine Kanäle, so wie man diese heute noch in den Tälern Mittelsonoras sehen kann. Auch von ihnen werden „wohlangelegte Pueblos" berichtet. Neben dem Flachdachhaus war bei ihnen auch ein anderes verbreitet, dessen Konstruktion Pater Pfefferkorn eingehend beschreibt[39]). Es handelte sich um eine Art von backofen- oder bienenkorbähnlichen Hütten[40]).

„Die Wohnungen der Sonorer sind alle von der gleichen Bauart. Ihre Größe, Höhe, Breite und Einrichtungen sind fast die nämlichen . . . Die Materialien sind Baumäste, Reiser und Zacaton (ein dem Stroh ähnliches Gewächs). Die Äste werden an dem unteren Ende gespitzt; und diese Spitze wird fest in die Erde gesteckt. Aus diesen Ästen werden in der Mitte des Hauses 3 oder 4 Bogen von gleicher Höhe und Weite gemacht. Nach und nach werden die Bogen immer niedriger und enger, biß endlich das Gebäude die eigentliche Gestalt eines Back-Ofens bekömmt. Auf den Boden werden Reiser in die Quer gelegt, und mit den

[39]) A. a. O., Band II, S. 116 ff.

[40]) Anscheinend traten die Flachdachhäuser mehr im Süden, die von Pfefferkorn beschriebenen Strohdachhäuser mehr im Norden auf.

beyderseits stehenden Ästen so verbunden, daß der Bau einen Bestand und Festigkeit erhalte. Endlich wird die ganze Hütte mit dem obengedachten Zacaton auf die Art, wie die deutschen Bauernhäuser, mit Stroh bedeckt sind[41]), rund umher bekleidet; und damit sie den Regen besser abhalten, obenher mit Grund überschüttet. Diese Hütten haben durchgehends mehr nicht als etwa 4 Ehlen, im Durchschnitte. Sie sind kaum 3 Ehlen hoch, daß also ein großer Mann ohne den Kopf zu beugen, nicht wohl darin stehen kann. Einige Indier machen ihre Hütten länglicht, so daß sie eine oder zwei Ehlen länger als breit sind. Die Thür, oder das runde Loch, welches der Eingang des Hauses ist, ist nicht viel größer, als die Öffnung eines Backofens und so niedrig, daß man auf Hand und Fuß hineinkriechen muß. Ein Fenster an dem Hause anzubringen, daran denkt der Sonorer nicht." —

Pater Pfefferkorn beschreibt dies Haus allgemein als „sonorisches Haus", fügt nur hinzu, daß in der Inneneinrichtung die Opata etwas über den übrigen (Pima) standen.

So offensichtlich die Übereinstimmung von Habitat und Kulturhöhe in Sonora und Sinaloa war, so darf man doch nicht übersehen, daß auch umfangreiche prähistorische Völkerbewegungen mit in Rechnung zu stellen sind[42]). Cora-Totorame-Sprachen zerteilten im Süden die Huichol-Guachichilgruppen und verwiesen sie auf schlechtere Lebensräume. Die Tahue zeigten in ihren kulturellen Verhältnissen Übereinstimmung mit der vom Hochland beeinflußten südlichen Kulturgruppe. Sprachlich standen sie aber den Cahita-Stämmen näher. Sauer nimmt daher eine südwärts gerichtete Wanderung von Tahue—Cahita an, die ihre Sprache auf die höhere Kultur Aztatláns aufpfropften. Merkwürdig zerrissen ist das Sprachgebiet der dialektisch kaum unterschiedenen Pima-Tepehuane. Als Riegel legen sich die Cahita- und die Opata-Tarahumare-Völker zwischen die beiden pimasprechenden Gebiete. Die Opata selbst haben die Pima bereits wieder in Pima Alto und Pima Bajo zerlegt. Zwischen die sprachlich zueinander gehörenden Seri und Yuma haben sich die Papago gedrängt, deren ganze Kultur auf östlichen Zusammenhang mit den Ackerbaustämmen hinweist. Auffallend ist nun, daß die geschlossenen Sprachgruppen jeweils in den relativ günstigeren Wohngebieten verbreitet sind, während die zersprengten teilweise in wirkliche Rückzugsgebiete abgedrängt zu sein scheinen. Man gewinnt so den Eindruck nordsüdlich gerichteter Bewegungen. Die Opata selbst haben noch eine Tradition, wonach sie aus dem Nordosten eingewandert seien. Verstärkt wird dieser Eindruck durch die Beachtung der prähistorischen Tatsachen. Im Gebiet der Pima, Papago und Opata machte man zahlreiche ältere Wohnfunde, vor allem die eigentümlichen

[41]) Auffallende Strohdächer etwa dieser Art konnte ich bei Arispe und Motuticachi im Sonora-Tal beobachten (vgl. Abb. 11, Nr. 16 und 17).

[42]) Sauer, C. O. The Distribution of aboriginal tribes, a. a. O. S. 82.

befestigten Trincheras-Berge[43]), die mit den historisch bekannten Indianerstämmen keine Beziehungen aufweisen. Sauer vermutet, daß sie sich in einen älteren Kulturbereich einordnen, der das Gebiet des südlichen Sonora und nördlichen Arizona umfaßt. In den Kliffdweller-Siedlungen des Colorado-Plateau, den befestigten Pueblos Arizonas und den Trincheras Sonoras wären nach ihm dann analoge Erscheinungen zu finden, Schutzmaßnahmen, die durch das Eindringen von Stämmen aus dem Osten und Nordosten bedingt wären. Auch die größte historische kriegerische Völkerbewegung unter den Indianerstämmen, die Apachenkriege des 18. und 19. Jahrhunderts zeigen dieselbe Bewegungsrichtung von Nordosten nach Südwesten. Die Splitterstämme im nördlichen Sinaloa würden demnach gerade im Grenzgebiet der starken nördlichen Druckkräfte und der größeren Widerstandskraft der höheren Kulturen im Süden sich erhalten haben. — Die archäologischen und zum Teil noch historischen Wanderbewegungen müssen jedenfalls davor warnen, die beobachtete Übereinstimmung von Landschaft und Kulturentwicklung als unmittelbar kausal zu deuten.

2. Entdeckung, Eroberung und Kolonisierung (16.—18. Jahrhundert).

a) Die Eroberung Sinaloas (1530—1600).

Ließ die Verteilung der Eingeborenensprachen und -kulturen als letzte Bewegung eine nord-südlich gerichtete erkennen, so brachte die spanische Eroberung plötzlich die umgekehrte Richtung mit voller Wucht zur Geltung. Bis zur wirtschaftlichen Durchdringung der Westküste durch amerikanisches Kapital in den Zeiten von Porfirio Diaz blieb diese Beeinflussungsrichtung von Süden her auch bei weitem die wichtigste.

Schon sehr bald nach der Eroberung von Mexico trug H. Cortez seine Feldzüge an die pazifische Küste vor. Bereits 1521 standen seine Streitkräfte in Colima. 1524 drang Francisco Cortez im Auftrag seines Bruders in Jalisco ein. Dann riefen Unruhen im Süden H. Cortez von der nördlichen Szene ab, und die nächste Periode stand unter dem Zeichen von Nuño de Guzman, der 1530/31 das Land bis zum Culiacan unterwarf. An der Grenze der Cahita-Stämme kam die rasche Nordwärtsbewegung zunächst ins Stocken. Zwar drangen wiederholt bedeutende Entdecker und Eroberer bis ins südliche Sonora vor, aber wirkliche Eroberung und Sicherung erfolgte

---

[43]) Sauer, C., and Brand, D. Prehistoric settlements of Sonora, with special reference to Cerros de Trincheras. University of California. Publ. in Geography. Vol. 5, no. 3. Berkeley 1931.

im nördlichen Sinaloa und in Sonora erst 70 Jahre später und dauerte während des ganzen 18. Jahrhunderts an. Sie wurde im wesentlichen von den jesuitischen Missionsvätern geleistet[44]).

So zerfällt die spanische Eroberung in zwei Hauptepochen, die durch fast ein Jahrhundert voneinander getrennt sind. Diese Zweiteilung hat auch für die Entwicklung der spanischen Kulturlandschaft wichtige Folgen hinterlassen. Sowohl die Beweggründe wie die Methoden der Eroberung und der kolonialen Verwaltung änderten sich innerhalb dieses Zeitraumes von Grund auf. Die alte Grenze zwischen dem Einfluß der südlichen Hochkulturen und den Cahita hat sich daher in wichtigen Einzelheiten bis in die heutige Kulturlandschaft vererbt.

Die erste Periode wurde von Männern getragen, die von den typischen Motiven der Entdeckungszeit angetrieben wurden: die Conquista als Quelle der Bereicherung, Rivalität der militärischen Befehlshaber, Sagen und wissenschaftliche Hypothesen setzten die erstaunlichen Energien der Spanier in Bewegung.

Die Abwesenheit seines Rivalen Cortez, der in Spanien seine Stellung am Hofe gegen persönliche Gegner, nicht zuletzt Guzman selbst, zu sichern suchte, benutzte Guzman, um seinen eigenen Ruhm und womöglich auch seinen persönlichen Einfluß und Reichtum zu vermehren, indem er eine neue große Eroberung dem spanischen Kolonialreich hinzufügte. Zwei Mythen und eine reale geographische Aufgabe der Zeit ließen gerade die Eroberungsrichtung nach Nordwesten als besonders erfolgverheißend erscheinen. Die eine der Mythen bezog sich auf die Existenz eines reichen Amazonenstaates „Ciguatan“, von dem bereits Cortez an den König von Spanien Mitteilung gemacht hatte, daß er an der nördlichen Küste sich befinden sollte. Die andere war die Vorstellung von einem zweiten Mexico, „Cibola“, das ähnliche Reichtümer wie die aztekische Hauptstadt darbieten würde. Auf sie wurden später die ersten dunklen Nachrichten von den Pueblos in Neu-Mexico bezogen. Die wirklich wichtige und dringliche Forschungsaufgabe jedoch war die Suche nach einer westlichen Durchfahrt nach Ostasien. Sie konzentrierte sich vor allem auf die Suche nach der Straße von Anian.

---

[44]) Chapman, Ch. E. A History of California. The Spanish Period. New York 1923.
Bolton, H. E., and Marshall, Th. M. The Colonization of North America. 1492—1783. New York 1925.

Bancroft, H. H. History of the North Mexican States and Texas, Vol. I 1531—1800. — Vol. II 1801—1889. In: The Works of . . ., Vol. XV und XVI. San Francisco 1884 und 1889.

Der Eroberungszug Guzmans ist eines der schwärzesten Blätter in der Geschichte der spanischen Entdeckungen. Ohne durch wirklichen Widerstand zu Gewalttaten gezwungen zu sein, hinterließ sein Heer eine völlig verwüstete, gebrandschatzte Landschaft[45]). Mangelnde wirkliche Reichtümer suchte er durch Plünderung und durch große Sklavenverkäufe auszugleichen. Südsinaloa, das Land der Totorame und der Tahue, hat sich von diesem Schlage nie wieder erholt. Die bedeutende Eingeborenenkultur ging restlos zugrunde.

Nachdem Guzman nach seinem Abstieg vom Hochlande etwa 500 km weit an der pazifischen Küste vorgedrungen war und auf kräftigeren Widerstand zu stoßen begann, machte sich für ihn offenbar das Bedürfnis geltend, seine rückwärtigen Verbindungen auf breitere Basis zu stellen. Anstatt weiter nach Norden vorzudringen, sandte er seine Unterfeldherren auf drei Expeditionen, im Humaya-, im Tamazula- und im San Lorenzo-Gebiet, flußaufwärts, um einen Weg ostwärts auf das Hochland zurückzufinden. Sauer vermutet, daß er einen kürzeren Weg nach Osten zu seinen Besitzungen bei Panuco an der atlantischen Seite suchte, um so vielleicht eine nördliche Grenzprovinz quer durch den Kontinent wie einen Riegel vor Cortez' Neuspanien zu legen. Man gewinnt jedenfalls den Eindruck, als ob reale militärische und politische Beweggründe hier Guzman stärker beeinflußten als die Suche nach „Cibola". — Alle drei Versuche scheiterten an der Sierra Madre und dem Widerstand der Bergstämme. Erst dreißig Jahre später gelang es Francisco Ibarra, die Sierra Madre bei Topia und zwischen Fronteras in Nord-Sonora und Chihuahua zu überwinden.

Auf die einzelnen Entdeckungszüge nach Guzmans „entrada" einzugehen, muß ich mir hier versagen. Sauer[46]) hat sie in einer Arbeit sowohl auf ihre historischen Grundlagen als auch hinsichtlich ihrer geographischen Bedeutung eingehend und sorgfältig untersucht. Guzman selbst veranlaßte weitere Entdeckungszüge in das Cahita-Land zum Sinaloa (Samaniego 1531) und etwa bis Cumuripa am Yaqui (Diego Guzman 1533). Bis hierher dehnten sich auch seitdem die Sklavenjagden der Spanier aus, ohne daß es gelang, das Cahita-Land völlig zu unterwerfen. Am Yaqui begegnete Cabeza de Vaca, der 1538 nach Abschluß einer abenteuerreichen Wanderung von Florida bis zur Pazifischen Küste gelangt war, zum erstenmal wieder der

---

[45]) Seine Marschroute ist durch die neueren Forschungen von Sauer, auf den ich hier verweisen möchte, ziemlich genau festgelegt worden. Sauer, C. O. The Road to Cibola. — Ibero-American: 3, University of California Press. 1932.

[46]) The Road to Cibola, a. a. O.

Furcht und dem Schrecken der Indianer vor dem weißen Manne. Cabeza de Vacas Zug besaß größte Bedeutung[47]). Sauer faßt sie in fünf Punkten zusammen: 1. Cabeza de Vaca brachte nähere Nachrichten von einer höheren Zivilisation im Norden (bei den Pueblos) und erneuerte dadurch die Suche nach dem mythischen Cibola. 2. Sein Zug bewies unumstößlich die außerordentliche Breite der Landmasse Nordamerikas nördlich von Neu-Spanien und zerstörte so die Hoffnung, einen westlichen Seeweg nach Ostindien in mittleren Breiten zu finden. 3. Er öffnete die wichtigste Verbindungslinie nach Norden, die im Sonora-Tal aufwärts führt und sich später zum „Camino Real" entwickelte. 4. Durch ihn wurden die höher zivilisierten Pima und Opata Sonoras in den Gesichtskreis der Spanier gerückt. 5. Cabeza de Vaca erkannte die dringende Notwendigkeit, zu einer humaneren Indianerpolitik überzugehen. Sein flammender Protest trug mit dazu bei, daß Guzman der Prozeß gemacht wurde, wobei eine Menge Tatsachen über die grauenhaften Folgen dieser Eroberungsmethode sowie die Folgen des „encomienda"-Systems zutage gefördert wurden. Wahrscheinlich ist es ihm zu verdanken, wie Sauer meint, daß auch die südlichen Cahita-Völker noch in die Jesuitenmission des 17. Jahrhunderts eingegliedert werden konnten. Es trat hinzu, daß um dieselbe Zeit der Dominikaner Las Casas in Guatemala bewies, daß man auch durch mildere Methoden zur Befriedung des Landes (daher „Vera Paz") gelangen konnte[48]).

Die nächsten Expeditionen wurden durch die wachsende Rivalität zwischen Cortez und dem Vizekönig Mendoza veranlaßt. Cortez hatte bereits 1532 eine Expedition zum Fuerte gesandt. Später wandte er sich der Erforschung zur See zu, begründete 1535 in La Paz auf der Halbinsel Niederkalifornien eine erste Siedlung, wobei die Perlenfischerei bereits als Antrieb wirksam war. 1539 erforschte Ulloa den Golf, 1540 Alarcon und 1542 Cabrillo die Küsten Niederkaliforniens. Zu Lande folgte 1538 die von Sauer erneut einer scharfen Kritik unterworfene Expedition von Fray Marcos, die wohl nur aus dem Wettbewerb zwischen Cortez und dem Vizekönig verstanden werden kann. Wirklich bedeutsam wurde die zweijährige große Expedition von Vasquez Coronado (1540—42), der endlich „Cibola", die Pueblosiedlungen, zur allgemeinen Enttäuschung entdeckte und bis tief in die Prairieprovinzen am Arkansas vordrang. Ein Versuch, im Opatalande bei Corazones (das mehrfach die Lage wechselte) einen Siedlungsversuch Cabeza de Vacas zu wiederholen, schlug fehl.

---

[47]) Alvar Nuñez Cabeça de Vaca. Sein Bericht ist von F. Termer in den Klassikern der Erd- und Völkerkunde neu herausgegeben. Stuttgart 1925.

[48]) Bolton and Marshall, a. a. O. S. 39.

Den Abschluß des Entdeckungszeitalters im engeren Sinne brachten die Züge Ibarras, des Gouverneurs der neu gebildeten Provinz Nueva Viscaya. Ihm gelang es, einen ersten neuen Weg von der Pazifischen Küste zum Hochland zwischen Culiacan und Durango zu öffnen. Im Jahre 1567 erforschte er das östliche Sonora und überquerte zum zweiten Male die Sierra Madre in Chihuahua, wo er die berühmten „Casas Grandes"-Ruinen entdeckte. Ibarras Züge brachten ein neues Element in die Forschungsgeschichte hinein, denn unter ihm begann in Sinaloa und Sonora — wie vorher schon in Zacatecas — die systematische Erforschung der Bergschätze. Auch die Verwaltung und wirtschaftliche Entwicklung (Rinderzucht) machten unter seiner Führung Fortschritte. Indem er auch in Südsinaloa die Encomiendas mit seinen Leuten besetzte, diese verwaltungsmäßig von Nueva Galicia abtrennte und zu Nueva Viscaya zog, hat er wahrscheinlich auch die heutige Gestalt des Staates Sinaloa umrissen.

Über die inneren Zustände Sinaloas Ende des 16. Jahrhunderts ist wenig bekannt. Das Land hatte seine indianische Bevölkerung weitgehend verloren. Die spanische Besiedlung war noch sehr gering. Sie gruppierte sich im wesentlichen um drei Zentren: das eine im Süden, in der Provinz „Chametla", wo Ibarra die Siedlung „San Sebastian de Chametla", wohl an der Stelle des heutigen Concordia, gegründet hatte. Bancroft setzt etwa 12 bis 15 weiße Siedler für diese südlichen Siedlungen an. Ein zweites Zentrum lag am Culiacan mit San Miguel de Culiacan als Mittelpunkt. Hier lebten nach Bancroft etwa 25 spanische Kolonisten mit etwa 2000 christianisierten Indianern. Am weitesten gegen die Grenze vorgeschoben war San Felipe de Sinaloa am „Petatlan" (dem heutigen Rio Sinaloa)[49]. Diese Frontiersiedlung mußte noch mehrfach verlegt werden und konnte erst nach dem Beginn der jesuitischen Mission als wirklich gesichert gelten. Zeitweilig war auch am Fuerte eine Gründung von San Juan versucht worden, an der Stelle des späteren El Fuerte (San Juan de Montesclaros); aber sie mußte infolge der dauernden Aufstände wieder aufgehoben werden.

In Sinaloa entsprachen die Kolonisationsmethoden noch ganz den bei der Conquista zunächst üblichen: die Indianer wurden als „encomendados" den Spaniern zugewiesen („encomienda"-System). Diese waren verpflichtet, die Indianer zum christlichen Glauben zu bekehren und ihnen Schutz angedeihen zu lassen. Auch ihr Eigentum und ihr Land sollte unversehrt bleiben. Jedoch ließen sich hierbei Theorie und Praxis nicht in Übereinstimmung bringen. Dazu lag Mexico zu weit von der zentralen Kolonial-

---

[49]) Perez de Ribas fand hier 5 Spanier.

verwaltung in Spanien. Die Indianer mußten an die Encomenderos Tribute bezahlen, die sie auch durch Arbeit in den Feldern und Bergwerken ableisten konnten. Anfänglich wurden die Indianer, wie bereits erwähnt, in großen Mengen als Sklaven in die höher entwickelten und daher auch arbeiterbedürftigeren Gebiete des Hochlandes exportiert. Später machte sich Mangel an Arbeitskräften im pazifischen Küstenlande selbst geltend, vor allem nachdem der Bergbau in den Zeiten Ibarras begonnen hatte.

Das Encomiendasystem schloß an und für sich nicht die Zerstörung der indianischen Besiedlungs- und Landnutzungssysteme in sich ein. Im Gegenteil, eine gefestigte Eingeborenenorganisation unter einem Caciquen machte auch die Eintreibung von Tributen und Arbeitsleistungen einfacher. Man wird annehmen dürfen, daß auch in Sinaloa die Indianer zum Zwecke besserer Beaufsichtigung häufig in „congregaciones" zusammengesiedelt wurden. Die Ausübung des „Encomienda"-Rechtes über die Eingeborenenbevölkerung eines bestimmten Gebietes unterschied sich jedoch wenig von tatsächlicher Aneignung des Landes selbst. Legale und illegale Mittel, diese Schutzherrschaft in realen Landbesitz umzuwandeln, fanden sich genug. So wurde in Sinaloa wie überall in Neu-Spanien bereits in der Conquista der Keim zu Großgrundbesitzbildung gelegt. Allerdings war damit noch keineswegs zwangsläufig verbunden, daß diese Großbesitze sich auch in Großbetriebe verwandelten. Gerade in den fruchtbarsten Landbaugebieten, z. B. den Flußtälern, war bis zur Entwicklung von Zuckergroßplantagen am Anfang dieses Jahrhunderts die Verpachtung des Landes weiter verbreitet als die Eigenbewirtschaftung. Auch die alten indianischen Formen gemeinschaftlicher Landnutzung wurden nicht notwendigerweise durch die Großbesitze zerstört. Später, seit Mitte des 18. Jahrhunderts, bildeten sich neue gemeinschaftliche Nutzungsformen durch die Einführung der „communidades", des genossenschaftlichen Landbesitzes und der Landnutzung von Dorfschaften nach dem Vorbild des mittelalterlichen Spaniens. Trotz aller Bestrebungen des 19. Jahrhunderts, diese gemeinschaftlichen Besitz- und Nutzungsformen aufzuheben, lagen in Sinaloa noch am Ende des 19. Jahrhunderts etwa 80% allen Landes in solchen „Communidades".

b) Die Frontera der Jesuitenmissionen und die Befriedung Sonoras im 17./18. Jahrhundert.

1591 hielten die ersten Jesuitenväter in Nord-Sinaloa ihren Einzug und begannen ihre Arbeit im Cahitalande von San Felípe de Sinaloa aus. Dank der hervorragenden menschlichen Qualitäten vieler dieser Missionare, doch auch einzelner militärischer Kommandanten, schritt nunmehr die Christianisierung Sonoras sehr rasch vorwärts an. Bis 1604 konnte die Missionsgrenze an den Fuerte, bis 1620 zum Mayo vorgetragen werden. Während in den Wüstensteppen Westsonoras die wilden Seri noch lange heftigen Widerstand leisteten — nur ihr südlichster Stammeszweig, die Guaymas, wurden missioniert —, konnte die Kette der Missionsstationen in Mittelsonora 1636 bis Ures und 1650 sogar bis Cucurpe und Arispe verlängert werden. Um 1679 betreuten nach Angaben Boltons 30 Missionare in den Tälern des Rio Mayo, Rio Yaqui und Rio Sonora mehr als 40 000 getaufte Indianer[50]. Nach einer Pause nahm der Ausbau der Jesuitenmissionen einen erneuten Aufschwung durch die großartige Tätigkeit Pater Salvatierras in Niederkalifornien (1697—1717) und des Südtiroler Paters Kino in der „Pimeria Alta" (1687—1711) im Grenzgebiet von Sonora und Arizona. In einem an Entbehrungen reichen Leben leistete letzterer unermüdliche geographische Forschungsarbeit und erkundete das ganze westliche Arizona und Sonora bis zum Gila und der Mündung des Colorado[51]. — Als 1767 die Jesuitenmissionare vertrieben wurden, bestanden 50 Missionsstationen mit 120 Pueblos. Die Zahl der Neophyten war allerdings auf etwa 25 000 zurückgegangen. Während der zweiten Phase waren in hervorragendem Maße deutsche Missionare beteiligt[51a]. Sonora wurde durch ihre Tätigkeit ein gesicherter Bestandteil des spanischen Kolonialreiches. Indianeraufstände und Apachenkriege verzögerten allerdings den inneren Ausbau des Landes.

Die Missionen dürfen nicht nur als geistliche Institutionen angesehen werden. Dagegen spricht allein die Tatsache, daß sie in ihrer weltlichen Organisation vom König von Spanien abhängig waren, dem vom Papste durch das „Patronato Real" die gesamte säkulare Verwaltung der amerikanischen Kirche übertragen worden war. Vom Staate erhielten die Jesuitenväter auch eine geringe Besoldung (300 Pesos jährlich), und der Staat gab ihnen zum Schutze eine zahlenmäßig allerdings sehr geringe militärische Macht bei. Es war ein Versuch, die eingeborenenfreundliche

---

[50]) Bolton and Marshall, a. a. O. S. 240.

[51]) Bolton, H. E. Kino's historical memoir of Pimeria Alta. Cleveland 1919. 2 Bände. Dazu auch die Tagebücher seines Begleiters Rüstow, A.: Reisetagebücher des Capitan Juan Matheo Manje. Dissertation. Bonn 1936. Kino korrigierte die in der zweiten Hälfte des 16. Jahrhunderts aufgekommene irrige Meinung, daß Kalifornien eine Halbinsel sei.

[51a]) Ihre Namen hat jetzt W. Pferdekamp in seinem Buche „Deutsche im frühen Mexico (Stuttgart und Berlin 1938) veröffentlicht und damit auch für die Allgemeinheit wieder der Vergessenheit entrissen. Pferdekamp setzt sich auch erneut für die deutsche Abkunft Vater Kinos (Kühn) ein. Man vergleiche aber hierzu die Arbeit von Bolton, H. E. Kino's historical memoir a. a. O. Einleitung; diese Arbeit wird von Pferdekamp leider nicht zitiert.

Haltung der „Leyes de los Reynos de las Indias" wirklich durchzuführen[52]).

Durch die Errichtung der Missionsgebiete wurde eine völlige „Segregation" von Indianern und Spaniern herbeigeführt. Weiße Siedler wurden nicht zugelassen. Der Eingriff in die indianischen Zustände war sehr bedeutend. Eine Missionsgründung ging etwa folgendermaßen vor sich: die Indianer wurden durch Geschenke und Überredung dazu gebracht, die Missionsväter bei sich aufzunehmen und sich an einem Orte geschlossen niederzulassen. Hier wurden sie durch strenge Aufsicht zwangsweise zusammengehalten. Ein Korporal und vier Mann bildeten gewöhnlich die Wachmannschaft einer Mission. Die geistliche und zivile Autorität der Väter war fast unumschränkt.

Derartige Zusammensiedlungen von früher zerstreuten kleineren Ortschaften zu „reducciones", wo die christliche Unterweisung stattfand und die Missionskirche gebaut wurde, führten zu einer Neuverteilung der Bevölkerung. In den Missionen war geistliches und weltliches Leben streng geregelt. Die Indianer wurden zu Feldarbeit angehalten; sowohl für sich selbst mußte jeder sein Feld bebauen, als auch alle gemeinschaftlich ein Stück Missionsland. Diese Gewöhnung an ein völlig geregeltes, genau eingeteiltes tätiges Leben war die schwierigste Aufgabe des Missionierungsprozesses. Pater Pfefferkorn weiß von vielerlei Mißhelligkeiten zu berichten, die während seiner Tätigkeit von den Indianern veranlaßt wurden. — Wuchs die Zahl der Bekehrten, so wurden andere Siedlungen für christliche Indianer organisiert, sogenannte „pueblos de visita". Hier überwachte ein geeigneter Indianer das religiöse Leben, wie überhaupt Indianer zur Selbstverwaltung mitherangezogen wurden.

Das wichtigste Gebäude einer Missionsiedlung war die Kirche. Auf ihren Bau konzentrierte sich alle Anstrengung der Missionare, auf ihre innere Ausschmückung wurde ein großer Teil der Einkünfte aus dem Ackerbau und den Minen der Missionen verwendet. Diese Missionskirchen sind noch

---

[52]) Die Stellung der Missionen im Rahmen des spanischen Kolonisationssystems an der Nordgrenze kann ich hier nicht behandeln. Dies soll einer gesonderten Veröffentlichung vorbehalten bleiben. Grundlegend ist die Arbeit von Bolton, H. E. The Mission as a Frontier Institution. American Historical Review XXIII. 1918. S. 42—61. Eine systematische Behandlung bietet auch Blackmar, F. W. Spanish Colonization in the Southwest. John Hopkins University Studies in Historical and Political Science. 8th Series IV. Baltimore 1890. Blackmar erkannte bereits, daß die eigenartigen Verhältnisse in den Missionen weniger eine Folge der besonderen Politik der Orden als die natürliche Konsequenz der in den „Leyes de los Reynos de las Indias" gegebenen Richtlinien gewesen sei. Dasselbe betont jetzt Quelle, R. Das Problem des Jesuitenstaates Paraguay. Ibero-Amerikanisches Archiv. Jhrg. 8. 1934/35. S. 260—282.

zum großen Teil erhalten. Sie bilden mit ihren einfachen Formen, die oft eine eigenartige Weiterbildung des Barocks darstellen, einen besonderen Schmuck der Landschaft, wie beispielsweise die Kirche von San Javier del Bac in Arizona, die Kirche von Tubutama im Altardistrikt, an der Pater Pfefferkorn wirkte. Die Ruinen der Kirche von Cucurpe zeugen noch heute von einer sorgfältigen Steinbehandlung, die sogar vor Bogengewölben nicht zurückschreckte.

Die wirtschaftliche Grundlage aller Missionen bildete die Landwirtschaft, der sich die Missionare mit besonderem Eifer widmeten. Europäische Nutzpflanzen und Haustiere wurden nach Sonora und Sinaloa übertragen und der indianische Pflanzstockbau durch die Einführung des Pfluges umgestaltet. Bereits im 18. Jahrhundert kennt Pfefferkorn nur noch Pflugbau und beschreibt eingehend den primitiven Hakenpflug, der von zwei Ochsen gezogen wurde. An eine wirkliche Pflugbautechnik hatten sich die Indianer noch nicht gewöhnt. „Keiner versteht eine regelmäßige Furche zu ziehen; ob diese gerade oder krumm sei, daran ist ihnen wenig gelegen." Die bei den Opata und Pima bereits vorhandene Bewässerungstechnik scheint keine wesentlichen Fortschritte gemacht zu haben.

Auch die Großviehzucht wurde von den Missionen gefördert. Ihre Herden wurden von den berittenen Indianern gehütet. Sie beschränkte sich im wesentlichen auf Rinder- und Pferdezucht, die in der üblichen extensiven Weidewirtschaft mit freiem Weidegange durchgeführt wurde. Schafzucht machte geringe Fortschritte, weil die Herden nicht genügend gepflegt wurden. Milchwirtschaft wird von Pater Pfefferkorn erwähnt, hielt sich aber — wie heute — noch in sehr bescheidenem Umfange. Auch darin hat sich seit dem 18. Jahrhundert kaum etwas geändert, daß z. B. Buttererzeugung vernachlässigt wurde, während man Käse regelmäßig herstellte. Schweinezucht blieb noch unbekannt. Die Viehzucht hatte besonders unter den Apachenkriegen zu leiden.

Die Anfangserfolge der Missionen waren sehr groß, wie die Zahlen der Ausbreitung anzeigen. Ein Dauererfolg ist den Missionen jedoch nicht beschieden gewesen. Dafür sind eine Reihe von Gründen verantwortlich zu machen. Unaufhaltsam schwanden die Indianer dahin. Nach Angabe Pater Pfefferkorns waren die Missionsindianer während der letzten 60—70 Jahre der Missionsherrschaft um mehr als 50 % zurückgegangen. Ganze Stammesgruppen, wie die bekehrten Seri, die Guaymas, waren ausgestorben. Bancroft hat Statistiken veröffentlicht, die auf gleichzeitigen Berichten beruhen. Sie zeigen innerhalb eines Jahrhunderts — vom Ende des 17. Jahrhunderts bis zur Austreibung der Jesuiten 1767 — vielfach einen geradezu erschreckenden Rückgang. Soweit die Statistiken Rückschlüsse erlauben, waren die ersten Jahrzehnte die gefährlichsten für den indianischen Bestand. Folgende Zahlen sind überliefert:

In den Missionen Sinaloas	1678	1730	1767
1. Zwischen Mocorito und Fuerte (Gomanito, Mocorito, Guasave Bamoa, Nio, Ocoroni u. a., darunter auch eine größere, nicht genau begrenzte Zahl von Spaniern in den Siedlungen Villa San Felipe Sinaloa und Umgebung, S. Juan de Montesclaros	9 993	—	11 215†)
2. Bei den Gebirgsstämmen (Chinipa, Guazapares, Varohio u. a.)	3 063	—	1 782
Im Gesamtgebiet nach Sauer, s. o. S. 334, vor der Konquista ca. 125 000 Ew.	13 056	—	12 997
In den Missionen Sonoras (Ohne Mayo und Yaqui)			
1. Im Gebiet des Rio Santa Cruz (heutiges Arizona) und am Sonoyta (Pima) . . .	—	—	1 264
2. Am Rio Magdalena (einschl. Remedios und Cocospera) Pima und Jova	—	825	666
3. Am Rio Asuncion und Rio Altar (Pima)	—	1 115	2 117
4. Am Rio San Miguel de Horcasitas (Pima und Opata)	1 351	662	942
5. Am oberen Rio Sonora (Opata)	3 072	1 529	1 691
6. Am mittleren Rio Sonora, Ures bis Petic (Pima und Seri)	934	1 754	389
7. Im nördl. und östl. Sonora (am Rio Bavispe und nördl. Zuflüssen des Rio Yaqui) Opata	6 336	3 851	2 163
8. ZwischenRio Sonora und mittleren Rio Yaqui (Pima und Eudebes)	5 233	1 938	3 091
9. Im südöstl. Sonora (südl. Nebenflüsse des Yaqui, Valle de Tacupeto, Sahuaripa, Rio Chico) Opata, Eudebes und Pima . .	3 636	912	1 426
Im Gesamtgebiet nach Sauer, s. o. S. 334, vor der Konquista ca. 125 000 Ew.	20 562	12 589	13 756

Nach: Bancroft, History of the North-Mexican States. Vol. 1: 1531—1800, S. 239 ff., 245 ff., 513 ff., 572 ff.

†) Die Zunahme ist hier wohl eine Folge des Anwachsens der spanischen Bevölkerung.

Nur die Yaqui und Mayo zeigten besondere Widerstandskraft. Ihre Zahl erhielt sich verhältnismäßig konstant:

	Ende des 17. Jahrh.	um 1767
Bahum, Cocorin	847	4430 (Yaquis)
Torin, Bicam	2349	7263 (Yaquis)
Rahum, Potam, Belem	4958	6196 (Yaqui, Belem,
Sta. Cruz de Mayo		auch Guaymas)
Echojoa	4967	1356 (Mayos)
Nabohona, Cohirimpo	1313	939 (Mayos)
Tesia, Cajamoa	917	588 (Mayos)
Connicari, Tepahue, Batacosa, Macoyabui	1335	1212 (Mayos)
In beiden Gebieten nach Sauer, s. o. S. 334, vor der Konquista ca. 60 000 Ew.	16 696	21 984

Die Gründe für den raschen Rückgang liegen nicht zuletzt im Kontakt selbst: die Eingeborenen wurden aus ihren Lebensgewohnheiten gerissen und europäischen Krankheiten ausgesetzt. Besonders Pocken, Masern, Diphtherie und andere epidemische Krankheiten haben große Verluste verursacht, die dadurch noch vermehrt wurden, daß die Indianer, die früher in kleineren Siedlungsgruppen lebten, jetzt in den Reduktionen in größerer Zahl und auf engerem Raume zusammengezogen worden waren. — Die kriegerischen Unruhen nahmen auch nicht ab. Immer wieder kam es zu Indianeraufständen, unter denen Seri- und Apachenkriege sowie der große Pima-Aufstand aus der Mitte des Jahrhunderts besonders erwähnt werden müssen. — Im Gefolge von Krankheiten und Aufständen kamen Hungersnöte, wenn die Felder nicht hatten bebaut werden können[52a]). — Zum Teil wird man damit rechnen müssen, daß nach den Aufständen auch Indianer die Missionen verlassen und die Lebensführung der wilden Stämme wieder angenommen hatten. Sie entzogen sich natürlich der Statistik.

c) Bergbau, Presidios, Apachenkriege.

Unausbleiblich war auch der Zusammenstoß mit den weltlichen Gewalten und den spanischen Siedlern. Die Geschichte des 18. Jahrhunderts in Sonora wird von dieser Auseinandersetzung geradezu bestimmt. Die Missionen waren von vornherein nicht als Dauereinrichtungen von der

[52a]) Ausführlich wird dies Thema von Vater Pfefferkorn a. a. O. Band II, S. 340—370, behandelt.

weltlichen Macht geplant worden. Sie waren als „Zehnjahresplan“ zur Christianisierung, Befriedung und Zivilisierung der Eingeborenen gedacht. Nach dieser Frist sollte ihre Umwandlung in Pueblos und die Übernahme durch zivile Gewalten und Weltgeistliche erfolgen. Diese Bestimmung wurde nicht durchgeführt. Viele Missionen bestanden über ein Jahrhundert. Nirgends waren schon nach zehn Jahren die Indianer für die Säkularisation reif. Die Missionare suchten nach Möglichkeit den Übergang zu verhindern, die weltlichen Gewalten arbeiteten darauf hin. Es scheint so, als ob von beiden Seiten die Indianer gelegentlich zum Widerstand aufgereizt wurden.

Auch die Zunahme der Besiedlung mit Weißen führte zu Gegensätzen. Die Spanier kamen vorwiegend als Soldaten für die Grenzbefestigungen und als Bergleute ins Land. In beiden Siedlungsarten waren sie von den Missionen abhängig, die sie mit Lebensmitteln belieferten. Aus Andeutungen bei Pater Pfefferkorn geht hervor, daß man den Missionaren — ob mit Recht oder Unrecht muß offen bleiben — Übervorteilung beim Handel vorwarf. Sicher ist jedoch, daß ohne die Missionen auch die Bergbausiedlungen keinen Bestand gehabt hätten.

Der Bergbau entwickelte sich sprunghaft seit dem 18. Jahrhundert durch das Auffinden einiger besonders reicher Minen, vor allem von Silber- und Goldseifen. Eine der ersten wichtigen Entdeckungen war im Jahre 1655 die Tajo-Mine in Sinaloa im Vorland der Sierra Madre bei Rosario unmittelbar in der Nähe des Camino Real. Ungeheures Aufsehen erregten die reichen Seifen von Arizonac (Planchas oder Bolas de Plata), wo derartig reiche und große Silbererze gefunden wurden, daß man zunächst nicht schlüssig war, ob nicht dieses Vorkommen als „vergrabener Schatz“ anzusehen sei und dem König vorbehalten werden müsse. 1743 wurden die Minas Prietas bei Hermosillo eröffnet. Es folgte die Entdeckung der Goldseifen von Saracatchic (1757) und Bacuatchic (1758) im nördlichen Horcasitas und Sonora-Tale; 1762 wurden Silbererze bei Cananea gefunden und 1763 der Bergwerksdistrikt von Soyopa eröffnet. Die siebziger Jahre brachten den „rush“ zu den Cieneguilla-Seifen im Altardistrikt, wo sich inmitten der ariden Dornstrauch-Sukkulenten-Steppe in Jahresfrist 2000 Bergleute niederließen. 1772 wurde eine weitere berühmte Mine, die „Huerta“ am Yaqui, erschlossen. Auch der später so reiche und bedeutende Nacozari-Distrikt wurde bearbeitet. Die Zahl der „antiguas“, der alten Pingen und Gruben aus der spanischen Kolonialzeit ist erstaunlich groß. Der rasch aufblühende Bergbau ging aber noch während des 18. Jahrhunderts wieder zurück. Schuld an diesem Niedergang trug nicht zuletzt die spanische Kolonialverwaltung selbst. Das Münzmonopol der Hauptstadt lastete als eine unerträgliche Verteuerung der Produktion auf den Bergleuten im Norden Mexicos. Sie waren gezwungen, die hohen Transportkosten nach Mexico zu tragen. In derselben Richtung wirkte das Kronmonopol des Quecksilberverkaufs. Die Einfuhr war nur über Vera Cruz gestattet, und nur in der Hauptstadt durfte ein größerer Vorrat gelagert werden. So hatten die Minen im Norden wiederum die Transportkosten aufzubringen und besaßen nicht einmal eine Garantie für ununterbrochene Belieferung mit diesem wichtigen Produktionsmittel[53]). Schließlich brachten auch die dauernden Apachenkriege eine unerträgliche Beunruhigung in die Bergwerksarbeit hinein.

Einen weiteren Siedlungstyp bildeten die „Presidios" an der Frontera. Die Besiedlung Nordsonoras hatte die Spanier bis an die Nordgrenze der pazifischen Küstenlandschaften gebracht. Wenn man aus den Tälern des Sonora und Bavispe auf die unzerschnittenen hochliegenden Becken des heutigen Südarizona um die Wilcox Playa hinaufsteigt, gelangt man in die Parklandschaft der Eichenhaine und die Grassteppen der gemäßigten Zone. Aber nicht nur die Landschaft ändert sich, es setzen ganz andere natürliche Verkehrsbeziehungen ein. Hier im Oberlaufgebiet der sonorischen Flüsse, wo die Becken bereits die Höhe des Hochlandes erreichen und die Zerschneidung in Barrancas fehlt, öffnen sich zum erstenmal leichtere Pässe und Wege nach dem Osten. Hier ist die verwundbarste Stelle Sonoras, wo die vorgeschichtlichen Befestigungen der Trincherasberge von prähistorischen Völkerbewegungen kriegerischer Art zeugen (vgl. o. S. 342). Hier stießen die Spanier auf die Apachen, die zu den schwierigsten Gegnern wurden, denen sie an ihrer Nordgrenze begegnen sollten. Die Apachen übten die bewegliche, weitausgreifende Kriegführung der berittenen Steppenindianer. Mit dem Übergang zu den Steppen der gemäßigten Breiten setzte auch die Kriegführung der Steppe ein. Sie war hier doppelt schwierig, weil die Apachen in den Gebirgen ihre Zuflucht suchten, wohin ihnen die spanischen Soldaten, die nur ungern zu Fuß kämpften, nicht folgten. Während des ganzen 18. und 19. Jahrhunderts wurde der Alpdruck der Apachenüberfälle nicht von dem Lande genommen. Ja, in der zweiten Hälfte des 19. Jahrhunderts drängte die Besiedlung Arizonas die Apachen nur noch stärker auf spanisches Gebiet ab. Sie verhinderten den wirklichen Landesausbau und die Entwicklung der Großviehzucht, denn die Viehherden waren das vornehmlichste Beuteobjekt bei ihren Überfällen. Besonders kritisch wurden die Verhältnisse um die Mitte des 18. Jahrhunderts, als

---

[53]) Vgl. Mühlenpfordt, E. Versuch einer getreuen Schilderung der Republik Mejico. 2 Bände. Hannover 1844. 1. Band, S. 444/445.

sich zu ihren Überfällen ein großer Aufstand der Pima (1751) hinzugesellte. Diese Indianerkriege veranlaßten die Behörden, sich erneut mit der Frage der Missionsverwaltung zu beschäftigen, weil diese angeblich im Falle der Pima in ihrer Hauptaufgabe, der Befriedung der Indianer, versagt hatten.

Zwei Methoden wurden zur Bekämpfung dieses Gegners angewandt: die eine bestand darin, die bekehrten und seßhaften, aber sehr kriegerischen Opata, Pima und Papago, die traditionellen Feinde der Apachen, zur Bekämpfung zu verwenden. Geographisch wichtiger war die zweite, nämlich der Ausbau einer großen Befestigungslinie. 1766/1777 wurde der Marquez de Rubi zur Grenzinspektion ausgesandt. Er empfahl, 17 Forts von Sonora bis Texas zu bauen. Eine ganze Reihe dieser „presidios" wurde errichtet. Sie besitzen zumeist heute noch Bedeutung, da sie in strategischer Lage angelegt wurden. Tucson, Fronteras, Terrenate, Santa Cruz, Buenavista, Bavispe, Tubac sind die wichtigsten Glieder der nördlichen Frontera.

Eine zweite offene Front bestand gegen Westen, wo die Seri noch unbezwungen waren, so daß sich in der Pimeria Alta eine nordsüdliche Linie von Altar über Horcasitas, Hermosillo (Pitic) nach Guaymas herabzog. Im Süden mußten gegen die Cahitastämme noch Alamos und Fuerte unterhalten werden. Für das südliche Sinaloa dagegen genügte eine Besatzung bei Presidio de Mazatlan.

Die Presidios waren verhältnismäßig große befestigte Ortschaften, die meist eine Besatzung von ca. 50 Soldaten und gegen Ende des Jahrhunderts eine Einwohnerzahl von 300 bis 500 Einwohnern aufwiesen.

d) Die Bevölkerungsverteilung am Ende des 18. Jahrhunderts.

Überblickt man Zahl[54]) und Verteilung der Bevölkerung am Ende des 18. Jahrhunderts, so ergibt sich folgendes Bild: In beiden Staaten, in Sinaloa und Sonora zusammen, lebten noch nicht 32 000 „gente de razon", also vorwiegend Weiße, dazu im Süden in 40 Dörfern etwa 6000 Indianer, während die Jesuiten in Nordsinaloa und Sonora 30 000 Neophyten betreuten. Über die Zahl der wilden Indianer sind natürlich keine genaueren Angaben vorhanden.

Die weiße Bevölkerung war sehr ungleich verteilt. Sie drängte sich vorwiegend in einigen städtischen und stadtartigen Siedlungen sowie in den Bergwerksdistrikten zusammen. Einen nicht unbeträchtlichen Bestandteil beherbergten die Presidios. Die weiße Besiedlung des platten Landes

[54]) Angaben im wesentlichen nach H. H. Bancroft, a. a. O. S. 575/576.

scheint noch ziemlich gering gewesen zu sein. Sie war in Sinaloa bedeutend weiter vorgeschritten als in Sonora. Dabei ist allerdings zu beachten, daß in Sonora die Zustände um 1770 durch die Aufstände der Pima und Seri um 1750 und die dauernden Apachenkriege ungünstig beeinflußt waren. Sonora war, wie bereits betont wurde, um 1770 in vieler Beziehung in einem Rückgang begriffen. In der Pimeria Alta lebten noch um 1763 etwa 1315 Einwohner (Zivilisten), die Apachenkriege verminderten die Zahl auf 175 im Jahre 1769. Ähnlich wirkte die große Pima-Revolte. Während für 1751 in Südsonora, in der Provinz Ostimuri, 57 besiedelte Ranchen aufgezählt sind, so 20 Jahre später nur noch 4. Im übrigen Sonora waren über 40 Bergwerksorte verlassen, und von 125 Ranchen hatten nur noch 2 weiße Bevölkerung[55]).

In Sinaloa konzentrierte sich die weiße Bevölkerung einerseits im Süden um Mazatlan, Chametla, Rosario und Concordia. Hier lebten etwa 6700 Weiße, davon allein 2459 im Real Asylo de Rosario (Tajo Mine), das zugleich der Ausgangspunkt für den Besuch der Reales von Plomosa und Copala war, in denen etwa über 1700 Weiße tätig waren. In den Ranchos der Umgebung von Concordia (San Sebastian 500 Ew.) wurden etwa 2000 gezählt, 357 in Chametla und 90 in Escuinapa. Die Zahl der erwähnten Eingeborenen beträgt hier im Süden noch nicht 2000. Ein weiteres weißes Zentrum hatte sich wiederum im Anschluß vor allem an den Bergbau bei Cosala gebildet, wo 1897 Weiße lebten; 876 werden für San Javier angegeben[55a]). — Culiacan hatte etwas über 1500 Weiße, und in den Ranchen und Hacienden der Umgebung wohnten weitere 633, so daß hier auch von einer gewissen Siedlung auf dem flachen Lande gesprochen werden kann. Im nördlichen Sinaloa werden für San Felipe de Sinaloa 3500 (alle im Flecken?) und für San Juan de Monteclaros (El Fuerte) weitere 1886 berichtet, wobei zweifelhaft ist, ob alle im Orte selbst lebten. In den Bergen am oberen Fuerte, wo damals lebhaftere Bergbautätigkeit herrschte, werden für San Benito 910 und für die El Cajon-Mine etwa 414 angegeben.

Im südlichen Sonora standen sich zwei völlig verschiedenartige Bevölkerungskomplexe gegenüber, die sich heute noch nicht restlos verbunden haben. Im Innern des Landes war um Alamos damals eines der bedeutendsten Bergwerksgebiete entstanden, wo 6820, das heißt weit über 50 % aller Weißen Sonoras lebten, davon allein 3400 im Real Alamos, wo ein Berg-

---

[55]) Chapman, a. a. O. S. 232/233.

[55a]) Einen Auszug aus einer alten Quelle gibt Bancroft S. 546/547. Mazatlan hatte eine Wache von Mulatten. Bei Cosala, wo die Bergwerke nicht in Blüte standen, wurde Zuckerrohr durch spanische Bergleute angebaut, ebenso bei Culiacan.

baugericht und eine Bergbauverwaltung eingerichtet worden waren. Noch heute ist diese Stadt eines der schönsten spanisch-kolonialen Städtchen der ganzen Westküste. Ihre schönen Bauten, zwar leicht vom Verfall überhaucht, zeigen den alten Reichtum noch deutlich an. — Demgegenüber waren Mayo und Yaquidelta fast reines Indianerland, wo in 9 Siedlungen über 20 000 Yaquis und in 7 Siedlungen 3895 Mayos lebten.

In Mittelsonora hatte sich die Bevölkerung in den großen Tälern des Horcasitas, Sonora, Moctezuma, Nacozari, des mittleren Yaqui, Bavispe, Sahuaripa entwickelt. Horcasitas und Sonoratal waren fast zur Hälfte von „gente de razon" bewohnt. Im Horcasitastale (einschließlich der Saracachi-Minen) standen 981 Weiße 949 Indianern gegenüber, im Sonoratale (oberhalb Ures) 1118 Weiße gegenüber 1837 Indianern. Vorwiegend weiß, aber dünn besiedelt war das Gebiet der Umgebung von Hermosillo (Petic), wo 125 Einwohner zum Teil in Ranchos und Haciendas wohnten und nur 53 Indianer erwähnt werden. Das Yaquital, oberhalb von Cumuripa, war mit etwa 1800 Indianern noch fast rein indianisch. Eine Insel weißer Bevölkerung bildete dagegen das obere Moctezuma- und Nacozarigebiet, wo bereits damals wichtige Bergwerke im Betrieb waren. Hier lebten 1567 Weiße, davon allein 1266 in verschiedenen „Reales", und etwa 1100 Indianer. An der nördlichen Frontier um Terenate und Cocospera und Buenavista wurden 583 Weiße, meist in Terenate (411), und 764 Indianer erwähnt. Terenate, Tubac, Horcasitas und Fronteras hatten je zwischen 400 und 500 Einwohner. Sowohl im Osten — im Bavispe-Gebiet — wie im Westen in den Missionsgebieten der Pimeria Alta überwog die indianische Bevölkerung: Bavispe-Gebiet 484 Weiße (Presidio Fronteras nur!) gegenüber 2392 Indianern und Altargebiet 330 Weiße (285 Presidio Altar, 45 Arizona Placer) gegen 1398 Indianer. Auch das Tal von Magdalena und Imuris, das heute die Southern Pacific südlich von Nogales benutzt, war vorwiegend indianisch besiedelt (531 Indianer und 131 Weiße in Santa Ana). Das Ergebnis ist der Natur des Landes entsprechend: Nur in dem höher gelegenen mittleren Sonora mit seinen fruchtbaren, bewässerten Taloasen und den grasreichen Steppen, wo durch die tiefe Zerschneidung zahlreiche primäre und sekundäre Erzvorkommen aufgeschlossen waren, hatte die spanische Besiedlung größeren Umfang erreicht. Sie war in wenigen Siedlungen konzentriert. Werden doch nur etwa 50 Ortschaften und Reales mit weißer Bevölkerung gegenüber ungefähr 95 mit indianischer Bevölkerung angegeben.

3. Die Entwicklung im 19. Jahrhundert als Grundlage der heutigen Kulturlandschaft.

Der Übergang vom 18. zum 19. Jahrhundert bedeutet für das spanische Kolonialreich in Amerika eine geschichtliche Wende. Die historischen Veränderungen sind auch geographisch von höchster Bedeutung. Sie bringen eine geschichtliche Situation zu ihrem Ende, die für die Gestaltung der geographischen Verhältnisse bestimmend war, und führten eine neue Zeit mit veränderten Problemstellungen herauf.

Mit der Besetzung Alta Californias, des heutigen Staates Kalifornien, erreichte die territoriale Ausbreitung der spanischen Kolonialmacht an der Pazifischen Küste ihr Ende. Dieser gewaltige Vorstoß über 10 Breitengrade nach Norden erschöpfte die Periode der defensiven Ausbreitung endgültig. Sonora verlor seine Grenzstellung und wurde zur Etappe. Es mußte nun der Übergang von der eigentümlichen Grenzverfassung, wie sie durch das Missionssystem gegeben war, zur zivilen Kolonialverwaltung gefunden werden. Die Auflösung der Jesuitenmissionen 1767 und ihre endgültige Säkularisation waren nur zwei Etappen desselben Vorganges. Diese Neuordnung wurde in Sonora durchkreuzt von einer zweiten Umstellung im Gefolge der Unabhängigkeitsbewegung. An Stelle einer Kolonialverwaltung trat jetzt in diesem immer noch seinem Wesen nach kolonialen Raum eine autonome Regierung. Beide Ereignisse, die plötzliche Aufhebung des Missions-Frontier-Systems und die Gewinnung staatlicher Selbständigkeit, bestimmten die ferneren historisch- und politisch-geographischen Verhältnisse der Nordwestküste.

Mit wenigen Worten lassen sich die für uns wichtigen Tatsachen wiedergeben. Am 25. Juni 1767 wurden die Jesuitenväter verhaftet, damit ihre spätere Landesverweisung und die Konfiskation ihres Vermögens ungestört durchgeführt werden konnten. Die Missionen gingen in die Hände der Franziskaner-Väter über, die nun nicht mehr aus Europa, sondern aus Mexico, Guadalajara und Jalisco, bestellt wurden. Wenngleich diese bis zur allgemeinen Missionssäkularisation im Jahre 1833 noch im Amte bleiben konnten, praktisch bedeutete doch das Jahr 1767 für Sonora und Nordsinaloa das Ende dieses eigenartigen Kolonisationstypus.

a) Politisch-geographische Entwicklung. Staatliche Einteilung, Hauptstädte und Bevölkerung.

Bald nach der Befreiung von der spanischen Herrschaft wurde auch der Westküste die innerstaatliche politisch-geographische Aufteilung gegeben, die bis heute Bestand gehabt hat. Bis zum Jahre 1734 gehörten Sonora und

Sinaloa zu Nueva Viscaya. Dann wurden sie unter eigener militärischer und ziviler Verwaltung als „Gobernacion Sinaloa y Sonora" zusammengeschlossen. Drei Verwaltungseinheiten wurden gebildet: Sinaloa, Ostimuri (das Cahitaland) und Sonora. Nach längeren Streitigkeiten, wobei gegen die Trennung Sonoras von Sinaloa vor allem finanzielle Gründe sprachen — der dünn bevölkerte, von den Apachen bedrohte Grenzstaat brauchte die größeren Mittel des reicheren Sinaloa —, wurde 1830 die Teilung endgültig durchgeführt. Seitdem haben nur kleinere Grenzveränderungen stattgefunden. Die Grenze zwischen beiden Staaten verläuft etwa auf der Grenze der südlichen und nördlichen Cahitavölker, die ja eine so bedeutende Rolle in der Geschichte gespielt hatte. — 17 Jahre nach der innerstaatlichen Regelung ließ der Ausgang des Krieges mit den Vereinigten Staaten von Nordamerika die Grenze Sonoras zu der Mexicos werden. Seitdem sind die politisch-geographischen Kräfteverhältnisse völlig verändert. Der Gegenstoß von Norden setzt nun ein.

Mit der Frage der politischen Einteilung löste sich auch die der Wahl der Hauptstädte. Ursprünglich lagen die Verwaltungsorte wegen der engen Verbindung militärischer und ziviler Gewalten nahe der Grenze. Arispe und Horcasitas im nördlichen Sonora waren lange die wichtigsten Ortschaften gewesen. Dann wurde Ures zeitweilig zum Sitz der Verwaltung. Für kurze Zeit beherbergte El Fuerte, der Garnisonort an der Cahitagrenze, die gesetzgebende Versammlung. Yaquiaufstände zwangen diese vorübergehend sogar zum Rückzug bis nach Cosala. Nach der Trennung der Staaten erfolgte die endgültige Regelung: Culiacan übernahm die Funktion der Hauptstadt für Sinaloa, das vor kurzem erst begründete Hermosillo oder Presidio Petic für Sonora.

Die Einwohnerzahl hatte sich bis zum Beginn des 19. Jahrhundnerts bedeutend gehoben. Gegenüber etwa 67 000 Weißen und Indianern, die sich um 1765/1770 nachweisen lassen (s. o. S. 356), sind es um 1803 nach den Angaben Humboldts bereits 121 000 Einwohner in der ganzen Intendancia Sonora (einschließlich Sinaloa). Für einige Gebiete sind Humboldts Zahlen auffallend hoch, sie weichen auch von den älteren Angaben bedeutend ab: Culiacan 10 800, Villa Fuerte 7900, Arizpe 7600. Hier werden sich die Zahlen nicht nur auf die „hervorragendsten Orte", sondern auf die ganzen Municipien beziehen. Mühlenpfordt zählte um 1830: 254 705 Einwohner in beiden Staaten (Sinaloa 152 000, Sonora 101 900). Die Bevölkerungszusammensetzung hatte sich jetzt sehr zugunsten der Weißen und Mischlinge verschoben: in Sonora war das Verhältnis: zwei Fünftel Weiße, ein Fünftel reine Indianer und zwei Fünftel Mestizen. Besonders die Umgebung der neuen Hauptstadt Hermosillo stellt ein ganz neues

Bevölkerungszentrum in Sonora dar, das sich bei den älteren Zählungen noch nicht erkennen ließ.

Die Bevölkerungsentwicklung im einzelnen weiter zu verfolgen, würde den Rahmen dieser Arbeit überschreiten.

Bevölkerungsentwicklung seit der Mitte des 19. Jahrhunderts[56]).

	Sinaloa	Sonora
1850	160 000	124 000
1860	160 000*)	140 000
1895	261 000	192 000
1900	296 000	221 682
1910	323 642	265 383
1921	341 265	270 707
1930	395 618	316 211

*) Nach anderer Zählung 201 918, davon 27 600 Weiße, 40 300 Indigenas, 133 818 Mestizen.

Der Anteil der Rassen an der Bevölkerungszusammensetzung verhielt sich 1930 folgendermaßen:

	Sinaloa	Sonora
Indianer	0,93 %	14,00 %
Weiße	0,19	42,54
Mestizen	98,30	41,04
Undifferenziert	0,58	2,42

Obwohl die Zensusangabe infolge der persönlichen Einschätzung zu einer der Rassengruppen große Ungenauigkeiten enthält,, so muß doch mit einem anderen Mischungsverhältnis in Sonora gerechnet werden. Hier haben sich tatsächlich noch reine Indianerstämme erhalten, wie Yaqui, Mayo und zum Teil Papago, Seri, während das in Sinaloa keineswegs der Fall ist. Andererseits hat auch die moderne Kolonisation auf dem Lande sowohl wie im Bergbau zu einem bedeutenden Einfluß

[56]) Humboldt, A. v. Essai politique sur le royaume de la Nouvelle Espagne. Paris 1827. S. 237, 245, 2. Band.

Mühlenpfordt, a. a. O.. 2. Band, S. 400/401 und 419.

Wappäus, J. E. Geographie und Statistik von Mexico. Leipzig 1863. S. 172 und 174.

Sonora, Sinaloa y Nayarit. S. 57 ff.

Mexico en Cifras 1934.

rein weißen Blutes geführt. Daß die Verhältnisse bereits im Anfang des 19. Jahrhunderts in Sonora sehr ähnlich lagen, zeigen die oben angegebenen Zahlen Mühlenpfordts. Die Unterschiede in der Eroberungs- und Missionierungsgeschichte beider Staaten kommen hierin noch einmal zum Ausdruck. Während in Sinaloa das indianische Element keine eigene geschichtliche Rolle mehr spielt, müssen die Beziehungen zu den Indianern in Sonora noch eine kurze Behandlung erfahren.

Das Verhältnis zu den Indianern in Sonora. Neubildung der Yaqui-Frontera.

Das Missionssystem in seiner Verbindung mit dem militärischen Befestigungssystem der Presidios hatte zu einer Zweiteilung der indianischen Bevölkerung in ihrem Verhältnis zur spanischen Kolonialmacht geführt:

1. Innerhalb der Missionsgebiete lebten die befriedeten und christianisierten Indianer. Ihr Schicksal und ihr Verhältnis zum Staatsganzen war mit dem der Mission auf das innigste verbunden. Die Jesuiten hatten, wie bereits erwähnt, nicht ohne Erfolg eine Art räumlicher Segregation durchgeführt, die verhinderte, daß der Lebensraum der Indianer nicht entscheidend angegriffen werden konnte. Nur deren Siedlungs- und Wirtschaftsverhältnisse wurden grundlegend neugestaltet. Das System hatte allerdings die Indianer vor den schädlichen Folgen des kulturellen Kontakts nicht schützen können, wie die oben mitgeteilten Zahlen beweisen. Trotzdem ist es aber wohl den Missionen zu verdanken, wenn die Indianerstämme der Opata, Pima, Yaqui und Mayo als wichtige Bestandteile für die spätere Bevölkerungszusammensetzung erhalten blieben. Nicht gelöst war aber die Frage der Zwischensiedlung der weißen Bevölkerung. Hier blieb eine breite Reibungsfläche mit den neu entstehenden Bergbau- und landwirtschaftlichen Unternehmungen der Spanier. Daher mußte die Säkularisation der Missionen einen wichtigen Einschnitt auch für die indianische Bevölkerung bilden.

2. Eine Reihe von indianischen Stämmen, wie die Seri und Apachen, blieben außerhalb des Missionsgebietes. Die Beziehungen zu ihnen wurden durch die inneren Änderungen, die Aufhebung der Missionen und die Abschüttelung der spanischen Herrschaft nicht verändert. Kampf bis zur Vernichtung blieb hier die Parole. Besonders die Apachenkriege, die sich alle paar Jahre wiederholten, bildeten eine große Plage für Sonora. Die Annexion von Texas durch die USA. trieb die Apachen nur um so mehr gegen Arizona und Sonora. Erst gegen Ende des Jahrhunderts wurde zusammen mit den Truppen der Staaten dieser Feind endgültig vernichtet.

Vom kolonialen und kulturgeographischen Standpunkt aus weit wichtiger sind aber die Auseinandersetzungen, die sich im Gefolge der revolutionären

Veränderungen im Gebiet der befriedeten Indianer vollzogen. Hier setzten nunmehr eine ganze Reihe von Aufständen ein, die eine Folge dieser veränderten innenpolitischen Lage waren. 1820 erhoben sich die Opata, die bisher als treue Helfer im Kampfe gegen die Apachen gedient hatten. Schwieriger waren die Yaquiunruhen, die 1825 begannen. Sie sollten mit Unterbrechungen bis in die Gegenwart andauern. Hier bildete sich gleichsam innerhalb des bereits befriedeten Gebietes eine neue Frontera, deren kulturgeographische Besonderheit im dritten Teile ausführlicher erörtert werden soll. Was waren die Gründe dieser neuen Unruhen? Die Yaqui versprachen sich von den veränderten politischen Verhältnissen Sonoras auch eine Änderung ihrer eigenen Lage. Sie forderten bürgerliche Rechte und Selbstverwaltung. Beides war ihnen zugesagt, beides wurde ihnen verweigert. Die inneren Gegensätze zwischen Jesuiten und Zivilverwaltung spielten dabei zweifellos eine Rolle. Es scheint sogar, daß die Yaqui von den weltlichen Gewalten gegen ihre patriarchalische Missionsverwaltung aufgehetzt wurden.

Zukunftsträchtiger waren aber die ersten Streitigkeiten über das Land. Die Integrität des Missionslandes wurde angetastet. 1825 erschienen die ersten Landmesser und Assessoren im Yaquigebiet. Dank der geschickten Führung des Häuptlings Banderas endete der erste Kampf mit einem Kompromiß. Nach einem zweiten, mißglückten Aufstande 1832 versuchte man als Repressalie einen erneuten Eingriff in die inneren Verhältnisse. Um den liberalen Tendenzen der Zeit entgegenzukommen, um zugleich das innere Gefüge der Yaquigemeinden zu lockern und die Landerwerbung weißer Siedler vorzubereiten, wurden jetzt erste Versuche gemacht, die alte gemeinwirtschaftliche Landverfassung aufzuheben und die Yaqui zur Vermessung ihrer Ländereien und zur Aufteilung in Individualbesitz zu veranlassen. Damit deutet sich jenes Motiv an, das bis in die Gegenwart im Yaquigebiet immer von neuem Unruhen erregt hat. Später suchte man (1840/1842) — wie man die Indianer im Kampfe gegen das Missionssystem benutzt hatte —, diese auch in die inneren Auseinandersetzungen zwischen den streitenden Parteien hineinzuziehen. Auch diese gefährliche Politik wird noch heute fortgesetzt. Die Yaquikrieger waren die gefürchtetsten Soldaten in so manchem Revolutionsheere. 1867/1868 drangen erneut Siedler ins Yaquigebiet ein und veranlaßten diese zum Aufstand. Aber wirklich entscheidend wurden die Kämpfe erst mit dem Regierungsantritt von Porfirio Diaz, der die Indianerpueblos auf ihr gesetzliches Minimum von 1 Quadratlegua einschränken wollte, um hier im fruchtbaren Deltalande Raum für Konzessionen an befreundete auswärtige Kapitalisten zu gewinnen. Alle diese Motive: Landfrage und innerer politischer Zwist der Parteien lebten nach Diaz' Sturz erneut auf. Wieder erhofften die Yaqui von der Madero-Revolution eine Änderung ihrer Lage, aber wiederum wurden sie enttäuscht. Während des Krieges und noch im Jahre 1928 kam es zu langwierigen und kostspieligen Kämpfen, die nur durch Einsatz modernster Kampfmittel entschieden werden konnten. Wie eine Meldung der „Times" berichtet, sind auch im Jahre 1938 die Yaqui wieder auf den Kriegspfad gezogen.

Versuche politischer Einmischung von USA. her.

Wichtiger für die Zukunft als die indianischen Unruhen wurden neue auswärtige Beziehungen Mexicos, nachdem es die Unabhängigkeit gewonnen hatte. In drei Formen machten diese sich bis zum letzten Viertel des Jahrhunderts geltend:

1. in kriegerischen Verwicklungen mit den Vereinigten Staaten,
2. in verschiedenen Freibeutereinbrüchen von den Vereinigten Staaten her,
3. in den ersten Stadien weltwirtschaftlicher Erschließung von Übersee her.

Die junge mexicanische Republik verlor in den ersten drei Jahrzehnten ihres Bestehens etwa 50 % ihres Gebietes an die Vereinigten Staaten. 1836 wurde Texas durch aufständische und freibeuternde amerikanische Einwanderer abgetrennt[57]), 1846 gingen im Kriege Neumexico, Arizona, Teile von Utah und Kalifornien verloren. Die Goldfunde in Kalifornien führten zu einer schnellen Besiedlung des bis dahin wenig entwickelten Außenpostens der Republik. Auch aus Sonora und Sinaloa strömte ein nicht unbeträchtlicher Teil der Bevölkerung in das Goldland ab. Für Abenteurernaturen lag daher die Verlockung nahe, die Schwäche der Grenzprovinzen Mexicos auszunutzen und den unwiderstehlichen Siegeszug der USA. auch nach Süden auszudehnen. So unwichtig vielleicht die Flibustierunternehmen der fünfziger Jahre heute erscheinen mögen, so bezeichnend waren sie für die plötzliche Verlagerung der politisch-geographischen Druckverhältnisse an der pazifischen Küste, so wichtig sind sie auch zum Verständnis der Gefühle, die heute noch für viele Mexicaner das Verhältnis zum „Colossus" des Nordens bestimmen. Einbrüche bewaffneter Banden suchten die ganze nördliche Grenze wiederholt heim[58]). Bald

---

[57]) Anschluß an die U. S. 1845. Vgl. Pfeifer, G.: „Die politisch-geographische Entwicklung der Vereinigten Staaten westlich des Mississippi" für die Bedeutung der Flibustiere an der Nordostgrenze Mexicos. Geographische Zeitschrift 1935. S. 370 ff.

[58]) Rippy, J. F. The United States and Mexico. New York 1926. S. 85 f. und S. 168 ff.

brachen sie aus Texas vor, wie etwa bei dem Zuge Carvajals gegen Matamoros, oder sie versuchten von Kalifornien her einzudringen, wo in San Francisco und Los Angeles stets genügend Abenteurer — und anscheinend auch Geldgeber gefunden wurden. Meist setzten sich diese Banden, wie die von Moorhead und Walker, in Niederkalifornien fest, das am schwächsten war, und versuchten von dort aus auch in Sonora Fuß zu fassen. Auch darin stimmten viele dieser Züge überein, daß sie als „Kolonisationsunternehmen" ausgerüstet wurden. Diese Methode lag nahe, nachdem die mexicanische Föderation 1824 den Einzelstaaten das Recht zur Kolonisation erteilt hatte, und nachdem seit 1837 von der Republik die Politik verfolgt wurde, auswärtige Schulden durch Landvergebung zu tilgen. So waren beispielsweise bedeutende Landgebiete in Niederkalifornien zu Spottpreisen in die Hände einer großen Firma in San Francisco übergegangen (J. Leese).

Den größten Umfang erreichten die Freibeuterunternehmen unter Führung des französischen Edelmannes Raousset de Boulbon (1850/1853), dem es sogar gelang, vorübergehend durch Handstreich die Hauptstadt Hermosillo in seine Hand zu bringen[59]). 1854 wurde die Grenze Sonoras durch die Abtrennungen des Gilagebietes im Gadsen Purchase nach Süden gedrückt. Damit gerieten wertvolle Ostwestverbindungen im südlichen Arizona in die Hände der USA., die für die spätere Linienführung der Southern Pacific wichtig wurden. 1856/1857 erfolgte der letzte Freibeutereinbruch unter Führung von Captain Crabb. Die Bande brach von Sonoyta her in Sonora ein und drang bis Caborca vor. Dort wurde sie gestellt und zur Übergabe gezwungen. Alle 69 bis auf einen Jungen wurden erschossen. Damit endete die Lust zu weiterem Flibustieren.

b) Die Öffnung der Küsten und die Bedeutung der fremden Nationen im Wirtschaftsleben.

Die Abgelegenheit Sonoras und Sinaloas auf der pazifischen Seite Mexicos macht es verständlich, daß alle ersten wirtschaftlichen Anregungen von außen zunächst auf dem Seewege spürbar wurden. Der Landweg von Norden her in den schmalen Korridor der Nordwestküste

---

[59]) Französische Interessen waren in Mexico während der ersten Hälfte des Jahrhunderts sehr stark. Die Zeit der Intervention, doch auch ein abenteuerliches Unternehmen wie das des Grafen Boulbon, haben dem französischen Ansehen sehr geschadet. In Sinaloa und Sonora ist die Zeit der Franzosenbesetzung noch außerordentlich lebendig im Gedächtnis der Bevölkerung. Die Zeit „vor den Franzosen" ist so etwa der Abschnitt bis zu dem sich die „ältesten Leute" noch erinnern können. Dann kommt schon bald die Zeit „de los Moctezumas".

wurde erst wichtig, nachdem die Vereinigten Staaten bis zum Pazifischen Ozean vorgedrungen und ihren eigenen weiten Westen verkehrsmäßig und wirtschaftlich erkundet und erschlossen hatten.

Zwei Häfen, Guaymas und Mazatlan, waren die ersten Einfallstore — Guaymas besitzt nicht nur einen glänzenden natürlichen Hafen, sondern auch besonders bequeme Beziehungen zu fast allen Tälern des Hinterlandes. Nach Osten kann man um die Sierra Bacatete herum das Yaquital aufsuchen, und es ist leicht, die Bergwerksregion von Alamos zu erreichen. Nach Norden hin bieten sich über die neue Hauptsadt Hermosillo, das im 19. Jahrhundert besonders als Verteilungsstelle für die Einfuhr über Guaymas aufblühte, Verbindungen zu den Tälern Mittel- und Nordsonoras. Mazatlan ist als natürlicher Hafen in Südsinaloa ohne Konkurrenz. Wenngleich es nicht ein so umfangreiches Hinterland besitzt wie Guaymas, so war doch der Süden besser entwickelt und durch die Bergwerksdistrikte von Plomosa, Rosario, Guarisamey, San Dimas noch bekannter geworden. Bancroft berichtet, daß 1802, 1804, 1808 die ersten amerikanischen Kauffahrer Guaymas anliefen und dort für eine halbe Million Dollar Waren absetzten. Der Hunger nach Industriegütern war in dieser entlegenen Grenzprovinz groß. Die Preise, die Pater Pfefferkorn für das Ende des 18. Jahrhunderts mitteilt, sprechen hierfür eine deutliche Sprache. Diese Handelsfahrten gingen von Neu-England aus und gehören in die Reihe der Handelsexpeditionen, die das Aufblühen der Schiffahrt Neu-Englands am Anfang des vorigen Jahrhunderts einleiteten. Die Bostoner Kaufleute haben für die Erschließung Kaliforniens, Hawais und der Südsee Pionierdienste geleistet, die den Amerikanern noch heute Früchte tragen. Um die Mitte des Jahrhunderts jedoch erschienen auch andere Flaggen, darunter vor allem deutsche, hanseatische, sowie dänische und englische. Die Amerikaner behielten jedoch ihre Vorrangstellung, wie eine statistische Angabe von Wappäus beweist, der für 1857 unter 45 einlaufenden Schiffen in Mazatlan 10 amerikanische, 11 mexicanische, je 5 britische, französische und hanseatische, je drei dänische und sardinische, 2 chilenische und 1 hannoversches Schiff feststellte. Die Tonnagezahlen stiegen 1858 in Mazatlan auf 22 038 für einlaufende und 11 767 für auslaufende. Die Ausfuhrprodukte beschränkten sich auf die Ausbeute von Edelholz in den Wäldern (167 000 Rthlr. Färbehölzer), Erzeugnisse der extensiven Viehzucht wie gesalzene Häute, und vor allem bergbauliche Produkte (Gold 106 000 Rthlr.; Silber 1 113 000 Rthlr.)[61]).

---

[60]) Bancroft, H. H., a. a. O., II. Band.

[61]) Wappäus, J. E. Geographie und Statistik von Mexico und Centralamerika. Leipzig 1863. S. 114.

Im Handel hatte trotz der größeren Beteiligung der amerikanischen Schiffahrt jedoch Großbritannien die erste Stellung inne, das von einer Gesamteinfuhr von 1 190 000 Pesos allein 590 000 Pesos an Waren lieferte[62]). An zweiter Stelle folgte Frankreich, an dritter Deutschland und erst an vierter die Vereinigten Staaten. Dieser Vorsprung Englands um die Mitte des Jahrhunderts läßt sich noch auf anderen wirtschaftlichen Gebieten erkennen, wie z. B. dem Bergbau. Man kann in vieler Beziehung England hinsichtlich der Kapitalinvestierung und wirtschaftlichen Erschließung Mexicos als Vorläufer der Vereinigten Staaten betrachten.

Während vor dem Kriege die Schiffe der Kosmos-Linie Mazatlan regelmäßig besuchten, ist heute der Anteil der deutschen Schiffahrt sehr gering geworden. Nur zwei deutsche Schiffe besuchten nach Angaben der Statistik Mazatlan im Jahre 1926. Regelmäßig laufen dagegen in 14tägigen Abständen die Schiffe der amerikanischen Pacific Mail Steamship Co. Mazatlan an. Auch in den anderen Häfen, wie Guaymas und Yavaros, ist die amerikanische Flagge am stärksten vertreten. Zeitweilig suchte auch die französische Cie. Transatlantique stärkeren Einfluß zu gewinnen, besonders auf die Verschiffung von Garbanzos aus Guaymas. Die Statistik für 1926 erwähnt aber keine französischen Schiffe im internationalen Verkehr. Es fehlen auch Angaben über spanische Dampfer, die ebenfalls im Garbanzotransport zeitweilig eine wichtige Rolle spielten. In Yavaros liefen zwei norwegische und ein dänisches Schiff ein. Ein großer Teil des Handels wird heute von subventionierten mexicanischen Linien übernommen. Die Gesamtzahlen für 1926 betrugen nach „Sinaloa, Sonora y Nayarit“:

	Anzahl der Schiffe		Registertonnen	
	Einlaufend	Auslaufend	Einlaufend	Auslaufend
Guaymas	49	49	53 746	55 931
Topolobampo	9	9	9 681	9 657
Altata	—	—	—	—
Yavaros	10	9	11 445	11 515
Mazatlan	87	85	117 614	117 185

Mit der Erschließung durch die Schiffahrt drang auch fremde Bevölkerung in steigendem Maße in das wirtschaftliche Leben beider Staaten ein, deren Stellung hier mit wenigen Strichen wiedergegeben werden soll.

Einige größere hanseatische Häuser[63]), wie die von Melchers in Bremen und Wöhler und Bartning, die noch heute ein großes Ansehen

[62]) Wappäus, a. a. O., S. 115.

[63]) Vgl. auch Waibel, L. Die nordwestlichen Küstenstaaten Mexicos. Geographische Zeitschrift 1927.

genießen, brachten auch den deutschen Einfluß an der Pazifischen Küste zur Geltung. Vor dem Kriege, als die Kosmoslinie ihre Fahrten noch regelmäßig auch nach Mazatlan ausdehnte, bezeichnete Perigny[64]) die Stellung der Deutschen als überragend an der mexicanischen Küste. «On les rencontre partout, dans tous les ports: maison d'importation ou de commission, agences pour les compagnies de navigation, 'boticas', pharmacies où se vendent à côté des médicaments, des objets de toilette et de parfumerie, jusqu'à de jouets et des cylindres pour graphophones. Ils occupent incontestablement la première place comme activité et influence. Leurs magasins sont bien approvisionnés d'articles adaptés aux nécessités du pays; tous ce qui est nouveau est fait d'armes, d'outils, d'objets d'utilité est importé par eux, et de cette façon ils sont su se rendre indispensable aux agricultures et aux mineurs.» Das besonders gute Verhältnis der Deutschen zu der mexicanischen Bevölkerung wird auch von der schärfsten Konkurrenz, von amerikanischer Seite, durchaus anerkannt. "The Mexicans are 'fond' of the Germans" faßt ein so guter Kenner wie Ch. Beals[65]) das Verhältnis der Mexicaner zu den Deutschen zusammen. "The Germans are undoubtedly the best liked of all foreigners on the West Coast" schreibt der Commercial and Industrial Survey of Mexican West Coast[66]). Verschiedene kleine, bisweilen rührende Zeugnisse, die ich auf der Reise bekam, bewiesen, daß den Deutschen auch von den einfachsten Schichten im Lande ein besonderes Vertrauen entgegengebracht wird. Leider hat unsere so vorteilhafte Stellung durch den Krieg eine große wirtschaftliche Einbuße erlitten. Weder war es möglich, während der langen Kriegsjahre die Kunden zu bedienen und die fremde, besonders amerikanische Konkurrenz abzuwehren, noch vermochten die deutschen Kaufleute die ungünstigen Folgen der Inflation abzuwenden oder die Lieferungsschwierigkeiten in den ersten Nachkriegsjahren auszugleichen. Ein großer Teil des früher deutschen Geschäftes ist in andere Hände, vor allem amerikanische, zum Teil aber auch in chinesische und japanische übergegangen.

Alteingesessen sind die spanischen Händler, die im Kleinhandel eine bedeutende Rolle spielen. Sie haben auch auf die Entwicklung der Landwirtschaft einen großen Einfluß ausgeübt, indem sie vor allem die

---

[64]) Perigny, Maurice de. Les Etats-Unis du Mexique. Paris 1911. S. 222.

[65]) Beals, C. Mexico. New York 1923.

[66]) P. L. Bell and H. B. Mackenzie. Mexican West Coast and Lower California. A Commercial and Industrial Survey. U. S. Dept. of Commerce. Special Agents Series, No. 220, S. 37.

Kultur der Garbanzos, die in Spanien und auf den spanischen Inseln Mittelamerikas ein wahres Volksnahrungsmittel sind, anregten und gerade Sinaloa zum größten Garbanzoproduktionsgebiet Mexicos werden ließen. Sie sind als „gachupinos" bekannt und oft weit weniger beliebt, nehmen aber eine angesehene Stellung ein.

Als jüngere Fremdschicht neben den Amerikanern, deren Bedeutung gesondert behandelt werden soll, sind die ostasiatischen Völker zu betrachten. Der Einwanderungsstrom aus China setzte bereits im vorigen Jahrhundert ein. Auch hier haben sich die Chinesen sowohl durch ihre Bedürfnislosigkeit wie durch ihren Fleiß durchsetzen können. Bedeutende Handelshäuser wurden von ihnen in den größeren Städten, vor allem in Mazatlan, Guaymas und Ciudad Obregon, eingerichtet, die eine ernsthafte Konkurrenz auch für europäische und amerikanische Geschäftsleute darstellten. Diese unterhalten oft außer ihren Stammhäusern noch Filialen in den übrigen Landstädten. Bis in kleinste Ortschaften hinein haben sie sich verbreitet, wo sie nicht nur im Handel, sondern auch im Gemüsebau und in der Landwirtschaft auftreten. Vielfach betreiben sie auch das Gastwirtschaftsgewerbe, und in der Regel ist man bei ihnen gut aufgenommen und wird preiswert verpflegt. Die nach Zehntausenden zählende chinesische Bevölkerung erlitt Ende 1932 einen schweren Rückschlag, als sie durch feindlich eingestellte Gesetzgebung in großem Umfange zur Auswanderung gezwungen wurde.

Weniger zahlreich, aber gleichgeachtet ist die Zahl der Japaner. Auch sie betreiben nicht nur Handel, sondern auch Landwirtschaft. Verschiedene Kolonisationsversuche wurden von ihnen am Culiacan und weiter nördlich am Sinaloa unternommen. Diese Ansiedlungsversuche gingen nicht vom Mutterlande aus, sondern — wie die amerikanische Durchdringung — von Kalifornien. Kalifornisch-japanische Gesellschaften versuchten großen Landbesitz am Sinaloa zusammenzukaufen, doch litten die Anbauverhältnisse an Wassermangel und fehlenden Bewässerungsgelegenheiten. Viele der Farmer wanderten daher in die Gebiete von Mochis und Culiacan ab. Auch als Ärzte sind eine ganze Anzahl von Japanern an der Westküste in den Städten mit Erfolg tätig.

Eine eigentümliche Rolle spielen auf dem Lande wandernde Zwischenhändler, die aus dem östlichen Zwischeneuropa und aus dem vorderen Orient, vor allem aus Syrien oder Armenien, stammen. Sie haben einen großen Teil des ländlichen Handels in der Hand, indem sie von Ort zu Ort ziehen und direkte Verbindung mit dem Käufer aufnehmen. Es hat sich geradezu eine Art von kolonialer Zwischenschicht ausgebildet.

Die wirtschaftliche Erschließung durch die USA. seit der Regierung Porfirio Diaz.

Im Verkehr: Eisenbahnen und Automobil.

Die zweite Phase der wirtschaftlichen Erschließung, die der unmittelbaren Gegenwart voraufgeht, und deren Folgen noch heute die Problemlage Mexicos im Verhältnis zu den Staaten entscheidend bestimmt, läßt sich ziemlich genau mit dem Regierungsantritt von Porfirio Diaz (1877—1911) festlegen. Die Folgen des Bürgerkrieges waren überwunden, die ersten Überlandverbindungen nach dem Westen waren bereits fertiggestellt, und nun war auch in Mexico eine Regierung vorhanden, die fremdes Kapital begünstigte und schützte. In mehreren Etappen vollzieht sich die Einflußnahme amerikanischen Kapitals. Der Bahnbau geht voran; mit ihm kommt der Bergbau und die Landspekulation, die landwirtschaftliche Erschließung bildet den Abschluß[67]).

Die Eisenbahnen.

Die älteste Eisenbahn an der Pazifischen Küste wurde allerdings nicht von amerikanischem, sondern von englischem Kapital erbaut. Ihre Linienführung zeigt, daß sie noch in das System der Überseeverkehrsverbindungen hineingehört, denn sie sollte die Hauptstadt Culiacan mit dem Meere verbinden und führte nach dem kleinen Hafen Altata, der damals noch für Küstenschiffahrt brauchbar war. Auch im Bahnbau geht also eine Phase englischer Initiative der amerikanischen voran.

Bald darauf erschien die erste große amerikanische Gesellschaft, die Atchison und Santa Fé, die die sogenannte Sonora- oder Nogales-Guaymas-Linie erbaute. Diese Strecke wurde später an die Southern Pacific abgetreten und bildete somit den Ansatz für das größte System an der Westküste, die Southern Pacific of Mexico. Wenig später erhielt Sonora eine zweite Nord-Süd-Eisenbahnlinie, die von den Kupferbergbauinteressen getragen wurde, die Nacozari-Eisenbahn der Phelps Dodge Bergbaugesellschaft. Um 1900 suchte die „Kansas City und Oriental Railroad Gesellschaft" einen großartigen Plan auszuführen, der eine Verbindung von Kansas City mit Topolobampo an der Mündung des Fuerte anstrebte. Man hoffte eine gegenüber San Francisco um fast 500 km kürzere Verbindung mit dem Pazifischen Ozean herzustellen. Dieser Plan scheiterte nicht

[67]) Vgl. hierzu auch Rippy, J. F., a. a. O., bes. 5, 311 ff.

Long, R. Railways of Mexico. S. S. Department of Commerce. Trade Promotion Series, No. 16, Washington 1925, und Commercial and Industrial Survey, a. a. O. S. 46 ff.

zuletzt an der gewaltigen Barriere der Sierra Madre, die südlich der Grenze bis nach Tepic an keiner Stelle von einer Eisenbahn bezwungen werden konnte. Kurz darauf wurden Verbindungen mit dem Bergbaubezirk von Cananea und Naco im Norden des Staates aufgenommen. 1905 begann die Konstruktion der wichtigsten Bahn, der Southern Pacific, die bis zum Jahre 1909 Mazatlan erreichte und von dort über Tepic nach Süden geführt wurde. Lange bildete eine tiefe Schlucht eine Unterbrechung für die Verbindung mit dem Hochlande. Auch hier war die Sierra Madre selbst das größte Hindernis. Allerdings erschwerten nach 1911 die Revolutionswirren die weiteren Bauarbeiten. Manche amerikanischen Interessen sprachen auch gegen eine Verbindung mit dem Hochlande. Denn solange sich die Eisenbahn im Bau befand, genoß sie gewisse Vorteile von seiten der mexicanischen Regierung. Je schwieriger die Verbindung nach Süden zum Hochlande war, um so mehr mußten die Waren ihren Weg nach Norden nehmen und auf dem Umwege über die USAmerikanischen Teile der Southern Pacific ihr Ziel erreichen. Der tief eingeschnittene Erosionsriß in Tepic, an dem der Bahnbau anhielt, wurde geschickt zu einem weit bedeutenderen Schnitt zwischen amerikanischer und mexicanischer wirtschaftlicher Einflußsphäre ausgenutzt.

Außer diesen großen Eisenbahnen wurden nur noch einige kleinere Stichbahnen gebaut. Ein wirkliches Netz ist nicht zustande gekommen. Die wichtigsten Stichbahnen verlaufen zum Bergbaugebiet von La Colorado südlich von Hermosillo, Yaquiaufwärts nach Tonichi, nach dem Bergbaugebiet von Alamos und Mayoabwärts zum Hafen Puerto Yavaros. Diese letztgenannte Linie wurde von der mexicanischen Regierung gemeinschaftlich mit den Farmern des Mayotales gebaut. Sie gehört also in eine jüngste — nationalmexicanische Phase des Eisenbahnbaues hinein.

Betrachtet man die Führung der Eisenbahnlinien unter geographischen Gesichtspunkten, so wird eine allmähliche Änderung der Verkehrsabsichten deutlich. Die ältesten Bahnen zielten auf die Häfen der Westküste, Altata, Guaymas, Topolobampo. Die Southern Pacific dagegen, die ja bereits in Kalifornien Anschluß an den Pazifischen Ozean besaß, brauchte derartige Pläne nicht in Erwägung zu ziehen, für sie bestand die Aufgabe darin, die ganze Westküste zu erschließen und einerseits mit Mexico City, andererseits aber mit den Vereinigten Staaten zu verbinden. Die Linienführung ist auf der Küstenebene Sinaloas innerhalb einer schmalen Zone gegeben. Da die Bergzüge und Becken nahezu parallel zur Küste verlaufen, sind größere Geländeschwierigkeiten nicht vorhanden. Schwieriger ist es, die Flüsse zu überbrücken, die senkrecht zur Verkehrsrichtung das Meer erreichen und im Sommer unter Überschwemmungen leiden. Hier boten sich

6. Verlagerung der Verkehrswege (Camino Real, Häfen, Eisenbahnen).

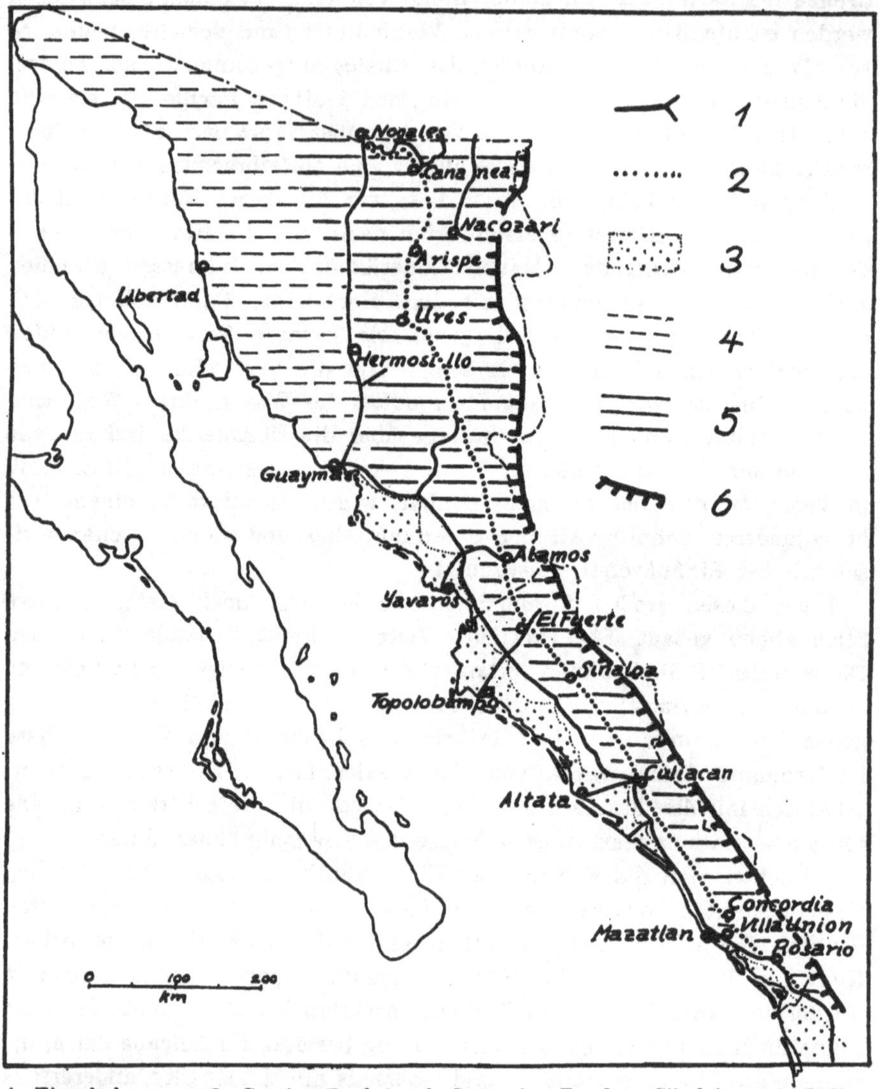

1: Eisenbahnen. — 2: Camino Real (nach Sauer in „Road to Cibola). — 3: Delta- und Flußaufschüttungsebenen Sinaloas. — 4: Westsonora (unzerschnittene Becken und Inselketten). — 5: Ostsonora (zerschnittene Becken und Kettenlandschaft). — 6: Abfall der Sierra Madre.

im allgemeinen als günstigste Kreuzungsstellen die oberen Ansatzpunkte der Deltaschwemmkegel, wo ja bereits seit der Kolonialzeit auch wichtige städtische Siedlungen, wie Culiacan und Rosario, lagen. Die Eisenbahn übernahm funktional die Aufgaben des alten Camino Real, sie weicht aber über große Strecken von ihm ab. Der Camino Real strebte von Rosario aus östlich der öden marinen Terrassenlandschaft durch die besser besiedelten Becken von Concordia nach Norden. Er mied die Deltaebenen des Fuerte, Mayo und Yaqui. Dafür suchte er die kürzeste Verbindung zu den Tälern Mittelsonoras, in denen er über die alte Hauptstadt Arispe die nördliche Frontera erreichte. Die Eisenbahnlinie ist demgegenüber nach Westen verlagert. Alte Städte, wie Mocorito, Sinaloa, El Fuerte und Alamos werden von ihr nicht berührt. An zwei Stellen, bei Mazatlan und bei Guaymas, sucht sie dagegen das Meer, auf das der Camino Real keine Rücksicht nahm. Diese Verlagerung zeigt deutlich, wie selbst auf der schmalen Pazifischen Küstenebene die Abkehr von der kolonialen Abschließungspolitik Spaniens noch wichtige Umlagerungen der Verkehrswege nach sich zog.

Auch nördlich von Guaymas ist die Bahn gegenüber dem Camino Real westlich verlagert. Sie strebt direkt nach Norden auf Hermosillo zu, dessen Entwicklung zur Hauptstadt im Vergleich mit Arispe und Ures schon dies Streben nach dem Meere zu verkörpert, das aber in seiner Lage noch die Beziehung zu den wichtigen Tälern des Sonora und Horcasitas aufrecht erhielt. Die Bahnlinie verläuft auf der Grenze zwischen dem westlichen Sonora mit seinen Bahios und Aufschüttungsebenen und dem östlichen mit der tiefgreifenden Terrassenzerschneidung in den Tälern im wesentlichen noch im Gebiet der Dornstrauchsteppe. Sie berührt den Altardistrikt mit seinen fruchtbaren kleinen Oasengebieten und erreicht über den günstig gelegenen Paß von Encinas (1300 m) die amerikanische Grenze bei Nogales. Die Linienführung ist also sowohl durch die Geländebedingungen beeinflußt worden als auch durch die Notwendigkeit, auf die Häfen der Westküste größere Rücksicht zu nehmen, als der historische Verkehrsweg es getan hatte.

Das Automobil.

Der Binnenverkehr an der Westküste befand sich 1930 am Anfang einer interessanten und wohl unaufhaltsam fortschreitenden Entwicklung in Richtung auf das Automobil. Es ist das die zweite große Verkehrsrevolution, die auf die nordamerikanische Initiative zurückzuführen ist. Der alte, traditionelle Fernlastverkehr mit Maultierkarawanen war im Vorlande der Sierra bereits weitgehend zum Erliegen gebracht worden. Das „camion“, der zum kombinierten Personen-Fracht-Verkehrsmittel umgewandelte Lastwagen, beherrschte im Hinterland von Mazatlan bereits den Verkehr. Dabei entwickelten sich Übergangserscheinungen, die auch geographisches und kolonialwirtschaftliches Interesse verdienen. Grundlegend wichtig ist die Tatsache, daß der Automobilverkehr dem Bau angemessener Straßen vorauseilte. Wirkliche Autostraßen oder auch nur Fahrwege zweiter, ja dritter Ordnung im europäischen Sinne gab es 1930 an der Westküste noch nicht in nennenswertem Umfange. Trotzdem bestanden aber sowohl in Sinaloa wie in Sonora regelmäßige Linien, die von Mazatlan, von Culiacan, von Hermosillo und Guaymas aus das umgebende Land bedienten oder sogar die Wüstensteppen des westlichen Sonora durchmaßen, wie etwa eine regelmäßige Personenbeförderung zwischen Altar und Sonoyta. Eine unternehmende japanische Firma wagte es, wöchentlich Lastautomobile mit Kühlvorrichtung bis zum Puerto Libertad am Golf zu schicken, um von dort Fische auf den Markt von Tucson befördern zu lassen, das sind in der Luftlinie weit mehr als 600 km hin und zurück. Dabei ist es auch zu großen Veränderungen in der Einflußsphäre einzelner Städte gekommen. Mazatlan hat beträchtlich auf Kosten Culiacans gewonnen. Ist doch sogar Cosala (von Culiacan etwa 90, von Mazatlan etwa 180 km Luftlinie) regelmäßig mit Mazatlan durch „camion"-Verkehr verbunden. Nach Süden hin erschloß von Mazatlan aus eine japanische Autolinie den reichen Fischereibezirk von Escuinapa. Bis in die Bergwerksbezirke von Copala und Panuco kann man in der guten Jahreszeit mit dem Autoverkehr gelangen.

Das Reisen mit dem Camion ist durchaus nicht bequem. Mit festen Fahrzeiten darf man von vornherein nicht rechnen. Stundenlang fährt der Fahrer von Straße zu Straße, um Kommissionen entgegenzunehmen oder seine Beredsamkeit an zagen Passagieren zu erproben und sie doch noch zur Mitfahrt zu veranlassen. Die Sitze sind nur behelfsmäßig aus Brettern gezimmert. Unter und zwischen den Bänken wird lebende und tote Fracht verstaut. Zwischen Kisten und Kästen, Benzinkanistern mit „manteca", Körben mit Krabben schaut lebendes Federvieh hervor, und vom Verdeck hängen Striemen von Trockenfleisch herab. So geht es im überfüllten Wagen Stunden um Stunden auf völlig unausgebauten Wegen, wo Brücken noch fehlen und höchstens ein paar Bohlenlagen die Furt verbessern, mit einer Geschwindigkeit dahin, die hart an der Leistungsgrenze des Wagens liegt. Die mexicanischen Fahrer sind wie die südeuropäischen temperamentvoll, aber geschickt. Die Mitreisenden passen sich meist in rascher Kameradschaft der allgemeinen Situation an und sind leicht zu Auskunft und Unterhaltung zu bewegen.

Die Straßen folgen dabei im allgemeinen den älteren Verkehrswegen, wie dem Camino Real, oder den Verbindungsstraßen zwischen den Ortschaften. Allerdings bündeln sich selbst bedeutende Verkehrswege oft noch in ganze Systeme von Fahrbahnen zusammen, die jeweils nach dem zufälligen oder

der Jahreszeit entsprechenden Zustande benutzt werden. Auch wirkliche Verkehrsverlegungen mit entsprechenden Folgen für die betroffenen Siedlungen konnten, so z. B. längs des alten „Camino Real" im Gebiet der Sierra de Tacuichamona, beobachtet werden. Die klimatischen Verhältnisse machen diesen Automobilverkehr noch weitgehend zum Saisonverkehr. Im Sommer füllen die Niederschläge die Flüsse, die dann nicht mehr auf Furten überschritten werden können. Die Wege sind in der Regenzeit so durchweicht, daß an ein Vorwärtskommen nicht mehr zu denken ist.

Interessant ist die wirtschaftliche und finanzielle Lage des Verkehrs. Das Fuhrgeschäft wird teils auf eigenes Risiko von kleinen Unternehmern betrieben, teils aber ist es aus den Geschäftsverbindungen größerer Kaufhäuser und Firmen herausgewachsen. Nicht immer stehen Einkommen und Ausgaben, die ja bei der starken Abnutzung des Wagens und den hohen Preisen aller Ersatzteile sehr groß sind, miteinander in Einklang. Das Anlagekapital der Unternehmer ist oft zu klein, so daß die Abzahlungen ins Stocken geraten. Man gewann den Eindruck, daß damals die amerikanischen Firmen, vor allem Chevrolet und Ford, den Markt an der Westküste sehr umkämpften und darum das Geschäft forcierten, obwohl weder die technischen Voraussetzungen im Straßenbau noch die wirtschaftlichen und finanziellen Vorbedingungen allgemein gegeben waren.

Der Bergbau.

Besonders anziehend für fremdes Kapital mußten die reichen Bergschätze werden, mit denen beide Staaten gesegnet sind. Die Anfänge des Bergbaus habe ich bereits im vorigen Kapitel kurz berührt. Am Anfang des 19. Jahrhunderts lag der Bergbau, anscheinend mit Ausnahme des südlichen Sinaloa, vollkommen danieder. Das unglückliche Quecksilbermonopol der spanischen Regierung verteuerte in den entlegenen pazifischen Staaten diesen unentbehrlichen Rohstoff außerordentlich, und damit auch die ganze Produktion. Störend griffen immer wieder die Indianerkriege, vor allem die Apachenaufstände, ein, so daß bald auch die menschlichen Arbeitskräfte in Sonora zu fehlen begannen. Die freiere Politik der jungen Republik erleichterte etwa seit 1825 die Quecksilberbeschaffung. Seit 1825 ist auch das Interesse englischen Kapitals in Südsinaloa durch Mühlenpfordt bezeugt. Während Sonora nur langsame Fortschritte machte, gelang es, die Produktion Sinaloas zu heben. Um die Mitte des Jahrhunderts münzte die neugegründete staatliche Münze zu Culiacan zwischen 1846 und 1849 1 360 978 Pesos in Silber und 487 279 Pesos in Gold. Bis zur Regierung von Porfirio Diaz blieb die Erzeugung aber auf diesem Stande, ja sie scheint sich sogar in den Wirren der Franzosenkriege und der vielen

Revolutionen wieder vermindert zu haben, denn 1886 betrug die Silberproduktion für ein Jahr nur 299 786 Pesos und die Goldproduktion sogar nur 19 444 Pesos[68]).

In Sonora waren noch um die Mitte und in der zweiten Hälfte des Jahrhunderts zahlreiche Werke außer Betrieb. Der Mangel an Verkehrswegen, an Kapital und Arbeitskräften war noch nicht behoben. Viele früher berühmte Vorkommen wurden nur parasitär von „gambusinos" ausgebeutet, jener eigentümlichen abenteuernden Schicht von Edelmetallsuchern, die sich auf alten Bergwerksbetrieben niederließen und mit geringem Aufwand von Kapital, oft nur mit Hilfe einer Mula, die Abfallhaufen noch einmal durcharbeiteten. Man kann sie noch heute auf unbearbeiteten Bergwerksplätzen antreffen. Der sagenhafte Reichtum früherer Bergwerksproduktion erregt hier wie in Sinaloa immer die Köpfe der Bevölkerung, und die „verlorene Mine" ist ein Thema, das ihr stets zu abenteuerlichen Unternehmungen Lust macht.

Einen wirklich entscheidenden Abschnitt bildete erst die Regierung Porfirio Diaz, die dem Lande Frieden und Sicherheit gab, so daß fremdes, nun vor allem amerikanisches Kapital Vertrauen zur Investierung faßte. Jetzt wurden Verkehrswege gebaut, neue Methoden eingeführt, und wissenschaftlich geschulte Bergleute strömten in großer Zahl ins Land, die wohl kaum eine alte Mine übersahen und viele neue Bezirke erschlossen. Der Neuerschließung zahlreicher „antiguas" kommt jedoch eine besonders große Bedeutung zu, und die Produktionszahlen für Sinaloa und Sonora zeigen die ungeheuren sprunghaften Fortschritte, die in der Edelmetallerzeugung gemacht wurden.

Edelmetallproduktion in kgs[69]).

	1886		1896		1906	
	Gold	Silber	Gold	Silber	Gold	Silber
Sinaloa	30	7 665	726	38 302	1199	91 414
Sonora	18	7 553	73	41 928	675	60 237

	1916		1926		1932[70])	
	Gold	Silber	Gold	Silber	Gold	Silber
Sinaloa	1790	87 293	1426	77 734	939	43 482
Sonora	1679	268 486	949	161 404	829	31 614

---

[68]) Wappäus, a. a. O., S. 75, und Sonora, Sinaloa, Nayarit, S. 234 und 243.

[69]) Sonora, Sinaloa y Nayarit. Estudio Estadistico y Economico Social Elaborado por el Departamento de la Estadistica Nacional. Mexico 1928. Vorwort von J. de D. Bojorquez. Año de 1927, S. 230 ff.

[70]) Mexico en Cifras. Atlas Estadistico. 1934. Estados Unidos de Mexico. Secretaria de la Economica Nacional. Direccion General de Estadisdica.

Dieser bedeutende Anstieg vollzog sich natürlich nicht ohne Rückschläge, die sich vor allem um die Jahrhundertwende und dann nach der Revolution einstellten. Der Krieg erneuerte im allgemeinen die Belebung. Die Nachkriegszeit brachte unter Obregon, Calles und ihren Nachfolgern zwar größere politische Ruhe, die Entwertung des Silbers beunruhigte aber die Produktion, bis die Staaten neuerdings einen Versuch der Silberstützung durch große Silberankäufe durchführten, der allerdings heute als nicht geglückt bezeichnet werden kann.

Diese Erschließung spiegelt sich vor allem deutlich in der Zahl der registrierten Bergwerkstitel wider, die in Sinaloa von 415 im Jahre 1905 auf 1728 am Vorabend der Revolution anstieg, als sie ihr Maximum erreichte, um dann bis 1926 wieder auf 1087 abzusinken. Ganz ähnlich verhält sich die Entwicklung in Sonora, wo sich die entsprechenden Zahlen für 1900 auf 1400, 1909 auf 5335 und 1926 auf 2485 belaufen[71]). Eindringen und Ansteigen des fremden Kapitals und seine Abkehr kommt auch in diesen Zahlen zum Teil wieder zum Ausdruck.

Besonders wichtig wurde das fremde Kapital aber dadurch, daß es nun ganz neue, bisher wenig beachtete und wenig bearbeitete Bergschätze zu heben begann. Von Norden her drangen die gewaltigen amerikanischen Kupferbergbaukonzerne ein, die Guggenheim, Phelps Dodge, Anaconda, die Green — Cananea, die Richfield Mining u. a., die zur Entwicklung eines ganz neuen, heute des bedeutendsten Bergbaubezirkes im nördlichen Sonora, hart an der Grenze von Arizona, führten, mit dem großen Zentrum in Cananea, das zu einer der wichtigsten Städte des ganzen Staates wurde. Im Kriege erreichte die Kupferproduktion Sonoras ein gewaltiges Ausmaß, als hier 1917 über 64 Millionen kg erzeugt wurden. Dann setzte allerdings ein scharfer Rückgang ein, der alle unerfreulichen Erscheinungen sozialer Art für Cananea mit sich brachte. 1921 betrug die Produktion nur noch 4 Millionen kg, stieg dann aber bis 1926 langsam auf 30 Millionen kg an und fiel 1932 wieder auf 16,8 Millionen kg. In Sinaloa ist die Kupferproduktion noch ganz unentwickelt. Nur während der Kriegsjahre wurden nennenswerte Mengen gefördert, als 1918 die Erzeugung 132 000 kg betrug. Die Verteilung der Kupferproduktion ist einerseits durch das Vorkommen, andererseits aber ganz besonders durch den historischen Gang der Erschließung bestimmt, der von Norden her, den guten Eisenbahnlinien folgend, einsetzte.

Betrachtet man die räumliche Verbreitung der Bergbaubetriebe an der Westküste, so ergibt sich ein gewisser Unterschied zwischen Sinaloa und

[71]) Sonora, Sinaloa y Nayarit, a. a. O., S. 258 und 259.

Sonora[71a]). In Sinaloa sind die Bergwerksbetriebe auf die Sierra Madre beschränkt. Erst östlich einer Linie von Rosario über Concordia nach Culiacan, Mocorito, Sinaloa und El Fuerte setzt der Bergbau ein. Die Minen vermeiden eine durch die wirtschaftspolitischen Maßnahmen der mexicanischen Regierung gebotene Linie[72]): sie halten sich alle in mehr als 50 km Entfernung vom Meere, da innerhalb dieser Zone kein Besitz für bergbauliche Zwecke von Ausländern erworben werden darf. Eine Ausnahme bildet bezeichnenderweise der Bergwerksbezirk von Rosario, wo die seit der spanischen Kolonialzeit wichtige Tajo Mine liegt. Auch bei Cosala liegen ein paar. Minen westlich der 50-km-Zone. Diese Tatsache beweist auch, daß es nicht allein natürliche Verhältnisse, sondern eben die genannten wirtschaftspolitischen Grenzen sind„ die diese Verbreitung bedingen. Allerdings sind auf Teilen der Küstenebene möglicherweise vorhandene Vorkommen einerseits durch die marinen Terrassenschotter und fluviatilen Deltaschüttungen, andererseits durch die jungvulkanischen flächenhaften Überdeckungen wie am Piaxtla verhüllt. Ebenso ist einleuchtend, daß die tiefe Zerschneidung des Abfalls der Sierra Madre auch die günstigste Entblößung des Untergrundes darbot, vor allem die wichtigen Kontaktzonen der andesitischen und dioritischen Intrusivgesteine unter der mächtigen rhyolitischen Decke freilegte.

In Sonora ist das Bild etwas andersartig. Auch hier ist bis zum nördlichen Ende des Golfes an der Küste ein Streifen von 50 km Breite frei vom Bergbau[72a]). Die schlechte Verkehrserschließung bot zusammen mit dem wüstenhaften Klima geringen Anreiz. Weniger bedeutsam dagegen war die 100-km-Zone an der politischen Grenze, für die eigentlich dieselben Bestimmungen gelten sollten. Nichts kennzeichnet eindrucksvoller das Zurückdrängen der politischen Grenze Mexicos bis zur alten Indianerfrontier einerseits und die gewaltige politische Überlegenheit der USA. andererseits, als daß hier in ganz breiter Front der Bergbau bis unmittelbar an die Grenze hin verbreitet ist. Hier liegen sehr alte Vorkommen, wie die berühmten Planchas de Plata nördlich von Magdalena und die wichtigen neuen Bezirke des Kupferbergbaus bei Cananea und die Kupfer-, Gold- und Silberminen von El Tigre, letztere ganz nahe bereits am Abfall der eigentlichen Sierra Madre.

[71a]) Vgl. Karten in Sonora, Sinaloa, Nayarit.

[72]) Verfassung von 1917, Artikel 27. Vgl. S. 380.

[72a]) Mit Ausnahme des Bergbaus in der Sierra Pinta, der auch noch in die 100-km-Zone südl. der Grenze fällt.

Die Überfremdung im Landbesitz.

Wie Porfirio Diaz für die Investierung in Eisenbahnen und Bergwerken dem fremden Kapital die Tore öffnete, erleichterte er auch die Ansiedlung und den Landerwerb. Betrachtet man die Verbreitung der ausländischen Bevölkerung in Mexico (Mexico en Cifras 1934, Karte 17), so schließen sich die Gebiete höchster Beteiligung (an Zahl allerdings immer noch gering) wie ein dunkler Ring um fast den ganzen Staat. Über alle Grenzen und über die Ozeane hinweg sind fremde Staatsangehörige randlich eingedrungen — nur die bergigen Küstenstaaten von Jalisco bis Oaxaca machen eine Ausnahme. Im Süden wandern die Kaffeekulturen von Guatemala über die Grenze, im Norden kommen die „cattle barons" von Arizona über die prächtigen Grasländer der unzerschnittenen Basins an der Grenze bei Cananea und die großen Bergbaugesellschaften; an den Küsten suchen sich überall spekulative Landgesellschaften einzunisten — das Ganze ein sprechendes Bild für die Welle kapitalistischer kolonialer Erschließung, die alle peripherischen Gebiete Mexicos erfaßt hat. Niederkalifornien wird wiederholt der Schauplatz für große Kolonisationsunternehmungen oder die Versuche okkupatorische Ausbeutung seiner Naturschätze, wie beispielsweise der Orchillabestände (Roccella) für die Farbindustrie[73]). Die Landkompagnien folgen den Bahnen und erkennen die großartigen Möglichkeiten, die sich in den Deltas Südsonoras und Nord-Sinaloas bieten.

Das ganze 19. Jahrhundert hatte die Überfremdung langsam vorbereitet. Sobald die spanische Kolonialregierung verschwunden war, begannen sich auch die alten Bindungen des Landbesitzes zu lösen. 1824 erhielten die Einzelstaaten bereits das Recht zu kolonisieren. 1837 versuchte die mexicanische Regierung ihre große auswärtige Verschuldung aus der Landreserve zu bezahlen. Seit der Mitte des Jahrhunderts machte sich das Bedürfnis nach Reform der Landbesitzverhältnisse geltend[74]). Man wollte die ungeheuren Besitze der Kirche expropriieren, die übermäßig

---

[73]) Nelson, E. W. Lower California and its Natural Resources. Memoir National Academy of Scieries, Vol. 16. Washington 1922.

[74]) Zur Landfrage in Mexico ist eine große Literatur entstanden. Ich erwähne: McCutchen McBride. The Landsystems of Mexico. American Geographical Society. Research Series No. 12. New York 1923.

Phipps, H. Some aspects of the agrarian question in Mexico. University of Texas, Bulletin No. 2515. 1925.

Simpson, Eyler. The Ejido. Mexicos way Out. Chapel Hill 1937.

Munguia, Enrique. The agrarian problem in Mexico. International Labour Review, Vol. XXXVI, Nr. 1 und 2, 1937.

großen Haciendas aufteilen und vor allem auch den Umfang der öffentlichen Ländereien kennenlernen, die aus der Hand der Krone auf die Staaten oder den Gesamtstaat — auch über diese Frage stritt man sich — übergegangen waren. Landvermessung sollte wie in den U. S. diese Erschließung der Landreserven in die Wege leiten. Dazu lud man fremde Hilfe ein und versprach den Vermessungsunternehmern als Entschädigung ein Drittel des vermessenen Landes. So gerieten 12 Mill. ha 1864 als „grant" in die Hände eines Großbesitzers (J. Leese) in Niederkalifornien zusammen mit großen Flächen in Sonora, der allerdings später noch einmal eingezogen wurde. Verhängnisvoll sollten sich auch die Bestrebungen auswirken, die dahin zielten, die alten „communidades" zu zerschlagen, sie auf ein Mindestmaß zurückzuführen oder sie nach Möglichkeit als aufgeteilten Individualbesitz in die Hände der Mitglieder der communidades zu überführen. Man erklärte überdies das Recht der „Denunciation", d. h. der Anzeige von angeblich öffentlichem Land, das dann vermessen werden mußte. Alle diese oft gutgemeinten Reformvorschläge erwiesen sich als die Brücken, über die der fremde Einfluß einmarschierte. Sie führten meist auch nur zum Gegenteil dessen, was beabsichtigt war. Der Gegensatz von „haciendados" und „peones", von Großbesitz und Landlosigkeit, wurde nur um so größer. Waren die Besitztitel doch vielfach in heilloser Unordnung und war doch die soziale Spannung zwischen den einzelnen Ständen und den Rassen so groß, daß krasseste Ungerechtigkeiten sich einstellen mußten. Besonders energisch griff sodann Porfirio Diaz ein. Er wandte die verschiedenen Reformgesetze: das der Denunciation von öffentlichem Land, der Landvergebung an Gesellschaften, um zu „vermessen und zu kolonisieren", der Reduktion der Communidades, ja auch ihrer Auflösung im Gefolge von Strafaktionen, wie beispielsweise im Yaquigebiet, rücksichtslos an, wo es seinen Interessen entsprach. Es würde jedoch zu weit führen, diese sehr verwickelten und oft unklaren Wege der Landpolitik weiter zu verfolgen. Auch hier brachte die Revolution eine völlige Umkehr. Die verschiedenen Revolutionsregierungen versuchten jener Überfremdung, die über die Grenzen hereinbrach, zu steuern, indem sie die Gürtel von 50 und 100 km an Seeküsten und Grenzen einrichteten, innerhalb deren Fremde nur unter Einschränkungen Landerwerb erlaubt war. Sie bemühten sich endlich, mit den großen Ungerechtigkeiten in der Besitzverteilung zu brechen, den Großbesitz aufzulösen und Land wieder den Peones, vor allem aber auch den alten „communidades" als „ejidos" zuzuführen. Diese Rückkehr zur Politik der Einrichtung neuer gemeinschaftlich bewirtschafteter „ejidos" wird mehr und mehr zu einer Hauptaufgabe der Regierung. Gerade heute sind diese Landfragen wieder in das vorderste

Interesse gerückt in der Auseinandersetzung Mexicos mit den Vereinigten Staaten.

Wichtiger ist es hier, einen ungefähren Überblick über die räumlichen Ausmaße der Überfremdung und ihre Verteilung zu bekommen. Für diese Übersicht stehen mir im wesentlichen nur die Tabellen von Bojorquez in „Sinaloa, Sonora, Nayarit" zur Verfügung, sowie gelegentliche Notizen im „Commercial and Industrial Survey of the Mexican Westcoast", wie auch bei Rippy: „The United States and Mexico" und Phipps „Some aspects of the agrarian question of Mexico". Diese sekundären Quellen lassen sich natürlich nicht in Übereinstimmung bringen, so daß das Ergebnis nur einen annähernden Wert beanspruchen kann.

Rippy[75]) erwähnt in seinem Werk folgende amerikanische Großbesitze für unser Gebiet (unter Bezugnahme auf die Verhältnisse im Jahre 1902):

Sonora Land and Cattle Co.	520 000 ha
MM. Sherman aus Kansas City	200 000 „
Sinaloa and Sonora Irrigation Co.	160 000 „
W. Bennet & Sons, Nogales	30 000 „
Green Cattle Co. (sechs große Besitze)	?
West Coast Cattle Co.	90 000 „
Richardson Construction Co. (erweiterter Landbesitz der alten Sinaloa and Sonora Irrigation Co. 80 000 bis 160 000 ha) . . . . . ca.	160 000 „

d. h. insgesamt besaßen diese Gesellschaften 1 160 000 ha allein im Staate Sonora!

Wesentlich geringer sind die Zahlen in der statistischen Arbeit von Bojorquez, wie nachstehende Tabelle zeigt. Nach seinen Angaben lassen sich nur ungefähr 780 000 ha Land in fremder Hand nachweisen, allerdings mit der Einschränkung, daß es sich dabei um Landbesitz von mehr als 5000 $ Wert handelt, der aber zweifellos die größten Flächen in sich schließt. Auch bei Annahme dieser kleineren Zahl ist das Ausmaß des fremden Landbesitzes erstaunlich. 20,85 % aller großen Besitzungen in Sinaloa über 5000 $ Wert und 47,71 % in Sonora befanden sich 1926 in fremdem Besitz, wobei fraglich erscheint, ob eine völlige Erfassung der Besitzverhältnisse möglich gewesen war. Das heißt: etwa 3 % von ganz Sonora und 8 bis 9 % ganz Sinaloas waren in fremden Händen, wobei zu beachten ist, daß in Sonora nur 36,3 % der gesamten Staatsfläche (vgl. Tabelle S. 459) wirklich nutzbar ist (Zensus-Land). Auf Zensus-Land (1930) umgerechnet, verhalten sich

[75]) A. a. O., S. 313.

Besitzverteilung nach Nationalitäten in Sinaloa
(Besitzgrößen über 5000 $ Wert)*)

	Zahl der Besitzungen	Zahl der Besitzer	Wert in $	% des Gesamtwertes	Größe in ha	% der Gesamtfläche
Mexicanisch . .	462	417	8 310 526	62,16	1 278 799	79,09
Nordamerikanisch .	130	75	4 365 889	32,65	264 260	16,34
Spanisch	11	11	316 186	2,36	20 914	1,29
Deutsch	9	7	222 682	1,67	38 960	2,41
Englisch	3	3	58 954	0,44	809	—
Französisch . . .	1	1	49 220	0,37	4 911	0,30
Schweizerisch . .	2	2	39 860	0,30	8 162	0,51
Italienisch . . .	1	1	8 370	0,05	96	—
Insgesamt	619	517	13 371 787		1 616 911	

in Sonora*)

	Zahl der Besitzungen	Zahl der Besitzer	Wert in $	% des Gesamtwertes	Größe in ha	% der Gesamtfläche
Mexicanisch . .	698	685	24 151 933	55,64	474 198	51,8
Nordamerikanisch .	131	124	17 289 614	39,83	415 312	45,5
Spanisch	14	11	637 208	1,47	1 758	0,19
Deutsch	10	8	432 688	0,98	8 100	0,89
Französisch . . .	8	8	227 959	0,52	10 313	1,13
Schweizerisch . .	1	1	125 070	0,29		
Italienisch . . .	3	3	73 300	0,17		
Serbisch	1	1	38 000	0,09		
Chinesisch . . .	2	2	20 130	0,05		
	18	18	417 100	0,96	2 833	
Insgesamt	886	861	43 413 002		912 514	

*) Aus: Sonora, Sinaloa, Nayarit, 1928, S. 124/125.

die Zahlen wie 7 % für Sonora und fast 20 % für Sinaloa! Ganz überragend tritt dabei die Bedeutung der Nordamerikaner hervor, die in Sinaloa über 16 % und in Sonora sogar über 45 % aller großen Besitze über 5000 $ Wert in Händen hielten. Der Landbesitz aller anderen fremden Nationen ist demgegenüber völlig bedeutungslos. Gerade diese Vorherrschaft nur einer fremden und dazu benachbarten Nation bedeutete natürlich für die mexicanische Regierung eine ständig wachsende Quelle der Besorgnis, die durch die eigenartige geographische Verteilung des Besitzes nur noch gesteigert werden mußte:

Verteilung des Kulturlandes und des kultivierbaren Landes nach Nationalitäten.[76])

Sonora.

	Kulturland mexicanisch ha	Kulturland auswärtig ha	Kultivierbar mexicanisch ha	Kultivierbar auswärtig ha
Altar	2 772	—	5 040	104 000 *)
Caborca	4 755	—	26 800	110 000 *)
Oquitoa	1 369	—	1 300	18 000 *)
Pitiquito	3 260	—	2 550	100 000 *)
Magdalena	6 377	230	3 450	500
Ures	6 256	23	23 550	200
Navojoa	7 018	690	43 750	—
Huatabampo	12 138	—	18 700	400
Alamos	9 643	460	7 710	—

Sinaloa.

	Kulturland mexicanisch ha	Kulturland auswärtig ha	Kultivierbar mexicanisch ha	Kultivierbar auswärtig ha
Ahome	708	10 274	29 106	76 340
El Fuerte	4 149	2 235	5 830	—
Angostura	9 631	—	13 805	550
Guasave	15 387	605	33 121	1 878
Sinaloa	9 994	—	15 153	—
Mocorito	3 532	—	8 690	5 500
Culiacan	46 346	2 542	75 732	41 264
Mazatlan	15 628	1 243	41 250	10 362
Concordia	6 346	—	19 635	—
Rosario	5 946	699	8 250	1 650
Escuinapa	2 321	—	9 020	2 200

*) Compañia de Terreños de Sonoita.

Diese regionale Tabelle von Bojorquez scheint leider nur ein sehr unvollständiges Bild zu zeichnen, wenn man die anderen Angaben desselben Verfassers und Rippys zum Vergleich heranzieht. Es fehlen die Flächen der verschiedenen großen Weidewirtschaftsunternehmen, die alle im nördlichen Sonora zu suchen sind. Ob sich der Widerspruch zu den Zahlen Rippys dadurch lösen läßt, daß einige dieser Besitzungen in der Zeit

[76]) Sonora, Sinaloa y Nayarit, S. 156/157 und 173/174. Nach dieser Tabelle betrug der auswärtige Besitz in Sonora nur 334 508 ha und in Sinaloa 157 342 ha.

zwischen 1902 und 1926 durch Naturalisierung der Eigentümer oder durch Übergang in die Hände von Strohmännern oder durch Verkauf ihren Charakter als auswärtigen Besitz verloren haben, kann ich nicht angeben. Für die Richardson Construction Co., die Herrin des Yaquigebietes, steht fest, daß sie heute durch die mexicanische Regierung kontrolliert wird, nachdem eine mexicanische Bank die Aktien erworben hat.

Trotz dieser Unsicherheit in den statistischen Angaben ist das Bild eindringlich genug. Die nördliche Grenzzone ist der eine Schauplatz fremder Unternehmungen. Zu dem Besitz der Bergbaugesellschaften tritt hier der der Rancher oder der großen spekulativen Landgesellschaften wie der Compañia de Terreños de Sonoita. Ein zweites Gebiet, das fremden Landbesitz angezogen hat, sind die großen fruchtbaren Delta-Ebenen im nördlichen Sinaloa. Das Fuerte-Delta ist nach Angaben des Commercial and Industrial Survey of the Mexican Westcoast zu 75 % in amerikanischer Hand, und zwar ausschließlich der United Sugar Company. Die Angaben bei Bojorquez stimmen damit ausgezeichnet überein, zeigen sie doch, daß ganze Municipios, wie das von Ahome, heute von amerikanischer Seite kontrolliert werden. Auch am Culiacan ist die Durchsetzung mit fremdem Landbesitz sehr auffallend, der dort allerdings noch nicht so entwickelt worden ist wie am Fuerte. Mazatlan ist gleichfalls zum Einfallstor für die Überfremdung geworden. Es sind gerade die landwirtschaftlich wertvollsten Gebiete Sinaloas, die zwar räumlich nur einen kleinen Teil des Staates umfassen, aber für seine Zukunft entscheidend sind, die von amerikanischen Eigentümern erworben wurden.

c) Übersicht über die heutige Gliederung der Landwirtschaft.

Die Tabelle (S. 459) gibt die wichtigsten statistischen Grundzahlen der beiden Staaten nach dem Zensus von 1930.[77]) Die Zahlen lassen sich nicht immer miteinander oder mit früheren Zensusangaben in vergleichbare Reihen bringen. Sie müssen daher mit einer gewissen Kritik betrachtet werden, ohne daß es mir möglich wäre, viel Hilfsmittel zu einer solchen anzugeben. Als nur sehr annähernd richtig wird man die Angaben über die Verteilung von ebenem und gebirgigem Lande ansehen müssen, sie bringen aber doch gewisse Maßvorstellungen, die zum Verständnis vieler anderer Erscheinungen, wie der Verbreitung des Zensuslandes und

---

[77]) Die Statistik von 1930, vor allem nach dem Werk: Mexico en Cifras, das bereits mehrfach erwähnt wurde. Neuere Zahlen nach dem Boletin Mensual de Estadistica Agricola. Secretaria de Agricultura y Fomento bis zum Jahre 1937.

der Anbauflächen wichtig sind. In beiden Staaten sind nur geringe Anteile, in Sonora 1/6, in Sinaloa 1/5 als ebenes Land zu bezeichnen. Vom Zensus erfaßt (censada = Zensusland) sind in Sonora 36,3 %, in Sinaloa 48,6 %. Auf diese Fläche allein beziehen sich natürlich zahlreiche statistische Angaben.

Mexico ist trotz der agraren Reformbestrebungen, die nach der Revolution von 1911 in den Gesetzen von 1917 ihren Niederschlag gefunden haben, ein Land des Großbesitzes. Das gilt in besonderem Maße auch von den beiden Staaten an der pazifischen Küste. In Sinaloa waren 87,2 % aller Besitze in der Größenklasse unter 50 ha, diese nahmen aber nur 4,7 % der gesamten in der Besitzgrößen-Statistik erfaßten Fläche ein, die

Besitzgrößen nach Zensus 1930.

	Sinaloa				Sonora			
	Zahl	%	Fläche	%	Zahl	%	Fläche	%
bis 1 ha	856	5,8	680	0,02	2 964	22,6	1 468	0,03
2 „ 50 „	11 943	81,4	126 267	4,7	7 070	55,1	64 696	1,0
51 „ 200 „	902	6,1	95 771	3,6	915	7,2	97 420	1,5
201 „ 500 „	312	2,1	101 100	3,8	825	6,2	317 252	4,7
501 „ 1000 „	186	1,2	140 565	5,3	343	2,3	246 475	3,8
1001 ha u. größer	445	3,4	2 204 106	82,6	893	6,6	5 706 644	89,0
	14 644		2 668 489		13 010		6 433 955	

allerdings noch um 1,05 % hinter der Zensuslandfläche zurückbleibt. In Sonora zählten 77,7 % aller Eigentümer zu dieser Besitzgrößenklasse, die 1 % der Besitzflächen innehatten. Auch mittlere Besitzgrößen bis zu 500 ha haben nur einen verschwindenden Anteil in beiden Staaten. Weitaus der größte Teil der Besitzfläche wird von wenigen großen Grundbesitzern kontrolliert. 3,4 % aller Eigentümer in Sinaloa mit mehr als 1000 ha besaßen 82,6 % des Landes, in Sonora 6,0 % und 89 %.[78]) So ähnlich die Verhältnisse in beiden Staaten sind, so nehmen doch im arideren Sonora die Großbesitze einen etwas stärkeren Anteil ein als in Sinaloa. Umgekehrt sind die mittleren Besitzgrößen zwischen 200 und 500 ha in Sinaloa etwas besser vertreten.

[78]) Zahlen, die Bojorquez für 1926 gibt, lassen sich leider nicht vergleichen, weil in beiden Staaten die Differenz zur gesamten Besitzfläche jeweils etwa 2 Mill. ha beträgt. Sie spiegelten aber ähnliche Verhältnisse wider. Ich erwähne sie hier deshalb, weil sie den Großbesitz nochmals unterteilen und zeigen, daß etwa 26,8 % der Fläche in Sinaloa und 61,5 % in Sonora auf Besitze mit mehr als 10 000 ha fielen.

Der Einfluß der Agrarreformen, die versuchten, die Aufteilung der „ejidos" und „communidades" im 19. Jahrhundert und besonders zur Zeit von Porfirio Diaz wieder gutzumachen, ist noch verschwindend. Nach Angabe der Statistik werden in Sinaloa nur 5% des ganzen Zensuslandes (ca. 140 000 ha) und in Sonora nur ca. 3% (ca. 190 000 ha) als „ejido"-Land bezeichnet.

Eine Kartenreihe im Zensuswerk „Mexico en Cifras" läßt die Verteilung der Besitzgrößen nach Municipien ungefähr erkennen. In Sinaloa sind die wichtigsten Gebiete mit Kleinbesitz unter 50 ha im Hinterlande von Mazatlan und im Gebiet der Deltas von Ocoroni, Sinaloa und Mocorito zu finden. Im Culiacan- und Fuerte-Delta, wo die Durchdringung mit amerikanischem Besitz besonders groß ist, spielen sie eine weit geringere Rolle. In Sonora konzentrieren sie sich vor allem im Gebiet des Mayo-Deltas, wo sich noch zahlreiche Ansiedlungen der Mayo-Indianer befinden, während sie im Yaqui-Delta, also wiederum in dem von ausländischer Initiative entwickelten Gebiet, weniger zahlreich sind. Noch charakteristischer ist die Verbreitung der mittleren Besitze von 51 bis 500 ha. Hier treten die wichtigen Landbaugebiete im Hinterland von Mazatlan, am Culiacan, Fuerte, Mayo und Yaqui besonders deutlich hervor. Auch in einigen Municipios des mittleren und östlichen Sonora haben sie große Bedeutung. Leider sind die Karten für die größeren Besitzungen undeutlich. Trotzdem läßt sich erkennen, daß sie in Sinaloa außerhalb der Deltalandschaften besonders häufig zu finden sind. In Sonora tritt der mittlere und nördliche Landesteil stärker hervor, doch fehlen sie auch am Yaqui-Delta nicht. Mehr als diese allgemeinen Unterscheidungen wird man nach dem Kartenmaterial nicht vornehmen können, sie decken sich jedoch mit den Ergebnissen der Beobachtung: Großbesitze auf den nicht bewässerbaren Flächen, doch auch bisweilen auf besseres Land übergreifend, und Mittelbesitz in den eigentlichen Ackerbaugebieten, vor allem im neuzeitlich erschlossenen Bewässerungsland der großen Deltas Sinaloas und in den Tälern Mittelsonoras.

Der Zusammenhang von Landwirtschaft und Klima kommt in den Wirtschafts- und Betriebsformen klar zum Ausdruck. Mir stehen jedoch keine statistischen Hilfsmittel zur Verfügung, um meinen Beobachtungen einen zahlenmäßigen Ausdruck geben zu können. Der Übergang vom tropischen Klima mit einer Regenzeit von mehr als vier Monaten im Süden zu den subtropischen Trockengebieten im Norden mit relativ geringeren Niederschlägen, die sich im wesentlichen auf die beiden Hochsommermonate beschränken, läßt die künstliche Bewässerung immer stärker hervortreten. Eine klare Grenzlinie zwischen Gebieten mit und ohne künstliche Bewässerung können wir jedoch nicht ziehen.[79]) Sowohl im Süden wie im Norden wird Anbau in beiden Formen betrieben. Der Zensus gibt für Sonora 51,3 % des bebauten Landes als bewässerte Fläche an, für Sinaloa 19,7 %, beiden Zahlen wird man aber nur eine beschränkte Bedeutung zumessen dürfen. Die Grenzen sind in gewissem Sinne fließend. In Sinaloa kann man in guten Jahren fast überall Mais auf „temporal"-Feldern, d. h. nur mit Hilfe des Regens anbauen. Sichere Ernten erhält man jedoch nördlich von Culiacan nur bei künstlicher Bewässerung oder bei Beschränkung des Anbaus auf die Gebiete in unmittelbarer Flußnähe, die durch sommerliche Hochwässer gut durchtränkt werden. Gewisse Nutzpflanzen, wie vor allem das Zuckerrohr, müssen auch in Südsinaloa regelmäßig künstlich bewässert werden.

Die günstigeren klimatischen Verhältnisse Südsinaloas erlauben im Gegensatz zu Sonora zwei Maisernten im Jahr. Die eine wird während des Sommers nur auf Grund der Niederschläge erzielt. Die Sommermaisfelder sind sehr weit verbreitet, da sie sich von der Bindung an die Flußauen freimachen und auch auf die Terrassen und Rumpfflächen übergreifen können. Die Winteranbauflächen dagegen halten sich streng an die Flüsse, an den besten Boden, der teils von dem sommerlichen Hochwasser her noch genügend befeuchtet, so daß er in Verbindung mit den geringen Winterniederschlägen für eine Ernte ausreicht, teils aus einfachen Kanälen bewässerbar ist. Anbau ohne künstliche Bewässerung in der Form des alten indianischen Pflanzstockbaus konnten wir besonders im Hinterland von Mazatlan in der Umgebung der Bergwerke von Arco und Panuco beobachten. Mit Hilfe dieser Methode werden auch sehr steile Berghänge noch bewirtschaftet. Der Trockenwald wird nach der Regenzeit geringelt und etwas geschlagen und so bleibt er bis zum Ende der Trockenzeit liegen, dann wird das gerodete Material abgebrannt und in die Asche mit dem Pflanzstock Mais eingesät (sog. „coamil"-Methode). Nach wenigen Jahren ist der Boden erschöpft, die Felder müssen verlegt werden und Sekundärbusch tritt an ihre Stelle. Diesen Pflanzstockbau an steilen Hängen habe ich bis ins mittlere Mayotal bei San Bernardo verfolgen können. Nördlich von Culiacan scheint er sich aber ganz auf den Gebirgsrand selbst zu beschränken. Wie die südlichen Vegetationselemente zieht auch er im niederschlagsreicheren Gebiet am Fuß der Sierra am weitesten nach Norden.

---

[79]) Eine regional gliedernde Statistik der bewässerten Flächen war mir nicht zugänglich. Auch eine neue der Bewässerung gewidmete Zeitschrift (Irrigación en Mexico. Revista mensual. Organo de la Comisión Nacional de Irrigación) bringt in ihren Staatsübersichten (Sinaloa und Sonora in Vol. 5, 1932) nur ganz allgemeine Angaben.

In den Tälern Mittelsonoras überwiegt der Anbau mit künstlicher Bewässerung. Hier hatten die Indianer, wie berichtet, schon vor der Konquista zahlreiche kleine Kanäle angelegt und viele ihrer Bewässerungseinrichtungen mögen noch heute in Betrieb sein. Trotzdem gibt es auch ein wenig „temporal"-Land, das vorwiegend für den Maisanbau benutzt wird, während das Bewässerungsland den Spezialkulturen, Chile-Pfeffer, etwas Tabak und Zuckerrohr, vor allem aber dem Weizen, zugeteilt wird.[80]) — Eigentümlich sind die Anbaumethoden im nordwestlichen Sonora in der Papagueria. Hier trifft man einerseits auf Bewässerungsanbau in den Oasensiedlungen mit Baumkulturen in den Huertas und mit bewässerten Weizenfeldern, anderseits aber auch auf zahlreiche „temporal"-Felder der Mexicaner und der Papago-Indianer. Erstaunlich groß ist der Umfang der landwirtschaftlich genutzten Flächen, die keinerlei deutliche Bewässerungseinrichtungen besitzen. Sie liegen alle auf den feinen Schwemmlandböden in der Mitte der Becken oder auch gelegentlich dort, wo Arroyos aus den Sierren heraustreten und weite flache Schwemmkegel aufgebaut haben. Vielfach sind sie in die großen Mesquitewälder hineingerodet, wie bei Caborca, Pitiquito und Las Trincheras beobachtet werden konnte, d. h. sie nutzen die am besten befeuchteten Gebiete aus. Die Anlage der Felder beruht auf einer feinen Ausnutzung des Geländes. Man sucht die Stellen auf, die erfahrungsgemäß von dem schichtflutartig abströmenden Regenwasser betroffen werden. Wo diese langsam abfließenden, oft recht ergiebigen Wassermengen sich stauen und den Boden gründlich durchfeuchten, genügen sie, um Mais, Weizen und Kalebassen zur Reife zu bringen. Vielfach erzielen die Papagos sogar zwei Ernten im Jahre, denn im nördlichen Sonora nehmen die Winterregen bereits einen größeren Anteil an der jährlichen Regenmenge ein (Altar hat 32 %, Phoenix in Arizona sogar 58 % Winterniederschläge), so daß in der kühlen Jahreszeit Weizen angebaut werden kann. Trockenfarmmethoden im amerikanischen Sinne, mit extensivem Getreideanbau auf großen Flächen, werden dagegen kaum angewendet.

Die nach Süden zunehmende Quantität und Verläßlichkeit der Niederschläge führt, wie das Kartogramm (Abb. 7) zeigt, zu wachsenden A n b a u f l ä c h e n. Diese nehmen in beiden Staaten nur einen kleinen Teil der Oberfläche in Anspruch. In Sinaloa (vgl. Tabelle) wurden 1930 nur 7 % als „superficie de labor" (riego, jugo, temporal y frutales) bezeichnet,

---

[80]) Eine gute wirtschaftsgeographische Skizze einer Gemeinde im Sonora-Tal gibt Hewes, L.: Huepac, An agricultural village of Sonora, Mexico. Economic Geography, 1935, S. 284—292.

7. Anbauflächen im Jahre 1926
(nach Sonora, Sinaloa y Nayarit).

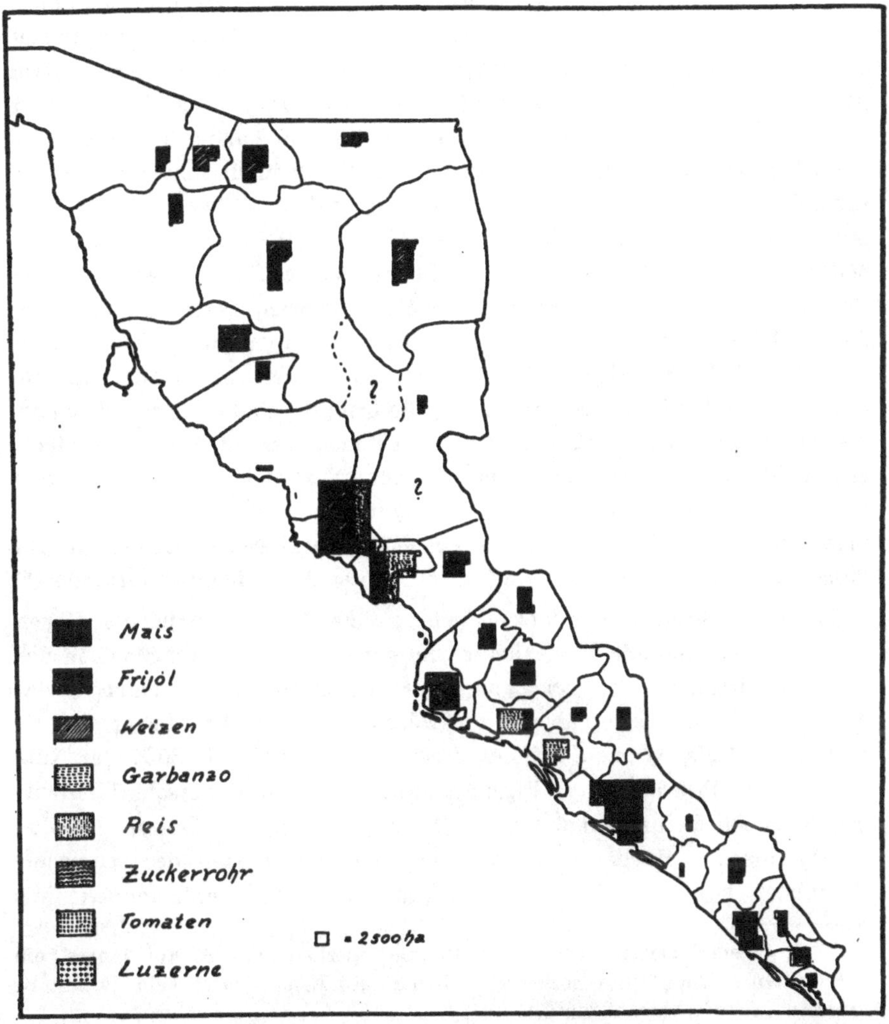

In Sinaloa und Westsonora beziehen sich die Diagramme auf Municipien, in Mittel- und Ostsonora mußten mehrere Municipien jeweils zusammengefaßt werden, weil die Anbauflächen im Vergleich zum Maßstab der Karte zu geringfügig sind.

die Hälfte lag aber brach (3,1 %). In Sonora sind die Flächen noch geringer; hier betrug die „superficie de labor“ nicht mehr als 1,2 % der Gesamtoberfläche des Staates, und davon waren noch 0,5 % Brache. Das Maximum wird dort erreicht, wo einerseits gute fruchtbare und leicht bearbeitbare Böden vorhanden sind und andererseits die jährlichen Hochwässer künstliche Bewässerung ermöglichen. Das ist in den vier großen Deltagebieten der Fall, am Culiacan, Fuerte, Mayo und Yaqui. — In allen vier Gebieten ist aber der Anbau in diesem Umfang erst eine ganz junge Erscheinung, die, wie aus dem Kapitel über die Überfremdung im Landbesitz hervorging, vor allem von Ausländern angeregt wurde. Die Landwirtschaft dieser Vorzugsgebiete wird im zweiten Teil besonders behandelt werden. Die Täler Mittelsonoras treten auffallend zurück. Hier fehlt es an Schwemmlandböden. Zahlreiche Ortschaften haben in historischer Zeit viel anbaufähigen Boden durch die Seitenerosion der Flüsse verloren, gegen die man sich durch Befestigung der Flußufer mit Reiserfaschinen zu schützen sucht (vgl. Abb. Tafel 8, Arispe). Staudämme würden hier wie in allen anderen Landesteilen der Westküste große Vorteile bringen. Daß auch in Südsinaloa die Verbreitung der Flußauen für den Umfang der anbaufähigen Fläche entscheidend ist, zeigt der große Gegensatz zwischen den Municipien Culiacan und Mazatlan einerseits, San Ignacio und Elota andererseits. Die jugendliche Aufwölbung der Küstenebene im Piaxtlagebiet hat hier die Bildung breiter Flußauen und damit ausgedehnter Anbauflächen verhindert[81]).

Die Verbreitung d e r N u t z p f l a n z e n zeigt die klimatischen Gegensätze sehr anschaulich[82]). Mexico ist, im ganzen gesehen, ein Staat, in dem die landwirtschaftliche Erzeugung vor allem für den eigenen Bedarf arbeitet. So überwiegen überall die Pflanzen für die Ernährung der Bevölkerung. Mais, Weizen, Frijoles, Reis nehmen mehr als 80 % der Nutzflächen ein. Ihre besondere Eigenart entfaltet die mexicanische Landwirtschaft jedoch dadurch, daß sich in ihr tropische Kulturpflanzen der alten amerikanischen Hochkulturen mit den neu eingeführten der spanischen Kolonisten begegnen, die meist der gemäßigten Zone entstammen. Wie

---

[81]) Trotzdem ließe sich gerade am Piaxtla oberhalb des 35 km langen eingeschnittenen Unterlaufes noch viel anbaufähiges Land entwickeln, wenn Bewässerungskanäle gebaut würden.

[82]) Zur Kritik der Kartogramme sowie der folgenden Erörterung der Nutzpflanzen ist aber darauf hinzuweisen, daß eine gerade für Sinaloa wichtige Trockenkultur, der Anbau von Ixtle für Alkohol- und Fasergewinnung, von der Statistik unberücksichtigt geblieben ist. Da Ixtle meist im Großbetriebe angebaut wird, handelt es sich um recht bedeutende Areale, so daß in Sinaloa die Anbauflächen noch an Umfang zunehmen würden und der Gegensatz zu Sonora noch deutlicher würde.

verhalten sich nun die verschiedenartigen Nutzpflanzengemeinschaften an der pazifischen Küste? Der alte indianische Komplex: Mais — Frijoles — Kalebassen bildet in Sinaloa die feste, geschlossene Grundlage der Landwirtschaft, soweit sie für den eigenen Bedarf arbeitet. Trotz der im Vergleich mit Sonora um ein Jahrhundert älteren Besiedlung und der durchgreifenden Zerstörung der alten Indianerkulturen haben sich hier doch die dem Klima angepaßten Anbaufrüchte durchgesetzt. Weizen ist statistisch in Sinaloa überhaupt nicht erfaßbar. Sonora dagegen räumt dem Weizen den ersten Platz ein. Frijoles aber werden auch hier noch angebaut, ja sie nehmen sogar einen etwas größeren Raum ein als in Sinaloa (vgl. Tabelle S. 392).

Auffallend ist die scharfe Grenze, die zwischen Mayo- und Yaqui-Delta liegt: im Süden das Maisland, im Norden, vor allem Nordwesten, das Weizenland. Die landschaftlich einander so ähnlichen Deltagebiete, die beide noch von starken Resten alter Indianerbevölkerung besiedelt sind, zeigen somit große Gegensätze; es wird die Aufgabe des zweiten Teiles sein, diese Unterschiede näher zu begründen. Es ist klar, daß klimatische Unterschiede allein auf so geringem Raum nicht die ausschlaggebende Rolle spielen können, sondern daß Gegensätze in der geschichtlichen Entwicklung hierin zum Ausdruck kommen müssen. Im übrigen steht es im Einklang mit der klimatischen Eigenart von West- und Ostsonora, daß die östlichen Municipien dem Mais etwas größeren Raum gewähren als die westlichen. Daß gerade die Niederschlags- und Bewässerungsverhältnisse dem Anbau von Weizen als Wintergetreide im ariden westlichen Sonora Vorschub leisten, wurde bereits erwähnt. Die relativ stärkeren Sommerniederschläge im Osten Sonoras begünstigen dagegen den Mais.

Tropische Kulturen werden nur noch in Sinaloa in großem Umfange angebaut, wie das Zuckerrohr zeigt, das seine größte Verbreitung auffallenderweise im nördlichen Teil Sinaloas, am Culiacan und Fuerte, erreicht. Auch diese Tatsache ist nur geschichtlich zu deuten, wie im zweiten Teil dargelegt werden wird. Überhaupt nehmen die vier größten Anbaugebiete, die Deltalandschaften, hinsichtlich der Nutzpflanzengemeinschaften eine durchaus besondere Stellung ein und unterscheiden sich grundlegend von den benachbarten Municipien. Sie bilden ein eigenes Wirtschaftsgebiet. Spezialkulturen wie Garbanzos und Tomaten drängen den Maisanbau in den Municipien Ahome, Angostura und Guasave vollständig zurück.

Das Kartogramm (Abb. 7) läßt auch deutlich die Rolle erkennen, die den beiden Staaten im Rahmen der mexicanischen Landwirtschaft zukommt. Sapper hat in seiner Wirtschaftsgeographie Mexicos zwischen peripheren und zentralen Teilen unterschieden, und Waibel[83]) hat diese Unterscheidung in verfeinerter Form durchgeführt. Ihrer Lage nach sind beide Staaten peripherisch, ihre Beziehungen zum Hochlande wie zum Binnenmarkt sind aber recht verschieden. So ist der Anteil, der dem Getreidebau in beiden Staaten an der gesamten Nutzfläche zukommt, nicht gleichartig. Sinaloa ist in geringerem Maße Getreidebauland als Sonora. Mais erreicht in Sinaloa 50 % der genutzten Fläche, während in Sonora die verschiedenen Getreidearten (Mais, Weizen und Reis zusammen) 71,5 % ausmachen, was etwa dem Anteil des Getreidebaus in ganz Mexico (70,6 %, ohne Gerste) entspricht.

	Sinaloa	Sonora	Mexico [84])
	%	%	%
Mais	50	25	60
Weizen	—	38	10
Reis	—	8,5	0,5
Frijoles	5,0	7,0	10
Garbanzos	17	9,0	1,8
Chicharos	0,7	2,5	—
Baumwolle	4,4	1,4	3,6
Zuckerrohr	12,5	—	1,2
Tomaten	5,0	0,8	—
Alfalfa	0,8	1,4	0,8
Sesam	2,0	0,4	0,7

Auffallend hoch ist in Sinaloa der Flächenanteil einiger Spezialkulturen, die in Mexico insgesamt keine so bedeutende Rolle spielen, wie beispielsweise Garbanzos 17 %, Zuckerrohr 12 %; im Vergleich mit Mexico nur 1,8 resp. 1,3 %. Auch Tomaten und Sesam müssen als besondere Spezialitäten Sinaloas gelten. In Sonora fällt dagegen der bedeutende Reisbau auf. Am Yaqui werden etwa 30 % der gesamten Reisproduktion Mexicos angebaut, auch Garbanzos und Chicharos sind in Sonora wichtig. Gerade diese Kulturen zeigen besondere Eigentümlichkeiten der Landwirtschaft in bezug auf ihre Einordnung in die Wirtschaftsräume Mexicos überhaupt.

Weizen und Mais sind keine Ausfuhrprodukte im internationalen Austausch, Garbanzos dagegen und Frühgemüse, vor allem Tomaten, werden

[83]) Die wirtschaftsgeographische Gliederung Mexicos. Philippson-Festschrift, S. 32 ff., Karte S. 42.

[84]) Berechnet für 1935 nach Angaben in: Boletin mensual de estadistica agricola. Secretaria de Agricultura y Fomento. Dirección de Economia Rural. Officina de Publicaciones 1936 (in Maschinenschrift).

exportiert, die ersteren nach den Ländern Lateinamerikas und Spaniens, letztere nach den Vereinigten Staaten. Die Zuckerproduktion wird ganz vom inneren Markt aufgenommen. Auch der Reis ist nur zum kleinen Teil für den Export bestimmt. Nur Sinaloa und das südliche Sonora produzieren daher für die Weltwirtschaft in großem Stile. In Sinaloa arbeitet ein größerer Prozentsatz der Fläche für den Welthandel als in Sonora. Mit Recht hat darum Waibel gerade Sinaloa teilweise zu den peripherischen Wirtschaftsgebieten gerechnet. Sonora muß dagegen, trotz starker Überfremdung und trotz gerade in der Neuzeit hochbedeutender Entwicklung, doch mehr zu den zentral orientierten Gebieten gerechnet werden; es ist eine der Kornkammern Mexicos und kann von seinem Weizenüberschuß an die dicht bevölkerten Gebiete des zentralen Hochlandes abgeben.

Besonders reizvoll kommt der Gegensatz der Landbaugebiete bei einer Betrachtung der Fruchtkulturen zum Ausdruck, die wiederum die klimatischen Verhältnisse deutlich erkennen lassen (vgl. Karte 8)[85]). In Südsinaloa haben diese noch ein durchaus tropisches Gepräge. Bis Mazatlan werden Kokos- und Ölpalmen gepflanzt, die auch noch auf der Südspitze Niederkaliforniens vertreten sind. Bananen, Mangos (Mangifera indica), Papayas (Carica papaya), Aguacates (Persea gratissima), Cherimoyas (Anona cherimolia), „Ciruelas del Pais" (Spondias) werden auf den Märkten Mazatlans angeboten. Je weiter man nach Norden kommt, desto spärlicher werden diese tropischen Früchte. Ihre Verbreitungsgrenzen sind aber im einzelnen sehr verschiedenartig. An der Küste bleiben die Kokospalmen als erste zurück. Bananenarten gedeihen noch im südlichen Sonora[86]), Mangopflaumen werden im südöstlichen Sonora, am Rande der Sierra noch in nennenswerten Mengen erzeugt. Dann aber setzt eine ganz andere Zusammensetzung der Obstartengemeinschaften ein, und zwar kann man eine nordwestliche der Trockengebiete und des Übergangs zum Winterregengebiet und eine nördliche Hochsonoras unterscheiden.

Im Westen ist es die zunehmende Lufttrockenheit, die nicht nur ungünstig wirkt, sondern auch umgekehrt gewissen Produktionen erst zusagende Bedingungen verschafft. Das kommt am besten in der Verbreitung der Feigenkultur zum Ausdruck, die sich in ganz Mexico fast wie Positiv und Negativ zum Mangoanbau verhält. Sie ist auf die heißesten und trockensten Gebiete beschränkt. Ihr südlichstes Anbaugebiet liegt noch in Sinaloa, im

---

[85]) Gezeichnet nach Punktkarten in: Boletin mensual de estadistica agricola. Secretaria de Agricultura y Fomento. Direccion de Economia Rural. Officina de Publicaciones 1936.

[86]) Die bessere Varietät „Roatan" gedeiht aber nur im südlichen Sinaloa.

8. Gliederung der Fruchtkulturen.

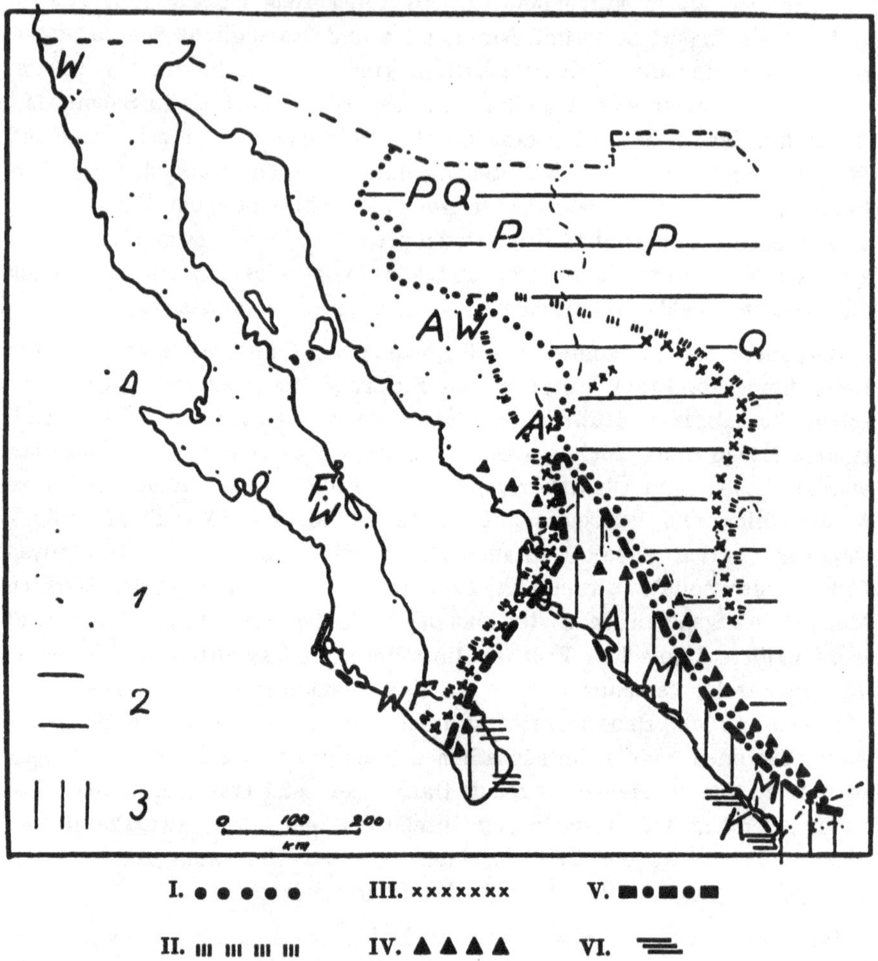

1: Fruchtbautypus des ariden Nordwesten (Feigen, Reben). — 2: Typus des Hochlandes und Nordsonoras (Pfirsiche, Quitten, auch Äpfel und Birnen). — 3: Vorwiegend tropische Früchte. — I: Westgrenze der wichtigeren Pfirsichbaugebiete. — II: Südgrenze der bedeutenderen Weinbaugebiete. — III: Südgrenze der wichtigeren Feigenbaugebiete. — IV: Nordgrenze der Mangokulturen. — V: Nordgrenze der Bananen. — VI: Kokospflanzungen. — Die Buchstaben: A: Apfelsinenanbau. — F: Feigenbau. — K: Kokospflanzungen. — M: Mangokulturen. — P: Pfirsichbaugebiete. — Q: Quittenanbau. — W: Weinbau.

Fuertedelta. Weiter im Norden hält sie sich an die Oasen Westsonoras und findet ihre maximale Verbreitung auf der Halbinsel Niederkalifornien, im niederschlagärmsten Gebiet der ganzen Westküste bei Mulegé im Regenschatten der Halbinselberge. Eine Kultur des trockenen Nordwestens ist auch der Weinstock, der auffallenderweise in den Tälern Mittelsonoras fehlt. Er erreicht seine größte Verbreitung im äußersten Nordwesten Niederkaliforniens bei Ensenada, wo er im Winterregenklima zusagende Bedingungen und unmittelbar südlich von San Diego zur Zeit der Prohibition glänzende Marktverhältnisse gefunden hat.

Das mittlere und nördliche Sonora zeigt den allmählichen Übergang zur gemäßigten Zone; hier ist die Frostgefahr bedeutend größer (mehr als 30 Tage), und tropische Fruchtbäume können nicht mehr mit Sicherheit kultiviert werden. Dafür setzt hier das Reich der Pfirsiche, Quitten und Granatäpfel ein, die besonders im Altargebiet bei Magdalena und Imuris gepflegt werden. — Nur eine Kultur greift über diese verschiedenen Grenzen hinweg, das ist die der Apfelsine. Diese eingeführte Südfrucht wird sowohl im Süden als auch im Norden bei Hermosillo in großem Maße angebaut. Wie sie im europäischen Mittelmeergebiet mit Hilfe der künstlichen Bewässerung den Übergang vom Sommerregen- zum Winterregengebiet gefunden hat, so auch an der pazifischen Küste von Jalisco bis Kalifornien. Nur in den stärker von Frostgefahr bedrohten Gebieten des höhergelegenen Nordsonora fehlt sie. Der Versuch, den Markt der Vereinigten Staaten mit den hier ausgezeichnet gedeihenden Apfelsinen zu beschicken, gelang wegen zoll- und quarantänepolitischer Maßnahmen nicht in vollem Umfang.

Weitaus der größere Teil der Nutzfläche ist der W e i d e w i r t s c h a f t gewidmet; in Sinaloa stehen ihr fast 1 Mill. ha, d. h. ca. 16,8% der Gesamtoberfläche, in Sonora mehr als 5 Mill. ha (fast 27 %) zur Verfügung. In der Tierhaltung überwiegen bei weitem die Rinder. Pferde spielen in Sonora, Schweine in Sinaloa noch eine relativ bedeutende Rolle. Schafe und Ziegen sind in beiden Staaten nur unbedeutend vertreten. Betrachtet man zunächst die Verbreitung der weniger wichtigen Tiergruppen, wie sie im Atlas „Mexico en cifras" dargestellt ist, so findet man, daß Ziegen im wesentlichen auf das trockene nordöstliche Mexico und das südliche Hochland beschränkt sind. Im Westen scheint ihre Verbreitung mit dem Kleinstbesitz und — wie dieser — wohl mit der indianischen Bevölkerung zusammenzuhängen. Schafe fehlen in beiden Gebieten. Ihnen sagen die Weideverhältnisse mit ihren vielfach harten Gräsern und Gestrüppweiden nicht zu. Für eine intensive Pflege guter Woll- und Fleischschafe fehlt es wohl auch an geschulten Arbeitskräften. Die Schweinehaltung ähnelt in ihrer Verbreitung dem Maisbau, der ja wertvolles Abfallfutter liefert. In den größten Anbaugebieten (siehe Kartogramm) ist auch die Dichte der Schweine am größten. Wie für Weizen und Mais liegt auch hier zwischen Mayo- und Yaquigebiet eine Grenze. Das Mayogebiet ist das nördlichste der wichtigeren Schweinehaltungsgebiete, im übrigen Sonora sind sie nur schwach vertreten. — Die Verbreitung der Maultiere fällt im wesentlichen mit den wichtigsten Landbaugebieten zusammen, wo die meisten Zug- und Lasttiere gebraucht werden; auch die Bergbaugebiete heben sich etwas heraus. Die moderneren Anbaugebiete am Fuerte, Mayo, Yaqui, Ocoroni, Sinaloa zeichnen sich durch besonders große Maultierhaltung aus. Hier ist auch die Pferdehaltung groß. Ein zweites bedeutendes Verbreitungsgebiet der Pferdezucht liegt jedoch im mittleren und nördlichen Sonora, im Gebiet der grasreicheren, weniger ariden Dornstrauchsteppe, wo besonders Aufzucht betrieben wird.

Viehzucht.

	Anzahl			Dichte pro qkm		
	Nayarit	Sinaloa	Sonora	Nayarit	Sinaloa	Sonora
Rinder	182 364	417 086	705 270	6,68	7,13	3,86
Pferde	27—033	59 633	155 966	0,99	1,02	0,85
Mulas	15 575	46 157	39 574	0,57	0,79	0,22
Esel	25 121	69 515	55 084	0,99	1,19	0,30
Schafe	6 079	13 772	20 302	0,22	0,24	0,11
Ziegen	12 480	31 982	37 668	0,46	0,54	0,21
Schweine	88 800	176 645	59 425	3,25	3,02	0,33

Mexico im ganzen.

	Anzahl	Dichte pro qkm
Rinder	10 082 958	5,12
Pferde	1 887 478	0,96
Mulas	751 343	0,38
Esel	2 159 734	1,10
Schafe	3 673 887	1,87
Ziegen	6 544 129	3,32
Schweine	3 698 233	1,88

Nach: Bol. Mensual de Estadistica Agricola 1936.

Die Verbreitung der Rinder ist ähnlich wie die der Pferde, doch mit dem Unterschied, daß jetzt auch das südliche Sinaloa und das aridere westliche Sonora stärker beteiligt sind (Abb. 9). Das Rind ist ein weniger anspruchsvolles Weidetier als Pferd und Schaf. Es ist auch unter un-

9. Rinderhaltung 1926.

Rinderhaltung nach Municipien.

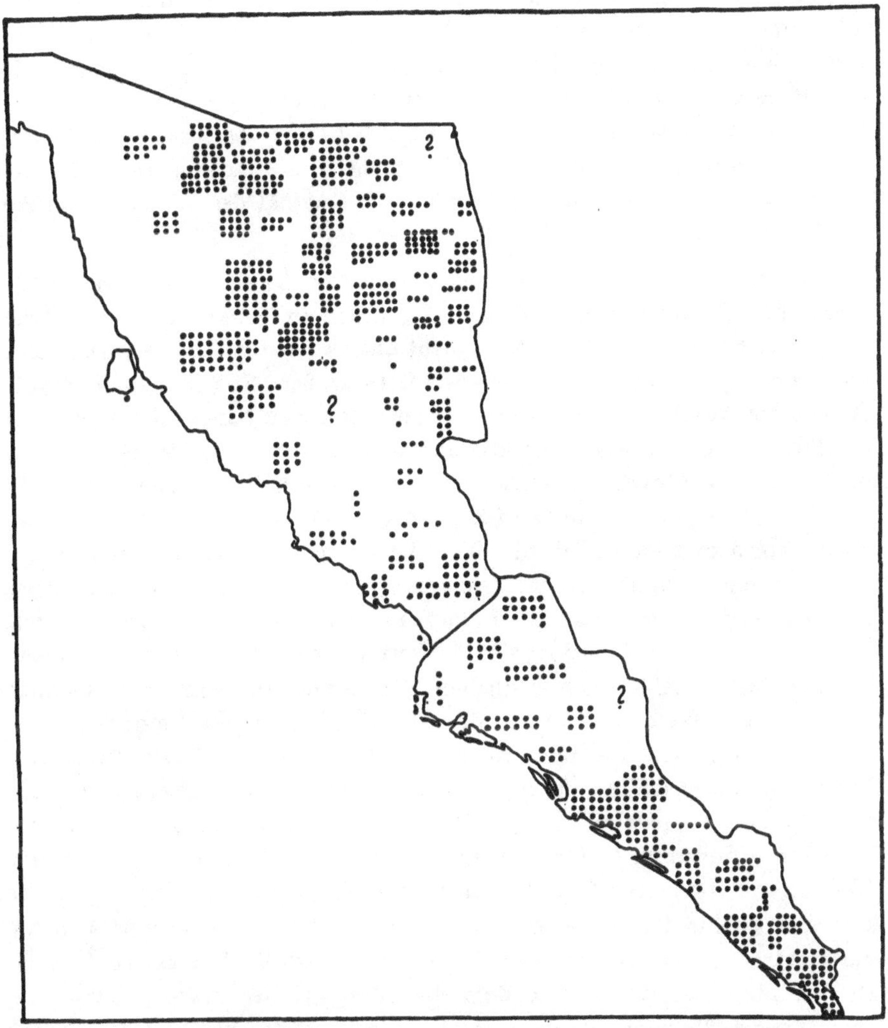

1 Punkt gleich 1000 Rinder. (Nach Sonora, Sinaloa y Nayarit.)

günstigen Bedingungen für extensive Großviehzucht geeignet. Die Rinder machen weit besseren Gebrauch von den Blättern der oft stachelbewehrten Leguminosen als die Schafe. Sie können bis zu einem gewissen Grade ihren Wasserbedarf durch Abweidung der Sukkulenten decken. Im westlichen Sonora wird sogar der Weidewert eines Gebietes nach der Zahl weidefähiger Kakteen eingeschätzt. Es ist immer wieder ein erstaunliches Bild, wenn man Rinder beobachtet, die Chollas (Opuntia fulgens), die furchtbarste Stachelpflanze der ariden Dornstrauchsteppen, abgeweidet haben. Ihr Maul ist über und über mit Stacheln und abgebrochenen Chollaärmchen gespickt[87]). Allerdings sollen nicht alle Rinder diese nützliche Gewohnheit annehmen. Auch gegenüber der Qualität des Wassers sind die Rinder weniger wählerisch als die Pferde.

Die extensive Rinderweidewirtschaft drang bereits mit den ersten spanischen Kolonisten ein. Ja, sie ging ihnen in einem gewissen Grade voran, denn die Indianer des noch nicht unterworfenen Gebietes, besonders die Apachen, pflegten den Viehdiebstahl in großem Stil. Die Indianeraufstände, die Apachen- und Serikriege haben daher in Sonora die Viehzucht empfindlich gestört. Ende des 18. Jahrhunderts kann man in Sonora von einem Zusammenbruch der extensiven Weidewirtschaft sprechen (s. o. S. 355 u. 357). Hier schuf die Unterwerfung der Apachen eine grundlegende Änderung. Trotzdem befand sich die Weidewirtschaft bis zum Eindringen des amerikanischen Kapitals in einer schwierigen Lage. Die an sich so günstigen Steppen Nordsonoras besaßen eine äußerst schlechte Verkehrslage zu den Absatzgebieten. Keine leistungsfähige Verbindung schloß sie an die menschenreicheren Gebiete des südlichen Hochlandes an, sehr im Gegensatz zu den großen Weidegebieten auf dem Hochlande selbst in Chihuahua und Durango. Nachdem die von dem großen Bedarf der wachsenden amerikanischen Riesenstädte geförderte amerikanische Ranchwirtschaft sich bis nach Arizona ausgedehnt hatte, hoffte man auch in Sonora, Absatz jenseits der Grenze finden zu können. Dem schoben aber zunächst die Schutzzölle Mac Kinleys (Ende des 19. Jahrhunderts) einen Riegel vor. Sie waren ein schwerer Schlag für die eben aufblühende Viehzucht Nordsonoras, denn die Besitzer hatten bereits erhebliches Kapital in die Verbesserung ihrer Herden hineingesteckt[88]). Nachdem die Zölle gefallen waren, setzte die an anderer Stelle geschilderte amerikanische Durchdringung auf den grenznahen unzerschnittenen Hochflächen ein. Seitdem ist Sonora auch für die Belieferung des Hochlandes wichtig geworden.

---

[87]) Bei Lumholtz a. a. O. findet sich ein entsprechendes Bild.
[88]) Sonora, Sinaloa, Nayarit, S. 191.

Ausfuhr von Rindern aus Sonora[89]).

Zollstation	1924 Stück	1924 Wert $	1925 Stück	1925 Wert $	1926 Stück	1926 Wert $
Agua Prieta	478	14 850	2 483	55 480	3 212	85 259
Naco	5 168	82 961	8 661	183 555	10 882	377 645
Nogales	2 998	53 380	6 492	190 336	14 344	591 165
Sásabe	34	760	1 139	29 520	378	9 590
Insgesamt	8 696	151 951	18 775	458 891	28 816	1 063 659

Die Tabelle zeigt, daß man seit 1924 eine ständig wachsende Ausfuhr über die Zollgrenzen im Norden feststellen kann. Von dieser Ausfuhr ging aber nur ein kleiner Teil in die Staaten selbst. Der größere wurde über El Paso wieder nach Mexico zurück importiert. Solange die Bahnverbindung über Tepic zum Hochlande noch nicht fertig war, brachte also die Southern Pacific nur einen geringen Vorteil. Für den Viehtrieb waren seit dem Gadsden Purchase die besten Pässe nach Osten an die Staaten verlorengegangen, nur einer der verbliebenen Pässe über die Sierra Madre, der Pulpit Paß hart südlich der Grenze, besaß eine gewisse Bedeutung. Zwischen 1924 und 1926 wurden insgesamt ca. 15 000 Rinder über diesen Paß zu den Bahnstationen Chihuahuas getrieben, während 60 000 in dem gleichen Zeitraum den Umweg über Arizona—El Paso mit der Eisenbahn wählten. Der Aufschwung der Viehzucht scheint noch weiter anzuhalten, denn von 1926 bis 1934 hat sich der Rinderbestand Sonoras um 9,4%, Sinaloas um 66% erhöht[90]).

Im einzelnen ist die Dichte der Verbreitung nicht nur von den natürlichen Weiden, sondern auch von der Dichte der Bevölkerung und vor allem von den lokalen Bedarfsgebieten abhängig. So liegt ein Gebiet besonders dichter Bestockung im Hinterland von Mazatlan. Hier hat auch bereits eine gewisse Verbesserung der Rinderrassen stattgefunden. Man konnte in der Umgebung von Mazatlan eine Aufkreuzung mit Holsteiner Rasse beobachten.

Die Rinderhaltung wird sowohl von den Bauern der Dorfschaften in Verbindung mit Ackerbau, wie von großen Weidewirtschaften („ranchos" oder „haciendas de ganado") betrieben. Auch diese spezialisierten Betriebe pflegen gewöhnlich Ackerbau in der Form des Temporalanbaus. In den

[89]) Sonora, Sinaloa, Nayarit, S. 196.

[90]) Vgl. die Angaben aus Sonora, Sinaloa, Nayarit, S. 195 und 198, und „La industria de la Carne. Abasto de Ganado, distribución y consumo Secretaria de la Economia Nacional. Departmento de Estudios Economicos. Mexico 1934.

meisten Dörfern haben die Häuser kleine, korralartige Höfe, wo das Vieh von berittenen Hirten abends und morgens hinein- und wieder herausgetrieben wird. Im Sommer ist der Montewald das wichtigste Weidegebiet, im Winter findet nach der Getreideernte auf den Maisfeldern die Nachweide statt.

Verhältnismäßig gering war um 1926 die Viehwirtschaft im nördlichen Sinaloa, das fünfzig Jahre vorher nach Weidner das berühmteste Weidegebiet des Staates war. Die lichteren, allmählich in die Dornstrauchsteppen übergehenden Weiden mit ihren zum Teil aromatischen Kräutern (wie dem „Oregano" Lippia sp.) machten die Municipien Mocorito, Sinaloa, Fuerte zu wichtigen Rinderzuchtgebieten. Besonders berühmt war die Käseerzeugung von Mocorito. Nach Angabe des Zensus von 1930 scheint aber der Bestand hier wieder beträchtlich zugenommen zu haben. Es ist möglich, daß in Nordsinaloa die große Entwicklung der Bewässerungskulturen, des Zuckerrohr-, Tomaten- und Frühgemüseanbaus zeitweilig das Interesse von der Viehzucht abgelenkt hat. Nicht greifbar sind auch die Schäden, die örtlich durch die Revolutionswirren entstanden waren.

In Sonora kennt man ebenfalls beide Typen der Viehwirtschaft. Die Täler Mittelsonoras mit ihren zahlreichen kleinen Pueblos beherbergen einen nicht unbedeutenden Viehbestand. Die trockenen, nicht bewässerbaren Terrassen und Berghänge dienen als wichtigste Weideräume, doch wird auch Nachweide auf den eingehegten Maisfeldern des Bewässerungslandes ausgeübt. Auch der Anbau von Luzerne dringt schon in Mittelsonora ein.

Ihre größte Entfaltung erreicht die Rinderhaltung im Übergangsgebiet zur westlichen ariden Dornstrauchsteppe, in der Umgebung von Hermosillo, Ures, Horcasitas, Opodepe. Die morphologischen Verhältnisse — geringere Zerschneidung der Terrassen — sowie die an diese gebundene günstigere Verkehrserschließung durch die Southern Pacific haben hier die Weidewirtschaft gefördert, die meist von spezialisierten „ranchos" oder „haciendas de ganado" betrieben wird. Während hier im Übergangsgebiet gewöhnlich noch etwas Anbau mit der Rinderzucht verbunden ist, hört dieser weiter im Westen allmählich auf. Im westlichen Sonora ist auch die Wasserfrage von größter Bedeutung. Bei allen Ranchos sind oft sehr tiefe Brunnen ausgeschachtet, aus denen mit altertümlichen Methoden, durch Göpelwerke oder Pferdekraft, das Wasser in Ledersäcken gehoben wird. Neuerdings nimmt die Verwendung von Windmotor, Dampfkraft und Explosionsmotor in den größeren Betrieben zu. In der Umgebung von Pesqueira ist auch artesisches Wasser vorhanden.

Die Weidewirtschaftsbetriebe sind durchaus nicht besonders eindrucksvolle oder anziehende Siedlungskomplexe. Große stattliche Hacienden sind selten. Meist handelt es sich um einfache niedrige Adobehütten, in denen die Vaqueros mit ihren Familien leben (Abb. Tafel 7). Auffallend ist der anscheinend größere Prozentsatz weißen Blutes, im Gegensatz zu Sinaloa oder den Pueblos des mittleren und östlichen Sonora. Die Kinderzahl ist oft beträchtlich. Diese ärmlichen kleinen Hütten sind von großen, aus Holz und Reiserwerk dicht geflochtenen mächtigen „corrales" umgeben. Neben den Brunnen sind auch „represas", durch Dämme aufgestaute kleine Teiche, häufig. Während im mittleren Sonora die meisten Weiden eingezäunt sind, hört dies im Westen auf. Das Auto verbindet heute wohl schon den entlegensten Rancho mit der Außenwelt.

Die neuzeitlichsten und besten Weidewirtschaften finden sich aber im nördlichen Sonora, wo der Einfluß des amerikanischen Kapitals unmittelbar spürbar wird. Hier sind die Weiden mit Stacheldraht eingehegt. Schilder an den Toren verraten meist die Zugehörigkeit zur großen Cananea Cattle Company. Windmotore sind überall zu finden. Amerikanische Wagen und landwirtschaftliche Geräte stehen auf den Höfen. Die Herden bestehen fast durchweg aus amerikanischen Herefords. Mit Hilfe künstlicher Bewässerung hat man wertvolle Talweiden geschaffen, auf denen Luzerne in großen Mengen produziert wird. Hier ist das Landschaftsbild oft kaum noch von dem des benachbarten Arizona zu unterscheiden.

III. Kulturlandschaften Sinaloas und Südsonoras.

1. Mazatlan.

Die Lagunenküste Südsinaloas ist kein bevorzugtes Siedlungsgebiet. Nur der ungeheure Reichtum an Fischen, Krabben, Muscheln, Hummern aller Art zog bereits vor der Conquista eine Fischerbevölkerung an. Escuinapa in Nayarit, südlich der Staatsgrenze von Sinaloa ist heute ein Hauptzentrum der Fischerei, bei der chinesische und japanische Bevölkerungselemente stark beteiligt sind. Günstige natürliche Häfen sind nur an wenigen Stellen vorhanden. Neben Guaymas im Norden, Topolobampo am Fuerte- und Altata am Culiacandelta ist Mazatlan zum wichtigsten Hafen der Westküste und zu der größten Stadt Sinaloas (1930 ca. 30 000 Ew.) geworden.

Mazatlan ist eine junge Stadt. Noch vor hundert Jahren schilderte Mühlenpfordt sie als eine elende Siedlung von nur wenigen hundert Hütten. Kurz vorher war der erste Anfang mit einer Siedlung gemacht worden. Ein Hafen Mazatlan konnte sich vor der Befreiung Mexicos nicht entwickeln. Das war eine natürliche Folge der streng geregelten Handels- und Schifffahrtspolitik der Spanier in ihrem Kolonialreich. Um das Jahr 1818 wurden hier die ersten Befestigungen errichtet, 1824 entstand das Zollhaus. Seit den dreißiger Jahren kam im Zusammenhang mit der überseeischen Erschließung der Hafen mehr und mehr in Aufnahme, so daß Mühlenpfordt bereits von einem lebhaften Handelsverkehr berichten konnte. Die Stadt wuchs rasch und besaß 1880 schon 12 000 Ew.

Ist so die eigentliche Hafensiedlung erst sehr jungen Datums, so geht der Name selbst auf ältere Zeiten zurück. Die Ortsbezeichnung Mazatlan fanden die Spanier bereits vor. Etwa um 1633 wurde eine Ortschaft San Juan de Mazatlan gegründet, jedoch ist anzunehmen, daß es sich dabei um eine Siedlung weiter im Binnenlande, wohl am Rio Presidio, handelte. Hier ist später ein „Presidio de Mazatlan" bekannt, das etwa 9 leguas vom heutigen Hafen entfernt lag. Dieser Platz behielt auch nach der Gründung des Hafens als Wohnsiedlung zunächst eine gewisse Bedeutung, ging doch der Hauptverkehrsweg nach Norden, der Camino real, hier über den Fluß. Auch Rosario, weiter im Süden, wurde lange von den reicheren Kaufleuten als Wohnsitz bevorzugt. Die Zollbehörden und das Depot befanden sich zunächst in Rosario, so daß die einzelnen Funktionen Hafen, Wohnsiedlung und wirtschaftliche Anlagen ziemlich weit voneinander getrennt blieben. Der Grund hierfür ist in der besonderen Lage des Hafens zu suchen. Das heutige Mazatlan liegt nicht nur abseits vom Handelsweg, sondern die Ortslage ist auch als ungesund zu bezeichnen[91]). Die Stadt liegt am nördlichen Ende der großen Lagunenzone Nayarits und Südsinaloas, wo sich diese bereits verschmälert. Von Süden her erstreckt sich die Isla de la Piedra mit ihren Kokospalmenhainen herauf. Dahinter breiten sich von dichten Mangrovendickichten umgebene flache Lagunen aus, deren Spiegel einzelne kleinere isolierte Inseln unterbrechen, von denen eine heute das Lepra-Hospital beherbergt. Nur über eine schmale Landzunge und eine Brücke, unter der Ebbe und Flut hin und her wechseln, gelangt man von der Stadt zum Bahnhof auf dem Festland.

Mazatlan besitzt jedoch auch eine ganze Reihe natürlicher Vorzüge. Es liegt ungefähr auf demselben Breitengrad wie die Südspitze Kaliforniens, so daß es ohne großen Umweg von der Schiffahrt längs den Küsten Nordamerikas besucht werden kann. Für die Hafenanlage selbst entschieden einige steil und malerisch aus dem Meere und den Lagunen aufragende Felsen aus andesitischem Gestein. Diese Felsenreihe setzt sich nach Norden in einer Gruppe von drei Inseln fort, die wohl aus dem gleichen Material aufgebaut

[91]) Vgl. über die Krankheiten in Mazatlan Weidner a. a. O. Obwohl W. die Lage als „gesund" bezeichnet, gab es doch ziemlich alle Tropenkrankheiten, dazu Gelbfieber Tetanus raffte $^1/_3$ aller neugeborenen Kinder dahin.

sind. In der Anordnung dieser Inseln und Klippen kommt die nordsüdliche Struktur, die den Bau Sinaloas beherrscht, zum Ausdruck. Während die vorderste Reihe dieser Felsen isolierte Klippen und Inseln bildet, ist eine zweite, weiter landeinwärts gelegene durch Strandwälle miteinander verbunden. Diese sind durch Deiche künstlich erhöht worden und bilden die natürlichen Schutzwälle für die eigentliche Stadt, die sich über niedrigen Terrassen im Schutze der Felsen ausbreitet. Besonders auffallend im Hafenbilde sind der hohe, stumpfe Kegel (ca. 170 m) der Leuchtturminsel und die breite, runde Kuppe, auf der die Masten der Radiostation stehen. Ein Deutscher ließ eine schöne Promenade (Paseo Clausen) in das Felsengestade einsprengen, die eine herrliche Aussicht auf Meer und Küste bietet. Das teils hellgraue, teils olivfarbige Gestein sondert sich in Klüften ab, die von der Brandung benagt werden und zu malerischen Felsformen geführt haben. Nachteilig ist jedoch die geringe Tiefe des Hafens. Größere Schiffe müssen ziemlich weit draußen auf offener Reede vor Anker gehen und den Verkehr mit dem Strande durch Leichter bewerkstelligen[92]).

Zwei Hauptbuchten, eine nördlichere und eine südlichere, bilden die Wasserfront von Mazatlan. Sie werden durch eine terrassierte Felsgruppe voneinander geschieden, auf der das Marine-Observatorium und eine kleine Zitadelle angelegt sind. Diese beiden Fronten der Stadt sind physiognomisch und funktionell verschiedenartig ausgebildet. An der südlichen Bucht befindet sich das Zollhaus, und hier liegen auf dem flachen, Ebbe und Flut unterworfenen Sandstrande die Leichter und Fischerboote, die im Hafen stationiert sind. Von hier aus gelangt man auch in die eigentliche Handelsstadt. Die nördliche Bucht dagegen wird von der Schauseite eingenommen. Hier wenden vornehme, meist einstöckige Wohnhäuser ihre einfachen, aber würdigen, typisch spanisch-kolonialen Fassaden gegen das Meer. Von dieser Promenade (Olas altas) genießt man einen bezaubernden Blick auf den stets bewegten Ozean und die malerischen Klippen und Inseln. Hier lebt die einheimische gute Gesellschaft, hier ist der Treffpunkt für fremde Unternehmer und Touristen im Hotel Belmar, einem Sinnbild des alten Bergbaureichtums, denn es wurde aus den Erträgnissen der Tajo-Mine bei Rosario erbaut. So ist es zugleich ein Zeuge für die Umkehr in der Bevorzugung beider Städte, die mit der Modernisierung und Sanierung Mazatlans einsetzte. Während früher Rosario als Wohnort die erste Stelle einnahm, wo noch schöne Gebäude von dem alten Reichtum zeugen, so ist heute die Hafenstadt an Komfort überlegen und für Fremde wie für Bergwerksunternehmer zum Stützpunkt geworden.

---

[92]) Über Mazatlans Hafenverkehr s. o. S. 366 u. 367.

Die Grundrißanlage der Stadt selbst folgt einem nicht ganz regelmäßigen rechtwinkligen kolonialen Straßenschema, das auch vor gelegentlichem Übergreifen auf Felsklippen und steilere Terrassenanstiege nicht haltmacht. Die Straßen sind oft ½ m zwischen den Bürgersteigen eingetieft und heute teilweise asphaltiert. Eingestreut in das rechtwinklige Straßenschema liegen einige Plazas mit recht hübschen Grünanlagen. Auf ihnen fehlt selten ein Musikpavillon, und an einer steht die stattliche doppeltürmige Kathedrale aus der zweiten Hälfte des vorigen Jahrhunderts. Im Vergleich mit Städten in den USA. ist die ökonomische Gliederung Mazatlans nicht so klar durchgeführt. Nur im großen scheiden sich die Wohnviertel — wie etwa an den Olas altas — und die Fischerviertel am südlichen Strande voneinander. Geschäfts- und Wohnstadt sind im Hauptteil Mazatlans durchaus gemischt. Eine „City" ist nicht zu erkennen. Das wichtigste geschäftliche Zentrum ist der große „Mercado", der aber weder zu den „Olas altas" noch zum Hafen eine besonders zentrale Lage besitzt. Er besteht aus einer großen Markthalle, unter deren schützendem Dach so ziemlich alle Arten von Geschäften, Lebensmittel-, Textil-, Eisenwaren-, Ton- und Kramläden ihren Platz gefunden haben. Ein Kranz kleinerer Geschäftsstände umsäumt die Halle auf den Seiten. Diese Markthallen findet man in allen Städten der Westküste wieder.

Die Haustypen sind überraschend einförmig. Ganze Blöcke werden einheitlich von den gleichmäßigen ruhigen Attika bekrönten Hausfronten eingenommen, die weiß oder hellfarbig getönt sind. Hohe vergitterte Fenster blicken auf die Straßen, sie werden bei den reicheren Häusern von kleinen Holzdächern beschattet. Der altspanische Haustyp mit flachem Dach und quadratischer Anlage um den Binnenhof (Patio) herrscht im allgemeinen vor. Bei den Kaufläden öffnen sich an der Stelle der Fenster eine Reihe von Türen zur Straße. Schaufenster im europäischen Sinne findet man nur bei den neueren Häusern, die oft nicht zu ihrem Vorteil mit Türmen, Rundbogen und Rustica-Imitation „französischen" Stil zur Anwendung gebracht haben.

Abweichend vom übrigen Stadtbilde sind die Häuser im Fischer- und Arbeiterviertel an den Lagunen. Hier haben sich wohl ältere einheimische Formen erhalten. Ärmliche Hütten aus Adobe-Ziegeln oder auch nur Reiserflechtwänden werden von abgewalmten Palmblattdächern bedeckt. Sie werden von kleinen Höfen umgeben, die zugleich die tägliche Arbeitsstätte und den Raum für Hühner, Schweine und Hunde darstellen. Malerisch wird das ganze Fischerviertel von schönen Kokospalmen überwipfelt. Es ist der Stadtteil der sozialen und farbigen Unterschicht.

Die Bevölkerung ist rassisch sehr gemischt. Neben dem indianischen und spanischen Element, das an der ganzen Küste den Grundstock bildet, sind zahlreiche andere Beimischungen zu erkennen, die den Typus der Hafenbevölkerung geformt haben. Chinesische und japanische Elemente, die einen großen Teil des Handels in der Hand haben, sind auch in den somatischen Typ erkennbar eingedrungen. Neben diesen asiatischen Beimengungen ist auch Negerblut in nicht unbeträchtlichem Umfange vorhanden. Bereits um 1800 weist Bancroft 966 „mulattoes" in Mazatlan nach.

Die Industrialisierung Mazatlans ist noch gering. Elektrisches Licht ist vorhanden, Bierbrauereien, meist deutschen Ursprungs, Schuhfabriken, die das einheimische Leder verwerten, eine kleine Gießerei, einige Tabak- und Textilwarenfabriken sind die einzigen gewerblichen Anlagen der Stadt. Sie arbeiten für den lokalen Bedarf und das immerhin ziemlich umfangreiche Hinterland Mazatlans.

2. Elemente der älteren kolonialen Kulturlandschaft in Südsinaloa.

Mazatlan, das Zentrum Südsinaloas, wird von seinem Hinterland durch einen breiten Gürtel dürrer Dornstrauch-Sukkulentensteppe getrennt, den ich bereits bei der landschaftlichen Schilderung im ersten Teil gekennzeichnet habe. Mit melancholischer Eintönigkeit wird der Weg über die geröllbedeckten marinen Terrassen, die einförmigen Rumpfflächen oder Basaltplateaus von dem im Januar winterkahlen graufarbenen Gestrüpp begleitet. Siedlungen fehlen fast ganz, hier und da findet sich eine kleine Ortschaft, deren Bewohner vom Verkehr oder von der Holzwirtschaft leben. Auf den breiten Wegen, die Mazatlan zustreben, ziehen zahlreiche Esel- und Maultierkarawanen, mit Brennholz oder Kohle beladen, dahin. Diese ständigen Transporte lassen über die Ursache der einförmigen und verkümmerten Ausbildung der Monte im Umkreis aller Städte, ja auch der ländlichen Siedlungen keinen Zweifel.

Erst beim Eintritt in die zweite Landschaftszone, die der zerschnittenen Becken und Ketten, oder in die Delta-Ebenen ändert sich das Bild, und man gewinnt einen wirklichen Eindruck von der ländlichen Kulturlandschaft Sinaloas. Die Besiedlung wird offensichtlich dichter, zwischen den Landstädtchen und größeren Dörfern findet man zahlreiche kleine Weiler über die Felder verstreut. Ehe ich mich der Schilderung der modernen Landwirtschaftslandschaften zuwende, möchte ich versuchen, diese gewachsene, ältere Kulturlandschaft in ihren wichtigsten Elementen mit wenigen Strichen zu umreißen.

Nach dem Untergang der indianischen Bevölkerung in der Zeit der Konquista gewann die neue koloniale Kulturlandschaft ihr Gepräge durch den sozialen Gegensatz zwischen der weißen Herrenschicht und der großen Masse der niederen Landbevölkerung, die aus Mischlingen und Indianern bestand. In der allgemeinen Übersicht habe ich bereits die Besitzgliederung Sinaloas gestreift und auf Grund der statistischen Angaben für 1930 gezeigt (vgl. Tabelle 385), in wie hohem Maße der Großgrundbesitz auch heute noch räumlich überwiegt. Ein großer Teil dieser umfangreichen Besitze geht in seinem Ursprung bis auf die Zeit der Konquista zurück, als das Land in „encomiendas" oder als „mercedes" vergeben wurde. Jedoch hat auch später Neubildung von großen Besitzeinheiten stattgefunden, vornehmlich im Laufe der Reformen der ländlichen Besitzverfassung Ende des 19. Jahrhunderts und als Folge neuer marktwirtschaftlicher Produktionsanregung im 20. Jahrhundert. In der Kulturlandschaft tritt aber der Großbesitz nicht immer deutlich hervor, da er nicht regelmäßig mit Großbetrieb verbunden ist. Die vorherrschende Nutzungsform war in Sinaloa sogar die Verpachtung. Das Land wurde mit Saatgut und Betriebsmitteln an die Pächter gegen einen Ernteanteil von 50 % vergeben. Verpachtung wurde dem Anschein nach vor allem da bevorzugt, wo das Land intensiver bearbeitet werden konnte, d. h. auf den besseren Böden, in den Flußtälern und Deltas. Wo extensive Bewirtschaftung notwendig war, wie auf trockenen Terrassen und Rumpfflächen, sind auch alte Formen des Großbetriebes häufig, nämlich der Anbau von Agaven für Fasergewinnung („ixtle") oder zur Schnapsbereitung („mescal") und die extensive Weidewirtschaft. Diese Großbetriebe (Hacienden) können nicht als Einzelsiedlungen angesehen werden, denn neben dem Hause des Besitzers oder Verwalters liegen die Trockenplätze für die Fasern und die Verarbeitungsanlagen, die großen Pferche (corrales) für das Vieh sowie die ärmlichen Hütten für die Arbeiter. Erst die neuere Form des Großbetriebes, die Zuckerhacienda, hat die großflächige Nutzungsweise auch auf die fruchtbaren Schwemmlandebenen übertragen. Der Schilderung dieser neuen Wirtschaftslandschaft werde ich mich später zuwenden.

Der kleine, bäuerliche Besitz ist in Sinaloa meist in der Form der „communidades" gebunden. Die Bildung dieser gemeinschaftlichen Besitzformen geht auf die Gesetze der spanischen Krone (leyes de las Indias) zurück und wurde vor allem im 17. und 18. Jahrhundert gefördert. Die „communidades" besitzen gewisse Ähnlichkeit mit der mittelalterlichen spanischen Dorfschaftsverfassung, doch hat man auch darauf hingewiesen, daß sie in hohem Maße der von den Spaniern vorgefundenen aztekischen ländlichen Besitz- und Betriebsordnung entgegenkamen.[93]) Fast alles Land der „pueblos, rancherias, congregaciones" oder wie die Typen der ländlichen Ansiedlungen sonst genannt werden, war in der Form der Communidad organisiert. Oft waren mehrere kleine Siedlungen mit ihren Fluren im Verbande einer großen Communidad zusammengeschlossen, wie z. B. in Villa Union, über das die abgebildete Flurkarte (Abb. 10) einen gewissen Aufschluß gibt. Besonders kompliziert und schwer überschaubar werden die ländlichen Besitzverhältnisse dadurch, daß sich bereits vor der Aufteilung eine gewisse gewohnheitsmäßige Beziehung des einzelnen zu bestimmten Flurstücken herstellte, so daß mannigfache Übergangsformen vom Gemein- zum Individualeigentum entstanden. Wo die Aufteilung durchgeführt wurde, was bei etwa 15 % aller Communidades geschehen sein soll, ist Einzelbesitz an die Stelle getreten, ohne daß sich wahrscheinlich das Wirtschaftsbild sehr veränderte. Eine neue, mit den alten Communidades nicht zu verwechselnde Bildung sind die in Sinaloa noch ziemlich seltenen „communidades agraristas", die mit staatlicher Hilfe von der Agraristenpartei für ihre Angehörigen geschaffen werden und zumeist aus enteignetem Großgrundbesitz entstanden sind.

Die Gliederung der Kulturlandschaft ist in hohem Maße von der Natur des Landes abhängig. Ein Blick auf die Karte (Abb. 10) der „Terrenos de Villa Union" zeigt die großen Gegensätze in der Landaufteilung zwischen der Alluvialebene des Flusses einerseits und den Schotterterrassen und Rumpfflächen andererseits: hier große regelmäßige Blöcke von mehreren

[93]) Es kann hier nicht meine Aufgabe sein, die sehr komplizierten ländlichen Besitzverhältnisse Mexicos darzulegen. Ich möchte dazu auf das Buch von McBride, The landsystems of Mexico, American Geographical Society, Research Series 12, New York 1923 und das Buch von E. Simpson, The Ejido, Mexicos way out, Chapel Hill 1937, mit ausführlichen Literaturangaben verweisen. In Sinaloa ist überdies durch die zahlreichen Revolutionen das meiste archivalische Material der Kataster zugrunde gegangen. Über die Organisation der Communidades wurde mir folgendes mitgeteilt: Die Mitglieder einer Communidad wählen eine „junta directiva", über die ein „presidente" den Vorsitz führt. Die Funktion dieses Ausschusses besteht darin, über die Landzuweisung Beschluß zu fassen. Die Flur, die als „terrenos de la communidad" auch als „ejidos" (ein mehrdeutiger Ausdruck) bezeichnet wird, ist in einzelne „derechos", Losanteile, eingeteilt, die den Mitgliedern zugewiesen werden, und die sie dann nach ihrem Gutdünken bewirtschaften. Das Einkommen aus der Landverteilung wird nach Art einer Dividende verteilt. Über die Mitgliedschaft wacht die Gesamtheit. Jedes zum Kauf angebotene Stück Land muß zunächst der Option der Mitglieder unterworfen werden. In Communidades, wo das indianische Element noch stark vorherrscht, wie in Tacuichamona, spielt darüber hinaus die Blutszusammengehörigkeit der Mitglieder eine große Rolle. Der Eintritt in eine solche Gemeinschaft war eigentlich nur durch Einheirat möglich.

10. Terrenos de Villa Union.

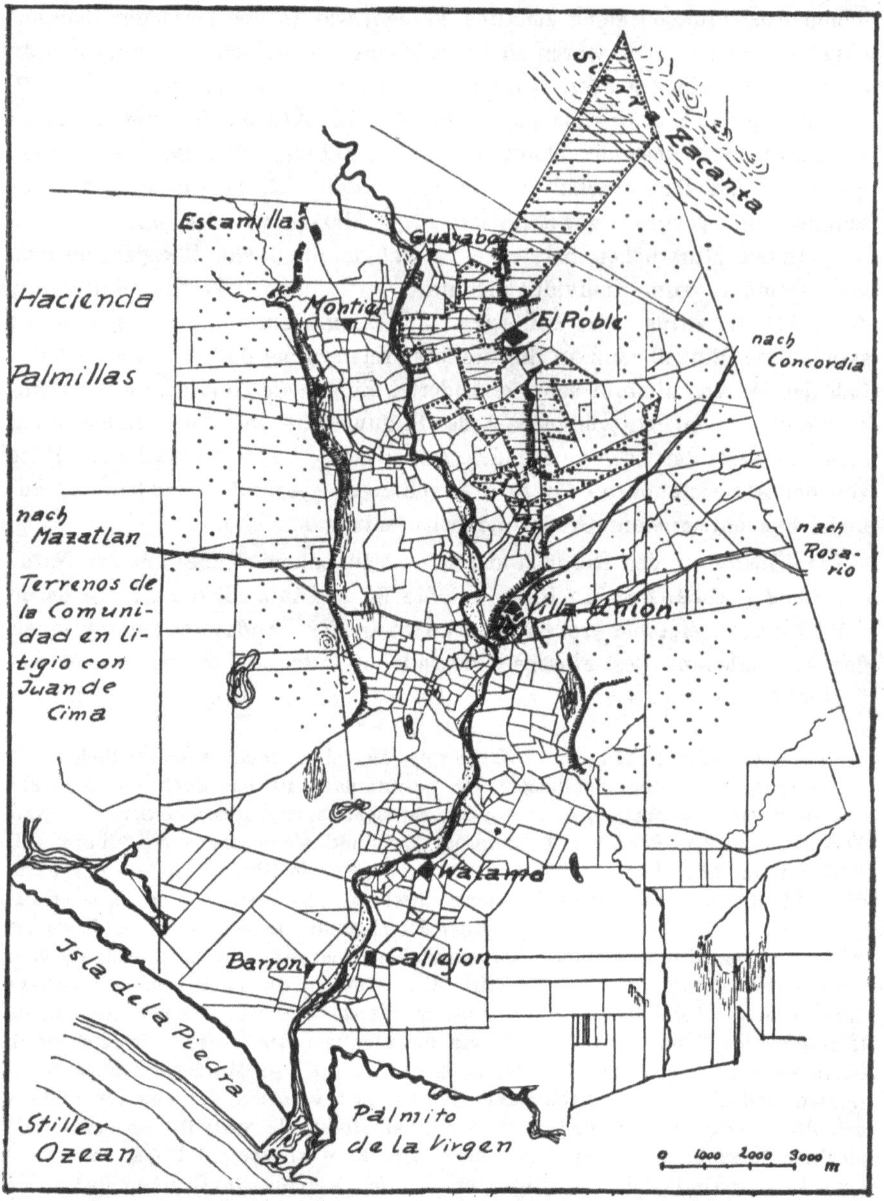

Die punktierte Linie umgrenzt den Besitz der Zuckerhacienda El Roble.

Quadratkilometern Inhalt, dort zahlreiche kleine, mehr unregelmäßig zugeschnittene Flurstücke, die sich bemerkenswerterweise vor allem in der Nachbarschaft der Siedlungen vorfinden. Je weiter man sich von den Ortschaften und vom Fluß entfernt, desto größer werden die vermessenen Einheiten.

Den großen Zügen der Fluraufteilung entsprechen auch die Nutzungsweisen, für die in Sinaloa die lange winterliche und vorsommerliche Trockenzeit entscheidend ist. Sie drängt den Anbau von Mais ohne künstliche Bewässerung in den Sommer hinein. Kurz nach dem Beginn der Sommerregen, im Juli, werden diese „temporales" genannten Felder mit Mais, Kürbisarten und Bohnen bestellt. Die Sommermaisfelder dehnen sich in Südsinaloa vor allem über die besser durchfeuchteten Teile der Rumpfflächen am Fuß der Sierren aus. Wir brauchten fast eine Stunde, um von Concordia aus die äußersten Maisfelder des Ortes auf der Fußfläche der Sierra Zacanta zu erreichen. Zur Zeit unserer Reise (Januar, Februar) waren die Temporalfelder bereits größtenteils abgeerntet. Die Ernte wird teilweise auf den Fluren gelassen. Überall sieht man die pilzförmigen Schober auf den Feldern stehen. Um die Feldfrüchte vor Schädlingen zu schützen, stapelt man die Ernte nicht vom Boden aus auf, sondern sichert sie auf einem übermannshohen Gerüst. Gelegentlich konnte man noch die weißgekleideten Bauern in Reihen bei der gemeinschaftlichen Ernte im Maisfeld beobachten. Auf diesen entlegeneren Feldern vollzieht sich auch der Übergang vom Pflugbau zur alten Pflanzstockwirtschaft mit Brandrodung. Diese, als „coamil-Wirtschaft" bereits geschilderte Form findet man vor allem dort, wo die Hänge steiler werden. Sie ist in großem Stil am Abfall der Sierra Madre verbreitet, wo selbst steile Hänge über den Canons auf diese Weise genutzt werden. — Nach der Ernte öffnet man die Felder dem Vieh zur Nachweide. Wo die Trockenwälder nicht mehr zur Landwirtschaft herangezogen werden, da dienen sie zur Sommerweide. Überall ist daher in der Nähe der Siedlungen der Wald von Stacheldrahtzäunen und Kakteenhecken durchzogen. Das Vieh wird in der Trockenzeit regelmäßig durch die berittenen Hirten in das Dorf zurückgetrieben, wo es in den „corrales" der einzelnen Höfe die Nacht verbringt. Der Viehbestand hatte in der Revolution beträchtlich gelitten und sich noch nicht wieder völlig erholt.

Ganz anders sieht die Landschaft auf den Flußauen und im Deltaland aus. Auch hier wird nur wenig Bewässerung in der Trockenzeit betrieben. Der jahreszeitliche Unterschied in der Wasserführung der Flüsse ist so groß, daß diese meist mehrere Meter tiefe Kanäle in ihre Hochflutbetten eingeschnitten haben, in denen sie während der Trockenzeit ziemlich kümmerlich dahinfließen. Bewässerung würde daher ausgedehnte Kanäle und Pumpwerke zur Voraussetzung haben, wie sie erst von den modernen Zuckerhacienden geschaffen werden konnten. Trotzdem kann man infolge der großen Bodendurchfeuchtung nach dem sommerlichen Hochwasser auch im Winter Mais und Bohnen ernten. Die großen Deltaebenen des Presidio und des Baluarte sind daher im Winter fast ein einziges großes grünes Maisfeld, während daneben auf den höheren Terrassen der braune Sommermais schon geerntet wurde. Diese besten und fruchtbarsten Flurteile werden in intensive Pflege genommen. Wo sich solche überfluteten Böden den Becken und dem Laufe der Flüsse anschmiegen, da sieht man sie auch zum Anbau von Gemüsen, Chilepfeffern, Tomaten und anderen Spezialkulturen herangezogen. Kleine, oft primitiv bewässerte Zuckerrohrfelder liefern das Rohmaterial für die „panoche" (Braunzucker) Mühlen, im unverarbeiteten Zustande eine beliebte Leckerei für Kinder und junge Burschen. Auch Tabakanbau ist gelegentlich zu sehen, dessen Erträge in Chametla, Villa Union und Mazatlan zu „puros" (Cigarren) und Cigaretten verarbeitet werden. In der Nähe der Ortschaften wird die Bewirtschaftung sogar gartenbauartig. Kleine Reiserdämme leiten etwas Bewässerungswasser herbei. Schöpfbrunnen heben das Grundwasser in kleine hölzerne Rohrleitungen, die zu den bewässerten Gemüsebeeten hinführen. Bananenhaine (platanares), Obsthaine (ciruelas del pais, Spondias) und die mächtigen Papayastauden sind bei jedem Dorfe zu finden. — Diese fruchtbaren Böden wurden in der Neuzeit besonders für hochwertige Kulturen gesucht. Zuckerrohrplantagen entstanden bei El Roble, Guayabo, Barron, und Tomatenkulturen mit Frühgemüseanbau drangen in der Nähe der Eisenbahn bei Villa Union in das Tal des Presidio ein, ohne daß diese modernen Nutzungsweisen allerdings den Umfang erreichten wie weiter im Norden des Staates.

Auch die Siedlungsverteilung und die Siedlungsanlagen kommen auf der Flurkarte von Villa Union sehr gut zum Ausdruck. Auf einem Terrassensporn, der weit in die Ebene hineinragt, liegt gegen jedes Hochwasser geschützt der Ort Villa Union in günstiger Verkehrslage, wo eine Furt den Übergang möglich macht. Eine Brücke fehlt allerdings noch. Die Eisenbahn überquert den Fluß etwas weiter unterhalb. Der Rancho El Roble besitzt eine ganz ähnliche Spornanlage. Auch die kleineren Siedlungen, wie Rancho Montjel, Escamillas und Guajabo im oberen Presidio-Tale liegen meist auf Terrassenabsätzen in hochwasserfreier Lage, was aber auf der Karte im einzelnen nicht zur Darstellung gebracht werden konnte. Im Delta sind dagegen die erhöhten Uferränder am Flusse bevorzugt, wie Walamo, Barron und Callejon zeigen. Bei Barron ragt ein auffallend großer prähistorischer Wohnhügel aus der Deltaebene empor. Kleinere Fundstätten, die von der dichten vorspanischen Besiedlung zeugen, sind in dieser Überschwemmungslandschaft gleichfalls als „Lomas", als eine Art „Wurt", ausgebildet[94]).

Ein Landstädtchen wie Concordia oder Villa Union bietet inmitten seiner Felder ein hübsches Bild. Wie in einer europäischen Siedlung schieben sich die niedrigen Häuser mit ihren roten spanischen Hohlziegeln eng zusammen und werden von eindrucksvollen hohen Kirchenbauten überragt. Es sind geschlossene, städtische Ortschaften, die sich scharf von der umgebenden Landschaft abheben. Es fehlt das Fließende und Aufgelöste, mit dem eine amerikanische Stadt sich an den Wegen und Landstraßen in das „Land" verliert. Die Siedlungszentren der Becken- und Ketten-Landschaft haben bereits ein beträchtliches Alter. Concordia wurde im Jahre 1573 als Villa de San Sebastian gegründet. Am Marktplatz erhebt sich die üppige Barockfassade der stattlichen Kirche. Sie ist offenbar zweitürmig geplant gewesen, aber wie fast überall gelangte nur ein Turm zur Ausführung. An einer Seitenkapelle teilt eine Inschrift mit, daß sie 1789 vom Marquis de Panuco, der an den Bergwerken der Sierra reich geworden war, geweiht wurde. Die viereckige Plaza ist mit Blumen und Bäumen ausgestattet und wird von einem Musikpavillon geschmückt. Das Straßenschema ist kolonial und rechtwinklig angelegt. Etwas entfernt von der Kirche öffnet sich ein zweiter großer Platz, auf dem das nüchterne eiserne Gerüst der Markthalle steht. Hier hat auch die in den Städten Südsinaloas nie fehlende kleine Garnison ihr Quartier. Sechs Soldaten ließ der Feldwebel, gemütlich auf einem Lehnstuhl sitzend vor sich in der Morgenfrühe aufmarschieren. Alle trugen verschiedene Kopfbedeckungen und Uniformstücke. Die Kaserne selbst ist ein hoher Backsteinbau, in dessen Mauern Schießscharten eingebrochen sind. Brigantenunruhen, die von Zeit zu Zeit immer wieder aufleben, machen diesen militärischen Schutz in Südsinaloa notwendig. Während unseres Aufenthaltes in Sinaloa wurde die ganze Garnison des kleinen Ortes Matatan bei Rosario in einen Hinterhalt gelockt und abgeschossen. — Die Häuser stehen in der inneren Stadt in eng geschlossenen Reihen. Sie entsprechen dem Typ, den ich bereits für Mazatlan geschildert habe, nur sind sie meist etwas einfacher gehalten. In den äußeren Vierteln lockert sich die Bebauung auf und zwischen den Häusern liegen Höfe. Eine wirtschaftliche Gliederung wie in einer amerikanischen Stadt ist nicht vorhanden. Die Werkstätten der Handwerker und kleine Läden sind über die ganze Stadt verteilt. Post und Bürgermeisterei liegen ziemlich ver-

---

[94]) Zur prähistorischen Besiedlung vgl. Sauer, C., und D. Brand. Aztatlan a. a. O. S. 24.

11. Hausformen in Sinaloa und Sonora.

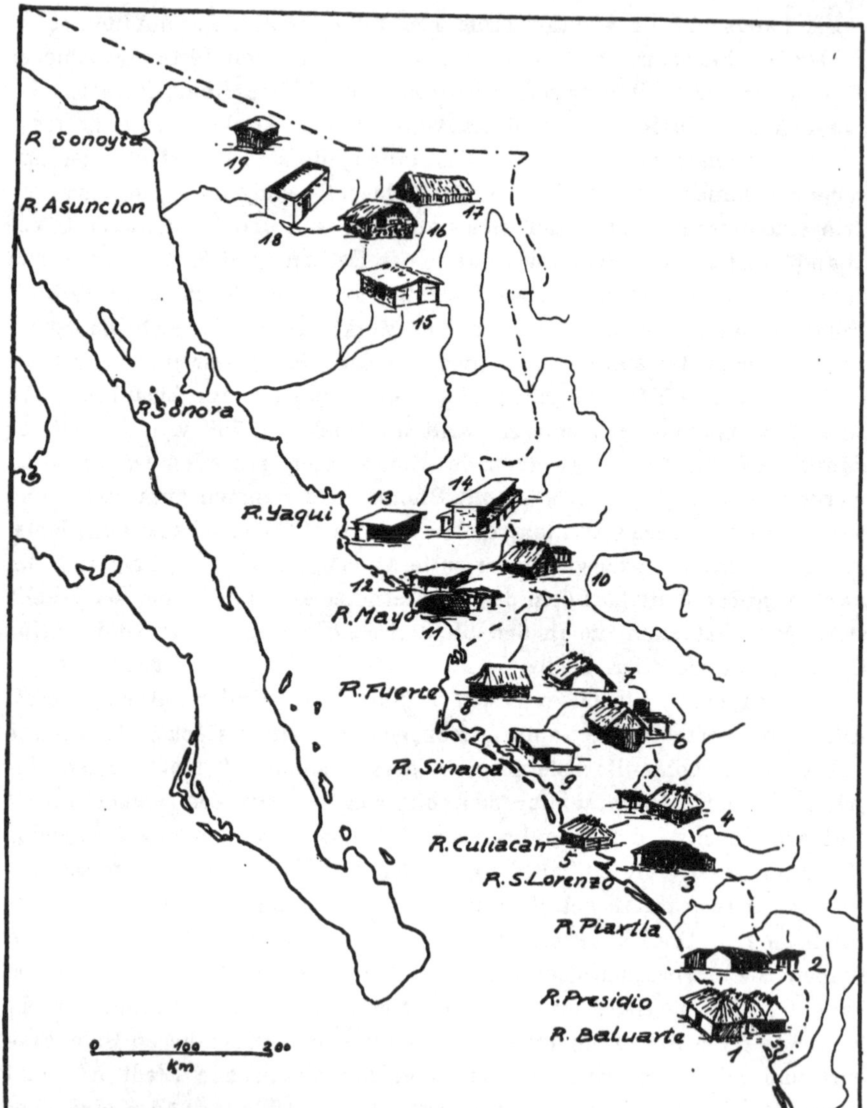

Die Zahlen beziehen sich auf die im Text angegebenen Nummern.

borgen an Seitenstraßen. Im Vergleich mit einer amerikanischen Stadt tritt die Reklame wohltuend im Straßenbilde zurück. Auffallend waren nur einige politische Plakate mit den Namen der Kandidaten und ungefüge Aufschriften an den Häusern. Ein Regierungsplakat warnte gegen den Alkoholismus, die Bayer Farbenindustrie versprach, im Zeichen des Bayerkreuzes Malaria und andere Krankheiten zu überwinden. — Die Reinlichkeit der Siedlungen war angesichts zahlreicher Haustiere (Hunde und Schweine) in den Straßen nicht schlecht zu nennen. Morgens konnte man stets erkennen, daß Bürgersteig und Straße etwas gesäubert waren.

Auch die Dörfer sind fast immer regelmäßig und geräumig angelegt. Sehr häufig besteht der Grundriß aus zwei parallelen Straßen, zwischen denen kürzere und engere Gassen die Verbindung herstellen. Anderen Dörfern dient eine Kirche mit Plaza als Mittelpunkt. Die rechtwinklige Straßenanlage ist für den Kern aller Siedlungen typisch. Sehr viel größer ist die Abwechslung, die durch die Hausformen in das Siedlungsbild hineinkommt. Man kann sich des Eindrucks nicht erwehren, daß in ihnen noch ältere, vorkoloniale Formen bisweilen ihren Einfluß geltend machen[95]).

---

[95]) Zur Vervollständigung der Angaben über die Hausformen möchte ich andeutungsweise eine Übersicht über die wichtigsten beobachteten Typen Sinaloas und Sonoras geben, sowie sie auf der Karte dargestellt sind. Landschaftliche Eigenart und ererbte indianische Eigentümlichkeiten kommen in ihnen zum Ausdruck.

I. Dächer aus Stroh (Palm, Mais, Zacate, Hartgras). Vorwiegend steile Satteldächer, gewöhnlich mit Walmung. Neben den geschilderten Typen Sinaloas treten ähnliche Formen im südlichen Sonora auf in der Fortsetzung des südlichen Verbreitungsgebietes am mittleren Mayo bei San Bernardo, Chorijoa usw. Hier entspricht ihre Verbreitung auffallend der des Trockenwaldes, der sich gleichfalls am Fuß der Sierra in schmaler Zunge nach Norden vorschiebt. Strohdächer, als steile Satteldächer, fast immer ohne Walmung kommen im nördlichen Sonora wieder vor, anscheinend ohne Verbindung mit dem südlichen Verbreitungsgebiet. Sie konnten bei Arispe im Sonora-Tale, bei Cocospera und westlich der Bahnlinie beobachtet werden (Abb. 11, 16 und 17). Bisweilen stehen hier die Häuser auf einem Sockel aus groben Feldsteinen. Die Strohbehandlung ist weniger sorgfältig als im Süden. Die Häuser bei Arispe sind auffallend lang und schmal.

II. Satteldächer aus gebogenen Petatematten. Sie scheinen eine Eigentümlichkeit des Mayogebietes zu sein (Abb. 11, 11).

III. Flachgeneigte Ziegelsatteldächer, nur in Sinaloa wie oben geschildert.

IV. Flachgeneigte Lehmdächer. Sie treten in Mittelsonora auf. Sie bestehen aus einer flach-satteldachartig gebauten Reiserdecke, die mit Lehm beschwert ist (Abb. 11, 15).

V. Flachdachhäuser. a) Das Haus der Pueblos in den Oasen Nordwestsonoras. Ein rechteckiger Kastenbau aus Lehmziegeln, meist ohne Fenster nach der Straße zu (Abb. 11, 18). Das Dach ist völlig eben. Eine Knüppelholzlage ruht auf den

Im Deltaland des Baluarte und Presidio bestehen die Gehöfte gewöhnlich aus drei bis vier selbständigen Strukturen (Abb. 11, 1). Vor dem Eingang erhebt sich eine „ramada", ein Gerüst aus roh zurechtgeschnittenen Stämmen mit einer flachen Reiserdecke, auf der — wie es übrigens schon in den ersten Berichten beschrieben wird — Mais, Kalebassen, Chilepfeffer und andere Erträgnisse des Bodens sicher vor allem Getier aufgehoben werden. Die „ramada" spendet zugleich auch während des Tages Schatten für den Arbeitsaufenthalt im Freien. Dahinter liegt der Wohn- und Schlafraum, der aus Adobe oder Ziegelsteinen erbaut ist. Ärmere Häuser sind aus Reisergeflecht errichtet. Das Dach ist als Walmdach aus Palmblättern gefertigt und wird durch Dachreiter beschwert. Unmittelbar hinter dem Hause, Traufe an Traufe, steht ein zweites Walmdach über einer offenen Pfostenhalle. Sie dient als Tageswohnraum und als Schlafraum für die heißere Jahreszeit. In einem dritten selbständigen Gebäude, das meist nur aus dünnen Stämmen und Reisern erbaut ist, aber ebenfalls ein Walmdach besitzt, befindet sich die Küche. Diese drei hintereinandergeschalteten Walmdächer sind für die Dörfer in den südlichen Flußebenen sehr kennzeichnend. Das Wohnhaus steht auf einem kleinen abgeschrägten und mit Geröllsteinen gepflasterten Sockel. Dadurch wird das Haus der Deltaebene bei den gelegentlichen Überschwemmungen gegen Unterspülung der Wände geschützt. Schornsteine sind nicht vorhanden; der Rauch aus den kleinen, einfachen Lehmherden findet seinen Weg durch die Lücken und Ritzen der Reiserwände, oder man spart bei soliden Mauern Öffnungen aus, die auch bisweilen durch künstliche Setzung der Ziegelsteine geschmückt sind. Der Fußboden ist in den besseren Häusern mit Ziegelsteinen belegt, in den offenen Hallen meist nur festgestampfter Lehmboden. Die

---

dicken Adobewänden und wird durch kleine, etwa fußhohe Adobewälle, die gradlinig die Fortsetzung der Außenmauern bilden, beschwert. Das Dach ist mit Lehm oder gebrannten Ziegeln eingedeckt. — b) Am mittleren Mayo und an seinem nördlichen Zufluß, dem Cedros (Abb. 11, 14). Das Haus ist ein schmaler, hoher, rechteckiger Lehmziegelbau. Das Dach besteht aus einer flachgestampften Lehmschicht auf einer Knüppel- und Reiserunterlage, die aber etwa einen Fuß breit nach allen Seiten über die Außenmauern herüberragt. Auf beiden Langseiten sind bis zu $^3/_4$ oder $^4/_5$ der Höhe des Hauptgebäudes mit Lehmdächern gedeckte Vorhallen in der ganzen Breite vorgelagert. Das Haus sieht von weitem wie getreppt aus. Es scheint hier das Dach der Cahita-Häuser für das spanische, koloniale Adobehaus übernommen zu sein. — c) Die Flachdachhäuser der Cahita-Völker, die mehrfach geschildert wurden (Abb. 11, 12 und 13). — d) Flachgewölbte Lehmdächer auf kleinen Reiserhütten, wie sie für Papagos und Pimas charakteristisch sind, s. o. (Abb. 11, 19). Die Verbreitung der Flachdachformen hält sich ziemlich streng an die Trockengebiete Sinaloas und Sonoras.

Häuser werden im allgemeinen reinlich gehalten. Zierpflanzen schmücken die meisten Häuser. Leuchtend rote Gebüsche von Bougainvilleen sind häufig zu finden, ebenso Topfpflanzen aller Art. Allerdings verwendet man heute an Stelle der alten hübschen Tonvasen gewöhnlich leere Benzinkanister. Zu jedem Haus gehört auch ein Hof für das Kleinvieh.

Ganz anders ist der Haustyp im Gebiete der Beckenlandschaften (Abb. 11, 2 u. 3). Hier fehlt das Walmdach; an seine Stelle tritt ein einfaches, flach geneigtes Ziegelsatteldach. Die vordere Traufe wird weit über die Wand vorgezogen und auf Holzpfosten gestützt, so daß eine Art kleiner Vorhalle entsteht. Die Küche ist meist in einem unmittelbar an das Hauptgebäude angefügten Nebenbau untergebracht.

Andersartig waren die Hausformen nördlich von Culiacan. In den Tälern des Gebirgsabfalles bei Badiraguato und Alicama treten wieder Palmblattdächer in Erscheinung (Abb. 11, 4, 6 u. 7), und zwar teilweise als einfache Firstdächer, häufiger jedoch noch in der Form von Walmdächern. Sie werden von einem System von drei oder fünf Pfostenreihen getragen. Das Deckmaterial ist sorgfältig auf den Rofen von Rohr befestigt. Dachreiter, wie in Chametla, geben dem First die nötige Schwere. Die Walmen sind jedoch häufig nicht als echte Walmen ausgebildet, sondern selbständige dreieckige Platten, die in die Giebelseiten zum Abschluß hineingehängt werden. Pfosten und Dach werden zuerst errichtet. Die Wände haben keinerlei tragende Funktionen auszuüben. Bei einfacheren Häusern bestehen sie aus senkrechten, dicht aneinandergerückten dünnen Stämmen mit oder ohne Reiserdurchflechtung. Bei besseren Häusern errichtet man Adobemauern, die jedoch das Dach nicht mittragen. Die Dächer selbst werden an den Traufseiten sehr tief, bis auf etwa 1,50 m über dem Erdboden, herabgezogen. Gelegentlich fanden sich auch Häuser, deren Querwände apsisartig abgerundet waren. In diesen rundlichen Hausenden befinden sich auf beiden Seiten die Herdstellen. Der Eingang ist von der Mitte der Traufseite aus. Ähnliche Haustypen fanden wir auch im Fuertedelta bei Ahome vor (Abb. 11, 8).

Nördlich von Culiacan findet sich auf der Küstenebene wieder ein anderer Haustyp, der bereits enge Beziehung zu den Formen des südlichen Sonora aufweist. Es ist ein Flachdachhaus mit schweren, aus Balken- und Lehmlagen konstruierten Dächern (Abb. 11, 9). Die Adobewände umgeben nur die Hälfte der vom Dach bedeckten Fläche, während die andere, die der Straße zugekehrte Hälfte, als offene Pfostenhalle ausgebildet ist. Im Dorfe Gomanito (ca. 50 km nördlich Culiacan) konnte man alle drei Typen: Ziegeldach mit Pfostenvorhalle, Flachdach mit Pfostenvorhalle und steile Walmdächer nebeneinander sehen. Auch im nördlichen Sinaloa fehlen

Ställe oder Scheunen fast gänzlich. Ihre Funktion übernehmen die „ramadas“ oder kleine, auf Stelzen stehende Speicher. Rundkuppige Backöfen sind gleichfalls für die meisten Dörfer bezeichnend.

Die ländliche Bevölkerung besitzt noch einen sehr starken Anteil an indianischem Blut. Einige Dörfer, wie Jacobo und Recodo bei Concordia oder Abuya und Tacuichamona südlich von Culiacan, galten bis vor kurzem noch als reine Indianerdörfer. Die Gestalten sind mittelgroß, bisweilen eher klein zu nennen. Die Männer erscheinen im allgemeinen schlank und hager, die Frauen neigen eher zur Fülle. Die dunklen Gesichter zeigen keine ausgesprochen stark hervortretenden Backenknochen, wie es für die nordamerikanischen Indianer typisch ist. Das Haar ist schwarz und straff. Die Männer tragen einen kleinen dünnen Spitzbart. Die bevorzugte Tracht der Landbevölkerung sind weiße Baumwollhosen und weiße Hemden. Als Schutz gegen Morgen- und Abendkühle dient ein rotes Umschlagtuch (Serape). Die Kopfbedeckung ist der aus Stroh geflochtene Sombrero; an den Füßen trägt man Sandalen, sog. Guarachis.

Das Benehmen der Bevölkerung uns gegenüber war meist freundlich und aufgeschlossen. Auffallend ist auch bei einfachen Landleuten eine gewisse Grazie im Ausdruck. Abends versammelten sie sich auf der Plaza, um dem Spiel der dörflichen Musikkapelle zu lauschen. Außerhalb des engeren Einzugsbereiches von Mazatlan, wo bereits moderne Schlager eingedrungen sind, ist oft noch recht hübsche Musik zu hören. Beim Scheine kleiner Laternen bietet ein Mädchen oder eine Frau, in ein dunkles Umschlagtuch gehüllt, etwas Zuckerbrot zum Kauf an. Auf der kleinen Plazuela kann man bisweilen noch zusehen, wie die Burschen ihr uraltes Indianerspiel „ulama“ mit einem Rohgummiball spielen. Oder der Sand der Plazas wird ein wenig gesprengt, ein Karbidlicht an einer hohen Stange aufgehängt, Bänke herbeigetragen, die Musik versammelt sich, und unter den hellen Sternen beginnt der Tanz. Ein anderes Zentrum des abendlichen geselligen Verkehrs ist die kleine Wirtschaft, die aber in allen auch nur etwas größeren Siedlungen ein Billard besitzt, wo der fuselige Mescal oder der bessere Tequila und — in den verkehrsgünstiger gelegenen Ortschaften das gute Bier aus Mazatlan angeboten wird. Die kleinen Läden im Orte, die „Tiendas“, zeigen den geringen Umfang des Verkehrs mit der Außenwelt. Teelöffelweise wird Kaffee oder Zucker verkauft. Alle Dinge des täglichen Bedarfs, ein wenig Lebensmittel, ein wenig Haushaltsgut und ein wenig Tabak kann man dort kaufen.

Für die Übernachtung des Fremden ist selten ein Gasthaus vorhanden. Hier und da gibt es eine „Casa de Asistencia“. Meist wird man an irgendein Haus verwiesen, von dem die Mitbürger wissen, daß dort regelmäßig Gäste übernachten. Hier findet man sein Lager auf dem einfachen „camas", den rohleder- oder auch nur leinenbespannten Bettrahmen. Ein einfaches Mahl ist immer zu bekommen. Die Abwechslung ist allerdings nicht groß. Tortillas, flache Maismehlkuchen und „frijoles", die landesüblichen dunklen Bohnen, bilden den Grundstock jeder Mahlzeit. Dazu trinkt man Wasser aus den steinernen Filtrierurnen, den „ollas", die in keinem Hause fehlen, oder etwas schwarzen Kaffee. Bisweilen bereichern Chilepfeffer, Eier oder weißer Käse die Verpflegung. Weit reicher und abwechslungsvoller ist natürlich die Verpflegung in den kleinen Landstädtchen, wo man die typisch mexicanisch-spanische Kost erhält. Stark gewürzte Speisen und pfeffrige Pickles[96]) sind sehr beliebt. Es scheint, daß ihr Genuß eine physiologische Notwendigkeit ist. Der deutsche Arzt in Culiacan berichtete uns jedenfalls, daß noch wenig erklärliche Verdauungskrankheiten nicht selten sind.

Das Handwerk gewinnt eine besonders wichtige Stellung in allen Gemeinden, die ihre Fluren abseits der großen Flüsse haben. Dort fehlen die überschwemmten Alluvialböden, so daß kein Winteranbau durchgeführt werden kann. So ist wie bei uns der Winter eine Zeit der Ruhe in der Landwirtschaft, die Zeit für Nebenbeschäftigung, ja regelrechte Heimindustrie läßt. Diese ist um so nötiger, als die ärmlichen Sommerfelder zum Unterhalt der Familie nicht ausreichen. Besonders interessant war die gewerbliche Verarbeitung von Fasern der wilden Agave zu gewebten Taschen und Hängematten in einigen Dörfern, die auf den trockenen Fußflächen westlich vor der Sierra de Tacuichamona liegen[97]). In diesen heute vom Verkehr gemiedenen Ortschaften hat sich noch viel ursprünglich-indianisches Leben erhalten.

3. Neue Formen der Kulturlandschaft in den Deltagebieten des Presidio, Fuerte, Culiacan, Mayo, Yaqui.

a) Die Wirtschaftslandschaft der Zuckerhacienda El Roble am Rio Presidio[98]).

Obwohl ich meinen ersten Besuch auf einer Zuckerhacienda Südsinaloas bei Dunkelheit antrat, war der landschaftliche Eindruck von großer Wirkung. Hinter Villa Union am Rio Presidio biegt der Weg von der holprigen Landstraße in das Gebiet der Hacienda El Roble ein. Sofort ändert die

[96]) „Chile pequin" (Capsicum spec).

[97]) Eine sehr vollständige Abbildungsreihe derartiger Produkte, der Werkzeuge und des Rohmaterials in J. N. Rose, Notes on useful plants of Mexico. U. S. Nat. Herbarium, Vol. V, Nr. 4, 1899.

[98]) Vgl. Karte Terrenos de Villa Union, Abb. 10, S. 408.

Straße ihren Charakter. Ihre Breite wächst zu der einer modernen europäischen Landstraße an. Über gutgehaltene Schotterbedeckung — sonst etwas Unbekanntes auf den Straßen Sinaloas — gleitet der Wagen ruhig und angenehm dahin. Rechts und links der Straße tauchen saubere Stacheldrahtzäune auf, der Geruch von süßlichem Rohr dringt durch das Dunkel herein. Man sieht das übermannshohe reifende Rohr und die frischen Furchen neuer Felder. In leichtem Schwunge überschreitet die Straße zahlreiche Be- und Entwässerungskanäle. Rauch und rötlicher Feuerschein zeigen an, wo ein Feld für die Ernte abgebrannt wird. Bald erstrahlt von der Höhe einer Terrasse helles elektrisches Licht aus den großen Fenstern einer Maschinenhalle, in der mächtige Schwungräder kreisen. Arbeiter mit dunklen Gesichtern, Sombreros, weiße Leinenkittel drängen sich vor einem Industriegebäude zum Wechsel der Schicht. Kleine Verkaufsbuden bieten bei Kerzenschein „dulces" und Gebäck, Zigaretten und andere kleine Dinge des täglichen Lebens an. Im Dunkel sind die zahlreichen ärmlichen Arbeiterwohnhäuser kaum zu erkennen, während sich das große stattliche weiße Gebäude des Besitzers beherrschend im Mondlicht heraushebt. In der Intensität der Arbeit entfaltet sich ein Bild, das gegenüber den ruhigen Abenden auf den Plazas der kleinen entlegenen Dörfchen als Eindringling aus einer anderen wirtschaftlichen Sphäre äußerst eindrucksvoll im Gedächtnis bleibt.

Am Morgen bot sich Gelegenheit, von der Terrasse des Presidio-Tales den Blick über das reiche Schwemmland auf der Ostseite des Flusses gleiten zu lassen. Es ist ein prächtiges Bild, das sich dem Auge darbietet. Soweit man sehen kann, reichen hellgrüne Zuckerfelder, die von Bananenpflanzungen an den Bewässerungskanälen durchzogen werden[99]). Gelegentlich erheben sich auch die fiedrigen Gebüsche von Bambus darüber empor. Unmittelbar am Fluß, in der Mitte des ca. 5 km breiten Tales, stehen noch als Reste der alten Vegetation ein paar mächtige breitkronige Guanacastle-Bäume. Diese großen, mit nur einer Nutzpflanze sauber bestellten Flächen stehen im starken Gegensatz zu den bereits oben geschilderten bäuerlichen Feldern. Bei El Roble wird der Gegensatz besonders eindringlich, wenn man auf die andere Seite des Flusses hinüberwandert, die von der Plantagenwirtschaft noch nicht ergriffen wurde. Zahlreiche Baumgruppen von Cedros, Higuerras und Guanacastles engen dort den Blick überall ein. Die Felder selbst zeigen mit dem Terrassenanstieg vom Flußbett den bereits geschilderten regelmäßigen Wechsel von kniehohem Wintermais, „frijoles" zu abgeernteten Temporalfeldern, die jetzt dem Vieh zur Weide offenstehen.

---

[99]) Kleine Flecken fallen aus, weil dort der Boden versalzen (salitre) ist.

Auf dieser Hacienda sind 600 ha mit Zuckerrohr bestellt. So ist El Roble nur als ein verhältnismäßig kleiner Plantagenbetrieb zu bezeichnen. Werden in El Dorado am San Lorenza doch 6000 ha, in Navolato am Culiacan 2300—2600 ha, in Los Mochis am Fuerte 6000 ha mit Zuckerrohr bepflanzt Die Felder liegen ausschließlich auf der alten Hochflutterrasse des Presidio, die der Fluß etwa alle drei bis vier Jahre überschwemmt und damit zugleich befeuchtet und düngt. Trotz der Sommerregen von ca. 750 mm ist Bewässerung unentbehrlich. Das Wasser wird dem Flusse etwas oberhalb der Felder durch ein Pumpwerk entnommen und in den Hauptkanal geleitet, der sich unmittelbar am Fluß entlangzieht, denn der Presidio besitzt bei El Roble bereits den Charakter eines Niederungsflusses mit erhöhten Uferbänken. Durch die Schwerkraft verteilt sich das Wasser in die kleinen Seitenkanäle flußabwärts und gegen die Terrassenumrandung hin. Bei den größeren Hacienden am Fuerte und Culiacan sind bereits umfangreiche Kanalanlagen entstanden, doch müssen auch hier Pumpwerke das Wasser herbeileiten. In der Regenzeit muß man dagegen für ausreichende Entwässerung Sorge tragen.

Die Zuckerrohrfelder sind aber nicht die einzigen Nutzflächen der Hacienda[100]). Von dem Gesamtbesitz, der ursprünglich 1900 ha betrug, wurden für Agraristenansiedlungen etwa 1100 ha als „ejidos" abgetrennt. Diese Landflächen waren jedoch für den Zuckeranbau ungeeignet. Sie wurden von einem großen Teile des Haciendabesitzes abgenommen, der sich über die hochgelegenen Terrassen und die Fußhänge der Sierra Zacanta bis zu deren Gipfel hinaufzieht[100a]). Sie sind weithin vom Monte-Wald überwachsen. Auf einem kleinen Versuchsfelde stehen am Terrassenende etwa 3500 Hennequin-Agaven, die als „temporales" angebaut werden. Der große Waldbestand ist für die Hacienda sehr wichtig, und auch die übrigen Zuckerrohrplantagen der Westküste haben sich nach Möglichkeit Monte-Wald gesichert. Der Grund hierfür liegt darin, daß die Zuckerfabrik, das „ingenio", das mit jeder Plantage verbunden ist, einen großen Brennstoffbedarf aufweist, der nur aus dem eigenen Besitz mit hinreichender Sicherheit gedeckt werden kann. Auch im Privatbesitz ist der Holzausschlag noch von der Regierungserlaubnis abhängig, und oft nur gegen hohe Spesen zu erreichen. Für die Holzversorgung stehen der Hacienda etwa 200 ha zur

---

[100]) Es ist für alle Zuckerhacienden typisch, daß die Zuckerfelder nur einen Teil, bisweilen sogar nur einen kleinen, des Gesamtbesitzes ausmachen, während der Rest als Weide, Holzreserve, für die Wasserzugänge und zur Spekulation dient.

[100a]) Vgl. Abb. 10. Die den Agraristen abgegebenen Teile befanden sich etwa zwischen dem Namen El Roble und der Sierra Zacanta.

Verfügung. Im übrigen wird das Waldland pachtweise ausgegeben und in der Form der Brandwirtschaft (Coamil-Wirtschaft) genutzt.

Große Pferche (corrales), die mit festen Zäunen aus roh zubehauenen Baumstämmen sicher umhegt sind, deuten auf den großen Bedarf an Zugvieh auf einer Hacienda. Neben zahlreichen Traktoren verschiedener Größe fanden sich auf der Hacienda folgende Herden: 60 Stück Rindvieh, 45 Pferde, über 180 meist importierte amerikanische Maultiere und 16 Esel. Für diesen Viehbestand muß auch Futter angebaut werden. Denn Selbstversorgung ist in allen Zweigen des Betriebes eine notwendige Voraussetzung.

Die Zuckerrohrfelder werden in moderner Weise bewirtschaftet. Die Zeit meines Besuches war außerordentlich günstig, denn da die Reifezeit des Rohres etwa 11 bis 12 Monate beträgt, so drängt sich in den trockenen Wintermonaten der ganze Wirtschaftsvorgang in einer „Campagne" zusammen. Während des Restes des Jahres ist dann verhältnismäßig wenig zu tun. Die Bestellung beginnt mit der Einebnung des Geländes. Mulagespanne ziehen große Scharbretter über die Felder, die hier abtragen und dort anhäufeln. Sodann bricht ein mächtiger Raupentraktor amerikanischen Fabrikates mit schweren Pflügen den Untergrund auf, während kleinere Fordson-Traktoren die Arbeit des Furchenziehens übernehmen. Unterdessen haben besonders ausgesuchte und vertrauenswürdige Arbeiter in Akkordarbeit die etwas über spannlangen Rohrstücke des Saatgutes auf ihren Gesundheitszustand untersucht, damit von vornherein kein krankes Rohr in die Erde kommt. Mit etwa 25 cm Zwischenraum werden die Saatstücke dann von den Arbeitern in die Furchen gelegt. Wieder erscheinen Mulagespanne mit Pflügen, die die Furchen zuschütten. Jetzt kann die erste Bewässerung über die Felder geleitet werden. Dazu werden wieder einige Leute abgeteilt, die mit kleinen Spaten das Wasser regelmäßig über die Felder leiten. Nach dem Bewässern muß erneut kultiviert werden, um zu verhindern, daß der Boden beim Trocknen aufspringt. Während der Wachstumszeit wird etwa ein- bis zweimal monatlich bewässert. Nach elf Monaten ist das Feld schnittreif. Fünf bis sechs Ernten kann man von einer Pflanzung nach der sog. „Ratoon-Methode" erzielen, indem man das Rohr wieder neu ausschlagen läßt. Dann muß der Boden ruhen. Düngung und Fruchtwechsel (mit Alfalfa oder den wenig Arbeit erfordernden Bohnen) wird bereits angewandt[101]). Je kürzer im allgemeinen die Ratoon-Periode ist, desto intensiver ist die Bewirtschaftung. Die Erträge belaufen sich auf etwa 50 t pro

---

[101]) In Navolato findet regelmäßiger Fruchtwechsel mit Leguminosen und Alfalfa nach 4—6jährigem Zuckerrohranbau statt. Von den Erträgen wird nur wenig verkauft, das meiste dient zur Fütterung der Zugtiere.

ha in El Roble und Navolato, auf 60—80 t in Los Mochis und El Dorado, die bessere Böden besitzen.

Gleichzeitig konnte ich auch die Ernte beobachten. Wenn das Rohr eine leicht gelbliche Farbe annimmt, ist es zum Schnitt reif. Zur Vorbereitung wird unter Aufsicht der Arbeiter ein Feuer angelegt, das rasch durch das Rohrdickicht eilt und es vom überflüssigen Blattwerk befreit. Die schwärzlichen Rohrstengel werden dann mit der Machete geschlagen. Diese Arbeit auf dem Felde muß nun mit dem Arbeitsgang in der Fabrik in enge Übereinstimmung gebracht werden, denn länger als 24 Stunden darf das gebrannte Rohr nicht unverarbeitet ruhen, da sich sonst der Zuckergehalt in unkristallisierbare Glukose umsetzt. Große Ochsenkarren oder vier- bis sechsspännige Maultierwagen, bei den größeren Hacienden, wie Navolato, El Dorado und Los Mochis, auch kleine Feldeisenbahnen (meist mit Zugtierantrieb), bringen das Rohr zur Fabrik. Hier wird Wagen für Wagen abgewogen und die Last mit einem mächtigen Kran auf dem Vorratshaufen zur Verarbeitung abgeladen.

Das Rohr gelangt auf ein laufendes Band, das zu hydraulischen Pressen führt, die es zerbrechen und den Saft ausquetschen. Das holzige Überbleibsel, die „Bagasse", liefert einen willkommenen Zusatz zur Feuerung, und es ist der Ehrgeiz des Betriebsleiters, mit diesem Abfallbrennmaterial möglichst weit zu kommen. Der Zuckersaft wird in Dampfkesseln auf den Siedepunkt gebracht, durch Kalkzusatz unter ständiger Beobachtung durch den Werkchemiker auf den richtigen Säuregehalt abgestimmt. In Vakuumanlagen erfolgt die weitere Verdickung. Zentrifugen trennen dann die schwärzliche Masse in Zucker und Melasse. Der gelblich-weiße, noch ungebleichte Zucker wird in Pressen zu Stückenzucker umgeformt, der in gewärmten Trockenschränken versandfertig gemacht wird. Da die Produktion fast ausschließlich auf den inneren Markt Mexicos ausgerichtet ist, läßt man den Zucker „plantation white" und verzichtet auf die verteuernde Bleichung. Die restliche Melasse wandert in die Alkoholfabrik, die fast mit jeder Zuckerhacienda verbunden ist. In einigen Betrieben Nayarits ist die Alkoholproduktion sogar die Hauptsache. Die Fabrik selbst braucht zu ihrer Instandhaltung weitere Anlagen, in denen sich Licht- und Kraftmaschinen (Deutz Dieselmotoren) und eine kleine Gießerei für Maschinenteile befinden.

Für den Arbeitsgang ist die Zusammenarbeit aller Zweige des Betriebes auf dem Felde und in der Fabrik die notwendige Voraussetzung. Stört regnerisches Wetter die Erntearbeit, so ist auch der Betrieb in der Fabrik gefährdet. Daß eine verläßliche Trockenzeit mit der Ernteperiode zusammenfällt, ist daher auch für die Verarbeitung notwendig. Als ich die Fabrik besuchte, war ein ungewöhnlich heftiger Regen niedergegangen, der infolge der Aufweichung der Böden den ganzen Betrieb vier Tage lang aufhielt.

Während dieser Zeit intensivster Tätigkeit ist ein großer Einsatz von Arbeitskräften der verschiedensten Art auf der Hacienda notwendig. Festbesoldete und dauernd beschäftigte Arbeiter und Gelegenheitsarbeiter stehen nebeneinander. Hier leisten Jungen Handlangerdienste, dort werden Frauen, dort geschulte männliche Arbeitskräfte, dort ungeschulte Wanderarbeiter eingesetzt, während im „ingenio" an den Maschinen gelernte Heizer und Mechaniker und schließlich die wissenschaftlich ausgebildeten Leiter der Fabrik tätig sind. Es ist eine ganze soziale Skala von Schaffenden vorhanden. Das prägt sich im Siedlungsbilde deutlich aus. Der Besitzer oder der Betriebsleiter bewohnt ein gutes, modernes, mit importierten Möbeln ausgestattetes Wohnhaus. In El Roble war das einstöckige weiße Villengebäude nur für vorübergehenden Aufenthalt eingerichtet, während sich kaufmännisches Büro und Dauerwohnsitz in Mazatlan befanden. In El Dorado dagegen lagen inmitten prächtiger, palmengeschmückter Ziergärten, den Entwicklungsstufen des Unternehmens entsprechend, die verschiedenen Herrensitze des Eigentümers. Der neueste war ein mit allem Komfort der Neuzeit kostbar eingerichteter Schmuckbau, bei dem Mahagoni und Ebenholz aus der Monte der Umgebung reichlich verwendet waren. Saubere Steinhäuser stehen den technischen und kaufmännischen Betriebsleitern zur Verfügung. Die ortsansässige Bevölkerung bewohnt die ländlichen Haustypen, die in der betreffenden Landschaft üblich sind. Für die Wanderarbeiter dagegen werden aus Wellblech, Adobe- oder Reisergeflecht primitivere Behausungen errichtet. In Navolato bestanden sie aus langen Reihen kasernenartiger Hüttenbauten. Vertrauenswürdige Kräfte erhalten Einzelhäuser auf den Feldern, damit eine bessere Aufsicht ausgeübt werden kann und gelegentlich, besonders bei ungeplanten Bränden, rasch Hilfskräfte zur Verfügung stehen.

Die Arbeiterbeschaffung ist ein Hauptproblem für diese modernen Betriebe. Im Commercial Survey wird davor gewarnt, in Mexico etwa billige gute Arbeitskräfte an der Westküste zu suchen. Nach dieser Quelle muß bis 1911 die Arbeiterbeschaffung besonders schwierig gewesen sein. Die Revolution änderte darin manches, nicht zuletzt dadurch, daß mit dem Verfall des Bergbaues Arbeitskräfte frei wurden. Zur Zeit meiner Reise war die Lage günstiger. Nach Auskunft der Betriebsleiter waren Hände genug zu bekommen, schwieriger jedoch war die Aufgabe, sie zu sorgfältigen Arbeitern zu erziehen.[102]) Die Streikbewegungen, die bereits die atlantische Küste erfaßt hatten, waren damals noch nicht auf die pazifische Seite hinübergesprungen.

Alle wichtigeren Arbeiten werden von Ortsansässigen ausgeführt. 300 wohnen in El Roble, davon werden während der Ruhezeit 40 im Werk und im Ort beschäftigt, während 50 auf den Feldern arbeiten. Zur Zeit der Campagne wächst die Arbeiterschaft auf 600 Menschen an, die zum großen Teil im benachbarten Villa Union angeworben werden. Weit höher sind die Zahlen für die größeren Hacienden im Norden. In Navolato und Los Mochis belaufen sich die entsprechenden Zahlen für Ruhe und Campagne auf 1500 bis 3000 Arbeiter. Der Lohn ist sehr stark abgestuft, von etwa 1 Peso für den einfachen Feldarbeiter pro Tag bis auf 8 Peso für den gelernten Arbeiter. Die meisten Arbeiten werden nach dem Akkord bezahlt, um größere Leistungen zu erzielen. Wenn die Arbeiter ordentlich geschafft haben, wird ihnen am Wochenende ein Bonus gegeben, der etwa einem siebenten Arbeitstage entspricht. So kommt zur Erntezeit Geld unter die Leute und in den Hacienda-Ortschaften herrscht ein reges Leben. Es ist dann schwer, ein Unterkommen zu finden, denn Händler und Verkäufer ziehen sich von allen Seiten hier zusammen. Wandernde Vergnügungsetablissements lassen sich nieder. In El Roble gab es ein Freilichtkino im alten Stil mit deklamiertem Dialog. In Navolato zeigte eine wandernde Zauberergesellschaft ihre Kunst, die, von Mazatlan kommend, die einzelnen Arbeitsgebiete abgraste. Auffallend groß ist der Bedarf des mexicanischen Arbeiters an Arzneimitteln. In El Dorado wurde viel für die gesundheitliche Aufklärung der Arbeiterschaft getan. Die jährlichen Ausgaben für Gesundheitszwecke wurden uns mit etwa 50 000 Pesos angegeben. Die mexicanischen Peones sind durchaus auf moderne medizinische Behandlung eingestellt und eifrige Arzneikonsumenten, wie uns der deutsche Doktor in Culiacan versicherte. In Navolato allein waren 5 Boticas vorhanden, während das weit größere Culiacan deren 8 besaß.

Los Mochis am Rio Fuerte.

Alle diese großen Zuckerplantagen sind jung. Ihre Anfänge liegen meist nicht mehr als 40 bis 50 Jahre zurück. Sie verdanken der Regierung von Porfirio Diaz ihre Entstehung, der sowohl die Bildung von Großbetrieben wie die Investierung von auswärtigem Kapital förderte. Die Flurkarte von

[102]) Oft erscheinen die Arbeiter so unterernährt auf der Hacienda, daß sie erst nach einiger Zeit guter Verpflegung ihre volle Leistungsfähigkeit erreichen (Commercial Survey).

El Roble (s. Abb. 10) läßt deutlich erkennen, wie die räumliche Entwicklung des Plantagenlandes in ihren Umrissen der älteren Fluraufteilung folgte. Der Gründer des Unternehmens benutzte die Gelegenheit der Vermessung und Aufteilung der „terrenos de Villa Union", um sich das notwendige Land aus dem Bestande des alten Ranchos „El Roble" Stück für Stück zusammenzukaufen. Allmählich wurden dabei fast alle bisherigen Landbesitzer des Ortes ausgekauft, nur einige wenige haben sich unabhängig erhalten. Ähnlich vollzog sich die Bildung der Hacienden in Navolato und Eldorado. In die Einzelheiten der Geschichte einzudringen, war mir bei den nur kurzen Besuchen nicht möglich. Es ist verständlich, daß diese große Umwälzung der Flurverfassung, wie sie die Aufteilung der alten „communidades" und der Aufbau neuer kapitalistisch geleiteter Großbesitze bedeutete, nicht immer ohne rechtliche Streitigkeiten abgehen konnte. Dabei lag zweifellos die Machtverteilung recht einseitig zugunsten der Kapitalisten, mußten doch die Titel in Mexico eingefordert oder eingeklagt werden.

Auffallend ist die Verbreitung der großen Zuckerhacienden. Von Süden nach Norden nehmen sie an Bedeutung und Leistungsfähigkeit zu.[103]) Schlagartig setzt die Zuckergroßwirtschaft am Fuerte ein, um dann bis zur Südgrenze Sinaloas wieder abzunehmen. Da es sich um keine organische, bodenständige Entwicklung beim Anwachsen der Betriebe handelte, sondern um kapitalistische Investierungen, durchdringen sich natürliche, historische und wirtschaftliche Standortsfaktoren in eigentümlicher Weise. Ich möchte diese Fragen kurz am Beispiel von Los Mochis erörtern und dabei auch einige Einzelheiten[104]) zur Wirtschaftsgeographie des Fuerte Deltas hinzufügen.

Mühlenpfordt schildert das Fuertegebiet um 1830 als einen wenig entwickelten, ja unfruchtbaren Landstrich. Die ursprüngliche Bevölkerung

---

[103]) Zuckerproduktion im Jahre 1926 (nach Sonora, Sinaloa, Nayarit):

Am Rio Presidio:	El Guayabo	400 000 kg
	El Roble	1 200 000 „
Rio Lorenzo:	Bajonea	1 600 000 „
	El Dorado	12 000 000 „
Rio Culiacan:	Palos Blancos	200 000 „
	La Aurora	275 000 „
	Sinaloa	300 000 „
	La Primavera (Navolato)	6 500 000 „
Rio Fuerte:	United Sugar Co. (Los Mochis)	24 000 000 „

[104]) Mexican West Coast. A commercial and industrial survey, Washington 1923, S. 109 u. ff. Dieser bereits mehrfach benutzten Quelle entstammen die meisten Zahlenangaben im folgenden.

der südlichen Cahitastämme war schon in der Missionszeit sehr stark zurückgegangen (s. o. S. 352). Erst seit der zweiten Hälfte des 19. Jahrhunderts scheinen sich Mayo-Indianer vom Norden her kolonisierend südwärts bis zum Rio Sinaloa ausgebreitet zu haben. Unter Porfirio Diaz erlangte C. Conant eine ungeheure Landkonzession in den Tälern des Yaqui, Mayo und Fuerte, die ich bereits in der geschichtlichen Übersicht erwähnte. Damit setzt am Fuerte die moderne Entwicklung ein. Ausschließlicher noch als in den übrigen Flußtälern Nordsinaloas befindet sich hier alles gute, bewässerbare Land in auswärtigen, ganz überwiegend amerikanischen Händen. Die United Sugar Co. ist unzweifelhaft die Königin des Fuerte-Deltas. Ihr Besitz wird nach dem Commercial and Industrial Survey für 1923 mit ca. 160 000 ha angegeben. Sie war 1930 die bedeutendste Exponentin amerikanischen Kapitals in Sinaloa und die größte Zuckerproduzentin der Nordwestküste.

Von den drei Deltalandschaften, die durch die Conant Concession dem auswärtigen Kapital geöffnet wurden, bot dasjenige des Fuerte einzigartige Vorteile für die Zuckerwirtschaft, die sich in dieser Vereinigung an keiner Stelle der Küste wiederholen. Los Mochis liegt fast zwei Breitengrade südlicher als Cajeme am Yaqui. Die Frostgefahr ist hier bereits erheblich geringer, wie sich besonders später bei der Entwicklung der Frühgemüsekulturen herausstellte. Der Anbau einer tropischen Nutzpflanze mit langer Vegetationsperiode, wie sie das Zuckerrohr braucht, ist daher hier noch im Großbetrieb möglich. Der Fuerte ist auch der wasserreichste aller großen Ströme der Westküste. Sein Einzugsgebiet (etwa 15 718 qkm) ist zwar nicht so groß wie das des Yaqui, aber die Niederschläge, die es empfängt, sind bedeutender. Vor allem bleibt der Wasserstand auch nach der sommerlichen Hochflut noch hoch; das Niederschlagsdiagramm von Choix (Abb. 2) zeigt, daß auch der Dezember ziemlich regenreich ist. Dadurch erleichtert sich die Bewässerung erheblich. Von insgesamt 2273 qkm pflügbaren Landes flußabwärts von El Fuerte gelten 668 qkm als bewässerbar. Staudämme lassen sich beim Durchbruch des Fuerte durch die Becken- und Kettenlandschaft verhältnismäßig billiger herstellen als an den anderen Flüssen. Ihre Konstruktion liegt jedoch noch in der Zukunft.

Ein zweiter Vorteil ist darin zu erblicken, daß von allen Deltalandschaften allein der Fuerte in Topolobampo einen ausgezeichneten natürlichen Hafen besitzt. Die geräumige, gegen alle Stürme gut geschützte Bucht ist allerdings infolge einer nicht ungefährlichen Barre schwierig anzusteuern, bietet jedoch Raum für moderne Hafenanlagen. Aus diesem Grunde hat um 1900 die Kansas City and Oriental Railroad Co. sie zum Ausgangspunkt ihrer großartigen Pläne gemacht. Deren Verwirklichung liegt zwar gleichfalls noch in großer Ferne, aber immerhin ist eine gute Eisenbahnverbindung zwischen Topolobampo und der Hauptlinie bei San Blas hergestellt, die quer durch das ganze Delta läuft.

Drittens war die einheimische Bevölkerung nicht sehr zahlreich. Kriegerische Verwicklungen, wie sie die moderne wirtschaftliche Erschließung am Rio Yaqui zu bestehen hatte, waren hier nicht zu befürchten. Andererseits ließ die nahe Nachbarschaft der arbeitsamen Mayos eine leichte Arbeiterbeschaffung erhoffen.

Die wirtschaftliche Erschließung des Fuerte-Deltas steht räumlich in engen Beziehungen zur Landschaft. Das Delta beginnt in 40 km Entfernung vom Meere, ungefähr bei San Blas, wo die Eisenbahn den Fluß überschreitet. Der Fuerte hält sich heute auf der nördlichen Seite des Deltas und fließt etwa 12 km vom Orte Los Mochis entfernt. Das Deltaland ist aber nicht in allen Teilen tischeben. Zwischen San Miguel und Ahome, sowie weiter flußabwärts bei Higuerra fließt der Fuerte zwischen isolierten Hügel- und Berggruppen, die zumeist aus vulkanischem Material aufgebaut sind, ganz ähnlich wie im Süden die gebirgige Umrahmung der Bucht von Topolobampo. Man gewinnt den Eindruck, als ob der Fluß mit seinen Deltaablagerungen eine marine Einebnungsfläche mit Restbergen überschüttet hat, wie sie bei Mazatlan und auch sonst an der Westküste anzutreffen sind. Am Flusse selbst sind die Böden hellfarbig und feinsandig ausgebildet, während bei Los Mochis und in größerer Entfernung vom Fluß schwerere, dunkelrote bis rotbraune Tonböden vorherrschen. Erstere geben größere Mengenerträge, letztere höheren Zuckergehalt. Es scheint, als ob die feinsandigen Böden in der Nähe des Flusses zunächst bevorzugt wurden, während heute sich die Entwicklung mehr auf den Tonböden vollzieht.

Unmittelbar am Fluß stehen Reste des ursprünglichen Galeriewaldes, in Gestalt alter Higuerras und Guanacastles. Außerdem sind Pappelbestände häufig. Pappeln sind auch im Plantagengebiet als Chauseebäume verbreitet. Unterhalb von Ahome ist aber diese hochwüchsige Vegetation anscheinend nicht mehr vorhanden. Abseits vom Fluß breiten sich weite „monte"-Waldungen mit Mesquite-, Cardon- und Pitahayakakteen aus. Diese, besonders die Pitahayas, werden als Feuerungsmaterial für die Lokomobilen der Dampfpflüge gern benutzt. In größerer Küstennähe, wo die Niederschläge bedeutend geringer sind und auch Salzböden nicht fehlen, wird die Vegetation immer xerophytischer (Sukkulenten-Dornstrauchsteppe).

Nur etwa 6000 ha dieser Deltalandschaft werden mit Zuckerrohr bestellt. Der weitaus größte Teil der Besitzungen der United Sugar Co. wird als extensives Weideland für die großen Herden (1923: 2150 Rinder, 1426 Pferde und Mulas) genutzt. Daneben ist auch, wie weiter unten berichtet wird, ein sehr bedeutender Anbau von Tomaten und Frühgemüsen vorhanden.

Die Felder der United Sugar Co. sind in fünf Plantagen aufgeteilt, die teils am Fluß, teils in der Nähe von Los Mochis liegen. Das Bewässerungswasser liefern Pumpwerke am Flusse. Das Zentrum der ganzen Bewirtschaftung ist aber Los Mochis, wo sich die große Zuckerfabrik befindet. Ein ganzes Netz von Feldeisenbahnen und guten Straßen strebt auf das Verarbeitungszentrum zu, das sich in günstiger Verkehrslage zwischen Topolobampo und San Blas an der Bahn entwickelt hat. Es ist das eine völlig neue Siedlung, die ihr ganzes Gepräge von der Zuckerverarbeitung erhält. Kraß stehen die Häuser der amerikanischen Betriebsleiter, Kaufleute und Farmer mit ihren Bungalows neben den recht miserablen Arbeiterhütten. Der Charakter einer tropischen Plantagenwirtschaft, bei der auf der einen Seite modernste maschinelle Betriebsmittel und der Wohnkomfort des Weißen der gemäßigten Zone stehen, auf der anderen jedoch eine ortsfremd zusammengewürfelte farbige Arbeiterschaft mit einem wesentlich tieferen Lebensstandard zufrieden sein muß, kommt hier besonders scharf zum Ausdruck.

Auch in Los Mochis sind zahlreiche chinesische und japanische Händler ansässig. Stolz prangen über ihren Läden die Firmenschilder „El Nuevo Japon" oder „Nueva Tokio". Sie bilden eine Art kolonialer Zwischenschicht zwischen den mexicanischen, d. h. aber vorwiegend indianischen Arbeitern und den ausländischen d. h. vorwiegend nordamerikanischen, Betriebsleitern. Diese koloniale Wirtschaftslandschaft mit einer kolonialen sozialen Struktur innerhalb eines autonomen Staatswesens, dessen führende Staatsidee[105]) neben dem Sozialismus auch der Nationalismus und „Indianismus" ist, kennzeichnet scharf die großen Schwierigkeiten, die einer wirtschaftlichen Erschließung der mexicanischen Westküste vom Auslande her entgegenstehen.

Die Monopolisierung der ganzen Deltalandschaft, die Verteilung der Produktion und der Verarbeitung über einen großen Flächenraum, die daher notwendigen Verkehrswege und zahlreichen Verladestationen prägen das Bild der extremsten kapitalistischen und kolonialen Zuckerwirtschaft Sinaloas im Vergleich mit den Betrieben an den anderen Flußläufen, die doch noch stärker mit den einheimischen Verhältnissen verwurzelt sind.

---

[105]) Vgl. Zabre, Alfonso Teja: Guide de l'histoire du Mexique. Une moderne interprétation. Mexique, Imprimerie du Ministère des Affaires Étrangères. 1935. S. 390 ff. „La nouvelle idéologie."

b) Der Tomatenanbau. Yevavito am Culiacan.

Neben dem Zuckerrohr wurde der Anbau von Tomaten und Wintergemüsen zur größten Hoffnung amerikanischer Landspekulanten, doch auch anderer fremder und ebenso in nicht unbeträchtlichem Maße mexicanischer Farmer. Die Tomatenkultur nahm ihren Ausgang — nach geringen Anfängen bei Mazatlan — von Los Mochis. Hier wurden Ländereien der United Sugar Co. für den Anbau von Tomaten verpachtet und verkauft. Bereits seit 1908 ist ein beträchtlicher Export getätigt worden. Zeitweise kann man von einem regelrechten „boom" sprechen, der diesen Produktionszweig betroffen hat. Mit mehr als 7800 ha übertrifft der Tomatenanbau bereits die Zuckerrohrfläche an Ausdehnung.[106]).

Der Standort schien außerordentlich günstige Vorteile zu versprechen. Anders als beim Zuckerrohranbau war die Erzeugung von vornherein für den Export gedacht. Der Tomatenanbau ist in weit höherem Maße als die Zuckerrohrplantagenwirtschaft, die mehr eine Form tropischer Landwirtschaft darstellt, ein wirklicher Ableger modernster amerikanischer Farmmethoden. Es handelt sich hierbei nicht nur um eine Kapitalsübertragung aus Kalifornien, sondern auch eine direkte Verpflanzung der aufblühenden kalifornischen Frühgemüse-Industrie. Für den amerikanischen Markt ist auch die Produktion bestimmt. Vom Export nach den Staaten und von ihrer Aufnahmewilligkeit hängt Wohl und Wehe des Tomatenanbaus ab. Der fast frostfreie Winter erlaubt es, bereits im Januar Tomaten zu ernten, d. h. zu einer Zeit, während der in den Vereinigten Staaten frische Tomaten nur aus Treibhäusern auf den Markt kommen. In Florida, dem frühesten Tomatenproduzenten innerhalb der Union, beginnt die Ernte nicht vor April. So mußte sich hier in den ersten Monaten des Jahres eine konkurrenzfreie Periode ergeben, in der der Preis auf dem Markte hoch genug liegt, um selbst Transport-, Verpackungs- und hohe Produktionskosten rentabel zu gestalten.

Wie die Zuckerrohrkultur erst südlich der Sinaloagrenze Erfolg verspricht, weil hier erst die Frostgefahr aufhört ein ernsthaftes Risiko zu sein, so in noch höherem Maße der Tomatenanbau. In Sonora, im Yaqui-Gebiet, hat es schwere Rückschläge gegeben. Vor allem im Jahre 1910/1911 hat der Frost so starke Schäden hervorgerufen, daß man seitdem nur zögernd an den Anbau herangegangen ist.[107]) Nur bei Guaymas haben

[106]) Zur Entwicklung des Frühgemüseanbaues vgl. die Darstellung von L. Waibel: Die nordwestlichen Küstenstaaten Mexicos, mit Karte der Produktionsgebiete. G. Z. 1927. — Ausführliche Daten enthält auch das bereits mehrfach erwähnte Handbuch: Mexican West Coast, A commercial and industrial survey, Washington 1923, S. 143—158.

[107]) Commercial and Industrial Survey, S. 144.

Chinesen nach den Yaquikriegen mit Hilfe von Brunnenbewässerung wieder in größerem Umfange Versuche gemacht. Anders verlief dagegen die Entwicklung im Fuertetal und weiter südlich in den Tälern des Sinaloa, Mocorito, Culiacan, San Lorenzo, Rio Presido, Rio Baluarte, bei Escuinapa und in Nayarit. Die größten Mengen wurden bisher dort erzeugt, wo sich die stärksten amerikanischen Interessen angesiedelt haben, bei Los Mochis am Fuerte (vgl. Karte bei Waibel a. a. O.).

Ich hatte Gelegenheit, eine Tomatenfarm in dem zweitgrößten Anbaugebiet am Culiacan zu besichtigen, und ich möchte daher bei meiner Schilderung von den Verhältnissen ausgehen, die dort herrschen.

Der Rio Culiacan bildet sich bei der Stadt Culiacan aus der Vereinigung zweier bedeutender Flüsse, des Tamachula und des Humaya. Hier beginnt auch das Delta und die großen Schwemmlandebenen, die sich bis zur Küste ausdehnen. Bei Culiacan ist zum letztenmal anstehendes Gestein am Flusse aufgeschlossen. Von diesem Scheitelpunkt aus kann man mit einem Kreisbogen von etwa 50 km (nach Süden hin etwas weniger) die Peripherie des Deltas umschreiben. Lagunen und Strandwälle begleiten die Küste. Nirgends tritt hier aber das feste anstehende Gestein zutage, der Hafen Altata ist daher sehr viel schlechter als der von Topolobampo. Er ist auch der Versandung zum Opfer gefallen. Der Fluß selbst schwingt über diese Delta-Ebene in einem mächtigen Mäander, indem er zunächst nach Westen, etwa auf einen Punkt nördlich Altata seinen Lauf nimmt, um sich dann bei Navolato nach Süden zu wenden und nach einer nochmaligen Laufänderung gegen Südwesten bei Sataya das Meer zu erreichen. Innerhalb des großen Bogens liegt bei Navolato die Zuckerplantage der Firma Almada. Abseits des Flusses findet man zahlreiche Altwässer, wie sie für diese Deltalandschaften charakteristisch sind. Der Fluß selbst hat sein Bett nicht unerheblich aufgehöht, jedenfalls liegen die vom Fluß entfernten Gebiete in der Regel tiefer. Am Flusse selbst findet man die für diese nördlichen Flüsse typischen hellweißlichgrauen, feinsandigen, fast staubfeinen Ablagerungen, während mit größerer Entfernung die Böden schwerer und toniger werden. Wie am Yaqui, Mayo und Fuerte ist ein breiter Streifen in der Nähe der Küste mit Salzböden bedeckt.

Am Flusse selbst sind noch geringe Reste der alten Ufervegetation erhalten. An Altwässern erblickt man gelegentlich mächtige Pappeln (Popolus dimorpha), die ganz von Schlingpflanzen umrankt sind und gespenstisch verhangene Silhouetten darbieten. Die äußeren randlichen Teile dagegen sind noch weithin von Monte bedeckt, der nach der Küste zu immer xerophilere Ausprägung annimmt. Soll doch die Regenmenge von Culiacan bis zur Mündung von etwa 40 cm auf ca. 25 cm absinken.

Hier trifft man außerhalb der eigentlichen Nachbarschaft des Flusses nur großflächige Weidewirtschaftsbetriebe an. Vaqueros mit ihren durch breite Lederschürzen geschützten Hosen durchstreifen die einsamen Mesquitedickichte und — mehr der Küste zu — Kakteen- und Dornstrauchsteppen. Selten unterbricht einmal eine kleine Wohnstätte, die sorgsam mit Knüppelzäunen umhegt ist, die Einöde.

Die Grundlage für die moderne Landwirtschaft gaben zunächst auch hier die sommerlichen Hochfluten, die das Land überschwemmten und in guten Jahren für reiche Ernten an Mais und Frijoles sorgten. Schlechte Regenjahre brachten jedoch gefährliche Hungersnöte, die letzten Endes auch die mexicanische Regierung zum Bau eines neuzeitlichen Kanalsystems veranlaßten. Ältere Bewässerungskanäle waren von der Almadakompagnie in Navolato angelegt worden. Diese verpachtet ihr Land teilweise an kleinere Betriebe für den Zuckeranbau im „colono system", und vor allem für Frühgemüse- und Tomatenanbau. Von der Zuckerhacienda aus scheint die Entwicklung südlich des Flusses angeregt worden zu sein.

Auf ganz andere Grundlage ist jedoch der Anbau von der mexicanischen Regierung seit 1920 durch die Erbauung des Kanals „Rosales" gestellt worden. Um seine Anlage hat sich der tatkräftige Gouverneur Angel Flores besondere Verdienste erworben. Er ist ganz aus mexicanischen Mitteln und von mexicanischen Ingenieuren gebaut worden. Dieser große Kanal mit einer Kapazität von 33 cbm per Sekunde und ausreichender Wasserführung zur Bewässerung von 60 000 ha zweigt bei Culiacan vom Flusse ab.[108]) Entscheidend war, daß hier, wo der Fluß die Terrassen- und Rumpfflächenlandschaft verläßt, im anstehenden Gestein sorgfältige Wasserentnahmeanlagen (z. B. mit eingebauten Kammern zur Schlammentfernung) gebaut werden konnten. Bis Culiacancito führt der Kanal in 15 m Breite nördlich des Flusses dahin. Dort gabelt er sich in zwei Arme, von denen der eine, größere auf dem Uferwalle des Flusses entlangfließt, während der andere mehr am Rande der Deltalandschaft nach NW ausbiegt. Die Anpassung an das Gelände ähnelt der des Richardson-Kanals am Yaqui.[109])

Sehr viel ungünstiger liegen die Landbesitzverhältnisse. Das Culiacantal entging den wachsamen Augen der amerikanischen Kapitalisten nicht, als sie den Bau der Southern Pacific südwärts anregten. Besonders südkalifornische Spekulanten, darunter die „Sinaloa Land and Water Co.", erwarben hier große Besitzungen. Im Jahre 1923 befanden sich etwa 50 %

[108]) Vgl. Commercial and Industrial Survey, S. 175 ff.

[109]) S. u. S. 447.

des besten Deltalandes und etwa 75 % des bewässerbaren Landes in amerikanischen Händen.[110]) Von diesen Landkompagnien haben auch andere Ausländer, Deutsche Italiener und Japaner, jedoch auch Mexicaner Land erworben. Trotzdem lastete die Landfrage schwer auf dem fruchtbaren Delta. Denn das ganze Gebiet liegt innerhalb der 50 km-Zone von der Küste, wo es nach der Bestimmung von 1917 fremden Ansiedlern nicht mehr gestattet ist, mexicanischen Boden zu erwerben. Dies Gesetz ist allerdings nicht mit rückwirkender Kraft angewandt worden. Es hat jedoch die geplante intensive Parzellierung verhindert. Mexicanische Käufer sind nicht in genügendem Umfange vorhanden; amerikanische können keine rechtskräftigen Titel erwerben.

Auf den Ländereien der Sinaloa Land and Water Co, liegen auch die Tomatenfarmen von Yevavito, einem kleinen Örtchen an der Bahn, das die Mehrzahl seiner Häuser einem gescheiterten italienischen Kolonisationsversuche verdankt. Man hatte dort etwa 15 Kolonisten angesiedelt, die mit ca. 20 ha Land durchhalten sollten. Das Unternehmen ist jedoch zusammengebrochen, zum Teil wegen der schlechten Führung, zum Teil wohl auch, weil die Betriebe von vornherein zu klein angelegt waren.

Weitaus größer ist die von mir besuchte Tomatenfarm, die mehrere hundert Hektar umfaßt. Sie steht unter der Leitung eines nordamerikanischen Pächters und ist betrieblich ein Ableger der Zuckerhacienda Almada, für die hier 200 ha im Colonobetrieb mit Zuckerrohr bestellt werden. Das größere Interesse aber wendet sich dem Tomatenanbau zu. Die 100 ha Tomatenland breiten sich in einem großen Schlag aus: eine eigenartige Wirtschaftslandschaft, die den hochspekulativen Charakter des ganzen Betriebes widerspiegelt. Die Tomatenfelder streben im allgemeinen vom Fluß fort, nicht nur, weil in dieser Richtung das natürliche Gefälle des Bewässerungswassers zu suchen ist, sondern auch, weil die schwereren Böden bessere Früchte liefern sollen als die leichteren in unmittelbarer Nähe des Flusses.

Die Tomatenernte war gerade in vollem Gange[111]), während auf dem Nachbarlande ein mächtiger Traktor das Feld für Zuckerrohranbau umbrach. Zahlreiche einheimische Arbeitskräfte schwärmten über das Feld aus und sammelten — ganz in amerikanischem Stil — die Tomaten in Feldboxen ein. Bereits hier wurde eine rigorose Auswahl der Früchte vorgenommen. Nur jede zweite Box gelangte zur „packing plant", die am Bahnhof liegt. Dort arbeiteten etwa 20 Mädchen in einem roh aus Wellblech und alten Kisten zusammengezimmerten Schuppen, der in seinen

---

[110]) Commercial and Industrial Survey, S. 177. Vgl. auch Tabelle S. 383.

[111]) Ende Februar 1930.

Ausmaßen an ähnliche Sortierungsanstalten in kalifornischen Gebieten erinnerte. Hier wurden die besten Früchte in zwei Qualitätsgraden, „choice" und „fancy", aussortiert und zum Versand verpackt.[112]) Der Abfall ist sehr groß. Er beträgt regelmäßig mehr als 50 %, ja, sehr häufig über 75 %, und gelegentlich bis zu 90 % und 95 % der ganzen Ernte. Dieser unverkäufliche Rest bleibt auf dem Felde, verfault oder wird an das Vieh verfüttert. Es ist das eine handelsmäßig intensive, aber anbaumäßig außerordentlich extensive Betriebsweise, die nur im Rahmen der ganzen wirtschaftsgeographischen Situation verstanden werden kann.

Die Entfernung vom Markte und die Trennung von Erzeugungs- und Absatzgebiet durch eine politische Grenze spielt dabei die Hauptrolle. Die natürlichen Schwierigkeiten von Klima und Krankheiten treten hinzu, letztere scheinen jedoch im Vergleich mit dem Anbau in den Staaten nicht übermäßig zu sein.

Der Transport bis zur Grenze nimmt mehrere Tage in Anspruch, und erst nach weiterer Verzögerung durch Zoll- und Quarantänemaßnahmen können die Tomaten den Markt erreichen. Das setzt diese anscheinend gerade in Sinaloa besonders delikat und zart beschaffene Frucht großer Beanspruchung aus. In den ersten Jahren kamen die Früchte oft in sehr schlechtem Zustande auf dem Markt an. Überdies hatte der lange Transport und die dabei einsetzende Verdunstung bisweilen einen Gewichtsverlust unter das garantierte Verpackungsgewicht verursacht. Dagegen half dann nur Überpackung der Versandboxen, was wiederum die Druckbeanspruchung erhöhte. Die Früchte müssen wegen der langen Reisezeit von Feld zu Verbraucher auch trotz des Kühlwagentransports vor der Reife gepflückt werden, wobei es anscheinend nicht leicht ist, den wirklich besten Zustand zu ermitteln.

Zu diesen technischen Schwierigkeiten treten gewichtige wirtschaftliche. Der fremde Markt jenseits der Grenze mußte durch Qualität erobert werden. Jeder Wertverlust auf dem Transport war eine schlechte Empfehlung. Die Einführung des amerikanischen Standardsystems stieß gelegentlich wohl auch auf Wettbewerb von skrupellosen Farmern, die schlechte Ware versandten und dadurch den Ruf der mexicanischen Tomaten schädigten. Man macht diesen Vorwurf im allgemeinen südeuropäischen Farmern. Der Markenversand hat sich aber durchgesetzt. Die mexicanische Regierung beaufsichtigt den Verkauf und inspiziert die Waggons vor dem Verlassen des Landes auf ihre Qualität hin.

Jenseits der Grenze müssen nun die Tomaten zunächst eine Zollschranke überschreiten. Jedes Pfund unterlag damals einem Zoll von ½ cent. Die

---

[112]) Das Verpackungsmaterial ist nordamerikanischer Herkunft.

Tomatenfarmer Floridas bemühten sich aber, eine Erhöhung des Zolles zu erreichen, was bei einer Gewinnquote von oft nur Bruchteilen von cents pro Pfund den Tod der mexicanischen Pflanzungen herbeiführen würde. Darüber hinaus unterliegen die Sendungen auch sehr sorgfältigen Quarantänemaßnahmen. Diese sind der natürliche Selbstschutz eines jeden Staates, besonders an der Grenze eines tropischen Landes. Immer wird sich aber die Tendenz einstellen, auch durch die Quarantäne eine Art verschleierter Einfuhrbehinderung auszuüben, wenn es das Interesse der eigenen Produktion erfordert.

Zu diesen wirtschaftlichen Schwierigkeiten kommen die natürlichen hinzu, die bei jedem monokulturartigen Anbau in Gestalt von Pflanzenkrankheiten auftreten. Hier fehlte jede Erfahrung. Nach Berichten im Commercial and Industrial Survey übersahen auch die amerikanischen Farmer gewisse Schädlinge vollständig, die ihre Verheerungen erst während des Transports anrichteten. Je länger der Anbau durchgeführt wurde, desto mehr verbreiteten sich auch die mit ihm verbundenen Krankheiten, während die Mittel zur Bekämpfung nicht gleichen Schritt hielten. Dazu fehlte es an wissenschaftlicher Bearbeitung, an geschulten Arbeitskräften und nicht zuletzt wohl auch an den Geldmitteln, denn die Gewinnspanne ist ja nur sehr gering.

1930 konnte man noch nicht den Eindruck erhalten, daß dieser Versuch, die Methoden des nordamerikanischen spekulativen Saisonanbaus über die Staatsgrenze in die Tropen zu verpflanzen, wirklich auf gesunden Füßen stand. Trotzdem griff gerade der Tomaten- und Wintergemüsebau um sich, weil er auch für Kapitalärmere, Ausländer wie Einheimische, eine neue Möglichkeit in der Landwirtschaft zu bedeuten schien. Rückschläge sind jedoch nicht ausgeblieben, wie die in der Fußnote zusammengestellten Angaben erkennen lassen. Im Jahre 1935 betrug die mit Tomaten bestellte Fläche in Sinaloa nur knapp ein Viertel der Anbaufläche des Jahres 1926[113]).

---

[113]) Für die Entwicklung des Tomatenanbaus seit 1930 sind einige Zahlen aus dem Boletin Mensual de Estadistica Agricola, Secretaria de Agricultura y Fomento 1935/1936 aufschlußreich. Während zwischen 1924 und 1926 die Gesamtproduktion an Tomaten in Sinaloa von 24,3 Mill. kg auf 34,3 Mill. kg angestiegen war und die Anbaufläche im Jahre 1926 über 18 000 ha (davon ca. 15 800 allein in den großen Exportgebieten am Fuerte, Sinaloa, Culiacan und Presidio), lauten die Zahlen für 1933: 8243 ha, 1934: 4277 ha, 1935: 4281 ha. Die Gesamternte Sinaloas betrug 1934 nur noch 15 012 500 kg, d. h. genau so viel wie 1926 allein das Fuerte-Delta erzeugte, und 1935: 17 151 000 kg. Wenn auch die Zahlen vielleicht im einzelnen nicht streng vergleichbar sind, so ist doch der Rückgang augenfällig. Bezeichnend ist, daß zwischen 1932 und 1933 ein großer Preissturz eintrat: von 17 c pro Kilo sank der Preis (precio medio rural) in Sinaloa auf 9 c (1933) und 10 c (1934).

c) Die Kulturlandschaft am Rio Mayo und Rio Yaqui.

In der alten Provinz Ostimuri lag das Herzland der Cahita-Völker, der Mayo und Yaqui. Ihr Wohngebiet ist eine außerordentlich einheitliche und großzügige Landschaft. Zwei der bedeutendsten Ströme der Westküste treten hier etwa 80 km voneinander entfernt auf eine Küstenebene hinaus, die sie zum größten Teil selber aus ihren Deltaablagerungen aufgebaut haben. Die Unterläufe der beiden Flüsse streben nach Norden und Süden auseinander, so daß sich meerwärts das Gebiet zwischen der Bucht von Guaymas und der Bucht von Puerto Yavaros (an der Mayomündung) auf etwa 170 km erweitert. Die größte Breite (vgl. Abb. 12) von West nach Ost beträgt an beiden Flüssen zwischen den Scheitelpunkten der Deltafächer und der Küste etwa 60 km (Luftlinie zwischen Cocorit und Navajoa und dem Meere)[114]). Am Arroyo Cocoraqui, halbwegs zwischen Mayo und Yaqui, ver-

[114]) Die Karte der Kulturlandschaft am Rio Mayo und Rio Yaqui stellt den Versuch dar, verschiedene Spezialkarten, die Ergebnisse der Statistik und eigene Beobachtungen zu einem Ganzen zu vereinigen. Folgende Quellen wurden benutzt:

1. eine Karte in 1:230 000 von Ingenieur Bolhar in Ciudad Obregon. Herr Ingenieur Bolhar gestattete mir liebenswürdigerweise, die Karte zu kopieren. Ich konnte ihr sowohl die allgemeinen Grundrisse, wie vor allem die Isohypsen auf der Deltaebene entnehmen. Ihr entstammen auch die Vermessungs- und Besitzlinien in den Deltaebenen.

2. Hoja „Guaymas" (28°—109° 30) in 1:500 000. Estados Unidos Mexicanos. Secretaria de Agricultura y Fomento. Dirección de Geografia, Meteorologia y Hidrologia. Av. Observatorio 192. Tacubaya D. F. Mexico. Edición 1935. Die Karte zeigt Gewässernetz in Blau, Gelände in Schummerung und Verkehrsnetz mit Siedlungen. Ihr wurden eine Anzahl Ortschaften entnommen.

3. Internationale Karte der Welt 1:1 Mill. Blatt Baja California Sur. Provisional Edition. Diese Karte lieferte die Formlinien für das Gelände nordöstlich der Eisenbahnlinie.

4. Plano de la región agricola del Rio Mayo. Distrito de Alamos, Sonora. 1:100 000 von Ingenieur Flavio de S. Palomares. (Grundlage 1909, Ergänzungen nach Katasterkarten 1926.) Zur Feststellung der Besitzlinien und Siedlungen.

5. Mapa del Valle del Rio Yaqui. 1:200 000. Von Ingenieur L. H. Taylor angefertigt für die Comision Científica de Sonora, el Señor Carlos Conant y La Compañia Constructora Richardson, S. A. Für Kanäle und Siedlungen im Yaquigebiet.

6. Größenangaben und Kontrolle der Siedlungen: Quinto Censo de Población 15 de Mayo de 1930, Estado de Sonora (Tomo XXVI).

Die abgebildete Karte mußte des verkleinerten Maßstabes wegen etwas vereinfacht werden. Die Besiedlung ist mit Kritik zu betrachten; weder war es möglich, die Karten untereinander, noch diese mit der Statistik oder der Beobachtung in jedem Falle in Übereinstimmung zu bringen. Es fehlen eine ganze Anzahl von Ortschaften vor allem im Mayogebiet und am Cocoraqui. Die Punktverteilung im Bewässerungsgebiet am Yaqui ist als schematisch anzusehen.

engert sich die Küstenebene auf etwa 40 km. Im Bogen umgeben drei große Sierren die Ebene im Norden und Osten. Auf 70 km Entfernung begleitet der steile Abfall der in den Yaqui-Kriegen so berühmt gewordenen Sierra de Bacatete sich nach Südwesten vorwölbend die Bahnlinie zwischen Cocorit und Mapoli. Wo der Yaqui in die Deltaebene eintritt, trennt eine breite Talbucht die Sierra de Bacatete von einer Reihe von Bergen, die zur Sierra de Bojinuaqueme (1275 m) und dem Cerro de Baroyeca (1075 m) östlich von Cajeme überleiten. Südlich der Sierra von Bojinuaqueme ist die östliche Gebirgsumrahmung auf etwa 60 km bis zur Sierra de Alamos (1783 m) südlich des Mayo unterbrochen. Diese breite Lücke nimmt eine schief ins Innere bis auf 250 m ansteigende Rumpffläche ein, die zu den großen marinen Abtragungflächen an der Westküste gehört. Sie wird durch einige darüber aufragende Inselbergkuppen und flache subsequente Ausraumtäler gegliedert. Küstenwärts scheint sie mit großen Terrassen am Yaqui und Mayo in Verbindung zu stehen. Diese marine Einebnungsfläche liegt wahrscheinlich auch unter der Küstenebene zwischen Mayo- und Yaquidelta, denn hier treten noch vereinzelte Inselberge mit Höhen bis zu 325 m (bei Bacobampo) auf. Südlich der Bucht von Yavaros setzt sich das flache Land bis zur Bucht von Agiabampo fort, wo es sich mit den Ebenen des Fuertedeltas verbindet. Da dieser Teil der Ebene zurzeit nicht bewässert werden kann, hat er kulturgeographisch eine abweichende Entwicklung durchgemacht. Einige große Hazienden und Viehranchen nutzen hier die ausgedehnten trockenen Monte-Weiden.

Für die kulturgeographische Bedeutung der beiden Ströme ist entscheidend, daß sie weit nach Osten bis in die Hochgebiete der Sierra Madre Occidental zurückreichen, wo sie von den reichlicheren Niederschlägen in der Höhe gespeist werden. Die Länge des Yaquilaufes (Quellfluß: Rio Papigochic) wird mit etwa 680 km angegeben[115]). In mächtigen, tief eingeschnittenen Cañons, die nach der Schilderung aller Reisenden dem Gran Cañon des Colorado nicht nachstehen, durchschneidet der Yaqui unter dem Namen Aros den Westabfall der Sierra Madre, wobei sein Lauf zwischen nordsüdlichen Längstälern und Durchbruchstälern nach Westen abwechselt[116]). Der Yaqui besitzt ein ca. 75 400 qkm großes Einzugsgebiet und fällt daher in keiner Jahreszeit völlig trocken. Während die großen Hochwässer sich in der Zeit der Sommerniederschläge ereignen, bringen ihn auch gelegentlich Winterregen zum Steigen, wie wir dies beispielsweise

[115]) Nach anderen Angaben 830 km, Sinaloa, Sonora, Nayarit, S. 100.

[116]) Vgl. dazu den Reisebericht von E. O. Hovey, der Landschaftsbilder und geologische Beobachtungen mitteilt: The Western Sierra Madre of the State of Chihuahua, Mexico. Bul. American Geographical Society. Vol. 37. 1905. S. 531—543.

1930 erlebten, als über Nacht der Fluß plötzlich um 8 Fuß stieg und unpassierbar wurde. — Weit kleiner — ca. 21 025 qkm — ist das Stromgebiet des Mayo. Dieser Fluß — hierin bereits den Flüssen Sinaloas ähnelnd — strebt mehr gerade auf die Küste zu. Sein Lauf wird nur auf die Hälfte des Yaqui, auf ca. 350 km, berechnet. Im Deltagebiet fließen beide Flüsse bei Niedrigwasser noch zwischen mehrere Meter hohen Hochflutterrassen in großen Windungen dahin. Sie werden von zahlreichen Altläufen begleitet. So strebt ein „Rio Muerto" des Yaqui, bei Potam nach Norden abzweigend, zum Estero Tortuga, etwa 20 km nördlich der gegenwärtigen Mündung, während ein zweiter toter Arm bei Pueblo San José nach Süden abbiegt und 65 km südlich der Mündung bei der Isla Santo Domingo das Meer erreicht. Beide Flüsse werden von natürlichen Dämmen eingefaßt, die als Standorte der Siedlungen und als Leitlinien der älteren Kanäle große Bedeutung besitzen. Von hier aus flacht sich das Gelände mit der Entfernung vom Flusse zu den am tiefsten gelegenen Becken ab. Diese sind leicht zu bewässern, wenn man längere Kanäle baut, die das Wasser zu diesen oft ziemlich weit vom Flusse entfernten Gebieten hinleiten. Auch der Arroyo Cocoraqui hat Uferwälle aufgeschüttet und sein Bett über die Küstenebene aufgehöht. Mit diesen wenig auffälligen Reliefunterschieden verbinden sich in der Deltalandschaft wichtige Unterschiede in der Bodenart. Die Uferwälle werden im allgemeinen aus weißlichgrauen, pulvrig-staubigen Alluvialböden aufgebaut, während abseits davon in den Becken rote Tonböden vorherrschen. Diese sind sehr viel schwerer und kompakter als die hellen, mehr feinsandigen Flußablagerungen. Jedoch sind auch sie wegen ihres hohen Kalkgehaltes außerordentlich fruchtbar und verhältnismäßig leicht zu bestellen.

An diese Gliederung des Reliefs und der Böden schließt sich die Verbreitung der natürlichen Vegetation an. Oberhalb des Austrittes auf die Deltaebenen begleiten Pappelhaine die Flußläufe. Auf den Uferwällen und den Terrassen im Deltagebiet finden sich prächtige Mesquite-Waldungen, die sich durch das Alter, die Höhe und Dicke der einzelnen Exemplare auszeichnen. Auch Palo verde und andere Sträucher und Bäume der Dornstrauchsteppen des nördlichen Sonora stellen sich ein. Sie erreichen hier besonders üppigen Wuchs. Gelegentlich trifft man bereits mächtige Sahuaros (Carnegiea gigantea) und andere Säulenkakteen. Im allgemeinen aber beschränken sich die Kakteenbestände auf die äußere Abdachung der natürlichen Dämme gegen die Becken hin, wo sie sich in einer Übergangszone von den roten zu den weißlich-grauen Böden ausbreiten. Besonders am Mayo waren hier geradezu Wälder von Pitahayas (Cereus) zu beobachten, in denen sich Säulenbündel neben Säulenbündel aus einer dichten Masse von Opuntien und Dornsträuchern heraushob. Wo sich dagegen flache Vertiefungen mit Salzböden vorfinden, da hört die höhere Vegetation auf; Palo verde, Mesquite und Pitahayas bleiben zurück, Chollas (eine Opuntie) und Bromelien rücken noch etwas weiter vor, während die eigentlichen schuppig-blättrigen, weißlichen „alkali-flats" vegetationslos sind. Die weiten Becken mit roten Böden sind im Mayogebiet mit dichten Dornsträuchern mittlerer Höhe bedeckt, unter denen vor allem Mesquite-Arten vertreten waren. Als eigentliche Steppe kann man auch diese Dickichte kaum bezeichnen. In der Nähe der Küste ändert sich die Vegetation wiederum. Sie wird bedeutend dürftiger. Die hohen Mesquitebestände bleiben zurück. Pitahayas und andere Kakteen überwiegen, sie erreichen aber hier nicht mehr dieselbe erstaunliche Höhe und Üppigkeit des Wuchses. Die Dichte des Dickichts löst sich auf, die einzelnen Pflanzenindividuen stehen abgesondert voneinander. Chollas und andere niedere Kakteen werden häufiger, ebenso verschiedene niedrige Dornsträucher; zwischen den Pflanzen sieht der nackte Boden hervor. Es sind Ausläufer der Sukkulentensteppen Nordsonoras, die in der Nähe der Küste bis in das Deltagebiet der beiden Flüsse hineinreichen. Schließlich stellt sich eine breite Zone vegetationsarmer Salzböden ein. Die Küste selbst wird von zwei hohen weißen Dünenwällen gebildet, deren innerer noch von Dornsträuchern bedeckt ist. Zwischen den Dünenwällen erstrecken sich Lagunen, die von Mangrovendickichten begleitet werden. Die wirtschaftliche Ausnutzung dieser Küstenzone ist gering. Sie beschränkt sich auf Fischerei und Salzgewinnung.

Als Lebensraum primitiver Völker boten diese Deltagebiete große Möglichkeiten. Die sommerlichen Hochfluten gestatteten den Anbau der typischen indianischen Nutzpflanzen: Frijoles, Mais, Kürbisarten ohne künstliche Bewässerung. Die ältesten, recht guten Berichte erwähnen auch für den unteren Mayo und Yaqui keine Bewässerung, wie sie das von den „Gärten" der Opatas im Sonoratale tun. In der Gegenwart bewässern die Mayo und Yaqui ihre Felder, indem sie die breiten Uferwälle durchstechen und das Wasser in trockene Altlaufbecken hineinlassen. Es entspricht dies im Prinzip der „bolsa"-Bewässerung, wie sie auch von den weißen Bauern im Mayo-Gebiet betrieben wird. Die natürliche Vegetation bot reichliche Nahrung. Mesquitesamen waren ein beliebtes Mittel zur Herstellung eines süßlichen, nahrhaften Getränkes, des „pinole". Die Kakteen, vor allem die Pitahayas und Sahuaros, lieferten zuzeiten reichliche Fruchternten, die einen wichtigen Bestandteil der Eingeborendiät bildeten[117]).

Es ist daher nicht verwunderlich, daß beide Flußgebiete als sehr dicht

---

[117]) Für die historischen Züge der Mayo- und Yaqui-Kultur vgl. o. S. 336 u. ff.

besiedelt bezeichnet wurden. Aus den Angaben von Tauf- und Missionsberichten berechnet Sauer für den Anfang des 17. Jahrhunderts etwa 25 000 Mayo und 35 000 Yaqui. Beide Stämme haben sich bis in die Gegenwart erhalten. Infolge der verschiedenartigen Geschichte beider Stämme sind heute die friedlichen Mayo mit etwa 25 000 bei weitem der stärkere Stamm, während die Yaqui durch Kriegsverluste und Deportation nach Yucatan und Quintana Roo starke Einbußen erlitten haben[118]).

Die Bevölkerung macht einen physisch gut entwickelten Eindruck. Die Yaquikrieger besitzen prachtvolle kräftige Gestalten. Ihre Fähigkeit im Langstreckenlauf ist außerordentlich. Sie pflegen auf ihren Kriegszügen weite Strecken im Laufschritt zurückzulegen und so ihre Feinde in größter Entfernung von ihren Wohnsitzen zu überraschen. Über ihren Charakter läßt sich nur schwer berichten. Allzusehr ist er von der Parteien Haß und Gunst entstellt. Zähigkeit, Treue zum Heimatwohnsitz, Liebe zur Freiheit und eine gewisse Fähigkeit zu größeren politischen Organisationen haben sie durch ihre Geschichte klar bewiesen. Sie gelten als kräftige und ausdauernde Arbeiter. Gerühmt wird ihre große manuelle Geschicklichkeit bei der Bedienung von Maschinen. Sie gehören mit zu den besten Soldaten des mexicanischen Heeres. Andererseits haben sie in den zahllosen Kriegen furchtbare Grausamkeiten verübt, die allerdings von ihren Gegnern nicht unerwidert blieben, so daß vielfach von ihnen nur allerschlechteste Charaktereigenschaften berichtet werden und ihre gänzliche Ausrottung als einzige Lösung des Yaquiproblems angesehen wird. — Die Mayo dagegen sind in der Geschichte nicht so kräftig hervorgetreten. Es scheint ihnen der kriegerische Geist nicht in dem Maße zu eigen zu sein wie den Yaqui. Als zuverlässige, fleißige und geschickte Landarbeiter stehen sie überall in einem guten Ruf.

Zur Geschichte der beiden Stämme, die bei den Mayo friedlich verlief, bei den Yaqui im Laufe des 19. Jahrhunderts immer kriegerischer wurde, habe ich an anderen Stellen bereits die wichtigsten Tatsachen berichtet, auf die ich hier verweisen muß. 1825, 1832, 1840, 1842 und in den sechziger Jahren kam es wiederholt zu Aufständen der Yaqui. Die größten Unruhen setzten jedoch erst mit der Regierung von Porfirio Diaz ein, der die Indianer an ihrem Lebensnerv angriff, indem er die Landfrage zu ihrem Nachteil entschied und Fremde ins Land rief. Erst in unserer Zeit (1928) wurden diese Kämpfe beendet, nachdem die modernen Kampfmittel: Flugzeuge,

---

[118]) Eine neuere Arbeit über die Yaqui-Indianer habe ich leider nicht einsehen können: W. C. Holden, C.C. Selter, R. A. Studhalter, C. J. Wagner, W. G. McMillan. Studies of the Yaqui Indians of Sonora, Mexico. Texas Technol. Bul. XII. No. 1. Science Series No. 2. 1936.

Gasbomben, Automobile, Stacheldraht, Radio sie auch aus den letzten Schlupfwinkeln in der Sierra Bacatete getrieben hatten. Seit dieser Zeit hat sich die Kulturlandschaft am Yaqui in einer grundsätzlich anderen Richtung entwickelt als am Rio Mayo.

Die Kulturlandschaft am Mayo (Abb. 12) ist überwiegend von einheimischen, mexicanischen Kräften entwickelt worden[119]). Ja, man kann fast sagen, daß hier eine gewisse Kontinuität von der indianischen Zeit her bis in unsere Gegenwart gewahrt wurde, denn die Mayoindianer sind mit über 50 % noch immer als der zahlenmäßig vorwiegende Bevölkerungsbestandteil zu werten.

Wie in den übrigen Deltalandschaften muß ein scharfer Unterschied zwischen dem bewässerten und dem nichtbewässerten Kulturland gemacht werden. Die nichtbewässerten Gebiete sind der Weidewirtschaft überlassen, die von zahlreichen großen Hacienden und Ranchen mit jeweils nach Tausenden von Hektar zählendem Besitz betrieben wird. Ihr Umriß ist meist ziemlich schematisch rechteckig und quadratisch. Die natürliche Monte ist hier noch vorherrschend, wenngleich auch etwas Anbau um die Farmen und an feuchteren Stellen stattfindet. Die Produktion selbst ist neben der Rinderhaltung stark auf die Pferde- und Maultierzucht eingestellt. Die zugehörigen Siedlungen stellen ansehnliche Komplexe dar. Die meist niedrigen und vielfach aus Adobe gebauten Häuser werden von den festen Holzzäunen der Pferche umgeben. Der Windmotor für die Wasserversorgung ist stets ein weithin sichtbares Kennzeichen.

Ganz anders sieht dagegen die Mayolandschaft im bewässerten Flußlande aus. Sie ist für Sonora außerordentlich dicht besiedelt. Steigt doch in den drei „municipios" Navojoa, Huatabampo und Etchojoa die Bevölkerungsdichte auf 10,3, 17,4 und 9,8 Ew. pro qkm, obwohl alle drei Verwaltungseinheiten über den engeren Rahmen des intensiv bebauten Landes hinausgreifen und große menschenleere Flächen einschließen. Die östlich angrenzenden Municipien von Quiriego und Alamos haben dagegen nur 1,2 und 2,3 Ew. pro qkm, was ungefähr dem Durchschnitt der meisten Gemeinden Sonoras entspricht. Dort überwiegen auch die geschlossenen Siedlungen.

Municipios	Ciudad	Pueblos	Congregaciones	Haciendas	Ranchos	Rancherias
Etchojoa	—	3	29	2	—	—
Huatabampo	—	2	17	19	12	15
Navojoa	1	5	28	7	21	25

(nach Quinto Censo de Poblacion 1930)

[119]) Allerdings unter starker kaufmännischer Anregung durch Spanier.

12. Die Kulturlandschaft am Rio Mayo und Rio Yaqui.

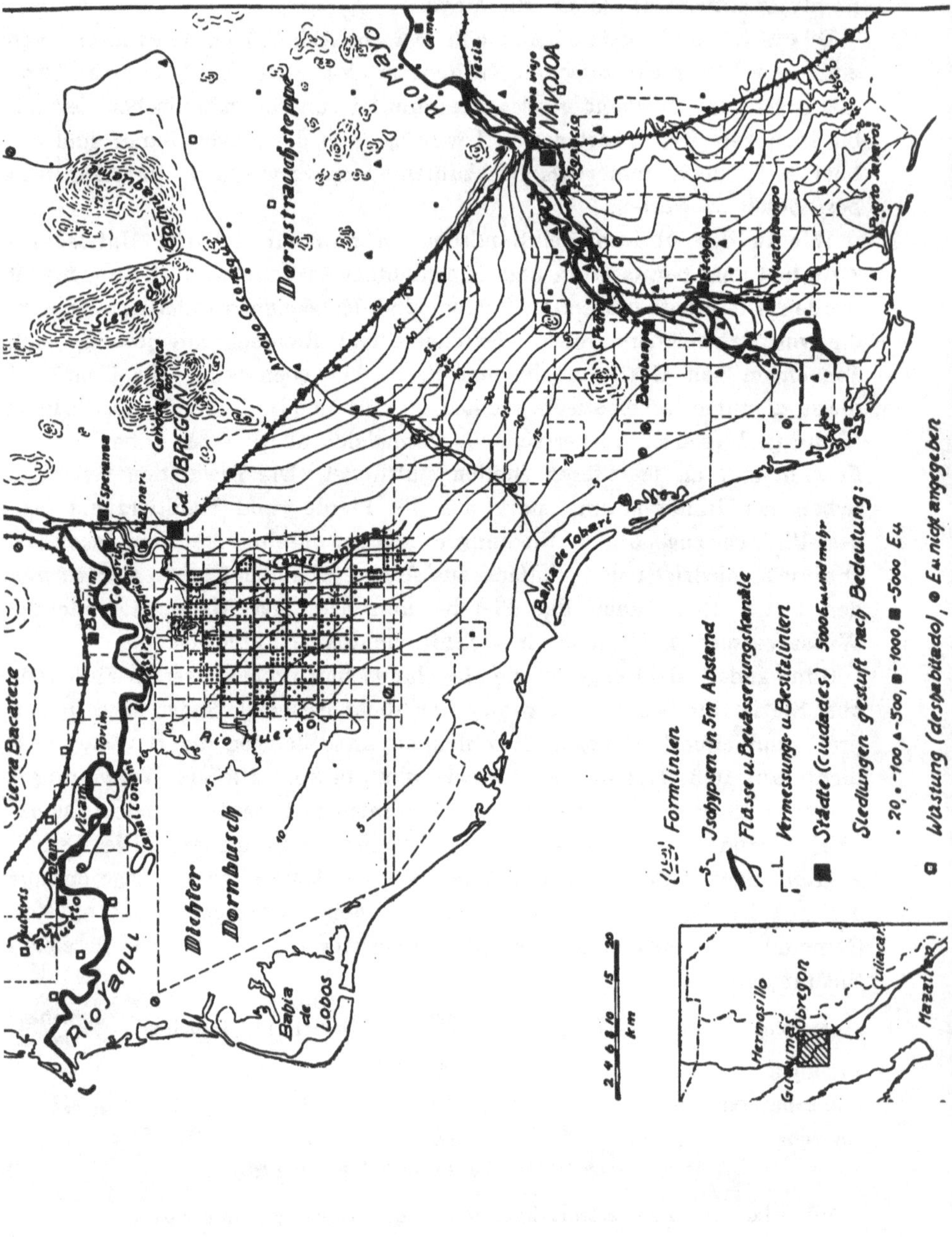

In diesen Municipien wohnten 1930 fast 45 000 Menschen, etwa ein Drittel davon in den drei größeren Siedlungen (Etchojoa 1256 Ew., Huatabampo 4508 Ew, Navojoa 9154 Ew.). Es sind typische kleine Landstädtchen, in denen ein guter Teil der Bevölkerung unmittelbar mit dem Landbau beschäftigt ist, während der Rest mit ihm durch sekundäre Gewerbe verknüpft ist. Es sind betriebsame Orte, die in ihrem Bilde noch keinen wesentlichen Bruch mit den gewachsenen Formen vollzogen haben. Sie sind aber alle in jüngster Vergangenheit erst zu ihrer heutigen Bedeutung angewachsen. So fehlen im Gegensatz zu den Missionsorten die alten Kirchen, dagegen sind hübsche Plazas, neue Schulgebäude und Verwaltungsgebäude vorhanden. Huatabampo ist die größte der Siedlungen im unteren Deltagebiet und zeigt diese charakteristischen Merkmale besonders deutlich. Es ist ein lebendiger Ort. Hier mag eingeschaltet sein, daß der gleiche vorteilhafte Unterschied zu den üblichen verschlafenen und auch oft verfallenen Pueblos sich in den Garbanzogebieten Sinaloas beobachten läßt wie etwa bei Guamuchil und Angostura. Navojoa hat überdies eine Verjüngung vollzogen; neben dem alten Pueblo, Navojoa Viejo, ist als neue größere Stadt die Eisenbahnsiedlung Navojoa herangewachsen mit der Plaza Central in der Mitte und der Avenida 5 de Mayo als Hauptverkehrsader.

Die meisten der übrigen „pueblos", „congregaciones" und auch die „rancherias" müssen als Dörfer oder Weiler bezeichnet werden. In ihnen ist noch ein recht ursprüngliches bäuerliches Bild erhalten geblieben. Hier herrschen noch die einheimischen Hausformen, die enge Beziehungen zu den alten indianischen Hütten aufweisen. Das flache Dach (Abb. 11) ist allgemein verbreitet, es ist fast vollständig eben. Als ziemlich schwere Balken-, Reiser- und Lehmdecke lastet es auf Mesquitepfosten und Adobewänden. Zur Straße hin greift es gewöhnlich über eine kleine Pfostenvorhalle hinweg. An den Rändern und zwischen den stützenden Pfeilern biegt sich das gewichtige Dach leicht durch. Dichte Reiserzäune umgeben die kleinen Höfe für Hühner und einen nicht unbeträchtlichen Schweinebestand. Die ganzen Dörfchen verstecken sich unter Bäumen, an den Bewässerungsgräben reihen sich kleine Bananenpflanzungen auf. Es kommen auch Einzelsiedlungen vor, die häufig auf künstlichen Wurten liegen, um sich gegen das Hochwasser zu schützen.

Zahlreich sind die kleinen oder größeren Dörfer mit fast reiner Bevölkerung von Mayoindianern. Mit einem geringen Prozentsatz von weißer Blutbeimischung wird man allerdings fast überall zu rechnen haben. Im Siedlungsbilde unterscheiden sich jedoch die Mayodörfer recht beträchtlich. Die flache Dachform herrscht auch hier vor. Gebogene Petaten-Dächer sind noch nicht ganz verschwunden, treten aber im Gebrauch sehr zurück[120]). Jedoch verzichtet man vielfach auf feste Adobewände. Petate-Matten- oder Reisergeflecht mit oder ohne Lehmverschmierung sind hier das beliebteste Wandmaterial. Häufig werden einige Seiten offengelassen. Die indianischen Siedlungen liegen zumeist auf dem rechten Mayoufer und halten sich nahe am Fluß. Überhaupt ist das linke Ufer, wo der Automobilweg von Navojoa nach Etchoja und die Eisenbahn entlangführen, von der neuzeitlichen Entwicklung stärker betroffen worden.

In vielen dieser indianischen Siedlungen hat sich auch noch altes Gewerbe erhalten. Einige Dörfer haben sich auf die Verfertigung von Tonwaren spezialisiert. Aber besonders charakteristisch — und bereits ein Gegenstand der Fremdenindustrie — ist das Weben von Wolldecken und Teppichen. Auf einfachsten Webstühlen, die nur aus vier in den Boden geschlagenen Pfosten bestehen, werden die festen Gewebe in zum Erdboden fast paralleler Spannung schlauchartig gewebt. Man erzeugt das Muster durch die Benutzung der natürlichen Wollfarben von Weiß über Braun zu Schwarz. Charakteristisch war die Verwendung von einigen Färbpflanzen des Monte, vor allem erhält man ein schönes Blau vom Yerba Añil. Leider dringen bereits moderne Anilinfarben ein, so daß die alten Muster grelleren Farbenzusammenstellungen zu weichen beginnen. Auch im Hausrat haben sich neben modernen Industrieerzeugnissen noch mancherlei Gegenstände der materiellen Kultur erhalten. Die Kleidung ist jedoch bereits überall der typischen mexicanischen Peonskleidung angeglichen.

Der Siedlungsraum schließt sich eng an den Fluß an. Selten liegen die Pueblos und Congregaciones mehr als 1—2 km vom Mayo entfernt. Ihr Standort ist an die erhöhten Uferwälle des Mayo und seiner Altläufe oder an Terrassen wie bei Navoyoa und San Ignacio gebunden. Im Grundriß folgen die mexicanischen Siedlungen dem rechtwinkligen kolonialen Straßenschema, während sich die Mayodörfer zum Teil regelloser im Montewalde in lockerer Gruppierung verstecken.

Auch das Kulturland liegt am Fluß, und zwar im wesentlichen auf den hellen, feinsandigen „silt"-Böden, während noch weite Rotlehmflächen der Entwicklung harren. Die moderne Bewässerung[121]) stellt nur eine Fortsetzung und Steigerung der älteren Methoden dar, die auf der natürlichen Überschwemmung niedriger Becken beruhte. Das Land wird durch kleine, etwa 1 bis 1½ m hohe Deiche in Überflutungsbecken, sog. „bolsas", eingeteilt. Im Hochsommer tritt der Fluß über seine Ufer und füllt die Bolsas

---

[120]) Vgl. o. S. 337.

[121]) Sonora, Sinaloa y Nayarit, S. 163.

mehrere Fuß hoch mit Wasser an[122]). Kleine Schleusen sorgen dafür, daß auch die entfernteren Becken bewässert werden. Der mitgeführte Schlamm setzt sich ab und düngt zugleich den Boden. Diese eine Bewässerung von etwa 15 bis 20 Tagen reicht für zwei Ernten aus. Größere Besitzungen haben sich Kanäle gebaut, die nach gemeinsamer Verabredung die Wasserentnahme aus dem Fluß regeln. Es gibt etwa 15 größere Kanäle mit einer Gesamtlänge von etwa 125 km (durchschnittliche Länge ca. 8 km) und einem Netzwerk von Seitenkanälen von mehr als 200 km Länge. Diese Bewässerungsanlagen bedienen eine Fläche von ca. 32 000 ha. Auch diese Kanäle führen nur zur Zeit des Hochwasserstandes genügend Wasser. Stauanlagen sind nicht vorhanden. Die Kanäle zweigen auf beiden Seiten meist bei einer Krümmung vom Flusse ab. Sie halten sich gewöhnlich in ziemlicher Nähe des Mayo und benutzen dabei die erhöhten natürlichen Dämme, denn maschinelle Kraft wird für die Hebung des Wassers kaum verwendet. Das ganze System beruht allein auf der Schwerkraftbewässerung. Im unteren Deltaabschnitt bei Etchojoa und Huatabampo entfernen sich die Kanäle bis zu mehreren Kilometern vom Fluß. Hier liegen auch die bedeutendsten Anbaugebiete. Der ganze Fluß wird so allmählich in diesen Kanälen aufgefasert und verliert der Mündung zu mehr und mehr an Wasser.

Die Landwirtschaft ging von der Erzeugung der einheimischen Nutzpflanzen aus: Mais, Frijoles und später Weizen. Besonders in den kleineren Mayosiedlungen überwiegen diese Feldfrüchte noch heute durchaus. Auffallend ist vor allem eine einheimische, sehr kleinwüchsige Weizenart. Die moderne Entwicklung wandte sich jedoch der Exportproduktion von Garbanzos zu. Das Bewässerungsgebiet des Mayo (Abb. 7) ist das nördlichste einer Reihe von Anbaugebieten, die sich zwischen die von fremdem Kapital für Zuckerrohr, Frühgemüse, Reis und Baumwolle entwickelten großen Deltas des Yaqui, Fuerte und Culiacan einschalten, nämlich die des Sinaloa, Mocorito und des Ocoroni. Es scheint, daß Spanier den Garbanzoanbau eingeführt haben. Nach den spanischen Ländern Mittelamerikas, nach Cuba und Porto Rico sowie nach Spanien selbst geht auch der größte Teil der Ernte. Diese Erbsenart hat sich im Delta stellenweise fast monokulturartig ausgebreitet. In Navojoa waren 1926/27 über 10 %, in Etchojoa etwa 60 % und in Huatabampo sogar über 91 % der Fläche von Garbanzos bedeckt. Wie die Zahlen erkennen lassen, liegt das Schwergewicht des Garbanzoanbaus am unteren Delta bei Huatabampo. Hier fehlt dann der Weizen gänzlich, der in den Indianersiedlungen neben Mais und Bohnen sowie auch bei Navojoa eine bedeutende Rolle spielt. Dagegen hat sich die

[122]) „El sistema del empantamiento" der „Versumpfung".

tätige Bevölkerung bereits der Spekulation mit Frühgemüsen, vor allem Tomaten, zugewandt. Die Farmer des Tales sind zu einer Genossenschaft zusammengeschlossen und haben an den Stationen ihre Packhäuser errichtet. — Der Gegensatz der weiten Garbanzofelder zu den kleinen Mischkulturen der Indianersiedlungen ist besonders auf dem rechten Mayoufer sehr auffalend.

Municipios	Trigo	Mais	Garbanzo	Alfalfa seca	Cañada azucar	Chicháo	Frijoles
	ha	ha	ha	ha	ha	ha	ha
Navojoa	4200	3700	1000	215	10	85	—
Etchojoa	—	3300	6430	—	—	795	260
Huatabampo	—	110	8500	—	—	285	440

(nach Sonora, Sinaloa, Nayarit 1926/27)

Die Bestellung der Felder ist vom Mayohochwasser abhängig. Sie kann erst nach der Überschwemmung der Bolsas beginnen. Während der Wachstumszeit wird dann nicht mehr bewässert. So ist der Winter zur wichtigsten Vegetationsperiode geworden. Im Spätherbst werden die Garbanzos gesät — von November bis Dezember. Im Oktober und November kommt der Weizen in die Erde, und im Januar eine erste Aussaat Frijoles. Die Erntezeit verschiebt sich daher vor den Beginn der sommerlichen Regenzeit in den Mai und Juni hinein. Nur der Maisanbau weicht von dieser jahreszeitlichen Anordnung ab. Mit einer zweiten Aussaat Frijoles zusammen wird er vor den sommerlichen Regen im Juli und August gesät und im Dezember geerntet[123]). Die Feldarbeiten und die Ernten erfolgen mit Hilfe einheimischer Kräfte; etwa 75% aller Arbeiter sollen noch Mayoindianer sein. Für die Garbanzokultur werden bereits Maschinen zu Bestellung und Ernte angewendet. Der Export findet entweder direkt über Guaymas und Yavaros statt oder über die Golfküste der Vereinigten Staaten, ja sogar über New York, wo sich die Marktlage in Westindien oder Spanien besser übersehen läßt.

Trotz des monokulturartigen Garbanzoanbaus für den Export hat aber die Landschaft am Mayo noch nicht den Charakter des Gewachsenen verloren. Elemente der alten indianischen Kulturlandschaft haben sich

---

[123]) Einige Angaben konnte ich einer kleinen Werbeschrift der Handelskammer von Navajoa entnehmen: La Región del Rio Mayo, Estado de Sonora, Mexico. Breves apuntes sobre su commercio, recursos naturales, producción, industria, etc. copilados por la Camara Agricola y Comercial del Rio Mayo. Navojoa, Son., Mexico 1924.

noch erhalten. Die ganze Landschaft mit ihrer einfachen „bolsa“-Bewässerung, den nur kleinen Kanälen, den zahlreichen Resten der alten Auenvegetation, den versteckten indianischen Dörfchen und den einfachen mexicanischen Pueblos ist noch nicht völlig „durchrationalisiert“ und daher auch nicht immer leicht übersehbar angeordnet. Die Zukunft des Gebietes wird vom Bau eines leistungsfähigen Staudamms abhängen, der die Wasserversorgung auch für den Winter und die trockenen Jahre garantiert. Das Problem ist von der mexicanischen Regierung bereits erkannt und wird auch, Zeitungsnachrichten zufolge, immer wieder von Zeit zu Zeit aufgegriffen, ohne daß die Frage bis jetzt gelöst werden konnte[124]).

Grundsätzlich anders ist die Kulturlandschaft am Yaqui beschaffen. Hier gibt es keine indianisch-mexicanische Mischkultur. Kraß steht die moderne Kolonisation einem „Frontiergebiet“ gegenüber, in dem bis vor kurzem der Krieg tobte.

Überblickt man die Landschaft vom Dache der dreistöckigen Reis- und Weizenmühle auf Block 65, die inmitten des Anbaugebietes von deutscher Tatkraft errichtet wurde, so schweift das Auge meilenweit über eine tischebene glatte Fläche, die übersichtlich und schematisch in große quadratische oder rechteckige Flächen eingeteilt ist (vgl. Abb. Tafel 4). Etwa 20×24 km Ausdehnung besitzt der große geschlossene Block bewässerten Kulturlandes. Kaum vermag der Blick bis zu dem dichten Dornbusch an der Peripherie vorzudringen, der einst die ganze Fläche bedeckte und junger Rodung zum Opfer fiel. In mehr als 18 km Entfernung Luftlinie sind die großen Kühlanlagen, Mühlen und Speicherhäuser am Bahnhof Ciudad Obregon (Cajeme) gerade noch zu erkennen. Kein Fluß durchschneidet das Anbaugebiet, nur geradlinige Kanäle bilden an den W—O- und kleinere an den N—S-Straßen blitzende Parallelen. Hier steht der Weizen in frischem Grün, dort werden die Felder für den Reis mit den notwendigen niedrigen Isohypsendämmen versehen. Weit zerstreut liegen die einzelnen Farmhäuser mit ihren großen geräumigen Wirtschaftshöfen. An einigen Straßenkreuzungen stehen wie

---

[124]) Die natürlichen Gegebenheiten würden am Mayo und Yaqui, ebenso wie an den anderen großen Flüssen der Westküste viele Möglichkeiten für großzügige Bewässerungsanlagen bieten. Es bestehen auch eine ganze Reihe von Projekten für Stauanlagen und Kraftwerke sowohl am Yaqui und seinen Zuflüssen wie am Mayo. In Angriff genommen wurde seit 1932 eine größere Bewässerungsanlage (für 12 000 ha) am unteren Mayo. Von den bundesstaatlichen, staatlichen und lokalen Behörden soll gemeinschaftlich eine große Agraristenkolonie angelegt werden. Einige organisatorische Einzelheiten, leider ohne genauere Angabe der Örtlichkeit, bringt: Irrigación en Mexico. Revista Mensual. Organo de la Comision Nacional de Irrigación. Vol. V. Num. 1. S. 66 ff.

verloren kleine Gruppen armseliger „jakales"[125]), in denen Wanderarbeiter eng zusammengepfercht hausen.

Die Anfänge dieses großen Bewässerungsgebietes gehen hier wie am Fuerte auf jene berüchtigte Conant-Konzession zurück, die Porfirio Diaz vergeben hatte. Sie war der unmittelbare Anlaß zu erbitterten Yaquikriegen und Gegenstand heftiger Anfechtungen während der Revolution. Zwischen 1890 und 1904 wurden daher nicht viele Fortschritte gemacht. Verschiedene kleinere Kanäle wurden gebaut, die — wie der alte „Conant" — noch heute im Gelände zwischen Buschwald und Rohrverwachsung deutlich zu erkennen sind. Der „Conant" setzt bei Torim mitten im Gebiet der alten Yaquis-Pueblos an, mehr als 36 km Luftlinie stromabwärts von Ciudad Obregon. Damals bestanden auch noch keine Eisenbahnverbindungen mit der Außenwelt, die nächste Station war Guaymas.

Größerer Schwung kam erst seit 1904 durch die Richardson Construction Comp. in die Entwicklung des Gebietes hinein. Diese Gesellschaft übernahm es vor allem, für Eisenbahnverbindungen zu sorgen, indem sie mit der Southern Pacific in Kontrakt trat. Innerhalb von zwei Jahren wurden die Bahnverbindungen nach Guaymas und Yaquiaufwärts bis Tonichi fertiggestellt. Gleichzeitig wurden Kanäle gebaut und die ersten Schritte zur Kultivierung gemacht. Wichtig war, daß es gelang, auch mit der revolutionären Madero-Regierung einen Vertrag abzuschließen, der den Ausbau eines Bewässerungssystems vorsah. Nochmals kamen jedoch Unterbrechungen durch die Yaquikriege (1913 und während des Weltkrieges), aber im großen und ganzen ließ sich das Werk nicht mehr aufhalten. Diese neuen Kanalanlagen folgten nun aber einem ganz anderen Prinzip, und nicht zuletzt dadurch entstand ein völlig anderes Bild der Kulturlandschaft. — Durch die Banca Agricola hat heute die mexicanische Regierung das ehemalige Privatunternehmen zu einem staatlichen gemacht.

Der Hauptkanal zweigt etwa 28 km nördlich von Ciudad Obregon oberhalb der großen Westwärtsbiegung bei „Los Hornos" im Niveau des Flusses vom Yaqui ab und führt südwärts in der Richtung auf die Tobari Bucht. Ein wirklicher Staudamm ist nicht vorhanden; die Wasserverteilung wird durch ein niedriges Wehr geregelt. Hier verläßt auch ein zweiter, kleinerer Kanal, „Porfirio Diaz", den Fluß, der die Felder der Pueblos Cocorit und Bacum zu versorgen hat und bis zum Pueblo San José den Uferwall des Yaqui begleitet. Dieser Seitenkanal hat für das Hauptanbaugebiet keine Bedeutung. Er bewässert ein zweites kleineres und in seiner physiognomischen Ausprägung deutlich verschiedenes Teilgebiet. Bis 1930

---

[125]) Reiserhütten.

war es noch nicht gelungen, den notwendigen Staudamm zu errichten, der die Wasserversorgung des Yaquitales auch während der trockenen Jahreszeit auf eine sichere Basis stellen wird.

Die Linienführung des Hauptkanals („Canal Principal") ist durch das Gelände bedingt. Zwischen dem natürlichen Damm des Yaqui und dem Kanal liegt das Land deutlich niedriger, wie die beigefügte Isohypsenkarte erkennen läßt. Bei Esperanza besitzt der Kanal etwa 35 m Meereshöhe. Er folgt nun der sehr kurvenreichen 30 m-Isohypse. Etwa 25 km südlich von Ciudad Obregon schneidet er die 25 m-Isohypse. Westlich des Kanals fällt das Land als eine flache schiefe Ebene außerordentlich einförmig bis auf etwa 10 m Meereshöhe ab, bis es von dem Aufschüttungsdamm des Rio Muerto begrenzt wird. Mehr als 47 000 ha Kulturland waren zur Zeit meines Besuches von der Compania Constructadora Richardson durch diese großartige Anlage erschlossen worden.

Von dem Hauptkanal zweigen nach Westen hin schnurgerade Seitenkanäle ab, die das Wasser wiederum kleineren Adern zuführen, die rechtwinklig von den Seitenkanälen erster Ordnung abbiegen. So ist das ganze Land schematisch in rechteckige Bewässerungseinheiten aufgeteilt worden. Diesem geometrischen System sind auch die Besitzflächen angepaßt, die in Blöcken von 2×2 km Seitenlänge angeordnet sind. Ein solcher Block wird in der Statistik als „hacienda" bezeichnet, anscheinend ohne Rücksicht darauf, ob er als Besitz oder Betrieb eine Einheit bildet.

Die bewässerten Flächen liegen also heute nicht mehr in der Nachbarschaft des Yaquiflusses, sondern weiter südlich. Dadurch ist auch eine wirksame Trennung zwischen weißem Kolonisationsgebiet und dem Eingeborenenland der 7 Yaquispueblos am Fluß erreicht worden. Hier fehlt die für das Mayogebiet so bezeichnende Durchdringung von alten indianischen Formen der Kulturlandschaft mit neuen mexicanisch-kolonialen Elementen. Zugleich ist durch diese Verlagerung des Bewässerungsgebietes der ganze Distrikt auch auf eine andere natürliche Grundlage gestellt worden, da — im Gegensatz wiederum zum Mayo — nicht die hellen, sondern gerade die roten Lehmböden genutzt werden.

Es sind hier im wesentlichen große Betriebe entstanden. Ein einzelner Farmer bewirtschaftet 13 Blöcke! Das muß jedoch als ein extremer Ausnahmefall angesehen werden. Flächen von mehreren Quadratkilometern sind jedoch öfters einheitlich mit Baumwolle, Weizen oder Reis bestellt. Modernste Maschinen leisten die Arbeit. Daneben gibt es natürlich auch kleinere Unternehmungen, aber 200 bis 400 ha kann man als Durchschnittsgröße annehmen. Es sind vorwiegend Ausländer, Amerikaner und auch einige Deutsche, die hier kolonisierend das Land erschließen. Die verschiedenen Nationalitäten stehen vielfach in einem heftigen Konkurrenzkampf miteinander, wobei die einzelnen Farmer von ihren Handelsfirmen in der Stadt gestützt werden und umgekehrt.

Infolge dieser planmäßigen Anlage des ganzen Bewässerungsgebietes und der andersartigen Besitzformen ist auch der Charakter des Siedlungsbildes grundverschieden von dem am benachbarten Mayo. Auch hier ist die Bevölkerungsdichte größer als der Durchschnitt Sonoras, sie bleibt allerdings hinter der des Mayo-Gebietes etwas zurück. Aber das Prinzip der Siedlungsgruppierung ist ein ganz anderes: die größeren geschlossenen Flecken und stadtartigen Ortschaften sind zahlreicher (1 Stadt, 6 Pueblos).

Municipio	Ew. Total	Dichte	Ciud.	Pueblos	Congregaciones	Ranchos	Rancherias	Haciendas	Campamentos
Cajeme	14 114	8,03	1	—	3	—	5	47	—
Bacum	6 204	9,16	—	1	—	—	—	82	15
Cocorit	7 481	7,20	—	5	—	—	—	—	—

(Haciendas sind in diesen Municipien keine großen Betriebe im üblichen Sinne, sondern kleinere Wirtschaftseinheiten.)

Es fehlen dagegen die vielen kleinen Weiler und Siedlungsgruppen, die am Mayo als „congregaciones" oder „rancherias" bezeichnet werden, in denen die Mayo-Indianer wohnen. An ihre Stelle treten in den Municipien Cajeme und Bacum die „Haciendas", eben jene Blöcke des Bewässerungsgebietes von 2×2 km Seitenlänge. Diese Hacienden tragen daher auch keine Eigennamen, sondern sind nach einem bestimmten Schlüssel — angefangen von der nordöstlichen Ecke bei Ciudad Obregon — durchlaufend numeriert. Ihre Bevölkerungsdichte ist sehr hoch und beträgt über 20 pro qkm. Die fast 8000 Menschen, die hier leben, dürfen jedoch nicht alle als Dauersiedler oder gar Farmer angesehen werden. Dem widersprechen schon die Betriebsgrößen und die Beobachtung in der Landschaft. Die große Menschenmenge und die infolgedessen hohe Dichte kann sich nur dadurch erklären, daß vom Zensus auch die Wanderarbeiter in den „campamentos" oder den flüchtigen und behelfsmäßigen Behausungen an den Straßen und auf den großen Wirtschaftshöfen der Besitzungen mitgezählt wurden. Nur so kann man verstehen, warum bisweilen gerade solche Blöcke hervortreten, die von nur ein oder zwei Betrieben besetzt sind. In der Art der Siedlungstypen und in der Bevölkerungsverteilung tritt der Gegensatz des modernen Kolonisationsgebietes zum gewachsenen Siedlungsbilde am Mayo besonders deutlich hervor.

Das Municipio Cajeme umfaßt den neuzeitlichen Bewässerungsdistrikt (vgl. Abb. 12 und Tafel 3). Hier scheidet sich wie in den USA. die Stadt als wirtschaftliches und soziales Zentrum, als geschlossene Siedlung von den zerstreuten Einzelhöfen, den sog. Hacienden. Innerhalb des Bewässerungsgebietes liegt eine geschlossene Yaquisiedlung mit 735 Einwohnern; auch einige Arbeitersiedlungen an Straßenkreuzungen könnten als geschlossene Siedlungen gelten. Ähnlich liegen die Verhältnisse auch im Municipio Bacum, das die westliche Hälfte des Bewässerungsgebiets und einige alte Yaquipueblos am Fluß einschließt. Municipio Cocorit erstreckt sich größtenteils außerhalb des hier behandelten Gebietes weiter flußaufwärts am Yaqui und weicht daher in seiner Struktur etwas ab. — Charakteristisch ist die große Anzahl von Wüstungen im alten Yaquisiedlungsgebiet am Flusse selbst. Das Aufblühen der modernen Wirtschaftslandschaft hatte die Zerstörung der alten zur Folge. Nur Potam, Vicam und die große Konzentrationssiedlung von Bacum haben sich als wichtige Ortschaften erhalten können.

Die Farmen des Yaquigebiets zeigen noch kein einheitliches Bild. Wie in allen jungen Kolonialländern, bestimmt der individuelle Entwicklungszustand, der von dem einzelnen Unternehmen erreicht ist, auch das Aussehen der zugehörigen Siedlung. Darüber hinaus mischen sich amerikanische und mexicanische Elemente miteinander. Weit verbreitet ist der Bungalow-Stil. Es sind das niedrige Holzhäuser mit großen gazevergitterten Veranden und flachen Satteldächern. Bisweilen trifft man auch bereits ein stattliches weißes Landhaus, das Anklänge an die neuere kalifornische „Mission"-Architektur zeigt. Einfacher sind die Häuser der Vorarbeiter oder auf noch jungen Unternehmen, wo sie nach der mexicanischen Adobetechnik aufgeführt sind. Allen (vgl. Tafel 4) ist eine sehr große Weiträumigkeit der Hofanlage eigen. Rechts, hinter dunklen Bäumen versteckt, liegt das Haus des Besitzers oder Verwalters. Es ist aus verschiedenen Stücken zusammengewachsen. Neben der Palmgruppe steht der nie fehlende Windmotor für die Wasserversorgung des Anwesens. An der Straße liegt ein Adobe-Wohnhaus mit flachem Dach für dauernd beschäftigte Arbeitskräfte, dahinter breiten sich Schuppen mit Blechdach und Hütten in der alten Petatenhaustechnik aus. An der Straße waren — auf dem Bilde nicht zu erkennen — noch eine Reihe leichter Petatehäuser mit Flachdächern für Wanderarbeiter errichtet. Es ist das ein großer und nicht immer erfreulicher Gegensatz, der sich hier zwischen den stattlichen Wohnsitzen der fremden weißen Kolonisten und den behelfsmäßigen Behausungen — oft sind es wirklich nur armseligste „jakales“ — der Arbeiter darbietet. Der koloniale Situationsunterschied zwischen der wirtschaftlich, finanziell und rassisch überlegenen Herrenschicht fremder Nationalität und der abhängigen, meist auch farbigen Unterschicht kommt darin klar zum Ausdruck. Hierin liegen auch — ähnlich wie bei Los Mochis — die Probleme dieses tropischen Kolonisationsgebietes innerhalb eines so stark indianisch bestimmten Staates wie Mexico.

Welcher Gegensatz zum Mayo tritt auch in einer Übersicht über die Anbauflächen hervor! Dort herrschen die Garbanzos, und neben dem Weizen hat der Mais eine achtbare Stellung behaupten können. Hier dagegen sind Mais und Garbanzos wenig bedeutend, während Weizen, Reis, Baumwolle und in zweiter Linie Chicharos den meisten Raum beanspruchen. Im Jahre 1914 schien es allerdings noch, als ob die Entwicklung dieselbe Richtung wie im Mayodelta einschlagen würde. Die im Jahre 1913 ein-

Anbauflächen am Yaqui.

	1914	1928/29
Mais	2585 ha	2 450 ha
Weizen	1913	15 285
Frijoles	533	—
Garbanzos	4168	565
Chicharos	—	2 650
Reis	234	12 351
Baumwolle	—	9 555
Tomaten	—	584
Luzerne	546	1 547

(Nach Angaben der Companie Richardson.)

geführten Garbanzos hatten fast die gleiche Fläche inne wie Mais und Weizen zusammen. Seit dem Kriege wendete sich das Interesse der Yaquifarmer anderen Kulturen zu. Zunächst war es das erstaunliche Anwachsen der Reisproduktion, das die Entwicklung beherrschte. Vor dem Kriege hatte Sonora noch ein bedeutendes Reisdefizit zu decken. Ein neuer großer innerer Markt entstand mit der Einwanderung chinesischer Arbeiter in das Baumwollgebiet von Mexicali, für die im Jahre 1919 noch 20 000 Zentner Reis im Yaquigebiet aufgekauft wurden. Auch heute ist der Reis kaum für den Export bestimmt, obwohl eine geringe Menge anscheinend nach England ausgeführt wird.

Der Reis ist die Sommerfrucht. Sein Anbau ist völlig mechanisiert, und die Methoden ähneln sehr den in Kalifornien und den Golfstaaten der Union angewandten Verfahren[126]). Große Flächen werden auf maschinellem Wege mit niedrigen Isohypsendämmen versehen, die für die Überflutung der Felder notwendig sind. Breitwürfig wird der Reis ausgesät wie irgendein anderes Getreide. Die ostasiatische Pflanzbeetmethode ist hier ebenso unbekannt wie in Kalifornien. Hier wie dort paßt sie nicht in die koloniale, extensive Wirtschaftsweise hinein. Der Reis beansprucht den Boden ziemlich stark, infolgedessen kann man ihn nicht mehrmals hintereinander auf einem Felde anbauen. In großen Mühlenanlagen, in Cajeme und auf Block 65, wird die Verarbeitung der Ernte für den Versand vorgenommen.

Neben dem Reis gewann der Weizenanbau rasch an Ausdehnung. Während vor der modernen Erschließung das Yaquigebiet noch zum Maisland der mexicanischen Nordwestküste gehörte, wurde es seitdem vom Weizenbau erobert, der bereits seit längerer Zeit im nördlichen und mittleren Sonora eingebürgert war. Erst seit dem Kriege ist daher jener auf Karte 7 so augenfällige Unterschied zwischen den benachbarten Anbaugebieten vorhanden. Der Weizen ist im Gegensatz zum Reis die Winterfrucht. Da er den Boden weniger stark ausnützt, kann man ihn mehrmals hintereinander folgen lassen. Die Anbaumethoden sind sehr extensiv. Gedüngt wird nicht, nur das Stroh wird gleich nach dem Drusch auf dem Felde verbrannt und die Asche dem Boden beigemengt. Das Yaquiweizenbaugebiet ist neben den indischen wohl das am weitesten gegen den Äquator vorgeschobene moderne Weizengebiet eines subtropischen Tieflandes. Das Eindringen in die äußere Tropenzone war auch nur in einem Klima möglich, in dem der Anbau mit Hilfe von künstlicher Bewässerung in den zugleich trockenen und relativ kühlen Winter verlegt werden konnte. Trotzdem leidet der Weizen häufig unter Rost. Saatguterprobung und experimentelle Fürsorge lassen noch zu wünschen übrig. Es war ein schwerer Schlag für die Landwirtschaft am Yaqui, daß die Versuchsstation in Esperanza mit ihren Akten von den Indianern zerstört wurde.

Als dritte Großkultur entwickelte sich der Baumwollanbau. Er hat jedoch geringere Fortschritte gemacht, und es scheint, daß ihm keine glückliche Entwicklung beschieden war. Während noch 1928 fast 10 000 ha am Yaqui angebaut wurden, betrug 1935 die gesamte Anbaufläche Sonoras, d. h. einschließlich der Oasen des Altargebietes und der Flußtäler Mittelsonoras

---

[126]) Vgl. meine Darstellung in „Die räumliche Gliederung der Landwirtschaft im nördlichen Kalifornien". Wissenschaftliche Veröffentlichungen der Gesellschaft für Erdkunde zu Leipzig. X. Band. Festschrift zum 75jährigen Bestehen. Leipzig 1936. S. 229 ff.

nicht mehr als 2013 ha[127]). Wahrscheinlich ist die Konkurrenz des benachbarten Mexicaligebietes zu groß (mit 40 000 ha 1934) gewesen. Andererseits wurde schon 1930 der Baumwollrüsselkäfer beobachtet, so daß auch dieser Schädling zu dem katastrophalen Rückgang des Baumwollanbaus beigetragen haben mag.

Alle anderen Feldfrüchte, wie Mais, Melonen, Tomaten, Südfrüchte und Gemüse, nehmen nur eine untergeordnete Stellung ein. Auch die Garbanzos haben sich nicht durchsetzen können wie am Mayo. Ob hierbei eine Art von räumlicher Arbeitsteilung — wie zwischen Yaquigebiet und Mexicali hinsichtlich der Baumwolle — stattgefunden hat, oder ob natürliche Gründe die Ursache waren, kann ich nicht entscheiden. Zum Beispiel wurde mir geltend gemacht, daß die schweren roten Tonböden sehr stickstoffreich sind und die weitere Stickstoffzufuhr durch den Garbanzoanbau nicht vertragen haben. In diesem Falle würde vielleicht die Verlegung der Anbauflächen von den leichteren hellen Böden am Fluß zu den roten Böden der Becken die Ursache der andersartigen Entwicklung gewesen sein. Es fehlt auch im Yaquigebiet die „bolsa"-Bewässerung mit ihrer jährlichen Bodenerneuerung und Durchfeuchtung, die in allen anderen Garbonzogebieten, nicht nur am Mayo, ausgeübt wird.

Die Karte des Anbaugebietes (Abb. Tafel 3 und Abb. 12), die ich nach dem Material der Richardson Co. zeichnete, läßt die räumliche Anordnung der Nutzflächen hervortreten. Zwei verschiedene Gebiete heben sich dabei voneinander ab: ein kleineres, das sich an den Porfirio Diaz Kanal anlehnt und sich von Cocorit aus auf dem Puebloland nach Westen, und das größere und wichtigere am Canal Principal, das sich nach Süden ausdehnt. In dem großen Gebiet sind alle Hauptanbaufrüchte vertreten. Dabei zeigen sich jedoch deutliche Unterschiede in der Vergesellschaftung der Nutzpflanzen. Die Hauptprodukte: Weizen, Baumwolle, Reis, auch Chicharos, werden vorwiegend auf sehr großen Flächen angebaut. Ganze Blöcke sind einheitlich mit Weizen, Reis oder Baumwolle bestellt. Demgegenüber sind alle anderen Kulturen, wie Tomaten, Melonen und Alfalfa, nur auf kleineren und bunter vermischten Flächen zu finden.

Ganz anders sieht das kleine Gebiet am Yaqui aus. Hier fehlen Baumwolle und Reis. Mais wird dagegen in großem Umfange angebaut. Dabei unterscheiden sich wiederum Pueblo Cocorit und Pueblo Bacum voneinander. In Bacum findet man fast so große Feldeinheiten wie im Hauptgebiet. Hier spielt auch die Chicharo eine wichtige Rolle. Im Puebloland

---

[127]) Bol. Mensual de Estadistica Agricola. Secretaria de Agricultura y Fomento. 1936.

von Cocorit dagegen sind die Feldflächen klein, und das ganze Bild ist sehr buntscheckig, es erinnert in nichts an das Hauptgebiet.

Diese Unterschiede sind sehr tiefgreifend. Die Nutzflächen spiegeln nur eine andersartige soziale Struktur wieder. Bei Cocorit erfolgte die Weiterentwicklung aus einem alten Pueblo heraus, das auch noch inmitten seines Gebietes erhalten blieb. Außerhalb der Dorfsiedlung haben sich zahlreiche kleinere Farmer niedergelassen, darunter eine ganze Reihe Chinesen. Hier ist auch das Siedlungsbild ganz anders als in den „haciendas". Es fehlen die großen modernen Hofanlagen und die amerikanischen Bungalows. Dagegen herrscht das niedrige, flachgedeckte Adobehaus vor, wie es bereits öfter beschrieben wurde. Der Gegensatz in der Entstehung der Bewässerungsgebiete — hier ein einheitlich von fremdem Kapital entwickeltes Neuland, dort Umwandlung alten Eingeborenenlandes — prägt sich im ganzen Habitus der Kulturlandschaft, in Siedlungen, Feld- und Besitzgrößen, Anbaufrüchten und Menschentypen deutlich wieder aus.

Exzentrisch zu seinem Wirtschaftsgebiet liegt an der Bahn Ciudad Obregon. Waibel hat bereits mit kurzen Strichen den Charakter dieser Stadt umrissen[128]. Auf der nackten, gerodeten Lehmfläche ist hier in der Tat ein höchst merkwürdiges Zwittergebilde zwischen mexicanischem und amerikanischem Kolonialstil entstanden. Die Grundrißanlage ist regelmäßig und folgt dem mexicanischen Schema, das auf kompakte, im Umriß quadratische Siedlungen abzielt. Es fehlt eine leitende Hauptstraße. An ihre Stelle tritt der „mercado", auf dem allerdings eine zentrale Markthalle 1930 noch fehlte. Der „mercado" ist auch der Arbeitsmarkt für das Anbaugebiet. Hier warten immer, oft von weither zugeströmte, meist indianische Arbeiter auf das Anheuern.

Die Stadt mit ihren etwa 9000 Ew. besitzt keine streng durchgeführte funktionelle Gliederung. Auch darin ist sie mehr mexicanisch als amerikanisch. Nur am Bahnhof bilden die industriellen Anlagen einen geschlossenen Komplex. Die Stadt beherbergte damals drei Weizenmühlen, vier Reismühlen, die zu den größten Mexicos gehörten, fünf Baumwollentkernungsanlagen, eine Ölmühle für Baumwollsamen und eine größere Konservenfabrik. In dem Hauptteil der Stadt mischen sich Wohn- und Geschäftshäuser. Sie befand sich 1930 in den verschiedenartigsten Stadien des Aufbaus. Teils waren schon solide, meist zweistöckige Geschäftshäuser entstanden, teils ragten noch die Baugerüste auf, während an anderen Stellen erst der Grund vorbereitet wurde. In den Außenvierteln waren

---

128) A. a. O. G. Z. 1927.

Arbeiter beschäftigt, sich einfache Hütten aller Art, oft recht primitive Strukturen, aus Flechtwänden mit Lehmbewurf oder gar nur Petatewänden und -türen und flachen Wellblechdächern zu errichten.

Das Geschäftsleben dagegen ist schon in vollem Gange. Zahlreiche Kaufläden, darunter angesehene chinesische Unternehmen, bedienen die Umgebung. Banken sind vorhanden; die Compañia Richardson unterhält ein großes Konstruktions- und Verwaltungsbüro, das deutsche Haus Wöhler & Bartning, amerikanische Landmaschinenfabriken haben Zweigniederlassungen in Ciudad Obregon gegründet. Auch der Stil der einzelnen Häuser sucht noch zwischen einem mexicanischen und amerikanischen zu vermitteln.

Auf den Straßen herrscht emsiges Leben. Der Automobilverkehr ist groß. Personenautos, Lastwagen kommen und gehen, der Baubetrieb in der Stadt wie auch auf dem Lande macht einen für mexicanische Städte ungewöhnlichen Fuhrverkehr notwendig. Farmer kommen in die Stadt mit ihren offenen Tourenwagen und verlassen sie wieder auf den roten Lehmstraßen, die über die kahle, allen Dorngestrüpps beraubte Ebene dem Bewässerungslande zuführen.

An diese betriebsame und landwirtschaftliche Kolonisation schließt sich am unteren Yaqui das umstrittene „frontera"-Gebiet an. Dank der liebenswürdigen Hilfe eines deutschen Pioniers am unteren Yaqui, des Herrn Dingsfelder, war es mir möglich, auch dies Grenzgebiet zu besuchen.

An dem mäandrierenden Yaquiunterlauf liegen die Länder der sieben alten Yaquipueblos: Cocorit, Bacum, San José, Torim, Vicam, Potam, Huirivis. In ihnen wohnt die Hauptmasse des Stammes. Am Arroyo Cocoraqui liegen drei kleinere Pueblos. Ein großer Teil des Stammes hat sich über den ganzen Staat als Arbeiter zerstreut. Ein Teil lebt noch in Yukatan, ein anderer in den US. in Verbannung. Ihr Land ist ihnen in fast quadratischen Rechtecken von etwa 8×9 km pro Pueblo zugeteilt worden. Leider habe ich infolge des Yaquihochwassers kein bewohntes altes Pueblo am Flusse sehen können, sondern nur zerstörte Siedlungen und die Konzentration bei Bacum an der Eisenbahn. Für manche „broncos", die sich noch immer nicht unterwerfen wollen, bietet die Sierra de Bacatete im Norden des Flusses mit ihren steilen Wänden und düsteren Klippen eine Zuflucht. Viele ihrer Siedlungen sind in den Kämpfen wüst geworden; Torim, Jori, Medano, Huirivis, Guamuchil, die Bahnhofssiedlungen von Potam und Lencho werden noch vom Zensus 1930 als „deshabitado" bezeichnet.

Das ganze Gebiet wurde durch zahlreiche Befestigungen gesichert, die in einer Kette am Verbindungsweg nach Guaymas liegen, um die Southern

Pacific zu schützen. Ein paar Forts waren auch auf der Südseite an der Grenze des Kulturlandes und der kraftvoll entwickelten Dornstrauchsteppe am unteren Yaquis angelegt worden. Fast alle diese kleinen Festungswerke, die nur aus Lehmziegeln erbaut sind, befanden sich 1930 bereits in einem weitgehenden Zustande des Verfalles. Das Zentrum der Verteidigung und Befriedung des Gebietes lag 1930 im Pueblo Bacum. Bei unserer Ankunft herrschte eine militärisch-gespannte Stimmung über dieser eigenartigen Siedlung. In der Dunkelheit standen Soldaten und Offiziere umher. Taschenlampen blitzten auf und verschwanden. Beim Aussteigen wurde jeder Reisende von Soldaten mit aufgepflanztem Bajonett visitiert. Freies Bewegen war ausgeschlossen, bevor nicht alle beteiligten offiziellen Stellen ihre Erlaubnis gegeben hatten. Drei Beamte hatten zuzustimmen, die den drei Teilen der Siedlung entsprachen: der militärische Führer, der Zivilbeamte (der „syndico") und der Yaqui-Häuptling „Pluma Blanca".

Den Mittelpunkt Bacums bildet die Eisenbahnsiedlung. Der Bahnhof ist ein gedrungenes solides Steingebäude, dessen Fenster Schießscharten sind; es kann durch schwere, feste Türen zur Verteidigung abgeschlossen werden. An den Bahnhof schließt sich auf der Südseite die militärische Siedlung mit einer Plaza und einem kleinen Adobefort an, in dem der Kommandant wohnt. Im übrigen besteht dieser Teil der Siedlung hauptsächlich aus Hütten in der üblichen Reisergeflecht- oder Petatentechnik mit flachen Dächern. Für die Unterhaltung der Soldaten und ihrer Frauen sorgt ein Freilichtkino, das gleichfalls in der heimischen Technik aus Reisergeflechtwänden für den Zuschauerraum und einer Petate-Vorführungskammer aufgeführt ist. Ihr Wasser erhält die fern vom Fluß liegende Siedlung in besonderen Wassertransportwagen mit der Eisenbahn.

Aus dem gleichen Wasserwagen holen auch die Yaquifrauen aus der Konzentrations-Siedlung ihren täglichen Bedarf. Diese Siedlung breitet sich auf einer Ebene nördlich der Eisenbahnlinie aus, die von der Sierra de Bacatete abgeschlossen wird. Nur der notwendigste Platz für Häuser und Straßen ist in die sukkulentenreiche Dornstrauchsteppe gerodet worden. Überall wuchert noch Kakteen- und Mesquitegestrüpp zwischen den Häusern. Ein regelmäßiger Grundriß ist bei dieser Siedlung nicht zu beobachten. Soweit dies ein kurzer Gang durch den Ort zum Besuch des Häuptlings erkennen ließ, ordnen sich jeweils mehrere Häuser innerhalb der Siedlung zu gewissen Gruppen, die bisweilen auch eine Art von gemeinsamen Versammlungs„ramadas" zu haben scheinen. Zahlreiche einfache Holzkreuze stehen auf kleinen Plätzen zwischen den Häusern. Da es die Zeit der Ostertänze war, begegneten wir einigen Tänzern, die unter Flötenmusik, mit weißen Speeren und Holzschwertern bewaffnet, mit

Büffelhörnern auf dem Kopf und Rasseln an den Beinen geschmückt, im Tanzschritt daherkamen. Die Häuser selbst gehören alle zu dem gleichen Typ, wie ich ihn schon für den Mayo beschrieben habe.

Südlich des Flusses dagegen ist alles noch im Zustande der Verwilderung, in die das alte Yaquikulturland und die ersten kolonisatorischen Anfänge in Porfirio Diaz' Zeit während der Indianerkriege verwandelt wurden. Dichter, üppigster Mesquitewald überzieht die Landschaft. Hier und da mischt sich ein jetzt (im Mai) golden blühender Palo verde hinein oder die mächtigen Gestalten von Sahuaros und Pitahayas. Zahllose Kakteenarten: Opuntien, Chollas, Faßkakteen (Echinokakteen) bereichern mit ihren bizarren Formen das Bild. Inmitten dieser Wildnis trifft man auf die Spuren der älteren Bewässerungsversuche, die sich wie beim Mayo unmittelbar an den Fluß anschließen. Es sind teils einfache Durchstiche der Yaqui, teils längere Bauten, wie beispielsweise der Conant-Kanal. Sie alle liegen heute trocken und werden von Carrizo, übermannshohen Rohrdickichten, überwuchert. Verbrannte Hausstätten zeugen von den Kämpfen, die 1928 hier stattgefunden haben, als die letzten Yaqui südlich des Flusses in ihren Pueblos zur Übergabe gezwungen wurden. Von Überresten der Kolonisationsversuche der Weißen vor den großen Yaquiwirren ist mit Ausnahme der Kanäle kaum noch etwas zu erkennen. Nur ein eingehenderes Studium der Verbreitung der Montebestände nach Altersklassen und Zusammensetzung würde wohl noch primäre und sekundäre Montewaldungen unterscheiden lassen.

Nach stundenlanger Fahrt durch diese Wildnis erreichten wir in etwa 60 km Luftlinie von Ciudad Obregon den Ort, wo ein deutscher Pionier zusammen mit seinem Kompagnon, einem alten Goldsucher aus Alaska, im vorhergehenden Jahre (1929) wieder eingedrungen war, um sein brachliegendes Land von 5 bis 6 km Ausdehnung zu bestellen. Camp Del Rio auf dem Gebiet des alten Pueblo Potam am Yaqui war das Zentrum dieser neuen Ansiedlung. Der Yaqui macht hier eine scharfe Biegung und ist etwa 6 m in das umgebende Deltaland eingeschnitten. Auf diesem verhältnismäßig hochwassersicheren Uferwall standen die ersten Gebäude: das „Büro", ein fester Bau ohne Fenster aus Stangen und Reiserwerk mit Lehmbewurf und einem fast völlig flachen Lehmdach, und eine Küche aus Petatematten, in der ein anderer Deutscher, ein Kieler, den der Krieg in Guaymas festgehalten hatte, seines Amtes waltete. In der Nähe waren etwa ein Dutzend Arbeiter-„jakales" im Gebüsch versteckt. Von diesen primitiven Hütten hoben sich merkwürdig die großen modernen Arbeitsgeräte, ein neuer Raupentraktor, landwirtschaftliche Maschinen, ein Lastwagen und ein Personenautomobil, ab. Zahlreiche Fässer mit Betriebsstoff standen auf dem Hofe. Ein kleinerer Traktor wurde dazu verwendet, Wasser aus dem Fluß in den Bewässerungskanal zu pumpen, der unmittelbar beim Camp einsetzt. Die Felder selbst dagegen lagen in einiger Entfernung vom Fluß, wie es den typischen Geländeverhältnissen entspricht: abseits des erhöhten Uferwalles an der ganz flachgeneigten Abdachung zu den Becken des Deltas.

500 ha waren hier bereits gerodet und bewirtschaftet. Eine einzige Nutzpflanze wurde auf der großen Fläche angebaut — Melonen. Nur am Fluß gab es ein paar Gemüsebeete für den Hausgebrauch. Nicht als selbstgenügsame Pionierwirtschaft sollte das neue Unternehmen sein Leben beginnen, sondern als große Spekulation. Alles beruhte darauf, daß die Melonen von keiner Kälteperiode am Gedeihen gehindert würden, so daß sie früher als vom Imperial Valley — für das man etwas Frost sehr gern gesehen hätte — auf den amerikanischen Markt gelangen könnten. Herr D. stützte sich bei seinen Plänen auch auf seine Erfahrung, daß gerade am unteren Yaqui gewisse Gebiete praktisch frostfrei sind. Rinder und Pferde weideten in der Monte und fanden besonders an alten Flußläufen und im Bett der verfallenen Kanäle üppigen Grasbestand. Eine starke Arbeiterabteilung war damit beschäftigt, eine neue Straße in gerader Richtung nach der Stadt Ciudad Obregon durch den Monte zu schlagen. Der tischebene Lehmboden gestattet ja in der trockenen Jahreszeit Automobiltransport ohne weitere Vorbereitungen.

Camp Del Rio stellt einen äußersten Auslieger des großen Bewässerungsgebietes von Ciudad Obregon dar. Inmitten der Wildnis, gegenüber den alten Yaquipueblos, den geschwärzten Trümmern der Dorfruinen und der Befestigungen ein deutlicher Beweis für den Wagemut des alten deutschen Pioniers, der seit fast einem Menschenalter hier seine Pläne durchzusetzen gewohnt ist. Zugleich auch ein eindrucksstarker Beleg für die verschiedenen Gewalten, alte indianische und moderne kapitalistische, die am Yaqui nach einem Ausgleich suchen.

Die hier behandelten Deltaebenen am Presidio, Culiacan, Fuerte, Mayo und Yaqui sind heute die landwirtschaftlichen Kerngebiete beider Staaten. Für ihre Entwicklung ist fremde Anregung entscheidend gewesen. Das gilt auch für das modernste Bewässerungsgebiet Niederkaliforniens am unteren Colorado, das eine natürliche Fortsetzung des Imperial Valley darstellt. Auch im Bergbau und in den Rinderweidewirtschaften waren auswärtige Kräfte die tragenden Elemente. Stand anfänglich der europäische Einfluß, der über die Häfen eindrang, im Vordergrund, so ist es seit einem halben

Jahrhundert immer mehr die wirtschaftliche Expansion der Union gewesen, die das Wirtschaftsleben prägte. Dadurch hat dieses aber noch den Charakter eines Fremdkörpers, eines aufgepfropften Reises in der sozialen Struktur des Landes behalten. Es wird abzuwarten bleiben, ob die im Jahre 1930 gemachten Beobachtungen den Anfang einer dauerhaften Entwicklung festhielten, oder ob die starken und von Zeit zu Zeit immer erneut auflebenden revolutionären, antikapitalistischen, antinordamerikanischen und auch antieuropäischen Kräfte die Oberhand gewinnen werden. Neue eigenständige Formen, wie sie die kooperativen Bewässerungskolonien am Mayo und Landvergebungen an „ejidatarios" darstellen, sind hoffnungsvolle Versuche, die aber ihre Lebenskraft und Leistungsfähigkeit noch erproben müssen. Von der Erschließung dieser Kernlandschaften wird auch das ganze wirtschaftliche Leben der beiden Staaten mitbetroffen werden. Die natürlichen Voraussetzungen für eine bedeutende Zukunft sind durchaus gegeben. Die Struktur des Reliefs bietet genügend Möglichkeiten in Sinaloa und Sonora für die Anlage großer Staudämme, die dem Lande das zur Bewirtschaftung allein fehlende Wasser und elektrische Kraft für Bahnen, Bergbau und gewerbliche Anlagen bereitstellen würden. Diese Zukunft wird im wesentlichen von der Stabilisierung der politischen Verhältnisse im Innern abhängig sein, die die notwendige Vertrauensgrundlage für große kapitalfordernde Kultivierungsarbeiten, für Verkehrswege und vor allem für einen aufnahmefähigen inneren Markt schaffen muß.

Statistische Übersicht.

Gesamtfläche und Zensusland von Sinaloa und Sonora.

	Gesamtoberfläche d. Staates in 1000 ha	% von der Gesamtoberfläche v. Mexico	Zensusland in 1000 ha	% d. ges. Zensuslandes v. Mexico	Zensusld. in % v. d. Gesamtoberfläche
Sinaloa	5 848,8	3,0	2 807,9	2,0	48,6
Sonora	18 255,3	9,2	6 620,5	5,1	36,3

Ländliche Bevölkerung in 1000, 1910 und 1930.

	1910			1930			
	Gesamtzahl d. Bevölkerung	Ländliche Bevölkerung	% d. ländlichen a. d. Gesamtbevölkerg.	Gesamtzahl d. Bevölkerung	Ländliche Bevölkerung	% d. ländlichen a. d. Gesamtbevölkerg.	% der Veränderung
Sonora . .	265,4	219,6	82,7	316,3	217,9	68,9	— 13,8
Sinaloa . .	323,6	278,4	86,0	395,6	320,3	81,0	— 5,0

Bevölkerungsdichte.

	Gesamtzahl d. Bevölkerung in 1000	Dichte pro qkm	Ländliche Bevölkerung in 1000	Landwirtschaftliche Nutzfläche qkm	Ländl. Bev., bezogen auf d. ldwschftl. Nutzfläche
Nordpazif. Zone . .	975,0	2,4	219,5	109 173	2,0
Baja Calif. . . .	95,4	0,7	19,0	21 807	0,9
Nayarit	167,7	6,1	41,4	9 297	4,5
Sinaloa	395,6	6,8	94,9	21 532	4,4
Sonora	318,3	1,7	64,1	56 537	1,1
Mexico im ganzen .	16 552,7	8,4	3 626,3	1 108 009	3,3

Verteilung des ebenen Landes.

	Ebenes Land in 1000 ha	% der Gesamtoberfläche	% des Zensuslandes
Nordpazif. Zone . .	5 030,8	12,2	37,5
Baja California . .	802,9	5,6	33,1
Nayarit	499,3	18,3	32,3
Sinaloa	1 194,1	20,4	42,5
Sonora	2 534,4	13,9	38,3
Mexico im ganzen .	64 861,3	33,0	49,3

Landnutzung 1930 (in 1000 ha).

	Anbaufläche: Bebautes Land	%	Anbaufläche: Brachland	%	Gesamtanbaufläche	%
Sinaloa	227,9	3,9	183,2	3,1	411,1	7,0
Sonora	127,6	0,7	97,3	0,5	224,9	1,2
Mexico im ganzen .	7 090,5	3,6	7 421,2	3,8	14 517	7,4

	Weide	%	Wald	%	Alles übrige	%
Sinaloa	982,9	16,8	674,2	11,5	3 780,5	64,7
Sonora	5 008,4	27,4	392,7	2,2	12 629,3	69,2
Mexico im ganzen .	66 492,9	33,8	25 855,5	13,2	89 598,4	45,6

Tatsächliche und potentielle Anbaufläche 1930 (in 1000 ha).

	Anbaufläche: Tatsächlich	%	Anbaufläche: Potentiell	%	Gesamtanbaufläche	%	Alles übrige	%
Sinaloa . .	411,1	7,0	185,5	3,2	596,6	10,2	5 252,2	89,8
Sonora . . .	224,9	1,2	299,5	1,6	524,4	2,9	17 730,9	97,1

Einteilung des bebauten Landes (in 1000 ha).

	Gesamtfläche	Bewäss. Land Fläche	%	Humides Land Fläche	%	Semiarides Land Fläche	%	Baumkulturen Fläche	%
Sinaloa .	411,1	80,9	19,7	16,6	4,0	312,0	75,9	1,6	0,4
Sonora . .	224,9	115,4	51,3	7,0	3,1	101,9	45,3	0,7	0,3
Mexico im ganzen	14 517,7	1 677,1	11,6	1 304,2	8,9	11 497,2	79,2	39,2	0,3

Bericht über das Jahr 1937.

Die Mitgliederzahl hat im Jahre 1937 — vor allem durch Tod alter Mitglieder — abermals abgenommen. Wir vermissen besonders den Nachwuchs, der sich zwar an den Veranstaltungen gern beteiligt, aber aus finanziellen Gründen den Beitritt scheut. Erfreulich ist, daß im Jahre 1937 eine größere Zahl „Förderer" uns mit erhöhten Beiträgen unterstützt hat.

Die Vorträge waren gut besucht; bei den beiden Vorträgen im Dezember waren die großen Säle sogar ganz besetzt — ein Beweis, daß unsere Vorträge weit über den Rahmen der eigentlichen Mitgliederzahl großes Interesse in Hamburg finden. Irgendeine Eintrittskontrolle wurde nicht ausgeübt. Die Fachvorträge im Januar und April wandten sich in erster Linie an die Hamburger Lehrerschaft. Der Fachvortrag im Oktober fand in Seemannskreisen große Beachtung. Der Lehrausflug nach dem Adolf-Hitler-Koog mußte wegen sehr starker Nachfrage wiederholt werden.

Übersicht über die Veranstaltungen

A. Allgemeine Sitzungen.

578. Sitzung. 7. Januar 1937.

Vortrag: Professor Dr. Titschack, Hamburg: „Land und Mensch in Süd-Peru auf Grund einer Forschungsreise in das Innere".

579. Sitzung. 11. Februar 1937.

Vortrag: Dr. Paul Rohrbach, Berlin: „Deutscher Wiederaufbau in Kamerun".

580. Sitzung. 4. März 1937.

Vortrag: Dozent Dr. G. Pfeifer, Bonn: „Die Landschaft und Wirtschaft in Kalifornien".

581. Sitzung. 5. April 1937.

Vortrag: Dr. Kurt Krause, Leipzig: „Der Weltluftverkehr von heute".

582. Sitzung. 7. Oktober 1937.

Vortrag: Professor Dr. Franz Kühn, Kiel: „Argentinien von heute".

583. Sitzung. 4. November 1937.

Vortrag: Professor Dr. Erich Wunderlich, Stuttgart: „Die Tschecho-Slowakei unter besonderer Berücksichtigung des deutsch-tschechischen Handelsverkehrs".

Sondersitzung. 18. November 1937.

(Gemeinsam mit der Patriotischen Gesellschaft.)

Vortrag: Frau Latifa Arens-Leverkus, Heidelberg: „Ewiges Indien".

584. Sitzung. 2. Dezember 1937.

Vortrag: Kapitän Hans von Schiller, Frankfurt a. M.: „Eine Million Seemeilen mit dem ‚Graf Zeppelin'".

Sondersitzung. 16. Dezember 1937.

(Gemeinsam mit der Friedrich-Sthamer-Gesellschaft.)

Vortrag: Mr. Hugh Ruttlegde, London: „The Attempts to Climb Mount Everest".

B. Fachsitzungen.

---

123. Fachsitzung. 21. Januar 1937.

(Gemeinsam mit der Fachgruppe Erdkunde des NS.-Lehrerbundes, Gau Hamburg.)

Dr. E. Bobzin, Hamburg: „Die Saaletalsperren und die Schieferbrüche bei Lehesten".

124. Fachsitzung. 18. Februar 1937.

Professor Dr. A. Herrmann, Berlin: „Völkerwanderungen und Kulturaustausch zwischen China und dem Abendland".

125. Fachsitzung. 18. März 1937.

Werner Heybrock, Hamburg: „Eine Studienreise in die nordpersischen Gebirge". (Die Reise war u. a. auch von der Geogr. Ges. Hamburg geldlich unterstützt.)

126. Fachsitzung. 15. April 1937.

(Gemeinsam mit der Fachgruppe Erdkunde des NS.-Lehrerbundes, Gau Hamburg.)

Dr. Curt Bender, Hamburg: „Neuzeitliche Wetterkunde".

127. Fachsitzung. 21. Oktober 1937.

Dozent Dr. R. Uhden, Braunschweig: „Aus der Frühgeschichte der Seekarten".

C. Besichtigungsfahrten.

9. Mai 1937: Besichtigungsfahrt nach dem Adolf-Hitler-Koog mit Vortrag von Kreisbaurat Jacobsen, Meldorf.

19. September 1937: Wiederholung der Fahrt nach dem Adolf-Hitler-Koog. Bei beiden Fahrten führte Professor Dr. Petersen, Hamburg.

Der Band XLV der „Mitteilungen" konnte noch Ende 1937 erscheinen, mußte allerdings aus Geldmangel im Umfange verringert werden; auch konnte den Verfassern kein Honorar gezahlt werden. Er enthält folgende Arbeiten:

Helm, Rudolph, Hamburg: Zum hundertsten Geburtstag des hamburgischen Afrikaforschers Dr. Albrecht Roscher.

Jessen, Otto, Prof. Dr., Rostock: Heckenlandschaften im nordwestlichen Europa.

Schultze, Arnold, Dr., Ambato (Ecuador): Flammen in der Sierra Nevada de Santa Marta.

Wir haben inzwischen — besonders auch von ausländischen Tauschfreunden — zahlreiche anerkennende Urteile erhalten. Hoffentlich ist es uns auch im Jahre 1938 möglich, einen Band herauszubringen.

Der Zuwachs der Bücherei betrug rund 300 Bände gegen 400 im Jahre 1936. Die Ursache liegt z. T. im Charakter der Tauschobjekte als vielfach periodische Erscheinungen. Die Einbandverhältnisse verschlechterten sich weiter. Bis Ende 1937 haben sich ca. 3400 ungebundene Bände, die in Gefahr des Zerfalls sind, angesammelt. Die Benutzung der Bücherei, jetzt fast 30 000 Bände umfassend, ist sehr gut. Der bisherige ehrenamtliche Bibliothekar — Prof. Dr. Mühlhausen — wurde am 1. April 1937 nach Berlin berufen. Die laufenden Arbeiter erledigt jetzt Dr. Niemeyer.

Die Zusammensetzung des Vorstandes blieb im Jahre 1937, bis auf das Ausscheiden von Prof. Dr. Mühlhausen, unverändert. Eine im Herbst 1937 auf Vorschlag des 1. Vorsitzenden vorgenommene Satzungsänderung (siehe Anhang S.464) begrenzte die Amtsdauer des Präsidenten auf drei Jahre. Für 1938 wurde der Vorstand neu gewählt.

Die anfangs ungünstige Finanzlage besserte sich für das Jahr 1937 durch — größtenteils einmalige — Stiftungen von „Förderern" sowie den Staatszuschuß. Eine Rücklage für den Band 46 konnte geschaffen werden. Mit der Herausgabe des Bandes 46 wird jedoch das Vermögen der Gesellschaft bis auf 475 RM nom. Anleiheablösungsschuld im wesentlichen erschöpft sein. Beihilfen für Auslandsreisen konnten nur noch in ganz geringem Umfange (je 100 RM Dr. Semmelhack für Kamerun und Dr. Elvers für Norwegen) gewährt werden. Die selbständige Ludwig-Friederichsen-Stiftung, die die Gesellschaft nur verwaltet, blieb bis auf den Zinszuwachs unverändert.

Lütgens.

Anhang.

Niederschrift über die Mitgliederversammlung der Geographischen Gesellschaft in Hamburg am 4. November 1937.

Punkt 1 der Tagesordnung.

Nach Eröffnung der Sitzung teilt der Vorsitzende, Herr Senator Dr. de Chapeaurouge, mit, daß nach dem Beschluß der November-Sitzung ein Ausschuß, der sich aus den Herren Bostelmann, Helm, Dr. Paulsen und Prof. Lütgens und ihm zusammengesetzt hat, die vorgeschlagenen Satzungsänderungen beraten habe. Die Änderungen seien einstimmig beschlossen und den Mitgliedern durch Auslage in der Geschäftsstelle bekanntgegeben. Die Versammlung verzichtete auf Anfrage des Vorsitzenden auf Verlesung der Satzungsänderung im einzelnen.

Nach einem kurzen Referat des Vorsitzenden über die beantragten Änderungen werden sie einstimmig durch Zuruf, laut Anlage, genehmigt.

gez. Dr. de Chapeaurouge. Dr. Lütgens.

Anlage.

Anträge

für die Mitgliederversammlung am Donnerstag, dem 4. November 1937, betreffend Änderung der Satzung nach den Beschlüssen des Ausschusses, der in der Oktober-Versammlung von den Mitgliedern gewählt ist.

1. § 8 Abs. 2 erhält folgende Fassung:
   „Scheidet ein Vorstandsmitglied während seiner Amtszeit aus, ergänzt sich der Vorstand durch Zuwahl, die bis zum Ablauf der Amtszeit des Ausgeschiedenen gilt."

2. In § 9 Abs. 1 wird der Bibliothekar gestrichen und die Worte „4 Beisitzer" ersetzt durch die Worte „bis zu 8 Beisitzern".

3. § 9 Abs. 2 erhält folgende Fassung:
   „Der Vorstand verteilt selbst diese Ämter unter seine Mitglieder; ein und dasselbe Mitglied darf höchstens 3 Jahre hintereinander zum ersten Vorsitzenden gewählt werden."

4. § 10 Abs. 5 betreffend den Bibliothekar wird gestrichen, und ebenso im Abs. 6 die Worte „und den Bibliothekar".

5. § 14 erhält folgende neue Fassung:
„Eine Änderung der Satzung kann nur in einer allgemeinen Sitzung oder Mitgliederversammlung beschlossen werden. Anträge auf Satzungsänderung sind den Mitgliedern in einer Einladung mit einer Frist von mindestens einer Woche zuvor mitzuteilen.
Anträge von Mitgliedern auf Änderung der Satzung sind schriftlich dem Vorstande einzureichen, der sie in der nächsten allgemeinen Sitzung oder Mitgliederversammlung zur Beratung zu stellen hat. Sie bedürfen der Unterschrift von mindestens 10 Mitgliedern. Alle Beschlüsse über Satzungsänderungen bedürfen ferner einer Mehrheit von ¾ der anwesenden Mitglieder.“

Jahres-Abrechnung 1937:

Barbestand am 1. Januar 1937		RM. 1 571.94	
zuzügl. Guthaben bei der Neuen Sparcasse v. 1864,			
Rücklage für den Band 45 der „Mitteilungen" . .		„ 3 972.43	RM. 5 544.37

Einnahmen:

Mitgliederbeiträge			
von 382 Ordentlichen Mitgliedern	RM. 3 781.—		
„ 25 Förderern	„ 2 500.—	RM. 6 281.—	
Zuwendungen von der Hochschulbehörde			
Rest für das Rechnungsjahr 1936 . .	RM. 500.—		
1. Rate „ „ „ 1937 . .	„ 500.—	„ 1 000.—	
Erlös aus „Mitteilungen" usw.		„ 79.84	
Zinsen bei der Neuen Sparcasse von 1864 . . .		„ 145.98	„ 7 506.82
			RM. 13 051.19

Ausgaben für

Sitzungen und Vorträge		
Saalmieten, Vortragshonorare und Unkosten . . .	RM. 1 647.54	
Exkursionen	„ 224.54	RM. 1 872.08
Verwaltung		
Geschäftsstelle, Schriftführung, Kasse, Drucksachen, Papier,		
Porto, Telefon usw.		„ 1 648.57
Bibliothek		
Bücher und Zeitschriften	RM. 173.13	
Unkosten (Bibliothekar, Porto, Feuerversicherung)	„ 146.10	„ 319.23
Band 45 der „Mitteilungen"		
Anzahlungen		„ 3 100.—
Steuern		
Körperschaftssteuer 1934, 1935 und 1936	RM. 231.70	
„ -Vorauszahlungen für 1937 . .	„ 94.—	„ 325.70
		RM. 7 265.58

		Übertrag	RM.	7 265.58
Beiträge und Zuschüsse				
a. d. Verein Jordsand, Mitgliedsbeitrag	RM.	5.—		
f. Reise Dr. W. Semmelhack nach Kamerun . . .	„	100.—	„	105.—
			RM.	7 370.58
Saldo: Barbestand am 31. Dezember 1937				
Bankguthaben, Postscheckkonto - Guthaben und Kassenbestand	RM.	1 032.20		
zuzügl. Guthaben bei der Neuen Sparcasse v. 1864, als Rücklage für Restzahlung gegen Band 45 und Gesamtkosten des Bandes 46 der „Mitteilungen“	„	4 648.41	„	5 680.61
			RM.	13 051.19

Vermögenstand am 31. Dezember 1937

Barbestand, wie vorstehend			RM.	5 680.61
Wertpapiere:				
RM. 200.— D. R. Ablös.-Anl. m. Auslosg., 5×129,3 %	RM.	1 293.—		
„ 275.— Hbg. „ „ „ , 5×127,5 %	„	1 753.—		3 046.—
Ludwig Friederichsen Gedächtnis-Stiftung				
Guthaben bei der Hamburger Sparcasse von 1827			„	1 271.05
			RM.	9 997.66

Hamburg, den 18. Januar 1938.

Geographische Gesellschaft in Hamburg
(gez.) Dr. R. Schlubach,
p. t. Kassierer.

Nachgesehen und in Ordnung gefunden am 6. April 1938.
(gez.) Nottebohm
(gez.) W. Ganszauge.

Bericht über das Jahr 1938.

Im Jahre 1938 hat die Mitgliederzahl eine weitere, wenn auch nicht sehr große Minderung erfahren. An ordentlichen Mitgliedern werden 346 geführt; 23 Förderer haben im ganzen 2050 RM gespendet. Wieder sind eine Reihe langjähriger Mitglieder durch den Tod ausgeschieden. Bei den Neueintretenden vermißt man fast ganz Angehörige der hamburgischen Kaufmannschaft.

Gemäß den Ende 1937 geänderten Satzungen erfolgte eine Ergänzung des Vorstandes. In der Februar-Sitzung wurden auf Antrag des bisherigen 1. Vorsitzenden die Herren Senator Carl Witt und Staatsrat Eßberger neu gewählt. Die beiden Herren übernahmen die Ämter des 1. und 2. Vorsitzenden. Herr Senator de Chapeaurouge wurde Beisitzer; die übrigen Ämter blieben unverändert.

Die Veranstaltungen der Gesellschaft wurden im gewohnten Umfange durchgeführt. Die Vorträge der Allgemeinen Sitzungen fanden stets reichen Beifall; der Besuch ging aber etwas zurück, obwohl die jeweiligen Interessenten und Verbände sowie die Oberklassen der Schulen eingeladen waren. Einige Fachvorträge wurden mit der Fachgruppe Erdkunde im NS.-Lehrerbund gemeinsam veranstaltet.

Übersicht über die Veranstaltungen.

A. Allgemeine Sitzungen.

585. Sitzung. 6. Januar 1938.

Vortrag: Dozent Dr. Albert Kolb, Leipzig: „Die Philippinen auf dem Wege zur Selbständigkeit".

586. Sitzung. 10. Februar 1938.

Vortrag: Col. Edward Shackleton, London: „Die Ellesmereland-Expedition der Oxford-Universität".

587. Sitzung. 10. März 1938.

Vortrag: Prof. L. Mecking, Hamburg: „Hafenbilder und Hafenprobleme von Kapstadt bis Port Sudan".

588. Sitzung. 7. April 1938.

Vortrag: Prof. Dr. H. Lautensach, Greifswald: „Portugal von heute".

589. Sitzung. 6. Oktober 1938.

Vortrag: Dr. Karl Helbig, Hamburg: „Auf Fußpfaden durch Borneo".

590. Sitzung. 3. November 1938.

Vortrag: Dr. W. Semmelhack, Hamburg: „Kamerun — gestern und heute".

591. Sitzung. 1. Dezember 1938.

Vortrag: 1. Prof. Dr. A. Meyer, Hamburg; 2. Prof. Dr. A. Welte, Halle: „Santo Domingo von heute".

592. Sitzung. 8. Dezember 1938.

Vortrag: Reg.-Rat Dr. W. Semmelhack, Hamburg: „Meine Kamerunreise 1937".

B. Fachsitzungen.

---

128. Fachsitzung. 20. Januar 1938.

Vortrag: Prof. Dr. S. Passarge, Hamburg: „Wissenschaftliche Ergebnisse meiner Reise in Algerien".

129. Fachsitzung. 17. März 1938.

Vortrag: Dr. W. Wegewitz, Harburg: „Germanische Baumsarggräber und Totenhäuser in Hamburgs Umgebung".

130. Fachsitzung. 21. April 1938.

Vortrag: Dr. Höller, Hamburg: „Transozeanflug der Deutschen Lufthansa und Flugwetterdienst der Deutschen Seewarte".

131. Fachsitzung. 20. Oktober 1938.

Vortrag: Dr. Gottfried Weiss, München: „Küstenprobleme der östlichen Ostsee".

132. Fachsitzung. 17. November 1938.

Vortrag: Dozent Dr. H. Wilhelmy, Kiel: „Die faschistische Kolonisation in Nord-Afrika".

C. Besichtigungsfahrt.

---

22. Mai 1938: Autobusfahrt. Landesplanung und Raumgestaltung südlich Groß-Hamburgs. Hamburg—Harburg—Dibbersen—Buxtehude—Cranz—Moorburg—Hamburg. Führung: Herr Reichsbahnbaudirektor Scheunemann.

Die Besichtigungsfahrt der Reichsautobahn südlich Hamburgs unter Führung von Herrn Reichsbahnbaudirektor Scheunemann erfreute sich starker Teilnahme. Eine Herbstfahrt in das Hannöverische Wendland mußte auf 1939 verschoben werden, da im letzten Augenblick die Autobusse für Heereszwecke benötigt wurden.

Der Bericht der Bücherei — Verwalter Dr. Niemeyer und Dr. Koops — liegt bei. Der Austauschverkehr mit fremden Gesellschaften hat sich erfreulich gesteigert, im übrigen sind aber die Büchereiverhältnisse ziemlich trostlos. Eine zum Einbinden wertvoller Bücher gewährte Beihilfe der Handelskammer, für deren Vermittlung sich Herr Nottebohm besonders bemühte, war ein Tropfen auf heißem Stein.

Der neue Band 46 unserer „Mitteilungen" ist Ende des Jahres in Druck gegeben und wird voraussichtlich im Mai erscheinen. Er wird im Gegensatz zu den letzten Jahren wieder den Umfang unserer früheren Bände erreichen und folgende Arbeiten enthalten:

Passarge: „Das Geographische Seminar des Kolonialinstituts und der Hansischen Universität."

Dr. Weinert: „Geographie der Pelztierzucht."

Dozent G. Pfeifer: „Nordwest-Mexico."

Der Kassenbericht erfolgt gesondert. Trotz der geringer gewordenen Einnahmen hat die Gesellschaft auch im Jahre 1938 nach Kräften versucht, ihre der Allgemeinheit zugute kommenden Aufgaben zu erfüllen. Das war nur möglich, indem besonders bei der Bücherei, aber auch beim Honorar der auswärtigen Vortragenden und der Mitarbeiter der „Mitteilungen" über das Erträgliche hinaus gespart wurde. Hier muß in irgendeiner Form ein Wandel eintreten, wenn nicht das Fortbestehen der Gesellschaft gefährdet werden soll.

Lütgens.

Jahres-Abrechnung 1938:

Barbestand am 1. Januar 1938			RM. 1 032.20	
zuzügl. Guthaben bei der Neuen Sparcasse v. 1864, Rücklage für die „Mitteilungen", Band 45 und 46			„ 4 648.41	RM. 5 680.61

Einnahmen:

Mitgliederbeiträge				
von 346 Ordentlichen Mitgliedern .		RM. 3 438.50		
„ 23 Förderern		„ 2 050.—	RM. 5 488.50	
Zuwendungen von der Hochschulbehörde				
Rest für das Rechnungsjahr 1937	RM. 500.—			
1. Rate für das Rechnungsjahr 1938 . . .	RM. 525.—	RM. 1 025.—		
von der Handelskammer Hamburg für die Bibliothek (Buchbinder-Rech.)		RM. 499.75	„ 1 524.75	„
Erlös aus „Mitteilungen" usw.			„ 198.12	
Zinsen bei der Neuen Sparcasse von 1864 . . .			„ 133.19	„ 7 344.56
				RM. 13 025.17

Ausgaben für

Sitzungen und Vorträge			
Saalmieten, Vortragshonorare und Unkosten . . .		RM. 1 335.70	
Exkursionen		„ 43.09	RM. 1 378.79
Verwaltung			
Geschäftsstelle, Schriftführung, Kasse, Drucksachen, Porto, Telefon und Sonstiges			„ 1 916.57
Bibliothek			
Bücher und Zeitschriften	RM. 138.93		
Unkosten (Utensilien, Bibliothekar, Porto und Feuerversicherung)	„ 1 659.05		„ 1 797.98
			RM. 5 093.34

	Übertrag	RM.	5 093.34
„Mitteilungen“			
Restzahlung für Band 45	RM. 239.35		
Anzahlung „ „ 46	„ 4 000.—	„	4 239.35
Steuern			
Körperschaftssteuer-Vorauszahlungen für 1938 . .	RM. 84.—		
÷ „ -Rückerstattung „ 1937 . .	„ 28.—	„	56.—
Beiträge und Zuschüsse			
Mitgliedsbeitrag an den Verein Jordsand	RM. 5.—		
Beitrag zum Reise- u. Forschungs-Stipendium der Geographischen Gesellschaften des Deutschen Reiches	„ 100.—	„	105.—
		RM.	9 493.69
Saldo: Barbestand am 31. Dezember 1938			
Bankguthaben, Postscheckkonto - Guthaben und Kassenbestand	RM. 2 749.88		
zuzügl. Guthaben bei der Neuen Sparcasse v. 1864, als Rücklage für Restzahlung und Versandkosten für den Band 46 der „Mitteilungen“	„ 781.60	„	3 531.48
		RM.	13 025.17

Vermögenstand am 31. Dezember 1938

Barbestand, wie vorstehend		RM.	3 531.48
Wertpapiere:			
RM. 200.— D. R. Ablös.-Anl. m. Auslosg., 5×129,3 %	RM. 1 293.—		
„ 275.— Hbg. „ „ „ , 5×127,5 %	„ 1 753.—		3 046.—
Ludwig Friederichsen Gedächtnis-Stiftung			
Guthaben bei der Hamburger Sparcasse von 1827		„	1 309.18
		RM.	7 886.66

Hamburg, den 16. Januar 1939.

Geographische Gesellschaft in Hamburg

(gez.) Dr. R. Schlubach,

p. t. Kassierer.

Nachgesehen und in Ordnung gefunden am 2. März 1939.

(gez.) Nottebohm

(gez.) W. Ganszauge.

Bericht über die Verwaltung der Bibliothek der Geographischen Gesellschaft für die Jahre 1937 und 1938.

1. Austausch. Der Austausch hat im laufenden Jahre gegenüber dem Jahre 1937 eine bedeutende Steigerung erfahren. Es gingen ein:

1937: 295 Bände und 7 Karten,
1938: 974 „ „ 27 „ .

Zu diesen Zahlen ist folgendes zu bemerken: Eine Reihe der eingehenden Serien sind unperiodische Veröffentlichungen. Weiterhin wurden Lücken im Bestand der laufenden Serien durch Reklamationen aufgefüllt. Schließlich gelang es der Bibliotheksverwaltung, eine größere Anzahl wertvoller, neuer Serien durch Anknüpfung neuer Tauschbeziehungen zu erwerben. Es handelt sich um 35 Gesellschaften und Institute des In- und Auslandes, mit denen zur Ergänzung des vereinbarten laufenden Austausches ein rückwirkender getätigt wurde, der die letzten zehn Jahre umfaßt. (Leider erlauben es die sehr zusammengeschmolzenen Bestände früherer Mitteilungsbände nicht, den rückwärtigen Austausch weiter auszudehnen.)

Die bisher regelmäßig eingehenden russischen Tauschserien blieben im Jahre 1938 völlig aus. Es soll im nächsten Jahre versucht werden, den Austausch wieder anzuknüpfen.

2. Arbeiten am Katalog. Die Arbeiten am alphabetischen und systematischen Katalog wurden in der bisherigen Weise fortgeführt (es handelt sich dabei um die Einzelaufnahme von geographischen Arbeiten aus periodischen Veröffentlichungen mit Ausnahme der Zeitschriften). Neben der laufenden Arbeit, die durch den großen Eingang sehr vergrößert wurde, gelang es, eine Reihe älterer Serien in der angegebenen Weise aufzuarbeiten. Diese zusätzliche Arbeit lohnt sich deshalb sehr, weil dadurch die erfahrungsgemäß wenig bekannten älteren Bestände den Benutzern zugänglich gemacht werden. — Wie in den früheren Jahren wurden auch die geographischen Neu-Erwerbungen der Commerz-Bibliothek in den systematischen Katalog aufgenommen.

Die Aufnahme der Kartenbestände konnte aus Zeitmangel bisher nicht fortgeführt werden. Die Arbeit wird durch das Fehlen eines Kartenschrankes unliebsam erschwert.

3. Einbandverhältnisse. Im Februar 1938 erstattete die Bibliotheks-Verwaltung dem Vorstand der Gesellschaft einen eingehenden Bericht über die Einbandverhältnisse unserer Bestände. Daraufhin wurden von der Gesellschaft 500 RM und weitere 500 RM von der Handelskammer zur

Verfügung gestellt. Dafür konnten 235 Bände (325 bibliographische Bände) eingebunden werden. Der durch die Neuerwerbungen des Jahres 1938 vermehrte Bestand an ungebundenen Bänden beläuft sich leider immer noch auf rund 5000 bibliographische Bände. Eine Fortsetzung der Bindearbeit ist unerläßlich, um die wertvollen Bestände der Bibliothek einer uneingeschränkten Benutzung zuführen zu können und für die Zukunft zu erhalten.

Am 1. April 1937 verzog der langjährige Bibliothekar der Gesellschaft, Herr Professor Dr. Mühlhausen, nach Berlin. Er hat die Bibliothek überhaupt erst richtig aufgebaut, den durch den Krieg vielfach unterbrochenen Austausch wieder angeknüpft und besonders den Katalog in seiner heutigen, für die Benutzer so wichtigen Gestalt geschaffen. Die Arbeiten brauchten nur in diesem Sinne fortgeführt zu werden.

Vom April bis Dezember 1937 war auch der ehemalige Gehilfe von Herrn Professor Dr. Mühlhausen (Dr. Niemeyer) abwesend. Herr Volmer von der Commerz-Bibliothek hat dankenswerterweise in dieser Zeit die laufende Aufnahme besorgt. Gleichzeitig stellte sich Herr Dr. Werner Koops zur Verfügung. Er übernahm zunächst die Arbeiten am Zugangskatalog.

Im Jahre 1938 wurde die Bibliothek von Dr. Werner Koops und Dr. Wolfgang Niemeyer gemeinsam verwaltet.

gez. Dr. Werner Koops. Dr. Wolfgang Niemeyer.

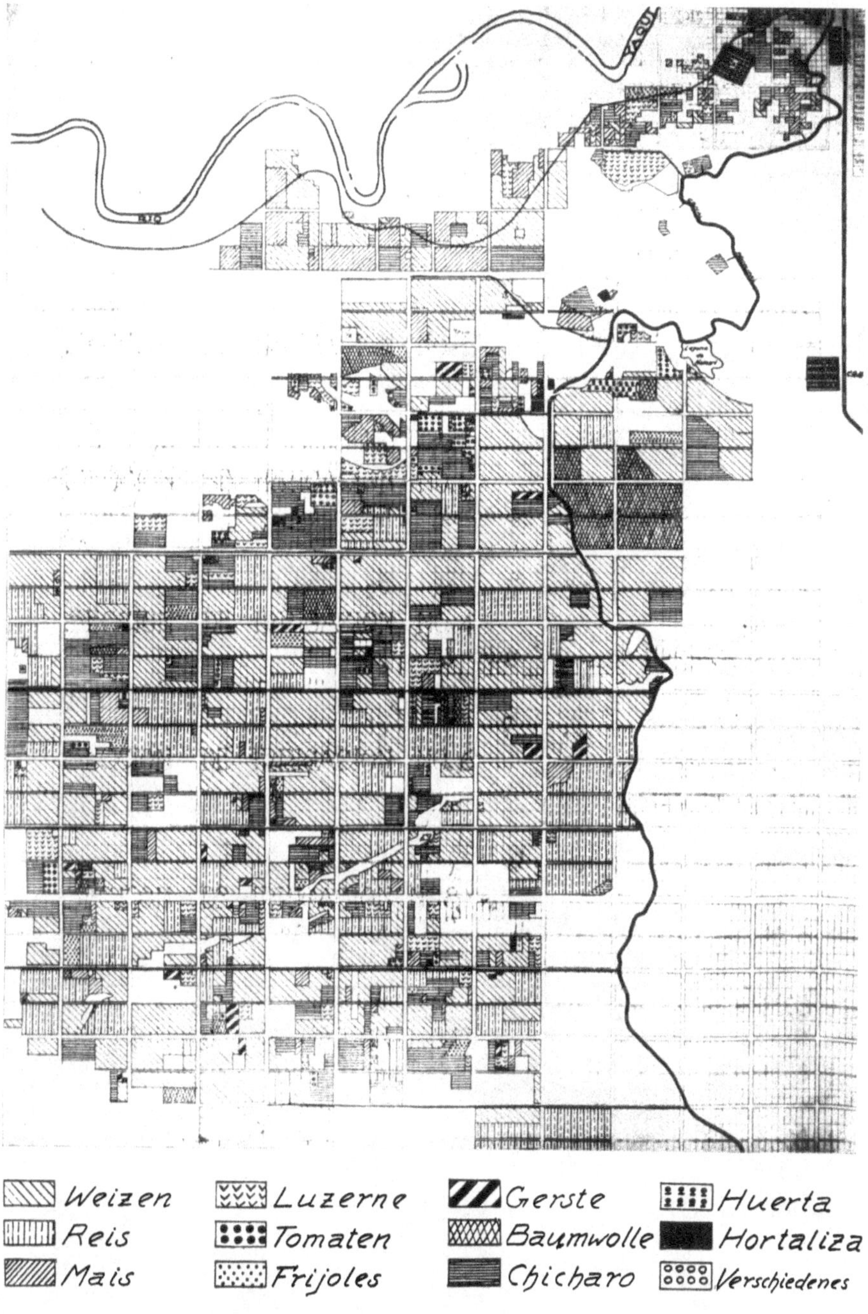

Nutzflächenkartierung am Rio Yaqui.
Nach Angaben der Compañia Constructadora Richardson, S. A., 1929/30.

Junge Erosionslandschaft am Abfall der Sierra Madre mit Bergwerkssiedlung Arco.

Im Bewässerungsgebiet von Ciudad Obregon am Yaqui.

Blick von der deutschen Mühle in Block 65 über eine Farm und das Kulturland.

Inselkettenlandschaft bei Caborca im Altardistrikt.

Die beiden Abbildungen setzen sich zu einem Panorama zusammen. Blick nach Westen über den Rio Asuncion, die Schotter- und Felsfußebenen und die bewässerte Kulturlandschaft (vorwiegend Weizenfelder). Rechts jenseits des Flusses Alt-Caborca mit der Ruine der Missionskirche.

Zerschnittene Becken- und Kettenlandschaft bei Cocospera in Nord-Sonora. Dornstrauchsteppe.

Extensive Viehzucht in West-Sonora.

Ranchhaus, Corral, Represa mit Vieh, Sukkulenten-Dornstrauchsteppe. Zwischen Caborca und Sonoita.

Bewässerungsoase in Nord-Sonora bei Saric.

Auenwald von Pappeln. Sukkulenten-Dornstrauchsteppe auf den terrassierten Hängen. Das Tal ist in älteres Beckenfüllmaterial eingeschnitten. Künstliche Bewässerung.

Arispe im Sonoratal.

Die alte Hauptstadt liegt auf einer Terrasse. Im Vordergrund bewässerte Felder von Weizen, Bohnen und Mais. Am rechten Bildrand ist die Gefährdung der Felder durch die Seitenerosion des Flusses gerade noch erkennbar.

FSC
www.fsc.org
MIX
Papier | Fördert
gute Waldnutzung
FSC® C083411

Kolibri 360 GmbH
Ferdinand-Jühlke-Straße 7
99095 Erfurt, Deutschland
produktsicherheit@kolibri360.de

Das Forstrügeverfahren
im rechtsrheinischen Bayern.

Systematisch dargestellt

von

J. Hümmer,

k. II. Staatsanwalt.

München 1908.

J. Schweitzer Verlag (Arthur Sellier).

K. B. Hof- und Univ.-Buchdruckerei von Junge & Sohn in Erlangen.

Vorwort.

Eine zusammenhängende Darstellung des geltenden bayerischen Forstrügerechts hat bis jetzt gefehlt. Und doch bereitet seine Handhabung den damit befaßten Behörden, vorab den Gerichten und den Forstämtern nicht selten erhebliche Schwierigkeiten. Sie rühren zunächst davon her, daß das bayerische Forstrügeverfahren zahlreiche Bestimmungen enthält, die auf dem Boden einer längst beseitigten Strafprozeßgesetzgebung erwachsen sind. Sodann mangelt die befruchtende Wirkung einer oberstrichterlichen Gesetzesauslegung, da die Fragen des Forststrafprozesses fast nie die Revisionsinstanz beschäftigen. Endlich ist das Forstgesetz dem in die Praxis tretenden Amtsrichter zumeist ein fremdes Gebiet. Dessen geistige Durchdringung ermöglicht nur eine systematische Stoffbehandlung, die stets auf den Zusammenhang der landesrechtlichen Vorschriften mit den Normen des ordentlichen Strafprozesses gebührende Rücksicht nimmt.

Hiernach hoffe ich, mit vorliegender Arbeit den zur Anwendung des Forststrafprozesses berufenen Behörden eine kleine Erleichterung zu gewähren, auch die Praxis des vom diesrheinischen nur unwesentlich abweichenden pfälzischen Forstrügeverfahrens einigermaßen zu fördern.

Weiden, im März 1908.

J. Hümmer.

Inhaltsverzeichnis.

Erstes Buch: **Einleitung.**

Zweites Buch: **Allgemeiner Teil.**

Drittes Buch: **Besonderer Teil.**

Abkürzungen.

Wo Art. ohne weiteren Zusatz angeführt, sind die Artikel des rechtsrheinischen Forstgesetzes gemeint.

A.	=	Anmerkung.
A.A., A.M.	=	Anderer Ansicht, Anderer Meinung.
Abg.	=	Abgeordnete.
Abs.	=	Absatz.
AGBGB.	=	Ausführungsgesetz zum Bürgerlichen Gesetzbuch.
AGGVG.	=	Ausführungsgesetz zum Gerichtsverfassungsgesetz.
AGStPO.	=	Ausführungsgesetz zur Strafprozeßordnung.
BB.	=	Beilagenband.
Beil.	=	Beilage.
Bek.	=	Bekanntmachung.
Ber.	=	Bericht.
BGB.	=	Bürgerliches Gesetzbuch.
Brater	=	Braters Kommentar zum Forstgesetz, 1855.
E.	=	Entschließung.
EGBGB.	=	Einführungsgesetz zum Bürgerlichen Gesetzbuch.
EGGVG.	=	Einführungsgesetz zum Gerichtsverfassungsgesetz.
EGMStGO.	=	Einführungsgesetz zur Militärstrafgerichtsordnung.
EGStGB.	=	Einführungsgesetz zum Reichsstrafgesetzbuch.
EGStPO.	=	Einführungsgesetz zur Strafprozeßordnung.
EGZPO.	=	Einführungsgesetz zur Zivilprozeßordnung.
Entsch.	=	Entscheidung.
Entw.	=	Entwurf.
Erk.	=	Erkenntnis.
FG.	=	rechtsrheinisches Forstgesetz.
FStG.	=	Das revidierte Forststrafgesetz für die Pfalz.
FinME.	=	Finanzministerialentschließung.
FMBl.	=	Finanzministerialblatt.
ForstlM.	=	Forstliche Mitteilungen, herausgegeben vom k. Ministerialforstbureau.
G.	=	Gesetz.
Ganghofer W.	=	Ganghofer-Weber, Kommentar zum Forstgesetz, 1904.
GebG.	=	bayerisches Gebührengesetz.
GebO.	=	Reichsgebührenordnung.
GemO.	=	rechtsrheinische Gemeindeordnung.
GKG.	=	Gerichtskostengesetz.
GlA., GlM.	=	Gleicher Ansicht, Gleicher Meinung.
GoltdArch.	=	Goltdammers Archiv für Strafrecht.
GVBl.	=	Gesetz- und Verordnungsblatt für das Königreich Bayern.
GVG.	=	Gerichtsverfassungsgesetz.
Jandebeur	=	Das Forstgesetz für das K. Bayern, 1852, von Jandebeur.
JME.	=	Justizministerialentschließung.
JMBl.	=	Justizministerialblatt.

InnME.	= Entschließung des k. b. Staatsministeriums des Innern.
K.	= Kammer.
Komm.	= Kommission.
Löwe	= Löwe-Hellweg, Kommentar zur Reichsstrafprozeßordnung, 12. Aufl.
Mot.	= Motive.
Möller	= Forstgesetz von Möller, zunächst für Nichtjuristen, 1853.
MStGO.	= Militärstrafgerichtsordnung.
ObLG.	= Sammlung von Entscheidungen des bayerischen obersten Landesgerichts in Strafsachen.
OGH.	= Sammlung von Entscheidungen-des bayerischen obersten Gerichtshofs in Strafsachen.
OLGM.	= Sammlung von Entscheidungen des Oberlandesgerichts München in Strafsachen.
Prot.	= Protokolle.
PStGB.	= bayerisches Polizeistrafgesetzbuch.
RGSt.	= Entscheidungen des Reichsgerichts in Strafsachen.
RGRechtspr.	= Rechtsprechung des Reichsgerichts in Strafsachen.
Reinhard	= Reinhards Kommentar zum Forstgesetz, 1854.
RJKomm.	= Justizkommission des Reichstags, bezw. deren Bericht.
Ritzmann	= Handbuch des Forststraf- und Forstpolizeirechts der Pfalz, 1904, von Dr. Ritzmann
Roth	= Handbuch des Forstrechts, 1863, von Dr. Roth.
S. pr. Erl	= Sammlung prinzipieller Erlasse.
S. w. E.	= Sammlung wichtiger Entscheidungen des k. b. Kassationshofs in Strafsachen.
Schwaiger	= Das Forstgesetz für das Königreich Bayern, 1897, von Dr. Schwaiger.
StGB.	= Reichsstrafgesetzbuch.
StPG.	= Strafprozeßgesetz.
StPO.	= Reichsstrafprozeßordnung.
VV.	= Allgemeine Vollzugsvorschriften zum Forstgesetze.
Verh. d. K. d. Abg.	= Verhandlungen der Kammer der Abgeordneten.
Verh. d. K. d RR.	= Verhandlungen der Kammer der Reichsräte.
Z.	= Zeitschrift für Gesetzgebung und Rechtspflege des Kgr. Bayern.
ZPO.	= Zivilprozeßordnung.

Im übrigen wurde möglichst nach den Vorschlägen des 27. Deutschen Juristentags (1904) gekürzt und angeführt.

Nachtrag.

Die auf Seite 2 Zeile 9 von oben angeführte Novelle ist während der Drucklegung des Buches Gesetz geworden (GVBl. vom 2. März 1908 S. 87) u. trägt das Datum vom 26. Februar 1908. Sie enthält keine prozessualen Vorschriften.

Erstes Buch.

Einleitung.

§ 1.

Geschichte.

Das rechtsrheinische Forstgesetz vom 28. März 1852 verwies die Forstpolizeiübertretungen und Forstfrevel, die bis dahin von den Polizeibehörden abgewandelt wurden, zur Zuständigkeit der Gerichte. Indes blieben in der untersten Instanz Polizei und Rechtspflege zunächst noch vereinigt. Erst das Gesetz über die Gerichtsorganisation in den Landesteilen diesseits des Rheins vom 11. Nov. 1861 führte die Trennung der Justiz von der Verwaltung auch in der untersten Instanz durch. Seitdem erkannten über Forstfrevel, mit Ausnahme des Gewohnheitsfrevels, und über Forstpolizeiübertretungen im ersten Rechtszug Einzelrichter an den Stadt- und Landgerichten, im zweiten die Bezirksgerichte, über die Nichtigkeitsbeschwerde das Oberappellationsgericht. Die Gewohnheitsfrevel wurden in erster Instanz von den Bezirksgerichten, in zweiter von den Appellationsgerichten, in dritter und letzter Instanz vom Oberappellationsgericht abgeurteilt. Als besondere Gerichte befaßten sich die Forststrafgerichte lediglich mit der Abwandlung der Forstpolizeiübertretungen und Forstfrevel. Auch nach Einführung des RStGB. in Bayern blieben die auf Forstgesetzverletzungen bezüglichen Uebertretungen nach § 361 Nr. 9 RStGB. der Zuständigkeit der ordentlichen Gerichte unterstellt. Für das forststrafgerichtliche Verfahren waren zunächst die Bestimmungen des FG., sodann die des EinfG. zum StGB. und PStGB., in dritter Linie jene des Strafprozeßgesetzes vom 10. Nov. 1848 maßgebend.

Das Inkrafttreten der RStPO. und des RGVG. bedingte nicht notwendig eine Aenderung des bayerischen Forststrafverfahrens, weil durch § 3 Abs. 3 EGStPO. den Landesgesetzen die Anordnung eines besonderen Verfahrens vorbehalten war. Indes wiesen Zweckmäßigkeitserwägungen auf eine Anpassung an die reichsrechtlichen Verfahrensvorschriften hin, vor allem durften zur Vermeidung von

Verwirrungen nicht zwei abweichende Rechtsmittelsysteme nebeneinander bestehen. Das AGStPO. vom 18. Aug. 1879 brachte in den Artt. 32—43 die für notwendig erachteten Aenderungen, als wichtigste das Strafbefehlsverfahren, welches die Forststrafsitzungen außerordentlich verminderte.

Die FG.Novelle vom 17. Juni 1896 enthielt in prozessualer Hinsicht eine Aenderung des Art. 123 und den neuen Art. 168. Art. 146 AGBGB. führte einige Verbesserungen des Ladungs- und Zustellungswesens herbei. Die gegenwärtig der Beratung des Landtags unterliegende FG.Novelle enthält keine Bestimmungen über das Forststrafverfahren.

§ 2.

Rechtsquellen und Auslegung.

Der Entwurf des GVG. bestimmte im § 3: als besondere Gerichte werden zugelassen: . . . . . 5. Forst- und Feldrügegerichte. Begründet wurde diese Vorschrift mit der Erwägung, daß die Bestimmungen des GVG. und der StPO. dem dringenden Bedürfnisse eines einfachen und schleunigen Verfahrens in Forst- und Feldrügesachen nur ungenügende Rechnung trügen. Die Regelung eines besonderen Verfahrens und die Einsetzung von Sondergerichten durch die Reichsjustizgesetze erschien nicht tunlich, da besondere Bestimmungen nur in einzelnen Bundesstaaten und in diesen wiederum in verschiedenem Maße notwendig waren. Deshalb gedachte der Entwurf durch Zulassung besonderer Forst- und Feldrügegerichte den einzelnen Bundesstaaten für die Behandlung der Forst- und Feldrügesachen freien Spielraum zu lassen. (Mot. 42.)

Die RJKomm. lehnte die Forst- und Feldrügegerichte als Sondergerichte ab, da in einzelnen deutschen Staaten grundsätzlich unzulässigerweise diese Gerichtsbarkeit von Forstbeamten gehandhabt werde, da ferner nach Einführung des Mandatverfahrens und mit der Zulassung eines beschleunigten Verfahrens ohne Beiziehung von Schöffen kein praktisches Bedürfnis für solche Sondergerichte anzuerkennen sei. (KommB. 17.) Der von der RJKomm. als Abs. 3 zu § 3 EGStPO. beschlossene Zusatz: „Die Landesgesetze können anordnen, daß Forst- und Feldrügesachen[1]) durch die Amtsgerichte in einem besonderen Verfahren sowie ohne Zuziehung von Schöffen verhandelt und entschieden werden" KommB. 106 ging wörtlich in das Gesetz über und bildet seitdem die reichsrechtliche Grundlage für das Verfahren in Forstrügesachen.

---

[1]) Der Ausdruck „Rügeverfahren" ist altfränkischen Ursprungs. Bereits in der merowingischen Zeit finden sich Ansätze zum Einschreiten von Amts wegen, zumal gegen Raub, Diebstahl und Waldfrevel. In Bayern bestand es unter dem Namen „Rügung" bis 1346. Mit dem Ausgange des Mittelalters verschwindet es allenthalben.

Hiernach werden die Landesgerichte in Forstrügesachen als ordentliche Gerichte im Sinne der §§ 12, 13 GVG. tätig; den Einzelstaaten ist lediglich die Anordnung eines besonderen Verfahrens gestattet. Von dieser Befugnis machte Bayern Gebrauch, indem es sein vom ordentlichen Verfahren bereits damals abweichendes Forststrafverfahren durch die Artt. 32—43 AGStPO. den reichsstrafprozessualen Normen anpaßte.

Art. 188 Abs. 1 FG. (= Art. 42 Nr. 4 AGStPO.) schreibt vor: insoweit nicht das gegenwärtige Gesetz etwas anderes bestimmt, kommen bezüglich des Verfahrens in Forstrügesachen die Vorschriften des RGVG. und der RStPO. zur Anwendung. Die hiermit für das Forstrügeverfahren aufgestellte Regel der Subsidiarität von StPO. und GVG. gegenüber dem FG. besticht durch ihre anscheinende Klarheit und Einfachheit. Und doch bereitet sie der Auslegung nicht selten erhebliche Schwierigkeiten, zumal da die Ausdrucksweise des FG. von der heutigen Gesetzessprache vielfach abweicht. Wenn das FG. strafprozessuale Anordnungen trifft, fragt es sich, ob die die gleiche Materie behandelnden Vorschriften der StPO. und des GVG. hierdurch völlig ausgeschlossen sind. Wo andrerseits das FG. sich einer Bestimmung enthält, ist nicht ohne weiteres sicher, daß die Vorschriften der StPO. und des GVG. Geltung haben; manche sind schon durch die Natur des Forstrügeverfahrens ausgeschlossen, so das 5. Buch der StPO. und vom 6. die Abschnitte 2—4, ebenso Abschn. 3 des 2. Buchs.

Im früheren Art. 179 FG., der dem Abs. 1 des Art. 188 entspricht, war vorgeschrieben: insoferne nicht durch die allgemeinen oder besonderen Bestimmungen des gegenwärtigen Gesetzes über das strafgerichtliche Verfahren etwas anderes verordnet ist, kommen die über die Behandlung der Vergehensfälle bestehenden Vorschriften in Anwendung. . . . Bei der Beratung des AGStPO. wurde im Ausschusse der Abgeordnetenkammer beantragt, den Eingang des gegenwärtigen Art. 188 Abs. 1 in Anlehnung an die frühere Formulierung zu fassen: „insoweit nicht das gegenwärtige Gesetz unmittelbar oder mittelbar etwas anderes bestimmt". Der Regierungskommissär erklärte die Worte „unmittelbar oder mittelbar" für entbehrlich; denn wenn das Gesetz eine Bestimmung treffe, habe man sich danach zu richten, ohne zu unterscheiden, ob jene unmittelbar oder mittelbar getroffen sei; die von der Redaktionskommission unter Weglassung der Worte „unmittelbar oder mittelbar" getroffene Fassung sei die bessere, weil sie sich der Ausdrucksweise der Reichsgesetzgebung anschließe. (Verh. d. K. d. Abg. 1878/79 Beil. Bd. VI 201.) Mag man letztere Anschauung teilen oder nicht, jedenfalls erhellt aus diesen Verhandlungen als Absicht des Gesetzgebers, daß die mittelbaren Bestimmungen des FG. d. h. die aus ihm nach den Grundsätzen der juristischen Konsequenz und Analogie gewonnenen Folgesätze die nämliche Bedeutung haben sollen wie die Worte des

Gesetzgebers selbst. Die Schwierigkeiten beginnen aber sofort, wenn es sich darum handelt zu prüfen, welche Folgerungen aus den Gesetzesbestimmungen und ihrem Zusammenhange abzuleiten sind. So drängt sich bei Auslegung des angeführten Art. 188 Abs. 1 die Frage auf, ob nicht auch die Bestimmungen des EGStPO. und des EGGVG. auf das Forstrügeverfahren Anwendung finden. Nach dem Wortlaute des Artikels wären sie ausgeschlossen und doch müssen sie auf das Forstrügeverfahren anwendbar sein, soweit sie nicht ihrem Inhalte nach mit demselben unvereinbar sind oder längst gegenstandslose Uebergangsbestimmungen enthalten. So sind anwendbar § 5 EGGVG. und § 4 EGStPO. betreffend die Geltung der StPO. und des GVG. gegenüber den Landesherren und den landesherrlichen und ihnen gleichgestellten Familien, § 9 EGGVG. betreffend das Revisionsgericht, § 6 Nr. 1 EGStPO. betreffend die Abgeordnetenimmunität, § 7: Gesetz = jede Rechtsnorm. Zweifellos gilt für das Forstrügeverfahren § 3 Abs. 3 EGStPO., da er ja dessen reichsgesetzliche Grundlage bildet[1]).

Von Wichtigkeit für das Forstrügeverfahren sind schließlich die revidierten Vorschriften zum Vollzuge des FG. (Just. Inn. Fin.M. Bek. vom 10. Okt. 1879, 20. Juni 1885 und 19. Juli 1896).

§ 3.

Verhältnis des Forstrügegerichts zu den übrigen Gerichten.

1. Im allgemeinen.

Das Amtsgericht, die Strafkammer und das oberste Landesgericht behalten die Eigenschaft ordentlicher Gerichte, auch insoweit sie in Forstrügesachen tätig werden. Insbesondere verliert das Amtsgericht diesen Charakter nicht dadurch, daß es ohne Zuziehung von Schöffen und unter Mitwirkung eines Forstbeamten an Stelle des ordentlichen Amtsanwalts verhandelt und entscheidet. In dieser Richtung steht das Forstrügeverfahren auf gleicher Stufe mit den besonderen Verfahrensarten des 6. Buches der StPO., welche die ordentlichen Gerichte ebenso wie das Regelverfahren anzuwenden haben. Die Nichtbeiziehung von Schöffen hat die StPO. selbst im sog. amtsrichterlichen Verfahren gestattet § 211 Abs. 2. Bei der Beratung des Entwurfs des AGStPO. wurde regierungsseitig besonders Gewicht darauf gelegt, daß der bisherige Ausdruck „Forststrafgericht" vermieden werde, um die Vorstellung hintanzuhalten, als ob künftig die mit den Forstrügesachen befaßten Gerichte noch wie ehedem Sondergerichte wären. (Verh. d. K. d. Abg. 1879

---

[1]) Zweckentsprechender bestimmt Art. 91 Abs. 1 des pfälz. FStG.: In allen Fällen und Punkten, für welche in dem gegenwärtigen Abschnitte (über das Verfahren) nicht besondere Bestimmung getroffen ist, bleiben die allgemeinen gesetzlichen Vorschriften in Anwendung.

Beil. Bd. VI 200.) Das Gesetz hat denn auch den früheren Ausdruck „Forststrafgericht" durchgängig durch „Forstrügegericht" und „Forststrafverfahren" durch „Forstrügeverfahren" ersetzt; nur in der Ueberschrift von Nr. II der Abt. V ist die frühere Bezeichnung versehentlich stehen geblieben. Die Praxis gebraucht übrigens häufig die Ausdrücke Forststrafverfahren, Forststrafgericht und es ist das unbedenklich, solange sich mit diesen Worten nicht die irrige Vorstellung von Sondergerichten (§ 14 GVG.) verknüpft. Der Zusatz „als Forstrügegericht" zu „Amtsgericht" in Sitzungsprotokollen und Urteilen ist überflüssig, da sich aus dem Betreff, der Mitwirkung des Forstmeisters und der Nichtzuziehung von Schöffen deutlich ergibt, daß das Amtsgericht als Forstrügegericht tätig wird. Wird doch auch der Zusatz nicht gemacht beim Strafbefehl in Forstrügesachen und ebensowenig, wenn die Strafkammer als Forstrügegericht entscheidet.

Mißbilligung verdient der öfters vorkommende Ausdruck „das Forstrügegericht beim Amtsgericht N", weil das Forstrügeverfahren von ständigen Gerichten gehandhabt wird und nicht Laien mitwirken wie beim Schöffen- und Schwurgerichte.

Als Forstrügegericht übt das Amtsgericht einen genau abgegrenzten Teil der Strafjustiz in erster Instanz aus ebenso wie das Schöffengericht; beide stellen eine der Formen dar, in welchen die Strafgerichtsbarkeit der Amtsgerichte in die Erscheinung tritt. Daher kann von einem Unterordnungsverhältnis zwischen ihnen nicht gesprochen werden, sie sind koordiniert. Dagegen ist das Amtsgericht als Forstrügegericht der Strafkammer als Beschwerde- und Berufungs- und dem obersten Landesgericht als Revisionsinstanz untergeordnet. Als Beschwerdeinstanz in Forstrügesachen hat die Strafkammer keine vom ordentlichen Verfahren abweichende Organisation; wohl aber als Berufungsinstanz, insoferne zur Hauptverhandlung der Forstmeister zugezogen wird.

Das Revisionsgericht zeigt in Forstrügesachen keine andere Zusammensetzung als im ordentlichen Strafprozesse.

2. Verhältnis zu den Militärgerichten.

Besondere Beachtung verdient das Verhältnis der Forststrafgerichte zu den Militärgerichten. Die Militärpersonen des aktiven Heeres und der aktiven Marine und die ihnen in § 1 MStGO. gleichgestellten Personen unterliegen grundsätzlich wegen aller strafbaren Handlungen der Militärstrafgerichtsbarkeit. Indes bleibt nach § 2 das. den bürgerlichen Behörden die Untersuchung und Entscheidung wegen Zuwiderhandlungen gegen Polizeigesetze überlassen, wenn die Handlung nur mit Geldstrafe und Einziehung oder mit einer dieser Strafen bedroht ist. Für die Anwendung des § 2 MStGO. ist demnach zu prüfen, ob eine Bestimmung des Forststrafrechts **polizeilichen** oder **kriminellen** Charakter trägt. Polizeilicher Natur sind die Forstpolizeiübertretungen (Artt. 75—78). Die Forstfrevel durch Entwendung (Artt. 79—87) sind zweifellos kriminelle Delikte; die übrigen Forstfrevel hat der Gesetzgeber unter der Sammelrubrik „Forstfrevel durch Beschädigung, Uebertretung forstpolizeilicher Bestimmungen und andere Gefährden" vereinigt (Artt. 88—100); hier ist bei jeder einzelnen Strafbestimmung zu prüfen, ob sie dem Gebiete des polizeilichen oder des kriminellen Unrechts angehört.[1])

So bringt ein Reichsgesetz die im übrigen von der Reichsgesetzgebung sowohl im materiellen als formellen Strafrecht aufgegebene Unterscheidung zwischen polizeilichen und kriminellen Straftaten wieder zur Geltung! Die Begehung durch eine Militärperson vorausgesetzt, gehören sonach die **kriminellen** Forstdelikte zur Zuständigkeit der Militärgerichte, die **Forstpolizeidelikte** zu jener der Forstrügegerichte, da das bayerische FG. letztere nur mit Geld- nicht mit Freiheitsstrafe bedroht[2]). Daß an die Stelle der uneinbringlichen Geldstrafe eine Freiheitsstrafe tritt, hindert die Anwendung des § 2 MStGO. nicht; um den Vollzug dieser Freiheitsstrafe (Haft) hat der Amtsrichter die Militärbehörde zu ersuchen, Satz 2 das.

Liegen die Voraussetzungen des § 2 MStGO. nicht vor, so stehen die Militärpersonen auch wegen der vor dem Diensteintritte begangenen Forstdelikte unter der Militärstrafgerichtsbarkeit § 6 das.

Begehen die zum Dienst einberufenen Personen des Beurlaubtenstandes während der Dienstleistung eine Forstpolizeiübertretung oder einen Forstfrevel, so können sie dem Forstrügegericht übergeben werden, falls nicht ein militärisches Delikt konkurriert § 9 Abs. 2 das. Über den Einfluß der Beendigung des Militärverhältnisses auf die strafgerichtliche Zuständigkeit s. § 10 MStGO., bezüglich der Beteiligung von Zivil- und Militärpersonen s. § 4 dort; dieser § 4 gilt wohl auch für den Fall, daß einzelne Begünstigungs- bezw. Hehlereihandlungen zum Gegenstande selbständiger Strafdrohung gemacht sind, wie in den Artt. 94 Nr. 4, 98, 100 FG.

Unter den oben angegebenen Voraussetzungen erkennen die Militärgerichte auch über die auf Forstdelikte bezüglichen Uebertretungen nach § 361 Nr. 9 StGB.; § 2 MStGO. kommt hier nicht in Frage, da diese Uebertretungen in erster Linie mit Haft bedroht sind.

Wenn eine nicht im Offizierrange stehende Person beschuldigt ist und keine höhere Strafe als Freiheitsstrafe bis zu sechs Wochen oder Geldstrafe bis zu 150 Mark, allein oder in Verbindung miteinander, zu erwarten steht, ist bezüglich der von den Militärgerichten abzuurteilenden Forstdelikte die Zuständigkeit der Standgerichte,

[1]) Einen Anwendungsfall s. in ObLG. 6, 332.

[2]) **Ausnahme**: Art. 42 Abs. 2 verb. mit Art. 77 Abs. 1, da hier neben der Geldstrafe die Ausführung der Kulturen auf Kosten des Säumigen im Strafurteil auszusprechen ist.

andernfalls jene der Kriegsgerichte begründet. (§§ 14, 16 Nr. 5, 45, 62 Nr. 1 MStGO.)

Die Militärgerichte wenden in Forstrügesachen lediglich die Vorschriften der MStGO., nicht etwa subsidiär die strafprozessualen Vorschriften des bayerischen FG. an. Die MStGO. kennt den Adhäsionsprozeß nicht[1]); daher kann diesfalls der Entschädigungsberechtigte seine Ansprüche nur vor dem ordentlichen bürgerlichen Gerichte verfolgen. Auch die Zivilverantwortlichkeit als eine dem FG. eigentümliche Haftung für die Folgen fremden Verschuldens paßt nicht ins System der MStGO., kann daher von den Militärgerichten nicht ausgesprochen werden.

Trifft eine Forstrügesache mit einem militärischen Verbrechen oder Vergehen begrifflich zusammen, so ist durchgehends die militärgerichtliche Zuständigkeit begründet. Wegen der Einheitlichkeit der Handlung ist eine getrennte Aburteilung der beiden Delikte nicht angängig; in diesem Konfliktsfalle muß das nur zur Aburteilung von Forstrügesachen berufene Forstrügegericht gegenüber dem sowohl für militärische Verbrechen und Vergehen als für Zuwiderhandlungen gegen die allgemeinen Strafgesetze (v. „aller strafbaren Handlungen" in § 1 MStGO.) zuständigen Militärgerichte zurücktreten.

§ 4.

Der Adhäsionsprozeß.

Häufig entsteht aus der nämlichen Handlung ein Straf- und ein bürgerlichrechtlicher Anspruch z. B. aus dem Forstfrevel durch Entwendung nach Art. 79 FG. der staatliche Strafanspruch und der Anspruch des Waldeigentümers auf Wert- und Schadenersatz. Die gemeinrechtliche Praxis nahm an, daß sich in solchen Fällen die Strafgerichtsbarkeit auch auf die zusammenhängende Zivilsache erstrecke, und gestattete dem Verletzten, sich mit seinem Privatanspruch dem staatlichen Strafanspruch im Strafverfahren anzuschließen, demselben zu adhärieren — Adhäsionsprozeß. Für das rechtsrheinische Bayern wurde derselbe bereits durch das Strafprozeßgesetz vom 10. Nov. 1848 beseitigt. Das FG. dagegen hat ihn für das forststrafrechtliche Verfahren beibehalten, auch noch als die RStPO. dessen Aufnahme ins ordentliche Strafverfahren abgelehnt hatte. Da die Landesgesetze in Forstrügesachen ein besonderes Verfahren vorschreiben können, § 3 Abs. 3 EGStPO., ist die Beibehaltung des Adhäsionsprozesses ge-

---

[1]) von der Pfordten, FeldschadG, 2. Aufl., A. 7 zu Art. 14 läßt die Feststellung des Schadenersatzes oder Ersatzgeldes auch durch die Militärgerichte zu. Es müßte also ein preußisches Militärgericht die strafprozessualen Normen des bayer. FeldschadG. anwenden, wenn es einen ihm unterstellten Soldaten wegen einer der in Art. 13 FeldschadG. aufgeführten, in Bayern begangenen Uebertretungen abzuurteilen hätte!

rechtfertigt, was bereits in den Motiven zum Entwurf der RStPO. anerkannt wurde. Mot. 240.

Das FG. läßt den Adhäsionsprozeß nur für die Entschädigungsansprüche aus Forstfreveln, nicht für jene aus Forstpolizeiübertretungen zu[1]) und macht ihn nicht obligatorisch, Art. 64 Abs. 1. Dem durch den Forstfrevel Beschädigten ist es unbenommen, den Entschädigungsanspruch vor dem Zivilgerichte zu verfolgen. Erklärt er sich aber nicht vor der Aburteilung des Frevels für die zivilgerichtliche Verfolgung, so erkennt das Forstrügegericht im Strafurteil auch über die Entschädigung, Art. 64 Abs. 2. Dadurch, daß das Gesetz nicht eine positive Erklärung des Entschädigungsberechtigten, gerichtet auf Verfolgung seines Anspruchs im Strafverfahren, verlangt, vielmehr die Nichtabgabe einer Erklärung als ausreichend hinstellt, ist der Adhäsionsprozeß bei Forstfreveln praktisch zur Regel geworden. Bietet er doch dem Entschädigungsberechtigten gegenüber dem Zivilprozeß den hohen Vorteil, seinen Anspruch einfach, rasch und kostenlos durchsetzen zu können. „Vor der Aburteilung" in Art. 64 Abs. 2 FG. bedeutet: vor Erlassung des Urteils in erster oder zweiter Instanz; dagegen ist in der Revisionsinstanz eine Erklärung des Entschädigungsberechtigten nicht zu beachten, weil sie mit dem Wesen des Revisionsverfahrens unvereinbar ist. Im Strafbefehlsverfahren ist der entscheidende Zeitpunkt die Zustellung, nicht die Erlassung[2]) des Strafbefehls, da dieser erst mit seiner Zustellung für das Gericht unabänderlich wird. Nach zulässiger Einspruchseinlegung lebt die Erklärungsbefugnis des Entschädigungsberechtigten wieder auf.

Wird die Wiedereinsetzung in den vorigen Stand gegen ein Urteil erteilt (Art. 170 FG., § 370 Abs. 2 StPO.), so kann der Entschädigungsberechtigte von seinem Erklärungsrechte noch Gebrauch machen. Führt ein Wiederaufnahmeverfahren zur Erneuerung der Hauptverhandlung, § 410 Abs. 2 StPO., so kann das Erklärungsrecht in der erneuten Hauptverhandlung wieder ausgeübt werden.

Das Gesetz sagt nicht, wem gegenüber die Erklärung abzugeben ist. Bevor die Sache beim Forstrügegericht anhängig ist, kann die Erklärung gegenüber der mit der Erhebung des Sachverhalts betrauten Hilfsperson der Forststrafgerichtsbarkeit (Artt. 119, 115 FG.) oder unmittelbar gegenüber dem einschlägigen Forstmeister erfolgen, nachher gegenüber dem Vertreter der Forstbehörde, in zweiter Instanz auch gegenüber dem Staatsanwalte, und gegenüber dem Forstrügegerichte. Die Erklärung lediglich dem Frevler gegenüber ist für das Forstrügeverfahren nur dann von Bedeutung, wenn eine der vorgenannten Beamten und Behörden hiervon zuverlässige Kenntnis er-

---

[1]) Ein etwaiger Entschädigungsanspruch aus einer Uebertretung nach § 361 Nr. 9 StGB. kann nur vor dem Zivilrichter geltend gemacht werden. Das Schweigen des FG. über diesen Fall ist ein sog. qualifiziertes.

[2]) A. M. Gangh.-W. A. 4 zu Art. 64.

langt[1]). Befindet sich das Forstrügegericht im Zweifel, ob der Entschädigungsberechtigte eine Erklärung abgegeben habe, so steht nichts im Wege, daß es selbst oder die Anklagebehörde ihn zur aufklärenden Aeußerung auffordert.

Eine Form ist für die Erklärung nicht vorgeschrieben; sie kann mündlich, schriftlich und durch schlüssige Handlungen z. B. Erhebung der Zivilklage erfolgen.

Da hier zivilrechtliche Ansprüche in Frage kommen, muß der Erklärende voll verpflichtungsfähig sein, vgl. § 52 ZPO.

Entstehen aus einem Frevel Ersatzansprüche für mehrere Personen z. B. Miteigentümer eines Waldes, so haben sie die Erklärung gleichheitlich abzugeben; will der eine die Entschädigung im Zivilrechtswege durchfechten, der andere im Forstrügeverfahren, so kann sie das Forstrügegericht nicht festsetzen.

Die Höhe des Wert- und Schadenersatzes unterliegt nicht der freien richterlichen Beurteilung, sondern ist teils gesetzlich bestimmt (Artt. 82, 88) teils den amtlichen Wertbestimmungstabellen zu entnehmen eventuell durch das betreffende Forstamt zu taxieren Art. 65. Die Fälle, in welchen überhaupt Wert- oder Schadenersatz oder beide zusammen zuzuerkennen sind, hat das FG. abschließend bestimmt, Art. 63, vorausgesetzt, daß der Ersatz vor dem Forststrafgericht verfolgt wird.

Das Forstrügegericht ist verpflichtet, über den Entschädigungsanspruch mitzuentscheiden, und kann ihn nicht etwa mit der Begründung, daß durch denselben der Fortgang des Strafverfahrens verzögert würde, zur gesonderten Austragung vor dem Zivilrichter verweisen.

Das FG. versagt dem Entschädigungsberechtigten die Parteirolle; er kann sich am Forstrügeverfahren nicht beteiligen, muß vielmehr die Geltendmachung seiner Rechte der Anklagebehörde überlassen. Er wird vom Fortgange des Verfahrens nicht unterrichtet, zur Hauptverhandlung nicht geladen und kann keine Rechtsmittel einlegen. Ist er mit der Vertretung seiner Ersatzansprüche durch den Forstmeister oder den Staatsanwalt nicht zufrieden, so steht ihm die Aufsichtsbeschwerde an deren vorgesetzte Behörden frei. Erscheint ihm der durch das Forstrügegericht zuerkannte Wert- und Schadenersatz zu niedrig bemessen, so kann er den Mehrbetrag vor dem Zivilrichter einklagen, Art. 67.

Wie aber, wenn das Forstrügegericht Wert- und Schadenersatz überhaupt nicht zuerkannt hat? Hier sind die einzelnen Fälle nach dem Grunde der Nichtzuerkennung zu scheiden. Hat ihn das Forstrügegericht aberkannt, weil es einen solchen Anspruch nicht für begründet erachtete, so kann der Geschädigte denselben nicht vor dem Zivilgerichte verfolgen. Denn durch Unterlassung einer Erklärung

[1]) A. M. Ritzmann S. 85, der die Erklärung gegenüber dem Frevler ohne weiteres für genügend hält.

nach Art. 64 Abs. 2 hat er sich dem Erkenntnisse (Urteil, Strafbefehl) des Forstrügegerichts hinsichtlich des Schuldausspruchs unterworfen. Deshalb kann er auch in dem Falle, daß das Forstrügegericht mangels Nachweises der Täterschaft freispricht, den Zivilrechtsweg nicht betreten[1]). Insoweit bindet das Strafurteil den Zivilrichter, entgegen den sonst geltenden Grundsätzen §§ 14 Nr. 1 EGZPO., 286 ZPO. (arg. § 14 Abs. 1 a. E. EGZPO. verb. mit § 3 Abs. 3 EGStPO.) Erfolgt dagegen Freisprechung aus einem in der Person des Frevlers liegenden Grunde, z. B. wegen Unzurechnungsfähigkeit oder mangelnder Einsicht in die Strafbarkeit oder wegen Verjährung der Strafverfolgung, so steht der Zivilrechtsweg gegen den Täter offen.

Eine andere Art der Entschädigung kann der Beschädigte vor dem Zivilrichter nicht geltend machen. Wenn z. B. das Forstrügegericht einen Werterſatz deshalb nicht zuerkannt hat, weil der Beschädigte unter Anrechnung des Wertes des zurückempfangenen Holzes (Art. 66) einen Werterſatzanspruch nicht besitze, so kann derselbe nicht vor dem Zivilrichter den Täter auf Leistung des Werterſatzes unter dem Erbieten, ihm das gefrevelte Holz zu überlassen, belangen.

Hat das Forstrügegericht in einem Falle, wo das FG. Wert- und Schadenersatz gewährt, bloß Wert- oder bloß Schadenersatz zugesprochen, so kann der aberkannte Schaden- bezw. Werterſatzanspruch vor dem Zivilrichter verfolgt werden, da der Ausdruck „Mehrbetrag" in Art. 67 auch auf diesen Fall zutrifft.

Wenn das Forstrügegericht übersehen hat, einen Entschädigungsbetrag zuzuerkennen, wird der Zivilrechtsweg ebenfalls zulässig sein.

Da gemäß Art. 62 nur der Straffällige für Wert- und Schadenersatz haftet, ist dessen Zuerkennung im Forstrügeverfahren ausgeschlossen, wenn der Beschuldigte vor Eintritt der Rechtskraft des Urteils oder Strafbefehls stirbt oder wenn er sich nach Art. 61 auf einen straflos machenden Notstand berufen kann; diesfalls erübrigt nur der Zivilrechtsweg.

Einen geringeren Ersatzbetrag zuzusprechen als das Forstrügegericht zuerkannt hat, steht dem Zivilrichter nicht zu (v. „Mehrbetrag" in Art. 67). Im übrigen entscheidet er, von den obenbezeichneten Einschränkungen abgesehen, nach den Normen der ZPO. über den bei ihm geltend gemachten Wert- und Schadenersatzanspruch.

Ist eine zivilverantwortliche Person zum Forstrügeverfahren nicht zugezogen worden, so kann der Geschädigte seine Ansprüche gegen diese unbeschränkt vor dem Zivilrichter verfolgen. Wurde dagegen der Zivilverantwortliche zum Forststrafverfahren beigezogen

[1]) Anders das bayer. FeldschadG. v. 6. März 1902, das gleichfalls den Adhäsionsprozeß aufgenommen hat. Nach Art. 18 Abs. 2 das. kann der Verletzte seinen Anspruch im Zivilrechtswege verfolgen, wenn der Strafrichter die Zuerkennung von Schadenersatz oder Ersatzgeld abgelehnt oder unterlassen hat.

und im Urteile für nicht haftbar erklärt, so ist das Strafurteil maßgebend, die Geltendmachung des Schadens vor dem Zivilgericht ausgeschlossen.

Zweites Buch.

Allgemeiner Teil.

Erster Abschnitt.

Das Gericht.

§ 5.

Die sachliche Zuständigkeit im allgemeinen.

I. Das Reichsrecht überläßt die Abgrenzung der Forstrügesachen dem Landesrechte. Die Landesgesetze können nicht bloß die von ihnen selbst normierten strafbaren Tatbestände, sondern auch reichsrechtliche Strafdrohungen, soweit letztere mit dem Forstschutz in Beziehung stehen, dem Forstrügeverfahren zuweisen. Im rechtsrheinischen Bayern bilden Forstrügesachen die Forstpolizeiübertretungen, die Forstfrevel und die auf Forstfrevel bezüglichen Zuwiderhandlungen gegen § 361 Nr. 9 StGB. (Art. 50 FG.)[1]). Zu beachten bleibt, daß die Uebertretungen aus § 361 Nr. 9 StGB., trotz ihrer Aburteilung im Forstrügeverfahren, in materiellrechtlicher Beziehung durchaus den Vorschriften des StGB. unterliegen, insbesondere hinsichtlich der Verjährung. Da das FG. für Forstpolizeiübertretungen im Art. 48 und für Forstfrevel im Art. 49 Legaldefinitionen aufstellt, bietet die Abgrenzung der Forstrügesachen im allgemeinen keine Schwierigkeiten. Doch herrscht lebhafter Streit darüber, ob die Uebertretungen aus Art. 107 FG. (Verkauf und Anbieten von Walderzeugnissen ohne ein gültiges Zeugnis nach Art. 106 FG.) Forstrügesachen bilden. Schwaiger S. 137 will diese Uebertretungen durch das Amtsgericht ohne Zuziehung von Schöffen, aber nicht als Forstrügegericht aburteilen lassen, weil sie weder Forstpolizeiübertretungen noch Forstfrevel seien.

Ganghofer=W. A. 3 zu Art. 107 hält das Forstrügeverfahren auf die Uebertretungen aus Art. 107 für anwendbar mit der Begründung, in Abs. 3 dieses Artikels sei die Anführung der Abt. IV

---

[1]) Ebenso in der Pfalz: FStG. Art. 1 Abs. 2.

unvollständig, der Gesetzgeber habe auch Abt. V für anwendbar erklären wollen, überdies habe die frühere Fassung des Art. 107 den Ausdruck „Forststrafgericht“ statt „Amtsgericht“ enthalten.

Letztere Behauptung ist richtig, aber hier nicht entscheidend. Maßgebend bleibt, daß der Gesetzgeber in Art. 50 den Kreis der Forstrügesachen auf Forstpolizeiübertretungen, Forstfrevel und Uebertretungen aus § 361 Nr. 9 StGB. beschränkt hat. Die Forstpolizeiübertretungen sind in den Artt. 75—78, die Forstfrevel in den Artt. 79—105 erschöpfend aufgezählt, wie die Artt. 48 und 49 deutlich entnehmen lassen. Die Uebertretung aus Art. 107 bildet sohin weder eine Forstpolizeiübertretung noch einen Forstfrevel, also ist sie schon nach dem Wortlaute des Art. 50 keine Forstrügesache.

Die Gesetzgebungsverhandlungen bieten keinen Anhalt für die Annahme, daß der Gesetzgeber auch die Zuwiderhandlungen gegen Art. 107 als Forstrügesachen zu erklären beabsichtigte, so daß ein sog. Redaktionsversehen vorläge. Ist es von vorneherein vom Standpunkte der Gesetzestechnik wenig wahrscheinlich, daß eine für das gesamte Forstrügeverfahren grundlegende Bestimmung nachlässig redigiert sein sollte, so spricht zwingend gegen eine solche Annahme der Umstand, daß Art. 116 bei Erwähnung der Forstrügesachen ausdrücklich auf die Begriffsbestimmung des Art. 50 hinweist, den ihm vorausgehenden Art. 107 aber nicht anzieht, obwohl dessen Anführung sehr nahe gelegen wäre.

Abs. 3 des Art. 107 bestätigt unmittelbar unsere Auffassung, da er lediglich die Abt. IV des FG. beruft, welche über Zuständigkeit und Verfahren nichts enthält, nicht aber die Abt. V, welche gerade die Vorschriften über das Verfahren in Forstrügesachen gibt. Ob die Bestimmungen der IV. Abt. durch jene des allgemeinen Strafrechts ersetzt werden könnten, Ganghofer-W. 341, bedarf gegenüber der lex lata keiner Erörterung. Ebenso unerheblich erscheint die Frage, ob die Uebertretungen aus Art. 107 vor der Geltung des AGStPO. vor die Forststrafgerichte oder vor die Stadt- und Landgerichte gelangt wären, wenn eine Allerh. VO. gem. Art. 106 ergangen sein würde, Ganghofer-W. 342. Selbst wenn der Gesetzgeber es übersehen haben sollte, das Forstrügeverfahren auf diese Uebertretungen auszudehnen, so würde nicht eine im Wege der Analogie auszufüllende Lücke bestehen. Denn der Gesetzgeber hat die Zuständigkeit für die Uebertretungen des Art. 107 zu regeln nicht unterlassen, sondern ausdrücklich verordnet (Abs. 1): wer . . . . . verkauft . . . . ., ist vom Amtsgerichte . . . . . zu verurteilen.

Daß die Amtsgerichte hier ohne Schöffen urteilen, wie Schwaiger a. a. O. behauptet, kann nicht zugegeben werden. Aus dem Ausdrucke „Amtsgericht“ darf eine solche Folgerung nicht gezogen werden, da das AGStPO. an die Stelle von „Forststrafgericht“ durchgehends „Amtsgericht“ gesetzt hat. Es ist auch kein Grund ersichtlich, weshalb die Landesgesetzgebung für diese Uebertretungen eine sowohl vom

Forstrügeverfahren als vom ordentlichen Verfahren abweichende Behandlung hätte vorschreiben wollen.

Bilden mithin die Uebertretungen des Art. 107 keine Forstrügesachen, so unterliegen sie dem ordentlichen Strafverfahren, also in der Hauptverhandlung unter Beiziehung der Schöffen und des Amtsanwalts, unter Ausschluß jeglicher Mitwirkung des Forstmeisters.

II. Die Zuständigkeit der Forstrügegerichte ist keine ausschließliche. Einerseits geht ihnen die Gerichtsbarkeit der Sondergerichte z. B. der Militärgerichte vor, andrerseits ist auch die Abwandlung der Forstrügesachen im ordentlichen Verfahren der StPO. möglich. Steht eine Forstrügesache mit einer sonstigen Strafsache in sachlichem Zusammenhange, so kann sie mit letzterer vor der Strafkammer oder vor dem Schwurgerichte anhängig gemacht werden, § 2 StPO.[1]). Dies folgt daraus, daß das Forststrafgericht als ordentliches, nicht als Sondergericht tätig wird[2]).

Auf die Dauer einer solchen Verbindung gelten für die Forstrügesache die Vorschriften des ordentlichen Verfahrens, § 5 StPO. Hier kann Wert- und Schadenersatz nicht zuerkannt, auch die Zivilverantwortlichkeit nicht ausgesprochen werden, weil diese Eigentümlichkeiten des Forstrügeverfahrens dem ordentlichen Strafverfahren fremd sind. Hebt das höhere Gericht die Verbindung auf, § 4 StPO., so wird die Forstrügesache in der Lage, in welcher sie sich bei Erlassung des Aufhebungsbeschlusses befindet, vor dem Amtsgerichte im Forstrügeverfahren weiter behandelt. Ist die Strafkammer- oder Schwurgerichtssache rechtskräftig erledigt, dagegen die Forstrügesache noch anhängig, so kann die letztere nicht ans Forstrügegericht verwiesen, sondern muß durch das höhere Gericht selbst entschieden werden (§ 269 StPO.). Hebt das Revisionsgericht die Entscheidung lediglich bezüglich der Forstrügesache auf und verweist insoweit ans Amtsgericht zurück (§ 394 Abs. 3 StPO.), so hat dieses nun das Forstrügeverfahren anzuwenden, weil es hier so anzusehen ist, als ob die land- bezw. schwurgerichtliche Verhandlung gar nicht stattgefunden hätte.

Das Schöffengericht kann die Verbindung einer Forstrügesache mit einer Schöffensache nicht vornehmen. Nach der Absicht des Gesetzgebers sind die Forstrügesachen grundsätzlich in dem für sie vorgeschriebenen Verfahren zu behandeln; insbesondere ist § 2 StPO. hierher nicht anwendbar, da Schöffengericht und Forstrügegericht einander gleichgeordnet sind.

Erzeugt die nämliche Handlung zugleich eine Forstrügesache und einen sonstigen strafrechtlichen Tatbestand — Idealkonkurrenz[3]),

---

[1]) Vgl. RGSt. 3, 157.

[2]) Die Landesgesetzgebung könnte eine derartige Verbindung verbieten; für Bayern ist ein solches Verbot nicht ergangen.

[3]) Einen Anwendungsfall s. in ObLG. 7, 78.

so darf die Entscheidung nur einheitlich in demselben Verfahren getroffen werden. Dieses kann nur das ordentliche Verfahren sein; denn das Forstrügeverfahren ist ausschließlich auf die Forstrügesachen zugeschnitten und verträgt deshalb keine Hereinziehung von Nichtforstrügesachen, während das ordentliche Verfahren als regelmäßige Prozeßform mit seinen höheren Garantien für Forstrügesachen nicht schlechthin ungeeignet ist[1]).

§ 6.

Abgrenzung der sachlichen Zuständigkeit im einzelnen.

A.

Eine Nicht-Forstrügesache wird beim Forstrügegericht anhängig gemacht.

I. Beantragt der Forstmeister die Erlassung eines Strafbefehls und hält der Amtsrichter dafür, daß eine im ordentlichen Verfahren zu verhandelnde Sache vorliegt, so besteht eine doppelte Möglichkeit: entweder der Amtsrichter lehnt die Erlassung des Strafbefehls ab, gegen diesen Beschluß steht dem einschlägigen Forstamt[2]) die sofortige Beschwerde ans Landgericht zu; oder er gibt dem Forstmeister den Antrag zurück und stellt ihm anheim, denselben zurückzunehmen; entspricht der Forstmeister diesem Ansinnen, so leitet er die Akten dem zuständigen Amts- bezw. Staatsanwalte zu; lehnen diese das Vorgehen ab mit der Begründung, daß eine Forstrügesache vorliege, so wird dieser negative Kompetenzkonflikt durch die beiderseitigen vorgesetzten Beamten, also durch die Regierungsfinanzkammer und den landgerichtlichen Staatsanwalt bezw. den Oberstaatsanwalt, eventuell durch die Staatsministerien der Finanzen und der Justiz, im Benehmen miteinander, entschieden.

Das gleiche gilt, wenn der Amtsrichter den Antrag des einschlägigen Forstamts auf Anberaumung der Hauptverhandlung (Art. 149) ablehnt.

II. Stellt sich in der Hauptverhandlung erster Instanz das Vorliegen einer Nicht-Forstrügesache heraus z. B. eines gemeinen Diebstahls statt Forstfrevels, so hat sich das Forstrügegericht be-

---

[1]) Eine Entscheidung des Kassationshofs v. 19. Juni 1869 (S. w. E. 3, 228), in einer pfälzischen Sache ergangen, bemerkt in den Gründen, eine gleichzeitige Aburteilung von Forstfreveln und anderen Uebertretungen durch die Landgerichte (jetzt: Amtsgerichte) sei zulässig, insbesondere bestehe kein Hindernis, daß der Vertreter der Staatsanwaltschaft wie jener der Forstbehörde zu gleicher Zeit anwesend seien und ihre Anträge stellten. Unterlag diese Anschauung schon vom Standpunkte des damals geltenden Strafprozesses gewichtigen Bedenken, so läßt sie sich keinesfalls mit dem System der RStPO. vereinbaren.

[2]) Jenem, welches den Antrag auf Erlassung des Strafbefehls stellt, nicht aber dem Vertreter der Forstbehörde; siehe unten § 37.

schlußmäßig für unzuständig zu erklären und gleichzeitig die Sache an das zuständige Gericht (Schöffen-, Land-, Schwurgericht) zu verweisen. Die Anwendung des § 270 StPO., insbesondere seines Abs. 4, erscheint gem. Art. 188 Abs. 1 unbedenklich. Das „zuständige Gericht" ist an den rechtskräftigen Beschluß des Forstrügegerichts insoferne gebunden, als die Hauptverhandlung vor ihm stattfinden muß. Das höhere Gericht kann wegen § 269 StPO. die Sache nicht mehr ans Forstrügegericht zurückverweisen. Für das Schöffengericht gilt diese Vorschrift nicht; würde nun dieses die Sache an das Forstrügegericht zurückverweisen — das kann leicht vorkommen, wenn verschiedene Gerichte oder verschiedene Richter desselben Gerichts mit der Sache befaßt werden je nach deren Qualifikation als Forstrügesache oder als ordentliche Strafsache — so läge ein negativer Kompetenzkonflikt vor, den das gemeinschaftliche obere Gericht zu entscheiden hätte (§ 19 StPO.).

III. Findet das Berufungsgericht, daß die erstinstanziell im Forstrügeverfahren abgeurteilte Straftat keine Forstrügesache ist, so ist zu unterscheiden:

1. Ist die schwurgerichtliche Zuständigkeit gegeben, z. B. es liegt nicht Forstfrevel durch Entwendung, sondern Raub vor, so hebt die Strafkammer das angefochtene Urteil auf, spricht die Unzuständigkeit des Forstrügegerichts aus und verweist die Sache ans Schwurgericht (§ 369 Abs. 3 StPO.).

2. Ist die erstinstanzliche Zuständigkeit der mit der Berufung befaßten oder einer anderen Strafkammer gegeben (Rückfalldiebstahl statt Forstfrevel), so erkennt sie als erste Instanz bezw. verweist an die andere, örtlich zuständige Strafkammer. Gelangt das Berufungsgericht erst im Verlaufe der Hauptverhandlung zur Anschauung, daß seine erstinstanzliche Zuständigkeit begründet sei, so ist mit der Verhandlung wieder zu beginnen, der Forstmeister hat sich zu entfernen.

3. Erachtet das Berufungsgericht, daß die Sache in erster Instanz durch das Schöffengericht statt durch das Forstrügegericht hätte abgeurteilt werden sollen, so hat ein unzuständiges Gericht in erster Instanz erkannt. Das Berufungsgericht hebt das Urteil des Forstrügegerichts auf und verweist die Sache an das zuständige Schöffengericht (§ 369 Abs. 3 StPO.).

B.

Eine Forstrügesache wird im ordentlichen Verfahren anhängig gemacht.

I. Beantragt der Amtsanwalt die Erlassung eines Strafbefehls und hält der Amtsrichter eine Forstrügesache für gegeben, so findet das unter A I Bemerkte entsprechende Anwendung. Das Gleiche gilt für den Fall, daß der Amtsanwalt Anklageschrift eingereicht oder ohne solche Antrag auf Anberaumung der Hauptverhandlung gestellt hat.

II. Gelangt das Schöffengericht oder der Amtsrichter (§ 211 Abs. 2 StPO.) zur Anschauung, daß eine Forstrügesache vorliege, so haben sich dieselben für unzuständig zu erklären und die Sache ans zuständige Forstrügegericht zu verweisen. Erklärt nun auch dieses sich für unzuständig, so entscheidet das gemeinschaftliche obere Gericht den Zuständigkeitsstreit (§ 19 StPO.). Wird von mehreren sachlich konkurrierenden Strafsachen bloß eine als Forstrügesache erkannt, so beschränkt sich auf diese der Unzuständigkeits- und Verweisungsausspruch. Stellt sich in der Hauptverhandlung heraus, daß mit einer ordentlichen Strafsache eine Forstrügesache begrifflich zusammentrifft, so hat das Schöffengericht über letztere mitzuentscheiden.

III. 1. Ergibt sich in einer erstinstanzlichen Strafkammersache nach Einreichung der Anklageschrift und vor Erlassung des Eröffnungsbeschlusses, daß eine Forstrügesache vorliegt, so kann der landgerichtliche Staatsanwalt die öffentliche Klage zurücknehmen (§ 154 StPO.) und die Akten dem Forstmeister zur weiteren Behandlung zuleiten[1]). Lehnt dieser die Tätigkeit ab, so gilt das unter A I a. E. Bemerkte.

2. Erachtet die Strafkammer bei der Beschlußfassung über die Eröffnung des Hauptverfahrens eine Forstrügesache als gegeben, so eröffnet sie das Verfahren vor dem Forstrügegerichte (arg. § 207 Abs. 1 Satz 1 StPO.)[2]). Ebenso wenn die Anklage wegen einer Forstrügesache und wegen einer anderen, hiermit sachlich zusammentreffenden Strafsache erhoben ist und die Strafkammer wegen der letzteren die Eröffnung ablehnt oder zwar eröffnet, aber die Forstrügesache abtrennt. Ist die Anklage wegen zweier (oder mehrerer) sachlich zusammentreffender Reate, etwa wegen zwei schwerer Diebstähle erhoben, von denen nach Anschauung der Strafkammer der eine zur Zuständigkeit des Schöffengerichts z. B. als einfacher Diebstahl, der andere zur Zuständigkeit des Forstrügegerichts (Forstfrevel durch Entwendung) gehört, so eröffnet die Strafkammer wegen des ersteren das Hauptverfahren vor dem Schöffen-, wegen des letzteren vor dem Forstrügegerichte.

3. Stellt sich in der Hauptverhandlung erster Instanz vor der Strafkammer heraus, daß eine Forstrügesache vorliegt, so darf sie sich nicht für unzuständig erklären, sondern hat selbst über die Sache im ordentlichen Verfahren, also ohne Beiziehung des Forstmeisters zu entscheiden (arg. § 269 StPO.)[3]).

4. In der Berufungsverhandlung verweist das Landgericht die irrtümlich vom Schöffengericht oder gem. § 211 Abs. 2 StPO.

---

[1]) Diese Möglichkeit besteht auch für den eine Anklageschrift einreichenden Amtsanwalt, oben B I.

[2]) Vgl. OLGM. 2, 141.

[3]) RGSt. 13, 383.

vom Amtsrichter abgeurteilte Forstrügesache ans zuständige Forstrügegericht unter Aufhebung des erstrichterlichen Urteils, vgl. oben A III 3.

5. Es entsteht die Frage, ob die Verbindung einer in der Berufungsinstanz anhängigen Forstrügesache mit einer im ordentlichen Verfahren (erster oder zweiter Instanz) bei der Strafkammer schwebenden Sache möglich ist. Die ratio des § 236 StPO. würde für die Bejahung sprechen; gleichwohl wird die Frage zu verneinen sein. Denn die Forstrügesache ist in erster Instanz in einem besonderen Verfahren verhandelt worden und soll in diesem nach der Absicht des Gesetzgebers auch im zweiten Rechtszuge behandelt werden. Andernfalls würde der Forstmeister, der vielleicht gerade behufs Klärung einer für die Forstverwaltung wichtigen Frage Berufung eingelegt hat, ausgeschaltet, da im Falle der Verbindung nur ein einheitliches Verfahren, nämlich das ordentliche Verfahren der StPO. angewendet werden könnte; das aber würde möglicherweise eine Schädigung beachtenswerter Forstinteressen bedeuten.

C.

Kompetenzkonflikt zwischen Forstrügegericht und Sondergericht.

Ueber die Entscheidung eines Zuständigkeitsstreites zwischen Sonder- und ordentlichen Gerichten — zu letzteren zählen auch die Forstrügegerichte — enthält die Reichsgesetzgebung, abgesehen von einer Ausnahme, keine Bestimmungen. Falls nicht ein den streitenden Gerichten gemeinsames Obergericht vorhanden ist, fehlt es an einem Mittel zur Beseitigung des Streites und könnte derselbe äußerstenfalls nur durch einen Akt der Gesetzgebung gelöst werden. Die angedeutete Ausnahme betrifft den Zuständigkeitsstreit zwischen der praktisch wichtigsten Gattung von Sondergerichten, den Militärgerichten, und den ordentlichen bürgerlichen Gerichten. Hat sich das Forstrügegericht durch eine nicht mehr anfechtbare Entscheidung für unzuständig erklärt, weil die Sache zur Zuständigkeit der Militärgerichte — auch der nichtbayerischen — gehöre, so ist diese Entscheidung für die Militärgerichte bindend und umgekehrt. § 14 Abs. 2 und 3 EGMStGO. Hat das Forstrügegericht und das Militärgericht wegen der nämlichen Tat ein Verfahren eingeleitet, so kommt es darauf an, welches Gericht zuerst ein rechtskräftiges Urteil erlassen hat. Das zuerst rechtskräftig gewordene Urteil ist maßgebend, das später zur Rechtskraft gelangte ist nicht vollstreckbar § 14 Abs. 1 a. a. O. Dem Urteil ist der Strafbefehl (§ 450 StPO.) und die gerichtsherrliche Strafverfügung (§ 353 MStGO.) auch hier gleichzuachten.

§ 7.
Die örtliche Zuständigkeit.

I. Ueber den Gerichtsstand schreibt Art. 117 vor: „Bei Forstpolizeiübertretungen bestimmt der Ort der Uebertretung — bei Forstfreveln der Wohn- oder Aufenthaltsort des Frevlers die Zuständigkeit des Gerichtes.

Ist der Frevler nicht bayerischer Staatsangehöriger, oder treffen bei einem Frevel mehrere in verschiedenen Gerichtsbezirken wohnende Personen zusammen, so richtet sich die Zuständigkeit nach dem Orte des Frevels.

In den Fällen des Abs. 2 kann die Sache auch vor das Gericht des Wohn- oder Aufenthaltsorts des Frevlers oder eines derselben gebracht werden."

Da das Forstgesetz hier positive Zuständigkeitsnormen gibt, ist bei Forstpolizeiübertretungen und Forstfreveln der Gerichtsstand des Wohnsitzes (§ 8 StPO.) und der Ergreifung (§ 9 StPO.) ausgeschlossen.

Ist die Uebertretung oder der Frevel durch Unterlassung begangen, so befindet sich der Tatort da, wo hätte gehandelt werden sollen. Eine Ausnahme für Uebertretungen, bestehend in der Nichtbefolgung forstpolizeilicher Anordnungen „in der Nähe" von Waldungen (Artt. 45, 46 verb. mit 77) dahin zu machen, daß sie als im Walde selbst begangen anzusehen seien (Ganghofer-W. A. 1 zu Art. 117), ist nicht gerechtfertigt; auch im ordentlichen Strafverfahren wird durch den Umstand, daß sich die Wirkungen der Handlung über den Begehungsort hinaus erstrecken, eine Veränderung der Zuständigkeit nicht bewirkt.

Auf den Wohnsitz des Frevlers kommt es nach Art. 117 nicht an; wohnt der Frevler nicht an seinem Wohnsitze, so ist der Ort seiner tatsächlichen Wohnung maßgebend. Im Zweifel, ob der Frevler einen Wohnort oder bloß einen Aufenthaltsort besitzt, ist für das Gericht des Aufenthaltsortes zu entscheiden; denn nach den Mot. zu Artt. 104—171 des Entwurfs bezweckte diese Zuständigkeitsregelung, den Beteiligten eine Erleichterung zu gewähren, und in dieser Erwägung wollte Art. 104 des Entwurfs sogar bei Forstpolizeiübertretungen nach dem Wohn- oder Aufenthaltsort des Uebertreters die Gerichtszuständigkeit bestimmen.

Für die Zuständigkeit entscheidet der Wohn- oder Aufenthaltsort, den der Frevler in dem Zeitpunkte hat, wo ihn der Forstdiener ins Rügeverzeichnis einträgt gem. Art. 122 Nr. 3. Ein späterer Wechsel ist ohne Einfluß auf den einmal begründeten Gerichtsstand. Nicht etwa darf, wie im § 8 StPO., dem Zeitpunkte der Klageerhebung eine Bedeutung beigelegt werden; § 8 StPO. ist auf das Forstrügeverfahren nicht anwendbar, welches im Einklange mit der zur Zeit der Erlassung des FG. herrschenden Anschauung auf die

Tatsache der Anzeigeerstattung den Nachdruck legt, vgl. bayer. StGB. von 1813 T. II Art. 22 Abs. 3.

Anlangend den Besitz der bayerischen Staatsangehörigkeit (Abs. 2 des Art. 117), so kommt es auf die Zeit der Frevelbegehung an, „Frevler“ bedeutet hier „der Frevelnde“. Nachträglicher Erwerb oder Verlust der bayerischen Staatsangehörigkeit ist auf die Zuständigkeitsfrage ohne Einfluß.

Das „Zusammentreffen Mehrerer bei einem Frevel“ ist im weitesten Sinne zu verstehen. Es beschränkt sich nicht auf die Fälle der objektiven Konnexität (§ 3 StPO.), sondern gilt insbesondere auch für Frevler und Käufer des gefrevelten Holzes (Artt. 79, 100)[1]. Kann die Strafverfolgung gegen einzelne der mehreren in verschiedenen Gerichtsbezirken wohnenden (scil. im Zeitpunkte des Eintrags ins Rügeverzeichnis Art. 122 Nr. 3) Frevler nicht eingeleitet werden z. B. weil sie inzwischen verstorben oder in Geisteskrankheit verfallen sind, so sind lediglich die Zuständigkeitstatsachen in der Person des Verfolgten maßgebend. Wird hiernach nur ein einziger der Mitfrevler verfolgt, so bestimmt sein Wohn- oder Aufenthaltsort das zuständige Gericht.

Ob die Sache in den Fällen des Abs. 2 statt vor das Gericht des Frevelortes vor jenes des Wohn- oder Aufenthaltsortes zu bringen sei (Abs. 3 des Art. 117), steht einzig im Ermessen des Forstmeisters.

II. Der Frevelbegehungsort bestimmt auch in zwei vom FG. nicht geregelten Fällen die Gerichtszuständigkeit:

1. im objektiven Verfahren des Art. 186,

2. wenn der Frevler zwar die bayerische Staatsangehörigkeit, aber keinen Wohn- oder Aufenthaltsort in Bayern besitzt. Die Aushilfsbestimmung über den letzten Wohnsitz in § 8 Abs. 2 StPO. ist auf das Forstrügeverfahren nicht anwendbar.

Auf den Wohn- oder Aufenthaltsort der zivilverantwortlichen Personen kommt es für die Zuständigkeitsfrage nicht an.

Hat jemand eine Forstpolizeiübertretung und einen Forstfrevel je durch eine selbständige Handlung begangen, so sind beide Reate von dem für sie zuständigen Gerichte abzuurteilen. Eine Verbindung wegen subjektiven Zusammenhangs ist wegen der kategorischen Vorschrift in Abs. 1 des Art. 117 unzulässig, die Anwendung des § 13 StPO. sohin im Forstrügeverfahren ausgeschlossen. Begründet dagegen die nämliche Handlung eine Forstpolizeiübertretung und einen Forstfrevel (Idealkonkurrenz), so ist sowohl das Gericht des Tatwie jenes des Wohnorts zuständig; der Vorzug gebührt demjenigen, welches zuerst den Strafbefehl erlassen bezw. den Hauptverhandlungstermin ohne vorgängigen Strafbefehl bestimmt hat § 12 Abs. 1 StPO. Abs. 2 des § 12 StPO. ist hier gleichfalls anwendbar.

---

[1] Vgl. OGH. 2, 222.

Ueber die Zuständigkeit für Uebertretungen nach § 361 Nr. 9 StGB. schweigt das FG; deshalb kommen hierfür die Bestimmungen der §§ 7—9 StPO. zur Anwendung[1]).

III. Gem. Art. 49 Abs. 4 können bayerische Staatsangehörige auch wegen der außerhalb des bayerischen Staatsgebietes von ihnen verübten Forstfrevel nach den Bestimmungen des bayerischen FG. bestraft werden. Die Verfolgung liegt im Ermessen der Forstbehörde (v. „können"), die sohin in diesem Falle nicht an das Legalitätsprinzip gebunden ist vgl. §§ 4, 6 StGB. Im übrigen ist zu unterscheiden zwischen den außerbayerischen deutschen Bundesstaaten und den nichtdeutschen Staaten. Ersterenfalls sind die Bestimmungen des GVG. über Rechtshilfe maßgebend, nachdem die mit sämtlichen deutschen Nachbarstaaten über die Bestrafung der Forstfrevel in den Grenzwaldungen abgeschlossenen Verträge nicht mehr in Kraft sind. Art. 49 Abs. 4 setzt stillschweigend voraus, daß der außerhalb Bayerns frevelnde Bayer in Bayern wohnt; andernfalls ist ein Gerichtsstand in Bayern nicht gegeben z. B. wenn ein in Württemberg wohnender Bayer dort einen Forstfrevel verübt; hier besteht auch kein Bedürfnis für eine Aburteilung durch das bayerische Forstrügegericht, da den Frevler die außerbayerische Gerichtsgewalt ohnedies erreicht[2]).

Unter den nichtdeutschen Staaten steht lediglich Oesterreich mit Bayern in einem Vertragsverhältnis betr. Forstfrevelbestrafung. Dieses beruht auf der 1839 abgeschlossenen, 1844 erneuerten Uebereinkunft wegen wirksamer Hintanhaltung der Forst-, Jagd-, Fisch- und Feldfrevel an der Landesgrenze (Reg.-Bl. 1839, 825; 1844, 308). Hiernach haben sich beide Regierungen verpflichtet, die von ihren Untertanen auf jenseitigem Gebiete verübten Forstfrevel ebenso wie die im Inlande verübten zu verfolgen. Daraus folgt, daß ein in Oesterreich wohnender Oesterreicher, der in Bayern einen Forstfrevel begeht, in Bayern nicht verfolgt werden darf. Umgekehrt wird ein in Bayern wohnender, in Oesterreich frevelnder Bayer vom bayerischen Forstrügegerichte seines Wohnorts bestraft.

Begeht ein in Bayern wohnender Oesterreicher einen Forstfrevel in Bayern, so ist er nach der Absicht des Staatsvertrages in Bayern zu verfolgen; zuständig ist das Forstrügegericht des Wohnortes. Wenn umgekehrt ein in Oesterreich wohnender Bayer in Oesterreich einen Forstfrevel verübt, so sind die österreichischen Behörden zur Verfolgung zuständig.

[1]) Die VB. § 16 nehmen an, daß auch die von einem Bayern außerhalb Bayerns begangenen Uebertretungen aus § 361 Nr 9 StGB. vor dem bayerischen Forstrügegericht verfolgt werden können. Gegen diese Auffassung spricht indes der klare Wortlaut des Art. 49 Abs. 4; wer dem § 361 Nr. 9 StGB. zuwiderhandelt, „verübt" keinen Forstfrevel!

[2]) Es würde auch deshalb an einem zur Aburteilung zuständigen bayerischen Gerichte fehlen, weil weder der Wohn- bezw. Aufenthaltsort des Frevlers noch der Tatort in Bayern liegt.

Frevelt endlich ein in Bayern wohnender Oesterreicher in Oesterreich, so sind die österreichischen Behörden zur Verfolgung zuständig; im umgekehrten Falle, wenn also ein in Oesterreich wohnender Bayer in Bayern frevelt, ist die Zuständigkeit des bayerischen Forstrügegerichts des Frevelortes gegeben.

Verübt ein Nichtbayer, der einem deutschen oder außerdeutschen Staate — abgesehen von Oesterreich — angehört, im rechtsrheinischen Bayern einen Forstfrevel, so ist zu unterscheiden:

1. hat er seinen Wohn- oder Aufenthaltsort in Bayern, so bestimmt dieser das zuständige bayerische Forstrügegericht; der Frevler muß von diesem abgeurteilt werden;
2. hat er seinen Wohn- oder Aufenthaltsort nicht in Bayern, so kann er in Bayern verfolgt werden; zuständig ist dann das Gericht des Frevelortes. Er kann aber auch dem Gerichte seines Heimatstaats überlassen werden[1] (Art. 117 Abs. 3)[2]. Die Ausübung dieser Befugnis steht im Ermessen des Forstmeisters, nicht des Gerichtes; er wird hierbei berücksichtigen, ob von der nichtbayerischen Behörde bereits ein Verfahren wegen dieses Frevels eingeleitet bezw. eine Bestrafung erfolgt ist, eventuell ab diese Strafe als genügende Sühne des Frevels gelten kann.

Wenn ein keinem Staate Angehöriger in Bayern einen Forstfrevel begeht, so muß er in Bayern verfolgt werden; sonst würde er straffrei ausgehen, da eine Ueberlassung an das Gericht des Heimatstaates hier nicht möglich ist. Zuständig ist das Amtsgericht des Wohn- bezw. Aufenthaltsortes, wenn er einen solchen in Bayern besitzt, andernfalls jenes des Frevelortes.

IV. Bei Forstpolizeiübertretungen entscheidet für die Zuständigkeit ausnahmslos der Tatort, ohne Rücksicht auf die Staatsangehörigkeit des Uebertreters. Hat ein in Bayern wohnender Bayer eine Forstpolizeiübertretung außerhalb Bayerns begangen, so sind ausschließlich die außerbayerischen Behörden zur Verfolgung zuständig (arg. e. contr. Art. 49 Abs. 4).

V. Das Forstrügegericht hat, bevor es über den Antrag des Forstamts auf Anberaumung der Hauptverhandlung oder auf Er-

---

[1]) Ausnahme vom Legalitätsprinzip. Vorausgesetzt wird hierbei, daß die Handlung vom fremden Staat mit Strafe bedroht ist; andernfalls kann die Sache überhaupt nicht „vor das Gericht des Heimatstaates gebracht" (Art. 117 Abs. 3), sondern muß in Bayern verfolgt werden.

[2]) Begeht ein in Bayern wohnender Bayer einen Forstfrevel in Belgien, so muß er in Bayern verfolgt werden; wenn umgekehrt ein in Belgien wohnender Belgier einen Forstfrevel in Bayern verübt, darf er in Bayern nicht verfolgt, sondern muß seiner zuständigen Heimatbehörde zur Bestrafung überlassen werden. Art. 1 des Staatsvertrags zwischen Deutschland und Belgien vom 29. April 1885 betr. die Bestrafung der auf den beiderseitigen Gebieten begangenen Forst-, Feld-, Fischerei- und Jagdfrevel (RGBl. 251). Solche Fälle werden übrigens wegen der großen Entfernung zwischen Bayern und Belgien selten praktisch werden.

lassung des Strafbefehls entscheidet, seine örtliche Zuständigkeit von Amts wegen zu prüfen und verneinendenfalls den Antrag zurückzuweisen; gegen diesen Beschluß steht dem antragstellenden Forstmeister die sofortige Beschwerde zu. In der Hauptverhandlung kann der Angeklagte oder der Zivilverantwortliche den Unzuständigkeitseinwand nur bis zum Schlusse der Verlesung des Rügebogens bezw. besonderen Anzeigeprotokolls erheben. Erklärt sich auf den Einwand das Forstrügegericht für örtlich unzuständig, so hat der Forstmeister dafür zu sorgen, daß die Sache bei dem als zuständig erklärten Forstrügegericht anhängig gemacht wird. Spricht auch das letztere seine Unzuständigkeit aus, so wird das örtlich zuständige Forstrügegericht durch das gemeinschaftliche obere Gericht bestimmt, § 19 StPO. Das gleiche gilt für den bejahenden Zuständigkeitsstreit zwischen mehreren Forstrügegerichten, § 14 StPO.

Das FG. geht davon aus, daß jede Forstrügesache von dem für sie örtlich zuständigen Gerichte behandelt wird; sind zusammenhängende Forstrügesachen bei verschiedenen Forstrügegerichten anhängig, so ist eine Verbindung, wie sie § 13 Abs. 2 StPO. für das ordentliche Verfahren gestattet, ausgeschlossen.

§ 8.

Die funktionelle Zuständigkeit.

Sie umfaßt die Regeln darüber, welche Gerichtsabteilung und welcher Gerichtsbeamte zu den einzelnen Handlungen eines Prozesses berufen ist. Die Zuteilung der Forstrügesachen erfolgt bei den mit mehreren Richtern besetzten Amtsgerichten an einen (oder mehrere) derselben für die Dauer des Geschäftsjahres Art. 17 AGGVG. Das Amtsgericht entscheidet in erster Instanz über sämtliche Forstrügesachen (Art. 116), mithin auch über den Gewohnheitsfrevel. Das Landgericht wird in Forstrügesachen lediglich als Berufungsinstanz tätig; besondere Forstrügekammern existieren nicht, doch ist es zulässig und im Interesse der Einheitlichkeit der Rechtsprechung zweckmäßig, im Wege der Geschäftsverteilung die Forstrügesachen einer der mehreren Strafkammern desselben Landgerichts zuzuweisen.

Das Berufungsgericht urteilt über die Zuwiderhandlungen gegen § 361 Nr. 9 StGB. immer, über Forstpolizeiübertretungen und Forstfrevel regelmäßig in dreigliedriger Besetzung, in der Besetzung von fünf Mitgliedern aber

1. über das Vergehen des Gewohnheitsfrevels,
2. wenn die im Einzelfalle angedrohte Geldstrafe den Betrag von 150 Mk. übersteigt.

Materiellrechtlich behalten zwar auch letztere Handlungen den Charakter von Uebertretungen, Art. 5 Abs. 1 AGStPO.; dagegen folgen sie in prozessualer Beziehung im Hinblick auf Art. 188

Abs. 1 FG. den Vorschriften des GVG., da das bayer. FG. hierfür keine Sonderbestimmungen[1]) trifft. Uebertretungen im Sinne der §§ 27 Nr. 1, 77 GVG. sind nur die mit Geldstrafe von höchstens 150 Mk. oder mit Haft bedrohten Handlungen gem. § 1 Abs. 3 StGB. Vgl. Beratungen der RJKomm. Prot. S. 183. Die mit höherer Geldstrafe als 150 Mk. bedrohten Uebertretungen sind prozessual als Vergehen zu behandeln, daher derartige Forstrügesachen von einer fünfmännigen Berufungsstrafkammer abzuurteilen.

Wird im Forstrügeverfahren eine Beweiserhebung durch ein anderes Amtsgericht erforderlich, so wird dieses als Amtsgericht, nicht etwa als „Forstrügegericht" um die Leistung der Rechtshilfe ersucht. Auch die Militärgerichte sind den Forstrügegerichten zur Rechtshilfegewährung verpflichtet; wenn umgekehrt das Militärgericht eine Forstrügesache behandelt, kann es sich an das Amtsgericht — nicht Forstrügegericht — mit dem Ersuchen um Rechtshilfe werden. Vgl. § 12 EGMStGO.

§ 9.

Die Gerichtspersonen.

Hierüber enthält das FG. keine Sonderbestimmungen. Schöffen wirken im Forstrügeverfahren nicht mit, Art. 116. Bezüglich der Stellung und Tätigkeit des Gerichtsschreibers, Gerichtsvollziehers und Gerichtsdieners im Forstrügeverfahren sind die für das ordentliche Verfahren geltenden Vorschriften maßgebend.

Zweiter Abschnitt.

Die Parteien.

§ 10.

Allgemeines.

Das Forstrügeverfahren war bereits mit Erlassung des FG. kontradiktorisch gestaltet; es bedurfte deshalb im J. 1879 keiner grundlegenden Aenderungen, um die Sondervorschriften des FG. mit den Bestimmungen der StPO. in Einklang zu bringen. Als verfolgende Partei tritt in erster Instanz ausschließlich der Forst-

[1]) Andere Forstgesetze z. B. das preuß. Feld- und Forstpolizeig. v. 1. April 1880 in § 58, das preuß. ForstdiebstG. in § 19, das hessische G. das Verfahren in Forst- und Feldrügesachen betr. v. 21. Oktober 1904 in Art. 22, das württ. Forststrafges. vom 2. September 1879 in Art. 19 schreiben für das Berufungsgericht ausdrücklich die dreigliedrige Besetzung vor.

[2]) Für das ordentliche Verfahren ist gleicher Ansicht Schanz in bayer. Zeitschr. f. Rechtspfl. 2, 12. Vgl. meine Abhandl. ebenda 3, 487.

meister, in zweiter daneben der Staatsanwalt, in der Revisionsinstanz lediglich der Staatsanwalt auf. Als verfolgte Parteien erscheinen der Angeklagte und der Zivilverantwortliche.

Dem Entschädigungsberechtigten versagt das FG. die Parteirolle[1]); will er seine Ersatzansprüche im Forststrafverfahren festgestellt sehen, so hat er deren Geltendmachung dem Forstmeister und dem Staatsanwalte zu überlassen, welch beide sich dieser Aufgabe nicht entschlagen dürfen. Deshalb ist auch im bayer. Forstrügeverfahren die Nebenklage unzulässig, insbesondere wird keiner der in §§ 435, 443 StPO. vorgesehenen Fälle hier praktisch[2]).

§ 11.

Der Forstmeister.

I. Stellung im allgemeinen und in erster Instanz.

In dem akkusatorisch gestalteten Forststrafprozeß wird der Amtsanwalt nicht tätig. Die diesem im ordentlichen Verfahren zukommenden Verrichtungen nimmt hier die Forstbehörde wahr. Als solche kommen in Betracht:

1. das Forstamt, in dessen Bezirk die Tat verübt wurde bezw. der Frevler wohnt[3]),
2. der Vertreter der Forstbehörde beim Amtsgericht.

Die staatsanwaltschaftliche Stellung eines jeden Königlichen[4]) Forstamts ist in Art. 118 mit 114 begründet (v. „Antragstellung bei den Amtsgerichten"). Es wird hauptsächlich im Strafbefehlsverfahren tätig: es beantragt die Erlassung des Strafbefehls und auf zulässigerweise erhobenen Einspruch die Anberaumung der Hauptverhandlung, die näheren Ausführungen hierüber s. unten § 38 II. Abgesehen vom Strafbefehlsverfahren hat das einschlägige Forstamt nur eine staatsanwaltschaftliche Verrichtung wahrzunehmen: Antrag auf Anberaumung der Hauptverhandlung[5]).

Soweit die staatsanwaltschaftlichen Funktionen nicht dem einschlägigen Forstamt obliegen, werden sie vom Vertreter der Forstbe-

---

[1]) Ueber eine eigenartige Möglichkeit seiner Einwirkung auf das Verfahren siehe unten § 26 A.

[2]) Das hessische Ges. das Verf. in Forst- und Feldrügesachen betr. vom 21. Oktober 1904 gewährt in Art. 20 dem Beschädigten die Stellung des Nebenklägers nach §§ 435—442 StPO.

[3]) Die VV. bezeichnen dieses als „einschlägiges", auch als „veranlassendes" Forstamt, vgl. §§ 47—51 das.

[4]) Die Forstbeamten von Privaten und Gemeinden (herrschaftliche, städtische Forstmeister) üben keine staatsanwaltschaftlichen Funktionen aus.

[5]) Gegen die Ablehnung des Antrags steht dem einschlägigen Forstamt die sofortige Beschwerde zu s. unten § 24 a. E. Daß nicht der Vertreter der Forstbehörde, sondern das einschlägige Forstamt die Anberaumung der Hauptverhandlung zu beantragen hat, ist auch in der FinME. v. 2. Juni 1902 Nr. 13194 betont.

hörde beim Amtsgericht ausgeübt. Behufs Wahrnehmung der nach Art. 150 den Forstämtern, dann nach Artt. 152, 157, 160, 161, 163, 172 und 176 den Forstmeistern bezw. deren Stellvertretern zukommenden Geschäfte und Befugnisse wird von der einschlägigen Regierungsfinanzkammer (Forstabteilung) für den Bezirk eines jeden Amtsgerichts und Landgerichts ein Forstmeister oder Forstamtsassessor und als dessen Stellvertreter ein Forstmeister, Forstamtsassessor oder Forstamtsassistent aufgestellt (VO. v. 2. Mai 1885 § 2, GVBl. 267).

Das FG. sagt zwar nirgends ausdrücklich, daß das einschlägige Forstamt, vertreten durch den Forstmeister als seinen Vorstand, und der Vertreter der Forstbehörde die Stellung der Strafverfolgungsbehörde in erster Instanz einnehmen. Indes ergibt sich aus dem Zusammenhang der gesetzlichen Bestimmungen und aus der akkusatorischen Gestaltung auch des Forststrafprozesses, daß das einschlägige Forstamt und der Forstbehördevertreter den fehlenden Amtsanwalt heute ebenso zu ersetzen berufen sind, wie dies schon beim Inkrafttreten des FG. der Fall war. Beiden kommen die Befugnisse und Obliegenheiten des Amtsanwalts in vollem Umfange zu, soweit nicht das FG. Sondervorschriften enthält oder die Natur des Forstrügeverfahrens etwas Abweichendes mit sich bringt. Beide haben die doppelte Eigenschaft der Staatsanwaltschaft: die Parteirolle und die Amtsstellung; kraft letzterer erscheinen sie als Wächter des Gesetzes und können als solche insbesondere Rechtsmittel zugunsten des Beschuldigten und des Zivilverantwortlichen einlegen (§ 338 Abs. 2 StPO.), haben auch auf Wahrung der Interessen der Staatskasse Bedacht zu nehmen. Das gilt in wie außerhalb der Hauptverhandlung: vor einer außerhalb der letzteren zu erlassenden Entscheidung wird der Forstbehördevertreter — im Strafbefehlsverfahren, solange die Hauptverhandlung noch nicht anberaumt ist, der Vorstand des einschlägigen Forstamts — gehört (§ 33 StPO.). In der Hauptverhandlung untersteht der Forstbehördevertreter der Disziplinargewalt des Amtsrichters. Insbesondere hat er hier die Bestrafung ungehorsamer Zeugen und die Verhängung von Ordnungsstrafen zu beantragen.

Der Vertreter der Forstbehörde bezw. der einschlägige Forstmeister sind örtlich zuständig für die Forstrügesachen, die vor das betreffende Amtsgericht gehören; sachlich begrenzt sich ihre Zuständigkeit durch den Umkreis der Forstrügesachen. Das Legalitätsprinzip (§ 152 Abs. 2 StPO.) gilt in vollem Umfange für den einschlägigen Forstmeister und für den Vertreter der Forstbehörde; sie haben wegen aller im Forstrügeverfahren verfolgbaren Handlungen einzuschreiten, sofern zureichende tatsächliche Anhaltspunkte vorliegen.

Obwohl der einschlägige Forstmeister und der Forstbehördevertreter die Stellung eines forstlichen Staatsanwalts gegenüber dem Amtsgericht einnehmen, sind sie dem landgerichtlichen Staatsanwalt und dessen Vorgesetzten nicht untergeordnet; diese können dem Forstmeister keine dienstlichen Anweisungen erteilen[2]), noch haben sie ihm gegenüber das Devolutions- und Substitutionsrecht (§§ 146, 147 GVG.).

Dagegen hat der Forstmeister den Dienstweisungen seiner vorgesetzten Behörden (Kreisregierung, Finanzministerium) auch in Forstrügesachen in formeller und materieller Beziehung nachzukommen. Solche Befehle können sich selbst auf einzelne Forststrafsachen beziehen z. B. die Anweisung, Berufung einzulegen oder zurückzunehmen. Dem Amtsgericht gegenüber wirkt nur jene Erklärung, die der Forstmeister abgibt, mag sie der ihm gewordenen Dienstweisung entsprechen oder nicht. Das gleiche gilt von Aufträgen, die der Forstmeister seinem Stellvertreter erteilt. In der Abordnung eines Forstamts-Assessors oder -Assistenten zur Hauptverhandlung (Art. 152 Abs. 2) ist der Forstmeister freigestellt und braucht insbesondere dem Amtsgericht einen Verhinderungsgrund nicht mitzuteilen; der Stellvertreter übt voll und ganz die Funktionen des ordentlichen Vertreters der Forstbehörde aus. Die vorgesetzte Behörde darf nicht statt des Forstmeisters tätig werden, es steht ihr kein Devolutionsrecht zu (arg. „Forstämter" in Artt. 118, 114, „Forstmeister" in Artt. 152 ff.).

II. In der Berufungsinstanz.

In der Berufungsverhandlung wirkt der landgerichtliche Staatsanwalt und der Vertreter der Forstbehörde beim Landgericht mit; letzterer nimmt seinen Platz zur Linken des ersteren, Art. 176 Abs. 3 u. Just.-Fin. M.E. v. 19. März 1857 (Z. 4, 12). Leider hat das FG. versäumt, das gegenseitige Verhältnis der beiden näher zu bestimmen. Die Ansichten gehen deshalb weit auseinander. Die einen erkennen dem Forstmeister nur die Rolle eines amtlichen Sachverständigen zu, während die staatsanwaltschaftlichen Funktionen dem landgerichtlichen Staatsanwalt oblägen; so Schwaiger A. zu Art. 118, Reinhard A. 2 zu Art. 167, Roth § 513. Umgekehrt sagt Brater S. 285: in der Berufungsinstanz hat der Staatsanwalt die Ausübung seiner regelmäßigen Funktionen dem Forstmeister zu überlassen und sich auf eine gutachtliche Schlußäußerung zu beschränken. Ganghofer-W. erklärt A. 2 zu Art. 177: in der Praxis wird sich zwischen Staatsanwalt und Forstmeister eine Teilung einerseits nach der materiellrechtlichen und prozessualen andrerseits nach der technischen Seite von selbst ergeben. Ein Just.M.Reskr. v. 21. Januar 1857 Nr. 4225 führt aus, der Forstbeamte habe beim Forststrafgericht erster Instanz eine doppelte Funktion, die staatsanwaltschaftliche und jene des vom Gesetze berufenen Sachver-

---

[1]) In seiner Eigenschaft als Hilfsbeamter der Staatsanwaltschaft, s. den nachfolg. Paragraphen, hat allerdings der Forstmeister den Anordnungen des landgerichtlichen Staatsanwalts Folge zu leisten (§ 153 GVG.). Diese Pflicht berührt indes nicht die Unabhängigkeit des Forstmeisters als Strafverfolgungsorgan gegenüber dem Staatsanwalt.

ständigen; in zweiter Instanz gehe erstere Funktion auf den Staatsanwalt über und verbleibe dem Forstbeamten nur die zweite. Die gleiche Anschauung findet sich in einer oberstricht. Entsch. in Z. 1, 145 vertreten.

Die Lösung der Frage ist in erster Linie im Wortlaute des FG. zu suchen. Nach Art. 176 Abs. 2 finden die Bestimmungen der Artt. 160 und 161 auch auf die Berufungsverhandlung Anwendung. Gem. Art. 160 erteilt in der Hauptverhandlung der Forstmeister die nötigen Erläuterungen und kann an die zu vernehmenden Personen Fragen stellen. Nach Art. 161 Abs. 1 kann er die in Art. 142 erwähnten Anträge in der Hauptverhandlung näher begründen oder abändern. Diese Anträge bezielen Verurteilung zu Strafe, Wert- und Schadenersatz und zu den Kosten sowie den Ausspruch der Zivilverantwortlichkeit. Eine derartige Antragstellung ist von der gutachtlichen Aeußerung eines Sachverständigen begriffswesentlich verschieden, sie ist Anklagetätigkeit, also der vornehmste Teil der Geschäftsaufgabe des Staatsanwalts. In erster Instanz übt sonach der Forstmeister das Recht der Frage- und Antragstellung nicht als Sachverständiger, sondern als forstlicher Staatsanwalt. Sollten diese Anträge ihren Charakter plötzlich in der Berufungsinstanz ändern? Eine solche Annahme verstößt gegen die einfachsten Grundsätze der Logik; für sie spricht weder der Wortlaut noch der Zusammenhang der forstgesetzlichen Bestimmungen. Und warum sollen diese Anträge bloß dann die Natur einer Strafverfolgungstätigkeit aufweisen, wenn sie in zweiter Instanz der Staatsanwalt stellt, nicht aber auch, wenn unmittelbar nach diesem der Forstmeister genau die gleichen Anträge an die Strafkammer richtet?

Da nun das FG. in Art. 176 Abs. 2 dem Forstmeister durch die Bezugnahme auf Artt. 160 und 161 das Frage- und Antragsrecht einräumt, weist es ihm staatsanwaltschaftliche Funktionen auch in zweiter Instanz zu. Ueber diesen klar kundgegebenen Willen des Gesetzgebers helfen keinerlei Zweckmäßigkeitserwägungen hinweg.

Zweifel kann lediglich die Frage hervorrufen, ob der Forstmeister außer diesem Frage- und Antragsrecht noch eine weitere staatsanwaltschaftliche Tätigkeit zu entfalten hat. Sie ist zu verneinen. Denn durch die Mitwirkung des Staatsanwalts ist für die Vertretung des öffentlichen Interesses im übrigen hinreichend gesorgt. Daher wird in zweiter Instanz der Forstmeister vor Fassung jener Gerichtsbeschlüsse, die sich auf sein Frage- und Antragsrecht nicht beziehen, nicht gehört, so bei Zeugenverurteilungen, Ungebührstrafen, Vertagungsbeschlüssen; auch nicht bei den außerhalb der Hauptverhandlung ergehenden Entscheidungen, da er bloß in der Berufungsverhandlung mitwirkt z. B. Verwerfung der Berufung als unzulässig (§ 363 StPO.), Anordnung kommissarischer Zeugenvernehmung.

In der Ausübung seines Antragsrechtes ist der Forstmeister

vom Staatsanwalt unabhängig. Die Anträge beider können sich widersprechen: der Forstmeister kann Verurteilung, der Staatsanwalt Freisprechung, der eine kann eine höhere Strafe als der andere beantragen. Brater S. 285 befürchtete diesfalls „anstößige Kollisionen" und gelangte hierdurch zu dem unannehmbaren Resultate, der Staatsanwalt habe in zweiter Instanz überhaupt keine Antragsbefugnis. Indes ergibt sich diese mit Notwendigkeit aus der gesetzlichen Stellung der Staatsanwaltschaft. Auch kann nicht zugegeben werden, daß derart widersprechende Anträge schlechthin anstößig wirken. Es besteht die Möglichkeit einer solchen Abweichung in den Anträgen ebenso im ordentlichen Verfahren z. B. zwischen Staatsanwalt und Nebenkläger, zwischen dem Angeklagten und dem Verteidiger oder zwischen mehreren Verteidigern des Angeklagten.

Das Fragerecht des Forstmeisters reicht weiter als jenes des Staatsanwalts; dem letzteren steht es nur gegenüber den Zeugen und Sachverständigen (§ 239 StPO.), dem Forstmeister aber gegenüber sämtlichen zu vernehmenden Personen (Artt. 176 Abs. 2 mit 160), sohin auch gegenüber dem Angeklagten und dem Zivilverantwortlichen zu. Ein Recht des Staatsanwalts, an den Forstmeister Fragen zu stellen, wird nicht anzuerkennen sein; denn der Forstmeister ist zwar amtlicher Sachverständiger, aber nicht im Sinne von Buch I Abschn. 7 der StPO., in welchem auch § 239 Abs. 1 StPO. von „Sachverständigen" spricht. Hält der Staatsanwalt eine forsttechnische Frage für aufklärungsbedürftig, so kann er den Vorsitzenden ersuchen, den Forstmeister zur Aeußerung hierüber zu veranlassen.

Ist die Forstrügesache in zweiter Instanz anhängig, so kann die Berufung vom Forstmeister, der als Vertreter der Forstbehörde beim Berufungsgericht aufgestellt ist, und vom landgerichtlichen Staatsanwalt nur in gegenseitigem Einverständnis zurückgenommen werden. Denn beide Beamte sind nebeneinander zur Verfolgung des staatlichen Strafanspruchs und des Entschädigungsanspruchs des Verletzten berufen. Da keiner ein stärkeres Recht besitzt, kann der eine durch seinen Widerspruch die Wirksamkeit der Berufungszurücknahmeerklärung des andern hemmen. Dagegen steht ein etwaiger Widerspruch jenes Forstmeisters, der die Berufung eingelegt, der in zweiter Instanz vom Staatsanwalt und vom Vertreter der Forstbehörde beim Landgericht zu erklärenden Zurücknahme nicht entgegen.

Solange die Akten noch nicht dem Berufungsgericht vorgelegt sind, kann der die Berufung einlegende Forstmeister dieselbe gültig zurücknehmen.

Will der Angeklagte oder der Zivilverantwortliche nach Beginn der Berufungsverhandlung seine Berufung zurücknehmen, so müssen der Staatsanwalt und der landgerichtliche Forstbehördevertreter zustimmen, da diese beiden seine Gegner sind (§ 345 StPO.).

III. In der Revisionsinstanz wird der Forstmeister nicht tätig. Ueber seine Stellung im Beschwerdeverfahren s. § 33, im Wiederaufnahmeverfahren s. § 37 unten.

Soweit bei der Strafvollstreckung eine staatsanwaltschaftliche Tätigkeit erforderlich wird, obliegt sie dem Vertreter der Forstbehörde beim Amtsgericht[1]).

IV. Ueber die Stellung des einschlägigen Forstmeisters und des Vertreters der Forstbehörde als amtliche Sachverständige vgl. unten § 17; hinsichtlich ihrer Verpflichtung zur Wahrnehmung der Interessen der Beschädigten s. oben §§ 4, 10.

Der Vertreter der Forstbehörde hat während der Hauptverhandlung erster Instanz die Uebersichten (Formular III b) auszufüllen und die Richtigkeit der Einträge zu bescheinigen, s. hierzu VB. § 49 Abs. 3.

§ 12.
Hilfspersonen der Forststrafgerichtsbarkeit und Hilfsbeamte der Staatsanwaltschaft.

Hilfspersonen der Forststrafgerichtsbarkeit sind gemäß Artt. 119, 115:

1. alle im niederen Forstdienst überhaupt oder zum Forstschutz insbesondere aufgestellten Diener des Staates, der Gemeinden, Stiftungen, Körperschaften und Privatpersonen,
2. das gemeindliche Polizeipersonal mit Inbegriff der Flurwächter,
3. die Gendarmen.

Obwohl Art. 119 Abs. 1 auf den ganzen Art. 115 Bezug nimmt, sind doch die in Abs. 2 des Art. 115 aufgeführten Bezirksgeometer nicht als Hilfspersonen der Forststrafgerichtsbarkeit anzusehen. Das ergibt sich aus dem Beschlusse der I. Kammer, daß in Art. 117 (jetzt 119) nur Ziff. 1—3 des Art. 113 (jetzt 115) zitiert werden sollte, was aber bei der schließlichen Redaktion des Art. 117 außer acht gelassen wurde. Aussch.Ber. d. K. d. Reichsr. 1851/52 S. 85, 87. Prot. d. K. d. Reichsr. III S. 606. Aussch.Ber. d. K. d. Abg. S. 460 Sp. 2. Sie haben nur gelegentlich ihrer Dienstesverrichtungen zur Ueberwachung forstpolizeilicher Bestimmungen (Artt. 34—42) und zur Entdeckung der Forstpolizeiübertretungen (Artt. 75—78) mitzuwirken[2]).

Zu den Hilfspersonen der Forststrafgerichtsbarkeit zählen auch die Grenzwachbediensteten (Fin.M.E. 29. Januar 62 u. Just.M.E. 5. Februar 62, Z. 9, 10), nicht aber die Vorstände und Mitglieder der Magistrate und Gemeindeausschüsse.

Diese Hilfspersonen sind verpflichtet, zur Entdeckung und Ahndung der Forstpolizeiübertretungen, der Forstfrevel und der auf Forstfrevel

[1]) Auch wenn er bei der Strafverfolgung nicht mitwirkte z. B. wenn es sich um Herabsetzung mehrerer Einzelhaftstrafen auf die Gesamtdauer von nicht über einem Monat (Artt. 58, 53 mit StPO. §§ 492, 494) handelt und die Einzelstrafen durch Strafbefehl verhängt sind.

[2]) Der Entwurf des FG. hatte in Artt. 103 Nr. 2, 107, „die von der Staatsregierung aufgestellten Bezirksgeometer" schlechthin als Hilfspersonen der Forststrafgerichtsbarkeit erklärt.

bezüglichen Uebertretungen aus § 361 Nr. 9 StGB. mitzuwirken. Sie haben die Anzeigen ans zuständige Forstamt zu erstatten und den Weisungen desselben sowie des Amtsgerichts zu entsprechen. Hierdurch unterscheiden sie sich von den Hilfsbeamten der Staatsanwaltschaft, welche lediglich zum landgerichtlichen Staatsanwalt und dessen Vorgesetzten, nicht zum Gericht im Unterordnungsverhältnisse stehen (§ 153 GVG.).

Durch § 1 Nr. 4 der VO. v. 31. Aug. 1879, GVBl. 1057, sind als Hilfsbeamte der Staatsanwaltschaft bezeichnet bezüglich der Forstrügesachen „die Oberförster und alle in den bestehenden Forstgesetzen als Hilfsorgane zur Handhabung der Forstpolizei bezeichneten Bediensteten". Hiernach sind sämtliche oben aufgeführten Hilfspersonen der Forststrafgerichtsbarkeit zugleich Hilfsbeamte der Staatsanwaltschaft. Wann sie in der ersteren und wann in der letzteren Eigenschaft tätig werden, darüber schweigt das FG. Zweifelhaft kann insbesondere erscheinen, ob sie als Hilfsbeamte der Staatsanwaltschaft im Forstrügeverfahren erster Instanz überhaupt tätig werden können, da hier die Staatsanwaltschaft nicht mitwirkt. Die Frage wird indes zu bejahen sein. Da das FG. auch das Verfahren erster Instanz nicht abschließend regelt, so bleiben gem. Art. 188 Abs. 1 subsidiär die Bestimmungen des GVG. und der StPO. anwendbar. Wie im schöffengerichtlichen Verfahren der Amtsanwalt, so muß hier der Forstmeister die Dienste der gerichtlichen Polizei in Anspruch nehmen können behufs wirksamer Durchführung des staatlichen Strafanspruchs. Wenn der betreffende Beamte auf Grund der Sondervorschriften des FG. tätig wird z. B. bei Beschlagnahmen, Haussuchungen, handelt er als Hilfsperson der Forststrafgerichtsbarkeit, wenn auf Grund der Bestimmungen des GVG. und der StPO., als Hilfsbeamter der Staatsanwaltschaft. Diese Unterscheidung gilt auch für das Verfahren zweiter und dritter Instanz. Der landgerichtliche Staatsanwalt kann die Dienste der Hilfsperson sowohl in dieser Eigenschaft wie auch in der eines staatsanwaltschaftlichen Hilfsbeamten in Anspruch nehmen, da das FG. die Tätigkeit der Hilfspersonen ebensowenig auf die erste Instanz beschränkt als die angef. VO. nach ihrem allgemeinen Wortlaut sie zu Hilfsbeamten der Staatsanwaltschaft bloß für die Berufungs- und Revisionsinstanz erklären wollte. Da § 1 Nr. 4 der VO. die Forstrügesachen aus dem Kreise der übrigen Strafsachen heraushebt, ist anzunehmen, daß hierdurch die staatsanwaltschaftlichen Hilfsbeamten für das Forstrügeverfahren abschließend bezeichnet werden sollten. Es kommen mithin als Hilfsbeamte der Staatsanwaltschaft im Forstrügeverfahren lediglich die in Art. 115 Nr. 1—3 FG. aufgeführten Personen, die Grenzwachbediensteten und die Forstmeister und Forstamtsassessoren (an Stelle der „Oberförster") in betracht. Auch die letzteren sind sonach verpflichtet, in Forstrügesachen den Anordnungen des landgerichtlichen Staatsanwalts ihres Bezirks Folge zu leisten (§ 153 GVG.).

§ 13.
Die verfolgte Partei.
I. Der Angeklagte.

Der Angeklagte nimmt die gleiche Stellung ein wie im ordentlichen Verfahren. Das FG. bezeichnet mit diesem Ausdrucke lediglich den strafrechtlich Verfolgten im Gegensatze zum Zivilverantwortlichen. Wird der Angeklagte zugleich für zivilverantwortlich erklärt, so kann er sowohl als Angeklagter wie als Zivilverantwortlicher die zulässigen Rechtsbehelfe ergreifen.

II. Der Zivilverantwortliche.

Ihm kommt die volle Parteistellung zu. Er bildet das Gegenstück zu dem ebenfalls bloß zivilrechtlich interessierten Entschädigungsberechtigten, nur daß letzterem die Parteirolle versagt ist. Während Angeklagter nur eine natürliche Person sein kann, ist der Ausspruch der Zivilverantwortlichkeit auch gegenüber juristischen Personen möglich; zum Verfahren wird deren gesetzlicher Vertreter zugezogen. Der Zivilverantwortliche kann, abgesehen vom Fall einer Mitbeteiligung an der Straftat, niemals zu Geldstrafe, Wert- und Schadenersatz und den Kosten verurteilt, sondern bloß für diese Schuldbeträge des Angeklagten als haftbar erklärt werden, vorbehaltlich etwaigen Rückgriffs gegen den Täter.

Die Zivilverantwortlichkeit wird gewissen Personen bei Forstfreveln — ausnahmsweise auch bei Forstpolizeiübertretungen[1]), nicht aber bei Uebertretungen aus § 361 Nr. 9 StGB. — anderer ohne Selbstbeteiligung deshalb auferlegt, weil sie das Recht und die Pflicht haben, jene anderen zu beaufsichtigen und zu überwachen. Art. 69. Sie kann nur ausgesprochen werden, wenn der Zivilverantwortliche zum Verfahren zugezogen wird. Das Verfahren gegen den Frevler und den Zivilverantwortlichen wird einheitlich durchgeführt (v. „mitzuverurteilen" in Art. 69 Abs. 1); ist es in der Richtung gegen den Beschuldigten erledigt, so kann nicht nachträglich ein besonderes Verfahren gegen den Zivilverantwortlichen eingeleitet werden, vielmehr steht in solchem Falle dem Beschädigten nur der Zivilrechtsweg gegen den Zivilverantwortlichen offen. Stellt sich erst im Laufe des gerichtlichen Verfahrens das Vorhandensein Zivilverantwortlicher heraus, so müssen diese, nötigenfalls unter Vertagung der Hauptverhandlung Art. 164 Abs. 2, zum Prozesse zugezogen werden; im Strafbefehlsverfahren ist die Erlassung eines Strafbefehls gegen den Zivilverantwortlichen oder dessen unmittelbare Ladung in die Hauptverhandlung solange zulässig, bis der gegen den Beschuldigten ergangene Strafbefehl in Rechtskraft erwachsen ist. Dabei bleibt die Möglichkeit bestehen, daß das Verfahren gegen einen der Beteiligten früher sich

[1]) Art. 75 Abs. 3.

erledigt als gegen den Anderen z. B. infolge Einlegung von Rechtsmitteln.

Wird der Angeklagte freigesprochen, so fällt der richterliche Ausspruch über die Zivilverantwortlichkeit von selbst hinweg; dies gilt sogar für den Fall, daß die Verurteilung des Zivilverantwortlichen bereits rechtskräftig ist; einer ausdrücklichen Aufhebung des gegen den Zivilverantwortlichen erlassenen Urteils oder Strafbefehls bedarf es nicht. Aus welchem Grunde die Freisprechung des Täters erfolgt z. B. wegen Geisteskrankheit bei Begehung der Tat oder wegen mangelnder Einsicht in der Strafbarkeit, ist hierfür ohne Belang. Dagegen wird das rechtskräftige Urteil gegen den Täter nicht dadurch hinfällig, daß nachträglich der Zivilverantwortliche freigesprochen wird, sollte auch die Freisprechung damit begründet sein, daß die Verurteilung des Täters zu Unrecht erfolgt sei; denn die Zivilverantwortlichkeit bildet das Akzessorium zur Verurteilung des Angeklagten, während die letztere als das Prinzipale auch für sich bestehen kann. Inwieweit diesfalls ein Wiederaufnahmeverfahren zugunsten des Angeklagten Erfolg verspricht, bemißt sich nach §§ 399 ff. StPO.

In der Ausübung seiner Parteirechte ist der Zivilverantwortliche vom Angeklagten unabhängig und umgekehrt; er kann insbesondere durch Zugeständnisse zur Ueberführung des leugnenden Angeklagten beitragen, wie auch dieser dem ersteren durch seine Erklärungen den in Abs. 2 des Art. 69 zugelassenen Gegenbeweis zu vereiteln imstande ist.

§ 14.

Verteidiger und Beistände.

Daß der Angeklagte sich eines Verteidigers bedienen kann, folgt aus Art. 188 Abs. 1 FG. verb. mit § 137 StPO. Für den Zivilverantwortlichen gilt das gleiche, da auch er im Strafverfahren verfolgt wird. Notwendig ist die Verteidigung in Forstrügesachen nie (arg. § 140 StPO.). Doch kann das Gericht sowohl dem Angeklagten als dem Zivilverantwortlichen auf Antrag oder von Amts wegen einen Verteidiger bestellen (§ 141 StPO.), eine Befugnis, von der bei der Einfachheit der Forstrügesachen wohl selten Gebrauch gemacht wird. Für die Befugnis zur Führung der Verteidigung und für die Bestellung des Verteidigers sind die Vorschriften der §§ 138, 139, 143, 144 StPO. maßgebend. Ein Beschuldigter oder Zivilverantwortlicher kann sich mehrerer Verteidiger bedienen, andrerseits kann der nämliche Verteidiger für mehrere Mitbeschuldigte oder Zivilverantwortliche sowie gleichzeitig für einen Beschuldigten und einen Zivilverantwortlichen auftreten. Der Einreichung der Anklageschrift entspricht im Forstrügeverfahren der Antrag des Forstmeisters auf Anberaumung der Hauptverhandlung oder auf Erlassung des Strafbefehls; mit dem Eingange dieses Antrags beim Gericht beginnt daher das Akteneinsichtsrecht[1]) des Verteidigers.

Der Ehemann einer Angeklagten, wohl auch einer Zivilverantwortlichen, muß in der Hauptverhandlung und kann bereits vorher als deren Beistand zugelassen werden. Dasselbe gilt vom Vater, Adoptivvater oder Vormund eines minderjährigen Angeklagten oder Zivilverantwortlichen.

§ 15.
Der Bevollmächtigte.

Art. 157 Abs. 2 bestimmt: Der Angeklagte und die zivilverantwortlichen Personen können sich in der Hauptverhandlung durch Bevollmächtigte vertreten lassen. Ueber deren rechtliche Stellung verordnet das FG. nichts. Doch erhellt aus dem Worte „vertreten", daß der Bevollmächtigte in vollem Umfange die Stelle des Bevollmächtigenden einnimmt. Er kann daher alle prozessualen Befugnisse wahrnehmen, die dem Angeklagten und dem Zivilverantwortlichen zustehen, andrerseits hat er auch die jenen obliegenden Verpflichtungen zu erfüllen. Er kann namens des Bevollmächtigenden und mit Wirkung für diesen Beweisanträge stellen, Verzichte auf Beweismittel erklären, Geständnisse ablegen, den Richter und Gerichtsschreiber ablehnen. Der Forstmeister kann an ihn als „zu vernehmende Person" im Sinne der Art. 160 Abs. 2 Fragen stellen. Der Bevollmächtigte unterliegt der Sitzungspolizei; es kann gegen ihn wegen Ungebühr, auch wenn er nicht Rechtsanwalt ist, eine Ordnungsstrafe bis zu 100 Mk. gemäß dem analog anzuwendenden § 180 — nicht § 179 — GVG. festgesetzt werden. Sohin gehen seine Befugnisse über jene des Verteidigers hinaus. Demgemäß darf die Vollmacht keine sachlichen Beschränkungen enthalten z. B. das Verbot eines Geständnisses, andrerseits muß sie speziell für die betreffende Forstrügesache erteilt sein, so daß eine Generalvollmacht nicht genügt. Zur Einsicht der Gerichtsakten ist er nur berechtigt, wenn er zu den in den §§ 138 Abs. 1, 139 StPO. genannten Personen zählt. Zur Aufstellung eines Unterbevollmächtigten ist er nur dann befugt, wenn ihm dieses Recht in der Vollmacht ausdrücklich eingeräumt ist.

Art. 157 Abs. 2 spricht zwar nur von der Vertretung „in der Hauptverhandlung", schließt aber eine solche außerhalb der Hauptverhandlung nach dem Zusammenhange der gesetzlichen Bestimmungen und nach der auf möglichste Einfachheit gerichteten Tendenz des Forstrügeverfahrens nicht aus. Der Bevollmächtigte kann sonach namens des Vertretenen Erklärungen dem Gerichte gegenüber schriftlich und mündlich abgeben, Einspruch gegen den Strafbefehl erheben

---

[1]) Ueber dieses s. meine Abhandlung in GoltdArch. 53, 129.

und, soferne die Vollmacht die Ermächtigung zur Ergreifung von Rechtsmitteln enthält, Beschwerde und Berufung einlegen[1]).

Ein Bevollmächtigter kann gleichzeitig für mehrere Angeklagte oder Zivilverantwortliche, ein Angeklagter kann für einen Zivilverantwortlichen und umgekehrt als Bevollmächtigter handeln, falls keine Interessenkollision eintritt.

In zweiter Instanz ist für den Bevollmächtigten des FG. kein Raum. Dies ergibt sich aus der Vergleichung des Abs. 1 mit Abs. 2 des Art. 176; Abs. 2 führt die auch in zweiter Instanz anwendbaren Verfahrensvorschriften des FG. nicht etwa beispielsweise, sondern erschöpfend auf; unter den aufgezählten Artikeln befindet sich Art. 157 nicht. Sonach kann sich der Angeklagte oder Zivilverantwortliche in der Berufungsverhandlung nur durch einen mit schriftlicher Vollmacht versehenen Verteidiger vertreten lassen[2]) (§§ 370, 233 StPO.). Das gleiche gilt für die dritte Instanz, Art. 188 Abs. 1 mit § 390 Abs. 1 Satz 2 StPO.

Der gesetzliche Vertreter eines Beschuldigten oder Zivilverantwortlichen und der Ehemann einer Beschuldigten oder Zivilverantwortlichen können mit der Einlegung der Rechtsmittel in erster Instanz einen Bevollmächtigten betrauen (§ 340 StPO.).

Wer im Forstrügeverfahren strafrechtlich verantwortlich oder zivilrechtlich haftbar gemacht werden kann, ist befugt, sich durch einen Bevollmächtigten vertreten zu lassen, also insbesondere der zivilrechtlich beschränkt Geschäftsfähige (§ 106 BGB.). Wird die Zivilverantwortlichkeit einer juristischen Person in Anspruch genommen, so ernennt ihr Vertretungsorgan den Bevollmächtigten.

Bevollmächtigt werden kann nur, wer voll handlungsfähig ist; im übrigen bestehen keine Beschränkungen; auch Frauen und Ausländer können zu Bevollmächtigten gewählt werden. Wer als Verteidiger schlechthin wählbar ist (§ 138 Abs. 1 StPO.), ist es auch als Bevollmächtigter.

Zur Legitimation des Bevollmächtigten genügt eine vom Gemeindevorstande beglaubigte Privatvollmacht, Art. 157 Abs. 3. Unter „Gemeindevorstand" ist nach der gegenwärtig geltenden Gemeindeverfassung sowohl in Gemeinden mit Landgemeinde- wie in jenen mit städtischer Verfassung der Bürgermeister zu verstehen, auch in Ortschaften, nicht etwa deren Pfleger oder Ortsführer (Artt. 153 Abs. 5, 139 Abs. 2 GemO.). Wenn auch das FG. zunächst den bayerischen Gemeindevorstand im Auge hat, so ist doch die Beglaubigung durch einen nichtbayerischen, deutschen oder ausländischen

---

[1]) Vgl. OLGM. 1, 540.

[2]) A. M. anscheinend OLGM. 1, 540 u. 1, 238. S. dag. RGSt. 9, 78 u. Löwe A. 6a zu Buch I Abschn. 11. Vor 1879 war auch in den höheren Instanzen die Vertretung durch den Bevollmächtigten zulässig vgl. insbesondere Art. 167 mit 162 älterer Fassung; allein bei der Neuredaktion unterblieb diese Verweisung auf Art. 162 (nun teilweise in Art. 157 enthalten).

Gemeindevorstand nicht ausgeschlossen. Die Vorschrift ist ausdehnend zu interpretieren, da sie die Beteiligten von der damals bestehenden Verpflichtung, eine gerichtlich beglaubigte Vollmacht vorzulegen, entbinden wollte[1]). Die notarielle oder — bei einem außerhalb Bayerns Wohnenden — auch die gerichtliche Beglaubigung oder Ausstellung der Vollmacht ist als das plus gegenüber der gemeindlich beglaubigten Privatvollmacht ebenfalls zulässig. Dagegen wäre der mit einfacher, unbeglaubigter Vollmacht Erscheinende, auch wenn er Rechtsanwalt ist, der als Bevollmächtigter an Stelle des nichterschienenen Angeklagten oder Zivilverantwortlichen auftreten wollte, zurückzuweisen.

Da das FG. die Vertretung des Nichterschienenen durch den Bevollmächtigten regelt, schließt es in erster Instanz eine Vertretung durch einen mit schriftlicher Vollmacht versehenen Verteidiger aus (§ 233 StPO.).

Dritter Abschnitt.

Das Beweisrecht.

§ 16.

Der Zeuge.

Als Zeugen kommen hauptsächlich die Hilfspersonen der Forststrafgerichtsbarkeit in betracht. Bei der vollen Beweiskraft der Forstrügeverzeichnisse und besonderen Anzeigeprotokolle (Art. 158) erscheinen sie nur dann zur Forstrügesitzung, wenn das Gericht oder der Vertreter der Forstbehörde ihr Erscheinen für notwendig erachten (Art. 152 Abs. 2)[2]). Sie sollen gem. JMC. v. 30. Mai 53 (S. pr. Erl. 150) nur in den dringendsten Fällen als Zeugen geladen werden. Das Forstschutzpersonal wird durch den Forstmeister, das übrige Hilfspersonal (gemeindliche Polizeipersonen, Gendarmen, Grenzwachbedienstete) durch das Gericht geladen; der Wortlaut des Art. 152 Abs. 3 ist insoferne zu weit, als es scheinen könnte, daß der Forstmeister auch dieses übrige Hilfspersonal vorzuladen hätte, was nach der Entstehungsgeschichte des Artikels ausgeschlossen ist. Die Ladung hat jener Forstmeister oder Forstamtsassessor zu betätigen, der als Vertreter der Forstbehörde beim Amtsgerichte bestellt ist.

---

[1]) Die Ansicht Möllers S. 35, daß in der Vollmacht das Hindernis des persönlichen Erscheinens anzugeben sei, ist im FG. nicht begründet; auch die Gesetzgebungsverhandlungen (vgl. AusschB. d. K. d. Abg. S. 77 Sp. 2) sprechen dagegen.

[2]) Auskunftspersonen, wie sie das forstpolizeiliche Verfahren zuläßt (Art. 112), kennt das Forstrügeverfahren nicht. Ihr Sachwissen können sie nur als Zeugen bekunden.

Diesem steht auch die Entschließung darüber zu, ob das Erscheinen des Hilfspersonals nötig ist; das geht aus der Bezugnahme des Abs. 2 auf den Abs. 1 des Art. 152 hervor und läßt sich die auf Zweckmäßigkeitsgründe gestützte abweichende Ansicht Braters S. 242, 243 und Ganghofer-W.s A. 4 zu Art. 152, wonach diese Entschließung auch dem einschlägigen d. h. antragstellenden Forstamte zustehen soll, mit dem klaren Wortlaute des Gesetzes nicht vereinbaren. Regelmäßig wird der Vertreter der Forstbehörde mit der vom einschlägigen Forstamt gem. Art. 149 Abs. 3 beantragten Zeugenladung einverstanden sein; ist er aber bezüglich der Notwendigkeit der Zeugenladung anderer Meinung als das einschlägige Forstamt, so entscheidet sein Wille, da dem Forstrügegerichte gegenüber nur ihm die Rolle des Vertreters der Forstbehörde zukommt.

Der Forstmeister ladet die Forstschutzbediensteten auch dann, wenn nicht er, sondern das Gericht deren Erscheinen für nötig hält. Ueber die Art der Vorladung s. VV. § 48 Abs. 1 und 2.

Bei der gebietenden Fassung des Abs. 2 des Art. 152 „erscheinen nur dann, wenn . . .“ ist der Angeklagte und der Zivilverantwortliche nicht befugt, die Hilfspersonen des Art. 115 unmittelbar laden zu lassen oder zu gestellen (§§ 219, 221 StPO.); wohl aber steht ihm diese Befugnis gegenüber sonstigen Personen zu, wobei zwischen Forstmeister und Angeklagtem bezw. Zivilverantwortlichem gegenseitige Informationspflicht besteht (§ 221 StPO.).

Solange der Zivilverantwortliche am Verfahren beteiligt ist, kann er nicht zeugschaftlich vernommen werden; ist er aus dem Prozesse ausgeschieden, so kann er als Zeuge in dem gegen den Angeklagten noch schwebenden Verfahren vernommen werden und zwar eidlich, soweit nicht einer der Fälle des § 56 StPO. vorliegt. Das gleiche gilt für den Angeklagten in dem noch gegen den Zivilverantwortlichen anhängigen Verfahren; insbesondere können beide nicht ohne weiteres als Teilnehmer im Sinne des § 56 Nr. 3 angesehen werden.

Ist die Hilfsperson in derselben Sitzung bezüglich mehrerer getrennt zu verhandelnder Straffälle zeugschaftlich zu vernehmen, so genügt eine einmalige Beeidigung; in den folgenden Fällen ist sie an den geleisteten Eid zu erinnern, Art. 152 Abs. 4. Die „Erinnerung an den geleisteten Eid“ bedeutet das gleiche, wie wenn in den Fällen des § 66 StPO. der Zeuge die Richtigkeit seiner Aussage unter Berufung auf den früher geleisteten Eid versichert. Wird die Hauptverhandlung vertagt, so liegt nicht „dieselbe Sitzung“ vor; diesfalls ist Art. 152 Abs. 4 nicht, dagegen § 66 StPO. anwendbar.

Haben die nach Art. 152 Abs. 2 geladenen Hilfspersonen die Vorladung durch eigenes Verschulden veranlaßt, so erhalten sie keine Zeugengebühren, Art. 153 — Ausnahme von den im übrigen auch für sie geltenden Vorschriften der GebO. f. Z. u. Sachv. vom 20. Mai 1898. Das etwaige Verschulden wird hauptsächlich in der ungenauen oder fehlerhaften Sachverhaltsfeststellung im Rügeverzeichnisse oder Anzeigeprotokolle bestehen; doch darf das Verschulden nicht ängstlich geprüft werden und wird culpa levissima zur Versagung der Gebühren nicht hinreichen. Gemäß Art. 176 Abs. 2 gilt die Vorschrift des Art. 153 auch für die Berufungsinstanz, wird aber hier kaum je praktisch, da Art. 158 für das Verfahren vor dem Berufungsgerichte nicht gilt und deshalb die Ladung des Hilfspersonals als Zeugen ohnedies regelmäßig erforderlich wird.

Die Sondervorschriften des FG. über den Zeugenbeweis gelten, abgesehen von jener des Art. 153, nur für die erste Instanz, da sie in Art. 176 Abs. 2 nicht aufgeführt sind.

Soweit das FG. Bestimmungen nicht trifft, sind für den Zeugenbeweis jene der StPO. maßgebend[1]).

§ 17.
Der Sachverständige.

Der Begutachtung bedürfen im Forstrügeverfahren vornehmlich forsttechnische Fragen. Für solche hat das FG. im Strafbefehlsverfahren den einschlägigen Forstmeister, in der Hauptverhandlung den Forstbehördevertreter[2]) als amtlichen Sachverständigen aufgestellt, Artt. 160 Abs. 1, 118 mit 114. Er ist nicht Sachverständiger im Sinne der StPO., weshalb die in Buch I Abschn. 7 daselbst gegebenen Vorschriften auf ihn nicht Anwendung finden; insbesondere kann er nicht abgelehnt werden und erhält keine Gebühren nach der Reichsgebühren-Ord. vom 20. Mai 1898 (vgl. OLGM. 5, 244). Da das FG. in Art. 160 Abs. 1 dem bei der Verhandlung anwesenden Forstmeister die Erteilung der etwa nötigen Erläuterungen, scil. forsttechnischen[3]), zuweist, schließt es die Beiziehung weiterer Sachverständigen in forsttechnischen Fragen aus. Daher kann das Gericht solche nicht laden noch der Angeklagte oder Zivilverantwortliche sie unmittelbar laden oder stellen. Würden sie dennoch erscheinen, so wären sie zurückzuweisen; ein schriftliches Gutachten z. B. eines anderen Forstamtes könnte nicht gemäß § 255 StPO. verlesen werden.

Daß in der Hauptverhandlung nur der als Vertreter der Forstbehörde aufgestellte Forstmeister das amtliche Gutachten abgeben kann, beweist die Anführung des Art. 152 in Art. 160 Abs. 1. Es darf also nicht etwa der Forstmeister, in dessen Bezirke die Uebertretung begangen wurde, neben dem Vertreter der Forstbehörde in der Hauptverhandlung als Sachverständiger vernommen werden; dies gilt auch

---

[1]) Verwandtschaft mit dem Zivilverantwortlichen begründet kein Zeugnisverweigerungsrecht (vgl. § 51 StPO.).

[2]) Eine Einschränkung s. in Art. 65 Abs. 2, unten § 19.

[3]) Das pfälz. FStG. sagt deutlicher in Art. 70 Abs. 1: „Die nötigen technischen Erläuterungen“; daß auch das rechtsrheinische FG. nichts anderes meint, ergibt sich aus der Stellung des Forstmeisters im Forstrügeverfahren.

für die zweite Instanz, da Art. 176 Abs. 2 sowohl den Art. 160 als den Art. 152 Abs. 1 auf die Berufungsverhandlung Anwendung finden läßt[1]).

Das Forstrügegericht ist an das Gutachten des Forstmeisters ebensowenig gebunden wie an das eines anderen Sachverständigen; indes wird der Richter mangels eines weiteren Gutachtens und eigener Sachkunde sich dem Gutachten des Forstmeisters regelmäßig anschließen. Maßgebend ist das Gutachten des beim erkennenden Gerichte tätigen Forstmeisters; weicht das Gutachten des zweitinstanzlichen Forstbehördevertreters von jenem des erstinstanzlichen ab, so gilt nach dem Grundsatze der Mündlichkeit das erstere.

Das Begutachtungsmonopol des Forstmeisters beschränkt sich auf forsttechnische Fragen. Bedarf es in sonstiger Richtung eines sachkundigen Beirates, so finden die Bestimmungen der StPO. über Sachverständige Anwendung. Zu weit geht Schwaiger A. zu Art. 160 und ihm folgend Ganghofer-W., A. 1 zu Art. 160, welche die Vernehmung von anderen Sachverständigen ausschließen. Diese kann aber unumgänglich werden, z. B. die Anhörung eines Irrenarztes über die Frage der Zurechnungsfähigkeit, eines Schulvorstandes über die Einsichtsfrage; das FG. deutet nirgends an, daß es dieselbe nicht zulassen wollte.

Auch die Vernehmung der als Sachverständige zu erachtenden Dolmetscher ist im Forststrafverfahren zulässig; es gelten hierfür die Bestimmungen der §§ 187—193 GVG. (Art. 188 Abs. 1).

Das Ablehnungsrecht gegenüber einem den Vorschriften der §§ 72—85 StPO. unterstehenden Sachverständigen steht dem Angeklagten, dem Zivilverantwortlichen und dem Forstmeister, in zweiter Instanz statt des Forstmeisters dem Staatsanwalt zu.

Hat jemand vor dem Forststrafverfahren gewisse Tatsachen oder Zustände vermöge seiner forstlichen Sachkunde besonders genau beobachtet, so kann er als sogen. sachverständiger Zeuge vernommen werden; es kommen hier die Vorschriften über den Zeugenbeweis zur Anwendung. § 85 StPO.

§ 18.

Der Augenschein.

Beim Schweigen des FG. finden auf den Augenschein die Bestimmungen der StPO. Anwendung. Von den Fällen des mit Sachverständigenbeweis zusammengesetzten Augenscheins kommt im Forststrafverfahren wohl nur die Schriftvergleichung vor, § 93 StPO. Vor der Anklageerhebung findet er nicht statt, wohl aber kann seine Einnahme als antizipierter Akt der Hauptverhandlung (§ 224

[1]) Unrichtig war das Verfahren in dem in OLGM. 5, 244 aufgeführten Falle, wo der Vertreter der Forstbehörde am Amtsgerichte in der Berufungsverhandlung neben dem landgerichtlichen Vertreter der Forstbehörde tätig wurde.

StPO.) oder auch unter Vertagung derselben angeordnet werden; auch in dieser selbst kann er vom Gericht eingenommen werden, beispielsweise an zwei aufeinander passenden Baumstammabschnitten. Uebrigens wird es im Hinblick auf die Beweiskraft der Forstrügeverzeichnisse und Anzeigeprotokolle, deren Inhalt bis ins einzelne genau vorgeschrieben ist, im Forststrafverfahren selten der Augenscheinseinnahme außerhalb der Gerichtsstelle bedürfen.

§ 19.
Die Urkunde.

I. Die Erhebung des Urkundenbeweises erfolgt durch Verlesung der Urkunde, § 248 StPO. Das FG. enthält nur wenige Vorschriften über den Urkundenbeweis, im übrigen gelten die einschlägigen Bestimmungen der StPO. auch für den Forststrafprozeß.

Art. 158 besagt: Die auf eigene Wahrnehmung gegründeten, in den Forstrügeverzeichnissen oder in besonderen Anzeigeprotokollen vorschriftsmäßig bezeugten Angaben verpflichteter Hilfspersonen der Forststrafgerichtsbarkeit haben volle Beweiskraft, vorbehaltlich des Gegenbeweises.

Diese Vorschrift enthält eine gesetzliche Beweisregel, sohin eine Ausnahme von dem auch das Forstrügeverfahren gemäß Art. 159 beherrschenden Grundsatze der freien richterlichen Beweiswürdigung; sie stellt ferner eine Abweichung vom Prinzip der Unmittelbarkeit dar, da an die Stelle der persönlichen Vernehmung als Zeuge die Verlesung der schriftlichen Angaben der Hilfsperson tritt. Sowohl gegen den tatsächlichen wie gegen den technischen Inhalt der Anzeige ist der Gegenbeweis zugelassen; gelingt er in einem einzigen Punkte, so ist die Beweiskraft des Rügeverzeichnisses und Anzeigeprotokolls zerstört und erübrigt dann nur die zeugschaftliche Vernehmung der Hilfsperson.

Damit die volle Beweiskraft gegeben sei, sind folgende Voraussetzungen erforderlich:

1. Die Angaben einer gemäß Art. 121 verpflichteten Hilfsperson der Forststrafgerichtsbarkeit (Artt. 119, 115, also nicht Bezirksgeometer, wohl aber Grenzwachbedienstete), gleichviel ob sie ein Rügeverzeichnis führt oder nicht;

2. diese Angaben müssen sich auf eigene Wahrnehmung der Hilfsperson gründen, sei es der das Forstrügeverzeichnis führenden oder das Anzeigeprotokoll aufnehmenden oder derjenigen, die an den verzeichnisführenden Forstdiener die Anzeige erstattet hat (Art. 126); handelt es sich um Wahrnehmungen anderer Personen, so sind diese als Zeugen zu laden;

3. die Angaben müssen in den Forstrügeverzeichnissen oder besonderen Anzeigeprotokollen vorschriftsmäßig, d. h. unter genauer Einhaltung der in den Artt. 122, 124—126 gegebenen Bestimmungen

bezeugt sein, so zwar, daß jede Verletzung dieser Vorschriften die Beweiskraft der schriftlichen Angaben zerstört.

Das Verzeichnis der beschlagnahmten Werkzeuge (Art. 137 Abs. 1) nimmt an dieser Beweiskraft nicht teil. Wenn es auch nach Art. 137 Abs. 1 Satz 2 dem Rügeverzeichnisse oder Anzeigeprotokolle beizulegen ist, wird es doch nicht zum Bestandteile desselben; Art. 158 ist als Ausnahme von der Regel der freien Beweiswürdigung und Unmittelbarkeit streng auszulegen. Ebensowenig kommt dem gleichfalls dem Rügeverzeichnisse beizulegenden und darin zu vermerkenden Haussuchungsprotokolle (Art. 141) die Beweiskraft des Art. 158 zu; sind die hierin niedergelegten Wahrnehmungen des Nachsuchenden oder Dritter beweiserheblich, so sind die wahrnehmenden Personen als Zeugen zu vernehmen [1]).

Der Inhalt des Rügeverzeichnisses oder Anzeigeprotokolls wird in der Hauptverhandlung vom Richter verlesen.

In einem Falle kommt übrigens der Angabe der anzeigenden Hilfsperson eine Beweiskraft nicht zu: wenn ein gegebener Fall in der amtlichen Wertbestimmungstabelle nicht vorgesehen ist, so wird dem Strafurteile die Taxierung des betreffenden Forstamts zugrunde gelegt (Art. 65). Wenn hier die Wertschätzung des Forstamts von der des Anzeigenden abweicht, so ist die erstere maßgebend; übrigens ist der sonstige Inhalt des Rügeverzeichnisses und Anzeigeprotokolls auch in einem solchen Falle voll beweiskräftig gem. Art. 158. Es kommt dabei lediglich auf die Schätzung jenes Forstamtes an, dem die erste Antragstellung durch Art. 142 zugewiesen ist, nicht etwa auf die gutachtliche Aeußerung des Vertreters der Forstbehörde, der mit dem nach Art. 142 zuständigen Forstmeister identisch sein kann, aber nicht muß. Die Wertschätzung des Forstmeisters braucht sich nicht auf eigene Wahrnehmung zu stützen, wenn er auch regelmäßig der Augenscheinseinnahme bedürfen wird, um die Schätzung des niederen Forstdieners als unrichtig zu erkennen.

Da das schriftliche Gutachten des einschlägigen Forstamts nach der kategorischen Fassung des Art. 65 Abs. 2 dem Strafurteile zugrunde gelegt werden muß, ist hier eine Ausnahme vom Grundsatze der Unmittelbarkeit und zugleich eine gesetzliche Beweisregel aufgestellt, gegenüber welcher der Gegenbeweis ebensowenig zugelassen ist, als gegen die amtlichen Wertbestimmungstabellen des Art. 65 Abs. 1.

Weil die mit den deutschen Nachbarstaaten früher bestandenen Staatsverträge wegen Bestrafung der Forstfrevel in den Grenzwaldungen nicht mehr in Kraft sind und das FG. über die Beweiskraft der von den Forstschutzbediensteten dieser Staaten aufgenommenen Protokolle und erstatteten Anzeigen nichts erwähnt, nehmen ihre

---

[1]) Hat jedoch die nachsuchende Hilfsperson ihre bei der Haussuchung gemachten Wahrnehmungen im Forstrügeverzeichnis oder besonderen Anzeigeprotokoll niedergelegt, so genießen sie die volle Beweiskraft des Art. 158.

Protokolle und Anzeigen an der durch Art. 158 statuierten Beweiskraft nicht teil. Wenn sonach ein in einem deutschen Nachbarstaate von einem in Bayern wohnenden Bayern verübter Forstfrevel in Bayern verfolgt wird (Art. 49 Abs. 4) und der Beschuldigte leugnet, so erübrigt nur die zeugschaftliche Vernehmung des Forstschutzbediensteten des Nachbarstaates.

Anders, wenn ein Bayer wegen eines in Oesterreich begangenen Forstfrevels in Bayern verfolgt wird. Nach Nr. 3 der Uebereinkunft v. J. 1839/1844 (RegBl. 1839, 825; 1844, 308) genießen die von den zuständigen österreichischen Behörden zur Konstatierung des Frevels aufgenommenen Protokolle und Abschätzungen in Bayern denselben Glauben wie jene der inländischen Beamten. Es gilt sonach auch für sie der Art. 158, jedoch nur dann, wenn die Angaben der österreichischen Beamten 1. auf eigener Wahrnehmung beruhen und 2. vorschriftsmäßig bezeugt sind. Ihre Protokolle müssen also den Vorschriften der Artt. 121, 124—126 des FG. genügen; bei der gegenteiligen Annahme könnte den ausländischen Urkunden vor dem bayerischen Forstrügegericht eine Beweiskraft zukommen, die ihnen nicht einmal nach österreichischem Rechte beiwohnt, falls nämlich das jeweils geltende Recht nicht eine dem Art. 158 FG. analoge Bestimmung enthält — ein Ergebnis, das der Staatsvertrag gewiß nicht beabsichtigt hat. Den bayerischen Forstämtern, an die die österreichischen Forstbehörden die Anzeigen senden, obliegt es, diejenigen Ergänzungen durch die österreichischen Beamten zu veranlassen, welche zur Sicherung der vollen Beweiskraft noch erforderlich erscheinen.

II. Die rechtskräftige forstpolizeiliche Entscheidung über die Schutzwaldeigenschaft ist in einem Strafverfahren wegen Uebertretung der behufs Erhaltung der Schutzwaldungen vom FG. getroffenen Bestimmungen dem Urteile zugrunde zu legen gem. Art. 168 Abs. 3; sonach ein Urkundenbeweis unter Ausschluß jeden Gegenbeweises.

IV. Abschnitt.

Die Sicherung des Beweises.

§ 20.

Die Verhaftung.

I. Das FG. gestattet die vorläufige Festnahme

1. zur Sicherung des Beweises und der Vollstreckung;
2. zur Verhütung der Fortsetzung der Uebertretung oder des Frevels.

Im ersten Falle wird vorausgesetzt, daß das in Art. 115 Nr. 1 bis 3 bezeichnete Hilfspersonal einen Unbekannten oder einen in Deutschland nicht begüterten Ausländer d. h. Nichtdeutschen auf frischer Tat betritt, Art. 127 Abs. 1. Diese Vorschrift bezieht sich nur auf Forstpolizeiübertretungen und Forstfrevel, nicht auf die Uebertretungen nach § 361 Nr. 9 StGB. Abgesehen von der Entstehungszeit des Art. 127 folgt dies daraus, daß Abs. 2 des Art. 127 auf dessen Abs. 1 verweist und Abs. 1 voraussetzt, daß der Täter „von der Fortsetzung der Uebertretung (= Forstpolizeiübertretung) oder des Frevels nicht absteht", was beim Unterlassungsdelikt des § 361 Nr. 9 StGB. ebensowenig wie das „Betreten auf frischer Tat" (Art. 127 Abs. 1) zutrifft. Die Festnahme steht im Ermessen des Hilfspersonals, es kann nach Lage des Falles z. B. wegen Geringfügigkeit des Frevels oder wegen eines festen Arbeitsverhältnisses des Ausländers im Inlande von ihr absehen, es kann statt der Festnahme auch die Pfändung gem. Art. 131 wählen. Dem Ausländer steht gleich, wer keine Staatsangehörigkeit besitzt. Im Inlande begütert ist, wer daselbst Liegenschaften besitzt; der Besitz von Fahrnissen schien dem Gesetzgeber die Sicherung des Beweises (und der Vollstreckung) nicht zu verbürgen. Der Begriff der frischen Tat umfaßt auch die an die Ausführung der Tat sich unmittelbar anschließende Verschleppung der Beute und Flucht, vgl. RG. v. 22. Sept. 1898 in Seuff. Bl. 64, 34; auch wenn ein Dritter den Frevler auf der Tat ertappt und bis zur Ankunft des Forstdieners festhält, steht letzterem das Festnahmerecht zu.

Die eben geschilderte Festnahme verfolgt neben der Beweissicherung auch den Zweck der Vollstreckungssicherung, was auch aus Art. 129 Abs. 2 erhellt. Dagegen trägt die in Abs. 2 des Art. 127 geregelte Festnahme präventivpolizeilichen Charakter. Hiernach kann das Hilfspersonal bekannte Deutsche und in Deutschland begüterte Ausländer[1]) festnehmen, wenn sie trotz Aufforderung von der Fortsetzung der Forstpolizeiübertretung oder des Forstfrevels nicht abstehen und sich nicht auf der Stelle aus dem Walde entfernen. Diese Bestimmung setzt nach ihrem Zweck und Zusammenhange gleichfalls das Betreten auf frischer Tat voraus; die Festnahme ist im Hinblick auf das Bindewort „und" hinter „abstehen" auch dann zulässig, wenn der Betretene zwar augenblicklich mit der Fortsetzung der Tat innehält, jedoch sich weigert, den Wald — auch den eigenen bei einer Forstpolizeiübertretung — sofort zu verlassen. Auf unbekannte Personen und in Deutschland nicht begüterte Ausländer findet die präventive Festnahme keine Anwendung; bezüglich dieser Personenklassen erfüllt die strafprozessuale Festnahme des Abs. 1 zugleich den Zweck polizeilicher Sicherung.

II. In beiden Fällen des Art. 127 hat der Festnehmende den Betretenen vor den zunächst wohnenden Gemeindevorstand zu führen d. i. vor den Bürgermeister bezw. den ersten von mehreren als Leiter der Ortspolizei (Artt. 94, 138 GemO.). Der zunächstwohnende Bürgermeister braucht nicht jener zu sein, in dessen Amtsbezirk der Frevel

---

[1]) D. h. Nichtdeutsche einschließlich der keinem Staate Angehörenden.

oder die Uebertretung begangen oder der Täter festgenommen wurde. Brater 217 will, wenn der Festgenommene versehentlich einem entfernter wohnenden Bürgermeister vorgeführt wurde, diesen statt des nächstwohnenden zur weiteren Amtshandlung zuständig werden lassen. Ganghofer-W. A. 4 zu Art. 127 billigt diese Ansicht und läßt überdies aus Zweckmäßigkeitsgründen die Vorführung vor den entfernteren Bürgermeister zu. Beide Anschauungen sind zu mißbilligen. Das FG. geht davon aus, daß die Persönlichkeitsfeststellung und polizeiliche Sicherung am ehesten durch den nächsten Bürgermeister möglich ist. Deshalb hat es diesen mit klaren Worten schlechthin zur weiteren Verfügung über den Vorgeführten für zuständig erklärt. Daß ausnahmsweise ein entfernterer Bürgermeister den gesetzgeberischen Zweck rascher erfüllen könnte, berechtigt den zur Anwendung, nicht zur Verbesserung des Gesetzes berufenen Beamten keineswegs, die gesetzliche Regel zu durchbrechen und die Zuständigkeit zu verschieben; auch der Festgenommene könnte durch die bloße, vielleicht bewußt unwahre Behauptung, der entfernter wohnende Bürgermeister kenne ihn, die Zuständigkeit nach Belieben verrücken und seine Vorführung vor diesen durchsetzen. Geht man vom Wortlaute des FG. ab, so läßt sich bei der heutigen Ausbildung der Verkehrsmittel eine Entfernung, bis zu welcher der Festgenommene geliefert werden darf, überhaupt nicht fixieren; insbesondere sind die Worte Ganghofer-W.s „Der etwas entferntere Gemeindevorstand" dehnbar genug. Hätte sohin eine Vorführung vor den entfernteren statt vor den nächsten Bürgermeister stattgefunden, so müßte der erstere jede Amtshandlung wegen Unzuständigkeit ablehnen. Uebrigens wird die Vorführung vor den nächsten Bürgermeister regelmäßig den gesetzgeberischen Zweck erfüllen, da selbst, wenn der Vorgeführte an dessen Amtssitz unbekannt sein sollte, durch unverzügliche Auskunftserholung (telegraphisch, telephonisch) die Identität meist feststellbar ist.

Für die Verfügung des Bürgermeisters sind die beiden Festnahmearten auseinander zu halten: den im präventivpolizeilichen Interesse Festgenommenen kann der Bürgermeister bis zu vierundzwanzig Stunden in Haft bringen lassen, wenn er es zur Verhinderung der Fortsetzung der Uebertretung oder des Frevels für nötig erachtet, Art. 128. Die vierundzwanzig Stunden sind zu berechnen von der Vorführung an; deshalb sind Stunde und Minute derselben in das vom Bürgermeister zu errichtende Protokoll aufzunehmen. Die Unterbringung erfolgt im gemeindlichen Haftlokale; doch steht einer Unterbringung im Amtsgerichtsgefängnisse nichts entgegen, nur darf hierdurch die 24stündige Haftdauer nicht überschritten werden.

Liegt dagegen eine strafprozessuale Festnahme (Art. 127 Abs. 1) vor, so entläßt der Bürgermeister den Vorgeführten, wenn er ihn als Deutschen oder in Deutschland begüterten Nichtdeutschen erkennt, Art. 129 Abs. 1. Beantragt der Vorgeführte die Vernehmung von Auskunftspersonen, so hat sie der Bürgermeister zu betätigen, falls sie ohne erhebliche Verzögerung erfolgen kann; er wird auch telegraphische und telephonische Anfragen an dessen Heimatbehörde zu richten haben, wenn der Vorgeführte die hierdurch entstehenden Kosten erlegt oder hierfür Sicherheit leistet. Die Identifizierungsversuche müssen sich rasch erledigen lassen; denn bereits am Tage nach der Vorführung hat der Bürgermeister den Vorgeführten, falls die Feststellung seiner Persönlichkeit nicht gelingt, an das zur Aburteilung zuständige Amtsgericht abliefern zu lassen. Art. 129 Abs. 2 [1]).

Der Bürgermeister hat in allen Fällen über die Anzeige des Vorführenden, über die Erklärung des Vorgeführten und die hierauf getroffene Verfügung ein kurzes Protokoll zu errichten und dasselbe sogleich dem zur Aburteilung zuständigen Amtsgerichte zu übersenden, Art. 130. Dieses Protokoll dient zur Kontrolle des Verfahrens vor dem Bürgermeister und ist deshalb auch in dem Falle zu errichten, wo er den Vorgeführten freigelassen hat; es ersetzt nicht das besondere Anzeigeprotokoll des Art. 151.

III. Der Amtsrichter kann die vorsorgliche Haft solange fortbestehen lassen, bis sich der Vorgeführte als Deutscher nach Name, Stand, Wohn- oder Aufenthaltsort oder als in Deutschland begüterter Ausländer ausweist, oder bis der in Deutschland nicht begüterte Ausländer genügende Bürgschaft oder sonstige Sicherheit für die Strafe sowie für den Ersatz des Wertes und des Schadens und für die Kosten geleistet hat, Art. 129 Abs. 2. Hier tritt der doppelte Zweck der Festnahme: Sicherung der Strafverfolgung **und** der Vollstreckung, deutlich hervor. Gelangt der Amtsrichter zur Ansicht, daß nicht eine Forstpolizeiübertretung oder ein Forstfrevel, sondern eine im ordentlichen Verfahren zu verfolgende Straftat, etwa Diebstahl, vorliegt, so hat er auf Grund der Bestimmungen der StPO. über die Untersuchungshaft zu entscheiden.

IV. Ob neben den Vorschriften des FG. über Festnahme und Verhaftung die einschlägigen Bestimmungen der StPO. anwendbar sind, ist bestritten [2]). Für die Verneinung der Frage sprechen folgende Erwägungen [3]). Der Forststrafprozeß ist auf möglichste Raschheit und Einfachheit zugeschnitten. Für ein solch summarisches Verfahren gilt in erhöhtem Maße der für das ordentliche Strafverfahren festgehaltene

---

[1]) Die Transportkosten werden der Landgemeinde aus Staatsmitteln ersetzt, Art. 138 Abs. 4 Satz 2 GemO., nicht auch die Kosten der Festnahme und vorläufigen Verwahrung. Die Gemeinden mit städtischer Verfassung haben keinen Anspruch auf Ersatz der Festnahme-, Transport- und Verwahrungskosten gegen den Staat.

[2]) **Wagner** AGStPO. S. 103 hält die subsidiäre Anwendbarkeit der §§ 112ff. StPO. für selbstverständlich im Hinblick auf Art. 188 Abs. 1; ebenso unter Berufung auf ihn **Ganghofer**-W. A. 4 zu Art. 129; anscheinend auch **Schwaiger** A. zu Artt. 127, 129. **Ritzmann** S. 169 erachtet für das pfälz. Forststrafverfahren die Anwendung der §§ 112ff. StPO. für ausgeschlossen.

[3]) Die folgenden Ausführungen beziehen sich nur auf Forstpol. Uebertret. u. Forstfrevel. Wegen der Uebertret. nach § 361 Nr. 9 StGB. s. unten Nr. V.

Grundsatz, daß die persönliche Freiheit nicht weiter als unumgänglich notwendig beschränkt werden dürfe. Hat nun der Forststrafgesetzgeber in den Artt. 127—130 genaue Richtpunkte über die Freiheitsbeschränkung aufgestellt, so ist zu folgern, daß er andere Voraussetzungen und einen weiteren Umfang der Freiheitsentziehung nicht zulassen wollte. Die Unanwendbarkeit der reichsstrafprozessualen Voraussetzungen über die Verhängung der Untersuchungshaft auf das Forstrügeverfahren erhellt auch daraus, daß das FG. einige der in § 112 Abs. 2 Nr. 2 und 3 bezeichneten Voraussetzungen, nämlich fehlende Legitimation und Ausländereigenschaft, ebenfalls vorgesehen und in den Artt. 127, 129 mit besonderen, von der StPO. abweichenden Modifikationen als Haftgründe aufgestellt hat. Hätte der Forststrafgesetzgeber die §§ 112, 113 StPO. auf die Verhaftung und die §§ 127—129 StPO. auf die Festnahme im Forststrafverfahren angewendet wissen wollen, so hätte er bei der Neuredaktion im Jahre 1879 die Artt. 127—130 FG. streichen müssen.

Hiernach sind unanwendbar die §§ 125, 126 StPO., weil nach Art. 129 Abs. 2 der Amtsrichter die Haft bis zur Legitimation des Verhafteten oder Sicherheitsleistung fortdauern lassen kann; er ist nicht verpflichtet, auf Antrag des Forstmeisters die Haft aufzuheben, wie dies der Amtsrichter im ordentlichen Verfahren auf Antrag der Staatsanwaltschaft zu tun hat (§ 126 Abs. 2 StPO.)[1]. Die Bestimmungen des § 114 StPO. über den Haftbefehl finden wegen der Sondervorschrift des Art. 129 Abs. 2 nicht Anwendung. Doch hat nach der Natur der Sache der Amtsrichter über die Fortdauer der vorsorglichen Haft eine ausdrückliche, mit Gründen versehene Entscheidung zu treffen und sie dem Verhafteten eröffnen zu lassen. Gegen diese Haftanordnung steht dem Verhafteten die fristlose Beschwerde zur Strafkammer bezw. weitere Beschwerde zum obersten Landesgerichte zu (Art. 188 Abs. 1, §§ 346, 352 StPO.). Das Erfordernis baldiger Vernehmung des Verhafteten ergibt sich aus der Dringlichkeit jeder Haftsache und aus der Notwendigkeit, daß sich der Richter alsbald über die Begründetheit der Haft klar werden muß. Unter Umständen wird er die Freilassung auch dann verfügen, wenn der Vorgeführte sich nicht legitimiert und keine Sicherheit geleistet hat z. B. wenn die voraussichtliche Dauer der Haft mit der Geringfügigkeit des Frevels in keinem Verhältnisse steht (v. „kann" in Art. 129 Abs. 2).

Die „vorsorgliche Haft" des Art. 129 Abs. 2 ist Untersuchungshaft im Sinne der StPO.; es finden auf ihre Vollstreckung mangels besonderer Vorschriften des FG. die Bestimmungen des § 116 StPO. Anwendung.

---

[1]) Die von den §§ 125, 126 StPO. bezweckte Beschleunigung der Aburteilung sucht das FG. dadurch zu erreichen, daß es bei Verhaftungen die Abfassung besonderer Anzeigeprotokolle vorschreibt und außerordentliche Forstrügesitzungen vorsieht, Art. 151.

Da Art. 129 Abs. 2 ganz allgemein „genügende Bürgschaft oder sonstige Sicherheit“ als Haftbefreiungsgründe bezeichnet, ist die Höhe und Art der Sicherheit dem richterlichen Ermessen anheimgegeben; sie braucht nicht, wie § 118 StPO. vorschreibt, gerade in Bargeld, Wertpapieren oder durch Pfandbestellung zu erfolgen [1]). § 119 StPO. betr. Benennung eines Zustellungsbevollmächtigten ist auf das Forstrügeverfahren nicht anwendbar; ebenso nicht § 120 StPO.; die einzelnen Alternativen dieses Paragraphen: Fluchtgefahr und Nichterscheinen trotz Ladung, kommen hier nicht in Betracht, da das FG. davon ausgeht, daß der Ausländer im Auslande wohnt; ebensowenig neu hervortretende Haftgründe, da das FG. auf die Tatbetretung als Grund zur Verhaftung abstellt.

Die Bestimmungen des § 121 StPO. über das Freiwerden der Sicherheit sind im Forstrügeverfahren nicht anwendbar, weil die Kaution nicht bloß zur Sicherung der Strafe — Geld- und Freiheitsstrafe — sondern auch des Wert- und Schadenersatzes, also bürgerlichrechtlicher Ansprüche dient.

Wie mit der Sicherheit zu verfahren sei nach Abschluß des Strafverfahrens, bestimmt Art. 187, so daß der den Verfall der Sicherheit regelnde § 122 StPO. hier keine Anwendung findet.

Durch Art. 127 Abs. 2 FG. ist Art. 102 AGStPO. für das Forstrügeverfahren ausgeschlossen. Die erstere Vorschrift schließt als die speziellere die letztere, für die strafbaren Handlungen im allgemeinen gegebene aus [2]).

V. Da die Artt. 127—130 auf die Uebertretungen aus § 361 Nr. 9, wie oben gezeigt, nicht Anwendung finden, greifen für solche gem. Art. 188 Abs. 1 die §§ 112 ff. StPO. Platz.

Ein Steckbrief kann im Forstrügeverfahren sowohl bei Forstpolizeiübertretungen und Forstfreveln als bei Uebertretungen aus § 361 Nr. 9 StGB. ergehen. Denn auch bei den ersteren wird eine Haftanordnung erlassen, die den Haftbefehl vertritt. Da der Amtsrichter die Vollstreckung des Haftbefehls unmittelbar veranlaßt (§ 36 Abs. 2 StPO.), steht ihm, nicht dem Forstmeister der Erlaß des Steckbriefes zu. Im übrigen finden hierher die Bestimmungen der §§ 131, 132 [3]) StPO. Anwendung. Das Hilfspersonal der Forststrafgerichtsbarkeit ist, weil nicht Polizeibehörde (§ 131 Abs. 2 Satz 2 StPO.), zur Steckbrieferlassung nicht befugt; wohl aber ist dasselbe zur Nacheile (§ 168 GVG.) berechtigt.

---

[1]) A. M. Schwaiger A. zu Art. 129.

[2]) Die gegenteilige Ansicht von Wagner S. 103 und Ganghofer-W. A. 4 zu Art. 129 ist unhaltbar; es kann nicht angenommen werden, daß der Gesetzgeber im nämlichen Gesetze (AGStPO.) für den nämlichen Fall eine Sonderbestimmung (Art. 127 Abs. 2 FG.-AGStPO. Art. 36 Z. 4) getroffen hätte, wenn er diesen Fall bereits durch die allgemeine Vorschrift (Art. 102 AGStPO.) getroffen erachtet hätte.

[3]) Ueber die Tragweite des § 132 s. meine Abhandlung im „Gerichtssaal“ 70, 79 ff.

§ 21.

Die Pfändung.

I. Das FG. gestattet die Pfändung von Werkzeugen, Fuhrwerken, Gespannen und Schaden stiftenden Tieren durch das Hilfspersonal der Forststrafgerichtsbarkeit

1. zum Zwecke der Beurkundung[1]) der Uebertretung oder des Frevels, also zur Beweissicherung;
2. behufs Verhinderung der Fortsetzung der Uebertretung oder des Frevels, sohin im sicherheitspolizeilichen Interesse, Art. 131.

Zur Sicherung der Urteilsvollstreckung darf die Pfändung nicht vorgenommen werden; inkonsequent läßt aber das Gesetz die Aufrechthaltung der erfolgten Pfändung auch behufs Vollstreckungssicherung zu, Art. 134. Vorausgesetzt wird, daß die Werkzeuge, Fuhrwerke und Gespanne behufs Verübung der Forstpolizeiübertretung oder des Forstfrevels mitgeführt werden und daß der Täter auf frischer Tat betreten wird. Bezüglich der „zu Schaden gehenden Tiere“[2]) schreibt das Gesetz die Tatbetretung nicht vor, wohl deshalb, weil von einer „Tat“ bei Tieren nicht gesprochen werden kann. Allein aus dem Zusammenhange und dem Begriffe dieser Pfändung ergibt sich, daß Tiere nur dann gepfändet werden dürfen, wenn sie gleichviel ob in oder ohne Begleitung eines Menschen bei Stiftung des Schadens vom Hilfspersonal betroffen werden. Daß die unbestimmten Ausdrücke „hinwegführen, hinwegnehmen“ im Sinne von „pfänden“ zu verstehen sind, ergibt die Verweisung in Art. 132 auf die „nach Art. 131 mit vorsorglichem Beschlage belegten Tiere, Fuhrwerke und Gespanne“. Die Pfändung ist auch zulässig, wenn die Tiere, Gespanne, Werkzeuge und Fuhrwerke dem Täter nicht gehören.

Das Hilfspersonal ist niemals verpflichtet zur Pfändung, kann vielmehr zwischen Pfändung der Gegenstände und Verhaftung des Täters wählen oder aus Zweckmäßigkeitserwägungen von beiden Maßnahmen absehen. Die VV. (§ 37) verpflichten den Forstschutzdiener, bei der Pfändung der Werkzeuge mit vorzüglicher Umsicht und Besonnenheit zu Werke zu gehen und Fuhrwerke, Tiere und Gespanne nur alsdann wegzunehmen, wenn die in Art. 127 Abs. 2 bezeichneten Zwecke solches durchaus erfordern. Ob die Uebertretung im eigenen oder im fremden Walde begangen wurde, ist für die Zulässigkeit der Pfändung ohne Belang. Verursacht doch auch das im eigenen Walde seines Besitzers weidende Vieh einen Schaden, den das FG. aus allgemeinen forstwirtschaftlichen Rücksichten verhüten will. Die Pfändung begründet für den Staat ein vollwertiges, mit dem Strafschutze des § 137 StGB. bekleidetes Pfandrecht.

---

[1]) Darunter fällt insbesondere die Feststellung der Persönlichkeit des Täters.

[2]) Es kommen hauptsächlich in betracht Zuwiderhandlungen gegen die Artt. 43, 44, 88, 89, 92 Nr. 1, 93 Nr. 5 u. 95.

II. Für die Aufbewahrung der gepfändeten Tiere, Fuhrwerke und Gespanne — nicht der Werkzeuge — hat der dem Betretungsorte zunächst wohnende Bürgermeister[1]) unter Aufsicht des Amtsgerichts, zu dessen Bezirk die Gemeinde gehört, zu sorgen, Art. 132. Der Pfändende hat also die Tiere, Fuhrwerke und Gespanne zum Bürgermeister zu verbringen. Das beaufsichtigende Amtsgericht braucht nicht mit dem zur Aburteilung zuständigen Forstrügegericht identisch zu sein. Der Bürgermeister hat den Anordnungen des Amtsgerichts über die Art der Aufbewahrung nachzukommen; der Forstmeister greift nicht ein.

Der Bürgermeister hat ein kurzes Protokoll zu errichten, wobei die Zuziehung eines Protokollführers nicht vorgeschrieben, aber zweckmäßig ist; es muß enthalten:

1. die Beschreibung der Pfandsachen;
2. die Angaben des Vorführenden über die Größe der Uebertretung oder des Frevels und des zu ersetzenden Wertes oder Schadens;
3. die etwaige Erklärung des Uebertreters oder Frevlers, Art. 132 Abs. 1.

Ist der Pfändende ein Gendarm oder eine Polizeiperson, so wird er häufig den zu ersetzenden Wert und Schaden nicht genau angeben können; indes genügt für den hauptsächlichen Zweck des Protokolls, dem Gerichte die nötigen Unterlagen behufs Entscheidung über Fortdauer oder Aufhebung der Pfändung zu verschaffen, eine annähernde Schätzung. Der pfändende Nicht-Sachverständige (Gendarm, Polizeibediensteter, Grenzaufseher) hat außerdem eine Anzeige an den das Rügeverzeichnis führenden Forstdiener zu erstatten. Art. 126 Abs. 1. Letzterer braucht nicht sofort die genauen Angaben über Wert- und Schadensersatz dem Gerichte mitzuteilen, da dieses nur über den Fortbestand der Pfändung, nicht über die Tat selbst schon entscheidet.

III. Das von ihm aufgenommene Protokoll übersendet der Bürgermeister unverzüglich dem Amtsgericht, zu dessen Bezirk seine Gemeinde gehört[2]); dieses entscheidet unverzüglich über Fortbestand oder Wiederaufhebung der Pfändung. Art. 133 Abs. 2. Es kann die Pfändung wegen Unzulässigkeit oder wegen Unzweckmäßigkeit derselben aufheben.

Die gepfändeten Tiere, Fuhrwerke und Gespanne — nicht die

---

[1]) Nicht der Ortsführer, da dieser nur in dringenden Fällen an Stelle des Bürgermeisters tätig wird (Art. 139 Abs. 2 GemO.) Bezüglich des Begriffes des „zunächst wohnenden Bürgermeisters" gilt das gleiche wie bei der Verhaftung oben ausgeführt.

[2]) Gehört die Gemeinde zu mehreren Amtsgerichtsbezirken, so ist die Uebersendung des Protokolls an jedes dieser Amtsgerichte statthaft; sie wird am zweckmäßigsten an jenes Gericht erfolgen, in dessen Bezirk die Pfändung vorgenommen wurde.

gepfändeten Werkzeuge — kann der Eigentümer dadurch auslösen, daß er beim Amtsgericht den mutmaßlichen Betrag der Strafe, sowie des Wert- und Schadenersatzes und der Kosten hinterlegt oder hierfür genügende Bürgschaft beibringt. Art. 134. Das Auslösungsrecht wird auch dem Besitzer z. B. dem Nutznießer, Mieter, Entleiher zugestanden werden müssen, da das FG. eben nur den Regelfall, daß Besitz und Eigentum in einer Hand vereinigt sind, anführt; ist das Eigentum bestritten, so erübrigt nur die Hinausgabe an den letzten Besitzer. Die Worte „Betrag der Strafe" weisen auf die Geldstrafe hin; für den Vollzug der primären Freiheitsstrafe braucht deshalb ein Auslösungsbetrag nicht hinterlegt zu werden. Die Auslösung eines Teiles der Pfandsachen z. B. eines Viehstückes aus einem Zweigespann ist zweifellos zulässig.

Werden die gepfändeten Tiere und Gespanne, sog. fressende Pfänder, nicht binnen 14 Tagen vom Tage der Pfändung an ausgelöst, so ordnet das Amtsgericht deren Versteigerung an. Die Auslösung ist wohl auch nach Ablauf der 14 Tage noch zulässig, falls die Versteigerung noch nicht betätigt ist. Die Gespanne werden mit dem Geschirr versteigert, was sich aus der Gegenüberstellung mit „Tiere" ergibt. Die Versteigerung bewirkt der Gerichtsvollzieher. Das Gericht setzt die Pfändungs- und Versteigerungskosten fest, bringt sie vom Erlös in Abzug und verwahrt diesen, Art. 136.

Die voraufgeführten Amtsverrichtungen gebühren jenem Amtsgerichte, das dem dem Betretungsorte zunächst wohnenden Bürgermeister vorgesetzt ist (Art. 132). Ist es nicht das zur Aburteilung zuständige Forstrügegericht, so übersendet es an das letztere die hinterlegten Beträge, Bürgschaftsurkunden und den Versteigerungserlös. Die Fuhrwerke verbleiben zweckmäßig unter der Obhut des Bürgermeisters, da sie vor der Aburteilung nicht versteigert werden und dem Amtsgerichte eigene passende Aufbewahrungsräume in der Regel nicht zur Verfügung stehen.

Die Beschlüsse des Amtsgerichts über Fortbestand oder Wiederaufhebung der Pfändung, Höhe des zu hinterlegenden Betrags und Annehmbarkeit der Bürgschaft sind unanfechtbar. Art. 135. Ueber die Anfechtbarkeit der Versteigerungsanordnung und der übrigen im Versteigerungsverfahren bis zur Hinterlegung des Reinerlöses ergehenden Gerichtsbeschlüsse bestimmt das FG. nichts. Reinhard S. 95 Anm. 21, Brater A. 3 zu Art. 134 und Schwaiger A. zu Art. 136 erklären auch diese Beschlüsse in Konsequenz des Art. 135 für unanfechtbar. Mit Unrecht. Gerade daraus, daß das Gesetz in Art. 135 jene gerichtlichen Entscheidungen, die es der Anfechtung entziehen will, einzeln aufzählt, ist zu folgern, daß die nicht aufgeführten der allgemeinen Regel folgen d. h. der fristlosen Beschwerde unterliegen. Die Beschwerde steht dem Forstmeister und jedem Betroffenen zu, zu den letzteren zählt insbesondere der Bürgermeister, wenn er die Ansätze des Gerichts für die Aufbewahrung und Verpflegung der Viehstücke für zu niedrig hält.

Die gepfändeten Werkzeuge (instrumenta sceleris) hat der mit der Führung des Rügeverzeichnisses bezw. mit der Errichtung des Anzeigeprotokolls beauftragte Forstdiener zu verwahren und zu verzeichnen; dieses Verzeichnis ist dem Rügeverzeichnisse oder Anzeigeprotokoll beizulegen. Art. 137 Abs. 1. Ist die Pfändung von einer anderen Hilfsperson vorgenommen worden, so hat diese die Werkzeuge dem das Rügeverzeichnis führenden Forstdiener zu übergeben. Eine Auslösung oder Versteigerung der Werkzeuge vor der Aburteilung findet nicht statt. Die Ablieferung der Werkzeuge ans Forstamt oder Amtsgericht ist nicht vorgeschrieben; ist die Vorlegung in der Hauptverhandlung zur Führung des Schuldbeweises angezeigt, so kann der Forstmeister oder das Gericht die Herbeischaffung der Werkzeuge eigens veranlassen.

Die Einziehung von Sachen durch Urteilsspruch kennt das Forstrügeverfahren nicht. Deshalb werden die Werkzeuge und nicht ausgelösten Fuhrwerke dem Eigentümer erst dann hinausgegeben, wenn der Beschuldigte rechtskräftig freigesprochen[1]) oder das Urteil vollstreckt ist. Art. 137 Abs. 2. Die Vollstreckung wegen der geschuldeten Straf-, Ersatz- und Kostenbeträge wird bei Uneinbringlichkeit in die gepfändeten Werkzeuge und Fuhrwerke vollzogen. Art. 182 Abs. 3. Stirbt der Täter vor Rechtskraft des Urteils oder wird er voll d. h. bezüglich Geldstrafe, Kosten, Wert- und Schadenersatz begnadigt[2]), so sind die Werkzeuge und Fuhrwerke ihm bezw. seinen Erben hinauszugeben. Nach dem Wortlaut und Sinne des Art. 137 Abs. 2 dürfen Werkzeuge und Fuhrwerke an den Eigentümer auch dann nicht zurückgegeben werden, wenn er an der fraglichen Straftat überhaupt nicht beteiligt, wenn z. B. der zum Heimfahren des gefrevelten Holzes bestimmte Wagen ohne sein Wissen vom Täter benützt worden ist. Das fiskalische und forstwirtschaftliche Interesse geht hier dem ausnahmsweise Schaden leidenden Privatinteresse vor.

IV. Das Pfändungsrecht besteht bei allen im Gebiete des rechtsrheinischen Bayerns verübten Forstpolizeiübertretungen und Forstfreveln, gleichviel ob der Täter Bayer, sonstiger Deutscher oder Ausländer ist. Flüchtet der Täter mit den pfändbaren Gegenständen in einen deutschen Nachbarstaat, so kann die ihm nacheilende (§ 168 GVG.) Hilfsperson außerhalb Bayerns zwar keine Pfändung vornehmen, wohl aber die fremden Gerichts- und Polizeibehörden um Beschlagnahme der nach bayerischem Forststrafrecht pfändbaren Sachen ersuchen. Auf österreichisches Gebiet ist die Nacheile mangels einer Bestimmung in der Uebereinkunft von 1839/44 nicht gestattet. Sind

---

[1]) Endgültige Einstellung des Verfahrens steht gleich.

[2]) Ein gnadenweiser Erlaß des Ersatzes kommt nur vor, wenn der bayerische Fiskus ersatzberechtigt ist.

einem in Bayern frevelnden, in Oesterreich wohnenden Oesterreicher bei der Tatbetretung Gegenstände gepfändet worden, so sind diese auf Veranlassung des Forstamts nebst den über den Frevel aufgenommenen Protokollen an die zur Aburteilung des Frevlers zuständige österreichische Behörde zu übersenden[1]). Dasselbe gilt im umgekehrten Falle vgl. Nr. 2 der angeführten Uebereinkunft. Werden in Oesterreich von den dortigen Behörden gepfändete Tiere, Fuhrwerke und Gespanne den bayerischen Behörden übersendet, so ist der dem österreichischen Begehungsort zunächst wohnende Bürgermeister der nach Art. 132 zuständige.

§ 22.

Die Beschlagnahme.

I. Ueber die Beschlagnahme trifft das FG. nur eine Bestimmung: aus dem Forste entwendete Gegenstände können von dem im Art. 115 erwähnten Hilfspersonale bis an den Ort ihrer Verwahrung verfolgt und mit vorsorglichem Beschlage belegt werden. Art. 138 Abs. 1. „Vorsorglicher Beschlag" bedeutet hier die Beschlagnahme im engeren Sinn im Gegensatze zur Pfändung des Art. 131. Aus dem Gebrauche des Wortes „entwendete" erhellt, daß diese Beschlagnahme nur bei Forstfreveln, nicht bei Forstpolizeiübertretungen statthaft ist. Als entwendete Gegenstände kommen nur solche Walderzeugnisse in Betracht, an welchen ein Forstfrevel durch Entwendung verübt werden kann; also nicht sonstige im Walde befindliche Sachen z. B. Werkzeuge von Holzhauern, ebensowenig aufgearbeitetes, verkaufs- oder verbrauchsfertiges Holz (Art. 81) und geschälte Lohrinde (Art. 83 Abs. 3), da die Entwendung solcher Sachen gemeinen Diebstahl begründet. Hierwegen brauchte das FG. keine Vorschriften zu geben, da die Bestimmungen des ordentlichen Strafprozesses maßgebend und ausreichend sind. Die letztgenannten Sachen können zwar von den in Nr. 2 und 3 des Art. 115 aufgeführten Hilfspersonen beschlagnahmt werden, da diese für das ordentliche Verfahren Hilfspersonen der Staatsanwaltschaft sind (§ 153 GVG., VO. 31. August 1879 § 1 Nr. 3), nicht aber von den in Nr. 1 des Art. 115 bezeichneten Forstdienern, sofern nicht etwa ein Jagdvergehen oder eine Jagdpolizeiübertretung in Frage kommt (Angef. VO. § 1 Nr. 4).

Wird das gefrevelte Walderzeugnis in einer Wohnung, einem Gebäude oder einem angrenzenden geschlossenen Hofraume verwahrt, so sind die Vorschriften über die Haussuchung zu beachten s. den folg. Paragraphen.

II. Daß das FG. das Recht der Beschlagnahme für das Forstrügeverfahren erschöpfend regeln wollte, kann nicht angenommen werden. Aus dem Zusammenhang ergibt sich, daß lediglich wegen der praktischen Wichtigkeit und Häufigkeit dem Hilfspersonal die ihm

[1]) Vgl. Just. FinMBek. v. 31. März 1880 (JMBl. 85, FMBl. 95) Nr. 1.

von jeher zuerkannte Beschlagnahmebefugnis bezüglich gefrevelter Walderzeugnisse gewahrt werden wollte. Nicht aber sollte die zur wirksamen Strafverfolgung häufig unentbehrliche Beschlagnahme im übrigen für das Forstrügeverfahren ausgeschaltet werden.

Deshalb sind auch im Forstrügeverfahren Gegenstände, die für dasselbe von Bedeutung sein können — nicht bloß gefrevelte Sachen — zu verwahren oder sonstwie zu sichern. § 94 Abs. 1 StPO. Es besteht hinsichtlich solcher Gegenstände die Pflicht zur Vorlegung und Auslieferung, die nach Analogie der Zeugnispflicht behandelt wird (§ 95 StPO.), sohin dem Beschuldigten nicht, wohl aber dem Zivilverantwortlichen obliegt. Wird der Besitz dieser Gegenstände geleugnet, so erübrigt nur die Durchsuchung, da die StPO. den Editionseid (vgl. § 426 ZPO.) nicht kennt.

Die auf Grund des Art. 138 Abs. 1 betätigte Beschlagnahme steht begrifflich der nach § 98 StPO. vorgenommenen gleich: beide bedeuten eine sichernde Maßnahme zu Zwecken der Strafverfolgung; die gemäß § 98 StPO. erfolgende wird vom Richter (in erster Instanz vom Amtsrichter, in zweiter von der Strafkammer), bei Gefahr im Verzug vom Forstmeister (in erster Instanz), vom landgerichtlichen Staatsanwalt (in zweiter Instanz) sowie von den Hilfsbeamten der Staatsanwaltschaft angeordnet. Art. 98 Abs. 1 StPO. Der Kreis der letzteren umfaßt im Forstrügeverfahren die Hilfspersonen des Art. 115 einschließlich der Grenzwachbediensteten sowie die Forstmeister und Forstamtsassessoren (VO. v. 31. August 1879 § 1 Nr. 4). Für die Ausführung der Beschlagnahme sind die Abss. 2—4 des § 98 StPO. maßgebend.

Die Vorschrift des § 96 StPO. ist auf das Forstrügeverfahren anwendbar, desgleichen das Beschlagnahmeverbot des § 97 StPO.; doch kommt letzteres nur dem Beschuldigten und dessen unverdächtigen Angehörigen und Vertrauenspersonen zugute, nicht auch dem Zivilverantwortlichen. Die Beschlagnahme von Briefsendungen und Telegrammen (§§ 99—101 StPO.) kann auch im Forststrafverfahren erfolgen.

Die Beschlagnahme ist aufzuheben, sobald die Sache nicht mehr als Beweismittel in Betracht kommt, zumal nach Rechtskraft des Urteils; sie ist dann dem früheren Gewahrsamsinhaber oder dem Verletzten, dem sie durch den Frevel entwendet wurde, zurückzugeben (§ 111 StPO.). Soweit die beschlagnahmten Sachen zu Gerichtshanden gebracht sind, wird im Urteil darüber verfügt; andernfalls ergeht besonderer Gerichtsbeschluß[1]). Bezüglich der entwendeten Walderzeugnisse, die regelmäßig nicht dem Gerichte vorliegen, ist es gleichfalls angezeigt, bereits im Urteile die Hinausgabe an den Eigentümer anzuordnen[2]). Schon wegen der Notwendigkeit, den Wert des zurück-

[1]) Ueber die Ueberführungsstücke insbesondere s. ObLG. 5, 405.
[2]) Vgl. OGH. 4, 502.

empfangenen Gegenstandes auf den Schadenersatz anzurechnen, Art. 66, erscheint die gleichzeitige Entscheidung über den Verbleib der gefrevelten Sachen veranlaßt.

Wie mit den beschlagnahmten Gegenständen zu verfahren sei, bestimmt das FG. nicht. Gem. § 109 StPO. sind sie, gleich den in bloße Verwahrung genommenen, zu ver- und zu kennzeichnen. Wo und wie sie zu verwahren, darüber befindet das Ermessen des die Gegenstände in Verwahrung oder in Beschlag Nehmenden, und sobald die Sache gerichtlich anhängig, das Gericht[1]). Sie können insbesondere auch im Kriminalkonservatorium des betr. Gerichts verwahrt werden, vgl. VO. v. 8. Sept. 1879 (JMBl. 701) § 1 ff.; § 13.

§ 23.
Die Durchsuchung.

I. Das FG. regelt nur eine Art der Durchsuchung, die Haussuchung, und auch diese nur, soweit sie die Entdeckung entwendeter Gegenstände bezweckt. Artt. 138—141. Es versteht hierunter die Nachsuchung nach den aus dem Forst entwendeten Walderzeugnissen in Wohnungen, Gebäuden und angrenzenden geschlossenen Hofräumen. Die Wohnung ist neben „Gebäuden" besonders aufgeführt, weil sie sich nicht in einem Gebäude zu befinden braucht, z. B. ein Wohnwagen. Der Hofraum muß allseitig umschlossen sein und an das Wohn- oder sonstige Gebäude anstoßen; er verliert seine Eigenschaft nicht dadurch, daß er etwa als Lagerplatz oder als Garten benützt wird. Ist ein Raum zwar umschlossen, grenzt er aber nicht unmittelbar an das Gebäude, zu dem er gehört, z. B. ein Holzlagerplatz („Holzhof"), so ist er kein Hofraum im Sinne des Art. 138 Abs. 2. Für diese Haussuchung gelten folgende Vorschriften.

Die Hilfsperson (Art. 115 Abs. 1) darf eine solche nie allein, sondern nur in Begleitung eines Polizeibeamten oder Mitgliedes der Gemeindeverwaltung vornehmen. Art. 138 Abs. 2. Letztere ist in Gemeinden mit Landgemeindeverfassung der Gemeindeausschuß, in Gemeinden mit städtischer Verfassung der Magistrat. Unter Polizeibeamten sind die höheren Beamten, nicht aber die in Art. 115 Nr. 2 genannten Bediensteten (Gemeindediener[2]), Polizeidiener, Flurwächter) zu verstehen. In den Gemeinden mit städtischer Verfassung fällt der Bürgermeister unter die Polizeibeamten; ob in den Landgemeinden,

---

[1]) Bezüglich der Verwahrung der beschlagnahmten entwendeten Gegenstände will Ganghofer-W. S. 399 die Artt. 132 oder 137, Brater S. 232 den Art. 137 (früher 135) analog angewendet wissen. Zu derartiger Analogie besteht kein Bedürfnis, da § 109 StPO. verb. mit Art. 188 Abs. 1 ausreicht. Uebrigens lassen beide Schriftsteller die Frage offen, wie mit den übrigen Beschlagnahmegegenständen, abgesehen von entwendeten, zu verfahren sei, z. B. Holzabschnitten, verlorenen Kleidungsstücken.

[2]) Vgl. OLGM. 6, 501; RGRechtspr. 7, 383.

mag zweifelhaft erscheinen, jedenfalls gehört er in diesen zu den Mitgliedern der Gemeindeverwaltung.

Ist der Ort der Haussuchung über eine Stunde[1]) von dem Wohnsitze des nächsten Polizeibeamten oder Mitgliedes der Gemeindeverwaltung entfernt, so genügt die Beiziehung eines Forstbediensteten, Gendarmen oder Flurwächters. Art. 138 Abs. 3. Das FG. führt hier eigens die Flurwächter auf, meint aber offenbar auch das übrige gemeindliche Polizeipersonal; es genügt deshalb in diesem Falle, wenn die Hilfsperson eine zweite Hilfsperson (Art. 115 Abs. 1) zuzieht. Die gesetzlichen Begleitpersonen (Art. 138 Abss. 2, 3) dürfen die sofortige Begleitung nicht verweigern, wenn sie von dem zur Nachsuchung Berechtigten unter Angabe der zu verfolgenden Gegenstände sowie der etwaigen Verdachtsgründe aufgefordert werden. Art. 139. Die Begleitperson verfügt die von den Bewohnern etwa verweigerte Oeffnung der Türen. Art. 140. Der Weigerung, die Türen zu öffnen, steht der Fall gleich, daß niemand im Hause ist; auch hier ist die Haussuchung zulässig; dies folgt aus der Vorschrift des Art. 138 Abs. 4, daß zur Nachsuchung, „wenn tunlich", die Hausgenossen beizuziehen sind. Die Oeffnung selbst kann der Nachsuchende, der Begleiter oder ein von ihnen herbeigerufener Gehilfe (Schmied, Schlosser) vornehmen.

Glaubt der Nachsuchende die entwendeten Gegenstände entdeckt zu haben, so hat er ein besonderes Protokoll zu errichten und darin vorzutragen:

1. die nach Art. 139 geschehene Zuziehung einer der im Art. 138 Abs. 2 und 3 bezeichneten Personen,
2. das Ergebnis der Nachsuchung,
3. die Erklärungen der Beteiligten,
4. Die etwaigen Bemerkungen der übrigen bei der Nachsuchung gegenwärtigen Personen.

Das Protokoll ist dem Forstrügeverzeichnisse beizulegen und in diesem vorzumerken. Art. 141. Wenn ein besonderes Anzeigeprotokoll errichtet wird (Art. 151), ist das Haussuchungsprotokoll diesem beizulegen. Der Nachsuchende kann das letztere auch durch einen Dritten niederschreiben lassen, muß es aber eigenhändig unterzeichnen. Der Unterschrift der übrigen Anwesenden bedarf es nicht, ebensowenig der Beiziehung eines Protokollführers oder der Aufnahme an Ort und Stelle. Es kommt hauptsächlich darauf an, die Identität der vorgefundenen mit den entwendeten Gegenständen nachzuweisen und die falschen Angaben der Besitzer über anderweiten Erwerb zu widerlegen. Eine Bemerkung im Protokoll, ob die entdeckten Gegenstände beschlagnahmt und ob sie dem Täter belassen oder wohin sie verbracht wurden, erscheint angebracht, ebenso bezüglich etwaigen Widerstandes des Betroffenen oder Dritter. War die Haussuchung erfolglos, so braucht kein Protokoll über dieselbe aufgenommen zu werden.

---

[1]) Dienstesinstruktion für die Gendarmerie § 115: 4 km.

Die Haussuchung setzt einen bestimmten Frevel und begründeten Verdacht gegen den Besitzer oder Bewohner des Hauses voraus. Das ist im FG. zwar nicht eigens hervorgehoben, aber durch Art. 139 anerkannt, wonach dem als Beistand und Zeugen zuzuziehenden Begleiter die zu verfolgenden Gegenstände und die Verdachtsgründe mitgeteilt werden müssen. Hiermit stimmt § 38 Abs. 1 VB. überein: „Haussuchungen sollen nur dann vorgenommen werden, wenn Frevel im Walde entdeckt worden sind, und die Verfolgung der Spuren derselben oder andere Umstände bestimmte Verdachtsgründe an die Hand geben“ [1]). Auch in der Wohnung des nach Art. 100 verdächtigen Begünstigers kann die Haussuchung vorgenommen werden, ebenso in jener des nach § 361 Nr. 9 StGB. Verdächtigen.

Indem das FG. für die Haussuchung nach gefrevelten Walderzeugnissen Sondervorschriften gibt, schließt es insoweit die Bestimmungen der StPO. aus. Mithin gelten für die forstgesetzliche Haussuchung nicht: die §§ 102, 103, 105 Abs. 1—3, 106—109 StPO. Dagegen sind auch auf die forstgesetzliche Haussuchung anwendbar die §§ 104 (Beschränkung hinsichtlich der Zeit) und 105 Abs. 4 StPO. (Vornahme in militärischen Dienstgebäuden).

Die in Art. 115 Abs. 1 bezeichneten Personen handeln bei Vornahme der forstgesetzlichen Haussuchung als Hilfspersonen der Forststrafgerichtsbarkeit, nicht als Hilfsbeamte der Staatsanwaltschaft, gleichviel ob die Haussuchung im unmittelbaren Anschluß an die Nacheile aus dem Forste oder erst später vorgenommen wird [2]).

II. Von großer Wichtigkeit ist die Frage, ob abgesehen von der forstgesetzlichen Haussuchung (Artt. 138—141) eine Durchsuchung im Forstrügeverfahren zulässig ist. Die Unzulässigkeit hat der Gesetz-

---

[1]) Vgl. Mot. zum Entw. v. 1846 Art. 120: „Haussuchungen berühren die heiligsten Rechte des bürgerlichen Lebens; daher können sie nur mit großer Vorsicht und nur dann zugelassen werden, wenn wirklich ein Forstfrevel begangen worden und bestimmte Wahrscheinlichkeitsgründe vorhanden sind, daß sich Spuren der Tat oder des Täters da vorfinden werden, wo die Nachsuchung vorgenommen werden will.“

[2]) Ganghofer-W. A 2a zu Art. 138 will bei einer auf Grund nachträglich entstandenen Verdachtes betätigten Haussuchung lediglich die Vorschriften der StPO. maßgebend, insbesondere hierbei den Nachsuchenden als Hilfsbeamten der Staatsanwaltschaft tätig sein lassen. Seine Berufung auf RGSt. 23, 357 schlägt indes nicht durch. Diese Entscheidung ist für das Geltungsgebiet des preuß. Forstdiebst.G. v. 15. April 1878 ergangen, welches keine Bestimmung über Haussuchungen trifft, weshalb dort unmittelbar die einschlägigen Vorschriften der StPO. Anwendung finden, vgl. § 20 das. Die Ausführung der Entscheidungsgründe S. 359 „Forstbeamte sind zu Durchsuchungen nicht vermöge des ihnen anvertrauten Forstschutzes berechtigt, sondern nur, sofern sie gem. § 153 GVG. und § 105 StPO. zu Hilfsbeamten der Staatsanwaltschaft bestellt sind“, trifft wohl für preußische, nicht aber für bayerische Verhältnisse zu. In Bayern waren bereits vor dem Inkrafttreten der RStPO., also vor Schaffung des Instituts der staatsanwaltschaftlichen Hilfsbeamten, die in Art. 115 Abs. 1 aufgeführten Personen zur Vornahme von Haussuchungen befugt und hat hieran das AGStPO. nichts geändert.

geber nirgends ausgesprochen. Aus dem Zusammenhange der forstgesetzlichen Bestimmungen über die Beweissicherung folgt, daß für den praktisch wichtigsten Fall der Nachsuchung nach gefrevelten Gegenständen dem Hilfspersonal eine besondere, rasch zur Entdeckung führende Befugnis eingeräumt werden sollte. Weitergehende Verfolgungsmaßnahmen wollten nicht ausgeschlossen werden, m. a. W. das Durchsuchungsrecht ist im FG. nicht erschöpfend geregelt. Sohin sind für die Haussuchung nach anderen als gefrevelten Gegenständen z. B. Ueberführungsstücken beim Forstfrevel durch Beschädigung, für die Durchsuchung anderer als der im Art. 138 Abs. 2 bezeichneten Räume, für die Durchsuchung der Person des Täters oder Teilnehmers und ihrer Sachen auch im Forstrügeverfahren die Vorschriften der StPO. §§ 102—111 maßgebend. Nur kann eine Durchsuchung nicht behufs Ergreifung des Täters, wie §§ 102, 103 StPO. vorsehen, erfolgen, da die Verhaftung in Artt. 127—129 besonders geordnet ist. Die Anordnung solcher Durchsuchungen steht regelmäßig dem Richter zu, bei Gefahr im Verzuge auch dem Forstmeister und Forstamtsassessor und den im Art. 115 Abs. 1 Genannten, da diese Hilfsbeamte der Staatsanwaltschaft sind (§ 105 StPO. und VO. v. 31. August 1879 § 1 Nr. 4).

III. Das Recht zur Vornahme von Durchsuchungen im Forstrügeverfahren sei es auf Grund des FG. oder der StPO. beschränkt sich auf das bayerische Staatsgebiet; werden solche in einem andern Bundesstaate oder in Oesterreich erforderlich, so sind die dort zuständigen Behörden in Anspruch zu nehmen[1]).

Drittes Buch.

Besonderer Teil.

Erster Abschnitt.

Das Regelverfahren erster Instanz.

§ 24.

Das Ermittlungsverfahren.

Die Verfolgung und Anzeige strafbarer Verletzungen des FG. und der hierher bezüglichen Uebertretungen nach § 361 Nr. 9 StGB.

[1]) Die mit den deutschen Nachbarstaaten früher abgeschlossenen Verträge über Bestrafung der Forstfrevel in den Grenzwaldungen enthielten sämtlich Vereinbarungen wegen Haussuchung. Die Uebereinkunft mit Oesterreich erwähnt hiervon nichts; dies schließt aber nicht aus, daß das bayerische Forstschutzpersonal auf Anregung österreichischer Forstbediensteten in gesetzlicher Form Durchsuchungen vornimmt, vorbehaltlich der Gegenseitigkeit.

obliegt zunächst den Hilfspersonen der Forststrafgerichtsbarkeit. Sie werden hierauf, wenn sie nicht schon durch ihren Diensteid zur Anzeige der Uebertretungen[1]) überhaupt oder der Forstrügesachen insbesondere verpflichtet sind, durch das Amtsgericht ihres Wohnorts verpflichtet. Art. 121. Das Forstamt beauftragt gewisse Forstdiener (Art. 115 Nr. 1) mit der Führung des Forstrügeverzeichnisses[2]) und gibt sie dem Amtsgericht bekannt, Art. 122. Diese haben in das für jeden Amtsgerichtsbezirk gesondert zu führende Rügeverzeichnis täglich die entdeckten Forstfrevel eigenhändig einzutragen; der notwendige Inhalt des Eintrags ist durch Art. 122 genau vorgeschrieben. Ueber Forstpolizeiübertretungen und in den Fällen des Art. 151 werden besondere Anzeigeprotokolle errichtet, die ebenfalls den Vorschriften des Art. 122 Nr. 2—8 entsprechen müssen, Art. 125, 151. Das FG. schreibt die Führung des Rügeverzeichnisses lediglich für die Anzeige der Forstfrevel vor. Laut Formular I der VV. sind auch die Uebertretungen aus § 361 Nr. 9 StGB. in dieses Verzeichnis einzutragen. Mit Rücksicht auf die selbständige Beweiskraft der Forstrügeverzeichnisse (Art. 158) schreibt Art. 124 vor, daß darin nichts verändert und unleserlich gemacht werden darf und daß Nachträge und Berichtigungen eigens zu datieren sind. Ueber die Anzeigen seitens solcher Hilfspersonen, die kein Rügeverzeichnis führen, verbreitet sich Art. 126; für die Erstattung der Anzeigen geben die §§ 27—36 VV. eingehende Detailvorschriften. Bringt ein nicht zur Anzeige Verpflichteter eine Forstrügesache zur Anzeige, so hat der Verzeichnisführende dieselbe auf ihre Richtigkeit zu prüfen und die veranlaßten Erhebungen zu pflegen. Nach Ablauf jeden Monats sind die Forstrügeverzeichnisse abzuschließen[3]) und mit den Haussuchungsprotokollen (Art. 141), den Verzeichnissen der gepfändeten Werkzeuge (Art. 137) und den in Art. 126 erwähnten schriftlichen Anzeigen an das vorgesetzte Forstamt zu übersenden, welches in die betreffende Spalte derselben die geeigneten Anträge einzusetzen hat. Art. 142. Das Forstamt faßt die einzelnen Rügebogen ins eigentliche Forstrügeverzeichnis zusammen. Vgl. §§ 41, 42, 52 VV. Die zur Erledigung durch Strafbefehl geeigneten Fälle übergibt jedes Forstamt, nachdem es auf die betreffenden Rügebogen die entsprechenden Strafanträge gesetzt, dem gem. Art. 117 zuständigen Amtsgerichte. Hält dagegen das Forstamt die Anberaumung der Hauptverhandlung für erforderlich, so übersendet es die Rügebogen, mit seinen Strafanträgen versehen, dem Vertreter der Forstbehörde beim Amtsgericht. Dieser

---

[1]) Der Wortlaut des Art. 121 ist hier nicht genau, da hierunter der Gewohnheitsfrevel als Vergehen nicht fällt. Sollte der Diensteid bloß die Anzeige der Uebertretungen vorschreiben, so wäre neuerliche Verpflichtung gem. Art. 121 nötig.

[2]) Die Bezeichnung ist veraltet, da nicht mehr geschlossene Hefte, sondern lose Rügebogen geführt werden.

[3]) Der Ausdruck trifft nicht mehr zu seit Wegfall der geschlossenen Hefte.

berichtigt etwaige Irrtümer, tunlichst im Benehmen mit dem veranlassenden Forstamt und übergibt die Forstrügeverzeichnisse, besonderen Anzeigeprotokolle und Uebersichten dem Amtsgericht. Bezüglich der „Uebersicht der an die k. k. österreichischen Behörden abzugebenden Forstrügesachen" vgl. JustFinMinBek. vom 31. März 1880 (JustMBl. 85, FinMBl. 95). Wird ein außerhalb Bayerns verübter Forstfrevel in Bayern verfolgt, so geschieht der Eintrag ins Forstrügeverzeichnis nach Vorschrift des Art. 122, wohl durch den dem Frevelorte zunächst wohnenden verzeichnisführenden Forstdiener.

Neben dem forstgesetzlich geregelten Vorbereitungsverfahren ist für die Anwendung der strafprozessualen Bestimmungen über das staatsanwaltschaftliche Ermittlungsverfahren kein Raum. Das Forstrügeverfahren ist auf möglichste Raschheit und Einfachheit angelegt. Es erleiden daher die §§ 156—175 StPO. auf das Forststrafverfahren keine Anwendung, insbesondere finden richterliche Vernehmungen nicht statt, auch greift der Amtsrichter nicht als Notstaatsanwalt (§§ 163, 164 StPO.) ein. Der Gefahr des Verlustes eines Beweismittels z. B. drohender Tod des Tatzeugen begegnen zahlreiche Bestimmungen des FG., wie die Vorschrift, daß die Forstfrevel täglich ins Rügeverzeichnis einzutragen sind (Art. 122), die alsbaldige periodische Vorlage der Rügeverzeichnisse, die rasche Aburteilung mittels Strafbefehls und die Möglichkeit der Anberaumung außerordentlicher Sitzungen, insbesondere aber die hohe Beweiskraft der Rügeverzeichnisse und Anzeigeprotokolle (Art. 158). Gibt das Forstamt einem Antrage auf Strafverfolgung keine Folge, so steht dem Antragsteller, auch wenn er der Beschädigte ist, nicht der Weg der Beschwerde und des Antrags auf gerichtliche Entscheidung gem. §§ 170—175 StPO. zu, sondern lediglich die Aufsichtsbeschwerde an die vorgesetzten Stellen des Forstmeisters. Daß das Forstamt die Zurückweisung des Antrags zu begründen hat, folgt zwar nicht aus dem hierher nicht anwendbaren § 169 StPO., wohl aber aus der Natur der Sache, da schon die Ueberzeugungskraft der Gründe häufig die Einlegung aussichtsloser Beschwerden hintanhält.

Die gerichtliche Voruntersuchung ist im Forststrafprozeß ausgeschlossen; ist sie schon in schöffengerichtlichen Sachen (§ 27 GVG.) unzulässig (§ 176 Abs. 3 StPO.), so erst recht in dem noch einfacheren Forstrügeverfahren. Auch das Zwischenverfahren (§§ 196 bis 210 StPO.) ist hier nicht anwendbar, da eine Anklageschrift nicht eingereicht wird noch ein Eröffnungsbeschluß ergeht.

Ueber die Art, wie die Anklage erhoben und das Hauptverfahren eröffnet wird, schweigt das FG. Bei der Wichtigkeit beider Akte für die Entwickelung des einzelnen Prozesses bedarf die Frage einer näheren Erörterung.

Der Rügebogen, den das einschlägige Forstamt dem Amtsgericht mit dem Antrag auf Anberaumung der Hauptverhandlung übergibt (Art. 149 Abs. 1), enthält die wesentlichen Bestandteile einer Anklageschrift (§ 198 Abs. 1 StPO.), ja darüber hinaus den sonst erst in der Hauptverhandlung vom Staatsanwalt gestellten Bestrafungsantrag. Der Rügebogen ist deshalb geeignet, die förmliche Anklageschrift zu ersetzen; er ist hierzu auch vom Gesetzgeber bestimmt, wie aus der ganzen Anlage des Forststrafprozesses erhellt.

Den Eröffnungsbeschluß vertritt die Anberaumung des Hauptverhandlungstermins; von da an kann der Strafantrag nicht mehr zurückgenommen werden (Analogie von § 154 StPO.). Lehnt der Amtsrichter die Bestimmung des Termins zur Hauptverhandlung ab, so steht hiergegen dem antragstellenden Forstmeister die sofortige Beschwerde (§ 353 StPO.) zu, da dieser Beschluß einem auf Nichteröffnung des Hauptverfahrens lautenden Beschlusse (§ 209 Abs. 2 StPO.) in der Wirkung gleichkommt. Mit dem Zeitpunkt, wo der Antrag des Forstmeisters auf Anberaumung der Hauptverhandlung beim Amtsgericht eingeht, ist der Beschuldigte „Angeschuldigter", von der Bestimmung des Hauptverhandlungstermins an „Angeklagter" (vgl. § 155 StPO. und Art. 154).

Dem Angeklagten und dem Zivilverantwortlichen wird bei der Vorladung der wesentliche Inhalt der Anklage schriftlich mitgeteilt (Art. 154).

§ 25.

Vorbereitung der Hauptverhandlung.

Von dem Amtsgerichte sind im Benehmen mit dem Forstamte d. h. dem Vertreter der Forstbehörde in angemessenen Zwischenräumen, welche in der Regel nicht mehr als einen Monat betragen sollen, Sitzungstage für die Hauptverhandlungen festzusetzen. Art. 150. Hieraus geht deutlich hervor, daß das FG. die Festsetzung ordentlicher Forstrügesitzungstage im voraus für das ganze Geschäftsjahr im Auge hat. Diese Auffassung wird bestätigt durch Art. 164 Abs. 2, der die Vertagung auf die „nächste regelmäßige" Forstrügesitzung vorsieht[1]). In den Fällen des Art. 151 können außerordentliche Forstrügesitzungen anberaumt werden. Diejenigen Forstrügesachen, bezüglich deren das Forstamt die Anberaumung der Hauptverhandlung beantragt, sind aus den Rügeverzeichnissen auszuscheiden und in gesonderten Verzeichnissen zusammenzufassen; letztere sind mindestens 14 Tage vor der Sitzung dem Amtsgerichte zu übersenden; es werden in dieselben auch die infolge Einspruchs zu verhandelnden Sachen aufgenommen[2]). Art. 149 Abs. 1 und 2. Die Einzelnheiten in formeller Beziehung regeln die §§ 46, 47 VV.

[1]) Abweichend die VV. § 47 Abs. 2 Satz 2, wonach regelmäßige Sitzungstage nur „insoweit erforderlich" anberaumt werden sollen. Hiernach läge es im Ermessen des Amtsrichters, wegen voraussichtlich geringen Anfalls von der Anberaumung ordentlicher Forstrügesitzungen abzusehen.

[2]) Im offensichtlichen Widerspruch mit der Gesetzesvorschrift ordnen die VV. § 46 Abs. 2 bei Einspruchseinlegung die Fertigung besonderer Uebersichten an.

Gleichzeitig mit dem Antrag auf Anberaumung der Hauptverhandlung beantragt das Forstamt die Vorladung der Zeugen und die Beischaffung oder sofortige Erhebung der übrigen Beweismittel, wenn es dieselbe für notwendig erachtet, Art. 149 Abs. 3. Unter „Forstamt" ist hier das veranlassende Forstamt, das nicht notwendig jenes des Vertreters der Forstbehörde sein muß, zu verstehen; ist allerdings der Vertreter der Forstbehörde mit diesen Anträgen nicht einverstanden, so entscheidet dem Forstrügegericht gegenüber lediglich seine Erklärung. Er kann vermöge seiner Stellung als öffentlicher Ankläger auch andere als die vom veranlassenden Forstamt benannten Zeugen laden. Der Amtsrichter kann von Amts wegen oder auf Antrag des Angeklagten die Ladung von Zeugen und nichtforsttechnischen Sachverständigen sowie die Herbeischaffung anderer Beweismittel anordnen (§§ 218, 220 StPO.). Der Amtsrichter kann zur besseren Aufklärung der Sache vor der Hauptverhandlung Beweiserhebungen anordnen z. B. Einnahme des richterlichen Augenscheins an Ort und Stelle, Vornahme einer Haussuchung[1]).

Der Angeklagte und mit Rücksicht auf seine Stellung als Prozeßpartei auch der Zivilverantwortliche kann Zeugen, mit der sich aus Art. 152 Abs. 2 ergebenden Einschränkung, und Sachverständige, abgesehen von forsttechnischen, unmittelbar laden (§ 219 StPO.) oder zur Hauptverhandlung stellen.

Die Ladungen erfolgen nach § 37 StPO. bezw. auf Grund des Art. 188 Abs. 2 und 3 nach JMB. v. 16. Dez. 1899 (JMBl. 475) §§ 59—67; vgl. ferner J.M.E. v. 26. März 1902 (J.M.Bl. 519), v. 7. Juni 1903 (J.M.Bl. 308) und 27. Juni 1904 (J.M.Bl. 127). Ueber den Inhalt der Ladung des Angeklagten und des Zivilverantwortlichen verhält sich Art. 154, ohne zwischen Freiem und Verhaftetem zu unterscheiden. Ist der Angeklagte oder der Zivilverantwortliche in der betreffenden oder in anderer Sache verhaftet[2]), so steht es ihnen frei, sich zur Hauptverhandlung vorführen zu lassen; das Forstrügegericht kann, muß aber nicht den Angeklagten vorführen lassen, während ihm gegenüber dem verhafteten Zivilverantwortlichen eine solche Befugnis nicht zusteht, vgl. Art. 169 Abs. 2. § 215 StPO. ist hier nicht anwendbar.

Die Ladungsfrist beträgt 3 Tage, Art. 155 Abs. 1; die Zustellung

---

[1]) Von Brater S. 235 mit Unrecht bestritten. Er stützt sich hauptsächlich darauf, daß Art. 149 Abs. 3 (früher Art. 141 Abs. 2) nur von Vorladung, nicht von Vernehmung der Zeugen spreche, dagegen hinsichtlich der übrigen Beweismittel deren „sofortige Erhebung" zulasse. Indes schließt der Wortlaut „Vorladung" keineswegs die Vernehmung vor der Hauptverhandlung aus. Andernfalls könnte z. B. bei Lebensgefahr des einzigen Tatzeugen oder drohendem Verlust von Ueberführungsgegenständen die Strafverfolgung leicht vereitelt werden.

[2]) Der Zivilverantwortliche kann nur „in anderer Sache" verhaftet sein, da er im Forstrügeverfahren weder in Untersuchungs- noch in Strafhaft genommen werden darf.

der Ladung muß also spätestens am vierten Tage vor dem Verhandlungstage erfolgen. Bei Gefahr im Verzug kann der Amtsrichter die Ladungsfrist abkürzen und ist hiervon in der Ladung Mitteilung zu machen, Art. 155 Abs. 2. Die Frist kann hiernach auch auf weniger als 24 Stunden verkürzt werden. Bei Nichteinhaltung der Ladungsfrist darf der Angeklagte und der Zivilverantwortliche die Aussetzung der Verhandlung verlangen, solange der Forstrügebogen bezw. das Anzeigeprotokoll noch nicht verlesen ist[1]). Das gleiche hat für den Fall zu gelten, wenn die richterliche Abkürzung der Ladungsfrist dem Betroffenen bei der Vorladung nicht mitgeteilt wurde.

Die Ladung des Verteidigers bemißt sich nach § 217 StPO. Dieser Paragraph ist auf den Bevollmächtigten entsprechend anzuwenden; er wird also geladen, wenn er seine Bevollmächtigung dem Forstrügegericht unter Vorlage der ordnungsmäßig beglaubigten Vollmacht angezeigt hat.

§ 26.

Die Hauptverhandlung bis zum Urteil.

Die Hauptverhandlung erfolgt in ununterbrochener Gegenwart des Amtsrichters, des Forstmeisters oder seines Stellvertreters und des Gerichtsschreibers, Art. 157 Abs. 1. Die gleichzeitige Mitwirkung mehrerer Vertreter der Forstbehörde, etwa des Forstmeisters und seines Stellvertreters, ist unzulässig; denn Abs. 1 des Art. 157 wurde 1879 in Anlehnung an § 225 StPO. ins FG. aufgenommen, dagegen, was nahe lag, von § 226 StPO. nichts erwähnt. Ein Wechsel in der Person des Gerichtsschreibers ist ausgeschlossen (arg.: „des" Gerichtsschreibers in Art. 157 Abs. 1 gegenüber „eines" in § 225 StPO.), auch bei der Einfachheit der Forstrügesachen unnötig.

Dem Bestreben nach möglichster Beschleunigung entspricht die Vorschrift tunlichster Aburteilung in der erstmaligen Sitzung, Art. 164 Abs. 1. Wenn Ergänzungen nötig sind, wird die Verhandlung in die nächste regelmäßige Forstrügesitzung oder in eine besondere Sitzung vertagt. Den Beteiligten d. h. dem Angeklagten und dem Zivilverantwortlichen bezw. deren Bevollmächtigten ist dies sogleich zu eröffnen mit dem Beifügen:

1. daß sie die für notwendig erachteten Ergänzungen bis zur nächsten Verhandlung beizubringen haben;
2. daß bei dieser die endliche Aburteilung auch dann erfolgen wird, wenn sie nicht dazu erschienen sind. Art. 164 Abss. 2, 3.

Die Pflicht zur Beibringung der nötigen Ergänzungen weist auf den Entlastungsbeweis hin, da die Führung des Belastungsbeweises dem Forstmeister obliegt. Uebrigens enthält Art. 164 Abs. 3 Nr. 2 keine absolute Norm, da eine wiederholte Vertagung, z. B. wegen Erkrankung eines Beteiligten oder Zeugen in der Sitzung, erforder-

[1]) Die Anwendung des § 216 Abs. 2 StPO. erscheint unbedenklich.

lich werden kann. Doch ist § 245 Abs. 1 StPO. durch Art. 164 Abs. 3 ausgeschlossen. Die Befugnis, den Umfang der Beweisaufnahme frei zu bestimmen, steht dem Forstrügegerichte gleich dem Schöffengerichte zu (§ 244 Abs. 2 StPO.).

Aus Art. 164 Abs. 2 darf nicht gefolgert werden, daß eine Unterbrechung oder Aussetzung der Hauptverhandlung nur im Falle der Notwendigkeit einer Ergänzung eintreten dürfe. Eine solche kann vielmehr aus den mannigfachsten Gründen geboten sein z. B. Nichterscheinen eines Zeugen, Erkrankung des Richters oder des etwa bestellten Verteidigers u. s. w.; es gelten hierfür die Vorschriften der §§ 227, 228 StPO.

Die für notwendig erachteten Ergänzungen können in jeder Art von Erhebungen, insbesondere auch in Richterhandlungen[1]) bestehen, wie Augenscheinseinnahme, Zeugenvernehmung durch den mit der Sache befaßten oder einen ersuchten Richter, Durchsuchung, Beschlagnahme.

Die Verbindung zusammenhängender, bei dem nämlichen Amtsgericht schwebender Forstrügesachen behufs gleichzeitiger Verhandlung und Entscheidung ist gemäß §§ 3, 236 StPO. zulässig[2]).

Die Hauptverhandlung findet auch statt, wenn der Angeklagte oder der Zivilverantwortliche nicht erscheint und nicht durch einen Bevollmächtigten vertreten wird: Art. 169 Abs. 1, wo die eigenartige Fiktion des „Erscheinens durch einen Bevollmächtigten" gebraucht wird. Das Gericht kann indes das Erscheinen des Angeklagten, nicht aber des Zivilverantwortlichen, anordnen und durch Vorführungs- oder Haftbefehl erzwingen. Art. 169 Abs. 2. Sonach ist § 232 StPO. im Forststrafprozeß unanwendbar: denn entweder hält das Gericht das Erscheinen des Angeklagten für erforderlich, dann kann es ihn nicht hiervon befreien; oder es erachtet seine Anwesenheit als unnötig, dann sichert ihm Art. 169 Abs. 1 die Möglichkeit des Fernebleibens. Durch Art. 169 Abs. 1 und 2 sind die §§ 229, 231, 235 StPO.

---

[1]) Die kommissarische Vernehmung von Zeugen und Sachverständigen und Augenscheinseinnahme kann auch vor der Hauptverhandlung, aber erst nach Anhängigkeit der Sache beim Forstrügegericht erfolgen; es gelten hierfür die §§ 222—224 StPO. Vom Beweiserhebungstermin ist auch der Zivilverantwortliche zu benachrichtigen und kann sich in demselben gleich dem Beschuldigten durch einen Bevollmächtigten vertreten lassen. Das Protokoll wird nur dem Forstmeister und dem Verteidiger vorgelegt (§ 223 Abs. 1 Satz 2 StPO.), nicht dem Angeklagten, Zivilverantwortlichen und jenem Bevollmächtigten, der nicht als Verteidiger schlechthin gewählt werden könnte (§ 138 Abs. 1 StPO.). Die VV. schreiben vor (§ 48 Abs. 4), daß, wenn richterliche Beweiserhebungen außerhalb der Hauptverhandlung stattgefunden haben, die Akten dem Vertreter der Forstbehörde vorzulegen sind — hinausgehend über § 223 Abs. 1 Satz 2 StPO., wonach nur das Beweiserhebungsprotokoll vorzulegen ist.

[2]) Nach dem früheren Art. 143 Abs. 1 durften Forstpolizeiübertretungen nicht in derselben Sitzung wie die Forstfrevel abgeurteilt werden; hierdurch war die Verbindung ohne weiteres ausgeschlossen. Auch heutzutage ist die Verbindung einer Forstpolizeiübertretungs- mit einer Frevelsache unzweckmäßig schon wegen Verschiedenheit ihrer Natur, auch wegen der Eintragung des Urteils einerseits im Anzeige-Prot., andrerseits im Rügeverzeichnisse. Art. 162 Abs. 1.

für das Forstrügeverfahren ausgeschlossen und gilt § 230 StPO. mit dem Abmaße, daß sich der Zivilverantwortliche jederzeit, der Angeklagte dann aus der Verhandlung entfernen darf, wenn der Amtsrichter seine Anwesenheit für unnötig erachtet.

Der Gang der Hauptverhandlung ist der gleiche wie vor dem Schöffengerichte[1]). Der Amtsrichter verliest den Inhalt des Forstrügebogens[2]), darauf wird der Angeklagte und nach ihm der etwaige Zivilverantwortliche bezw. deren Bevollmächtigte vernommen. Im übrigen ist § 242 StPO. anwendbar; auch der Zivilverantwortliche wird in Abwesenheit der Zeugen vernommen. Die Strafliste des Zivilverantwortlichen wird nicht verlesen. Es gelten die §§ 237 Abs. 1 — nicht Abs. 2, der bloß Kollegialgerichte im Auge hat — und 238 (praktisch höchst selten) StPO. Der Angeklagte und der Verteidiger dürfen Fragen an die Zeugen und Sachverständigen richten, § 239 Abs. 2 StPO.; das gleiche Recht steht dem Zivilverantwortlichen und den Bevollmächtigten zu. Zur Fragestellung an den Forstmeister als amtlichen Sachverständigen sind der Angeklagte und der Zivilverantwortliche nicht befugt, da der Forstmeister nicht zu den Sachverständigen im Sinne der StPO. zählt. Der Forstmeister kann an sämtliche zu vernehmende Personen, sohin auch an den Angeklagten, den Zivilverantwortlichen und den Bevollmächtigten Fragen stellen, nachdem er vom Richter hierzu das Wort erhalten hat, Art. 160 Abs. 2. Daß ihm der Amtsrichter auf Verlangen das Wort erteilen muß, sagt zwar das FG. nicht, insoweit abweichend von § 239 StPO., allein es versteht sich von selbst, wenn anders das Gesetz dem Vertreter der Forstbehörde nicht eine bloß papierene Befugnis soll zugewiesen haben.

§ 241 StPO. hat nur für Kollegialgerichte Bedeutung. Dagegen sind auf das Forstrügeverfahren anwendbar: die §§ 243 — nur kann das Gericht die Ladung forsttechnischer Sachverständiger nicht anordnen —, 246 (auch für den Zivilverantwortlichen und wohl ebenso für den Bevollmächtigten gültig, da dieser ganz die Stelle des Vertretenen einnimmt und der gesetzgeberische Grund des Paragraphen auch auf ihn zutrifft, zumal wenn, wie gewöhnlich, die nächsten Angehörigen bevollmächtigt werden), 247 (auch der Zivilverantwortliche ist zu hören), 248, 249 (mit der Einschränkung des Art. 158 f. oben beim Urkundenbeweis), 250 (dem Mitbeschuldigten steht der Zivilverantwortliche gleich), 251—255 StPO. § 256 StPO. gilt bezüglich des Angeklagten und des Zivilverantwortlichen.

---

[1]) Daß das schöffengerichtliche, nicht etwa das Strafkammerverfahren dem Forststrafprozeß zugrunde zu legen ist, sagt zwar Art. 188 Abs. 1 nicht; indes spricht der summarische Charakter des Forstrügeverfahrens unwiderleglich für diese Annahme.

[2]) Die Anklage wird nicht etwa vom Vertreter der Forstbehörde mündlich erhoben, wie im abgekürzten Verfahren des § 211 StPO.

Der Vertreter der Forstbehörde erteilt die nötigen technischen Erläuterungen, Art. 160 Abs. 1, stellt am Schlusse der Verhandlung[1]) die in Art. 142 erwähnten Anträge, begründet sie, wenn nötig, oder ändert sie ab, Art. 161 Abs. 1; er kann gegebenen Falles auch auf Freisprechung, Einstellung oder Unzulässigkeit der Strafverfolgung antragen. Hierauf sind der Angeklagte und der Zivilverantwortliche mit ihrer Verteidigung zu hören, Art. 161 Abs. 2, bezw. deren Bevollmächtigte, der Angeklagte naturgemäß vor dem Zivilverantwortlichen. Ein Erwiderungsrecht, wie es § 257 Abs. 2 StPO. vorsieht, kennt das FG. nicht; dagegen ist Abs. 3 des § 257 StPO. auf den Angeklagten wie auf den Zivilverantwortlichen anwendbar. § 258 StPO. gilt für das Forstrügeverfahren; nicht dagegen § 265 StPO. — sog. Inzidentanklage — da die Vorschriften das FG. über die Führung der Anzeigeverzeichnisse und Errichtung der besonderen Anzeigeprotokolle auf die eingehende Sachverhaltserhebung durch das Hilfspersonal hinzielen, sohin für den im § 265 vorgesehenen Schnellprozeß keinen Raum bieten, abgesehen davon, daß der im § 265 vorausgesetzte Eröffnungsbeschluß hier nicht ergeht.

§ 27.
Die Vorfrage einer Berechtigung.

Das Forstrügegericht entscheidet auch über präjudizielle Rechtsverhältnisse auf dem Gebiete des bürgerlichen (§ 261 Abs. 1 StPO.) und des öffentlichen Rechts. Es kann indes aussetzen und das Urteil der für diese Rechtsverhältnisse zuständigen Behörde (Zivilgericht, Verwaltungsgericht) abwarten. Der Anwendung des § 261 Abs. 2 StPO. steht insbesondere nicht der summarische Charakter des Forstrügeverfahrens und die Vorschrift schleuniger Aburteilung (Art. 164 Abs. 1) entgegen, da solche Vorfragen nur selten auftauchen und die Natur des Forststrafverfahrens als eines summarischen Prozesses keineswegs beeinträchtigen. Sonderbestimmungen enthält das FG. nur über die Vorfrage eines Privatrechts (Artt. 165—167) und der Schutzwaldeigenschaft (Art. 168).

Was zunächst die Vorfrage einer Privatberechtigung anlangt, so wird vorausgesetzt, daß der Angeklagte oder der Zivilverantwortliche unter bestimmter Angabe des Rechtstitels oder der Besitzhandlungen eine Eigentums- oder andere Berechtigung vorschützt, vermöge welcher die Tat überhaupt nicht oder in einer anderen Weise strafbar erscheint. Die Aussetzung des Forstrügeverfahrens findet nur dann statt, wenn die Aburteilung wirklich von der vorgängigen zivilrichterlichen Entscheidung über die Vorfrage abhängt. Würde die Strafbarkeit des Angeklagten auch dann eintreten, wenn die von ihm behauptete Berechtigung erwiesen wäre z. B. die Einrede eines Fahrt-

[1]) = nach dem Schlusse der Beweisaufnahme (§ 257 Abs. 1 StPO.).

rechtes gegenüber der Anklage wegen Betretens einer künstlichen Ansaat mit Vieh, Art. 92 Nr. 1, so nimmt das Forststrafverfahren seinen Fortgang, ungehemmt durch den Einwand. Ist eine Berechtigung zwar behauptet, jedoch ohne bestimmte Angabe des Rechtstitels d. h. Erwerbsgrundes oder der Besitzhandlungen, oder ist die Behauptung offenbar unrichtig, so wird sie nicht berücksichtigt. Andernfalls wird der in der Anzeige genannte Waldbesitzer (bei Gemeinde-, Stiftungs- und Körperschaftswaldungen die betreffende Verwaltung, bei Staatswaldungen das einschlägige Forstamt) von diesem Vorbringen in Kenntnis gesetzt mit der Aufforderung, sich über die aufgestellten Behauptungen alsbald oder in einer bestimmten kurzen Frist[1]) zu erklären. Der Amtsrichter verständigt den Waldbesitzer, wenn dieser in der Sitzung anwesend ist, sofort mündlich[2]), sonst schriftlich. Erfolgt die Erklärung nicht in derselben Sitzung, so ist die Aburteilung auf die folgende Sitzung zu verschieben, Art. 165 Abs. 1 und 2.

Es bestehen nun drei Möglichkeiten für den Nachweis der Schuldlosigkeit oder der geringeren Schuld des Angeklagten, so zwar, daß er freizusprechen oder nur in die unter Annahme der Berechtigung verwirkte Strafe zu verurteilen ist, womit auch die Zivilverantwortlichkeit entfällt bezw. sich mindert:

1. Das Anerkenntnis des Waldbesitzers[3]), sogleich oder bis zur nächsten Sitzung[4]). Das Gesetz stellt hierdurch eine zwingende Beweisregel auf; der Richter darf nicht prüfen, ob das Anerkenntnis glaubwürdig ist, so daß auch Kollusionen des Waldbesitzers mit dem Angeklagten nicht ausgeschlossen sind — Uebertragung eines zivilprozessualen Gesichtspunktes (vgl. § 307 ZPO.) auf das Strafverfahren!

2. Der Nachweis des Eigentums- oder Rechtsbesitzes. Der Angeklagte und der Zivilverantwortliche können sogleich oder binnen einer vorzusetzenden Frist dem Forstrügegericht dartun, daß sie sich im Besitze des behaupteten Eigentums oder sonstigen Rechtes befinden, sei es, daß der Waldbesitzer eine verneinende oder daß er gar keine Erklärung abgibt. Es muß fehlerfreier, ungestörter Besitz zur Zeit der Tat nachgewiesen werden und zwar in zivilrechtlich wirksamer Form, insbesondere durch ein rechtskräftiges Zivilurteil, auch durch Vergleich u. s. w. Das Recht selbst darf das Forstrüge-

---

[1]) Als richterliche kann die Frist auf Antrag verlängert werden.

[2]) Der Vertreter der Forstbehörde kann, falls er Vorstand des „einschlägigen" Forstamts ist, seine Erklärung sofort abgeben, wird es aber vorsichtigerweise selten tun, wenigstens nicht in bejahendem Sinne.

[3]) Besitzer ist hier jeder Inhaber des Waldes; in dem gleichen Sinne ist „Waldbesitzer" in den Artt. 1 u. 48 gebraucht.

[4]) Reinhard S. 123 will dem Waldbesitzer das Präjudiz setzen lassen, daß bei versäumter oder verweigerter Erklärung angenommen wurde, er gestehe die vom Beschuldigten aufgestellten Behauptungen zu. Im Gesetze hat diese Anschauung keinen Boden.

gericht auf Widerspruch des Waldbesitzers nicht als bewiesen anerkennen[1]).

3. Betreten des Rechtsweges bezüglich des beanspruchten Rechtes innerhalb bestimmter Frist.

Erachtet das Forstrügegericht den Besitz nicht für nachgewiesen, so hat sich der Angeklagte und der Zivilverantwortliche d. h. der den Rechtsbesitz Behauptende sogleich darüber zu erklären, ob er seinen Anspruch bei dem zuständigen Zivilgericht geltend machen will. Verneinendenfalls wird sofort über die Straftat ohne Rücksicht auf das behauptete Recht entschieden; bejahendenfalls wird die Verhandlung auf mindestens drei Monate vertagt und hierbei den Beteiligten d. h. dem Angeklagten und dem Zivilverantwortlichen eröffnet, daß sie in der neuerlichen Sitzung beweisen müssen, daß inzwischen der bürgerlichrechtliche Anspruch von dem Waldbesitzer anerkannt oder daß über denselben ein Streit beim Zivilrichter anhängig gemacht wurde, widrigenfalls auf ihr Vorbringen keine Rücksicht mehr genommen würde. Liefern sie in der neuerlichen Sitzung diesen Nachweis, so bleibt die Aburteilung so lange ausgesetzt, bis eine den Besitz oder das Recht betreffende rechtskräftige Entscheidung beigebracht d. h. dem Forstrügegericht vorgelegt wird. Bis dahin bleibt die Strafverfolgungs-Verjährung unterbrochen, Art. 165 Abs. 3; nicht aber übt eine solche unterbrechende Wirkung die Aussetzung auf Grund des § 261 Abs. 2 StPO.

Im einzelnen ist folgendes zu beachten. Die zivilrichterliche Entscheidung bezw. das Anerkenntnis des Waldbesitzers ist dem Urteile des Forstrügegerichts zugrunde zu legen (gesetzliche Beweisregel). Damit ist aber nicht gesagt, daß wegen des Unterliegens des Angeklagten oder des Zivilverantwortlichen im Zivilprozeß nunmehr dessen Verurteilung bezw. Haftbarerklärung im Forstrügeverfahren notwendig erfolgen muß. Wenn eines der übrigen Merkmale des subjektiven oder objektiven Deliktstatbestandes fehlt z. B. ein zivilrechtlicher Irrtum vorliegt, so erfolgt keine Aussetzung, sondern sofortige Freisprechung.

Wer die zivilrichterliche Entscheidung beizubringen hat, sagt das FG. nicht. Aus dem Berufe der Staatsanwaltschaft als Strafverfolgungsorgan folgt, daß die Pflicht zur Nachforschung über den Stand des Zivilprozesses dem Vertreter der Forstbehörde obliegt. Selbstverständlich kann auch der Amtsrichter zeitweise in dieser Richtung Erkundigungen einziehen. Das Verfahren nach Art. 165 hat den Zweck, zu verhindern, daß der Beschuldigte nicht durch grundloses Vorschützen einer bürgerlichrechtlichen Einrede sich der Bestrafung entziehen oder doch die Verurteilung auf lange Zeit hinausschieben kann. Diese Absicht des Gesetzgebers wird indes nicht durchgängig erreicht, da das Forstrügegericht kein Mittel hat, um einer Ver-

---

[1]) S. w. E. 2, 244.

schleppung des Zivilprozesses, zumal einer Kollusion der Streitsteile entgegenzutreten. Doch wird ein Ruhen des Rechtsstreites (§ 251 ZPO.) der Klagzurücknahme bezw. dem rechtsförmlichen Abstande vom Zivilprozesse (Ausdrucksweise des StPG. v. 10. Nov. 1848 §§ 496—498)[1]) gleichzuachten sein. Sonst hätten es die Parteien in der Hand, den Abschluß des Forstrügeverfahrens für immer zu hintertreiben, was einen Hohn auf die Strafrechtspflege bedeuten würde.

Im Hinblick auf Wortlaut und Zweck des Art. 165 ist eine wiederholte Aussetzung des Forstrügeverfahrens nicht ausgeschlossen. So wenn der Angeklagte im Eigentumsstreit unterlegen ist und nun ein dingliches oder obligatorisches Recht behauptet; oder wenn der Zivilverantwortliche den Prozeß um das dingliche oder obligatorische Recht verloren hat und jetzt der Angeklagte das Eigentum am Walde vorschützt.

Immer aber kommt nur ein solches Rechtsverhältnis in Frage, das auf die Bestrafung des Angeklagten von Einfluß ist, nicht also ein zivilrechtliches Verhältnis, das lediglich die Haftbarkeit des Zivilverantwortlichen berührt; z. B. der als Ehemann in Anspruch Genommene (Art. 69 Nr. 1) bestreitet, daß die Täterin zur Zeit der Tat seine Ehefrau war.

Weist der Angeklagte oder der Zivilverantwortliche schon in der ersten Verhandlung nach, daß der Rechtsstreit beim Zivilgericht anhängig ist, so bedarf es der Vertagung auf mindestens drei Monate nicht, vielmehr wird sofort das Forstrügeverfahren auf unbestimmte Zeit ausgesetzt.

Erwirbt der Angeklagte das beanspruchte Recht im Laufe des Forstrügeverfahrens, etwa durch Erbgang, so wird regelmäßig die Freisprechung bezw. Verurteilung in die unter Annahme der Berechtigung verwirkte Strafe eintreten, da ein Anerkenntnis des Waldbesitzers oder ein Prozeß gegen ihn hier ausgeschlossen und aus dem Umstande, daß der Angeklagte das Recht erst erworben, kein sicherer Schluß darauf zulässig ist, daß er es zuvor nicht besaß.

Gegen die nach Art. 165 ergehenden Beschlüsse des Forstrügegerichts steht dem Angeklagten und dem Zivilverantwortlichen kein Rechtsmittel zu (§ 347 StPO.). Wohl aber hat der Waldbesitzer als dritte Person, die durch diese Beschlüsse betroffen wird (§ 347 Satz 2 StPO.) und zugunsten desselben kraft des staatsanwaltschaftlichen Amtscharakters der Forstmeister (§ 338 Abs. 2 StPO.) das Recht der fristlosen Beschwerde[2]).

Die nach Art. 165 durch die Amtsgerichte erlassenen Entscheidungen, wodurch das Vorschützen einer Berechtigung für offenbar un-

[1]) S. hierzu OGH. 9, 327 u. 359.

[2]) A. M. Schwaiger S. 174 unten, der kein Beschwerderecht, und teilweise a. M. Ganghofer-W. S. 431. der ein Beschwerderecht des Forstmeisters nur zugunsten des „nicht in der Verhandlung anwesenden" Waldbesitzers anerkennt.

richtig erklärt oder über den Besitz erkannt wird, sind ohne Einfluß auf das Zivilrechtsverhältnis, Art. 166 — eine überflüssige Bestimmung im Hinblick auf § 14 Nr. 1 EGZPO.!

Wer ungeachtet dessen, daß er eine Eigentums- oder andere Berechtigung vorschützte, infolge einer der Bestimmungen des Art. 165 bereits einmal verurteilt worden ist, kann bei einer neuen strafbaren Handlung die Aufschiebung der Aburteilung nur alsdann verlangen, wenn er den Nachweis einer wegen des fraglichen Anspruchs wirklich anhängigen Zivilklage sofort vorlegt, Art. 167. Die frühere Verurteilung kann erfolgt sein, weil der Einwand sofort verworfen oder die Zivilklage nicht erhoben oder der Zivilprozeß zu ungunsten des Angeklagten entschieden wurde. Der Nachweis der Rechtshängigkeit wird erbracht durch eine Bestätigung des Zivilgerichts.

Bringt der Angeklagte einen anderen Einwand als im früheren Forststrafprozeß, behauptet er z. B. nun das Eigentum, während er ehedem nur ein Nutzungsrecht am Walde beanspruсht hatte, so greift nicht die Beschränkung des Art. 167, sondern die Bestimmung des Art. 165 platz.

Ist der Angeklagte im früheren Zivilprozeß unterlegen, so wird die neuerliche Behauptung der nämlichen Berechtigung wegen offenbarer Unrichtigkeit sofort zu verwerfen sein, er müßte denn den Nachweis über Erhebung der Nichtigkeits- oder der Restitutionsklage (§§ 579, 580 ZPO.) sofort vorlegen.

Art. 167 betrifft sowohl den Angeklagten als den Zivilverantwortlichen; es kann keiner derselben ohne sofortigen Klagnachweis mit Erfolg jene Berechtigung vorschützen, die einer von ihnen im früheren Forstrügeverfahren erfolglos eingewendet hat.

§ 28.

Die Vorfrage der Schutzwaldeigenschaft.

Die Novelle von 1896 hat die Entscheidung über die Eigenschaft eines Waldes als Schutzwald — die Legaldefinition gibt Art. 35 — den Forstpolizeibehörden zugewiesen, Art. 40. Um widersprechende Entscheidungen dieser Behörden und der Forstrügegerichte über diese Frage hintanzuhalten, erklärt das FG. die forstpolizeiliche Entscheidung als bindend für das Forstrügegericht und verpflichtet dieses zur Abwartung der Entscheidung der Forstpolizeibehörde. Art. 168 bestimmt nämlich:

„Wird in einem Strafverfahren wegen Uebertretung der zum Zwecke der Erhaltung der Schutzwaldungen im gegenwärtigen Gesetze getroffenen Vorschriften von dem Angeschuldigten der Einwand erhoben, daß dem betreffenden Walde die Eigenschaft einer Schutzwaldung nicht zukommt, so hat das Gericht, soferne die Schutzwaldeigenschaft nicht bereits durch die Forstpolizeibehörde nach Maßgabe des Art. 40

festgestellt ist, die Akten an die zuständige Forstpolizeibehörde zur Entscheidung der angeregten Vorfrage abzugeben.

Die Forstpolizeibehörde ist verpflichtet, die Entscheidung in Anwendung des Art. 40 Abs. 4 herbeizuführen und dieselbe nach eingetretener Rechtskraft zur Entscheidung des Gerichts zu bringen.

Die rechtskräftigen forstpolizeilichen Entscheidungen darüber, ob einem Walde die Schutzwaldeigenschaft zukommt oder nicht, sind dem richterlichen Urteile zugrunde zu legen".

Der Ausdruck „Angeschuldigter" in Abs. 1 des Artikels ist untechnisch für „Beschuldigter" gebraucht; er deckt überdies die Absicht des Gesetzgebers insoferne nicht völlig, als den Einwand auch der Zivilverantwortliche erheben kann. Für diese Annahme spricht die im übrigen allgemein durchgeführte Gleichstellung beider in ihren prozessualen Befugnissen und die Tatsache, daß auch bei den hier in Frage kommenden Forstpolizeiübertretungen die Zivilverantwortlichkeit ausgesprochen wird. (Art. 75 Abs. 3.)

Erhebt der Angeklagte oder der Zivilverantwortliche den Einwand mangelnder Schutzwaldeigenschaft nicht, so kann das Forstrügegericht nicht von Amts wegen oder auf Antrag des Vertreters der Forstbehörde die Entscheidung der Forstpolizeibehörde herbeiführen. Wohl aber wird der Amtsrichter, wenn Zweifel über die Schutzwaldfrage auftauchen, den Angeklagten und den Zivilverantwortlichen auf den ihnen zustehenden Einwand hinweisen und diese werden behufs Abwendung der Verurteilung den Einwand erheben, um so mehr als sie sonst Gefahr laufen, daß das Gutachten des Vertreters der Forstbehörde zu ihrem Nachteile dem forststrafgerichtlichen Urteile zugrunde gelegt wird.

Wenn bereits eine die Schutzwaldeigenschaft bejahende rechtskräftige Entscheidung der Forstpolizeibehörde vorliegt, ist der auf Grund des Art. 168 erhobene Einwand nicht zu beachten. Der Angeklagte und der Zivilverantwortliche werden ferner mit dem Vorbringen nicht gehört, daß sich in den Voraussetzungen, unter welchen die rechtskräftigen Entscheidungen der Forstpolizeibehörden ergingen, wesentliche Veränderungen ergeben haben. Wenn auch solchenfalls diese Entscheidungen wieder aufgehoben werden können (Art. 40 Abs. 6), so ist doch für den Tatbestand der Uebertretung der zur Zeit ihrer Begehung von der Forstpolizeibehörde festgestellte Charakter des Waldes maßgebend. Hielt der Beschuldigte die forstpolizeiliche Entscheidung wegen veränderter Verhältnisse für nicht mehr zutreffend, so hatte er vor dem Kahlhieb bezw. der ihm gleichkommenden Lichthauung (Art. 75) die Abänderung der Forstpolizeientscheidung auf dem durch Art. 40 Abs. 2 vorgezeichneten Wege herbeizuführen.

Der Einwand mangelnder Schutzwaldeigenschaft kann sowohl in als außerhalb der Hauptverhandlung erhoben werden. Geschieht es nach Zustellung eines Strafbefehls, so unterläßt der Amtsrichter die

Anberaumung der Hauptverhandlung und gibt sofort die Akten an die Forstpolizeibehörde zur Entscheidung der Vorfrage ab.

Der Forstmeister und der Amtsrichter sind, anders wie im Verfahren nach Art. 165, nicht verpflichtet, über den Stand des Verfahrens bei der Forstpolizeibehörde gelegentlich Erkundigungen einzuziehen, da letztere ihre Entscheidung nach Eintritt der Rechtskraft dem Forstrügegericht mitzuteilen hat, Art. 168 Abs. 2. Die Verjährung der Strafverfolgung ist nicht zu besorgen, da sie bis zur Mitteilung der forstpolizeilichen Entscheidung an das Gericht ruht, Art. 75 Abs. 3.

Wird der Einwand einer Berechtigung und jener der mangelnden Schutzwaldqualität im nämlichen Verfahren erhoben[1]), so ist sowohl nach Artt. 165, 167 wie nach Art. 168 zu verfahren, da die letztere Vorschrift von den ersteren unabhängig ist.

§ 29.
Das Urteil.

Ueber den Inhalt des Urteils gibt das FG. keine Sondervorschriften. Es kann wie im ordentlichen Verfahren (§ 259 StPO.) lauten auf Verurteilung, Freisprechung, Einstellung, Unzulässigkeit der Strafverfolgung und Unzuständigkeitserklärung. Es kann neben dem Strafausspruche[2]) die Entschädigungspflicht feststellen und forstpolizeiliche Anordnungen treffen, wie Ausführung von Kulturen (Art. 42 Abs. 2), Wiederherstellung des früheren Zustandes (Artt. 92, 94), Beseitigung von Ein- und Vorrichtungen (Art. 93 Nr. 4).

Auch über eine noch bestehende Beschlagnahme hat es zu verfügen. Die Einziehung von Gegenständen kommt im Forststrafverfahren nicht vor. Dagegen ist im Urteile erforderlichen Falles auszusprechen, gegen welchen der samtverbindlich Verurteilten die Umwandlung der Geldstrafe in Haft stattzufinden hat, vgl. Artt. 56 Abs. 3, 57, 75 Abs. 4, 88 Abs. 4. Die eventuelle Haftstrafe wird im Urteile nicht ausgesprochen, s. hierüber unten § 42.

Abgesehen von den durch das FG. selbst aufgestellten gesetzlichen Beweisregeln[3]) gilt der Grundsatz freier Beweiswürdigung, Art. 159. Die Vorschriften der §§ 263, 264 Abss. 1, 2, 4 sind auch auf den Forststrafprozeß anwendbar. Für die Urteilsgründe ist § 266 StPO. maßgebend, abgesehen von Abs. 3 Satz 2, der die im Forststrafrechte nicht vorgesehenen mildernden Umstände betrifft. Jedoch ergibt sich

---

[1]) Z. B. wenn der eine Reihe von Einzelhandlungen umfassende Kahlhieb unter Ueberschreitung einer Berechtigung, etwa zum Teil im fremden Walde, vorgenommen wurde, sohin Forstpolizeiübertretung und Forstfrevel begrifflich zusammentreffen.

[2]) Auch eine Anordnung nach §§ 268 StPO., 56 StGB. kann das Forststrafurteil treffen, obschon es praktisch selten dazu kommt.

[3]) Vgl. Artt. 65, 69, 158, 165, 167, 168.

aus dem summarischen Charakter des Forstrügeverfahrens und aus der Vorschrift, das Urteil in die betreffende Spalte des Forstrügeverzeichnisses einzutragen, zur Genüge, daß die Begründung so kurz als möglich sein soll. Sie kann in tatsächlicher Beziehung auf die Angaben der vorhergehenden Spalten Bezug nehmen. In rechtlicher Hinsicht sind insbesondere die sämtlichen zur Anwendung gebrachten Artikel des FG. anzuführen. Auch für den heutigen Forststrafprozeß noch beachtenswerte Winke bezüglich der Urteilsabfassung geben die JMEntschl. v. 31. Okt. 1853 und 2. Juni 1860, abgedruckt im Forstl. M. 12, 181 und Z. 7, 169.

Das Urteil[1]) wird in die betreffende Spalte des Forstrügeverzeichnisses bezw. in das besondere Anzeigeprotokoll eingetragen, Art. 162 Abs. 1. Ueber die Eintragung einer Uebertretung aus § 361 Nr. 9 StGB. schweigen das FG. und die VV.; nur aus Formular I zu den VV. ist ersichtlich, daß auch solche Urteile in Spalte X des Forstrügeverzeichnisses einzutragen sind — eine Vorschrift, zu deren Erlaß die Landesjustizverwaltung im Hinblick auf § 3 Abs. 3 EGStPO. befugt ist.

In der Praxis wird häufig das Urteil, wie im ordentlichen Verfahren, auf einen gesonderten Bogen geschrieben. Dem Gesetz entspricht das nicht, zumal wenn der Eintrag ins Forstrügeverzeichnis oder Anzeigeprotokoll unterbleibt. Aber auch die Uebung ist zu mißbilligen[2]), welche neben dem Eintrag ins Rügeverzeichnis bezw. Anzeigeprotokoll ein besonderes Urteil anfertigt. Der Gesetzgeber ging davon aus, daß der Raum der betreffenden Rügeverzeichnisspalte für die Aufnahme des Urteils ausreicht. Bei entsprechender Kürze und Bündigkeit der Gründe genügt dieser Raum regelmäßig, zumal wenn der Forstrügebogen vorschriftsmäßig (§ 30 Abs. 1 VV.) nur eine Anzeige aufnimmt; nötigenfalls könnte durch Anheftung eines Formularbogens geholfen werden. Würde aber in der Tat die betreffende Spalte für die Aufnahme des Urteils in der Mehrzahl der Fälle nicht zureichen, so bliebe nur der Ausweg, ein geräumigeres Formular vorzuschreiben; nicht aber dürfte die geltende Gesetzesbestimmung einfach beiseite gesetzt werden. Auch die VV. gehen davon aus, daß das Urteil auf die dritte Seite des Rügebogens zu setzen ist (§ 30 a. E.).

---

[1]) Das FG. führt neben dem „Urteil" das „Ergebnis der Verhandlung" an; hierunter verstand der zur Zeit der Erlassung des FG. herrschende Sprachgebrauch (StPG. v. 10. November 1848 Art. 326) den faktischen Teil der Entscheidungsgründe (= die für erwiesen erachteten Tatsachen in § 266 Abs. 1 StPO.). Heutzutage umfaßt der Ausdruck „Urteil" auch dessen Begründung.

[2]) Ganghofer-W. A. 5 zu Art. 162 erklärt diese Uebung für zweckmäßig, da der notwendige Inhalt des Urteils in der „betreffenden Spalte des Rügeverzeichnisses" kaum unterzubringen sei. Indes ist die Vorschrift des Art. 162 Abs. 1 zwingend und gibt durch die Worte „das Ergebnis der Verhandlung" deutlich kund, daß die Eintragung des bloßen Urteilstenors nicht genügt; diese Vorschrift kann durch einen — übrigens nicht als allgemein nachweisbaren — entgegenstehenden Gerichtsgebrauch nicht beseitigt werden.

im Laufe des Verfahrens herausstellt, so hat die Staatsanwaltschaft von der rechtskräftigen Aburteilung dem Amtsgerichte des Wohnortes des Frevlers Kenntnis zu geben. Diese Auffassung rechtfertigt sich aus dem gesetzgeberischen Zwecke des Art. 163. Von den in zweiter Instanz ergangenen Forstfrevelurteilen der Strafkammer hat dagegen der landgerichtliche Staatsanwalt nur dann eine Abschrift dem Amtsgerichte des Wohnortes des Frevlers mitzuteilen, wenn dieser nicht von seinem Wohnortsgerichte in erster Instanz abgeurteilt wurde; denn die Worte „zu diesem Zwecke" in Abs. 3 des Art. 163 zeigen an, daß sie sich nur auf Abs. 2, nicht auch auf Abs. 1 das. beziehen. Die Verpflichtung des Wohnorts-Gerichtes zur Führung des Frevlerverzeichnisses erklärt sich daraus, daß auch dieses zur Aburteilung der Frevler regelmäßig zuständig ist (Art. 117 Abs. 1).

In die allgemeinen Strafregister werden der Gewohnheitsfrevel als Vergehen immer, die übrigen, als Uebertretungen sich darstellenden Forstdelikte dann aufgenommen, wenn sie für die Beurteilung des allgemeinen bürgerlichen Lebenswandels oder des Verhaltens der verurteilten Person in ihrer besonderen Berufsstellung von Bedeutung sind, vgl. JustME. vom 24. Juli 1882 (JMBl. 177) Nr. II. Daraus folgt, daß behufs Konstatierung des Rückfalls stets ein Auszug aus dem amtsgerichtlichen Frevlerverzeichnis zu erholen ist, zumal da nur dieses alle Rückfallvoraussetzungen ersehen läßt, vgl. Wert- und Schadenersatz-Ausspruch in Art. 101 Nr. 1.

Die Forstmeister und deren Stellvertreter — nicht bloß der „Vertreter der Forstbehörde" — sind ermächtigt, die amtsgerichtlichen Frevler-Verzeichnisse jederzeit einzusehen und von denselben Abschriften zu nehmen, Art. 163 Abs. 4. Diese Einsicht kann der Forstmeister auch an seinem vom Amtsgerichtssitze entfernten Amtssitze pflegen und müssen ihm auf Verlangen die Verzeichnisse vom Amtsgericht zugesandt werden. Ueber die Mitteilung von Abschriften der Entscheidungen der Rechtsmittelinstanzen an die Forstämter trifft § 51 Abs. 4 VB. Vorsorge.

Zweiter Abschnitt.

Die Rechtsbehelfe.

§ 32.

Im allgemeinen.

Unter dem Ausdruck „Rechtsbehelfe" werden gewöhnlich die Rechtsmittel, die Wiedereinsetzung in den vorigen Stand und die Wiederaufnahme des Verfahrens zusammengefaßt. Diese Rechtsbehelfe, wie sie die Reichsstrafprozeßordnung ausgestaltet hat, finden auch auf das Forstrügeverfahren Anwendung. Das FG. trifft Sonderbestimmungen über die Wiederaufnahme nicht, über die Wiedereinsetzung und die Rechtsmittel nur in sehr beschränktem Maße. Die allgemeinen Bestimmungen über die Rechtsmittel (StPO. §§ 338—345) sind auf den Forststrafprozeß ohne weiteres anwendbar; was in diesen Paragraphen über den Beschuldigten verordnet ist, gilt auch für den Zivilverantwortlichen, da dieser vice rei steht. Der Bevollmächtigte (oben § 15) kann von den dem Angeklagten und dem Zivilverantwortlichen zustehenden Rechtsbehelfen nur in erster Instanz Gebrauch machen; gegen den ausdrücklichen Willen des Vollmachtgebers kann er Rechtsmittel nicht einlegen noch den Wiederaufnahmeantrag stellen, zur Zurücknahme dieser Rechtsbehelfe bedarf er der ausdrücklichen Ermächtigung des Vollmachtgebers; die entsprechende Anwendung der für den Verteidiger in dieser Beziehung geltenden Vorschriften (§§ 339, 344 Abs. 2, 405 StPO.) unterliegt keinem Bedenken.

Der Zivilverantwortliche ist im Gebrauche der zulässigen Rechtsbehelfe vom Angeklagten unabhängig. Er kann sie nicht bloß zu dem Zwecke ergreifen, um seine Haftbarerklärung, sondern auch um die Verurteilung des Beschuldigten abzuwenden. Auch im letzteren Falle gebraucht er die Rechtsbehelfe nicht namens des Angeklagten, sondern kraft eigenen Rechts als am Prozesse beteiligte Partei.

§ 33.
Die Beschwerde.

Sie ist das Rechtsmittel gegen andere Entscheidungen als Urteile und folgt im Forststrafprozeß den Regeln des ordentlichen Verfahrens (§§ 346—353 StPO.). Das FG. enthält keine von der StPO. hierin abweichenden Vorschriften[1]). Das sonst dem Amtsanwalt zukommende Beschwerderecht steht teils dem „Vertreter der Forstbehörde“ zu, teils dem Vorstande des einschlägigen Forstamts, s. oben § 11.

Vor der Entscheidung des Landgerichts als Beschwerdeinstanz findet eine Anhörung des als Vertreter der Forstbehörde dortselbst aufgestellten Forstmeisters nicht statt; da ihm das Gesetz nur gewisse Befugnisse für die Hauptverhandlung zweiter Instanz zuteilt (Art. 176 Abs. 2), ist für eine weitere Tätigkeit desselben kein Raum. Dagegen kann vor der Entscheidung des Landgerichts als Beschwerdegericht der Staatsanwalt gehört werden (§ 351 Abs. 1 StPO.).

Gegen die der Beschwerde unterliegenden Beschlüsse und Verfügungen, die von der Strafkammer bezw. deren Vorsitzenden in der Berufungsinstanz erlassen sind, steht dem Vertreter der Forstbehörde die Beschwerde nicht zu. Dies folgt daraus, daß zur Strafverfolgung beim Landgericht in erster Linie die Staatsanwaltschaft berufen ist, vgl. oben § 11; es darf wohl auch darauf Bezug genommen werden, daß dem Forstmeister der Angriff auf das landgerichtliche Urteil versagt ist (Art. 177).

---

[1]) Die Bestimmung in Art. 171 Abs. 4 ist wörtlich dem § 46 Abs. 3 StPO. nachgebildet.

Die vom Vertreter der Forstbehörde gegen die Beschlüsse und Verfügungen des Amtsgerichts eingelegten Beschwerden kann der landgerichtliche Staatsanwalt nicht zurücknehmen noch ihn zur Zurücknahme anweisen, da er nicht dessen Vorgesetzter ist; wohl aber kann er beantragen, die Beschwerde als unzulässig oder als unbegründet zu verwerfen.

§ 34.

Die Berufung.

I. Gegen ein freisprechendes Urteil des Amtsgerichts kann von dem Forstmeister oder dessen Stellvertreter die Berufung an die Strafkammer des Landgerichts ergriffen werden. Gegen ein Urteil des Amtsgerichts, welches eine Strafe ausspricht, steht sowohl dem Forstmeister oder dessen Stellvertreter als dem Verurteilten die Berufung zu, Art. 172[1]).

Der Wortlaut dieses Artikels ist in zweifacher Richtung zu eng; daß er nur freisprechende und bestrafende Urteile nennt, erklärt sich aus der Terminologie des Strafprozeßgesetzes vom 10. November 1848; wenn heutzutage das Urteil auf Einstellung des Verfahrens oder auf Unzulässigkeit der Strafverfolgung lautet, steht dem Forstmeister gleichfalls die Berufung zu. Andrerseits braucht das Urteil nicht gerade einen Strafausspruch zu enthalten; wird nach vorausgegangener rechtskräftiger Verurteilung des Täters ein gesondertes Verfahren gegen den Zivilverantwortlichen durchgeführt, so kann gegen das hierin ergehende Urteil, wenn es freispricht, der Forstmeister, wenn es verurteilt, dieser und der Zivilverantwortliche Berufung ergreifen[2]). Die Bezeichnung „Verurteilter" umfaßt den Angeklagten wie den Zivilverantwortlichen, wie aus den Worten des Art. 176 Abs. 4 „die Vorführung einer zivilverantwortlichen Person, welche Berufung eingelegt hat" klar hervorgeht. Da der Forstmeister die Ansprüche des Entschädigungsberechtigten zu vertreten hat, kann er die Berufung auch wegen der Wert- und Schadenersatzfrage ergreifen; ebenso bezüglich des Kostenpunktes, wobei insbesondere seine Verpflichtung zur Wahrnehmung des Interesses der Staatskasse hervortritt. Das Berufungsrecht kommt jenem Forstmeister oder Forstamtsassessor zu, der als Vertreter der Forstbehörde beim Amtsgericht aufgestellt ist, gleichviel ob er selbst oder sein Stellvertreter in der Hauptverhandlung tätig war; er hat von der Berufungseinlegung das einschlägige Forstamt zu verständigen, im Benehmen mit diesem die zur Begründung der Berufung erforderlichen Materialien zu sammeln

---

[1]) Der lediglich dem Rückgriff unterliegende Hirte kann gegen die Verurteilung seines Dienstherrn nicht Berufung einlegen, Z. 6, 80.

[2]) Der Angeklagte (und sein gesetzlicher Vertreter) kann auch in dem Falle Berufung einlegen, wo er freigesprochen und seine Unterbringung in eine Erziehungs- oder Besserungsanstalt gem. § 56 StGB. angeordnet wird.

und dem Vertreter der Forstbehörde beim Landgericht zu übersenden, VV. § 51.

Die Berufung muß binnen einer Woche nach Verkündung des Urteils zu Protokoll des Gerichtsschreibers oder schriftlich eingelegt werden, Art. 173 Abs. 1. Hier ist zwar nicht gesagt, bei welchem Gerichte die Berufung einzulegen ist, indes ergibt Art. 188 Abs. 1 verb. mit § 355 Abs. 1 StPO., daß es beim Amtsgericht zu geschehen hat, wobei § 341 StPO. auf den verhafteten [1]) Beschuldigten oder Zivilverantwortlichen Anwendung findet. Sind mehrere als Angeklagte verurteilt oder samtverbindlich für haftbar erklärt, so hat jeder derselben innerhalb der für ihn laufenden Frist die Berufung einzulegen [2]).

Für den bei der Urteilsverkündung nicht anwesenden Beschuldigten und Zivilverantwortlichen beginnt die Frist zur Einlegung der Berufung mit der Urteilszustellung, Art. 173 Abs. 2.

Ist die Berufung rechtzeitig eingelegt, so hat der Gerichtsschreiber längstens binnen 14 Tagen einen beglaubigten Auszug aus dem Forstrügeverzeichnisse bezw. das besondere Anzeigeprotokoll mit der Urkunde über die eingelegte Berufung und den etwa vorhandenen Akten an den Staatsanwalt bei dem zuständigen Landgericht einzusenden, Art. 173 Abs. 3. In der Praxis wird ein Auszug aus dem Rügeverzeichnisse nicht gefertigt, sondern der einschlägige Rügebogen in Urschrift vorgelegt, auch bei Urteilen auf Einspruch hin lediglich das Duplikat der Uebersicht (VV. § 46 Abs. 2) [3]). Die vierzehntägige Frist des Art. 173 Abs. 3 berechnet sich seit der Einlegung der Berufung und wenn Mitverurteilte Berufung ergreifen, seit der Einlegung der letzten Berufung. Im Forstrügeverfahren erfolgt sohin die Aktenvorlage an das Berufungsgericht nicht durch den Forstmeister, wie es seiner Stellung als forstlicher Staatsanwalt entsprechen würde (§ 362 StPO.). Hat der Angeklagte oder der Zivilverantwortliche die Berufung eingelegt, so wird hiervon dem Forstmeister durch Uebermittlung des betreffenden Schriftstückes nebst den Akten Kenntnis gegeben. Ist dagegen der Forstmeister der Beschwerdeführer, so werden die seine Berufungseinlegung und -begründung enthaltenden Schriftstücke dem Gegner (Angeklagten oder Zivilverantwortlichen) durch Vermittlung des Gerichtsschreibers zugestellt. Auch das Urteil ist nebst den Gründen dem Beschwerdeführer zuzustellen, wenn es ihm nicht bereits zugestellt war z. B. wegen Nichterscheinens (Artt. 173

---

[1]) In der betreffenden Forstrügesache ist der Beschuldigte nur selten, die Zivilverantwortliche nie in Untersuchungshaft; daher kommt § 341 StPO. regelmäßig bloß dann zur Anwendung, wenn der Beschuldigte oder der Zivilverantwortliche in einer anderen Sache Untersuchungs- oder Strafgefangene sind.

[2]) OLGM. 1, 256.

[3]) Die Vorschrift der Fertigung eines Auszugs ist inhaltslos geworden, seitdem lose Rügebogen geführt werden. Warum bei Einspruchsverhandlungen ein Auszug aus der Doppelschrift der Uebersicht notwendig sein soll, wie Ganghofer-W. A. 6 zu Art. 173 annimmt, leuchtet nicht ein.

Abs. 2, 169 Abs. 1), gem. § 357 Abs. 2 StPO. Die Berufung kann zwar gerechtfertigt werden (§ 358 StPO.); allein die Akten können auch vor Ablauf der Rechtfertigungsfrist dem Berufungsgericht vorgelegt werden, da durch die Sondervorschrift des Art. 173 Abs. 3 die Geltung des § 361 StPO. für das Forstrügeverfahren ausgeschlossen ist und der Ablauf der Frist des Art. 173 Abs. 3 mit dem Ende der Berufungsrechtfertigungsfrist nicht zusammenzutreffen braucht.

Ist die Berufung verspätet eingelegt, so hat das Gericht erster Instanz das Rechtsmittel als unzulässig zu verwerfen. Vor Erlassung des Beschlusses, der die Berufung des Angeklagten oder des Zivilverantwortlichen als unzulässig verwirft, ist der Vertreter der Forstbehörde zu hören (§ 33 StPO.).

Der Beschwerdeführer kann binnen einer Woche nach Zustellung des Beschlusses auf die Entscheidung des Berufungsgerichts antragen. In diesem Falle sind die Akten an das Berufungsgericht einzusenden. Die Vollstreckung des Urteils wird jedoch hierdurch nicht gehemmt, Art. 174. Die Aufnahme dieser wörtlichen Nachahmung des § 360 StPO. ins FG. war im Hinblick auf Art. 188 Abs. 1 überflüssig. Die Akteneinsendung ans Berufungsgericht erfolgt auch in diesem Falle nicht durch den Forstmeister, sondern durch den Gerichtsschreiber (Analogie aus Art. 173 Abs. 3). Vor der Entscheidung des Berufungsgerichts über den Antrag wird der landgerichtliche Staatsanwalt, nicht aber der Vertreter der Forstbehörde beim Landgericht gehört.

Ueber das Zusammentreffen eines Wiedereinsetzungsgesuches mit der Berufung hat Art. 175 die Bestimmungen des § 356 StPO. wörtlich übernommen, nur daß statt „Angeklagter" der auch den Zivilverantwortlichen deckende Ausdruck „Verurteilter" gebraucht ist.

II. **Das Verfahren vor dem Berufungsgericht** vollzieht sich nach den Vorschriften der Strafprozeßordnung, Art. 176 Abs. 1. Doch finden die Bestimmungen der Artt. 152 Abs. 1, 153, 160 und 161 auch bezüglich der Verhandlung und Aburteilung in zweiter Instanz Anwendung, Art. 176 Abs. 2; diese Anführung ist erschöpfend, nicht beispielsweise. Daraus folgt, daß die übrigen, vom FG. für das Verfahren erster Instanz getroffenen Bestimmungen für das Berufungsverfahren nicht gelten[1]). Sohin sind **nicht anwendbar** auf das Verfahren im zweiten Rechtszuge: Artt. 150, 152 Abs. 2—4[2]), 154, 155, 157—159[3]), 162, 164, 165—167, 168, 169—171. Der Angeklagte und der Zivilverantwortliche können daher das Berufungs-

---

[1]) Die entgegengesetzte Anschauung **Reinhards** S. 131 widerspricht den einfachsten Auslegungsregeln.

[2]) Das pfälz. FStG. erklärt die dem rechtsrh. Art. 152 Abs. 2—4 entsprechenden Abs. 2—4 des Art. 69 auch in der Berufungsinstanz für anwendbar, Art. 83 Abs. 2 FStG.

[3]) Wegen Nichtanwendbarkeit des Art. 158 sind die Hilfspersonen als Zeugen zu vernehmen.

verfahren nicht durch das Vorschützen einer Berechtigung (Artt. 165 bis 167) noch durch das Bestreiten der Schutzwaldeigenschaft[1]) (Art. 168) aufhalten. Doch darf nicht bezweifelt werden, daß die rechtskräftige Entscheidung des Zivilgerichts bezw. der Forstpolizeibehörde, wenn sie noch vor Erlassung des Berufungsurteils beigebracht werden, vom Landgericht zu berücksichtigen sind.

Ueber die Stellung des Vertreters der Forstbehörde beim Berufungsgericht und sein Verhältnis zum Staatsanwalt s. oben § 11 II. Er hat gleich dem Staatsanwalt der ganzen Verhandlung beizuwohnen, sohin bei Vertagung des Urteilsspruches im Verkündungstermine (§§ 373, 267 StPO.) wieder zu erscheinen.

Die Vorführung oder Verhaftung einer zivilverantwortlichen Person, welche Berufung eingelegt hat, aber bei der Verhandlung ausgeblieben ist, kann nicht angeordnet werden, Art. 176 Abs. 4. Diese Bestimmung ist Ausfluß der Erwägung, daß der Zivilverantwortliche als solcher nicht bestraft wird; für die erste Instanz zieht Art. 169 Abs. 2 die Parallele[2]).

Von den Bestimmungen der StPO. sind unmittelbar anwendbar die §§ 363, 364 (nur kann dem Zivilverantwortlichen die Vorführung oder Verhaftung nicht angedroht werden), 365, 366, 367 (wenn der Angeklagte und der Zivilverantwortliche Berufung eingelegt haben, gebührt letzterem das letzte Wort), 368, 369, 370 (mit der durch Art. 176 Abs. 4 bewirkten Modifikation), 371—373. Das Verbot der reformatio in peius (§ 372) gilt nicht bloß hinsichtlich der Strafe, sondern ebenso bezüglich des Wert- und Schadensersatzausspruches; es kommt auch dem Zivilverantwortlichen im vollen Umfange

---

[1]) Der Zweck des Art. 168, widersprechende Entscheidungen der Forstpolizeibehörden und der Strafgerichte über die Schutzwaldeigenschaft zu verhindern, würde für die Anwendung desselben im Berufungsverfahren sprechen. Allein bei der Einfügung dieses Artikels im J. 1896 wurde, vielleicht versehentlich, seine Aufnahme unter Art. 176 Abs. 2 unterlassen. Für unsere Auffassung sprechen auch die Motive zu § 16 der FG.Nov. von 1896, dem gegenwärtigen Art. 168: „andernfalls würde sich eine ungleiche Behandlung — bei den Amtsgerichten nach Maßgabe des Art. 115 FG. (jetzt 116) und bei den Forstpolizeibehörden unter Zuziehung von für den Zweck besonders gewählten Beisitzern — ergeben." Verh. d. K. d. Abg. B. Bd. VIII 151.

[2]) Ganghofer-W. A. 4 zu Art. 176 hält den Abs. 4 des Art. 176 für gegenstandslos, da beim Ausbleiben des Berufungsführers das Rechtsmittel gem. § 370 StPO. sofort verworfen werde. Indes trifft Abs. 4 eine keineswegs gegenstandslose Vorschrift für den Fall, daß sowohl der Forstmeister als der Zivilverantwortliche Berufung einlegen; hier wäre neben der Verwerfung der Berufung des ausgebliebenen Zivilverantwortlichen auf die Berufung des Forstmeisters hin die Vorführung oder Verhaftung des Zivilverantwortlichen auf Grund des § 370 Abs. 1 StPO. möglich. Ferner trifft Abs. 4 auch Vorsorge für den Fall der Berufungseinlegung durch den gesetzlichen Vertreter des Zivilverantwortlichen, wie Schwaiger S. 181 zutreffend bemerkt; diese Möglichkeit ist nicht undenkbar, wie Ganghofer-W. a. a. O. meint, da unter den in Art. 69 aufgeführten Personenkategorien sehr wohl Minderjährige oder in der Geschäftsfähigkeit beschränkte Volljährige sich befinden können.

zu statten. Es hat wie im ordentlichen Verfahren die Bedeutung, daß das Berufungsgericht die Strafe nicht verschärfen, die Wert- und Schadenersatzsumme nicht erhöhen darf. Dagegen kann es die Tat schwerer qualifizieren und sie unter eine andere Gesetzesstelle subsumieren[1]). Das Verbot der reformatio in peius greift auch platz für den Fall, daß das Berufungsgericht auf Grund des § 369 Abs. 3 StPO. in erster Instanz erkennt; hat beispielsweise das Amtsgericht wegen Forstfrevels durch Entwendung eine Geldstrafe ausgesprochen und es erblickt das Berufungsgericht in dieser Tat einen Rückfalldiebstahl, so darf es hierwegen ebenfalls nur eine Geldstrafe und zwar nicht in höherem Betrage als das Amtsgericht erkennen.

Hat der Angeklagte sich beim Ersturteil beruhigt, so muß auf die Berufung des Zivilverantwortlichen doch noch geprüft werden, ob der Angeklagte mit Recht verurteilt wurde. Wird nun der Zivilverantwortliche freigesprochen, so wird das gegen den Angeklagten rechtskräftig gewordene Urteil hierdurch nicht berührt, selbst wenn die Freisprechung des Zivilverantwortlichen deshalb erfolgt, weil der Angeklagte nicht schuldig sei. Hier könnte der Angeklagte eventuell die Wiederaufnahme des Verfahrens gem. § 399 Nr. 5 StPO. durchsetzen.

Wenn umgekehrt der Angeklagte Berufung einlegt, der Zivilverantwortliche nicht, und der Angeklagte in der Berufungsinstanz seine Freisprechung erzielt, so entfällt hiermit von selbst die Haftbarkeit des Zivilverantwortlichen. Denn die Zivilverantwortlichkeit setzt ihrem Begriffe nach die Verurteilung einer anderen Person voraus, an deren Stelle der für zivilverantwortlich Erklärte Ersatz für Strafe, Kosten und Entschädigungsansprüche zu leisten hat. Wird einer von mehreren Angeklagten in der Berufungsinstanz freigesprochen, so mindert sich von selbst die für diesen dem Zivilverantwortlichen rechtskräftig auferlegte Haftung. Eines diesbezüglichen ausdrücklichen Ausspruchs im Berufungsurteil bedarf es nicht[2]).

Wenn der Angeklagte rechtskräftig verurteilt ist und nur einer von mehreren Zivilverantwortlichen z. B. Miteigentümern eines Gutes, Berufung einlegt und freigesprochen wird, so kommt seine Freisprechung den übrigen vom Amtsgerichte für haftbar Erklärten nicht zugute, da eine Berufungserstreckung nicht zugelassen ist im Gegensatze zu § 397 StPO. Für sie bleibt nur der Weg der Wiederaufnahme möglicherweise gangbar (§ 399 Nr. 5 StPO.).

§ 35.
Die Revision.

Ueber dieses Rechtsmittel enthält das FG. lediglich die Vorschrift, daß die Revision dem Verurteilten (Angeklagten und Zivil-

[1]) Daher nicht mehr zutreffend die bei Ganghofer-W. A. 1d zu Art. 176 angef. Entscheidung.
[2]) Vgl. OLGM. 4, 205.

verantwortlichen) und der Staatsanwaltschaft nach Maßgabe der StPO. zusteht, Art. 177. Sohin kann sie der Vertreter der Forstbehörde nicht einlegen; er kann aber auch den Staatsanwalt nicht zwingen, das Rechtsmittel zu ergreifen, vielmehr wenn dieser sich dessen weigert, nur die vorgesetzten Stellen desselben (Oberstaatsanwalt, Justizministerium) im Wege der Aufsichtsbeschwerde anrufen. Revisionsgericht ist das oberste Landesgericht, AGGVG. § 42 Abs. 3 in der Fass. des Art. 167 AGBGB. mit § 123 Nr. 2 GVG.

Für die Revision gelten im übrigen die Vorschriften der StPO. Wegen Verletzung strafprozessualer Normen kann sie nur in den seltenen Fällen des § 380 StPO. eingelegt werden. Verwirft das Berufungsgericht die Revision als unzulässig (§ 386 Abs. 1 StPO.), so kann nur der sie einlegende Staatsanwalt, nicht der Vertreter der Forstbehörde hiergegen auf die Entscheidung des Revisionsgerichts antragen, wie auch der Vertreter der Forstbehörde vor dieser Beschlußfassung des Berufungsgerichts nicht gehört wird, da ihm auf Einlegung und Durchführung der Revision keine Einwirkungsmöglichkeit zukommt.

Die Vorschrift des § 397 StPO. gilt auch wegen der Gleichheit des gesetzgeberischen Grundes, wenn von mehreren durch das nämliche Berufungsurteil verurteilten Zivilverantwortlichen nur einer oder einige die Revision eingelegt haben. Ebenso im Verhältnisse zwischen dem Angeklagten und dem mitverurteilten Zivilverantwortlichen; erfolgt also auf die bloß von letzterem eingelegte Revision die Urteilsaufhebung aus einem ihm mit dem Angeklagten gemeinsamen Revisionsgrund, so ist das Berufungsurteil auch in der Richtung gegen den Angeklagten aufzuheben. Nicht anders ist es im umgekehrten Falle; mag auch bei Freisprechung des Angeklagten die Zivilverantwortlichkeit von selbst gegenstandslos werden, so fordert die Konsequenz doch, den § 397 StPO. auch hier anzuwenden; überdies gilt dieser Paragraph nicht bloß für die Fälle, wo das Revisionsgericht freispricht, sondern auch, wo es zurückverweist.

§ 36.

Die Wiedereinsetzung in den vorigen Stand.

Die Wiedereinsetzung gegen die Versäumung einer Frist regelt sich nach den §§ 44—47 StPO. Das läßt insbesondere Art. 148 Abs. 2 (v. „Wiedereinsetzung gegen den Ablauf der Einspruchsfrist") entnehmen.

Ueber die Wiedereinsetzung gegen ein ohne Anwesenheit des Angeklagten oder Zivilverantwortlichen ergangenes erstinstanzliches Urteil trifft das FG. besonders Vorsorge. Es gestattet sie binnen einer Woche nach der Urteilszustellung unter den gleichen Voraussetzungen wie gegen Versäumung einer Frist (§ 44 ff. StPO.) Art. 170, falls der Angeklagte oder der Zivilverantwortliche weder erschienen noch durch einen Bevollmächtigten vertreten waren (Art. 169 Abs. 1). Durch Art. 170 ist § 234 StPO. ersetzt, insbesondere auch Abs. 2 des § 234, da die Entbindung von der Erscheinenspflicht im Forstrügeverfahren nicht vorkommt und die Vertretung durch die Bezugnahme des Art. 170 auf Art. 169 Abs. 1 eigens erwähnt ist.

Das Gesuch um Wiedereinsetzung ist zu Protokoll des Gerichtsschreibers des urteilenden Amtsgerichts oder schriftlich bei letzterem zu stellen, Art. 171 Abs. 1, und zwar unter Angabe und Glaubhaftmachung des unabwendbaren Zufalls, der die Anwesenheit in der Hauptverhandlung verhindert hat (§ 45 StPO.). Der dem Gesuche stattgebende Beschluß des Amtsrichters ist unanfechtbar (§ 46 Abs. 2 StPO.), der dasselbe verwerfende unterliegt der sofortigen Beschwerde, Art. 171 Abs. 4, die auch der Forstmeister gem. § 338 Abs. 2 StPO. einlegen kann. Vor der Beschlußfassung hat der Amtsrichter den Vertreter der Forstbehörde zu hören [1]). Durch das Wiedereinsetzungsgesuch wird die Urteilsvollstreckung nicht gehemmt; jedoch kann der Amtsrichter den Aufschub der Vollstreckung anordnen (§ 47 StPO.). Die diesbezügliche Anordnung und die Entscheidung über das Gesuch hat der Gerichtsschreiber am Rande des Urteils, sonach im Forstrügeverzeichnisse bezw. besonderen Anzeigeprotokolle (Art. 162 Abs. 1) einzutragen, Art. 171 Abs. 2. Wird dem Gesuche stattgegeben, so ist unter Bezugnahme auf den stattgebenden Beschluß der Gesuchsteller gem. Artt. 154—156 in die nächste Forstrügesitzung zu laden, Art. 171 Abs. 5. In dieser Sitzung findet wiederholte Hauptverhandlung, selbst im Falle des Ausbleibens des Gesuchstellers statt, Art. 171 Abs. 6. Gegen das neuerlich in ihrer Abwesenheit ergehende Urteil können die Verurteilten wiederholt die Wiedereinsetzung verlangen, falls deren Voraussetzungen vorliegen. Hatte dagegen der Verurteilte bereits die Wiedereinsetzung gegen den Ablauf der Einspruchsfrist erlangt, so kann er dieselbe nicht mehr gegen das in der Einspruchsverhandlung gefällte Urteil beanspruchen, Art. 148 Abs. 2.

Gegen ein in der Berufungsinstanz ergehendes Kontumazurteil steht dem Angeklagten und dem Zivilverantwortlichen nach Maßgabe des § 370 Abs. 2 StPO. der Wiedereinsetzungsanspruch zu.

Ueber das Zusammentreffen von Wiedereinsetzungsgesuch und Berufung s. § 34 I a. E.; die Bestimmungen des § 382 StPO. finden auf das Forstrügeverfahren Anwendung mit dem Abmaße, daß sie auch für den Zivilverantwortlichen gelten.

§ 37.

Die Wiederaufnahme.

Für das Forstrügeverfahren gelten in Ermangelung besonderer Bestimmungen des FG. die §§ 399—413 StPO. Die Wieder-

[1]) Wird gegen Versäumung der Einspruchsfrist Wiedereinsetzung begehrt, so ist vor der Entscheidung der den Strafbefehl beantragende Forstmeister, nicht der Vertreter der Forstbehörde zu hören.

aufnahme des Verfahrens kann zugunsten wie zu ungunsten des Angeklagten erfolgen (§§ 399, 402 StPO.). Ob auch des Zivilverantwortlichen? Die StPO. spricht in § 402 von der Wiederaufnahme zu ungunsten des „Angeklagten“, in § 399 von jener zugunsten des „Verurteilten“, meint aber auch in letzterem Falle den Angeklagten. Da nun das FG. dem Zivilverantwortlichen die Rolle einer Hauptpartei zugeteilt, ihn im Forststrafprozeß dem Angeklagten durchweg gleich gestellt und ihm insbesondere die dem Angeklagten zustehenden Rechtsmittel eingeräumt hat, wird auch das außerordentliche Rechtsmittel der Wiederaufnahme auf ihn Anwendung finden müssen. Es können die Wiederaufnahmegründe, abgesehen von § 402 Nr. 4 StPO., auch in der Richtung gegen ihn vorliegen. Würde der Zivilverantwortliche, dessen Haftung bürgerlichrechtlicher Natur ist, im Zivilprozesse belangt, so stünde ihm die zivilprozessuale Wiederaufnahme nach den §§ 578ff. ZPO. zu. Nachdem er durch das FG. gezwungen ist, seine Haftbarkeit im Wege des Strafverfahrens feststellen zu lassen, wäre es unbillig, ihm die dem Angeklagten verstattete Wohltat zu versagen. Wird aber dem Zivilverantwortlichen die Wiederaufnahme zu seinen Gunsten zuerkannt, so muß folgerichtig auch deren Kehrseite (§ 402 StPO.) auf ihn Anwendung finden.

Der Zivilverantwortliche kann den Wiederaufnahmeantrag sowohl darauf stützen, daß der Angeklagte zu Unrecht verurteilt wie auch darauf, daß, obwohl der Angeklagte mit Recht verurteilt, doch die Haftbarkeit des Zivilverantwortlichen zu Unrecht ausgesprochen worden sei.

Sowohl der Zivilverantwortliche als der Angeklagte können die Wiederaufnahme auch zu dem Zwecke herbeiführen, um eine Beseitigung des Ausspruches über Wert- und Schadenersatz zu erwirken. Dieser Satz ist eine notwendige Folge aus der Aufnahme des Adhäsionsprozesses ins bayerische Forststrafprozeßrecht. Indes besteht die Einschränkung: die Wiederaufnahme findet nicht statt, um den auf Grund eines bestimmten Artikels des FG. erkannten Wert- oder Schadenersatz herabsetzen zu lassen, weil er unter richtiger Anwendung dieses Artikels unzutreffenderweise zu hoch bemessen z. B. weil eine unrichtige Ziffer der Wertbestimmungstabelle herausgegriffen sei; die analoge Anwendung des § 403 StPO. wird keinem Bedenken begegnen.

Den Wiederaufnahmeantrag können der Angeklagte und der Zivilverantwortliche sowie die in § 401 Abs. 2 bezeichneten Personen nur mittels einer vom Verteidiger oder einem Rechtsanwalt unterzeichneten Schrift oder zu Protokoll des Gerichtsschreibers stellen (§ 406 Abs. 2 StPO.). Der Bevollmächtigte, der nicht Rechtsanwalt ist, darf den Antrag nicht stellen; im übrigen kann er im Wiederaufnahmeverfahren auftreten, falls dieses vor dem Amtsgericht, nicht aber, wenn es vor dem Berufungs- oder dem Revisionsgericht sich abspielt.

Den Wiederaufnahmeantrag zu ungunsten des Verurteilten stellt beim Amtsgericht der Vertreter der Forstbehörde[1]), beim Landgericht der Staatsanwalt, nicht der landgerichtliche Vertreter der Forstbehörde. Letzterer wird bei den außer der Hauptverhandlung ergehenden Entscheidungen nicht gehört, wohl aber zu der erneuerten Hauptverhandlung (§ 410 Abs. 2 StPO.) beigezogen. Der amtsgerichtliche Forstbehördevertreter wird vor Erlassung sämtlicher Entscheidungen des Amtsrichters gehört (§ 33 StPO.), hat hiergegen das Rechtsmittel der sofortigen Beschwerde (§ 412 StPO.) und nimmt, wenn es zur Erneuerung der Hauptverhandlung kommt, die gleiche Stellung wie in der früheren Hauptverhandlung ein.

Ordnet das Gericht (§ 407 StPO.) den Aufschub oder die Unterbrechung der Vollstreckung an, so hat es der Vollstreckungsbehörde (Amtsrichter, Rentamt, Forstpolizeibehörde) hiervon Mitteilung zu machen.

Die Bedeutung des Wiederaufnahmeverfahrens für den Forststrafprozeß hat erheblich abgenommen, seidem die große Mehrzahl aller Forstrügesachen im Wege des Strafbefehls erledigt wird, gegen welchen die Wiederaufnahme nicht stattfindet (arg. „durch rechtskräftiges Urteil“ in § 399 StPO.).

Dritter Abschnitt.

Außerordentliche Prozeßarten.

§ 38.

Das Strafbefehlsverfahren.

I. Gleich § 447 StPO. gestattet Art. 151 die Erlassung eines amtsrichterlichen Strafbefehls, um die Sache ohne Hauptverhandlung zu erledigen. Es kann darin nicht bloß die Strafe — Geldstrafe bis 150 Mk. einschließlich und Freiheitsstrafe bis zu 6 Wochen einschließlich — sondern auch Wert- und Schadenersatz (in beliebiger Höhe) und die Zivilverantwortlichkeit ausgesprochen werden, wenn das Forstamt schriftlich hierauf anträgt. Der Strafbefehl ist in sämtlichen Forstrügesachen, insbesondere auch beim Gewohnheitsfrevel zulässig; nur darf in letzterem Falle nicht über 6 Wochen Gefängnis ausgesprochen werden[2]). Die in den Artt. 42 Abs. 2, 92, 93 Nr. 4, 94 vorgesehenen Anordnungen können durch Strafbefehl nicht getroffen werden. Die in § 447 Abs. 2 StPO. zugelassene Einziehung ist in Art. 143 Abs. 2 nicht erwähnt, weil sie im Forststrafverfahren

[1]) Er kann die Wiederaufnahme auch zugunsten des Verurteilten beantragen (§ 405 mit § 338 Abs. 2 StPO.), sowohl bezüglich der Strafe als wegen des Wert- und Schadenersatzes.

[2]) Der Grundsatz ne bis in idem findet auch auf den forstrichterlichen Strafbefehl keine Anwendung, RGSt. 15, 112.

nicht zulässig ist; ebensowenig kommt hier die Ueberweisung an die Landespolizeibehörde vor (§ 447 Abs. 3 StPO., § 362 StGB.)[1]).

Der Amtsrichter hat dem Antrage des Forstamts zu entsprechen, wenn der Erlassung des Strafbefehls Bedenken nicht entgegenstehen, Art. 144 Abs. 1. Daß der Antrag auf eine bestimmte Strafe zu richten ist, wie § 448 Abs. 1 StPO. vorschreibt, sagt das FG. nicht. Es könnte daraus gefolgert werden, daß diese Vorschrift für den Forststrafprozeß nicht gelte, da das FG. im übrigen die Bestimmungen der StPO. über den Strafbefehl fast wörtlich übernommen hat. Demgegenüber ist zu beachten, daß der bayerische Gesetzgeber obige Vorschrift wohl für selbstverständlich auch im Forstrügeverfahren hielt und deshalb ihre besondere Sanktionierung nicht als erforderlich ansah. Hierfür spricht die Tatsache, daß es sich in der Mehrzahl der Fälle um absolut bestimmte Strafdrohungen handelt, und daß in Abs. 2 des Art. 144 das Abweichen des Amtsrichters vom forstamtlichen Antrage bezüglich der Strafhöhe erwähnt ist.

Findet der Amtsrichter Bedenken, den Anträgen des Forstamts ohne Hauptverhandlung stattzugeben, so ist die Sache zur Hauptverhandlung zu bringen. Dasselbe gilt, wenn der Amtsrichter bezüglich der Höhe der Strafe, des Wert- und Schadenersatzes oder des Betrages, für welchen Zivilverantwortlichkeit einzutreten hat, von den Anträgen des Forstamts abweichen will und das Forstamt bei seinen Anträgen beharrt, Art. 144 Abs. 2.

Ueber den Inhalt des Strafbefehls und den Einspruch trifft Art. 145[2]) dem § 449 StPO. konforme Bestimmungen mit den bezüglich des Wert- und Schadenersatzes und der Zivilverantwortlichkeit veranlaßten Zusätzen. Art. 146 gibt wörtlich den über die Rechtskraft des Strafbefehls handelnden § 450 StPO. wieder.

Bei rechtzeitigem Einspruche wird zur Hauptverhandlung vor dem Amtsgerichte — Forstrügegericht — geschritten, soferne nicht bis zum Beginne derselben das Forstamt die Klage fallen läßt[3]) oder der Einspruch zurückgenommen wird. Bei der Urteilsfällung ist das Forstrügegericht an den im Strafbefehl enthaltenen Ausspruch nicht gebunden, Art. 147.

Bleibt der Angeklagte oder der Zivilverantwortliche ohne genügende Entschuldigung in der Hauptverhandlung aus und werden sie auch nicht durch einen Bevollmächtigten vertreten — das Erscheinen eines Verteidigers genügt nicht — so wird der Einspruch ohne Beweisaufnahme durch Urteil verworfen, Art. 148 Abs. 1.

---

[1]) Ueber gepfändete oder beschlagnahmte oder sonst zu Gerichtshanden gekommene Sachen ergeht besonderer Beschluß.

[2]) Abs. 2 des Art. 145 ist wohl überflüssig im Hinblick auf Art. 188 Abs. 1 mit § 496 Abs. 1 StPO.

[3]) Durch ausdrückliche Erklärung. Es genügt nicht, daß das Forstamt keinen Antrag auf Hauptverhandlung stellt, wie Ganghofer-W. A. 3 zu Art. 148 annimmt; die Sache würde sonst immer gerichtshängig bleiben.

Ueber die formelle Behandlung der Strafbefehlssachen geben die §§ 41, 43—46, 52 VB. eingehende Anweisungen[1]).

II. Im Strafbefehlsverfahren wird der Vertreter der Forstbehörde in dieser Eigenschaft erst tätig, wenn es auf erhobenen Einspruch zur Hauptverhandlung kommt. Vorher greift lediglich das Forstamt d. h. das nach Art. 117 zuständige ein. Dieses stellt den Antrag auf Erlassung des Strafbefehls unmittelbar ans Amtsgericht, kann den Antrag abändern oder darauf beharren (Art. 144 Abs. 2), ja es kann bis zum Beginne der Hauptverhandlung die Klage fallen lassen (Art. 147 Abs. 1). Daraus folgt, daß im Strafbefehlsverfahren bis zum Beginne der Hauptverhandlung die Ausübung der staatsanwaltschaftlichen Tätigkeit jedem kgl. Forstamt zukommt. Steht ihm aber die vornehmste Funktion der Staatsanwaltschaft, die im Strafbefehlsantrage liegende Erhebung der öffentlichen Klage zu und kann es über diese frei verfügen, so können dem Forstamt die übrigen dem Amtsanwalt im Strafbefehlsverfahren eignenden Befugnisse nicht vorenthalten werden. Weist sohin der Amtsrichter den Antrag auf Erlassung des Strafbefehls als unzulässig oder unbegründet zurück, so steht dem antragstellenden Forstamt hiergegen die sofortige Beschwerde (§ 209 Abs. 2 StPO.) zu. Bevor der Amtsrichter den Einspruch als unzulässig verwirft, ist das Forstamt zu hören (§ 33 StPO.), ebenso über einen etwaigen Wiedereinsetzungsantrag gegen Versäumung der Einspruchsfrist.

III. Für die Fälle, wo bloß der Beschuldigte oder bloß der Zivilverantwortliche den Einspruch einlegt, der andere der beiden aber den Strafbefehl in Rechtskraft erwachsen läßt, gilt das gleiche, wie oben § 34 II bei der Berufung bemerkt ist.

§ 39.

Das Verfahren gegen Abwesende.

Hierüber enthält das FG. lediglich die Bestimmung des Art. 169 Abs. 3: Das Verfahren gegen abwesende Angeklagte richtet sich nach den §§ 318—326 RStPO. Nach dem Sprachgebrauche des FG. bedeutet „Angeklagter“ den Gegensatz zum Zivilverantwortlichen[2]); nachdem dieser in Art. 169 Abs. 3 nicht erwähnt ist, kann gegen einen abwesenden (im Sinne des § 318 StPO.) Zivilverantwortlichen ein Verfahren nicht durchgeführt werden. Die Hauptverhand-

[1]) Würde ein Strafbefehl auf Gefängnisstrafe lauten, so könnte Formular IVa unter Abänderung des Vordruckes „Haft“ in „Gefängnis“-Strafe benützt werden. Soll eine Haft- oder Gefängnisstrafe in Verbindung mit der Zivilverantwortlichkeit ausgesprochen werden, so kann unter entsprechender Abänderung das Formular IVcc Verwendung finden.

[2]) Indes ist „Angeklagter“ im weiteren Sinne von „Beschuldigter“ zu verstehen; es braucht deshalb bei Einleitung des Verfahrens nach §§ 320—326 StPO. die öffentliche Klage noch nicht erhoben zu sein.

lung kann nur stattfinden, wenn lediglich Geldstrafe[1]) angedroht ist, muß aber dann auch stattfinden.

Für den Angeklagten können dessen Angehörige (im weitesten Sinne) ohne Vollmacht und ein Verteidiger mit Vollmacht auftreten, § 322 StPO. Hiernach ist das Auftreten eines Bevollmächtigten (Art. 157) hier ausgeschlossen. Nicht bloß die Geldstrafe, sondern auch Wert- und Schadenersatz kann gegen den Abwesenden ausgesprochen werden; denn auch diesfalls ist die strafbare Handlung „nur mit Geldstrafe bedroht" (§ 319 Abs. 1 StPO.), da die Verbindlichkeit zur Entschädigung keine Strafdrohung darstellt.

Es steht ferner nichts im Wege, im Verfahren gegen den abwesenden Beschuldigten zugleich gegen den nicht abwesenden Zivilverantwortlichen mitzuverhandeln.

Die Vollstreckungssicherung gem. §§ 325, 326 StPO. kann besonders dann veranlaßt sein, wenn hohe Geldstrafen (vgl. Art. 75) in Frage kommen.

Die Erlassung eines Strafbefehls gegen einen abwesenden Beschuldigten wegen eines nur mit Geldstrafe bedrohten Forstdeliktes ist zulässig, vorausgesetzt, daß derselbe sich im Auslande befindet und der Strafbefehl in der für Auslandzustellungen (ZPO. §§ 199—202) vorgeschriebenen Weise zugestellt werden kann.

Das Beweissicherungsverfahren der §§ 327—331 und die Maßregeln behufs Gestellung des Abwesenden in §§ 332—337 StPO. sind auf den Forststrafprozeß nicht anwendbar; das ergibt sich daraus, daß Art. 169 Abs. 3 von Buch III Abschn. 8 der StPO., betitelt „Verfahren gegen Abwesende" nur die §§ 318—326 beruft, mithin die weiteren Paragraphen desselben Abschnittes von der Anwendbarkeit ausschließen will.

§ 40.

Das objektive Verfahren.

Ein eigenartiges Verfahren schreibt das FG. in Art. 186 für den Fall vor, daß der Tatbestand eines Forstfrevels — nicht einer Forstpolizeiübertretung oder einer Uebertretung nach § 361 Nr. 9 StGB. — objektiv festgestellt, der Frevler aber unbekannt ist. Die gepfändeten Sachen, die noch nicht gem. Art. 136 versteigert sind, müssen nach Ablauf von drei Monaten, vom Pfändungstage an gerechnet, versteigert werden.

Aus dem Erlöse werden in nachstehender Reihenfolge befriedigt: 1. die Pfändungs- und die Gerichtskosten, 2. der Werterſatz, 3. der Schadenersatz.

Wert- und Schadenersatz sind vom Amtsgericht auf Grund des Forstrügeverzeichnisses bezw. des Anzeigeprotokolles festzustellen.

---

[1]) Die in § 319 StPO. erwähnte Einziehung kommt für das Forstrügeverfahren nicht in Betracht.

aber nur insoweit als die Kosten, der Wert- und Schadenersatz nicht bereits aus dem Versteigerungserlöse gedeckt wurden.

Vierter Abschnitt.

Kosten und Vollstreckung.

§ 41.

Die Kosten.

Der Straffällige ist in die Kosten, welche auf die Verfolgung und Aburteilung der Uebertretung oder des Frevels erlaufen, zu verurteilen, Art. 68 [1]). Die Kosten der Vollstreckung des Urteils und des Strafbefehls trägt stets die Staatskasse, auch insoweit sie auf Beitreibung des Wert- und Schadenersatzes erwachsen; sohin ist § 497 Abs. 1 StPO. durch Art. 68 ausgeschlossen. Indes bilden die Kosten vollstreckungssichernder Maßnahmen, wie Verhaftung, Pfändung, Beschlagnahme, einen Teil der Verfahrenskosten und fallen daher dem Straffälligen zur Last. Straffällig im Sinne des Art. 68 ist nur jener Angeklagte, gegen den ein rechtskräftiges Urteil vorliegt; stirbt er vor Eintritt der Rechtskraft, so haftet sein Nachlaß nicht für die Kosten Art. 71 [2]).

In allen Fällen der Freisprechung, denen die Einstellung des Verfahrens und der Ausspruch der Unzulässigkeit der Strafverfolgung gleichstehen, hat die Staatskasse die Verfahrenskosten zu tragen, ohne Rücksicht auf den Grund der Freisprechung z. B. auch bei Verjährung der Strafverfolgung.

Nur in vier Fällen treffen den Bestraften Vollstreckungskosten: Ausführung von Kulturen (Art. 42 Abs. 2), Wiederherstellung des früheren Zustandes (Artt. 92 u. 94), Niederreißung und Zuwerfung von Ein- und Vorrichtungen (Art. 93 Nr. 4), je auf Kosten des Angeklagten.

Der Zivilverantwortliche wird nicht bestraft, sondern für die den Angeklagten treffende Geldstrafe haftbar erklärt; er kann daher, weil nicht „straffällig“, nicht in die Kosten des Verfahrens verurteilt, sondern nur für die den Angeklagten treffenden Kosten haftbar erklärt werden [3]). Seine Haftung ist daher nur eine subsidiäre,

---

[1]) Für das Kostenwesen in Forstrügesachen sind gem. Art. 27 des bayer. GebG. die Bestimmungen des GKG. maßgebend, mit den Abweichungen der Artt. 28—31, s. insbes. §§ 59—80b GKG.

[2]) Daß auch Art. 71 wie § 497² StPO. für die Vererblichkeit der Kostenhaftung eine rechtskräftige Entscheidung voraussetzt, ergeben die Worte „des Schuldigen“. A. M. Ganghofer, W. A. 2 zu Art. 71, Reinhard S. 43, Brater 145.

[3]) Wohl aber wird er in die Kosten eines von ihm erfolglos eingelegten Rechtsmittels verurteilt § 505 Abs. 1 StPO.

was im Falle der Zahlungsfähigkeit des Angeklagten praktisch hervortritt.

Die auf die Feststellung der Zivilverantwortlichkeit erwachsenen Kosten bilden einen Teil der Kosten des gegen ihn und gegen den Täter einheitlich durchzuführenden Verfahrens[1]); sie fallen daher grundsätzlich dem Beschuldigten zur Last. Das gilt auch für den Fall, daß gegen den Zivilverantwortlichen ein besonderes Verfahren stattfand, indem z. B. der Beschuldigte den gegen ihn ergangenen Strafbefehl rechtskräftig werden ließ, der Zivilverantwortliche hingegen Einspruch einlegte; in diesem besonderen Verfahren wird erkannt, daß der Zivilverantwortliche für die den Beschuldigten treffenden Kosten haftbar sei; nicht aber wird ein Ausspruch darüber erlassen, wer die Kosten des besonderen Verfahrens zu tragen hat, da dieselben ohne weiteres dem bereits verurteilten Beschuldigten zur Last fallen.

Der Ausdruck „Uebertretung" in dem seit Erlassung des Forstgesetzes unverändert gebliebenen Art. 68 bedeutete früher: Forstpolizeiübertretung, umfaßt aber gegenwärtig auch die Uebertretungen nach § 361 Nr. 9 StGB. mit Art. 50.

Eine Ausnahme von Art. 68 findet im objektiven Verfahren (Art. 186) statt, da hier die Kosten festgesetzt werden, ohne daß eine Strafe verhängt wird.

Gemeinschaftliche Forstfrevler haften für die Auslagen samtverbindlich, Art. 56 Abs. 2, jedoch nur in erster Instanz, da für die Berufungs- und Revisionsinstanz § 505 Abs. 1 StPO. maßgebend ist[2]). Bei Forstpolizeiübertretungen sind die mehreren Angeklagten ebenfalls für die Auslagen als Gesamtschuldner haftbar (§ 498 Abs. 2 StPO.); für den Fall, daß der Waldbesitzer neben jenem, dem er die Holzgewinnung überlassen hat, verurteilt wird, schreibt Art. 75 Abs. 4 die samtverbindliche Kostenhaftung ausdrücklich vor.

Es gelten für das Forstrügeverfahren die §§ 496 Abs. 2, 498, 499 u. 505 StPO. Auch § 501 StPO. findet Anwendung; die hierbei der Staatsanwaltschaft zukommenden Befugnisse nimmt der Vertreter der Forstbehörde beim Amtsgerichte wahr, mag er auch die Strafverfolgung nicht betrieben haben, so wenn der von einem anderen Forstmeister beantragte Strafbefehl rechtskräftig geworden ist.

§ 42.

Vollzug des Urteils und Strafbefehls.

I. Das Urteil wird von den staatlichen Behörden vollzogen hinsichtlich der Strafe, der forstpolizeilichen Anordnungen und der Kosten wie auch bezüglich des Wert- und Schadenersatzes, Art. 178. Das

[1]) Sie sind also Kosten des Strafverfahrens ebenso wie die auf die Entscheidung über die Entschädigungspflicht erwachsenen.

[2]) Vgl. ObLG. 1, 149.

Gleiche gilt für den rechtskräftigen Strafbefehl, nur enthält dieser, wie oben ausgeführt, keine forstpolizeilichen Anordnungen. Die Vollstreckung richtet sich gegen den Angeklagten und den Zivilverantwortlichen, gegen den letzteren erst dann, wenn des ersteren Zahlungsunfähigkeit feststeht[1]).

Die Umwandlung der wegen Forstfrevels erkannten Geldstrafe in Haft erfolgt, wenn durch ein Zeugnis des Erhebungsbeamten feststeht, daß sie weder vom Angeklagten noch vom Zivilverantwortlichen beigetrieben werden kann, Art. 54 Abs. 1[2]).

Diese gesetzliche Vorschrift bringt zum Ausdruck, daß die Umwandlung im Urteil oder Strafbefehl — in eventueller Form — nicht erfolgen darf[3]).

Auch die wegen einer Forstpolizeiübertretung ausgesprochene Geldstrafe ist nicht im Urteil bezw. Strafbefehl selbst, sondern nachträglich umzuwandeln. Die Worte „welche nicht beigetrieben werden können" in Art. 55 sind konditional zu verstehen, gleich jenen des Art. 54 „wenn . . . festgestellt ist . . ." Sogar in den Fällen der Artt. 56 Abs. 3 Satz 3, 57 Satz 2 u. 88 Abs. 4 Satz 3 u. Abs. 5 Satz 2 findet die Strafumwandlung nicht im Urteil oder Strafbefehl statt.

Bezüglich der Uebertretungen nach § 361 Nr. 9 StGB. trifft das FG. keine diesbezügliche Bestimmung; aus den in Artt. 54, 55 gegebenen Vorschriften ist zu entnehmen, daß diese Anordnungen strafprozessualer Natur für das gesamte Forstrügeverfahren, sohin auch für die demselben nunmehr unterworfenen Uebertretungen nach § 361 Nr. 9 StGB. Gültigkeit haben d. h. die Haftstrafe nicht schon im Urteil oder Strafbefehl substituiert werden darf.

Die Umwandlung geschieht durch das Amtsgericht als Forstrügegericht mittels besonderen Beschlusses[4]), gegen welchen dem An-

---

[1]) Auf die Strafvollstreckung in Forstrügesachen finden Anwendung die §§ 481 (mit einer Ausnahme: Art. 180), 482, 483, 487—489, 490, 493, 494 Abs. 1 u. 4 StPO.

[2]) Für die Begnadigung in Forstrügesachen sind maßgebend die JME. v. 8. Juli 1862 (JMBl. 1863, 73) u. 3. März 1872 (JMBl. 107), vgl. insbesondere die Z. 5, 441 u. 8, 86 aufgeführten JME. Betreffs Stundung von Geldstrafen auf mehr als 4 Monate von der Rechtskraft der Entscheidung an s. JME. v. 8. Januar 1900 (JMBl. 299; FinMBl. 173); betr. Nachlaß oder Stundung von Prozeßkosten s JME. v. 31 Januar 1859 (Dollmannsche Samml. III Beil.-Heft S. 21).

Betr. die bedingte Begnadigung s. JMBek. v. 24. März 1896 (JMBl. 71, 72), v. 22. Dezember 1902 (JMBl. 1089), v. 22. Februar 1904 (JMBl. 47) u. v. 16. Juli 1907 (JMBl. 205).

[3]) A. M. Schwaiger S. 68. Gegen ihn spricht die Tendenz des FG., die Umwandlung der Geld- in Haftstrafen möglichst zu vermeiden, vgl. § 54 VB.

[4]) Vor dessen Erlassung wird weder der Verurteilte noch der Vertreter der Forstbehörde gehört. § 494 Abs. 2 StPO. findet hierher nicht Anwendung, da der im Abs. 1 dieses Paragraphen in Bezug genommene § 491 StPO. davon ausgeht, daß die subsidiäre Freiheitsstrafe regelmäßig bereits im Urteil oder

geklagten und dem Vertreter der Forstbehörde[1]) die sofortige Beschwerde gem. § 494 Abs. 4 StPO. zusteht[2]).

Gegen den Zivilverantwortlichen kann die Umwandlung nicht stattfinden, da dieser nicht bestraft wird.

II. In den Vollzug teilen sich gem. Art. 179 drei Behörden: Amtsgericht, Forstpolizeibehörde, Rentamt.

1. Die Haftstrafen vollzieht das Amtsgericht und zwar jener Amtsrichter, dem die Forstrügesachen bezw. der Strafvollzug zugeteilt ist, nicht aber, wie die VV. § 60 Abs. 2 in Anlehnung an frühere Zustände unzutreffend anordnen, der „Gerichtsvorstand". Der Amtsrichter vollstreckt auch die in Art. 179 und in den Formularen zu den VV. unerwähnt gebliebenen Gefängnisstrafen. Ist ein Umwandlungsbeschluß ergangen, so kann die Haftstrafe vollstreckt werden, bevor der Beschluß rechtskräftig ist[3]) (§ 349 Abs. 1 StPO.).

2. Die Forstpolizeibehörde (Art. 109 Nr. 1) vollzieht die forstpolizeilichen Anordnungen im Benehmen mit den kgl. Forstämtern. Diese vom Amtsgerichte getroffenen forstpolizeilichen Verfügungen können schon vor Rechtskraft des Urteils vollzogen werden, sofern nicht das Berufungs- bezw. Revisionsgericht den Aufschub des Vollzuges anordnet[4]), Art. 180. Doch wird vorausgesetzt, daß das Urteil bezüglich des Strafausspruchs noch rechtskräftig werden kann, da die Zwangsbefugnisse der Artt. 42 Abs. 2, 92, 93 Nr. 4 u. 94 nur neben dem Strafausspruch zuerkannt werden können. Stirbt

---

Strafbefehl ausgesprochen wird, während im Forstrügeverfahren der entgegengesetzte Grundsatz gilt.

[1]) Das Rentamt und der Zivilverantwortliche haben hiergegen kein Beschwerderecht.

[2]) Schwaiger S. 69 will diese Beschwerde bei Art. 54 nicht zulassen, da das Gesetz offenbar durch Festsetzung eines absolut bestimmten Umwandlungsmaßstabes jede richterliche Tätigkeit ausschließen wolle. Dann dürfte aber die Strafumwandlung vom Richter überhaupt nicht vorgenommen werden! Außerdem ist bei Forstpolizeiübertretungen und Uebertretungen aus § 361 Nr. 9 StGB. kein absolut bestimmter Umwandlungsmaßstab gegeben.

[3]) Auch die VV. gehen davon aus, daß die Haftstrafe bereits vor eingetretener Rechtskraft des Umwandlungsbeschlusses vollstreckt wird; vgl. Form. XV (Aufforderung zum Strafantritt binnen drei Tagen von Eröffnung des Umwandlungsbeschlusses an). Diese Uebung ist nicht unbedenklich, zumal bei Forstpolizeiübertretungen und Uebertretungen aus § 361 Nr. 9 StGB., da für diese kein absolut bestimmter Umwandlungsmaßstab gilt. Angenommen: eine Geldstrafe von 30 Mk. wird in eine Haftstrafe von 6 Tagen umgewandelt; der Verurteilte tritt diese sofort nach Eröffnung des Umwandlungsbeschlusses an und legt am siebenten Tage nach dieser Eröffnung gegen den Beschluß sofortige Beschwerde ein; das Beschwerdegericht entscheidet, daß die 30 Mk. in 2 Tage Haft umgewandelt werden. Der Verurteilte hat nun 4 Tage Haft zuviel verbüßt!

Aber auch bei Forstfreveln kann trotz des absolut bestimmten Umwandlungsmaßstabes eine ziffermäßig unrichtige Umwandlung vorkommen, besonders durch Nichtbeachtung der Abss. 3 u. 4 des Art. 54.

[4]) Der Vertreter der Forstbehörde beim Amtsgericht und jener beim Landgericht werden von dem einschlägigen Urteile der Forstpolizeibehörde umgehend Kenntnis geben müssen, da das forstwirtschaftliche Interesse die schleunige Ausführung der Verfügungen erheischen kann.

etwa der Verurteilte vor eingetretener Rechtskraft des Urteils, so ist die weitere Ausübung dieser Zwangsbefugnisse nicht mehr zulässig.

3. Binnen 14 Tagen nach eingetretener Rechtskraft hat das Amtsgericht über die Geldstrafen, die Wert-, Schadenersatz- und Kostenbeträge ein Einzugsverzeichnis[1]) aufzustellen und dem Rentamt des Wohn- oder Aufenthaltsortes des Verurteilten zu übersenden, Art. 181.

Dieser hat die geschuldeten Beträge binnen 8 Tagen nach Empfang des rentamtlichen Zahlungsbefehls zu entrichten. Bezüglich der Hilfsvollstreckung gelten die allgemeinen Bestimmungen über das Exekutionsverfahren der k. Rentämter. Sind gepfändete[2]) Gegenstände vorhanden (Fuhrwerke, Werkzeuge), so wird die Hilfsvollstreckung zunächst an diesen vorgenommen, Art. 182.

Die Kautionen (Art. 134) und Versteigerungserlöse (Art. 136) werden unmittelbar zur Deckung der geschuldeten Beträge verwendet, Art. 183.

Reicht der verfügbare Betrag nicht zur vollen Begleichung der Schuld, so werden daraus in nachstehender Reihenfolge befriedigt (Art. 184):

1. die Kosten (des Verfahrens, nicht der Vollstreckung),
2. der Wertersatz,
3. der Schadenersatz,
4. die Geldstrafe.

Gebührt der Wert- und Schadenersatz einer Gemeinde, Stiftung, Körperschaft oder Privatperson, so wird er diesen nebst einem Verzeichnis über die uneinbringlichen Ersatzbeträge hinausgegeben, deren Beitreibung ihnen selbst überlassen bleibt, Art. 185. Sollte ein nichtbayerischer Staat ersatzberechtigt sein — als Waldbesitzer in Bayern, so hätte auch dieser für die weitere Beitreibung selbst zu sorgen. Der bayerische Staat macht nur einen Versuch, für die in Art. 185 aufgeführten Personen die Entschädigungsbeträge beizutreiben, überläßt ihnen aber die weitere Vollstreckung beim Mißlingen dieses Versuches, da es sich um reine Zivilansprüche handelt. Behufs Durchführung der Vollstreckung ist den Berechtigten auf Antrag eine vollstreckbare Ausfertigung des Urteils oder Strafbefehls zu erteilen[3]).

---

[1]) Nicht als Vollstreckungstitel; diesen bildet vielmehr das Urteil und der Strafbefehl.

[2]) Art. 182 Abs. 3 bedient sich des Ausdrucks „mit Beschlag belegte Gegenstände". Gemeint sind die gepfändeten Sachen in dem § 21 oben bezeichneten Sinne. Die beschlagnahmten Walderzeugnisse (Art. 138 Abs. 1) unterliegen nur dann dem Zugriff des Rentamts, wenn ihr Eigentümer nicht bekannt ist; die analoge Anwendung des in Art. 187 Abs. 2 niedergelegten Gedankens erscheint bedenkenfrei. Die gem. §§ 94 ff. StPO. beschlagnahmten Sachen fallen nicht unter Art. 182 Abs. 3.

[3]) Das FG. schweigt hierüber. Indes muß diese Befugnis dem Berechtigten zuerkannt werden, soll nicht die Feststellung des Wert- und Schadenersatzes im Forststrafverfahren eine leere Form sein. Vgl. Art. 17 FeldschG.

Der nach Erhebung sämtlicher Schuldbeträge verbleibende Rest des Versteigerungserlöses oder der Kaution ist dem Eigentümer zurückzugeben. Ist aber der Eigentümer der gepfändeten Sachen unbekannt, so fällt der Rest nach Ablauf eines Jahres, vom Tage der Versteigerung an gerechnet, der Staatskasse zu, Art. 187. Ein etwa später sich meldender Eigentümer ist mit jedem Ersatzanspruch ausgeschlossen.

Ueber die Vollstreckung treffen die VV. §§ 54--69 ins einzelne gehende Anordnungen formaler Natur, vgl. insbesondere Formular XII—XVI.

Anhang.

§ 43.

Haftentschädigung.

I. Das RG. vom 14. Juli 1904 gewährt die Entschädigung für unschuldig erlittene Untersuchungshaft den im Strafverfahren freigesprochenen[1]) Personen, § 1 das. Das Gesetz bezieht sich zunächst auf das ordentliche Verfahren der StPO., findet aber laut ausdrücklicher Vorschrift der §§ 10, 11 auch auf das militär- und konsulargerichtliche Verfahren Anwendung. Da das Gesetz selbst für diese sondergerichtlichen Verfahrensarten gilt, ist der Schluß berechtigt, daß es auch auf jene Sachen anwendbar ist, die vom ordentlichen Gericht in einem abweichenden Verfahren verhandelt werden, um so mehr als der Ausdruck „im Strafverfahren" in § 1 des Gesetzes ganz allgemein lautet. Sohin hat auch ein im Forstrügeverfahren Freigesprochener Anspruch auf Entschädigung für unschuldig erlittene Untersuchungshaft.

Wenn der Bürgermeister den Vorgeführten behufs Verhinderung der Fortsetzung der Uebertretung oder des Frevels bis zu 24 Stunden in Haft behält, so ist hierwegen ein Entschädigungsanspruch nicht begründet; denn hier liegt keine Untersuchungshaft, sondern eine präventivpolizeiliche Maßregel vor. Ist die Festnahme auf Grund des Art. 127 Abs. 1 erfolgt und läßt der Bürgermeister den Vorgeführten frei, so kann für diese kurzdauernde Freiheitsentziehung bezw. für den hierdurch verursachten Vermögensschaden Ersatz nicht begehrt werden, weil sich kein Haftbefehl anschließt. Läßt dagegen der Bürgermeister den Vorgeführten ans Amtsgericht abliefern und läßt dieses die Haft fortbestehen, (Art. 129 Abs. 2), so kann nicht bloß für die Zeit der gerichtlich angeordneten Haft, sondern auch für die Zeit der unmittelbar vorausgegangenen Festhaltung Ersatz begehrt werden (§ 3 Abs. 1 a. a. O.). Die „vorsorgliche

---

[1]) Die dort weiter aufgeführte Außerverfolgungsetzung kommt im Forststrafprozeß nicht vor, da dieser keine Voruntersuchung kennt.

Haft" des Art. 129 Abs. 2 ist wirkliche Untersuchungshaft im Sinne des § 3 a. a. O., nicht minder die durch Haftbefehl nach Art. 169 Abs. 2 oder nach § 370 StPO. verb. mit Art. 188 Abs. 1 angeordnete Haft.

Größere Bedeutung besitzt für den Forststrafprozeß die Entschädigung unschuldig Bestrafter (RG. v. 20. Mai 1898). Dieses Gesetz spricht in § 1 schlechthin von den im Wiederaufnahmeverfahren Freigesprochenen bezw. milder Bestraften und findet daher unmittelbare Anwendung auf das Forstrügeverfahren, da für dieses das Wiederaufnahmerecht der StPO. gilt.

Wer auf Grund des die Entschädigungsverpflichtung der Staatskasse aussprechenden Gerichtsbeschlusses einen Anspruch geltend macht, hat ihn bei der Staatsanwaltschaft desjenigen Landgerichts zu stellen, in dessen Bezirk das Verfahren in erster Instanz anhängig war bezw. das Urteil erlassen wurde (§ 6 Abs. 1 des G. v. 19. Juli 1904 und § 5 Abs. 1 des G. v. 20. Mai 1898). Der Forstmeister wird im Entschädigungsverfahren nicht tätig.

Die Vorschriften des Gesetzes betr. die Entschädigung für unschuldig erlittene Untersuchungshaft finden auf Angehörige eines auswärtigen Staates nur Anwendung, wenn die Gegenseitigkeit verbürgt ist (§ 12). Hat der in Untersuchungshaft Genommene überhaupt keine Staatsangehörigkeit, so steht ihm kein Entschädigungsanspruch zu; denn das Gesetz wollte solche Personen offenbar nicht günstiger stellen als jene Ausländer, deren Heimatstaat nicht Gegenseitigkeit übt.

Das Gesetz betr. die Entschädigung der im Wiederaufnahmeverfahren freigesprochenen Personen enthält eine dem angef. § 12 entsprechende Bestimmung nicht; mithin erhalten diese Entschädigung auch Nichtdeutsche.

Zwischen Bayern und nichtbayerischen Deutschen besteht hinsichtlich der Entschädigungsfrage nach beiden obenbezeichneten Gesetzen kein Unterschied.

Der Zivilverantwortliche hat den Entschädigungsanspruch nicht, da er weder in Untersuchungs- noch in Strafhaft genommen wird. Er kann auch nicht den Beschuldigten zur Geltendmachung des Entschädigungsanspruchs zwingen oder ihn an dessen statt stellen, da der Anspruch bis zur endgültigen Entscheidung über denselben nicht übertragbar ist (§ 6 Abs. 4 G. v. 14. Juli 1904, § 5 Abs. 4 G. v. 20. Mai 1898).

Register.

Die Zahlen bezeichnen die Seiten.

A.

B.

C.

D.

E.

F.

G.

Kolibri 360 GmbH
Ferdinand-Jühlke-Straße 7
99095 Erfurt, Deutschland
produktsicherheit@kolibri360.de